Applications of Triboelectric Nanogenerators in Engineering Technology

摩擦纳米发电机在工程技术中的应用

王中林　程廷海　等　著

科 学 出 版 社

北 京

内 容 简 介

《摩擦纳米发电机在工程技术中的应用》是一部系统阐述摩擦纳米发电机（TENG）这一颠覆性能源技术的著作。作为能源与传感领域的前沿突破，摩擦纳米发电机技术为未来科技发展开辟了全新路径。本书首次从工程应用视角，全方位呈现了该技术的理论体系与实践成果。全书共12章，内容涵盖技术原理与工程应用两大维度。在理论层面，详细阐述了摩擦纳米发电机的工作原理、高熵能源俘获机制、自驱动传感技术及能量管理策略等核心内容。在应用层面，系统梳理了该技术在多个战略性领域的最新进展，包括机械工程智能化、绿色交通系统、智能建筑监测、智慧电网、海洋资源开发、灾害预警与防控、精密测绘技术及生物医学工程等跨学科应用。

本书具有重要的学术价值与实践指导意义，既可作为能源科学、先进材料、电子工程、机械制造、生物工程等领域研究人员的专业参考书，也可作为高等院校相关专业本科生、研究生的核心教材。通过理论与实践相结合的论述方式，本书为读者提供了全面了解这一前沿技术的窗口，对推动相关领域的科技创新具有重要参考价值。

图书在版编目（CIP）数据

摩擦纳米发电机在工程技术中的应用 / 王中林等著. — 北京：科学出版社，2025. 3. — ISBN 978-7-03-081305-3

Ⅰ. TM31

中国国家版本馆 CIP 数据核字第 2025WB3469 号

责任编辑：李明楠 / 责任校对：杜子昂

责任印制：徐晓晨 / 封面设计：润一文化

科学出版社出版

北京东黄城根北街 16 号

邮政编码：100717

http://www.sciencep.com

北京汇瑞嘉合文化发展有限公司印刷

科学出版社发行 各地新华书店经销

*

2025年3月第 一 版 开本：787×1092 1/16

2025年3月第一次印刷 印张：35 1/4

字数：835 000

定价：298.00 元

（如有印装质量问题，我社负责调换）

前　言

Preface

摩擦纳米发电机（TENG）由王中林团队于2012年首次发明，其利用摩擦起电效应和静电感应效应的耦合将微弱机械能高效转换为电能，是高熵能源收集与自驱动传感领域的一个里程碑式发现，这为有效收集环境中广泛存在的低频、低幅机械能量提供了一个全新的范式。摩擦纳米发电机入选了全球能源协会年度报告《未来十年能源领域的十大突破性构想 2022》（“Ten breakthrough ideas in energy for the next 10 years，2022”），报告中高度评价了以摩擦纳米发电机为代表的高熵能源技术：具有体积小、质量轻、材料选择范围广、工作模式多样、制作简单、成本低及低频低幅条件下转换效率高等优点，在微纳能源俘获、自驱动传感、蓝色能源、高压电源以及液-固界面探针等领域具有重要的科学意义和广阔的应用前景。

近年来，越来越多的工程技术人员开始从事摩擦纳米发电机的基础研究和应用技术研发。目前，摩擦纳米发电机凭借其独特的技术优势，已经在机械工程、交通运输设施、桥梁建筑设施、电力能源系统、海洋科学与工程、防灾减灾、勘察测绘及生物工程等技术领域取得了重要的进展和突破，有望为工程装备的数字化和智能化发展奠定坚实的基础。摩擦纳米发电技术已成功入选了由中国工程院、科睿唯安公司与高等教育出版社联合发布的《全球工程前沿 2022》报告，并被列入机械与运载工程领域前10大工程研究前沿问题，备受科学界与工程界的高度认可和广泛关注，在工程和工业领域有着巨大的应用前景。

本书的撰写主要参考了我们团队及相关科研合作者自2012年以来发表的科技论文，而书中的插图大多取自我们公开发表的文章。其中，第1章由王中林、邵佳佳和程廷海共同撰写，第2章由程廷海和朱建阳共同撰写，第3章由于鑫、程廷海和程小军共同撰写，第4章由朱冬、王英廷和李恒禹共同撰写，第5章由程小军和杨峥共同撰写，第6章由卢晓晖和程廷海共同撰写，第7章由刘士明、李恒禹和于洋共同撰写，第8章由李恒禹和程廷海共同撰写，第9章由温建明、李建平、鞠明和于洋共同撰写，第10章由程廷海、胡意立和申平共同撰写，第11章由姚永明和程廷海共同撰写，第12章由曹郁英和樊康旗共同撰写，全书由王中林和程廷海修改定稿。

在这里要感谢我们团队的所有成员，以及我们研究工作中的合作者，他们为摩擦纳米发电机的发展做出了重要贡献。另外，考虑到摩擦纳米发电机是一个涉及多学科交叉的研究方向，本书难免存在不妥之处，恳请广大读者批评、指正。

作　者

2025年1月

目 录

Contents

第 1 章

摩擦纳米发电机基本原理

1.1 引　　言

随着科技的进步和可持续能源需求的增加，摩擦纳米发电机（TENG）作为一种新型能量收集技术，引起了世界学者的广泛关注。TENG 能够将环境中的机械能转换为电能，为微型电子设备提供了一种自给自足的电力解决方案。本章将深入探讨 TENG 的基本工作原理、材料选择、主要评价指标及其背后的物理机制，为理解和优化这一技术提供理论支撑。

1.2 摩擦纳米发电机的发明

1.2.1 摩擦纳米发电机的基本模式

（1）（垂直）接触-分离模式

摩擦纳米发电机共有四种基本工作模式[1-5]，如图 1.1 所示。在（垂直）接触-分离模式摩擦纳米发电机（CS-TENG）中，两种不同介电薄膜材料面对面堆叠，介电薄膜的背表面镀有金属电极。当两层介电薄膜相互接触时，会在两个接触表面形成符号相反的表面电荷。当这两个介电薄膜材料由于外力作用而发生分离时，中间会形成一个小的空气间隙，并在两个电极之间形成感应电势差。如果将两电极通过负载连接在一起，电子会通过负载从一个电极流向另一个电极，以平衡两电极之间的电势差。当两个摩擦层相互靠近时，由摩擦电荷形成的电势差消失，电子会发生回流。

（2）水平滑动模式

水平滑动模式摩擦纳米发电机（LS-TENG）的样机组成与垂直接触-分离模式摩擦纳米发电机的结构组成相同。当两种介电薄膜接触并沿着与表面平行的水平方向相对滑移时，同样可以在两个表面上产生等量、异种的摩擦电荷。这样，在水平方向就会形成极化，可以驱动电子在上下两个电极之间流动，以平衡摩擦电荷产生的静电场，通过周期性的滑动错位和重合就可以产生一个交流输出，这就是水平滑动模式摩擦纳米发电机的基本原理。

这种滑动可以以多种形式存在，包括平面滑动、圆柱滑动和圆盘滑动等。

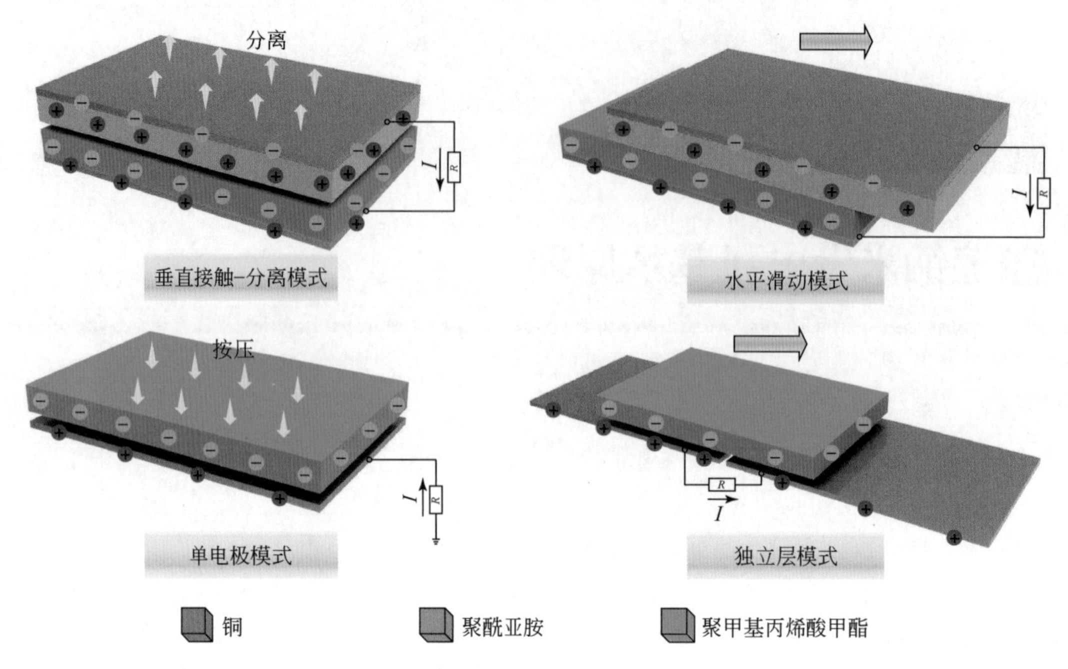

图 1.1 摩擦纳米发电机的四种基本工作模式

（3）单电极模式

前面介绍的两种工作模式都有通过负载连接的两个电极。在某些情况下，摩擦纳米发电机的某些部分是运动部件（如人在地板上走路的情况），所以并不方便通过导线和电极进行连接。为了在这种情况下更方便地收集机械能，引入了一种单电极模式摩擦纳米发电机（SE-TENG），即只有底部电极接地。如果摩擦纳米发电机的尺寸有限，上部的带电物体接近或者离开下部物体，都会改变局部的电场分布，这样下电极和大地之间会发生电子交换，以平衡电极上的电势变化。这种基本工作模式可以用在垂直接触-分离结构和水平滑动结构中。

（4）独立层模式

在自然界中，运动物体由于和空气或其他物体接触，通常都会带电，就像我们的鞋子在地板上走路也会带电。而材料表面的静电荷会达到饱和，并且这种静电荷会在表面保留至少几小时，所以在这段时间并不需要持续的接触和摩擦。如果我们在介电层的背面分别镀有两个不相连的电极，电极的大小及其间距与移动物体的尺寸在同一量级，那么这个带电物体在两个电极之间的往复运动会使两个电极之间产生电势差变化，进而驱动电子通过外电路负载在两个电极之间来回移动，以平衡电势差的变化。电子在这对电极之间的往复运动可以形成电能输出。这个运动的带电物体不一定需要直接和介电层的上表面接触，例如在转动模式下，其中一个圆盘可以自由转动，不需要和另一部分有直接的机械接触，就可以在很大限度上降低材料表面的磨损，这对于提高摩擦纳米发电机的耐久性非常有利。这就是独立层模式摩擦纳米发电机（FS-TENG）的工作原理和特点。

1.2.2 摩擦材料选择标准与原则

摩擦纳米发电机通过俘获环境中的机械能进而为各种用电器件供电，如图 1.2（a）所示，其在自然环境下持续稳定的高性能输出至关重要[6-11]。然而，摩擦纳米发电机在实际应用中不可避免地受到环境温度以及湿度的影响，如图 1.2（b）所示。为了满足不同的工况需求，摩擦纳米发电机已经发展出了不同的工作模式［图 1.2（c）］。虽然摩擦纳米发电机的摩擦材料选择是任意的，包括聚酰胺、铜、聚四氟乙烯、铝、聚酰亚胺等［图 1.2（d）］，但是究竟选择何种摩擦材料对才能使得摩擦材料获得较好的输出性能仍然是一个难题。摩擦电序列虽然给予了较好的参考，但是其仅考虑了固定工作模式、固定温度及固定湿度下摩擦材料的起电性能，与实际工作条件并不相符。因此，如何选择合适的摩擦材料对以实现自然环境服役条件下摩擦纳米发电机的高性能输出仍然是一个难题。

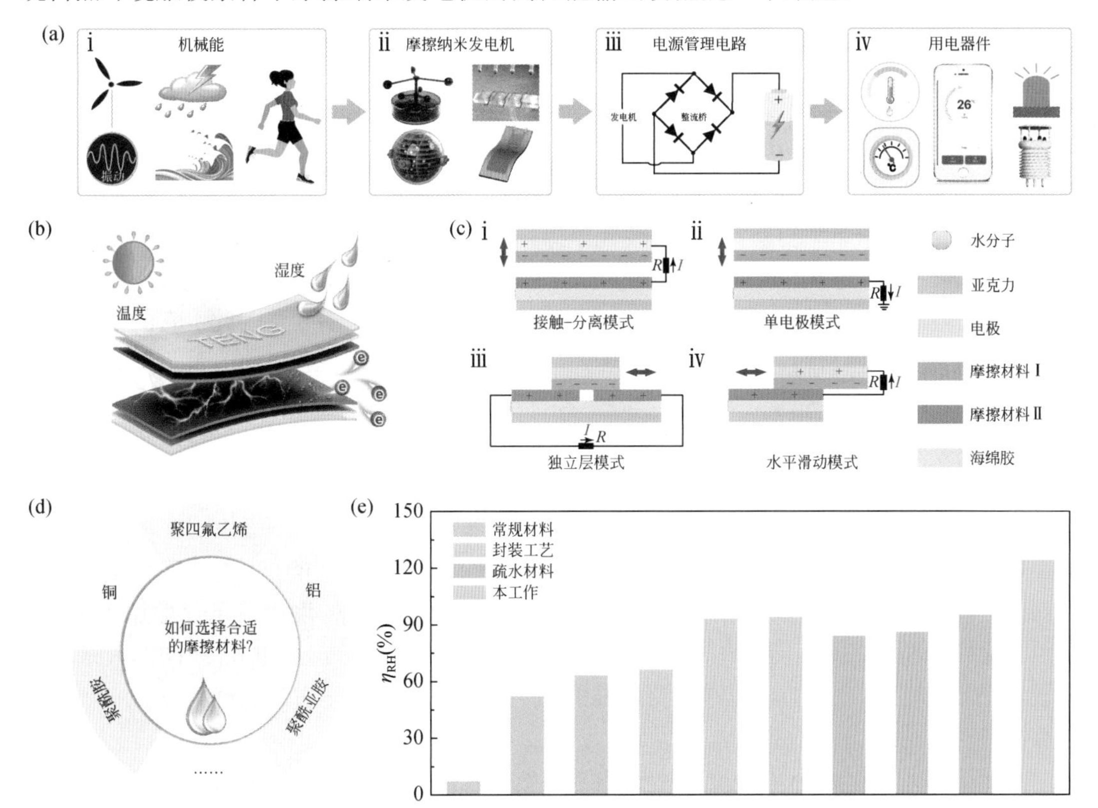

图 1.2 摩擦纳米发电机的结构及工作机制。（a）由摩擦纳米发电机装置实现的自供电传感系统；（b）摩擦纳米发电机在自然环境下的工作状态；（c）摩擦纳米发电机的四种基本工作模式；（d）摩擦纳米发电机具有广泛的材料选择；（e）采用选择原则的摩擦材料对与其他摩擦材料对的耐湿率对比

为了评估摩擦纳米发电机在环境条件下的适应性，可以利用耐湿率 η_{RH}（高相对湿度和低相对湿度下输出性能的比值）作为评价摩擦纳米发电机在湿度环境的适应能力。实验结果表明，采用不同的摩擦材料摩擦纳米发电机的耐湿率并不相同，通过对样机进行封装

或者采用疏水性材料可以提高摩擦纳米发电机的耐湿率。研究结果表明，通过合理的摩擦材料对选择原则，摩擦纳米发电机的耐湿率能得到较大的提升，其中采用尼龙（PA）薄膜以及氟化乙烯丙烯共聚物（FEP）薄膜作为摩擦材料可以实现124%的耐湿率，如图1.2（e）所示，是已报道研究中较高的值[11]。

为了保证实验条件的一致性，我们搭建了标准的实验测试系统，并固定实验温度（25 ℃）、接触力（2 N）和驱动频率（1Hz）的测试条件。通过选择3种电正性摩擦材料，如铜（Cu）、聚酰胺（PA）、铝（Al），以及5种电负性摩擦材料，如聚二甲基硅氧烷（PDMS）、聚对苯二甲酸乙二酯（PET）、聚四氟乙烯（PTFE）、聚酰亚胺（Kapton）、氟化乙烯丙烯（FEP），累计15组摩擦材料对进行实验研究，分别是Cu/Kapton（#1）、Cu/PET（#2）、Cu/PTFE（#3）、Al/Kapton（#4）、Al/PET（#5）、PA/Kapton（#6）、Al/PTFE（#7）、PA/PET（#8）、PA/PTFE（#9）、Cu/PDMS（#10）、Cu/FEP（#11）、Al/PDMS（#12）、Al/FEP（#13）、PA/PDMS（#14）、PA/FEP（#15）。

首先，对垂直接触-分离模式摩擦纳米发电机在不同湿度环境下的转移电荷进行了研究，如图1.3（a）所示。实验结果表明，随着相对湿度的增加，摩擦纳米发电机的转移电荷呈现出四种类型的变化规律：①连续减少（例如#1）；②保持稳定（例如#3）；③先增加后减少（例如#10）；④持续增加（例如#15）。这说明了通过选择合适的摩擦材料对进行摩擦纳米发电机的集成化设计可以实现发电机的高性能输出。

图1.3（b）展示了垂直接触-分离模式摩擦纳米发电机采用不同摩擦材料对在20%相对湿度和95%相对湿度下的表面电荷密度对比情况，分别用 σ_L 和 σ_H 表示。可以看到，#12和#14在低湿环境下具有相对较高的 σ_L，但在高湿环境下 σ_H 并不高。因此，它们在实际应用中不适合作为摩擦材料。除此之外，图1.3（b）所示，σ_L 和 σ_H 之间的关系可以分为三种类型：①低 σ_L 对应低 σ_H（例如，#1，#2，#3和#4）；②中等 σ_L 对应中等 σ_H（例如，#5，#6，#7，#8，#9和#10）；③高 σ_L 对应高 σ_H（例如，#11，#13和#15）。通常，具有较大 σ_L 的摩擦材料可能会倾向于具有较大的 σ_H。因此，σ_L 是直接筛选材料是否适合作为摩擦材料的重要依据之一。在相对较低的湿度环境下，随着湿度的增加，单电极模式摩擦纳米发电机的传输电荷与垂直接触-分离模式摩擦纳米发电机的变化趋势相类似。而当环境湿度持续增加时，随着相对湿度的增加，单电极模式摩擦纳米发电机的传输电荷迅速增加［图1.3（c）］。此外，图1.3（d）还研究了单电极模式摩擦纳米发电机的 σ_L 和 σ_H 之间的关系。结果显示，实现相对较高的 σ_H 通常需要较高的 σ_L，这决定了材料是否适合作为摩擦材料，为摩擦材料对的选择提供了基础。

为了更深入地了解环境湿度对摩擦纳米发电机输出性能的影响，利用接触角测量仪对不同摩擦材料的接触角（θ）进行了测试，以表征它们的疏水性［图1.3（e）］。通常情况下，具有较高接触角的摩擦材料薄膜表现出较强的疏水性，可以防止水分子吸附，从而提高摩擦纳米发电机的抗潮湿性能。具体来说，铜（Cu）膜、聚酰胺（PA）膜及铝（Al）膜的接触角分别为80.2°、80.8°以及86.6°。聚对苯二甲酸乙二酯膜（PET）、聚酰亚胺膜（Kapton）、聚二甲基硅氧烷膜（PDMS）、聚四氟乙烯膜（PTFE）以及氟化乙烯丙烯膜（FEP）的接触角分别为71.4°、89.2°、94.3°、97.2°以及102.9°。此外PA膜在高湿度环境下有“自变形”现象［图1.3（f）］。

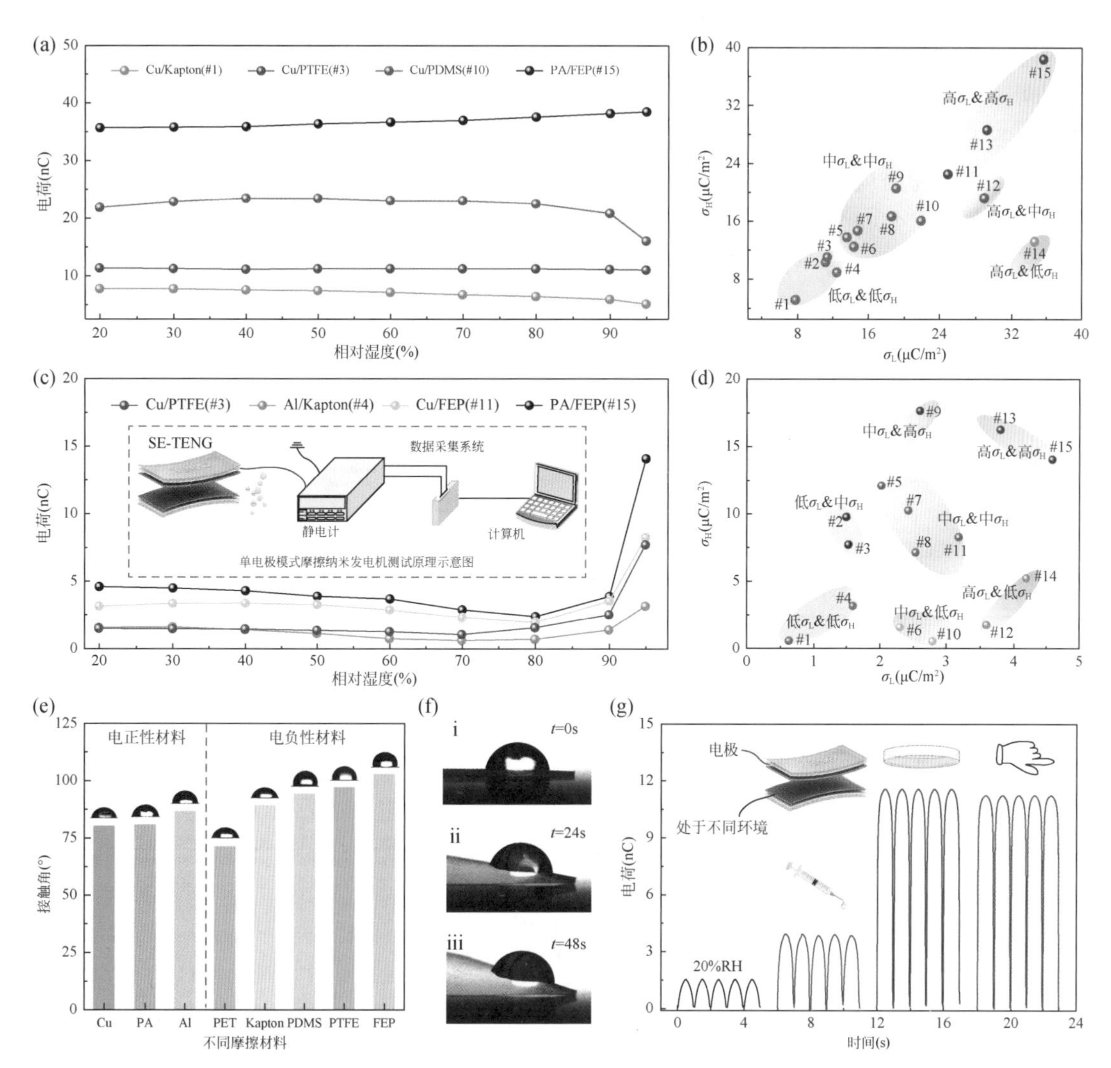

图 1.3　湿度环境对 CS/SE-TENG 输出性能的影响。(a)湿度环境对不同材料 CS-TENG 电荷转移的影响；(b)CS-TENG 不同材料 σ_L 及 σ_H 的分布情况；(c)湿度环境对不同材料 SE-TENG 电荷转移的影响；(d)SE-TENG 不同材料 σ_L 及 σ_H 的分布情况；(e)不同材料的接触角测试结果；(f)PA 膜滴水后"自形变"照片；(g)SE-TENG 摩擦材料与不同介质接触时的电荷转移情况

单电极模式摩擦纳米发电机在高湿度环境下有着更好的输出性能，这是其在测试过程中虚接地导致的，如图 1.3（c）中的插图所示。为了验证这一猜想，通过人为模拟不同的接地情况（一滴水、大量水和手触摸），与 20%相对湿度环境下的转移电荷进行了对比，如图 1.3（g）所示。实验结果表明，随着接地能力的增加，单电极发电机的输出性能增加。这一现象说明了虚接地侧的接地能力越强，单电极模式发电机的输出性能越好。

独立层/水平滑动模式摩擦纳米发电机在运动过程中伴随着摩擦过程，选择摩擦系数（μ）较低的摩擦材料至关重要。不同摩擦材料对的 μ 值如图 1.4（a）所示，为了避免较大的摩擦系数增加摩擦材料在滑动运动中的磨损，排除了摩擦系数大于 0.3 的材料对。为了更清楚地展示独立层/水平滑动模式摩擦纳米发电机的转移电荷量随湿度变化规律，选取了四对摩擦材料［Cu/PET（#2），Cu/PTFE（#3），Al/PTFE（#7），PA/FEP（#15）］如图 1.4（b）和图 1.4（d）所示。在初始，随着相对湿度的增加，独立层/水平滑动模式摩擦纳米发电机的传递电荷呈现出与单电极以及垂直接触-分离模式摩擦纳米发电机类似的趋势，然后逐渐减少。图 1.4（c）和图 1.4（e）分别显示了独立层/水平滑动模式摩擦纳米发电机高低湿度环境下的对比情况。结果显示，尽管摩擦材料通常在 σ_L 较高时有较好的 σ_H，但这并不是绝对的。因此，考虑 σ_L 和 σ_H 这两个参数来准确选择适当的材料对，对提高摩擦纳米发电机的实际应用是至关重要的。

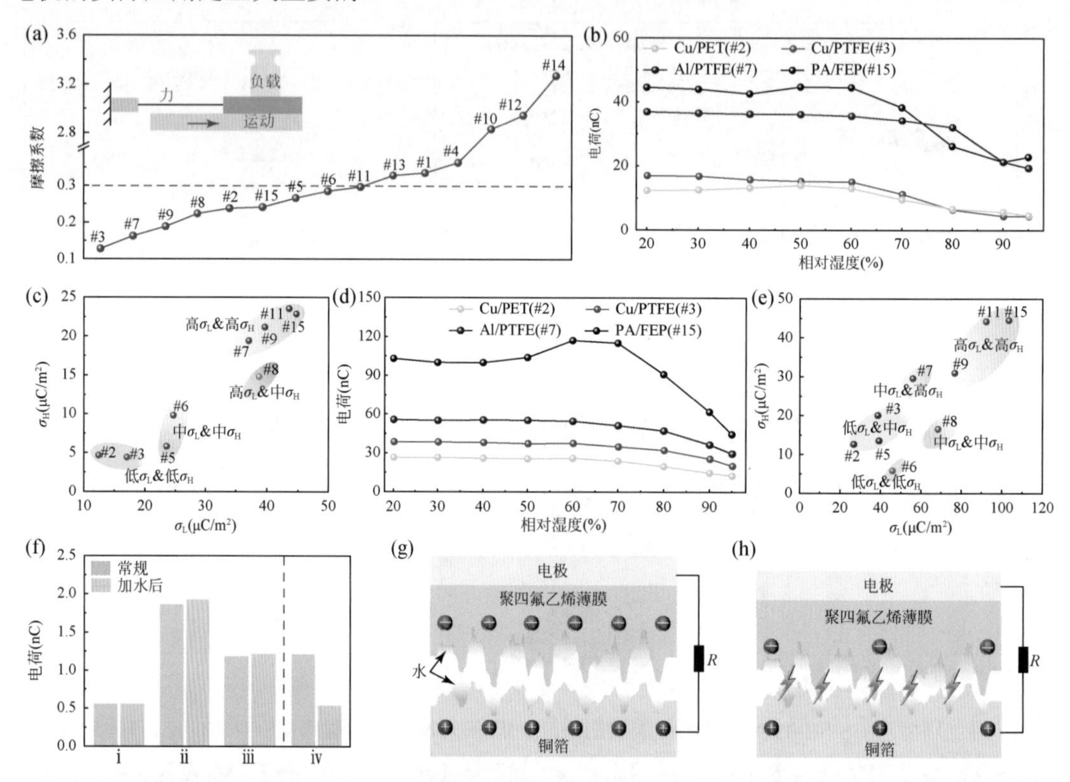

图 1.4　湿度环境对独立层/水平滑动模式摩擦纳米发电机输出性能的影响。（a）不同摩擦材料对的摩擦系数；（b）湿度环境对不同材料独立层模式摩擦纳米发电机转移电荷的影响；（c）独立层模式摩擦纳米发电机不同材料 σ_L 及 σ_H 的分布情况；（d）湿度环境对不同材料水平滑动模式摩擦纳米发电机电荷转移的影响；（e）水平滑动模式摩擦纳米发电机不同材料 σ_L 及 σ_H 的分布情况；（f）摩擦纳米发电机在正常情况下和加水后的转移电荷比较；（g）摩擦材料间隙较大时，潮湿环境下水滴在垂直接触-分离模式摩擦纳米发电机摩擦材料的表面分布情况；（h）摩擦材料间隙较小或者接触时，潮湿环境下水滴在水平滑动模式摩擦纳米发电机摩擦材料的表面分布情况

从上述的实验结果可以看出，相较于垂直接触-分离模式摩擦纳米发电机，在高湿度环境下，独立层/水平滑动模式摩擦纳米发电机的转移电荷量迅速下降。有两个可能的原因可以解释这种现象。一方面，独立层/水平滑动模式的运动是滑动运动，增加了材料的磨损；另一方面，独立层/水平滑动模式运行间隙较小，形成了连续水膜。为了确定可能的原因，

首先通过用砂纸擦拭垂直接触–分离模式摩擦纳米发电机的摩擦材料来测量不同表面粗糙度下转移电荷，结果表明摩擦材料的表面粗糙度（磨损）对摩擦纳米发电机的性能在环境中没有显著影响。随后，研究了不同类型摩擦纳米发电机的摩擦材料表面上水滴的不同运动状态，并将相应的传递电荷与正常情况下进行了比较［图 1.4（f）］。除了情况ⅳ（摩擦材料界面有连续水膜），Cu/PTFE 摩擦材料的传递电荷不受环境湿度的影响，即使直接在摩擦材料表面添加水介质也不受影响（摩擦材料界面无连续水膜）。结果显示，水滴的运动是影响摩擦纳米发电机抗潮湿性能的主要因素。这是因为当摩擦纳米发电机在潮湿的环境中工作时，水分子会在摩擦材料的表面积累。对于垂直接触–分离运动模式是往复的接触分离，由于测试摩擦材料之间的间隙是变化的，并且最大间隙较大，它们之间不会形成连续的水膜［图 1.4（g）］。而对于独立层/水平滑动模式（摩擦材料之间有较小间隙或接触），由于水的表面张力，在工作过程中摩擦材料之间可以形成连续的水膜［图 1.4（h）］。在这种情况下，导致独立层/水平滑动模式摩擦纳米发电机的输出性能的急剧下降。

基于上述研究，通过综合考虑摩擦材料的接触角（θ）、低湿度环境下的电荷密度（σ_L）、高湿度环境下的电荷密度（σ_H）以及摩擦系数（μ）等参数，提出了适用于自然环境服役条件下高性能摩擦纳米发电机材料选择原则，如图 1.5 所示。该模型可以通过初步的筛选确定材料对是否适用于摩擦纳米发电机在不同环境条件下的使用。此外，该选择原则还可以确定摩擦材料的选择优先级。选择原则包括两个步骤，首先，判断摩擦纳米发电机的工作模式。对于接触分离/单电极模式发电机（CS/SE-TENG），疏水材料可以防止高湿环境下水分子吸附在摩擦材料表面。因此，应该排除具有小接触角的摩擦材料。然后，根据环境湿度对 CS/SE-TENG 的影响机制，具有高 σ_L 的摩擦材料可能同样兼具较高的 σ_H。对于独立层/水平滑动模式摩擦纳米发电机（FS/LS-TENG），应考虑具有较小摩擦系数的摩擦材料对，以减少接触面的磨损和热量。因此，可直接排除具有较大 μ 值的摩擦材料。选择具有适当 θ 和 σ_L 值的摩擦材料的过程与选择 CS/SE-TENG 的摩擦材料相同。第二步，使用归一化方法确定可能适用的摩擦材料的选择优先级。通过对参数 σ_L、σ_H、η_{RH}（耐湿率）和 $1/\mu$（摩擦系数的倒数）进行归一化处理，归一化的计算过程如下：

$$K_{\sigma_L}(i)=\frac{\sigma_L(i)}{\sigma_{L_{max}}} \tag{1-1}$$

$$K_{\sigma_H}(i)=\frac{\sigma_H(i)}{\sigma_{H_{max}}} \tag{1-2}$$

$$K_{\eta_{RH}}(i)=\frac{\eta_{RH}(i)}{\eta_{RH_{max}}} \tag{1-3}$$

$$K_{1/\mu}(i)=\frac{1/\mu(i)}{1/\mu_{max}} \tag{1-4}$$

其中，$\sigma_{L_{max}}$、$\sigma_{H_{max}}$、$\eta_{RH_{max}}$ 和 $1/\mu_{max}$ 分别是可能适用的摩擦材料的 σ_L、σ_H、η_{RH} 和 $1/\mu$ 中的最大值。为了确保摩擦材料选择的优先级，将归一化的参数进行相加，得到综合选择系数，$K_{CS/SE}$（i）和 $K_{FS/LS}$（i）分别代表着 CS/SE-TENG 和 FS/LS-TENG 的综合选择系数，综合选择系数越大代表着摩擦材料综合输出性能越好，选择优先级越高。值得注意的是，随着研究进一步展开，阈值（μ_{th}、θ_{th}和σ_{th}）将被重新定义。此外，这个选择模型并不仅限于在自然环境服役条件下摩擦材料的选择，也可以在其他不同环境条件下使用。

$$K_{CS/SE}(i) = K_{\sigma_L}(i) + K_{\sigma_H}(i) + K_{\eta_{RH}}(i) \tag{1-5}$$

$$K_{FS/LS}(i) = K_{\sigma_L}(i) + K_{\sigma_H}(i) + K_{\eta_{RH}}(i) + K_{1/\mu}(i) \tag{1-6}$$

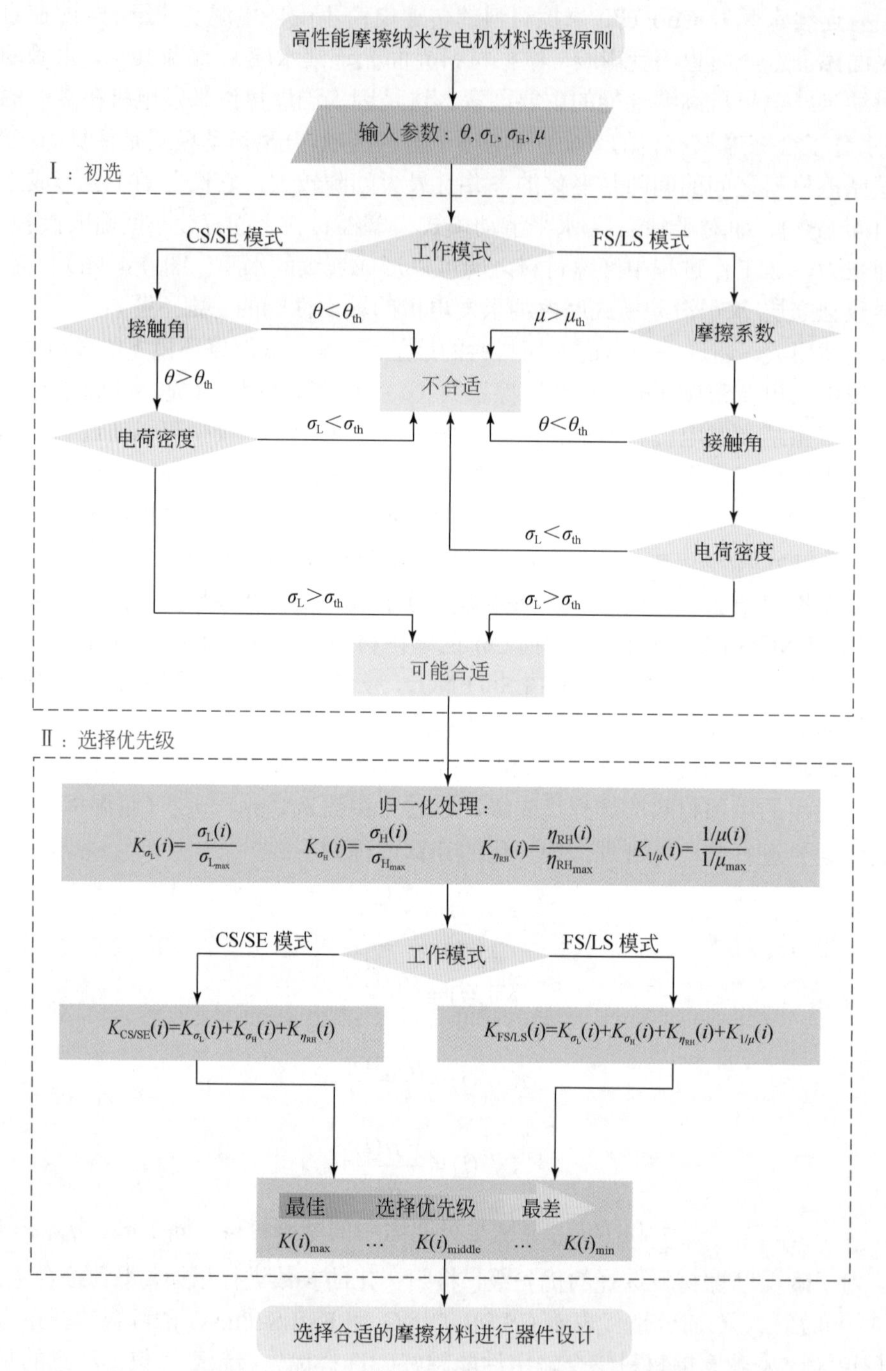

图 1.5　高性能摩擦纳米发电机的材料选择原则

摩擦纳米发电机在微纳能源俘获和自驱动传感方面有广泛的应用。对于能量收集型摩擦纳米发电机，摩擦材料对在低湿和高湿环境中都具有稳定且高的电学输出性能是至关重要的。对于自驱动传感摩擦纳米发电机，摩擦材料的电流/电压输出稳定性对于传感器的稳定性和准确性至关重要。因此，基于所提出的高性能摩擦纳米发电机材料选择原则，给出了不同工作模式摩擦材料对的综合选择序列，如图 1.6 所示。从确定的综合选择序列可以看出，使用 PA 薄膜和强疏水性材料（如 FEP 和 PTFE）的摩擦纳米发电机将能实现更好的综合输出性能。这个选择序列为在常温环境下选择适用于摩擦纳米发电机的合适摩擦材料提供了重要参考。随着研究进一步发展，用于摩擦纳米发电机的摩擦材料将会进一步丰富。

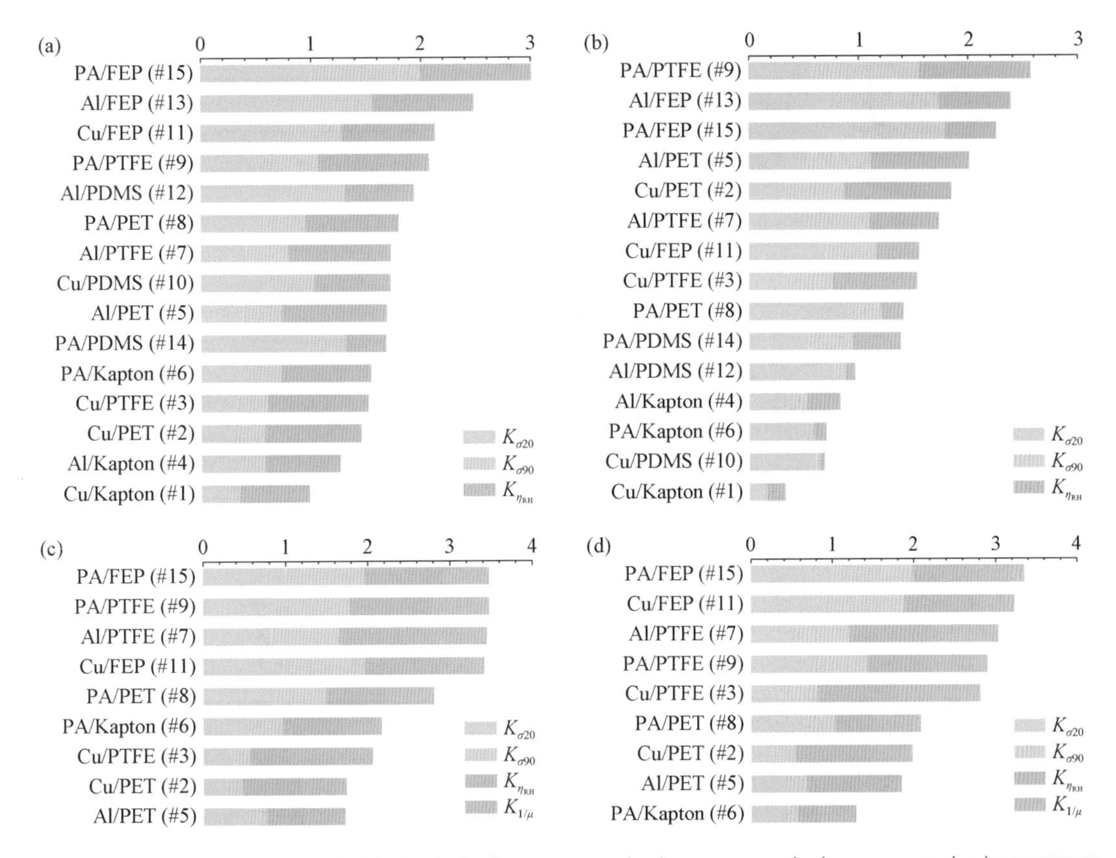

图 1.6　摩擦纳米发电机材料的选择序列。（a）CS-TENG；（b）SE-TENG；（c）FS-TENG；（d）LS-TENG

为了验证选择原则的可行性，分别对垂直接触-分离及独立层模式摩擦纳米发电机进行集成化样机设计，以验证选择原则的可行性，如图 1.7（a）所示。分别从综合选择序列中选择最好、中间以及最差的三种摩擦材料对进行实验，不同摩擦材料对在不同湿度环境下的转移电荷情况如图 1.7（b）所示。实验结果表明，对于垂直接触-分离模式发电机来说，转移电荷由高到低分别为 PA/FEP、Al/PTFE、Cu/Kapton；对于独立层模式摩擦纳米发电机，转移电荷由高到低分别为 PA/FEP，Cu/FEP，Al/PET。并且独立层模式摩擦纳米发电机受湿度的影响比垂直接触-分离模式摩擦纳米发电机影响更大。并且随着环境湿度的增加，垂直接触-分离模式摩擦纳米发电机使用 PA/FEP 的摩擦材料对在高湿度环境下具有更好的输出性能。上述实验现象与之前的实验结果相一致。进一步，对两种工作模式的集成化样机的综合选择系数进行了计算，计算结果如图 1.7（c）所示，与前面计算的选择系数结果相一致，证明了选择原则的可行性。进一步评估了所设计原型样机的充电能力，如图 1.7（d）所示，在 95%相对湿度下，带有合适摩擦材料（PA/FEP 和 Al/PTFE）的 CS-TENG 集成装置充电 4.7 μF 电容器至 3V 所需时间分别为 16 秒和 46 秒，比 20%相对湿度下更短。相反，FS-TENG 集成装置在 95%相对湿度下的充电速率较 20%相对湿度下慢，但可以通过选择合适的材料来减小差异。进一步，建立了一个自供电系统，其中包括 CS-TENG（带 PA/FEP）、

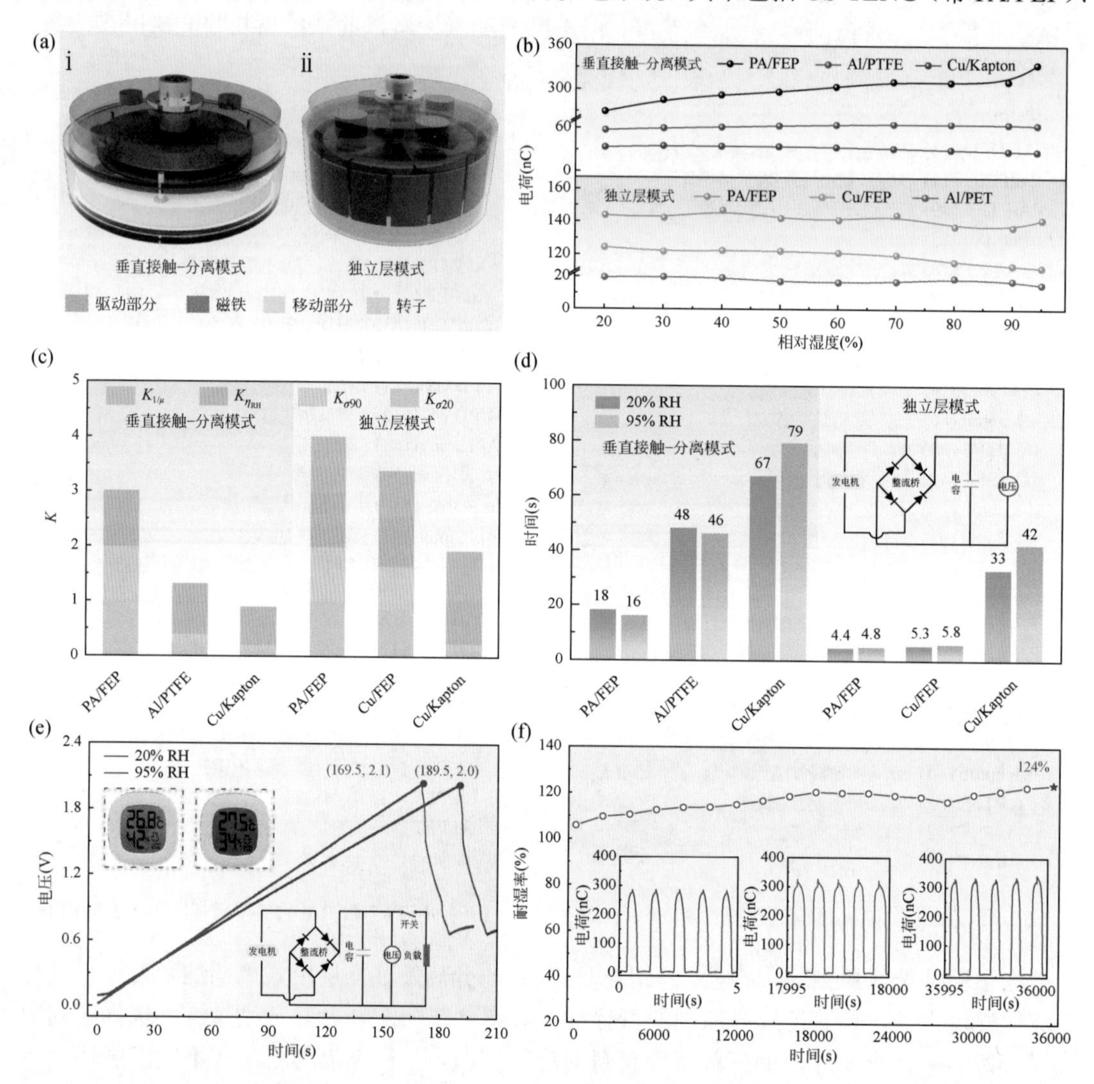

图 1.7　选定的摩擦材料对摩擦纳米发电机的应用。（a）集成化样机示意图；（b）湿度环境对集成化样机转移电荷的影响；（c）集成化样机摩擦材料综合选择系数；（d）高/低湿度环境下，集成化样机充电容效率对比；（e）高/低湿度环境下，集成化样机充电容曲线对比；（f）集成化样机在连续工作 36000 秒过程中耐湿率变化情况

整流桥、电容器（100 μF）和温湿度计，图 1.7（e）插图中显示了其等效电路图。采用 PA/FEP 的 CS-TENG 可以在 20%和 95%相对湿度下为电容充电，进而为温湿度传感器供电。并且，CS-TENG 在高湿度环境下的充电效率更快。此外，在 95%相对湿度环境下 CS-TENG 连续工作 36000 秒后，采用 PA/FEP 摩擦材料的 CS-TENG 的耐湿率可以达到 124%，如图 1.7（f）所示。这些结果表明通过选择合适的摩擦材料，摩擦纳米发电机的耐湿性可以得到有效增强。随着摩擦纳米发电机应用的多样化，摩擦材料将变得更加丰富。这些选择规则不仅限于所提到的 15 种摩擦材料对，理论上有望适用于其他摩擦材料对。同时，所提出的选择规则有望适用于其他恶劣环境中（如温度、压力、pH 等）摩擦材料的选择。这项工作不仅为摩擦纳米发电机材料的选择提供了新的指导，并且有望加速摩擦纳米发电机在自然环境服役条件下的商业化应用。

1.2.3　摩擦纳米发电机的主要评价指标

目前定量评价摩擦纳米发电机性能的通用标准方法主要依据品质因数（figure of merit，FOM）来进行。它主要包括结构品质因数（structural figure of merit，FOM_S）、材料品质因数（material figure of merit，FOM_M）和器件品质因数（device figure of merit，FOM_{device}）三大类。其中，结构品质因数又因为计算方法不同分为四种情形，即理想最大输出能量、最佳匹配电阻时的输出能量、稳态时的最大输出能量和电路外接容性负载时的最大输出能量，这四种情形可得到四种结构品质因数。这三大类品质因数分别从摩擦纳米发电机结构设计、材料选择和器件输出三个方面分别评价其基本输出特性[12]。

结构品质因数的基本定义表达式如下：

$$FOM_S = \frac{2\varepsilon_0}{\sigma^2}\frac{E_m}{Ax_{max}} \tag{1-7}$$

其中，ε_0 代表材料的相对介电常数、σ 表示材料表面的摩擦电荷密度、E_m 代表摩擦纳米发电机在一个周期内输出的最大能量、A 表示摩擦层的有效面积、x_{max} 是相对位移的最大距离。注意 E_m 的具体表达式为：

$$E_m = \frac{1}{2}Q_{sc,max}(V_{oc,max}+V'_{oc,max}) \tag{1-8}$$

其中，$Q_{sc,max}$、$V_{oc,max}$、$V'_{oc,max}$ 分别表示短路时摩擦纳米发电机的最大转移电荷量、开路时的最大输出电压和摩擦纳米发电机反向运动时的最大电压；这三个量均正比于摩擦接触面产生的电荷密度。注意，定义式里面的 E_m 由开路电压和短路电荷围成的电荷、电压曲线面积计算得到，在实际中难以达到。因此，摩擦纳米发电机在一个周期内输出的最大能量也可以用外接匹配电阻时输出的最大能量 E_{RS} 代替，即 $FOM_{RS}= 2(\varepsilon_0 E_{RS})/(\sigma^2 Ax_{max})$。不同模式下计算得到的 E_m 和 E_{RS} 以及两者之间的对比如图 1.8 所示。另外，当摩擦纳米发电机达到稳态时，可将一个周期内的均方根视作有效值来简化计算最大能量的输出过程。若 $E_{ac,out}$ 是摩擦纳米发电机在一个稳态周期内输出的最大能量，V_{rms} 和 I_{rms} 分别为匹配电阻 R_{opt} 时电压与电流的有效值，则结构品质因数变形为 $FOM_T= 2(\varepsilon_0 E_{ac,out})/(\sigma^2 Ax_{max})= 2(\varepsilon_0 V_{rms}I_{rms})/(\sigma^2 fAx_{max})$；其中，$f$ 为摩擦纳米发电机达到稳态工作时的频率。需要考虑另外一种情况，即当摩擦纳米发电机电路外接容性负载时，比如电容，其最大能量输出与充电次数相关，设 E_m^C 是第 k 次充电循环后外接电容 C_L 中储存的最大能量，则表征摩擦纳米发电机输出能量的结构品质因数表达式变为 $FOMC_S=2(\varepsilon_0 E_m^C)/(\sigma^2 kAx_{max})$。四种基本模式摩擦纳米发电机充电系统的结构品质因数解析计算结果比较如图 1.9 所示。

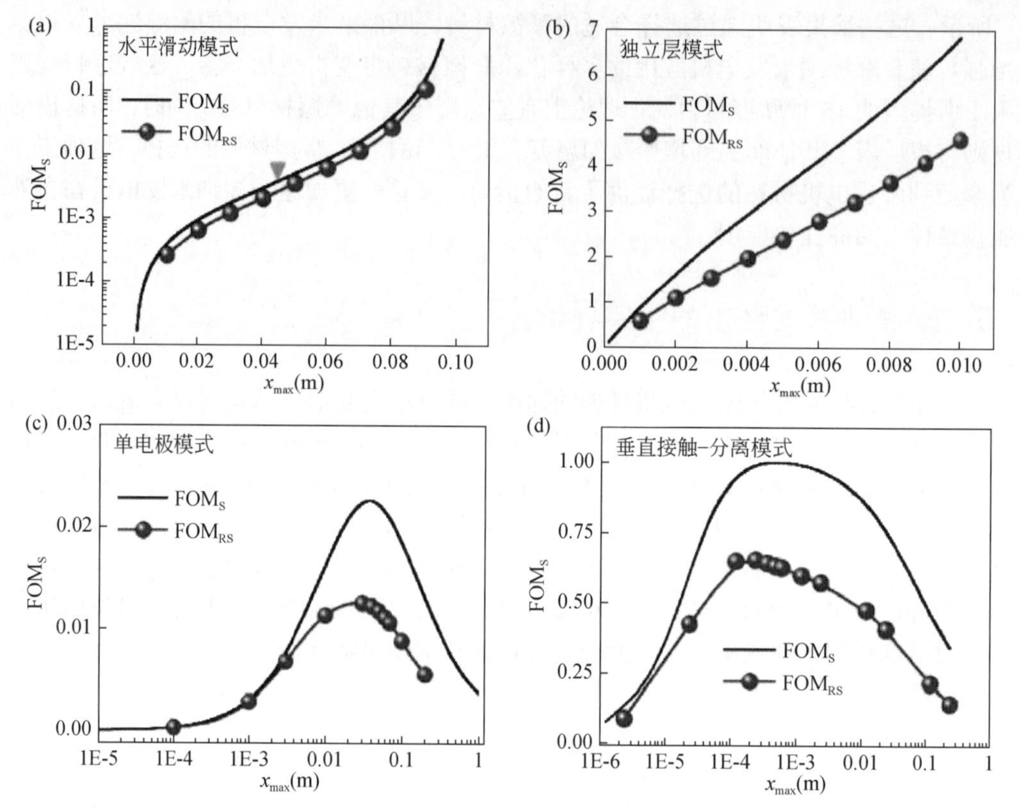

图 1.8　用 E_m 和 E_{RS} 两种不同方法计算四种基本摩擦纳米发电机模型得到的结构品质因数及两者的对比结果。（a）水平滑动模式；（b）独立层模式；（c）单电极模式；（d）垂直接触-分离模式

材料品质因数的基本定义表达式如下：

$$FOM_M=\sigma_N^2=\frac{\sigma^2_{material/Galinstan}}{\sigma^2_{FEP/Galinstan}} \tag{1-9}$$

其中，σ_N 代表归一化的摩擦电荷密度，表示某种材料和液态金属镓铟锡合金（Galinstan）接触后产生的摩擦电荷密度与氟化乙烯丙烯材料（FEP）和液态金属 Galinstan 接触后产生的电荷密度之比，即通过相对于同一种液态金属的摩擦表面电荷密度来定量表征各种材料的摩擦起电性能，将 FEP 接触液态金属 Galinstan 所得的表面电荷密度作为标准进行参照，进一步定义归一化的表面电荷密度 σ_N 和无量纲材料品质因数 FOM_M。

从整个器件角度来看，综合考虑材料参数、结构参数、运动参数等可以推导出摩擦纳米发电机的器件品质因数，其表达式定义为：

$$FOM_{device}=0.064\frac{\sigma^2\overline{v}}{\varepsilon_0} \tag{1-10}$$

其中，$\overline{v}=\omega x_{max}/\pi$，表示摩擦纳米发电机稳态工作时的平均运动速度，$\omega$为稳态工作时的频率。注意，$FOM_{device}$代表摩擦纳米发电机稳态输出的最大功率密度，单位为$W/m^2$。上述不同类型的品质因数为比较不同结构/模式等条件下摩擦纳米发电机的输出性能提供了通用的标准方法，达到了定量评价摩擦纳米发电机基本输出性能的目的。

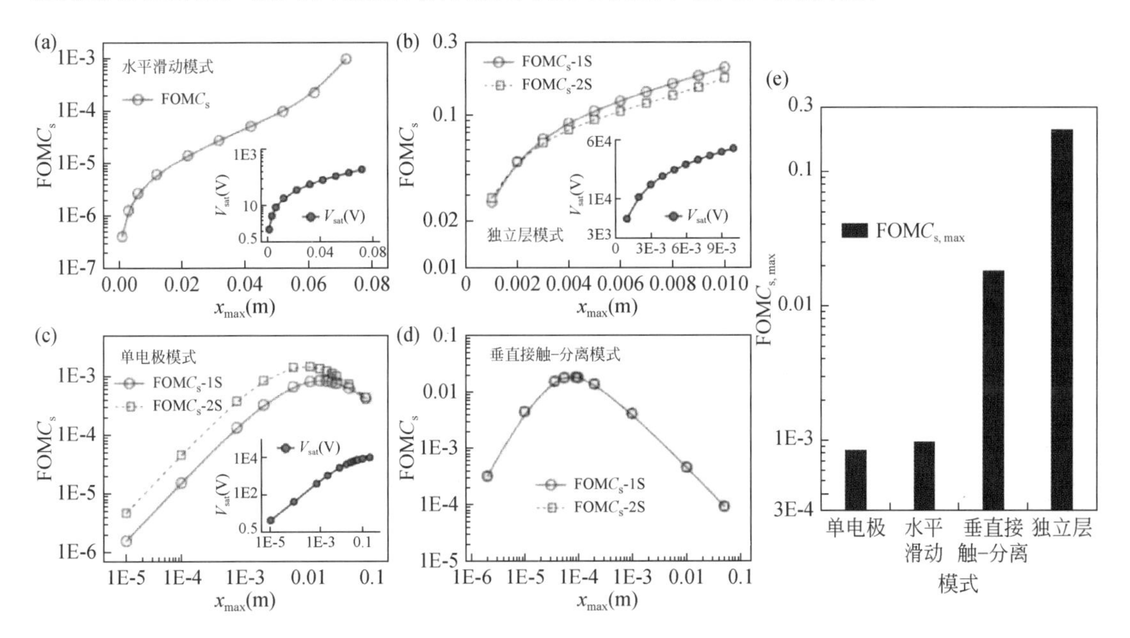

图1.9　四种基本模式摩擦纳米发电机充电系统的结构品质因数解析计算结果比较。(a)水平滑动模式；(b)独立层模式；(c)单电极模式；(d)垂直接触-分离模式；(e)四种基本模式最大$FOMC_{s,\ max}$比较

1.3　摩擦纳米发电机的物理原理

摩擦纳米发电机的物理原理主要基于接触起电效应和静电感应效应。其中，接触起电效应主要涉及接触界面摩擦电荷的产生问题，即摩擦纳米发电机中的电荷是如何产生的，接触起电的物理本质是什么。另外一个需要回答的问题是，当电荷产生之后如何在外电路流动。该问题我们用动生麦克斯韦方程组和相关的电路理论来解决。本小节内容主要包括接触起电物理模型和动生麦克斯韦方程组两个方面。

摩擦起电主要指一个物体与另一个物体发生摩擦或者接触时，在界面处发生电荷转移，使物体表面带电的现象。摩擦起电现象几乎可以发生在各种物质的界面：比如固-固、固-液、固-气、液-液等（图1.10所示）。人类历史上首次记载摩擦起电的现象距今已经有2300年的历史，但是摩擦起电的物理机理依然处于长期争论之中（图1.11所示）。争论的焦点在于摩擦起电的载流子是离子、电子还是摩擦界面间的材料转移。实际上，研究结果已证明电子是固-固界面摩擦起电的主要载流子，发生电子转移的条件是两个原子的电子云发生重叠。

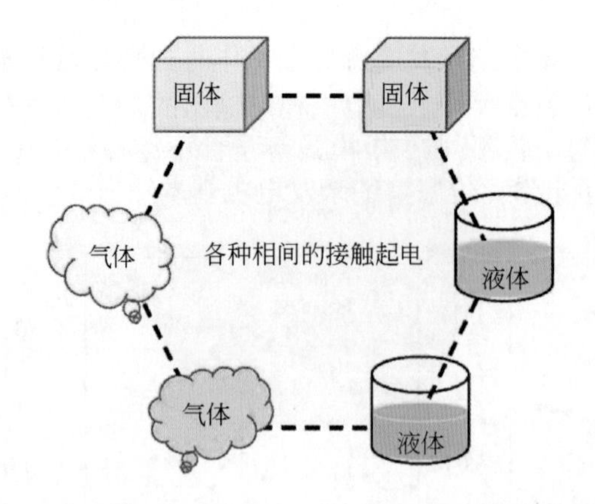

图 1.10　接触起电存在于所有已知物质的界面之间，如固-固、固-液、液-液、气-液、气-气、气-固等相之间

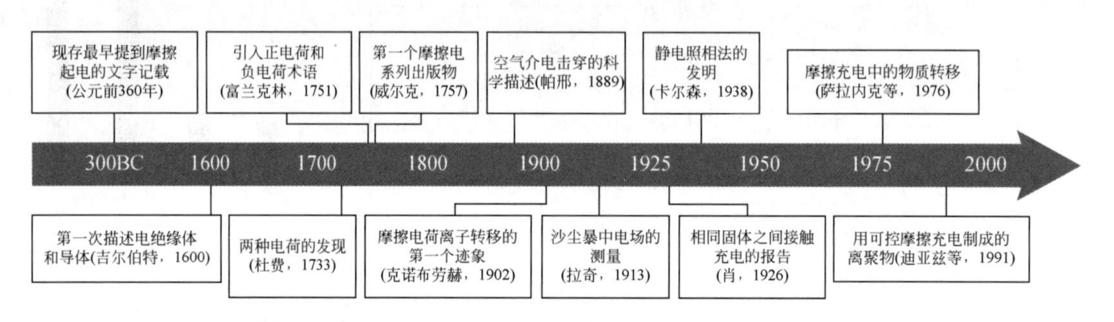

图 1.11　描述接触起电历史重要发展时刻时间轴

从器件角度来看，摩擦纳米发电机的典型特点是可以将外界的机械能转换为电能。一个基于摩擦纳米发电机的能量转换系统至少包括三部分：机械系统、发电机转换器本身和电系统（图 1.12 所示）。图 1.12 中清晰地描述了摩擦纳米发电机能量采集系统中的能量流动过程：外界机械能输入系统后被转换为准静电能存储在发电机中，接着被输入到外电路。图中的反向箭头主要说明动态能量转换系统中的每一个子系统对前一个系统的影响[13]。

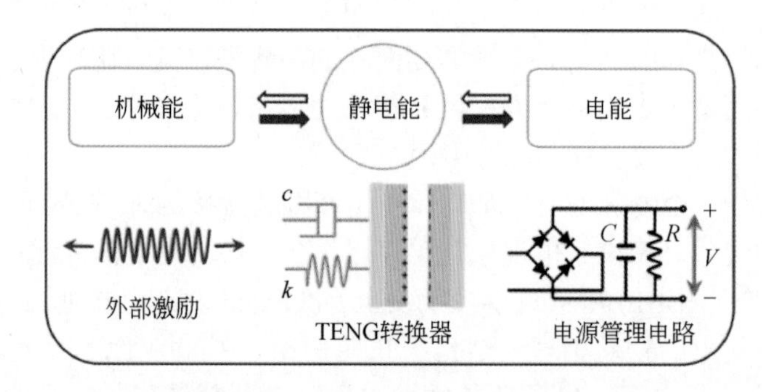

图 1.12　基于摩擦纳米发电机的能量转换系统基础三部分：机械系统、发电机转换器本身和电系统，以及在该系统内部的能量流动情况示意图

摩擦纳米发电机的驱动力来源于位移电流，通过对电位移矢量 $\boldsymbol{D}$ 的修正，已经清晰地

证明了这一结论[14]。位移电流主要分布在摩擦纳米发电机器件内部，外电路中流动的是传导电流。位移电流和传导电流两者大小相同，构成一个闭合回路（图 1.13 所示）。为了阐明该物理机制，明晰研究框架，构建了摩擦纳米发电机的数学物理模型和等效电路模型；且每一类模型都有自己的特点和使用范围。从电动力学的角度来看，主要研究在外界机械作用下电荷的静止、运动和重新分配过程。

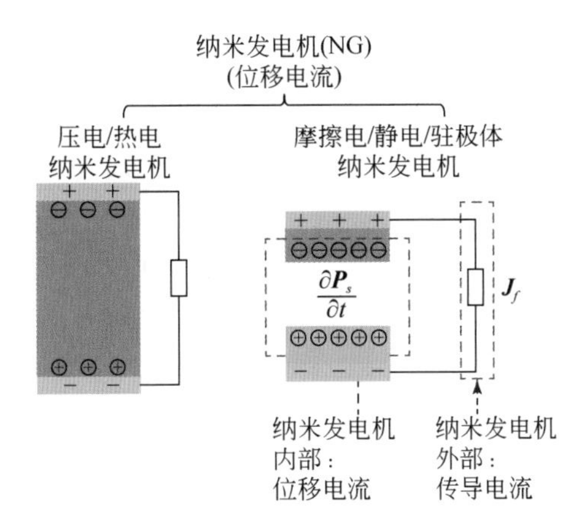

图 1.13　摩擦纳米发电机的驱动力和位移电流

1.3.1　接触起电物理模型

接触起电存在于几乎所有已知物质的界面之间，所以很难用统一的物理模型来描述不同界面间的电荷转移现象[15]。对于固-固界面来说，我们根据不同的固体材料类型进行分析。金属和金属界面是研究人员比较早开始进行研究的界面之一。金属表面间的接触起电通常被认为是不同金属之间的功函数差异驱动电子在接触面之间进行转移的。当两个金属导体互相接触时，电子从较低功函数的金属表面流向较高功函数的金属表面，直到它们的费米能级达到平衡状态。如图 1.14 所示，银球（Φ_{Ag}～4.3eV）与金球（Φ_{Au}～5.3eV）的半径相同，两者互相接触后总的费米能级是两个球接触之前各自费米能级的平均值。当半径大的银球和半径较小的金球接触时，半径小的金球表面带有更多的负电荷电，因此它的费米能级接近 4.3eV。当银球和金球表面带有相同的电荷量时，即数量相同，但符号相反，银球表面将失去电子而带正电，金球表面得到电子带负电。上述现象在等离子体中有很特殊的用途。

更一般的情况下，我们通过接触起电的电子云重叠模型描述固-固界面间的电荷转移现象[16]。如图 1.15 所示，原子间的排斥和吸引作用可以通过原子间的相互作用势来理解。成键的两个原子意味着发生电子云或波函数的某种重叠，此时两者之间的平衡距离设为 a，称为键长或原子间距离［图 1.15（a）］。当原子间距离 x 大于 a 时，两个原子倾向于相互吸引［图 1.15（b）］。在这种情况下，两个原子的电子云之间的重叠可以忽略不计，不可能发生电子转移。如果原子间距离 x 小于 a，由于电子云的重叠，两个原子相互排斥［图 1.15（c）］。但是在这个范围内，两个原子间极易发生电子转移。

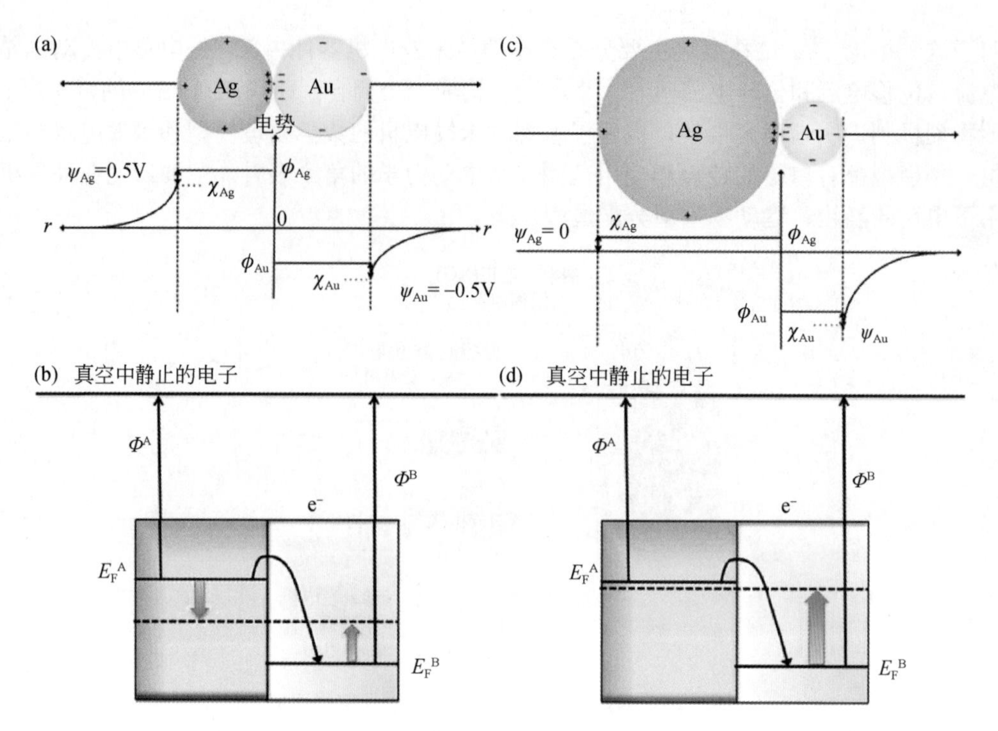

图 1.14　金属-金属接触时界面间的电子转移示意图。相同半径的银球和金球相互接触时的（a）电势分布和（b）费米能级平衡示意图；不同半径的银球和金球相互接触时的（c）电势分布和（d）费米能级平衡示意图

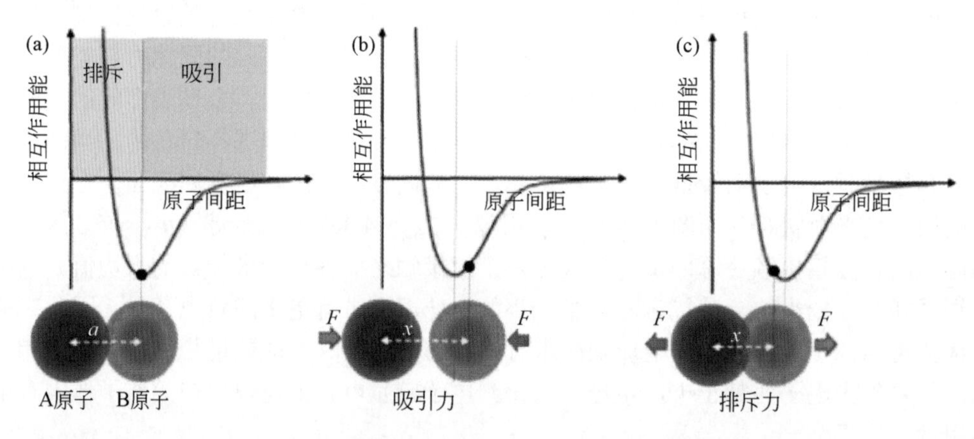

图 1.15　接触起电的电子云/波函数重叠模型。（a）原子间距与排斥力和吸引力之间的关系；（b）在吸引区电子云/波函数重叠较小；（c）在排斥区电子云/波函数重叠较强时，两个原子之间的势能和相互作用力

对于接触起电来讲，为了使两个表面接触必须施加外力。这种外力作用使某些接触点产生局部高压，甚至在原子和纳米尺度上也出现作用力，造成原子间距 x 小于局部接触点之间的键长，产生局部排斥力，进而引起电子转移。实验结果表明，原子力显微镜针尖与接触面之间的距离必须小于原子键长才能产生接触起电的现象。在力的排斥区，局部电子云重叠度增加导致电子从一种物质转移到另一种物质。基于此，王中林教授团队提出了接

触起电的原子尺度电荷转移机制。

图1.16（a）说明在两种材料的原子接触之前，它们各自的电子云保持分离而没有重叠[17]。此时由于处在引力区，势阱将电子紧紧束缚在特定的轨道上，阻止它们自由逸出，这是非导电材料的情况。当两个原子相互靠近并接触时，电子云在两个原子之间重叠成键。如果施加的外力继续增大，键长甚至可能会缩短。在这种情况下，初始的单势阱变成了不对称的双势阱，并且由于电子云重叠，两者之间的势垒降低。结果电子可以从一个原子转移到另一个原子，产生接触起电。机械外力或者接触所起的作用是缩短原子之间的距离，在排斥区造成它们的电子云强烈重叠，或者至少发生在原子尺度接触的区域。图1.16所示的过程同时也称为“Wang 转换（Wang transition）”。

图1.16所示的示意图中可以看出，接触起电可能发生在所有原子/物质中。实际上，考虑到表面的原子级粗糙度，两种材料的表面只有很小一部分会达到原子尺度的接触。这也解释了为什么当施加较大的压力时，一种材料与另一种材料摩擦得更厉害，电子云重叠度大大增加，会产生更多的转移电荷。另一方面，强大的接触力甚至会造成材料局部断裂和塑性变形，这就是接触起电总是与摩擦纠缠在一起的原因。当两种材料被分开后，转移的电子以静电荷的形式留在接触面上。

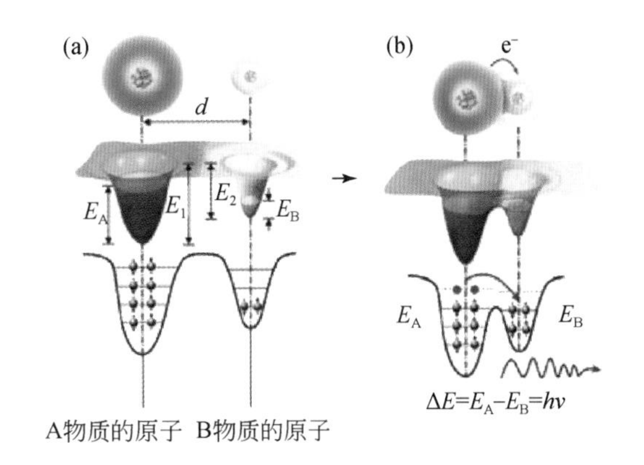

图1.16 两图［（a）3D和（b）2D］为两种材料A和B的两个原子对应的原子势能模型及接触前和接触时的电子态：说明在发生电子云重叠后电子从一个原子转移到另一个原子。电子云重叠度增加导致原子间的势垒降低，增加电子跃迁和光子发射的概率

我们以垂直接触-分离模式和水平滑动模式直流摩擦纳米发电机为例，说明存在半导体材料时的界面情况[18]。垂直接触-分离模式直流摩擦纳米发电机的示意图如1.17所示，电极1和2分别由p型半导体（低电化学电势）和n型半导体（高电化学电势）制成，且假设电极表面不存在任何表面态和缺陷。p型和n型半导体接触前的能带如图1.17（a）所示。当两个半导体接触时，由于电势差的原因，电子从n型半导体（Electrode 2）扩散到p型半导体（Electrode 1），并在n型和p型半导体中分别形成宽度为W_n和W_p的耗尽区［图1.17（b）］。在热平衡状态下，没有电流穿过pn结。当两半导体被外部机械力分开时，n型半导体耗尽区内的电子被输送到外电路，通过外电阻R和p型半导体耗尽区后形成从p型到n型的直流电。在n型（p型）半导体中，耗尽区宽度变为W_n（W_p）；直到两者的分离距离d

达到最大值 d_f时，耗尽区的大部分电子被输送到外电路，系统达到新的平衡状态。在两者互相接近时，半导体中的空间电荷区由于电势差的原因逐渐恢复，电流从 p 型半导体流向 n 型半导体，直到两个半导体完全接触。此后，电子从 n 型半导体扩散到 p 型半导体，产生传导电流，恢复空间电荷区，此时在外电路中观察不到电流。

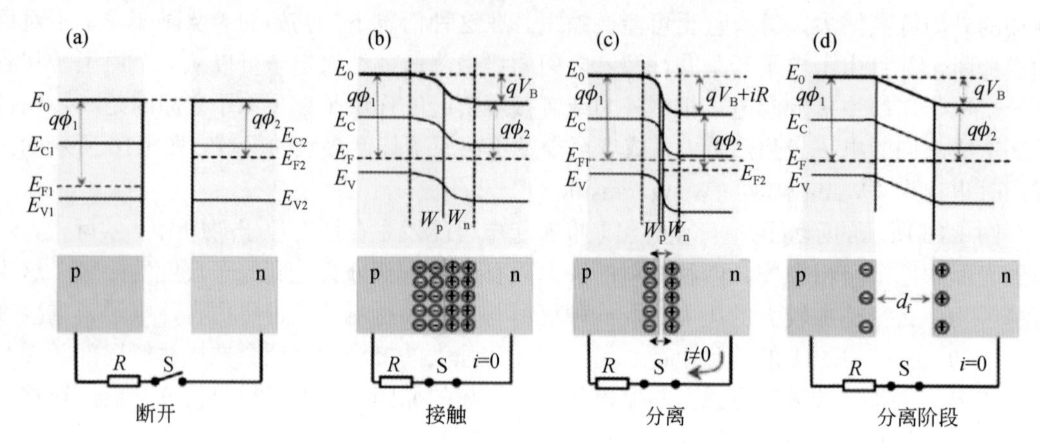

图 1.17 垂直-接触分离模式直流摩擦纳米发电机的详细能量带图。
（a）断开，（b）接触，（c）分离，（d）分离阶段

E_0为真空能级，E_C为导带底部，E_V为价带顶部，E_F为费米能级，$q\phi$为电极的功函数，V_B为电极间的电化学电位差

水平滑动模式直流摩擦纳米发电机的示意图如 1.18 所示，所用材料与上述接触-分离模式相同[19]。p 型半导体和 n 型半导体滑动接触前的能带如图 1.18（a）所示。当两个半导体接触时，由于电化学电位不同，最终在接触面上形成 pn 结，电子从 n 型半导体电极扩散到 p 型半导体电极［图 1.18（b）］。结果表明，p 型半导体中的耗尽区带负电，n 型半导体的耗尽区带正电，形成从 n 型指向 p 型的内建电场。由于总体呈中性状态，pn 结中的空间电荷区可以看作是一个偶极子，从 p 型半导体指向 n 型半导体并垂直于 pn 结接触面。当 p 型半导体和 n 型半导体互相摩擦时，由于摩擦伏特效应，接触表面上产生电子-空穴对，随后被内建电场分离，以直流电的形式从 p 型半导体电极穿过外电路并流向 n 型半导体电极［图 1.18（c）］。

接下来我们考虑固-液界面的接触起电情况（图 1.19 所示）。固-液接触起电主要包括绝缘体-液体、半导体-液体和金属-液体的电子传递等方面的研究[20]。与固体-固体之间的接触起电不同，由于溶液的出现，固-液接触起电中的载流子被假设为离子，但这一基本假设并没有得到实验验证，同时也基本没有考虑接触时是否有电子传递发生。近年来的研究结果表明，固-液接触起电中存在电子传递，并提出了“两步走”模型，其中液体分子与固体表面原子之间的电子转移是第一步，其次由于电子相互作用而发生离子转移过程。 两步模型为理解双电层的形成提供了一种新方法，也可能对基础化学甚至生物学产生重大影响。

如图 1.19 所示，电子传递过程是固-液接触起电过程中不可忽视的重要步骤，因此在双电层的形成过程中也应考虑电子传递的影响。王中林教授团队首次提出了一种混合双电

层模型，即“王氏杂化模型”。该模型同时考虑了电子转移和离子吸附（化学相互作用）的情况，阐述了形成双电层的“两步”过程。在第一步中，液体中的分子和离子由于热运动和液体的压力而撞击固体表面，固体原子和水分子的电子云重叠导致它们之间发生电子转移［图 1.19（a）］。在第二步中，液体中的游离离子会因静电相互作用而被吸引到带电表面，形成与传统双电层模型相似的双电层［图 1.19（b）］。同时，电离反应也在固体表面发生，电子和离子在表面上产生。此外，当水分子失去一个电子时会变成阳离子，根据化学反应：$H_2O^+ + H_2O \longrightarrow \cdot OH + H_3O^+$，它和邻近的水分子结合生成一个 ·OH 和一个 H_3O^+。因此，从固体表面被推离的水分子在液体中成为自由迁移离子，这些离子也可以参与双电层的形成。

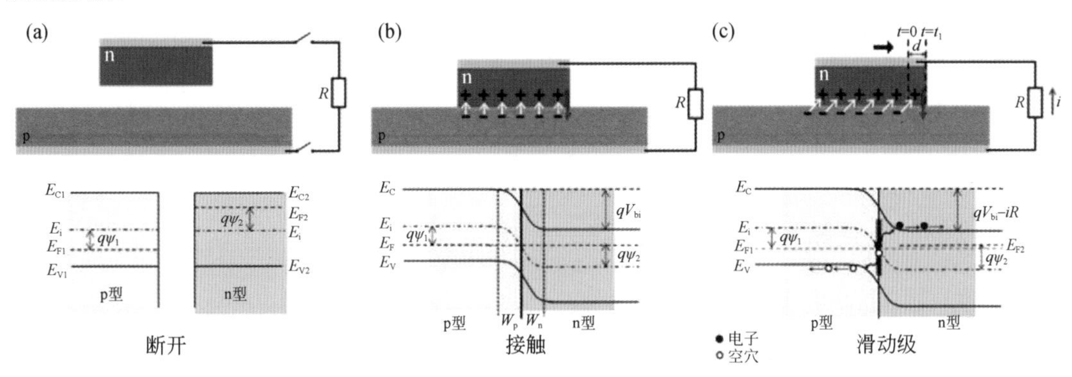

图 1.18　水平滑动模式直流摩擦纳米发电机的详细能量带图。（a）断开，（b）接触，（c）滑动级

E_C 是导带的底部，E_V 是价带的顶部，E_i 是本征能级，E_F 是费米能级，V_{bi} 是内置势，而 ψ_1 和 ψ_2 分别是 p 型和 n 型半导体中相对于费米能级的电势

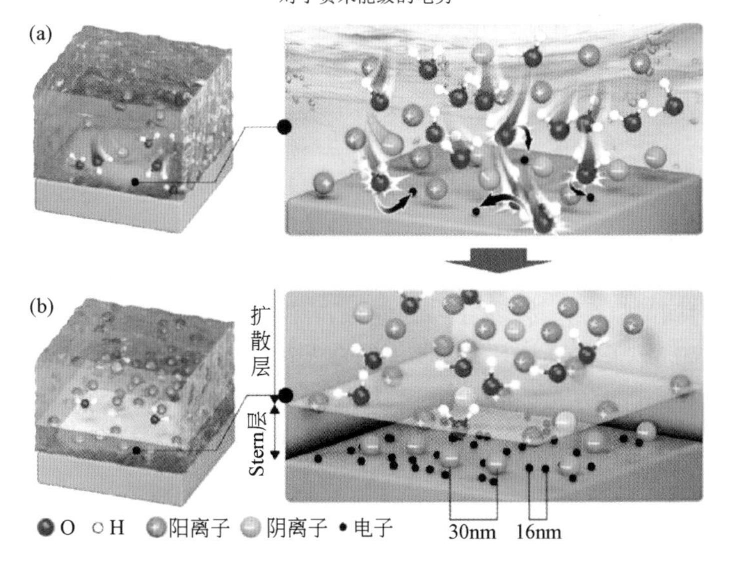

图 1.19　固-液接触“两步”走形成双电层的过程。（a）第一步，由于液体的热运动和压力，液体中的分子和离子撞击固体表面，导致它们之间的电子转移，同时，离子也可能附着在固体表面上；（b）第二步，由于静电相互作用，液体中的游离离子被吸引到带电表面，形成双电层

该混合双电层模型有几个关键点需要注意：电离反应产生的离子和传递的电子都可以改变近表面的电位分布，且 Stern 层和扩散层的形成没有本质的区别。而在传统的双电层模型中，固-液界面上的电离相互作用引起表面电荷增多，从而引起扩散层中电荷重新分布[21]。在杂化层中，固体和液体分子之间的电荷转移导致更多的电荷积聚在表面；电子转移过程与离子吸附过程并行进行，甚至在某些情况下，电子转移在表面电荷的产生中起主导作用。同时，该混合双电层模型与固体表面也有关系。转移的电子通常被困在表面状态，而电离反应中产生的额外电荷被困在原子轨道上，这表明表面态的势垒比原子轨道的势垒低。因此，表面态中的电子相对不稳定，是可移动的。此外，固体材料的供/吸电子能力决定了固体之间的接触起电情况，该规律也适用于固-液接触起电。例如，具有较强电子捕获能力的聚合物（PTFE 和 FEP）在与液体接触过程中可以产生显著的电子传递效应，并且通过增加表面的一些不饱和基团可以进一步提高其接触起电性能。因此，双电层的形成，包括近表面的电荷密度和电势分布，也很可能受到固体材料的供/吸电子能力的影响。

1.3.2 动生麦克斯韦方程

传统的麦克斯韦方程组成立的假设是在惯性系中，介质处于静止状态。它用来描述体积固定、边界不变、处于惯性系中介质的电磁场变化行为，揭示电场、磁场和电磁场之间的相互作用以及电磁场的传播规律，没有直接考虑系统中其他外力（机械力）做功或介质（物体）有加速运动的情况[22]。但是，这些隐含条件在一般的教科书或文献资料中鲜有提及。在工程技术领域中，当介质的形状、边界和体积是时间的函数，且介质以任意的速度 $\boldsymbol{v}(r, t)$ 沿不同轨迹运动时，精确分析这些系统的电磁场动力学行为无疑相当复杂。另外，若系统中存在多个非匀速运动的介质，介质的运动轨迹复杂多变，包含周期性转动、曲线运动、振动等，以洛伦兹变换为基础的闵氏方法不能使用。因此，从理论上，对于处在非惯性系、非匀速运动的一个或多个运动介质的电磁场动力学问题，通过拓展经典麦克斯韦方程组，以寻找更加适合的处理方法。当满足以下基本边界条件时，伽利略时空观成立，即 r 和 t 完全独立。①介质进行非匀速运动且速度远小于光速，$|\boldsymbol{v}| \ll c$；②电磁现象发生范围 r 远小于事件时间间隔内光传播的距离：$|r| \ll ct$；所以，相对论效应可以忽略；③电磁现象随时间的变化率远小于它的空间变化率。结合上述条件，从四个物理定律的积分形式出发，推导出了微分形式的动生麦克斯韦方程组（图 1.20）：

$$\nabla \cdot \boldsymbol{D}' = \rho_{\mathrm{f}} - \nabla \cdot \boldsymbol{P}_{\mathrm{S}} \tag{1-11}$$

$$\nabla \cdot \boldsymbol{B} = 0 \tag{1-12}$$

$$\nabla \times \left(\boldsymbol{E} + \boldsymbol{v}_{\mathrm{r}} \times \boldsymbol{B}\right) = -\frac{\partial}{\partial t}\boldsymbol{B} \tag{1-13}$$

$$\nabla \times \left[\boldsymbol{H} - \boldsymbol{v}_{\mathrm{r}} \times \boldsymbol{D}\right] = \boldsymbol{J}_{\mathrm{f}} + \rho_{\mathrm{f}}\boldsymbol{v} + \frac{\partial}{\partial t}\boldsymbol{D} \tag{1-14}$$

上式中，$\boldsymbol{P}_{\mathrm{S}}$ 为动生极化项，主要由外界作用力引起，是由于多个物体相互运动而产生的极化项；当同时存在多个移动介质且运动速度均不相同时，该动生极化项非常重要。此时电位移矢量表达式修正为：

$$\boldsymbol{D}=\boldsymbol{D}'+\boldsymbol{P}_{\mathrm{S}}=\varepsilon_0\boldsymbol{E}+\boldsymbol{P}+\boldsymbol{P}_{\mathrm{S}}=\varepsilon_0\left(1+\chi\right)\boldsymbol{E}+\boldsymbol{P}_{\mathrm{S}} \tag{1-15}$$

方程（1-15）中，$\varepsilon_0\boldsymbol{E}$ 为自由电荷引起的电场，$\boldsymbol{P}$ 代表存在外电场时介质内部的极化，称为感应极化。从此角度出发，可以从理论上揭示纳米发电机的工作机制。位移电流表达式为：

$$\boldsymbol{J}_{\mathrm{D}}=\frac{\partial}{\partial t}\boldsymbol{D}'+\frac{\partial}{\partial t}\boldsymbol{P}_{\mathrm{S}} \tag{1-16}$$

其中，$\frac{\partial \boldsymbol{D}'}{\partial t}$ 代表时变电场引起的位移电流，称为感应位移电流，$\frac{\partial \boldsymbol{P}_{\mathrm{S}}}{\partial t}$ 代表带电介质物体在外力作用下相互运动产生的电流，称为动生位移电流。在纳米发电机理论中，$\frac{\partial \boldsymbol{P}_{\mathrm{S}}}{\partial t}$ 是将机械能转化为电能的理论依据。位移电流不是真正意义上的电流，它既可以存在于介质中，又可以分布在真空中。

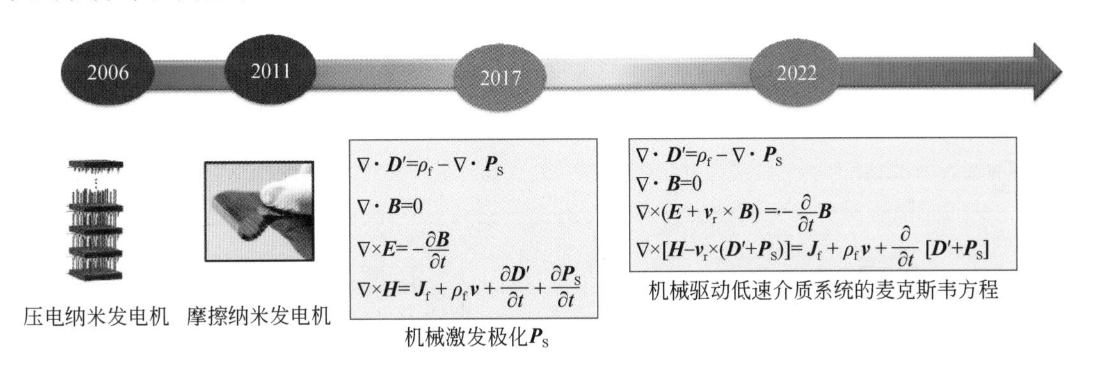

图 1.20　动生麦克斯韦方程组的发展简史

公式（1-11）～公式（1-14）中有两个关于速度的项 $\boldsymbol{v}$ 和 $\boldsymbol{v}_{\mathrm{r}}$，我们以图 1.21（a）为例，详细解释两个变量的物理含义。图 1.21（a）的基本物理含义为：一个固定坐标系里面的观察者同时观察发生在该坐标系里面的多个电磁现象，且多个运动介质之间存在相互作用。其中，图 1.21（a）中的红色圆盘代表一个正在飞行中的铁饼；$\boldsymbol{v}$ 表示铁饼的平移速度，$\boldsymbol{v}_{\mathrm{r}}$ 代表铁饼上某一质点的旋转速度。在动生麦克斯韦方程中，$\boldsymbol{v}$ 表示整个系统的平移速度，比如回路和介质整体的运动速度，而 $\boldsymbol{v}_{\mathrm{r}}$ 代表电荷相对于回路的运动速度。

当描述源产生的电磁波在空间传播时使用经典麦克斯韦方程组，

$$\nabla\cdot\boldsymbol{D}'=\rho_{\mathrm{f}} \tag{1-17}$$

$$\nabla\cdot\boldsymbol{B}=0 \tag{1-18}$$

$$\nabla\times\boldsymbol{E}=-\frac{\partial}{\partial t}\boldsymbol{B} \tag{1-19}$$

$$\nabla\times\boldsymbol{H}=\boldsymbol{J}_{\mathrm{f}}+\frac{\partial}{\partial t}\boldsymbol{D}' \tag{1-20}$$

经典麦克斯韦方程组和动生麦克斯韦方程组两者的解在物体（介质）界面相接并满足如下边界条件：

$$\left[\boldsymbol{D}'_2+\boldsymbol{P}_{\mathrm{S}2}-\boldsymbol{D}'_1-\boldsymbol{P}_{\mathrm{S}1}\right]\cdot\boldsymbol{n}=\sigma_{\mathrm{f}} \tag{1-21}$$

$$[\boldsymbol{B}_2-\boldsymbol{B}_1]\cdot\boldsymbol{n}=0 \tag{1-22}$$

$$\boldsymbol{n}\times\left[\left(\boldsymbol{E}_2+\boldsymbol{v}_{r2}\times\boldsymbol{B}_2\right)-\left(\boldsymbol{E}_1+\boldsymbol{v}_{r1}\times\boldsymbol{B}_1\right)\right]=0 \tag{1-23}$$

$$\boldsymbol{n}\times\left[\left(\boldsymbol{H}_2-\boldsymbol{v}_{r2}\times(\boldsymbol{D}'_2+\boldsymbol{P}_{S2})\right)-\left(\boldsymbol{H}_1-\boldsymbol{v}_{r1}\times(\boldsymbol{D}'_1+\boldsymbol{P}_{S1})\right)\right]=\boldsymbol{K}_S+\sigma_f\boldsymbol{v}_s \tag{1-24}$$

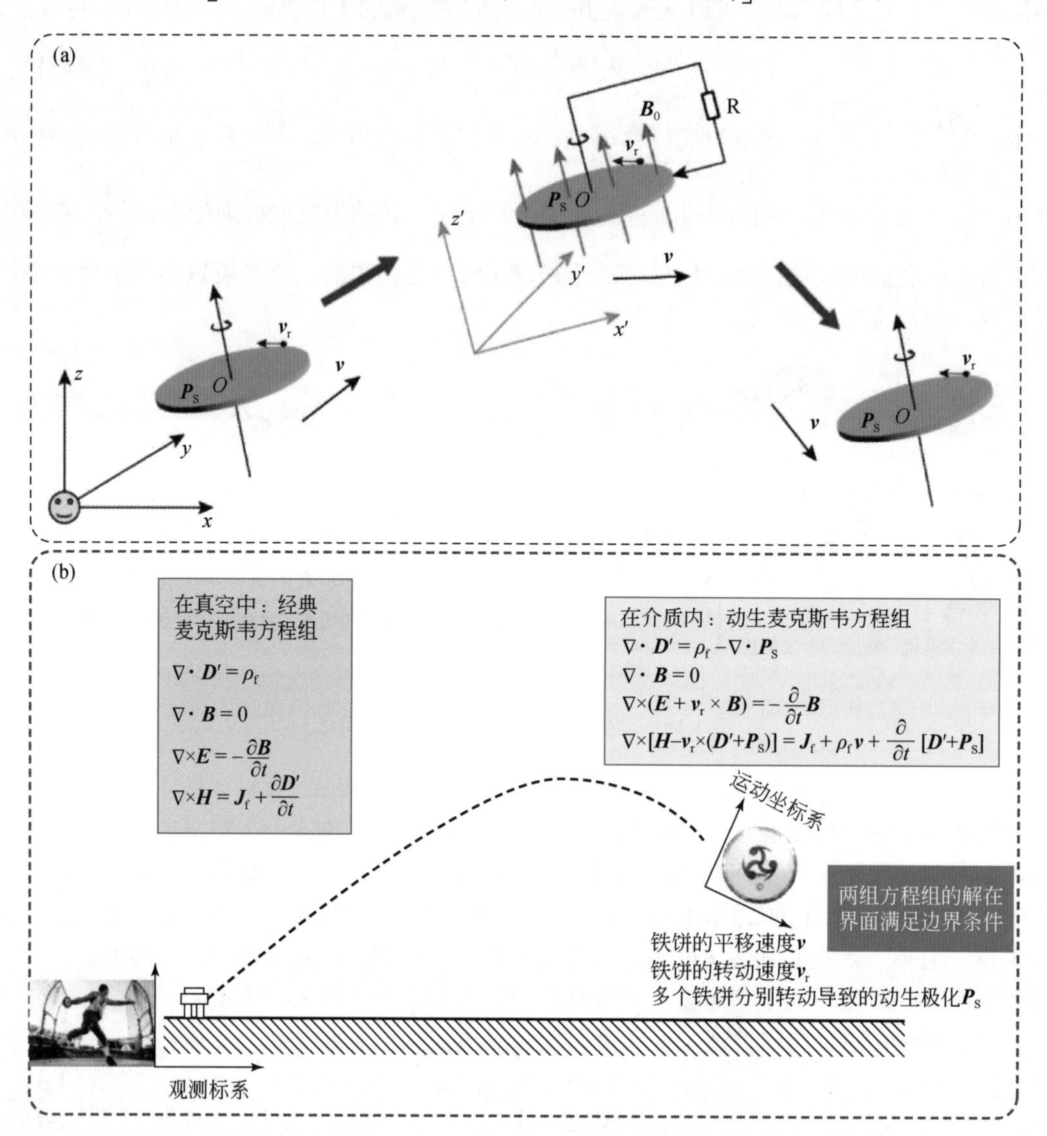

图 1.21 （a）利用铁饼运动举例描述加速运动介质系统中的电磁现象，以及 $\boldsymbol{P}_S$ 和 $\boldsymbol{v}_r$ 相关量的定义；（b）加速运动介质系统中的动生麦克斯韦方程组的物理图像及其方程的应用范围。铁饼内的电磁现象用动生麦克斯韦方程组描述，而真空中的电磁现象用经典的麦克斯韦方程组描述；两者的解在界面处满足边界条件

事实上，结合动生麦克斯韦方程组理论可以计算摩擦纳米发电机的输出功率和相关的电磁辐射[23-24]，但动生麦克斯韦方程组的意义远不止于此，我们结合电磁发电机的工作原理进行分析。电磁发电机工作的物理基础是法拉第电磁感应定律，在机械力作用下导体切

割磁感线，由于电荷受到洛伦兹力作用，在导线内部产生定向流动的传导电流。电动机的工作原理正好相反，导线内部流动的传导电流与磁场相互作用而产生洛伦兹力所导致的力矩。目前设计电磁发电机和电动机时主要考虑导线内的传导电流，而较少或基本不考虑因转子转动产生的电磁辐射，即使辐射确实存在。另外，在电磁波空间传播理论中，一般也不考虑因为介质机械运动（机械功）而产生的电流，即不考虑传导电流 $\boldsymbol{J}$ 是如何产生的，而仅关心电流振荡所产生的电磁辐射。假设介质处于静态的条件下，直接运用麦克斯韦方程组探究电磁波在真空或介质中的传播规律。目前的大多数研究一般分别考虑上述两种情况，并没有把两者直接联系起来进行统一系统分析；而动生麦克斯韦方程组可以将两种情形有机结合并统一描述出来（图 1.22 所示），这是拓展经典麦克斯韦方程组的一个典型表现。

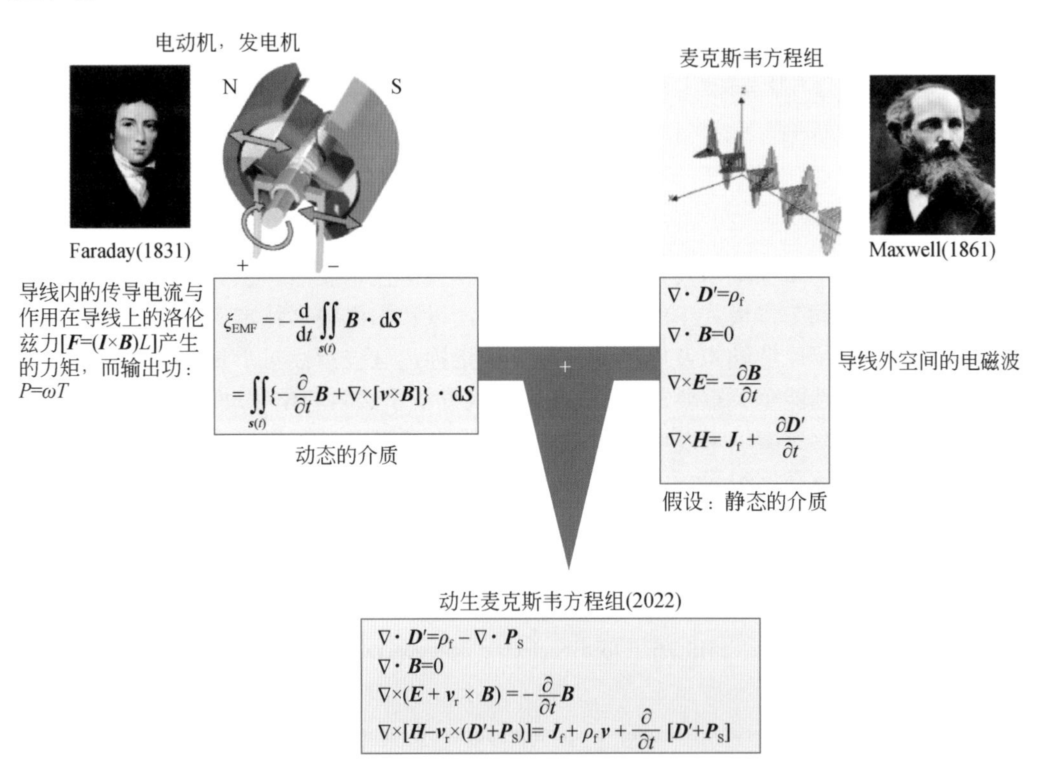

图 1.22　动生麦克斯韦方程组是关于电磁发电机/电动机理论和麦克斯韦电磁波理论的统一表述

另外，从不同时空观的角度对经典麦克斯韦方程组和动生麦克斯韦方程组进行了分析比较。图 1.23 所示为采用洛伦兹变换和伽利略变换两种方法计算运动介质电磁场动力学变化规律的区别[25-27]。洛伦兹变换原则上可以计算惯性系中任意匀速运动介质的电磁场，但当存在多个不同速度、运动轨迹的介质，且介质之间有电磁相互作用时，洛伦兹变换方法无法解决。虽然瞬时坐标系变换从理论上似乎可以解决，但其复杂性显而易见！相反，若介质运动速度远小于光速，尤其是符合低速运动介质系统的动生麦克斯韦方程组假设的三个条件时，采用伽利略变换能够大大简化计算，更符合实际应用场景。

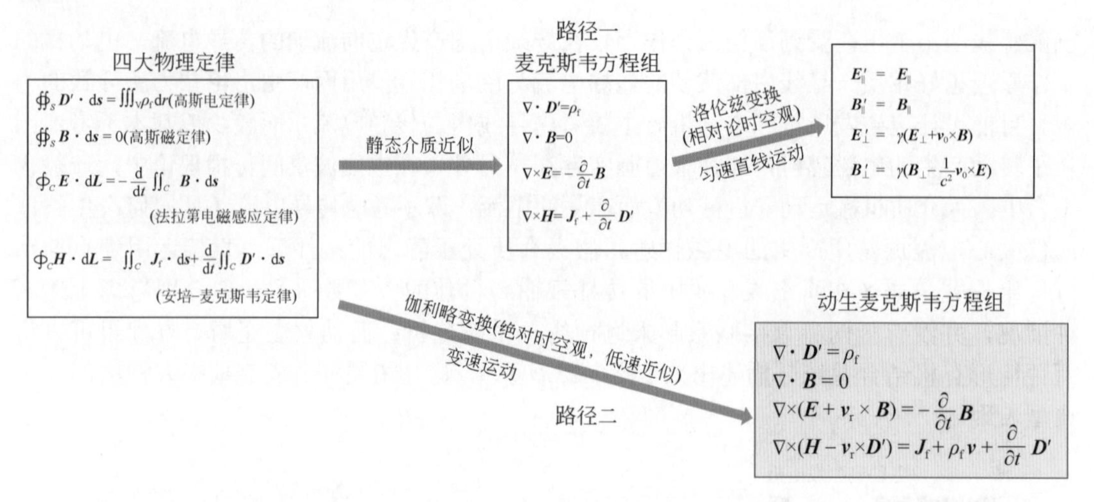

图 1.23　物理图像与数学表达：从四大物理定律出发进行洛伦兹变换和伽利略变换的结果比较

1.4　本 章 小 结

本章详细介绍了摩擦纳米发电机的基本原理和关键技术要点。从其发明和基本模式出发，我们探讨了不同工作模式下的能量转换机制，以及如何根据特定应用选择合适的摩擦材料。我们还讨论了摩擦纳米发电机的主要评价指标，这些指标对于量化和比较不同摩擦纳米发电机设备的性能至关重要。最后，我们深入分析了接触起电和动生麦克斯韦方程组，这些理论模型为理解摩擦纳米发电机的工作原理提供了坚实的物理基础。通过本章的学习，我们可以更好地理解摩擦纳米发电机的工作原理，为将来的研究和应用奠定基础。

参 考 文 献

[1] Wang Z L, Yang Y, Zhai J Y, et al. Handbook of Triboelectric Nanogenerators[M]. SpringerLink, 2023.

[2] Wang Z L. From contact electrification to triboelectric nanogenerators[J]. Reports on Progress in Physics, 2021, 84: 096502.

[3] Wang Z L, Shao J J. Theory of Maxwell's equations for a mechano-driven media system for a non-inertia medium movement system[J]. Scientia Sinica Technologica, 2023, 53: 803-819.

[4] Lin S Q, Tang Z, Wang Z L. Electron transfer in solid-solid triboelectrification[J]. Scientia Sinica Technologica, 2023, 53: 820-829.

[5] Chen X Y, Liu Z Q, Wang Z L. The process of interfacial electron transfer in liquid-solid contact and the two-step mechanism model of EDL structure[J]. Scientia Sinica Technologica, 2023, 53: 844-859.

[6] Lin S Q, Yang Y H, Wang Z L. The tribovoltaic effect[J]. Scientia Sinica Technologica, 2023, 53(6): 917-928.

[7] Wang Z L. The expanded Maxwell's equations for a mechano-driven media system that moves with acceleration[J]. International. Journal of Modern Physics B, 2023, 37(16): 2350159.

[8] Wang Z L. On the expanded Maxwell's equations for moving charged media system—General theory,

mathematical solutions and applications in TENG[J]. Materials Today, 2022, 52: 348-363.

[9] Wang Z L. Maxwell's equations for a mechano-driven, shape-deformable, charged-media system, slowly moving at an arbitrary velocity field $\boldsymbol{v}(r, t)$[J]. Journal of Physics Communications, 2022, 6(8): 085013.

[10] Shao J J, Willatzen M T, Wang Z L. Theoretical modeling of triboelectric nanogenerators(TENGs)[J]. Journal of Applied Physics, 2020, 128(11): 111101.

[11] Yu Y, Li H Y, Zhao D, et al. Material's selection rules for high performance triboelectric nanogenerators[J]. Materials Today, 2023, 64: 61-71.

[12] Shao J J, Yang Y, Yang O, et al. Designing rules and optimization of triboelectric nanogenerator arrays[J]. Advanced Energy Materials, 2021, 11(16): 2100065.

[13] Peljo P, Manzanares J A, Girault H. Contact potentials, fermi level equilibration, and surface charging[J]. Langmuir, 2016, 32(23): 5765-5775.

[14] Zhang Q, Xu R, Cai W F. Pumping electrons from chemical potential difference[J]. Nano Energy, 2018, 51: 698-703.

[15] Xu R, Zhang Q, Wang J Y, et al. Direct current triboelectric cell by sliding an n-type semiconductor on a p-type semiconductor[J]. Nano Energy, 2019, 66: 104185.

[16] Wang Z L, Wang A C. On the origin of contact-electrification[J]. Materials Today, 2019, 30: 34-51.

[17] Zi Y, Niu S, Wang J, et al. Standards and figure-of-merits for quantifying the performance of triboelectric nanogenerators[J]. Nature Communications, 2015, 6: 8376.

[18] Shao J J, Jiang T, Tang W, et al. Structural figure-of-merits of triboelectric nanogenerators at powering loads[J]. Nano Energy, 2018, 51: 688-697.

[19] Shao J J, Willatzen M, Jiang T, et al. Quantifying the power output and structural figure-of-merits of triboelectric nanogenerators in a charging system starting from the Maxwell's displacement current[J]. Nano Energy 2019, 59: 380-389.

[20] Dharmasena R, Jayawardena R, Mills C. Triboelectric nanogenerators: Providing a fundamental framework[J]. Energy & Environmental Science, 2017, 10: 1801-1811.

[21] Niu S M, Wang Z L. Theoretical systems of triboelectric nanogenerators[J]. Nano Energy, 2015, 14: 161-192.

[22] Peng J, Kang S D, Snyder G. Optimization principles and the figure of merit for triboelectric generators[J]. Science Advances, 2017, 3, eaap8576.

[23] Guo X, Shao J J, Willatzen M, et al. Three-dimensional mathematical modelling and dynamic analysis of free standing triboelectric nanogenerators[J]. Journal of Physics D: Applied Physics, 2022, 55: 345501.

[24] Lin S Q, Xu L, Wang A C, et al. Quantifying electron-transfer in liquid-solid contact electrification and the formation of electric double-layer[J]. Nature Communications, 2020, 11: 399.

[25] Nie J H, Wang Z M, Ren Z W, et al. Power generation from the interaction of a liquid droplet and a liquid membrane[J]. Nature Communications, 2019, 10: 2264.

[26] Xu C, Zi Y L, Wang A C, et al. On the electron-transfer mechanism in the contact-electrification effect[J]. Advanced Materials, 2018, 30: 1706790.

[27] Lin S Q, Wang Z L. The tribovoltaic effect[J]. Materials Today, 2023, 62: 111-128.

第2章

基于摩擦纳米发电机的高熵能源俘获策略

2.1 引　　言

随着新型材料、微纳制造和集成电路等技术的迅速发展，微电子器件的能耗显著降低，这使得从自然环境中获取能量并供给微电子器件成为可能。因此，能量俘获技术应运而生，即俘获自然界中广泛存在的分布式、无序式、低品质的高熵能源并转换为电能，为广泛分布的低功耗传感器供能，是有效解决物联网供能问题的有效途径之一。然而，环境中的机械能具有分布范围广、激励形式复杂、激励方向多变和激励频率低等特点，导致难以直接俘获环境能量，且机电能量转换效率低，输出功率小，无法满足合理、高效、持续、稳定地提供电能的实际应用需求。因此，需要对能量俘获系统进行合理的动力学设计和调控，提升能量俘获系统动力学性能，进而俘获更多的机械能并提高机电转换效率和输出电学性能。本部分从机械调控和仿生结构等方面阐述了通过不同的结构设计来提高摩擦纳米发电机的输出性能和功能。另外，虽然摩擦纳米发电机具有巨大的潜力，为日益增长的能源消耗提供有希望的解决方案，但交流脉冲输出阻碍了它们的广泛应用。为了解决上述问题，具有恒定直流输出的摩擦纳米发电机的提出就变得非常重要。在这方面，研究学者已经提出具有不同工作机制（如机械开关、空气击穿、相位耦合和摩擦伏特效应）的直流输出的摩擦纳米发电机。但这些研究各自孤立，从方法论层面对这些方法与技术进行归纳总结的论文较少。因此，本章从各种动力学调控方法的特点和典型设计的角度解析了现有能量俘获性能提升的方法和技术。

2.2　机械调控式摩擦纳米发电机

2.2.1　频率泵浦式

Cheng 等提出了一种凸轮和一种基于框架的可移动的摩擦纳米发电机（CMF-TENG），可用于从旋转运动（由环境机械能触发）中收集能量[1]。可移动框架可以通过凸轮的旋转实现线性移动，其线性运动可以导致每个亚单元内的摩擦电层进行周期性的接触分离，从而产生电输出。

从图 2.1（a）和（d）可以看出，CMF-TENG 由外箱、凸轮、可动框架和 6 个子摩擦起电单元组成。对于每一个单元，一层铜既用作摩擦电层又用作电极。将一层聚四氟乙烯（PTFE）作为另一个摩擦电层放置在另一个铜层的顶部，作为另一个电极层，如图 2.1（b）所示。图 2.1（c）为支撑板的放大图，支撑板上贴有聚四氟乙烯和电极（即铜）层。铜层既作为摩擦电层又作为电极附着在活动框架的侧面，并在每层铜层下方安装海绵以增加摩擦层之间的接触。导线连接在每个电极层上，用于表征电输出。图 2.1（e）显示了设计的凸轮。引入凸轮的想法是将环境机械运动（例如风）触发的旋转运动转换为线性运动。借助可移动框架，该设计可以导致每个单元中两个不同的摩擦电层（即铜和 PTFE）的接触和分离。通过这些接触和分离运动，机械能可以转换为电能输出。在这种结构中，凸轮用于驱动可移动框架线性移动。因此，凸轮的设计是实现更好性能的关键。

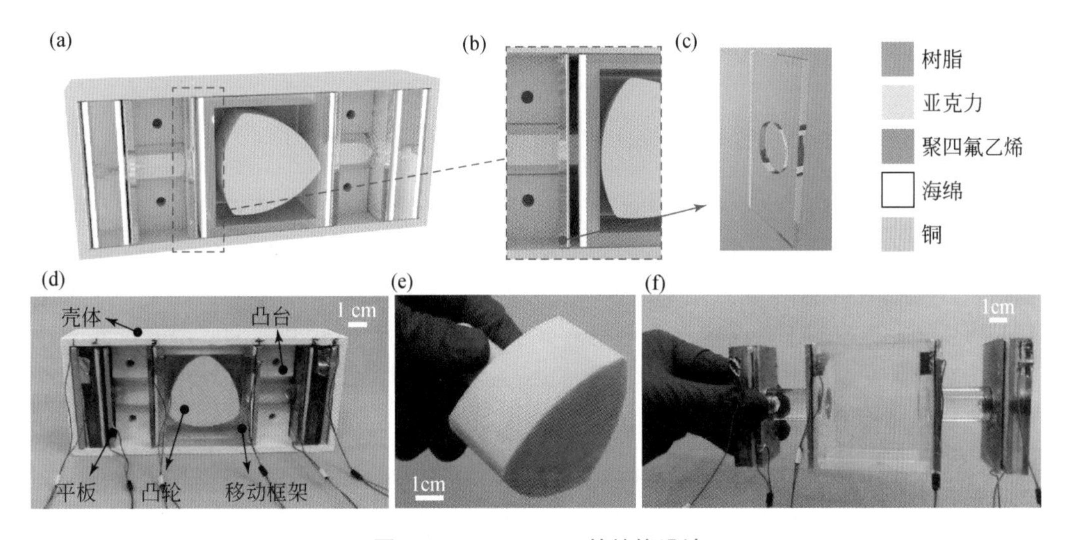

图 2.1　CMF-TENG 的结构设计

为了表征 CMF-TENG 的电气性能，我们首先使用电动机来提供旋转运动。然后，由于设计的凸轮，旋转运动可以转换为直线运动，从而产生 CMF-TENG 的上述运动。图 2.2（a）～（c）显示了各子摩擦起电单元在 60rpm 转速下的电输出，包括开路电压、短路电流和转移电荷。从图中可以看出，当触发的旋转运动以 60rpm（即 1Hz）运动时，发电单元的实际运动频率可达 3Hz。结果表明，所设计的凸轮可以提高电输出的频率。如图 2.2（d）所示，当两个亚基并联时，开路电压从 200V（一个单元）增加到 277V。当三个亚基并联时，可以发现类似的增强。图 2.2（e）～（f）显示了短路电流和转移电荷的类似增长。有趣的是，当两个亚基串联时，与并联相比，开路电压、短路电流和转移电荷仅略有增加（几乎与一个亚基的产量相同）。一种可能的解释是，由于不同的子单元串联在一起，一个铜（在一个单元上）上的聚四氟乙烯引起的电荷可能部分抵消了另一个子单元上另一个相连铜层上的电荷，从而导致整体电输出降低（相比于平行连接）。结果表明，将每个亚基并联可以获得更高的电输出。

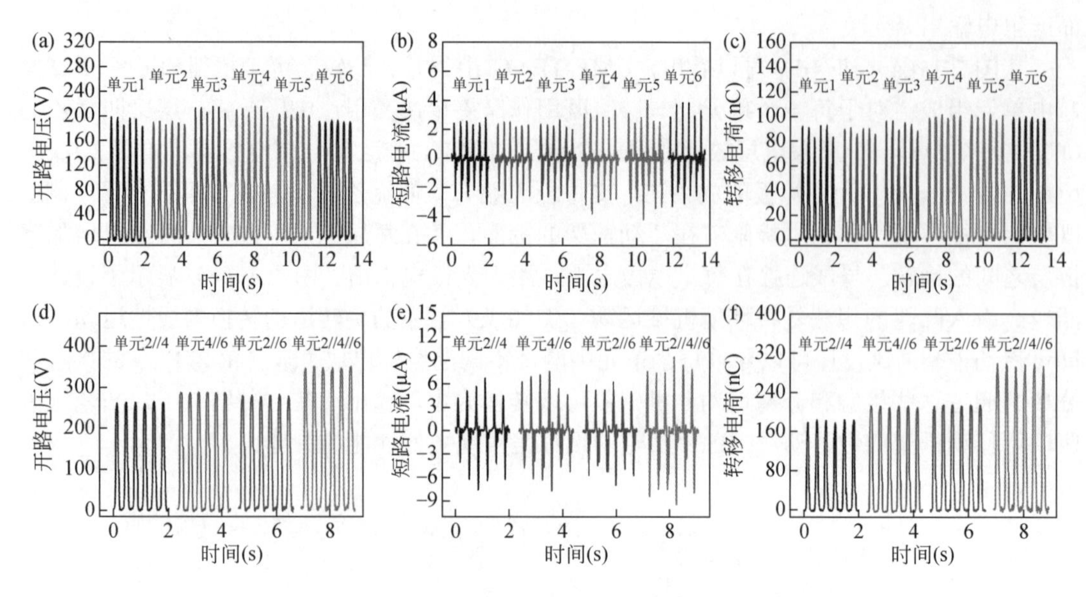

图 2.2　CMF-TENG 在 60rpm 的触发转速下的电输出性

如图 2.3（a）所示，将 CMF-TENG 连接到风机叶片上进行风能捕获演示。在这些演示中，风扇叶片的转动通过一个电源控制。如图 2.3（b）所示，在整流电路（风速：13.9m/s）的辅助下，CMF-TENG 可以点亮 113 个串联的蓝光 LED。在另一个实际应用中，当风速为 13.9m/s 时，CMF-TENG 先连接整流电路，再连接商用电容（330μF）为商用电子温度计供电，如图 2.3（c）所示。结果表明，CMF-TENG 不仅可以用于从周围环境中收集能量，而且可以实现自供能传感。CMF-TENG 的耐久性也通过在 60rpm 转速下连续运行约 8 小时来

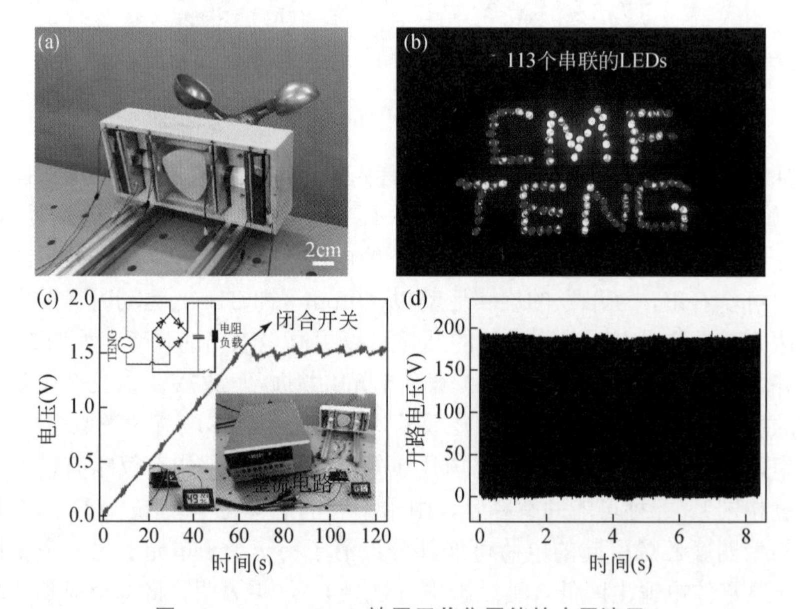

图 2.3　CMF-TENG 被用于收集风能的应用演示

评估。如图 2.3（d）所示，摩擦电层之间进行 86400 次接触-分离运动后，电输出几乎保持不变，表明 CMF-TENG 具有良好的鲁棒性。

以上提出了一种新型摩擦纳米发电机，它通过凸轮和可移动框架的组合实现能量收集。可移动框架的运动由环境机械或模拟旋转运动触发的凸轮旋转运动驱动。CMF-TENG 有 6 个子摩擦电气化单元。当可移动框架线性移动（左和右）时，可以实现每个亚单元内摩擦电层的接触分离，从而产生电力输出。

Cheng 等制造了一种棘轮状轮子和弹簧辅助的可持续摩擦纳米发电机（RS-TENG），用于有效收集旋转运动[2]。利用棘轮状车轮的多齿结构和弹簧的作用力，将环境中机械能（例如风能）诱发的旋转运动转化为可移动部件的往复直线运动，使得每个子摩擦起电单元的两个摩擦电层产生接触分离运动，实现动力输出。

如图 2.4 所示，RS-TENG 的整体结构设计由棘轮状轮、六个固定板和六个可移动部件组成，如图 2.4（a）和（b）所示。该结构内安装了六个亚摩擦电气化单元（简称亚基）。可移动部分由扇形板、滑块、弹簧、隔板和楔形脚组成。对于每个亚基，在固定板上放置一层铜，以充当电极和两个摩擦电层之一。另一个摩擦电层（聚四氟乙烯，PTFE）附着在另一个电极层（铜）的顶部，该电极层放置在可移动部件的扇形板的顶部，如图 2.4（c）所示。将海绵层放置在 PTFE 电极层下方，以使摩擦电层之间有更好的接触。值得一提的是，PTFE 附着在可移动部分的扇形板上，以实现亚基的更好性能，因为凸出的 PTFE 薄膜比平板薄膜更容易获得电子。图 2.4（d）显示了设计的带轴承和转轴的棘轮状车轮。图 2.4（e）和（f）显示了 12 齿棘轮的尺寸。棘轮状轮用于驱动可动部件与固定板接触，而弹簧用于分离两部分。这样的机械运动可以将机械能转化为电信号输出。

图 2.5（a）～（c）所示为电机转速为 60rpm 时各摩擦电单元的电输出，包括开路电压、短路电流和转移电荷。每个单元都有一个稳定的输出。当触发转速为 60rpm 时，RS-TENG 的一个子单元的平均电输出包括开路电压为 85V，短路电流为 2.6μA，转移电荷为 28nC。该工作还研究了 RS-TENG 在不同转速下的输出性能。棘轮状车轮转速越高，摩擦起电层的运行频率越高，反之亦然。如图 2.5（d）～（f）所示，随着频率的增加，开路电压和转移电荷保持不变，而短路电流增加。

RS-TENG 与风机叶片之间通过联轴器连接，提供受控风源以展示风能的收集。通过整流电路将交流信号转换为直流信号，给电容（330μF）充电，如图 2.6（a）所示。电容器的电压由可编程静电计测量。如图 2.6（b）所示，在整流电路（风速：15.5m/s）的辅助下，RS-TENG 点亮了 121 个蓝色发光二极管（串联）。当电压达到 1.5V 时，闭合开关使 RS-TENG 能够在 15.5m/s 的风速下为商用电子温度计供电，如图 2.6（c）所示。如图 2.6（d）所示，在 60rpm（摩擦电层之间的接触-分离运动为 345600 次）转速下进行了约 8 个小时的 RS-TENG 实验，证明其具有稳定性和耐久性。上述实验表明，RS-TENG 可以收集环境中的机械能进行自供能传感，并表现出更好的输出性能和突出的鲁棒性。

在这项研究中，通过棘轮状的轮子和弹簧制造了一种新型的 TENG 来有效地利用旋转机械能。棘轮状轮的旋转运动（由环境周围的机械能或模拟的旋转运动触发）驱动可移动部件进行往复线性运动。RS-TENG 由六个亚发电单元组成。当可移动部件线性移动时，每个亚发电单元中的摩擦电层将产生周期性的接触分离运动以产生电信号输出。

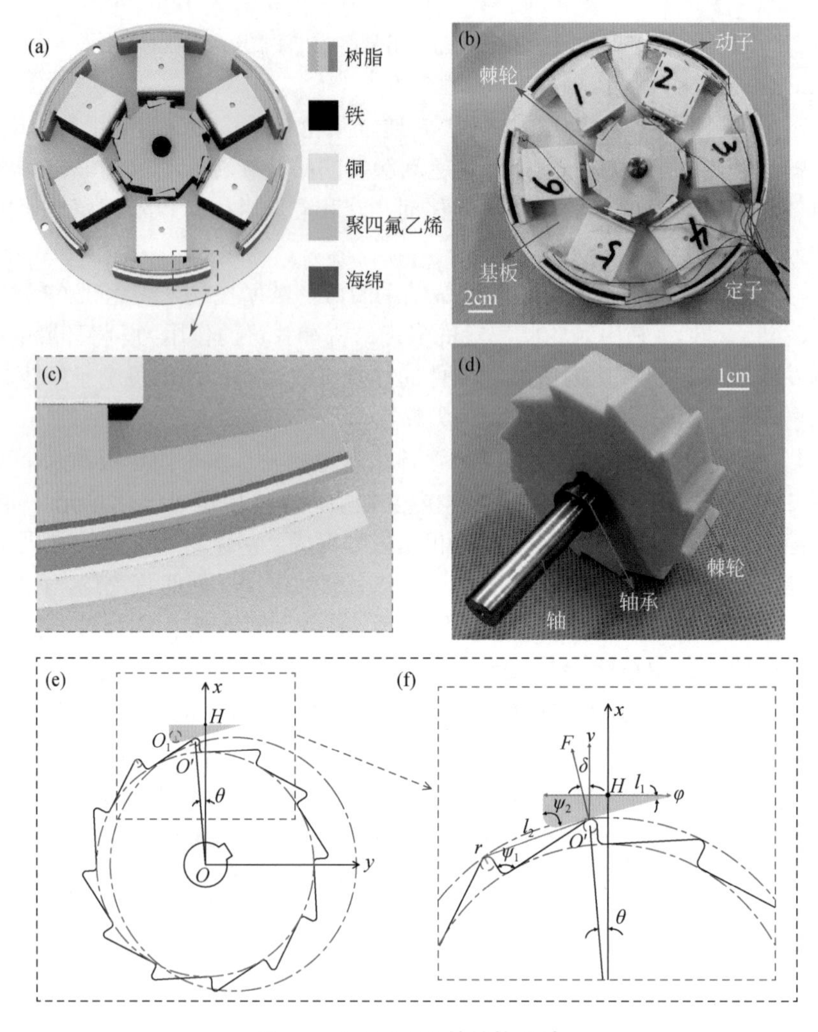

图 2.4 RS-TENG 的结构设计

Cheng 等提出了一种基于摆线位移的多板结构摩擦纳米发电机（MPS-TENG），用于收集水能[3]。MPS-TENG 仅包含传输组件，其核心组件是波片和发电组件，该组件具有以接触-分离模式工作的多板结构。通过波片的设计，由水流驱动的旋转运动被转换为线性往复运动。波片表面设计减少或消除了传输过程的影响，通过在波片上设定波数，可以获得高的接触分离运动频率。为了提升机械性能，发电部件采用多板结构的设计。

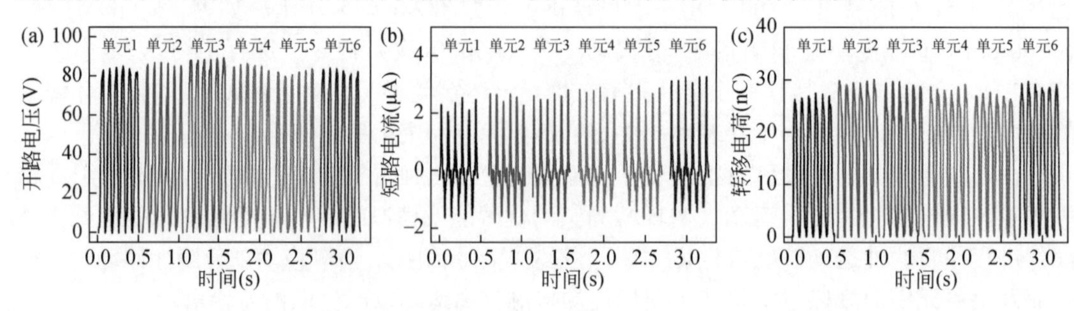

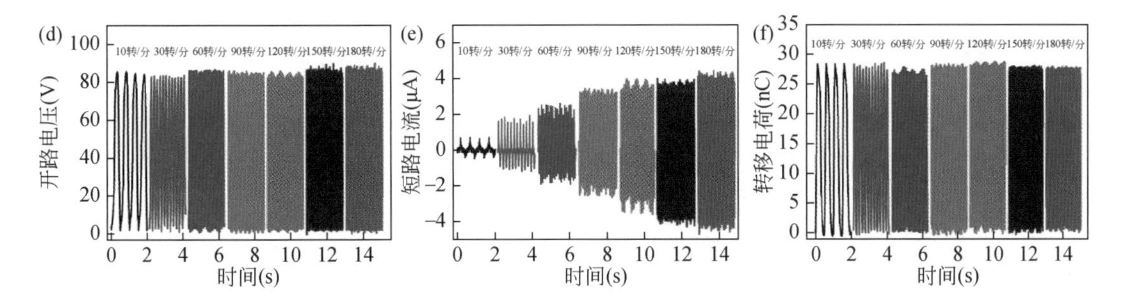

图 2.5　RS-TENG 摩擦电单元在不同转速下输出情况

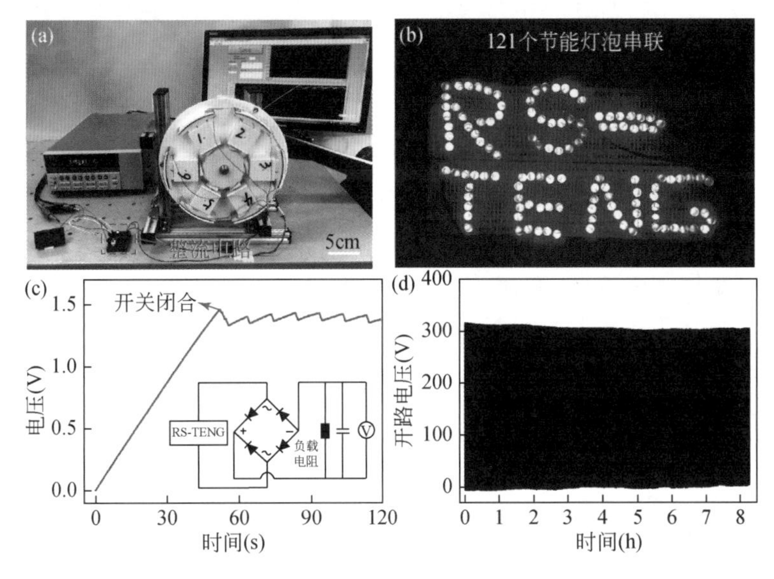

图 2.6　利用 RS-TENG 收集风能的演示

MPS-TENG 的基本结构如图 2.7（a）和（b）所示，它由输电组件和发电组件组成，两者都固定在壳体内。传动部件由波片、传动轴和弹簧组成。波片和传动轴协同工作，实现运动转换，弹簧用于运动复位。为了进一步优化 MPS-TENG 的输出性能，多个发电单元串联固定在一起，形成多板结构。在运行过程中，输入的旋转运动被传动部件转换为高频接触-分离运动。直线运动的动能通过发电组件转换为电能。单个接触-分离运动可以同时驱动多个发电单元，并有效地将机械能转换为电能。图 2.7（a）Ⅰ和Ⅱ分别更详细地显示了输电部件和发电部件的结构。图 2.7（b）显示传动轴由支架和轴承组成。轴承通过过盈配合安装在支架上。在波片设计中引入了凸轮从动件的摆线位移曲线，如图 2.7（d）所示，这意味着波片的运行速度和加速度不会发生突然变化。因此，传动部件处于平稳运行状态。图 2.7（a）Ⅱ显示 MPS-TENG 的每个发电单元由两层组成。一层是作为摩擦电层和电极附着在亚克力板表面的铜膜，另一层由亚克力板、海绵、铜膜、Kapton 和聚四氟乙烯（PTFE）制成。铜膜通过海绵黏附在亚克力板上，海绵用于电极。海绵加强了摩擦电层之间的相互作用。Kapton 和 PTFE 依次附着在铜膜表面。PTFE 用作摩擦电层，Kapton 粘贴在 PTFE 和铜电极之间，以提高发电性能。

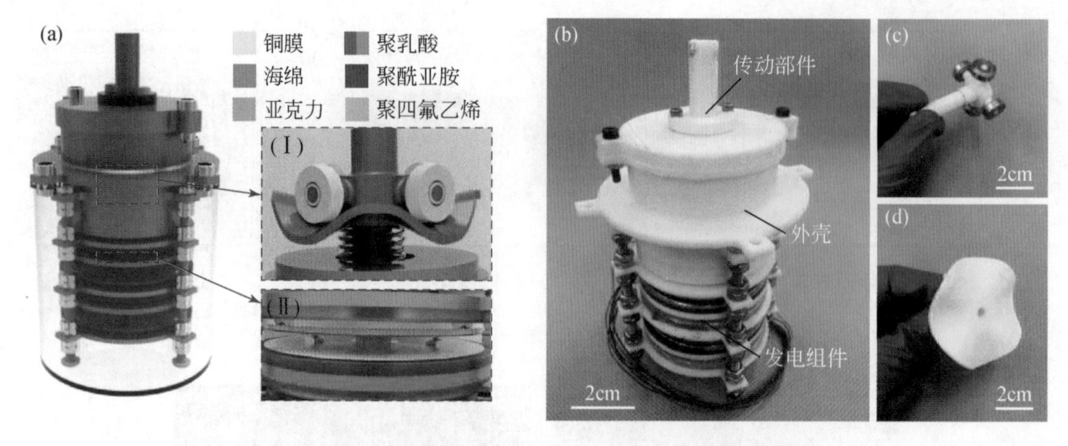

图 2.7　基于摆线位移的多板结构摩擦纳米发电机结构展示

对并联发电单元的性能进行测试。图 2.8（a）～（c）分别为并联的两台发电单元（单元 1 和单元 2）的开路电压、短路电流和转移电荷测试结果。输出功率取决于外部负载，然后在不同的电阻下进行研究。如图 2.8（d）所示，随着外接负载的进一步增大，输出负载电流先逐渐减小后迅速减小。输出负载电压的变化趋势则相反。当外部负载为 50MΩ 时，两个发电单元的瞬时功率最大约为 225μW，如图 2.8（e）所示。图 2.8（f）给出了 MPS-TENG 在不同转速下对 10μF 电容充电至 15V 的充电曲线，实验结果表明，较小的电容器具有更快的充电速度。

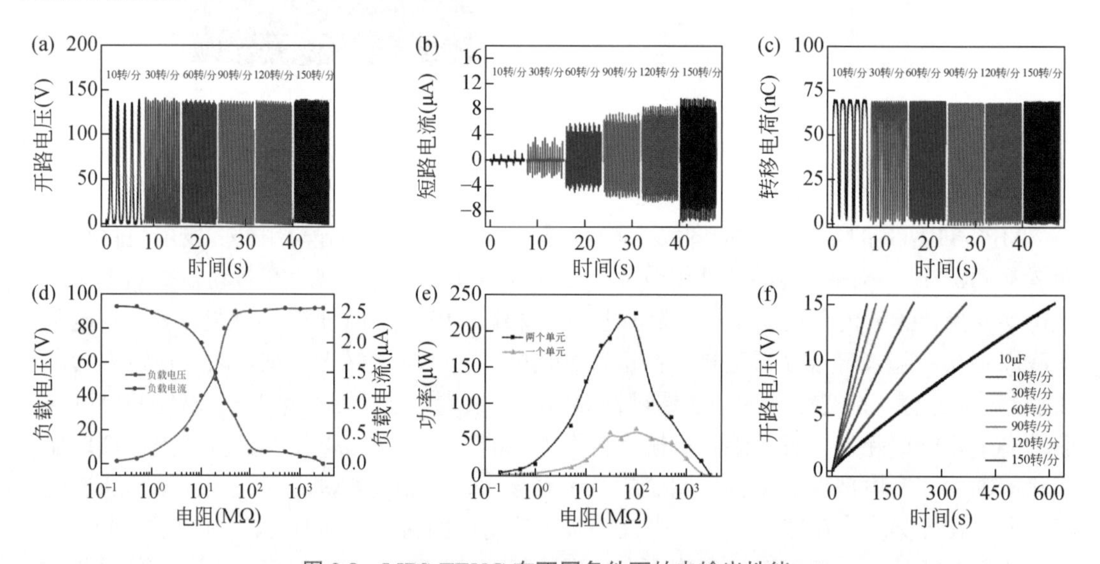

图 2.8　MPS-TENG 在不同条件下的电输出性能

MPS-TENG 由水驱动，以展示其实际应用。实验装置示意图，如图 2.9（a）所示。在流动的水驱动下，MPS-TENG 可以点亮 160 个 LED，如图 2.9（b）所示。当水流量为 55L/min 时，MPS-TENG 可为商用温度传感器供电，如图 2.9（c）所示。图 2.9（d）为传感器供电时的电压。图 2.9（e）为并联一个电容储能的整流电路。如图 2.9（f）所示，使用转速为

60rpm 的电机对 MPS-TENG 进行了 10 小时的测试，结果证明了 MPS-TENG 卓越的鲁棒性能。

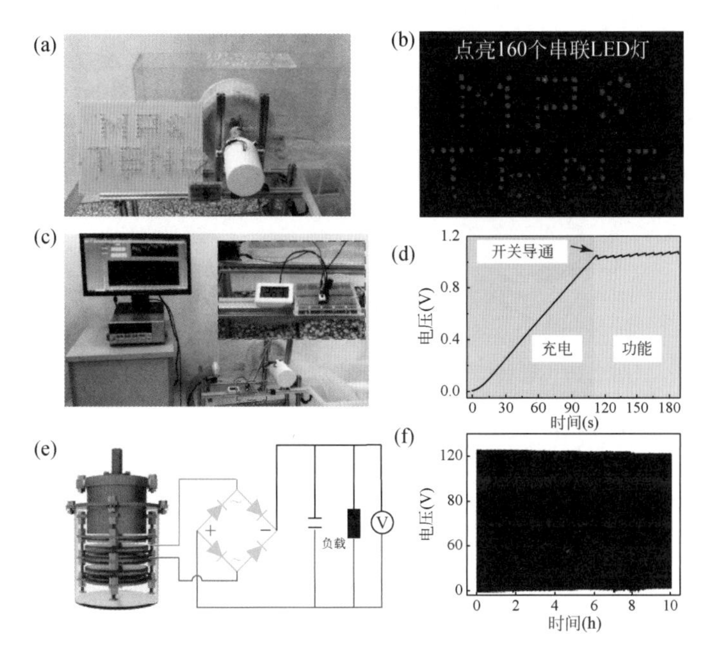

图 2.9　MPS-TENG 的应用演示

以上，提出了一种 MPS-TENG 用于收集水能。通过波片表面设计能减小或消除传递过程的有害影响；通过设置波数获得了较高的接触-分离运动频率。该发电装置具有多极板结构以提高发电性能。

2.2.2　冲击激励式

Cheng 等提出了一种卷簧-飞轮综合储能式摩擦纳米发电机[4]（FSS-TENG）。通过将直线型机械能量以齿轮齿条结构进行能量转化，以飞轮和卷簧储能的形式转化为转子的旋转动能，从而提高了间歇或偶发激励的能量收集效率，即使在直线激励结束后的 20 秒内，FSS-TENG 仍能持续地进行电能输出。

FSS-TENG 的结构如图 2.10 所示。它主要由传动单元、外壳、箱体和飞轮组成。箱体分为盖板和底座两部分，用于支撑传动单元。传动单元包括齿条推杆、底部回位弹簧和齿轮组。齿条推杆用于接收外部激励；回位弹簧装配在齿条推杆的底部用于推杆复位；齿轮组具有一定的传动比，可实现增速功能。从动齿轮通过一个单向轴承固定于旋转轴上，这保护了发电单元避免反转导致摩擦材料损坏。飞轮与从动齿轮一起安装于旋转轴上，故从动齿轮可带动飞轮快速旋转。飞轮内部可以安装不同数量的钢板进行质量调节，改变飞轮的惯量。摩擦发电单元由摩擦材料 FEP 和铜电极组成。摩擦材料均匀安装在飞轮的外侧，铜电极均匀安装在外壳内壁。

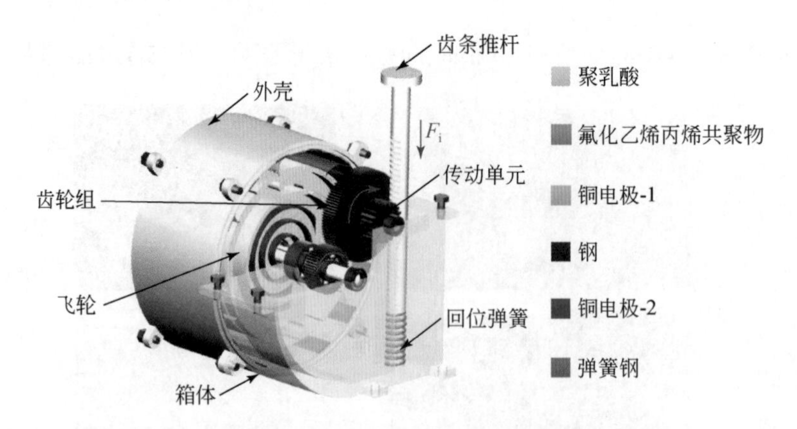

图 2.10　卷簧-飞轮综合储能式摩擦纳米发电机结构图

图 2.11 分析了卷簧-飞轮综合储能式摩擦纳米发电机电学输出性能。图 2.11（a）分析了 FSS-TENG 在不同叶片长度和叶片安装角度下的运行时间，随着安装角度和叶片长度的增加，运行时间逐渐减少，这是因为随着安装角度和叶片长度的增加，叶片与电极之间的

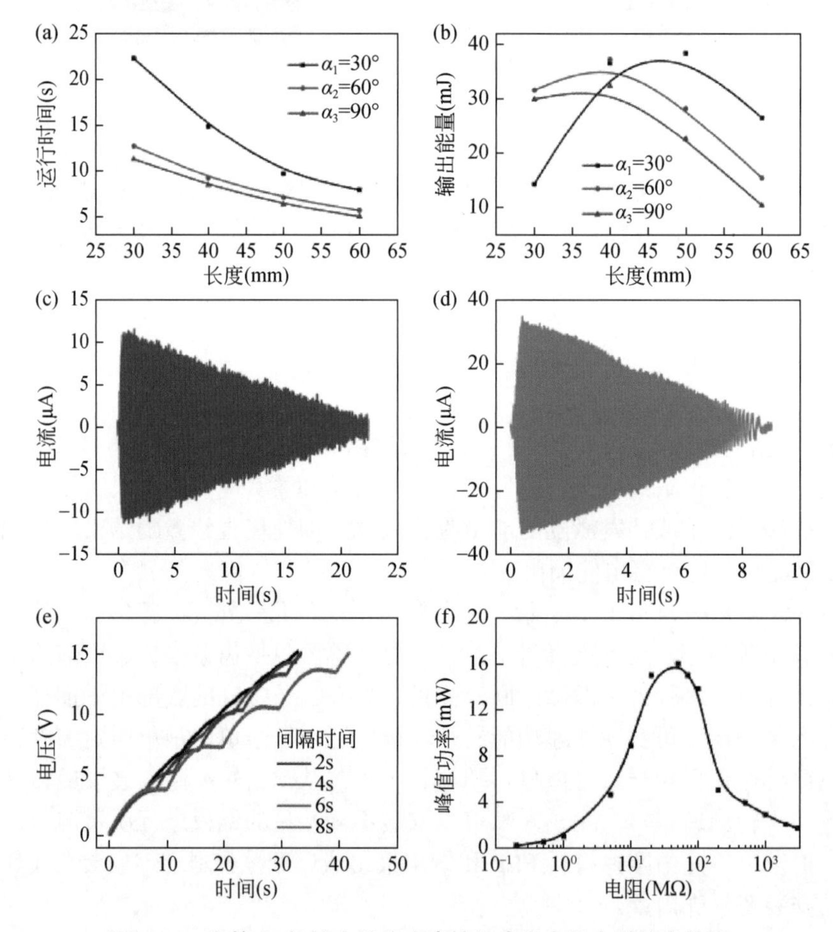

图 2.11　卷簧-飞轮综合储能式摩擦纳米发电机电学输出性能

摩擦逐渐增大，飞轮的转矩也逐渐增大［图 2.11（b）］。综上所述，螺旋弹簧刚度为 29N·mm/rad，飞轮质量为 1.458kg，叶片安装角为 30°，叶片长度为 30mm，单次激励下 FSS-TENG 的最大运行时间为 22.3 秒。FSS-TENG 最大电流为 33.5μA，每激发获得的最大能量为 38.4mJ。

从 FSS-TENG 在不同时间间隔下对 22μF 电容器的充电特性来看［图 2.11（e）］，当直线激励的时间间隔为 8 秒时，电容器在 42 秒内充电至 15V。当时间间隔减小到 6 秒时，电容器在 33 秒内充电到 15V。当时间间隔小于 6 秒时，将电容充电至 15V 所需的时间不会明显减少，这是因为 FSS-TENG 的角速度波动较小。FSS-TENG 的峰值功率最大为 16.03mW［图 2.11（f）］。

图 2.12 展示了摩擦纳米发电机收集生物振动能量的可行性。在脚踏激励下，FSS-TENG 可以通过连接整流桥电路连续 9 秒点亮 2232 个发光二极管（LED 灯）。

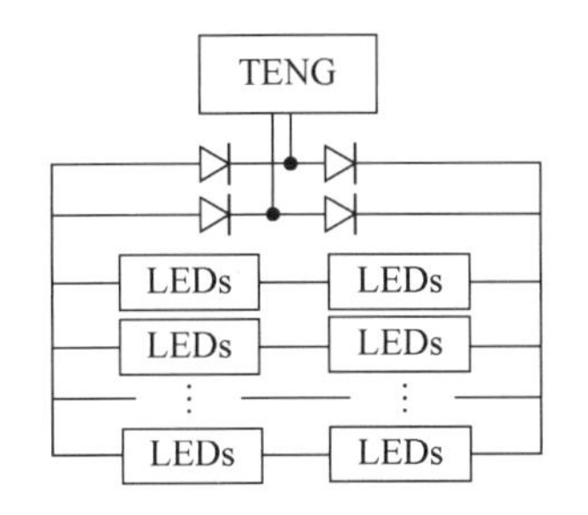

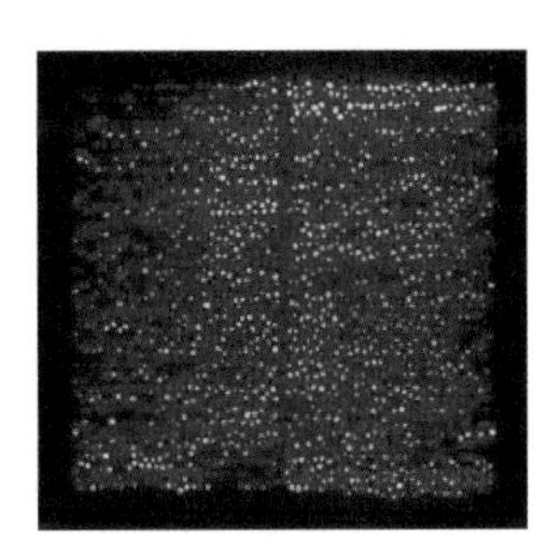

图 2.12　发电机通过混合电路点亮 2232 个 LED 灯

FSS-TENG 可以与商用电容器和整流器并联向商用温湿度传感器持续供电，如图 2.13 所示。在脚踏激励的情况下，电能可以先由整流桥转化并且储存在电容器中，电压达到温湿度传感器的工作条件时，FSS-TENG 可以成功启动商用温湿度传感器并使其稳定工作。该发电机被证明可以有效地将间歇运动的能量转换为电能，从而为小型电子设备提供动力。

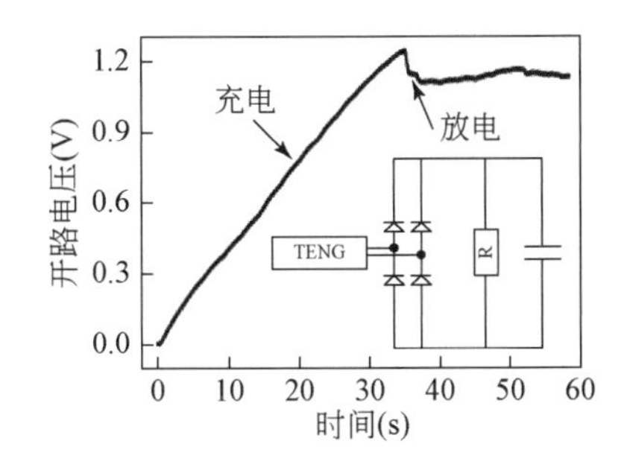

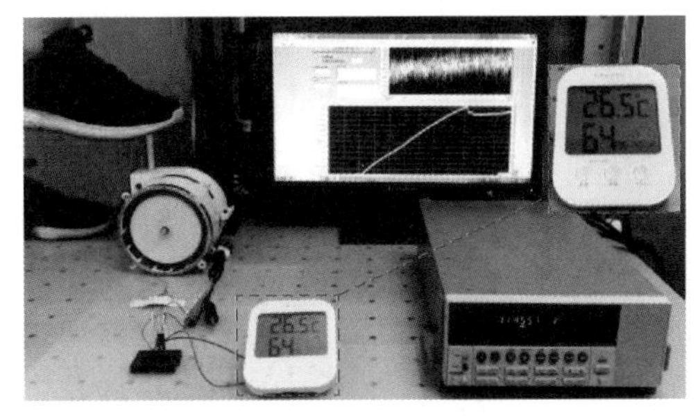

图 2.13　电容充电曲线、应用实验展示

基于 FSS-TENG 的研究，Cheng 等对其进行了提高与改进，并提出了一种用于全行程能量收集的双向齿轮传动型摩擦纳米发电机[5]（BGT-TENG）。通过双向齿轮与单向轴承的组合，实现了全行程（往复）运动的机械能收集。结合飞轮储能机构，可以将偶发激励能量高效俘获，改进后的 BGT-TENG 相比于 FSS-TENG 仅能俘获向下冲程时的能量而言，

BGT-TENG 还可以俘获向上回弹时产生的能量，降低了机械能损耗。

BGT-TENG 的结构如图 2.14 所示。BGT-TENG 包括一个发电组件［图 2.14（b）-（ⅰ）］、一个回弹座［图 2.14（b）-（ⅱ）］以及一个压板、一个飞轮、安装在单向离合器上的齿轮Ⅰ、齿轮Ⅱ、齿轮Ⅲ，以及一个上下壳体［图 2.14（c）和（d）］。为了最大限度地提高 BGT-TENG 的空间利用率，并确保安装的柔性 FEP 薄膜在运行过程中不会相互干扰，9 个 FEP 膜和铜电极分别均匀设置在飞轮外壁上和壳体内壁上。压板通过位于上壳体的孔与下壳体连接，压板在外界激励下运动。从驱动力出发，飞轮连续旋转。这样，BGT-TENG 将随机的直线运动转化为旋转的连续运动。当飞轮旋转时，每个柔性 FEP 薄膜被强制滑动到铜电极上，从而产生电能。

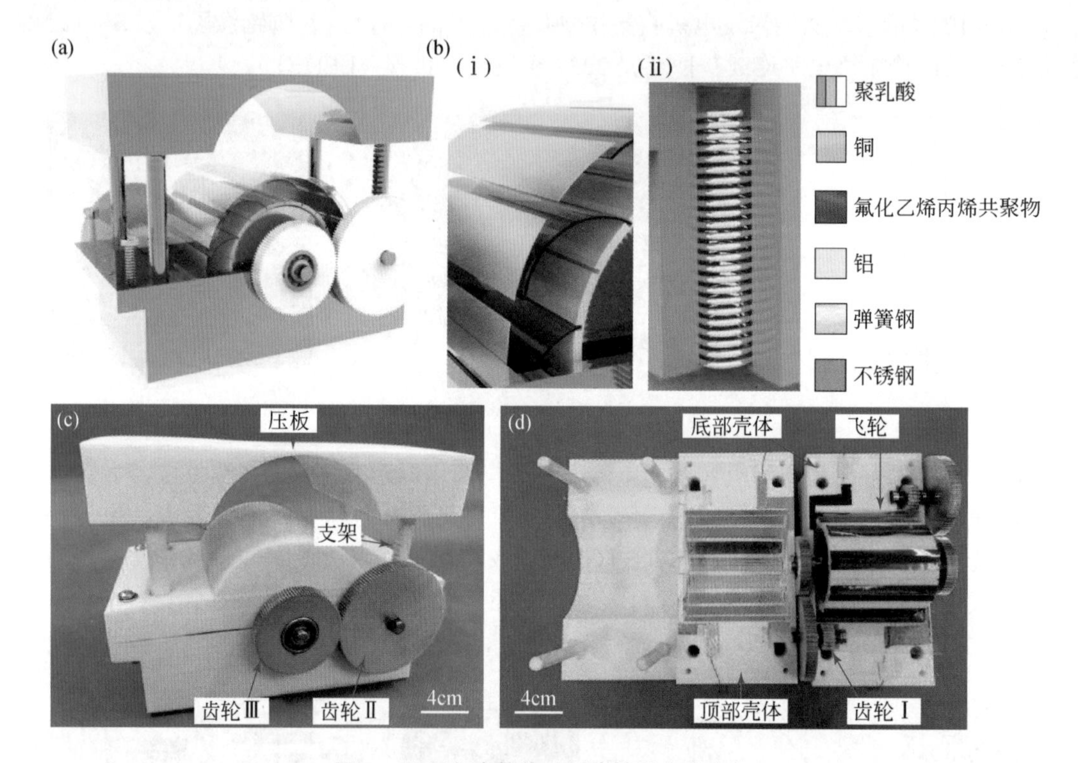

图 2.14　双向齿轮传动型摩擦纳米发电机

为了测试 BGT-TENG 的 FEP 膜和飞轮质量的最佳参数，进行了一系列系统实验。在单向向下激励、单向上升激励、双向连续激励和双向等间距激励四种激励条件下进行短路电流测量［图 2.15（a）～（d）］。为了充分释放飞轮惯性而不影响整体运行时间，间隔时间设置为 1.2 秒。在这些条件下，压板的行程是不同的；按上述顺序分别称为向下激励、上升激励、连续激励和等间距激励。

随着励磁频率的增加，短路电流增大。在四种激励条件下，得到了激励频率与运行时间的关系［图 2.15（e）-（ⅰ）］，可以看出，BGT-TENG 在下冲行程、上冲行程和等间距行程中，随着激励频率的增加，运行时间也会增加。这里对四种激励条件下的平均运行时间进行了对比，如图 2.15（e）-（ⅱ）。对于连续激励行程，随着激励频率的增加，运行时间先减小后增大。这是因为，当激励频率较小时，飞轮的运行时间受电机运行时间的影响较大，即飞轮的运行时间随着电机激励频率的增加而减小。当电机的激励频率大于 2.9Hz 时，由于飞轮的惯性，运行时间会增加。由于在连续行程中存在机械摩擦，此时飞轮的运行时间略短于单向向下激励下的运行时间。对于等间距行程，当飞轮在上冲和下冲中充分旋转，BGT-TENG 的运行时间最长。实验最终得出了四种激励条件下 BGT-TENG 输出能量与不同激励频率的关系［图 2.15（f）-（ i ）］。从上述一系列实验的结果来看，BGT-TENG 可以在整个直线激励行程中有效地收集能量。

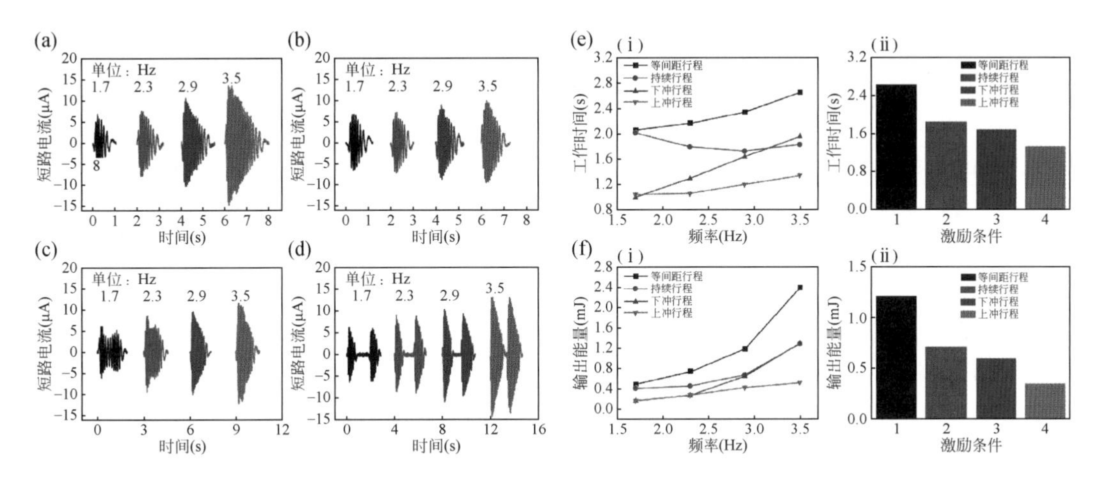

图 2.15　双向齿轮传动型摩擦纳米发电机电学性能测试

为了演示 BGT-TENG 的应用能力，研究人员将其输出的交流信号通过整流桥转换成直流信号。在不同激励频率的直线激励下，22μF 商用电容器的充电曲线如图 2.16（a）所示。当激励频率设置为 3.5Hz 时，电容器可在 40 秒内充电至 5V。对于不同的负载电阻，测量了 BGT-TENG 的输出电压和电流[图 2.16(b)]。当外电路负载电阻为 50MΩ 时，BGT-TENG 的最大瞬时输出功率为 4mW［图 2.16（c）］。为了证明 BGT-TENG 可以用作电源，375 个 LED 被串联到 BGT-TENG 上［图 2.16（d）］，在外部激励驱动下 LED 被成功点亮。除此之外，商用温度计在脚踏运动下也能稳定工作［图 2.16（e）］。这些实验表明，BGT-TENG 可以将机械能转化为电能，为低功率器件供电。

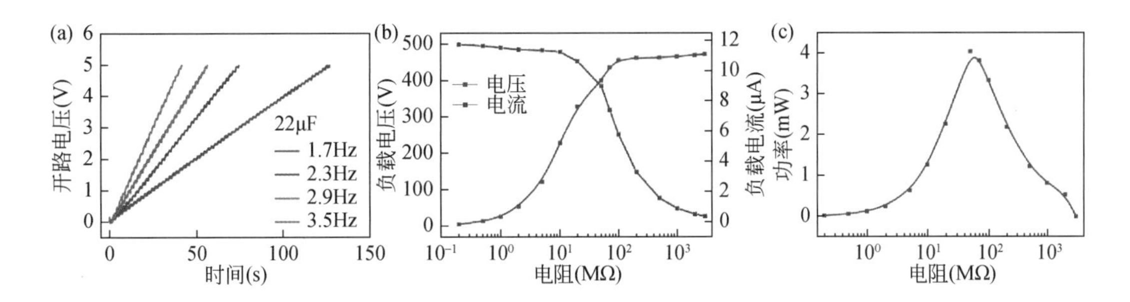

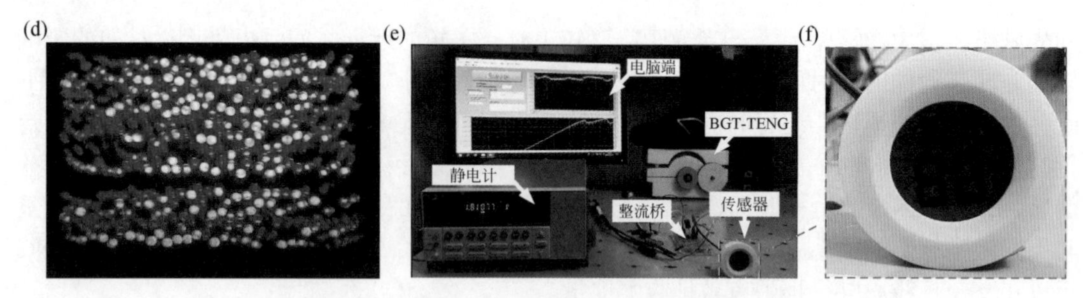

图 2.16　双向齿轮传动型摩擦纳米发电机应用能力演示

2.2.3　可控输出式

Cheng 等提出了一种用于风能收集的磁开关结构摩擦纳米发电机[6]（MS-TENG）。风勺捕获的风动能通过传动齿轮和能量调制模块转化为磁势能，驱动发电单元运行，从而产生连续和有规律的输出。

磁开关结构摩擦纳米发电机（MS-TENG）的整体结构如图 2.17（a）所示，包括风勺、传动齿轮、能量调制模块和发电单元。风能在风勺的帮助下捕获，能量调制模块和发电单元一起工作，将风能转换为电能。能量调制模块包括开关装置（齿轮）、开关摆、支架、单向离合器、两对开关磁铁和一对储能磁铁［图 2.17（b）和（d)］。MS-TENG 的照片如图 2.17（c）所示。所述发电单元包括转子和定子，如图 2.17（e）所示。

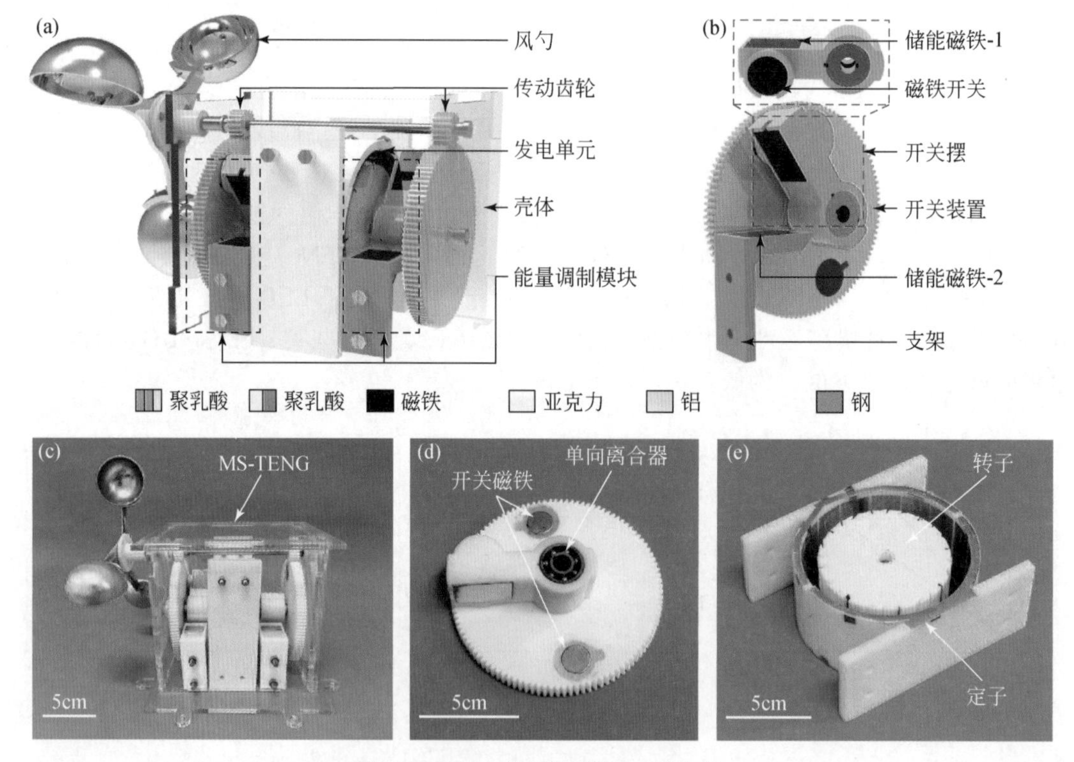

图 2.17　磁开关结构摩擦纳米发电机

采用步进电机作为激励源，研究了 MS-TENG 的基本性能。FEP 膜和转子的结构表明，FEP 膜在铜电极的压力下发生变形。为研究开关磁体直径和转子质量对输出性能的影响，选取 5 个转子质量和 3 个开关磁体直径进行实验，如图 2.18 所示。在左侧能量调制模块中安装一对开关磁铁；右侧能量调制模块未安装开关磁铁。

随着转子质量的增加，开路电压［图 2.18（a）-（ⅰ）、（b）-（ⅰ）和（c）-（ⅰ）］保持不变，而短路电流［图 2.18（a）-（ⅱ）、（b）-（ⅱ）和（c）-（ⅱ）］和通过外部电阻 50MΩ 的负载电流减小。通过计算可知，随着转子质量的增加，转子的旋转周期增大，输出端功率和能量在一个代周期内减小［图 2.18（d）～（f）］。通过计算可知，直径为 15mm 和 20mm 的开关磁体的旋转周期、输出功率和输出能量大致相等，但大于直径为 10mm 的开关磁体。当任意一个开关磁体分开时，储能磁体产生的斥力 F_b 大小依次为 5.31N、11.95N 和 12.29N，这就决定了储能磁体的输出性能。另外，通过计算，15mm 开关磁体的初始转矩 T 为 0.48N·m，小于 20mm 开关磁体的初始转矩（0.85N·m）。因此，使用 15mm 磁铁开关的 MS-TENG 比使用 20mm 磁铁开关的 MS-TENG 更容易在低风速下操作。具有 15mm 磁铁开关和 85g 转子质量时，在 MS-TENG 中可以看到更好的输出性能。

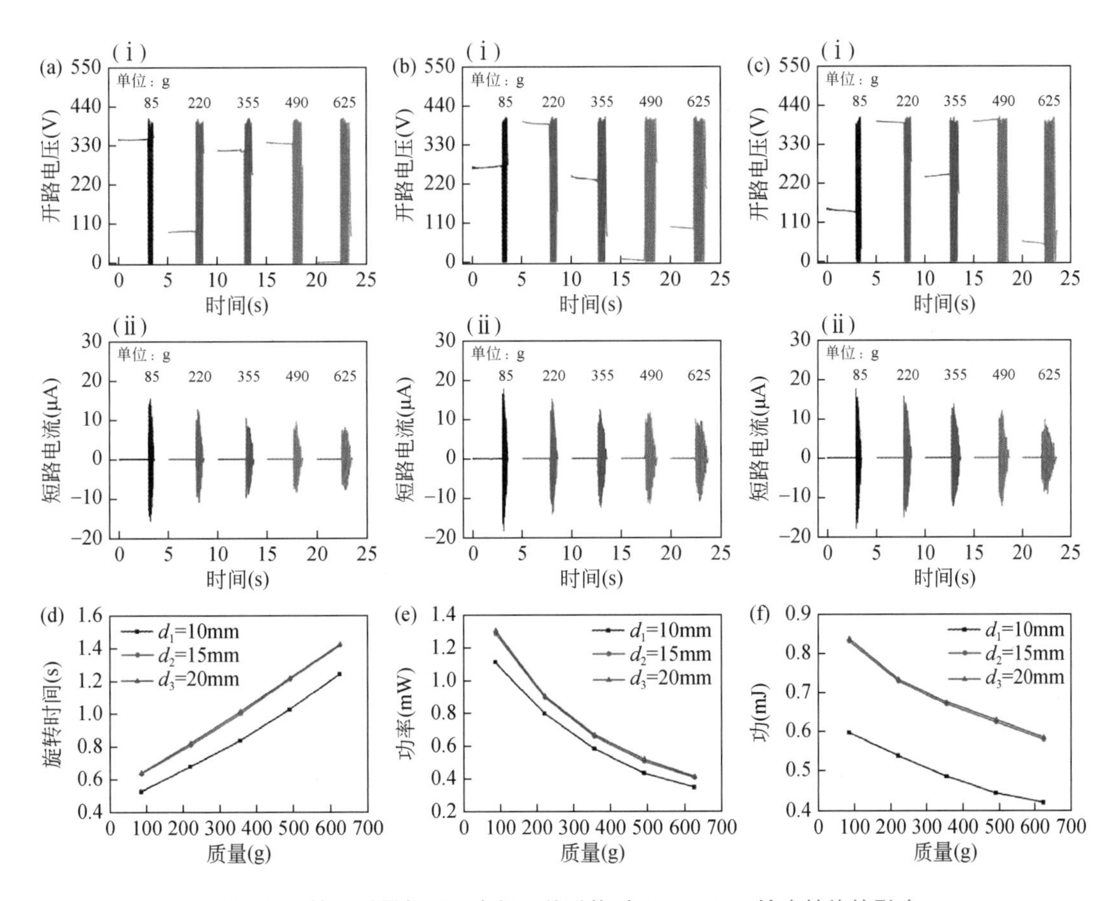

图 2.18　转子质量与不同直径开关磁体对 MS-TENG 输出性能的影响

为了展现样机的充电性能，测试了 5 种商用电容器在 4.7μF、10μF、22μF、47μF 和 100μF 下的充电情况［图 2.19（a）］。测量不同负载电阻下的负载电压和负载电流，如图 2.19（b）所示。随着负载电阻的增大，负载电压增大，负载电流减小。通过计算，MS-TENG 的峰值功率为 4.82mW，负载电阻为 50MΩ。此外，还进行了模拟风能收集的实验来验证输出性能。在桥式整流器的帮助下，MS-TENG 能够收集风能，同时为 500 个串联 LED 供电。另外，还开发了一个测试系统，在这个测试系统中，风能收集的 MS-TENG 运行了一个温度计［图 2.19（d）］。在给电容器充电一段时间后，MS-TENG 能够正常为温度计供电。MS-TENG 在风能收集领域的应用前景良好。

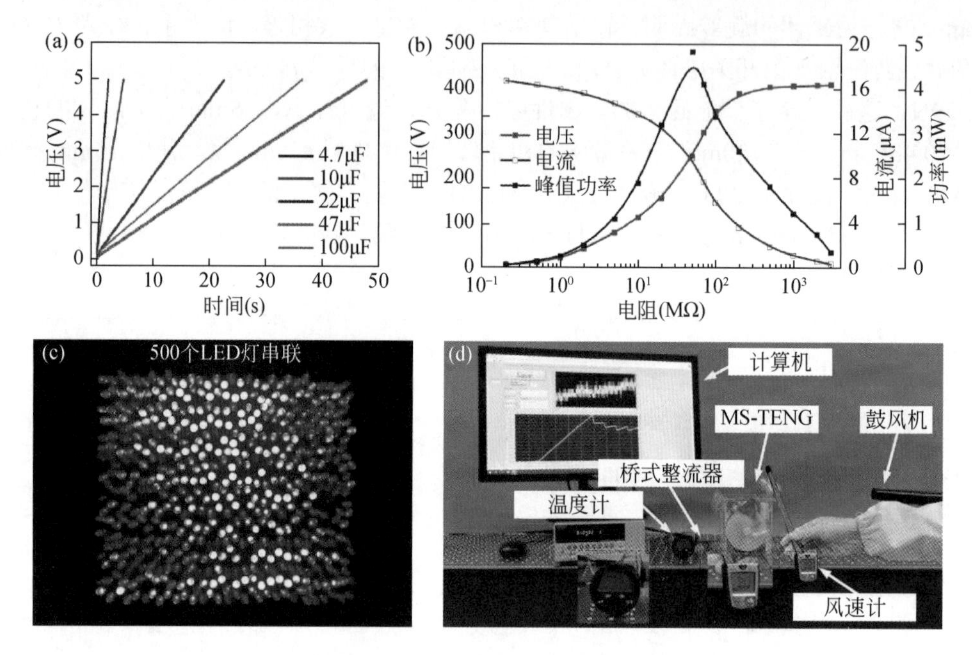

图 2.19 演示 MS-TENG 的应用演示

以上描述了一种磁开关结构摩擦纳米发电机（MS-TENG），在收集风能的同时产生连续和有规律的输出。它在将风能转化为可靠的电力输出方面的设计优势，可能为未来的风力收集提供有益的指导。

Cheng 等提出了一种具有可控输出性能的机械调节摩擦纳米发电机（MR-TENG），用于收集随机能量[7]。通过储能结构与控制开关结构的结合，实现了随机激励下 TENG 的可控输出。

MR-TENG 的结构［图 2.20（a）］包含控制储能时间的开关装置［图 2.20（b）］和发电单元及飞轮［图 2.20（c）］。所制作的装置［图 2.20（d）］主要有五个部分：运动转换单元、开关结构、发电单元、飞轮、外壳。运动转换单元用于将外部直线运动转换为发电单元所需的摇摆运动。开关结构与飞轮结合，控制将外部不规则直线运动转化为规则旋转运动的能量存储和能量释放。开关盘如图 2.20（e）所示。发电单元由转子和定子组成［图 2.20（f）］。

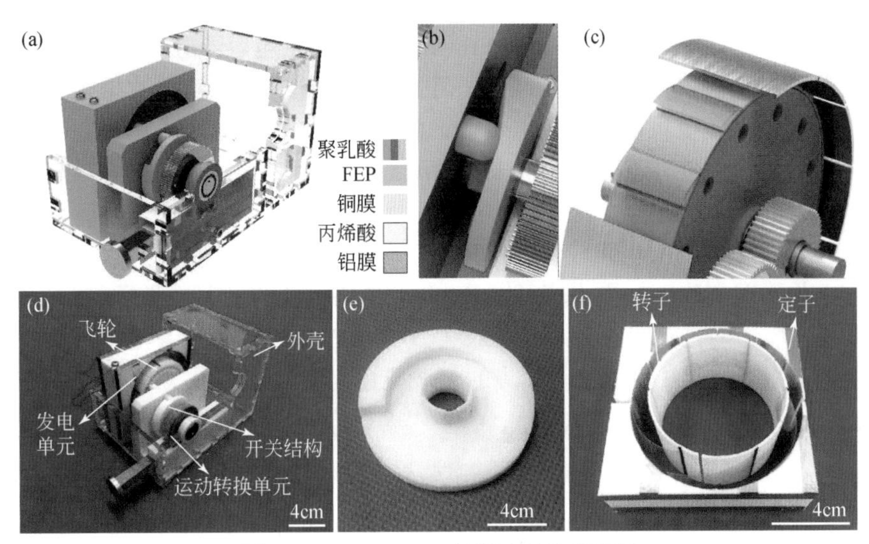

图 2.20　MR-TENG 的基本结构示意图

MR-TENG 在模拟实际工况下的输出性能研究中具体分为以下 3 个方面：①四个周期，不同激励幅值和固定激励频率［图 2.21（a）～（d）］；②不同激励频率和固定激励幅值［图 2.21（e）～（h）］；③不同激励幅值在多个周期［图 2.21（i）～（l）］。不同外部激励条件下，图 2.21（a）、（e）和（i）为实测位移（振幅），图 2.21（b）、（f）和（j）为开路电压，图 2.21（c）、（g）和（k）为短路电流，图 2.21（d）、（h）和（l）为开路电压及不同激励条件下不同周期之间的比较。显然，在不规则的外部激励条件下，MR-TENG 仍能产生稳定的性能输出。

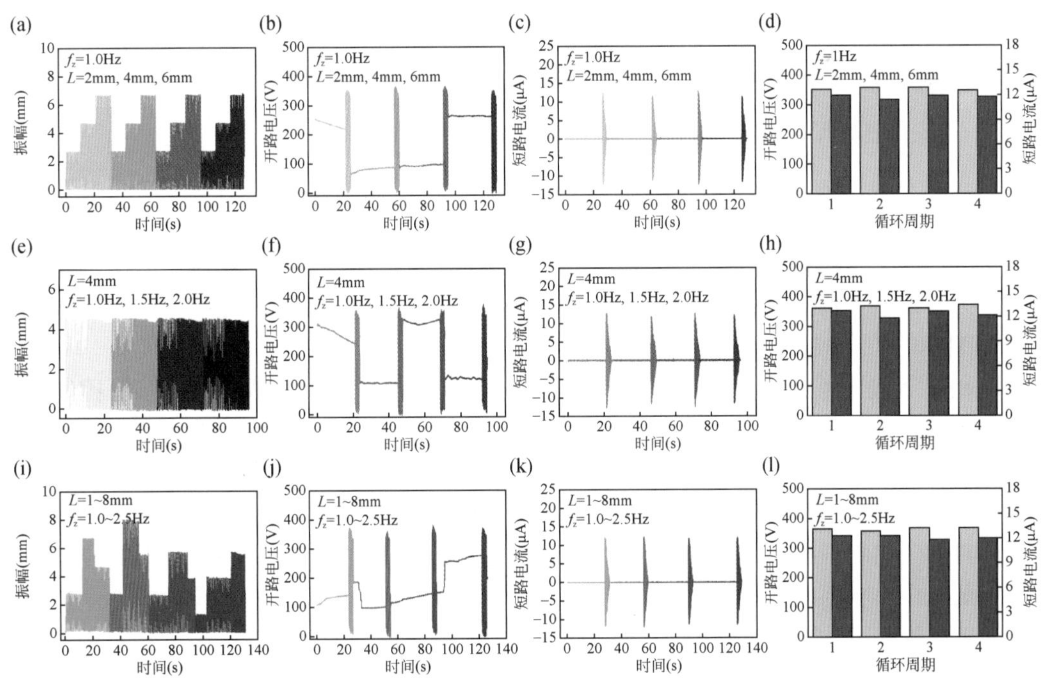

图 2.21　不同激励条件下 MR-TENG 的输出性能

MR-TENG 可以对 4.7μF、10μF 和 22μF 至 10V 的商用电容器进行充电，如图 2.22（a）所示。在更换商用电容器之前，MR-TENG 连接到整流电路。从实验数据来看，较大的输入频率和较大的激励幅值可以提高充电效率。此外，为了更好地描述 MR-TENG 在各种外部负载作用下的输出性能，还测量了电压和电流。从图 2.22（b）可以看出，当电阻较低时，MR-TENG 的电压较低，但电流较大。当电阻逐渐升高时，MR-TENG 的电压逐渐升高，而电流逐渐减小。这是因为当电阻较低时，电路类似于短路情况，当电阻较高时，电路类似于开路情况。从不同负载下的峰值功可以看出，MR-TENG 的最大峰值功率为 2.52mW，即 MR-TENG 在环境中随机获取能量。图 2.22（c）为 MR-TENG 从造浪池中产生的水波中获取能量的照片。MR-TENG 可以使用收集的水波能量的整流电路为 375 个 LED 或数字温度计供电［图 2.22（d）］。

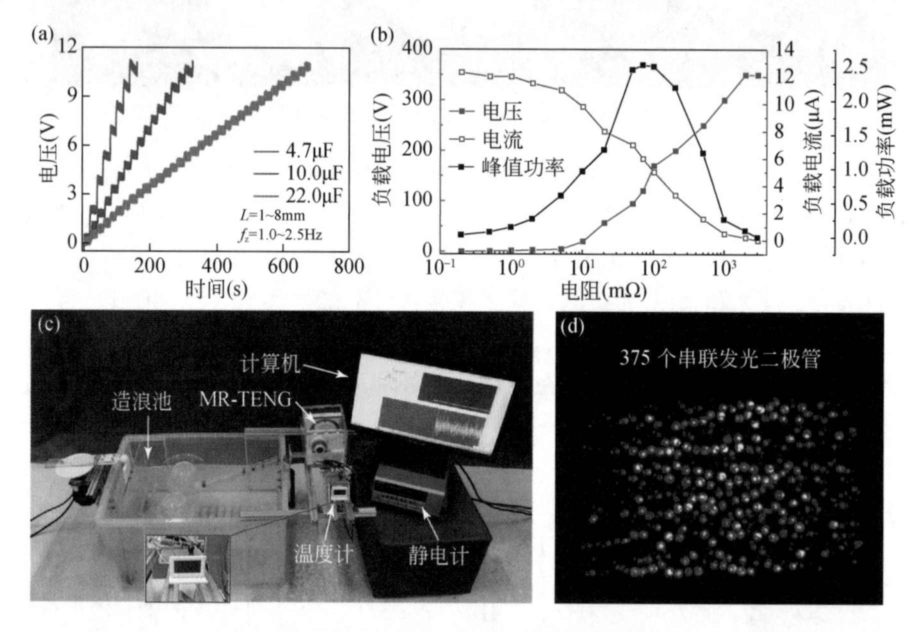

图 2.22 MR-TENG 的应用功能演示

以上描述了一种具有可控输出性能的机械调节摩擦纳米发电机，通过储能结构与控制开关结构的结合，实现了随机激励下 TENG 的可控输出。这种机构通过减少外部输入的可变性对 TENG 的影响，使 TENG 的实际应用更加可行。

Cheng 等提出了一种具有线性旋转运动转换机构的行程开关集成机械调节摩擦纳米发电机（TSMR-TENG），用于随机振动能量收集[8]。TSMR-TENG 通过线性旋转运动转换机构和行程开关实现了能量的可控输出。TSMR-TENG 的整体结构如图 2.23（a）所示。TSMR-TENG 包括一个壳体、线性旋转运动转换机构、惯性飞轮和行程开关［图 2.23（c）］。TSMR-TENG 的物理外观如图 2.23（d）所示。外壳是透明的亚克力管，用于保护传输装置和安装铜电极。将直线运动转化为旋转运动的线性旋转运动转换机构如图 2.23（b）所示。该机构由压板、驱动圆盘、棘轮、轴和复位弹簧组成。图 2.23（c）显示了单向离合器如何连接到驱动片和轴，以及锁紧片和行程开关如何锁住惯性轮。铜电极安装在壳体内壁，柔性氟化乙烯丙烯（FEP）薄膜放置在惯性轮上。如图 2.23（g）所示，惯性轮内安装了螺旋弹簧和钢板。利用螺旋弹簧储存能量，利用钢板改变惯性轮的质量。图 2.23（e）和（f）分别为运动变换机构驱动板和支撑架的照片。

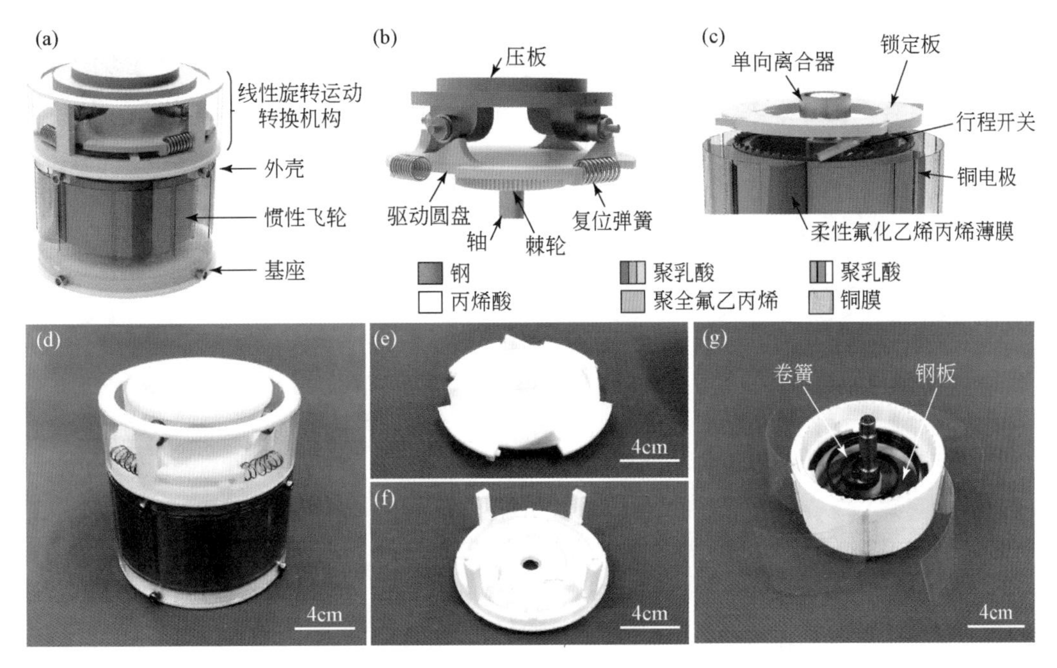

图 2.23　行程开关集成机械调节摩擦纳米发电机的组成

为了验证 TSMR-TENG 的输出稳定性，将外部振动激励设计得更加随机。图 2.24（a）显示了环境中常见的随机振动场景，如桥梁振动、船舶与码头碰撞、汽车通过减速带等。这种能量可以用来驱动微传感器，如振动传感器、温度和湿度传感器以及 LED。在图 2.24（b）中，模拟了两种相同幅度或频率的情况。如图 2.24（c）和（d）所示，TSMR-TENG 的开路电压和短路电流分别是可控的。在图 2.23（e）中，模拟了四组激励频率和幅值随机变化的工况。如图 2.24（f）和（g）所示，开路电压和短路电流是可控的。这表明 TSMR-TENG 可以在外部随机振动激励下实现可控输出。在图 2.24（b）和（e）中，由于惯性轮停止转动后行程开关没有立即闭合，因此惯性轮随轴缓慢转动，这是可控输出的关键。

在图 2.25（a）中，研究了 TSMR-TENG 充电 10μF 电容器的性能。外部振动幅值设置为 10mm，频率为 1Hz、2Hz 和 3Hz。充电曲线的斜率随频率的增加而增大。为了更好地展示 TSMR-TENG 的性能，测量了不同外路电阻下的负载电流和负载电压曲线，并计算了 TSMR-TENG 的峰值功率曲线，如图 2.25（b）所示。TSMR-TENG 在外部电阻为 70MΩ 时达到了 5mW 的峰值功率。图 2.25（c）为 TSMR-TENG 收集随机振动能量的仿真场景。以桥梁振动为仿真对象，建立了合适的实验平台。TSMR-TENG 能够同时点亮 500 个串联 LED，如图 2.25（d）所示。TSMR-TENG 还能够收集随机振动能量，通过整流桥和电容器驱动温度计，如图 2.25（e）所示。这些实例表明，TSMR-TENG 能够有效地收集环境振动能量并为微传感器提供能量。

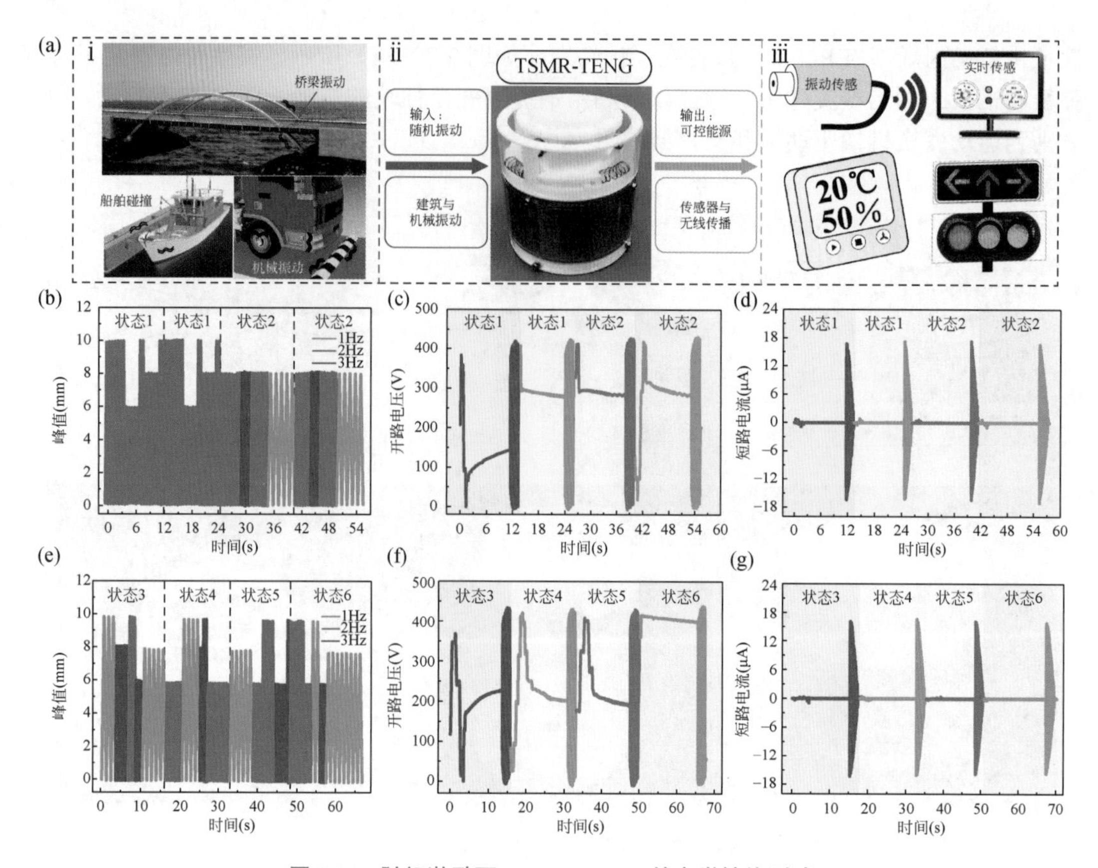

图 2.24　随机激励下 TSMR-TENG 的电学性能测试

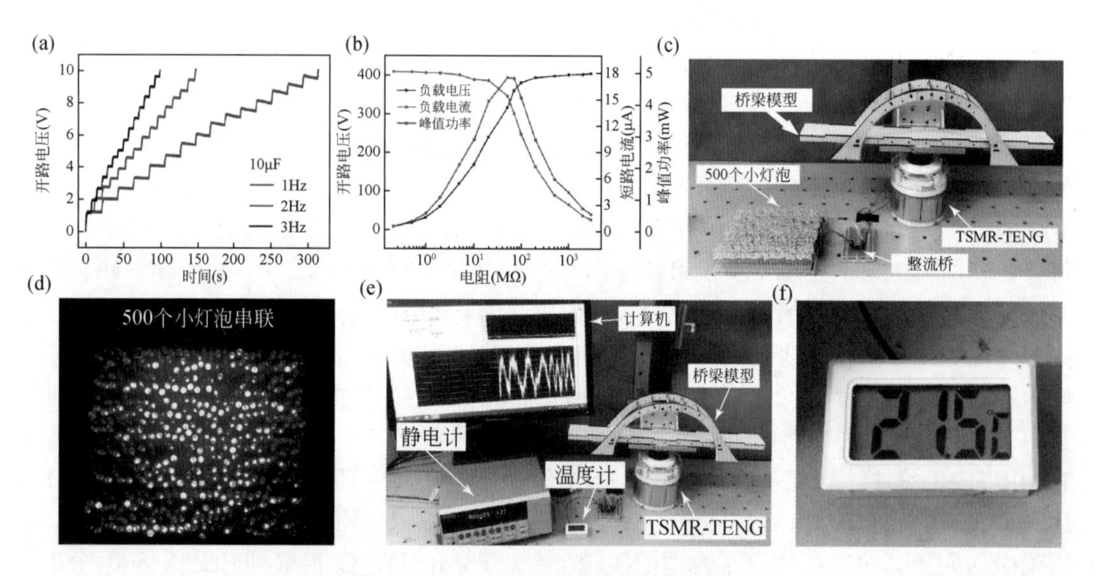

图 2.25　TSMR-TENG 应用性能演示

以上描述了一种具有线性旋转运动转换机构的行程开关集成机械调节摩擦纳米发电机（TSMR-TENG），用于随机振动能量收集。TSMR-TENG 通过棘轮机构和行程开关实现了能量的可控输出。这种发电机的能量转换思想可以广泛应用于从随机摆动运动或随机旋转中获取能量的场景。

Cheng 等提出了一种双摇杆摩擦纳米发电机（DR-TENG），用于从间歇往复运动中获取能量[9]。DR-TENG 的总体结构［图 2.26（a）］由机械传动结构［图 2.26（b）］、发电单元［图 2.26（c）］和壳体组成。机械传动结构包括左双摇杆机构（LDRM）、右双摇杆机构（RDRM）、三个单向离合器、开关结构和轴。LDRM 和 RDRM 有两种安装方式：机械传动结构Ⅰ（MTS Ⅰ）和机械传动结构Ⅱ（MTS Ⅱ），完整样机如图 2.26（d）所示。发电单元详细图如图 2.26（e）所示。控制存储能量时间的开关盘如图 2.26（f）所示。

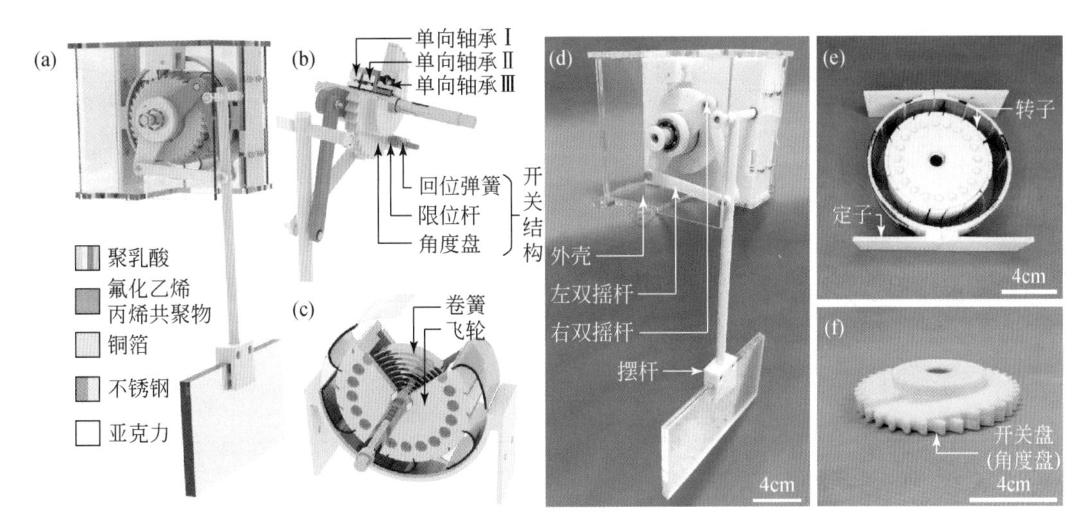

图 2.26　DR-TENG 的结构组成

采用两种安装方式进行了一系列试验，研究了不同机械传动结构安装方式对 DR-TENG 输出性能的影响。为此进行了不同螺旋弹簧刚度和飞轮质量的实验。DR-TENG 的叶片由 FEP 薄膜制成，长 45mm，宽 35mm。在激励均匀且螺旋弹簧刚度相同的情况下，随着飞轮质量的增加，短路电流减小［图 2.27（a）-（ⅱ）］，开路电压［图 2.27（a）-（ⅰ）］和传递电荷不变，飞轮运行时间逐渐增加［图 2.27（e）和（g）］。在激励均匀且飞轮质量相同的条件下，随着螺旋弹簧刚度的增大，短路电流增大［图 2.27（a）～（c）］，开路电压和转移电荷保持不变，输出能量逐渐增加［图 2.27（d）和（f）］。

如图 2.28 所示，为了验证 DR-TENG 与 MTS Ⅱ的适用性，进行了一系列实验。图 2.28（a）显示了 DR-TENG 对不同商用电容器充电所需的时间。图 2.28（b）显示了不同负载电阻下 DR-TENG 的输出性能。根据公式 $P=I^2R$，绘制出峰值功率曲线，最大功率为 11mW。DR-TENG 可为 400 个 LED 串联供电［图 2.28（c）］。DR-TENG 可以通过从水波中收集能量来为温度计供电［图 2.28（d）］。实验表明，DR-TENG 可以有效地从低频往复运动中获取能量，为低功耗电器供电。

以上描述了一种双摇杆摩擦纳米发电机（DR-TENG），用于从间歇往复运动中获取能量。这种发电机有利于水波能的收集，为超低频环境下随机机械能的收集研究和应用提供了重要指导。

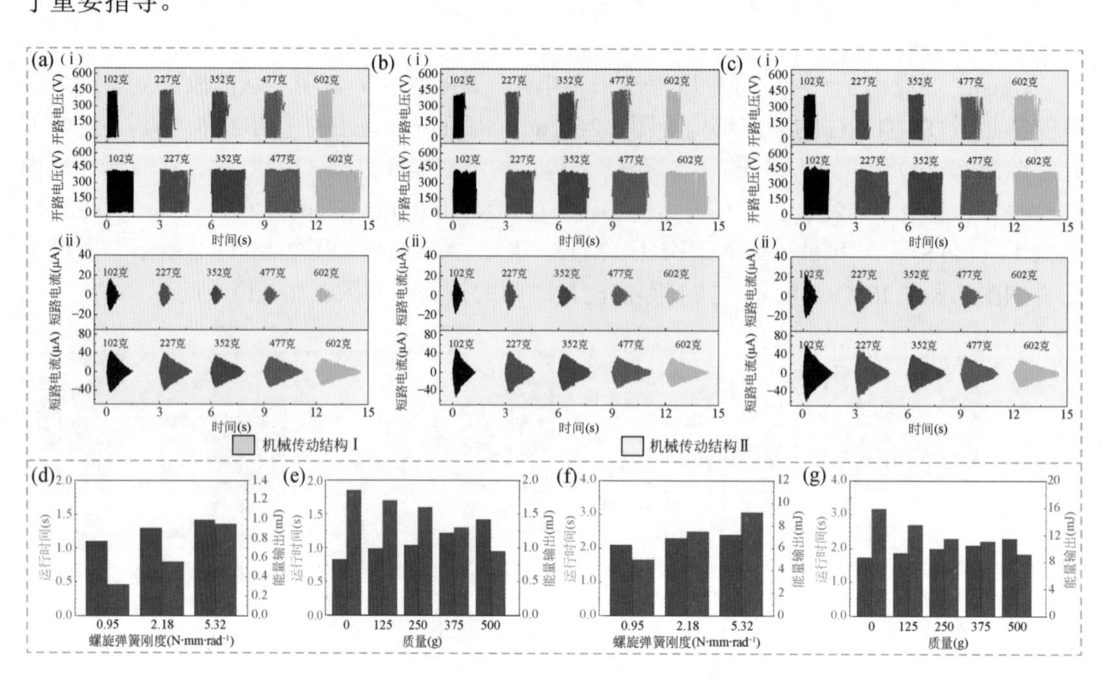

图 2.27　DR-TENG 电学性能测试

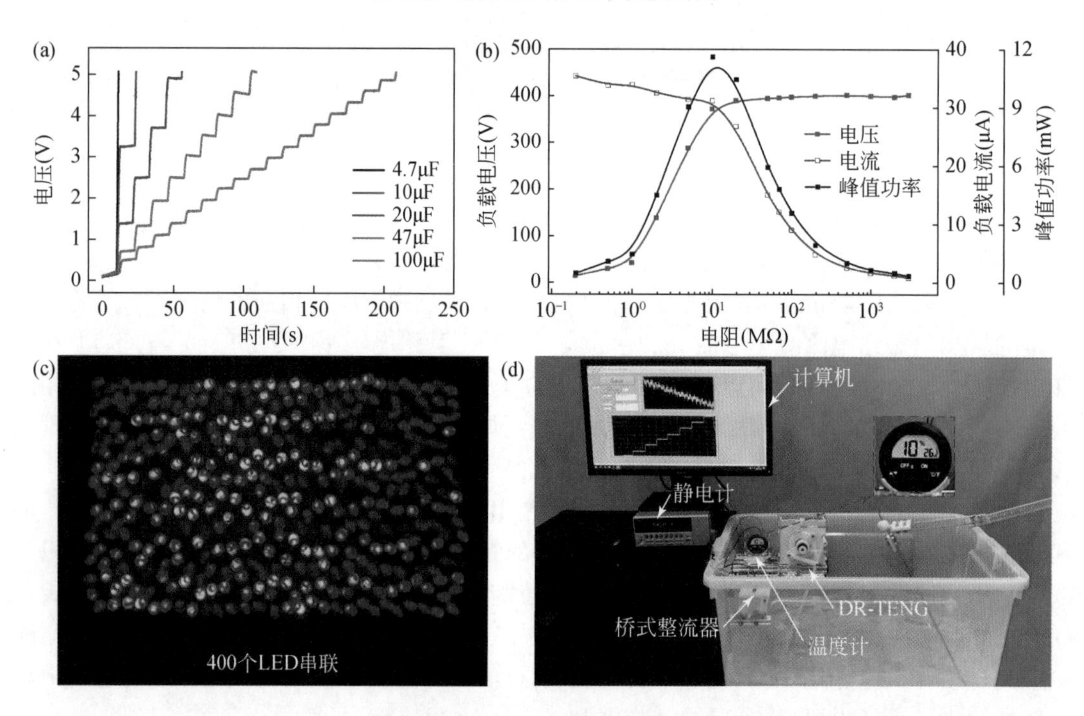

图 2.28　DR-TENG 应用演示实验

2.2.4　恒定输出式

针对自然风能的随机性和不稳定性，Cheng 等提出了一种重力摩擦纳米发电机[10]（G-TENG）。不同于先前提出的稳定输出系列摩擦纳米发电机利用弹力、磁力等随时间发生变化的力，G-TENG 利用了重力恒定不变的特点，将随机风能转化为重力势能，通过机械结构再将重力势能转化为稳定的电能。

G-TENG 的结构如图 2.29 所示。所设计的 G-TENG 主要由风杯、发电单元、驱动单元、绳和质量块等部分组成。其中，驱动单元由蜗轮蜗杆、机械开关、冠状齿轮、增速单元、定子和动子六部分组成。风杯与驱动单元中的蜗轮蜗杆通过联轴器相连接，通过自然风吹动风杯从而带动蜗轮蜗杆产生旋转运动，蜗轮蜗杆通过冠状齿轮和增速单元传动，机械开关可以转换质量块上升或下降的运动形式，通过质量块下降从而使驱动单元带动动子转动，进而产生稳定的电能。该摩擦纳米发电机先将随机的能量以质量块重力势能的形式累积起来，当原理样机所储存的重力势能达到阈值时，样机内部的机械开关自动开启，然后质量块自动下滑，质量块所释放的重力势能驱动发电单元有规律且恒速地运行，输出稳定的电能。

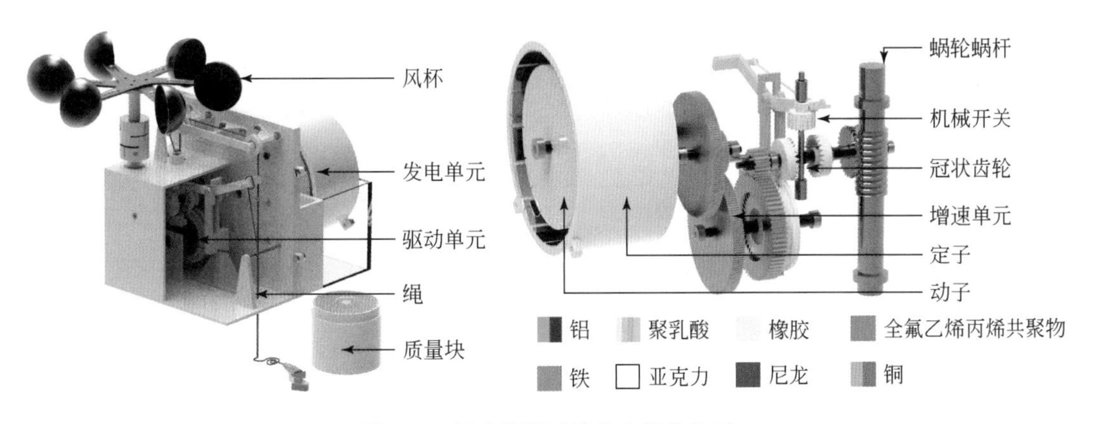

图 2.29　重力摩擦纳米发电机结构图

机械开关在整个循环周期中的工作原理如图 2.30 所示，当质量块移动到最低点时，绳上的线节会向下拉动机械开关，机械开关被打开，冠状齿轮与机械开关中的直齿轮啮合，如图 2.30（a）所示。此时质量块向上运动，发电单元动子静止。当质量块达到最高点时，绳上的线节将机械开关向上拉动，机械开关被关闭，冠状齿轮与机械开关中的直齿轮分离，如图 2.30（b）所示。同时，质量块开始向下运动，发电单元动子开始转动，这标志着一个循环周期结束，下一个循环周期开始。

转速是影响外部激励的关键参数。实验中，选取了三种常见的转动输入类型，分别是匀速输入、匀加速输入和随机输入。将外部输入分别设置为转速 600rpm 匀速输入、600～750rpm 匀加速输入和 400～650rpm 的随机输入。在上述输入激励条件下，通过转速传感器和可编程静电计对输入阶段的电机转速和随机风能稳定输出型摩擦纳米发电机的输出短路电流进行了测试，如图 2.31 所示。实验结果表明，在三种输入情况下，蜗轮蜗杆的转速与随机风能稳定输出型摩擦纳米发电机的短路电流无相关关系，在一个发电周期内，即重力势能从零存储到最大值并释放完全后，随机风能稳定输出型摩擦纳米发电机的短路电流基本保持稳定在 15.0μA。

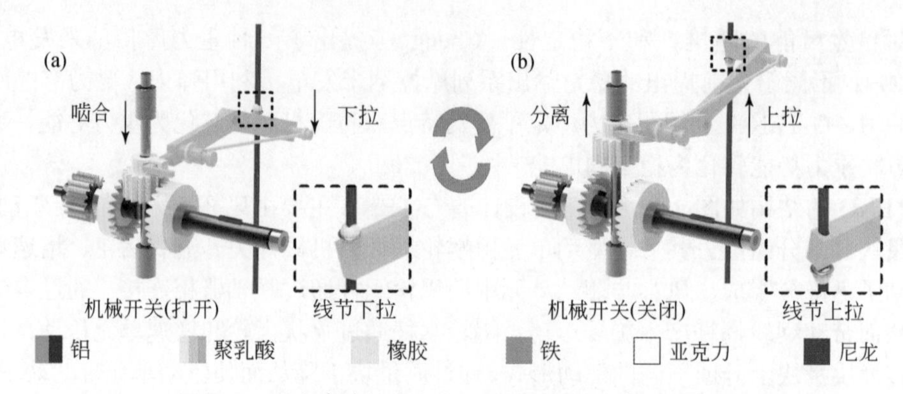

图 2.30 重力摩擦纳米发电机机械开关工作原理示意图

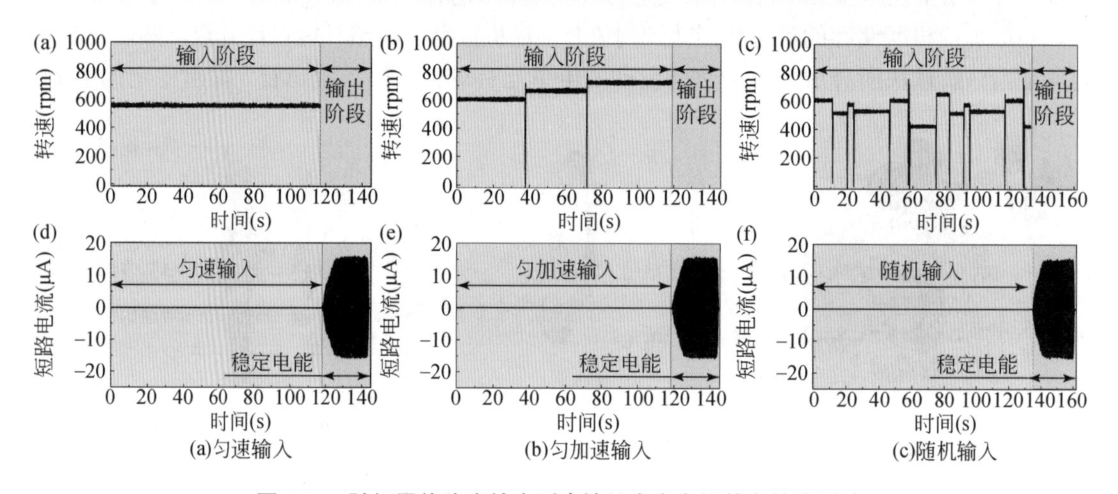

图 2.31 随机风能稳定输出型摩擦纳米发电机基本性能测试

为了验证随机风能稳定输出型摩擦纳米发电机对随机风能的实际调节能力，本工作进行了随机风能模拟条件下为 LED 灯板供电的展示，并与常规摩擦纳米发电机进行了对比，如图 2.32 所示。该部分实验将稳定输出型摩擦纳米发电机与常规摩擦纳米发电机在模拟自然环境条件中同时进行应用，实验中首先通过风机模拟自然环境随机风能，通过手持风机对实验样机产生随机、间歇性激励来模拟自然风能的无规则特性。当质量块的能量存储到最大值时，机械开关触发，质量块下降，此时稳定输出型摩擦纳米发电机开始输出电能。关闭室内日光灯后，通过对比常规摩擦纳米发电机为 LED 灯板供电的效果可以明显看出，稳定输出型摩擦纳米发电机的供电效果更加稳定。这是由于稳定输出型摩擦纳米发电机的动子转速是几乎恒定的，而常规摩擦纳米发电机没有机械开关等调节机构，因此常规摩擦纳米发电机的动子转速是随外界输入风速而变化的。因此，稳定输出型摩擦纳米发电机的供电更加稳定，而常规摩擦纳米发电机的供电是不稳定的。

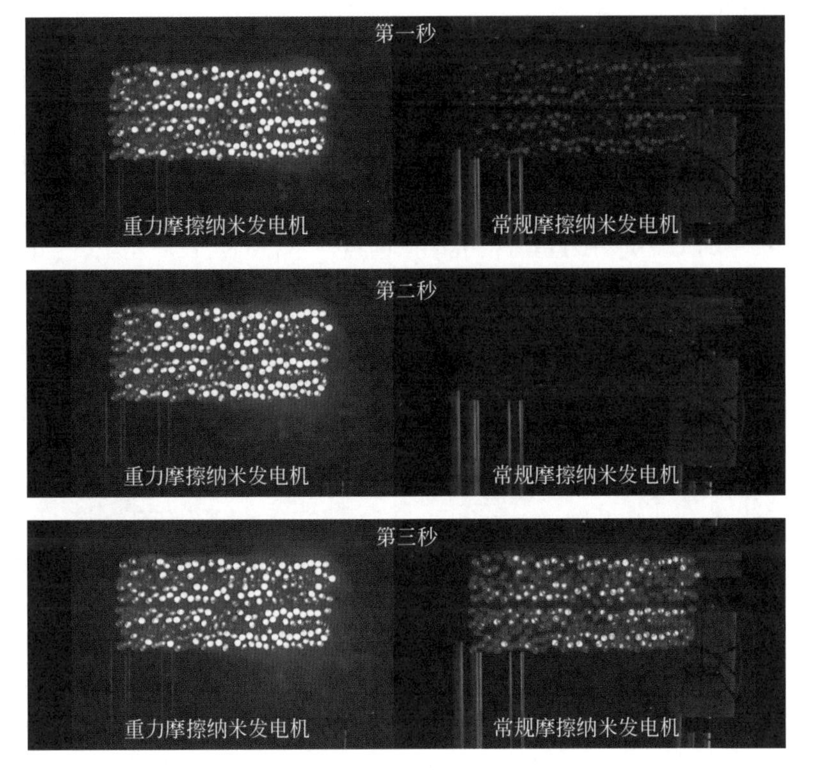

图 2.32　重力摩擦纳米发电机与常规摩擦纳米发电机的性能对比

2.3　仿生结构式摩擦纳米发电机

现有摩擦纳米发电机的俘能前端结构形式多采用球体、圆柱体和风杯等规则结构，这使得其在低速流体环境中存在能量捕获效率低以及发电性能不可调控等问题。使用在低流速环境中具有高效俘能性能的仿生结构式俘能前端，是近年来提出的一种新型的极具应用前景的提升摩擦纳米发电机俘能性能的技术手段。

2.3.1　风场环境仿生结构

1. 仿生结构式 TENG 工作原理介绍

为了俘获低速风能，著者提出了一种通过仿生叶片升阻结合策略提升空气动力学性能的摩擦电-电磁复合发电机（HT-TEHG），通过升阻结合型叶片的耦合和 TENG 的分级发电，实现对宽频风能的有效收集，同时实现为小型无线气象站供电的方法[11]。图 2.33（a）描述了一种采用仿鸟升力叶片和阻力叶片驱动的摩擦电-电磁复合发电机（HT-TEHG）的应用概念，它用于收集自然风的能量为无线气象站供电，从而实现气象数据的在线实时监测。

所提出的 HT-TEHG 包含一个风能收集装置和发电装置如图 2.33（b）所示。风能收集装置在外侧是一个升力型风机，在内侧耦合了一个改进的阻力型风机。发电装置包括两个

TENG 单元和一个 EMG 单元，使用 TENG-ⅰ和 TENG-ⅱ的主要原因是为了在不同风速实现分级发电。兔毛和氟化乙烯丙烯（FEP）薄膜分别用作 TENG 的电正性和电负性摩擦电材料，铜箔切割成 10 对扇区作为电极。TENG-ⅰ由上盘的铜电极和 FEP 薄膜以及中间盘上侧的 10 对兔毛组成。TENG-ⅱ由中间盘下侧的另外 10 对兔毛组成，搭配下盘上的 FEP 薄膜和铜电极。EMG 包含 10 块磁铁，安装在中间盘的下侧，10 个铜线圈安装在下盘的底部。阻力型风机驱动上盘，升力型风机驱动中间盘，下盘固定在底座上。当阻力型风机旋转时，TENG-ⅰ工作，当升力型风机旋转时，TENG-ⅱ和 EMG 工作。这种设计的优势在于它结合了阻力型叶片低风速启动和仿生升力型叶片产生高扭矩的优点。

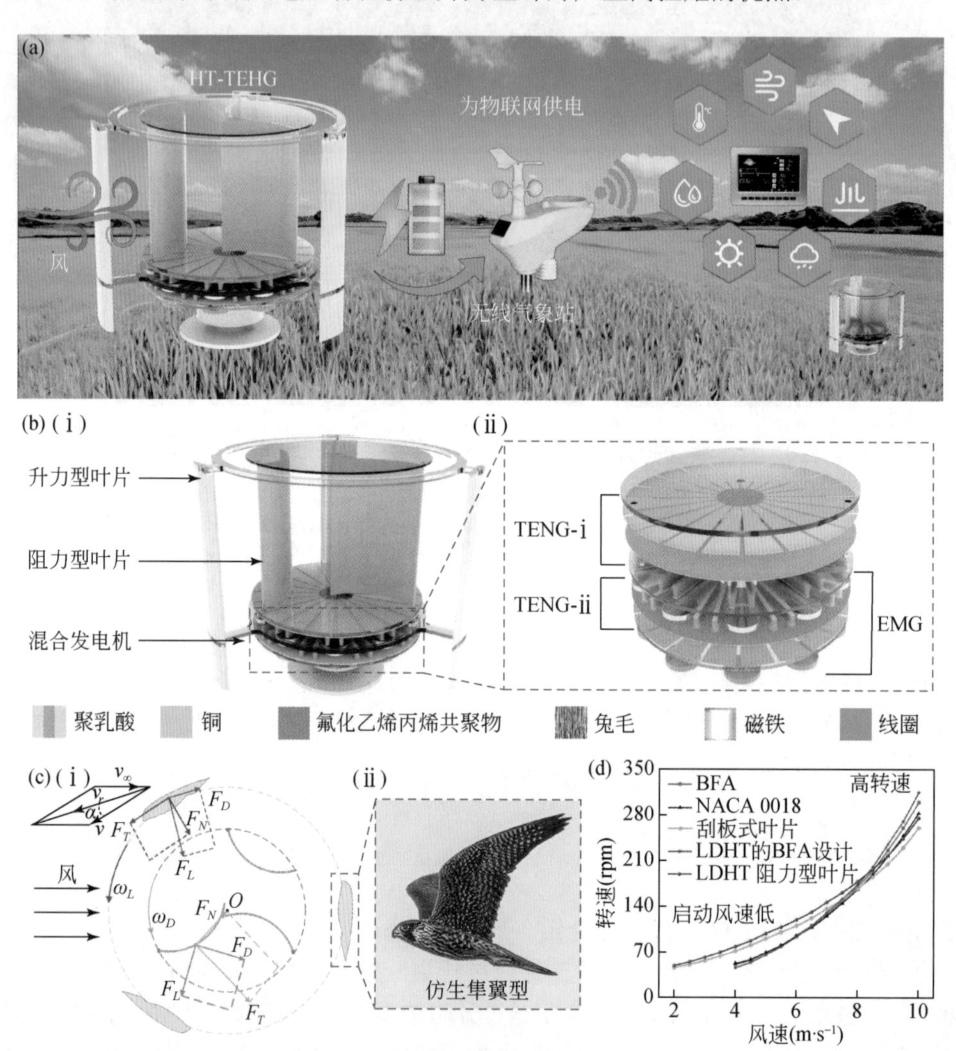

图 2.33 HT-TEHG 的应用概念和设计。（a）用于自供电小气象站的 HT-TEHG 概念；（b）HT-TEHG 和复合发电机的结构设计；（c）LDHT 的工作原理和力学分析及 BFA 的来源；（d）在不同风速下各种叶片的转速

升阻结合混合型风机（LDHT）的空气动力学力分析如图 2.33（c）所示。为了提高空

气动力学性能，升力型叶片采用仿生隼翼（BFA）设计，翼型的参数来源于隼的体型轮廓。为验证设计叶片的性能，在负载力矩为 10mN·m 时，各种叶片在不同风速下的转速如图 2.33（d）所示，从图中可以看出 LDHT 明显优于其他叶片，与 NACA 0018 相比，采用仿生叶片的升力型风机转速提高了约 11%，阻力型叶片转速提高了约 5.8%。

为了揭示所研制的 LDHT 俘能性能优于常规风力机的内在机理，图 2.34（a）给出了风速 2m/s 条件下 LDHT 产生的压强和流线分布图。可以看出，在风力作用下，阻力型叶片围绕风机中心旋转的同时，每个叶片将在不同位置围绕其偏转轴旋转。这种叶片设计的独特之处在于：在迎风阶段风力机具有更大的投影面积，产生更大的阻力和扭矩；而在背风阶段具有更小的投影面积，减小阻力。这导致两个阶段之间的阻力差和扭矩更大。由于此时风速较低，升力型风机无法启动，而阻力型风机将驱动上盘旋转，TENG-ⅰ工作俘获流动能。而当风速增加到 4m/s 时，升力型叶片开始围绕风机中心旋转，并驱动中间盘旋转，然后 TENG-ⅱ和 EMG 开始工作。由于两种叶片的旋转速度不同，即使上盘和中间盘在同一方向上旋转，TENG-ⅰ仍然可以工作。

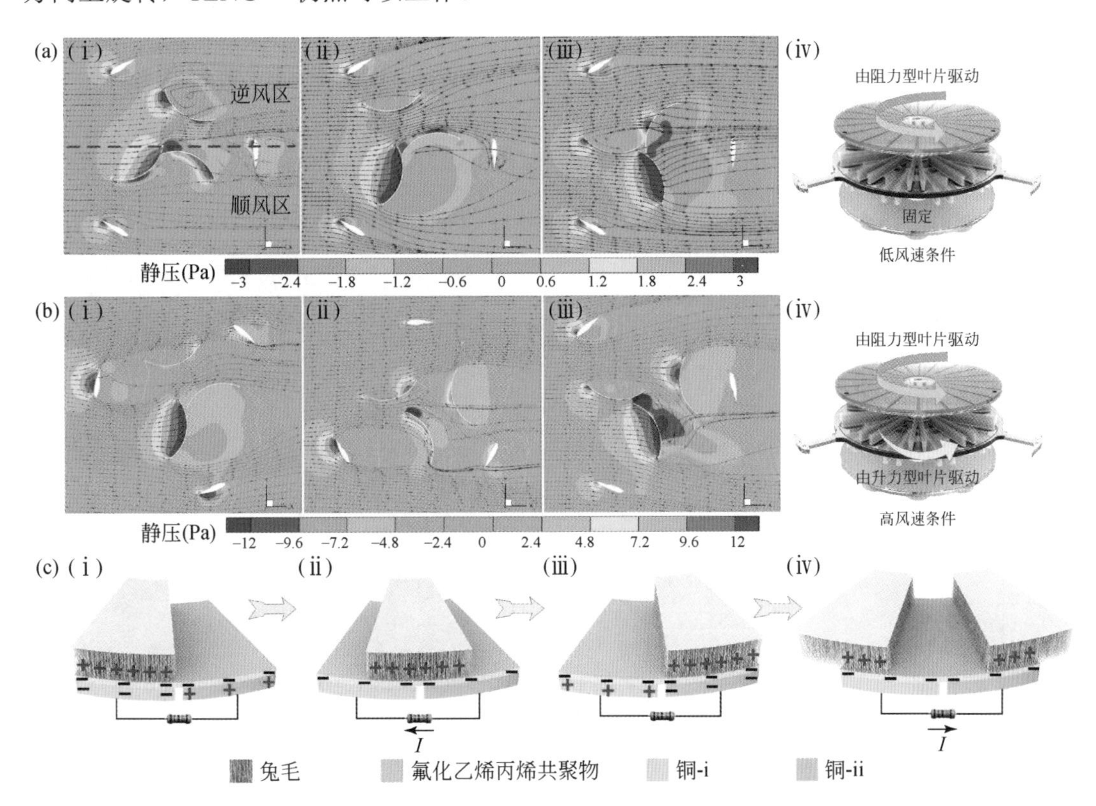

图 2.34　HT-TEHG 的工作原理。(a) 在风速为 2m/s 时叶片运动和流场压强分布图；(b) 4m/s 时叶片运动和流场压强分布图；(c) TENG 的工作原理

独立层模式 TENG 的工作周期包括四个阶段，如图 2.34（c）所示。假设初始状态兔毛位于铜片-i 正上方，此时，兔毛上的正电荷与 FEP 薄膜和铜片-i 上的负电荷抵消。随着兔毛相对 FEP 薄膜右移，电势差促使自由电荷在电极之间迁移以保持电荷守恒，从而在外部

电路中产生从电极-ⅱ到电极-i 的电流。当兔毛与电极-ⅱ重叠时，电极上的负电荷全部集中在电极-ⅱ上。随着兔毛的持续运动，电势差再次形成，电荷的运动导致外部电路产生从电极-i 到电极-ⅱ的电流。由此，介电层的周期性运动产生电极之间持续的输出交流电流。

2. 仿生结构式 TENG 仿生叶片优化设计

在介绍 TENG 发电原理后，对仿生升力型叶片和 LDHT 进行了仿真和优化设计。升力型叶片的主要参数包括旋转半径 R_r、弦长 L 和安装角 θ［如图 2.35（a）］。对两种翼型（BFA 和传统 NACA 0018 翼型）在不同 AoA 角度下的性能进行了模拟和比较。翼型表面涡量见图 2.35（b），翼型的 C_L 和 C_D 见图 2.36 所示。结果表明，BFA 在低 AoA 具有较大的 C_L，在高 AoA 具有较小的 C_D。涡量分布分析显示，BFA 在低 AoA 形成的前缘涡黏附在上表面，有利于提高升力；而在高 AoA 时，BFA 尾缘涡脱落更快，有利于减少阻力。因此，BFA 具有更好的空气动力学性能。

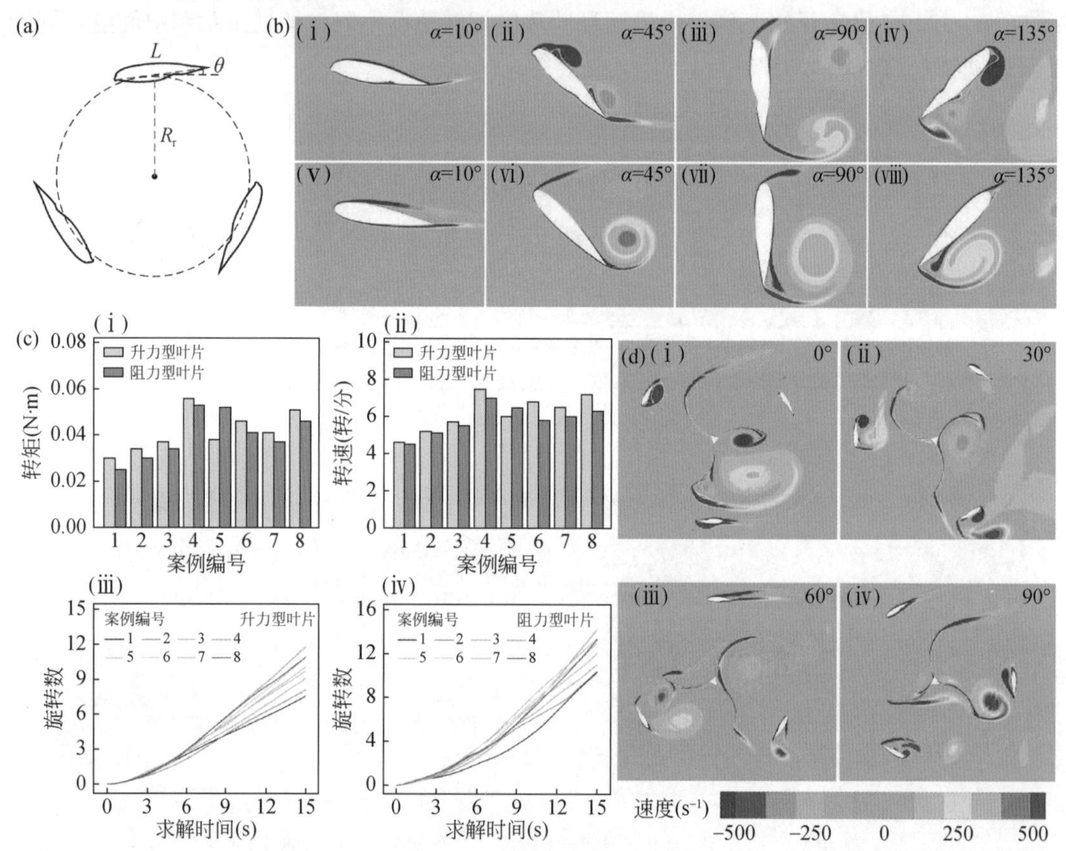

图 2.35　仿生升力型叶片的设计。（a）升力型叶片参数示意图；（b）BFA 和 NACA 0018 翼型在不同攻角下的涡量分布比较；（c）LDHT 的仿真结果；（d）案例 4 在不同位置的涡量分布

接着，为分析 BFA 参数对 LDHT 空气动力学性能的影响，三个阻力型叶片简化为一个整体，在风速 4m/s 下对不同升力型叶片参数的 LDHT 进行流体仿真，如图 2.35（c）所示。其中，图 2.35（c）-（i）和（c）-（ⅱ）分别是升力型叶片和阻力型叶片在不同案例下的转矩和转速的比较。首先，取升力型叶片的弦长 L 为 60mm，安装角 θ 为 0°，比较 R_r 取 125mm、

138mm 和 150mm 时的 LDHT 性能，对应案例 1、2 和 3 表明，R_r 越大，叶片扭矩越大，因此选择 R_r 为 150mm 作为后续研究参数。其次，在案例 3 的基础上，比较 L 为 50mm 和 40mm 时叶片的性能，对应案例 4 和 5。结果显示，小的弦长有利于提高阻力型叶片的性能，但降低了升力型叶片的性能，因此 L 为 50mm 是合适的参数。再次，在案例 4 的基础上，比较 θ 取 5°和−5°的情况，对应案例 6 和 7。结果表明，叶片的最佳初始安装角为 0°。各种分析条件下升力型叶片的参数如表 2.1 所示。此外，在案例 8 中模拟了与案例 4 具有相同参数的 NACA 0018 翼型，结果表明，随着仿真时间的增加，BFA 翼型优于 NACA 0018 翼型。

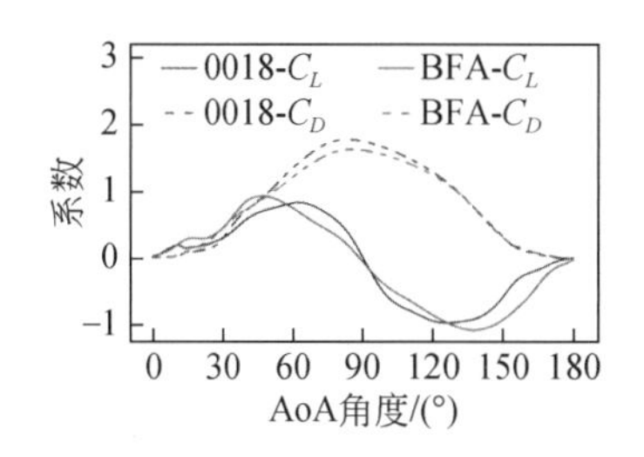

图 2.36　BFA 和 NACA 0018 翼型在不同攻角下的升阻力系数

表 2.1　各组升力型叶片的参数

组数	R_r（mm）	L（mm）	θ（°）
1	125	60	0
2	138	60	0
3	150	60	0
4	150	50	0
5	150	40	0
6	150	50	5
7	150	50	−5

总结上述分析结果，可以得到采用案例 4 的参数可使 LDHT 具有优异的空气动力学性能。此外，图 2.35（d）给出了案例 4 叶片在不同方位角时的涡量分布云图。结合图 2.34（b）分析可知，在迎风区，升力叶片起引流作用，使更大的风速作用于阻力叶片；而在背风区，阻力叶片遮蔽升力叶片，减小了其高迎风角下的阻力。因此，升力叶片和阻力叶片的耦合协同增强了彼此的空气动力学性能。

3. 仿生结构式 TENG 电学性能优化

首先，在相同参数下，比较了以兔毛和尼龙为电正性材料的 TENG 的电学特性。结果表明，基于兔毛的 TENG 有更好的电学输出。此外，由于尼龙膜的伸展性和接触面积更大，实验中观察到其有更明显的静电吸附现象。因此，研究人员最终确定兔毛作为电介质材料。

对于旋转盘式和独立层模式 TENG，两盘之间的间隙距离严重影响其电学特性。为研究不同间隙下 TENG 的输出和摩擦力矩，利用转动电机驱动兔毛转子与 FEP 薄膜和铜电极定子摩擦，测试了 TENG 在不同转速和 8～20mm 间隙下（兔毛长度为 20mm）的短路电流以及所产生的摩擦力矩，结果如图 2.37（a）所示。随着间隙减小和转速增加，TENG 的输出逐渐增大。这是因为更小的间隙允许兔毛和 FEP 薄膜之间的更多接触，产生更多的转移电荷。但所产生的摩擦力矩也在增加，因此有必要选择适当的平衡值。通过进一步分析可知，在转速 200rpm 时，随着间隙从 12mm 减小到 8mm，TENG 的短路电流从 15.7μA 增加到 18.2μA，增长了 15.9%；但是摩擦力矩从 23mN·m 增加到 52mN·m，增长了 126%。这表明，随着间隙减小，摩擦力矩的增长趋势大于短路电流。因此，适优化的 TENG-ⅰ间隙为 16mm，TENG-ⅱ的间隙为 12mm。

除此之外，电极栅格数也会显著影响 TENG 的输出。比较了具有 12、16 和 20 栅格数的 TENG-ⅰ在不同转速下的输出如图 2.37（b）～（d）所示。结果显示，当栅格数从 12 增加到 20 时，在 200rpm 下短路电流从 15.7μA 增加到 29.5μA，转移电荷从 99nC 增加到 169nC。这表明栅格数和兔毛数越大，TENG 输出越好。这是因为兔毛量增加导致电极表面电荷密度增大。因此，TENG 采用 20 栅格和 20 组兔毛。为减小发电机体积，TENG-ⅱ的兔毛间隙内均匀安装 EMG 磁铁，因此磁铁和线圈数为栅格数的一半，磁铁-线圈间隙等于 TENG-ⅱ间隙加上亚克力盘的厚度。

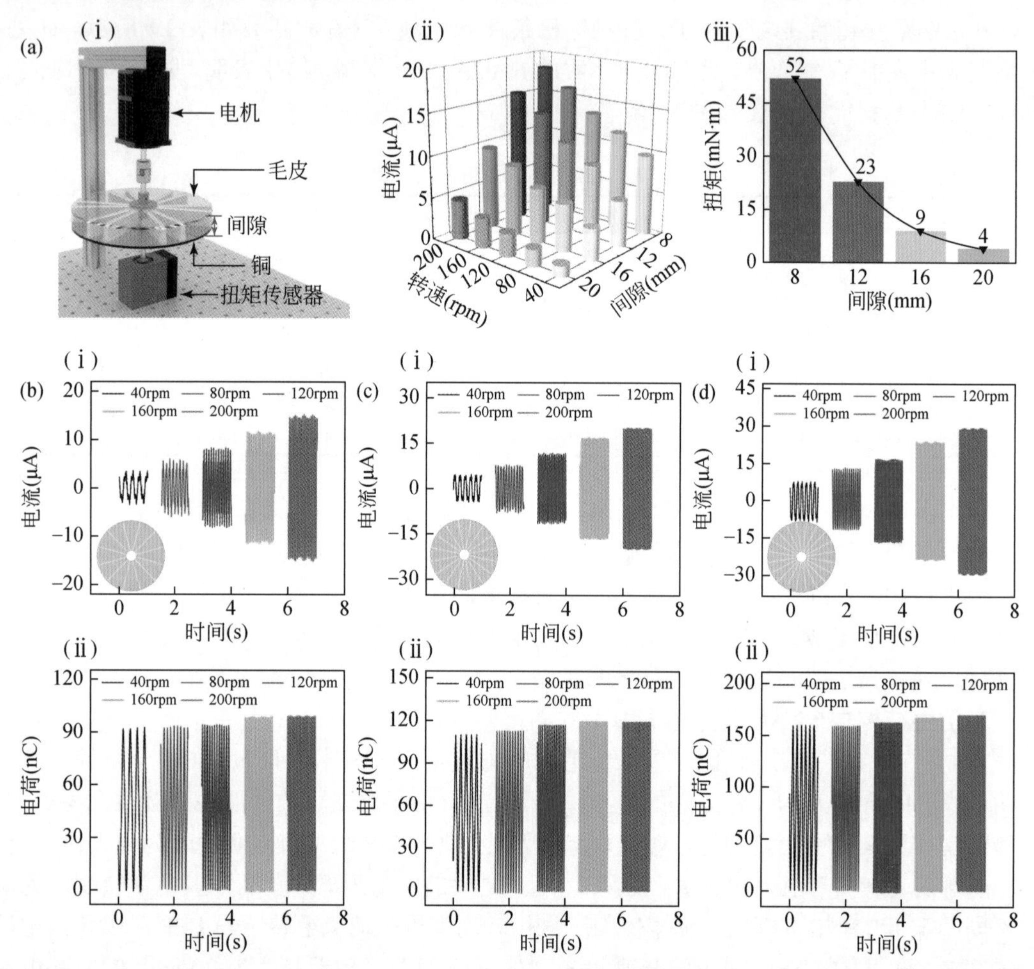

图 2.37 间隙距离和栅格数对 TENG 输出性能的影响。(a) 不同转速和间隙下 TENG 的短路电流和摩擦力矩；(b) 电极栅格数为 12 时 TENG 的输出；(c) 电极栅格数为 16 时 TENG 的输出；(d) 电极栅格数为 20 时 TENG 的输出

HT-TEHG 在确定叶片和发电机适当参数后，测试了不同风速下的输出性能。图 2.38（a）～（c）显示了 TENG-ⅰ、TENG-ⅱ和 EMG 的输出。发现 TENG-ⅰ和 TENG-ⅱ的启动风速分别为 2m/s 和 4m/s。TENG-ⅰ和 TENG-ⅱ的峰值开路电压分别为 320V 和 470V，

转移电荷分别为 126nC 和 165nC。原因是开路电压仅取决于转移电荷和 TENG 的电容，而转移电荷仅取决于 TENG 的材料和结构，所以虽然转速改变，开路电压和转移电荷基本保持不变。随着风速从 2m/s 增加到 10m/s，TENG-ⅰ的短路电流从 4.2μA 升至 20.0μA，然后降至 16.0μA，峰值出现在 7m/s。根据 $I_{SC}=dQ/dt$，短路电流随着电荷传输时间的减少而增加，所以转速增加时电流会逐渐增大。然而，由于 TENG-ⅰ的工作取决于上盘和中间盘的转速差，随着风速从 4m/s 升至 10m/s，升力叶片的转速增长越来越快，导致与阻力叶片的转速差变小［图 2.38（d）］，因此 TENG-ⅰ的短路电流先增大后减小。在风速从 4m/s 升至 10m/s 的过程中，TENG-ⅱ的短路电流从 8.0μA 增加到 27.0μA，EMG 的短路电流从 0.9mA 增加到 4.5mA，EMG 的开路电压从 1.6V 增加到 8.0V。图 2.38（d）给出了不同风速下每个发电单元的输出频率，可分为三个阶段：第一阶段（2～4m/s）只有 TENG-ⅰ工作；第二阶段（4～7m/s）三个发电单元都工作；第三阶段（>7m/s）TENG-ⅰ输出逐渐下降，而 TENG-ⅱ和 EMG 的输出持续增大。因此，所研制的 HT-TEHG 可以在 2m/s 以上的广泛风速范围内有效地收集风能。

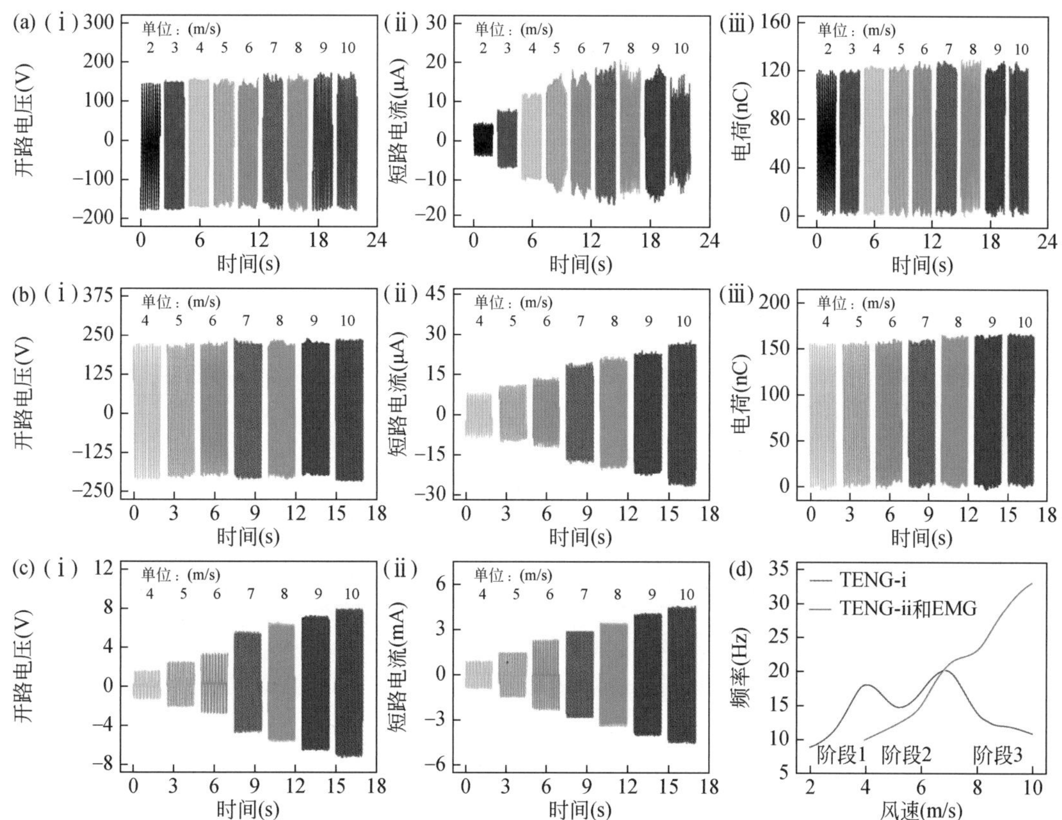

图 2.38　不同风速下 HT-TEHG 的输出性能。（a）TENG-ⅰ；（b）TENG-ⅱ；（c）EMG；（d）不同风速下发电单元的输出频率

4. HT-TEHG 的应用展示

HT-TEHG 为无线气象站供电的工作原理如图 2.39 所示。三个发电单元经整流并联连接给电容器充电，然后为气象站供电，实现自供电的远程气象监测。图 2.39（b）给出了

5m/s 风速驱动下，HT-TEHG 的充电能力。两个 TENG 并联可以在 175 秒内将 100μF 电容器充电至 10V。在对 10mF 电容器充电 200 秒时，仅用 EMG 只能充电至 9V，而 TENG 和 EMG 并联则可充电至 10V。因此，TENG-EMG 混合模式提高了充电能力和速率。为验证持久性，TENG 以 200rpm 的转速运行 8 小时和约 1×10^5 个循环，输出几乎无衰减［图 2.39（c）］。此外，TENG 在恒温恒湿箱中以 200rpm 的速度运行 1 小时，空气湿度逐渐从 30%升至 90%，结果表明，当湿度为 90%时，性能仍可保持 70%。

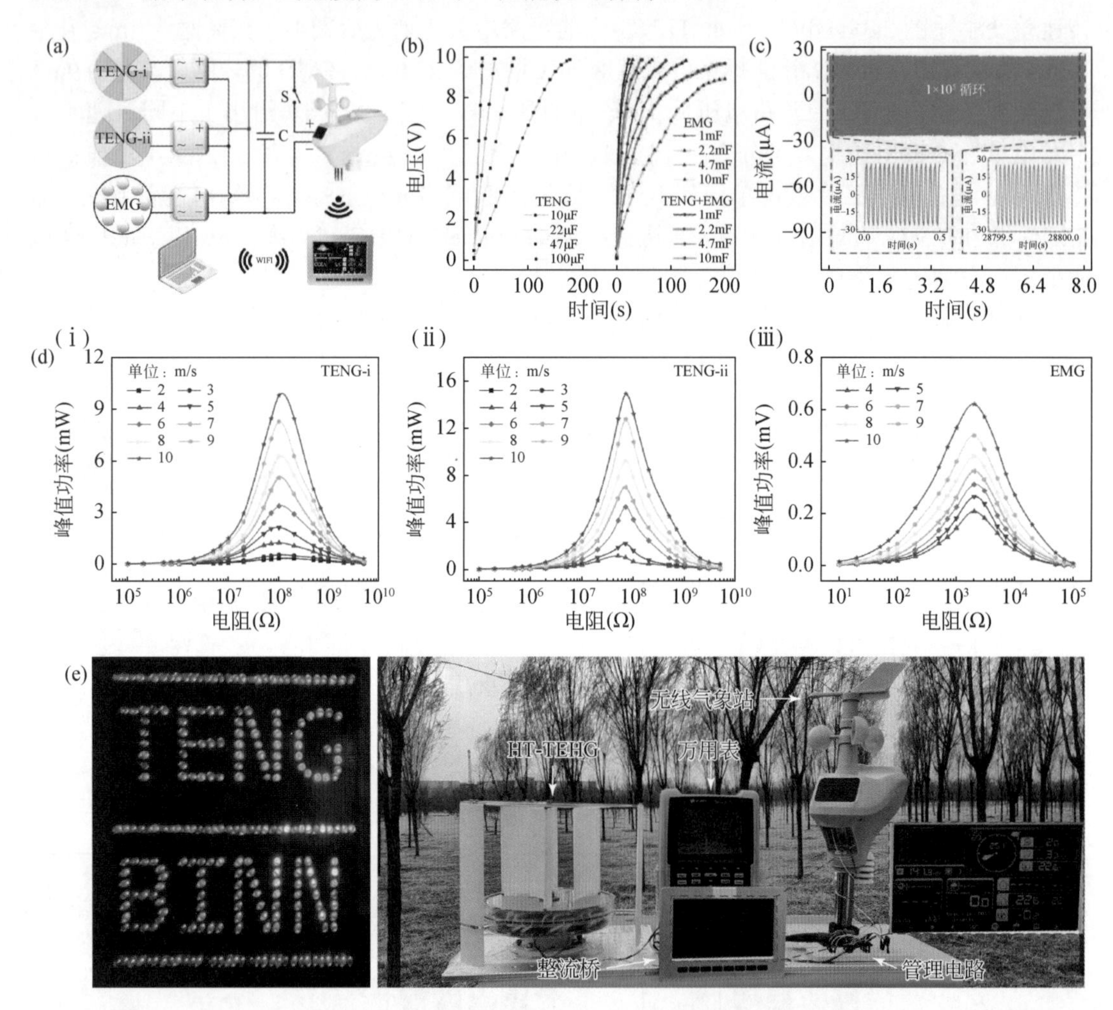

图 2.39　HT-TEHG 为无线气象站供电的工作原理。（a）气象站的自供电电路原理图；（b）TENG 和 EMG 为不同电容器充电的时间；（c）TENG 的耐久性实验；（d）在不同负载电阻下，TENG-ⅰ、TENG-ⅱ和 EMG 的峰值功率；（e）在风速 5m/s 时，HT-TEHG 点亮 250 个 LED；（f）HT-TEHG 为气象站供电的户外实验演示

在不同风速和负载电阻（R）下测试的每个发电单元峰值功率（P_{peak}）如图 2.39（d）所示。P_{peak} 是通过 $P_{peak}=I^2R$ 计算得到的，其中 I 是流过 R 的瞬时电流。结果显示，TENG-ⅰ的最大 P_{peak} 在风速 2m/s 时为 0.4mW，在风速 10m/s 时为 9.8mW，匹配的 R 为 100MΩ。

TENG-ⅰ的电极面积为 $0.030\mathrm{m}^2$，所以在风速 10m/s 时 TENG-ⅰ的功率密度为 $0.327\mathrm{W/m}^2$。TENG-ⅱ的最大 P_{peak} 在风速 4m/s 时为 1.2mW，在风速 10m/s 时为 14.9mW，匹配的 R 为 70MΩ。TENG-ⅱ的电极面积为 $0.026\mathrm{m}^2$，所以在风速 10m/s 时 TENG-ⅱ的功率密度为 0.573W/m。EMG 的最大 P_{peak} 在风速 4m/s 时为 0.2W，在风速 10m/s 时为 0.62W，匹配的 R 为 2kΩ。HT-TEHG 将风能转化为电能的转换效率 η 为：

$$\eta=\frac{P_{\mathrm{E}}}{P_{\mathrm{W}}}=\frac{P_{\mathrm{E}}}{0.5\rho V^3 S}\times 100\% \tag{2-1}$$

其中，P_{E} 和 P_{W} 分别是电输出功率和风能输出功率，S 是风能收集面积。实验结果表明，随着风速的升高，η 下降，在 4m/s 时达到峰值 9.1%。

最后，演示了 HT-TEHG 的应用。在风速 5m/s 的驱动下，HT-TEHG 点亮了 250 个发光二极管（LED），如图 2.39（e）所示。这可应用于户外自供电照明和指示灯。此外，在实验室演示了 HT-TEHG 在约 5m/s 的风速驱动下为 0.2F 电容器充电约 1 小时，并在电容器电压达到 4.5V 时，通过电容器为无线气象站供电。气象站成功地无线传输包括风速/风向、温度、湿度、降雨量、光照强度和气压在内的数据到接收器，并持续工作约 15 分钟。最后，验证了 HT-TEHG 的实际应用能力。在户外自然风的随机风速驱动下，HT-TEHG 成功为无线气象站供电，实现了气象信息的自供电监测，如图 2.39（f）所示。这证明 HT-TEHG 可以收集风能为气象站等小型物联网设备供电，实现设备的自供电，避免了传统供电方式带来的布线困难与高成本的问题。

2.3.2　水环境仿生结构

1. 萨伏纽斯扑翼式摩擦-电磁混合发电机工作原理介绍

为了俘获单向低速水流能，首次将萨伏纽斯叶片与扑翼相结合，设计了一种新型的萨伏纽斯扑翼式摩擦-电磁混合发电机[12]（SFW-TEHG）。图 2.40（a）描述了 SFW-TEHG 的应用概念，SFW-TEHG 的应用背景是在农田的水渠中俘获水流的水动能，为监测环境的传感器提供电源。SFW-TEHG 由萨伏纽斯扑翼、俯仰机构、传动机构以及包括 TENG 和电磁发电机（EMG）的能量转换部分组成，如图 2.40（b）所示。俯仰机构由三个齿条、两个齿轮、一个阻挡（限位棒）块和六个磁铁组成。它可以控制 SFW 的俯仰角，即 SFW 弦线与水流方向之间的夹角。传动机构由一个轴、两个同向单向离合器、两个相对排列的齿条以及一组滑轨和滑块组成，传动机构的功能是将 SFW 的直线运动转化为轴的单向旋转。能量转换部分包括一个转子、一个 TENG 和一个 EMG。转子固定在轴上，装载 TENG 中的 FEP 薄膜和 EMG 中的磁铁。能量转换部分的功能是将轴的旋转动能转化为电能。

图 2.40（c）展示了 SFW-TEHG 在一个周期内的运动状态。在初始状态下，通过俯仰机构将 SFW 锁定在设定的俯仰角度上，并在水流的推动下向左移动，如图 2.40（c）-（ⅰ）所示。与此同时，齿条 1 和单向离合器 1 将 SFW 的摆动转化为轴的顺时针旋转。当 SFW 移动到左限位位置时，齿条 5 被左刹车推动，然后驱使齿条 3 向上移动，齿条 4 向下移动。随着齿条 3 向上移动，SFW 被解锁并在水流的推动下顺时针旋转，直到 SFW 旋转到另一个设定的俯仰角度，并被齿条 4 再次锁定，如图 2.40（c）-（ⅱ）所示。在 SFW 旋转过程

中，其升力逐渐变化。当 SFW 的升力方向指向右侧时，SFW 向右移动。与此同时，齿条 2 和单向离合器 2 同时将 SFW 的摆动转化为轴的顺时针旋转，如图 2.40（c）-（iii）所示。当 SFW 移动到右限位位置时，齿条 5 被右刹车推动，驱使齿条 4 向上移动，齿条 3 向下移动。随着齿条 4 向上移动，SFW 被解锁并在水流的推动下顺时针旋转，直到再次旋转到初始俯仰角度，并被齿条 3 再次锁定，如图 2.40（c）-（iv）所示。同样，当 SFW 的升力方向指向左侧时，SFW 向左移动。至此，SFW 完成一个周期的运动。此外，在 SFW 的运行过程中，TENG 和 EMG 受到轴的驱动，将轴的旋转动能转化为电能。

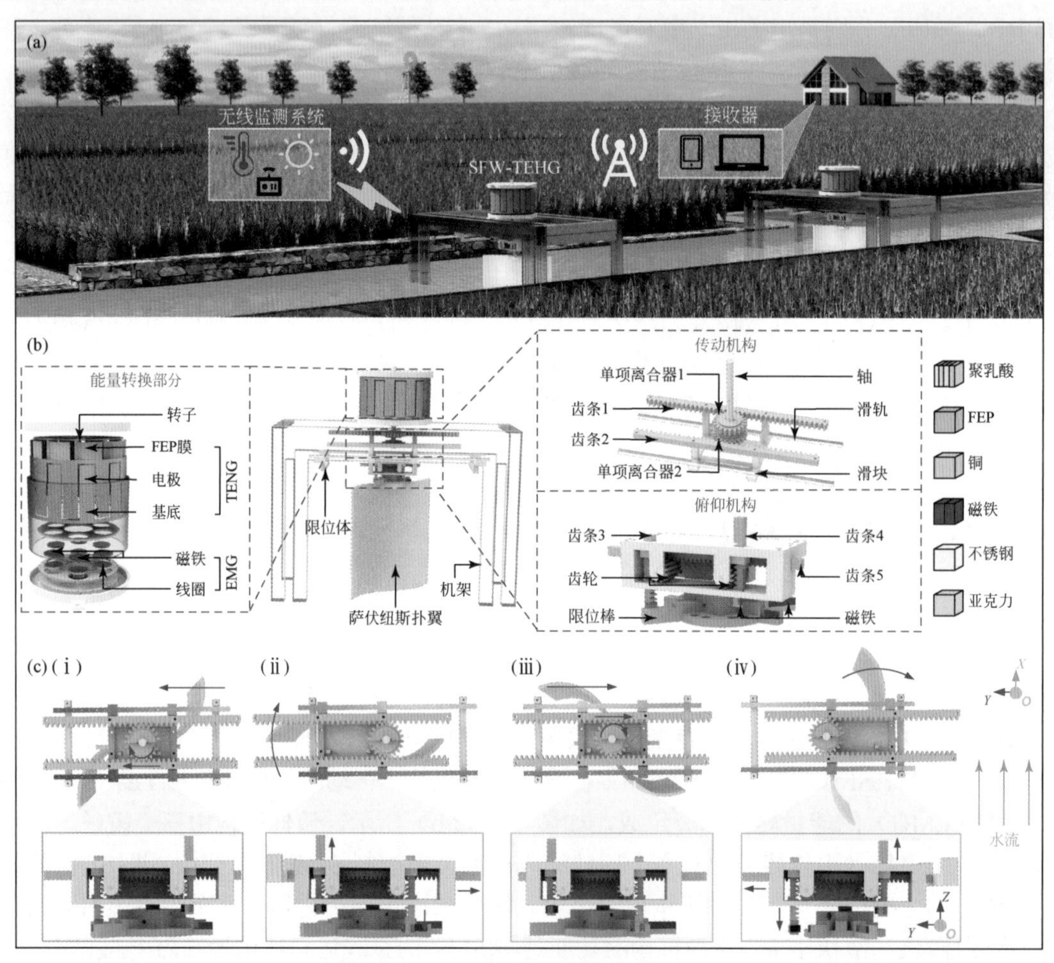

图 2.40　SFW-TEHG 的结构和运行状态。（a）SFW-TEHG 的渠道应用前景；（b）SFW-TEHG 的结构和组件；（c）SFW-TEHG 的运行状态

为了探索 SFW 的运动性能，使用 Fluent 仿真软件来模拟水中 SFW 的运动，如图 2.41 所示。选择基线长度 H 和俯仰角 θ 来研究它们对 SFW 运动性能的影响。这两个参数的详细信息在图 2.41（a）中展示。图 2.41（b）说明了随着基线长度的增加，SFW 的扑动频率和平均扑动速度先增加，然后减小。在基线长度为 60mm 时，这两个参数达到峰值。随后，在基线长度为 60mm 的情况下研究了俯仰角的影响，发现随着俯仰角 θ 的增加，这两个性

能参数先增加，然后减小。当俯仰角 θ 为 70°时，这两个性能参数达到峰值。图 2.41（c）描述了所研究的 SFW 周围的压力场，分别是从相应的数值模拟中稳定的运动周期中取得的。在图 2.41（c）-（i）中发现，在基线长度为 60mm 时，在 t 为 0.3 秒时，SFW 前缘的下表面存在较大的高压区域，这促使 SFW 运动，从而增强了 SFW 的摆动速度。在 t 为 1.9 秒时比其他 SFW 具有更长的运动距离，证明了其具有更快的摆动速度，这使得 SFW 能够将更多的水动能转化为机械能。图 2.41（c）-（ii）描述了不同俯仰角和固定基线长度为 60mm 时的 SFW 周围的压力。俯仰角为 70°且 t 为 0.3 秒时的 SFW，其前缘的下表面上存在比其他俯仰角的 SFW 更大的高压区域，这促使 SFW 迅速移动。通过总结上述分析，可以得出结论，在基线长度为 60mm 和俯仰角为 70°的情况下，SFW 在数值模拟中可以将更多的水动能转化为机械能。

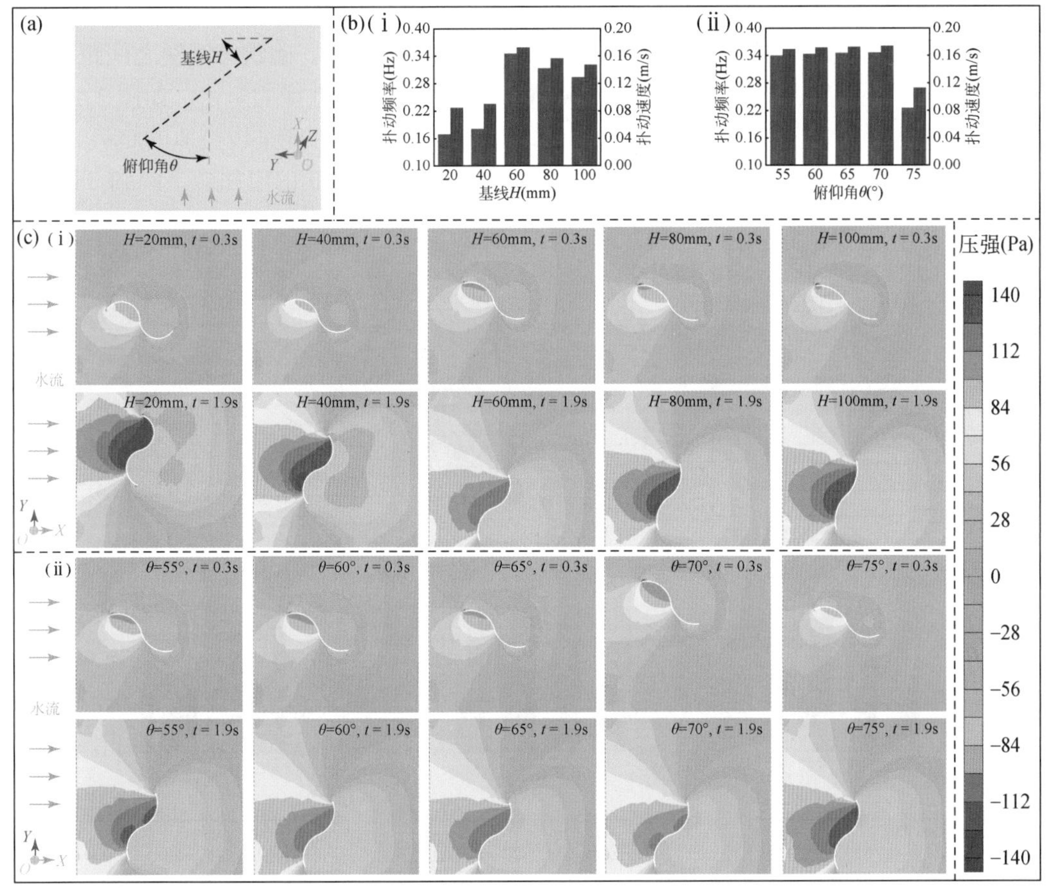

图 2.41　SFW 的数值模拟结果。（a）基线长度 H 和俯仰角 θ 的示意图；（b）不同基线长度和不同俯仰角的 SFW 的能量俘获性能；（c）扑翼周围的压力场

2. SFW-TEHG 输出性能测试

能量转换部分对 SFW-TEHG 的电气输出性能有着重要的影响。在此，建立了一个实验平台，其中使用线性马达来模拟 SFW 的扑动，如图 2.42（a）-（i）所示。首先进行了 TENG 内部结构的研究。为了使 TENG 的研究更具有普适性，将两个内部参数，转子直径

Φ_1 和 FEP 薄膜长度 L_1，进行无量纲处理。转子直径 Φ_1 由亚克力基底直径 Φ_2 和直径关系系数 K_1 定义。FEP 薄膜长度 L_1 由铜电极栅格总长度 L_2 和长度关系系数 K_2 定义。这些定义的相关细节见图 2.42（a）-（ii）中说明。使用两个系数 K_1 和 K_2 来研究它们对 TENG 输出性能的影响，如图 2.42（b）所示。可以发现，TENG 单元的开路电压、短路电流和转移电荷与 K_1 和 K_2 的变化呈现相同的趋势。当直径关系系数 K_1 为 0.88 时，这些电性能参数随着 K_2 的增加而增强。当 K_1 为 0.92 时，这些电性能参数先随着 K_2 的增加而增加，随后减小，在 K_2 为 2.4 时达到最优值。当 K_1 为 0.96 时，这些电性能参数随着 K_2 的增加而减小。这是因为在 K_1 为 0.92 和 K_2 为 2.4 时，每个 FEP 薄膜与一个铜电极完整接触。此外，两个系数的增加会导致 FEP 薄膜同时与两个铜电极接触，而两个系数的减小会导致它们的接触面积减小。这两种情况都会导致 TENG 性能的降低。因此，在后续的研究中应用 K_1 为 0.92 和 K_2 为 2.4。图 2.43 给出了磁铁与线圈之间距离对 EMG 电性能的影响，从图 2.42 可以看出随着距离的增加，EMG 的电性能下降。因此，在后续的研究中，磁铁与线圈之间距离固定为 2mm。随后，研究了不同往复频率 f_{rec} 对 TENG 和 EMG 电性能的影响，如图 2.42（c）所示。TENG 单元的电性能随着 f_{rec} 的增加而增强。EMG 的电性能呈现类似的趋势。此外，图 2.44 显示，在 f_{rec} 为 0.6Hz 下进行了两次耐久性实验。TENG 的电性能下降到 88%，而 EMG 的电性能在运行 10 万个循环后几乎保持不变。

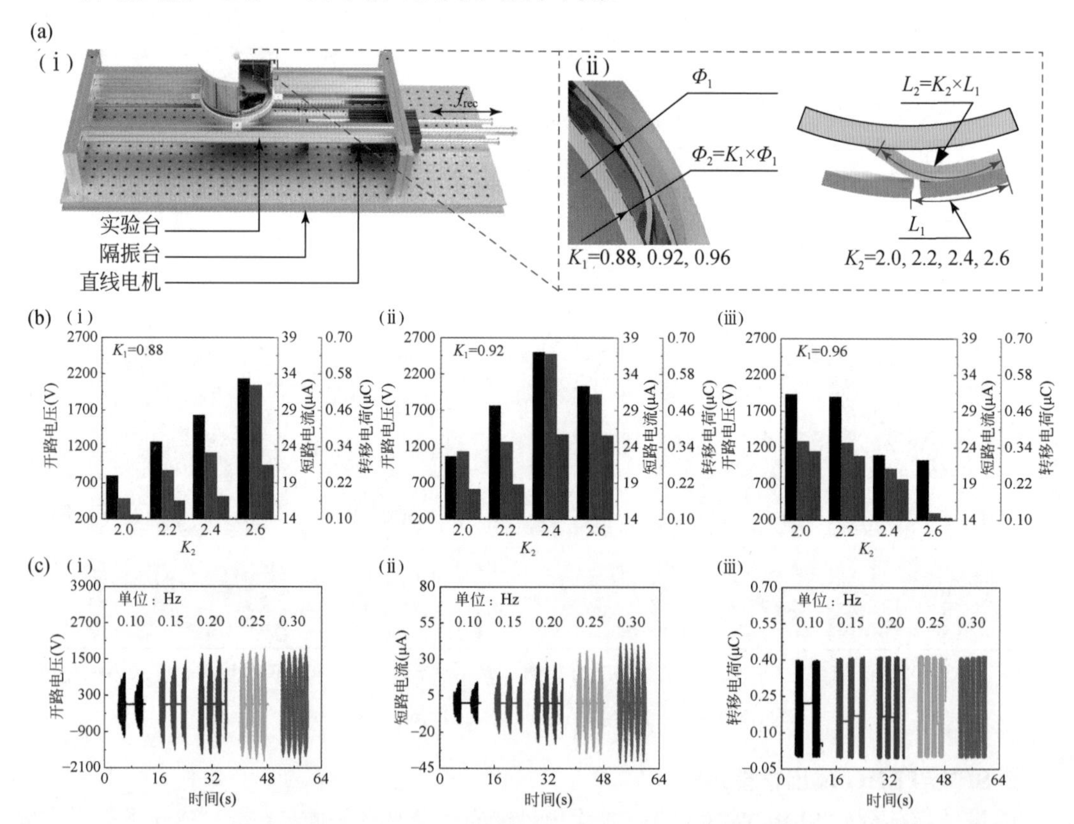

图 2.42　TENG 在不同内部结构和不同外部激励下的电性能。（a）实验平台；（b）不同直径关系系数 K_1 和长度关系系数 K_2 下的 TENG 电性能；（c）不同外部激励下的 TENG 电性能

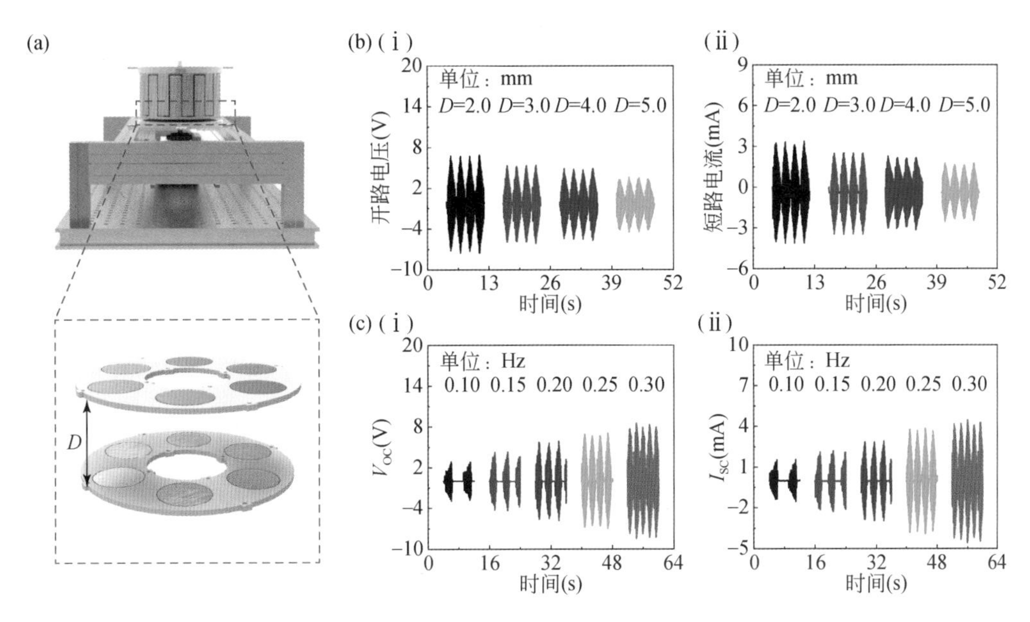

图 2.43　EMG 单元在不同内部结构参数和不同外部刺激下的电性能。(a) 实验平台；(b) EMG 单元在磁铁和线圈之间不同距离处的电性能；(c) EMG 单位在不同往复频率下的电性能

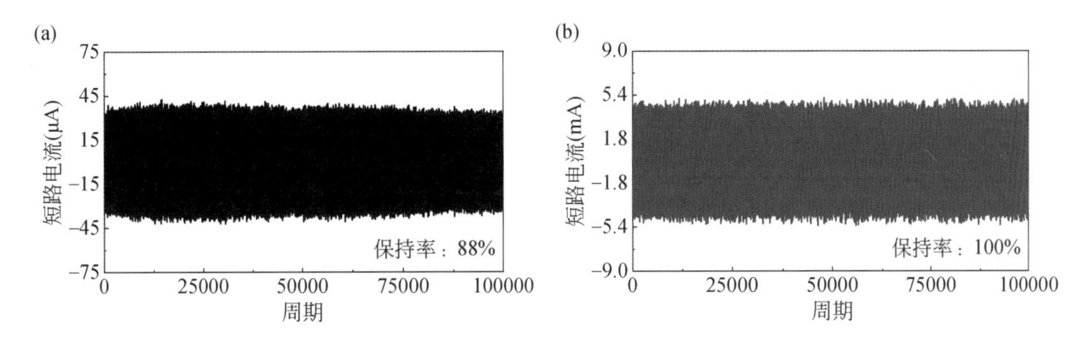

图 2.44　耐久性实验。(a) TENG 单元的耐久性实验；(b) EMG 单元的耐久性实验

为了更直接探究 SFW 对 SFW-TEHG 输出性能的影响，在 0.45m/s 的水流速度下，对 SFW-TEHG 在不同的基线长度 H 和俯仰角 θ 下进行性能测试。从图 2.45（a）和（b）可以看出，转子的频率高于整个基线长度和俯仰角下的 SFW 频率。这表明传动机构可以将 SFW 的低频振动转化为转子的高频旋转。此外，在俯仰角为 65°的情况下，SFW 的扑动频率随着 H 的增加而先增加后减少，在基线长度为 60mm 时达到峰值。类似地，在固定 H 为 60mm 的情况下，SFW 的扑动频率随着 θ 的增加而先增加后减少，在俯仰角为 70°时达到峰值 0.27。这个扑动频率比具有 H 为 20mm，θ 为 65°的 SFW 高出 22.67%。这表明 H 为 60mm，θ 为 70°的 SFW 可以通过其扑动俘获更多的水动力能量。这些结论与上述数值模拟相一致。

随后，对 SFW-TEHG 的电气输出性能进行测试，如图 2.45（b）～（d）所示。SFW-TEHG 的电气输出性能呈现出与 SFW 的振动频率和转子的旋转频率相同的趋势。在基线长度为 60mm 和俯仰角为 70°的情况下，TENG 单元的电性能达到最优，开路电压为 1.72kV，短路电流为 34.57μA，转移电荷为 0.43μC。在相同的配置下，EMG 单元的电性能也达到了最优，开路电压为 7.47V，短路电流为 3.33mA。因此，在后续研究中基线长度固定为 60mm，俯仰角固定为 70°。

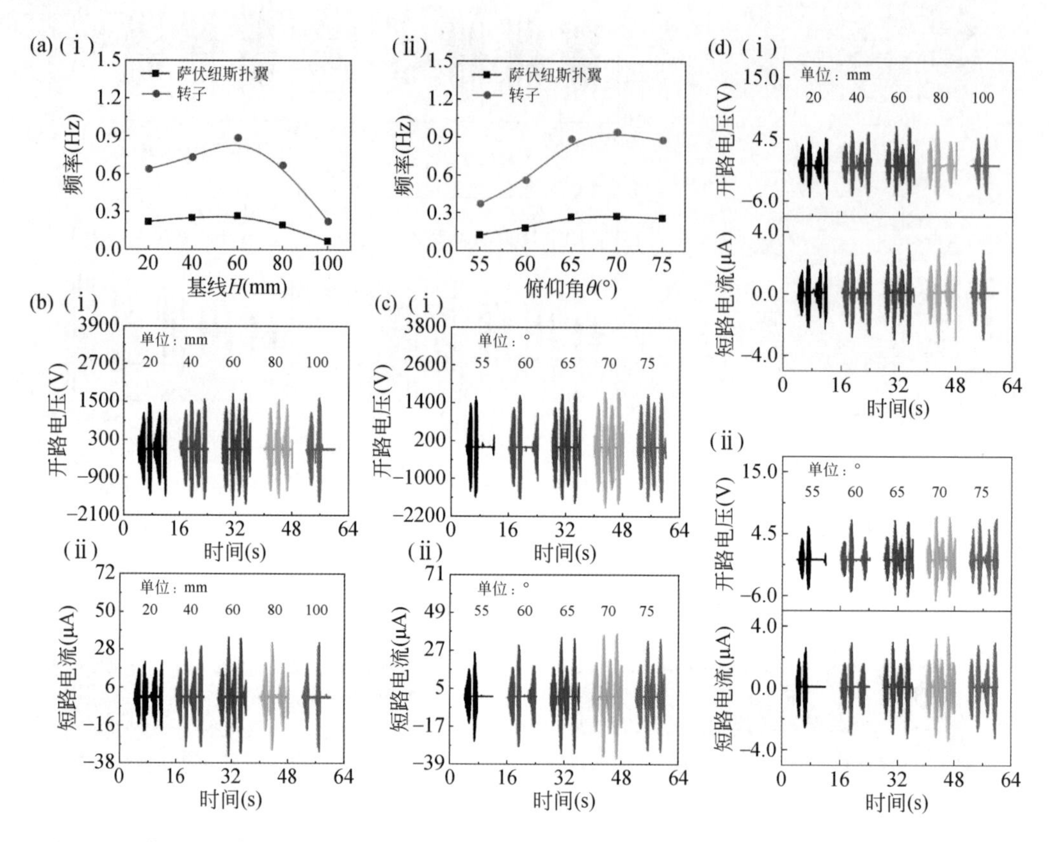

图 2.45　不同扑翼结构参数下的 SFW-TEHG 电学输出性能。（a）不同基线长度 H 和俯仰角 θ 下扑翼的扑动频率和转子频率；（b）不同基线长度 H 下的 TENG 电性能；（c）不同俯仰角 θ 下的 TENG 电性能；（d）不同基线长度 H 和俯仰角 θ 下的 EMG 电性能

为了探究 SFW-TEHG 在低速水流中的输出电性能，在 0.21～0.64m/s 的水流速范围内对 SFW-TEHG 进行了测试，如图 2.46 所示。图 2.46（a）给出了 TENG 单元的开路电压、短路电流情况。另外，图 2.46（a）-（iii）展示了 TENG 的阻抗匹配实验，确定了适当的外部电阻为 100MΩ。在此外部电阻下，TENG 的峰值功率在水流速范围 0.21～0.64m/s 下为 24.44～37.28mW。此外，在相同范围的水速下，EMG 单元的开路电压和短路电流分别为 6.22～10.68V 和 3.76～5.43mA，且外部电阻为 1000Ω 时其峰值功率为 4.35～9.36mW。随后，图 2.46（c）显示，在 0.31m/s 的水流速度下进行了一系列电容充电实验。发现 TENG 以较慢的速度充电，但电容的电压上升速度几乎是恒定的。EMG 可以迅速充电，然而，当电容电压达到一定阈值时，它将不会随时间的增加而增加。例如，当 10μF 电容的电压达到 9.64V 时，电压几乎不能随着充电时间的增加而增加。因此，为了充分发挥它们的优势，研究人员同时使用 TENG 和 EMG 来充电容。与仅使用 TENG 单元相比，它可以实现更快

的充电。与仅使用 EMG 单元相比，它可以将电容电压充电到更高的水平。因此，将 TENG 和 EMG 结合在一起，使得 SFW-TEHG 能够满足更高电压和更快充电速度的要求，从而增加了潜在应用的范围。

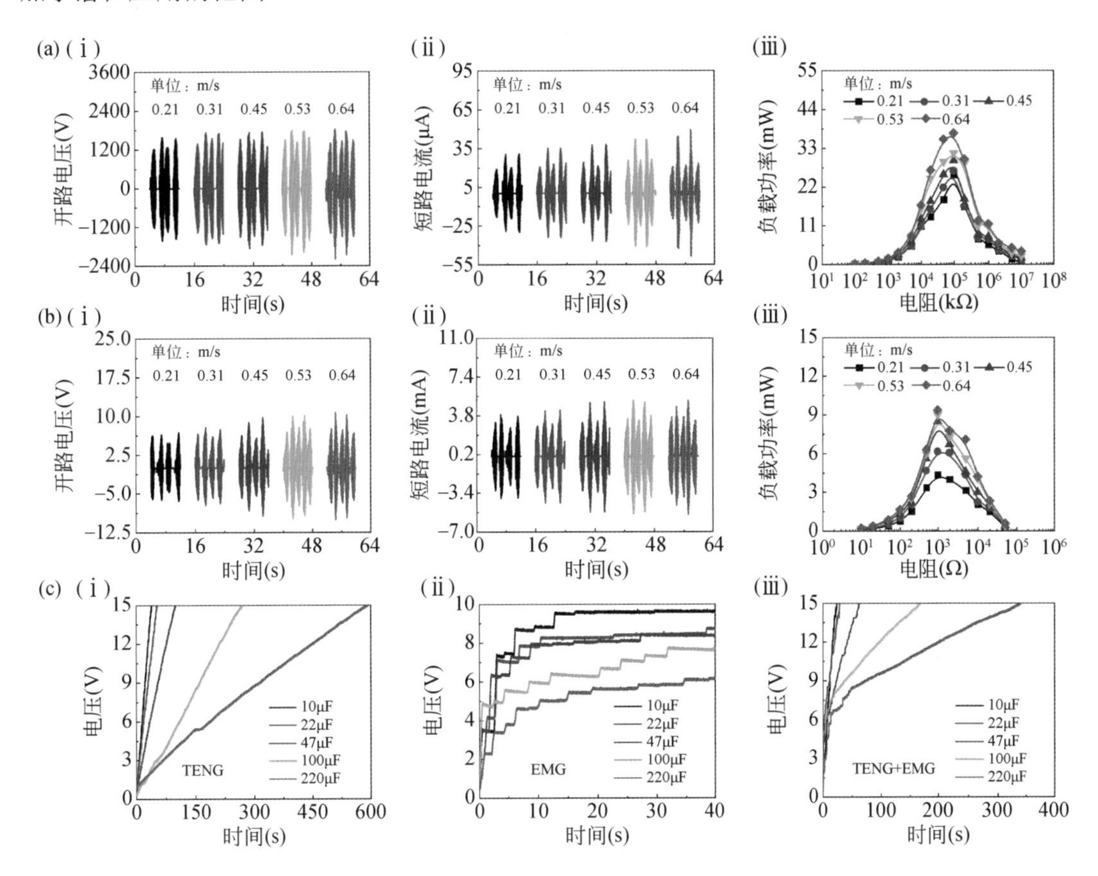

图 2.46　SFW-TEHG 在不同流速下的电气输出性能和 SFW-TEHG 在 0.31m/s 水速下的充电容实验。（a）在不同水流速度下的 TENG 电气性能；（b）在不同水流速度下的 EMG 电气性能；（c）在固定的 0.31m/s 水流速下的 SFW-TEHG 充电电容

3. SFW-TEHG 应用演示

图 2.47 给出了 SFW-TEHG 的应用演示。在图 2.47（a）中，SFW-TEHG 成功点亮了 666 个 LED 灯。图 2.47（b）给出了 SFW-TEHG 俘获的能量给传感器供能的电路原理图。从图 2.47（c）中可以看出，SFW-TEHG 被用来驱动一个无线温度传感器来监测环境温度。当电路中使用的 10mF 电容器电压被充电到 3.7V 时，无线温度传感器开始工作并将温度信息传输给移动接收器。在图 2.47（d）中，SFW-TEHG 被用来驱动一个无线光强传感器来监测光通量。当电路中使用的 4.7mF 电容器电压被充电到 3.7V 时，无线光强传感器开始工作并将光通量信息传输给接收器。

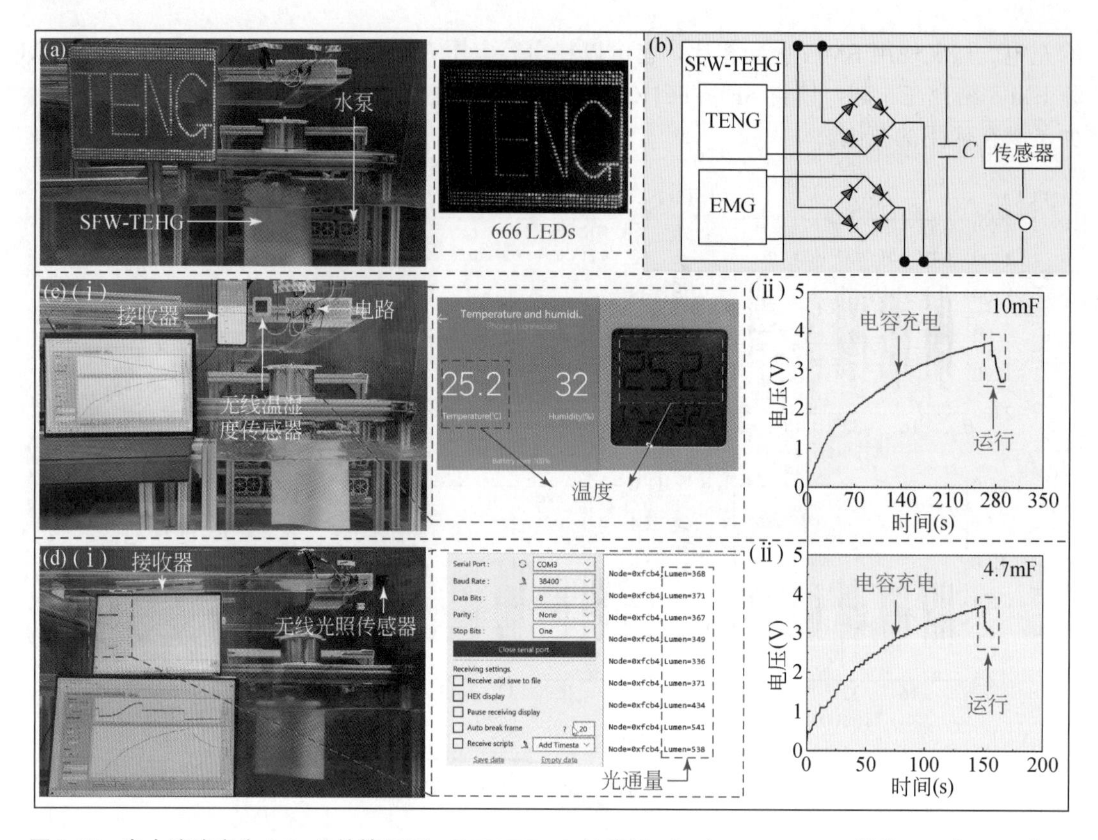

图 2.47 在水流速度为 0.3m/s 的情况下，SFW-TEHG 的应用。（a）SFW-TEHG 供能 666 个 LED 灯；（b）给传感器供能的电路原理图；（c）由 SFW-TEHG 供能无线温湿度传感器；（d）由 SFW-TEHG 供能无线光强传感器

2.3.3 风水耦合环境仿生结构

风能与水能作为人类生活中普遍存在的两种环境机械能，它们的同时收集和利用一直是能量捕获技术领域的研究热点。摩擦纳米发电机（TENG）可以高效捕获低频环境机械能，并为分布式传感网络供电，被认为是一项前景广阔的技术。以往报道的同时收集风能和水能的 TENG 在本质上是将单一能量转换后电能的叠加，并未实现两种能量的统一转换，同时也缺乏对两种能量共同作用的考虑。虽然这类 TENG 可以通过组网的形式提升输出性能，但是它们在单体输出方面很难进行突破。因此，有必要选择合适的结构和策略，开发出能将风能和水能进行统一转换的高性能摩擦纳米发电机。

著者根据风、水环境能量的特点，提出了一种基于电荷泵的能量耦合型摩擦纳米发电机[13]（EC-TENG）。如图 2.48（a）所示，EC-TENG 主要结构包括一个萨伏纽斯风轮机、一个佩尔顿水轮机、三个主单元、三个泵单元、两个带导轮的转子、一个支撑和一个外壳。其中，主单元和泵单元均是由一个分离板、一个嵌入板和四个弹簧组成的接触-分离模式 TENG，其结构和材料如图 2.48（b）-（i）和（b）-（ii）所示。

图 2.48（c）提供了一种风、水能量耦合策略。根据环境中水流的单向性、连续性和能量密度相对较高的特点，采用几乎完全获取水流冲击能量的佩尔顿水轮来驱动泵单元，以实现为主机提供稳定电荷补充的目的。同时，由于风具有随机性、多变性和能量密度低的特点，所以采用低风速下易于启动的萨伏纽斯风轮机来捕获风能并驱动主单元，以提高 EC-TENG 的输出上限。因此，通过该能量耦合策略，EC-TENG 可以在将风能和水能耦合的同时，实现两种能量的统一转换。并且，在图 2.48（d）中将 EC-TENG 与已有的同时收集风能和水能的 TENG 进行比较，可以看出 EC-TENG 的峰值功率有了显著提高，其值可以达到 412.2mW/m^2。

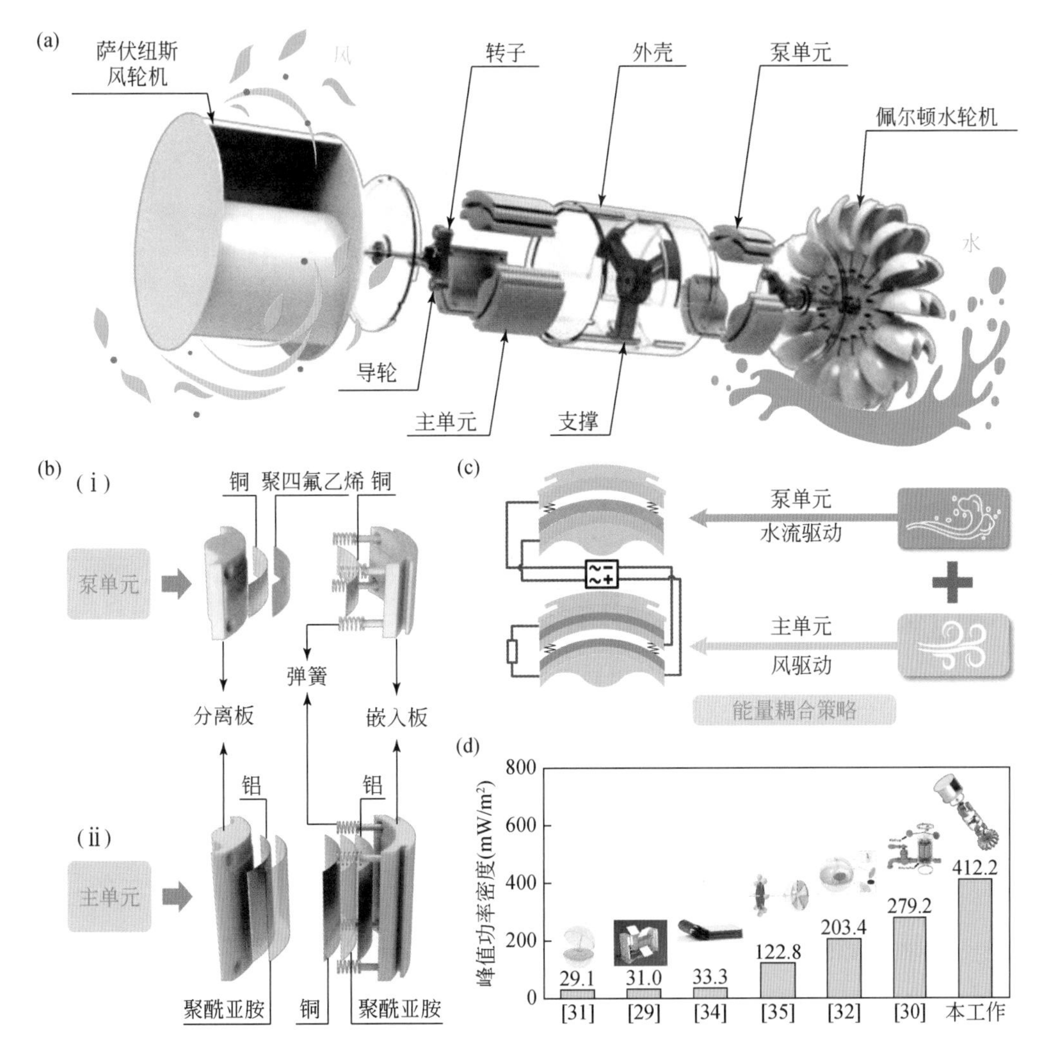

图 2.48　EC-TENG 的结构组成和能量耦合策略。（a）EC-TENG 的结构组成；（b）泵单元（ⅰ）和主单元（ⅱ）的结构和材料；（c）能量耦合策略；（d）峰值功率密度比较

当萨伏纽斯风轮机和佩尔顿水轮机分别将风能和水能的转矩传递给两个转子时，转子开始旋转并带动其上的导轮与主单元和泵单元的分离板进行碰撞，在弹簧的配合下，两单

元不停地进行接触分离运动，从而将两种能量耦合并转换成电能。为了便于理解将EC-TENG的工作原理简化为单元的运动过程，该过程主要包括三个阶段，如图2.49（a）所示。在第（i）阶段，泵单元和主单元从分离状态进入接触状态。由于接触起电，泵单元的P_1层和P_2层携带相同数量的异种电荷。由于摩擦材料的电负性较弱，主单元电极上转移的电荷量相对较少，因此工作原理中不考虑这些电荷。在第（ii）阶段，泵单元连续工作后，主单元M_5层中的电子在整流桥的作用下被泵送到M_3层，这相当于给电容器充电的过程。当泵单元的输出电压保持恒定、主单元保持接触时，电容器所能承受的电荷达到最大值。在M_4层被击穿之前，重复第（ii）阶段即可达到最大值。然后，两个单元进入第（iii）阶段，主单元开始进行接触分离运动。此时，M_3层积累了大量电荷，在摩擦起电和静电感应的作用下，这些电荷在M_1和M_5层之间转移。因此，当萨伏纽斯风轮机和佩尔顿水轮机连续工作时，EC-TENG将不停地把风能和水能耦合后统一转换为电能。

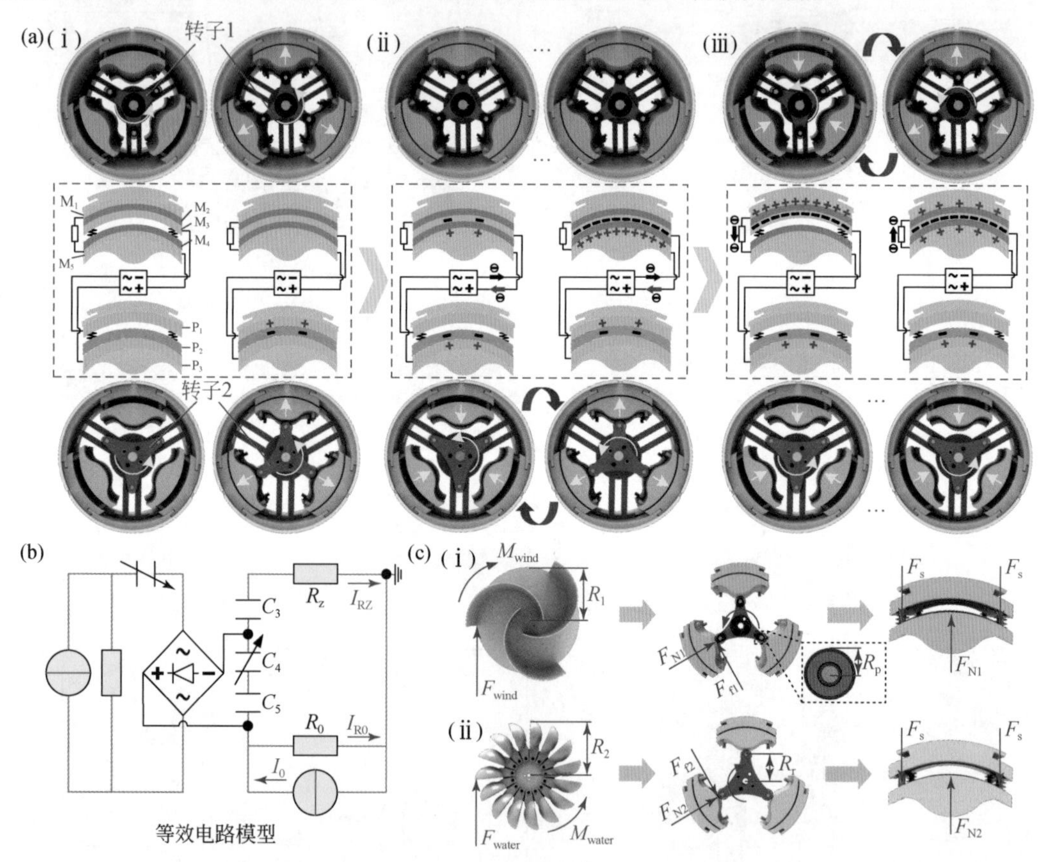

图2.49 EC-TENG的工作原理与理论分析。(a)工作原理；(b)用节点法构建的等效电路模型；(c)主单元(i)和泵单元(ii)的力学分析

随后，为了研究EC-TENG的结构参数和工况参数对输出性能的影响，分别对其进行了理论分析。根据图2.49（b）中EC-TENG的等效电路模型和图2.49（c）中的受力分析，构建了EC-TENG的机电耦合模型，如下：

$$V_{\mathrm{oc}}=\frac{9550\times\left(\sigma_{\mathrm{main}}S_{\mathrm{main}}+\dfrac{v_{\mathrm{wind}}R_2}{v_{\mathrm{water}}R_1}\sigma_{\mathrm{pump}}S_{\mathrm{pump}}+Q_{\mathrm{e}}\right)v_{\mathrm{wind}}\rho T}{3S_{\mathrm{main}}R_1} \tag{2-2}$$

$$I_{\mathrm{sc},\ R_Z=0}=\frac{9550\times\left(\sigma_{\mathrm{main}}S_{\mathrm{main}}+\dfrac{v_{\mathrm{wind}}R_2}{v_{\mathrm{water}}R_1}\sigma_{\mathrm{pump}}S_{\mathrm{pump}}+Q_{\mathrm{e}}\right)v_{\mathrm{wind}}\rho T}{3\rho TR_1+\dfrac{18kR_1^2}{9550v_{\mathrm{wind}}}\left(\dfrac{d_1}{\varepsilon_{\mathrm{Kapton}}}+\dfrac{x(t)}{\varepsilon_{\mathrm{air}}}+\dfrac{d_2}{\varepsilon_{\mathrm{Kapton}}}\right)} \tag{2-3}$$

从上式可以看出，在材料确定的情况下，电极尺寸 S，接触间隙 $x(t)$，风速 v_{wind} 和水速 v_{water} 是影响 EC-TENG 输出性能的主要因素。

为了测试电极尺寸和接触间隙等参数对 EC-TENG 输出性能的影响，分别对电极宽度为 14mm、28mm 和 42mm 的泵单元，以及一个电极宽度为 42mm 的主单元进行测试。如图 2.50（a）～（c）所示，在驱动频率为 1Hz 且接触间隙为 2mm 时，主单元的开路电压、转移电荷和短路电流分别为 7.2V、5.5nC 和 0.1μA。同时，由于电极尺寸与材料的表面电荷密度成正比，而 TENG 的输出取决于电荷密度，当泵单元的电极宽度从 14mm 增加到 42mm 时，开路电压、转移电荷和短路电流分别从 36.2V、15.3nC 和 0.2μA 增加到 77.5V、46.2nC 和 0.6μA。图 2.50（d）显示了主单元分别由三个不同电极宽度的泵单元充电后的电荷转移过程。三个过程都包括电荷增长和电荷稳定两个阶段，且它们的趋势相同。在电荷增长阶段，三条电荷曲线的上下限随着时间的推移而增加，其差值也迅速增大，这与泵单元每次接触分离运动的电荷传输量相对应。由于电荷量取决于摩擦材料的接触面积，因此随着泵单元尺寸的增大，其差值增加得更快。因此，当泵单元的电极宽度从 14mm 增加到 42mm 时，电荷增长阶段的时间就会从 25 秒减少到 10 秒。一般来说，每种摩擦材料所能承受的电荷量都是有限的。在确定了主单元的材料和尺寸后，其转移电荷的最大值将保持不变。因此，在稳定阶段，用电极宽度分别为 14mm、28mm 和 42mm 的泵单元补充主单元电荷后，主单元的转移电荷分别为 35.5nC、34.6nC 和 34.0nC。出于空间利用的考虑，最终选择了电极宽度为 14mm 的泵单元进行后续实验研究。图 2.50（e）～（g）分别显示了不同间隙下泵单元、主单元和两个单元耦合的开路电压、转移电荷和短路电流。随着接触间隙的增大，它们的输出呈上升趋势。在间隙为 4mm 时，泵单元、主单元和两个单元耦合的开路电压最大值分别为 40.1V、7.0V 和 134.0V，转移电荷最大值分别为 18.0nC、5.7nC 和 37.1nC，短路电流最大值分别为 0.4μA、0.2μA 和 1.1μA。图 2.50（h）～（j）中的对比显示，耦合的开路电压、转移电荷和短路电流分别比两个单元的输出总和高出 184.5%、56.5%和 83.3%。最后，确定 EC-TENG 单元的接触间隙为 4mm。

由于 EC-TENG 有三组电荷泵单元，每组包含一个泵单元和一个主单元，因此有必要测试这些单元的输出一致性。如图 2.51（a）～（c）所示，当频率为 1Hz 时，泵单元、主单元和两个单元耦合的平均开路电压分别为 36.6V、7.4V 和 143.7V。其平均转移电荷分别为 14.1nC、3.6nC 和 40.9nC，其平均短路电流分别为 1.1μA、0.6μA 和 5.1μA。从差值可以看出，这些单元的输出一致性极佳。值得注意的是，在模拟实验系统中，EC-TENG 单元在电机旋转一周后可以执行三次接触分离运动。

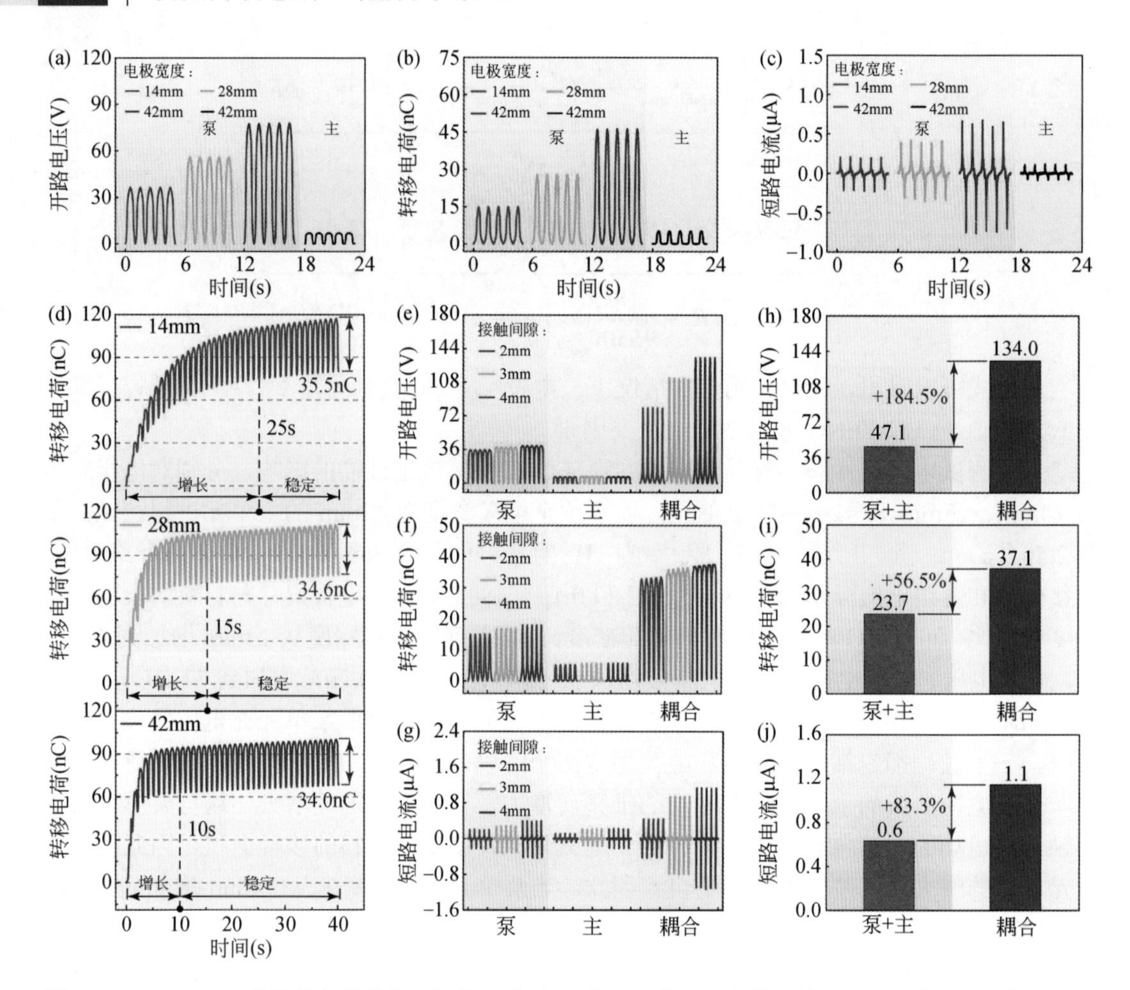

图 2.50 EC-TENG 单元的参数优化。（a）~（c）三种不同电极宽度的泵单元和一种电极宽度的主单元的开路电压、转移电荷和短路电流；（d）主单元在经过三个不同宽度的泵单元充电后的电荷转移过程；（e）~（g）泵单元、主单元和两个单元在不同间隙耦合时的开路电压、转移电荷和短路电流；（h）~（j）开路电压、转移电荷和短路电流中，两个单元的耦合与两个单元输出之和的比较

为了进一步提高 EC-TENG 的输出性能，研究人员将三组电荷泵单元的电路进行并联，如图 2.51（d）所示。在 1Hz 的驱动频率下，泵单元、主单元和两个单元耦合的并联开路电压、转移电荷和短路电流如图 2.51（e）～（g）所示。泵单元的并联开路电压、转移电荷和短路电流分别为 120.0V、58.5nC 和 4.0μA，主单元的并联输出分别为 14.0V、11.2nC 和 1.6μA，主单元和泵单元的耦合并联输出分别为 612.9V、134.9nC 和 12.5μA（值得注意的是，由于三组电荷泵单元并联的电压超出了静电计的测试范围，其皆由示波器测试而得）。然后，与主单元和泵单元的输出总和相比，耦合输出的开路电压增加了 357.4%，转移电荷增加了 93.5%，短路电流增加了 123.2%。此外，在图 2.51（h）中，主单元、泵单元和两个单元耦合的峰值功率分别为 4.1μW、178.8μW 和 991.5μW。通过计算，耦合的峰值功率比主单元和泵单元的输出之和高出 442.1%。

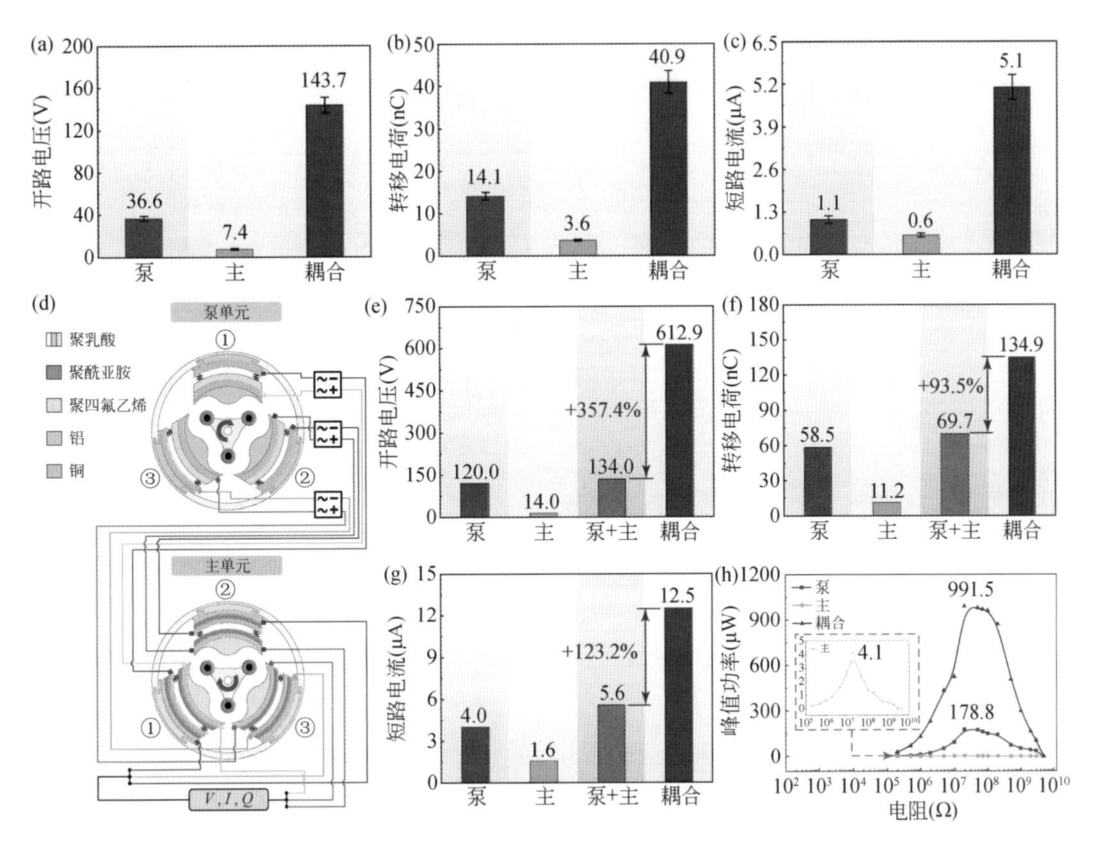

图 2.51　EC-TENG 单元的输出一致性和并联特性。（a）~（c）单元的开路电压、转移电荷和短路电流；（d）并联电路模型；（e）~（g）单元并联后的开路电压、转移电荷和短路电流；（h）主单元、泵单元和两个单元耦合的并联峰值功率

为了测试风速和水速对 EC-TENG 输出性能的影响。通过模拟实验测试了不同驱动频率下 EC-TENG 的输出性能，如图 2.52 所示。当泵单元的驱动频率（F_p）确定，主单元的驱动频率（F_M）从 1Hz 增加到 5Hz 时，从图 2.52（a）和（b）可以看出，在不同的 F_p 下，EC-TENG 的转移电荷基本保持稳定，短路电流随着 F_M 的增加而增加。在图 2.52（d）和（e）中，当主单元驱动频率确定，改变泵单元驱动频率时，EC-TENG 的最大转移电荷在泵单元驱动频率为 3Hz 时实现，并且在 3Hz 的泵单元驱动频率和 5Hz 的主单元驱动频率下短路电流达到最大。出现这种现象的主要原因是当 F_p 超过 3Hz 时，弹簧在实现接触分离运动时的恢复力逐渐不足，导致主单元和泵单元无法实现电极的完全接触。另外，图 2.52（c）和（f）显示，EC-TENG 的最大转移电荷和短路电流分别为 193.1nC 和 66.5μA。

图 2.52（g）讨论了在泵单元驱动频率为 3Hz 时，主单元在不同驱动频率下 EC-TENG 的峰值功率与阻抗之间的匹配关系。实验结果表明，无论驱动频率如何变化，EC-TENG 最大功率点对应的阻抗都是 $2\times10^7\Omega$，这表明 EC-TENG 的输出具有出色的稳定性。同时，在图 2.52（h）中探讨了 EC-TENG 达到最大峰值功率的工作范围，从图中可以看出，在 F_p 一定的情况下，EC-TENG 的输出随着 F_M 的增加而增加。当 F_p 和 F_M 分别为 3Hz（180rpm）和 5Hz（300rpm）时，EC-TENG 的峰值功率达到最大值 7.5mW，这与上述测试结果一致。

此外，EC-TENG 的充电容实验如图 2.52（i）所示，实验结果表明，680μF 的电容可在 1138 秒内充电至 6V，这也表明 EC-TENG 具有出色的供电能力。

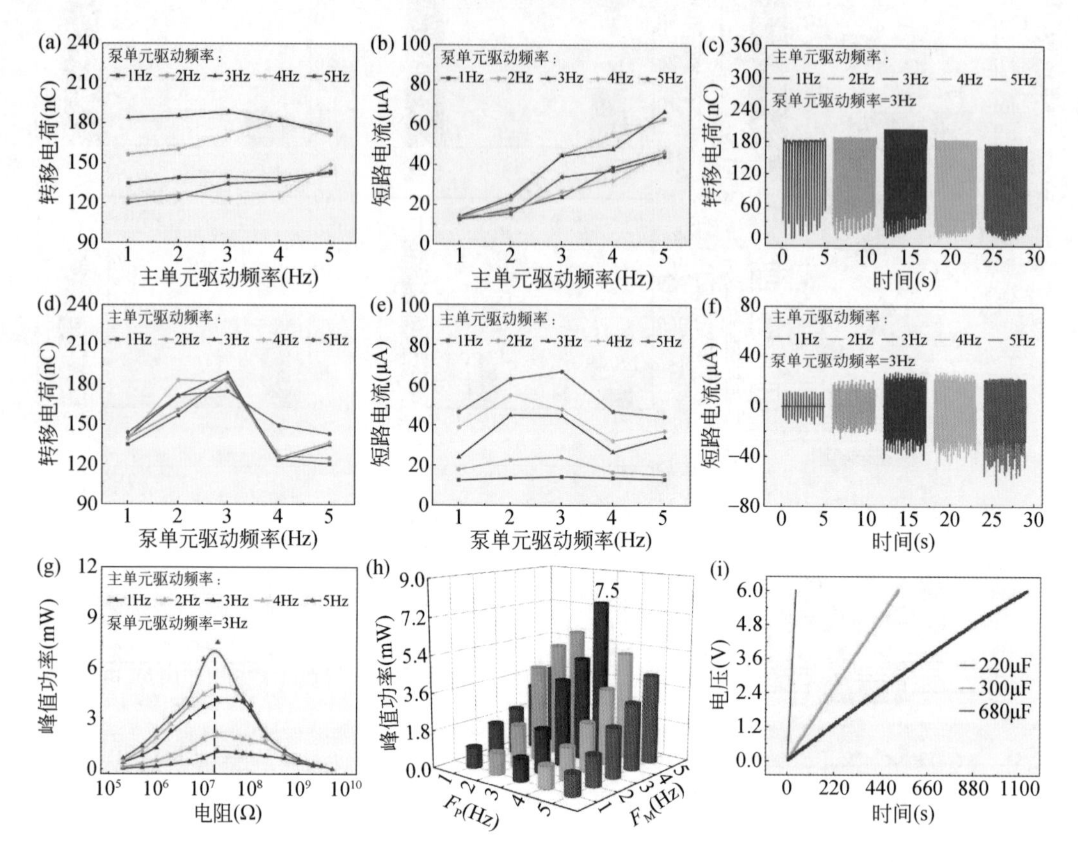

图 2.52 EC-TENG 的输出性能测试。(a)～(b)当 F_P 不变时，F_M 变化对 EC-TENG 的转移电荷和短路电流的影响；(c)当 F_P 为 3Hz 时，转移电荷随 F_M 变化；(d)～(e)当 F_M 不变时，F_P 变化对 EC-TENG 的转移电荷和短路电流的影响；(f)当 F_P 为 3Hz 时，短路电流随 F_M 的变化；(g)当 F_P 为 3Hz 时，EC-TENG 的阻抗匹配随 F_M 的变化；(h)不同 F_P 和 F_M 下 EC-TENG 的峰值功率；(i)充电容实验

图 2.53（a）显示了 EC-TENG 在智慧城市中的应用场景。EC-TENG 可有效收集排水管道中的水流和街道上的风，为无线温湿度传感器供电，最终实现城市环境监测。为了验证 EC-TENG 的应用能力，图 2.53（b）构建了一个风水环境实验系统，主要包括鼓风机、水泵、造浪池和 EC-TENG 样机。图 2.53（c）和（d）显示了水速为 1.3m/s、风速从 3m/s 增加到 8m/s 时 EC-TENG 的转移电荷和短路电流。可以看出，EC-TENG 的输出与上述模拟实验的趋势相同，其最大转移电荷和短路电流分别为 191.7nC 和 52.7μA。然后，在水速和风速分别为 1.3m/s 和 3.5m/s 的条件下，用 EC-TENG 为两个并联的节能灯和一个无线温湿度传感器供电，如图 2.53（b）-（i）和（b）-（ii）所示。其中，EC-TENG 可在 21 分钟内将 1500μF 的电容器充电至 4.5V，并为无线温湿度传感器稳定传输 6 个数据，如图 2.53（e）所示。这有力地证明了 EC-TENG 在智慧城市应用中的适用性。

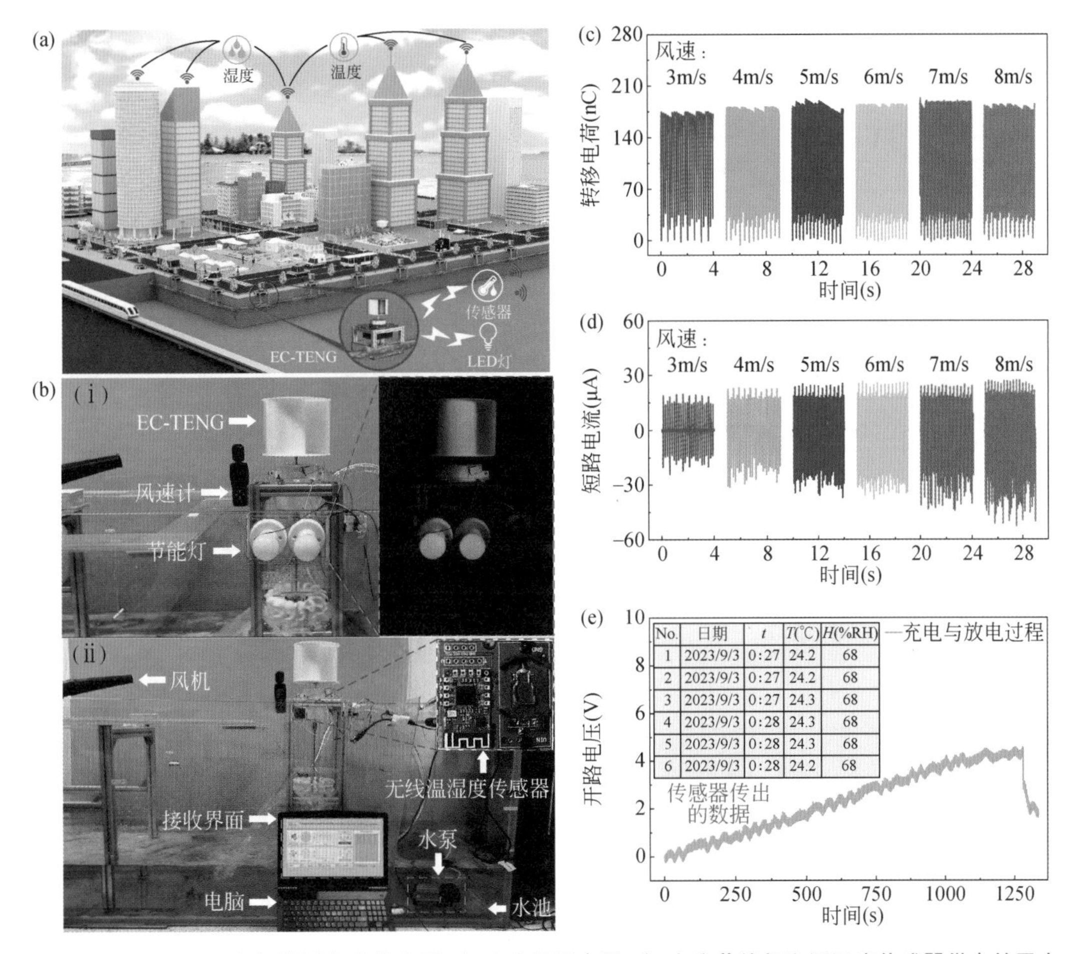

No.	日期	t	T(℃)	H(%RH)
1	2023/9/3	0:27	24.2	68
2	2023/9/3	0:27	24.2	68
3	2023/9/3	0:27	24.3	68
4	2023/9/3	0:28	24.3	68
5	2023/9/3	0:28	24.3	68
6	2023/9/3	0:28	24.2	68

图 2.53　EC-TENG 在智慧城市中的应用。(a) 应用示意图；(b) 为节能灯和温湿度传感器供电的风水环境实验系统；(c) ~ (d) EC-TENG 在一定水速和不同风速下的转移电荷和短路电流；(e) 电容充放电实验

2.4　直流输出式摩擦纳米发电机

2.4.1　机械开关式

随着微纳电子器件的发展，微纳电子器件的供电已成为研究的热点。2014 年，中国科学院北京纳米能源与系统研究所张弛研究员开发了一种直流摩擦纳米发电机（DC-TENG）[14]，如图 2.54（a）所示。它由两个圆盘和两对柔性电刷组成。该设计不仅促进了旋转诱导的周期性面内电荷分离发电，而且还引入了一种使用柔性电刷的直流发电方法，演示了基于旋转盘和电刷的工作机构。有了这个 DC-TENG，更高的转速和更多的分段导致更大的直流输出。由于其直接和连续的电流输出，多个发光二极管（LED）被点亮，而无需整流桥，并且可以快速为电容充电，展示了 DC-TENG 为便携式电子设备供电的潜在应用。

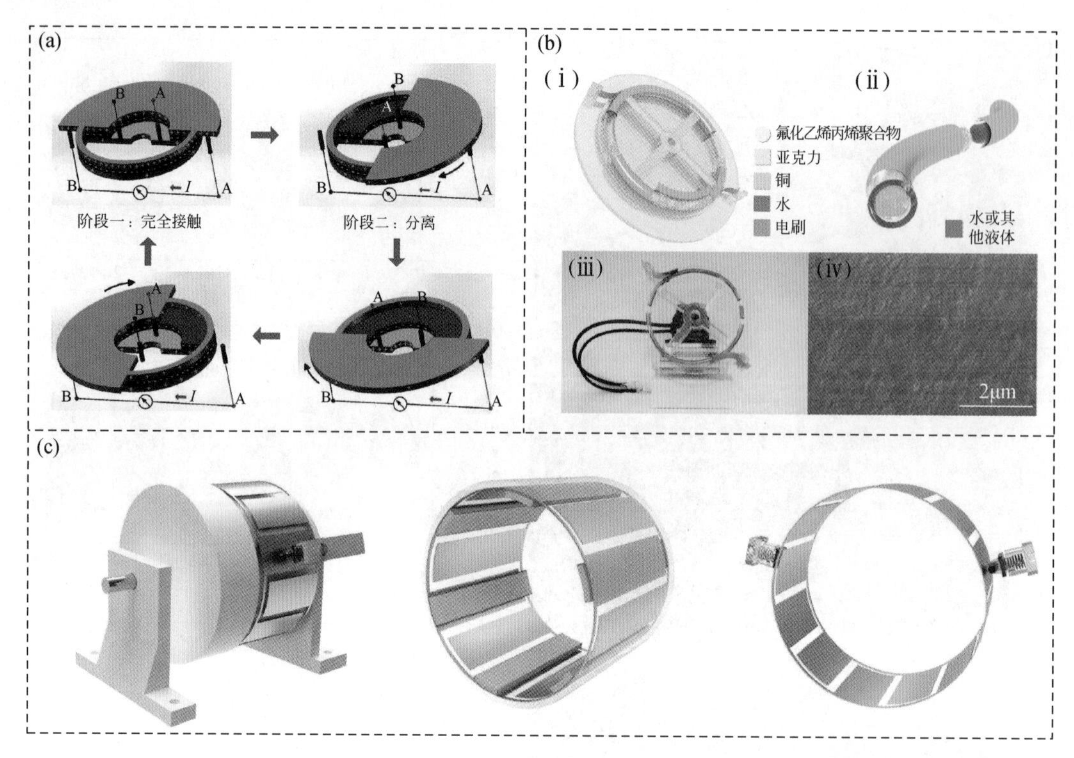

图 2.54　直流摩擦纳米发电机。(a) 基于旋转圆盘的直流摩擦纳米发电机；(b) 基于液体-介电界面的可持续性能量收集和化学成分分析的直流旋转管摩擦纳米发电机；(c) 带机械整流器的双向直流摩擦纳米发电机

环境机械能收集技术为缓解不断扩大的能源需求提供了一种可持续的解决方案，但其不足之处值得关注。在这项工作中，研究人员提出了一种基于液体-介电界面的直流输出摩擦纳米发电机作为能量收集器和化学传感器[15]，如图 2.54（b）所示，具有制造可行、耐磨耐用和低能耗的优点。这种 TENG 由氟化乙烯丙烯（FEP）管和铜电极组成，设计成环形结构，两个电刷双边固定，将交流电输出转换为直流电输出。液体和铜球作为流体介质，用 FEP 管预充以产生摩擦电荷。初步优化了 TENG 的相关参数，使其在旋转激励下获得满意的输出。当 FEP 管在外界刺激下旋转时，流体介质可以与 FEP 管内壁完全接触，用于整个发电周期。其中，含去离子水（DI 水）的 TENG 在特定旋转激励下的开路电压高达 228V，峰值短路电流为 11.5μA，而含铜颗粒的 TENG 在特定旋转激励下的输出开路电压达 101V，短路电流为 1.27μA，两者均为直流输出。此外，该方法还可用于化学成分和浓度分析。在此基础上，全面研究了各种液体对 TENG 输出性能的内在影响，并在此基础上开发了化学分析系统。同时，对带有颗粒的 TENG 的设计也进行了改进，以增强输出电流。最后，组装的 TENG 不仅可以用于能量收集而不需要精馏，还可以用于液体成分的化学检测和水分含量分析。提出的 TENG 提供了一种更有效的能量收集方法，并大大扩展了其在直流自供电系统中的应用。

目前，主要有几种将交流电转换成直流电（DC）的方法，其中最常用的方法是通过桥式整流器实现直流输出。桥式整流器由于输出稳定的特点，在自供电传感系统中得到了广泛的应用。然而，桥式整流器带来的功耗对 TENG 的输出性能有影响。为有效解决上述问题，电刷应用于 TENG 领域，具有结构简单、运行稳定等优点。然而，放电现象和磨损仍然是目前存在的主要问题。此外，其他一些实现直流输出的形式，如空气击穿、相耦合、肖特基二极管等，经过几年的不懈努力也逐渐成熟起来，极大地促进了直流摩擦纳米发电机（DC-TENG）的发展。

DC-TENG 的发展对于为低功耗电子器件供电具有重要意义。因此，提出了一种带有机械整流器的双向直流摩擦纳米发电机（BD-TENG）[16]，如图 2.54（c）所示。它可以在没有桥式整流器的情况下，将正向和反向产生的交流电转换成直流输出。BD-TENG 由机械结构部件、摩擦发电装置和机械整流器组成。在机械结构部件的作用下，摩擦发电单元产生的交流输出在机械整流器的辅助下转化为直流输出。将氟化乙烯丙烯（FEP）薄膜制作成摩擦发电单元的微拱结构，可以在正向和反向收集能量，减少材料之间的摩擦和磨损，并通过一系列实验确定了其最佳宽度。此外，机械整流器是滚动电刷和换向器的组成部分，具有结构简单、磨损低的优点。最后，BD-TENG 可以点亮 210 个发光二极管（LED），并通过直流输出直接为商用计算器供电。

2.4.2　空气击穿式

作为一种新时代的能量收集技术，提高摩擦纳米发电机（TENG）的摩擦电荷密度对于其在物联网和人工智能领域的大规模应用至关重要。2021 年中国科学院北京纳米能源与系统研究所王杰研究员团队率先提出了新一代直流 TENG（DC-TENG），它通过耦合摩擦起电效应和静电击穿来实现恒电流输出，摩擦电荷密度达到 430mC/m^2，远高于受静电击穿限制的传统 TENG[17]，如图 2.55（a）所示。新型 DC-TENG 在电力电子领域进行了直接演示。作者们发现不仅促进了物联网中使用的自供电系统的小型化，而且还提供了一种获取机械能的范式转换技术。

传统 TENG 的输出具有两个内置特性（即由脉冲串联组成的交流）。首先，它需要一个整流器来获得直流输出，如全波整流器、旋转整流器桥、双轮设计或多相旋转型结构，这就剥夺了它的便携性优势；此外，在交流供电时，有些应用需要电磁屏蔽，如传感器集成，这将降低集成度。其次，脉冲输出导致一个非常高的波峰因子，这是输出不稳定性的一个关键指标，定义为峰值与均方根值的比值。为了解决这些问题，发明了一种范式转换的 TENG，通过耦合摩擦起电效应和静电击穿直接产生恒定的直流电。其电荷密度达到 430mC/m^2，远高于受空气击穿限制的传统 TENG。它的电压随着负载的增加而增加，在实验中高达 750V，使其成为许多应用中电池的可能替代品，因为它提供了出色的恒流功率；此外，它不会造成环境污染，也不会产生回收成本。新型 DC-TENG 展示了有效的机械能量收集，可以单独为电子设备供电，也可以同时直接为储能单元充电，这可以大大加速可穿戴电子设备和物联网中使用的自供电系统的小型化。

在此前一年，2020 年，王杰研究员团队提出了一种微结构设计的直流电 TENG（MDC-TENG）[18]，如图 2.55（b）所示。通过合理的电极结构，通过提高接触电气化效率来提高其有效表面电荷密度，其有效表面电荷密度达到交流 TENG（AC-TENG）的 2 倍以上，传统 DC-TENG 的 10 倍以上。此外，MDC-TENG 实现了滑块结构的小型化和高输出性能的同时，特别重要的是，更大的尺寸和更高的电极结构因子（k 值）可以进一步提高 MDC-TENG 的电荷密度。除了高输出性能外，其输出电流与运动矢量参数，如速度、加速度、距离等密切相关。

MDC-TENG 的有效表面电荷密度（尺寸为 1cm×5cm）随着 k 的增加而增加。更有趣的是，MDC-TENG 实现了高输出的小型化器件结构，且输出特性与运动矢量参数（速度、加速度、距离）关系良好。这为在微型化电子设备系统中作为能源供应资源或在微机电系统中作为传感器单元提供了巨大的应用潜力。而且，未来可以通过微纳加工技术对器件结构和制备工艺进行更精细的优化以进一步提高 k 值，也可以通过扩大 DC-TENG 尺寸来进一步提高电荷密度。后一种优化方法可以克服 AC-TENG 的电荷密度和电流密度随器件尺寸增大而衰减的问题，为大规模能量收集系统提供了一种范式转换。

随着分布式能源越来越受到人们的关注，选择合适的摩擦电材料是获得高性能 TENG 的关键。2021 年，王杰研究员团队基于摩擦系数、表面电荷密度、极化率、电荷利用率和稳定性等基本参数，提出了一套 DC-TENG 摩擦电材料的选择规则[19]，如图 2.55（c）所示。首先，DC-TENG 的运动是一种滑动过程，因此低摩擦系数（μ）是获得高效率 DC-TENG 的必要条件。实验以常用的铜作为摩擦电极（FE），测试了不同载荷下各种商用聚合物的μ和摩擦电层在 10kV/cm 下的极化强度。聚四氟乙烯（PTFE）膜的μ最小为 0.17，聚二甲基硅氧烷（PDMS）膜的μ最大为 1.35。铜电极与聚合物膜之间较大的μ会增加滑动运动时的磨损过程，利用$\mu<0.4$ 的薄膜会比较合适，PDMS、丁腈橡胶和聚苯乙烯（PS）薄膜被排除在外。考虑极化效应会约束部分表面电荷，使其难以参与空气击穿过程，聚偏二氟乙烯（PVDF）和聚醚酰亚胺（PEI）也不适合作为摩擦电材料，如图 2.55（c）-（ⅰ）所示。

其次，需要考虑表面电荷密度的影响。随着表面电荷密度的增大，间隙内电场变强，有利于空气击穿过程。实验利用滑动 AC-TENG 确定 Cu 与不同摩擦电层之间的表面电荷密度。当表面电荷密度小于 $0.05mC/m^2$ 时认为其表面电荷密度较小，当表面电荷密度为 0.05～$0.15mC/m^2$ 时认为其表面电荷密度适中，当超过 $0.15mC/m^2$ 时认为其表面电荷密度较大。以 PVC 为摩擦电材料时，达到最大为 $0.30mC/m^2$。对于以尼龙（PA）薄膜为摩擦电材料的滑动 AC-TENG，输出电荷的流动方向与其他薄膜相反，这表明 PA 薄膜在与 Cu 电极接触带电过程中失去了电子，如图 2.55（c）-（ⅱ）所示。最后作者们总结提出了一套基于表面电荷密度、摩擦系数、极化、电荷利用率和稳定性的直流摩擦电材料选择规则，以筛选适合的摩擦电材料。

再次，摩擦电荷密度和能量密度是衡量 TENG 中介电材料输出性能的两个关键因素。然而，它们通常受到击穿效应，结构参数和环境因素的限制，无法反映这些材料的固有摩擦电行为。此外，还需要一种标准化的策略来量化它们的最大值。2022 年，王杰研究员团队提出采用接触分离 TENG 来评估介电材料的最大摩擦电荷密度和能量密度，通过这种方法得到的介电材料的值代表了它的内在性质，并与它的功函数相关，如图 2.55（d）所示。该文章提出了一种通用和标准化的策略来量化 TENG 中介电材料的最大摩擦电荷密度（TECD）和能量密度[20]。在存在空气击穿的大气条件下，需要仔细分析各种参数对空气击穿的影响，包括材料参数：介电常数，几何参数：厚度和面积，运动参数：位移，环境参数：大气压、温度、湿度等，尽可能准确地量化材料的摩擦学性能。即使这样，仍然不知道真正的 TECD 和最大能量密度。通过真空环境下克服上述这些限制，再结合 CS-TENG 技术，可以量化真空环境下介质材料的最大 TECD 和能量密度，真空 TECD 也可作为确定大气条件下是否存在击穿的参考。

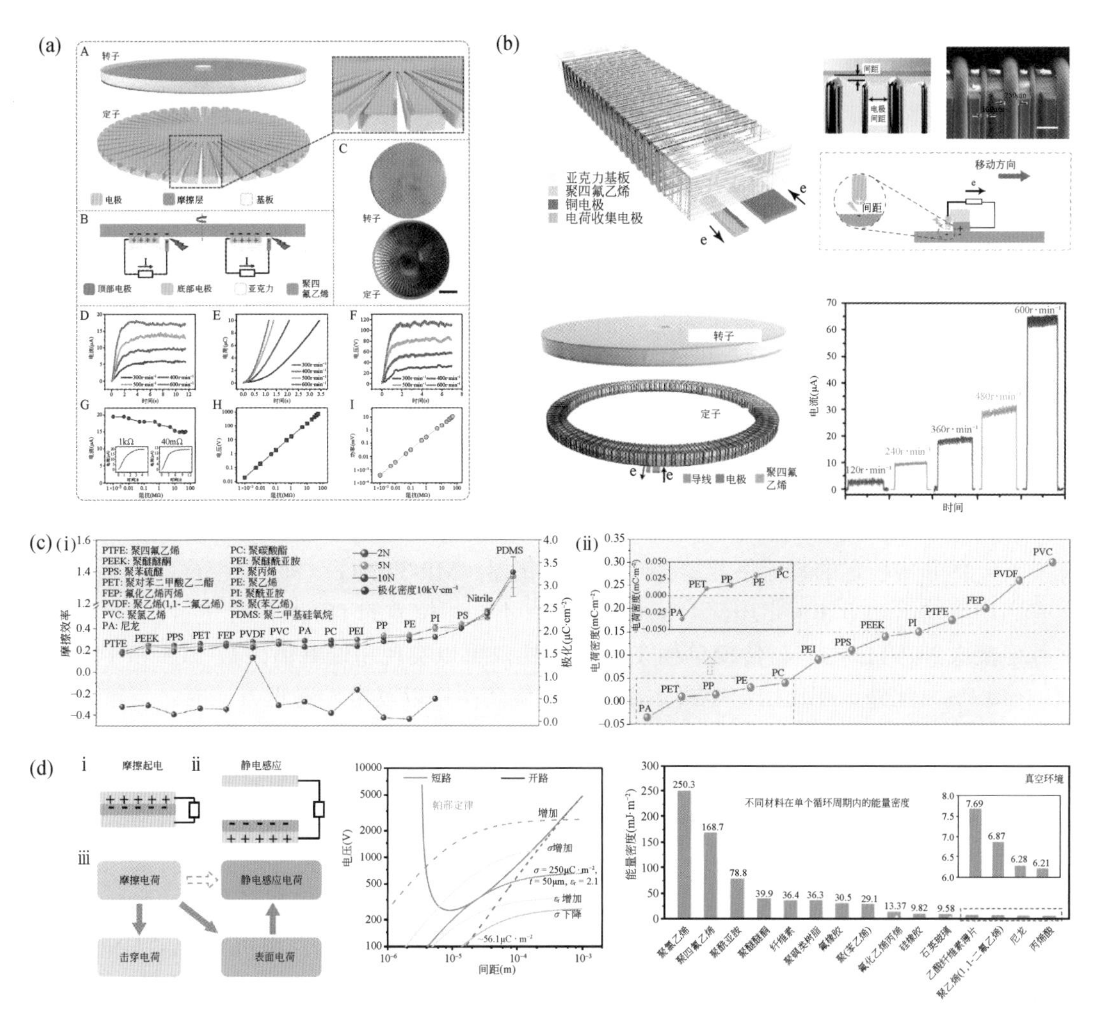

图 2.55　空气击穿型。(a) 旋转 DC-TENG 的工作原理及输出性能；(b) MDC-TENG 的结构设计及工作机理；(c)(ⅰ) 铜与不同摩擦电层之间的摩擦系数 (μ) 和 (ⅱ) 摩擦电层在 10kV/cm 下的极化强度；(d) TENG 电荷传递过程、不同距离摩擦电层的击穿电压与间隙电压的关系及不同材料在单个循环周期内的能量密度

最后，研究人员评估了 40 多种材料的 TECD，在聚氯乙烯-铜摩擦电材料对之间实现了 $1250\mu C/m^2$ 的高 TECD，将 TECD 的上限提升到一个新的记录。以弹性氟橡胶作为接触不同金属的对应物，结果表明 TECD 可能与接触金属的功函数有关，揭示了 TECD 与材料的内在性能之间的关系。此外，即使在开路条件下也没有表面电荷损失，对 15 种材料的最大能量密度进行了评估，显示了 TENG 在能量收集方面的巨大潜力。

2.4.3 相位耦合式

摩擦纳米发电机在实际应用中存在一个重要限制，即所产生的瞬时脉冲信号具有较大的峰值与均方根有效值之比（即波峰因数），这个比值甚至可能超过 6.18。波峰因数是衡量电源驱动负载能力是否失真的关键指标。例如，恒定直流电流和商业交流电流的波峰因数分别为 1.00 和 1.41。具有高波峰因数的摩擦纳米发电机无法直接为小型电子设备供电，并且对于充电电池/超级电容器来说也不利，因为会导致能量损失异常增加和能量存储效率下降。因此，在实际应用中需要开发稳定的直流发生系统来克服这些限制，并使得像我们通常情况下一样可以无需功率管理系统就能给电池充电。2020 年，中国科学院北京纳米能源与系统研究所程廷海研究员报道了一种圆柱形相位耦合型 DC-TENG，如图 2.56（a）所示。通过相位耦合可以产生几乎恒定的低峰值因数的电流输出，其相数和组数对 DC-TENG 输出的影响也被进行了详细探究[21]。实验结果表明，随着相位增加，电流的峰值因数显著降低，而随着组别增加，输出性能显著提高。其中，三相五组样机经过整流和叠加后，这种 DC-TENG 可以产生 21.6μA 的耦合电流和平均输出功率 2.04mW。此外，输出电流的峰值因数降至 1.08，并且实现了几乎恒定直流高性能输出。

2021 年，中国科学院北京纳米能源与系统研究所青年研究员蒋涛通过简单易行的方法开发了一种非常稳定的直流多相摩擦电能量收集器（MP-TENG），如图 2.56（b）所示。其具有高均值输出功率和恒定电流[22]。通过对具有不同相位差的 TENG 单元进行整流和叠加，并行连接成 MP-TENG，与传统单相 TENG 相比，可以实现超低峰值因数 1.05 和平均功率增加 40.1%。此外，在使用与电极大小不同的旋转网格以及电源管理方法时，日常生活中常见材料如木材和布料也可用于产生峰值因数小于 1.1 的类似直流输出信号，大大扩展了 TENG 材料选择范围。由于 MP-TENG 具有出色的直流性能，在没有任何闪烁情况下可以轻松点亮 1000 个 LED 灯和 54 个灯泡，并且可以持续驱动商业电子设备稳定工作。这项工作为实现高输出恒定直流提供了一个新思路，在能量收集领域具有广阔应用前景。

为进一步降低摩擦纳米发电机输出的波峰因数，2022 年，中国科学院北京纳米能源与系统研究所王杰研究员提出了一种基于相移设计的恒压摩擦纳米发电机（CV-TENG），如图 2.56（c）所示，它将传统脉冲电压输出转换为恒定电压输出，并将峰值因子降低到 1.03，以增强能量输出[23]。与没有相移设计的脉冲电压摩擦纳米发电机（PV-TENG）相比，平均功率意外地增加了 1.9 倍。在对低频输入做出响应时，在电容负载下，能量增强甚至超过 3 倍。此外，揭示了在电容负载下的充放电过程动态变化情况，从而为改善 TENG 的能量输出效率达到 100%提供了理论指导。这项工作在实现高效 CV-TENG 方面提供了范式转变，并且对于接受 TENG 作为主要形式的能源技术具有重要意义。

2.4.4 摩擦伏特效应

传统的 TENG 通常基于有机聚合物绝缘体材料，具有高阻抗和交流输出电流的局限性和缺点。基于摩擦伏特效应的金属半导体直流摩擦纳米发电机被中国科学院北京纳米能源与系统研究所张弛等提出。通过半导体与金属/半导体之间的摩擦，产生直流电压和电流。摩擦过程中原子键形成所释放的摩擦能会激发半导体侧的电子空穴对和金属侧的动态电子，它们在内置电场的作用下定向分离形成电流。

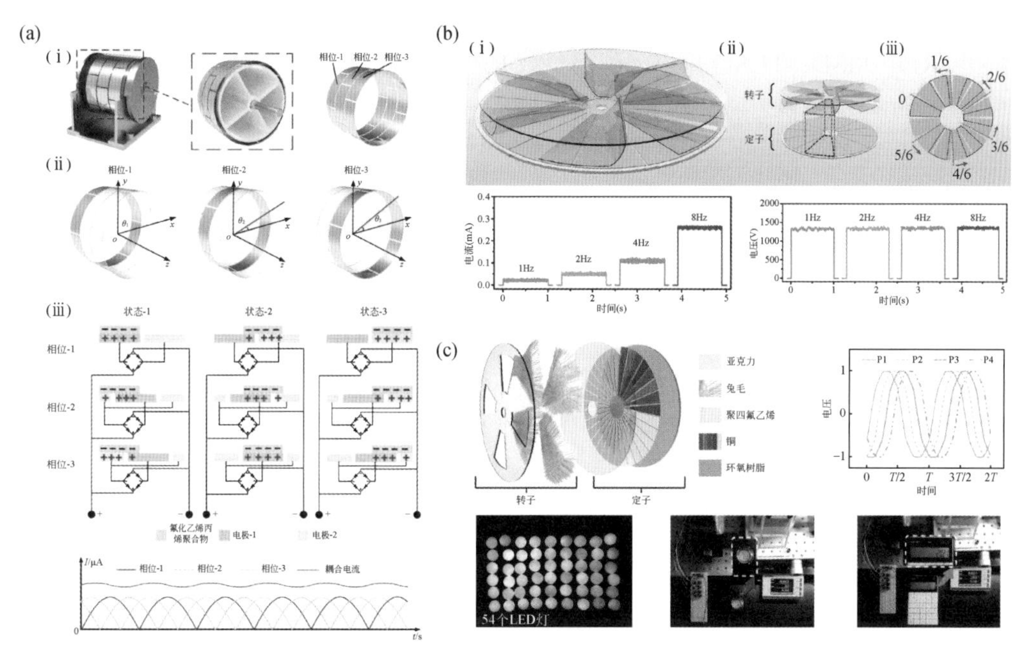

图 2.56　相位耦合型直流摩擦纳米发电机。(a) 程等提出的具有恒定直流输出的圆柱形摩擦纳米发电机；(b) 直流多相摩擦电能量收集器；(c) 一种基于相移设计的恒压摩擦纳米发电机

常见的金属-半导体直流摩擦纳米发电机（MSDC-TENG）由金属滑块和涂有背电极的 n 型掺杂硅片组成。对于金属-半导体（MS）界面摩擦而言，当金属的功函数大于半导体的功函数（$W_m > W_s$）时，MSDC-TENG 的工作原理和机理如图 2.57（a）所示[24]。MS 结的能带图如图 2.57（b）和（c）所示。在初始状态下，金属滑块保持静止并施加一定的负载压力，与半导体保持良好接触。由于 MS 接触的费米能级差异，具有较高费米能级的电子将从半导体流向金属侧［图 2.57（a），步骤 1］。电子的流动使金属表面带负电，半导体表面带正电，形成内建电场。因此，理想的平衡状态 MS 接触带图如图 2.57（b）所示。能带向上弯曲，在半导体侧面极薄的空间电荷区建立内建电场。然而，当金属在半导体表面滑动时，由于 MS 界面摩擦，有两种方式产生移动载流子［见图 2.57（c）］，第一种，在半导体的空间电荷区域，可以通过摩擦能方式产生非平衡载流子。摩擦引起的电子空穴对可以沿着/逆着内置电场的方向移动。电子在半导体中开始漂移运动，而空穴也可能在内置电场下被驱动到 MS 接口。第二种，在金属和半导体表面态上，电子获得摩擦能跃迁到更高的能级。高能电子克服肖特基能垒流向半导体侧。只要肖特基能垒足够薄，低能电子仍有一定概率通过隧道进入半导体的另外一侧。穿过 MS 界面的电子的漂移运动发生在内置电场的作用下。结果，电荷将通过 MS 接口流向外部电路［图 2.57（a），步骤 2］。因此，非平衡载流子在滑动过程中在 MS 结上形成势能差（$|q\Delta V_s|$）。王中林教授团队首先将这种现象归因于摩擦起电效应，该效应输出摩擦激发而不是光激发，这种效应有多重含义。首先，

新形成的原子键释放的能量可以被金属侧的电子快速吸收，从而跃迁到明显高于费米能级的能级，然后流向半导体侧，如图 2.57（c）所示。其次，在摩擦过程中，机械力使界面晶格剧烈振动，导致原子系统能量增加并释放出声子。声子的一部分能量被电子吸收，如果释放的能量足够高，电子可以在 MS 结处激发电子-空穴对。摩擦感应产生二极管（VS）和内阻（RI）。MSDC-TENG 可以为外部负载 RL 提供连续电压（VL）和直流输出（IL）。

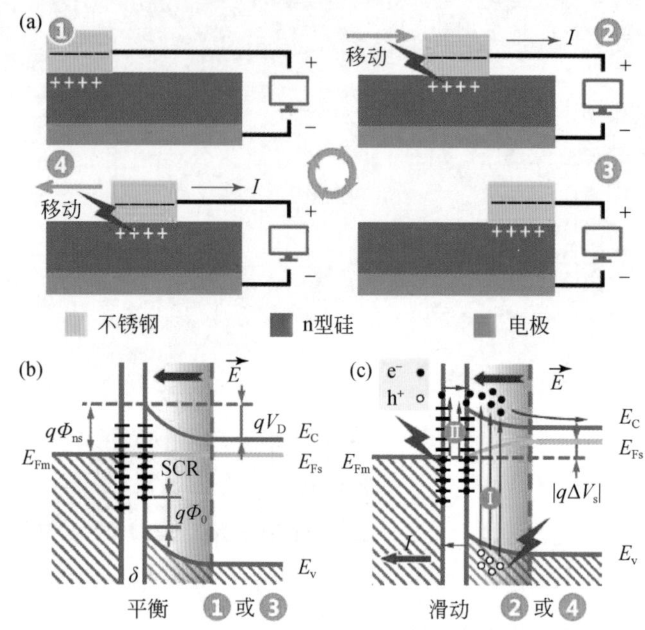

图 2.57　MSDC-TENG 的工作原理和金属-半导体界面的摩擦伏特效应（$W_m > W_s$）。（a）MSDC-TENG 的工作周期；（b）平衡状态下 MS 结的能带图；（c）滑动状态下 MS 结的能带图

基于摩擦伏特效应的摩擦纳米发电机具有高直流电流密度，在解决小型电子设备供电问题方面具有巨大潜力，但是磨损问题导致其电流密度不断衰减。因此，中国科学院北京纳米能源与系统研究所王杰等提出了一种通过界面润滑来提高摩擦伏特纳米发电机（TVNG）的策略[25]。此种方法通过界面润滑的有效策略来同时提高 TVNG 的直流密度和寿命。采用水基氧化石墨烯（GO）溶液作为润滑剂，用于增加滑动表面载流子，提高电流密度，并以其优异的润滑性能减少铜与硅片表面之间的磨损。

TVNG 基于摩擦伏特效应产生直流信号，当铜基单层石墨烯（Cu-G）薄膜、水基氧化石墨烯（GO）溶液和硅片接触时，由于材料功函数的不同，界面处将重新建立载流子平衡。滑动摩擦过程中，界面处形成新的化学键，释放能量，称为“结合键”，“结合键”在滑动界面处激发电子-空穴对。然后电子-空穴对在内置电场的作用下分离并排出肖特基结，从而产生连续的直流信号。热平衡（静态）下的外部电路状态和相应的能带图如图 2.58（a）-（ i ）和（b）所示。在图 2.58（a）-（ i ）的状态下，Cu-G 薄膜和水基 GO 溶液与硅片接触。Cu-G 薄膜、水基 GO 溶液和 P 型 Si 保持相对静止，由于在静止状态下没有释放额外的能量，因此没有电流输出。Cu-G 薄膜和水基 GO 的功函数小于 P 型 Si 的功函数。在摩擦激发下，态会跃迁到更高的能级，克服界面处的势垒。此外，这些空穴也可能被激发［图 2.58（c）]。

这种 TVNG 可以产生约 775mA/m^2 的峰值电流密度输出，并伴随着 31mC/m^2 的转移电荷密度。通过接口润滑的 TVNG 可以在 30000 次循环后保持高电流输出。

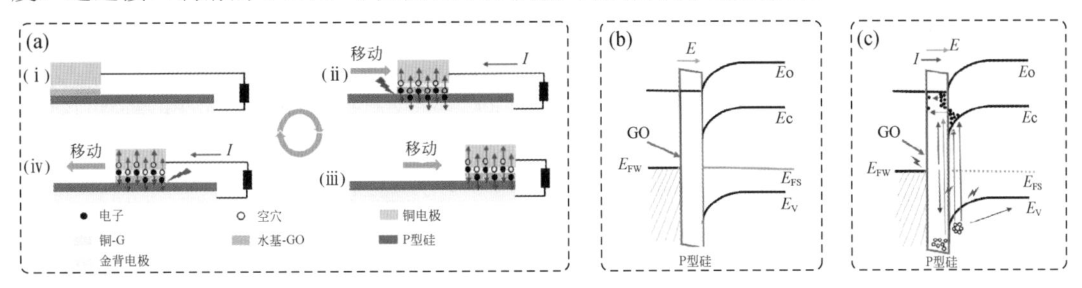

图 2.58　TVNG（P 型硅）工作原理和电输出性能示意图。（a）电荷转移示意图；（b）:（a）中稳态对应的能带图；（c）:（a）中运动状态对应的能带图

2.5　本 章 小 结

流体动力学调控方法改善了高熵能量俘获系统的流体动力学特性，使其与特定的环境激励相匹配，提升了摩擦纳米发电机的俘能效果、机电转换效率和输出电学性能。本章不仅详细阐述了机械调控和直流输出等方法的能量俘获技术，还阐述了每种方法的特点和典型设计。本章为高熵能量俘获系统适应复杂环境激励提供了新的动力学调控视角，还提供了可供参考的具体设计，有益于促进高熵能量俘获基础理论与应用技术的发展。

参 考 文 献

[1] Cheng T H, Li Y K, Wang Y C, et al. Triboelectric nanogenerator by integrating a cam and a movable frame for ambient mechanical energy harvesting[J]. Nano Energy, 2019, 60: 137-143.

[2] Gao Q, Li Y K, Xie Z J, et al. Robust triboelectric nanogenerator with ratchet-like wheel-based design for harvesting of environmental energy[J]. Advanced Materials Technologies, 2019, 5: 1900801.

[3] Yin M F, Yu Y, Wang Y Q, et al. Multi-plate structured triboelectric nanogenerator based on cycloidal displacement for harvesting hydroenergy[J]. Extreme Mechanics Letters, 2019, 33: 100576.

[4] Yang W X, Wang Y Q, Li Y K, et al. Integrated flywheel and spiral spring triboelectric nanogenerator for improving energy harvesting of intermittent excitations/triggering[J]. Nano Energy, 2019, 66: 104104.

[5] Lu X H, Xu Y H, Qiao G D, et al. Triboelectric nanogenerator for entire stroke energy harvesting with bidirectional gear transmission[J]. Nano Energy, 2020, 72: 104726.

[6] Liu S M, Li X, Wang Y Q, et al. Magnetic switch structured triboelectric nanogenerator for continuous and regular harvesting of wind energy[J]. Nano Energy, 2021, 83: 105851.

[7] Yin M F, Lu X H, Qiao G D, et al. Mechanical regulation triboelectric nanogenerator with controllable output performance for random energy harvesting[J]. Advanced Energy Materials, 2020, 2000627.

[8] Yang W X, Gao Q, Xia X, et al. Travel switch integrated mechanical regulation triboelectric nanogenerator with linear-rotational motion transformation mechanism[J]. Extreme Mechanics Letters, 2020, 37: 100718.

[9] Yang Y F, Yu X, Meng L X, et al. Triboelectric nanogenerator with double rocker structure design for

ultra-low-frequency wave full-stroke energy harvesting[J]. Extreme Mechanics Letters, 2021, 46: 101338.

[10] Wang Y Q, Yu X, Yin M F, et al. Gravity triboelectric nanogenerator for the steady harvesting of natural wind energy[J]. Nano Energy, 2021, 82: 105740.

[11] Zhu M K, Yu Y, Zhu J Y, et al. Bionic blade lift-drag combination triboelectric-electromagnetic hybrid generator with enhanced aerodynamic performance for wind energy harvesting[J]. Advanced Energy Materials, 2023, 13: 2303119.

[12] Zhang J C, Yu Y, Li H Y, et al. Triboelectric-electromagnetic hybrid generator with savonius flapping wing for low-velocity water flow energy harvesting[J]. Applied Energy, 2024, 357: 122512.

[13] Xia X, Zha X S, Yu Y, et al. An energy-coupled triboelectric nanogenerator based on charge pump for wind and water environments[J]. Energy Conversion and Management, 2025, 312: 118569.

[14] Zhang C, Zhou T, Tang W, et al. Rotating - disk - based direct - current triboelectric nanogenerator[J]. Advanced Energy Materials, 2014, 4: 1301798.

[15] Wang J Y, Wu Z Y, Pan L, et al. Direct-current rotary-tubular triboelectric nanogenerators based on liquid-dielectrics contact for sustainable energy harvesting and chemical composition analysis[J]. ACS Nano, 2019, 13: 2587-2598.

[16] Qiao G D, Wang J L, Yu X, et al. A bidirectional direct current triboelectric nanogenerator with the mechanical rectifier[J]. Nano Energy, 2021, 79: 105408.

[17] Liu D, Yin X, Guo H，et al. A robust rolling-mode direct-current triboelectric nanogenerator arising from electrostatic breakdown effect[J]. Nano Energy, 2021, 85: 106014.

[18] Zhao Z H, Dai Y J, Liu D, et al. Rationally patterned electrode of direct-current triboelectric nanogenerators for ultrahigh effective surface charge density[J]. Nature Communications, 2020, 11: 6186.

[19] Zhao Z H, Zhou L L, Li S X, et al. Selection rules of triboelectric materials for direct-current triboelectric nanogenerator[J]. Nature Communications, 2021, 12: 4686.

[20] Liu D, Zhou L L, Cui S N, et al. Standardized measurement of dielectric materials' intrinsic triboelectric charge density through the suppression of air breakdown[J]. Nature Communications, 2022, 13: 6019.

[21] Wang J L, Li Y K, Xie Z J, et al. Cylindrical direct-current triboelectric nanogenerator with constant output current[J]. Advanced Energy Materials, 2020, 10(10): 1904227.

[22] Chen P F, An J, Cheng R W, et al. Rationally segmented triboelectric nanogenerator with a constant direct-current output and low crest factor[J]. Energy & Environmental Science, 2021, 14: 4523-4532.

[23] Li X Y, Zhang C G, Gao Y K, et al. A highly efficient constant-voltage triboelectric nanogenerator[J]. Energy & Environmental Science, 2022, 15: 1334-1345.

[24] Zhang Z, Jiang D D, Zhao J Q, et al. Tribovoltaic effect on metal–semiconductor interface for direct-current low-impedance triboelectric nanogenerators[J]. Advanced Energy Materials, 2020, 10(9): 1903713.

[25] Qiao W, Zhao Z, Zhou L, et al. Simultaneously enhancing direct - current density and lifetime of tribovotaic nanogenerator via interface lubrication[J]. Advanced Functional Materials. 2022, 32(46): 2208544.

第3章

摩擦纳米发电机输出特性与能量存储管理电路

3.1 引　　言

摩擦纳米发电机具有高电压低电流的交流输出特性，这种输出特性决定了其不能直接供能于后端用电器件，电能需要通过能量存储管理电路进行进一步的处理。

3.1.1 摩擦纳米发电机电学理论基础

使用电学方法研究摩擦纳米发电机（TENG），首先要对其电学理论基础进行研究。摩擦纳米发电机在实际使用时需要与各种外部元器件进行电气连接，电路分析过程中需要具有一致性，因此对摩擦纳米发电机等效电路模型进行研究尤为重要。此外，机械结构和外部激励等因素对 TENG 的输出会产生举足轻重的影响，因此很有必要研究这些因素对输出性能产生影响的归一化量化标准，为 TENG 在电学领域的研究奠定理论基础。

3.1.2 等效电路模型

随着研究的深入，TENG 的理论和应用不断进步，其内在机制被不断深入研究。事实上，当 TENG 使用桥式整流器对电容充电时，其操作相当于具有恒定内阻的直流电压源。此外，通过比较电磁发电方法，TENG 可以被认为是具有大内阻的恒流源。研究表明 TENG 的电气机制很重要，其等效电路模型是并网发电输出性能和工程应用的理论评估的核心。因此，分析 TENG 的内部电路、评估电源并建立更明确和通用的一阶等效电路模型（FO-ECM）至关重要。

因此，通过分析 TENG 各种工作模式的工作输出，建立了电流源的通用 FO-ECM。该模型在理论模型和电子电路的仿真中得到了验证[1]。TENG 的承载能力被发现分为三个区域。通过分别使用静电计、静电计和万用表、串联和并联的 TENG 进行的实验测量进行了详细的实验验证。通过验证，FO-ECM 为 TENG 的内部电路设定了电气标准，并为 TENG

的理论发展和实际应用相关的电抗匹配提供了宝贵的指导。

TENG 有四种基本工作模式，如图 3.1（a）～（d）所示，每种工作模式都可以根据其电气特性（即电流 I_0、内阻 R_0 和内部可变电容 C_0）指定 FO-ECM，如图 3.1（e）所示。这里，电阻器与电流源并联，并与电容器串联。TENG 被视为电流源，因为在测量串联或并联的设备时，电压会被分压。两个并行 TENG 的性能随后得到改善。相反，两个串联的 TENG 的性能保持不变。由于两个电极之间有一层不导电的聚合物材料，因此 TENG 具有较大的内阻。根据 TENG 的基本工作原理，会产生内部电容，并且在运行期间，TENG 充当可变电容器。

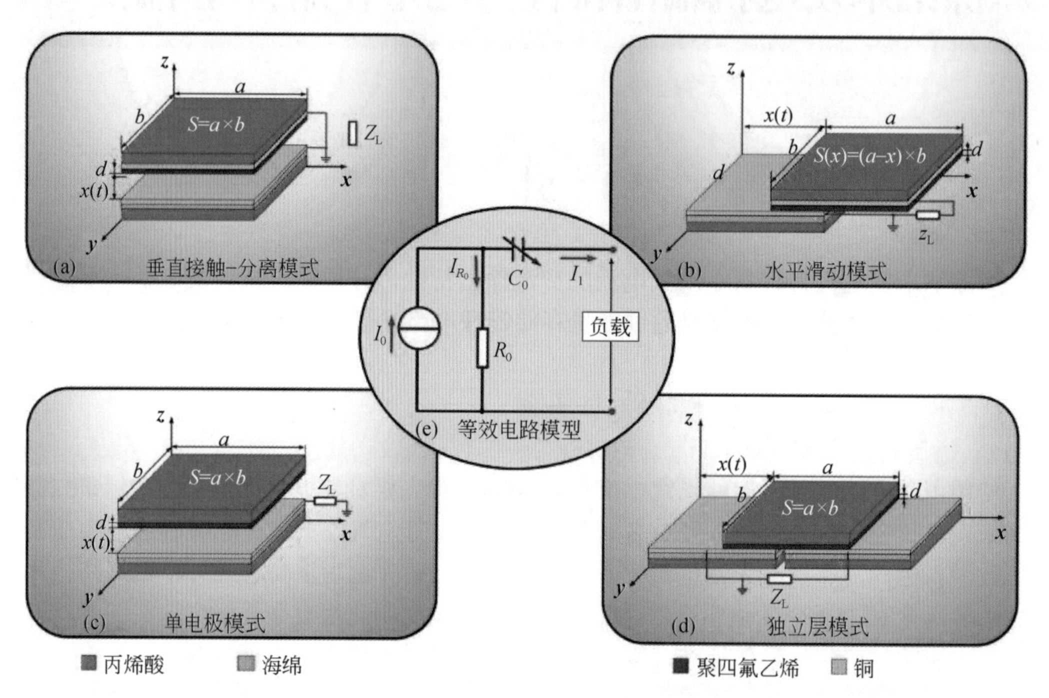

图 3.1 TENG 等效电路的理论模型。(a) 垂直接触-分离模式 (C-S 模式); (b) 水平滑动模式 (L-S 模式); (c) 单电极模式 (S-E 模式); (d) 独立层模式 (F-S 模式); (e) 等效电路模型

根据基尔霍夫电流定律建立了 TENG 的等效电路模型，即内部电流 I_0 为内部电阻的电流 I_{R_0} 与连接负载的外支路电流 I_1 之和。

简而言之，TENG 的输出性能与负载直接相关，负载电压与负载电阻成线性相关，负载电流与负载电阻成反比。因此，根据理论模型，负载电阻建立了三个不同的区域。当负载端电抗大于内部电容时，负载电流几乎保持恒定但处于低水平，而电压保持几乎恒定但处于高水平。当负载电阻的阻抗小于内部电容且大于内部电阻时，负载电阻的变化会引起负载支路电流的明显变化，因此，负载电阻的电压变化率更快。

当负载电阻的阻抗小于内部电阻并且电阻发生变化时，负载电阻中的电流接近电流源的电流，因此，负载电阻与负载电压成线性比例。相反，负载电压和电容之间形成负相关，负载电流和负载电容之间形成正相关。这种趋势与负载电阻的趋势相反。

对 FO-ECM 进行了电路仿真，如图 3.2（a）所示。不同负载电阻和不同负载电容下的电压和电流曲线如图 3.2（b）所示，随着电阻的增加，负载电压上升，负载电流减小；而随着电容的增加，负载电压下降，负载电流增加。无论是电容负载还是电阻负载，这些负载曲线都具有三个属性不同的区域。在第一区域，电流较大且相对恒定，电压线性上升，如图 3.2（b）-（ⅰ）所示。在第二区域，负载电压快速上升，负载电流快速下降。电压和电流曲线相交，此时该 TENG 的负载功率达到峰值。在第三个区域，TENG 的电压接近开路电压并几乎保持恒定，而电流缓慢下降。对于电容性负载，如图 3.2（b）-（ⅱ）所示，负载电压和电流曲线的趋势与图 3.2（b）-（ⅰ）所示的电阻性负载相反。

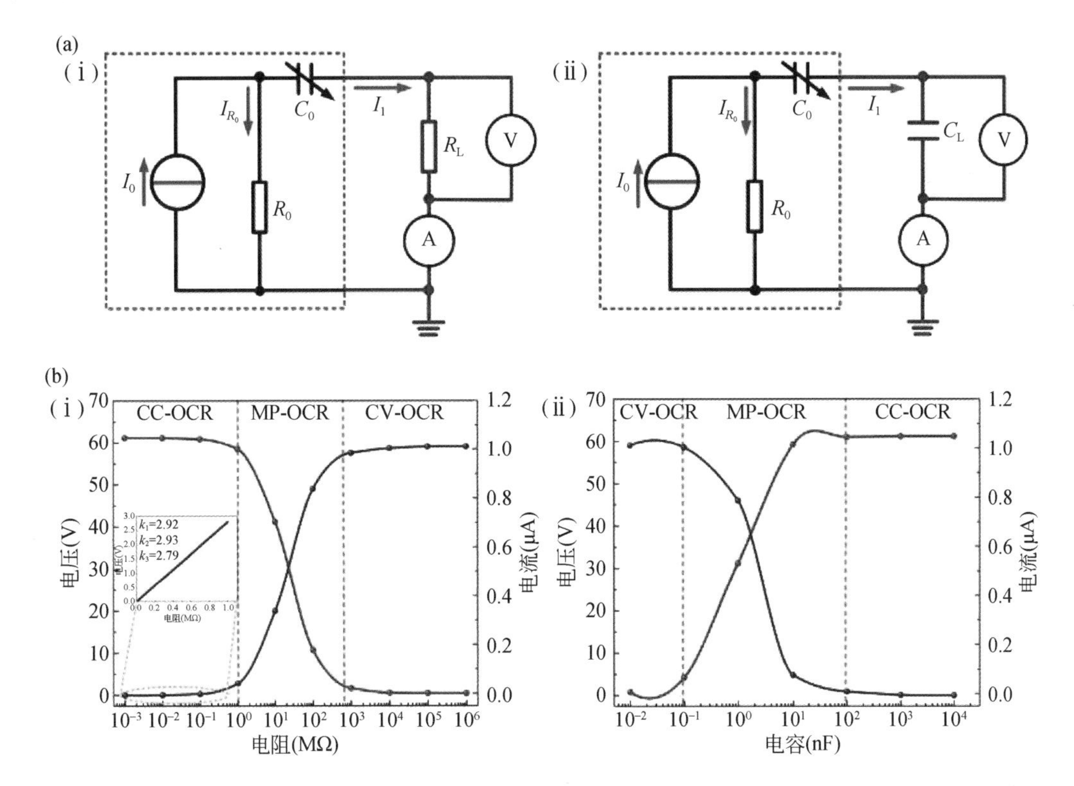

图 3.2　电阻负载和电容负载的仿真电路和负载曲线。（a）电阻负载和电容负载的仿真电路；（b）电阻负载和电容负载的负载曲线

我们使用电阻负载来说明该行为，如图 3.3（a）-（ⅰ）、图 3.3（b）-（ⅰ）所示。使用 TENG 的电气特性对这三个区域进行分类。小于 $10^6\Omega$ 的区域称为恒流输出特性区域（CC-OCR），其中电流保持恒定，电压趋于随着负载电阻的增加而线性增加。$10^6 \sim 10^9\Omega$ 区域称为最大功率输出特性区域（MP-OCR）。随着电阻的增加，电流迅速下降，而电压迅速上升。在该区域中，电压和电流相交。作为负载电压和电流的乘积，输出功率在交点处达到峰值。$10^9\Omega$ 以上的区域称为恒压输出特性区域（CV-OCR）。随着电阻的增加，电压保持恒定，而电流缓慢减小。然而，在 $10^9\Omega$ 处电压发生突然变化，如图 3.3（a）所示。

C-S 模式的 TENG 是间断接触 TENG，其接触时间很短。负载低阻抗时 TENG 电荷转移正常。然而，当负载为高阻抗时，TENG 的电荷转移能力下降，在其工作周期内不能完全转移，从而导致 TENG 的波形变化。

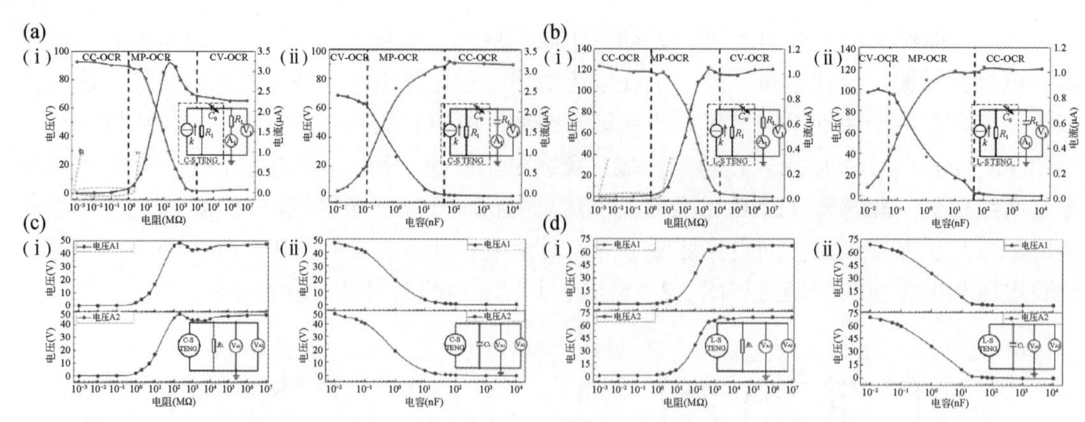

图 3.3　通过静电计测量获得的（a）垂直接触-分离模式和（c）水平滑动模式的电性能；（b）和（d）不同负载电阻和电容下的电压和电流

（a）和（b）是单个静电计测试；（c）和（d）来自使用两个并行静电计获得的测量结果

TENG 的负载曲线具有三个电阻负载和电容负载区域。在这种情况下，外部电阻器与内部电阻器并联，并与内部电容器串联。当外部电阻小于内部电阻 R_0 时，CC-OCR 发生。当负载电阻和内阻处于同一水平时，发生 MP-OCR。当外部电阻的阻抗大于内部电容时，CV-OCR 的电压和电流曲线出现。当负载电容器的阻抗远小于内部电阻时，与内部电容器串联的负载电容器会出现类似的结果。该分支上的电容越小，电压就越大，这与 CC-OCR 的趋势一致。同样，在识别 MP-OCR 和 CV-OCR 时，将负载电容的变化与串联内部可变电容进行比较。依次使用两个静电计测量性能时，其中一个串联接地，因此无法获取数据。只能使用两个并行静电计来测量数据。总的外部负载电阻减少到原始值的一半。由于 TENG 是电流源，静电计内阻大于 200TΩ，负载支路的性能为第三区域，因此该支路的总电流几乎不变。当两个静电计并联时，流过每个静电计每个测量电阻的电流都减少到原来值的一半，从而每个静电计测得的电压也是原来值的一半。这一结果证实了 FO-ECM 的正确性，并进一步解释了为什么 TENG 具有电流源的输出特性。其他模式的测量结果与 C-S 和 L-S 模式的趋势一致。

电流源的通用 FO-ECM 是为 TENG 建立的。根据 FO-ECM 推导了带有负载电压的 TENG 的理论模型，得到开路电压和短路电流，这些决定了 TENG 和负载电阻之间的理论关系。此外，电流源 FO-ECM 的行为在电路仿真中得到了验证。模型仿真表明，负载能力具有三个输出特征区域：恒流、最大功率（负载电流和电压变化较大，出现最大功率点）和恒压。最后，使用单独实验中的静电计、静电计和万用表以及两个串联和并联的 TENG 获得的测量数据验证了该模型。实验结果证实，TENG 的电源是具有兆欧级内阻和纳法拉级内电容的电流源。TENG 的 FO-ECM 建立了内部电路标准。此外，该模型还为电抗匹配提供了理论指导，为 TENG 的进一步实际应用奠定了基础。

3.1.3　级联设计法则

摩擦纳米发电机（TENG）是微纳米电源和自供电传感以及蓝色能源和高压源的核心

技术。TENG 的输出性能受到其机械结构（例如接触面积、薄膜厚度）和外部激励（例如施加的力、位移距离、触发频率）的影响。然而，影响因素对输出的重要性尚未得到很好的研究。而且，各种因素的影响机制尚未得到明确解释。因此，有必要提出一种归一化方法来判断各种因素对输出性能的影响。

为了探究机械结构和外部激励对输出性能的影响程度，提出了基于等效电路模型的量化标准[2]。通过分析各种模式下 TENG 的等效电路与结构之间的关系，建立了归一化方法的理论。实验通过归一化方法探讨了机械结构（例如接触面积、薄膜厚度）和外部激励（例如施加力、位移距离、触发频率）对输出功率和匹配阻抗的影响。此外，利用 4 台不同工作模式的样机，通过理论与实验相结合的方式验证了归一化方法的可行性。

等效电路模型的分析对于各种因素的归一化起着关键作用。有必要研究 TENG 的等效电路与结构之间的关系。采用节点法分析电容和电阻的影响，如图 3.4 所示。对于 C-S 模式 TENG，可变电容 C_1、摩擦电层和恒定电容 C_2 分别构成在节点#1 和#2、#2 和#2′以及#2′和#3 之间，如图 3.4（a）所示。此外，由于摩擦电荷的相互作用，在摩擦电层中形成内阻 R_0。由于摩擦电层的存在，形成单分子厚度的内阻。此外，摩擦电层在维持摩擦电荷以及提供电力方面起着至关重要的作用，因为它形成感应电荷、可变电容和恒定电容。因此，等效电路由 C_1、R_0 和 C_2 组成。同样，L-S 模式 TENG 的内部电路与 C-S 模式 TENG 相同，如图 3.4（b）所示。对于 S-E 模式 TENG，介电层和衬底之间的电感电容 C_3 取代了恒定电容 C_2，

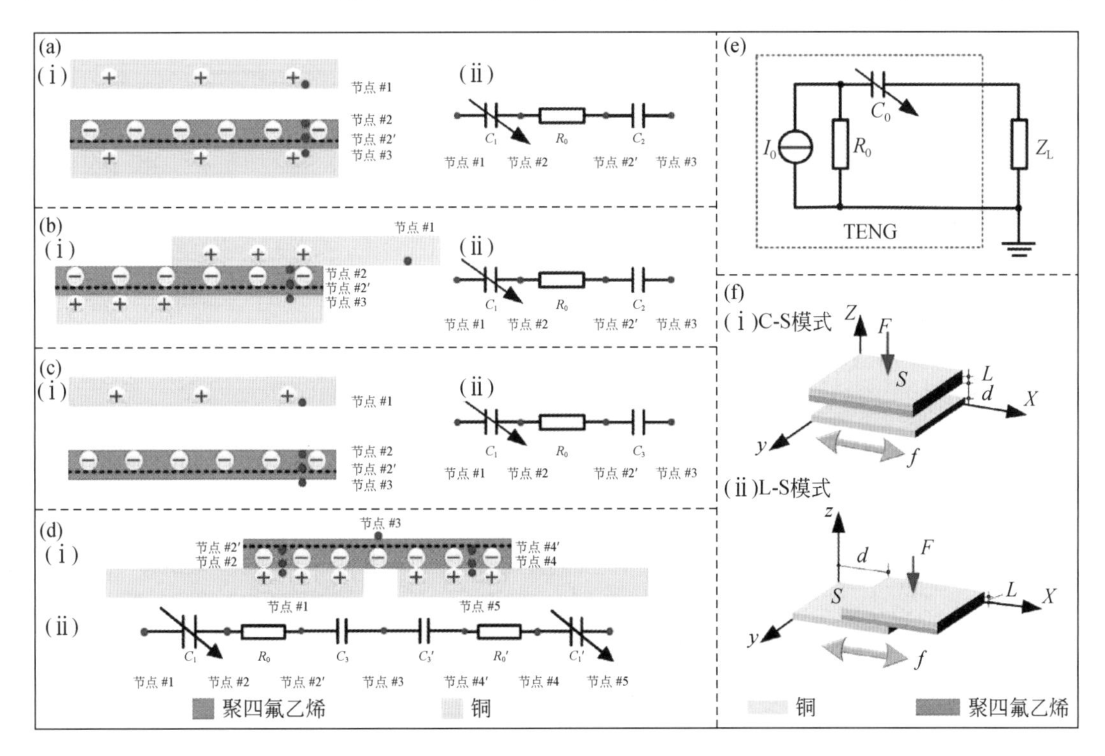

图 3.4　四种工作模式下的等效电路模型。（a）垂直接触-分离模式（C-S 模式）；（b）水平滑动模式（L-S 模式）；（c）单电极模式（S-E 模式）；（d）独立模式（F-S 模式）；（e）TENG 等效电路模型；（f）C-S 模式和 L-S 模式的参数

如图 3.4（c）所示。对于 F-S 模式，节点#1、#2 和节点#4、#5 分别形成两个变化相反的可变电容 C_1 和 C_1'。节点#2、#2′和节点#4、#4′构成两个摩擦电层，从而在介电层表面形成电阻 R_0 和 R_0'。此外，还组成两个电感电容 C_3 和 C_3'（节点#2′、#3 和节点#3、#4′之间），如图 3.4（d）所示。

另外，摩擦起电层一般由分子层组成。因此，根据电阻方程 $R=\rho T/S$，内阻长度 T 就是单层的厚度。简化电路并添加电源，生成图 3.4（e）所示的 TENG 等效电路模型。TENG 的输出性能和内部电路受到接触面积 S 和薄膜厚度 L 等机械结构以及位移距离 d、施加力 F 和触发频率 f 等外部激励的影响，如图 3.4（f）所示，建立了等效电路模型中各因素与各内部元件之间的关系。将电路理论与等效电路模型相结合，可以形成归一化理论。

TENG 的机械结构包括接触面积和薄膜厚度。在图 3.5（a）、图 3.5（b）中，随着接触面积的增加，峰值功率迅速增加，匹配电阻下降，而匹配电容增加。TENG 的薄膜厚度与峰值功率成反比，匹配电阻增大，电容减小，如图 3.5（c）、图 3.5（d）所示。随着接触面积和薄膜厚度的增加，电荷转移机制如图 3.5（e）所示。

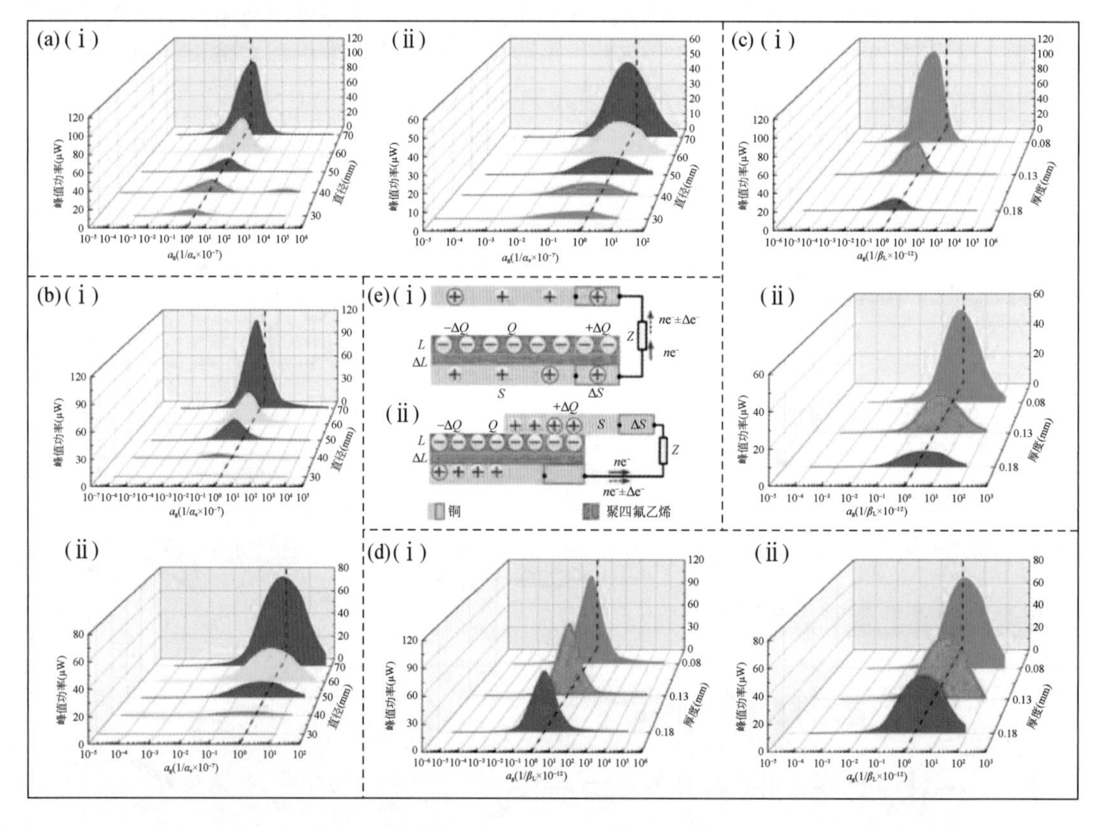

图 3.5　四种模式 TENG 随机械结构的变化。C-S [(a) 和 (c)] 和 L-S [(b) 和 (d)] 中接触面积 [(a) 和 (b)] 和薄膜厚度 [(c) 和 (d)] 在不同电阻和电容下输出性能的归一化分析模式 TENG；(e) 随着接触面积和薄膜厚度的变化，C-S 和 L-S 模式 TENG 中的电荷转移图

随着接触面积及负载电压和电流的增加，介电层的表面电荷也会增加。根据方程，匹配电阻与接触面积成反比。同样，接触面积越大，内部匹配电容就越大。随着薄膜厚度的增加，感应电荷减少，负载电压和电流减少。薄膜厚度与匹配电阻成正比，而匹配电容随着膜厚的增加而减小。在不同机械结构下，S-E 和 F-S 模式的输出性能变化规律与 C-S 和 L-S 模式一致。

TENG 的外部激励包括位移距离、施加的力和触发频率。图 3.6（a）、图 3.6（b）给出了不同位移距离下 C-S 和 L-S 模式输出归一化的结果。对于位移距离，法向移动模式（C-S 和 S-E 模式）与切向移动模式（L-S 和 F-S 模式）不同。可变电容的板距决定了正常移动模式的位移距离。随着切向运动模式位移距离的增加，摩擦电接触面积和输出性能逐渐增加。此外，输出性能和转移电荷随着位移距离的增加而增加。

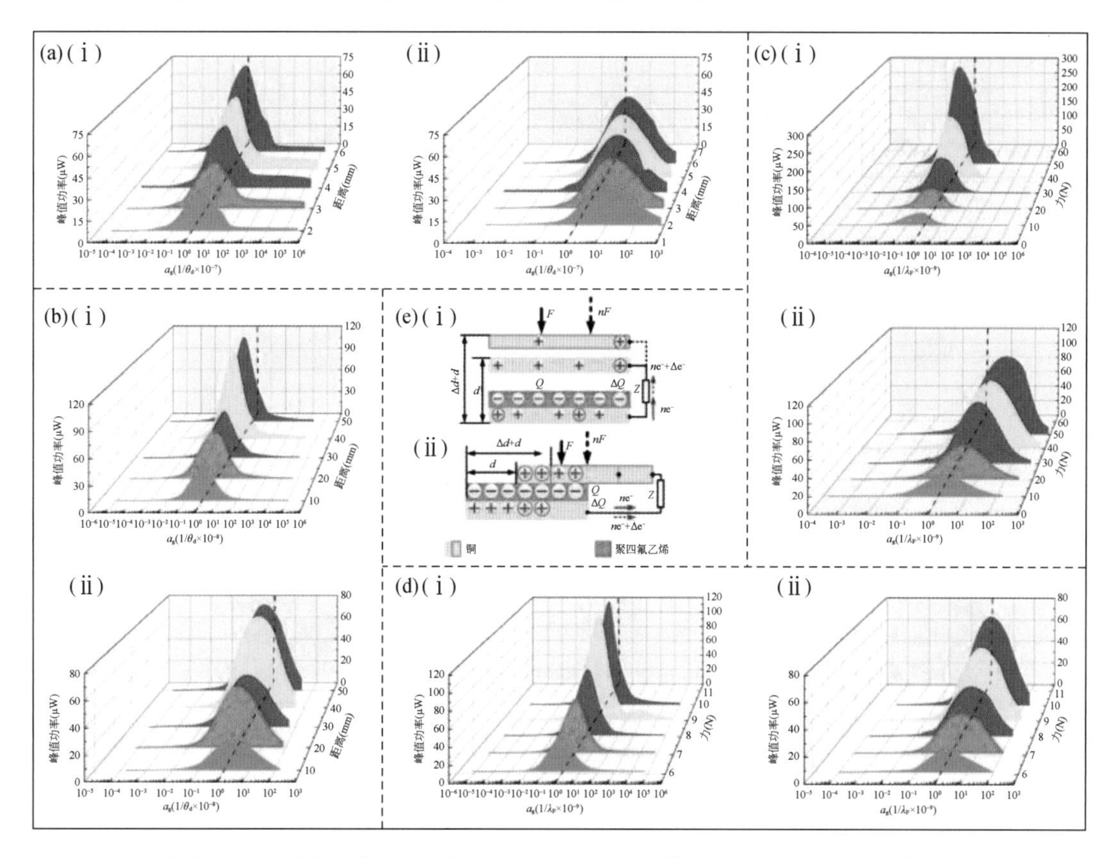

图 3.6　四种模式 TENG 随外部激励的变化。C-S［(a) 和 (c)］和 L-S［(b) 和 (d)］模式 TENG 中不同电阻和电容下位移距离［(a) 和 (b)］和施加力［(c) 和 (d)］的归一化输出；(e) C-S 和 L-S 模态随位移距离和施加力变化的示意图

如图 3.7 所示，输出功率在接触面积、薄膜厚度、位移距离、施加力和触发频率等各种因素下标准化。结果表明，重要性顺序为：接触面积＞薄膜厚度＞施加力＞位移距离。对于四种模式的 TENG，接触面积是最重要的因素，功率与接触面积成正比。接触面积对性能的影响程度约为 99.56%。电荷随着接触面积的增加而增加，这是功率输出的决定因素。此外，薄膜厚度对 TENG 的感应电荷量有影响。由于 TENG 的工作原理，输出与感应电荷

成反比。根据胡克定律和变形定律，施加力的增加会增加接触面积并减少薄膜厚度。因此，摩擦电和感应电荷会积累，并且输出也会随着施加力的增加而增强。此外，输出功率取决于不同位移距离下转移的电荷。由于传输的电荷有限，输出功率随着位移距离的增加而缓慢增长。并且切向运动模式受位移的影响程度显著高于法向运动模式，主要原因是切向和法向移动模式的位移分别改变了可变电容的接触面积和距离。此外，随着位移距离的增加，L-S 模式下的感应电荷会减少，而 F-S 模式下的两个电极都会产生更多的摩擦电荷。位移距离对 L-S 模式的影响小于 F-S 模式。总体而言，根据上述关键因素，可以通过改变系统中摩擦起电和感应起电的数量来调整输出性能。此外，机械结构对性能的影响比外部激励更显著。对于外部激励，通过改变机械结构来改变输出。因此，影响因素的顺序为：接触面积＞薄膜厚度＞施加力＞位移距离。

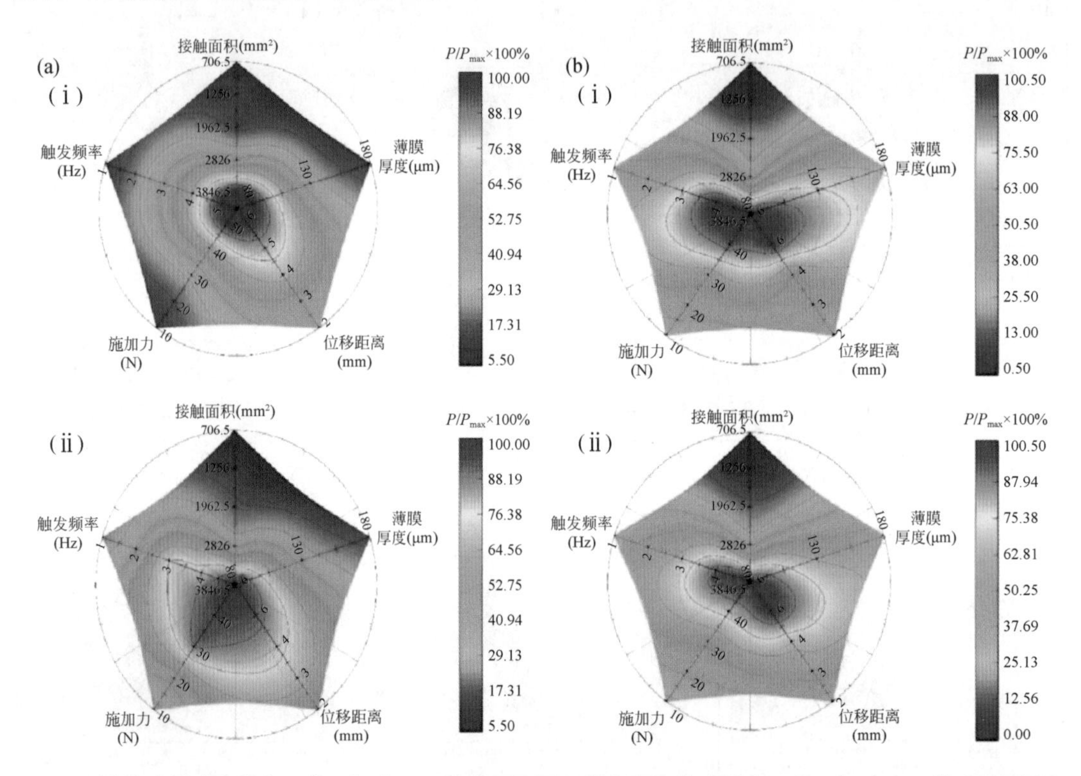

图 3.7　最佳峰值功率的归一化。(a) C-S 模式下不同负载电阻和电容的归一化；(b) L-S 模式下不同负载电阻和电容的归一化

此外，法向移动 TENG 比切向移动 TENG 更受触发频率的影响。对于法向移动的 TENG，当摩擦电层中电极之间的接触是瞬时的，电荷会瞬时变化。此外，由于摩擦电层线性且缓慢接触，切向移动的 TENG 的摩擦电荷会逐渐转移。因此，法向移动的 TENG 的影响程度随着触发频率的变化而变化且更加显著。另外，负载电阻的输出电压和电流在一定程度上受触发频率的影响。然而，触发频率仅影响电容的负载电流。因此，负载电容比负载电阻更不易受触发频率变化的影响。与法向移动 TENG 相比，切向移动 TENG 更多地依赖于接触面积及其相关的外部激励。相反，薄膜厚度及其相关的外部激励与接触面积不同。由于

切线方向移动的 TENG 具有高摩擦电荷，接触面积对其输出有显著影响。由于薄膜厚度在感应电荷中起着很大的作用，因此在法向移动的 TENG 中，电极立即接触，感应电荷占主导地位。另外，通过电极材料的摩擦在摩擦起电层中形成摩擦电荷，进而使介电层材料表面具有摩擦电荷。然而，感应电荷与介电层厚度和 TENG 形成的恒定电容的电极间距有关。感应电荷来自摩擦电层所持有的电荷的感应。因此，摩擦电荷是 TENG 性能的关键，并且比感应电荷的影响力大得多。

综上所述，提出了一种基于内部等效电路的定量标准来评估机械结构和外部激励对各种模式下 TENG 输出的影响。本项研究阐明了等效电路与 TENG 之间的关系，然后通过归一化研究了机械结构（例如接触面积、薄膜厚度）和外部激励（例如施加力、位移距离、触发频率）对输出功率和匹配阻抗的影响方法。实验结果表明，影响因素的重要性为：接触面积＞薄膜厚度＞施加力＞位移距离。也就是说，机械结构对性能的影响比外部激励更大。触发频率对法向移动 TENG 的影响大于对切向移动 TENG 的影响。

本节对摩擦纳米发电机的电学理论基础进行了详细介绍，包括 TENG 四种工作模式的等效电路模型，以及机械结构和外部激励等因素对 TENG 四种工作模式输出性能产生影响的归一化研究方法，这是基于等效电路模型的量化标准，将成为 TENG 在电学理论研究中的基础，可为 TENG 的设计及实际应用提供重要参考。

3.2　摩擦纳米发电机高性能输出研究

作为发电机来讲，评判它最关键的参数之一便是输出性能，因此如何提高其输出性能是目前最重要的研究热点之一。自从第一台摩擦摩擦纳米发电装置问世以来，人们一直在不断研究提高输出功率的方法，在众多研究者的共同努力下，其输出性能已经得到了飞跃式的提高。本节将以倍压变换电路设计、串级耦合增流设计及转移电荷累积电路设计三个设计实例为例，介绍摩擦纳米发电机高性能输出的研究进展。

3.2.1　倍压变换电路设计

倍压电路可以在许多场合下使用，包括电源、信号调节及模拟电路下的运算放大器等。倍压电路通常作为电源设计中的一个基本模块，它可以转换低电压电池或直流适配器的输出电压到一些需要更高电压的应用中。在一些信号控制电路中，倍压电路可以提供稳定的电压。

通过电荷钳位（CC-TENG）提高 TENG 输出性能的方法：机械开关式直流摩擦纳米发电机产生的单向电荷被注入电荷钳位模块，然后被累积的单向电荷直接作用在主摩擦纳米发电机上。利用摩擦纳米发电机的可变电容特性，电荷在电荷钳位模块和主摩擦纳米发电机之间流动，相比较于传统摩擦纳米发电机的输出依赖于介电层的电荷感应能力，此种策略实现了发电机输出性能的大幅提升。该方法的工作组件由机械开关 DC-TENG（MDC-TENG）、电荷钳位模块（CCM）和主 TENG 组成[3]。特别是，CCM 可以分为三部分：用于累积 MDC-TENG 产生电荷的外部电容器、用于钳位累积电荷的齐纳二极管和保护电阻器。累积的电荷在由主 TENG 和 CCM 形成的环路中流动，从而提高了输出性能。此外，MDC-TENG 的采用在一定程度上降低了电路的复杂性和通过整流二极管的功耗，还解决了电荷注入过程中的电荷回流问题。为了证明 CC-TENG 在实际应用中的能力，制造并测量了一种基于 CC-TENG 的集成装置，用于风能收集。实验结果表明，该集成器件的数据表现为约 1300V、110μA、1.01μC，以及 25.96mW 的功率，可以在模拟风环境中稳定地为温湿度计供电。此外，在集成器件中采用了多模耦合，即作为主 TENG 应用的交流 TENG 和 MDC-TENG 的组合，以及垂直接触-分离模式和水平滑动模式的共存。总之，该设备代表了在实际应用中提高 TENG 输出性能的可靠方法。

CC-TENG 主要流程原理由电荷源、CCM 和主 TENG 组成，如图 3.8（a）-（ⅰ）所示。其工作过程为，首先，由直流 TENG（DC-TENG）产生的单向电荷被注入 CCM。然后，使用基于接触-分离模式的传统 TENG 作为主 TENG，并且累积的电荷直接作用在主 TENG 的电极上。主 TENG 内部具有等效电容，其间隙距离影响其内部电容器的电容。因此，间隙距离的变化使 CCM 和主 TENG 之间的累积电荷流动，可以提高输出性能，如图 3.8（a）-（ⅱ）所示。CC-TENG 的工作原理有两个工作阶段，如图 3.8（b）所示。

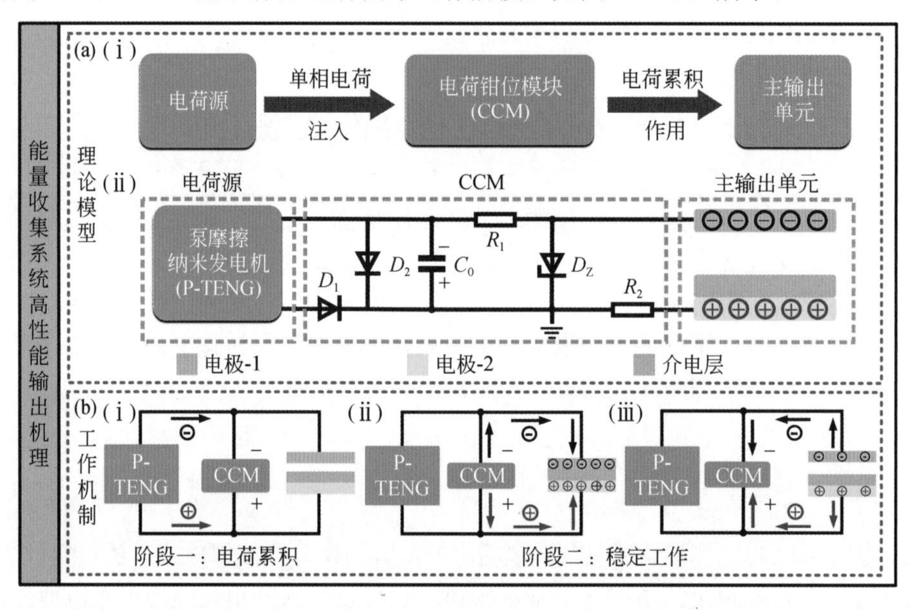

图 3.8　CC-TENG 的流程组成和工作原理。(a) CC-TENG 原理图；(b) CC-TENG 工作阶段

为了更好地了解 CC-TENG 的基本特性，研究了一些影响因素，包括电子元件的选择、结构参数和输出性能。此外，一个理论模型涉及由外部电容器组成的环路并建立了主 TENG 的等效电容模型，分析了主 TENG 的输出性能。为了定量地证明输出性能，电荷 Q（x）和气隙电压 V_{gap} 可以表示为

$$Q(x)=Q\cdot\frac{d+\dfrac{\varepsilon_0\varepsilon_r S}{C_0}}{d+x(t)\varepsilon_r}\tag{3-1}$$

$$V_{\mathrm{gap}}=\frac{x(t)\sigma}{\varepsilon_0}\cdot\frac{d+\dfrac{\varepsilon_0\varepsilon_{\mathrm{r}}S}{C_0}}{d+x(t)\varepsilon_{\mathrm{r}}} \tag{3-2}$$

其中，ε_{r}和ε_0分别表示材料的相对介电常数和真空介电常数，Q和σ分别表示接触状态下主TENG的电荷和电荷密度，S表示有效接触面积，$x(t)$是两个板的间隙距离，d是介电层的厚度。

3.2.2　串级耦合增流设计

该器件主要用于将高功率无线信号从一个系统传输到另一个系统。其工作原理基于电磁耦合理论，在耦合器内部通过电磁场的相互作用实现信号的传输和耦合。具体而言，当高功率信号通过一个耦合器时，部分能量将从主系统耦合到副系统中，实现能量的传输和共享。串电流大功率耦合器广泛应用于各种高功率无线通信系统中，包括雷达系统、卫星通信系统、无线电广播系统等。高功率信号的传输和耦合是非常关键的，而串电流大功率耦合正是能够满足这一需求的重要组件。

摩擦纳米发电机具有低电流和高输出阻抗的特点，制约了其发展和应用。最近，已经提出了相应的能量管理方法来解决这些问题。其中，开关在能量管理中起着重要作用，可以提高输出性能，降低输出阻抗。因此，我们提出了一种由TENG控制的自触发开关用于功率管理，以实现高性能输出[4]。它由电子逻辑开关和触发TENG组成，以释放由能量TENG存储的能量。实验结果表明，自触发开关可以在TENG固有负载特性的帮助下调节占空比。此外，通过TENG控制的自触发开关，两个TENG的耦合输出在垂直接触-分离模式下将单周峰值电流增加了135倍（从32μA增加到4.32mA），在水平接触分离模式中增加了约5284倍（从1.3μA提高到6.87mA）。在应用中，可以点亮120个并联的LED和6个并联的100W商用灯。因此，自触发开关解决了TENG外部电源的可调节性、可控性的要求问题。图3.9是自触发开关的工作机制，可以显示能量释放阶段的工作过程。

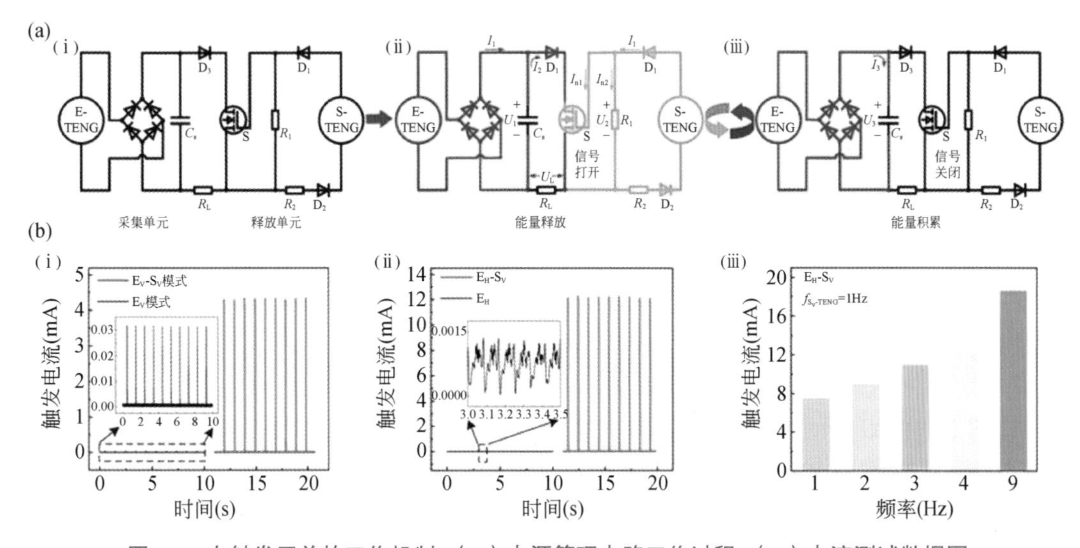

图 3.9　自触发开关的工作机制。(a) 电源管理电路工作过程；(b) 电流测试数据图

由 E-TENG 产生的能量被整流并存储在存储电容器 C_S 中。同时，S-TENG 产生的电信号由二极管 D_1 和 D_2 单向整流以产生单向电信号，然后由电阻器 R_1 处理以产生单向脉冲信号，该单向脉冲信号可用于控制逻辑部件的导通和关断。根据基尔霍夫定律，电流 I_1 和电流 I_2 在电容器 C_S 上的电压源的电动势和原始 TENG 电压下通过 D_3 和逻辑晶体管，该逻辑晶体管可以被视为没有电阻的导线。

3.2.3 转移电荷累积电路设计

电荷转移原理是电学中的一个重要概念，它是指在电路中，电荷会从一个物体转移到另一个物体，从而形成电流。这个原理是电学的基础，也是电路中电子运动的基础。在电路中，电荷的转移是通过电子的运动来实现的。在这个过程中，电子的运动速度非常快，可以达到每秒数百万次，电荷转移原理在电路中有着广泛的应用。例如，在电池中，化学反应会产生电子，这些电子会从负极转移到正极，从而形成电流。在电灯中，电子会从电源中转移到灯泡中，从而使灯泡发光。在电子设备中，电子会从一个电子元件转移到另一个电子元件，从而实现电子设备的功能。

摩擦纳米发电机（TENG）作为一种有效的环境能量收集装置，为低功耗的电子设备供电提供了一种很有前途的方法。然而，摩擦电层的低表面电荷密度限制了其实际应用。我们提出了一种具有同步机构的电荷处理摩擦纳米发电机（CH-TENG），以有效提高输出性能[5]。它由泵 TENG、主 TENG 和电荷处理电路组成。通过泵 TENG 和电荷处理模块的合作，将额外的电荷注入主 TENG，实现快速的电荷累积。实验结果表明，CH-TENG 在 1Hz 的频率下获得了 1200V 的开路电压、75μA 的短路电流、27mW 的瞬时输出功率和 0.8μC 的转移电荷。

当主 TENG 电容逐渐增加时，极板刚刚开始闭合。当凸轮结构旋转以驱动同步机构接触和分离时，机械开关的转子也以相同的频率旋转。图 3.10（b）对比了机械开关的四种变化。

在这个过程中，当开关从 S_2 断开时，板接触，并且它们将最大限度地分离。然后开关与 S_1 接通，在分离到最大距离的瞬间，开关与 S_1 断开；当两个板开始闭合时，同时 S_2 接通。基于 TENG 的等效电气特性，它可以等效于电压源和可变电容器的串联。对于 TENG 的接触分离模式，完全接触和逐渐分离时的等效电容为 C_{contact} 和 C_{separate}，如等式（3-3）、等式（3-4）所示。

$$C_{\mathrm{contact}} = \frac{\varepsilon_0 \varepsilon_{\mathrm{r}} S}{d} \tag{3-3}$$

$$C_{\mathrm{separate}} = \frac{\varepsilon_0 S}{\dfrac{d}{\varepsilon_{\mathrm{r}}} + x} = \frac{\varepsilon_0 \varepsilon_{\mathrm{r}} S}{d + \varepsilon_{\mathrm{r}} x} \tag{3-4}$$

如图 3.11（a）所示，在第一阶段，当 TENG 接触时，由于 TENG 下板的电势高于上板的电势，二极管 D 短路，开关 S 关断。由于气隙的减小，TENG 的等效电容达到最大，电荷 Q_0 通过二极管以电荷 Q_P 的形式存储在 C_P 中。如图 3.11（b）所示，在第二阶段，当 TENG 板距离即将分离到其最大值时，下板的电势低于上板的电势。此时，二极管 D 导通，开关关断，主 TENG 等效电容器的电容由于气隙的增加而减小，并且电压源中的电荷 Q_0 和电容器 C_P 中缓冲的电荷 Q_P 同时输出到电路。

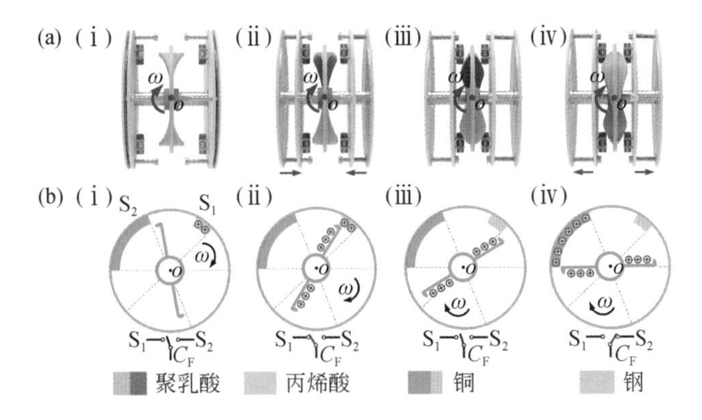

图 3.10 CH-TENG 的四个工作流程图。(a) 同步机构工作过程；(b) 机械开关工作过程

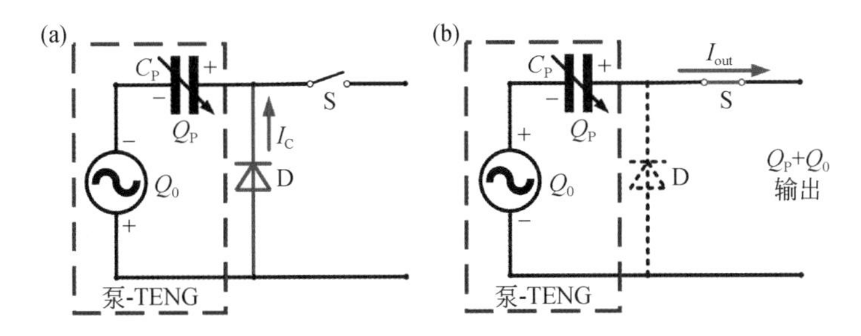

图 3.11 泵-TENG 等效内部电路工作图。(a) 第一阶段工作过程；(b) 第二阶段工作过程

在主 TENG 上的电荷激发之后，由于上电极和下电极的介电层之间的电压 V_{TENG} 过大而发生空气击穿。根据 Paschen 定律，根据 TENG 的主要介电参数计算最大电荷是非常重要的。在主 TENG 分离过程中，$V_{TENG}=V_BQ$ 是总转移电荷，Q（x）是在分离距离 x 处摩擦电层的电荷。C_B 中的电荷 $Q_B=Q-Q$（x）。

$$\frac{Q_{TENG}}{C_{TENG}}=\frac{Q_B}{C_B} \tag{3-5}$$

$$\frac{Q(x)}{\dfrac{\varepsilon_0\varepsilon_r S}{d+\varepsilon_r x}}=\frac{Q-Q(x)}{C_B} \tag{3-6}$$

根据 Paschen 定律，击穿电压与间隙距离的关系为：

$$V_p=\frac{APx}{\ln(Px)+B} \tag{3-7}$$

其中，在标准气压下，P 是气体的压力，x 是电极的距离；A 和 B 是常数，和气体的成分有关，在标准气压下，A=43.66，B=12.8。为了避免空气击穿，应给出 Q 的控制方程。结合方程（3-5）～方程（3-7），建立了 Q 的控制方程：

$$Q(x)=\frac{Q\varepsilon_0\varepsilon_r S}{C_B(d+\varepsilon_r x)+\varepsilon_0\varepsilon_r S} \tag{3-8}$$

$$Q=\frac{APxC_B}{\ln(Px)+B}+\frac{APx\varepsilon_0\varepsilon_r S}{[\ln(Px)+B]\times(d+\varepsilon_r x)} \tag{3-9}$$

为了说明 Q 的变化率，给出了 Q 相对于 x 的导数：

$$\frac{dQ}{dx}=\left(\frac{AP}{\ln(Px)+B}-\frac{AP}{[\ln(Px)+B]^2}\right)\left(C_B+\frac{\varepsilon_0\varepsilon_r S}{d+\varepsilon_r x}\right)-\frac{APx}{\ln(Px)+B}\times\frac{\varepsilon_0\varepsilon_r{}^2 S}{(d+\varepsilon_r x)^2} \tag{3-10}$$

Q_{max} 的量为 12.3μC。因此，为了有效地避免空气击穿，在实验中，转移电荷 Q_{sc} 应小于 12.3μC。

本节叙述了倍压变换电路设计、串级耦合增流设计、转移电荷累积电路设计及我们已经完成了的研究。对于摩擦纳米发电机高性能输出研究正在着手更进一步的创新。

3.3 功率转换电路设计

摩擦纳米发电机的输出具有高电压、低电流等特点，且一般以交流电的形式输出，无法直接驱动负载工作，因此，需要对其输出的电能进行功率转换，以产生稳定的直流电能供负载使用。本节通过对串级匹配电路设计、整流电路设计、斩波电路设计和调理电路设计四个方面的总结，介绍一些功率转换简单且有效的方法。

3.3.1 串级匹配电路设计

本小节介绍了一种适用于脉冲摩擦纳米发电机的高效通用的无源功率管理电路。电源管理电路大大提高了 TENG 的储能效率，但电路中有源电子元件的存在增加了能量消耗，提高了电路的复杂度。这里，基于脉冲 TENG 设计了一种无源电源管理电路，不需要任何有源器件[6]。

我们设计了一种与通用型 Pulsed-TENG 相匹配的通用无源电源管理电路。该电路由简单的无源电子元件组成，包括桥式整流器和由电感和电容组成的 LC 模块。实验中，基于静电振动开关的旋转型 Pulsed-TENG 被用来演示其能量管理和存储性能。首先研究了 Pulsed-TENG 的输出阻抗特性。理论计算表明 Pulsed-TENG 的等效阻抗为零。在仿真中发现，当匹配阻抗为 0.001Ω 时，输出电压和能量仍能达到最大。这些证明了 Pulsed-TENG 的等效阻抗小于 0.001Ω，并且 Pulsed-TENG 的输出能量可以最大限度地保持与负载电阻无关。然后，通过仿真和实际测试研究了无源电源管理电路的储能效率。仿真结果表明，总储能效率可达83.6%。在实际充电测试中，储能效率为 57.8%。存储在该电源管理电路中的能量可以驱动商用计算器和温湿度计，基于脉冲 TENG 出色的阻抗匹配和高频输出特性可以大大提高能量存储效率和速度，并可以减小电路中每个部件的尺寸。因此，由脉冲 TENG

和无源电源管理电路组成的系统将在物联网的自供电电子设备和传感器中具有广阔的应用前景。无源功率管理电路及其与脉冲 TENG 的模拟储能电路图如图 3.12 所示。

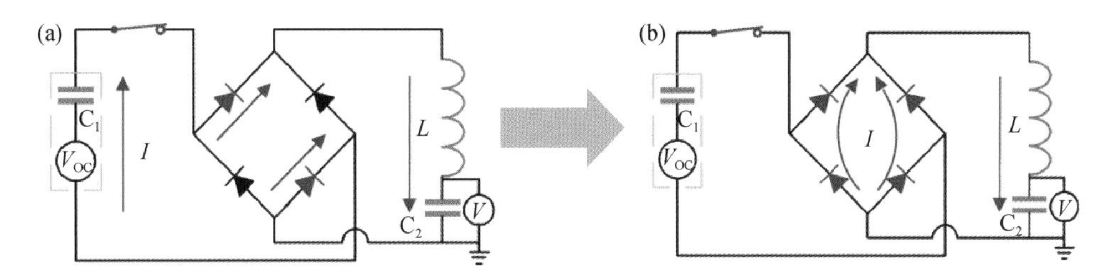

图 3.12　无源功率管理电路图。（a）第一阶段工作过程；（b）第二阶段工作过程

基于脉冲 TENG 的无源功率管理回路由整流桥、电感器和用于存储能量的电容器组成，其中电感器和电容器串联。无源功率管理电路的能量传递过程包括两个阶段。这里，脉冲 TENG 的正输出被用来显示能量传递过程。首先，当开关闭合时，脉冲 TENG、整流桥和由电感器（电感 L）和电容器 C_2 串联组成的 LC 模块形成一个回路，其中正向偏置二极管被标记为红色，如图 3.12（a）所示。随着电感中的电流（I_L）增加，脉冲 TENG 的能量逐渐转移到电感，并以磁能（E_L）的形式存储，如等式所示：

$$E_L = \frac{1}{2} L I_L^2 \tag{3-11}$$

当 I_L 达到最大值时，脉冲 TENG 中的所有能量都转移到电感中，第一阶段的能量转移结束。之后，I_L 逐渐减小，这产生负自感电压 V_L，如下式所示

$$V_L = L \frac{dI_L}{dt} \tag{3-12}$$

此时，形成了图 3.12（b）所示的新电路回路，其中电流由 V_L 驱动。当 $V_L \leqslant V_T$ 时，回路中的四个二极管导通，电流开始流过 C_2，然后，第二能量转移阶段开始。这里，V_T 被定义为阈值电压，并且等于$-(2V_D+V_{C_2})$，V_{C_2} 是 C_2 的电压，V_D 是整流桥中二极管的导通电压。在第二能量传递阶段，电感中的磁能被转换为电能并存储在 C_2 中。随着电流的减少，$V_L \leqslant V_T$ 的条件不满足，因此整流桥中的四个二极管被关断，第二阶段的能量传递过程完成。通过这种无源功率管理电路，可以有效地收集和存储具有交流信号的普通脉冲 TENG 的输出能量，这表明了无源功率管理回路的通用性。

接下来介绍基于摩擦纳米发电机电容阻抗匹配效应的频率无关自供电传感系统。智能物联网的发展需要大量独立的传感器，而传感器的供电阻碍了其发展。在这项探索中，我们提出了一种基于摩擦纳米发电机（TENG）电容阻抗匹配效应的频率无关自供电传感技术的概念。当 TENG 的固有电容恒定并与外部电容性负载匹配时，输出电压仅与外部电容负载相关，不受 TENG 工作频率的影响。在所提出的系统中，垂直接触-分离 TENG 的输出电压仅在 10pF～10nF 的负载电容范围内从 140V 明显变化到 5V，而电压在宽范围内的不同移动频率下不变化。通过用基于甘油液滴的电容式温度传感器代替外部电容负载，可以实现可量化的温度传感和频率无关的高温报警系统。该自供电传感系统在传感材料的宽选择性和不同运动频率下的高可靠性方面取得了重大进展，揭示了其在智能物联网领域的

应用前景。所提出的传感系统的等效电路图如图 3.13 所示，其中电容传感器与 CS-TENG 并联。

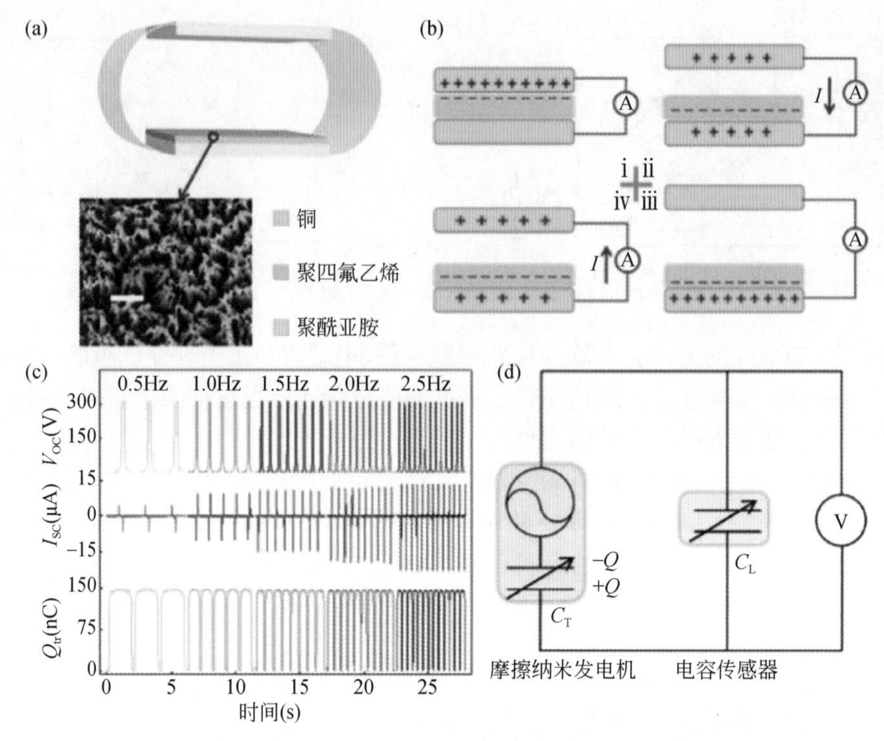

图 3.13 基于电容阻抗匹配效应的频率无关自供电传感系统。(a)传感系统结构图；(b)TENG 工作过程；(c)TENG 测试数据；(d)电路原理图

如上所述，自供电传感系统是基于 TENG 和电容传感器之间的电容阻抗匹配效应构建的，该效应源于 TENG 的固有电容特性。作为一个典型的例子，初始状态是 x=0 位置，并且 TENG 刚刚开始移动。负载电容器上没有存储初始电荷，因此 C_T 和 C_L 上的初始电荷都为 0。然后，当分离距离达到最大值时，可以容易地导出传感器两端的电压输出：

$$V_L = \frac{Q_{SC}}{C_T + C_L} \tag{3-13}$$

其中，C_L 是传感器的电容，Q_{SC} 代表 TENG 的最大短路转移电荷。为了简化计算，单电极 TENG 的固有电容 C_T 为常数。

从这个方程中，我们观察到 C_T 和 Q_{SC} 都是恒定值，因此传感器上的电压输出随其电容而变化，但不受 TENG 工作频率的影响，这是构建电容阻抗匹配效应感应自供电传感系统的基础。此外，从阻抗分压的角度来看，负载电容两端的最大输出电压（V_C）如下所示。

$$V_C = \frac{Z_C}{Z_{in} + Z_C} V_{OC} = \frac{\frac{1}{C_L}}{\frac{1}{C_T} + \frac{1}{C_L}} V_{OC} \tag{3-14}$$

其中，Z_{in} 代表 TENG 的内部阻抗，V_{OC} 开路电压，Z_C 代表电容性负载阻抗，它表明频率不影响负载电容两端的电压。在这个传感系统中，TENG 作为电容式传感器的电源工作，其输出电压变化取决于由外部刺激决定的传感器电容。

在此，我们首先基于 TENG 的固有电容特性提出了 TENG 与电容传感器之间的电容阻抗匹配效应的概念，为自供电传感系统提供了一种新的方法。值得注意的是，与基于电阻阻抗匹配效应的感应系统相比，该感应系统不受运动频率的影响。对于传统的垂直接触-分离模式 TENG（CS-TENG），其输出电压从 140V 有效地变化到 5V，负载电容从 10pF 变化到 10nF，这可以被视为阻抗匹配感测区域。独特的是，输出电压不会随着不同的移动频率而变化，这表明自供电传感系统具有很高的可靠性和实用性，尤其是在不规则移动的情况下。为了演示新型的独立于频率的自供电传感系统，将基于甘油液滴的电容传感器（GCS）与 CS-TENG 串联，通过几个 LED 作为监控器的工作状态实现可量化的温度传感和报警功能。这种新方法不仅为摩擦电材料和传统传感器提供了广泛的选择性，而且在外部环境和 TENG 运动频率变化的情况下实现了高可靠性。所提出的策略还可能为新兴的物理和化学自供电传感系统的发展提供新的思路。

3.3.2　整流电路设计

本小节我们设计了一种具有单向开关和无源电源管理电路的高储能效率摩擦纳米发电机。摩擦纳米发电机（TENG）的高电压和低电流输出特性使其难以直接为小型电子设备供电。电源管理电路（PMC）对于解决阻抗失配问题是必不可少的。

我们在此开发了一种带有单向开关的摩擦纳米发电机（TENG-UDS），它可以在不考虑负载电阻的情况下提供最大的输出能量。基于该 TENG-UDS 设计了一种结构简单、储能效率高的无源 PMC，它由电感器、二极管和电容器等所有无源电子元件组成。理论计算表明，无源 PMC 的理论储能效率可达 75.8%。在电容器充电的实际实验中，测得的储能效率可达 48.0%。结果表明，使用 TENG-UDS 和无源 PMC 可以驱动电子手表和高亮度量子点发光二极管，这是没有 PMC 无法实现的。TENG-UDS 的无源 PMC 具有结构简单、能耗低、储能效率高的优点，为 TENG 的电源管理和实际应用提供了一种很有前途的方法。

基于 TENG-UDS 优异的阻抗匹配和单向输出特性，设计的这种无源 PMC 由三个简单的无源元件组成，包括一个电感器、一个二极管和一个电容器。其结构和工作原理示意图如图 3.14 所示。

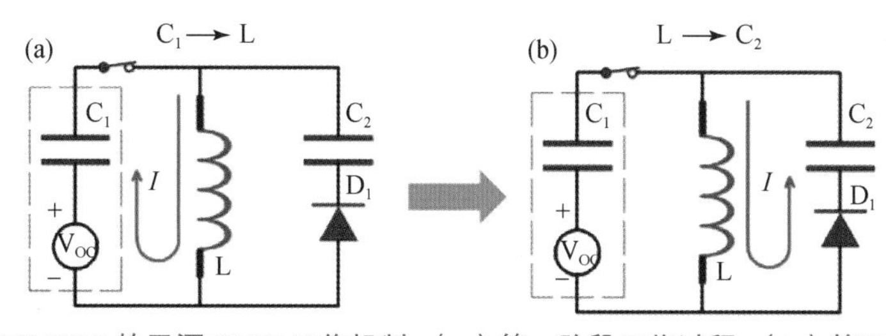

图 3.14　TENG-UDS 的无源 PMC 工作机制。（a）第一阶段工作过程；（b）第二阶段工作过程

在这种无源 PMC 中，TENG-UDS 等效于电压源（V_{OC}）和电容器 C_1 的串联连接。有

两个并联电路连接到 TENG-UDS 的输出端。一个电路包括电感器 L，另一个电路由串联的存储电容器 C_2 和二极管 D_1 组成。通过无源 PMC，TENG-UDS 的电能输出存储在 C_2 中。储能过程分为以下两个阶段。在第一阶段中，TENG-UDS 的电能转换为磁能并存储在 L 中。在第二阶段中，L 的磁能转换为电能并存储于 C_2 中。当开关闭合时，第一能量传递阶段开始。由于 TENG-UDS 具有正输出电压，D_1 被反向偏置并关断。因此，C_2 的分支断开。因此，TENG-UDS 仅与 L 形成电回路，并在 L 上产生电流（I_L）。随着 I_L 的增加，L 中储存的磁能逐渐增加。当 I_L 达到最大值时，TENG-UDS 的电能完全转化为磁能并存储在 L 中。随后，I_L 逐渐减小，L 产生负自感电压，该电压施加到 D_1 的分支，使 D_1 正向偏置。当 D_1 导通时，在 L 和 C_2 之间形成电回路，然后第二能量传递阶段开始。在这个阶段，L 的磁能被转换成电能并存储在 C_2 上。在能量存储完成后，D_1 被反向偏置并再次关断，然后 C_2 与 L 断开，这允许存储的电能保留在 C_2 上。现在，一个充电周期完成。在 TENG-UDS 的一个运动周期中，开关闭合两次，并发生两次充电周期。

TENG 的输出电压远远高于大多数商业电子设备的过载能力，很难直接为它们供电，因此电源管理解决方案不可或缺。同时，在实际应用中，提高 TENG 的输出性能至关重要，但这一点以前常常被忽略。我们设计提出了一种无电感输出倍频器（OM）用于 TENG 的功率提升和管理，并考虑了击穿效应[7]。在 bennet 倍频器的基础上扩展的这种 OM，经过理论研究和实验验证，可以在几个工作周期内显著提高 TENG 的输出性能。实验表明，使用 OM 时，电荷输出提高了 7.6 倍。采用外部电容和开关实现了高达 196%的高能量提取率，每个周期的平均电荷输出为 3～3.75μC。这种带有智能开关的 OM 电路适用于具有可变电容的摩擦纳米发电机的功率提升，以及所有摩擦纳米发电机的功率管理。OM 电路被证明即使在低摩擦电荷密度下也能确保摩擦纳米发电机的高输出性能，这对于摩擦纳米发电机在自供电系统中的广泛应用至关重要，有可能成为改善在恶劣环境中工作的摩擦纳米发电机的输出性能的解决方案。应该注意到存储在 C_0 中的能量也会受到 C_0 的电容和数量 n 的影响。因此，为了达到更高的能量输出和存储效率，将电路扩展为 OM 电路，如图 3.15 所示，其中虚线框中的组件重复 n−1 次。

该 OM 下的操作周期与 bennet 的倍增器下的操作循环非常相似，但差异简要说明如下：当末级电容两端电压 V 增加到 nV_i 时，所有 C_0 串联连接，同时由 TENG 充电。请注意，击穿可能发生在只有几百伏的电压下，因此是 TENG 性能的一个关键限制因素。ΔQ 和 V'_i 的计算公式分别如下：

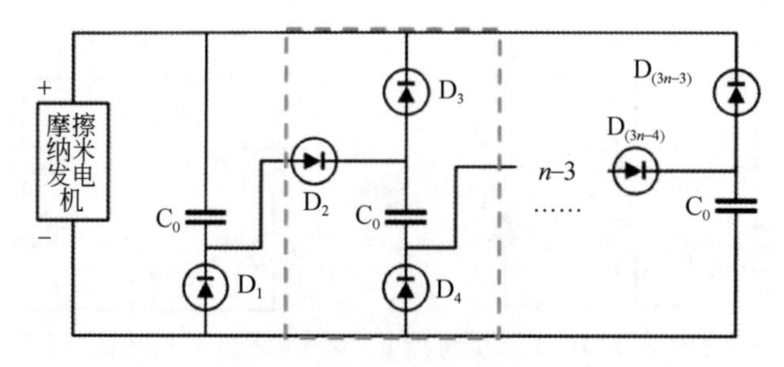

图 3.15　无电感输出倍增器电路原理图

$$\Delta Q=\frac{\frac{\sigma S}{C_{1\min}}+V_{\mathrm{i}}\left(\frac{C_2}{C_{1\min}}-n+1\right)}{\frac{n}{C_0}+\frac{1}{C_{1\min}}+\frac{1}{C_2}} \tag{3-15}$$

$$V_{\mathrm{i}}'=\frac{\frac{(n-1)\sigma S}{C_{1\min}}+nV_{\mathrm{i}}(C_0+C_2)\left(\frac{1}{C_0}+\frac{1}{C_{1\min}}+\frac{1}{C_2}\right)}{\left(\frac{n}{C_0}+\frac{1}{C_{1\min}}+\frac{1}{C_2}\right)(nC_0+C_2)} \tag{3-16}$$

从 bennet 倍频器的工作机理出发，我们首先计算了 TENG 与倍频器连接时的 V-Q 图中的工作周期。考虑到不同的表面电荷密度 σ，研究了电路和 TENG 之间的最大转移电荷 ΔQ，以及在击穿极限内每个循环的最大能量输出。为了提高性能，我们开发了 OM。然后，对 TENG 达到击穿所需的 ΔQ、E_{OM}、能量提取率 η 和循环次数 N 进行了理论模拟和实验验证。我们还提出了一个电荷增强比 β 来评估 OM 的性能，并研究了电容器数量 n 的影响。应用带有外部电容器的运动触发开关来存储 OM 的能量，并对其性能进行了评估。我们还设计并制造了一个智能开关，通过自动开关来控制储能。这种无电感 OM 电路在电荷促进和功率管理方面显示出巨大的潜力，即使对于表面电荷密度非常低的 TENG 来说也是如此，这将为在恶劣环境中开发自供电系统和应用做出很大贡献。

3.3.3　斩波电路设计

作为一种新型的可再生清洁能源，摩擦纳米发电机在应对世界能源危机方面显示出了巨大的潜力。然而，TENG 产生的交流信号需要转换成直流信号才能有效应用。因此，为了实现低纹波系数的稳定输出，提出了一种钳位电路和机械开关相结合的电源管理电路[8]。该电路包括由钳位电容和整流二极管组成的整流模块。通过减少整流二极管的数量来减小泄漏电流。钳位电容存储交流信号负半周的能量与交流信号正半周电压叠加，提高电压输出。发电机的降压调节电路包括一个机械开关，它取代了电子开关进行通断操作，从而避免了电子开关泄漏电流造成的干扰。这种电源管理电路提供了更稳定的电能输出。其设计实现了稳定的输出电压，纹波电压为 0.07V，波峰系数为 1.01，纹波系数为 2.2%。该电路改善了输出信号特性，产生稳定的功率输出，使 TENG 成为电子设备的可靠电源。

机械开关的工作过程中，在降压调节电路中使用机械开关 S_1 代替普通电子开关，如图 3.16（a）所示。转轴上的开关通过导电滑环与外部导线连接，亚克力片上的铜带与另一外部导线连接。这两根电线充当开关的连接器。转轴带动开关顺时针旋转。当连接在开关上的铜带与亚克力板上的铜带发生物理接触时，开关就打开了。当开关继续旋转时，铜带不再接触，因此开关断开电路。电源管理电路由整流模块和降压调节器模块组成，如图 3.16（b）所示。整流模块由钳位电容和整流二极管组成。降压调节器模块由两个电容器、两个二极管、一个电感和一个开关组成。如图 3.16（c）所示，电源管理从 TENG 产生的交流信号开始，经过整流模块将其转换为脉动的直流信号，该信号具有明显的纹波，需要降压稳压模块进行处理以稳定输出。降压稳压模块采用典型的降压稳压电路，由电感 L 和输出电容 C_0 组成低通滤波器，通过输入直流分量，抑制谐波输入分量。当电路工作在稳态时，负载电阻 R_L 上的电压 V_0 具有显著的直流分量，只有微小的纹波。

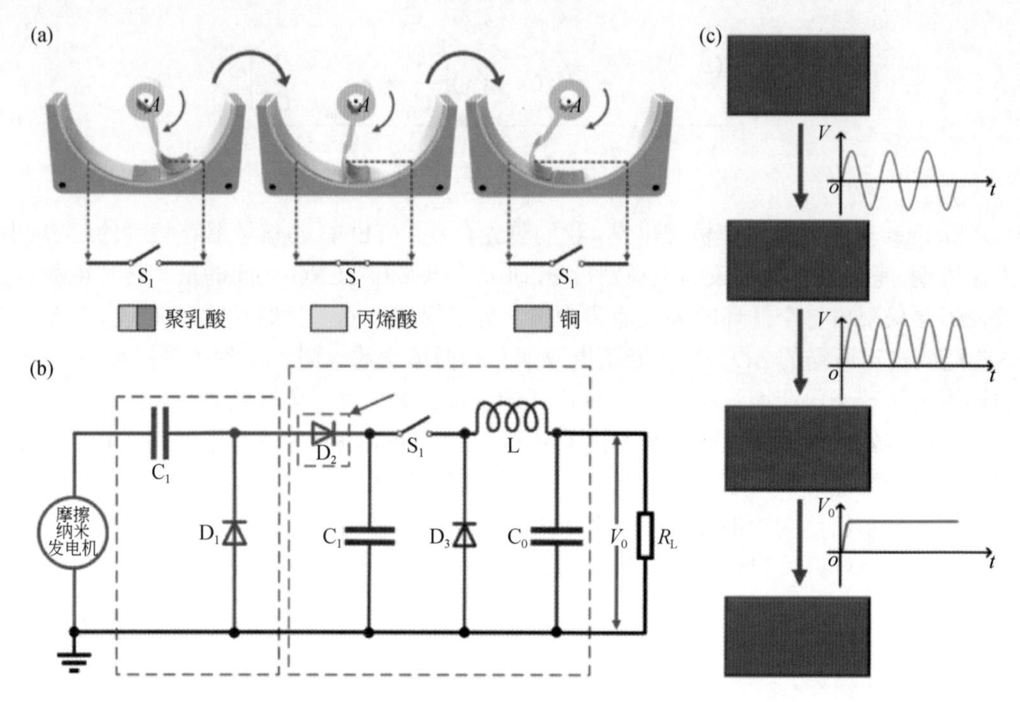

图 3.16 电源管理电路及其流程图。(a) 使用机械开关代替普通电子开关；(b) 电源管理电路原理图；(c) 电源管理电路的波形转换

3.3.4 调理电路设计

在世界能源危机的背景下，TENG 被认为是一种实用的解决方案，可以收集和利用不同类型的机械能。本研究将可变转子摩擦纳米发电机（VR-TENG）与双限制齐纳二极管（ZAD）相结合，用于收集冲击能量，并在负载的两端使用双限制[9]。VR-TENG 是一种具有两个转子的可变转子摩擦纳米发电机。在冲击小的情况下，一台发电机组很容易启动；在强烈的撞击中，两个发电机组运行以输出更多的能量。ZAD 是将同类型稳压管的两个正极连接而成的电路，正极分别连接到负载的两端。该系统有两个独立的发电机组。一台发电机组启动转矩小，在弱冲击情况下易于运行，而两台发电机组在强冲击情况下运行并提供更多的输出能量。此外，还设计了一种主要由整流部分和稳压部分组成的电源管理电路。在整流部分，桥式整流器的堆叠模块将 TENG 产生的交流电信号转换成脉动的直流信号，然后对信号进行电容滤波以去除脉冲。在稳压部分，稳压二极管将直流电压转换成稳定的直流电压。在实验测试，当一台发电机组工作时，用单个齐纳二极管稳定输出电压在 3.35V，用 ZAD 电路稳定输出电压在 3.95V。当两台发电机组同时运行时，ZAD 电路稳定电压为 4.45V，纹波系数为 1.8%，使用 ZAD 电路时，毫伏级纹波电压为 80mV。该系统为在随机

激励下稳定 TENG 的输出电压为冲击能量的收集提供了前景。

电源管理电路的系统流程如图 3.17（a）所示。当 TENG 从周围环境中产生冲击能量时，通过桥式整流器的堆叠模块将交流输出转换为脉动直流电。电桥整流后的电信号纹波较大，不能提供给后端负载。该信号需要经过电容滤波后处理成稳定的直流输出。如果选用小电容滤波，滤波效果较差，处理后的脉动直流信号中仍含有许多交流信号。若选用大电容滤波，滤波效果较好，但充电时间较长，系统难以及时响应。因此，在滤波模块之后增加了一个稳定二极管。当电路电压稳定时，负载电阻 R_L 上的电压 V_0 包含一个小纹波和一个大直流分量。电源管理电路如图 3.17（b）所示，本实验采用整流模块和滤波稳压模块。整流模块采用桥式整流器，滤波稳压模块包括电容器和稳压二极管。在负载两端采用双限幅电路可以提高电压调节值。

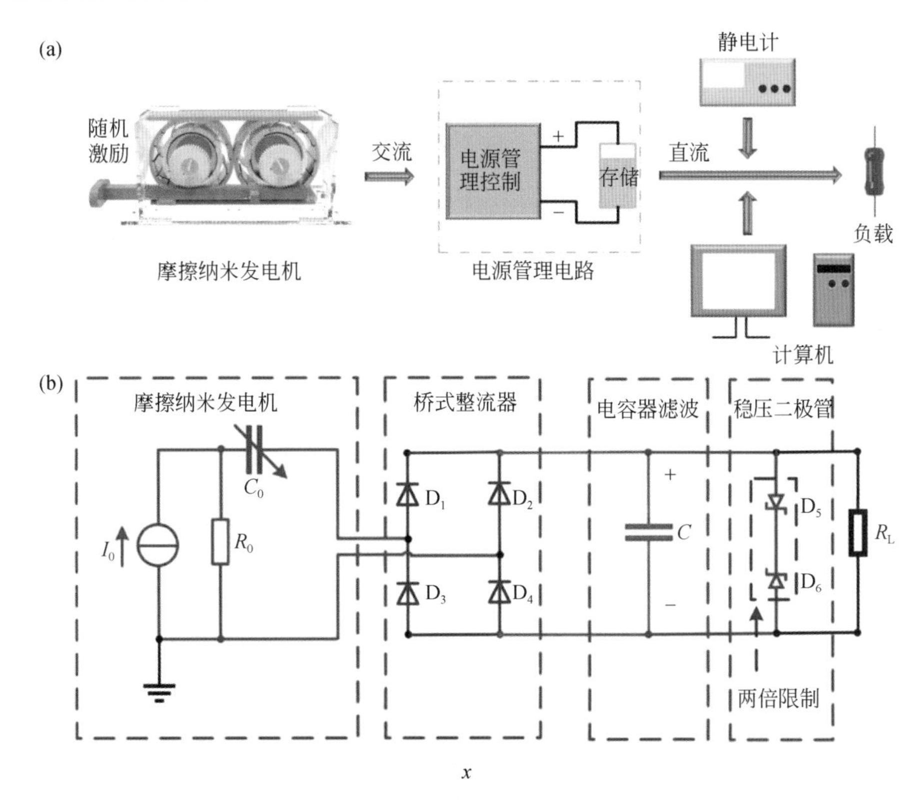

图 3.17　能量收集转换电路流程图和原理图。（a）电源管理电路系统流程图；（b）电源管理电路原理图

电路的滤波电容为 2.2μF，稳压二极管为 1N4733，负载为 500MΩ。定义 r_a（%）为稳压率。一开始，U_0 为 4.45V，经过 60000 次循环，U 为 4.42V，电压信号下降 0.03V，计算出 r_a（%）为 0.67%。

$$r_a(\%)=\left|\frac{U-U_0}{U_0}\right|\times 100\% \tag{3-17}$$

纹波电压是输出直流的交流分量，一般用输出峰对峰 V_{pp} 表示。纹波系数（R_C）是指纹波电压与波形有效值的比值。

$$R_C = \frac{V_{pp}}{V_{rms}} \times 100\% \quad (3\text{-}18)$$

根据上述计算公式，得出纹波电压为80mV，双限幅器纹波系数为1.8%，普通稳压器纹波系数为3%的结论。相比之下，双限幅电路在相同负载下优于普通稳压器，纹波电压更低。

从TENG电能的产生到电能的应用，功率转换是其中重要的一个环节，功率转换电路设计的成功与否将直接关系到TENG的输出性能。本节主要介绍了功率转换电路的相关设计，从前级的串级匹配电路设计，到整流电路设计、斩波电路设计，再到后级的调理电路设计，为负载提供了稳定的功率输出。串级匹配电路设计介绍了适用于脉冲摩擦纳米发电机的高效通用无源功率管理电路以及基于摩擦纳米发电机电容阻抗匹配效应的频率无关自供电传感，解决了TENG输出阻抗高、与电源管理电路阻抗不匹配的问题；整流电路设计介绍了具有单向开关和无源电源管理电路的高储能效率摩擦纳米发电机以及无电感输出倍频器，用于推动和发展摩擦纳米发电机向自供电系统供电，在电荷促进和功率管理方面显示出巨大的潜力；斩波电路设计介绍了可实现低纹波输出的具有机械开关和钳位电路的摩擦纳米发电机，该电路改善了输出信号特性，产生稳定的功率输出，使TENG成为电子设备的可靠电源；调理电路设计介绍了双限幅随机激励下摩擦纳米发电机毫伏级稳定电压输出以及单稳态工况下定时器摩擦电-电磁混合发电机风能收集，为电路的输出提供了一种可行的解决方案。

3.4 集成化开发

在TENG的实际应用中，往往将TENG与一些较常用或较成型的电路进行集成，以获得模块化的设计，这也是未来发展的必然趋势。本节主要介绍了TENG在电学领域中的集成化开发与应用，包括无源开关集成电路设计、有源可控信号集成设计、多源发电复合电路设计以及分布式发电与传感的集成化应用。

3.4.1 无源开关集成电路设计

TENG的小电流和高输出阻抗的特性限制了其发展和应用。近年来，人们提出了相应的能源管理方法来解决这些问题。其中开关在能量管理中起着重要的作用，可以提高输出性能，降低输出阻抗。因此，提出了一种由TENG控制的无源开关，用于电源管理，以实现高性能输出[10]。它由电子逻辑开关和触发TENG组成，以释放能量TENG所存储的能量。实验结果表明，无源开关可以利用TENG的固有负载特性来调节占空比。此外，在垂直接触-分离模式下，两个TENG的耦合输出使单周期峰值电流增加了135倍（从32μA增加到4.32mA），在水平触点分离模式下增加了5284倍（从1.3μA增加到6.87mA）。在应用中，可为商用传感器供电，并可点亮6盏100W灯并联。开关TENG和能量TENG的耦合输出方法为电源管理的发展提供了重要指导，为实际应用提供新的途径。

为了更好地理解由TENG控制的自触发开关，对传统开关和自触发开关的工作原理进行了比较。火花开关、化学电源开关和机械触点开关如图 3.18 所示。火花开关的工作原理是通过电荷积累使介质击穿，整个工作过程是在积累达到介质击穿条件后，以释放电荷完成电路连接。带有外部化学电源的开关通常需要一个单独的化学电池来控制开关的接通和关闭。机械触点开关的工作原理是以机械触点的形式接通和断开电路。图 3.18（a）为自触发开关的理论模型，由 TENG 和无源器件组成。随着 TENG 模型产生的电信号通过负载电阻，产生与负载电阻相对应的电信号，控制逻辑元件的通断。与传统开关相比，该自触发开关由 TENG 触发，具有可控性高、制作简单、适用性强、无须外接化学电池供电等优点。利用自触发开关，提出了一种多 TENG 耦合输出方法。在图 3.18（b）-（i）和图 3.18（b）-（ii）的示意图中，关系模型由四种基本的 TENG 模型组成：开关 TENG 的水平方向模式（S_H-TENG）、能量 TENG 的水平方向模式（E_H-TENG）、能量 TENG 的垂直方向模式（E_V-TENG）和开关 TENG 的垂直方向模式（S_V-TENG）。

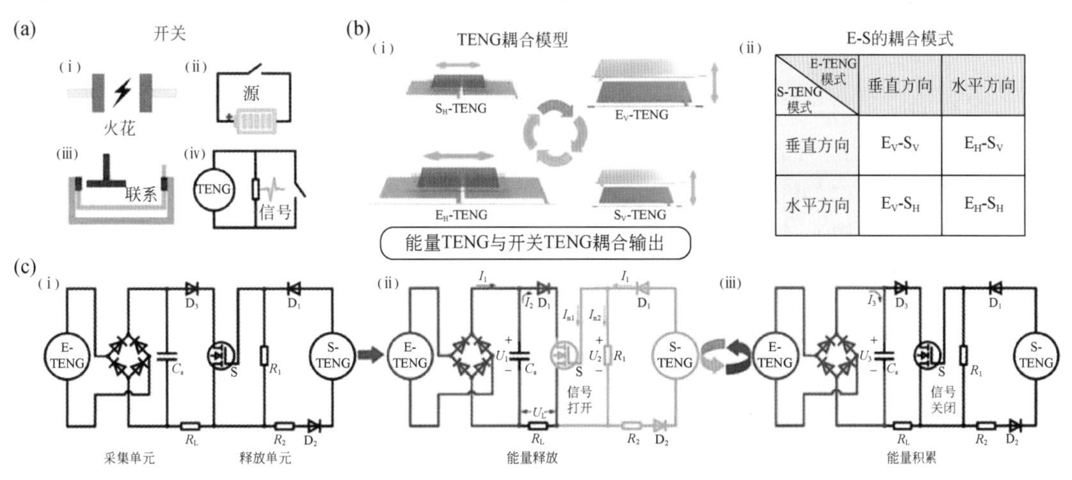

图 3.18　自触发开关的工作机构。(a) 自触发开关的理论模型；(b) TENG 耦合模型；(c) 电源管理电路工作过程

在图 3.18（c）-（i）中，TENG 耦合输出电路由一个采集单元和一个释放单元组成。采集单元的连接电路是在整流桥两端串联的存储电容 C_S。负载电阻、晶体管和二极管 D_3 串联连接，并并联在存储电容 C_S 的两端，其中二极管 D_3 的作用是防止回流。释放单元的连接电路为 S-TENG、二极管 D_2、二极管 D_3、电阻 R_1 和电阻 R_2 串联，其中电阻 R_1 的两端分别连接到晶体管的栅极和源极。电阻 R_2 的作用可能是限流电阻或分压电阻，当 S-TENG 过流时，可用于限制电流，或当 TENG 原始电压过高时，可用于分担电压，必要时也可使用滑动变阻器调节电阻 R_1 的信号。图 3.18（c）-（ii）显示了能量释放阶段的工作过程。E-TENG 产生的能量被整流并存储在存储电容器 C_S 中。同时，S-TENG 产生的电信号经二极管 D_1 和 D_2 单向整流产生单向电信号，再经电阻器 R_1 处理产生单向脉冲信号，可用于控制逻辑元件的通断。根据基尔霍夫定律，电压源在电容器 C_S 上的电动势作用下，电流 I_1 和电流 I_2 以及原始 TENG 电压通过 D_3 和逻辑晶体管，逻辑晶体管在导通时可以看作是一根没有电阻的导线，并组合流过负载电阻 R_L。连续储能和瞬时释放两个过程共同作用时，电荷密度增大。图 3.18（c）-（iii）显示了能量积累阶段的工作过程，E-TENG 产生的电能

经电桥整流后存储在存储电容 C_S 上，不能通过未开开关释放能量。

3.4.2 有源可控信号集成设计

逻辑电路是实现离散信号传输和运算的理想物理单元，是集成电路的基本组成部分，在计算机、数字控制、通信、仪器仪表等领域有着广泛应用的 TENG 的发明不仅提供了一种新的能源技术，而且开辟了摩擦学的一个新的研究领域。逻辑电路是关于利用摩擦学产生的静电势作为"门"电压来调节/控制半导体中的载流子输运的器件。我们开发了一种浮动接触电场门控摩擦晶体管（CGT），它可以利用接触带电产生的摩擦电荷来调制通道中载流子的输运。基于两个相对的 CGT，开发了一种将外部机械刺激转换为逻辑电平信号的接触门控摩擦逻辑器件（CGL）。通过进一步组装和集成 CGL，通用组合逻辑电路如 NOT、AND、OR、NAND、NOR、XOR 和 XNOR 门被证明用于执行机电耦合摩擦逻辑运算。摩擦学逻辑电路在人机交互、微/纳米机电系统（MEMS/NEMS）、智能机器人和物联网等领域具有潜在的应用前景[11]。

CGT 的结构由一个倒置的绝缘衬底上的硅（silicon-on-insulator，SOI）金属氧化物半导体场效应晶体管（MOSFET）和一个可移动的聚四氟乙烯（PTFE）层组成，如图 3.19 所示，比以前的摩擦晶体管结构更简单，实用性更强。

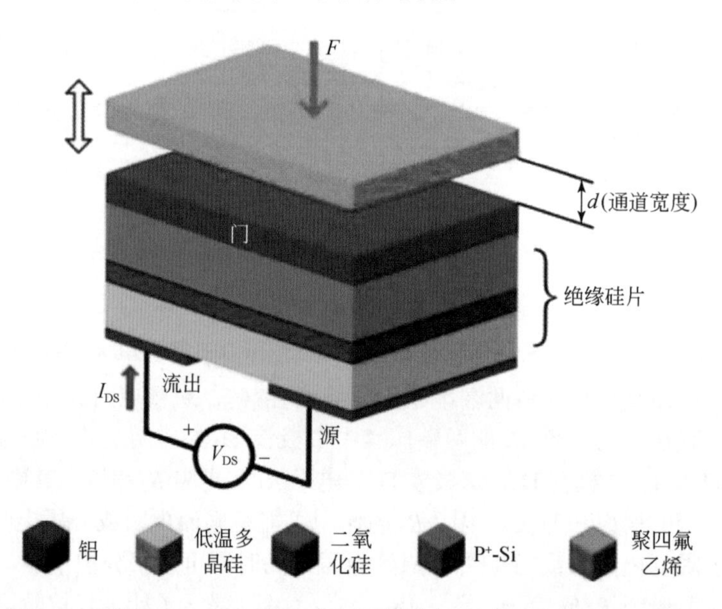

图 3.19 基于 MOSFET 和用于垂直接触通电的移动层的 CGT 结构图

在 CGT 装置中，两个铝垫沉积在带有欧姆触点的 P 型沟道层背面，分别作为底部漏极和源极。导通通道长度为 200μm，宽度为 2μm。铝层沉积在高掺杂硅衬底表面，具有欧姆接触，作为顶部浮栅电极，没有任何外部电连接。在它们之间埋置 0.1μm 厚的二氧化硅层作为栅氧化层。可移动聚四氟乙烯层装配在浮栅旁边，受外力作用可与浮栅垂直接触并分离。CGT 的工作原理是基于单极模式下 MOSFET 和 TENG 的耦合效应，如图 3.20 所示。

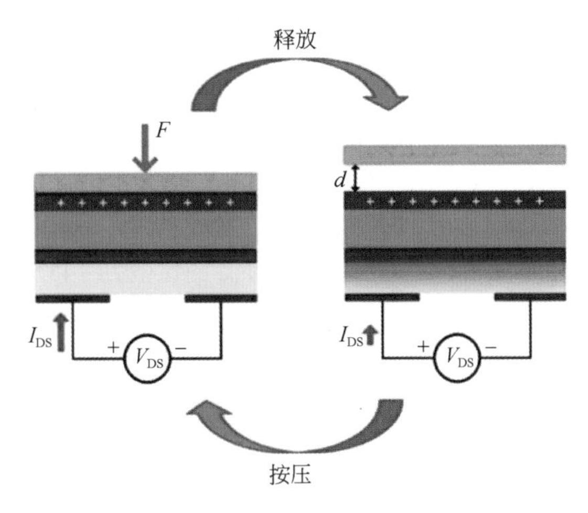

图 3.20　施加和释放外力时通道宽度和漏极电流的变化工作原理图

当装置受到外力作用时，浮栅与 PTFE 层相互充分接触带电，浮栅上留下净正电荷，PTFE 层上留下净负电荷。此时产生的极性相反的摩擦电荷完全平衡，不会对通道层产生影响。当外力释放时，PTFE 层与浮栅分离一定距离。浮栅上的正电荷会引起内部电荷极化，并在 P 型沟道中形成耗尽区，减小沟道宽度，减小漏极电流。当施加外力，PTFE 层再次与浮栅接触时，浮栅上的正电荷被 PTFE 层上的负电荷平衡，对通道层没有影响。通道宽度和漏极电流将增加并恢复到原始状态。因此，CGT 可以通过流动层与浮栅的接触和分离过程来实现外力的门控，其作用与传统晶体管在浮栅上注入电荷的作用相同。

CGL 的结构如图 3.21 所示，它基于两个相反的 CGT。在 CGL 装置中，两个可移动的聚四氟乙烯层由亚克力片支撑，分别与两个浮栅垂直接触或分离。垂直移动范围 D_0 设置为 1.2mm。

下 CGT 的漏极由 V_{bias} 电源供电，上 CGT 的漏极接地。下 CGT 的电源与上 CGT 的漏极相连，作为 V_{out} 的输出端口。CGL 的等效电路如图 3.22 所示，它由两个场效应管和一个 TENG 组成。TENG 由外力驱动，可以分别为两个场效应管提供双栅电压。

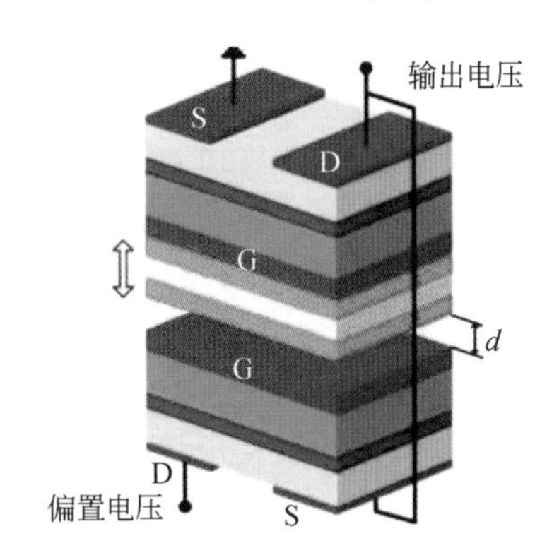

图 3.21　基于两个相对 CGT 的 CGL 结构图

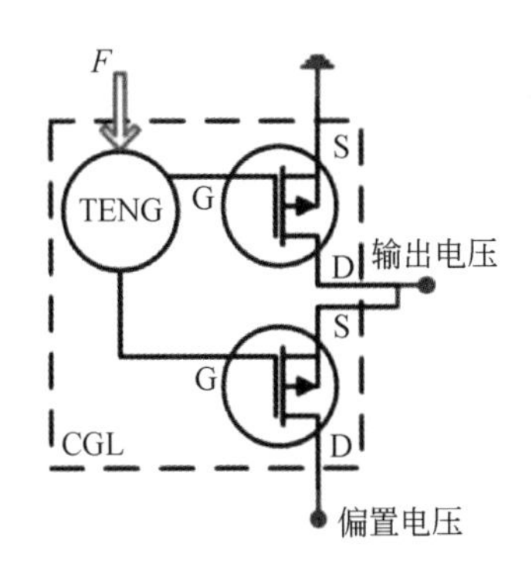

图 3.22　由一个 TENG 和两个场效应管组成的等效电路图

输出电压随着垂直距离的增加而降低。对于互补金属氧化物半导体（CMOS）逻辑电平标准，当外力完全释放，PTFE 层与上浮栅接触（$d=D_0$），上 CGT 处于导通状态，下 CGT 处于关断状态，定义为逻辑“0”输入状态。而当外力充分作用，PTFE 层与下浮栅接触（$d=0$）时，上 CGT 处于关断状态，下 CGT 处于导通状态，定义为逻辑“1”输入状态。逻辑“0”输入状态下输出电压为 0.034±0.020V，逻辑“1”输入状态下输出电压为 4.946±0.021V，分别位于 CGL 的逻辑“0”和“1”输出区。V_{on}/V_{off} 的比值为 145 时表明 CGL 具有良好的逻辑性能。

基于两个 CGL，可以实现如图 3.23 所示的摩擦与逻辑电路和运算。电路中，1 号 CGT 的漏极由 V_{bias} 电源供电，该电源接在 3 号 CGT 的漏极上。2 号和 4 号 CGT 的漏极连接到 3 号 CGT 的源端作为 V_{out} 输出端口，2 号和 4 号 CGT 的源端连接到地端。使用这种连接方法，1 号和 3 号 CGT 是串联的，2 号和 4 号 CGT 是并联的。外力 F_A 和 F_B 分别作用于两个 CGL。图 3.24 展示出了实验真值表，其中物理值跟随每个对应的逻辑电平，测量结果符合逻辑与运算特性和 CMOS 逻辑电平标准。

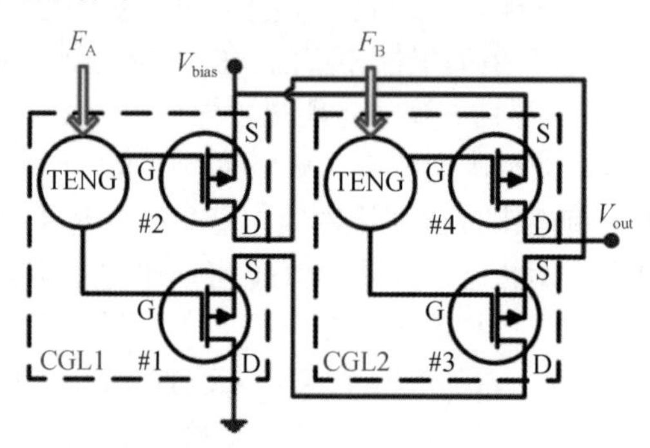

图 3.23 基于两个 CGL 的与门等效电路图

F_A	F_B	$V_{out}=F_A \cdot F_B$
“0”($d=D_0$)	“0”($d=D_0$)	“0”(0.022±0.023V)
“0”($d=D_0$)	“1”($d=0$)	“0”(0.020±0.022V)
“1”($d=0$)	“0”($d=D_0$)	“0”(0.023±0.019V)
“1”($d=0$)	“1”($d=0$)	“1”(4.920±0.025V)

图 3.24 物理值跟随在每个对应逻辑电平之后的与门的实验真值表

如图 3.25 所示，1 号和 3 号 CGT 的漏极由 V_{bias} 电源供电，并连接到 4 号 CGT 的漏极作为 V_{out} 的输出端口。2 号 CGT 的漏极连接到 4 号 CGT 的源极，2 号 CGT 的源极连接到地。在这种连接方式下，1 号和 3 号 CGT 是并联的，2 号和 4 号 CGT 是串联的，这与摩擦与逻辑电路不同，并且是对称的。图 3.26 显示了具有物理的实验真值表，物理值跟随每个相应的逻辑电平。测量结果表明，用 CMOS 逻辑电平标准实现了摩擦或逻辑运算。

基于摩擦纳米发电机（TENG）驱动的气体放电现象，提出了气体/半导体界面的表面离子门（SIG）技术，并利用 SIG 调制开发了新型单层 MoS_2 晶体管和光电探测器。在基于 SIG 的晶体管中，气体放电中产生的气体离子被吸附在单层 MoS_2 上，作为调节载流子浓度和电输运的栅极。调制结果可以通过 TENG 的操作周期逐步控制，并获得了电流中最大开关比为 104 的结果。在基于 SIG 调制的光电探测器中，单层 MoS_2 器件的光电流恢复时间约为 74ms。此外，基于 SIG 的光电探测器的光电流在 120s 的时间内随时间线性增加，可用于开发一种新型的光通量光电探测器。

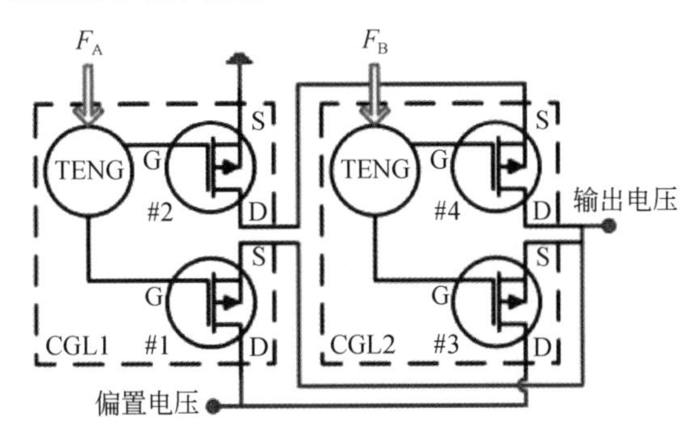

图 3.25　基于两个 CGL 的或门等效电路图

F_A	F_B	$V_{out}=F_A+F_B$
"0"($d=D_0$)	"0"($d=D_0$)	"0"(0.020±0.020V)
"0"($d=D_0$)	"1"($d=0$)	"1"(4.922±0.022V)
"1"($d=0$)	"0"($d=D_0$)	"1"(4.920±0.021V)
"1"($d=0$)	"1"($d=0$)	"1"(4.923±0.021V)

图 3.26　物理值跟随在每个对应逻辑电平之后的或门的实验真值表

SIG 调制技术是基于 TENG 驱动的气体放电建立的，如图 3.27 所示，SIG 调制系统由 TENG、全波整流桥、放电尖端和半导体器件组成[12]。由于其高电压特性，选择了独立摩擦电层模式 TENG，其中滑动层是聚四氟乙烯（PTFE）膜，并且两个铜（Cu）电极固定在聚甲基丙烯酸甲酯（PMMA）板上方。TENG 的交流（AC）输出首先由全波整流桥整流，然后整流桥的负电位端子和正电位端子分别连接到半导体器件的钨（W）针和 Au 电极。曲率半径为 5μm 的 W 针尖放置在半导体器件上，可以通过三维微操作台调整它们之间的距离。为了避免在气体放电过程中对 MoS_2 器件的损坏，本研究采用了负电晕放电模式。为了防止样品的损坏，尖端和电极之间的距离是控制 SIG 调制的关键。在本实验中，这个距离可以从 1mm 调谐到 1.25mm，以实现有效的 SIG 调制。

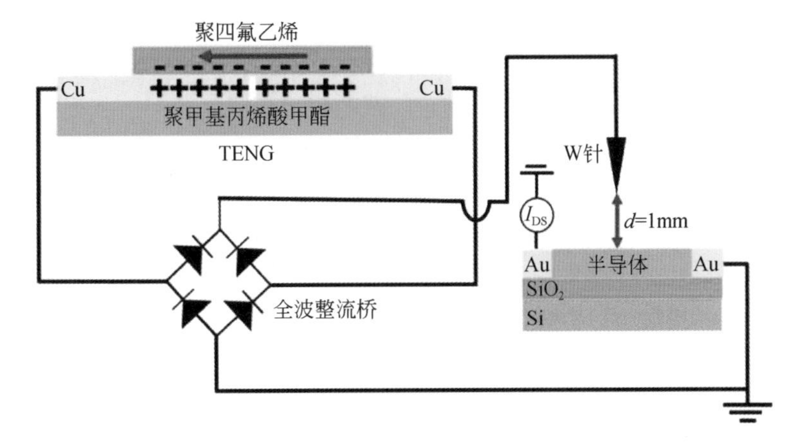

图 3.27　TENG 驱动的气体放电电路图

由于 Cu 和 PTFE 的摩擦电序列不同，在摩擦过程中，它们的表面会产生等量的正摩擦电荷和负摩擦电荷。当 PTFE 水平滑动时，在两个 Cu 电极之间产生电势差，并施加在 W 尖端和 Au 电极之间。PTFE 的滑动距离增大，电位差增大。当 TENG 的输出电压达到空气放电的阈值电压时，W 尖端和半导体器件之间的空气被电离。测量 TENG 感应的负电晕放电产生的电流，如图 3.28 所示，脉冲电流峰值约为 3μA。

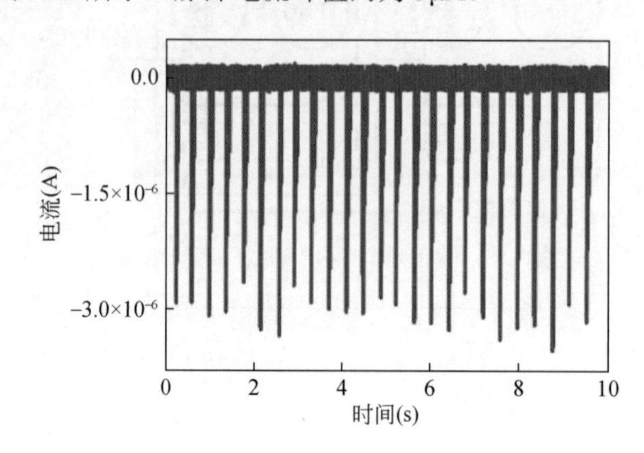

图 3.28　TENG 感应的负电晕放电产生的电流图

调制过程的示意图如图 3.29 所示，在负电晕放电开始时，在 TENG 感应的强电场的作用下，尖端周围的少量自由电子被加速并与中性分子碰撞。中性分子被电离，产生正气体离子和更多的电子，形成等离子体区。正离子向尖端迁移，电子向负电极迁移。当电子移出等离子体区时，它们将被具有强电负性的中性分子捕获，产生负离子并形成单极离子区。在大气中，主要的负离子是 O^-。负离子在电场作用下进一步迁移，最终吸附在半导体器件表面。吸附在半导体表面上的气体离子将起到与传统晶体管中的栅极电压类似的作用。因此，我们将这种调制方法称为 SIG。由于传统 MOS-FET 中绝缘栅层的电容效应，通过施加栅极电压在绝缘栅与半导体之间的界面产生极化电荷，这是调制导电沟道中载流子浓度的来源。在 SIG 调制中，吸附在半导体表面的气体离子与绝缘栅极和半导体上的极化电荷具有相同的功能，与传统高压电源供电的电晕放电相比，TENG 供电的 SIG 调制具有以下两个优点。第一，当 TENG 的输出电压达到放电阈值电压，这确保了电晕放电以较弱的强度发生在阈值电压附近，避免了强放电对器件造成的损坏。第二，TENG 成本低，易于制造，由 TENG 和半导体器件组成的调制系统具有广阔的应用前景。

随着无线传感节点的广泛应用，无人值守环境中对可持续能源的需求越来越大。在这里，我们设计了一种基于摩擦纳米发电机和微机电系统（MEMS）开关的自供电自主振动唤醒系统（SAVWS）。能量摩擦纳米发电机（E-TENG）获取振动能量，通过 MEMS 开关为无线发射器供电。信号摩擦纳米发电机（S-TENG）作为自供电加速度计控制 MEMS 开关的状态，并在 30Hz 的 1～$4.5m/s^2$ 的加速度范围内显示出良好的线性，灵敏度约为 14.6V/（$m·s^{-2}$）。

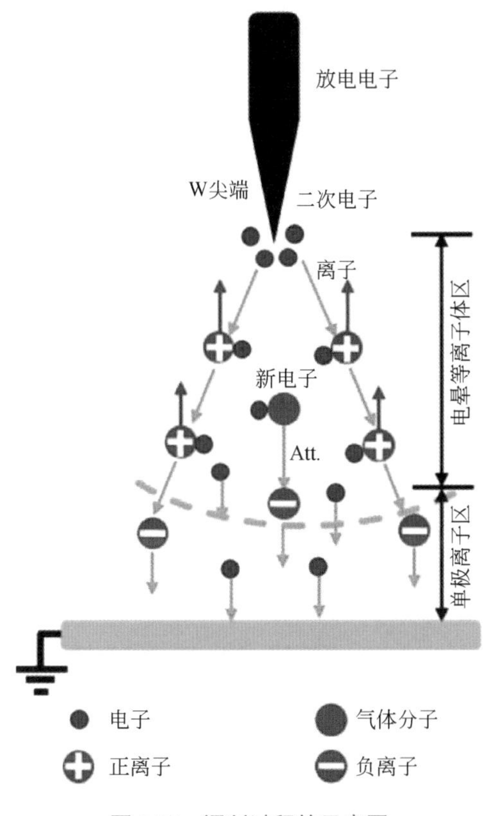

图 3.29　调制过程的示意图

当加速度增加时，S-TENG 打开 MEMS 开关，无线发射器仅使用 0.64mJ 就用 E-TENG 的能量发送警报信号。SAVWS 同时使用 TENG 作为能源和传感器，为无人值守环境提供了自供电振动监测解决方案。

图 3.30 显示了 SAVWS 的电路图。负载和 S_2 分别是无线发射器模块和 MEMS 开关。能量管理系统（PMS）由一个 BUCK 电路和一个能量存储电路组成。其中，BUCK 电路由整流桥、串联开关 S_1、二极管 D_1、电感器 L 和电容器 C_1 组成。此外，为了更好地理解 SAVWS 的工作流程，下面将描述该系统中的能量流。整流桥将 E-TENG 产生的 AC 转换为 DC，来自整流桥的电压信号可以控制 S_1 的工作顺序。当 S_1 接通时，来自 E-TENG 的能量将临时存储在 L 中。片刻之后，S_1 将断开，L 中的能量将通过 L、D_1 和 C_1 的环路存储在 C_1 中。通过这个过程，E-TENG 产生的能量最终将高效地存储在电容器 C_2 中。增加齐纳二极管（D_2）是为了保护 C_2 免受高压的损坏。

系统中使用的 MEMS 开关是电压敏感的，由 S-TENG 的输出电压控制，如图 3.31 所示。其中，C_0 连接在 MEMS 开关的栅极和源极，以稳定 MEMS 状态。当 C_0 的电压达到阈值时，漏极和源极将处于短路状态。质量为 700g 的 S-TENG 的输出电压将在 2.5m/s^2 的加速度振动下接通 MEMS 开关。当振动发生时，C_0 的电压将在 2.72s 内升高到 60V，S_2 将导通。振动停止后，C_0 电压将在 450ms 内迅速降至 48V 以下，S_2 将关闭，这表明 C_0 中的电压变化不是瞬时的，S_2 的状态和 C_0 的电压之间存在时间延迟。此外，发射器模块的工作时间为 103ms。因此，系统对异常加速度的响应时间为 2.82s。

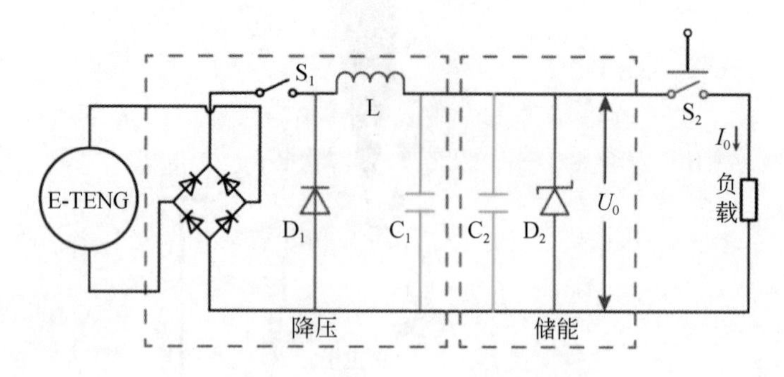

图 3.30　SAVWS 的电路原理图

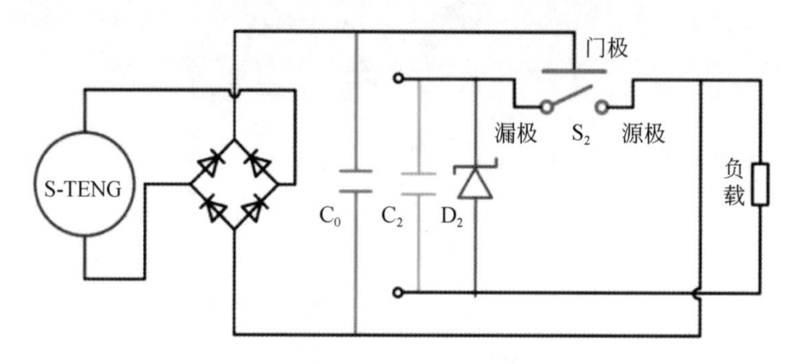

图 3.31　MEMS 开关控制电路的电路原理图

3.4.3　多源发电复合电路设计

风能作为一种具有良好应用前景的可再生清洁能源，越来越受到人们的关注。使用摩擦纳米发电机（TENG）从周围环境中获取能量，用于电子设备已成为一种可行的方法。然而，由 TENG 产生的交流信号需要被转换成直流信号才能在应用中有效。因此，我们提出了一种具有自触发摩擦电-电磁混合发电机（ST-TEHG）的电源管理电路[10]。电源管理电路的开关模块由电磁发电机（EMG）、555 单定时器和 N 型金属氧化物半导体组成，该模块将 EMG 输出的交流信号转换为单稳态下的方波信号，在单稳态运行时实现了自触发切换功能。系统实验表明，555 单定时器功能可以输出单稳态工作波形。

图 3.32 描绘了 ST-TEHG 从能量收集到后端应用的系统流程。当 ST-TEHG 从周围环境获得能量以产生交流电时，通过整流模块转换为脉动直流。但整流后的电压纹波较大，无法向后端负载供电，有必要在整流器的后端添加一个电容器，用于滤波和储能。

这里，选择较小的单片电容器来存储整流后的整流能量。在电容器处理后增加降压稳压电路，可以减少电压纹波，实现稳定的电压输出。图 3.33 描述了本实验采用的电源管理电路，包括整流模块、滤波模块和降压稳压器模块。其中，开关的功能是通过 EMG 和 555 单定时器模块的组合控制实现的，可以有效地降低电压的纹波系数。与其他电子开关相比，EMG、MOSFET（金属氧化物半导体场效应管）和 555 单定时器模块组成的开关不消耗

ST-TEHG本身的能量，所需的能量仍然来自外部环境。降压电压调节器电路采用普通降压斩波器电路、由电感器L和输出电容器C_2组成的低通滤波器，并通过输入直流分量来抑制谐波分量。当电路稳定时，负载两端的电压包含小纹波和大直流分量。

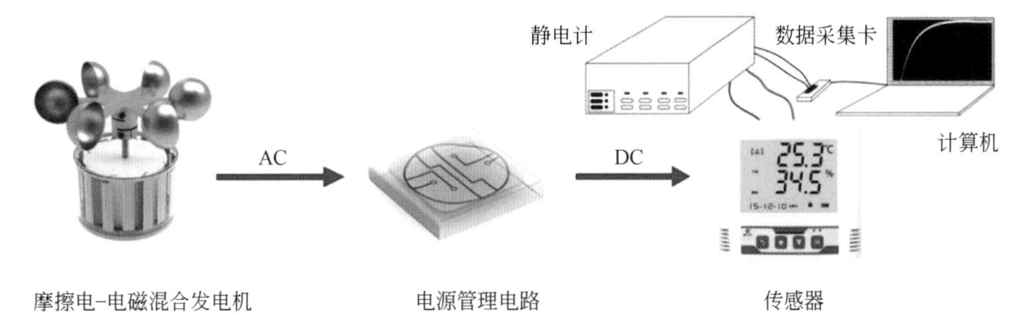

图3.32　ST-TEHG从能量收集到后端应用的系统流程图

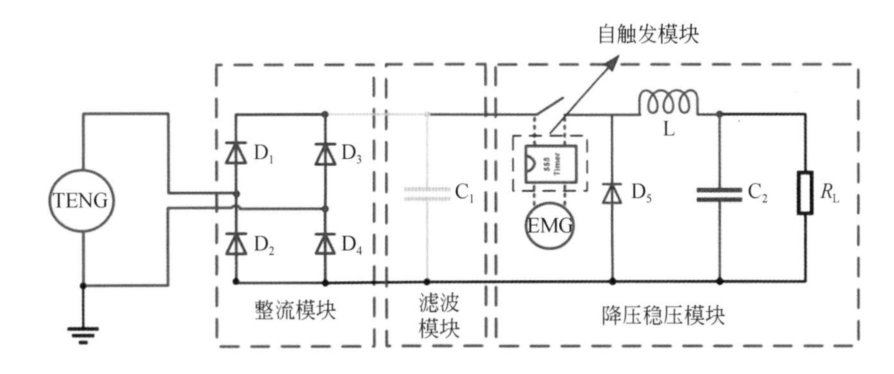

图3.33　电源管理电路图

基于该功率管理电路，当D_1和D_4导通时，原始电压u_2的瞬时值与过零点的角度为θ角，如等式（3-19）所示，在D_1和D_4的导通时段期间，如等式（3-20）所示，建立以下等式：

$$u_2 = \sqrt{2}U_2 \sin(\omega t + \theta) \tag{3-19}$$

$$\begin{cases} u_d(0) = \sqrt{2}U_2 \sin\theta \\ u_d(0) + \dfrac{1}{C_1}\int_0^{\tau} i_{C_1}\,dt = u_2 \end{cases} \tag{3-20}$$

其中，ω是角频率，t是时间。U_2是原始电压的有效值，u_d是整流电压输出的瞬时值。在方程（3-20）中，u_d（0）是D_1和D_4开始导通时的直流侧电压值，将u_2代入解中，得到方程（3-21）。

$$i_{C_1} = \sqrt{2}\omega C_1 U_2 \cos(\omega t + \theta) \tag{3-21}$$

根据上述公式U_2的大小，可以得到i_{C_1}的电流。当开关断开时，流入C_1的电流为i_{C_1}。当开关打开时电容器电压流经C_2，当开关断开时，电容器C_2开始向负载放电，见方程（3-22）。

$$
\begin{cases} u_{\mathrm{L}} = L\dfrac{\mathrm{d}i_L}{\mathrm{d}t} \\ L\dfrac{\mathrm{d}i_L}{\mathrm{d}t} + u_{\mathrm{C}_2} = u_{\mathrm{C}_1} \end{cases} \tag{3-22}
$$

混合式电磁摩擦发电机（HETG）是一种普遍的机械能量收集装置。然而，在低驱动频率下，电磁发电机（EMG）的能量利用效率低于摩擦纳米发电机（TENG），这限制了HETG 的整体功效。为了解决这个问题，提出了一种由旋转圆盘 TENG、磁倍增器和线圈板组成的分层混合发电机。磁倍增器不仅与它的高速转子和线圈板形成 EMG 部分，而且通过分频操作有助于 EMG 在比 TENG 更高的频率下操作。对混合发电机的系统参数优化表明，EMG 的能量利用效率可以提高到转盘 TENG 的能量利用率。HETG 包含一个电源管理电路，负责通过收集低 f_{r}（频率）来监测水质和捕鱼条件。

在这项工作中，设计了一种由转盘 TENG（RTENG）、磁倍增器和线圈板制成的分层混合发生器，以实现 TENG 和 EMG 的分频操作。机理分析表明，与 TENG 相比，磁倍增器有助于调节传动比，并有助于实现更快的 EMG 操作频率。通过系统地研究影响 RTENG（电极光栅度、频率和摩擦层）和 EMG（传输比和频率）输出的参数，所提出的策略允许 EMG 在相同驱动频率下有效能量利用效率与 RTENG 相当，这与混合发电机在同频下的运行相比是一个显著的改进。此外，磁倍增混合发电机（MMHG）可用于构建受益于电源管理电路（PMC）的自供电水质监测和捕鱼警报系统。

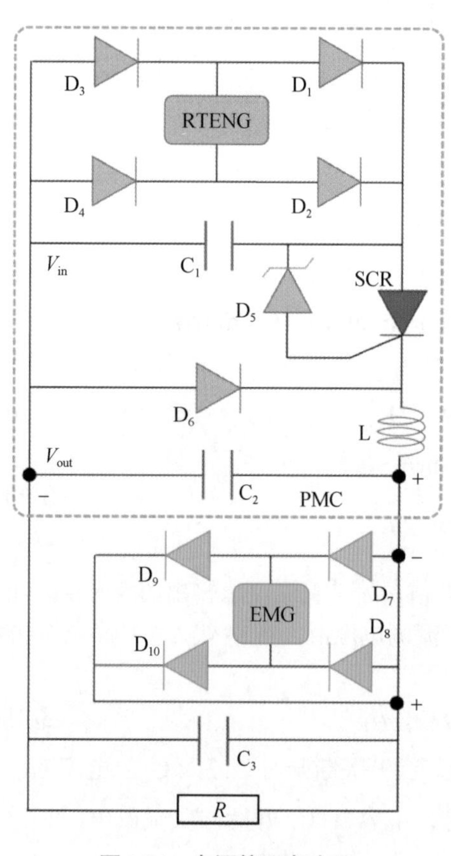

图 3.34 电源管理电路图

为了匹配 EMG 和 RTENG 的充电能力，使用包含全桥整流器（D_1～D_4）、可控硅整流器（SCR）和齐纳二极管（D_5）、2 个电容器（C_1 和 C_2）和电感器（L）的 PMC 来赋予 RTENG 大电容的快速充电容量，如图 3.34 中绿色虚线框所包围的部分。最初，由 RTENG 产生的能量通过全桥整流器存储在 C_1 中，并且 C_1 的电压迅速向最大值上升。当 C_1 两端的电压超过 $V_{D_5}+V_{C_2}$ 的击穿电压时，D_5 变为反向导通，导致电流注入 SCR 栅极并触发其导通。因此，SCR 上的电压瞬间降至 0。当 V_{C_1} 降低到接近 0 时，D_6 开始正向导通，这将 C_1 的电压锁定在 0 附近，并将通过 C_1 和 SCR 的电流保持在 0。在这种情况下，SCR 相当于进入断开状态并等待下一次电流注入。最终在 PMC 的帮助下，470μF 电容器的充电速率达到 12V/min，而直接整流的 RTENG 仅产生 0.58V/min 的充电速率。由于高输出电流但低输出电压，直接整流的EMG可以在23秒内将电容器的电压升高到12V的饱和状态。

3.4.4 分布式发电与传感的集成化

我们设计了一种新型涡轮盘式摩擦纳米发电机（TD-TENG），可以有效地将小型风能转化为电力[13]。TD-TENG的最佳接触面积为83cm^2，可提供230V的开路电压和9μA的短路电流，在7MΩ的外部负载下，峰值功率为0.37mW。基于TD-TENG，构建了一个用于温度和火灾监测的自供电野火预警系统。这种新的TD-TENG代表了物联网时代分布式电子产品的一种有前景的可持续能源解决方案。

在本实验中，我们提出了一种用于收集风能的新型涡轮盘式TENG（TD-TENG）。这种设计更适合近地面低风速的运行条件，系统可以安装在任何地方，而不会影响环境。涡轮盘式旋转结构即使在高转速下也能有效避免摩擦电材料之间的磨损，与旋转结构的TENG相比，表现出压倒性的耐用性。此外，仅依靠TD-TENG作为可持续电源，TD-TENG与整流电路、匹配电容器、电子温度计、信号发射器和接收器相结合，成功开发了无线自供电野火预警系统。这种组合提高了野外温度和火灾监测的简易性。这项工作极大地扩展了TENG作为分布式电子设备的能量采集器和电源的适用性。

该系统由一个双层TD-TENG、两个整流桥、一个220μF的电容器、一个数字温度计、一套匹配的无线发射机和接收机、一个开关和一个试验板组成。其电路原理图见图3.35。自供电系统可以放置在草原、沙漠或其他非居民区。此外，新型双层TD-TENG可以同时点亮180个LED。当草原发生野火时，它可以作为分布式电源驱动烟雾和温度传感器。为了避免功率损失，六个TENG单元分别连接到六个整流桥。基于六个TENG单元的双层TD-TENG的照片已被部署用于野外的实际应用。在实验室风扇输出不同风速的激励下，测试了TD-TENG对不同容值电容器充电的性能。当风速越高时，TD-TENG的工作频率就越高，在相同的充电时间内，传输的电荷量也会增加。因此，在较高频率下的充电曲线需要较少的时间才能达到3V。为了评估稳定性，在1.5Hz的频率下连续测试44cm^{2}大小的TENG单元。在1400次循环之后，记录第一次和最后50次循环的转移电荷，它们保持了近50nC的一致水平。为了进行详细比较，还提供了第一个和最后5秒的输出波形的放大图。结果证实，在长工作时间内，性能没有下降。双层TD-TENG用于为220uF的电容器充电，当它达到2V的规定充电电压时，这在实验室条件下大约是10分钟。然后，电子温度计通电，检测实验室温度为24.9℃。220μF的电容器从0V充电到35分钟内约3V，发射器将被驱动向接收器发送信号，接收器在开关闭合时打开报警器发出声光。系统可以立即响应，触发蜂鸣器发出警报。在室外多风的环境中，电容器的充电电压在较短的时间内达到3V的栅极电压，然后系统启动并进入实时监控状态。预计随着风速的增加，预警时间将缩短，这证明了在野火预警中的应用是合理的。

风能是最有前景的可再生能源之一，在世界各地得到了广泛地开发。然而，在传统的用于风能收集的摩擦纳米发电机（TENG）中，由于具有高摩擦力的装置结构的限制，低速收集风能总是面临着巨大的挑战。为了克服这一困难，一种超低摩擦、高效的风车式纳米发电机（WNG）被发明出来。在此，WNG基于独立模式TENG，并采用接触-分离模式的旋转摩擦电层。这种特殊的设计成功地实现了较小的摩擦阻力，使风能在低速下能够被捕获。在最小风速下，优化后的 WNG 最大负载功率为 0.753μW，可同时点亮 9 个 LED。WNG 可以将风能转化为足够量的电力，在最大风速下为湿度计或数字时钟供电。此外，开发了一个基于小波网络的风速检测系统，并通过适当的计算参数证明了实时风速检测的优越性。这项工作不仅展示了 WNG 在低速风能收集方面的发展潜力，而且拓展了基于 TENG 的自供电环境监测的应用潜力。

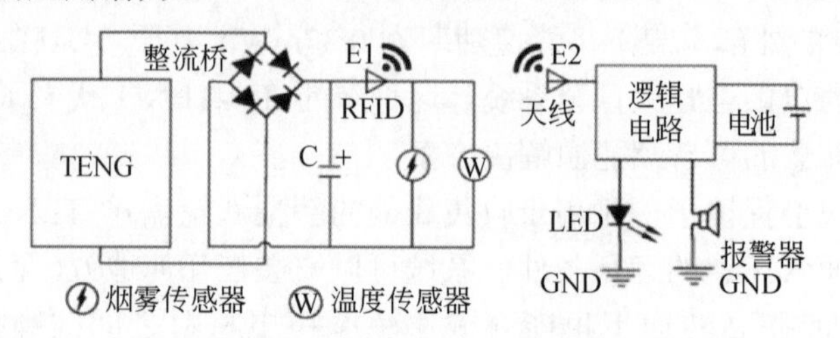

图 3.35　自供电系统的电路原理图

同时，为了更好地展示 WNG 在实际应用中的优越性，研究了该装置收集风能和为电气设备供电的能力。充电和放电操作的等效电路如图 3.36 所示。这里的开关分别用于充电和放电。WNG 在不同风速下直接点亮了各种 LED，在一档风速下分别点亮了 9 个 LED，在四档风速下点亮了 200 多个 LED。通过使用整流器，WNG 还可以直接为电容器等小型电子设备供电，充电电容器在充电后成功驱动了电子时钟和湿度计。

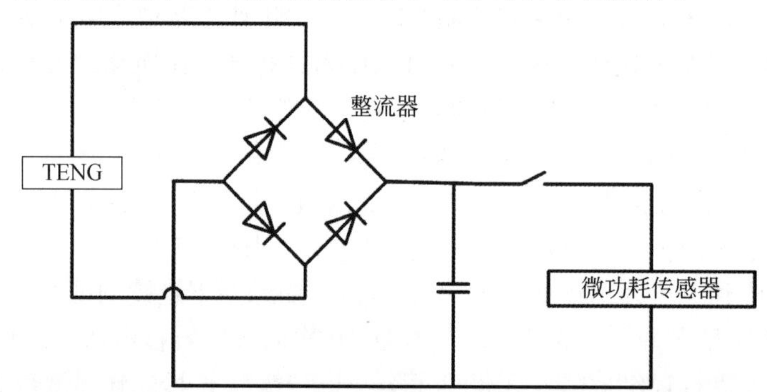

图 3.36　WNG 作为小型商用电子设备电源的等效电路示意图

未来的社会发展需要全天候检测环境，因此建立一个基于发电机的实时风速监测系统是有意义的。在图 3.37 中，采用了另一种更方便的方法，通过电压的频率来检测风速。设计了基于单片机（MCU）的 WNG 测量风速的设备。TENG 的输出信号被输入到 MCU，最终结果显示在 LCD 屏幕上。由于 WNG 的特性决定了输出信号，很难直接触发 MCU 工作，因此在 WNG 的顶层构建了一个由 PET 和 Al 组成的小型 TENG，它可以提供相对稳定的 AC 信号。首先进行了 Proteus 仿真，验证了该方案的可行性。图 3.37（a）显示了基于仿真软件的仿真图，输入信号是由静电计测量的实验电压数据。图 3.37（b）显示了频率的部分模拟结果，可用于通过计算获得更准确的线性参数。为了实现风速检测的实际应用，制作了一个基于 MCU 和 TENG 的实际风速测量系统。为了减少外部环境的影响，WNG 被放置在一个封闭的盒子里。得益于 WNG 对低风速的高灵敏度，LCD 上显示的结果与风速计相对接近，显示出比以前的方法更准确、更方便的结果。总之，这项工作表明，WNG 不仅可以用于获取风能，还可以用于实现风速检测。

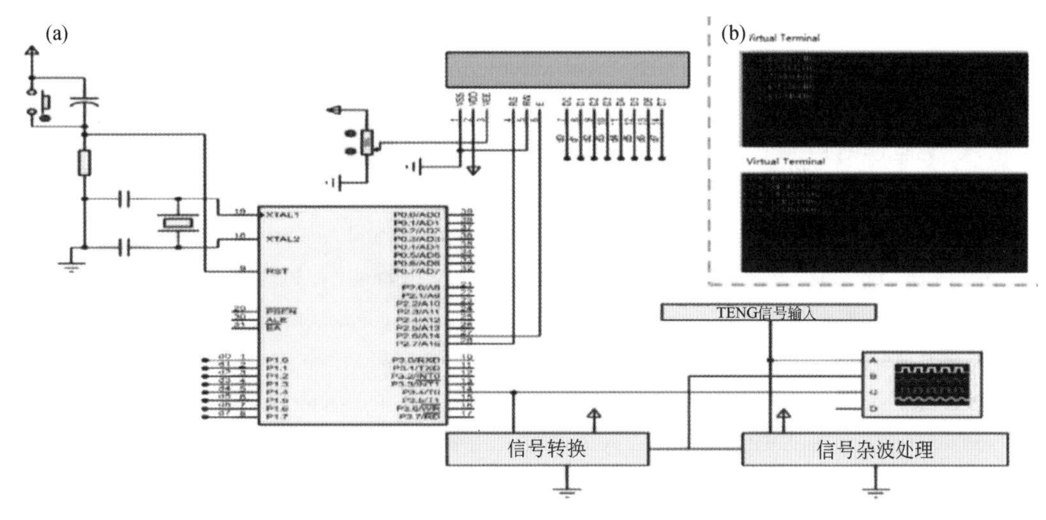

图 3.37　WNG 作为风速传感器的电路仿真图。(a) 电路仿真原理图；(b) 频率的仿真结果

3.5　本 章 小 结

本章通过研究发电机内部电学基础理论，提出发电机的等效电路模型，对发电机的输出特性进行了分析。通过设计倍压增流电路、串级耦合增流电路等电路增大发电机的输出性能；通过功率转换电路将发电机的高电压、低电流转换为低电压、大电流的输出，提高电源的带负载能力；通过集成化电路设计，将电路进行模块化处理。

参 考 文 献

[1] Zhao D, Yu X, Wang Z J, et al. Universal equivalent circuit model and verification of current source for triboelectric nanogenerator[J]. Nano Energy, 2021, 89: 106335.

[2] Zhao D, Yu X, Wang J L, et al. A standard for normalizing the outputs of triboelectric nanogenerators in various modes[J]. Energy & Environmental Science, 2022, 15(9): 3901-3911.

[3] Wang J L, Yu X, Zhao D, et al. Enhancing output performance of triboelectric nanogeneratorvia charge clamping[J]. Advanced Energy Materials, 2021, 11(31): 2101356.

[4] Wang Q W, Yu X, Wang J L, et al. Boosting the performance on scale-level of triboelectric nanogenerators by controllable self - triggering[J]. Advanced Energy Materials, 2022, 13(6): 2203707.

[5] Yu X, Ge J W, Wang Z J, et al. High-performance triboelectric nanogenerator with synchronization mechanism by charge handling[J]. Energy Conversion and Management, 2022, 263: 115655.

[6] Qin H F, Cheng G, Zi Y L, et al. High energy storage efficiency triboelectric nanogenerators with unidirectional switches and passive power management circuits[J]. Advanced Functional Materials, 2018,

28(51): 1805216.

[7] Xia X, Wang H Y, Basset P, et al. Inductor-free output multiplier for power promotion and management of triboelectric nanogenerators toward self-powered systems[J]. ACS Applied Materials & Interfaces, 2020, 12(5): 5892-5900.

[8] Yu X, Wang Z J, Ge J W, Zhao D, et al. Triboelectric nanogenerator with mechanical switch and clamp circuit for low ripple output[J]. Nano Research, 2021, 15(3): 2077-2082.

[9] Yu X, Wang Q W, Ke M F, et al. Millivolt - level stable voltage output of triboelectric nanogenerator under random excitation by double limiting[J]. Energy Technology, 2022, 10(9): 2200374.

[10] Zheng R F, Li G L, et al. Triboelectric-electromagnetic hybrid generator with single timer under monostable operation for wind energy harvesting[J]. Energy Technology, 2023, 11(4): 2201253.

[11] Zhang C, Li J, Han B C, et al. Organic tribotronic transistor for contact-electrification-gated light-emitting diode[J]. Advanced Functional Materials, 2015, 25(35): 5625-5632.

[12] Zhao L, Chen K, Yang F, et al. The novel transistor and photodetector of monolayer MoS_2 based on surface-ionic-gate modulation powered by a triboelectric nanogenerator[J]. Nano Energy, 2019, 62: 38-45.

[13] Gao X B, Xing F J, Guo F, et al. A turbine disk-type triboelectric nanogenerator for wind energy harvesting and self-powered wildfire pre-warning[J]. Materials Today Energy, 2021, 22: 100867.

第4章

基于摩擦纳米发电机的自驱动流体传感器

4.1 引　　言

流体传感器对现代工业的自动化发展具有十分重要的科学意义，尤其是在石油化工、生物医疗、能源计量以及管道安全监测等流体监测领域呈现出广泛的应用前景，如图 4.1 所示。在石油化工生产过程的自动检测和控制中，监测各种流体的流量可以更好地对系统进行操作、控制和反馈。特别是在能源和环境问题十分严峻的今天，积极推进流体传感器

(a)石油化工

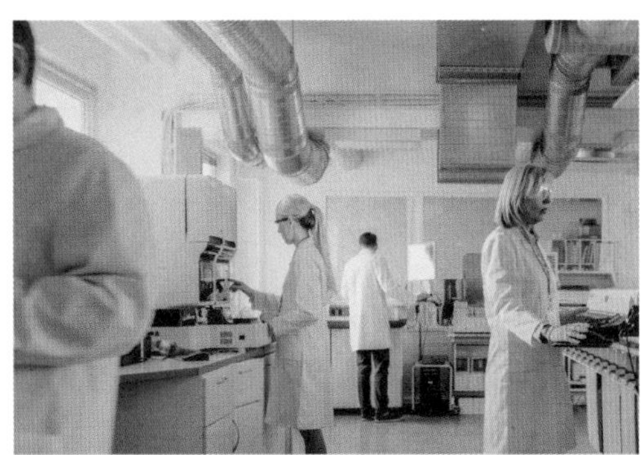
(b)生物医疗

(c)能源计量

(d)管道安全监测

图 4.1　流体监测的应用领域

的快速发展可为资源的合理利用提供一个重要手段。因此，发展新型流体测量方式在能源可持续发展中意义重大[1-2]。

当前，流体传感器的种类主要分为容积式、涡轮式、压差式、超声波式、电磁式和浮子式。流体传感器大都属于纯机械式，即通过内外磁钢耦合的方式由指针显示器直接显示流量或由机械连杆驱动输出机构实现信号输出。然而，由于结构的限制导致传感器测量精度较差，尽管通过角度变送器等方法对传感器精度进行了修正，仍然不可避免地会出现机械磨损和机械滞后问题。纯电子式传感器和机电混合式传感器因其相对高的测量精度和相对低的磨损近年来得到了广泛地应用，但皆因功耗大、成本高等因素，制约了进一步智能化发展。因此，积极探索流体特性监测的新方法，发展相关理论与技术显得尤为迫切。

2012 年王中林教授团队首次发明了基于有机材料的摩擦纳米发电机，其因具有结构简单、成本低廉、材料选择多样性、应用领域广等优势近年来受到研究人员的广泛关注。利用摩擦纳米发电方式对输出信号外部机械激励的静态和动态变化规律研究，可实现状态量的测量[3]。基于此原理，目前已研发了角度传感器、振动传感器、压力传感器、位移传感器等不同功能的摩擦电式传感器。此类传感器相比传统有源传感器的重大优势在于不需要额外的电源或者化学电池供电，该方向的研究为实现流量监测的智能化和无线化发展提供了划时代的新解决途径。据此，将基于摩擦起电与静电感应耦合原理，提出无源的传感检测新方法，并设计研制出多种摩擦电式流体传感器。该研究将实质性推进摩擦纳米发电技术在工业系统中的应用，为流体测量提供新的思路，进而成为相关领域的关键性支撑技术。

4.2 流体激励的摩擦纳米发电及自驱动传感理论基础

4.2.1 双电层摩擦纳米发电机电荷转移机理

研究表明，当固体与流体接触时，在流固界面形成了双电层（EDL）。双电层模型作为电化学的基础理论之一，描述了电极与流体相界面之间电荷层的结构，用来讨论流固界面上的电势分布。这个概念最初是德国物理学家 Helmholtz 于 1879 年提出，他发现正负离子排列于电极/电解液界面两侧，两层之间的距离约等于离子半径。但 Helmholtz 模型无法解释带电颗粒的表面电势与颗粒运动时液固相之间电势差的区别。

在 20 世纪，Gouy 和 Chapman 分别修改了 Helmholtz 提出的双电层模型，提出离子并非紧密附着在固体表面，而是分布在薄层区域。1924 年，Stern 将 Helmholtz 模型与 Gouy-Chapman 模型相结合，并引入了两个不同电荷区域的概念：Stern 层和扩散层，如图 4.2（a）所示。Stern 层由强烈吸附在带电电极上的离子形成，扩散层与离子浓度有关，离子浓度随远离表面的距离而降低。王中林教授团队在相关液固界面的实验中发现在液体和固体之间的接触起电过程中，电子转移是一个不应忽视的重要影响，因此，在双电层形成过程中也应考虑电子转移。于是，2019 年王中林教授基于电子云重叠理论和固体表面的静电相互作用对传统的双电层模型进行了修正。考虑到电子转移和离子吸附，他提出了混合双电层模型的“两步走”形成过程，即“王氏模型”，如图 4.2（b）所示。

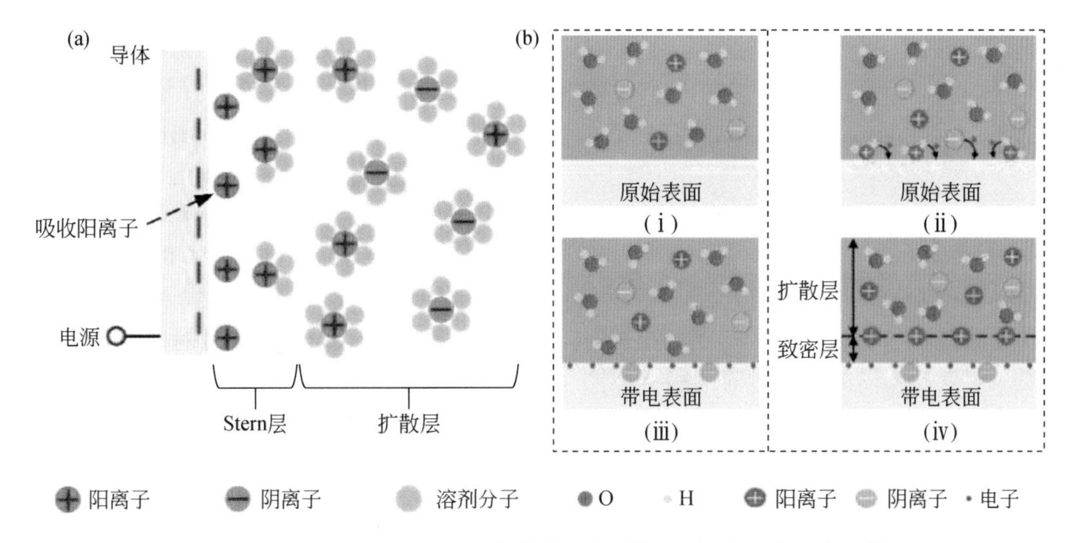

图 4.2　双电层模型原理图。(a) 传统双电层模型；(b) 混合双电层模型

综上所述，混合双电层理论与传统双电层理论的关键区别是带电固体表面电荷载流子的同一性。载流子是能自由移动的带有电荷的物质微粒，如电子和离子。混合双电层模型考虑到电子转移，而传统双电层模型并没有考虑电子转移。

4.2.2　摩擦电式非满管流量传感器的理论分析

摩擦电式非满管流量传感器工作原理如图 4.3 所示[4]。通过在亚克力筒的底部设计一条流道与 PTFE 管相连，从而使亚克力筒中的水通过流道流经到 PTFE 管内。PTFE 管的液体表面压力 P_1 和亚克力筒的液体表面压力 P_2 与大气接触，由此可知，PTFE 管内液体与亚克力外筒内液体表面压力相同。

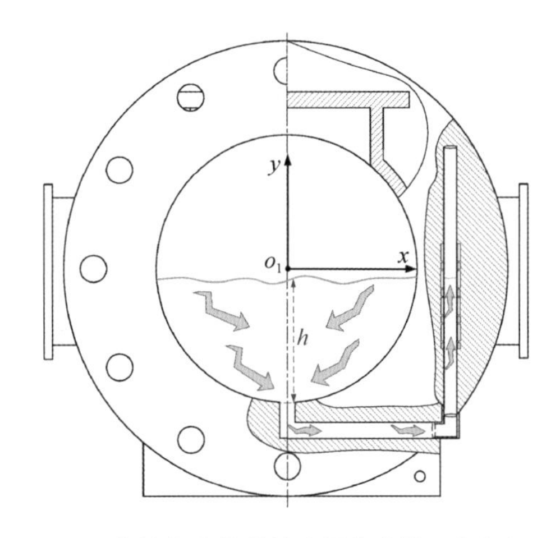

图 4.3　摩擦电式非满管流量传感器工作剖视图

因此，可以通过在 PTFE 管外布置电极监测液位的变化从而确定亚克力筒内液位的变

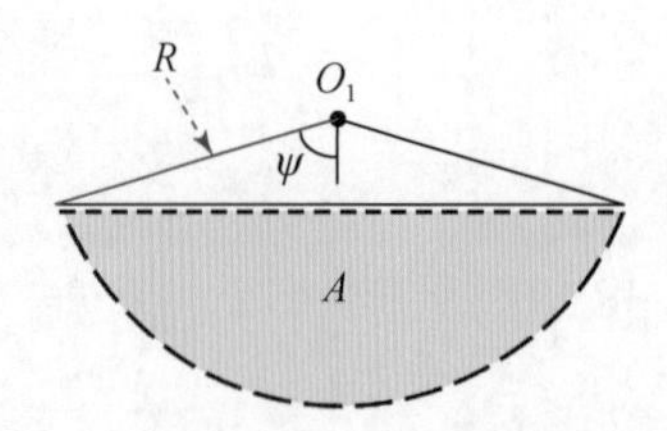

图 4.4　摩擦电式非满管流量传感器瞬时过流面积

化，实现液位 h 的精准监测。为了实现摩擦电非满管流量传感器测量大型管道非满管流的流量需求，不仅要通过液位 h 由面积计算公式得到瞬时过流面积，还需要知道水流流速 v 的大小，通过流量计算公式来计算流量。液位、流速传感单元是基于独立层式摩擦纳米发电机理论进行设计，流量变化时，水在 PTFE 管中靠近电极，当它流过不同形状的电极时，会产生不同的电信号。液位 h 对应于瞬时过流面积，亚克力圆筒的瞬时过流面积 A 如图 4.4 所示。流速传感单元可以监测流速的周期性电信号，利用监测电信号的频率来监测流速 v，因此可以从电信号监测流量 q_v，摩擦电式非满管流量传感器的流量计算公式如下所示：

当 $h \leqslant R$ 时，流体充满度 α 的计算公式如公式（4-1）所示：

$$\alpha=\frac{h}{D} \tag{4-1}$$

其中，D 是亚克力外筒的直径。弧度 ψ 可表示为：

$$\psi=\arccos(1-2\alpha) \tag{4-2}$$

通过公式（4-2）得知弧度 ψ 的大小，进而可以计算瞬时过流面积 A。其计算公式可表示为：

$$A=\left(\frac{D}{2}\right)^2\cdot\left(\psi-\frac{1}{2}\sin 2\psi\right) \tag{4-3}$$

流量 q_v 可根据流量方程式计算：

$$q_v=Av \tag{4-4}$$

将式（4-1）～式（4-3）代入公式（4-4），瞬时流量可表示为式（4-5）。

$$q_v=\left(\frac{D}{2}\right)^2\cdot\left[\arccos\left(\frac{D-2h}{D}\right)-\frac{1}{2}\sin\left(2\arccos\left(\frac{D-2h}{D}\right)\right)\right]\cdot v \tag{4-5}$$

当流量增加时，由于开路电压的变化，水流过贴有电极的部分后会产生正脉冲；类似地，当流量减少时，将产生负脉冲。正脉冲的数目为 n_1，负脉冲的数目是 n_2，净脉冲的总数是 N。

$$N=n_1-n_2 \tag{4-6}$$

液位 h 与总脉冲数 N 相关，可表示为：

$$h=aN \tag{4-7}$$

这里，a 是常数系数。不同液位下的流速 v_i 可表示如下：

$$v_i=k_i f_i \tag{4-8}$$

其中，通过 FFT 计算开路电压的频率 f_i，k_i 是不同液位下流速和频率之间的相关系数。将公式（4-6）～式（4-8）代入公式（4-5），推导出流量公式 q_v 与被测关系量的具体表达式，如下所示：

$$q_v = \left(\frac{D}{2}\right)^2 \cdot \left[\arccos\left(\frac{D-2aN}{D}\right) - \frac{1}{2}\sin\left(2\arccos\left(\frac{D-2aN}{D}\right)\right)\right] \cdot k_i f_i \tag{4-9}$$

从公式（4-9）可以看出，流量 q_v 与液位传感单元产生的正/负脉冲 n_1/n_2 的数量以及流速传感单元的开路电压频率 f_i 有关，这是摩擦电式非满管流量传感器用于流量监测的基本工作原理。

4.2.3 摩擦电式涡轮流量传感器工作原理

涡轮是发电机较为常见的结构，在流体冲击下涡轮会产生旋转，涡轮的旋转角速度与流体的流量成正比，通过测量涡轮转速可得到流体的流量。涡轮转速也会受到流体流量的影响，当流体流量增加时，涡轮转速也随之增加，反之则减小。因此，当气体流量在一定范围内变化时，涡轮式流量传感器可稳定输出相应的流量值。涡轮叶片通过特殊的设计，能够在流体中形成旋涡，使得涡轮叶片受到流体的冲击力，从而带动涡轮转动。可以通过测量涡轮旋转的转速输出流量值。此外涡轮叶片数量和设计对于流量传感器的输出稳定性至关重要。通常情况下，涡轮叶片的数量越多，转速也越稳定。另外，涡轮叶片的设计也会影响流量传感器的稳定性。一些设计良好的叶片可以减小涡轮的旋转阻力，从而提高转速稳定性和准确性。涡轮流量传感器中由涡轮转速得出的信号频率 f 和流量值存在如下关系：

$$q_v = \frac{f}{K} \tag{4-10}$$

式中，f 为信号频率；K 为仪表系数；q_v 为气体流量。

根据运动定律可以写出叶轮的运动方程：

$$J\frac{d\omega}{dt} = T_d - T_{rm} - T_{rf} \tag{4-11}$$

式中，J 为涡轮的转动惯量；t 为时间；ω 为涡轮的转速；T_d 为推动力矩；T_{rm} 为机械摩擦阻力矩；T_{rf} 为流动阻力矩。

公式（4-10）中的 K 值的大小与涡轮流量传感器的结构参数有关，包括涡轮尺寸、涡轮材质、安装位置等因素。在涡轮流量传感器处于稳定流动状态时，K 值应该为一个定值。被测流体流动状态为定常且传感器稳定工作时 $\frac{d\omega}{dt} = 0$，此时运动方程变为力矩平衡方程：

$$T_d - T_{rm} - T_{rf} = 0 \tag{4-12}$$

根据动量定理，涡轮叶片所受到的冲击力与叶片均方根半径和叶片安装角度有关。因此，为了使涡轮流量传感器具有更好的流量测量精度，需要在叶片的入口和出口处制作流速三角形。流体在叶片进口处的动量等于流体在叶片出口处的动量加上叶片所获得的动量。为了更好地描述叶片所受的驱动力，可以将叶片展开成一系列直列级联的小叶片。在每个小叶片的入口和出口处，可以绘制出相应的流速三角形，表示流体在该处的速度和方向，如图 4.5 所示。

沿叶片高度方向，叶片微元表面的力矩 dT_d 为：

$$dT_d = r\,dF \tag{4-13}$$

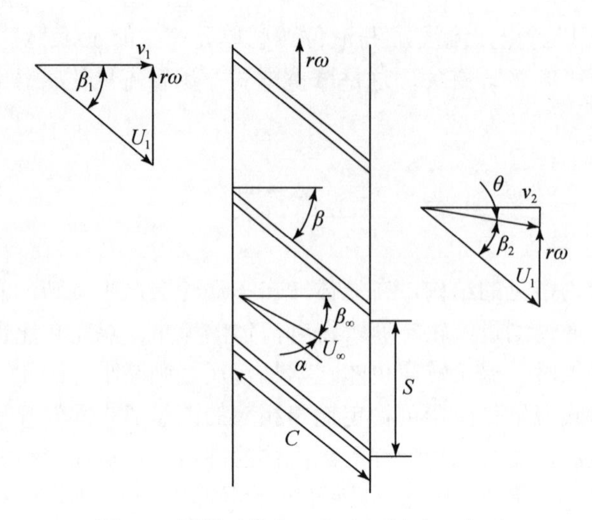

图 4.5　涡轮叶片入口和出口速度三角形

dF 是作用在叶片半径上的力，可以从动量定理得到：

$$dF = \rho v_1 (2\pi r dr)(v_1 \tan\beta - r\omega) \tag{4-14}$$

$$\tan\beta = \frac{2\pi r}{L} \tag{4-15}$$

式中，r 为涡轮平均半径，L 为螺距，ω为涡轮旋转的角速度。

由公式（4-13）和公式（4-14）可知

$$dT_d = 2\pi\rho v_1^2 \left(\frac{2\pi}{L} - \frac{\omega}{v_1}\right) r^3 dr \tag{4-16}$$

将上述公式从叶片导管半径整合到叶尖端半径，总驱动力矩为：

$$T_d = \int_{r_h}^{r_t} 2\pi\rho v_1^2 \left(\frac{2\pi}{L} - \frac{\omega}{v_1}\right) r^3 dr = \frac{\pi}{2}\rho v_1^2 \left(\frac{2\pi}{L} - \frac{\rho}{v_1}\right)\left(r_t^4 - r_h^4\right) \tag{4-17}$$

引入均方根半径 r_{av}：

$$r_{av} = \sqrt{\frac{r_t^2 + r_h^2}{2}} \tag{4-18}$$

公式（4-13）可以推导为：

$$T_d = \frac{r_{av}}{A}\rho q^2 \tan\beta - r_{av}^2 \rho q \omega \tag{4-19}$$

式中，A 为传感器进气口面积，ρ为流体密度，q 为体积流量。

由于 $v=q/A$，联立式（4-12）则上述运动方程可以整理为：

$$\frac{\omega}{q} = \frac{\tan\theta}{rA} - \frac{T_{rm}}{\rho r^2 q^2} - \frac{T_{rf}}{\rho r^2 q^2} \tag{4-20}$$

函数关系 $f=Kq$，f 与 ω 有具体表达式为：

$$\omega=\frac{2\pi f}{Z} \tag{4-21}$$

式中，Z 为涡轮叶片数。

那么将 K 用仪表系数的形式表达：

$$K=\frac{Z}{2\pi}\left(\frac{\tan\theta}{rA}-\frac{T_{\mathrm{rm}}}{\rho r^2 q^2}-\frac{T_{\mathrm{rf}}}{\rho r^2 q^2}\right) \tag{4-22}$$

这个简化的模型可以帮助我们更好地理解涡轮流量传感器的工作原理和特性。该模型通过考虑涡轮叶片的阻力矩、机械摩擦力矩等因素，描述了流体流动对涡轮流量传感器转速的影响。由于模型中各个阻力矩的表达式都是经验公式，因此这个模型并不是完全精确的。但是这个模型具有实用价值，可以在设计涡轮流量传感器时更好地预测和控制其性能。同时该模型也可以作为优化涡轮流量传感器的基础，以提高其准确性、可靠性和稳定性。涡轮流量传感器中的涡轮旋转可以被视为一种机械运动，可以被用来驱动摩擦纳米发电机，进而将机械能转化为电能。利用这个特性，可以将涡轮流量传感器与摩擦纳米发电机结合起来，实现流量的电信号输出。为了深入研究流速传感单元中水轮部分在不同液位下的受力情况，建立水驱动水轮的应力分析示意图，水轮具体受力分析表示如图 4.6 所示。

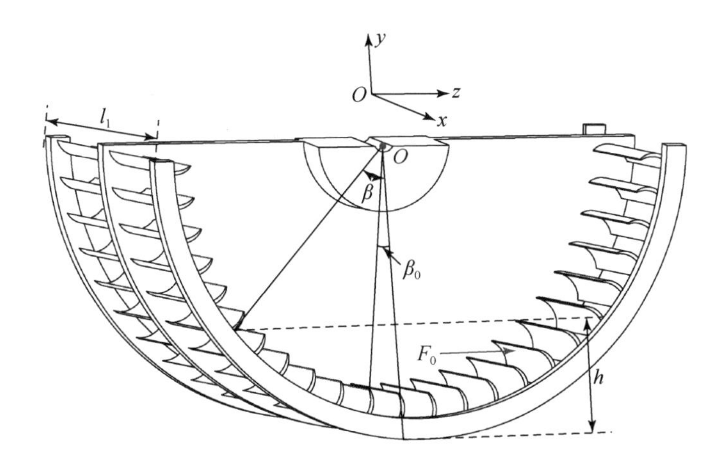

图 4.6　摩擦电式非满管流量传感器水轮受力分析

因水轮轮齿与水冲方向保持垂直，假设水冲击每个轮齿的力近似相等，水冲击每个轮齿的力为 F_0，作用在水轮上的力为每个轮齿的作用力 F_0 之和。随着液位的增加，水冲击水轮的轮齿数增加，首先计算的是水通过水轮的半角 β：

$$\beta=\arcsin\left(\frac{r_1-h}{r_1}\right) \tag{4-23}$$

其中，r_1 是水轮的半径。浸入水中的轮齿总数 n 为：

$$n \approx \frac{2\beta}{\beta_0} = \frac{2\arcsin\left(\dfrac{r_1 - h}{r_1}\right)}{\beta_0} \tag{4-24}$$

这里，水轮中两个轮齿之间的间隔角为β_0。水轮的剪切应力τ可计算为：

$$\tau \approx nF_0 \tag{4-25}$$

其中，作用在每个轮齿上的力大约为F_0。扭矩T为：

$$T = \int \tau \mathrm{d}A_1 \cdot r_1 \tag{4-26}$$

其中，$\mathrm{d}A_1$是剪切应力作用下的对于水轮面积无穷小微分。而描述水轮运动过程的运动微分方程具体表达式如下所示：

$$J_0\ddot{\theta} + C\dot{\theta} + k_t\theta = T \tag{4-27}$$

其中，C是流体阻尼，k_t是扭转刚度，J_0是惯性矩。水轮的惯性矩J_0可通过以下公式获得：

$$J_0 = \frac{\rho_1 l_1 \pi D_1^4}{32} \tag{4-28}$$

其中，D_1是水轮的直径。水轮的固有角频率ω_0可以表示为：

$$\omega_0 = \left(\frac{k_t}{J_0}\right)^{\frac{1}{2}} \tag{4-29}$$

通过将公式（4-28）和公式（4-29）代入公式（4-27）得到公式（4-30）。

$$\frac{\rho_1 l_1 \pi D_1^4}{32} \cdot \ddot{\theta} + C\dot{\theta} + \frac{\rho_1 l_1 \pi D_1^4}{32}\omega_0^2 \cdot \theta = \int \tau \mathrm{d}A_1 \cdot r_1 \tag{4-30}$$

从公式（4-30）可以得水轮的剪切应力τ越大，扭矩T越大，水轮扭转角θ越大，而角速度是由扭转角决定的。在相同的流速下液位越高水轮的角速度越大。

要获得流量就要通过液位高度与转动速度来求出通过截面的流量值，摩擦纳米发电原理可实现液位与流速的测量。图 4.7 介绍了液位传感单元的基本工作原理。液位传感单元由 PTFE 管和变面积式叉指电极组成，在液位传感单元工作时具体工作状态的电荷转移如下所示：

首先，当水流入 PTFE 管经过小电极部分时，它打破了 PTFE 管和铜电极之间的静电平衡，使 PTFE 管内壁附近的水带正电荷。由于电位差，电子通过外部电路从小电极转移到大电极。

其次，随着液位的增加，当水流过叉指电极的大电极部分时，电势差会驱动电子从大电极均匀分布到小电极，从而达到静电平衡状态。

再次，当液位继续上升时，电子转移将重复之前的过程，电势差会驱动电子从小电极均匀分布到大电极上。

最后，当液位上升到最高处叉指电极中的大电极部分，由于靠近 PTFE 管内壁的水会带正电荷，从而导致电子从大电极均匀分布到小电极以实现新的静电平衡。类似地，当液位降低时，电子流动方向与液位升高时相反。

为了更好地解释流速传感单元的工作原理，对流速传感单元的工作状态进行了逐步描述，如图 4.8 所示。

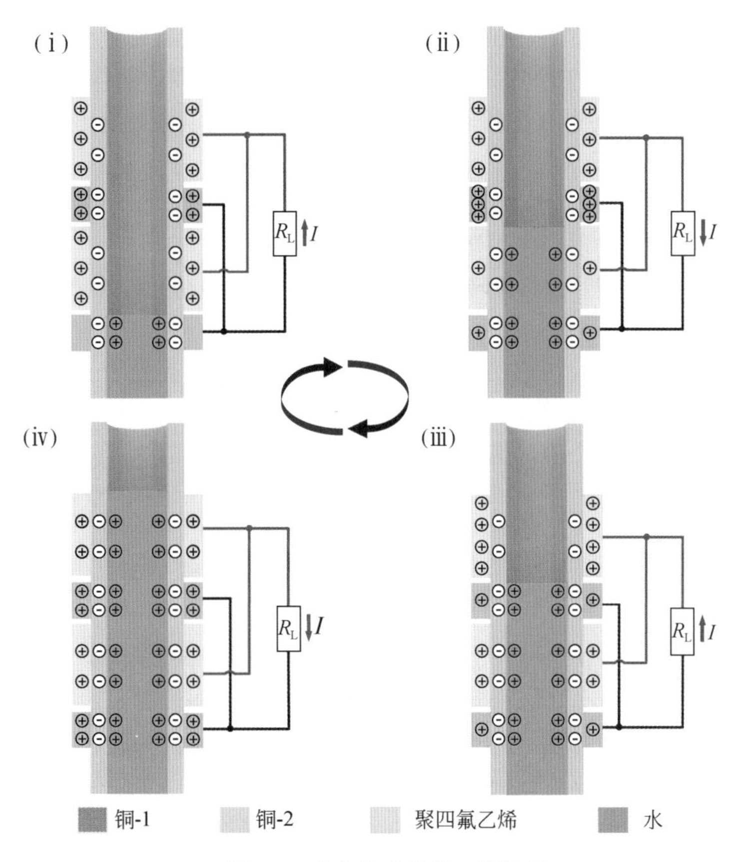

图 4.7　液位传感单元工作原理

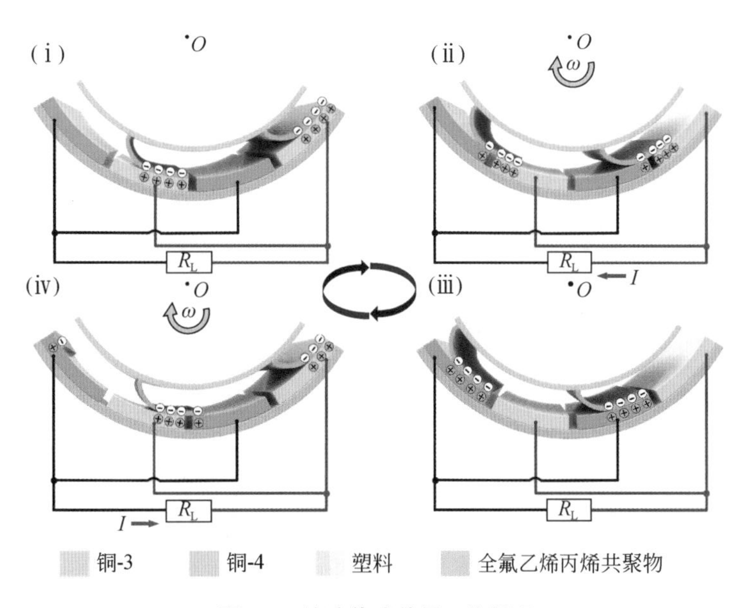

图 4.8　流速传感单元工作原理

①在初始状态下，当柔性全氟乙烯丙烯共聚物（FEP）拨片与铜-4 电极完全重叠时，

由于 FEP 拨片与铜电极的电负性不同，两种材料接触时表面电荷发生变化，铜的得电子能力弱于 FEP，电子从铜流向 FEP。因此，FEP 拨片上带有负电荷，而铜电极上带有正电荷。

②当柔性 FEP 拨片滑向铜-3 电极时，静电平衡被打破，电极之间出现电势差，驱动电子由铜-4 电极流经铜-3 电极。

③随着柔性 FEP 拨片继续滑动，直到它们继续与铜-3 电极重叠时，由于电位差的变化，负电荷在电极之间转移以实现静电平衡。

④最后，当柔性 FEP 拨片继续旋转时，铜-3 电极上的负电荷通过外部电路转移到铜-4 电极上。

以上是流速传感单元电荷转移的完整周期，当流速传感单元处于工作状态时，随着柔性 FEP 拨片与两电极之间不断摩擦，电子在铜-3 电极与铜-4 电极之间转移，柔性 FEP 拨片每扫掠过一对电极时产生一个脉冲信号。由摩擦电测试获得的流速、液位配合叶片的转速即可获得具体的流量信息。

4.2.4 摩擦电式流体传感器工作原理

浮子流量计是较为常见的测试工具，但人为检测度数会使得误差率较高。为了揭示浮子流量传感器流量检测的基本工作原理，首先对浸没于流体内浮子的受力情况作一个简单的分析。浮子流量传感器主要由一个自下而上扩大的垂直锥形容腔和一个沿着锥形容腔轴线上下移动的浮子组成。锥形容腔内浮子的受力分析如图 4.9 所示，当被测流体从下向上经过锥形容腔和浮子形成的环通面积 A_2 所处位置时，浮子在垂直放置的锥形容腔中随着流量的变化而上下移动。

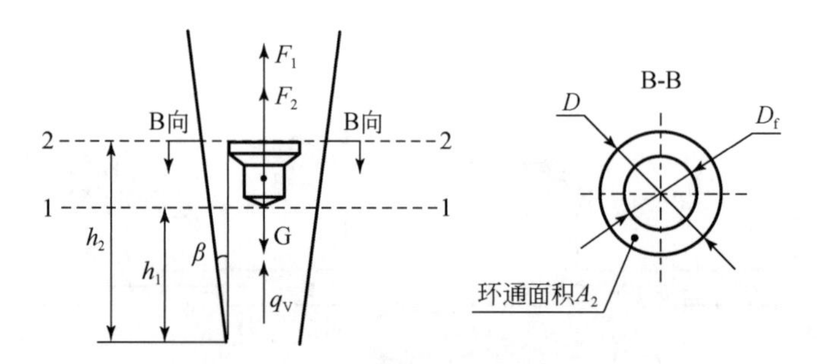

图 4.9 锥形容腔内浮子受力分析

此时，作用在浮子上的力有三个，即浮子自身的重力 G、浮子的浮力 F_1 和浮子上下两端形成的差压阻力 F_2。当浮力和差压阻力形成的上升力大于浮子自身重力时，浮子便上升，环通面积随之增大，环通面积处流体流速下降，差压阻力降低。因此，浮子所受总的上升力也随之减少，直到上升力等于浮子重力时，浮子便平稳地悬浮在锥形容腔内的某一高度位置，即浮子在锥形容腔中的位置高度与通过的流量有一一对应的关系。

这里用伯努利平衡方程直接推导浮子流量传感器流量检测的基本工作原理。如图 4.9 所示，假设浮子悬浮在锥形容腔内某一固定高度，取浮子上端所在的水平面为 2-2 截面，浮子下端所在的水平面为 1-1 截面，在流量传感器所测试的流量范围内两截面处的气体密度变化很小，可以忽略，则在不考虑能量损失的情况下，1-1 截面和 2-2 截面之间的能量转换关系可以表示为：

$$\frac{\rho v_1^2}{2}+\rho g h_1+P_1=\frac{\rho v_2^2}{2}+\rho g h_2+P_2 \tag{4-31}$$

式中，P_1 为截面 1-1 处的压力[①]，MPa；P_2 为截面 2-2 处的压力[①]，MPa；v_1 为截面 1-1 处的平均流速，m/s；v_2 为截面 2-2 处的平均流速，m/s；h_1 为截面 1-1 处所在的高度，mm；h_2 为截面 2-2 处所在的高度，mm；ρ 为流体的密度，kg/m^3。

移项整理得：

$$P_1-P_2=\rho \mathrm{g}(h_2-h_1)+\frac{\rho(v_2^2-v_1^2)}{2} \tag{4-32}$$

从公式（4-32）可以看出，浮子上下端处流体的压力差一部分由位移差转换而来，另一部分由速度差转换而来。将上式的等号两边同时乘以 $\overline{A}_\mathrm{f}$ 可以得如下表达式：

$$(P_1-P_2)\overline{A}_\mathrm{f}=\overline{A}_\mathrm{f}\rho g(h_2-h_1)+\frac{\overline{A}_\mathrm{f}\rho(v_2^2-v_1^2)}{2} \tag{4-33}$$

式中，$\overline{A}_\mathrm{f}$ 是浮子的平均截面积。公式的左侧表示浮子所受总的上托力，公式右侧的第一项实际上是与浮子相同体积的流体的重量，即浮子所受的浮力 F_1。公式右侧的后一项是由动压力转换而来的差压阻力 F_2。当浮子在流体中处于相对静止时，浮子在垂直方向上受力是平衡的：

$$(P_1-P_2)\overline{A}_\mathrm{f}=\rho_\mathrm{f} V_\mathrm{f} g \tag{4-34}$$

式中，ρ_f 是浮子的密度，V_f 是浮子的体积。将公式（4-34）代入公式（4-33）并加以整理得：

$$v_2^2-v_1^2=\frac{2\mathrm{g}V_\mathrm{f}(\rho_\mathrm{f}-\rho)}{\rho\overline{A}_\mathrm{f}} \tag{4-35}$$

假设在截面 1-1 和截面 2-2 处，流体的流通面积分别为 A_1 和 A_2。当流量一定时，则根据连续性方程 $A_1v_1=A_2v_2$ 有：

$$v_1=\frac{v_2A_2}{A_1} \tag{4-36}$$

将公式（4-36）代入公式（4-35）并加以整理得：

$$v_2=\frac{1}{\sqrt{1-\left(\frac{A_2}{A_1}\right)^2}}\sqrt{\frac{2\mathrm{g}V_\mathrm{f}(\rho_\mathrm{f}-\rho)}{\rho\overline{A}_\mathrm{f}}} \tag{4-37}$$

浮子在锥形容腔的任意高度位置 h 处，流体流过的环通面积 A_2 可以表示为：

$$\begin{aligned}A_2&=\pi\left(\frac{D_\mathrm{f}}{2}+h\tan\beta\right)^2-\pi\left(\frac{D_\mathrm{f}}{2}\right)^2\\&=\pi D_\mathrm{f}h\tan\beta+\pi(h\tan\beta)^2\\&\approx\pi D_\mathrm{f}h\tan\beta\end{aligned} \tag{4-38}$$

① 这里的“压力”实际代表“压强”，工程领域常习惯称为“压力”。

因此浮子流量计的体积流量 q_V 可以表示为：

$$q_V = A_2 v_2 = \frac{\pi D_f h \tan\beta}{\sqrt{1-\left(\frac{A_2}{A_1}\right)^2}} \sqrt{\frac{2gV_f(\rho_f - \rho)}{\rho \bar{A}_f}} \tag{4-39}$$

为了校正因实际流体压力损失而引起的误差，引入一个流量系数 ξ 进行修正，将压力损失和 $\frac{1}{\sqrt{1-\left(\frac{A_2}{A_1}\right)^2}}$ 项考虑到流量系数 ξ 内，则体积流量 q_V 最终可表示为：

$$q_V = A_2 v_2 = \left(\xi \pi D_f \tan\beta \sqrt{\frac{2gV_f(\rho_f - \rho)}{\rho \bar{A}_f}}\right) h \tag{4-40}$$

式中，ξ 是流量系数，由实验的实测结果确定；从公式（4-40）可知，流体的体积流量与浮子在锥形容腔内的位置高度 h 成正比。

本节将开展三角电极型摩擦电式流量传感器的理论研究，其流量检测原理如4.10所示[5]。该传感器包括方锥形容腔，三角铜电极，PTFE 膜和一个方锥形浮子。三角铜电极粘贴固定在方锥形容腔的内表面，PTFE 膜粘贴在浮子的侧端面。

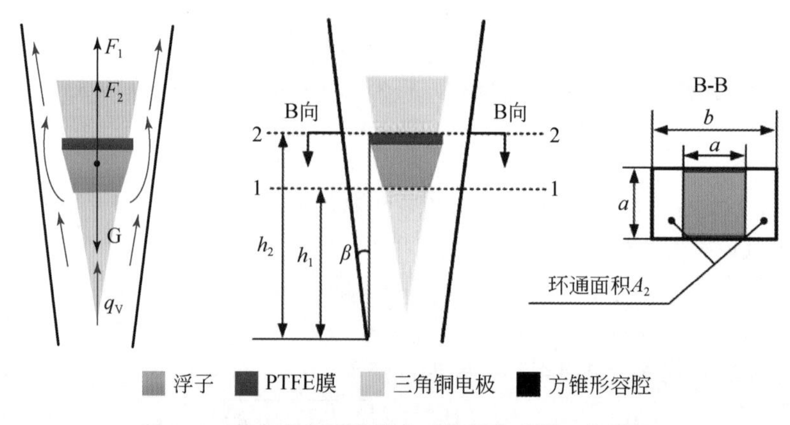

图 4.10　三角电极型摩擦电式流量传感器工作原理

在气动压力差的驱动下，浮子在三角铜电极表面上下滑动，导致两摩擦传感单元（PTFE与铜）产生的电压信号随着重叠面积的变化线性变化。锥形容腔内流量与浮子的高度位置成正比，进而将流量与浮子位置高度的线性关系转换为流量与输出电压的规律变化。

为了更清楚地理解三角电极型摩擦电式流量传感器的检测原理，对该传感器进行结构参数分析。如图 4.10 所示，取浮子的上端面和下端面所在截面分别为 2-2 和 1-1，其对应高度分别为 h_2 和 h_1，浮子上端面与锥形容腔的夹角为 β，方锥形浮子的上端面边长为 a。假设浮子在某一高度位置时上端面与锥形容腔所截得的截面的长度为 b，宽度为 a。根据式（4-38）可知，三角电极型摩擦电式流量传感器的环通面积可表示为：

$$A_2 = ab - a^2 = a(a + 2h\tan\beta) - a^2 = 2ah\tan\beta \tag{4-41}$$

结合公式（4-37）、公式（4-40）和公式（4-41），三角电极型摩擦电式流量传感器的体积流量可以表示如下：

$$q_{\mathrm{V}} = 2\xi a \tan\beta \sqrt{\frac{2gV_{\mathrm{f}}(\rho_{\mathrm{f}} - \rho)}{\rho \bar{A}_{\mathrm{f}}}} h \tag{4-42}$$

铜电极中转移的电荷总量与电荷密度和电极面积有关。假设摩擦电荷均匀地分布在铜膜和 PTFE 膜表面上，则浮子滑动到某一高度时转移电荷的总电荷量可表示为：

$$Q(h) = \sigma_0 S(h) = 2\sigma_0 \int_{h-\Delta s}^{h} \frac{C}{H} x \mathrm{d}h = \frac{2\sigma_0 C \Delta s h}{H} - \frac{C\sigma_0 \Delta s^2}{H} (0<h<H) \tag{4-43}$$

式中，$Q(h)$ 为转移电荷量，σ_0 为电荷密度，h 为浮子上升的高度，Δs 为 PTFE 膜的宽度，C 为三角铜电极底边边长的一半，H 为三角铜电极的高度。

根据单电极模式理论，电极与大地之间的开路电压与转移电荷量有关，即：

$$V_{\mathrm{OC}} = k_{\mathrm{q}} Q(h) \tag{4-44}$$

式中，V_{OC} 为开路电压，k_{q} 为开路电压与转移电荷量的相关系数，结合公式（4-42）、公式（4-43）和公式（4-44），体积流量可以表示为：

$$q_{\mathrm{V}} = \frac{\xi a \tan\beta \mathrm{H} \sqrt{\frac{2gV_{\mathrm{f}}(\rho_{\mathrm{f}} - \rho)}{\rho \bar{A}_{\mathrm{f}}}}}{k_{\mathrm{q}} \sigma_0 \Delta s C} V_{\mathrm{OC}} + \xi a \tan\beta \Delta s \sqrt{\frac{2gV_{\mathrm{f}}(\rho_{\mathrm{f}} - \rho)}{\rho \bar{A}_{\mathrm{f}}}} \tag{4-45}$$

对于给定的三角电极型摩擦电式流量传感器，公式（4-45）中的所有结构参数都是确定的，因此可以进一步简化为：

$$q_{\mathrm{V}} = K_1 V_{\mathrm{OC}} + K_2 \tag{4-46}$$

式中，K_1 和 K_2 均为常数。从公式（4-46）可以看出三角电极型摩擦电式流量传感器的输出开路电压随着流量线性变化，因此可以通过检测输出电压来计算流量的大小。三角电极型摩擦单元间的电子转移过程如图 4.11 所示，其可以分为四种主要状态，具体描述如下：

状态Ⅰ：初始状态下，PTFE 膜与三角铜电极完全接触，两者之间的重叠面积最大。因为两种摩擦材料的得失电子能力不同，所以电子会从铜表面转移到 PTFE 膜表面。此时，两个摩擦表面将分别带有等量的正电荷和负电荷。

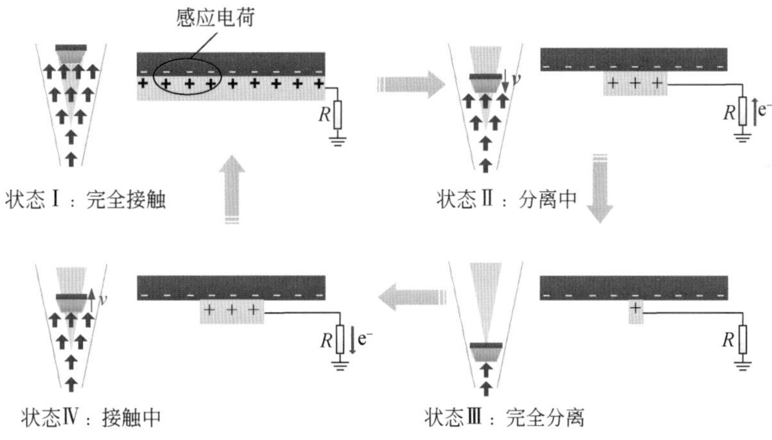

图 4.11　三角电极型摩擦单元电子转移工作过程

状态Ⅱ：当浮子随着流量的减少向下滑动时，PTFE 膜和三角铜电极逐渐分离，进而导致两摩擦传感单元间的重叠面积减少。产生的电势差将驱动电子从地面转移到铜电极表面，以达到新的静电平衡。

状态Ⅲ：当浮子滑动到三角铜电极的最底部位置时，铜电极与 PTFE 膜之间的重叠面积最小，来自地面的电子将与铜电极上几乎所有的正电荷中和。

状态Ⅳ：当浮子随着流量的增加而向上滑动时，PTFE 膜与铜电极再次接触，按照相同的原理产生相反的交流电。

因此，当贴有 PTFE 膜的浮子随流量变化在三角铜电极表面上下滑动时，将输出交流电，进而通过输出电压检测流量。

磁翻板型摩擦电式流量传感器的工作原理如图 4.12 所示，主要由锥形容腔、磁浮子和磁翻板组成[6]。

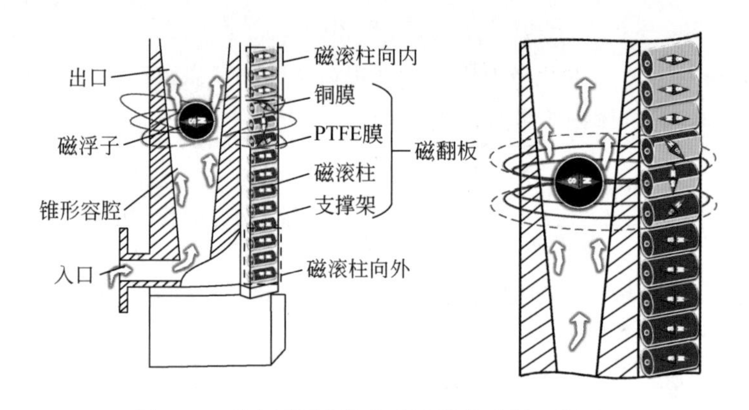

图 4.12　磁翻板型摩擦电式流量传感器工作原理

磁翻板上的磁滚柱内含有磁铁，且所有磁铁的排列方式朝向相同。因此当锥形容腔内的磁浮子随着流量的变化上下移动时，将在磁耦合的作用下驱动磁滚柱来回翻转。针对液位高度检测，由于磁翻板与锥形容腔是两个独立的空间，使得流体与磁翻板完全隔离，因此当流体流过锥形容腔时并不影响磁翻板的正常工作，稳定性好。磁浮子的密度小于水的密度，根据连通器原理，液位高度可以通过磁浮子浮起的高度位置进行检测。

综上所述，无论是气体流量还是液位高度均与磁浮子的高度位置有关，进而转换成磁翻板上磁滚柱的翻转状态。磁滚柱的圆周面一半贴有铜膜，而另一半则没有，因此磁滚柱来回翻转时将导致铜膜与 PTFE 膜的重叠面积周期性地增大和减少。根据前面的理论，输出开路电压的大小与两摩擦材料表面相对变化的面积有关，进而通过输出开路电压的大小检测气动流量/液位高度。为了说明磁翻板型摩擦电式流量传感器电能输出的工作原理，图 4.13 描述了其四种典型循环状态下的发电情况，工作过程与上述三角电极型摩擦传感单元类似。

在初始状态下，由于静电感应作用，背面的铜电极在短路条件下带正电荷并与大地建立一个负的电势差。当磁浮子随着流量的增加上升时，磁滚柱上面的铜膜由于摩擦起电作用产生的正电荷不断中和 PTFE 表面的负电荷。这种电能产生过程一直持续到磁浮子上升到它的极限位置，此时磁滚柱上的铜膜与 PTFE 膜有最大的重叠面积变化。相反地，当磁浮子随着流量的减少下降时，等量的正电荷从大地转移到背面的铜电极，以平衡 PTFE 膜上积累的电场。磁翻板产生的电压输出信号与磁滚柱的翻转高度呈线性相关，因此可以通过该传感器的输出开路电压实时监测流量/液位。

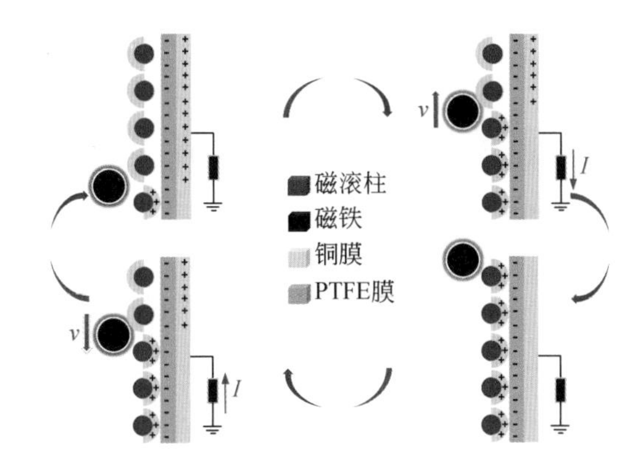

图 4.13　磁翻板型摩擦电式流量传感器电子转移工作过程

4.3　液体状态监测的摩擦电式传感器研制

4.3.1　摩擦电式非满管流量传感器的设计与仿真

本节针对摩擦电式非满管流量传感器的结构设计与仿真将展开详细分析。根据上文对摩擦纳米发电机的基础理论研究与传感单元的原理介绍，为了对液位、流速以及流量进行同时监测，分别设计了液位传感单元与流速传感单元。将设计的传感单元三维模型分别导入到仿真软件对不同工作状态下静电场进行分析，得到传感单元的电势分布规律，其电势分布与原理验证结果一致，表明传感单元的设计满足方案要求。随后确定传感器结构与传感单元的尺寸，为后续摩擦电式非满管流量传感器的样机研制提供了理论支撑作用。

摩擦电式非满管流量传感器采用分体式多传感单元的结构，实现了对大管道非满管流的液位、流速以及流量等参数信息的监测。它的整体结构和传感单元如图 4.14（a）所示[4]。传感器由水轮结构、透明亚克力筒，液位传感单元与流速传感单元组成。透明亚克力筒中加工出一条流道，液位传感单元通过 L 型密封管连接在流道上，利用连通器原理使得液位传感单元中 PTFE 管内的液位与流量传感亚克力筒内液位保持一致。在透明亚克力筒两侧增加两个侧筒用以放置流速传感单元，避免流速传感单元安装及拆卸困难问题，以提高传感器的可维护性。而水轮结构是由转轴、水轮、轴承座以及流速传感单元组成，水轮结构的具体细节如图 4.14（b）所示。不锈钢轴通过轴承座轴向定位并固定在透明亚克力筒的侧壁上。流速传感单元放置在水轮结构的一端，转子与轴的一侧通过轴键的方式定位连接，轴与亚克力筒间连接部分用密封槽进行密封，防止水对传感单元造成影响。水轮固定在轴的中间，保证水流冲击水轮时受力均匀。当水冲击水轮时使水轮旋转，水轮通过轴带动流速传感单元的转子转动。

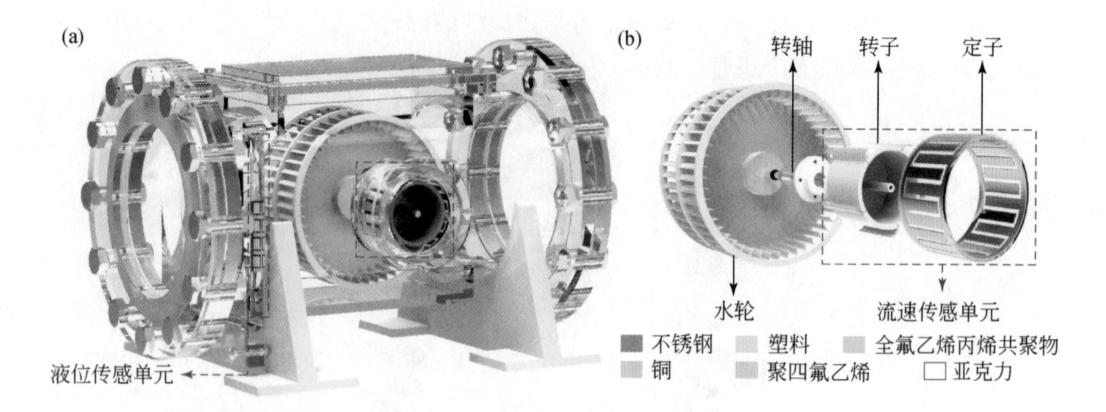

图 4.14 摩擦电式非满管流量传感器结构图。（a）整体结构；（b）水轮结构

因研究是针对大管道流量监测，为了保证实验模拟的真实性，将传感器的直径设计为200mm。并且为使传感器内流体可稳定流动，传感器液位传感单元与流速传感单元的位置应保持一段距离。传感器长度设置为490mm，宽度为370mm，包括径向安装在两侧直径为90mm的流速传感单元侧筒。液位传感单元模型由摩擦层材料1、传感单元电极1和2以及水组成。将液位传感单元模型置于空气域中，空气域长为100mm，宽为150mm，高为100mm。

为了更好地设置材料参数以及展示电势分布，传感单元电极的材料选择为铜，铜的电导率为5.81×10^7S/m，相对介电常数为1，泊松比为0.34；摩擦层材料1选择为PTFE，设置密度为2200kg/m^3，相对介电常数为2，泊松比为1，其具有良好的电负性，产生的电信号较大，便于分析其电势分布。并且，在摩擦层材料1内绘制的模型材料设置水，不同水的高度用以模拟液位传感单元在不同工作状态下的电势分布。电势分布仿真结果如图4.15所示，当液位下降时与液位上升时电势差相反。其结果与原理分析一致，验证了液位传感单元设计方案的可行性。

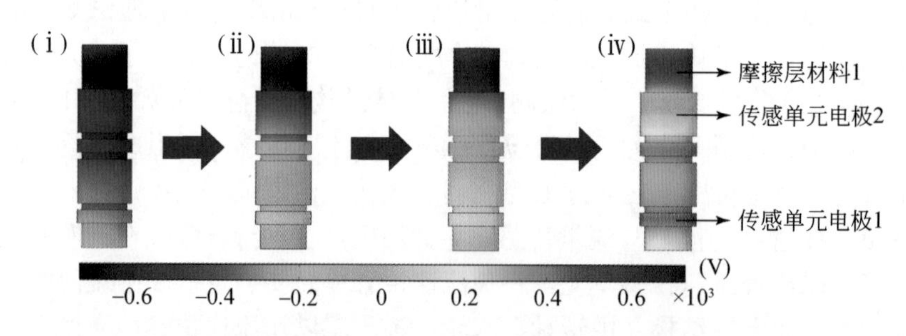

图 4.15 液位传感单元在不同工作状态下电势仿真结果

流速传感单元电势仿真与前面原理分析相同，模拟了转子摩擦层在4种不同位置下电势分布，如图4.16所示。在初始状态下，转子摩擦层与传感单元电极4完全接触，因其电负性不同，摩擦层材料2带负电，传感单元电极带正电，但没有产生相对运动，没有电荷转移，因此没有电流产生。

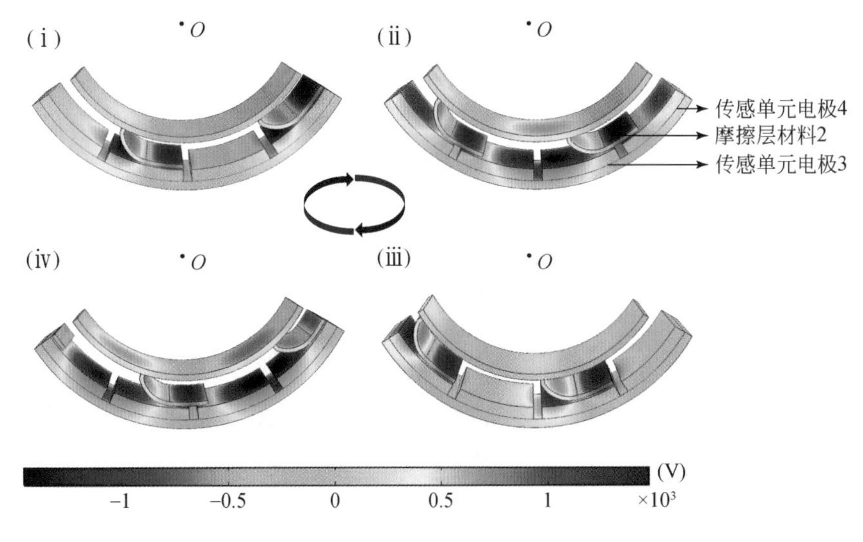

图 4.16　流速传感单元在不同工作状态下电势仿真结果

当水冲击水轮带动转子转动达到状态 2 时，转子摩擦层处于传感单元电极 3 和传感单元电极 4 之间，电荷在传感单元电极 3 和传感单元电极 4 之间转移，使得传感单元电极之间产生电势差。当转子继续旋转，转子摩擦层先与传感单元电极 3 完全接触，随后滑动到传感单元电极 3 和传感单元电极 4 之间，完成一个周期运动，产生周期性脉冲信号，与原理分析结果一致，进而通过监测信号频率来监测流速大小。

4.3.2　摩擦电式气动浮子流量传感器设计与仿真

三角电极型摩擦电式流量传感器主要用于监测气动管路中的动态流量变化。流经锥形容腔内的瞬时流量与浮子的位置高度有关，高度越高，PTFE 膜与三角铜电极的重叠面积变化越大，导致其输出的电压信号越大[5]。接下来详细地介绍三角电极型摩擦电式流量传感器的结构组成和尺寸参数。基本结构如图 4.17 所示，该样机由锥形容腔、限位杆、浮子和三角铜电极组成。浮子在锥形容腔中的高度和通过的流量有对应关系。当浮子随着流量的增加沿三角铜电极表面向上移动时，电压信号将随着铜电极与 PTFE 膜的重叠面积的增加逐渐增大，进而通过电压信号检测系统的瞬时流量。

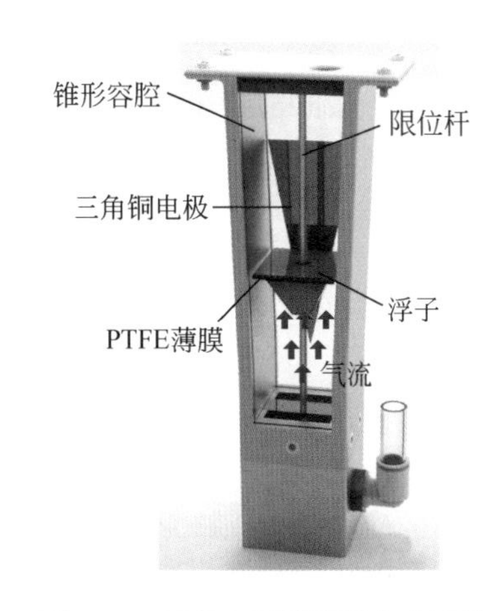

图 4.17　三角电极型摩擦电式流量传感器基本结构

研究参数求解过程中利用稳态求解器对模型进行求解，将电势设置为体电势。初始位置 PTFE 滑块在三角铜电极的最底端，高度为 2mm。改变模型中两摩擦传感单元的相对位置，直到 PTFE 滑块滑动到三角铜电极的最顶端，此时两摩擦传感单元的重叠面积最大。共设置 5 个不同位置关系的运动状态，PTFE 滑块相对于三角铜电极的位置高度分别为 2.00mm、27.75mm、53.5mm、79.25mm 和 105.00mm。根据 PTFE 滑块与三角铜电极的相对位置不同，三角铜电极摩擦表面的悬浮电位的电荷量分别设置为 9.6×10^{-10}C、8.45×10^{-10}C、5.8×10^{-10}C、4.9×10^{-10}C 和 2.62×10^{-10}C。重复上述仿真过程，分别计算 PTFE 滑块相对于三角铜电极不同位置时的电势，仿真的电势结果如图 4.18 所示。

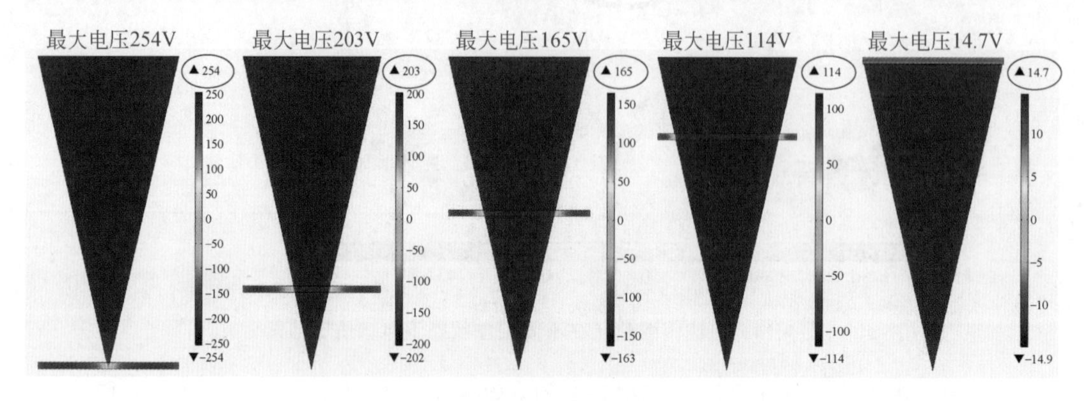

图 4.18　三角电极型摩擦传感单元电势图

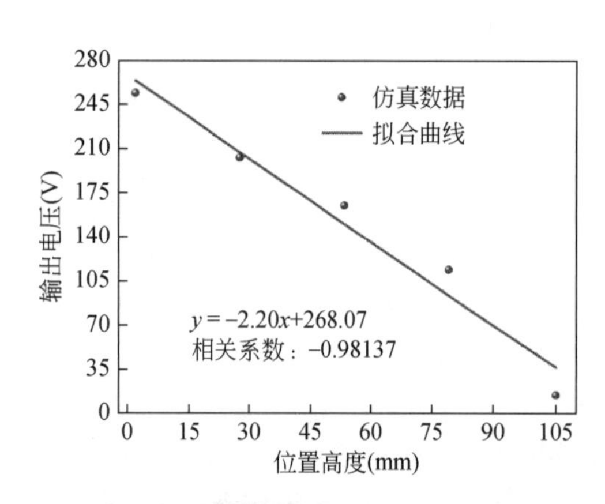

图 4.19　输出电压与位置高度变化关系

为了定量分析相对位置高度变化与摩擦传感单元间输出电压的关系，将不同位置高度下的电势仿真结果利用 Origin 数据分析软件进行线性拟合，仿真结果的线性拟合图如图 4.19 所示。由图中可以看出，摩擦传感单元间的输出电压与位置高度具有良好的线性关系，相关系数为−0.98137。

三角电极型摩擦传感单元仿真是通过改变 PTFE 矩形滑块在三角铜电极表面的位置高度，进而改变两摩擦传感单元间的重叠面积变化，输出电压的大小与摩擦传感单元的重叠面积呈线性相关，最终实现利用输出电压检测流量大小的目的。

4.3.3　磁翻板型摩擦电式流量传感器设计与仿真

为了准确、全面地了解对象或其环境以进行进一步控制，有时需要同时监测多个参数。这就需要一种“多合一”自供电多功能传感器来提高传感器的智能化和实用化。据此，我们在前面的研究基础上，采用磁翻板结构，提出了一种气液两用的多功能磁翻板型摩擦电式流量传感器[6]。所设计的磁翻板型摩擦电式流量传感器的整体结构如图 4.20（a）所示，主要包括磁翻板、磁浮子和锥形容腔。图 4.20（b）为磁翻板型摩擦电式流量传感器的分解效果，将一个矩形铜膜作为导电电极粘贴在锥形容腔外的斜槽上，并再粘贴一层 PTFE 膜作为摩擦材料。同时，将一个透明的亚克力密封板安装在锥形容腔的外面用于密封磁翻板上的传感单元。当锥形容腔内的磁浮子随着流量的增加向上移动时，磁浮子将通过磁耦合的作用传递到磁翻板上，驱动磁滚柱向内翻转 180°；而当磁浮子向下移动时，磁滚柱则向外翻转 180°。磁滚柱的翻转状态代表流体的实际流量/液位大小，从而实现流量/液位的有效检测。图 4.20（c）所示为磁翻板和磁浮子的细节放大图[6]。

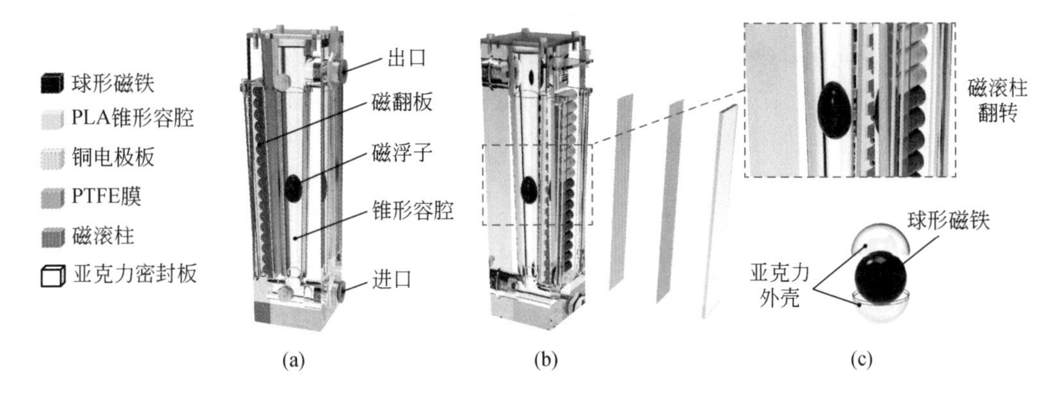

图 4.20　磁翻板型摩擦电式流量传感器基本结构

（a）实验样机整体结构图；（b）实验样机分解图；（c）实验样机细节放大图

磁滚柱不同翻转状态下的电势分布规律如图 4.21 所示，磁滚柱翻转的个数依次增加。根据磁滚柱的不同翻转状态，将铜膜上悬浮电位的电荷量分别设置为 3.6×10^{-9}C、4.55×10^{-9}C、5.02×10^{-9}C、4.96×10^{-9}C 和 4.91×10^{-9}C。随着磁滚柱翻转数量的逐渐增加，两摩擦传感单元间的电势输出亦随之线性变化。

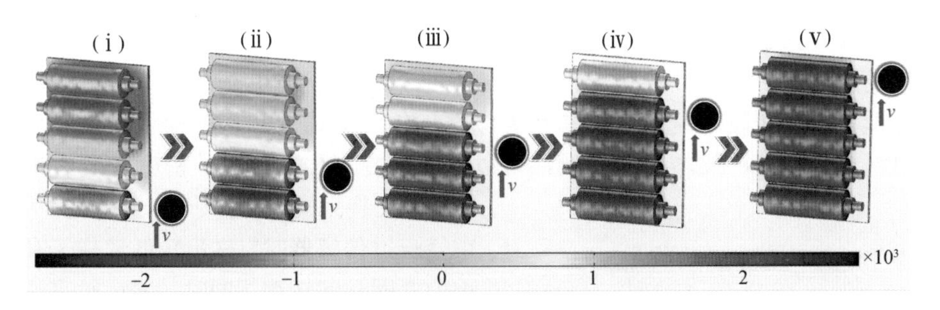

图 4.21　磁翻板型摩擦传感单元电势分布

4.3.4　摩擦电式汽车空气流量传感器的设计与仿真

本节拟研制轴承结构的摩擦电式传感单元和磁齿轮电磁发电单元。首先，通过仿真分析的方法设计了新型无轴涡轮，确定无轴涡轮最优结构参数。其次设计基于轴承的独立层模式传感单元，利用多物理场仿真软件对传感单元静电场进行仿真分析，研究了电荷转移规律和电荷分布情况，验证传感单元可行性和合理性。将无轴涡轮和传感单元匹配，实现气体流量和电信号的关联。最后，设计磁齿轮发电机，为传感器信号处理与传输模块供电，利用静电场仿真软件确定磁齿轮电磁发电机发电原理。摩擦电式汽车空气流量传感器结构主要包括外壳、主动轴承、从动轴承、两个无轴涡轮、一个磁齿轮、发电单元以及传感单元组成，如图4.22所示[7]。涡轮的转速由空气流量的大小决定，无轴涡轮带动轴承内圈和滚子一起运动，因此可以由轴承的转速反应空气流量的大小。无轴涡轮结构的设计借鉴了船舶领域的无轴轮缘推进器，其主要特点是去除了传统涡轮的轴系支撑结构，叶片安装在导管壳体内部，叶尖与导管之间没有间隙。

这种设计通过叶片的旋转带动导管同步旋转，以径向连接代替传统涡轮的轴向连接，使得系统结构更加紧凑。在运转过程中，涡轮前后压力差会迫使气流通过轴心缺口“泄漏”出去，形成轴心射流，加快气流速度的恢复。与传统涡轮相比，无轴涡轮的导管入流口空间更为宽敞，内部流场干扰更小，因此具有更高的效率和更优异的性能表现。

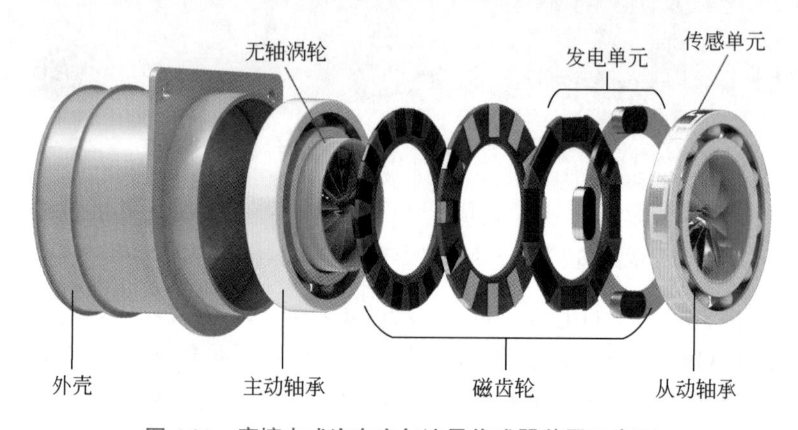

图 4.22 摩擦电式汽车空气流量传感器装置示意图

磁齿轮的作用是提高轴承的转速，在相同时间内获得更多的传感信号。磁齿轮的后方安装有铜线圈，与磁齿轮高速转子组成电磁发电单元，发电单元为自驱动空气流量传感器数据处理和无线传输系统供电。具有类似结构的主动轴承和从动轴承的中心分别配备一个无轴涡轮，二者的旋转方向相反，可以进一步提高传感信号的密度和发电单元的发电量。安装完成后的传感器如图4.23所示，在空气流过传感器时，磁齿轮低速转子和主动轴承的内圈一起转动；同时，磁齿轮高速转子和从动轴承以更高的转速一起转动。在这个过程中铜线圈一直保持固定不动。在流量测量过程中，受到的摩擦阻力只有轴承滚子与轴承外圈之间的滚动摩擦，这将会使传感器在较低的流量下启动，并且在整个测量过程中使得空气动能的损耗较小。

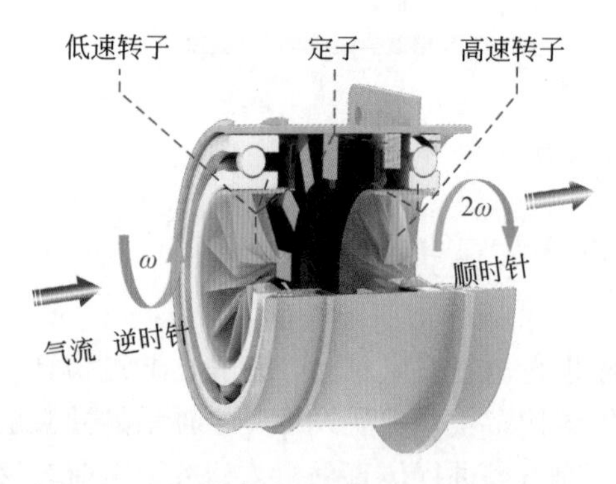

图 4.23 摩擦电式汽车空气流量传感器的工作机制

传统有轴导管涡轮机与无轴涡轮机结构对比如图4.24所示。为了设计出气体能量利用效率最好的无轴涡轮传感器，通过计算流体力学（Computational Fluid Dynamics，CFD）的方法分析了涡轮叶片在空气流场中的气动性能。首先设计叶片结构，在涡轮设计过程中，涡轮叶片的翼形和叶片安装角度是涡轮设计过程中非常重要的参数，对涡轮的性能和效率具有很大的影响。叶片的翼形设计主要涉及空气动力学的问题，需要考虑到叶片在工作过程中的气动载荷、阻力、剪切力等因素。

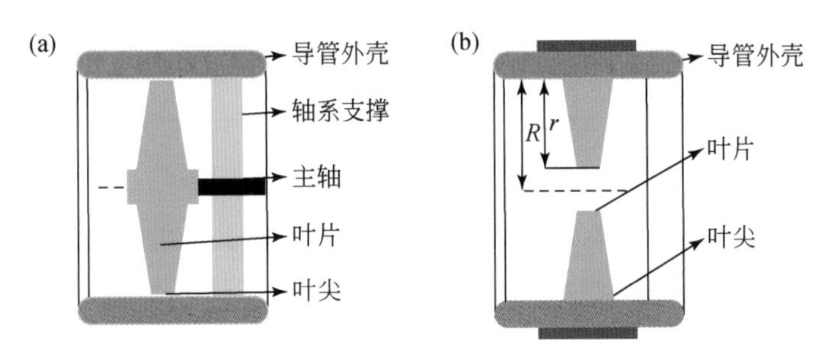

图 4.24　无轴涡轮与传统涡轮对比图。（a）传统涡轮示意图；（b）无轴涡轮示意图

涡轮叶片的翼型设计基于流体力学模拟和实验研究进行，以确定最优的叶片翼型。而叶片的安装角度则直接影响到气流的进出口速度和流量，以及叶片的受力状况。因此主要研究涡轮叶片的这两个参数。当气流流过叶片表面时，根据伯努利效应，气流速度增加时压力会下降，气流速度减小时压力会上升。因此，叶片上表面气流速度较快，气压较低，而叶片下表面气流速度较慢，气压较高，这个压差会产生一个垂直于气流方向的力即升力，使得叶片开始旋转，如图 4.25 所示。设计的无轴涡轮结构中旋转中心为直径 7mm 的孔，涡轮导管直径为 50mm，长度为 20mm。针对涡轮叶片的翼型，选择了常用的 5 种翼型进行设计，这些翼型包括 NACA0009、NACA0018、NACA2408、NACA4412 和 NACA4415。

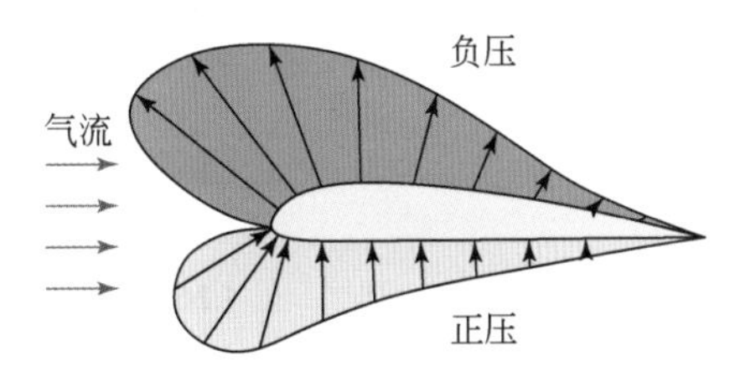

图 4.25　升力产生示意图

选择不同的翼型可以改变涡轮叶片的横截面的最大弯度、最大弯度位置、最大厚度、最大厚度位置等参数。这些参数的变化可以影响叶片的气动性能，如升力系数、阻力系数和升力线斜率等。增大弯度可提高翼型升力系数，但也可能会增加阻力系数。同样地，将最大弯度位置前移可以提高最大升力系数，而适当增大厚度可以使最大升力系数增大，提高升力线斜率，提高翼面结构效率，但会增加阻力。表 4-1 说明了这五个翼型的结构参数，包括弯度、最大弯度位置、最大厚度和最大厚度位置等。在设计涡轮叶片时，需要根据涡轮机的工作条件和性能要求选择合适的翼型和叶片参数。

首先将涡轮叶片的安装角度统一设置为 15°，涡轮叶片的数量为 11 个，在汽车发动机进气流量为 600L/min 的条件下进行仿真，可以得到不同翼形涡轮的表面压力分布，如图 4.26 所示。

表 4-1 翼型参数

翼型	最大厚度	最大外倾角
NACA0009	最大厚度 9%、弦长 30.9%	最大外倾角 0%、弦长 0%
NACA0018	最大厚度 18%、弦长 30.0%	最大外倾角 0%、弦长 0%
NACA2408	最大厚度 8%、弦长 29.9%	最大外倾角 2%、弦长 40%
NACA4412	最大厚度 12%、弦长 30.0%	最大外倾角 4%、弦长 40%
NACA4415	最大厚度 15%、弦长 30.9%	最大外倾角 4%、弦长 40.2%

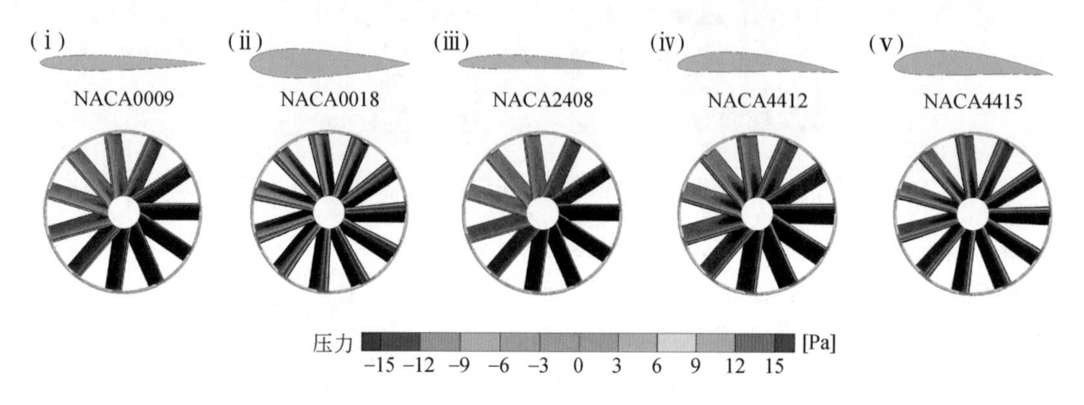

图 4.26 不同翼形涡轮叶片的表面压力分布

在涡轮的设计过程中，涡轮叶片的安装角度是一个非常重要的参数。安装角度将会影响到涡轮的性能，如涡轮的瞬时流量和能量利用效率。

分别将无轴涡轮叶片的安装角度设置为 15°、30°、45°、60°和 75°，然后比较不同安装角度下的无轴涡轮的管道速度云图，以找到最佳的安装角度。通过 CFD 仿真分析，发现当安装角度为 60°时，无轴涡轮对气流的阻碍最小，如图 4.27 所示。此外速度流线图显示，在无轴涡轮前后之间的压力差将迫使气流通过涡轮中心“泄漏”，如图 4.27（iv）所示，形成轴向射流，从而加快气流速度的恢复。

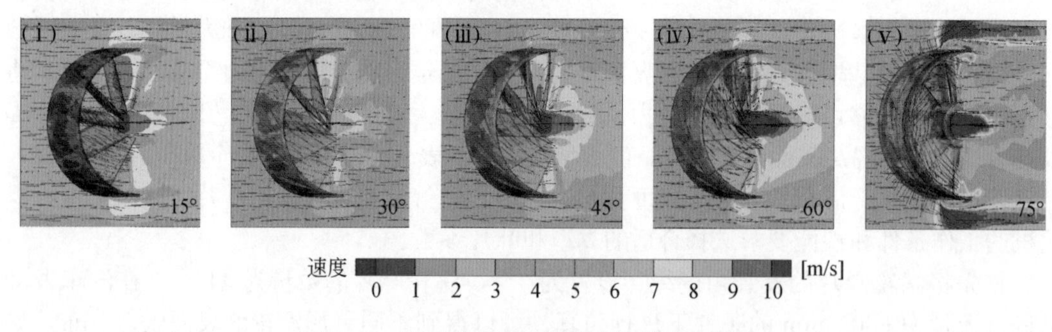

图 4.27 不同安装角度涡轮叶片的速度云图

不同安装角度下无轴涡轮表面的压力分布如图 4.28 所示。无轴涡轮安装角度为 60°时，驱动涡轮旋转的叶片表面压力最高。叶片表面的压力可以产生驱动无轴涡轮旋转的升力，因此计算出了无轴涡轮在不同安装角度下的扭矩。

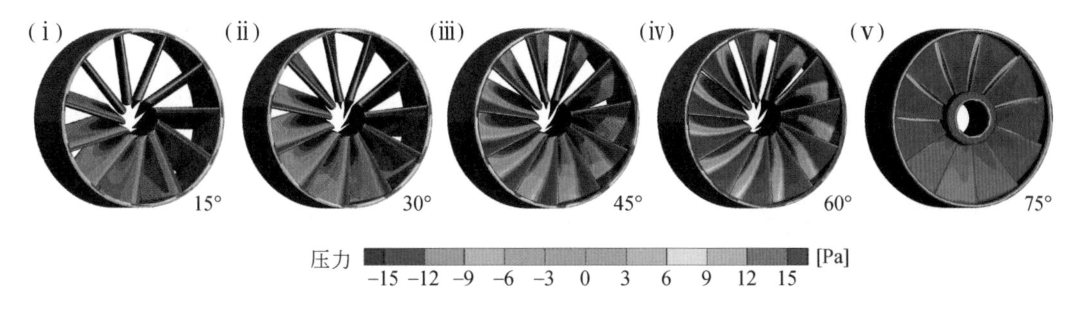

图 4.28 不同安装角度涡轮叶片的压力云图

相同条件下，无轴涡轮以 60°安装角时，涡轮的总扭矩达到最大值，如图 4.29 所示。因此可以得出无轴涡轮在 NACA4412 翼型和 60°安装角度时性能最好。此外，无轴涡轮与传统涡轮相比，涡轮叶片表面承受最大压力的位置靠近叶根的位置，因此产生较小的使涡轮破坏的力矩，并且叶片叶根的厚度要大于叶尖，说明无轴涡轮在增加气流通畅性的同时可以增加涡轮的机械强度。

制造的轴承结构的摩擦电式传感单元由五个部分组成，即内圈、保持架、滚子、外圈和叉指电极。传感单元的内圈与转子一起旋转，外圈与传感器外壳固定，如图 4.30 所示。保持架也称隔离器，保持架保证轴承中的滚子在内圈和外圈之间进行正常滚动，将滚子均匀地分开，确保它们不会互相接触或过于集中在一个区域，减少滚子之间的摩擦和磨损，从而延长轴承的使用寿命。滚子沿着轴承的正确轨迹滚动，有助于减少轴承中滚子的运动阻力和磨损，同时还可以改善轴承的内部润滑条件，使其更加平稳和高效地工作。叉指电极均匀布置在轴承的外环上，并与滚子和外圈形成滚动式独立层模式摩擦纳米发电机。

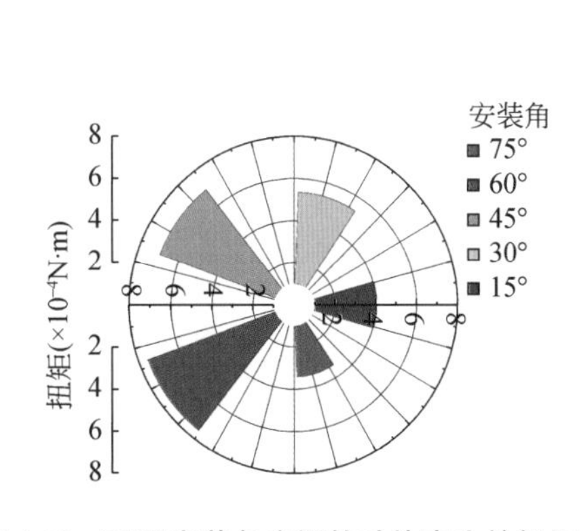

图 4.29 不同安装角度涡轮叶片产生的扭矩

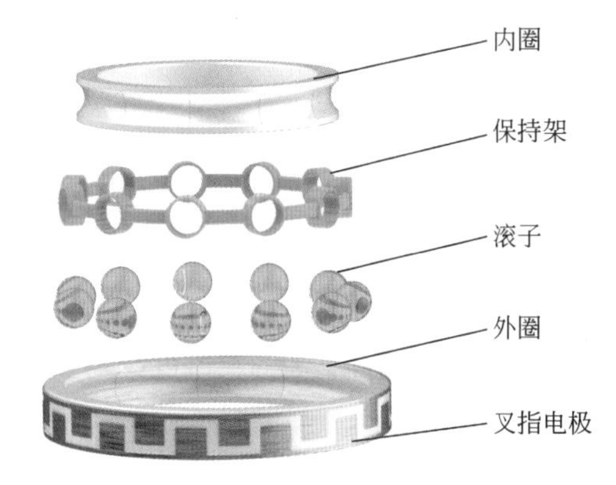

图 4.30 传感单元示意图

当传感单元由转子驱动时，玻璃材质的滚子可以沿着轴承外圈的轨道公转，滚动经过对应的叉指电极的梳齿，从而产生交流电信号。在工作状态下，保持架与滚子一起旋转，轴承外圈固定时，轴承内圈和滚子同步转动。滚子和聚甲醛（POM）外圈作为摩擦层的材料，POM 具有极强的电负性，是摩擦层材料的佳选，以在滚动接触期间最大化带电。图

4.31 展示了传感单元实物图。

图 4.31　传感单元实物图

传感单元叉指电极的个数与轴承滚子的个数相对应。柔性叉指电极由两个互锁梳齿阵列组成，每个梳齿阵列具有 11 个梳齿，共有 22 个电极，分为上下两部分并分别用导线引出。相邻梳齿中心之间的距离约为 9.23mm，梳齿宽度约为 7mm。然后将设计图案印刷并固定在铜箔表面，通过切割铜箔获得设计的叉指电极。传感单元的工作原理是基于摩擦起电和静电感应的耦合原理。将滚子的第一个电极定义为电极 1，而电极 1 旁边的电极则定义为电极 2，如图 4.32 所示。

当滚子在 POM 轴承外圈内部的滚道上滚动时，POM 外圈的表面和滚子的表面上产生等量的电荷（阶段ⅰ）。当滚子从电极 1 向电极 2 滚动时，静电感应通过外部负载驱动负电荷从电极 1 流向电极 2，以平衡电介质上不移动电荷的局部电场（阶段ⅱ）。当滚子到达电极 2 的重叠位置（阶段ⅲ）时，所有负电荷被驱动到电极 2。随后，滚子离开电极 2 的连续滚动驱动负电荷从电极 2 流回电极 1，在外部负载中形成反向电流（阶段ⅳ）。显然，四个阶段（阶段ⅰ～ⅳ）随着轴承内圈的旋转而周期性地重复，从而在电路中产生交变电流。

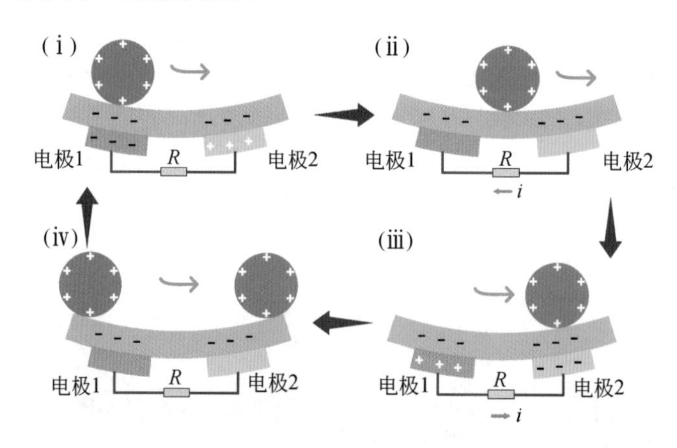

图 4.32　传感器工作原理

为了使传感器获得更高的灵敏度，需要增加单位时间内传感信号的个数，目前通常使用机械齿轮变速器来实现这一目的。机械齿轮变速器广泛用于风力、车辆、航空航天和其他领域的发电和传感；各种机械齿轮在机械工业中也发挥着重要作用。然而，齿轮接触机构不可避免地导致相关的磨损、振动、噪声、润滑和摩擦以及能量损失。这些缺点极大地限制了机械齿轮变速器的应用。因此非接触磁性齿轮受到学术界的广泛关注，特别是具有高输出扭矩和高扭矩密度的磁齿轮已被广泛应用。磁场调制磁齿轮由 K. Atallah 于 2001 年提出。该磁齿轮可以实现与不同数量的永磁体磁极对的等磁极耦合。磁场调制磁齿轮采用同轴拓扑结构，超越了采用平行轴拓扑结构的传统磁性齿轮的极限，显著提高了永磁体利用率。因此，磁场调制磁齿轮可以产生高扭矩和高扭矩密度。磁场调制磁齿轮的传动能力与机械齿轮相当。由于其有无润滑、噪声小和固有过载保护等优点，可广泛应用于医疗、车辆、导航、航空航天和其他领域。因此设计一种磁场调制磁齿轮用来提高传感单元转子的转速，达到提高传感灵敏度的目的。磁齿轮在无调制铁块作用下的数学模型如图 4.33 所示。为了分析方便，将复杂的三维模型简化为简单的二维模型。微分圆沿磁齿轮装置的径向被取出，并沿圆周被拉开。

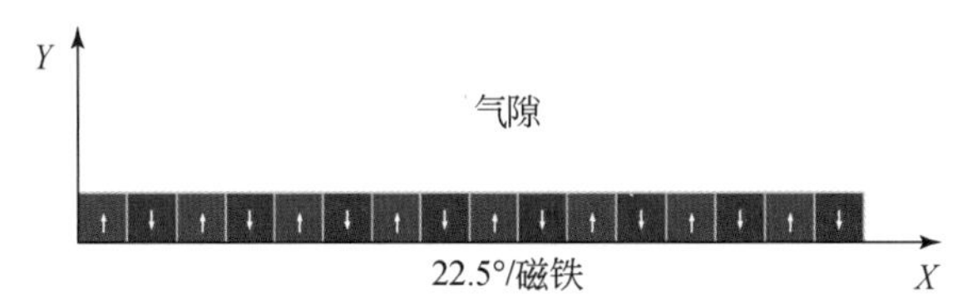

图 4.33 无铁磁块的磁齿轮简化模型

图中的 X 轴即为原三维模型中周向，Y 轴为轴向方向。空气中的气隙磁密 B 可以看成是 X 轴和 Y 轴中 x 和 y 的函数。通过电磁场理论相关知识可以得到两个分量以（x，y）为自变量的数学函数表达式：

$$B_x(x,y)=\sum_{m=1,3,5\ldots} b_{xm}(y)\sin[mp(x-\omega_r t)+mpx_0] \tag{4-47}$$

$$B_y(x,y)=\sum_{m=1,3,5\ldots} b_{ym}(y)\cos[mp(x-\omega_r t)+mpx_0] \tag{4-48}$$

式中，B_x（x，y）为气隙磁场沿 X 轴方向上的磁密分量；B_y（x，y）为气隙磁场沿 Y 轴方向上的磁密分量；b_{xm}（y）为气隙磁场磁齿轮轴向磁密分量的谐波幅值；b_{ym}（y）为气隙磁场磁齿轮径向磁密分量的谐波幅值；m 为气隙磁场各分量 m 次谐波；ω_r 为磁齿轮低速转子转速。

由式（4-47）和式（4-48）可以得出，在磁齿轮中不安装铁磁块时，磁齿轮的气隙磁密 B 为径向与轴向分量谐波的合成值，完整谐波模型公式是以时间 t 为自变量的正余弦函数。通过以上分析，有铁磁块调制的气隙磁场的数学模型简化后的模型截面如图 4.34 所示。

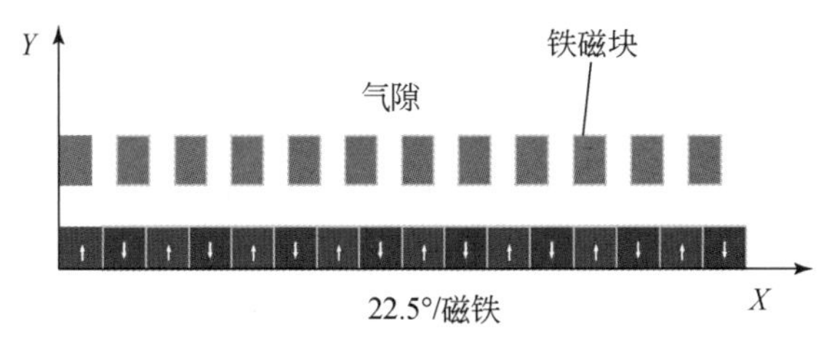

图 4.34 有铁磁块的磁齿轮简化模型

由于铁磁块的磁导率远强于空气部分的磁导率，绝大多数的气隙磁密将会通过铁磁块传递到高速转子。因此必须要使用一组新的系数，将没有铁磁块调制的气隙磁密进行推导，能够得出有铁磁块模型的气隙磁密的数学表达式：

$$\begin{aligned}B_x(x,y)=&\sum_{m=1,3,5\ldots} b_{xm}(y)\sin[mp(x-\omega_r t)+mpx_0]\\&\times\left(k_{x0}(y)+\sum_{i=1,2,3\ldots} k_{xi}(y)\cos[in_s(x-\omega_s t)]\right)\end{aligned} \tag{4-49}$$

$$B_y(x,y)=\sum_{m=1,3,5\ldots} b_{ym}(y)\cos[mp(x-\omega_r t)+mpx_0] \times\left(k_{y0}(y)+\sum_{i=1,2,3\ldots} k_{yi}(y)\cos[in_s(x-\omega_s t)]\right) \tag{4-50}$$

式中，$k_{x0}(y)$ 为磁导调制系数径向的恒定分量；$k_{xi}(y)$ 为磁导调制系数径向的高次谐波幅值；$k_{y0}(y)$ 为磁导调制系数轴向的恒定分量；$k_{yi}(y)$ 为磁导调制系数轴向的高次谐波幅值；n_s 为磁场调制过程中铁磁块的个数。

将式（4-49）和式（4-50）进行展开整理后可得：

$$\begin{aligned}B_y(x,y)=&k_{y0}(y)\sum_{m=1,3,5\ldots} b_{ym}(y)\cos[mp(x-\omega_r t)+mpx_0]\\&+\frac{1}{2}\sum_{m=1,3,5\ldots}\sum_{i=1,2,3\ldots} b_{ym}(y)k_{yi}(y)\cos\left((mp+in_s)(x-\frac{mp\omega_r+jn_s\omega_s}{mp_1+jn_s}t)+mpx_0\right)\\&+\frac{1}{2}\sum_{m=1,3,5\ldots}\sum_{i=1,2,3\ldots} b_{ym}(y)k_{yi}(y)\cos\left((mp-in_s)(\theta-\frac{mp\omega_r-jn_s\omega_s}{mp+jn_s}t)+mpx_0\right)\end{aligned} \tag{4-51}$$

$$\begin{aligned}B_x(x,y)=&k_{x0}(y)\sum_{m=1,3,5\ldots} b_{xm}(y)\cos(mp(x-\omega_r t)+mpx_0)\\&+\frac{1}{2}\sum_{m=1,3,5\ldots}\sum_{i=1,2,3\ldots} b_{xm}(y)k_{xi}(y)\cos\left((mp+in_s)(x-\frac{mp\omega_r+jn_s\omega_s}{mp_1+jn_s}t)+mpx_0\right)\\&+\frac{1}{2}\sum_{m=1,3,5\ldots}\sum_{i=1,2,3\ldots} b_{xm}(y)k_{xi}(y)\cos\left((mp-in_s)(\theta-\frac{mp\omega_r-jn_s\omega_s}{mp+jn_s}t)+mpx_0\right)\end{aligned} \tag{4-52}$$

式中，ω_s 为铁磁块的转速。

磁通气隙磁导调制型永磁变速的基本数学模型就可由以上两式得到，基于这些推导公式结果，可以分析出磁齿轮的传动机理。

不同极数永磁体产生的磁场经过磁导调制产生耦合，铁磁块起着关键作用。为了确定磁齿轮高速转子、低速转子中永磁体个数与铁磁块个数对磁齿轮传动比的影响，首先通过对以上两式的分析可以得到调制后气隙磁密次数的表达式：

$$p_{mi}=|mp+in_s| \tag{4-53}$$

式中，m=1,3,5,…,∞; i=0,±1,±2,±3,…,∞。

气隙磁场的空间旋转速度可由前面的公式得出：

$$\omega_{m,i}=\frac{mp}{mp+in_s}\omega_r+\frac{in_s}{mp+in_s}\omega_s \tag{4-54}$$

气隙磁密次数和气隙磁场转速的表达式为：

$$p_{1,-1}=|p-n_s| \tag{4-55}$$

$$\omega_{1,-1}=\frac{p}{p-n_s}\omega_r+\frac{-n_s}{p-n_s}\omega_s \tag{4-56}$$

主动转子旋转速度为 ω_{r1}=ω_r。与调制后的磁场产生耦合的一侧转子为从动转子。从动转子的转速 ω_{r2}=$\omega_{1,-1}$ 是主动转子转速 ω_{r1} 和铁磁块转速 ω_s 两个变量的函数。主动转子

永磁体极对数为 $p_1=p$，从动转子永磁体极对数为 $p_2=p_{1,\ -1}$，调制铁块的数目依然为 n_s。提出的磁齿轮的铁磁块是固定的，即有 $\omega_s=0$；低速转子自由转动，则 ω_{r1} 是变量，可以推导出：

$$\omega_{r2}=\frac{p_1}{p_1-n_s}\omega_{r1} \tag{4-57}$$

p_1 的值为 8，n_s 的值为 12，通过计算可以得出 ω_{r2}∶ω_{r1}=1∶–2，因此高速转子的速度是低速转子的两倍，并且旋转方向相反。

磁齿轮运行的基础是通过铁磁块对每个永磁体转子产生的磁场进行调制，从而产生具有与其他永磁体转子相同的必要极数的适当空间谐波。从图 4.35 可以看出，设计的磁齿轮由 3 个机械部件组成：8 对磁极交错的永磁体和碳纤维（Carbon fiber，CF）支撑底板组成的低速转子、4 对磁极对数的永磁体的高速转子和一个夹在两个转子之间的铁磁块调磁装置，高速转子、铁磁块和低速转子由气隙隔开。

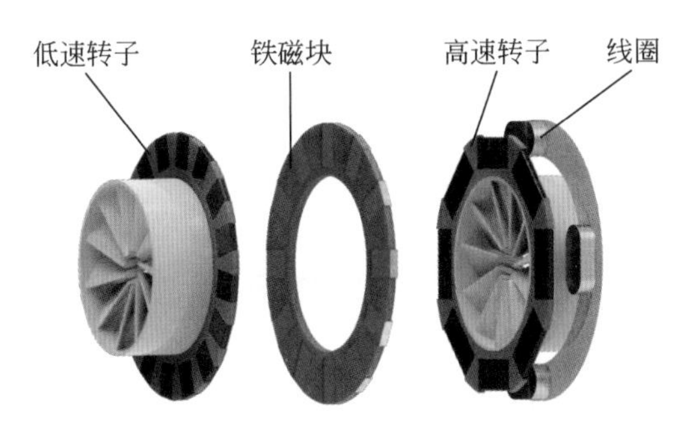

图 4.35　磁齿轮示意图

当高速转子上的磁极对为 4 时，低速转子上的 8 个磁极对能够成功地产生最大幅度的空间谐波。根据公式（4-53），用以磁场调制的铁磁块必须为 12 个。低速转子的外径、内径和轴向长度分别设置为 80mm、50mm 和 2mm，高速转子的外径、内径和轴向长度与低速转子尺寸相同，每一个铁磁块长度、宽度和厚度分别为 12mm、8mm 和 2mm。为了便于制造和组装，左右气隙长度设置为 1mm。如果长度小于 1mm，则由于尺寸公差将很难组装（虽然较小的气隙有利于磁通密度和扭矩的传递）。磁齿轮实物见图 4.36。

发电单元由定子和转子两部分组成，定子包含四个自制的线圈，每个线圈有 800 匝的铜导线。四个线圈串联在一起，固定在一个环形的亚克力板上。转子部分为磁齿轮高速转子，形状为圆环型底板，在底板上切割出 8 个宽为 10mm，长为 20mm 的矩形槽，矩形槽内放置 N 极和 S 极交错布置的钕铁硼磁铁。磁齿轮转子在带动轴承内圈转动进行传感的同时，还能与发电单元的线圈产生交流电，为处理传感信号的后端模块供电，实现自驱动传感器的功能。发电单元根据法拉第电磁感应定律产生电能。当旋转磁体扫过线圈时，线圈两端磁通量的循环变化会产生连续的交流电流。

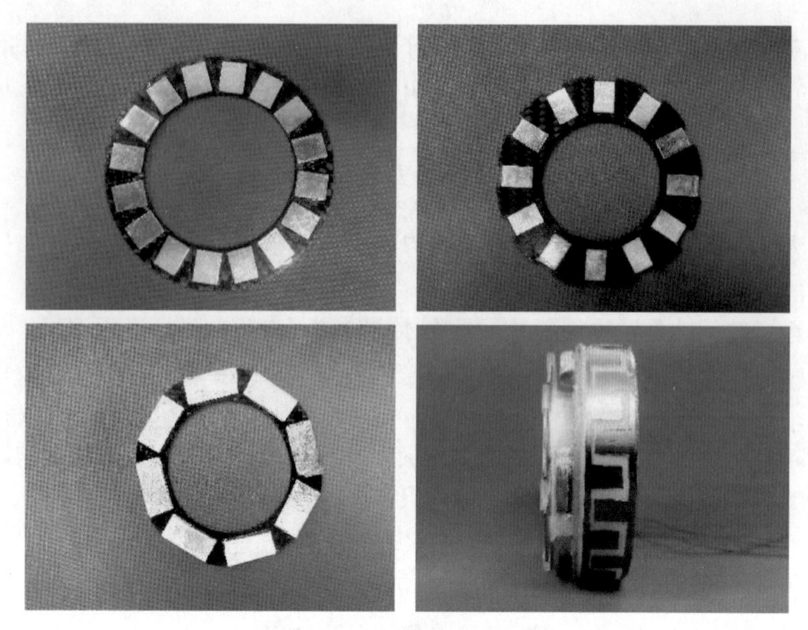

图 4.36 磁齿轮实物图

4.4 基于摩擦纳米发电机的自驱动流体传感实验及其应用

4.4.1 摩擦电式非满管流量传感器实验及其应用

通过前文对摩擦电式非满管流量传感器的原理验证与仿真分析，本节开展了摩擦电式非满管流量传感器的结构设计和参数设定，详细描述了摩擦电式非满管流量传感器样机的研制方法和设备选型，构建了可控制液位与流速变化的实验系统。最后，介绍了基于LabVIEW 软件系统的设计与编写，为后续摩擦电式非满管流量传感器的系统测试提供了实验基础。

该样机主要由亚克力筒、水轮结构、液位传感单元以及流速传感单元组成。亚克力筒由激光切割机加工制成，其上的法兰和侧筒以胶粘的方式分别固定在亚克力筒的轴向和径向(图 4.37)。

图 4.37 摩擦电式非满管流量传感器实物图

流速传感单元是由转子与定子组成，如图 4.38 所示。流速传感单元的转子由均匀分布在 PLA 基座上的 5 个长为 50mm、宽为 20mm 的 FEP 柔性拨片组成；流速传感单元的定子由均匀贴在 PLA 基座内壁上的 12 个长度为 50mm、宽度为 13mm 的电极组成，PLA 基座通过水轮轴的轴键定位并由定位环固定在水轮轴上。传感单元采用变面积式的叉指电极，宽度为 4mm 和 12mm 的叉指电极交替地沿着 PTFE 管均匀分布，并通过过盈配合安装在亚克力外筒流道处的 L 型亚克力快速插头上。

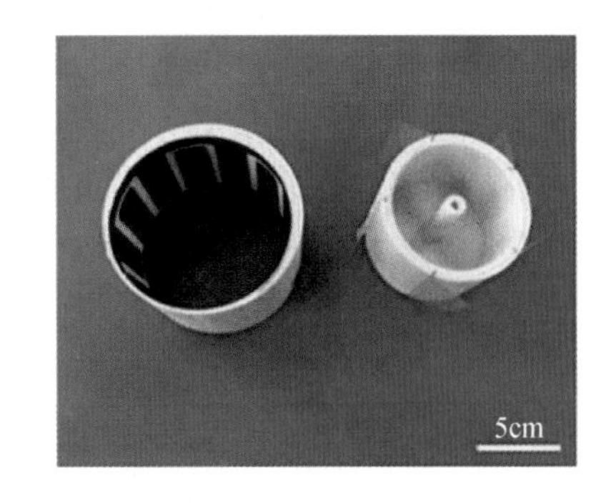

图 4.38　摩擦电式非满管流量传感器传感单元实物照片

为了进一步地对摩擦电式非满管流量传感器进行系统实验研究，构建了一套完整的数据采集系统，其具体工作流程如图 4.39 所示。当摩擦电式非满管流量传感器处于工作状态时，其液位、流速传感单元的电信号传输到静电计上，并通过 NI-USB-6356 以数据的形式传输到计算机上，实现多传感单元输出信号的实时采集。最后，利用计算机上 LabVIEW 软件开发设计的程序对电学输出信号进行处理和分析。

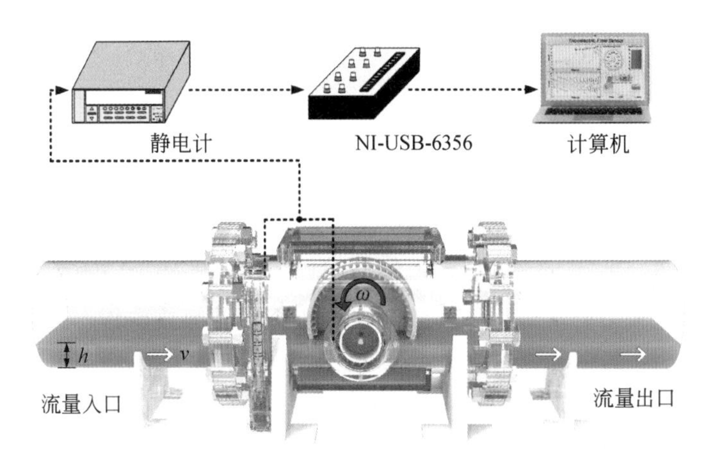

图 4.39　摩擦电式非满管流量传感器数据采集系统

图 4.40 所示为搭建的一套可控制液位高度和流速大小的大管道非满管流量传感器实验测试系统。该系统主要由水箱 1、水箱 2、水管、水泵（流量范围 3～20m^3/h）、入水口水箱及摩擦电式非满管流量传感器样机组成，水管通过直插法兰与传感器的法兰用螺栓连接，法兰盘之间用密封垫由螺栓夹紧密封，避免水从连接处泄漏。入水口水箱由激光切割技术切割的亚克力板制备而成，并通过亚克力胶水胶粘制成一个密闭水箱，入水口水管与入水口水箱相连并涂有热熔胶避免漏水，出水口水管用胶粘的方式与 90°弯头管件连接，使出水口可以对准水箱 2 正上方，保证流经传感器的水可以排出到水箱 2 中。

实验系统的搭建模拟了实际环境，实现了非满管流在管路内的循环流动，其具体工作流程为：首先，放置在水箱 2 中的水泵由水管将水抽进入水口水箱，入水口水箱中的水通过入水口流经传感器从出水口流入水箱 2 以实现水循环。由入水口水箱中不同高度的可替换插板（40～100mm、插板高度差为 20mm）控制液位高度，当入水口水箱中的液位高于插板高度时，入水口水箱里的水会从入水口水箱溢出至水箱 1 中。而实验系统中水管内的流速大小是由功率控制器调节水泵的功率大小来控制的。在不同液位以及不同流速下，液位与流速传感单元产生不同规律的电信号，可通过上述设计的软件测试系统分别对液位、流速传感单元的电信号进行监测。

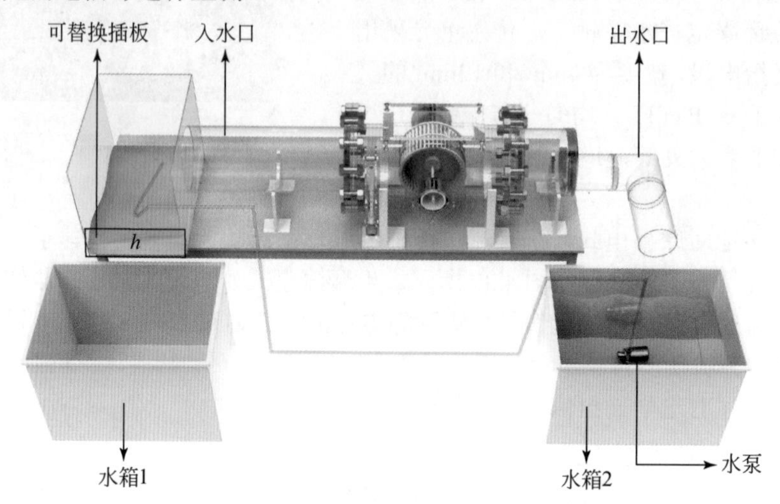

图 4.40　摩擦电式非满管流量传感器实验系统搭建

4.4.2　摩擦电式非满管流量传感器实验分析研究

为了研究摩擦电式非满管流量传感器液位监测的输出性能规律，研制出三种典型电极分布用于液位监测比较实验，分别为顶部/底部电极面积相等式电极、等面积式叉指电极以及变面积式叉指电极。其中顶部/底部电极面积相等式电极采用底部主电极和顶部电极相等宽度的粘贴方式，其宽度均为 4mm，以 20mm 的间隔距离均匀将主电极粘贴在直径为 10mm、厚度为 1mm 的 PTFE 管上，顶部电极粘贴在 PTFE 管顶端，顶部电极与主电极相连接，其具体电极分布方式如图 4.41（a）所示[4]。

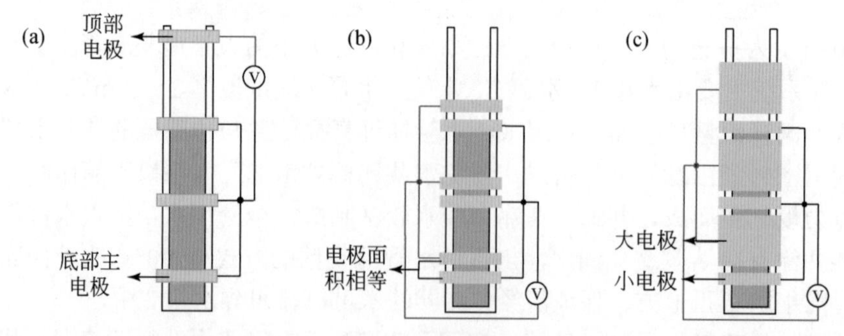

图 4.41　不同电极布置的液位传感单元。（a）顶部/底部电极面积相等；（b）等面积式叉指电极；（c）变面积式叉指电极

图4.41（b）介绍的是一种等面积式叉指电极，它是宽度为4mm的环状电极以周期性排布在直径为10mm、厚度为1mm的PTFE管上，其中每对叉指电极的间隔距离为20mm，在一对叉指电极中，电极之间的间距为2mm。最后介绍的是变面积式叉指电极，其电极分布依次为小电极、大电极的规律均匀并粘贴在直径为10mm、厚度为1mm的PTFE管上。其中，小电极的宽度为4mm，大电极的宽度为12mm，大电极与小电极间的间隙为2mm。变面积式叉指电极分布方式如图4.41（c）所示。液位传感单元中的PTFE管内液位高度与摩擦电式非满管流量传感器内的液位高度相同，管内的液位高度由可替换插板的高度决定，通过控制水泵功率的大小，来实现液位的升高或降低。不同电极分布方式的液位传感单元数据关系曲线如图4.42所示。

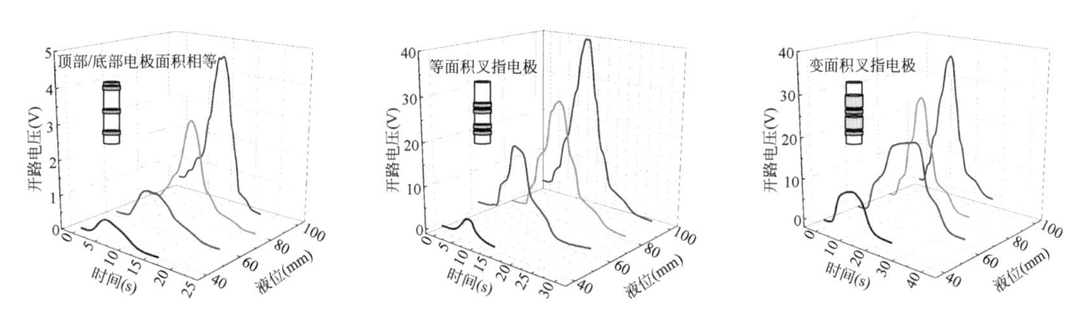

图4.42 不同电极布置对输出性能的影响曲线

由实验数据可以看出，当水流过电极区域或电极间隙时，产生的开路电压具有不同的斜率，并且叉指电极的电压幅值远大于顶部/底部电极面积相等的电极分布方式。因水流经电极或电极间隙时产生的开路电压斜率不同，所以通过对传感单元开路电压进行求导，使其变成带有正/负脉冲的曲线如图4.43所示。

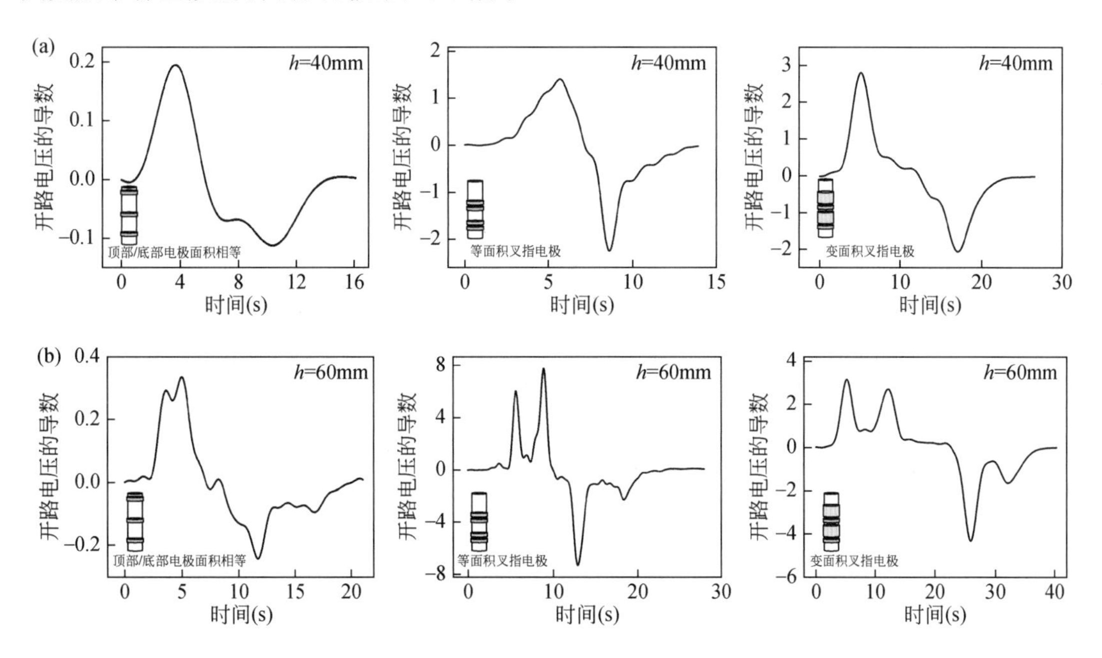

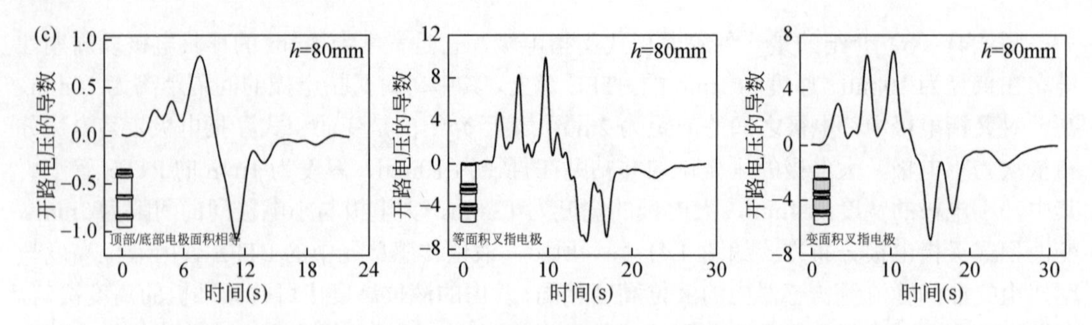

图 4.43　在液位为 40 ~ 80mm 时，不同电极布置脉冲数与液位的关系。（a）在液位为 40mm 时，不同电极布置的导数曲线；（b）在液位为 60mm 时，不同电极布置的导数曲线；（c）在液位为 80mm 时，不同电极布置的导数曲线

当液位升高或降低时，水流经电极部分电信号明显升高，开路电压导数的曲线产生正脉冲或负脉冲，其显著对应于电极的分布。因此，识别液位传感单元开路电压的导数信号可用于判断液位。在液位为 40～80mm 时，变面积叉指电极的脉冲数与液位呈清晰的正相关关系，而采用顶部/底部电极面积相同以及等面积叉指电极的分布方式会产生一些杂乱脉冲信号，其具体原因是：水是沿着轴向方向流动的，在液位传感单元的 PTFE 管中水处于波动状态，经过电极间隙部分时由于水的波动会影响液位传感单元的输出性能，进而导致开路电压的导数的曲线也会产生波动，对脉冲数的判断造成干扰，因此提高液位传感单元信号的稳定性显得尤为重要。

尤其是在液位为 100mm 时，采用顶部/底部电极面积相同和等面积叉指电极的分布方式无法对液位进行精准监测，如图 4.44 所示。根据实验结果可得出：在不同液位高度下，三种特殊电极分布方式中使用变面积式叉指电极的液位监测方式的脉冲数相较其他两种方式误差更小，其作为识别液位的指标具有更好的精度和稳定性。

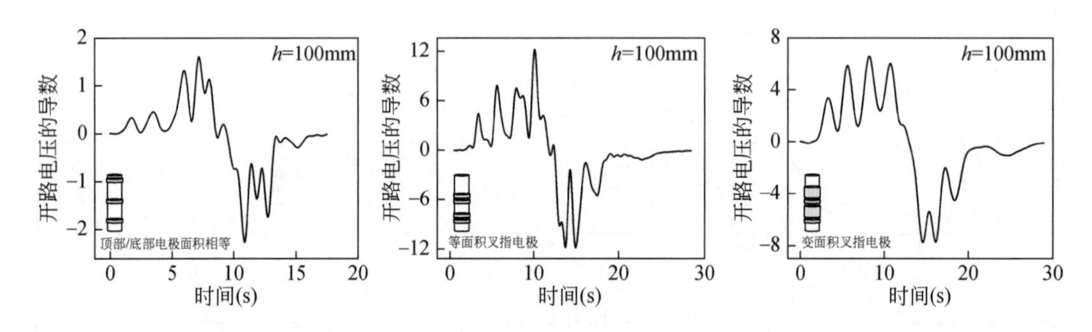

图 4.44　在液位为 100mm 时，不同电极布置脉冲数与液位的关系

为了提高液位监测的稳定性，研究了 PTFE 管的空白区域面积对液位监测电输出的影响。设计了三种铜电极宽度，分别为 3mm、5mm 和 7mm 的叉指电极。图 4.45 为不同宽度的叉指电极对液位监测性能的影响。可以看到：当叉指电极为一对时，PTFE 管上覆盖的铜电极的面积越大，即电极宽度越大，水波动造成的干扰对信号影响越小。

为了进一步研究变面积式叉指电极中电极覆盖面积的分布对液位监测输出性能的影

响，在大、小电极覆盖相同总面积的情况下，研究了具有不同面积比的变面积式叉指电极的电输出性能。在 4 种不同液位高度下分别对不同面积比的叉指电极进行实验测试，得到其液位监测稳定性的规律。

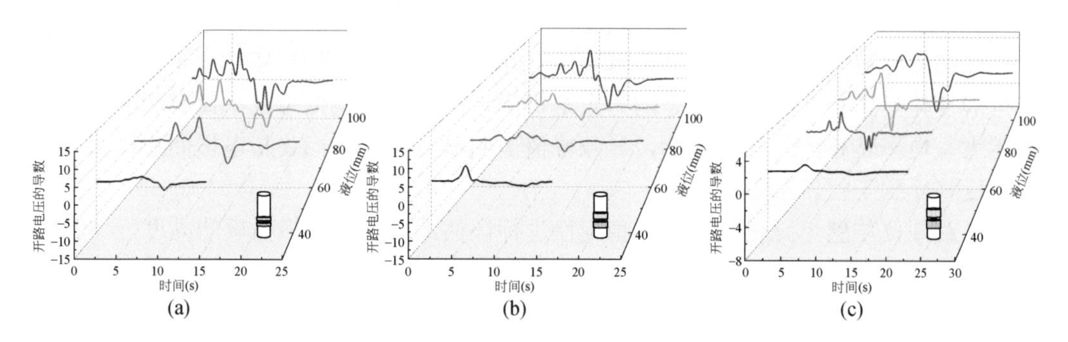

图 4.45　不同宽度叉指电极对液位监测性能的影响

（a）宽度 3mm；（b）宽度 5mm；（c）宽度 7mm

图 4.46 所示是面积比分别为 1∶3、1∶1 和 3∶1 时变面积式叉指电极开路电压的导数关系曲线，并在 4 种不同液位高度下进行实验测试，得出其液位监测稳定性的规律。可以

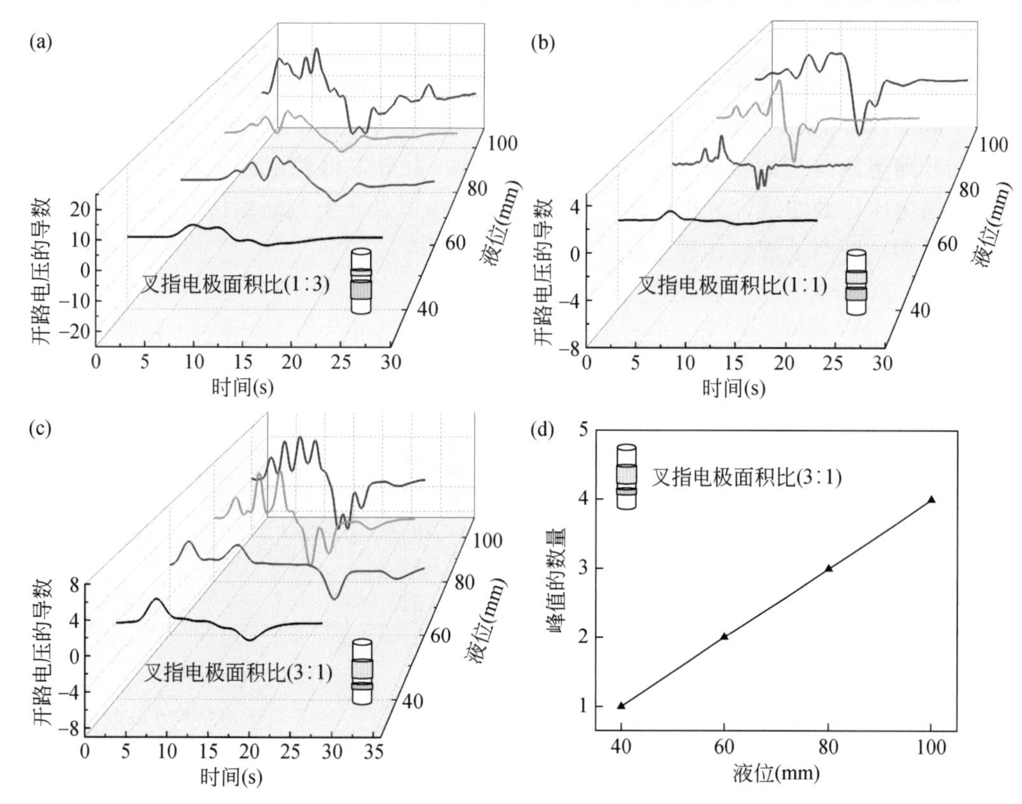

图 4.46　不同面积比叉指电极对液位监测性能的影响

（a）叉指电极面积比为 1∶3；（b）叉指电极面积比为 1∶1；（c）叉指电极面积比为 3∶1；（d）叉指电极面积比为 3∶1 峰值数量与液位的关系

发现：当叉指电极面积比为 1∶3 时，其脉冲数受水流波动影响较大，无法对高于 100mm 的液位高度进行精准监测；而叉指电极面积比为 1∶1 时，其脉冲数受水流波动较面积比为 1∶3 时影响较小，曲线相对平稳；最后，当叉指电极面积比为 3∶1 时，开路电压的导数曲线的脉冲数受水流波动影响最小。实验结果表明，叉指电极的面积比越大，开路电压的导数曲线的脉冲数与电极之间的关系越明显。当叉指电极的面积比为 3∶1 时，脉冲的数量与液位的变化呈正相关，这主要是因为大电极中水的波动对电信号几乎没有影响。面积的差异越大，电子转移的差异就越大，导致峰值更明显。然而，当叉指电极面积比太大时，测量精度将受到干扰。

为了对液位传感单元输出性能的稳定性进行评估，设置可替换插板的高度为 80mm，通过控制水泵功率调节液位升高/下降，重复测试液位传感单元在液位变化时的输出性能，其输出特性曲线如图 4.47 所示。从实验结果中可以看出，当液位升高至 80mm 时，液位传感单元的性能输出基本保持一致，且上升时由于水泵功率变化的快慢导致液位上升的时间略有差异，但斜率变化的时间与水流经电极的时间相对应；而当液位降低至 0mm 时，其输出与变化趋势基本没有变化，这表明了液位传感单元在液位上升/下降具有很好的对称性和稳定性。

传感器的耐久度是评价一个传感器优劣的重要指标，因此传感器的耐久性和可维护性应该被深入研究。为了研究连续摩擦可能导致的摩擦材料产生的电荷退化现象，实验测试了液位传感单元连续工作 4 小时的耐久性，每隔 1 小时采集一次液位传感单元从液位 0mm 升高到 100mm 再降低至 0mm 的输出性能曲线，如图 4.48 所示。在工作 4 小时后，液位传感单元的开路电压与初始状态相比并没有明显降低。此外，液位监测是通过对开路电压求导得到开路电压导数曲线，分析曲线正/负脉冲的数量以及正负判断液位高度，不受开路电压幅值的影响，证明了液位传感单元具有良好的耐久性。

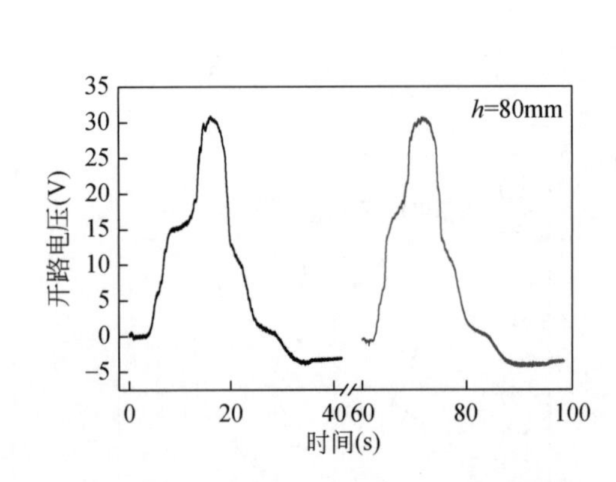

图 4.47　液位传感单元稳定性进行测试

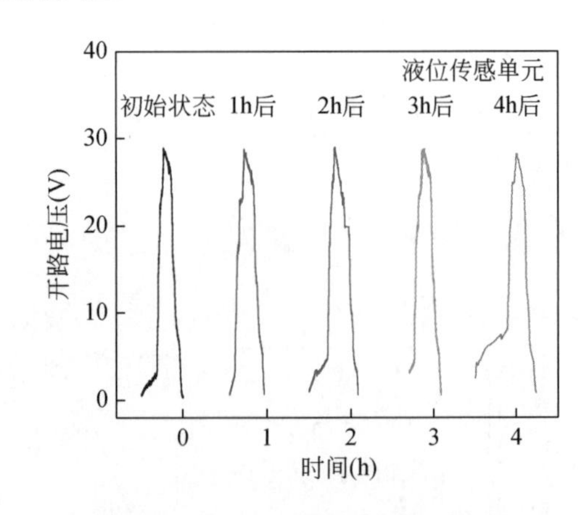

图 4.48　液位传感单元耐久性测试

本节针对流速监测系统的实验研究过程，主要开展了不同液位和流速下流速传感单元的输出性能测试，并通过快速傅里叶变换对输出信号进行处理，得到流速与频率之间的线性关系，随后针对流速传感单元的稳定性和耐久性进行实验测试。

如图 4.49 所示，其流速测量范围为 0.24～0.37m/s，随着流速的变化，开路电压峰值几乎保持不变，流速传感单元电压输出稳定。但随着流速的升高，在相同时间内，流速传感单元的脉冲数数量随着流速的增加而增加，因此可通过电信号的频率来监测流速大小。

流速传感单元的稳定性同样也非常重要，因此针对流速传感单元的稳定性测试展开了相关研究。在流速为 0.327m/s、液位为 80mm 下多次采集了相同时间的流速传感单元的电信号，通过对其进行快速傅里叶变换，得到流速传感单元在多次实验下的特征频率曲线，如图 4.50 所示。实验数据表明：在多次特征频率监测中流速传感单元的电压频率几乎相同，其特征频率均值为 1.67，证明了流速传感单元监测流速具有良好的稳定性，可以精准地实现流速监测。

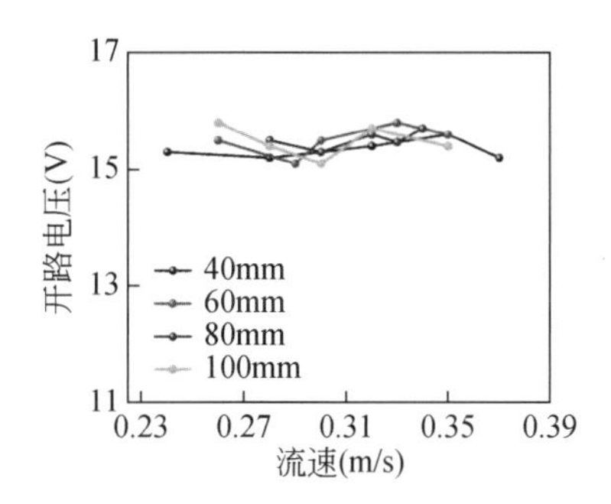

图 4.49　在不同液位下不同流速的电压输出性能

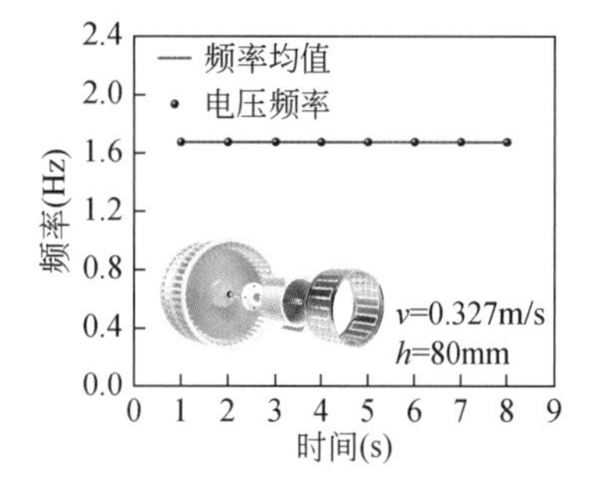

图 4.50　流速传感单元稳定性测试

图 4.51 展示了摩擦电式非满管流量传感器在流量增加/减少时，程序界面的变化以及对流量实时监测的运行过程。首先，分别采集液位/流速传感单元的信号，液位监测程序对收集的液位传感单元的电压信号首先进行滤波处理，减小噪声对信号监测造成的干扰，随后对信号进行求导处理得到开路电压的导数曲线，即为具有正/负方向的脉冲曲线，程序监测正负脉冲数的净脉冲数来判断液位的大小。同时，流速监测程序实时测量流速传感单元的开路电压，通过程序进行快速傅里叶变换，计算得到开路电压的特征频率，根据液位传感信号的净脉冲数确定不同流速和频率之间的相关系数，从而计算流速。最后，根据同时监测到的液位与流速数值得到瞬时流量。

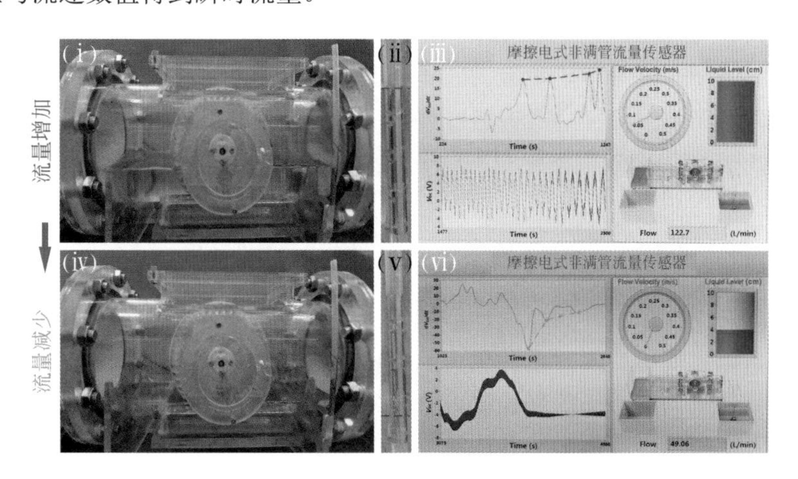

图 4.51　摩擦电式非满管流量传感器多参数监测界面

摩擦电式非满管流量传感器多参数监测界面上可实时显示采集的信号以及液位、流速、流量等管路参数信息。其监测工作流程具体为：当流量增加时，水从 0mm 升高到 100mm，水流过电极部分时由于开路电压的变化，产生正脉冲。程序通过监测正脉冲的数量判断液位升高，流速 v 则根据流速传感单元由流速表盘上显示，得到液位 h 和流速 v 后，根据前文推导的瞬时流量计算公式得到瞬时流量大小并在瞬时流量显示表上显示数值。同样地，当流量减少时监测负脉冲数判断液位下降，水管中的液位随之下降。并且，流速传感单元停止转动时，流速表盘上流速显示归零。

4.5 摩擦电式汽车空气流量传感器传感特性研究及其应用

摩擦纳米发电机在将机械能转化为电能的过程中，可以通过分析产生的电信号规律来监测机械的运动状态，这是其可以作为自驱动传感器的原因。在外部机械能恒定的情况下，提高摩擦电式传感器俘获利用机械能的效率，能够提高传感器输出信号强度。机械能利用效率取决于自驱动传感器输出电压的幅值和频率，输出电压的幅值是传感器信噪比的决定因素，而传感器输出电压的频率决定了所设计的传感器的传感精度。为保证摩擦电机械传感器的传感精度、抗干扰能力和耐久性，需要对研制的摩擦电传感器进行结构优化，增强传感器的输出信号强度，以提高传感器的信噪比和传感精度。本节主要开展汽车空气流量传感器的电输出特性研究[7]。首先，通过实验验证所设计的无轴涡轮的最佳结构参数，分析具有不同无轴涡轮的摩擦电式传感器输出的开路电压幅值、频率大小以及输出信号的重复性；其次，研究传感器不同流量下输出的开路电压、短路电流及其阻性负载特征，测试磁齿轮对传感单元传感精度和发电单元效率的影响，证明磁齿轮与摩擦纳米发电机结合的可行性；最后，针对汽车空气流量传感器的实际使用环境，模拟环境温度、湿度和气压的变化，开展相关实验，观察传感器输出电信号的稳定性和准确性，进而评价传感器的实用性。

4.5.1 无轴涡轮安装角度对传感器电输出能力的影响

为了验证无轴涡轮选型的仿真结果，建立流量范围是 300～900L/min 的一个气动实验系统，可以用节流阀调节压缩气体的实时流量。当改变涡轮叶片安装角，也就改变了气流进气角度，图 4.52 显示了用于实验的不同安装角度的无轴涡轮以及叶片的受力方向。涡轮叶片的翼型均为 NACA4412，由于气流的方向和翼型弦线夹角的变化，无轴涡轮叶片阻力和升力的大小将会变化，这会改变涡轮叶片的升阻比，即涡轮叶片的升力与阻力之比。涡轮叶片的升力产生于气流通过叶片表面的压差作用，而阻力主要来自气流通过叶片时摩擦力和涡旋损失。升阻比越高，涡轮的性能越好。因此通过改变叶片的翼型、安装角等参数来优化升阻比，以实现更高的效率和更大的输出功率。除此之外，无轴涡轮叶片的安装角变化也可能影响无轴涡轮转动的平稳性。叶片的安装角发生变化，会导致叶片与气流的相对速度和角度发生变化，从而影响叶片所受到的气动力大小和方向，这可能会导致涡轮叶片的运动变得不稳定，影响传感器的灵敏度和重复性误差。

测量不同的无轴涡轮驱动的传感单元的电输出。采用3D打印技术用树脂材料制作了5组无轴涡轮，这些涡轮的叶片数量、大小以及中心孔洞的大小完全一致。将无轴涡轮分别安装到传感器内部，相同条件下进行对比实验，使用静电计测量传感单元上叉指电极之间的开路电压，并分析开路电压信号的频率的变化。传感单元可以通过计算输出电压信号的频率来测量进气流量。因为波形频率是由流体通过传感单元的频率决定的，而不受电荷量的影响，因此使用波形频率来指示流量更为合适。

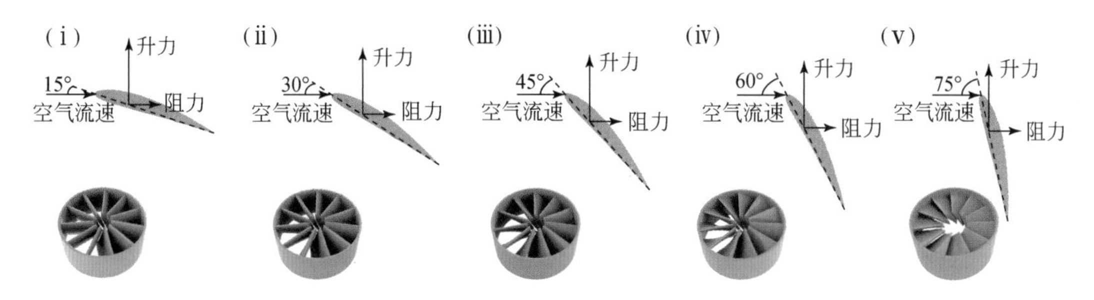

图4.52 不同安装角度的涡轮叶片升力示意图

图4.53显示在流量为600L/min时，传感器传感单元开路电压的变化趋势。实验结果表明：5个安装角度不同的无轴涡轮测试时开路电压的幅值几乎相同，其大小均约为25V，这表明传感单元产生的传感信号将会被信号处理模块清晰地识别。同时60°安装角的无轴涡轮比其他安装角涡轮需要更少的时间来产生相同数量的波形，生成5个完整波形只需23ms，这意味着60°无轴涡轮转速更高。尽管45°的无轴涡轮在同样的空气流量下生成5个完整波形仅需要25ms，但是由于传感单元单位时间内能够产生大量的传感波形信号，当传感器运行时间较长时，相同时间能产生的信号波形的个数将会差异巨大，这表明60°无轴涡轮机能够在相同的能量输入下收获更多的能量。而75°无轴涡轮生成五个完整波形需要102ms，说明不合适的无轴涡轮的安装角度将有可能导致大量的气体动能的浪费。

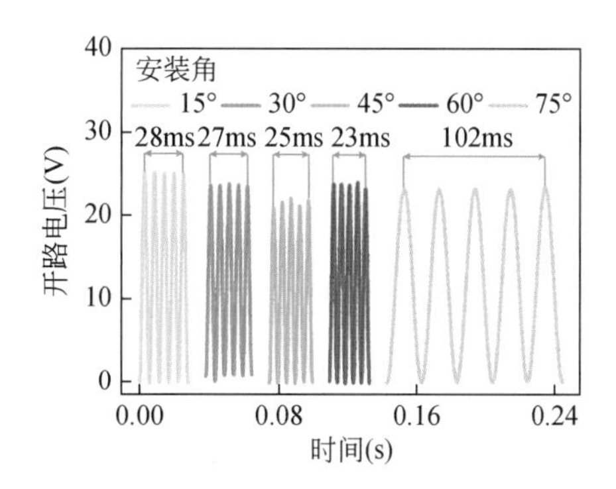

图4.53 无轴涡轮产生相同电压波形所需的时间

4.5.2 磁齿轮对传感器性能的影响

我们对磁齿轮的结构进行了分析，并通过计算得出了理论传动比为1∶2。本节将采用实验的方法进行验证。实验将通过测量磁齿轮高速转子带动的传感单元与低速转子带动的传感单元开路电压的频率，比较实际传动比与理论传动比的差异，观察磁齿轮变速装置的工作状态，探究其在工作时的稳定性和可靠性。如图 4.54 所示，高速转子形成四个波长的谐波如图 4.54（ⅰ）所示，该磁场经过由铁磁块组成调磁环的调节后，在低速转子一侧形成调节磁场，其波长数量等于 8。同样的低速转子的固有磁场的波长数也为 8。当高速转子开始转动时，如图 4.54（ⅳ）所示，调磁环的调节磁场会同步反向旋转，调节磁场将会产生斥力推动低速转子的固有磁场的波峰，引力牵拉低速转子的固有磁场的波谷，推动低速转子固有磁场和调节磁场同步运动。因此，高速转子移动一个波长，低速转子也会反向移动一个波长，而高速转子的波长是低速转子的 2 倍，因此高速转子的转速也会是低速转子的 2 倍，这样就实现了磁场变速。

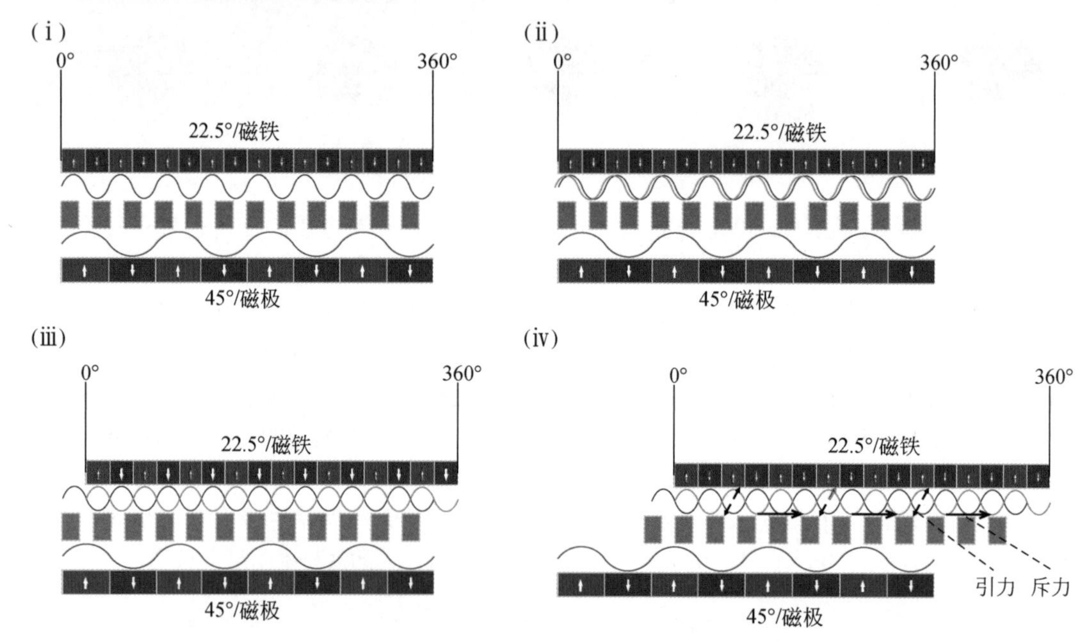

图 4.54　磁齿轮磁场波形调制过程

为了测试磁齿轮对汽车空气流量传感器传感性能的影响，在相同的实验条件下比较了主动轴承和从动轴承的电压波形。在主动轴承和从动轴承上布置相同的电极，当流量从 300L/min 增加到 900L/min 时，主动轴承的开路电压的幅值从 19V 增加到 24V，从动轴承的开路电压从 25V 增加到 27V，并且从动轴承的开路电压在 700～900L/min 的流量区间内不再发生变化。

如图 4.55 所示，随着进气流量的增大，轴承型发电单元的转速将会更高，由于离心效果使得轴承滚子与 POM 外圈的接触更加充分，使得传感单元的发电量增大。此外，在进气流量为 700L/min 的条件下，从动轴承产生一个完整的电压波形所需的时间为 3.4ms，这是主动轴承所需时间的一半，这说明磁齿轮能够良好地实现倍频效果，从而提高传感器的灵敏度。为了进一步提高传感器的性能，在从动轴承上安装了旋向相反的无轴涡轮，这是由于设计的磁齿轮在增频传动的过程中，高速转子和低速转子会反向转动。安装旋向相反的无轴涡轮后，汽车空气流量传感器将会成为一个拥有同轴反转双涡轮结构。此时磁齿轮高速转子将会受到磁齿轮传递的力和双涡轮产生的转矩的推动，因此需要通过实验的方法验证双涡轮是否能够使得转矩进一步增加。如图 4.56 所示，在进气流量为 700L/min 的条件下，双涡轮产生一个完整的电压波形需要 2.1ms，小于单涡轮所需的 3.4ms。这说明双涡轮将会进一步增加汽车空气流量传感器的气体能量利用效率，降低传感器的最小启动流量，从而增加传感器灵敏度和量程[7]。

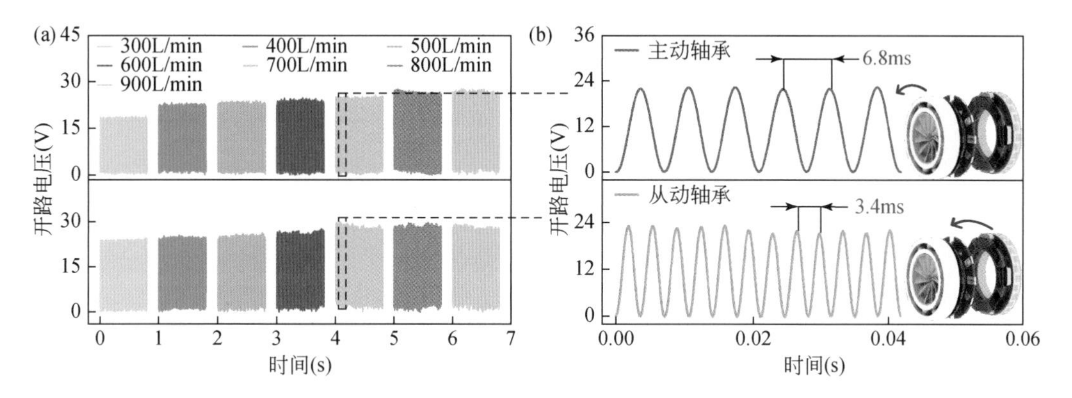

图 4.55　主动轴承与从动轴承的性能比较

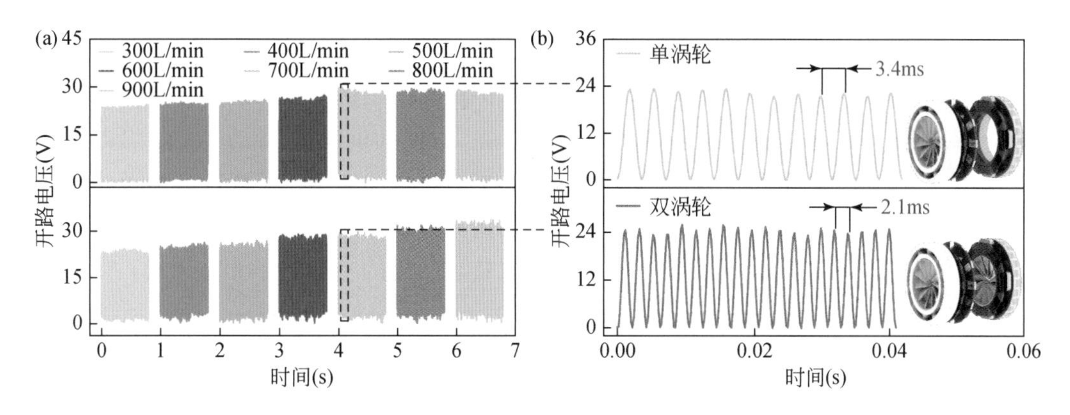

图 4.56　单涡轮和双涡轮的性能比较。（a）单涡轮与双涡轮开路电压幅值对比；（b）单涡轮与双涡轮开路电压频率对比

通过上述实验确定了设计的传感器的结构组成。对确定结构后的汽车空气流量传感器的传感单元的基本电学输出性能进行测试，图 4.57 为传感单元在不同流量下的电学输出性能。传感单元短路电流从 300L/min 流量的 6μA 增加到 900L/min 流量下的 12.2μA，如图 4.57（b）所示。相应的开路电压在不同流量下变化较小，从 22V 增加到 28V。出现这种增长趋势的原因是因为开路电压只与表面电荷密度有关，而短路电流不仅与表面电荷密度相关，还与电荷转移速率有关，如图 4.57（a）和（b）所示。此外，为了得出传感单元的最佳匹配电阻和功率，测试了传感单元在不同外接负载下的输出电流和电压，如图 4.57（c）所示，在 500L/min 流量下，随着外接电阻的增加电流逐渐减小，而电压逐渐增大。当外接电阻为 1MΩ 时传感单元的输出功率达到最大值，相应的峰值输出功率达到 0.15mW，如图

4.57（d）所示。

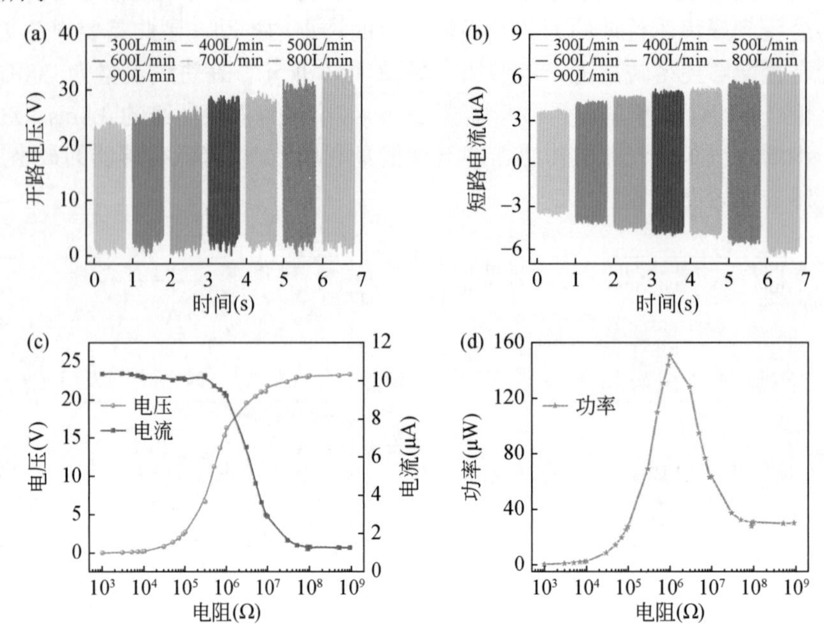

图 4.57　传感单元电性能测试。（a）传感单元开路电压；（b）传感单元短路电流；（c）传感单元在不同负载下电压与电流；（d）传感单元在不同负载下峰值功率

从上述实验可以得知，磁齿轮的主要作用是提高转子的转速，根据法拉第电磁感应定律，提高转子转速能够增加发电机磁通量的变化率，根据输出功率 $P=VI$ 可知，发电单元的输出功率与转子转动频率的平方 f^2 成正比，因此提高转子转速能显著提升发电单元的发电量。如图 4.58 所示，通过实验中逐步增大气体流量测得设计的汽车空气流量传感器的最小启动流量为 160L/min，在此流量下，传感器产生传感信号的电压波形非常平稳。

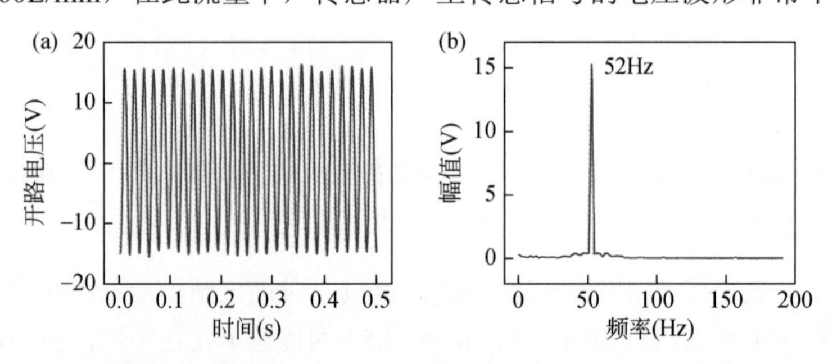

图 4.58　传感器最小启动流量。（a）传感单元电压波形；（b）传感单元电压频率

在实际应用中，传感器可以准确检测到的最小流量一般大于最小启动流量，因此还研究了传感器能够检测的最小流量值。在实验过程中，先测量了特定流量范围内（流量大于 300L/min）电压波形频率和流量的对应关系，然后逐步减小空气流量，测出对应开路电压波形频率，并与特定流量范围的对应关系的预测值进行对比。通过实验可以得出，传感单元的电压信号在 200L/min 时可以识别，如图 4.59（a）所示。测量的电压频率为 156Hz，

如图 4.59（b）所示。流量为 200L/min 的实验数据和 300～900L/min 范围内的线性拟合曲线预测数据之间的差异为 4Hz，如图 4.59（c）所示，传感信号频率偏差值为 1.74%，这说明 200L/min 为设计的空气流量传感器的最小可监测流量。

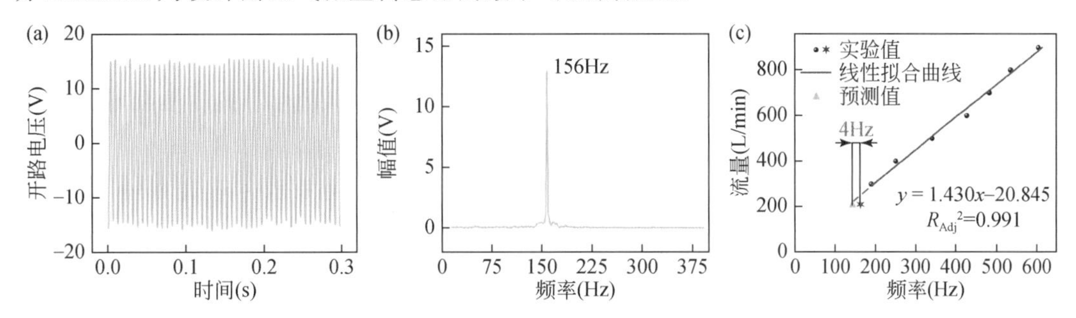

图 4.59　传感器能够检测的最小流量。（a）传感单元电压波形；（b）传感单元电压频率；（c）最小可监测流量

4.5.3　摩擦电式汽车空气流量传感器传感特性研究

近年来，国内外学者研制出各种自驱动流量传感器，基本实现了对气体、液体流量参数的监测。但是大多数的研究主要实现了流量检测的可行性，但是没有去探究摩擦电式传感器技术性能指标。传感器的线性度、重复性误差、迟滞、响应时间、信噪比等技术指标是影响传感性能的重要因素，同时，大量摩擦电式传感器采用编写传感测试系统的方式分析传感信号，这并不能满足传感器的实际应用环境。因此，目前摩擦电式传感器很难完全满足工程中的测量要求。

为了测试设计的汽车空气流量传感器的传感性能，搭建的传感器的实验测试系统如图 4.60 所示，气动系统主要包括调压阀、节流阀、商用流量传感器。在测试不同参数时，使

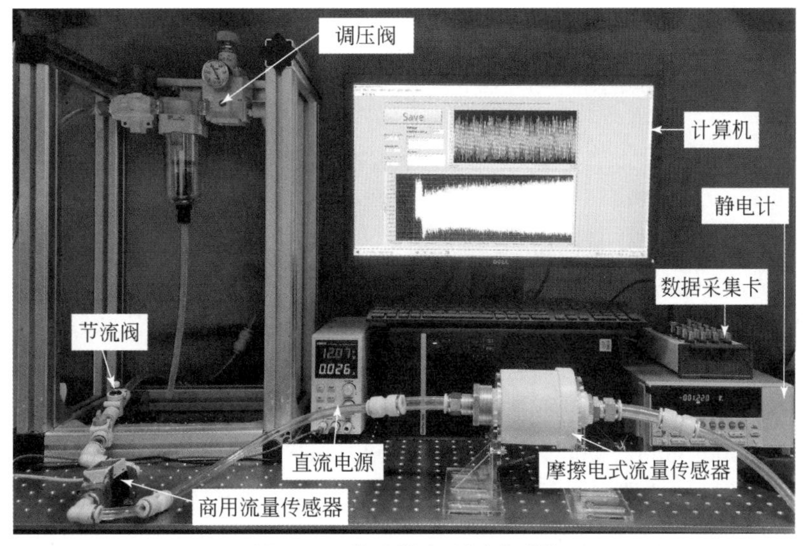

图 4.60　传感器实验测试系统

用螺杆空气压缩机（XS-10/8 捷豹-中国）提供压缩空气。当压缩空气通过管道进入到气动系统后首先通过调压阀，调压阀的作用是能够调节气动系统的气体压力，然后压缩空气流过节流阀，通过改变节流阀节流截面控制压缩空气流量，然后使用商用流量传感器实时记录管路中流经的压缩空气的流量值，这样做的目的是标定设计的汽车空气流量传感器。电信号测试系统主要包括实验样机、静电计、数据采集卡和计算机。在所需测量参数对应调节的压缩空气进入到实验样机后，样机将会在不同的气体流量下产生用于流量监测的电压信号，使用静电计和数据采集卡监测信号，实验数据由计算机记录。

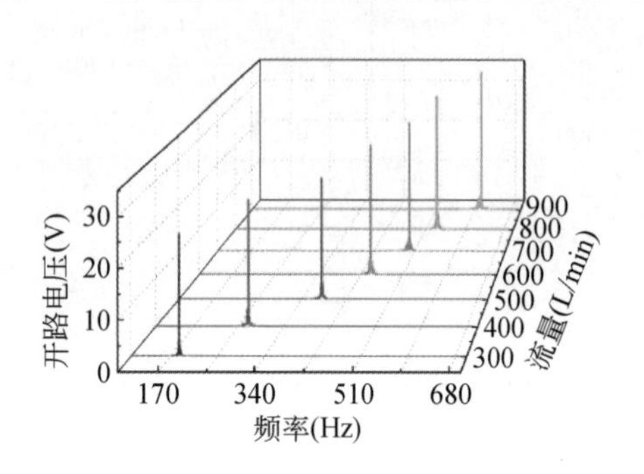

图 4.61　不同流量下的频谱图

测试系统所用到的各个元器件均已通过性能监测和参数标定以确保实验的科学性和严谨性。其中，调压阀和节流阀的适用压力范围为 0～1.0MPa，商用流量传感器的工作压力范围为 0～0.75MPa，检测范围为 10～1000L/min，最小分辨率为 1L/min。为验证电压信号频率与轴承转速间的关系，利用静电计采集不同流量下传感器传感单元输出的电压信号，并通过快速傅里叶变换提取出信号特征频率，从图 4.61 中可以看出当前特征频率的幅度特征明显。

将提取到的不同空气流量时的开路电压波形频率换算为相应的气体流量并进行线性拟合，如图 4.62 所示。通过拟合得到的直线具有的良好线性度，表明波形频率与理论流量呈线性关系，可以得出开路电压波形频率与流量的相关系数为 0.991。传感器灵敏度的定义是指传感器输出增量与输入增量的比值，由于设计的流量传感器开路电压波形频率与流量的线性相关性很高，因此可以将传感器视为纯线性传感器，可以通过以下公式来计算传感器的灵敏度（S_n）：

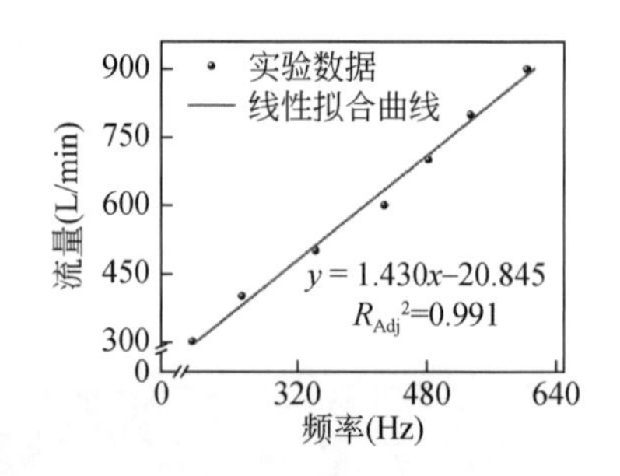

图 4.62　不同流量下特征频率的拟合曲线

$$S_n = \frac{\Delta freq}{\Delta f} \tag{4-58}$$

式中，Δf 为输入流量的变化量；$\Delta freq$ 为输出频率的变化量。

当进气流量从 300L/min 增加到 900L/min，传感单元的输出电压频率增加了 425Hz，传感器的灵敏度为 0.71Hz/（$L \cdot min^{-1}$），这说明流量每变化 10L/min，传感器的开路电压频率将会变化 7Hz，这种变化能够被信号处理模块清晰识别。通常提高灵敏度，可得到较高的测量精度，但传感器的灵敏度也不是越高越好。灵敏度越高，测量范围越窄。压缩空气流量的变化幅度为 600L/min，保证高灵敏度的时能够测量的较大的流量范围。

对汽车空气流量传感器在满量程下进行了 6 次实验，如图 4.63 所示，测试数据表明，空气流量为 400L/min 时，多次实验的开路电压的频率差异最大，最大频率偏差为 11Hz，汽车空气流量传感器的重复性误差为 0.9%。

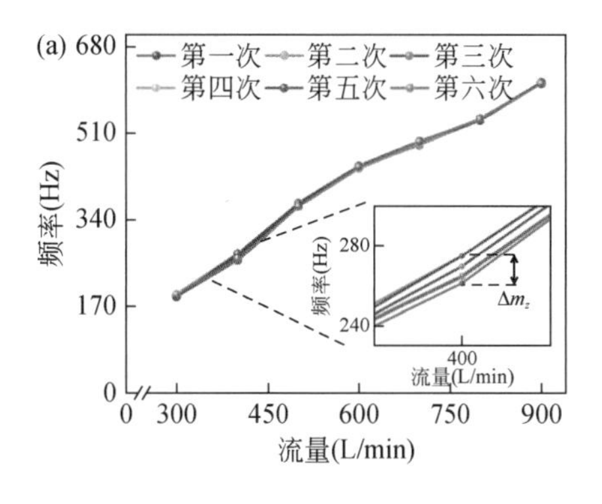

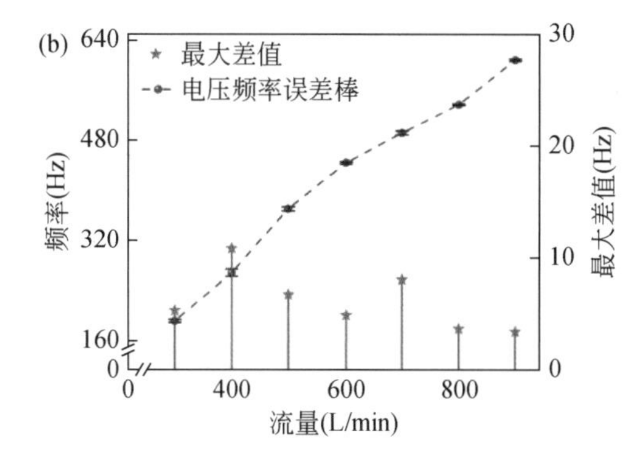

图 4.63　传感器的重复性误差。(a) 传感器电压频率差值；(b) 传感器电压频率误差棒

为了获得传感器的响应时间，空气流量在极短的时间内每级增加 100L/min。通过对实验数据应用短时傅里叶变换可以获得传感器对流量变化的响应时间。STFT 是一种常用的信号分析方法，特别适用于对非平稳信号进行频谱分析。它将一段时间内的信号分成若干个时间窗口，对每个窗口内的信号进行傅里叶变换，得到该时间段内信号的频谱。这个过程可以通过使用一个称为窗函数的函数来实现，窗函数对信号进行加权，以便对窗口内的信号进行截断和平滑处理。STFT 能够提供信号的时间频率信息，这些信息可以用来研究信号中的瞬态特征。

在实验过程中，通过快速调节气动系统的节流阀，在极短的时间内将流量增加 100L/min，观察压缩空气流量改变后，传感单元开路电压的频率从变化到稳定所需的时间，如图 4.64 所示，当空气流量从 300L/min 增加到 400L/min 时，开路电压频率的变化过程时间最长，需要持续 0.94s。因此，汽车空气流量传感器在流量变化后 1s 内能够监测到这种变化。

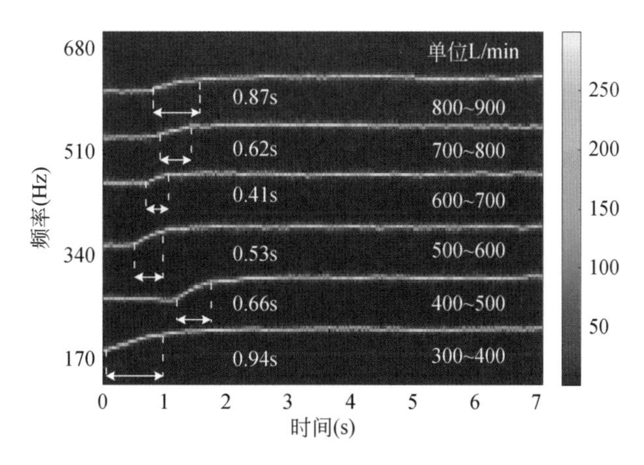

图 4.64　传感器的响应特性

作为自驱动传感器，传感器中发电单元的性能也十分关键，这是因为与传统传感器不同的是，自驱动传感器不需要外部电源，传感器中发电单元需要提供信号处理、转换、发送过程所需的全部电能。汽车空气流量监测的详细信号处理过程是：空气气流流经传感器，

推动无轴涡轮带动传感单元和发电单元同时工作。传感单元连接到数据分析模块（Data analysis module，DAM），然后数据分析模块将传感信号传输至微处理器（Micro controller Unit，MCU）进行处理，首先将传感单元电压信号转化为数字信号。然后使用 MCU 中的计数器模块，将输入的电压信号进行计数，并计算出每秒内的脉冲数。通过计算脉冲数与采样率之间的比值，可以得到电压信号的频率值。通过校准和标定，可以将电压信号的频率转化为实际流量值。发电单元连接到能量供给模块（Power supply module，PSM），能量供给模块将发电单元产生的电能经降压等处理后供 MCU 和无线传输模块（Wireless transmission module，WTM）使用，将空气流量信息传输到数据接收端（图 4.65）。

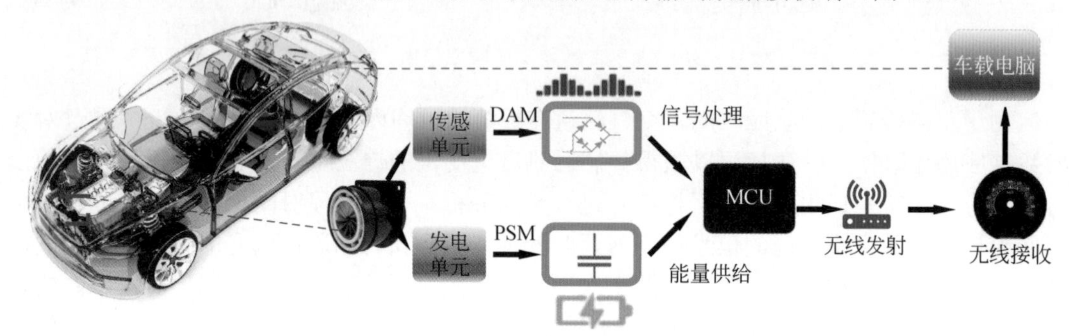

图 4.65　自驱动汽车空气流量传感系统

本研究使用的 MCU 最高输入电压为 3.3V，高于 3.3V 会导致 MCU 损坏，因此为了使 MCU 能够识别传感单元的电压信号，需要对信号进行进一步的处理。图 4.66 描述的是经运算放大后的电压信号，将 24V 原始电压波形信号转化为 3.3V 的方波信号，其频率保持了良好的一致性。

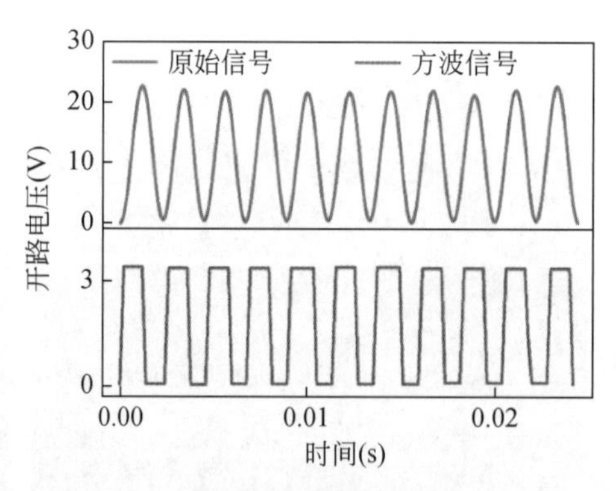

图 4.66　方波信号处理过程

数据采样和传输周期由 MCU 控制，如图 4.67 所示。当汽车空气流量传感器以 500L/min 的进气流量运行时，传感器发电单元供应给微处理器的电压可以在 5s 内稳定到 3.3V 以上，流量数据每秒传输一次，在传输过程中发电单元提供给 MCU 的电压始终维持在工作电压以上，这说明传感器能够满足实时测量汽车进气量的要求。

对研究的汽车空气流量传感器进行了耐久性实验。如图 4.68 所示。在 600L/min 的流量下传感器连续测试 7 小时后，传感器传感信号的开路电压没有明显的衰减，这是因为轴承结构的传感单元采用成熟的滚动摩擦的形式，使得铜电极与转子没有直接接触，铜电极没有发生任何磨损。同时提取每个小时的电压频率进行对比，传感器没有出现明显的信号频率变化，这证明传感器具有良好的鲁棒性，在长时间运行中表现良好。

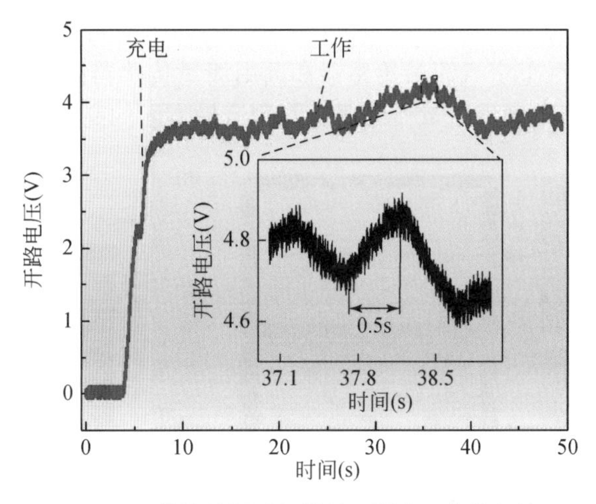

图 4.67　传输数据过程微处理器电压变化规律

为了探究研究的自驱动汽车空气流量传感器的传感准确性，搭建了如图 4.69 所示的测试系统，开展汽车空气流量传感器与商用流量传感器的输出性能对比实验，以评估流量传感器的准确性。汽车空气流量传感器在测到流量信息后将数据无线传输到信号接收模块，使用信号接收模块代替车辆 ECU，在信号接收模块上安装有液晶显示屏幕，可以实时获取空气实际流量，通过比对得出汽车空气流量传感器的误差值。

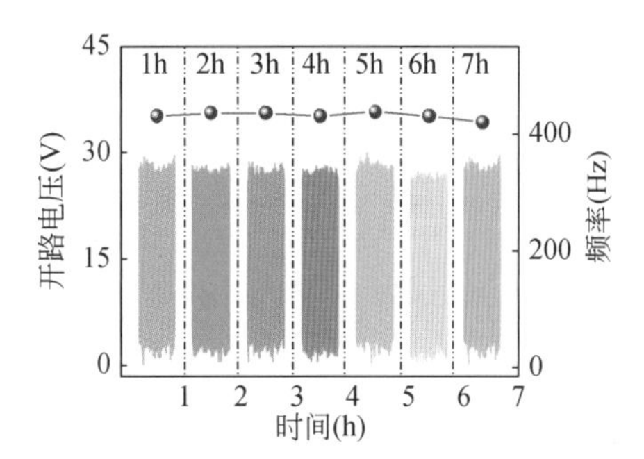

图 4.68　传感器耐久性实验

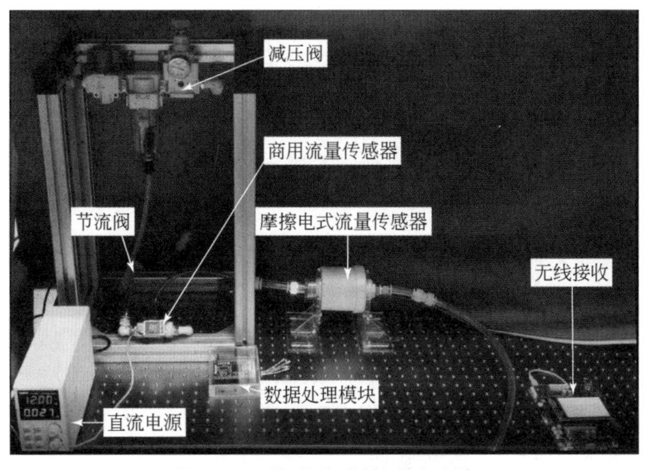

图 4.69　传感准确性测试系统

可以通过公式（4-59）来计算不同流量下汽车空气流量传感器的误差率（E_r）：

$$E_r = \frac{|F_a - F_c|}{F_c} \times 100\% \tag{4-59}$$

式中，F_a为汽车空气流量传感器测得的流量值；F_c为商用流量传感器测得的流量值。

如图 4.70 所示，汽车空气流量传感器和商用流量传感器的流量监测最大误差值小于 2%，这一结果证明了汽车空气流量传感器在监测流量方面的高准确性。

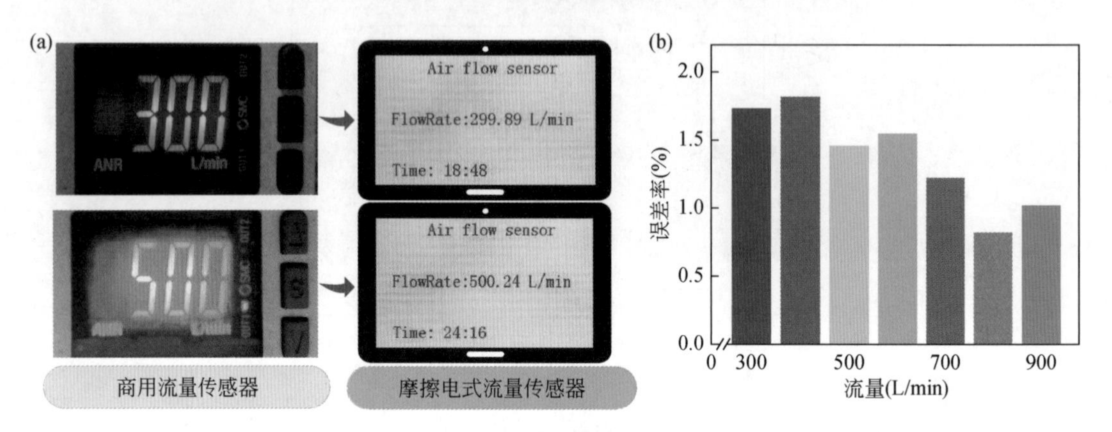

图 4.70　传感器的误差值。（a）与商用流量传感器性能对比；（b）传感器误差率

本节对传感信号进行采集与特征提取，测试并分析传感器的传感精度，并通过多次实验得到传感器的重复性误差、信噪比和传感信号的迟滞，并通过短时傅里叶变换分析传感器在不同流量下的响应时间等传感器技术性能指标。结果表明，在 300～900L/min 范围内，电压频率与流量有良好的线性关系，线性系数可以达到 0.991。随后测试了不用流量时发电单元的发电量，通过设计信号处理电路实时处理传感信号，通过耐久性实验测试传感器的实际服役寿命，传感器连续测试 7 小时后，传感信号的开路电压没有明显的衰减。最后，制作后端信号处理硬件并编写相应的程序，通过发电单元带动微处理器和无线传输模块，分析传感单元的传感信号，将其研制为一个自驱动无线传感系统。

4.6　摩擦电式气动浮子流量传感器实验及应用实例

4.6.1　三角电极型摩擦电式流量传感器研制与系统搭建

三角电极型摩擦电式流量传感器的实物样机如图 4.71 所示，该样机包括锥形容腔、限位杆、浮子和三角铜电极[5]。所设计的锥形容腔和方锥形浮子选用 PLA（聚乳酸）材料，并由 3D 打印机（JGAURORAA8S）制作而成。浮子侧端面的最大边长为 48mm，宽度为 2mm，最大质量为 28g。浮子上面设置有轴承座，一个直线轴承集成到浮子的轴承座上，以减少浮子与限位杆之间的摩擦阻力，使浮子在流体的作用下可以自由上下移动。三角形的铜电极作为摩擦单元和导电电极粘贴在一个亚克力板上面。三角铜电极的宽为 46mm，高为 105mm。选择 PTFE 膜作为另一种摩擦单元，粘贴在浮子的表面。在浮子和 PTFE 膜之间粘贴一层海绵胶带，以调节浮子和锥形容腔之间的间隙，进而提高样机的稳定性。最后，将浮子、电极板和锥形容腔组装在一起。

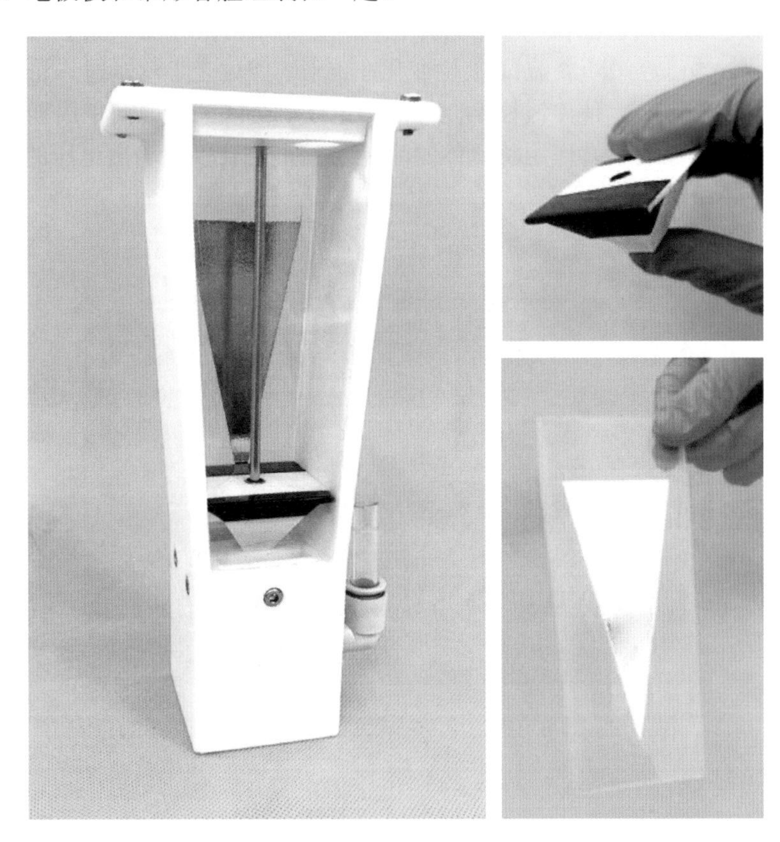

图 4.71 三角电极型摩擦电式流量传感器实物样机

三角电极型摩擦电式流量传感器的硬件实验测试系统如图 4.72 所示。当压缩气体通过管道进入到气动系统后首先通过调压阀，其可以改变系统内的气体压力。紧接着，压缩气体流经节流阀，并通过节流阀改变压缩气体的流量，后端的商用流量传感器可以对管路中压缩气体的流量进行实时监控。最后，调节好一定参数的压缩气体进入到实验样机后，样机将会对应输出用于流量检测的电压信号，其可以由静电计实时监测并记录。

实验测试系统所用到的各个元器件均已通过性能监测和参数标定以确保实验的科学性和严谨性。其中，调压阀和节流阀的适用压力范围为 0～1.0MPa，商用流量传感器的工作压力范围为 0～0.75MPa，检测范围为 10～1000L/min，最小分辨率为 1L/min。静电计是美国吉时利公司生产的具有优良电流灵敏度和低压负载能力的电性能检测设备，可用于低电平测试。静电计的噪声<1 fA，输出阻抗>200 TΩ，电荷测量范围在 10f C～20μC。

磁翻板型摩擦电式流量传感器的实物样机如图 4.73 所示，主要包括锥形容腔外壳、摩擦材料、磁浮子和磁翻板。锥形容腔外壳采用三维软件 SolidWorks 设计，长度为 56mm，宽度为 52mm，高度为 200mm，并由 3D 打印机打印制作而成。选用铜电极和 PTFE 作为摩擦材料，摩擦材料的长度为138mm，宽度为36mm，并粘贴在锥形容腔外壁的内表面上。磁浮子由两个透明的半球形亚克力外壳和一个球形磁铁组成。球形磁铁的直径为 20mm，重量为12g，可以安装到两个半球形的亚克力外壳中。磁滚柱的直径为8mm，长度为21mm。将铜粘贴在磁滚柱的圆周表面作为另一种摩擦材料，由于磁滚柱圆周面上只有一半贴有铜摩擦材料，因此，当磁浮子随着流量/液位变化在锥形容腔内上下移动时，将在磁耦合的作用下驱动磁滚柱来回翻转，使磁滚柱上面的铜与 PTFE 之间的重叠面积周期性变化，进而通过摩擦起电与静电感应耦合作用将流体的流量/液位变化转换为输出电压的变化[6]。

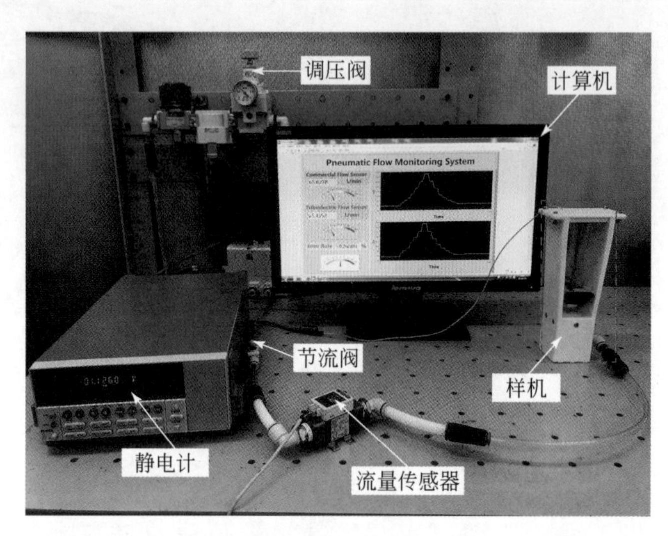

图 4.72　三角电极型摩擦电式流量传感器实验测试系统

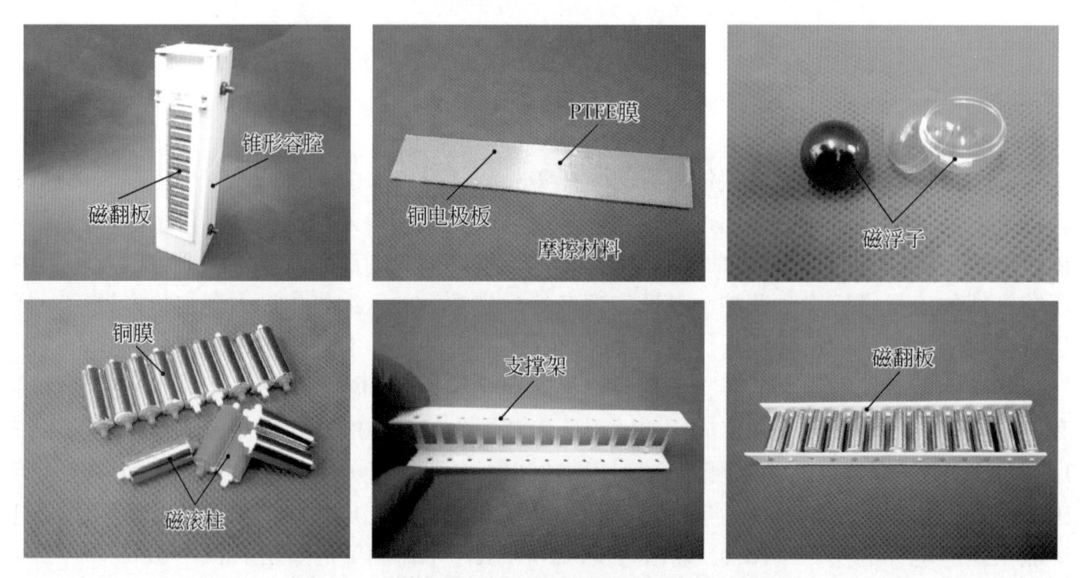

图 4.73　磁翻板型摩擦电式流量传感器实物样机

磁翻板型摩擦电式流量传感器兼具流量检测和液位检测两种功能。针对流量检测，搭建了一套气动硬件实验测试系统，其与三角电极型摩擦电式传感器的流量测试系统相同。

该实验系统主要包括调压阀、节流阀、流量传感器、实验样机、静电计、数据采集系统和计算机。气动流量检测的实验测试系统如图 4.74 所示，压缩气体的压力和流量分别由调压阀和节流阀控制，调节好的气体的流量参数通过商用流量传感器监测。实验样机的输出电压可通过静电计进行测试，并通过数据采集系统进行数据采集。

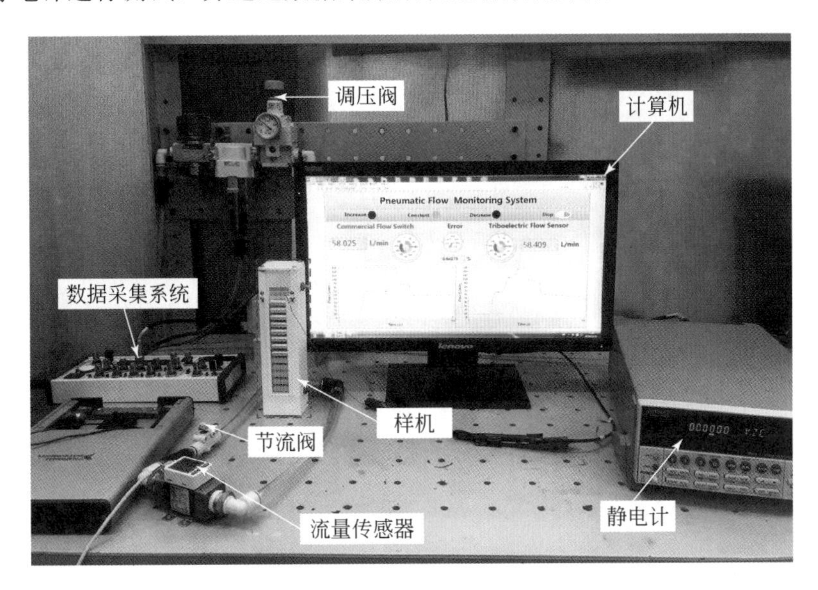

图 4.74　气动流量检测实验测试系统

为了实现磁翻板型摩擦电式流量传感器的液位实验测试，搭建了一套液位控制水循环系统。图 4.75 所示为所搭建的液位检测实验测试系统示意图，该系统主要包括水泵、储水箱、液位水箱、液位传感器、数据采集板卡、计算机、实验样机和四个液位控制开关。

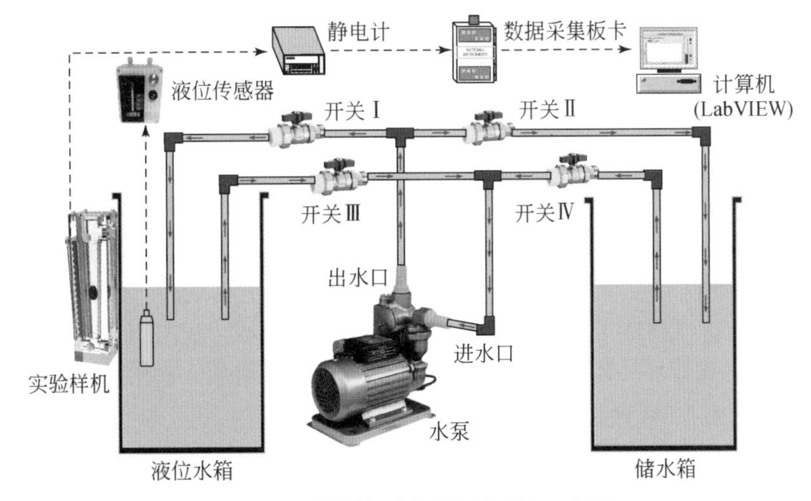

图 4.75　液位检测实验测试系统示意图

测试中，循环水由水泵提供，液位上升的流速与高度分别由四个液位控制开关和液位水箱中的液位传感器调节和控制。当开关 I 和开关 IV 打开、开关 II 和开关 III 关闭时，液位水箱中的液位上升。相反，当开关Ⅱ和开关Ⅲ打开、开关Ⅰ和开关Ⅳ关闭时，液位水箱中的液位下降。此外，通过调节四个开关的不同开度可以控制液位的升降速度。实验样机的输出电压由静电计测试并通过数据采集板卡进行数据采集，最终在电脑上显示。所搭建的液位实验测试系统实物照片如图 4.76 所示，该系统的硬件设备仪器可以实现液位和升降速度的基本控制。

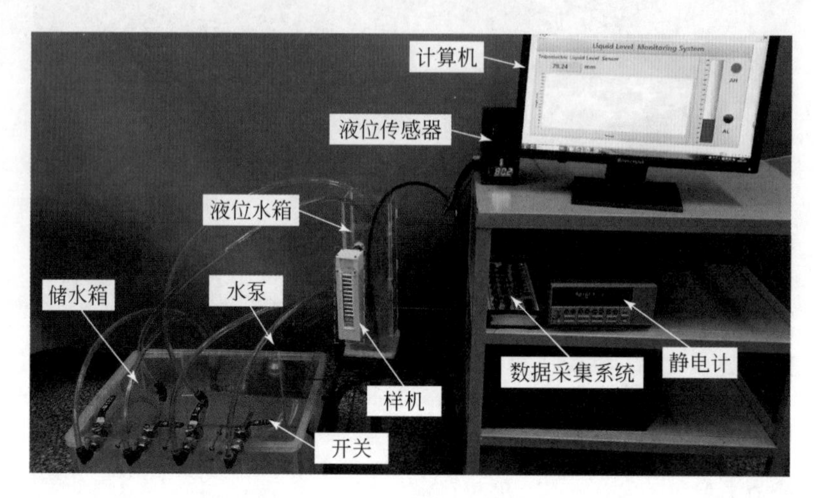

图 4.76　液位实验测试系统实物照片

4.6.2　摩擦电式气动浮子流量传感器实验研究

本节将重点对两种摩擦电式气动浮子流量传感器的输出性能进行实验研究。为了研究三角电极型摩擦传感单元间重叠面积变化下的电压输出性能规律，将一个底边为 46mm，高度为 105mm 的三角铜电极粘贴在一个亚克力板上作为一种正极性的摩擦材料。同时，选取一个长度为 48mm，宽度为 2mm 的 PTFE 作为与铜电极极性相对的第二种摩擦材料。然后以三角铜电极的最低端为起始点，使 PTFE 以 1.5mm 的步长沿着三角铜电极表面依次向上滑动再返回到初始位置。此时，两摩擦传感单元间将会对应产生一系列输出开路电压信号。利用 Origin 软件对实验测试结果进行数据处理，不同滑动距离下摩擦传感单元间的输出电压性能曲线如图 4.77 所示。可以看出，随着滑动距离的增加，摩擦传感单元间的输出开路电压对应依次增大，实验测试结果与前面理论分析和仿真规律一致。

类似地，实验初步测试了磁翻板型摩擦传感单元不同翻转状态下的电压输出规律。如图 4.78 所示，在磁耦合的作用下，随着磁滚柱翻转数量的增加，输出开路电压的大小也逐渐增大，开路电压由 1.8V 增加到 9.6V。

为了研究气体压力对摩擦电式气动浮子传感器输出性能的影响，实验测试了流量为 120L/min、150L/min、180L/min、210L/min 和 240L/min 时在不同气压范围内的开路电压大小。气压的测试范围为 0.20～0.50MPa，最小调节步距为 0.05MPa。同一流量在不同气压下的输出电压性能曲线如图 4.79 所示。

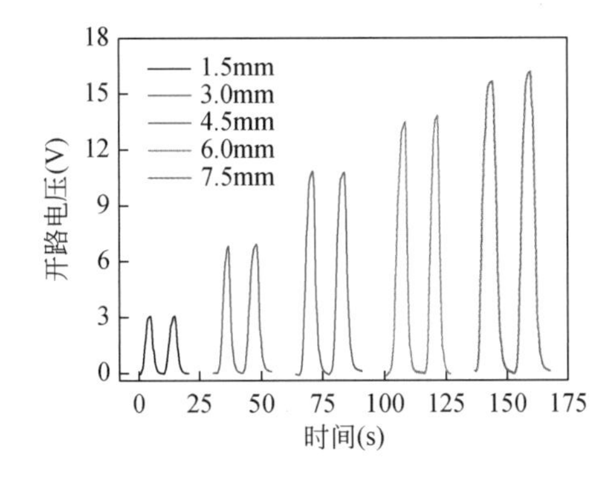

图 4.77　不同滑动距离下的开路电压性能曲线

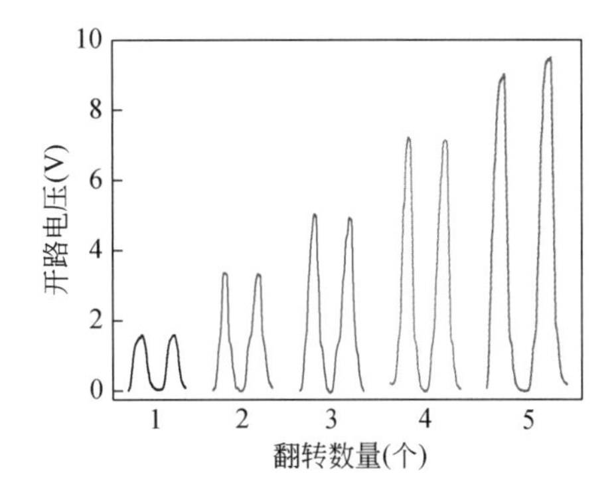

图 4.78　不同翻转数量下的开路电压性能曲线

图 4.80 所示为三角电极型摩擦电式传感器不同流量下的输出开路电压三维图。可以看出，当气压一定时，随着流量的增加开路电压逐渐升高。当流量从 30L/min 逐渐增加到 300L/min 时，输出开路电压从 1.3V 增加到 13.4V。

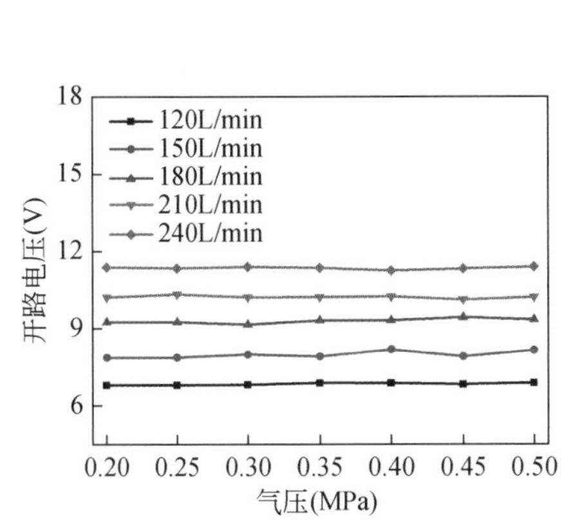

图 4.79　输出开路电压与气压关系曲线

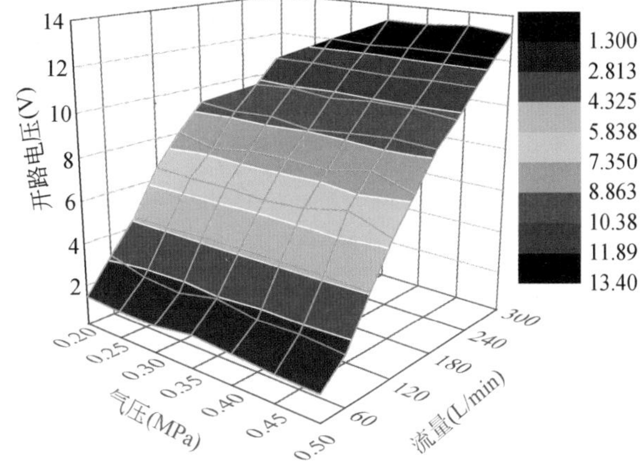

图 4.80　输出开路电压与流量关系曲线

为了研究三角电极型摩擦电式流量传感器的线性度，将实验过程中的气体压力（压强）设定为 0.30MPa，流量的测量范围为 30～300L/min。随着流量的增加，摩擦电式流量传感器的开路电压亦随之逐渐增大，将开路电压的峰值与流量进行线性拟合，如图 4.81 所示。

实验测试了一段流量范围内的输出开路电压变化，如图 4.82 所示。将气体压力（压强）设定为 0.30MPa，通过节流阀控制流量逐渐增加，随着流量以 5L/min 的最小步距逐渐增加时，输出开路电压的变化为 0.25V，这说明该传感器的最小流量分辨率明显优于 5L/min，灵敏度为 0.05V·min/L。

三角电极型摩擦电式流量传感器的稳定性性能测试曲线如图 4.83 所示。在实验过程中将气体压力（压强）统一设定为 0.30MPa，并通过节流阀以等步距和不均等步距分别控制传感器中流量的规律和随机变化。

流量规律变化下传感器输出性能曲线如图 4.83（a）所示，随着流量从 120L/min 以 40L/min 的等步距逐渐增加到 280L/min 再依次减少到 120L/min，该传感器在相同流量下的

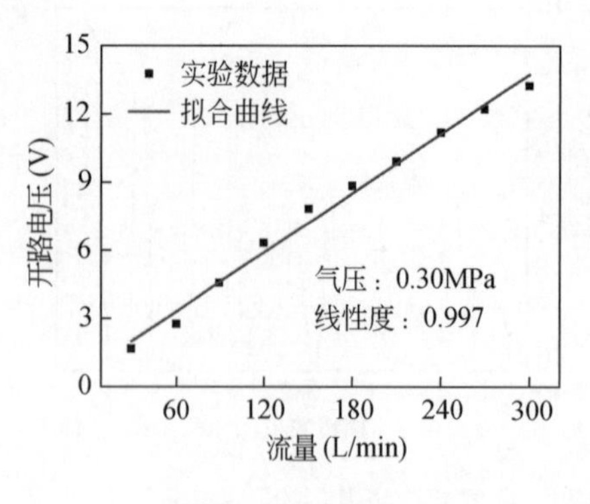

图 4.81　开路电压与流量线性拟合关系曲线

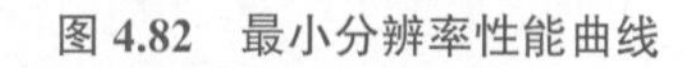

图 4.82　最小分辨率性能曲线

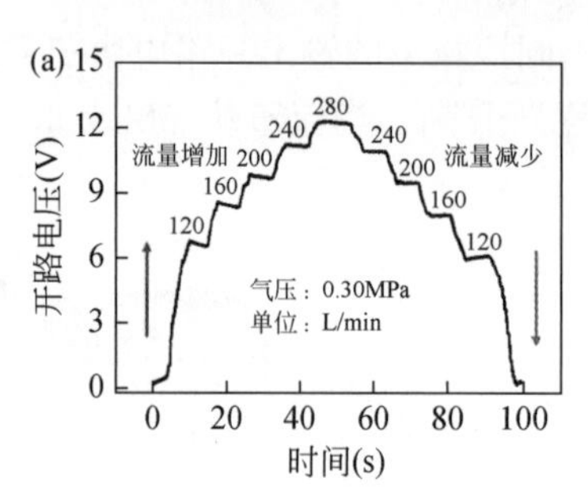

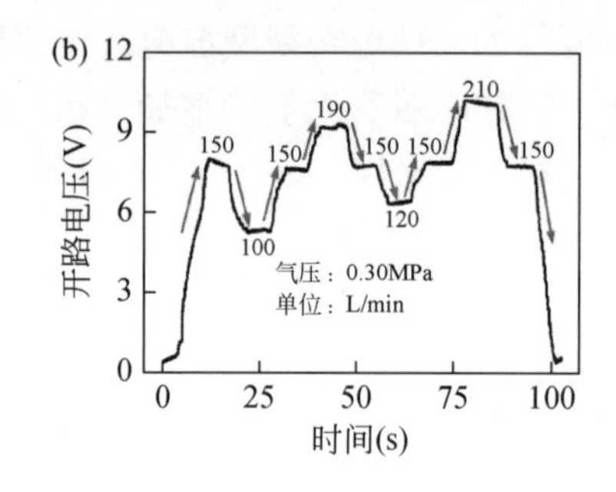

图 4.83　稳定性测试性能曲线

（a）流量规律变化下电压输出性能；（b）流量随机变化下电压输出性能

输出开路电压表现出良好的对称性，对流量的增加和减少均具有良好的响应。流量随机变化下传感器的输出性能曲线如图 4.83（b）所示。当流量随机增加和减少到 150L/min 时，传感器的输出开路电压值大致相同。这表明无论流量如何随机变化，该传感器的输出性能均具有良好的稳定性。当通过节流阀控制流量逐级增加和减少时，两传感器在电脑界面的性能曲线显示如图 4.84（a）所示。可以看出，两传感器的流量输出性能趋势相同，在某一流量时刻，三角电极型摩擦电式流量传感器与商用流量传感器的误差率仅为 0.26%。为了

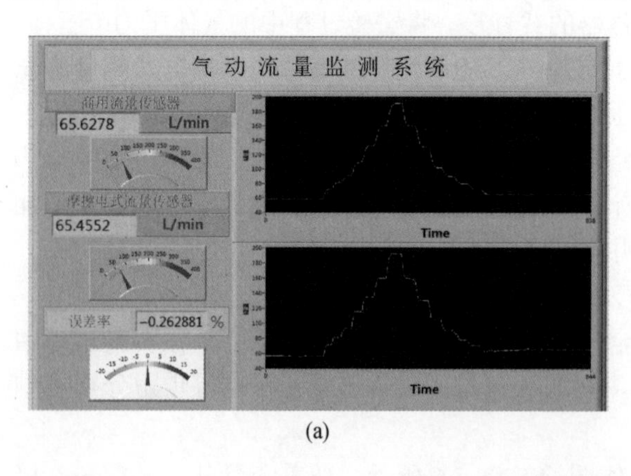

(a)

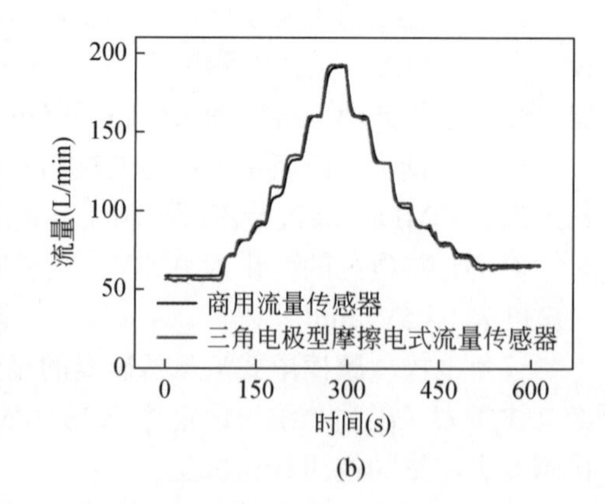

(b)

图 4.84　准确性测试性能对比

（a）流量测试界面；（b）流量传感器性能对比

更加清晰地展示两传感器流量输出性能的一致性，利用 Origin 软件对两传感器的流量输出性能进行数据处理，如图 4.84（b）所示。可以看出，两传感器的流量性能检测曲线几乎完全重合，这证明了摩擦电式流量传感器与商用流量传感器的输出性能可基本保持一致，准确性良好。

此外，基于 LabVIEW 程序还可以实现流量的安全预警监测。图 4.85（a）和图 4.85（b）所示分别为流量安全预警的实验测试界面和流量输出曲线。当流量高于流量阈值时（此处为 300L/min）将会触发一个报警信号，进而警示红灯将会亮起，从而达到流量安全监测的目的。

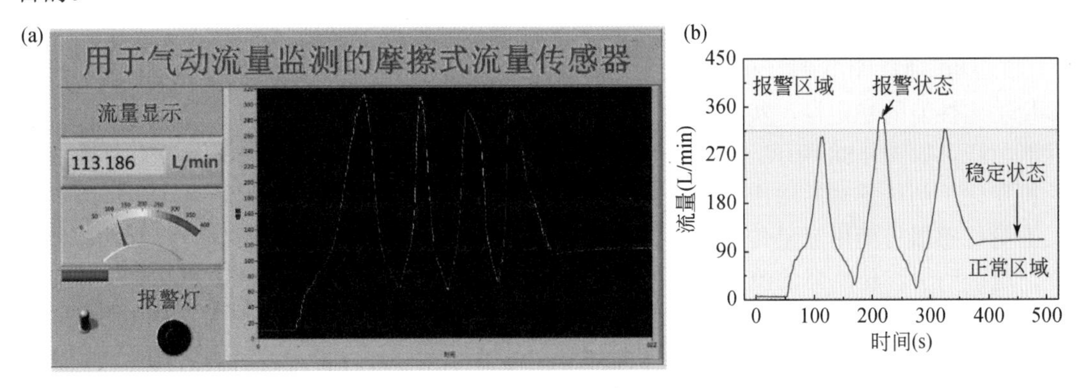

图 4.85　流量安全预警功能展示

（a）流量安全预警测试系统前面板；（b）流量测试输出曲线

实验测试了磁翻板型摩擦电式传感器输出开路电压随流量的变化规律，如图 4.86（a）所示。将流量分别设定为 10L/min、48L/min、86L/min、124L/min、162L/min 和 200L/min，紧接着，通过调压阀控制气体压力逐渐增加，气压的测试范围为 0.15～0.45MPa，最小控制步距为 0.05MPa。由图中曲线可以看出，随着流量的增加，该摩擦电式流量传感器的输出开路电压逐渐增大，且同一流量下改变气体压力的大小几乎不影响摩擦电式传感器的输出开路电压，流量的量程比高达 20∶1。该摩擦电式传感器开路电压与流量的线性关系拟合曲线如图 4.86（b）所示。实验中为保证实验的准确性，每个流量测量点都被反复测量五次以上并取平均值，流量测量点带有测量误差带。可以看出：流量与摩擦电式传感器的开路电压具有良好线性关系，线性度为 0.984。

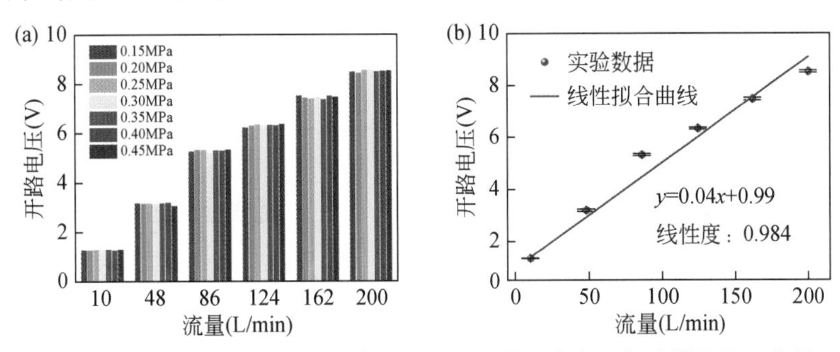

图 4.86　不同气压下磁翻板型摩擦电式传感器开路电压与流量的关系曲线

（a）开路电压与流量关系曲线；（b）开路电压与流量线性关系拟合图

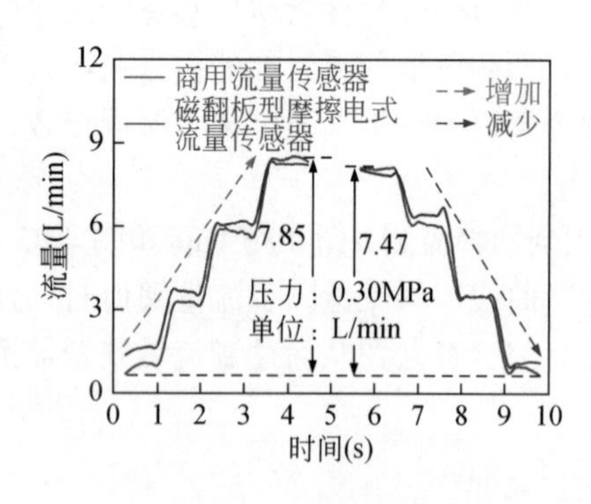

图 4.87 最小流量分辨率对比

分辨率是传感器的另一个重要性能评价指标。如图 4.87 所示为磁翻板型摩擦电式流量传感器与商用流量传感器的最小分辨率性能曲线。从图中可以看出，该摩擦电式流量传感器与商用流量传感器的输出性能曲线几乎完全重合。调节节流阀以最小步距逐渐增加和减少流量前进 4 步时，流量的变化分别为 7.85L/min 和 7.47L/min。因此，该传感器增加和减少时的最小流量分辨率均优于 2L/min。

为了评估磁翻板型摩擦电式流量传感器流量输出性能的稳定性，实验测试了该传感器与商用流量传感器在不同流量变化下的输出性能曲线，如图 4.88 所示。图 4.88（a）和图 4.88（b）所示分别为流量规律变化下和流量随机变化下两传感器的输出性能对比。可以看出，当流量增加和减少时，磁翻板型摩擦电式流量传感器与商用流量传感器的输出性能曲线几乎完全重合，具有很好的对称性和稳定性。这证明了该传感器的流量输出性能与商用流量传感器的输出性能可基本保持一致。

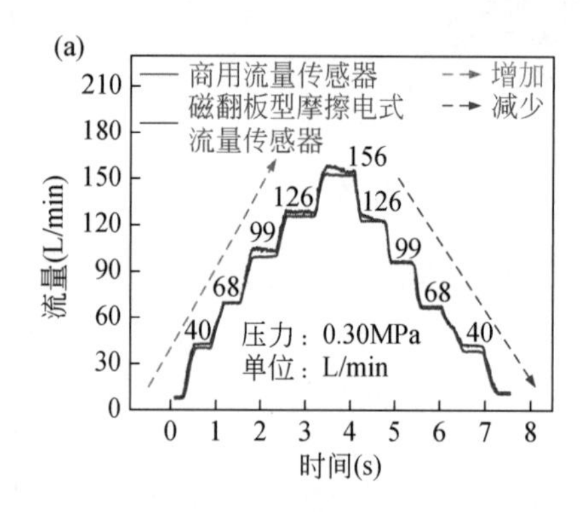

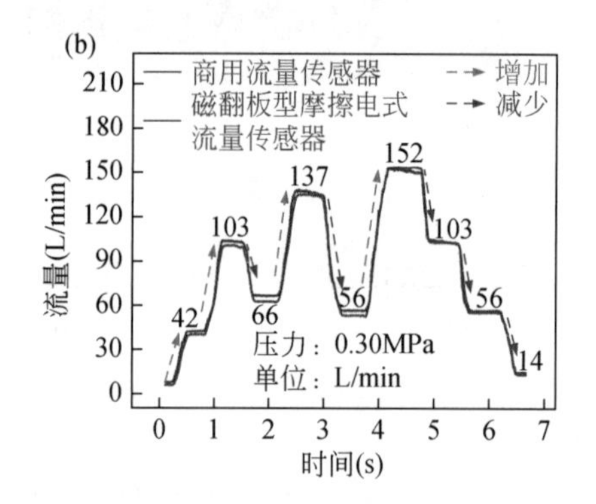

图 4.88 磁翻板型摩擦电式流量传感器与商用流量传感器输出性能对比

（a）流量规律变化下输出性能对比；（b）流量随机变化下输出性能对比

在液位检测方面，实验测量了磁翻板型摩擦电式传感器在不同液位下的开路电压输出特性。液位高度的测量范围为 30～130mm，并通过四个控制开关设置了三种不同的液位升降速度，分别为 2.27m/s、2.90m/s 和 3.47m/s。图 4.89 所示为磁翻板型摩擦电式传感器开路电压与液位高度的关系柱状图。由图中可以看出：输出开路电压的大小随着液位高度的增加逐渐增大，且在不同液位升降速度下的输出性能几乎不变。

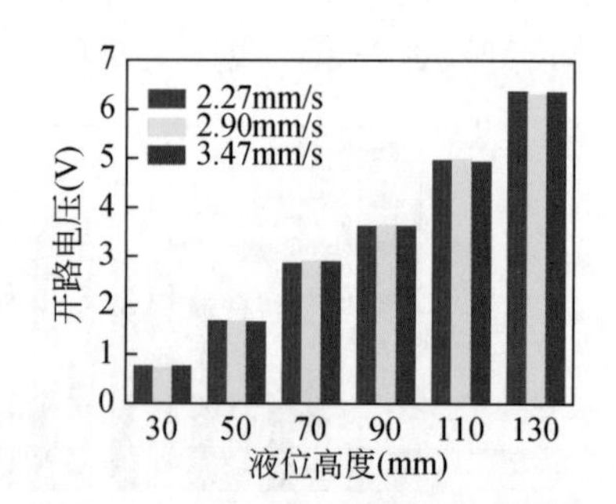

图 4.89 开路电压与液位高度关系曲线

为了测试磁翻板型摩擦电式流量传感器液位检测的稳定性，调节储水箱上面的四个控制开关，将液位升降的速度设定为3.47mm/s，分别控制液位水箱中的液位规律和随机变化（包括液位上升和下降）。当规律变化液位时，磁翻板型摩擦电式传感器的开路电压输出特性如图4.90（a）所示。由图中可以看出，相同液位下的开路电压基本相同，且液位在上升和下降时所对应的输出开路电压具有很好的对称性。当液位随机变化时，磁翻板型摩擦电式传感器的开路电压输出特性如图4.90（b）所示，可以看出，当上升和下降液位到65mm时，电压曲线几乎处于同一高度位置。因此，所设计的磁翻板型摩擦电式传感器在液位检测方面也具有较好的稳定性和准确性。

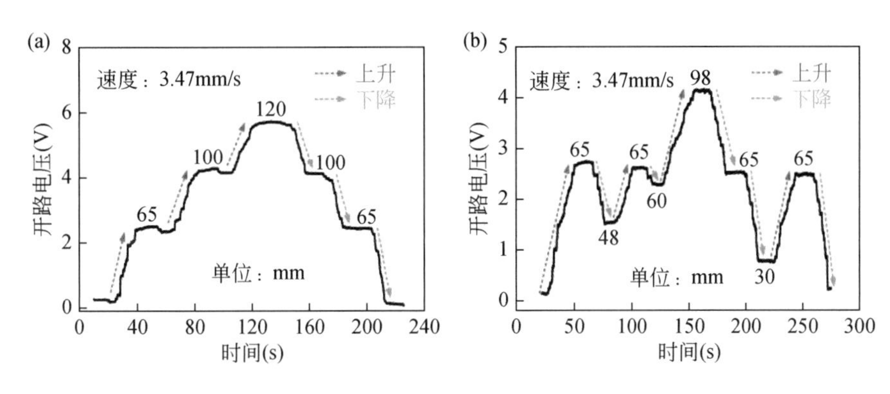

图4.90　不同液位变化下开路电压性能曲线

（a）液位规律变化下输出性能曲线；（b）液位随机变化下输出性能曲线

磁翻板型摩擦电式传感器用于流量监测的操作界面如图4.91所示，该界面与三角电极型摩擦电式传感器的流量测试界面相类似，可以同时显示摩擦电式流量传感器与商用流量传感器的流量值、输出性能曲线及其误差率。此外，当流量增加、减少或者不变时，功能界面上有对应的指示灯点亮，使监测效果更加直观。

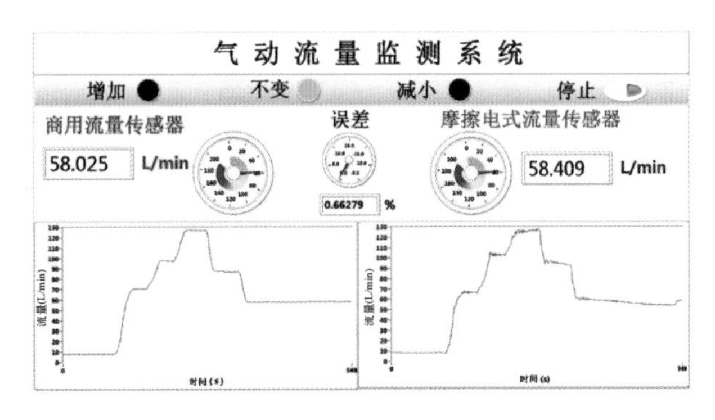

图4.91　流量应用测试操作界面图

所设计的用于液位监测的功能界面如图4.92所示，该界面设置有一个最高阈值AH和一个最低阈值AL。当低于或高于预先设置好的液位阈值时，相应的报警指示灯将会点亮，从而达到液位监测安全预警的目的。

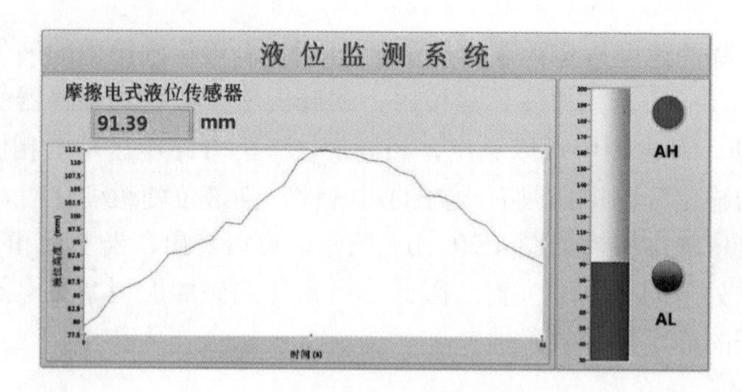

图 4.92　液位测试功能界面

4.7　本章小结

随着国内外学者面向多种环境的传感器展开广泛研究，传感器性能得到了快速发展。但目前商用传感器仍存在安装精度要求较高、成本高、抗干扰能力差及需要电源供电等问题。本章致力于研究以摩擦纳米发电机为理论基础的新型自供电传感器。通过深入学习摩擦纳米发电机理论来源及研究摩擦纳米发电机基础理论，结合流体力学相关理论建立多种摩擦电式传感器检测理论模型，分别对液位、流速传感单元开展理论与原理分析，揭示传感单元工作规律，为摩擦电式传感器的仿真分析与结构设计提供了理论依据。利用实验的手段获得了不弱于商用传感器的测量结果。面向分布式传感器大爆发的今天，万物互联已成为发展的必然趋势，本章所介绍的自供电摩擦传感器或可实现传感器的能量自由。

参考文献

[1] Song Z X, Zhang X S, Wang Z, et al. Nonintrusion monitoring of droplet motion state via liquid-solid contact electrification[J]. ACS Nano, 2021(15), 18557-18565.

[2] Wang Y T, Wang Z, Zhao D, et al. Flow and level sensing by waveform coupled liquid-solid contact-electrification[J]. Materials Today Physics, 2021, 18: 100372.

[3] Zhang X S, Li H Y, Gao Q, et al. Self-powered triboelectric mechanical motion sensor for simultaneous monitoring of linear-rotary multi-motion[J]. Nano Energy, 2023, 108: 108239.

[4] He S Y, Wang Z, Zhang X S, et al. Self-powered sensing for non-full pipe fluidic flow based on triboelectric nanogenerators[J]. ACS Applied Materials & Interfaces, 2022, 14(2): 2825-2832.

[5] Wang Z, Gao Q, Wang Y T, et al. Triboelectric flow sensor with float-cone structure for industrial pneumatic system monitoring[J]. Advanced Materials Technologies, 2019, 4(12): 1900704.

[6] Wang Z, Yu Y, Wang Y T, et al. Magnetic flap type difunctional sensor for detecting pneumatic flow and liquid level based on triboelectric nanogenerator[J]. ACS Nano, 2020, 14(5): 5981-5987.

[7] Zhu D, Guo X, Li H Y, et al. Self-powered flow sensing for automobile based on triboelectric nanogenerator with magnetic field modulation mechanism[J]. Nano Energy, 2023, 108: 108233.

第5章

摩擦纳米发电机在机械工程领域的应用

5.1 引　　言

随着传统制造业体系向智能制造转型，智能传感监测技术成为机械工程领域中不可或缺的一环。摩擦纳米发电机对各种形式的机械运动均具备较好的适应性，其输出信号可以很好地反映机械激励的静态与动态变化，通过合理的结构与电路设计，摩擦纳米发电机可以实现对位置、速度等运动量的准确监测，从而构建相应的自驱动监测系统。目前，基于摩擦纳米发电机的运动传感器已经在数控机床、智能轴承监测、流体运动监测、软体机器人传感等机械工程领域实现了应用。本章将主要介绍摩擦纳米发电机在这些应用领域的机理与实现方法，为摩擦纳米发电机在机械工程领域的应用提供指导与借鉴，促进机械工程的智能化与高端化发展。

5.2 自驱动运动传感器

5.2.1 自驱动位置传感器

如图 5.1（a）所示，扫描式摩擦电线性传感器（ST-TLMS）包括一个滑块和一个定子，两者都安装在一个亚克力槽盒中，滑块可在槽轨上自由滑动[1]。组装好的 ST-TLMS 尺寸为 660mm×60mm×38mm。如图 5.1（a）-（ii）所示，滑块由 FEP 薄膜和由丙烯腈-丁二烯-苯乙烯（ABS）制成的滑板组成。在初始状态下，薄膜在弯曲力作用下呈弧形。滑块的下端面和侧面分别与槽轨和所述槽盒的端面形成滑动副。如图 5.1（a）-（i）所示，定子为双层结构，由一层铜电极和矩形玻璃环氧树脂基板组成。当滑块运动时，滑块的顶面受到一定的预压力，由凹槽导轨施加压力，改变滑块与定子的垂直距离，以保证 FEP 膜与电极表面充分接触。

如图 5.1（b）所示，摩擦单元的电极布置具有定子电极层，其通过细槽分为六个相同的电极。从上到下，两个连续的电极组成一对电极，三对电极的相分别表示为 A 相、B 相和C相。这些相位在滑动方向上交错三分之一，滑块中的四个柱状条状电极很好地对齐。图5.1（c）和（d）分别展示了滑块和组装好的ST-TLMS的照片。ST-TLMS依赖于滑块上FEP薄膜的滑动扫描和定子上的铜电极来产生感应电荷。图5.2（a）给出了ST-TLMS的工作原理，FEP薄膜与三对电极同时接触，产生A、B、C三个不同相位的输出信号。

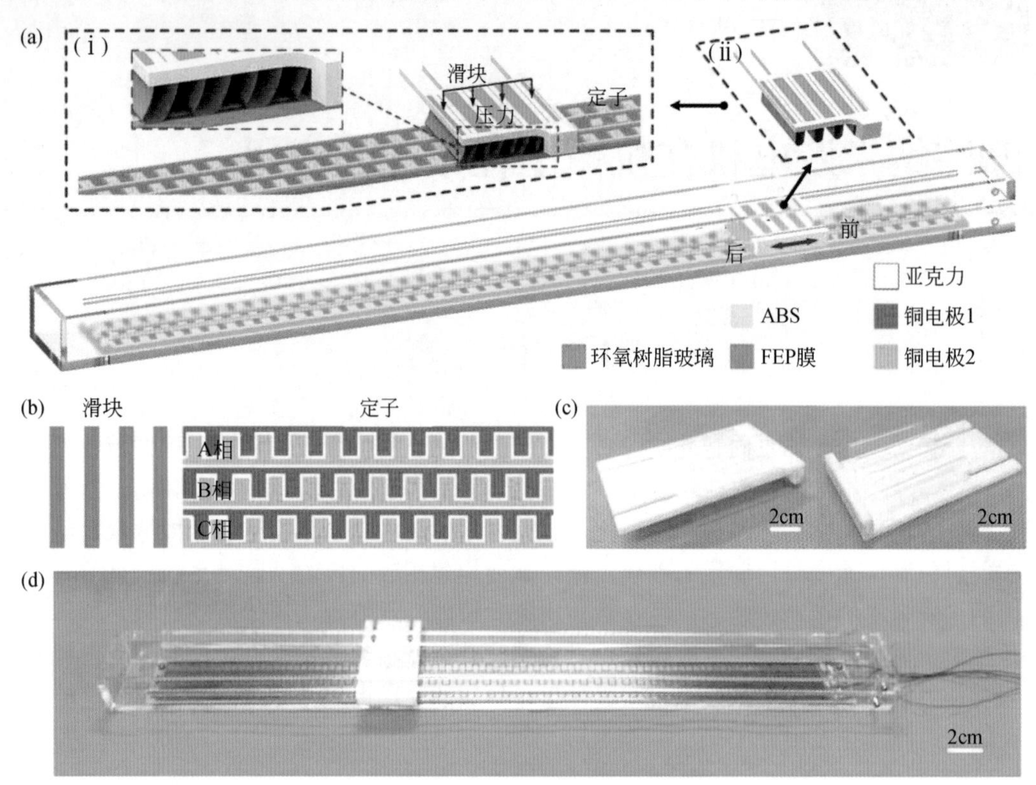

图5.1 扫描式摩擦电线性传感器结构设计。（a）ST-TLMS结构示意图；（b）滑块和定子中电极的相对位置布置；（c）和（d）滑块和组装好的ST-TLMS的照片

柔性FEP膜与定子上的铜电极接触，由于FEP的摩擦极性与铜的摩擦极性有很大的不同，经过反复的摩擦接触，FEP和铜的表面分别带有相反的负电荷和正电荷。在初始状态下，以阶段A为例［图5.2（a）-（i）］，FEP薄膜与铜电极1完全对齐，表面正负电荷等量。在静电平衡状态下，铜电极1和铜电极2之间的外部电路不产生电流。随着滑块的移动，柔性FEP膜逐渐从与铜电极1的重合位置滑出到铜电极2，在静电感应作用下，产生一个电位差，使正电荷从铜电极1向铜电极2滑动方向流动，从而形成来自外部负载的瞬时电流。一旦FEP膜与铜电极2完全重叠，所有的正电荷转移到铜电极2，并再次达到静电平衡。随着滑块继续移动，一个正电荷返回到铜电极1，从而产生相反的电流。因此，滑块在连续相对滑动期间产生交流输出。由于三个电极对在空间上的排列不对称，因此每对电极上的电荷分布不同［图5.2（a）-（ii）和（a）-（iii）］，三个输出电信号相互交错。

为了证明该结构的可行性，以A相为例，利用COMSOL Multiphysics软件模拟了铜电极1和铜电极2之间的电势分布，如图5.2（b）所示。电位轮廓清晰地显示了两个电极在不同接触时间的电位差，从而驱动电荷在外部电路中流动。

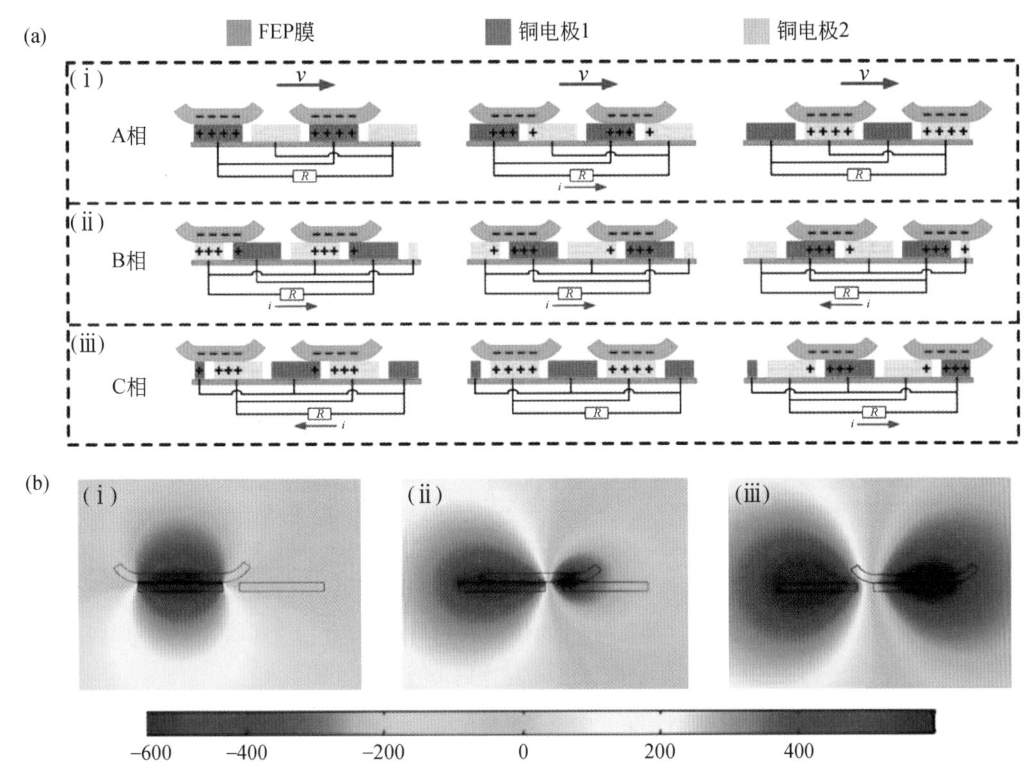

图 5.2　ST-TLMS 工作原理。（a）ST-TLMS 工作原理示意图；（b）利用 COMSOL 模拟 ST-TLMS 在三种不同状态下的电位分布

为了验证 ST-TLMS 的传感精度，对不同滑动状态下的时域信号进行了快速傅里叶变换［图 5.3（e）］。提取了 ST-TLMS 在不同滑动速度（25mm/s、50mm/s、75mm/s、100mm/s 和 125mm/s）下产生输出信号的主导频率［图 5.3（f）］。结果表明，定子输出信号与滑块滑动速度之间存在很强的线性关系，充分证明了利用信号的频率特性可以感知滑块运动的细节。

如图 5.4 所示，提出了一种持续充电补充（CCS）策略和一种自适应信号处理（ASP）方法，旨在提高摩擦电传感器（TES）的耐用性和稳定性。该研究设计了一种基于 CCS 的摩擦电机械运动传感器（TMMS）[2]。传感元件中的电刷选择了合适的材料，大大提高了表面电荷密度，从而提高了性能并可保持低磨损。CCS-TMMS 的整体原型结构如图 5.4（a）所示，包含滑块、导轨和传感元件，传感元件由定子电极、聚四氟乙烯（PTFE）薄膜、移动电极和电刷组成，如图 5.4（a）的放大部分所示。定子电极安装在导轨上表面的凹槽内，其表面附着 PTFE 膜；移动电极与 PTFE 膜存在一定的气隙，形成非接触模式，有利于减少摩擦层的摩擦和磨损，降低启动力。移动电极安装在滑块的背面，每端设有电刷。在非接触模式下，电刷可以有效地提高 PTFE 膜的表面电荷密度，如图 5.4（b）所示。经过一段时间达到稳定后，使用 CCS 的输出电荷约为未使用 CCS 的 10 倍。CCS 确保了传感的可行性，同时减少了摩擦层的磨损。

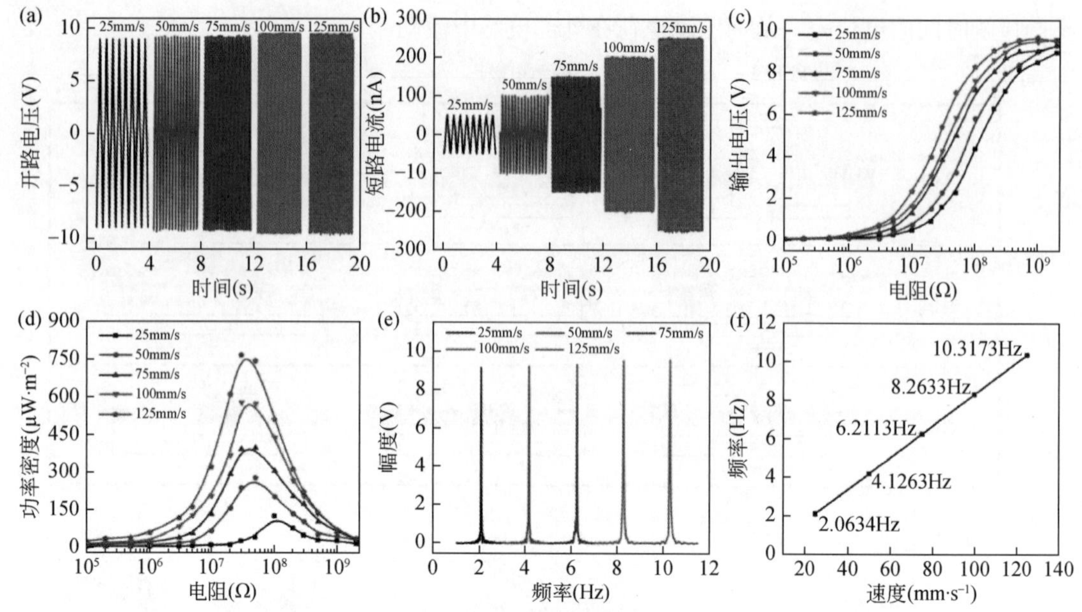

图 5.3 ST-TLMS 的特点。（a）不同滑动速度下 A 相的开路电压（V_{OC}）；（b）短路电流（I_{SC}）；（c）不同外部电阻下的输出电压；（d）不同外部电阻下的输出功率密度；（e）不同滑动速度下的快速傅里叶变换（FFT）谱；（f）不同滑动速度下的主输出频率

CCS-TMMS 的工作原理如图 5.4（c）所示，在摩擦起电和静电效应的耦合作用下，当铜电极和 PTFE 薄膜相对运动时，电子将通过外部电路周期性地在铜电极 2 和铜电极 3 之间来回流动。具体来说，在状态（ⅰ）中，A 相中铜电极 1 位于铜电极 2 的正上方，因此没有电荷转移。在 B 相中，铜电极 1 从铜电极 2 滑向铜电极 3，同时存在电荷转移，即外电路中的电流从铜电极 3 流向铜电极 2，如图 5.4（c）-（ⅰ）所示。在状态（ⅱ）中，A 相中铜电极 1 从铜电极 2 滑向铜电极 3，同时存在电荷转移，即电流从铜电极 3 流向铜电极 2。B 相没有电荷转移［图 5.4（c）-（ⅱ）］。同样，在状态（ⅲ）中，A 相中没有电荷转移。如图 5.4（c）-（ⅲ）所示，铜电极 1 从铜电极 3 滑向铜电极 2，同时存在电荷转移，即外电路中的电流从铜电极 2 流向铜电极 3。

当 A 相铜电极 1 与铜电极 2 完全重合时，B 相铜电极 1 与铜电极 2 重合面积为铜电极 2 重合面积的 1/2，如图 5.4（d）-（ⅰ）所示。因此，A 相与 B 相产生的电信号相位差为 1/4 周期。分别测试正、反向运动定子电极产生的电信号［图 5.4（d）-（ⅱ）］。电信号相位差为 1/4 周期，与上述设计一致。信号的相位差可以用来确定被测物体的运动方向。此外，随着电极相数的增加，分辨率也有所提高。本实验设计的两相差分电极的分辨率为 1mm。

根据滑动独立层式 TENG 的等效物理模型，开路电压 V_{OC} 可描述为：

$$V_{OC}=\frac{\sigma(d_0+d_1)}{\varepsilon_0\varepsilon_r}\cdot\frac{a(a-2x)}{x(a-x)} \tag{5-1}$$

其中，V_{OC} 为极板间的开路电压，σ 为高分子薄膜的电荷密度，d_0 为电极与薄膜的距离，d_1 为薄膜的厚度，a 为电极的长度，x 为相对位移，ε_0 为真空中介电常数，ε_r 为高分子薄膜的相对介电常数。

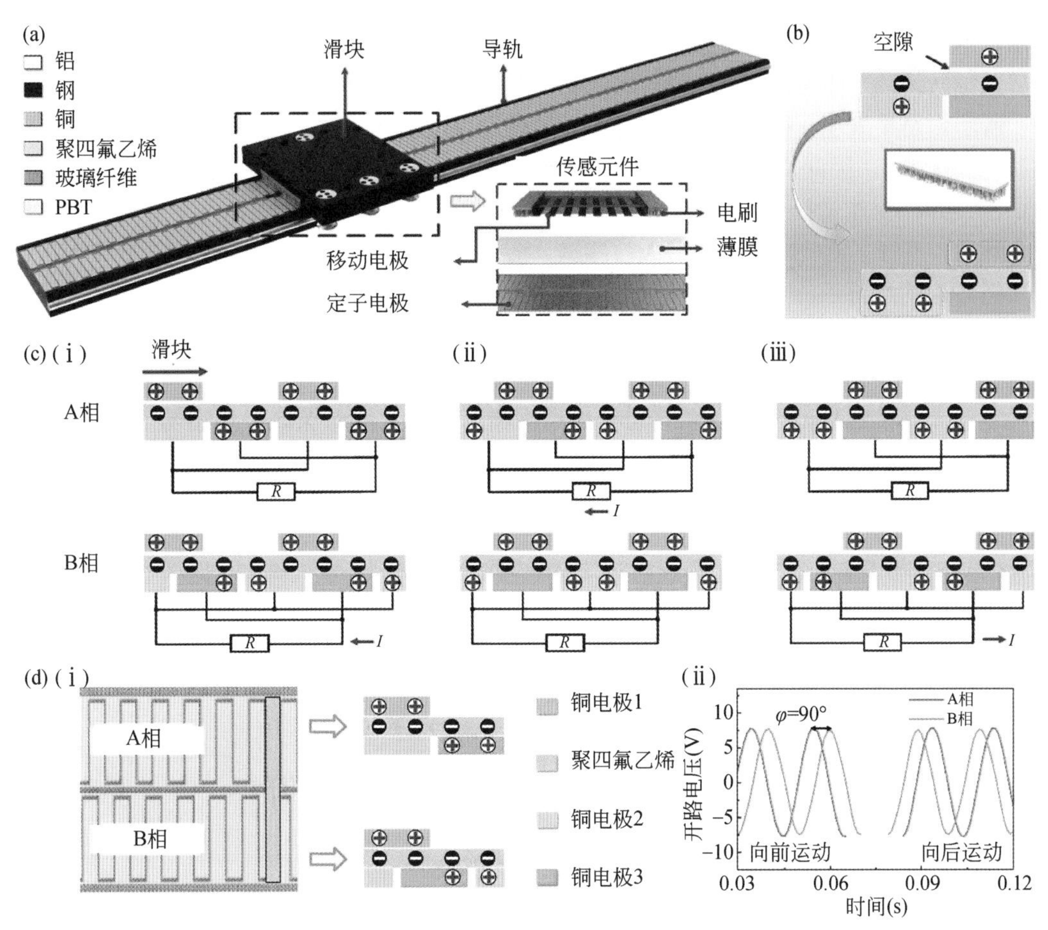

图 5.4 CCS-TMMS 结构示意图及 CCS 策略原理。（a）CCS-TMMS 的总体结构和传感元件示意图；（b）CCS 策略示意图；（c）CCS-TMMS 工作原理示意图；（d）差动电极原理和输出性能优化和耐久性

负载上的电压（V）与外部电路中转移的电荷量（Q）之间的关系如下：

$$\frac{\mathrm{d}Q}{\mathrm{d}t}\cdot R=V=-\frac{Q\left(d_1+d_0\right)}{\varepsilon_{\mathrm{r}}\varepsilon_0 w}\cdot\left(\frac{1}{a-x}+\frac{1}{x}\right)+\frac{\sigma\left(d_0+d_1\right)}{\varepsilon_0\varepsilon_{\mathrm{r}}}\cdot\frac{a(a-2x)}{x(a-x)} \tag{5-2}$$

其中，w 为电极宽度。

为了探索 CCS-TMMS 的最佳输出性能，对其结构参数和材料进行了优化。CCS-TMMS 产生的电信号通过可编程静电计测量，并通过数据采集卡和 LabVIEW 软件进行采集。图 5.5（a）说明了补充材料对输出性能的影响。与其他补充材料相比，聚对苯二甲酸丁二酯（PBT）作为补充材料时，开路电压和短路电流最高。将移动电极与 PTFE 薄膜之间的距离称为间隙，并选择 0.1mm、0.2mm、0.3mm、0.4mm 和 0.5mm 的间隙进行测试。图 5.5（b）展示了这些间隙值下的开路电压。其中，输出性能随着间隙变小而变好，这是因为间隙越小，静电感应越强。当间隙为 0.1mm 时，将直线电机的转速设置为 0.1m/s、0.2m/s、0.3m/s、0.4m/s、0.5m/s 和 0.6m/s 进行测试。图 5.5（c）显示开路电压不受转速变化的影响，这有助于确保传感的有效性。接下来，选取 1kg、2kg、5kg 和 10kg 的质量块作为导轨载荷进行测试。根据 CCS-TMMS 测得的数据，在不同载荷下的开路电压保持稳定，如图 5.5（d）

所示，这表明其具有良好的稳定性。此外，还进行了导轨滑块启动力的对比实验，分别测试普通导轨滑块、接触式 TES 导轨滑块和接触式 CCS-TMMS 导轨滑块的启动力，如图 5.5（e）所示。结果表明，CCS-TMMS 与普通导轨滑块的启动力约为 1.5N，接触方式 TES 的启动力约为 9N，因此，CCS-TMMS 不会增加导轨滑块的启动力，有利于保证导轨运行的稳定性，并减少能量损失。

然后，进行了 CCS-TMMS 耐久性测试，结果如图 5.5（f）所示。经过约 250 小时（150 万次循环）的运行后，电压 RMS 衰减了 7%。每 10 万个周期采集一次电压信号，并通过快速傅里叶变换（FFT）得到的频率保持稳定，以确保传感的准确性。CCS 策略的引入有效地解决了非接触式 TES 表面电荷密度低的问题。PTFE 膜上的表面电荷可以通过两个电刷快速补充，在保持低摩擦磨损的同时提高了输出性能，从而保证了传感器的可行性，并显著延长了 TES 的寿命。此外，图 5.5（g）展示了在初始、70 万次和 150 万次循环下通过显微镜观察到的 PTFE 膜的磨损程度。

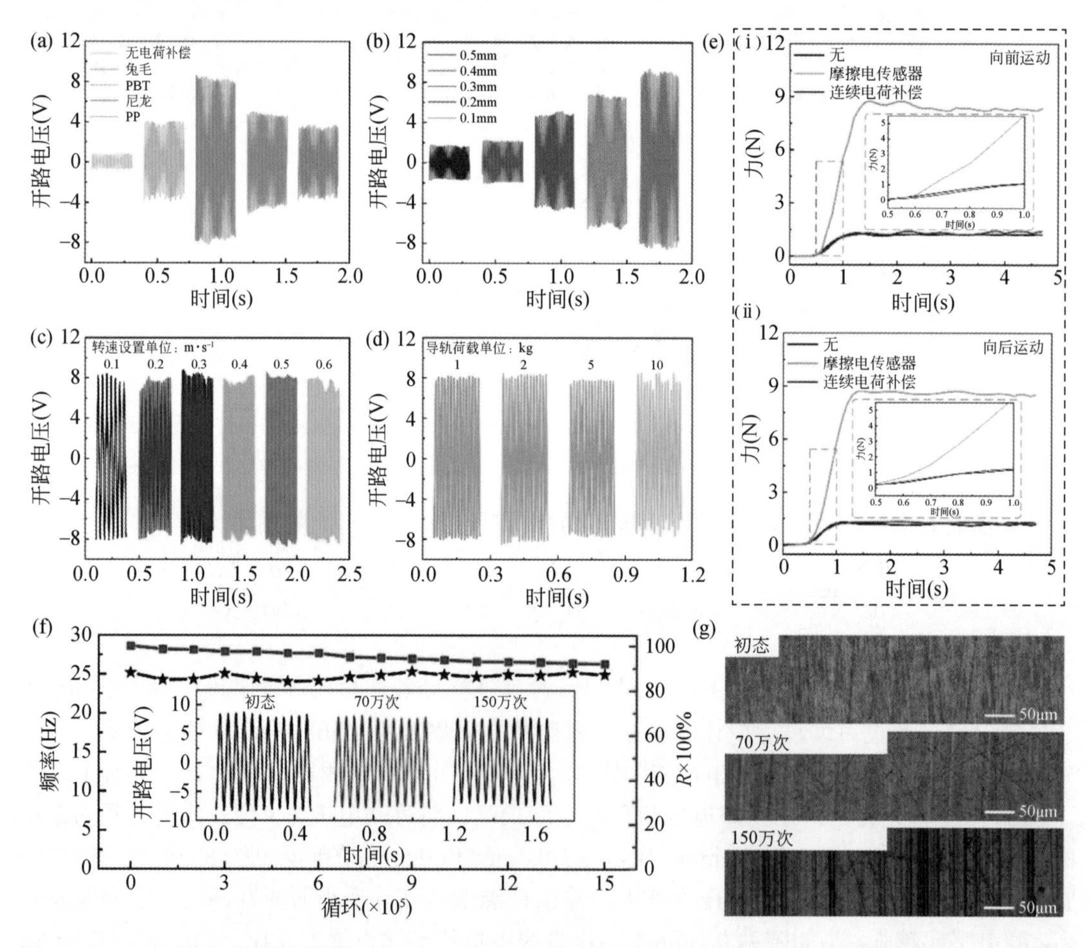

图 5.5 CCS-TMMS 的输出性能和耐用性。（a）不同补充材料的开路电压；（b）不同间隙尺寸的开路电压；（c）不同转速的开路电压；（d）不同负荷的 V_{OC}；（e）CCS 与常规模式启动力比较；（f）CCS-TMMS 耐久性测试；（g）不同周期下 PTFE 薄膜的光学照片

在接下来的测试中，测量了 CCS-TMMS 在 0.1～0.6 m/s 速度范围内的开路电压，如图 5.6（a）所示。输出电压幅值在速度范围内保持稳定，这是传感性能的先决条件。滑块位移可以通过下式给出：

$$x = nr \tag{5-3}$$

式中，x 为测量位移，n 为电压信号个数，r 为分辨率。

CCS-TMMS 在 100mm、200mm、300mm 和 400mm 位移范围内的位移值也采用上述公式计算，如图 5.6（b）所示。将 CCS-TMMS 测量的位移值与直线电机的位移值进行对比，得到 CCS-TMMS 的位移平均误差率，如图 5.6（c）所示。计算公式如下：

$$\delta_i = \frac{|S_i - S_0|}{S_0} \times 100\% \tag{5-4}$$

$$\bar{\delta} = \frac{1}{n}\sum_{j=1}^{n}\delta_i \tag{5-5}$$

式中，δ_i 为误差率，S_i 为 CCS-TMMS 测量的位移，S_0 为直线电机的预设位移，$\bar{\delta}$ 为多次测量的平均误差率（n=5）。得到的 CCS-TMMS 平均误差率小于 1%。

然后，对不同速度下采集到的电压信号进行小波变换得到时频图，如图 5.6（d）所示。小波变换在不同的时间和频率下具有不同大小的时频窗，可以在低频区域实现较高的频率分辨率。换句话说，可以更准确地分析不同时间的相应频率。

不同频率下的信噪比（SNR）可由下式计算：

$$\text{SNR} = 20\lg\frac{V_{\text{Signal}}^{\text{RMS}}}{V_{\text{Noise}}^{\text{RMS}}} \tag{5-6}$$

由式（5-6）可知，不同频率下信噪比均大于 35dB，最大值为 38.11dB，如图 5.6（e）所示。其中，信噪比波动幅度较小，这是由于环境中噪声的随机性，这表明 CCS 策略可以提高 CCS-TMMS 的鲁棒性，这是设计信号调理电路的前提。

用 CCS-TMMS 测量速度，如图 5.6（f）所示。对得到的电信号进行分析，能准确反映滑块的加速、匀速和减速情况。速度可以由下式计算：

$$v = z \cdot f \tag{5-7}$$

式中，z 是一个电极对的宽度，f 是频率。

进一步分析采集到的电信号可以得到滑块加速度：

$$a = \frac{\mathrm{d}v}{\mathrm{d}t} \tag{5-8}$$

式中，$\mathrm{d}v$ 是滑块的速度变化，$\mathrm{d}t$ 是相应的时间。

通过 FFT 得到的电压信号频率随直线电机转速的变化关系如图 5.6（g）所示。线性拟合度为 0.9994，表明 CCS-TMMS 测量速度具有较高的精度。CCS-TMMS 测速误差值（$\bar{d}$）和误差率（e）为：

$$\bar{d} = \frac{\sum_{i=1}^{n}|v_i - v_0|}{n} \tag{5-9}$$

$$e = \frac{\bar{d}}{v_0} \times 100\% \tag{5-10}$$

式中，$\bar{d}$ 为平均误差值，v_i 为 CCS-TMMS 测得的转速值，v_0 为直线电机转速值。

如图 5.6（h）所示，CCS-TMMS 测量速度的最大平均相对误差小于 2%，这是由于外部噪声和实验装置干扰引起的波动较小。

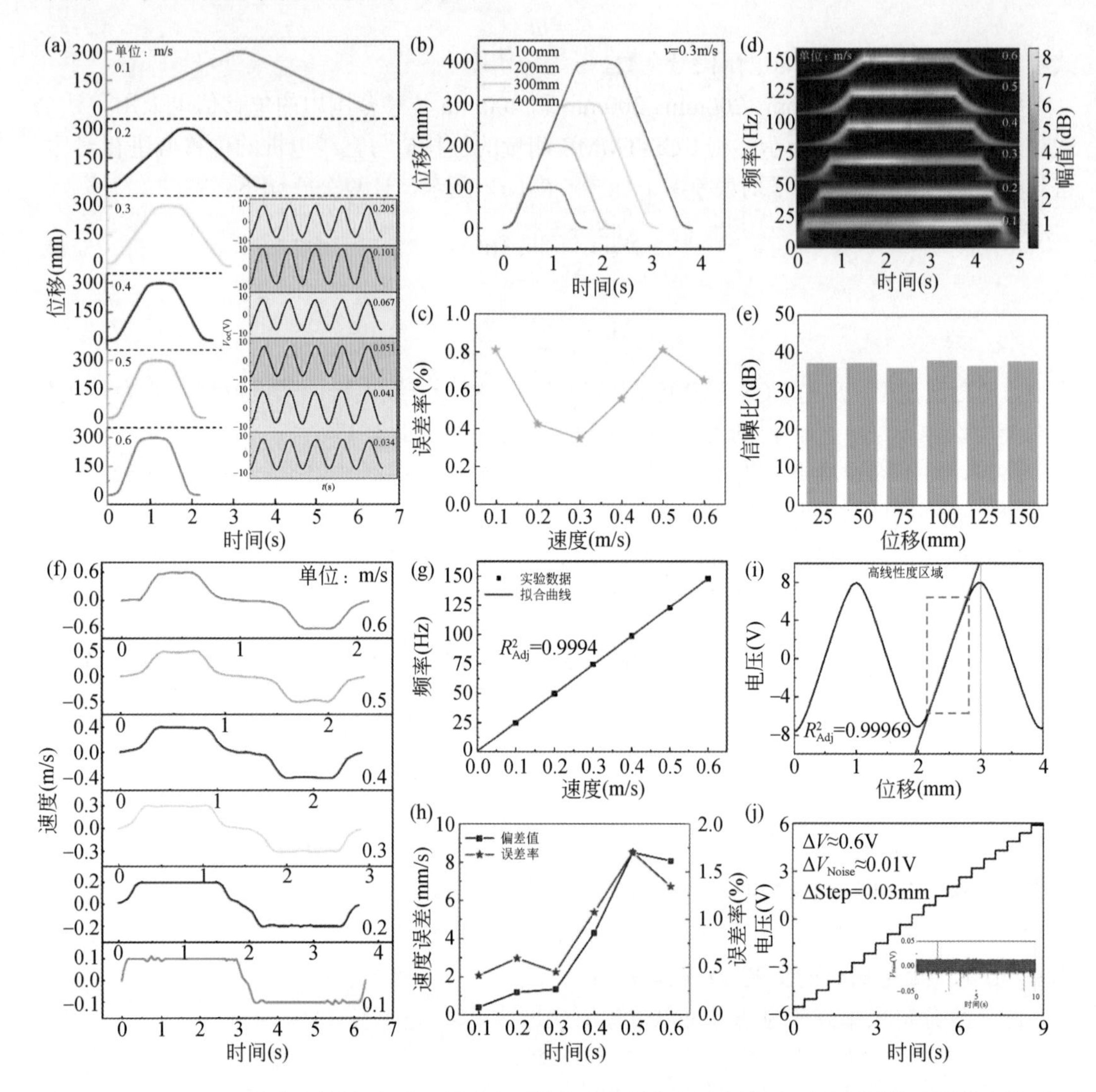

图 5.6　CCS-TMMS 的动态特性。（a）不同速度下的位移曲线和电压曲线；（b）测量到的不同位移值；（c）位移平均误差率；（d）时频图；（e）信噪比；（f）速度监测；（g）直线电机转速与电压信号频率的关系；（h）速度误差率；（i）高敏感区电压信号的线性拟合；（j）高敏感区域的电压和噪声

除了前面讨论的位移测量方法，还可以通过对单个周期内电压信号的详细分析来显著提高分辨率。通常认为，具有大于 0.999 的线性拟合系数则具有良好的线性关系。在计算出的一个电压周期内，确定了一个高灵敏度区域为 0.25～1.75mm，如图 5.6（i）中蓝色虚线框所示。在该区域进行线性拟合后，得到调整后的 R^2_{Adj} 为 0.99969，在这个区域内，可以清晰地分辨出 0.03mm 的位移步长，每 0.03mm 的位移电压变化值为 0.6V，如图 5.6（j）所

示。考虑到噪声值的均方根值为 0.06V，因此可以使用以下公式在该区域实现 3μm 的分辨率：

$$S = \frac{\Delta S}{\Delta V / V_{\text{Noise}}^{\text{RMS}}} \tag{5-11}$$

式中，S 为最小可分辨位移，ΔS 为步长，ΔV 为 ΔS 对应的电压方差。需要注意的是，通过增加电压信号的幅值可以进一步提高位移分辨率。综上所述，上述动态特性证明了 CCS-TMMS 的优势和可行性。

CCS-TMMS 具有优异的稳定性和耐用性，为其在无线传感器网络和智能工厂中的应用提供了新的机会。基于这些特点，智能物流传输系统（ILTS）被开发出来，该系统有望广泛应用于物流中转站、无人仓库和自动化装配线，如图 5.7（a）所示。

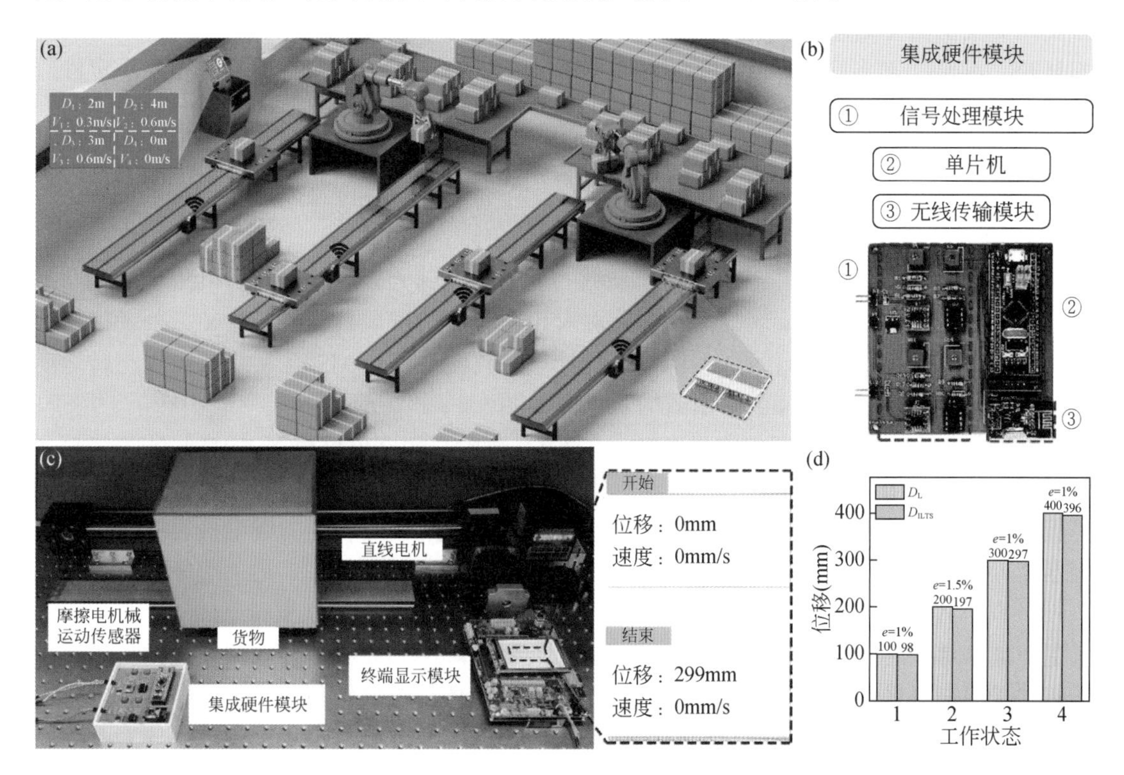

图 5.7　ILTS 的说明和演示。（a）综合运输系统在物流转运站的应用示意图；（b）集成硬件模块物理图；（c）ILTS 工作图；（d）ILTS 的误差率计算

ILTS 由直线电机、CCD-TMMS、集成硬件模块和终端显示模块组成。其中，集成硬件模块如图 5.7（b）所示，由信号处理电路、微控制器（单片机）和无线传输模块组成。它采用 90mm×90mm 的印刷电路板（PCB）制造，实现了组件的集成。该集成硬件模块由电池供电，操作步骤是通过具有 ASP 功能的信号处理电路将模拟信号转换为稳定的数字信号，便于单片机的存储和处理。然后，单片机对数字信号进行处理和计算，得到运动参数数据。最后，通过无线传输模块传输数据。通过集成硬件模块的信号处理，CCS-TMMS 产生的电信号可以无线传输到终端显示模块。ILTS 能够无线实时监控货物的位置、方向和速度，并

获取多个运动参数的数据。此外，演示了 ILTS 转移货物的过程，验证了其仓储物流方面的可行性［图 5.7（c）］。对于不同的位移情况，将 ILTS 测量的位移与激光位移传感器测量的位移进行比较，结果显示两者的测量结果非常一致，误差率小于 2%［图 5.7（d）］。这些结果验证了 CCS-TMMS 具有实际应用的潜力。

综上所述，基于 CCS 策略和 ASP 方法，提出了一种具有高耐久性和稳定输出的 CCS-TMMS。CCS 的操作方法通过引入电刷有效地增加表面电荷密度，使传感器的信噪比达到 35dB。经过 250 小时（150 万次循环）的耐久性测试，CCS-TMMS 电压 RMS 仅衰减了 7%，创造了线性 TES 寿命的新纪录。此外，在位移和速度错误率分别小于 1%和 2%的情况下进行了动态表征，在高线性区实现了 3μm 的分辨率。同时，设计了具备 ASP 功能的信号调理电路，用于阻抗匹配和模数转换，以实现数字信号的稳定输出。集成硬件模块的设计实现了信号处理电路、单片机和无线传输模块的集成。最后，开发了基于 CCS-TMMS 的 ILTS，实现了对多个运动参数的无线监控。本研究提供了一个具有长寿命和高稳定性的 TES 实例，推动了 TES 在工业应用中的发展。

5.2.2 自驱动旋转传感器

机械运动传感和监测是工业自动化领域的重要组成部分。旋转运动是机械运动最基本的形式之一，因此实现对旋转运动状态监测对整个行业的发展具有重要意义。著者提出了一种摩擦电旋转运动传感器（TRMS），并设计集成监测系统（IMS），实现工业级旋转运动状态的实时监测[3]。TRMS 的基本结构示意图如图 5.8（a）所示，样机主要由转子、定子、轴和壳体组成。转子由一层聚四氟乙烯（PTFE）薄膜、印刷电路板（PCB）、硅胶垫片、转盘和铝合金调节机构组成。定子由硅胶垫片和 PCB 组成，PCB 包括一层厚度为 35μm 铜电极和厚度为 1 毫米的胶木盘。通过成熟的 PCB 生产技术，在转子的铜电极表面附着了一层厚度为 80μm 的 PTFE。为了提高传感器的空间利用率和输出功率，定子的每组可变振幅电极对应于 A 相转子的一个电极，定子中的每对差分电极对应于 B 相转子的一个电极。为了更好地传递扭矩，转盘用于连接轴和 PCB。此外，转子和硅胶垫片的调节机构可以使转子和定子更充分地接触。转子和定子由 TENG 模块组成，该模块基于摩擦起电和静电感应耦合效应，将外部旋转机械能转换为电能。如图 5.8（b）所示，TRMS 的电极分为两相：A 相和 B 相。为了便于观察，将叉指电极间隔 θ 设置为 20°。A 相和 B 相定子铜电极是两组环形排列的叉指电极。在 A 相中，相同尺寸的定子的每两个电极形成一对叉指电极。但是，每对相邻的叉指电极的长度是不同的。由于输出信号的绝对值与摩擦面积成正比，因此 A 相输出的相邻周期信号的幅值是可变的。当旋转方向被可变振幅电信号识别时，传感器需要输出至少三个不同振幅的周期电信号。因此，A 相的每三对叉指电极被设置为一组循环电极。而且，定子的 B 相电极是一组与 A 相电极间隔相同的差分叉指电极。而且，对应于 A 相和 B 相的信号相位沿旋转方向偏移 $\theta/2$，这将使传感器的分辨率加倍。当差分电极组的数量增加时，传感器的分辨率可以进一步提高。值得注意的是，转子的 A 相电极根据一组定子变幅电极的长度变化均匀地分成三个铜电极，可以有效减少对电信号幅值变化的干扰。图 5.8（c）和（d）显示了组装的 TRMS 的照片。在制造精度的前提下，将叉指

电极间隔 θ 加工至 3°。因此，原型的分辨率可以达到 1.5°。转子和定子的 PCB 分别如图 5.8（e）和（f）所示。

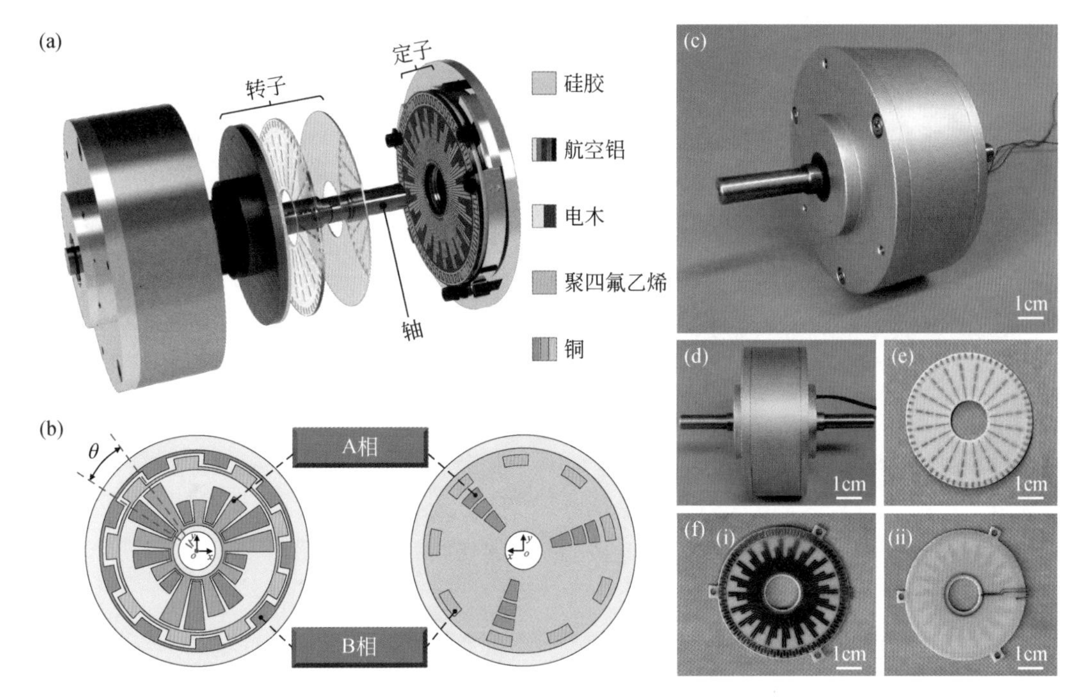

图 5.8　摩擦电旋转运动传感器的结构设计。（a）TRMS 的结构示意图；（b）定子和转子中电极的相对位置放置（θ=20°）；（c）和（d）组装好的 TRMS 的照片；（e）转子 PCB 的照片；（f）定子 PCB 正反面的照片（θ=3°）

TRMS 中的机械能来源于转子的同步旋转运动，因此可以通过 TRMS 产生的电信号来监测外部旋转运动。转子与定子之间通过滑动接触，以同时产生两相的电信号。以 B 相为例，电信号的生成原理如图 5.9（a）所示。当转子通过外部旋转激励滑动时，转子和定子中的铜电极（E1，E2 和 E3）会在摩擦起电效应的作用下会产生正电荷。由于摩擦电极性不同，PTFE 薄膜会产生负电荷。转子 E1 的电极与定子 E2 的电极完全对齐［状态（i)]。当 PTFE 薄膜粘贴在转子的电极上时，电极 E1 的正电荷等于 PTFE 表面和电极 E2 表面的负电荷之和。由于静电平衡，定子中的叉指电极之间没有电荷转移。当电极 E1 从电极 E2 的相应位置滑到电极 E3［状态（ii）到状态（iii)］时，原有的静电平衡将被破坏。在静电感应的作用下，定子中的叉指电极之间会产生电位差，从而使电子在定子的叉指电极之间流动，形成新的静电平衡，并使外部负载形成瞬态电流。一旦电极 E1 与电极 E3 完全重叠［状态（iv)］，所有电子都转移到电极 E3 上，定子的叉指电极之间再次达到静电平衡，这构成了电信号生成过程的半周期。同样，随着转子继续滑动，电子将从电极 E3 流回至电极 E2。因此，在滑块的连续相对滑动过程中会产生交流电信号。图 5.9（b）-（i）和（c）-（i）显示了 TRMS 在两个不同旋转方向上的循环旋转过程，以及使用 COMSOL 软件对电位分布的有限元仿真结果，相应的电信号如图 5.9（b）-（ii）和（c）-（ii）所示。

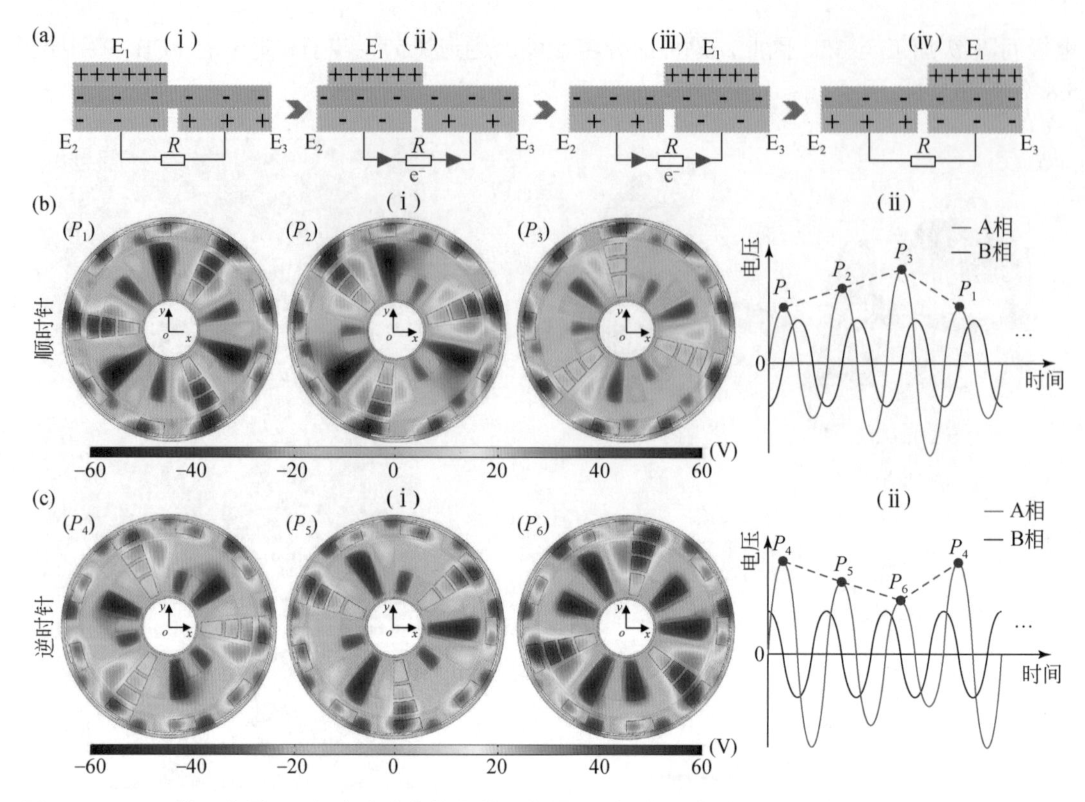

图 5.9 TRMS 的工作原理。(a)产生电信号的工作原理;(b)和(c)TRMS 电位分布的有限元模拟和不同旋转方向下信号生成过程

在实际应用的电气测量过程中，TRMS 由商用电机以指定的转速驱动。为了满足微控制器单元（MCU）对信号的处理要求并确保对信号进行准确的分析，TRMS 上连接了一个分压器电路。在该分压器电路中，电阻 R_1 的阻值大于电阻 R_2。分压器电路的负载 R_1 和 R_2 的电阻分别选择为 200MΩ 和 0.1MΩ。为了进行 TRMS 的实验和应用，通过分压器电路后的电信号可以通过两个不同的系统进行采集、处理和分析。图 5.10（a）显示了实验系统和集成监测系统（IMS）的原理图。实验系统通过数据采集卡（NI USB-6210）采集电信号，并使用 LabVIEW 软件处理电信号。通过对电信号的分析并最终将其显示在软件界面上，可以获取外部旋转运动的旋转速度、角度和方向等相关信息。为了在实际工作状态下实现旋转运动的监控集成应用，IMS 使用 MCU 进行电信号采集、处理和分析。液晶显示器（LCD）用于直观地显示经 MCU 处理的旋转运动的旋转速度、角度和方向。

为了验证 TRMS 的基本输出性能，利用实验系统对顺时针（CW）和逆时针（CCW）旋转中进行了测试。图 5.10（b）和（c）分别显示了 TRMS 的可变振幅电极 A 相［图 5.10（b）-（i）］和差分电极 B 相［图 5.10（b）-（ii）］在 10～1000rpm 速度范围内的输出性能。可以观察到，在不同转速下，负载电压满足 MCU 的信号处理要求，这有助于避免信号处理过程中的饱和失真，从而减少信号分析误差。同时，电信号的负载电压随着转速的增加而增加。由于转速监测是基于电信号周期数，负载电压的变化不会影响信号处理过程。此外，图 5.10（b）-（iii）和（c）-（iii）显示了 TRMS 两相产生的混合电信号。由于输出电信号是通过两个互不干扰的通道获取的，因此混合电极输出的混合电信号稳定，对信号处理和分析没有影响。根据实验结果，TRMS 能够有效捕获 10～1000rpm 速度范围内的旋转运动的机械能。

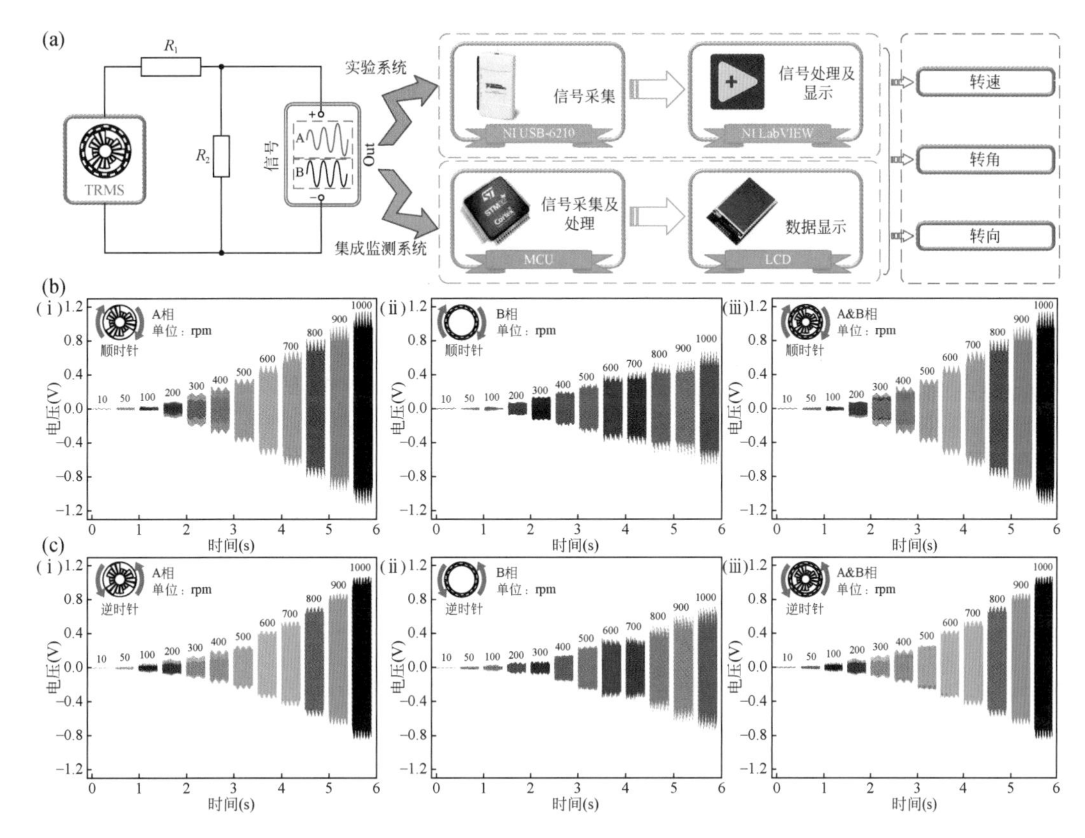

图 5.10　不同转速下 TRMS 的输出特性。(a) TRMS 实验系统和集成监测系统原理图；(b) 顺时针旋转：A 相、B 相、A 和 B 相；(c) 逆时针旋转：A 相、B 相、A 和 B 相

图 5.11（a）-（ⅰ）～（ⅲ）显示了 TRMS 在连续旋转过程中的电信号。在可变振幅电极产生的电信号周期中，A 相的负载电压幅值按照不同的速度逐渐增加，因此旋转方向为顺时针。图 5.11（b）-（ⅰ）～（ⅲ）展示了 TRMS 在逆时针旋转过程中的电信号。与顺时针旋转时的输出状态相反，当 A 相负载电压幅值在不同速度下逐渐减小时，可以判断旋转方向为逆时针。此外，B 相的电信号在顺时针和逆时针旋转中表现为正弦信号，与 A 相的电信号相差约为 π/2。这些实验结果与理论分析结果完全一致［图 5.9（b）和（c)]。为了反映 TRMS 的旋转角度监测能力，通过软件执行增量极值计数（IEVC）程序。当混合电信号首次达到极值点（峰值或谷值）时，数字量上升到“1”。然后，当第二次达到极值点（峰值或谷值）时，数字量降至“0”，并重复上述步骤，以实现对旋转角度的增量监测。需要注意的是，这仅与极值点数量有关。在 1000rpm 转速下分析的 IEVC 程序结果如图 5.11（a）-（iv）和（b）-（iv）所示。以上实验结果验证了利用混合电信号的幅值特性实现工业级旋转运动的方向和角度监测的可行性。图 5.11 显示，A 相和 B 相的输出

信号之间的相位差与预期相位差有一个较小的偏差，这可能是由于样机装配误差和设备不稳定造成的延迟。

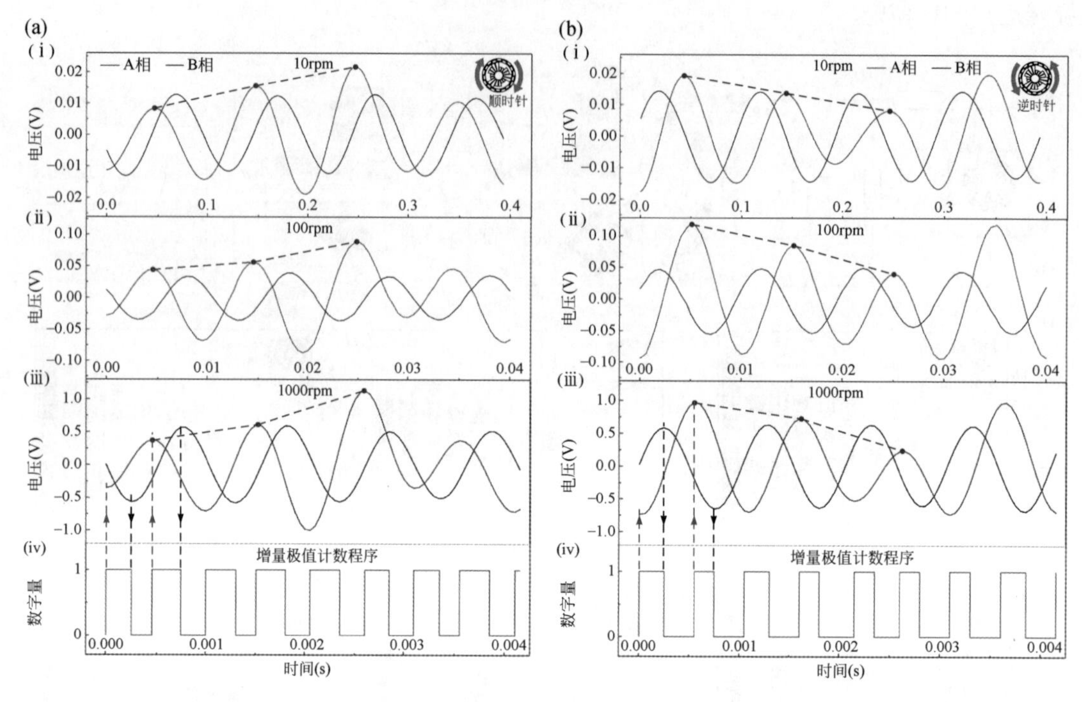

图 5.11 TRMS 在不同转速下的电信号。(a)顺时针旋转：10rpm、100rpm、1000rpm 的增量极值计数程序；(b)逆时针旋转：10rpm、100rpm、1000rpm 的增量极值计数程序

继而，开发了一个机械旋转运动监测系统（IMS）程序用于实现 TRMS 的功能。信号处理程序的流程图如图 5.12(a)所示，首先，通过计算 A 相电信号的峰谷值相邻值 k_i(i=2～4）之差，然后比较三个相邻差值来判断旋转运动的方向。其次，根据混合电信号的极值点数（峰值和谷值）为 4m，计算旋转角度（该值为 A 相信号周期数的四倍）。最后，利用 A 相一圈的信号周期数和 A 相电信号的频率 f 计算转速 n。通过将其与编码器实时测量的值进行比较，可以显示不同转速下的误差率。TRMS 进行了转速校准实验，并且图 5.12（b）展示了不同状态下机械旋转运动监控系统和功能显示界面的示例。这个演示验证了 TRMS 在高分辨率测量工业级机械轴系统旋转运动方面的能力。此外，为了实现原型的集成，TRMS 采用了模块化电子元件制成 IMS。图 5.12(c)展示了 IMS 的工业应用，验证了 TRMS 用于自供电旋转运动监测的可行性，可以满足大多数工业制造应用的需求。

此外，提出了一种滑动摩擦电圆周运动传感器（S-TCMS）[4]，其由一个定子电极单元和一个滑块单元组成［图 5.13（a）插图］。滑块单元由伺服电机驱动，在圆形运动平台上沿圆形导轨自由滑动。滑块单元由铝滑块和 PTFE 栅格组成，如图 5.13（b）所示，铝制滑块上设有螺纹孔，用于连接圆形运动平台的运动单元，并在铝制滑块的底面黏接 PTFE 栅格，作为 S-TCMS 的独立式摩擦电层。滑块单元的结构如图 5.13（c）所示，通过设置预紧弹簧，使滑块承受垂直于运动面的压力，确保 PTFE 栅格能很好地黏附在定子电极表面。

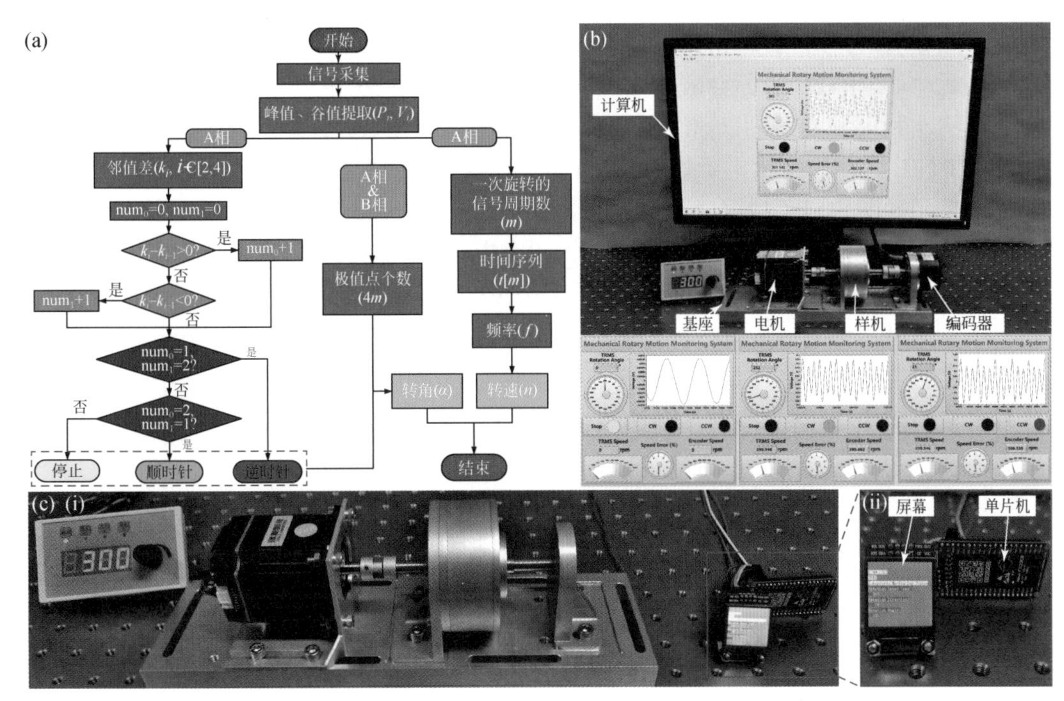

图 5.12　TRMS 在旋转运动监测中的应用和演示。（a）信号过程的程序流程图；（b）机械旋转运动监测系统；（c）监测系统的工业应用

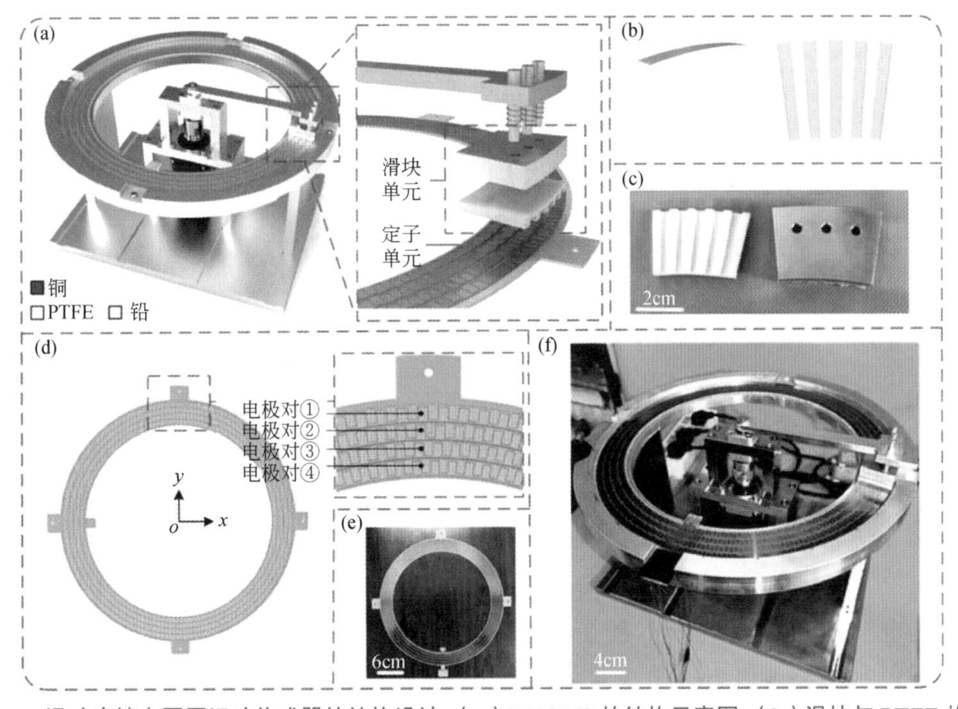

图 5.13　滑动摩擦电圆周运动传感器的结构设计。（a）S-TCMS 的结构示意图；（b）滑块与 PTFE 格栅的结构示意图；（c）滑块与 PTFE 格栅的照片；（d）定子单元的结构示意图；（e）四通电极的照片；（f）组装好的 S-TCMS 平台

当滑块单元移动时，PTFE 栅格会滑动到定子电极的上表面，由于 PTFE 薄膜硬度低，长时间或高速运动后，PTFE 表面会破碎成粉末。因此，本工作采用带弹簧预紧力的 PTFE 栅格状实心结构，利用预紧力可以适应平台表面平整度，使其能更好地附着在铜电极表面。同时，由于 PTFE 固体的摩擦电层较薄（2mm），可以长时间抵抗摩擦引起的磨损。

定子单元如图 5.13（d）所示，其具有由铜电极层和矩形玻璃环氧基板层组成的双层结构。铜电极层通过圆形铜电极上的细槽分为四个电极对。电极对分别表示为①、②、③、④，并沿圆回转半径方向同心相邻排列，如图 5.13（d）插图所示。相邻电极对在圆周旋转方向上相位交错八分之一。电极片为圆形结构，内径为 150mm，外径为 190mm，厚度为 3mm。制作的电极定子单元布置如图 5.13（e）所示，滑块和定子的安装和工作方法在实验部分有更详细的描述。安装 S-TCMS 的圆形运动平台的总体尺寸为 420mm×420mm×38mm，如图 5.13（f）所示。

S-TCMS 采用了具有相反电负性的 PTFE 和铜作为摩擦电层材料。铜电极不仅充当电极的角色，还参与了摩擦起电过程。S-TCMS 的工作原理如图 5.14（a）所示，以单个电极对为例，PTFE 栅格为电负性的悬空摩擦电层，而铜电极为导电层和电正性摩擦电层。转子运动时，由于铜电极之间的摩擦，PTFE 表面产生相等且相反的摩擦电荷。悬空摩擦电层在电极上的分离和接触会产生四种不同的状态。

在图 5.14（a）-（i）所示的第一种状态下，PTFE 栅极与铜电极 A 对齐。根据静电感应效应，聚四氟乙烯栅极与铜电极表面的正负电荷数量相等，处于静电平衡状态。其中，在铜电极 A 和 B 之间的外电路中不产生感应电位。当 PTFE 栅极作圆周运动时，它逐渐由第一状态变为第二状态，如图 5.14（a）-（ii）所示。在这个运动过程中，由于静电感应，A 电极上的正电荷会逐渐转移到 B 电极上，从而在外部电路中形成瞬态电流。当 PTFE 栅极的静电感应面积与两电极相同时，其向外电流达到最大值。当 PTFE 栅极继续移动，直至与铜电极 B 完全重叠时，进入第三种状态，如图 5.14（a）-（iii）所示，在这种状态下，由于静电感应，原本在 A 电极上的所有正电荷都转移到 B 电极上，然后回到静电平衡态。如图 5.14（a）-（iv）所示，当 PTFE 栅极继续移动时，电极 B 上的正电荷回流到电极 A，在外部电路中产生反向电流。最后，PTFE 网格回到第一状态，完成一个全运动周期。由于悬空摩擦电层的位置不同，在两个电极之间会产生电位差。因此，当负载连接到外部电路时，外部电路中的自由电子将在电位差的驱动下产生电流。此外，当悬空摩擦电层在两个电极之间周期性地来回移动时，会产生有规律的电信号输出。

当 PTFE 栅格滑动时，四个电极对同时与 PTFE 栅格底部摩擦，如图 5.14（b）所示。A、B、C、D 相分别对应①、②、③、④对电极滑块的工作状态。当 PTFE 栅极与电极对①的电极 A 面积完全重叠时，PTFE 栅极与电极对②的电极 B 面积分别重叠 3/4 和 1/4；对于电极对③，PTFE 栅格重叠面积为电极 A 和电极 B 的 1/2。对于电极对④，PTFE 栅格重叠面积为电极 A 的 1/4 和电极 B 的 3/4。因此相邻相的运动周期相差 1/8，S-TCMS 的理论相关系如图 5.14（c）所示。

利用 COMSOL 多物理仿真软件验证了该原理的可行性。在开路状态下，模拟了电极 A 和 B 单元的电位分布。在滑动摩擦后，铜电极带正电荷，而 PTFE 栅格表面带负电荷。图 5.14（d）为 PTFE 栅格在不同位置电极 A 和 B 的电位分布曲线。根据结果可知，随着 PTFE

栅格的滑动，两电极之间的电位差逐渐增大，从而验证了电位差可以驱动电流在电极之间的外部电路中流动，产生电输出信号。

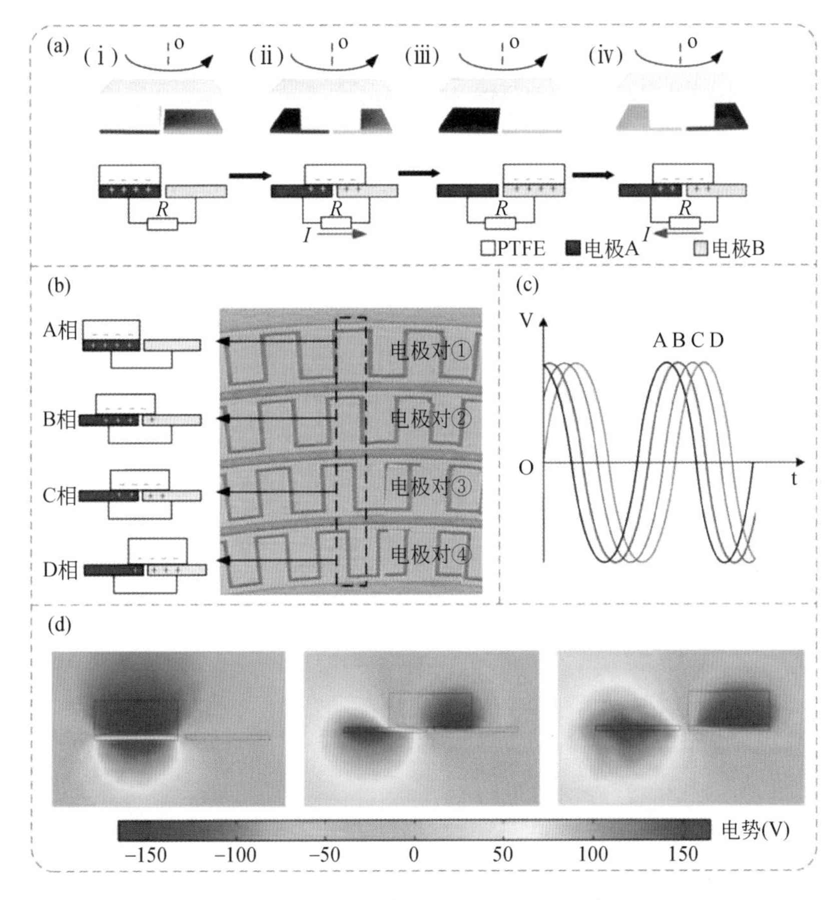

图 5.14　S-TCMS 的工作原理。(a) S-TCMS 工作原理示意图；(b) 电极对相位排列特性；(c) 电极对相位排列电压信号波形；(d) 利用 COMSOL 模拟了 S-TCMS 在三种不同状态下的电位分布

为了测试 S-TCMS 的电学性能，使用静电计（Keithley 6514）研究了 S-TCMS 的电压和电流。在实验中，S-TCMS 的运行速度范围选择为 30～200mm/s，以匹配常用的运动平台工作速度范围。伺服电机的运动速度分别设置为 10rpm、20rpm、30rpm、40rpm、50rpm、60rpm、70rpm，对应线速度测点分别为 30.4mm/s、60.7mm/s、91.1mm/s、121.5mm/s、151.8mm/s、182.2mm/s、212.6mm/s。

$$V_{oc}=\frac{2\sigma x(t)}{\varepsilon_0} \tag{5-12}$$

式中，σ 为表面电荷密度，ε_0 为真空中的介电常数，$x(t)$ 为滑块在一个周期内的滑动距离。独立式摩擦纳米发电机的开路电压与表面电荷密度成正比，与滑块运动速度无关。因此，如图 5.15（a）所示，在不同的工作速率下，S-TCMS 的开路电压幅值稳定在约 6.8V。

根据独立式摩擦纳米发电机的原理，短路电流可以表示为：

$$I_{sc} = \frac{Q_{sc}}{\Delta t} \tag{5-13}$$

式中，Q_{sc}为短路电荷，Δt为运动时间。由式（5-13）可知，短路电流的幅值随运动速度的增加而增大，这与S-TCMS的短路电流测试结果一致，如图5.15（b）所示。

此外，研究了不同外负载对S-TCMS对输出电流信号的影响，如图5.15（c）所示，当外载值很小（小于0.1MΩ）时，S-TCMS的输出电流接近短路电流，这是因为S-TCMS的内阻较大。当外部电阻从1增加到100MΩ时，外部电流大幅下降。随着电阻的增大，S-TCMS的外部电阻远远大于内部电阻，外部电路的电流逐渐减小到零。在不同的工作速度下，电阻-电流曲线趋势变化点不同，因此，不同的滑动速度影响了S-TCMS的内阻。为了更直观地说明内阻的变化，分析了不同滑动速度下的输出功率曲线。最大输出功率可以表示为：

$$P_m = I_m^2 R \tag{5-14}$$

式中，I_m为最大瞬时电流，R为外部负载，P_m为最大瞬时功率。

测试S-TCMS在不同工作速度下的最大输出功率与外部负载的关系，如图5.15（d）所示。当S-TCMS的外部负载远小于或大于其内部电阻时，外部电路的最大输出功率较低。当S-TCMS的外部负载接近或等于其内阻时，外部电路达到最大输出功率。因此，S-TCMS的内阻随滑动速度的增加而变化。当滑动速度为30.4mm/s时，S-TCMS的内阻约20MΩ，当滑动速度增加到212.6mm/s时，S-TCMS的内阻约9MΩ。实验结果表明，该系统的电特性与后续的信号处理和传感测试结果相符。

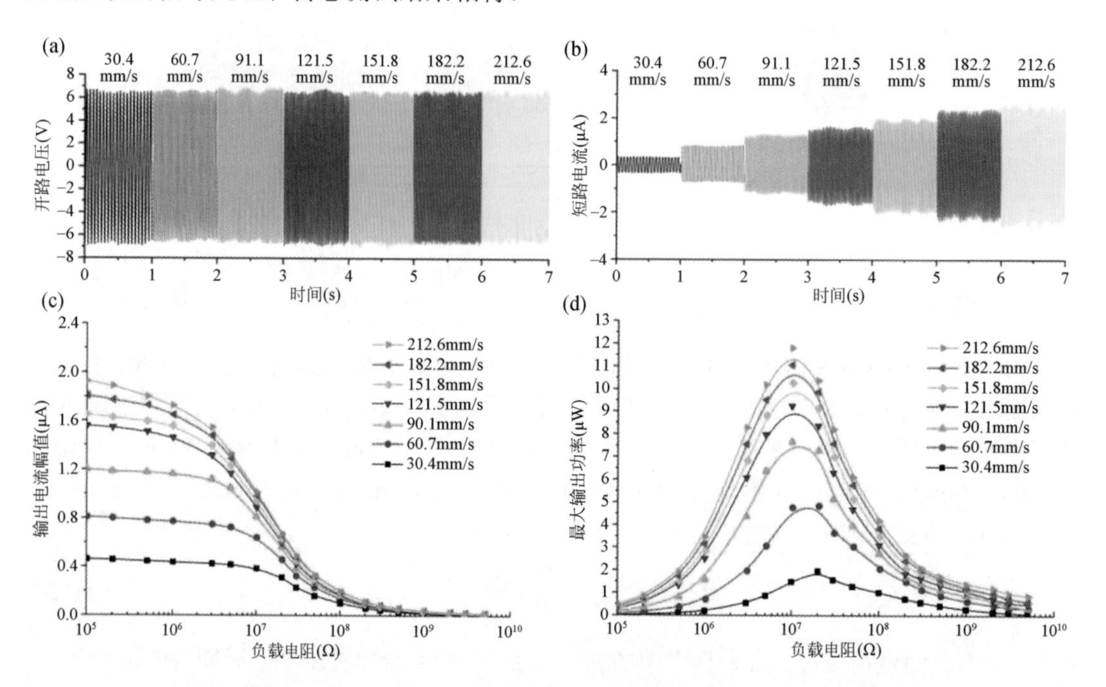

图5.15 S-TCMS的输出特性。（a）开路电压V_{OC}；（b）不同滑动速度时A相的短路电流I_{SC}；（c）通过各种外部电阻的输出电流幅值；（d）通过各种外部电阻的最大输出功率[4]

5.2.3　多自由度运动传感

为实现线性旋转多运动的同时监测，提出一种类齿轮啮合电极（GE-electrode）的直线和旋转耦合运动摩擦电机械运动传感器（LRC-TMMS）[5]。基于摩擦起电和静电感应效应，两种不同摩擦极性的摩擦材料滑动接触产生的电压信号幅值与接触面积呈正相关，与频率无关。因此，根据上述特性设计了一种特殊的齿轮啮合电极，如图 5.16（a）所示。具有不同面积的矩形电极交错排列并连接到电极的中心线以形成电极。多个电极并联排列并相互啮合以形成齿轮啮合电极。LRC-TMMS 由一个定子、一个动子和一对齿轮啮合电极组成。设计的齿轮啮合电极可以安装在圆柱体中，通过动子的直线和旋转运动，可以同时监测直线和旋转方向的运动状态，装配过程如图 5.16（b）所示。LRC-TMMS 利用摩擦起电和静电感应耦合感应，将直线运动和旋转运动的外部机械能转化为电能。图 5.16（c）为 LRC-TMMS 的原型照片，动子两端的长度和直径可以根据实际工作状态确定。

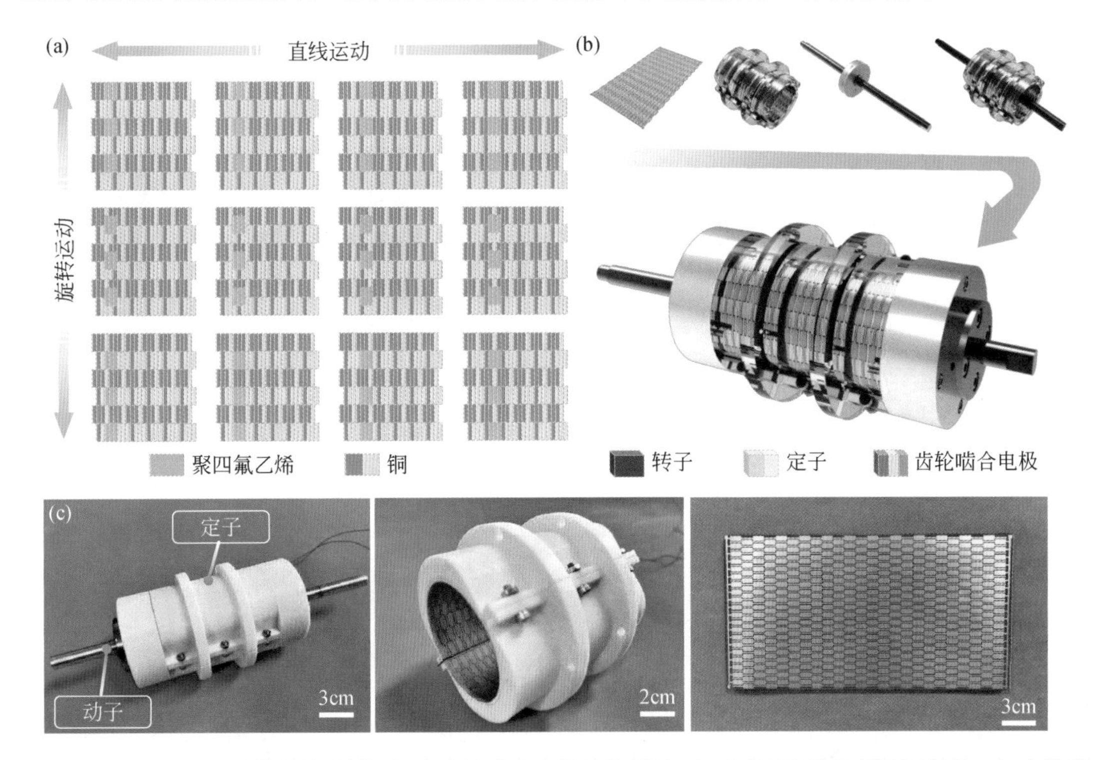

图 5.16　LRC-TMMS 的结构设计。（a）齿轮啮合电极结构设计；（b）装配过程和原理图结构；（c）原型照片

齿轮啮合电极和 PTFE 薄膜构成了 LRC-TMMS 的机电转换部分，如图 5.17（a）所示，说明了 LRC-TMMS 的机电转换原理。当动子在定子中直线移动时［图 5.17（a）-（i）］，由于摩擦电极性不同，铜电极和 PTFE 薄膜的表面将产生相同数量但性质相反的电荷。当动子上的 PTFE 薄膜与齿轮啮合电极上的铜电极 1 完全对应时，铜电极 1 的正电荷等于 PTFE 薄膜表面的负电荷。此时，齿轮啮合电极的铜电极 1 和铜电极 2 处于静电平衡状态。当 PTFE

薄膜从铜电极 1 上的相应位置滑到铜电极 2 时，原有的静电平衡将被破坏。在静电感应的作用下，铜电极 1 和铜电极 2 之间会出现电位差，将电子从铜电极 2 转移到铜电极 1，形成新的静电平衡，从而使外部负载形成电流。最后，当 PTFE 薄膜在下一个位置与铜电极 1 完全重叠时，电极之间的静电平衡再次恢复。电子将再次转移到铜电极 2 上，使外部负载形成相反方向的电流，这是产生周期性电信号的完整过程。当动子连续运动时，LRC-TMMS 将产生交流电（AC）信号。同样，当动子在定子中旋转时，基于齿轮啮合电极的电荷转移过程如图 5.17（a）-（ii）所示。由于电极尺寸较小，金属加工比 PTFE 薄膜简单，因此，选择在 PTFE 薄膜的内表面贴有相应形状的金属。图 5.17（b）描述了 LRC-TMMS 的螺旋运动过程以及 COMSOL 软件对开路情况下静电场的数值模拟结果。只有与动子金属电极相对应的 PTFE 膜作用于齿轮啮合电极时，才可以抵消 PTFE 膜和齿轮啮合电极上过量的静电荷。当动子上的金属电极进行螺旋运动时，与运动金属电极对应的定子铜电极部分呈现最高的正电位。随着金属电极的运动，定子铜电极上正电位最高的位置发生变化，导致定子上两个铜电极的电位相互变化，从而产生交流信号。将仿真结果与图中的电荷转移过程进行比较可以进一步完善 LRC-TMMS 的传感信号产生机制。

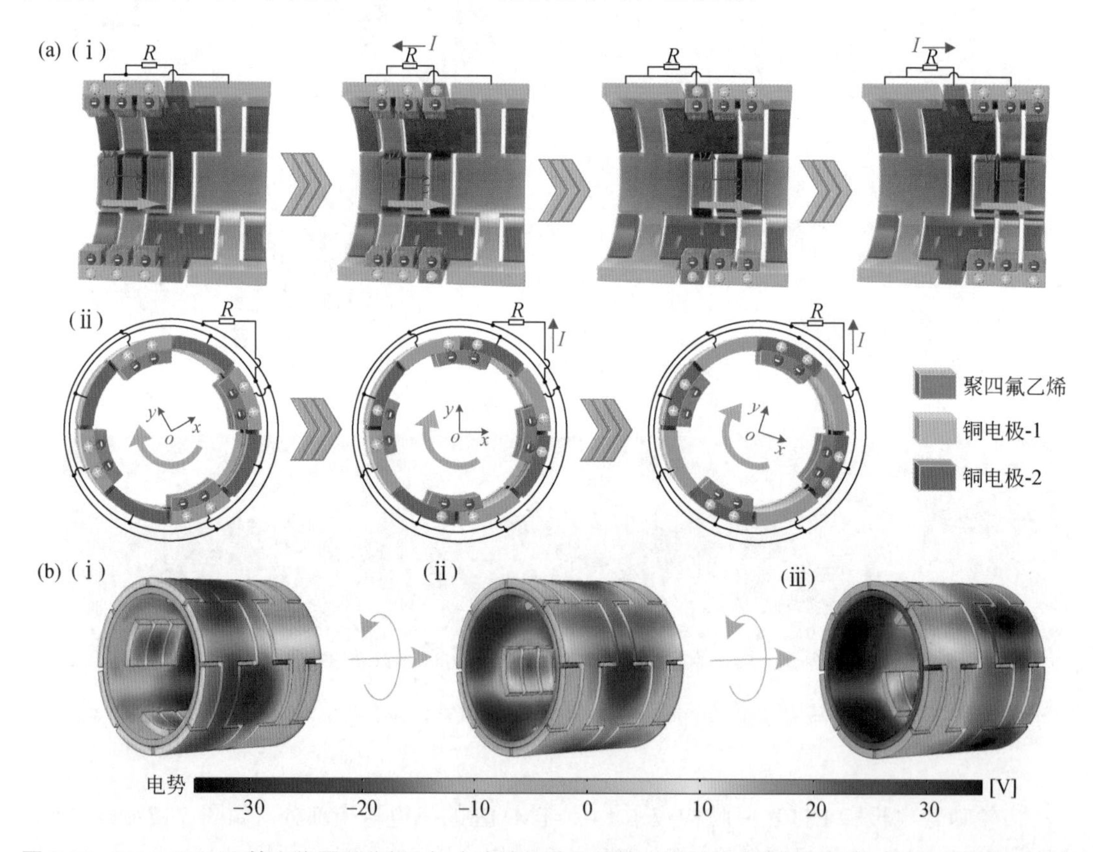

图 5.17 LRC-TMMS 的工作原理分析。(a) 直线运动和旋转运动下的电荷转移过程；(b) 螺旋运动下的电势分布模拟

为测量 LRC-TMMS 的基本性能，建立了一个能够实现直线、旋转和螺旋运动的多运

动激励实验系统。LRC-TMMS 的位移计算过程如图 5.18（a）所示，原始信号通过阈值转换为矩形波信号，并计算下降沿数量以得到输出位移。此外，通过基于 LRC-TMMS 输出电压基频，可以计算速度。首先，对 LRC-TMMS 在不同线性位移下的输出信号进行了分析，测量了 10～70mm 范围内不同位移下的输出电压。如图 5.18（b）所示，LRC-TMMS 能够在不同的线性位移下输出稳定的交流信号。通过信号处理可以准确计算矩形波的下降沿数量。同时，通过 LRC-TMMS 的输出信号计算直线运动参数，其中使用商用位移传感器对 LRC-TMMS 进行了标定，得到了不同线性位移下的线性度和误差率。如图 5.18（c）所示，下降沿的数量与线性位移呈良好的线性关系，经过调整后的 R_{Adj}^2 为 0.9999。线性拟合曲线与理论参考结果几乎相同。此外，在最大位移 70mm 的情况下，LRC-TMMS 测量的位移的最大误差率小于 3%，如图 5.18（d）所示。小范围内的误差波动可能是由外部环境和器件电路的随机误差引起的。以上实验证明了 LRC-TMMS 在位移监测中的可行性。

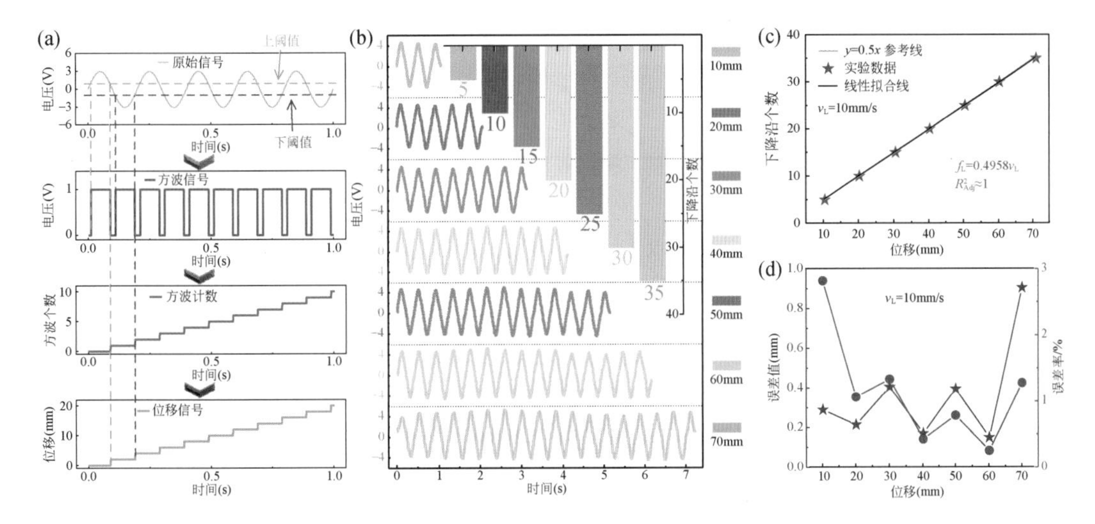

图 5.18　位移监测性能。(a) 位移计算过程；不同位移下的 (b) 电压曲线，(c) 频率和速度的位移误差；(d) 误差率

通过分析 LRC-TMMS 在不同运动模式下的输出信号，对样机的速度监测性能进行了解释。分别测量了 LRC-TMMS 在直线运动和旋转运动下不同速度的输出电压。结果表明，在 5～200mm/s 的直线速度［图 5.19（a)］或 20～200rpm 的旋转速度［图 5.19（d)］范围内，LRC-TMMS 的输出电压曲线是稳定的。此外，旋转运动的电压幅值明显低于直线运动的电压幅值，进一步验证了理论模型的正确性。如图 5.19（b）和（e）所示，输出信号频率与输入速度之间呈良好的线性关系，经过调整后的 R_{Adj}^2 分别约为 0.9999 和 1。如图 5.19（c）所示，误差率随线速度的增加而增加，在最大线速度为 200mm/s 的情况下，LRC-TMMS 的误差率大多数情况下都在 3.5%以下。混入的可变运动的频率分量越多，对主频提取的干扰就越大。直线电机在启动和停止阶段具有可变运动。因此，运动越快，动子匀速运动的时间越短，其他速度分量越多。综合上述原因，线速度的误差率总体呈上升趋势。此外，根据图 5.19（f）所示，LRC-TMMS 和商用编码器测量的旋转速度的校准结果显示，在

LRC-TMMS 处于稳定运动时提取旋转运动的电压信号，因此误差率仅在一定范围内波动。与直线运动的趋势不同，LRC-TMMS 的最大误差率小于 0.4%。另外，LRC-TMMS 在不同直线位移下的大多数速度监测误差率可以保持在 3%以下。

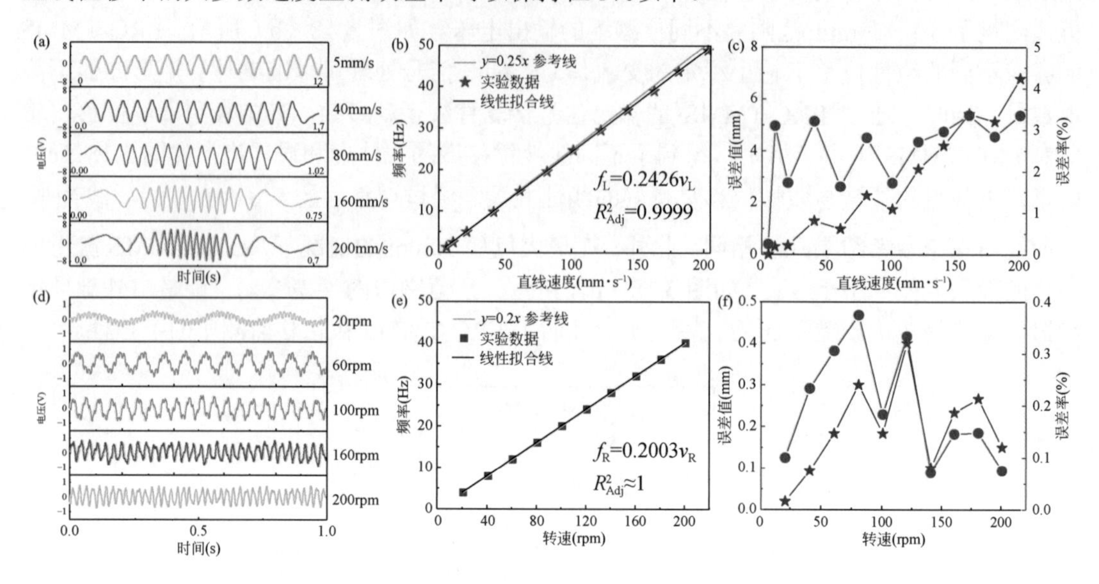

图 5.19　速度监控性能。（a）不同直线速度下的电压曲线；（b）直线速度与信号频率之间的关系；（c）不同直线速度下的误差；（d）不同旋转速度下的电压曲线；（e）转速与信号频率的关系；（f）不同旋转速度下的误差

为了证明 LRC-TMMS 在同时监测直线和旋转多运动方向时的传感性能，进行了直线运动和旋转运动相结合的螺旋运动测量。首先，测量了 LRC-TMMS 在转速为 100rpm、直线运动（行程为 60mm）和不同螺旋速度下的输出信号。通过对输出电压 FFT 处理并进行频谱分析，结果如图 5.20（a）所示，可以准确识别两个基频。分别提取不同速度下直线运动和旋转运动对应的 LRC-TMMS 信号频率，以研究其对螺旋运动信号频率的影响。如图 5.20（b）所示，LRC-TMMS 对应的固定旋转速度的信号频率在参考线 20Hz 附近波动。直线速度对应的 LRC-TMMS 信号频率呈线性相关，调整后的 R_{Adj}^2 为 0.9987，其线性拟合线与理论参考结果相同。误差率使用 LRC-TMMS 和商用传感器计算，结果如图 5.20（c）所示。直线和旋转运动的误差率大多数小于 3%。此外，为了评估 LRC-TMMS 检测基频信号的能力，基于图 5.20（a）的频谱分析结果计算了 LRC-TMMS 的信噪比（SNR）。如图 5.20（d）所示，直线运动和旋转运动的最大信噪比分别可以达到 28.22dB 和 20.14dB。直线运动的信噪比一般大于旋转运动的信噪比，因为直线运动的电压幅值大于旋转运动的电压幅值。此外，还测量了 LRC-TMMS 在不同旋转速度下的输出信号，其中直线行程和速度分别为 60mm 和 40mm/s。输出电压的频谱如图 5.20（e）所示。同样，可以根据电压的幅度精确提取两个基频。对 LRC-TMMS 的传感性能进行进一步分析，如图 5.20（f）所示，信号的提取频率表示与旋转速度呈线性关系，其中旋转运动 R_{Adj}^2 调整后为 0.9999。而固定直线速度对应的 LRC-TMMS 信号频率在理论值 10Hz 的参考线附近波动。如图 5.20（g）所示，

直线运动的最大误差率大部分在 2.5%以下，旋转运动的最大误差率大部分保持在 2%以下。此外，直线运动和旋转运动的最大信噪比分别可以达到 20.86dB 和 11.82dB。结果表明，LRC-TMMS 可以同时监测螺旋运动的速度分量。

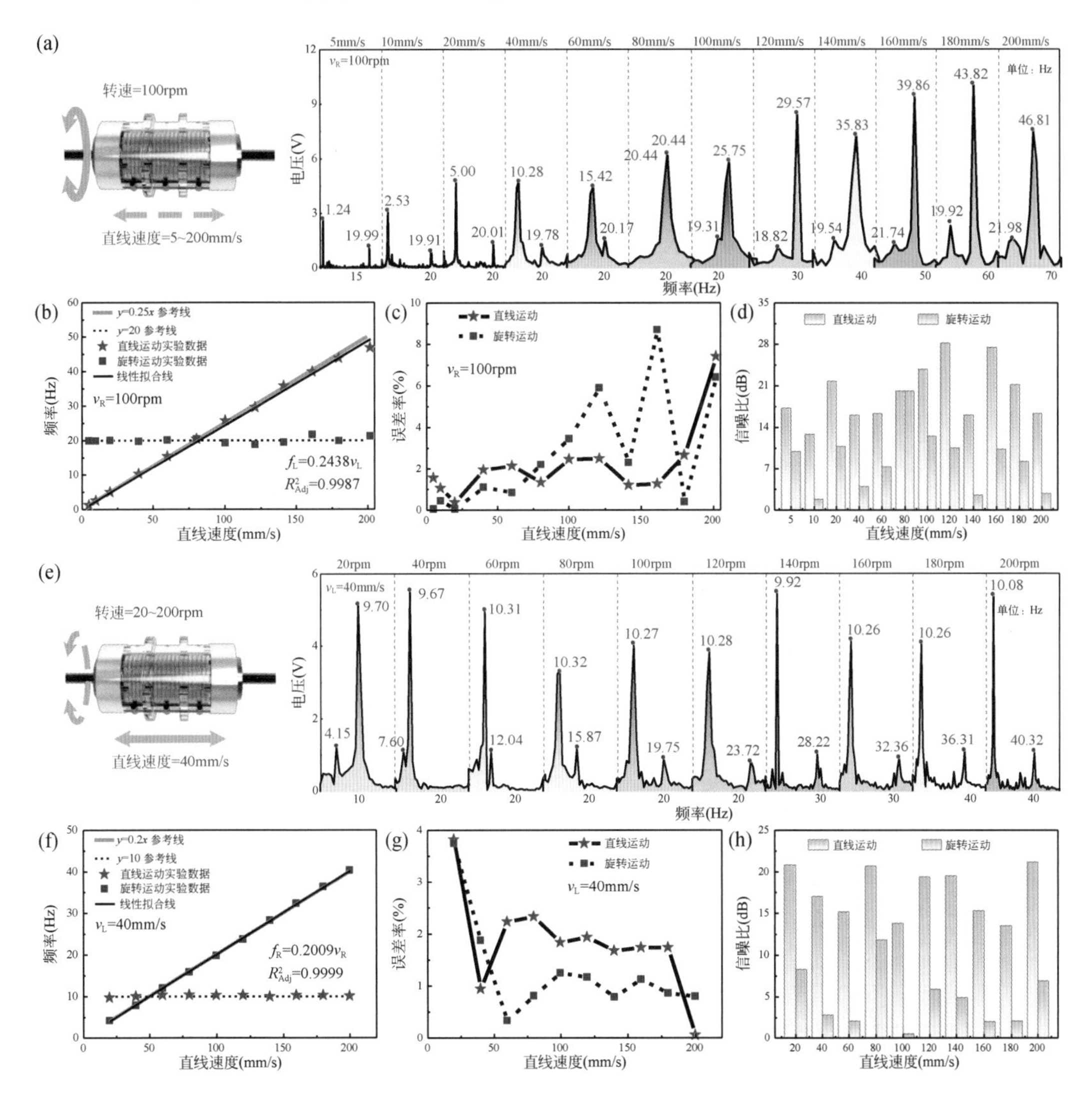

图 5.20　监测螺旋运动的性能。(a) 100rpm 和不同直线速度下的频谱分析结果；(b) 线性度；(c) 误差率；(d) 信噪比；(e) 40mm/s 和不同旋转速度下的频谱分析结果；(f) 线性度；(g) 误差率；(h) 信噪比

上述传感性能研究表明，LRC-TMMS 适用于直线、旋转和螺旋运动多种机械运动的单独或耦合监测。所开发的 LRC-TMMS 在智能机器人、机械手、旋盖机和半导体封装等领域具有广阔的应用前景。LRC-TMMS 的演示系统如图 5.21（b）所示。商用电机安装在 LRC-TMMS 上方，用于产生直线、旋转和螺旋运动。系统界面如图 5.21（c）所示，可以实时处理和显示多种运动状态，包括直线和旋转位移以及直线、旋转和螺旋运动的速度。在实时处理中，FFT 的采样周期是影响系统动态特性的重要因素。以 10mm/s 的直线运动

为例，比较了 0.5 秒和 1 秒两种采样周期。如图 5.21（d）所示，采样周期越长，得到的实时速度误差越小。然而，增加采样周期会导致动态变化的速度跟踪性能将下降。因此，在误差可控的前提下，系统的采样周期应尽可能短。

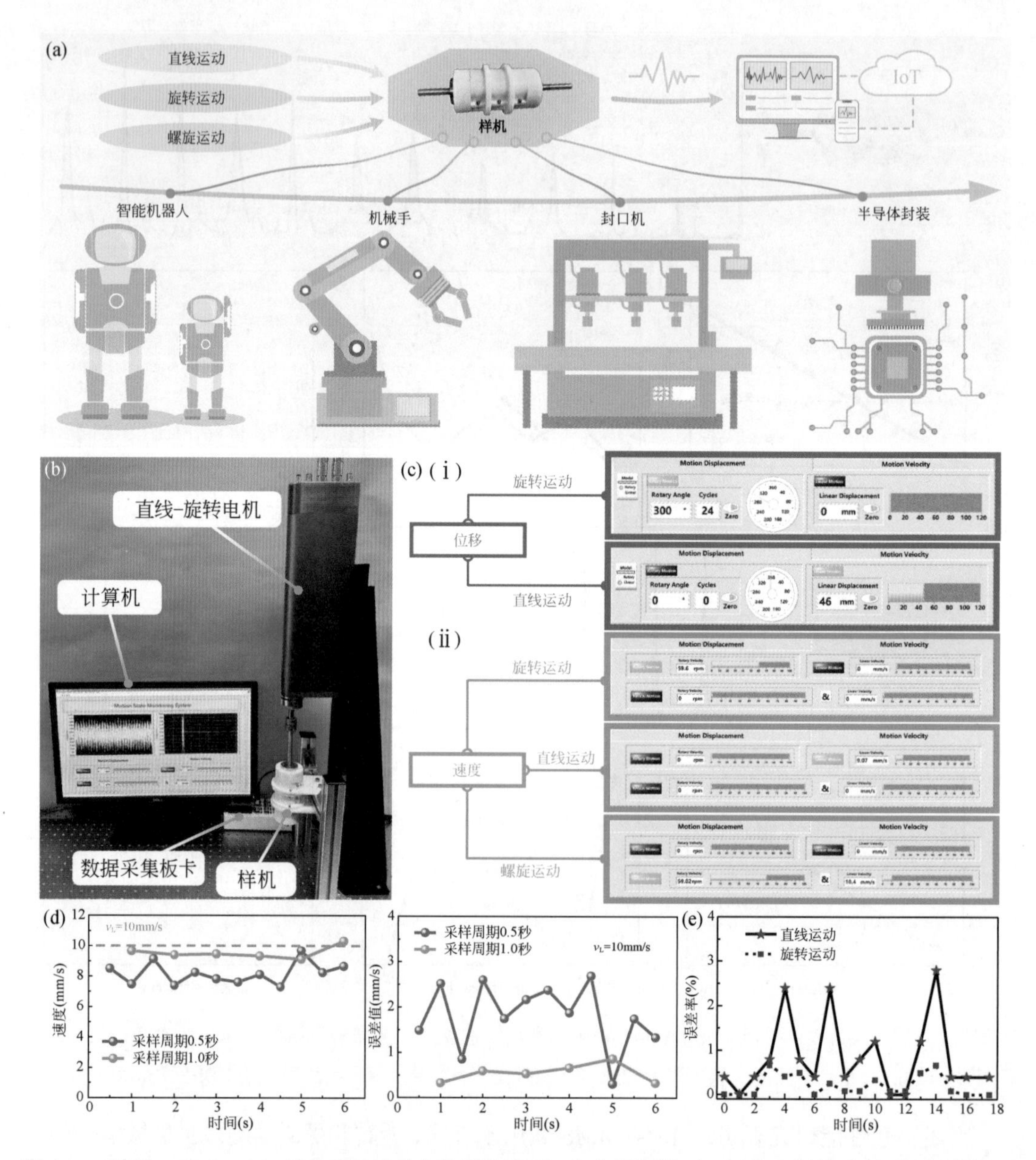

图 5.21　基于 LRC-TMMS 的实时运动状态监测系统。（a）应用场景；（b）演示系统；（c）监测位移和速度界面；（d）不同采样周期下的实时速度和误差值；（e）耐久性试验的误差率

通过演示系统，对 LRC-TMMS 进行了耐久性实验。在 60rpm 的转速、60mm 的行程和 10mm/s 的直线速度下，连续进行了 17 小时的螺旋运动测试。结果显示，LRC-TMMS 仍能准确提取直线运动和旋转运动对应的两个基频。如图 5.21（e）所示，LRC-TMMS 的误差

率始终保持在 3%以下，旋转频率的误差率甚至低于 1%，这证明了 LRC-TMMS 具有足够的稳定性和产业化潜力。

5.3　自驱动智能机电系统

5.3.1　自供电振动监测系统

现代报警检测技术中，振动传感器是应用最广泛的传感技术之一。摩擦电传感器是一种重要的传感技术，可实现机械振动的宽频监测，对传感领域的发展具有重要意义。本工作提出了一种新型的双弹簧片结构摩擦电传感器（DS-TES），用于宽频振动监测和预警[6]。传感器采用双三肋纵向弹簧片，形成内部弹簧质量阻尼系统，具有高稳定性，具备在自然灾害预警或结构健康监测系统方面的广阔潜力。图 5.22（a）显示了 DS-TES 的结构示意图。振子两端的聚四氟乙烯（PTFE）薄膜和上下盖上的尼龙薄膜一起形成 TENG 部件。在尼龙膜和盖子之间设置了一层铜膜以传输电信号。如图 5.22（b）所示，当外部施加激励时，由于惯性作用，振子相对于壳体发生振荡。因此，振子上的摩擦层与盖子内表面上的电极之间的垂直距离将发生变化。DS-TES 由于接触带电和静电感应的耦合原理，通过垂直接触-分离模式输出电信号。图 5.22（c）展示了 DS-TES 的照片。在这项工作中，DS-TES 的尺寸为直径 45mm，高度 25mm。各种形状的弹簧件通过刻蚀工艺制造。此外，振子的质量设置为 11g，以平衡弹簧片提供的初始弹力。DS-TES 使用双三肋纵向弹簧片来提供弹力，从而在垂直方向上抵消振子的重力。因此，DS-TES 的振子在初始阶段处于临界状态。当 DS-TES

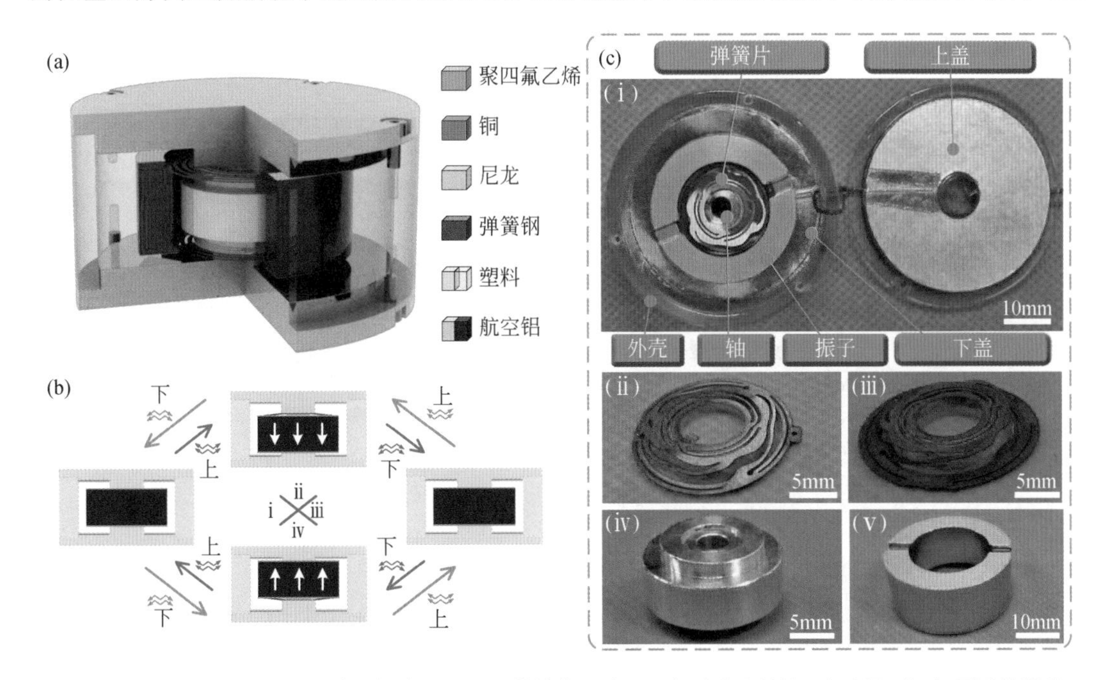

图 5.22　DS-TES 的结构设计。（a）DS-TES 的结构示意图；（b）振子的运动过程；（c）原型的照片

受到轻微的外部振动时，弹簧件将产生相应的线性变形。双弹簧片结构可以有效提高DS-TES的稳定性，使其具有更宽的线性频段。

为了解释DS-TES的传感信号产生机制，分析了DS-TES中TENG部分的电荷转移过程。如图5.23（a）所示，上盖内表面上的尼龙膜由电极N1表示。与N1相反，下盖内表面上的尼龙膜由电极N2表示。两个电极连接到外部负载。在初始状态下，振子上的两个PTFE摩擦层与电极N1和N2之间的垂直距离相等。由于摩擦电极性的差异，PTFE和尼龙之间的接触在表面产生相反的电荷。先前的研究已经证实，高分子材料具有良好的绝缘性能，因此PTFE表面的电荷可以长期保持。以外部向上振动激发的DS-TES的运动过程为例，在振子的运动过程中，尼龙电极和PTFE表面之间的气隙随着振子的振荡而变化。由于静电感应，两个尼龙电极之间将产生电位差。为了平衡电位差，正电荷将通过两个尼龙薄膜上的铜膜从电极N2转移到电极N1，从而在外部负载中产生瞬态电流。当振子与上盖接触时，实现了静电平衡，此时电压达到最大饱和值。同样，当DS-TES被外部向下振动激励时，正电荷将从电极N1流回电极N2。因此，在DS-TES连续相对振动过程中会产生交流电流信号。本工作采用有限元法（FEM）对开路条件下的静电场进行仿真，并得到三种典型状态下的电位分布，如图5.23（b）所示。仿真结果与图5.23（a）中的原理图一致，进一步增强了对DS-TES传感信号产生机制的理解。

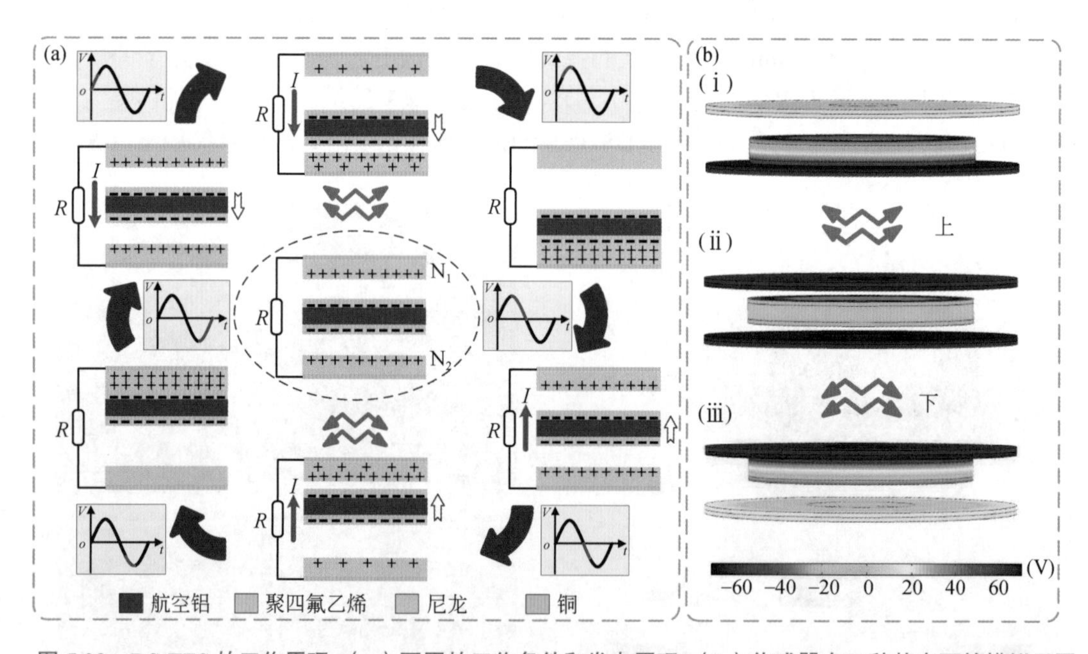

图5.23 DS-TES的工作原理。（a）不同的工作条件和发电原理；（b）传感器在三种状态下的模拟云图

图5.24（a）是DS-TES输出信号采用的信号处理流程。具体步骤如下：

步骤①：滤除直流（DC）分量：设备的测量特性会在输出信号中产生直流分量。这将导致输出信号偏离原始状态并减小动态范围。因此，有必要对输出信号中的直流分量进行滤波。

步骤②：数字滤波：外部环境和设备中可能存在噪声和干扰信号，如工频干扰。为了提高信噪比并确保后续分析的准确性，有必要通过数字滤波消除输出信号中的噪声干扰。

步骤③：快速傅里叶变换（FFT）：通过 FFT 分析信号的频谱，得到其脉冲频率。图 5.24（a）-（ⅱ）显示了 10Hz 振动频率下开路电压的信号处理过程。

为了探索 DS-TES 的基本输出性能，在 0～200Hz 振动频率范围内施加正弦信号来测量其开路电压。如图 5.24（b）所示，开路电压随着振动频率的增加而先增加后降低。当振动频率为 20Hz 时，开路电压达到最大值 8.966V。这是因为弹簧片的变形与其共振频率有关。弹簧件纵向振动的第三种模式对应的频率为 20.72Hz。将几个典型振动频率下的电压信号进行信号处理，如图 5.24（c）所示。结果表明，电压信号能较好地反映外界振动状态的变化。如图 5.24（d）和（e）所示，测试了 DS-TES 在不同振动频率下的转移电荷和短路电流，证明其变化趋势与上述结论一致。如图 5.24（f）所示，测量了 DS-TES 在不同外部负载下的输出电压和电流。随着外部负载的增加，输出电压先上升后稳定。输出电流趋势先减小后稳定。以上结果证明了 DS-TES 实现自供电传感的潜力。

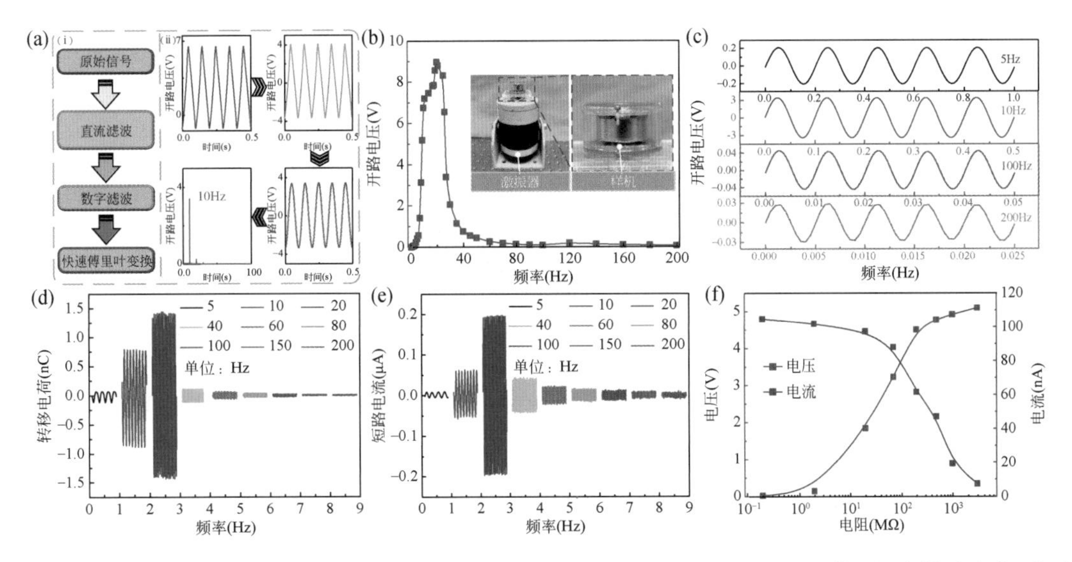

图 5.24　DS-TES 的输出特性。（a）信号处理流程；（b）开路电压和（c）信号细节；（d）转移电荷；（e）短路电流；（f）不同外部负载下的输出性能[6]

从 DS-TES 开路电压获得的输出频率用作外部振动状态的监测频率。为了研究 DS-TES 的传感特性，分析了不同振动频率下的电压信号。如图 5.25（a）和（b）所示，将位移传感器监测的信号频率作为输入频率，并与 DS-TES 的输出频率进行比较。结果表明，DS-TES 在 0～200Hz 的振动频率范围内具有较高的线性度，调整后的 R^2_{Adj} 约为 1。DS-TES 关于频率监控的误差率小于 0.015%。此外，还分析了 DS-TES 输出信号的信噪比。如图 5.25（c）-（ⅰ）所示，原始信号的最大信噪比可以达到 34.882dB。此外，对于 DS-TES 的输出信号在 0～90°的倾斜角度范围内进行分析。如图 5.25（d）-（ⅰ）所示，原始信号的信噪比随着倾斜角 θ 的增加而逐渐降低。其中，少量信噪比略有增加，这可能是噪声的随机性造成的。当倾斜角 θ 大于 70°时，DS-TES 的信噪比太低，无法实现正常监测。以上实验证明了 DS-TES

作为宽频振动监测传感器的稳定性。

为了提高输出信号的信噪比，采用图 5.24（a）所示的信号处理方法来分析输出信号。图 5.25（c）-（ii）显示了不同振动频率下信号处理后输出信号的信噪比。最大信噪比可以达到 48.96dB，大多数输出信号的信噪比保持在 40dB 左右。即使是部分信噪比也可以达到原始信号的约 33 倍。此外，对于倾斜角度振动实验中测得的原始信号，也进行了相同的信号处理方法。如图 5.25（d）-（ii）所示，最大信噪比可以达到 42.56dB，大多数输出信号的信噪比可以保持在 30dB 以上。信噪比的提高可以有效提升 DS-TES 的传感精度，为 DS-TES 在振动传感和监测领域的实际应用提供更好的支持。

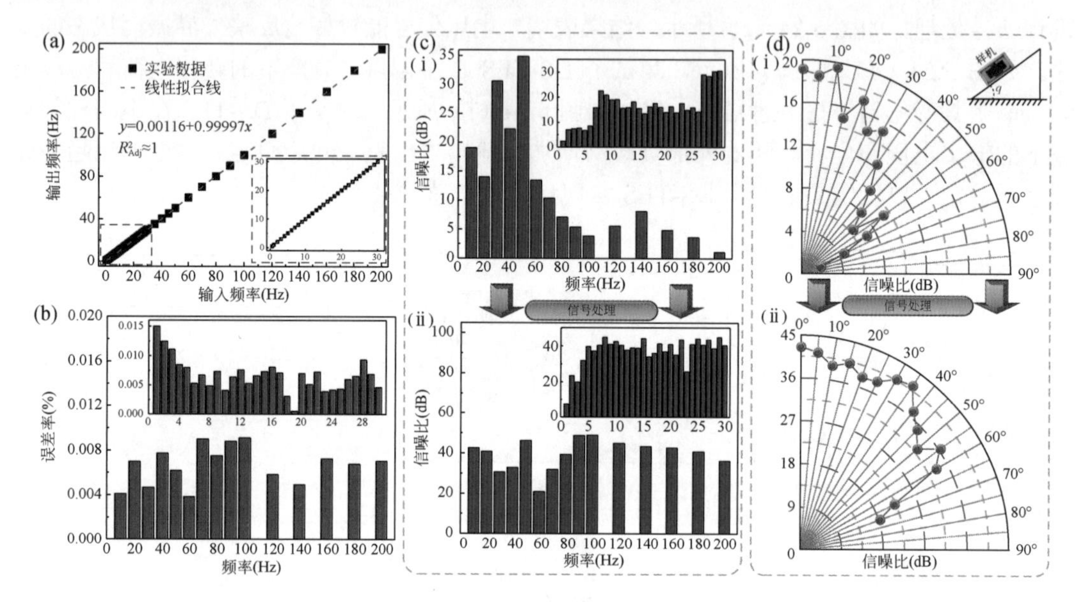

图 5.25　DS-TES 的传感特性。（a）线性度；（b）误差率；（c）原始信号和数字滤波信号的信噪比；（d）原始信号和数字滤波信号的不同倾斜角度下的信噪比[6]

为了验证 DS-TES 在宽频振动监测方面的性能，进一步探讨了 DS-TES 的实际应用潜力。在 0～200Hz 的范围内随机选择具有不同时间间隔的八个振动频率。图 5.26（a）展示了相应的输出信号及其电压放大曲线。结果表明，DS-TES 能够实现对随机振动频率的稳定监测。然而，由于振子惯性和 DS-TES 阻尼的影响，不同频率之间的转换阶段可能会出现轻微的输出信号波动。实时监测是传感器应用中的一个重要目标。此外，还设计了一个监测系统，并展示了其信号处理流程图，如图 5.26（b）所示。通过对 DS-TES 信号的分析，提取实时信号频率（f），并将其显示在屏幕上作为振动频率的输出。此外，还设置了不同的阈值（a、b、c）。通过比较信号频率与阈值的关系，点亮不同颜色的警示灯，从而达到分级预警的目的。警告阈值可根据具体应用环境自由设置，这里设置了三种不同的预警级别，可用于自然灾害振动预警或结构健康监测等领域。

此外，为了验证 DS-TES 在真实随机振动环境下的传感性能，进行了机械设备实时监测的实际应用实验。如图 5.27 所示，DS-TES 安装在车床和钻床的电机上，分别监测其实时振动状态。以 0.1 秒的采样率收集电机的振动频率，如图 5.27（a）-（iii）和（b）-（iii）

所示。当电机停止工作时，由于惯性，仍有短时间的振动。此外，电机运行状态下出现 0Hz 可能是由振动的随机性和采样误差引起的。上述实验为 TES 在宽频振动监测中的实际应用提供了新的研究途径。

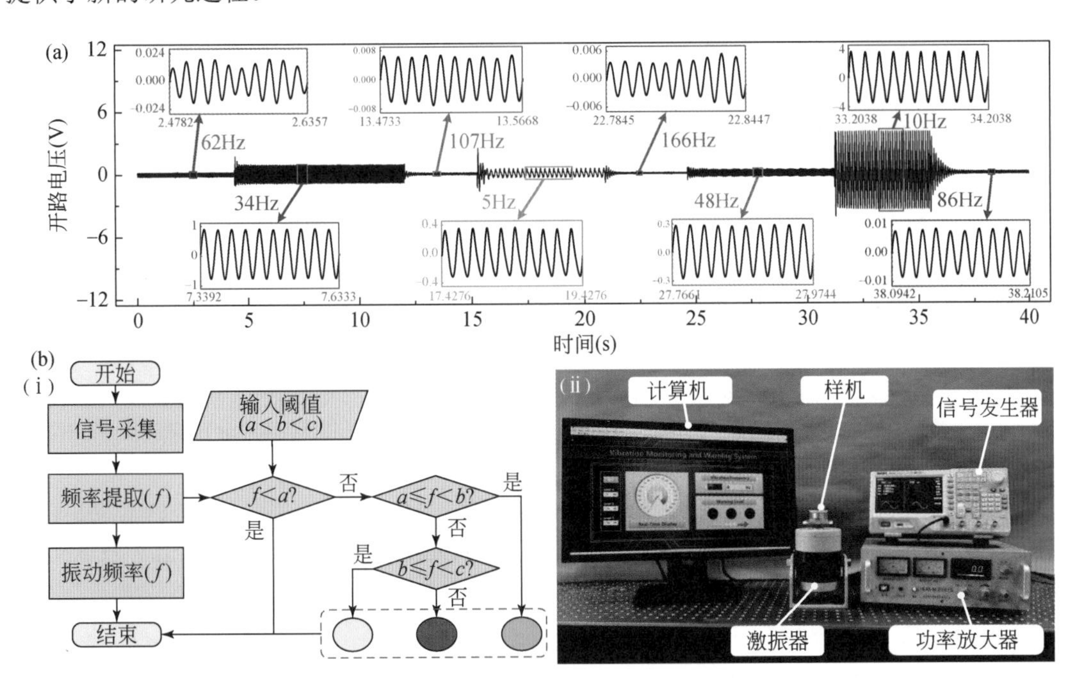

图 5.26　DS-TES 演示。(a) 随机振动监测实验；(b) 实时宽频振动监测和预警实验[6]

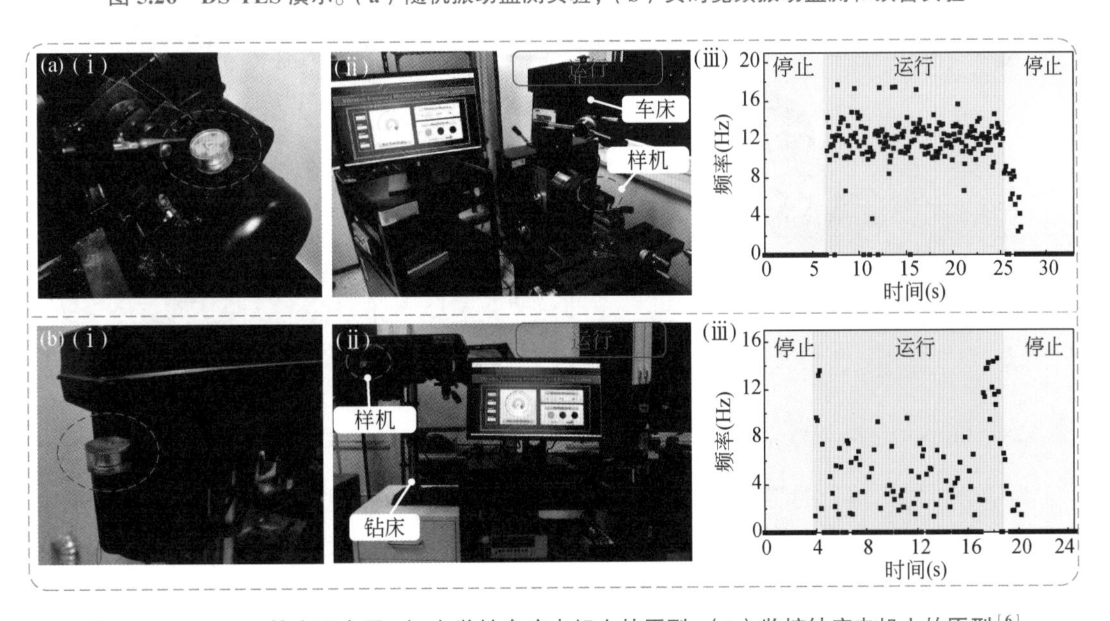

图 5.27　DS-TES 的实际应用。(a) 监控车床电机上的原型；(b) 监控钻床电机上的原型[6]

5.3.2 智能轴承与机电系统

著者提出了一种集成在轴承中的摩擦电式转速传感器（Triboelectric rotational speed sensor，TRSS）[7]，其结构如图 5.28（a）所示。TRSS 主体部分主要由两个同轴安装的部件组成，即转子和定子。转子为双层结构，由胶木底座（酚醛树脂）和铜制栅格组成。铜制栅格是一组以等间隔分开的放射状扇形排列，每个扇形单元的圆心角为 6°，共有 30 个单元。定子由 PTFE 薄膜（作为介电材料）、铜电极和一个圆形的 PMMA 基板组成。电极层由电极 A 和 B 两部分组成。每个电极层都是径向阵列的固定扇形区域，并在圆周上连接形成两个互锁的扇形铜电极梳，电极的放大图如图 5.28（a）所示。转子和定子通过轴承座装配在轴承外圈，TRSS 的装配顺序如图 5.28（b）所示，其中轴承座的内圈与轴承的外圈配合。台阶面上设有六个螺纹孔，便于用螺栓固定定子，而调整环主要用于调整转子和定子之间的距离，以确保二者间的充分接触。

设备的输出特征频率（f）取决于光栅的数量（N）和转子的转速（n）：

$$f = N\cdot\frac{n}{60} = \frac{180}{\Delta\theta}\cdot\frac{n}{60} = \frac{3n}{\Delta\theta} \tag{5-15}$$

式中，$\Delta\theta$ 是铜制栅格的中心角（°）。用于测量转速的光电编码的光栅数量取值一般取 10～60。因此，我们选择 N 和 θ 分别为 30 和 6°。

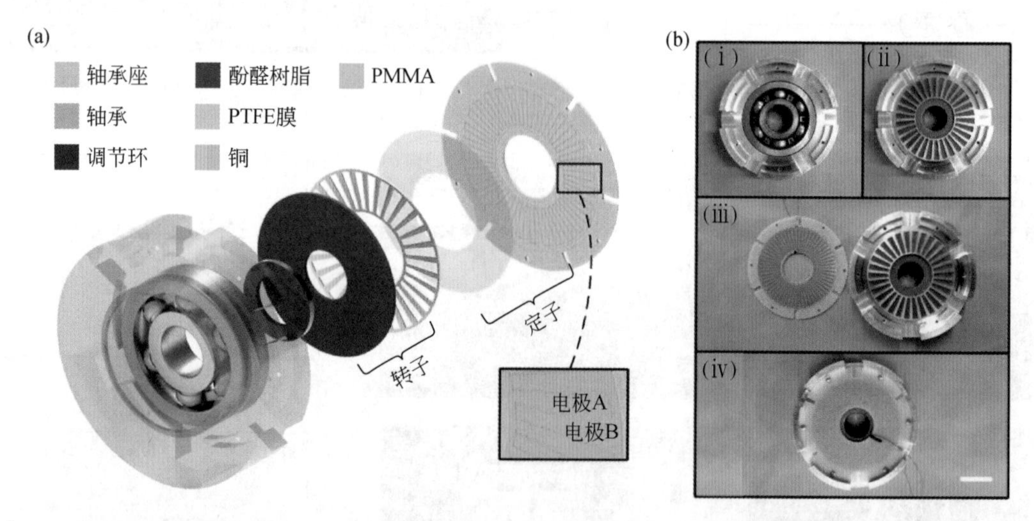

图 5.28 TRSS 的结构设计。(a) TRSS 功能部件的示意图；(b) TRSS 的装配顺序（比例尺，3cm）

为了分析输出信号的特性，在图 5.29（c）中绘制了三种典型转速下的开路电压输出。信号本身具有明显的规律性，其产生电信号的周期与驱动电机的周期一致。根据公式(5-15)，已知输出信号的特征频率，就可以计算出相应的转速，这说明 TRSS 用作转速传感器的可能性。为了获得输出信号的特征频率，需要对输出信号进行快速傅里叶变换(FFT)。FFT 可以高效地将时域信号转换为频域信号，并提取信号的特征频率。特征频率的精度取决于采样时间内完整周期的数量。理论上讲，为更准确地提取特征频率，应确保单个采样时间包含尽可能多的周期信号。图 5.29 表明随着旋转速度的增加，单位时间内将包含更多的信号周期。因此，在最低转速下，应保证设定的采样时间具有足够的测量精度。实验结果表明，随着采样时间的增加，特征频率更接近真实值。然而，太长的采样时间不利于实时计算，并且降低了处理效率。当采样时间从 0.4 秒增加到 0.6 秒时，误差率从 2.2% 下降到 0.27%，然而，当采样时间继续增加时，精度没有明显提高。因此，为了平衡精度和效率，选择 0.6 秒作为均匀采样时间。选定采样时间后，对预处理后的信号进行 FFT 变换，得到不同转速下的频谱图，如图 5.30 所示。这些频谱显示了对应特征频率的幅值特性，几乎没有噪声干扰，证实了 TRSS 具有稳定的周期输出。

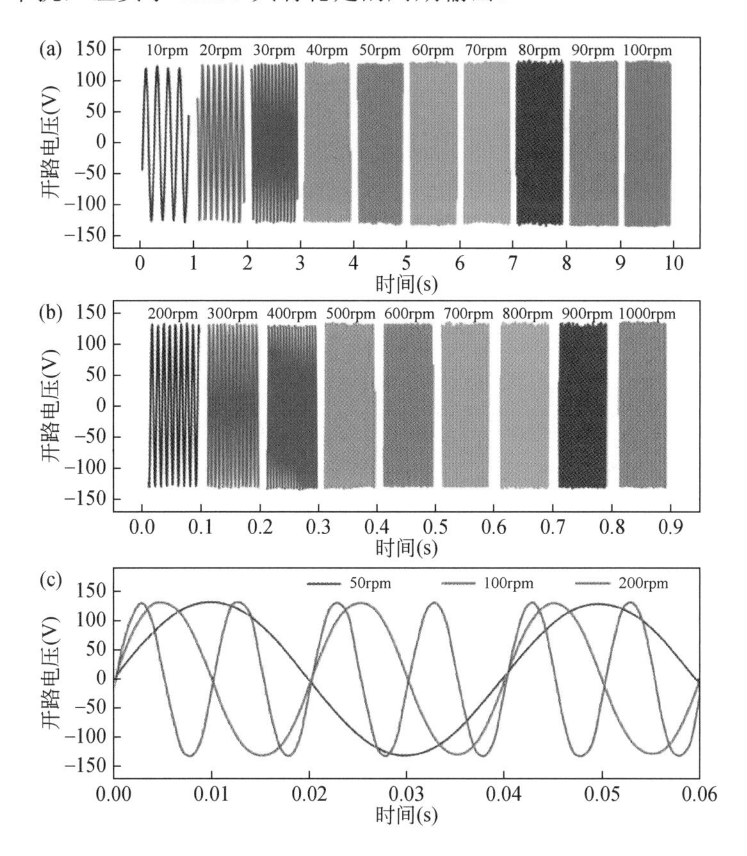

图 5.29　TRSS 的开路电压。(a) 和 (b) 不同转速下的开路电压；(c) 转速对信号周期的影响

为了理解 TRSS 的传感特性，提取不同转速下的特征频率进行线性拟合并与理论直线进行比较。如图 5.31（a）所示，线性拟合直线与理论参考直线几乎一致，并具有较高的线性度。为了评估测量精度，将由特征频率计算的转速与商业传感器测量的值进行比较，并绘制了误差率曲线。该曲线表明，尽管由于安装误差的影响，误差率在不同转速下波动，但整体上可以保持较高的测量精度。在 10～100rpm 的测量速度范围内，误差率可控制在 0.1%～0.3%。当转速超过 100rpm 时，误差率可控制在 0.1%或更低。此外，验证了不同尺寸传感器测量的一致性。保持转子的内径为 47mm 不变，外径从 80mm 减小到 70mm，相应的开路电压幅值从 63V 降低到 39V。拟合直线和误差率曲线如图 5.31（b）和（c）所示。

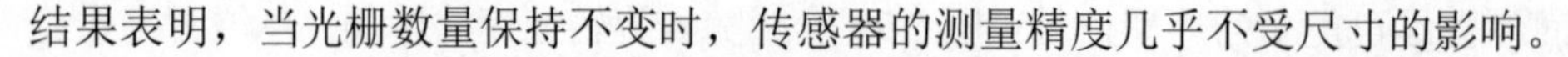
结果表明，当光栅数量保持不变时，传感器的测量精度几乎不受尺寸的影响。

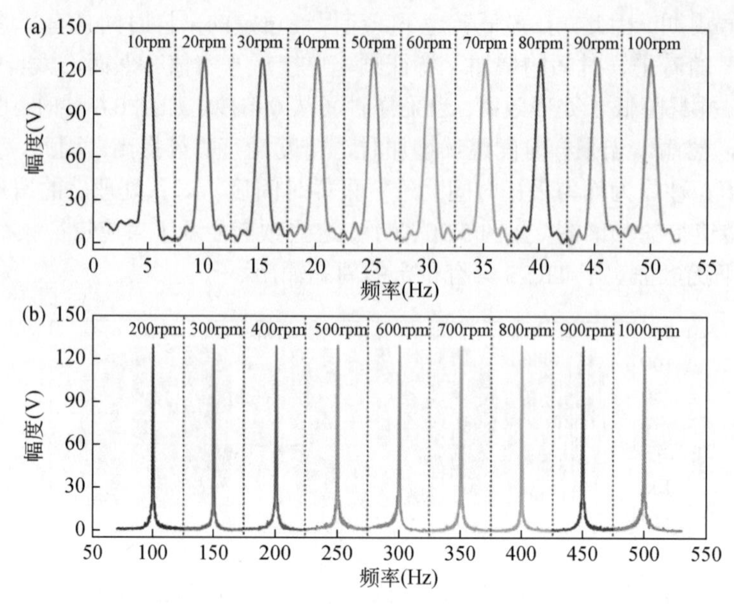

图 5.30 TRSS 的特征频率分析。(a) 和 (b) 为不同转速下的频谱图

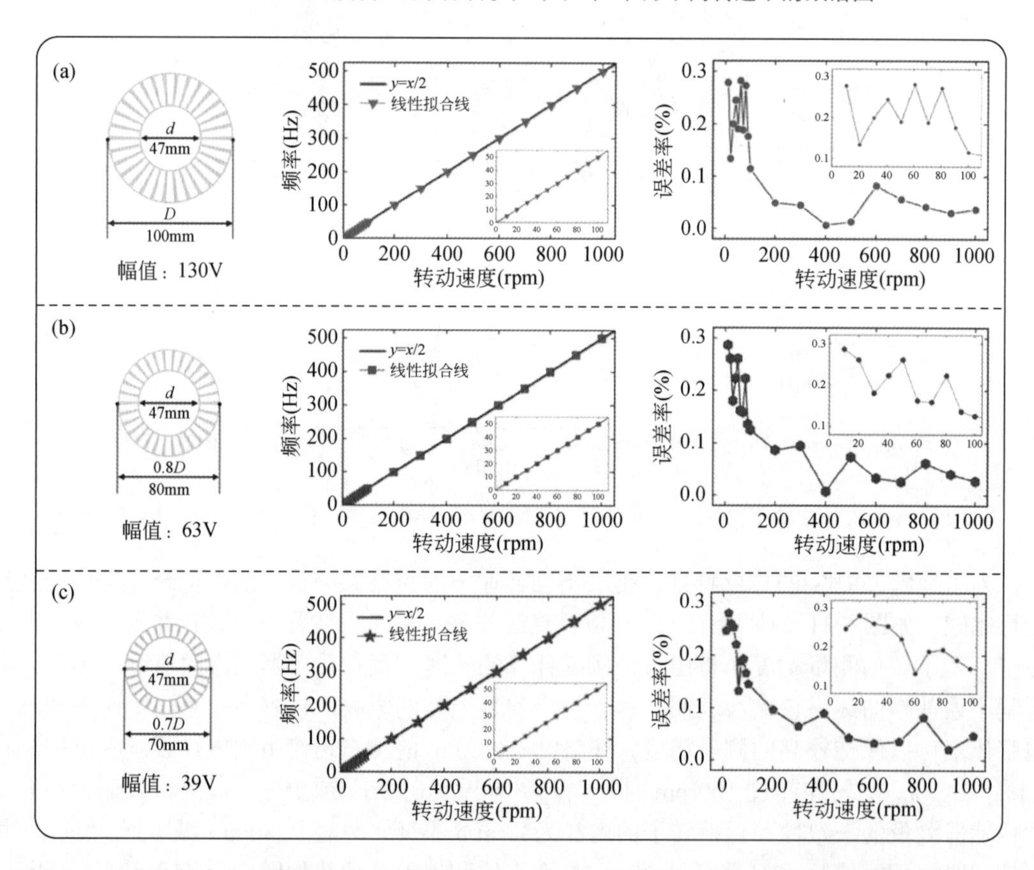

图 5.31 不同结构参数测量结果的一致性验证。(a) ~ (c) 不同结构参数 TRSS 的线性度和误差率

TRSS 已被证明具有稳定的周期输出，是转速传感器的理想选择。因此，将 TRSS 应用于实际机械轴系组件的转速测量，并与商业传感器进行比较。图 5.32（a）和（b）展示了最常用的工业轴系布置，包括阶梯轴、支撑座、TRSS、扭矩和转速传感器、联轴器和伺服电机，总体尺寸为 920mm×166mm×182mm。开发了转速精度测试软件，如图 5.32（c）所示，可以采集和处理输出信号并计算转速，并通过比较商用传感器测量值（扭矩和转速传感器），可以实时显示不同转速下的误差率。更重要的是，TRSS 验证了将 TENG 集成到机械部件中进行传感监测的可行性，具有广阔的应用前景。

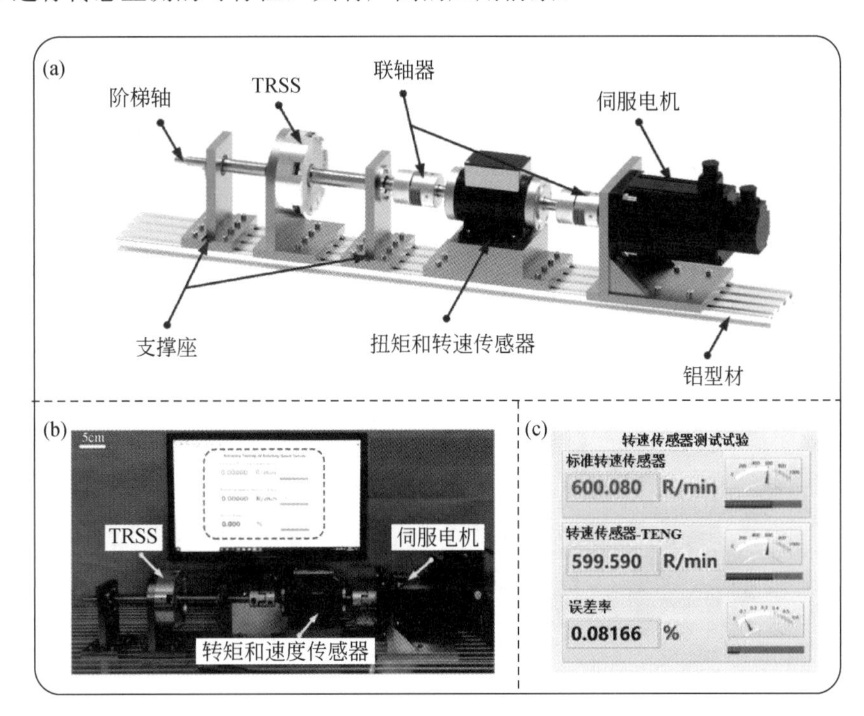

图 5.32　TRSS 在转速测量中的工业应用。(a) 工业上最常用的轴系布置；(b) 轴系实物照片；(c) 转速精度测试软件界面

著者提出的集成到轴承中的 TRSS 与商用传感器相比具有结构简单、安装空间小、易于集成到机械部件中的优点，提高了设备集成度。利用频率与转速之间的对应关系，TRSS 可用于测量 10～1000rpm 的转速。当转速低于 100rpm 时，误差率可控制在 0.3%以下；在 100rpm 以上，误差率可控制在 0.1%以下，满足大多数工业应用对精度的要求。同时，将该传感器应用于工业现场，并与商用传感器的测量值进行了对比，证实了 TRSS 可用于轴系转速的高精度测量，具有良好的应用前景。

此外，著者还提出了一种非接触式摩擦电轴承传感器（NC-TEBS）[8]。在保证滚动轴承结构完整性和功能完整性的前提下，将传感器设计集成到轴承中，实现速度和打滑率的监测。如图 5.33（a）所示，NC-TEBS 采用非接触式独立层结构，由笼式转子单元和位于外端盖上的定子电极组成。转子单元由聚四氟乙烯环和连接板组成，可与轴承内圈和外圈之间的保持架同步移动。定子单元包括栅极电极和电荷柔化装置，前者是一个环形的叉指结构。为了增强 NC-TEBS 在非接触模式下的电输出能力，设计了一种扫描电荷补充装置。图 5.33（a）的插图是电荷补充装置的放大图。清扫板固定在外端盖槽内，清扫板设计成凸弧状，可以减少摩擦阻力，并延长使用寿命。NC-TEBS 安装顺序如图 5.33（b）所示。两侧轴承交错安装 NC-TEBS［图 5.33（c）］，提高了传感器的输出特性和旋转位移检测的精度。

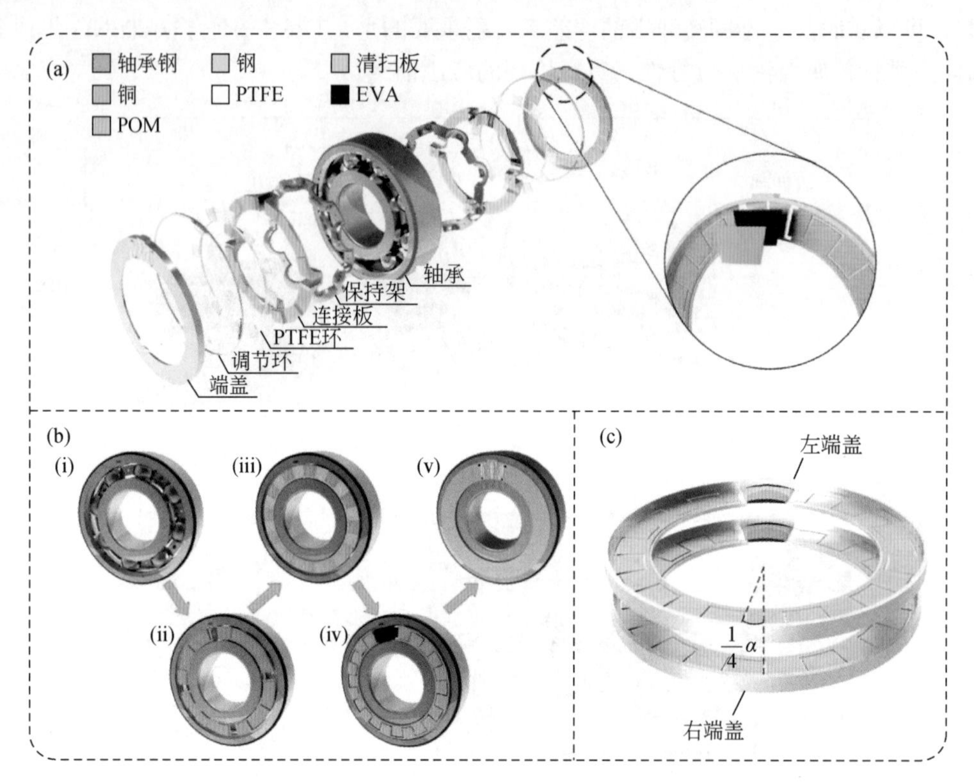

图 5.33　基于非接触模式的 NC-TEBS 结构设计。（a）NC-TEBS 结构分解图；（b）安装工艺示意图；（c）NC-TEBS 两侧端盖示意图

NC-TEBS 采用聚四氟乙烯（PTFE）和铜作为介质层材料，PTFE 环与栅极之间没有摩擦，只有静电感应。其电荷补充装置如图 5.34（a）所示，在 PTFE 环与扫板接触之前，其表面只有少量电荷［图 5.34（a）-（ i ）］。当轴承内圈开始旋转时，PTFE 环表面一旦与扫板接触摩擦就会产生大量的负电荷［图 5.34（a）-（ ii ）］，而在栅极上感应出正电荷［图 5.34（a）-（iii）］。随着轴承内圈的不断转动，电荷在材料表面逐渐积累，达到饱和状态［图 5.34（a）-（iv）］，极大地提高了 NC-TEBS 的电输出能力。

NC-TEBS 的工作原理如图 5.34（b）所示，在初始状态下［图 5.34（b）-（ i ）］，PTFE 环与铜电极 A 对齐。PTFE 环表面积聚了负电荷，铜网格表面积聚等量的正电荷，处于静电平衡状态。当 PTFE 环在保持架的驱动下旋转时，PTFE 环开始相对于铜电极 A 旋转，并逐渐与铜电极 B 接触［图 5.34（b）-（ ii ）］。此时产生了两个电极之间的电位差，导致正电荷从铜电极 A 流向旋转方向的铜电极 B，在外部负载中形成瞬变电流。当 PTFE 环完全重叠铜电极 B 时［图 5.34（b）-（iii）］，所有正电荷都转移到铜电极 B 上，恢复到静电平衡状态。当 PTFE 环继续旋转时［图 5.34（b）-（iv）］，电极 B 上的正电荷再次向相反方向流动，流向电极 A，在外部电路中形成反向电流。随着内轴承圈的连续旋转，上述四种状态周期性地重复，产生交流电。

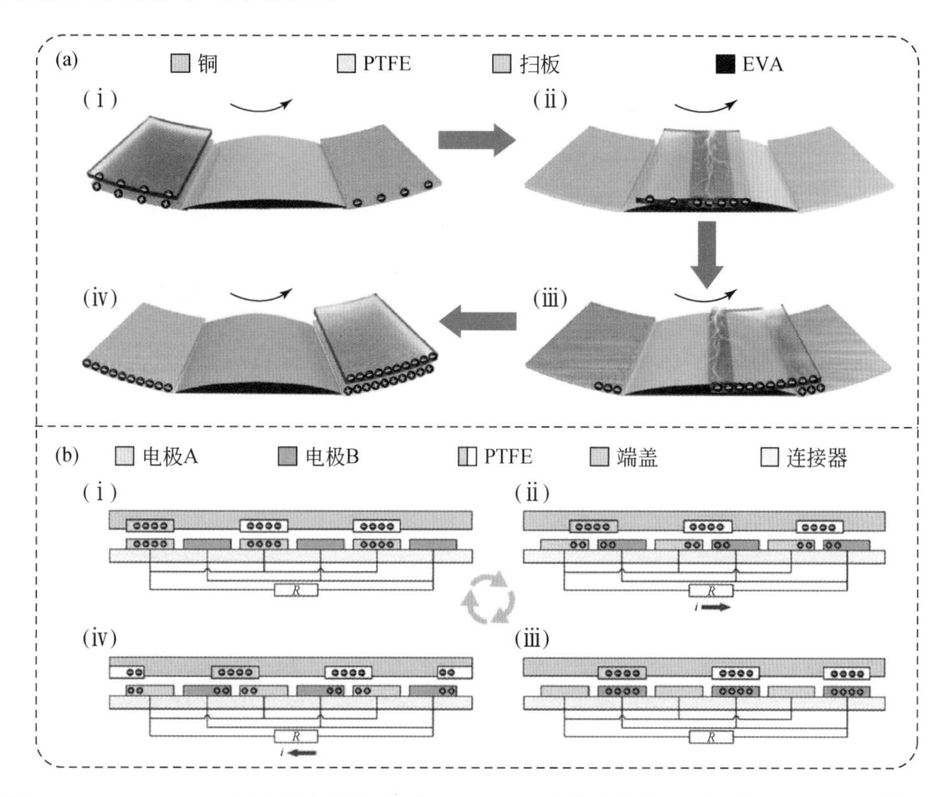

图 5.34　NC-TEBS 工作原理示意图。（a）NC-TEBS 电荷补充原理；（b）NC-TEBS 工作原理

利用静电计（Keithley 6514）测试 NC-TEBS 的输出特性，图 5.35（a）和（b）显示了不同速度（500～5000rpm）下的开路电压与短路电流的输出。可以看到，随着速度的增加，开路电压保持恒定，幅值稳定在 10V 左右，而短路电流大小随转速变化，且与转速成正比。图 5.35（c）和（d）分别为不同转速下 NC-TEBS 输出电压和输出电流随外负载电阻的变化曲线。在固定转速下，当外负载较小时，输出电流几乎等于短路电流，而输出电压则随电阻值线性增加，这是因为 NC-TEBS 的内阻较高，当外负载电阻从 1MΩ 增加到 1GΩ，远高于 NC-TEBS 的内阻时，NC-TEBS 接近开路状态，输出电流明显下降到接近零，输出电压接近开路电压。

图 5.36（a）比较了接触模式与非接触模式下的输出性能。在非接触模式下，介质层之间没有接触，表面电荷仅通过静电感应产生。虽然电流、电压和电荷略有降低，但非接触模式有效地减少了介质层之间的磨损，并且能量转换效率非常高，所设计的电荷补充装置能显著提高非接触模式下的输出性能［图 5.36（b）］。

利用银、铜、钢、铝、纸等几种常见材料制备了电荷补充器件，如图 5.36（c）所示。所有材料均可实现充电补充，它们的电压随材料的正电性而逐渐增大。可以看到，当使用铜作为充电补充材料时，稳定性好。且铜具有良好的导电性和极低的电阻率，易于制备。图 5.36（d）研究了两介质层之间的垂直分离距离（d）对 NC-TEBS 的输出性能的影响，随着 PTFE 环与栅极之间的距离从 1mm 减小到 0.5mm，峰值电压从 4.2V 逐渐增大到 10V。

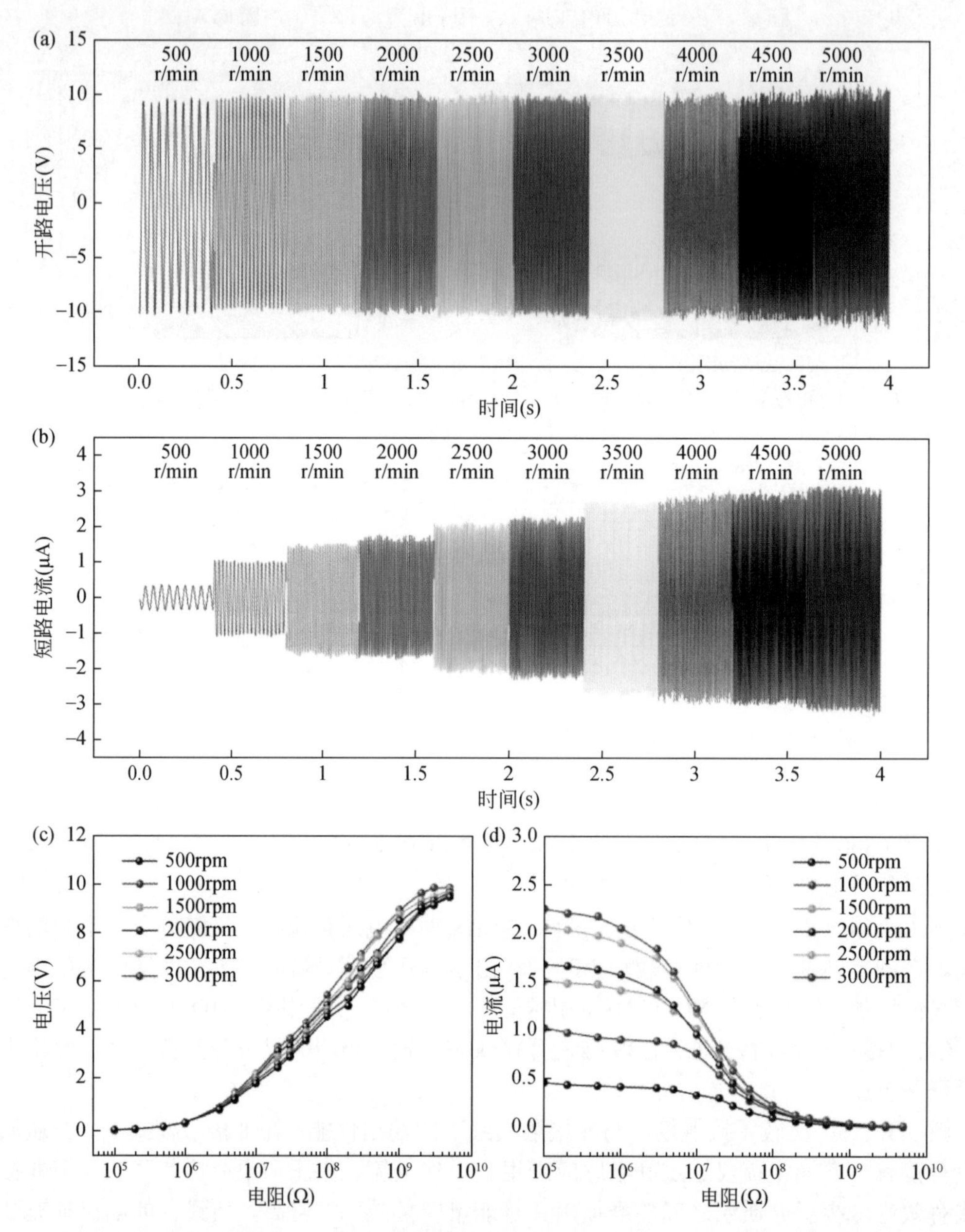

图 5.35　NC-TEBS 电输出特性。（a）同转速下的开路电压 V_{OC}；（b）不同转速下的短路电流（I_{SC}）；（c）不同转速下外部负载电阻对输出电压的影响；（d）不同转速下外部负载电阻对输出电流的影响

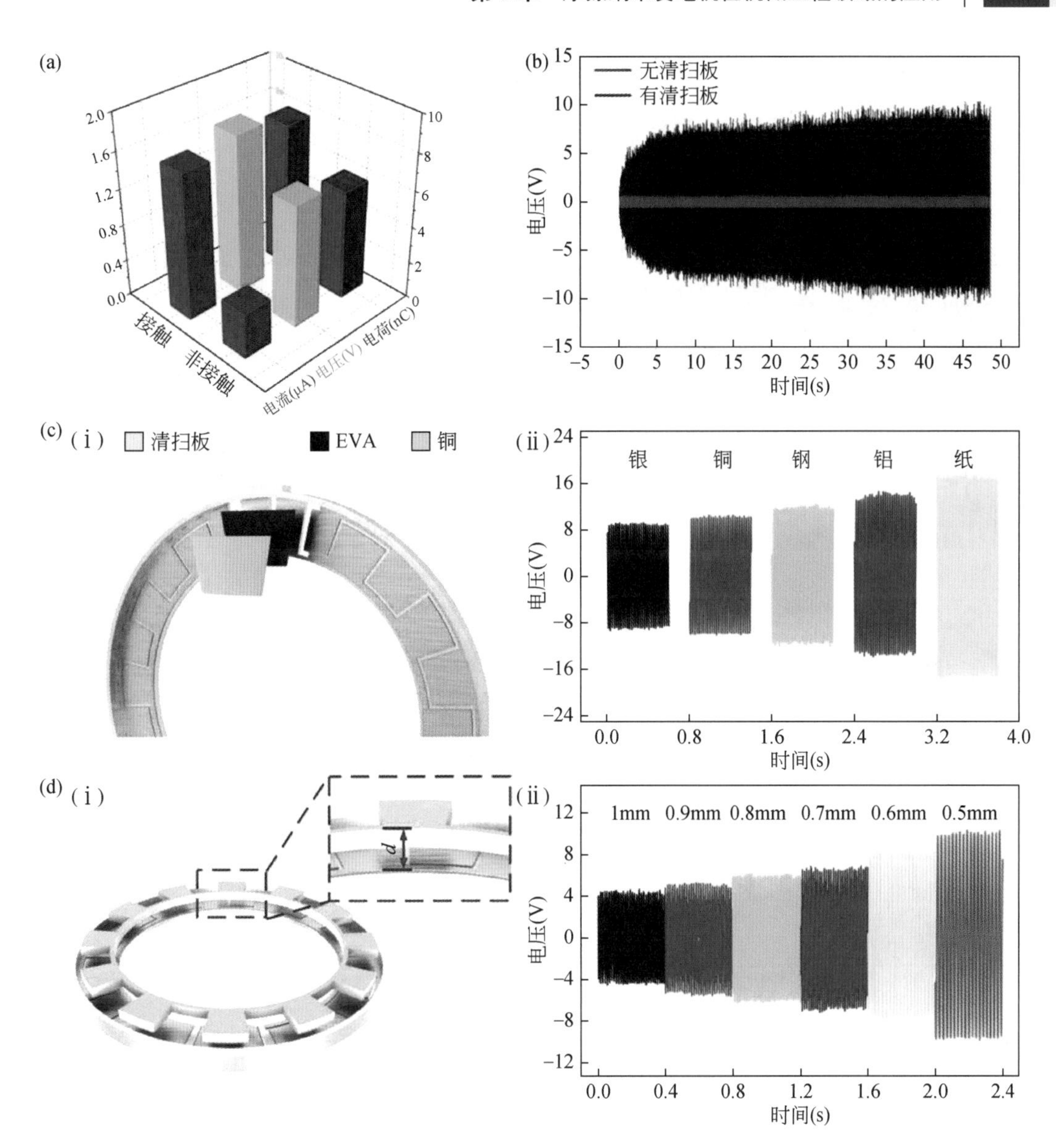

图 5.36　各种因素对 NC-TEBS 特性的影响。（a）不同模式下的电输出性能；（b）有和没有电荷补充装置时的电压变化；（c）有不同电荷补充材料时的 NC-TEBS 电压；（d）两介质层之间不同垂直距离时 NC-TEBS 电压

如图 5.37（a）所示为 NC-TEBS 传感性能测试系统利用静电计采集不同转速下的 NC-TEBS 输出电压信号。通过快速傅里叶变换提取信号特征频率，并将提取的特征频率转换为对应的轴承转速，如图 5.37（b）和（c）所示。结果表明，特性频率与理论速度呈线性关系。将 NC-TEBS 测得的轴承转速与商业传感器测得的转速进行线性拟合，如图 5.37（d）所示，结果表明，NC-TEBS 测得的转速与商用传感器测得的转速具有良好的线性度和高度的一致性。图 5.37（e）为 NC-TEBS 在不同速度下的传感精度，当轴承工作转速范围在 100～2000rpm 时，NC-TEBS 检测的转速偏差保持稳定，在 1.8rpm 以下，误差率在 0.25%

以下。随着速度的增加，NC-TEBS 偏差率呈下降趋势，最终稳定在 0.1%以下。

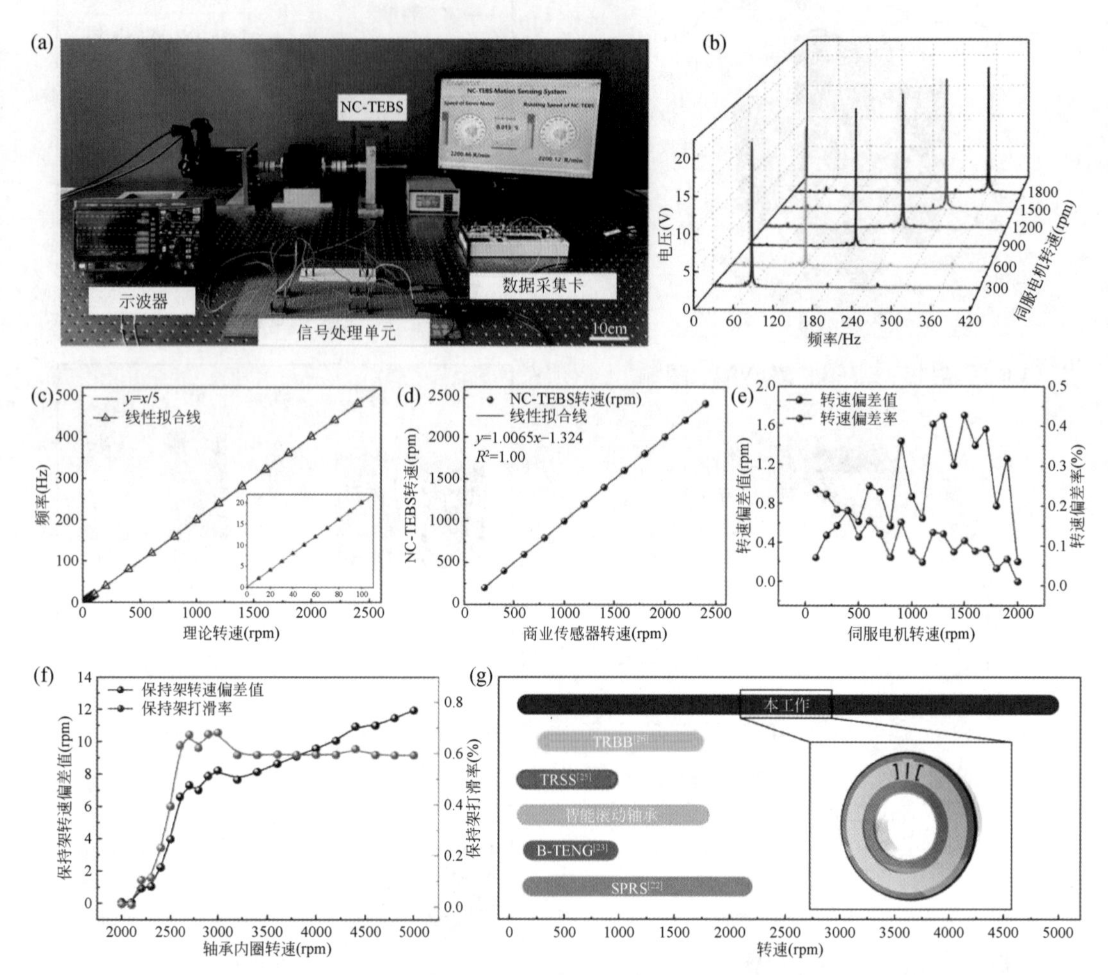

图 5.37　NC-TEBS 传感性能测试。(a) NC-TEBS 实时传感监测测试系统；(b) 不同转速下的频谱图；(c) 不同转速下特征频率的线性拟合；(d) NC-TEBS 与商业传感器转速的线性关系；(e) NC-TEBS 的转速偏差值和偏差率；(f) 偏差值和保持架打滑率；(g) NC-TEBS 工作速度范围与文献的比较

然而，当轴承运行速度超过 2000rpm 时，NC-TEBS 检测到的转速偏差急剧上升。可以判定在高速运行的轴承中发生了打滑现象，导致内圈和轴承滚动元件之间的线速度产生差异。图 5.37（f）展示了计算得到的轴承保持架打滑率，可以看到，当径向载荷不变，转速低于 3000rpm 时，随着轴承转速的增加，打滑现象更加明显。这是因为由于离心力，球被压在轴承外圈上。随着转速的进一步提高，球与内轴承圈之间的法向力随着阻力的减小而减小。同时，扰动阻力和油脂黏滞阻力随着保持架导轨面与内圈导轨边之间的摩擦阻力增大而增大，因此打滑率也相应增加。

如图 5.37（g）所示，将 NC-TEBS 与所报道的摩擦电速度传感器的工作范围进行比较。结果表明，传感器在 10～5000rpm 时的工作带宽是目前最好的 SPRS（200～2200rpm）的两倍以上，凸显了 NC-TEBS 在工作带宽方面的优势。为了测试 NC-TEBS 作为速度传感器的耐久性，在 1000rpm 下连续运行 84 小时，测量其不同工作周期下的开路电压信号。在经过 500 万转次之后，NC-TEBS 的开路电压幅值稳定在约为 10V，无明显衰减。这是因为 NC-TEBS 采用了非接触方式，避免了连续运行所产生的摩擦热和材料磨损，提高了传感器的可靠性和鲁棒性，大大延长了设备的使用寿命。

5.4 智能流体监测系统

流体系统以流体为介质进行能量传递，是现代传动与控制的重要技术手段，也是各类机械设备自动化的重要方式之一。其应用非常广泛，遍及装备制造、食品药品包装和工程机械等各行各业。在实际应用中，流体元件的运行状况和流体流动状态直接影响着流体系统的性能，因此对流体元件和流体状态进行监测是保障流体系统正常工作的必要措施。利用摩擦纳米发电机对流体系统进行监测，可及时获取流体及元件的状态，为流体系统的正常工作提供保障。

5.4.1 气缸位置自驱动监测

作为流体系统的一种，气动系统以压缩空气为工作介质，具有洁净、防爆、防磁等特点，在工业领域得到了广泛应用。气缸作为气动系统中最重要的执行元件，监测其运行状态对于气动系统的性能和可靠性至关重要。著者提出了一种摩擦电式气缸位置传感器（TLDS），能够实时监测气缸的运行状态，并根据气动系统的实际需求搭建了集成式气动位置监测系统[9]。图 5.38 展示了一种摩擦电式气缸位置传感器，该传感器与气缸集成在一起，如图 5.38（a）所示，气缸长为 500mm，宽为 96mm，高为 53mm，有效行程为 330mm。TLDS 包括一个动子组件和一个定子组件。动子组件由聚酰亚胺（Kapton）薄膜、动子电极和海绵橡胶垫组成，定子组件由定子电极和铝合金板组成。其中海绵橡胶垫的作用是使动子电极与定子电极接触更充分。TLDS 的传感单元由动子电极、聚酰亚胺薄膜和定子电极组成。采用三相差分的方法设计电极，电极的排列方式如图 5.38（b）所示。工作时电极能产生具有特定相位差的三个信号，从而提高了传感器的分辨率并利用电信号之间的相位差判断出物体运动的方向。电极的相数越多，传感器的分辨率越高，但随着电极相数的增加，信号处理的难度也会增加。根据气缸定位的实际应用需求，电极的分辨力设计为 0.1mm，一个定子电极宽度为 0.2mm，电极间距为 0.1mm，电极的相数为 3，三相差分电极的定子电极和动子电极的实物照片如图 5.38（c）～（d）所示。

TLDS 电信号的产生依赖于聚酰亚胺薄膜与定子铜电极之间的接触滑动，三相差动电极产生的信号分为 A 相、B 相、C 相。三相差动电极之间的电极位移为 1/6 周期，因此三相信号之间的相位差为 $\pi/3$。TLDS 工作在独立模式下，图 5.39（a）显示了电荷转移原理。以 A 相为例说明 TLDS 运行过程中的电荷转移过程：初始时，聚酰亚胺薄膜和铜-1 完全对齐，表面上有等量的正电荷和负电荷，TLDS 处于静电平衡状态，铜-1 和铜-2 之间的外部电路不产生电流。当活塞运动时，聚酰亚胺薄膜逐渐从铜-1 移动到铜-2，产生的电位差使

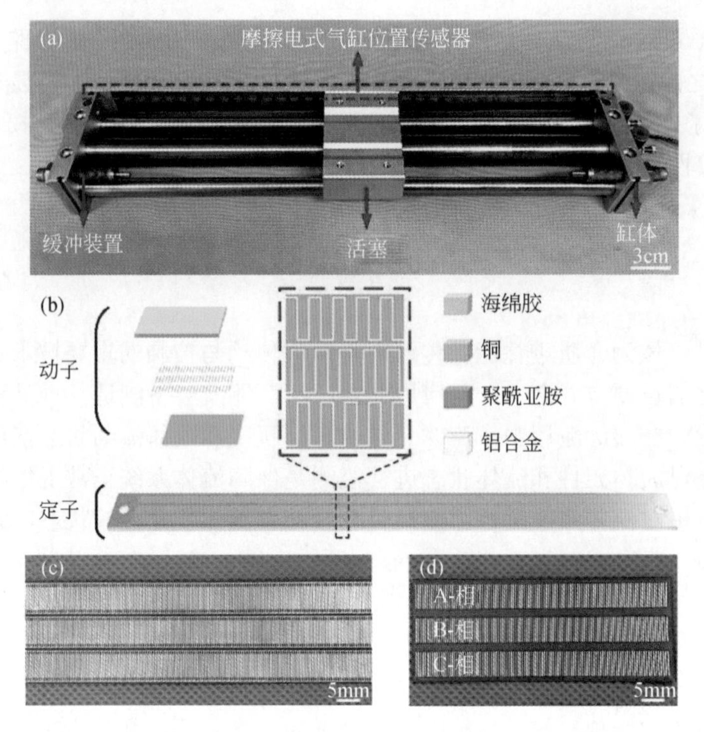

图 5.38 摩擦电式气缸位置传感器（TLDS）结构设计。（a）整体样机结构；（b）TLDS 的结构组成；（c）三相差分定子电极实物；（d）三相差分动子电极实物

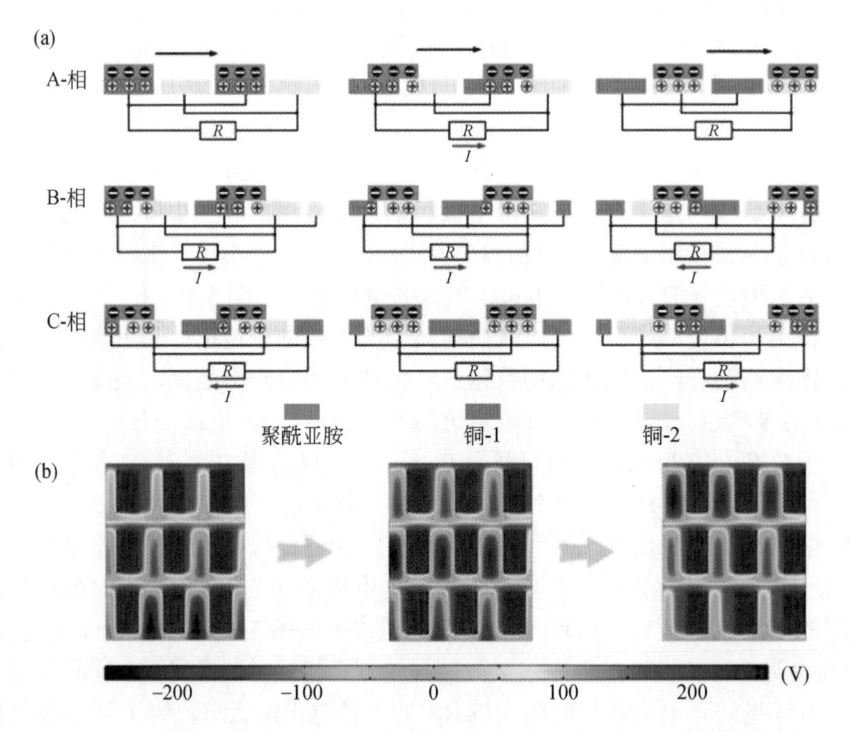

图 5.39 TLDS 的工作原理。（a）电荷转移过程；（b）传感单元电势分布

正电荷从铜-1 流向铜-2，在外部电路上形成瞬态电流。当聚酰亚胺薄膜与铜-2 完全重叠后，再次达到静电平衡状态。当活塞继续向正极移动时，正电荷将返回铜-1，在外部电路上产生相反的电流。因此，滑块和定子之间的相对运动将产生交流输出信号。对三种不同位置的电位分布进行了有限元模拟，如图 5.39（b）所示。仿真结果显示了当滑块处于不同位置时滑块电极与定子电极之间存在的电位差。

图 5.40 展示了气动系统压力对 TLDS 电性能的影响。TLDS 的开路电压与聚酰亚胺薄膜的接触面积（表面的电荷密度）成正比，而与气缸活塞的滑动速度无关，即输出电压与气压的大小无关。因此，在不同气压条件下，该传感器的 A 相、B 相和 C 相的电压幅值均稳定在 10V 左右，如图 5.40（a）和（b）所示，这有利于保证 TLDS 传感的稳定性以便于后续信号的处理。不同气压条件下，TLDS 短路电流的大小也有所变化。根据独立层模式

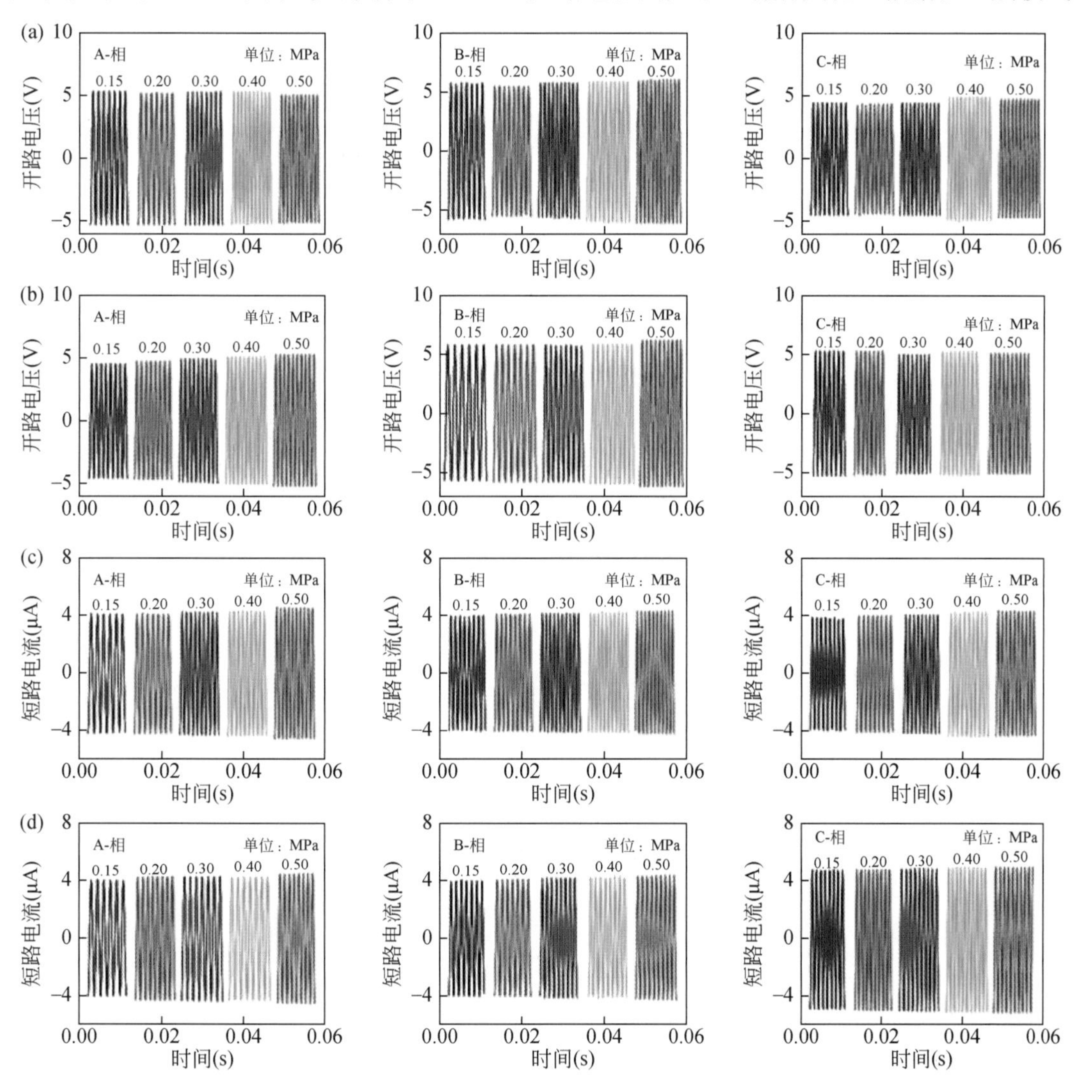

图 5.40　气压对 TLDS 电性能的影响。(a)气缸正向运动时 TLDS 的开路电压；(b)气缸反向运动时 TLDS 的开路电压；(c)气缸正向运动时 TLDS 的短路电流；(d)气缸反向运动时 TLDS 的短路电流

的摩擦纳米发电机理论，短路电流与单位时间内转移的电荷量有关，因此短路电流的大小与气缸活塞的运动速度呈正相关。气压为 0.15MPa 时短路电流的大小为 4μA 左右，当气压为 0.50MPa 时短路电流的大小为 4.95μA 左右，如图 5.40（c）～（d）所示。短路电流随活塞速度增加较少的原因是聚酰亚胺薄膜的表面电荷量已经达到了饱和，不会随着活塞速度的增加而增加，因此，随着活塞速度的增加，短路电流增加缓慢。

同时采集 A 相电极、B 相电极和 C 相电极产生的开路电压信号，如图 5.41 所示。活塞正向运动时，三相电极产生电压信号的相位差均为 120°，如图 5.41（a）所示。活塞反向运动时，电压信号也均匀分布，如图 5.41（b）所示。三相差分电极的每两相相位差的测试结果与其设计相一致，保证了传感器的稳定性。

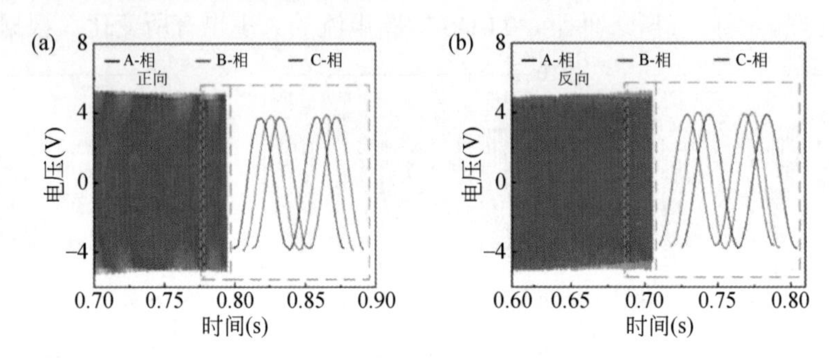

图 5.41　三相差分电极信号的相位差。(a) 气缸正向运动时 TLDS 电压信号的相位差；(b) 反向运动电压信号的相位差

TLDS 通过测量产生电压信号的个数进而得到气缸的位移，分别测得了 0.15MPa，0.20MPa，0.30MPa，0.40MPa 和 0.50MPa 的位移，测得位移分别是 326.9mm，325.9mm，325.4mm，326.7mm 和 327mm，如图 5.42（a）所示。测量结果略有差异的原因是当气动装置处于运行状态时，气缸内压缩空气的状态是不稳定的，这会导致气缸运行时产生波动。

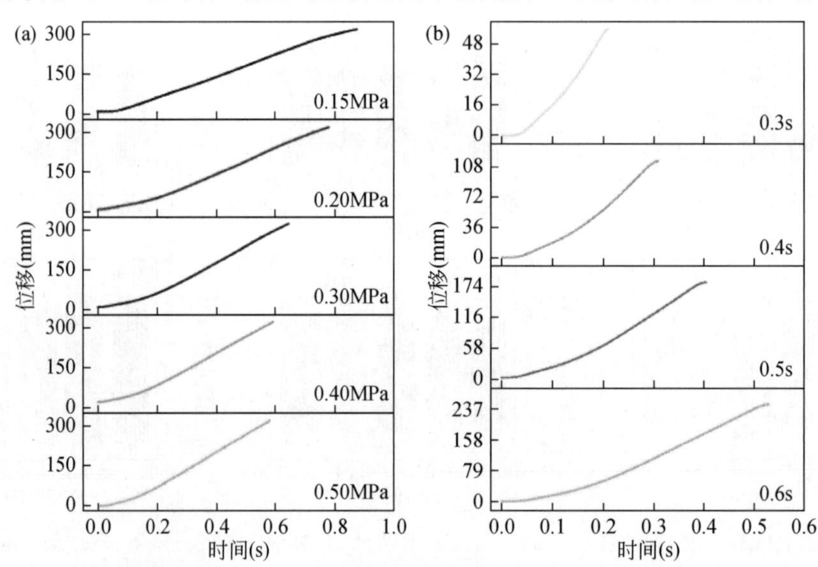

图 5.42　TLDS 位移测量性能。(a) 不同气压时的位移测量；(b) 活塞在不同位置时的位移测量

这些波动可能会影响测量结果，使不同气压和多次测量的结果存在差异。依次选取气缸换向时间为 0.3s，0.4s，0.5s 和 0.6s 时，TLDS 测得的位移值分别是 56.3mm，114.7mm，179.5mm 和 249.5mm，如图 5.42（b）所示。这表明 TLDS 在不同气压、活塞位于不同位置时都能对气缸进行位置监测。

使用分辨率为 5μm 的商用光栅尺测量的位移值作为标准值，同时采集 TLDS 和光栅尺测量的气缸活塞位移，如图 5.43 所示。选取的测试条件仍然是 0.15MPa、0.20MPa、0.30MPa、

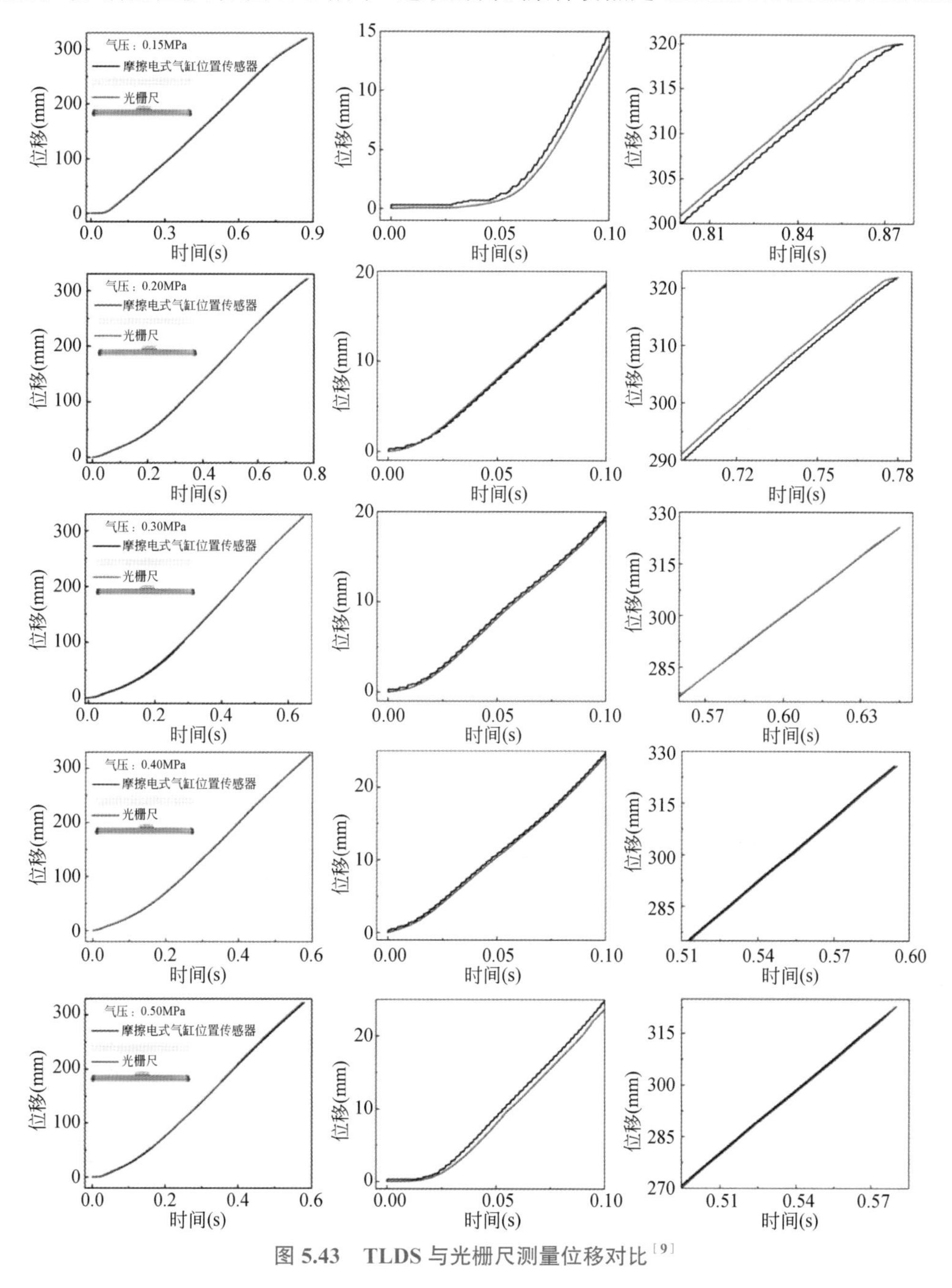

图 5.43　TLDS 与光栅尺测量位移对比[9]

0.40MPa 和 0.50MPa。TLDS 测得的位移分别是 327.1mm、325.6mm、325.9mm、326.9mm 和 327mm，光栅尺测得的位移分别是 326.04mm、325.08mm、324.88mm、325.9mm 和 327.96mm，两者测量得到的位移结果保持良好的一致性。

设定气压的大小为 0.3MPa，时间继电器的换向时间分别为 0.3s、0.4s、0.5s 和 0.6s 进行测试，得到四组位移曲线（图 5.44）。TLDS 测得的位移分别是 55mm、115mm、180mm 和 250mm，光栅尺测得的位移分别是 55.04mm、115.08mm、180.56mm 和 250.52mm，两者测得的位移值一致性很高，这表明 TLDS 可以对不同位置的活塞进行实时位移监测。

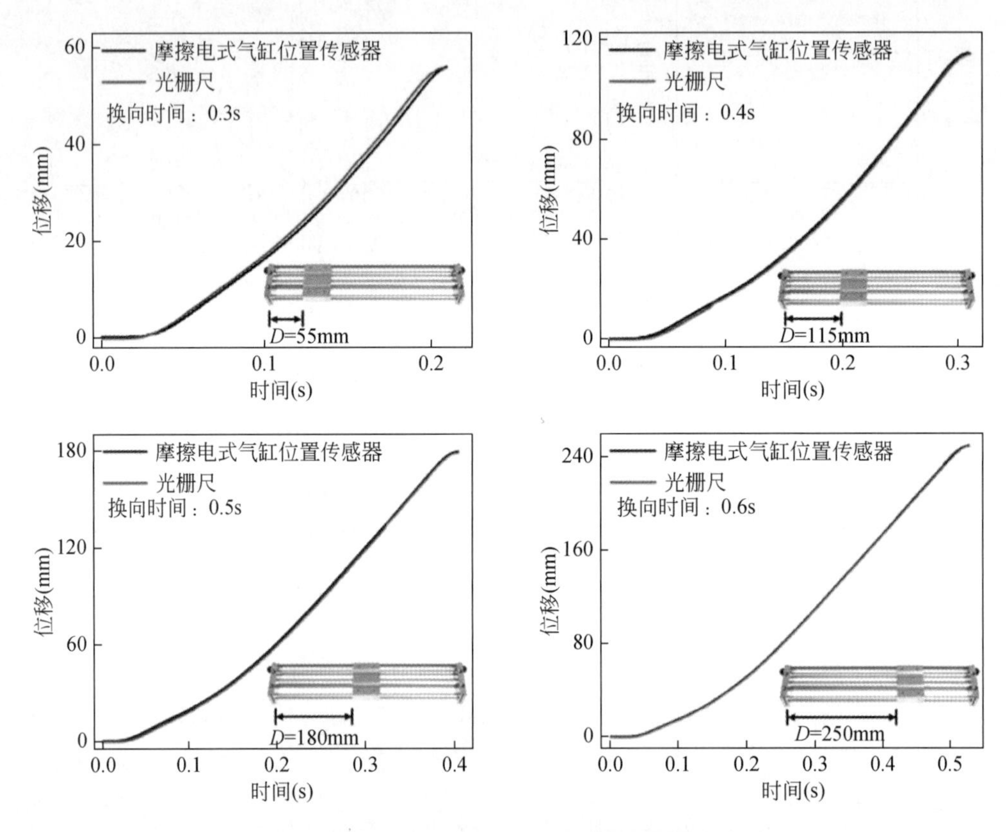

图 5.44　不同换向时间时 TLDS 与光栅尺测量位移对比

集成式气动位置监测系统由 TLDS、气缸、硬件模块和接收端等组成，如图 5.45（a）所示。TLDS 产生的电信号经过硬件模块的信号处理和计算，通过无线射频模块将数据传输到接收端，然后通过显示屏显示气缸的运动参数。硬件模块和接收端分别使用 9V 电池进行供电。运行结果表明可以实现对气缸活塞的位置、速度和运动方向的实时监控。此监测系统表明 TLDS 能够实现集成化的实际应用。如图 5.45（b）所示，集成式气动位置监测系统和商业光栅尺的位移测量最大误差值小于 2.5%，证明了集成式气动位置监测系统在监测气缸运动状态方面的准确性。

著者提出了一种嵌入单出杆双作用气缸的摩擦电传感器（气缸嵌入式摩擦电传感器）[10]，如图 5.46 所示。圆形聚四氟乙烯（PTFE）聚合物薄膜位于活塞上，作为滑动层；两个三角形铜箔位于气缸壁上，既作为摩擦电表面也作为电极。当活塞（PTFE 薄膜）运动时与气缸壁（铜薄膜）发生摩擦，可以产生电信号。为了增强嵌入式 TENG 的输出特性，使用感应耦合等离子体（ICP）在 PTFE 表面上制备纳米结构。PTFE 薄膜纳米结构的扫描电子显微镜（SEM）图像如图 5.46（c）所示，纳米结构均匀分布在 PTFE 薄膜表面。

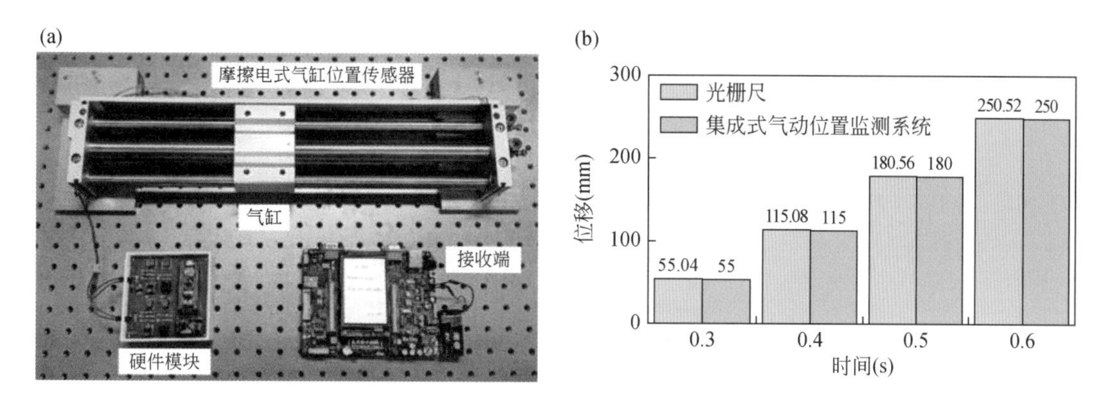

图 5.45　集成式气动位置监测系统。(a) 实物图；(b) 系统的监测性能

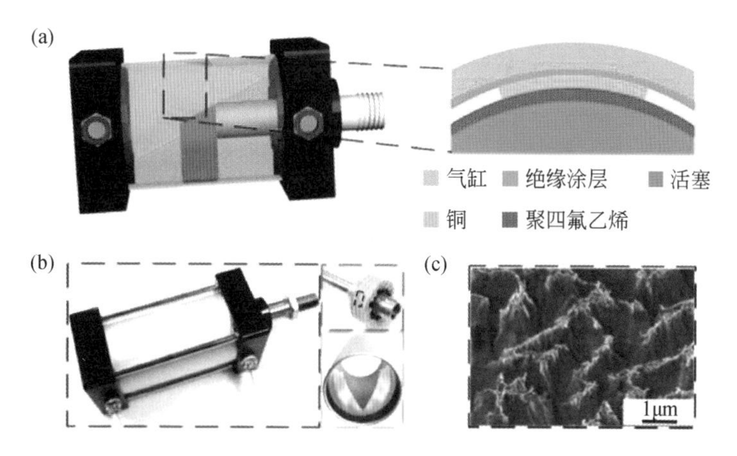

图 5.46　气缸嵌入式摩擦电传感器结构。(a) 传感器结构设计示意图；(b) 传感器照片，包括活塞和气缸内壁；(c) 具有刻蚀纳米结构的 PTFE 表面的 SEM 图像

气缸嵌入式摩擦电传感器以单电极模式工作，其工作原理如图 5.47 所示。在初始状态下［图 5.47（a）-（ i ）］，活塞处于最左侧极限位置，固定的三角形铜电极与 PTFE 聚合物薄膜的重叠面积最大。由于 PTFE 比铜更容易获得电子，电子会从铜表面转移至 PTFE 表面。等量的负电荷和正电荷分别生成在 PTFE 和铜表面。此状态下，TENG 处于静电平衡状态，外部电路无电荷流动。当活塞沿固定的铜表面滑动时［图 5.47（a）-（ ii ）］，重叠面积减小，产生的电位差会驱动电子从接地流向铜电极，以达到新的静电平衡。这一过程将持续到活塞滑动到最右侧极限位置，铜和 PTFE 聚合物薄膜几乎不重叠［图 5.47（a）-（iii）］，此时，铜箔上的几乎所有正电荷都被来自接地的电子中和。随后，活塞沿相反方向滑动，PTFE 薄膜将再次与铜箔接触［图 5.47（a）-（iv）］。随着重叠面积的增加，基于摩擦电荷的电位差开始增加。铜箔上的电子将通过外部电路回流到接地，以重新建立静电平

衡，从而外部电路中产生反向电流。当活塞到达最左侧极限位置［图 5.47（a）-（ i ）］时，所有电子都将回流到接地，再次回到静电平衡状态。在每个来回运动周期中，电子在铜电极和接地之间来回流动，产生交流信号。此外，在活塞不同位置，铜和 PTFE 薄膜之间会产生不同的电位差。

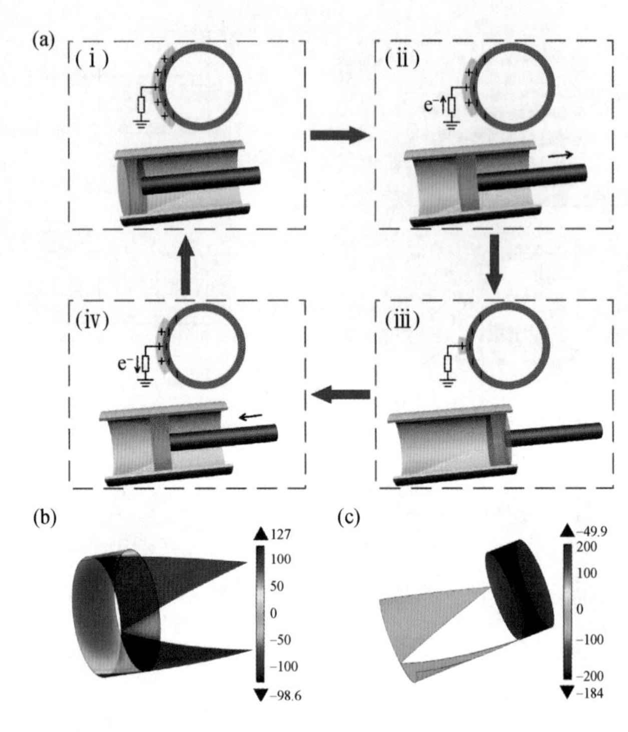

图 5.47　气缸嵌入式摩擦电传感器工作原理。（a）电荷转移过程；（b，c）有限元模拟的 PTFE 与铜膜之间的电势差：（b）初始位置；（c）PTFE 与铜膜重叠区域最小时

利用有限元模拟比较了当活塞从左侧通过气缸壁到右侧时，铜和 PTFE 薄膜之间产生的电位差。圆形 PTFE 薄膜的直径和宽度分别为 80mm 和 30mm。两个三角形铜箔的长度和高度均为 100mm。如图 5.47（b）所示，当活塞处于原始状态时，计算的开路电压为 127V。当活塞滑动到 PTFE 和铜箔的重叠面积最小的位置时，如图 5.47（c）所示，计算的开路电压降低到-49.9V，这可能是由 PTFE 表面负电荷的影响所致。模拟结果表明，随着重叠面积的减小，开路电压降低，证明了 TENG 作为嵌入式摩擦电传感器的可行性。

图 5.48 显示了嵌入式 TENG 分别作为主动位置传感器和主动速度传感器的特性。图 5.48（a）～（c）显示了嵌入式 TENG 作为这类传感器的特征。当 PTFE 薄膜以 0.6m/s 的速度通过铜箔，滑动距离从 1cm 逐步增加到 6cm 时，开路电压输出信号随滑动距离的增加而增加。如图 5.48（b）所示，输出开路电压与滑动距离呈良好的线性关系，表明其在位置传感方面具有明显优势。位移分辨率如图 5.48（c）所示。当 PTFE 薄膜沿铜箔以 0.1mm 的步长滑动时，输出开路电压信号变化为 0.03V，表明该类传感器的位移分辨率明显优于 0.1mm。

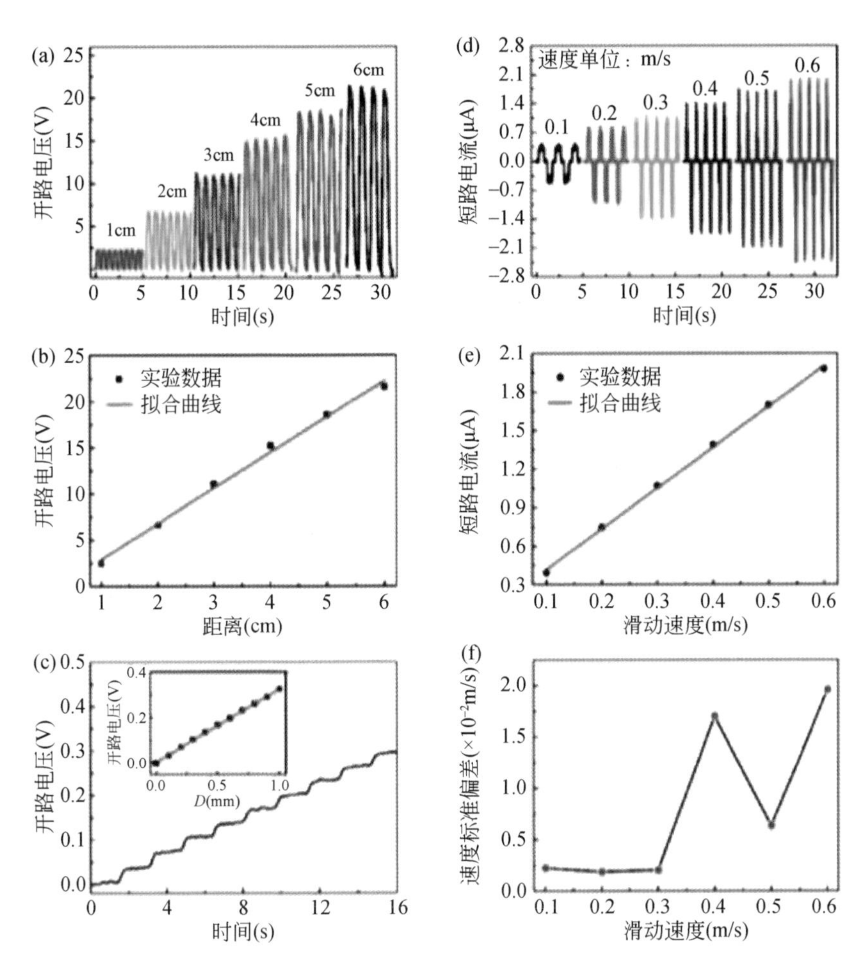

图 5.48　传感器位置和速度性能。（a）当 PTFE 膜以 1cm 的步长以 0.6m/s 的速度从 1 到 6cm 穿过铜膜时，开路电压的输出信号；（b）输出开路电压与滑动距离的关系；（c）位移分辨率；（d）当 PTFE 膜以 0.1～0.6m/s 的速度通过铜膜时，短路电流的输出信号；（e）输出短路电流与滑动速度的关系；（f）不同滑动速度下传感器的速度标准偏差

一系列往复速度下嵌入式 TENG 的响应如图 5.48（d）～（f）所示。图 5.48（d）显示了活塞速度从 0.1m/s 逐步增加到 0.6m/s 时的短路电流输出信号。随着往复速度的增加，输出短路电流增大。如图 5.48（e）所示，输出短路电流与滑动速度呈良好的线性关系，表明其在速度传感方面具有明显优势。主动速度传感器具有优异的测量准确性，不同速度下重复测试 25 次的最大标准偏差仅为 0.0196m/s，如图 5.48（f）所示。

将嵌入式摩擦电传感器用于气动系统中的气参数检测，如图 5.49（a）～（c）所示。当持续注入压缩空气到无杆腔时，活塞会在气流作用下沿气缸壁滑动，同时杆腔与外界环境相通。PTFE 和铜薄膜的摩擦滑动会产生电信号，其中 PTFE 薄膜的速度与气流成正比。图 5.49（b）显示了空气流量从 50～250L/min，步进 50L/min 时的短路电流输出信号。如图 5.49（c）所示，输出短路电流峰值随空气流量的增加而增大，与理论分析结果一致，表明嵌入式 TENG 可用于检测气流。传感器具有高灵敏度 0.002μA·min/L，这对气动系统的流量监测和伺服控制非常重要。嵌入式 TENG 还可以作为压力传感器，如图 5.49（d）～（f）所示。当出口被切断时，杆腔被密封，如图 5.49（d）所示。当压缩空气的压力从 0.04～0.12MPa，步进 0.02MPa 时，TENG 的开路电压线性增加［图 5.49（e）～（f）］。嵌入式 TENG 可以在一定压力范围内用作压力传感器，其灵敏度为 49.235V/MPa。嵌入式摩擦电

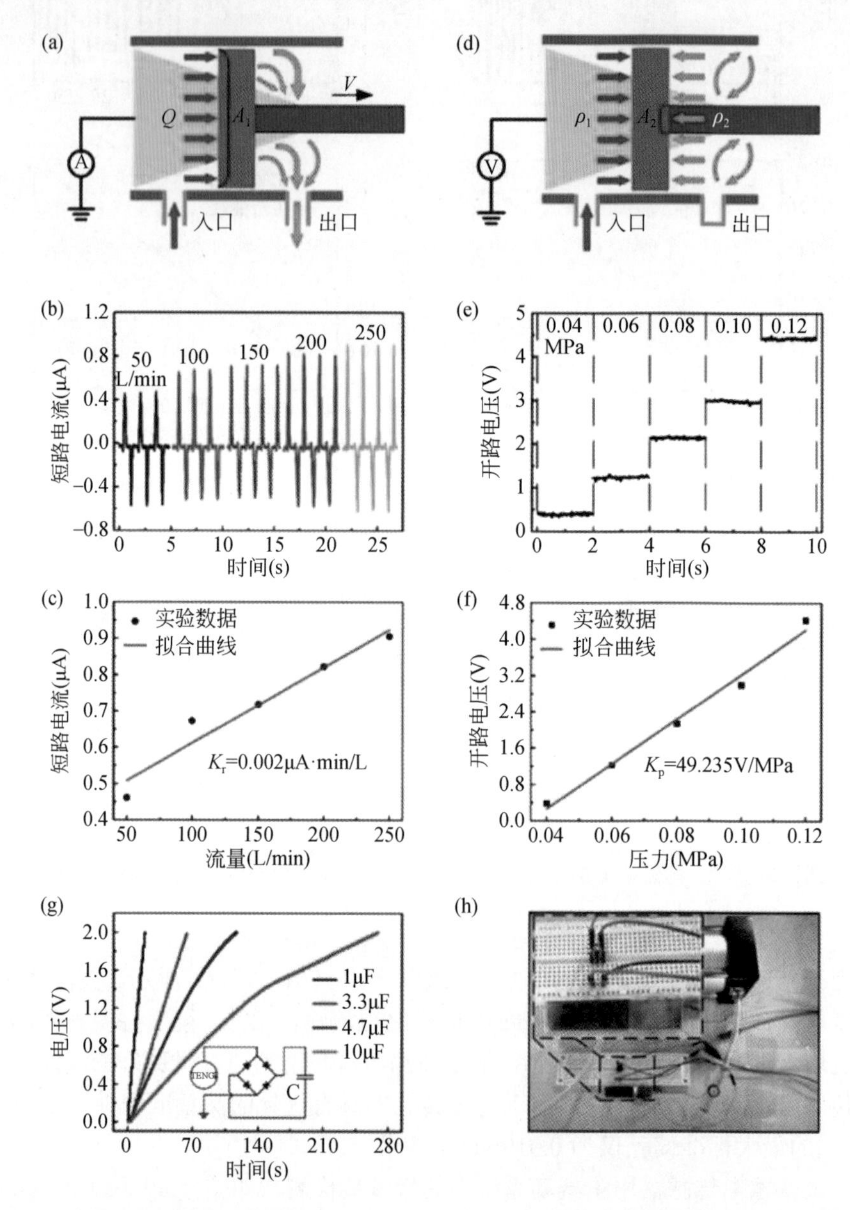

图 5.49　嵌入式摩擦电传感器在气动系统中的应用。(a) 嵌入式摩擦电主动流量传感器示意图；(b) 短路电流的输出信号；(c) 输出短路电流与气流之间的关系；(d) 嵌入式摩擦电主动压力传感器示意图；(e) 开路电压的输出信号；(f) 输出开路电压和压力之间的关系；(g) TENG 为电容的充电曲线；(h) TENG 作为液晶显示器的光源

传感器为气动系统检测提供了一种独特的潜在方法，既可以用作嵌入式摩擦电主动传感器，也可以作为能量源，将机械能转换为电能。TENG 产生的交流电可以为电容器充电或经过整流电路转换为直流电后为低功率组件供电。如图 5.49（g）所示，实验研究了为不同容值电容器充电的情况。随着电容增加，充电时间逐渐增加。对于 1μF、3.3μF、4.7μF 和 10μF 的电容器，充电至 2V 所需时间分别约为 19 秒、61 秒、112 秒和 275 秒。如图 5.49（h）中的光学照片所示，产生的电能可以点亮商用液晶显示屏。所提出的基于 TENG 的器件可作为气动系统中的能量收集单元和为电子设备供电。

5.4.2　管路流体自驱动监测

1. 管路液滴状态自驱动监测

流体的压力和流速，液滴的尺寸、形状和生成频率等状态监测对于许多应用具有重要意义。通过监测管道内流体的压力和流速变化可以判断管道是否存在泄漏；精确控制液滴的大小可以实现药物合成。因此，准确监测管道内液滴状态具有重要的意义。目前常用的流体监测技术均存在一些缺点，例如，直接与流体接触会干扰流场，并且存在监测设备复杂、成本昂贵、需要外部供电等局限。著者提出了一种摩擦电式液滴状态监测传感器（TDMSS）[11]，如图 5.50 所示。TDMSS 可实现管内液滴个数及尺寸监测，主要由液滴生成单元和摩擦电式传感单元组成［图 5.50（a）］。液滴生成单元是一种通用的 T 形接头，其入口 1 与气动系统连接并通入干净的空气，入口 2 与注射泵连接通入液体。液滴生成单元的右侧接口连接一根透明的 PTFE 管。摩擦电式传感单元为整个传感器的关键部分，可识别、监测由液滴生成单元产生的液滴，通过信号分析和数据处理，准确地得到被测液滴的信息参数。其构造如图 5.50（b）所示，其中屏蔽电极 E1 和 E3 为两块铜电极，分别覆盖在管外壁，且与传感电极 E2 保持相同间距。PTFE 由于其电负性较高被作为固体摩擦层，而液体选择去离子水作为另一种介电材料。

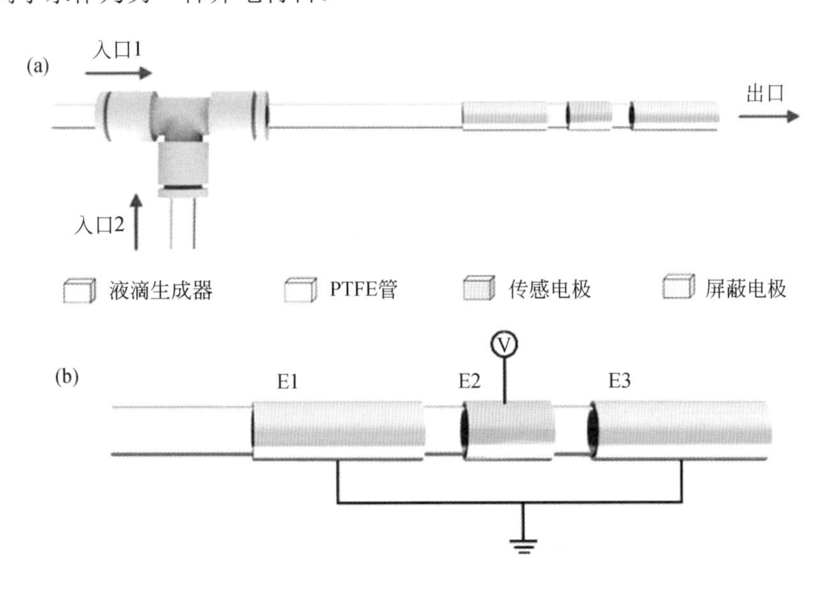

(c)

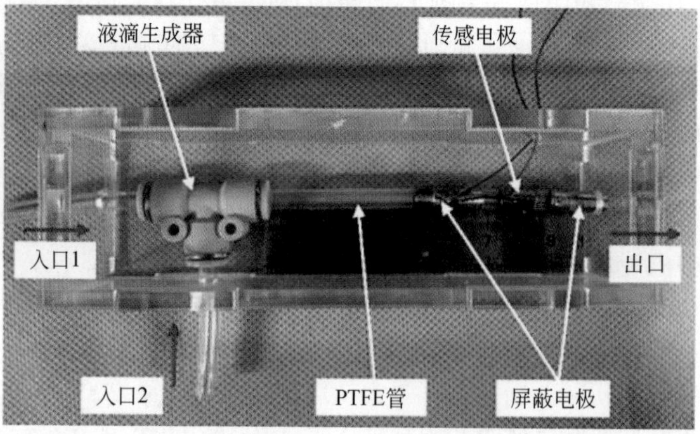

图 5.50 摩擦电式液滴状态检测传感器（TDMSS）。(a) 样机整体结构；(b) 传感单元；(c) 样机实物图

摩擦电式传感单元主要包括聚四氟乙烯（PTFE）管、传感电极和屏蔽电极。摩擦电式液滴状态检测传感器的具体尺寸参数如表 5.1 所示。

表 5.1 摩擦电式液滴状态检测传感器的具体尺寸

零件名称	具体尺寸
液滴生成单元内径	6mm
PTFE 管内径	5mm
PTFE 管外径	6mm
PTFE 管长度	120mm
屏蔽电极宽度	20mm
传感电极宽度	10mm
电极厚度	60μm

摩擦电式传感单元的电子转移过程如图 5.51 所示。当液滴进入 PTFE 管并开始与其接触时，接触起电效应使液滴带正电荷，并且 PTFE 管表面均匀分布有负电荷。

状态 1：当液滴流动至与屏蔽电极 E1 完全重合时，由于屏蔽电极 E1 和 E3 接地，液滴和 PTFE 管接触产生的电荷沿导线流入大地。因此，液滴和 E2 在该阶段处于静态平衡状态，电势差为零。

状态 2：当液滴继续沿着管道流动，至与 E2 的重合面积逐渐增加而与 E1 的重合面积逐渐减少时，处于静电平衡的表面电荷开始分离，液滴和 E1 之间的静电平衡被打破，产生的电势差逐渐增加，因此，大地向 E2 提供正电荷。此时的电流方向为大地流向 E2。

状态 3：当液滴流动到与 E2 完全重合的位置时，此时没有电子的转移，E2 和 PTFE 管再次处于静电平衡状态，电势差为零。

状态 4：当液滴离开 E2 开始与 E3 重合时，电势差再次产生。此时，E2 上的正电荷流入大地，此时的电流方向为 E2 流向大地。

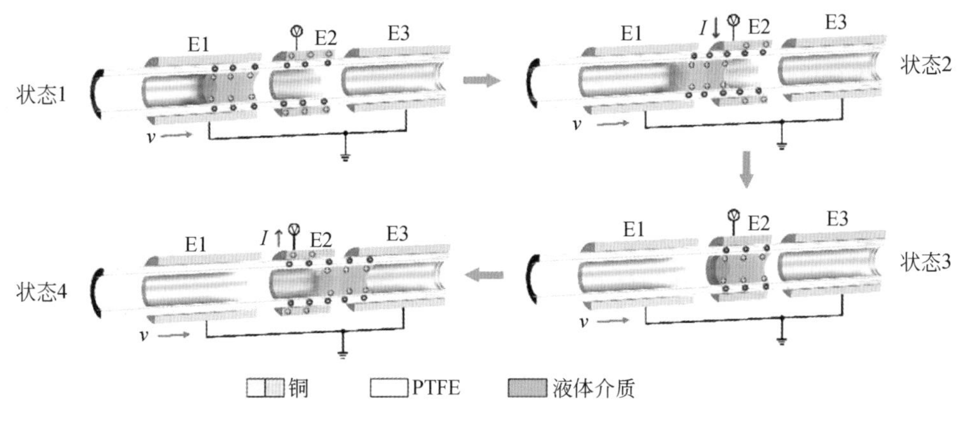

图 5.51　摩擦电式传感单元的电子转移过程

最后，当液滴流出 PTFE 管时，E2 和 PTFE 管又一次达到静电平衡状态。这是一个液滴经过摩擦电式液滴状态检测传感器摩擦传感单元的完整的电子转移过程。

在气体的作用下，液体被剪断成液滴，液滴与 PTFE 管前部（无铜电极覆盖区域）接触产生的电荷干扰被屏蔽电极所屏蔽，液滴与传感电极感应产生的信号被传感电极接收至输出端。不同大小的液滴经过传感电极的时间不同，该时间表现在电信号上为脉冲宽度。因此，根据脉冲宽度即可推算出液滴的尺寸。另外，液滴经过传感电极会产生对应的脉冲信号，而脉冲信号的个数即可表达被传感器检测到的液滴数量。

由液滴生成单元产生液滴后，液滴在摩擦电式传感器内流动。液滴的流动状态由空气和液体共同决定。保证空气流量始终不变，使用注射泵将去离子水以匀速、匀加速或匀减速的流量从传感器的入口 2 通入传感器。液滴在管内的运动状态有匀速运动、匀加速运动和匀减速运动。

图 5.52 所示为 3.0mL 的去离子水在不同流量下产生的电压及流量与脉冲个数的关系。由图 5.52（a）可知，水流量越大，生成液滴的数量越少，而且越容易形成液滴。这是因为当气体流量恒定时，液滴大小与液体流量成反比。液体总体积一定时，流量越大产生的液滴数越少。如图 5.52（b）所示，当去离子水的总体积一定，注射泵的流量大小与传感器显示的脉冲个数成反比，且线性度为 0.9517。

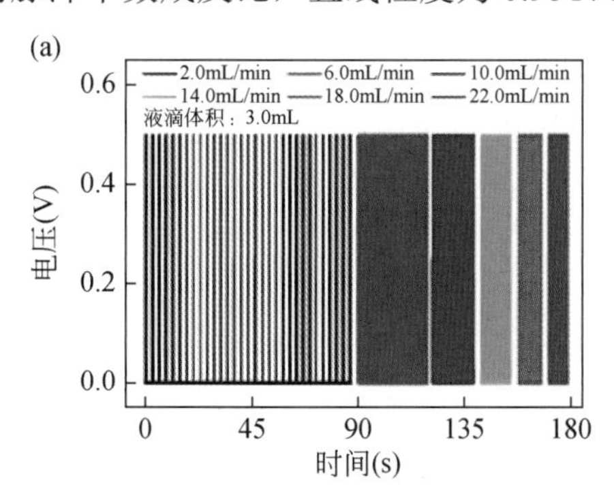

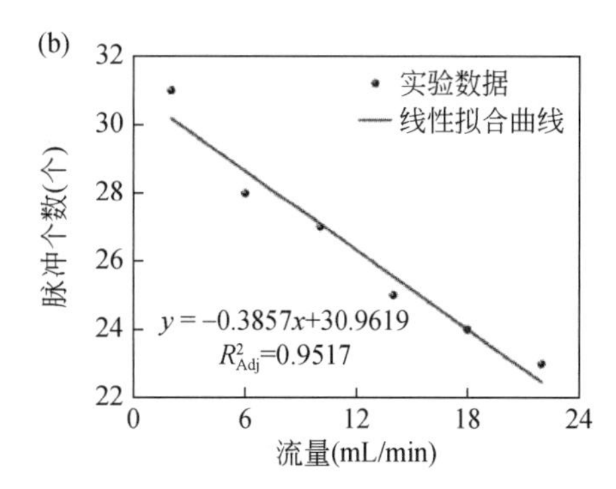

图 5.52　一定液体体积下摩擦电式液滴状态检测传感器的计数性能。（a）一定体积的液滴在匀速运动下的电压；（b）匀速运动下流量与脉冲个数的关系

图 5.53 显示了总体积为 3.0mL 的液滴在匀加速运动、匀减速运动和匀速运动的输出电压曲线，根据图 5.53（a）～（c）可以直观地判断管内液滴的运动状态。将注射泵设置为匀加速或匀减速运动时，流量范围为 2～22mL/min，液体的总体积为 3.0mL，液体在匀加速或匀减速条件下生成的液滴总数均为 25 个。以这个流量进行液滴计数实验验证，结果证明匀速运动下液滴个数与变速运动下的液滴个数一致。这证明了该传感器检测变速运动下液滴总数的能力。同时，根据 TDMSS 的输出电压信号可以定性地判断液滴在管内的运动状态。液滴与液滴之间的时间间隔相同，即液滴在管中的运动状态是匀速运动。当信号呈越来越密或越来越疏的趋势，则可以证明管内的液滴以匀加速或者匀减速的运动状态运动。

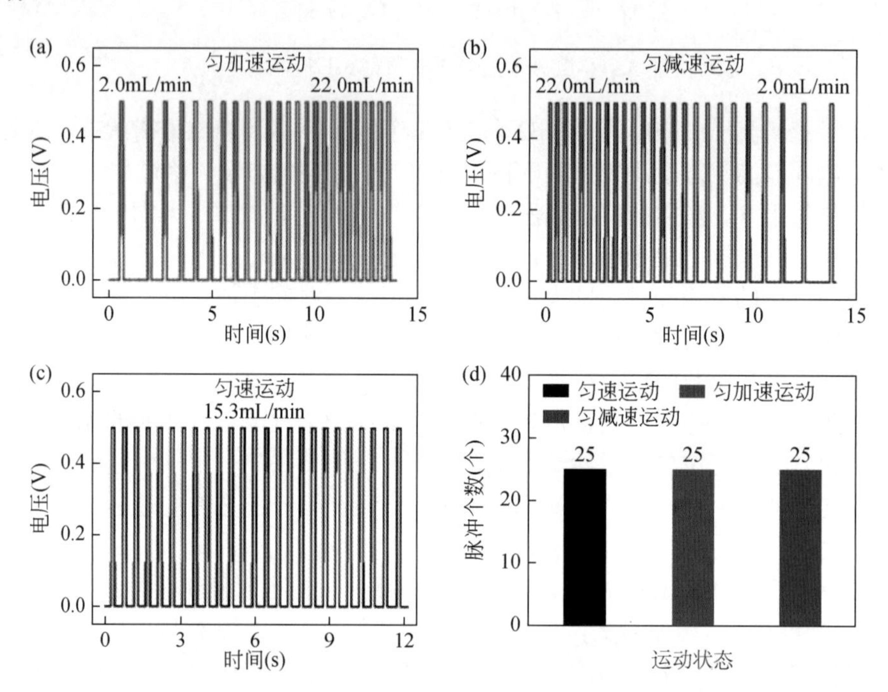

图 5.53　液滴在不同运动状态下 TDMSS 的计数性能。（a）匀加速运动；（b）匀减速运动；（c）匀速运动；（d）三种运动状态下的液滴个数

选取去离子水、自来水和浓度为 0.9%的氯化钾溶液分别对 TDMSS 的计数性能进行实验研究。在实验中，通过注射泵将液体流量分别设置为 2mL/min、6mL/min、10mL/min、14mL/min、18mL/min 和 22mL/min，保持气体流量不变，并在室温环境下进行测试，实验结果如图 5.54 所示。

图 5.54（a）为去离子水液滴在不同流量下的输出电压情况，图 5.54（b）为液体流量与传感器检测到的脉冲个数的关系曲线，结果表明液体流量与脉冲个数呈较好的线性关系，线性度为 0.9854。这证明了 TDMSS 可以较准确地根据液体流量获得液滴个数。图 5.54（c）～（d）为自来水对 TDMSS 计数性能的影响，在不同流量下，TDMSS 仍可检测到液滴产生的输出电压［图 5.54（c）］。自来水作为液体介质，对传感器的计数性能几乎没有干扰。图 5.54（d）展示了自来水液滴产生的脉冲个数与自来水流量的关系曲线，二者之间具有良好

的线性关系，线性度为 0.9934。并且，一个液滴产生一个对应的脉冲信号，说明该传感器的计数性能具有较高的准确性。图 5.54（e）为 KCl 溶液液滴在 2～22mL/min 下的输出电压情况，证明离子溶液作为液体介质时，传感器仍能正常工作，计数性能不受液体介质的影响。图 5.54（f）为 KCl 溶液液滴产生的脉冲个数与液体流量的线性关系，结果表明脉冲个数与液体流量具有较好的线性关系，线性度为 0.9935。根据输入的液体流量，即可计算得出管内生成的液滴数。

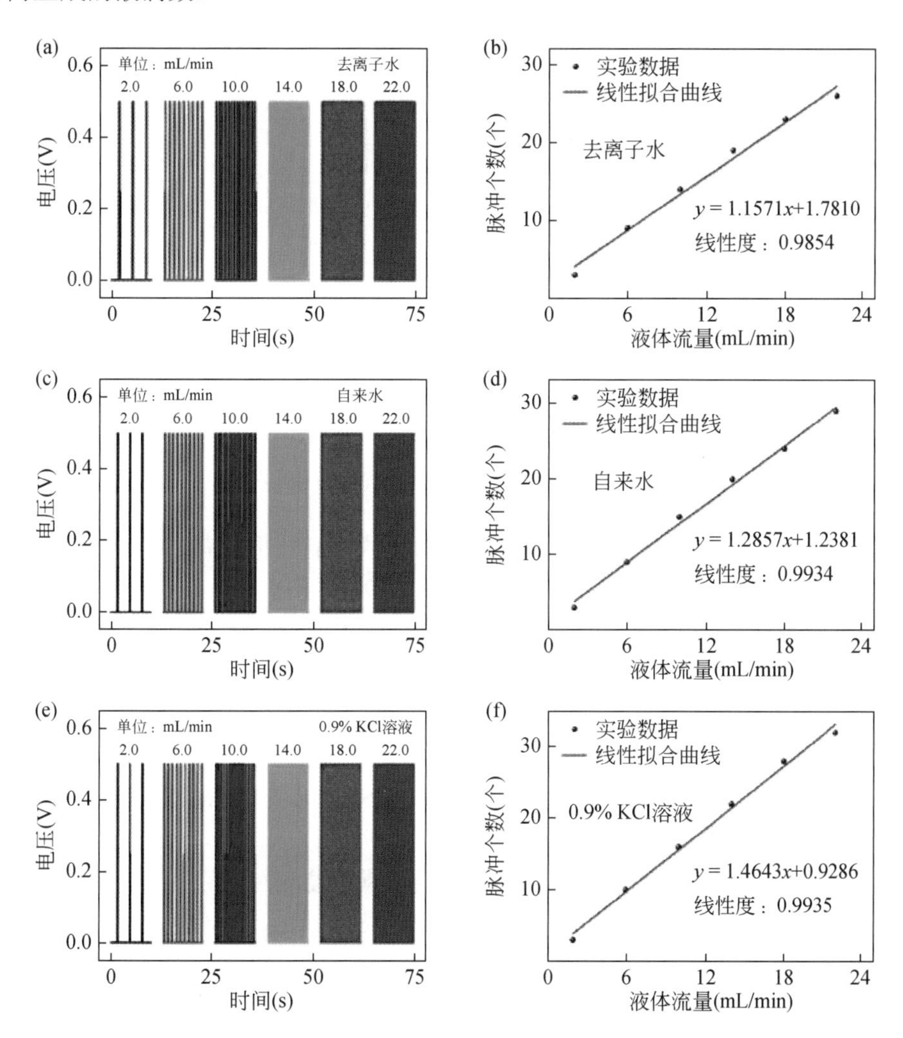

图 5.54　不同流体介质对 TDMSS 计数性能的影响。(a) 去离子水液滴在不同流量下的输出电压；(b) 脉冲个数与液体流量的关系曲线；(c) 自来水液滴在不同流量下的输出电压；(d) 脉冲个数与液体流量的关系曲线；(e) KCl 液滴在不同流量下的输出电压；(f) 脉冲个数与液体流量的关系曲线

为了测试 TDMSS 在不同倾斜角度工况下的计数性能，使用亚克力板制作出角度分别为 30°、45°、60°和 90°的斜面，将样机分别固定在这些斜面上依次进行实验，通过注射泵将液体流量设置在 2～22mL/min 范围内，液体介质仍使用去离子水。摩擦电式液滴传感器的计数性能在不同倾斜角度下的计数性能如图 5.55 所示。

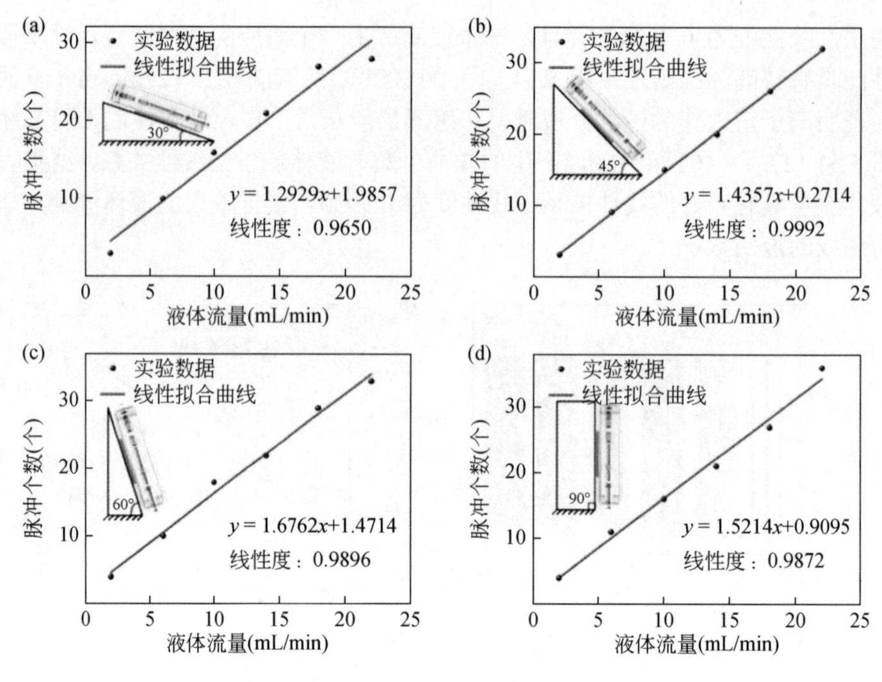

图 5.55　不同角度下 TDMSS 的计数性能

（a）30°；（b）45°；（c）60°；（d）90°

由图 5.55 可知，倾斜面的角度对 TDMSS 的计数性能几乎没有影响，当液滴经过电极时仍可被传感器检测并对其进行计数。即使在 30°～90°的斜面上，TDMSS 仍可稳定地对液滴计数，且线性度平均为 0.9853。当传感器水平放置在平面上时，去离子水受到空气对其的剪切力和管内壁挤压的影响，从而形成液滴。然而，当传感器以一定角度放置在斜面上时，去离子水不仅受到以上的因素影响，还受重力的作用，使得液滴更容易被空气剪断，因此液滴数在不同的倾斜角度时也略有所不同。此外，在四种角度下的脉冲个数与流量的拟合曲线的线性度均良好，间接证明了 TDMSS 在不同倾斜角度工况下的稳定工作性能。

2. 基于涡激振动和摩擦纳米发电机的煤矿通风风速监测

在煤矿中甲烷的分布和扩散有可能导致矿井内发生爆炸，而矿道的通风是影响甲烷分布的有效措施，同时也对粉尘、CO 和 CO_2 浓度有调节作用，是煤矿安全的重要保障因素。作为煤矿通风的关键参数之一，风速通常设定在一定的范围内，以保证通风的有效性。著者提出了一种基于涡激振动和摩擦纳米发电机的煤矿风速监测传感器（AVM）[12]，如图 5.56（a）所示，其由涡激振动机构和信号发生装置组成。涡激振动机构由柔性梁、支撑架和圆柱钝体组成，旨在借助管道气流产生振动，如图 5.56（c）所示。当流体绕细长结构（圆柱钝体）通过时，钝体发生振动，这种振动是由气动不稳定性或涡流脱落引起的。圆柱钝体的直径为 45mm，长为 170mm，钢制柔性梁的尾部通过两个对称的支撑板与固定端相连。

信号发生装置［图 5.56（b）］安装在圆柱钝体内部，由两个叉指电极、一个聚四氟乙烯块、两个弹簧、一个直线轴承、一个轴和一个底座等组成。聚四氟乙烯块随着直线轴承移动，滑动到叉指电极上产生脉冲。弹簧和滑块（聚四氟乙烯块和线性轴承）组成了一个振动系统，使滑动过程变得平滑。通过调节轴与电极之间的距离，可以调节滑块与叉指电极之间的预紧力。AVM 样机如图 5.56（d）所示。

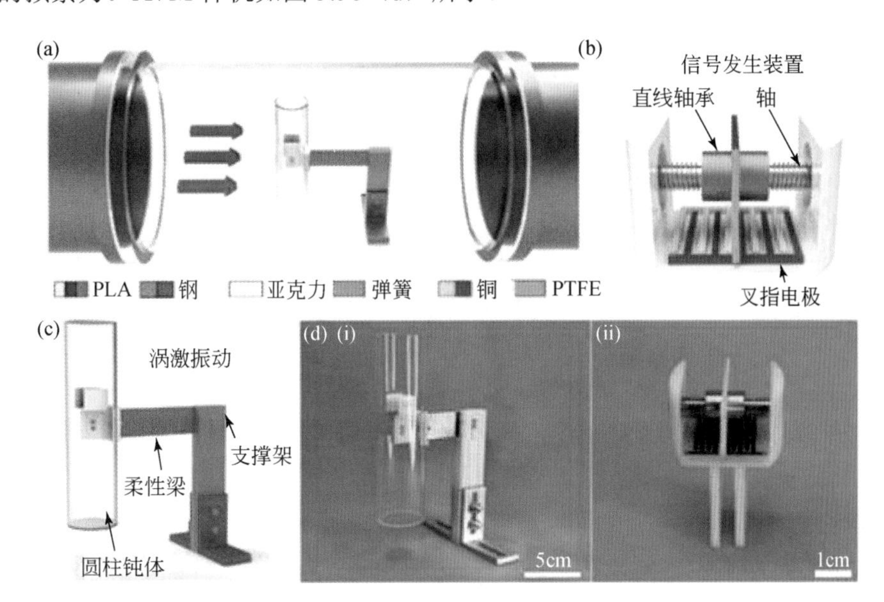

图 5.56　煤矿风速监测传感器（AVM）。（a）管道内 AVM；（b）信号产生机制的结构；（c）AVM 示意图；（d）AVM 两种样机

AVM 的工作机理如图 5.57 所示。当气体绕过圆柱钝体时，两排旋转方向相反的旋涡从钝体两侧脱落。涡流产生的非对称周期流场的压力迫使钝体和柔性梁发生振动。振动将通过弹簧对滑块施加周期性激励导致滑块与电极之间的相对滑动。由于滑块上的聚四氟乙烯块和铜电极接触对具有很大的摩擦极性，滑动会在两种材料之间产生电荷转移。当滑块处于图 5.57（b）-（ i ）所示的位置时，两对铜电极的表面携带等量的正电荷。当滑块移动到如图 5.57（b）-（ii ）所示的位置时，正电荷沿滑动方向从电极 1 流向电极 2，以平衡电位差，从而在负载中形成瞬态电流。当滑块继续移动时，正电荷在静电感应下返回到电极 1，负载产生反向电流。反向电流在聚四氟乙烯和电极 1 的对齐位置结束后，立即开始另一个循环。模拟了 PTFE 和不同位置电极的电位，如图 5.57（d）所示。顶部的方块是从 COMSOL 材料库中选取的 PTFE 薄膜。定义了三种典型的接触状态，即 PTFE 膜与电极 1 的对齐状态、PTFE 膜与电极 2 的对齐状态、PTFE 膜在两电极间的状态。

AVM 的振动信号与电信号之间的理论关系如图 5.57（c）所示。AVM 的输出频率主要取决于 PTFE 在一个周期内滑动的电极对数，而电极对数取决于涡激振动的幅值，因此，输出频率与涡激振幅呈正相关。考虑涡激振动工作在一定的气速范围内，输出脉冲将出现在同一区域。当气体速度超过上下速度定义的工作范围时，输出频率随涡激振幅值减小，通过监测输出频率产生报警信号。由于信号发生装置的空间，滑块的行程受到限制。在涡激振动的高振幅下，输出频率将趋于饱和。警报阈值应配置在此范围之外，如图 5.57（c）-（iii）～（c）-（iv）所示。

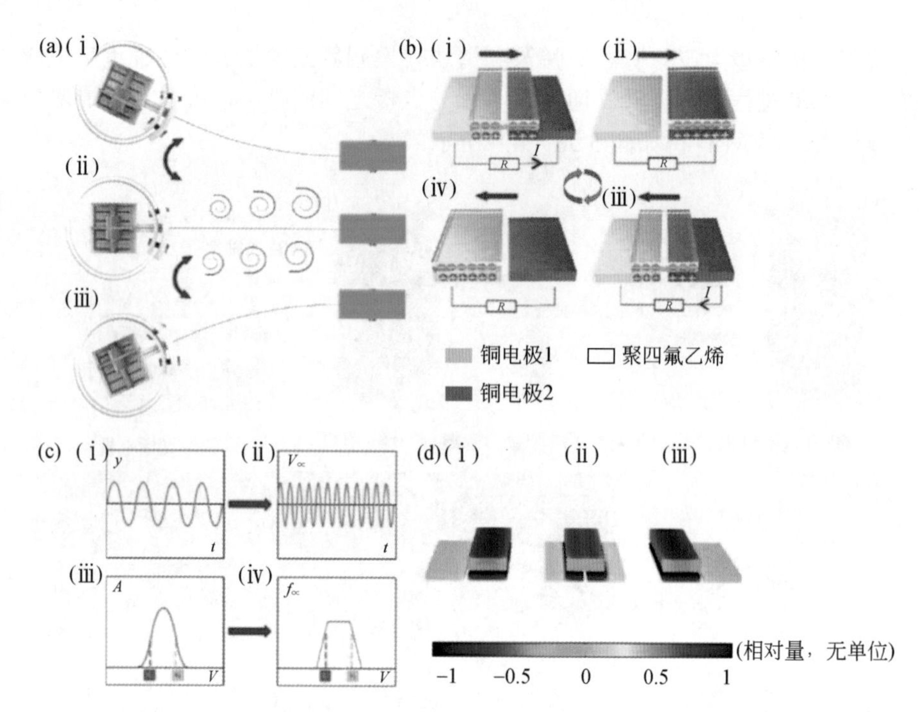

图 5.57 AVM 的工作机理。(a) AVM 的涡振状态；(b) 说明 VI-TENG 的工作原理；(c) AVM 的振动信号与电信号的理论关系：(i) 位移，(ii) 开路电压，(iii) 振幅，(iv) 频率；(d) 使用 COMSOL 模拟的三种不同状态下的 VI-TENG 的电位：(i) PTFE 膜与电极 1 的对齐状态，(ii) 当 PTFE 膜横跨两个电极时的状态，(iii) PTFE 膜与电极 2 的对齐状态

图 5.58 为风洞实验，AVM 放置在隧道内，用变频器调节气速。梁的长度从 32.5mm 增加到 62.5mm，每次增加 10mm。随着气体速度的增加，钝体以几乎恒定的频率开始振动，而涡激振动的振幅上升到峰值，然后逐渐下降到零，如图 5.58（b）-（i）、(b）-（ii）所示。为了检测气体泄漏，AVM 应在上下速度阈值处产生相同振幅的振动，以利于报警判断。此例中矿井通风系统的上下限分别为 3.6m/s 和 3.1m/s。因此，梁的长度选为 42.5mm，在此处振动振幅对于上阈值和下阈值都是 5mm。

图 5.58（c）说明了不同质量滑块的振动情况。滑块质量从 0.4g，以 0.4g 为步长，逐渐增加到 2.0 克。随着滑块质量的增加，振幅急剧减小，频率略有减小。其原因是内部振动系统对外部的干扰增大。0.4 克和 1.6 克在上下限产生相似的振动振幅，但后者涉及更高的能耗和相应的短寿命，故滑块的质量设定为 0.4g。图 5.58（d）显示了在选定参数 42.5mm 和 0.4g 下的实时振动信号。在 3.1m/s 和 3.6m/s 时振动幅值基本相同，当气体速度超过工作范围时振动幅值开始减小，为气体泄漏检测提供了依据。

图 5.59（a）展示了不同气体速度下开路电压、短路电流和电荷转移量的实时输出信号。图 5.59（b）展示了振幅和输出频率的气体速度响应。振幅与输出频率之间的函数关系表明用频率来表征振幅是可行的，相关系数为 0.93。随着气体速度的变化，频率显示出与涡激振动振幅非常相似的趋势。在气体速度的上阈值和下阈值处的输出频率都是 16Hz，低于该阈值可以触发泄漏警报。在气体速度 3.3m/s、振幅为 5.5mm 条件下，振动重复 120000 次

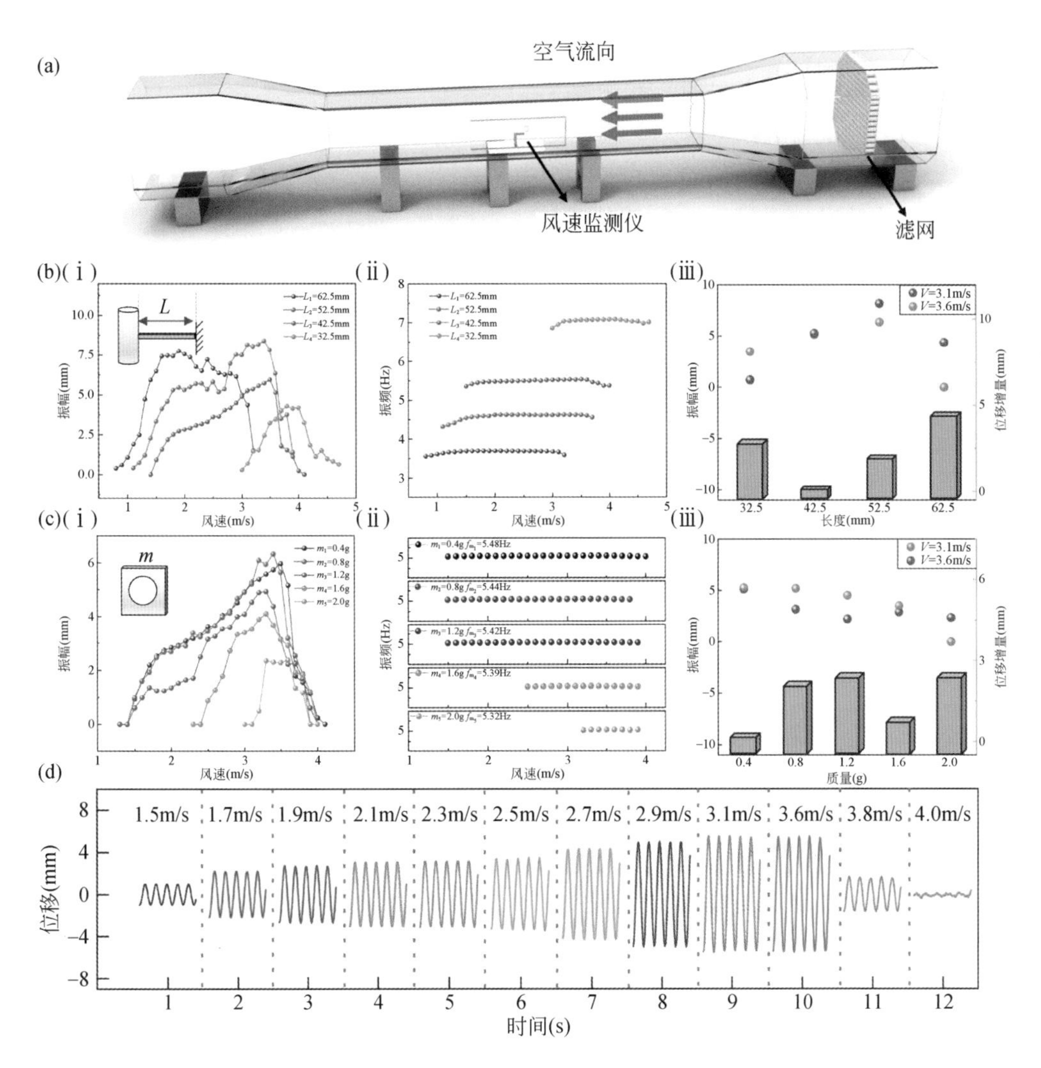

图 5.58　AVM 涡激振动参数的优化。(a) 实验装置示意图；(b) AVM 在不同长度梁下的振动特性：(ⅰ) 振幅，(ⅱ) 振频，(ⅲ) 振幅 *D*-值；(c) AVM 在不同质量滑块下的振动特性：(ⅰ) 振幅，(ⅱ) 振频，(ⅲ) 振幅 *D*-值；(d) AVM 在不同风速下实时振动信号

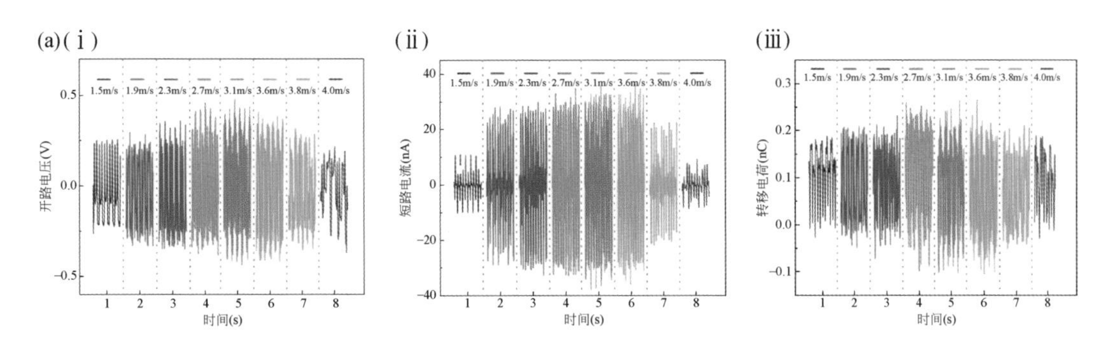

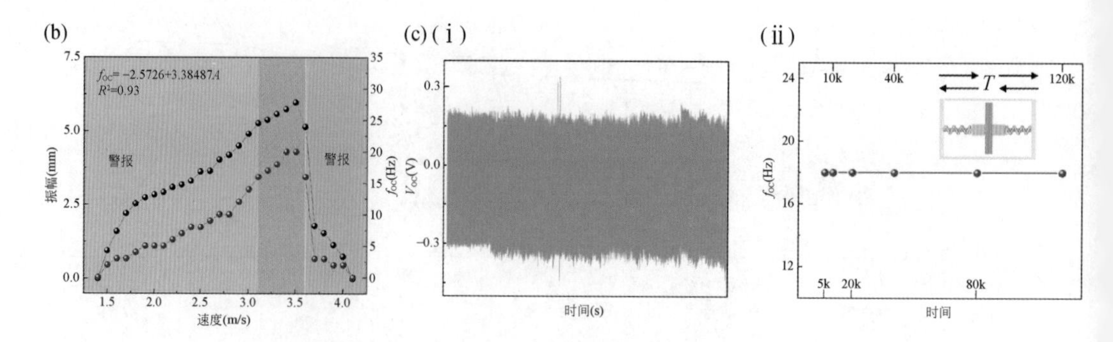

图 5.59　输出性能和耐久性测试。（a）AVM 的实时输出性能：（ⅰ）开路电压，（ⅱ）短路电流，（ⅲ）电荷转移量；（b）不同气速下的振幅和输出频率；（c）耐用性能 120000 次振动重复时的输出电压和频率：（ⅰ）开路电压，（ⅱ）频率

循环［图 5.59（c）］，开路电压没有明显的电信号衰减，输出频率相当稳定。以输出频率作为气体速度的指标，AVM 表现出很好的耐用性。

5.5　软体机器人用柔性传感

软体机器人技术在科研领域内备受关注，它颠覆了传统刚性机器人的设计理念。软体机器人主体由硅橡胶等柔性材料制成，具备高度的柔韧性和顺应性，使得其在与外部环境接触、施加或承受作用力时，能够有效避免对自身及交互对象造成损害。软体机器人的本体结构具有主动和被动变形能力，使其在复杂、狭小甚至非结构化环境中表现出卓越的适应性和操作灵活性。利用其独特的材料属性和内在顺应机制，软体机器人不仅能够实现抓握、灵巧操作等传统任务，还展现出前所未有的新功能，比如自我修复的能力，极大地拓展了机器人的应用潜力，在工业自动化、医疗康复、灾害救援、资源探测、管道检测乃至军事侦察等领域都展现出巨大的应用前景。

然而，相较于软体机器人的结构与驱动研究，柔性传感系统研究仍处于起步阶段，相对而言还不够成熟。由于软体机器人的大变形特点，柔性传感器要具备极佳的柔顺性和拉伸性，并且传感元件的设计不能影响到软体机器人自身的变形情况。另外，柔性传感器要具有较好的鲁棒性和稳定性，保证其在运动变形不易受耦合变形因素的影响，在碰撞时不易损坏。为了增强其运动精确度和可控性，使其具备自主导航和闭环控制能力，必须将传感器集成至软体机器人系统中，实时提供关于机器人状态和环境变化的感知反馈。软体机器人需要具备两种关键的感知能力。首先是环境感知，即对外界刺激如压力、温度、湿度等进行感知。通过配置触觉皮肤或其他类型的传感器，软体机器人可以识别和分类物体，实现精细化操作，并且有助于探索未知环境和进行人机交互活动。其次是本体感知，即机器人能感知自身的形态变化，包括弯曲、扭转、拉伸等各种复杂的变形情况。由于软体机器人采用弹性或柔性材料制造，理论上拥有无限自由度，因此通过传统的建模方法难以准确预测其动态行为。即使在较为理想的环境下，仅依赖开环控制方式也难以精确控制软体机器人的实际状态。

综上所述，通过对自身状态和外部环境的敏锐感知，软体机器人有望在未来的智能科技发展中发挥重要作用，开创更多可能的应用场景。

5.5.1 软体机械爪智能分类功能

为了实现软体机器人的环境感知能力，可进行触觉皮肤或其他类型的传感器的配置。这些传感器可以使软体机器人能够识别和分类物体，实现精细化操作，并且有助于探索未知环境和进行人机交互活动。

著者提出了一种摩擦电软体机械爪（T-BSG），以实现易损物体抓取与智能分类。T-BSG 主要由三爪基座、仿生软体机械爪（BSG）、摩擦电传感器（TES）及气路管道等组成[13]。利用模具设计与材料成型技术相结合的方法制作了仿生软体机械爪，如图 5.60（a）所示。首先，通过 Pro/E 绘图软件和 3D 打印技术设计和制作了仿生软体机械爪模具。然后，将硅橡胶原液和固化剂按 1∶1 的体积比例混合均匀，倒入烧杯中。接下来，将混合后的硅橡胶液放入真空搅拌脱泡机中进行脱泡处理。处理完毕后，将混合液倒入仿生软体鱼尾模具中，并置于真空干燥箱内，在一定温度下进行交联反应，使其固化成型。最后，从真空干燥箱中取出仿生软体机械爪模具，让其在室温下冷却、脱模，从而获得仿生软体机械爪。仿生软体机械爪具有六个气腔室，这些气腔室构成了波纹状结构。在输入气源作用下，带有波纹状结构的仿生软体机械爪在单自由度下发生弯曲变形，如图 5.60（b）所示。摩擦电传感器主要由亚克力盒、光栅状电极部分和滑块部分组成，如图 5.60（c）所示。其制作过程可分为光栅状电极和滑块部分的制作，以及传感器的组装。亚克力盒是由激光切割机切割亚克力板并黏合而成。如图 5.60（e）所示，摩擦电传感器光栅状电极部分的制作过程具体流程如下：首先，通过激光切割机对亚克力板进切割，获得合适大小的亚克力基板，然后，在亚克力基板表面覆盖带有光栅状图案的铜电极。这种光栅状铜电极采用印刷电路板技术加工而成。最后，在光栅状铜电极表面覆盖 Kapton 薄膜作为正摩擦材料。对于滑块部分的制作，首先，由激光切割机切割亚克力板，获得大小合适的滑块，在滑块的表面粘贴一层海绵胶，这有利于滑块与光栅电极充分接触，并且减小滑动时的摩擦力，降低材料的磨损。然后，在海绵胶表面贴附一层聚四氟乙烯薄膜作为负摩擦材料。最后，滑块部分连接上柔性带。如图 5.60（d）所示，T-BSG 各部件之间组装关系如下：仿生软体机械爪依次安装在三爪基座的上方，每个机械爪之间的角度为 120º，并且相对于水平面，每个仿生软体机械爪倾斜角度为 45º。总输入气管通过气体快速接头分出三个气管，分别与三个仿生软体机械爪相连。摩擦传感器置于三爪基座的内部，并通过柔性带与其中一个仿生软体机械爪相连。由于波纹状结构的存在，当外界输入气源时，由总输入气管通过气体快速接头将气体分别输入进仿生软体机械爪，并致使其产生单自由度的弯曲变形。同时，仿生软体机械爪的弯曲变形会使摩擦电传感器输出脉冲信号。图 5.60（e）给出了摩擦电传感器实物图。

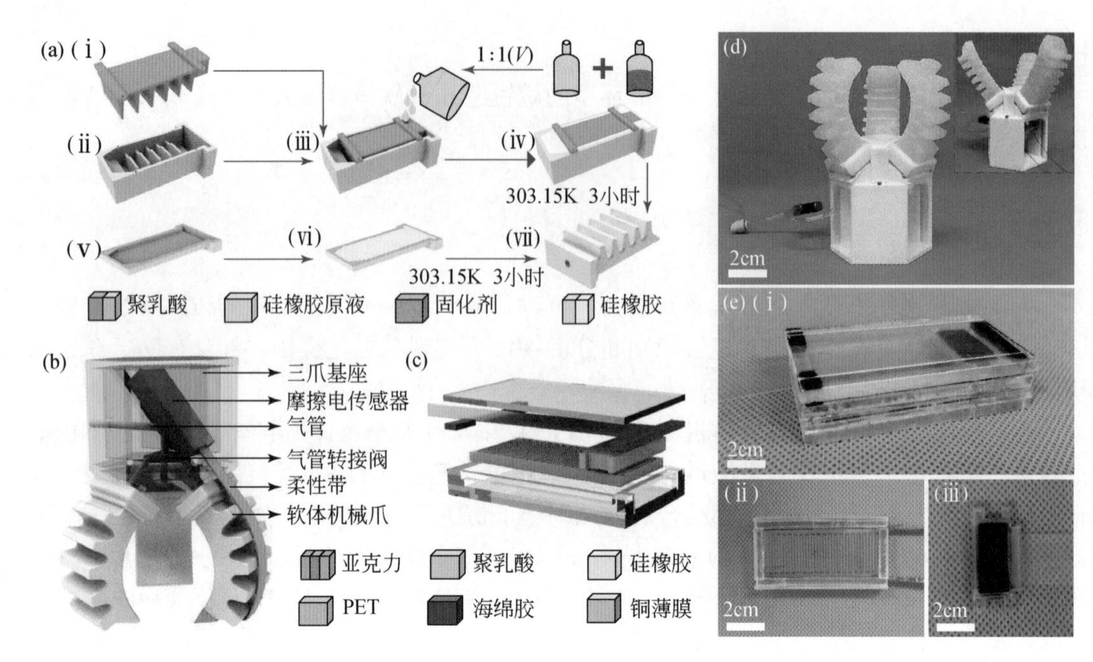

图 5.60 摩擦电软体机械爪的结构设计。(a)BSG 工艺流程;(b)BSG 整体结构示意图;(c)TES 结构示意图;(d)T-BSG 实物图;(e)TES 实物图

基于摩擦电传感器对滑动位移的超高灵敏度，设计了一种光栅滑动模式的摩擦电传感器。为了提高该传感器的传感精度，将光栅状电极的光栅间距（*d*）作为主要结构参数。图 5.61（a）给出了摩擦电传感器中光栅电极间距和滑动方向示意图。定义滑块部分向右侧滑动为向前，向左侧滑动为向后。通过印刷电路板技术制作了不同 *d* 值的光栅状铜电极，其 *d* 值分别为 2.5mm、2.0mm、1.5mm、1.0mm 和 0.5mm。当滑动位移为 36mm 和滑动速度为 10mm/s 时，通过步进电机控制摩擦电传感器的柔性带的拉伸或释放，摩擦电传感器在拉伸和释放过程中会产生一系列开路电压脉冲信号，如图 5.61（b）～（f）所示。实验结果显示，当 *d* 分别为 2.5mm、2.0mm、1.5mm、1.0mm、0.5mm 时，摩擦电传感器的开路电压脉冲数分别为 5V、6V、7V、9V、12V，这表明，在相同的滑动位移和滑动速度下，较小的光栅间距会引起更多的脉冲，从而能提高摩擦电传感器的传感精度。此外，摩擦电传感器正向运动的脉冲数与反向运动的脉冲数相同，这表明该传感器具有稳定的脉冲信号输出。

为了研究滑动位移和脉冲数之间的关系，用步进电机以 10mm/s 的速度驱动摩擦电传感器，从而产生不同的滑动位移（12mm，15mm，18mm、21mm，24mm，27mm，30mm），然后分别记录不同光栅间距下摩擦电传感器的开路电压脉冲序列，如图 5.62（a）～（e）所示。在图 5.62（f）中，展示了给出了摩擦电传感器滑动位移与输出脉冲数之间的拟合关系。实验结果表明，摩擦电传感器的滑动位移与开路电压脉冲数呈线性关系。同时，在不同光栅间距下的摩擦电传感器的滑动位移与开路电压脉冲数的拟合线有不同的斜率（S_{d_1}=0.13，S_{d_2}=0.17，S_{d_3}=0.19，S_{d_4}=0.26，S_{d_5}=0.33，其中 *S* 代表斜率），并将该 *S* 定义为位移分辨率。斜率越大，位移分辨率也越高。结果显示，更细的光栅间距不仅会给摩擦电传感器带来更多的脉冲数，还会提高其位移分辨率。

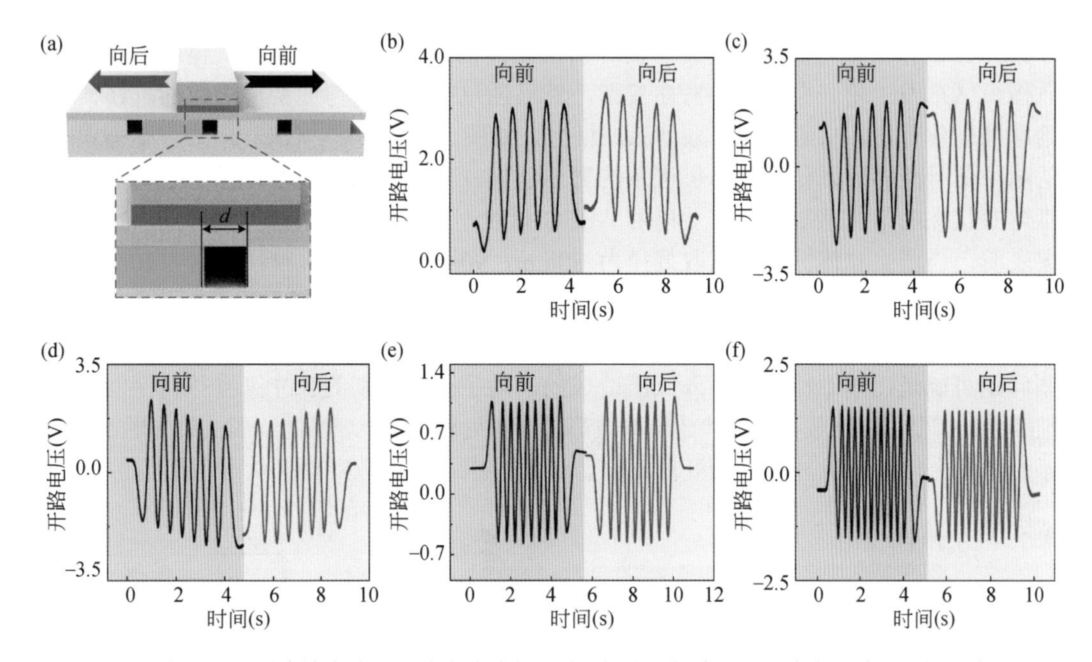

图 5.61　光栅电极间距对摩擦电传感器输出脉冲数影响。(a) 光栅电极间距参数示意图; (b) 电极间距为 2.5mm 时摩擦电传感器的开路电压曲线; (c) 电极间距为 2.0mm 时摩擦电传感器的开路电压曲线; (d) 电极间距为 1.5mm 时摩擦电传感器的开路电压曲线; (e) 电极间距为 1.0mm 时摩擦电传感器的开路电压曲线; (f) 电极间距为 0.5mm 时摩擦电传感器的开路电压曲线

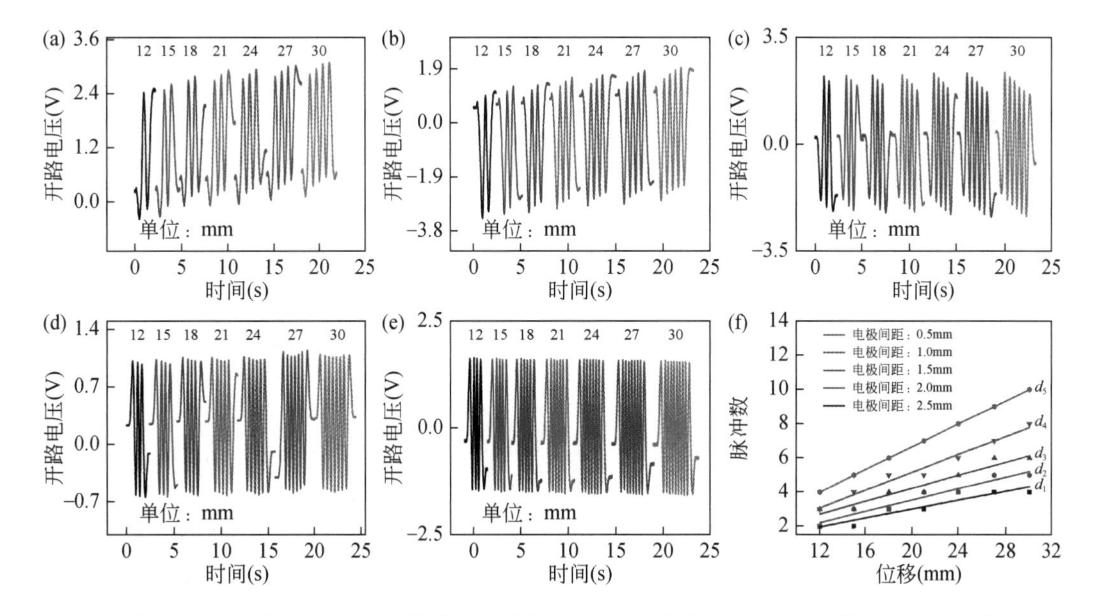

图 5.62　滑动位移对摩擦电传感器输出脉冲数的影响。(a) 电极间距为 2.5mm 时摩擦电传感器的开路电压曲线; (b) 电极间距为 2.0mm 时摩擦电传感器的开路电压曲线; (c) 电极间距为 1.5mm 时摩擦电传感器的开路电压曲线; (d) 电极间距为 1.0mm 时摩擦电传感器的开路电压曲线; (e) 电极间距为 0.5mm 时摩擦电传感器的开路电压曲线; (f) 滑动位移与摩擦电传感器的输出脉冲数的关系

T-BSG 的核心部件是摩擦电传感器和仿生软体机械爪。在外部输入气体的作用下，仿生软体机械爪发生单一自由度的弯曲变形，然后通过柔性带将弯曲变形引起的位移变化传递给摩擦电传感器，从而产生一系列脉冲信号，如图 5.63（a）～（b）。同时，摩擦电传感器的脉冲信号能够感知仿生软体机械爪的弯曲状态。为了说明摩擦电传感器对仿生软体机械爪弯曲状态的信息感知，进行了利用 T-BSG 抓取不同直径大小的球类物体的实验。实验结果表明，当仿生软体机械爪抓取直径为 80mm，90mm，100mm，110mm，120mm 的球类物体时，如图 5.63（c）所示，摩擦电传感器输出的脉冲数分别为 10，9，8，7，6。从脉冲波形上观察到以下问题：首先，波形基线偏移原点；其次，脉冲逐渐呈现下降趋势。这些问题可能是由于不稳定的输入气压造成的。为了获得规则的脉冲信号并确保信号采集的准确性，需要用电路放大器对原始脉冲波形进行预处理，预处理后的波形结果如图 5.63（d）所示。从图上可知，脉冲波形预处理不会影响摩擦电传感器脉冲数，从而不影响传感精度

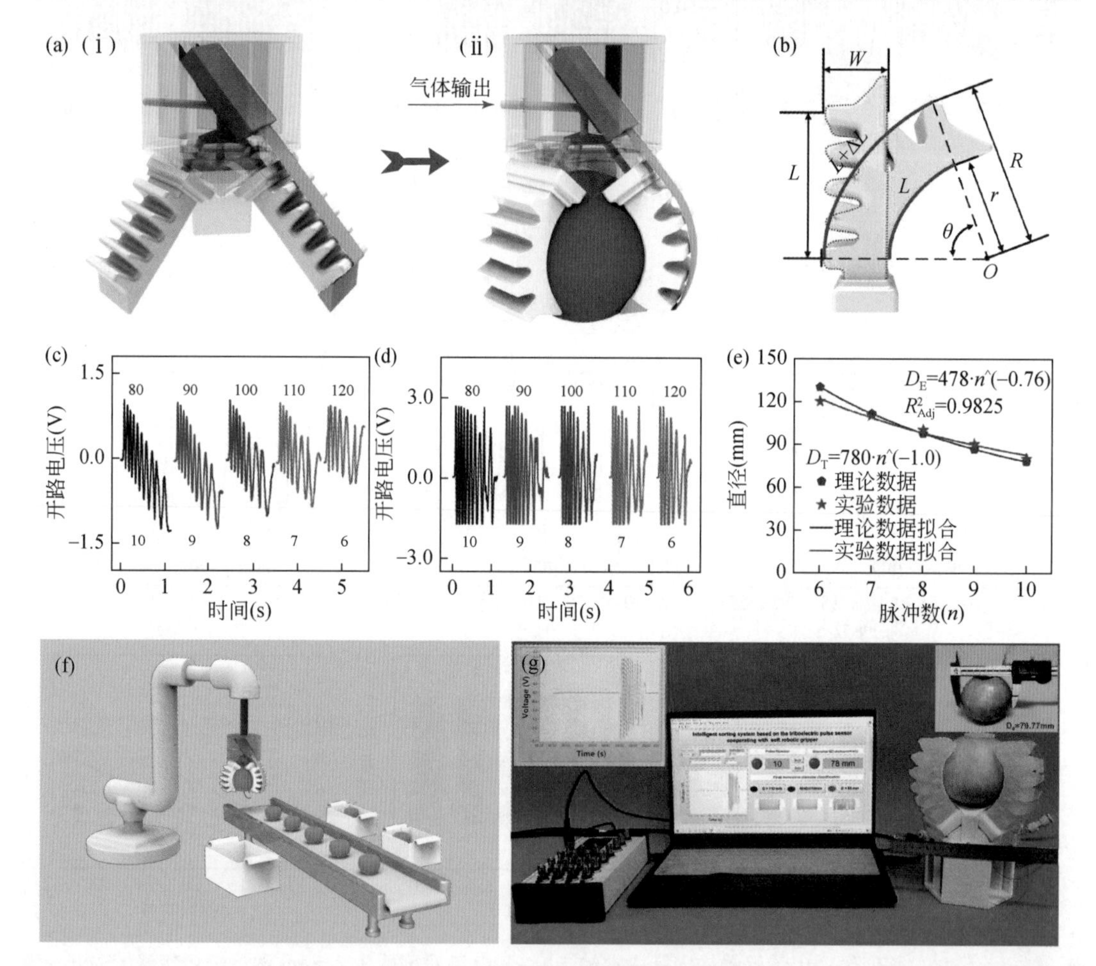

图 5.63 摩擦电软体机械爪对球类物体智能分类实验及测试。（a）T-BSG 抓取球类物体的弯曲变形示意图；（b）T-BSG 尺寸测量原理；（c）T-BSG 抓取不同直径球类物体的脉冲波形；（d）信号预处理后 T-BSG 的脉冲波形；（e）球类物体直径与脉冲数理论和实验拟合曲线；（f）摩擦电软体机械爪系统操作示意图；（g）基于 T-BSG 的无损分类系统用于水果大小分类

和准确性。图 5.63（e）中给出了 T-BSG 抓取的球类直径与脉冲数之间的理论和实验拟合曲线。在实际演示中，基于 T-BSG 开发了水果无损大小分类系统，如图 5.63（f）所示。在气泵驱动下，仿生软体机械爪发生弯曲变形进而促使摩擦电传感器输出脉冲信号。接下来，脉冲信号在进入采集卡之前先通过电路放大器进行预处理，以获得规则的脉冲信号并确保使用采集卡进行信号采集的准确性。最后，通过 LabVIEW 软件对脉冲信号进行计数与显示，并作为水果大小分类的依据，如图 5.63（g）所示。为了验证该系统的实际应用，利用 T-BSG 抓取不同直径（*D*）和种类的球类水果（如苹果和橙子）进行水果分拣。根据实际水果的大小，确立了三个大小分类等级：大（$D>110$mm）、中（80mm$\leqslant D\leqslant$110mm）和小（$D<80$mm）。基于 T-BSG 的无损大小分类系统能够对直径为 70～120mm 的水果进行准确分类，并且其测量误差率仅为 2.22%。

5.5.2　爬行软体机器人本体结构监测

软体机器人本体结构感知是软体机器人领域核心技术之一，涉及对机器人自身形态和状态的实时、准确检测。为了实现对软体机器人的运动状态和形状变化的监测，著者提出了一种基于差分压电矩阵的形状感应电子皮肤（SSES）[14]。图 5.64（a）展示了 SSES 的夹心结构示意图以及其与典型爬行软体机器人集成的三维示意图，放大后的插图详细描绘了 SSES 构建模块的层状结构，其中导电织物层相对于其他层呈现出镜像对称，并且作为公共接地电极。在导电织物层的两侧各放置两个压电传感单元。每个单元由一层 PVDF 薄膜夹在两个 Ag 电极之间，并通过最外层的硅层进行封装。图 5.64（b）是构建模块的截面视图，展示了 SSES 的坚固性。导电织物明显比相邻的 PVDF 薄膜厚，因此，在弯曲时不受应变影响的中性层位于导电织物内部，由红色虚线所示。因此，当构建模块被弯曲时，预计会使两个 PVDF 薄膜产生相反的应变，而在受到按压或拉伸时则会产生相同的应变，这是弯曲传感过程中常见的两种影响。通过图 5.64（c）～（e）所示的测量结果验证了这一假设，当构建模块弯成 150°的凸曲率时，获取到的波形幅度相似但极性相反。然而，在拉伸或按压情况下，两个 PVDF 薄膜的输出几乎相同。这一特性启发采用差分方法来最小化传感过程中的干扰。这种方法即使在更复杂的情况下也有效，例如在拉伸或按压下同时发生弯曲。如图 5.64（f）所示，当施加拉伸力时，PVDF 的 A 和 B 的输出显示出相同的趋势，并且在弯曲时生成一对反向峰。类似的情况也出现在预压条件下，尽管拉伸/按压力会导致中性层一定程度的偏移，但差值基本保持不变。夹心结构的另一大显著优点在于其信号幅度明显增强。相较于单层结构，其峰-峰值提高了 14 倍。这种增强可能是因为导电织物充当了近似平移层。图 5.64（g）中考察了输出信号的线性度，显示对于角度范围从 24.6°至 172.8°时存在良好的线性关系，相关系数 R^2=0.9953。同时，计算得到的灵敏度（*s*）为 0.146V/deg。SSES 的极限分辨率达到 0.0025°，通过使用更敏感的信号采集系统或开发具有更高压电性能的材料，这一分辨率还能进一步提升。此外，SSES 还表现出快速响应特性、长循环稳定性以及对其他常见影响的良好稳定性。以上 SSES 的各项优点确保了其在软体机器人领域的广泛应用潜力。

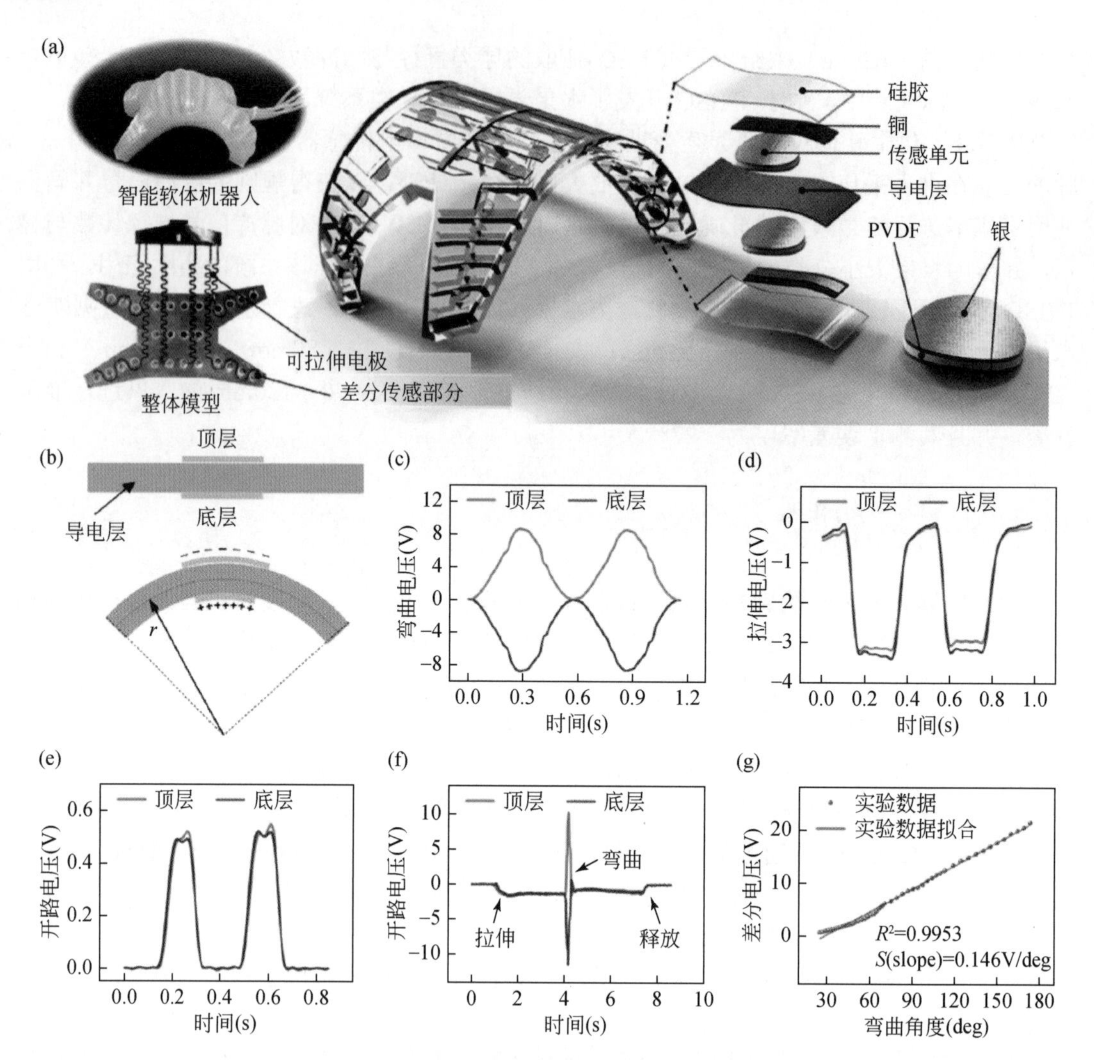

图 5.64　SSES 的结构与特性描述。（a）基于 SSES 的软体机器人组件示意图；（b）描述在弯曲状态下传感模块的结构图解；（c）当弯曲角度为 150°时两个单元的开路电压输出表现；（d）在拉伸下电压输出；（e）在按压下电压输出；（f）在同时进行弯曲与拉伸时的电压输出情况；（g）测量的角度范围从 24.6° ~ 172.8°与电压输出之间的线性关系图

表面形态感知在获取软体机器人实时运行状态中扮演着至关重要的角色，为构建可靠控制系统实现实际应用提供了可能。图 5.65（a）展示了一种简便的策略，用于构建集成了 SSES 的软体机器人。选择 PVDF 材料制造 SSES 是因为它能够直接将机械振动转化为电信号输出。SSES 的主要结构通过激光切割和磁控溅射技术制作而成，相应的电气连接则采用成熟的印刷电路板技术处理，其超薄厚度和柔韧性使得 SSES 能够在软体机器人中进行贴合紧凑的组装。此外，蛇形电线与岛状结构的 PVDF 薄膜共同构成了一个“岛屿桥接”的导电网络，赋予了 SSES 一定的延展性。图 5.65（b）展示了使用 SSES 收集的数据重建曲面的方案。具体来说，首先在一个目标表面上集成 SSES 阵列，并由阵列的构建模块检测出指定位置的曲率。所有这些局部曲率经过计算机分析和处理，用于恢复物体的形态。在本例中，以一个典型尺寸为 170mm 长、80mm 宽的爬行软体机器人为例，如图 5.65（c）。作为 SSES 关键参数的每个模块大小被优化为 2.5mm，以实现信号强度与空间密度之间的平衡。因此，总共集成了 28 个模块到 SSES 中，以便重构整体形状。由于每个模块包含两个传感单元，开发了一个基于 LabVIEW 的多通道同步数据采集系统，用于同时获取 56 组传感信号。这 56 组电压信号通过基于 Unity 软件开发的软件转换成相应的曲率并在显示器上显示。通过这种策略，变形后的软体机器人与相应的重构形状之间呈现出紧密的相似性。除了静态表面的恢复外，我们还展示了利用 SSES 对动态表面的重构能力。开发了一个基于 Arduino 的气体控制程序，实现了软体机器人腿部可编程弯曲以实现爬行功能。

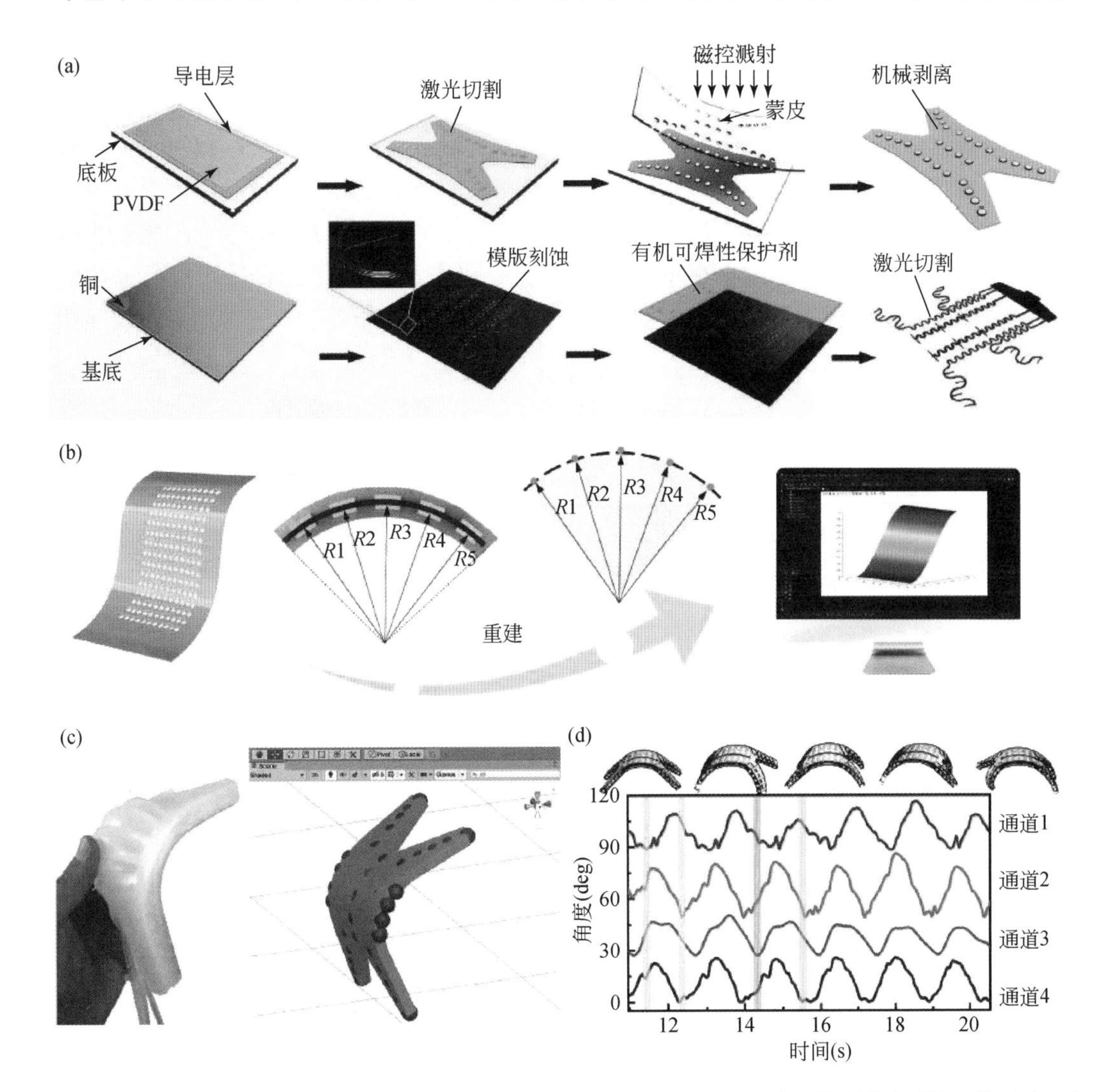

图 5.65 SSES 的制作与形状重构过程。(a) SSES 的工艺流程图；(b) 基于传感器阵列的形状重建示意图；(c) 软体机器人弯曲状态的计算重建；(d) 在软体机器人的典型爬行运动过程中四个传感模块所测得的角度曲线图

如图 5.65（d）所示，足部四个特定点上的实时弯曲角度可以由 SSES 获得。基于 SSES 捕获的信号，进一步建立了一个动力学模型，从中可以推导出各种动态参数，例如爬行速度和距离。因此，通过 SSES 的集成，软体机器人不仅能够感知表面形态，还能实现对动态特征的认知。

软体机器人四肢弯曲状态的变化不仅带来了形态变化，还反映了它们与周围环境的物理交互，这激发了通过 SSES 收集的数据来感知周边环境的想法。图 5.66（a）展示了一个软体机器人在几种代表性地形上爬行的示意图。这些地形可以通过表面粗糙度加以区分，而表面粗糙度通常与摩擦系数相关。当软体机器人在这类地形上爬行时测量到的法向力和摩擦系数。图 5.66（b）中的流程图说明了通过统计分析 SSES 获取数据来识别不同地形的基本原理。首先，集成有 SSES 的软体机器人被设计在五种不同的地形上爬行，并由高速摄像机同步捕捉其爬行过程的姿态。随后，对 SSES 收集到的信号进行统计分析，并与光学图像的差异进行比较。尽管如图 5.66（c）所示，在爬行过程中五个软体机器人的轮廓总体形状相似，但逐帧光学图像和连接的商用倾斜传感器检测到的数据揭示了四条肢在爬行时存在显著的小角度差异。这是因为表面粗糙度越大，抵抗机器人弯曲变形的摩擦力也越大，因此预期的最大弯曲角度会更小。为了验证这一假设，从经过统计分析后的 SSES 获取数据中提取出爬行过程中的最大弯曲角度。如图 5.66（d）所示，在五种地形中表面粗糙

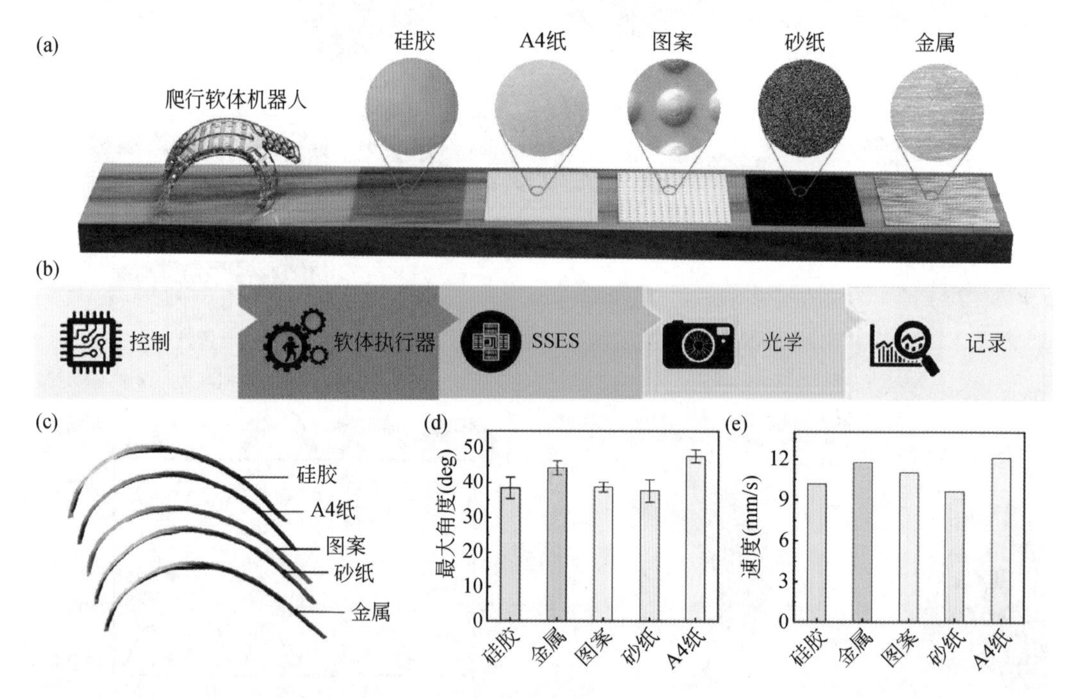

图 5.66 软体机器人在不同地形表面爬行的动态移动行为分析。（a）软体机器人在各种地形上爬行的示意图；（b）基于 SSES 获取数据验证感知周围环境可行性的流程图；（c）软体机器人在不同地形上爬行时底部表面的轮廓线；（d）经过 10 次试验，由 SSES 测量得到的软体机器人左前足部位在不同地形中的平均最大弯曲角度比较；（e）软体机器人在不同地形上爬行时的平均爬行速度比较

度最低的 A4 纸上，软体机器人的最大弯曲角（MBA）最高。相反，具有较大粗糙度的砂纸或硅胶则导致爬行时的 MBA 较小。此外，这种现象也得到了爬行速度差异的支持，如图 5.66（e）所示，在 A4 纸上软体机器人的爬行速度最快，而在硅胶或砂纸上的速度明显较慢。这些在爬行过程中体现出来的细微差异使我们能够基于 SSES 开发出一种快速且可靠的策略来识别不同的地形。

基于重构形态的分析通常依赖于复杂的图像处理技术，而软体机器人与其周围环境的交互可以通过 SSES 测量数据进行统计反映。因此，我们尝试利用机器学习技术进一步挖掘 SSES 获取的数据以实现环境感知功能。为了建立最优的机器学习训练模型，进行了研究以确定合适的特征提取方法和优化算法。优先选用了节点导向的决策树算法，因为信号是交织在一起的，这种方法允许构建多个决策树并考虑平均值，以充分利用各种模型的优势。此外，仅在某些特定位置的传感单元表现出明显的响应，这一事实有望最大化节点分类的优势。处理过程如图 5.67（a）所示。在分析之前首先提取特征，采用原始电压信号而非衍生角度作为原始数据，因为直接测量的信号中包含更多信息，这有助于提高机器学习分析的准确性。从原始数据中提取了标准差、中位数和均值作为特征。图 5.67（b）展示了与机器学习技术结合后，集成有 SSES 的软体机器人用于环境识别的理想概念示意图。不同砂纸粒度等级的分类结果表明粗糙度是唯一识别指标。图 5.67（c）显示，通过一系列统计数据分析与机器学习相结合，可以以高达 98.0%的准确率识别具有不同粗糙度值的五种地形，这证实了所开发模型的可行性。为了检验该模型的泛化能力，如图 5.67（d）所示，将修改后的地形添加到预测集中：新 A4 纸上印有墨水，实际上由于碳的存在降低了表面粗糙度；打印图案被修改为更小的图案和不同的材料；新的金属稍微抛光；新砂纸的粒度从 80 目减小到 100 目；新的硅胶上覆盖了灰尘。机器学习分析与装备有 SSES 的机器人相结合，其识别准确率为 96.7%，结果令人满意［图 5.67（e）］。类似地，如图 5.67（f）所示，地形的不同粗糙度、重量负载、倾斜度以及障碍物都会引起传感信号相应的变化，意味着使用机器学习识别这些参数是可行的。此处采用了五折交叉验证，其中四组数据用于训练，一组用于测试。更多详细信息可在实验部分找到。经过训练后，能够以 97.8%的准确率识别出坡度为 10°的上坡或下坡道路，并且能分辨道路上障碍物的位置，还能识别承载物品的质量。为进一步探索对环境的综合感知能力，我们在识别测试中混合了所有 20 种地形/障碍物/载重条件。结果显示整体准确率达到 98.2%，如图 5.67（g）所示。值得注意的是，虽然所使用的决策树算法具备一定的泛化能力，但当面临一些问题时，尤其是涉及多种感觉同时作用的问题时，该模型的准确性不尽如人意，这种不足之处归因于决策树算法的脆弱性。预计使用深度神经网络或增加数据丰富度以获取更多环境信息将进一步改进该模型。

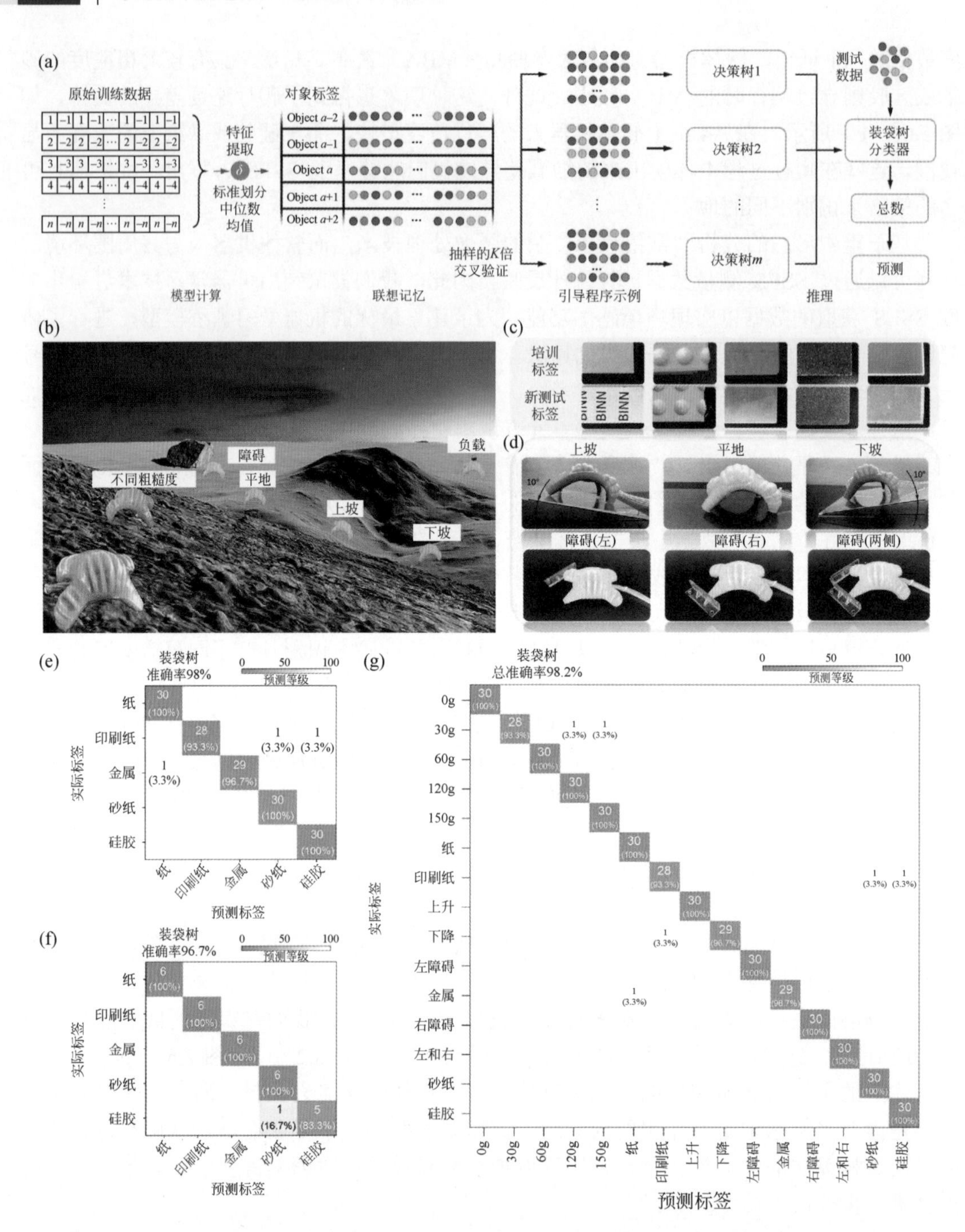

图 5.67　集成了 SSES 的软体爬行机器人的环境感知能力。(a) 机器学习过程流程图；(b) 软体机器人进行环境识别的概念示意图；(c) ~ (d) 实验场景的光学图像；(e) 利用五折交叉验证对地形表面进行训练；(f) 对五个未经训练的新地形进行识别以展示所开发模型的泛化能力；(g) 对上述所有环境进行混合识别，总体准确率达到 98.2%

5.6 本章小结

本章从自驱动运动传感器与智能监测系统两个方面介绍了摩擦纳米发电机在机械工程领域的应用。首先，利用摩擦纳米发电机研制了能够准确检测位置、转速、转角的自驱动传感器，以及多自由度运动传感器，实现了对机械运动的精确监测。随后将运动传感器与机械设备进行集成，研制了自供电振动监测系统，成功实现了车床与钻床的振动监测。而且通过设计智能轴承监测系统，实现了对轴承转速及打滑率的智能监测。其次，提出了智能流体监测系统，用于检测流体元件和流体状态，分别实现了对气缸位置及管路流体的自驱动监测。最后，在软体机器人领域，提出了一种由仿生软体机械爪和摩擦电传感器组成的摩擦电软体机械爪，实现了物体的无损抓取和智能分类，其分类范围为 70～120mm，分类准确率高达 95%。此外，开发了一种形状感知电子皮肤，用于感知软体机器人在运行过程中的动态状态，其极限分辨率可达 0.0025°。以上研究为摩擦纳米发电机在机械工程领域的规模化应用奠定了基础。

参考文献

[1] Xie Z J, Dong J W, Yang F, et al. Sweep-type triboelectric linear motion sensor with staggered electrode[J]. Extreme Mechanics Letters, 2020, 37: 100713.

[2] Yuan Z T, Zhang X S, Li H Y, et al. Enhanced performance of triboelectric mechanical motion sensor via continuous charge supplement and adaptive signal processing[J]. Nano Research, 2023, 16: 10263-10271.

[3] Zhang X S, Gao Q, Gao Q, et al. Triboelectric rotary motion sensor for industrial-grade speed and angle monitoring[J]. Sensors, 2021, 21(5): 1713.

[4] Xie Z J, Zeng Z H, Yang F, et al. Sliding triboelectric circular motion sensor with real-time hardware processing[J]. Advanced Materials Technologies, 2021, 6(12): 2100655.

[5] Zhang X S, Li H Y, Gao Q, et al. Self-powered triboelectric mechanical motion sensor for simultaneous monitoring of linear-rotary multi-motion[J]. Nano Energy, 2023, 108: 108239.

[6] Wang C, Zhang X S, Wu J, et al. Double-spring-piece structured triboelectric sensor for broadband vibration monitoring and warning[J]. Mechanical Systems and Signal Processing, 2022, 166: 108429.

[7] Xie Z J, Dong J W, Li Y K, et al. Triboelectric rotational speed sensor integrated into a bearing: a solid step to industrial application[J]. Extreme Mechanics Letters, 2020, 34: 100595.

[8] Xie Z J, Wang Y, Wu R S, et al. A high-speed and long-life triboelectric sensor with charge supplement for monitoring the speed and skidding of rolling bearing[J]. Nano Energy, 2022, 92: 106747.

[9] Yuan Z T, Zhang X S, Gao Q, et al. Integrated real-time pneumatic monitoring system with triboelectric linear displacement sensor[J]. IEEE Transactions on Industrial Electronics, 2022, 70(6): 6435-6441.

[10] Fu X P, Bu T Z, Xi F B, et al. Embedded triboelectric active sensors for real-time pneumatic monitoring[J]. ACS Applied Materials & Interfaces 2017, 9(37): 32352-32358.

[11] Song Z X, Zhang X S, Wang Z, et al. Nonintrusion monitoring of droplet motion state via liquid-solid

contact electrification[J]. ACS Nano, 2021, 15(11): 18557-18565.

[12] Shen G C, Ma J J, Hu Y L, et al. An air velocity monitor for coal mine ventilation based on vortex-induced triboelectric nanogenerator[J]. Sensors, 2022, 22(13): 4832.

[13] Zhang S, Zhang B S, Zhao D, et al. Nondestructive dimension sorting by soft robotic grippers integrated with triboelectric sensor[J]. ACS Nano, 2022, 16(2): 3008-3016.

[14] Shu S, Wang Z M, Chen P F, et al. Machine-learning assisted electronic skins capable of proprioception and exteroception in soft robotics[J]. Advanced Materials, 2023, 2211385.

第6章

摩擦纳米发电机在交通运输领域的应用

6.1 引 言

随着汽车行业的发展及变化，道路上的车辆越来越多，由汽车带来的交通及安全问题引起了人们的广泛重视[1]。构建智慧交通系统，推动智慧城市和现代化交通网络的发展成为学者广为研究的课题。要构建智慧交通网络，离不开先进传感器的发展[2]。摩擦纳米发电机作为一种自供电传感器具有结构简单、成本低和易于布置安装等诸多优点[3]，尤其是在复杂的交通环境下，摩擦纳米发电机的分布式特点以及从环境中收集能量实现自供电传感监测的优势尤为突出[4]。因此，将摩擦纳米发电机应用于现代化交通网络中，有望使之成为众多传感器中不可或缺的一部分[5]。

人、车、路的协同发展是构建智慧交通系统监测的重要部分，因此，本章从驾驶员监测（智能驾驶监测）、车辆运动状态监测（交通环境监测）以及道路交通监测（路面健康状态监测）三方面阐述摩擦纳米发电机的应用。驾驶员是车辆的直接操纵者，驾驶员的行为直接影响到车辆的运行状态，因此对驾驶员的行为进行监测尤为重要[6]。利用摩擦纳米发电机的自供电传感特性，在驾驶员直接操纵的位置，如方向盘、踏板等位置安装摩擦纳米发电机，并通过合理的传感器结构设计捕捉驾驶员的操作行为信息。结合深度学习等处理技术，对驾驶员的操作数据进行分析，实现对驾驶员驾驶行为的实时监测。

对车辆的运行状态监测也非常重要。车辆是交通的主体，车辆的行驶状况则直接关乎道路交通的安全。近年来，摩擦纳米发电机在汽车状态监测的方面已取得长足进展。例如，用于轮胎压力检测的摩擦电式胎压传感器[7]，用于汽车进气流量监测的摩擦电传感器[8]，以及用于刹车片状态监测的摩擦电传感器等[9]。在汽车行驶过程中，车辆的速度及加速度是两个重要的参数。因此，本章还将介绍摩擦电式车辆速度传感器以及加速度传感器，以实现摩擦纳米发电机在车辆状态监测方面的应用。

道路也是构建智慧交通网络中不可或缺的一部分，汽车在道路上行驶时存在很多的能量浪费，通过摩擦纳米发电机对道路上产生的能量进行收集利用，对于节能减排具有重要意义。同时，道路状态的监测也是保证交通安全的重要部分，通过摩擦纳米发电机收集的道路能量可以为道路监测传感器供电，摩擦纳米发电机也可以作为一种自驱动的传感器实现道路状态的监测。因此，本章还将介绍摩擦纳米发电机在道路状态监测以及能量收集方面的应用。

总体而言，本章将介绍摩擦纳米发电机在构建智慧交通系统中各个方面的典型应用，详细阐述其在各应用领域的实现方法及机理，为深化和完善其在智慧交通系统中的应用提供指导方法及借鉴意义，真正促进其智能化及实用性的发展。

6.2 智能驾驶监测

6.2.1 驾驶操作监测

在驾驶培训阶段提高驾驶员的驾驶技能对于减少道路交通事故的发生至关重要[10]。本节提出了一个驾驶训练辅助系统，用于新手驾驶员培训及行为监测[11]。该系统基于多个摩擦纳米发电机设计了驾驶操作传感器。挡位传感器可以监测驾驶员切换的挡位，转向角度传感器可以捕捉驾驶员转动方向盘的方向和角度，踏板传感器可以监测驾驶员踩下或松开的踏板。此外，开发的驾驶培训辅助系统可以监控驾驶员行为，并实时提供每个驾驶员操作过程的反馈。该系统结合深度学习技术，能够识别驾驶员在特定训练场景下的驾驶操作是否正确，准确率达到 97.5%。这项工作旨在帮助新手驾驶员进行驾驶培训，以提高他们的驾驶技能并养成良好的驾驶习惯。该方案为无教练带教的驾驶训练模式的创新探索提供了新的思路。

1. 结构设计及原理分析

在此，我们提出了一种驾驶培训辅助系统的概念，该系统通过集成多个摩擦电传感器的传感网络来收集驾驶员的操作数据，并利用深度学习技术实现对驾驶员训练结果的判别，具体如图 6.1 所示。

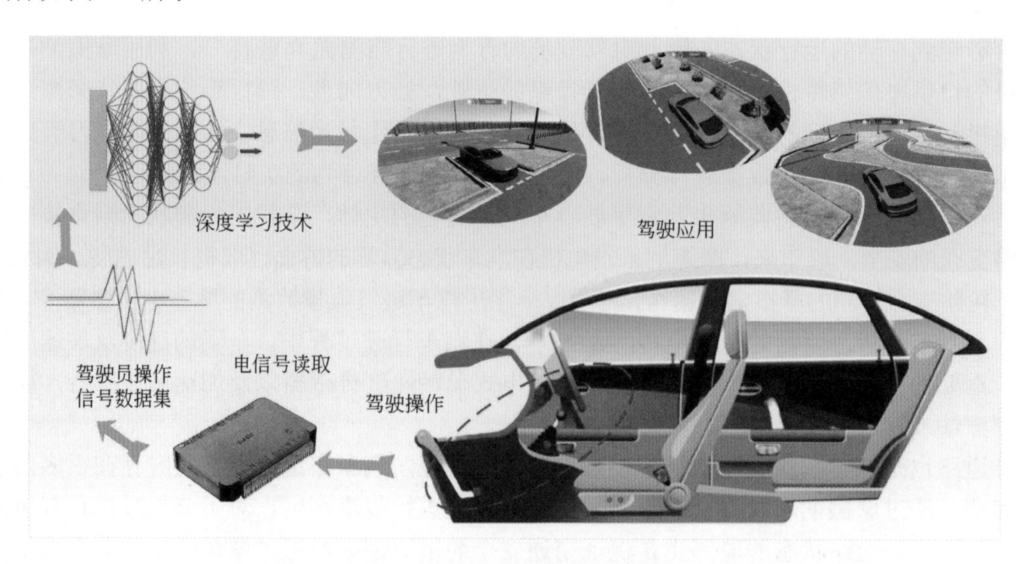

图 6.1 驾驶培训辅助系统的概念

该系统主要由摩擦电传感器、读取电子器件和深度神经网络分类器组成。三个摩擦电传感器安装在汽车的不同位置，用于捕捉驾驶员在训练过程中产生的一系列电信号，相关的处理器进行数据的读取和处理。最后，将驾驶员在训练过程中的电信号数据输入到神经网络分类器中，实现对驾驶训练结果的判别。

摩擦电挡位传感器的样机结构如图 6.2（a）所示，实物模型 6.3（a）。它由支撑外壳及亚克力滑块组成，在支撑外壳的间隙内壁上附有铜电极对和 PTFE 薄膜，而亚克力滑块的侧壁上则仅附有一层铜膜。当驾驶员进行换挡操作时，挡杆推动滑块滑动，从而引起电荷转移，产生电信号，用于捕捉驾驶员的换挡信息。方向盘转角传感器的样机结构及实物模型如图 6.2（b）及图 6.3（b）所示。它由固定在壳体上的定子和安装在方向盘转轴处的转子组成。定子上附有不同长度的铜电极对，PTFE 薄膜则附着在其表面上，转子内壁上粘贴有均匀分布的铜膜。当驾驶员转动方向盘时，转子相对于定子发生转动，从而引起电荷转移，产生电信号，以获取驾驶员的转向信息。踏板传感器［图 6.2（c）和图 6.3（c）］由弹簧支撑的亚克力基板组成，上下两个基板上分别附有铜膜和 PTFE 薄膜。当驾驶员踩踏踏板时引起电荷转移，从而捕获驾驶员的踩踏信息。

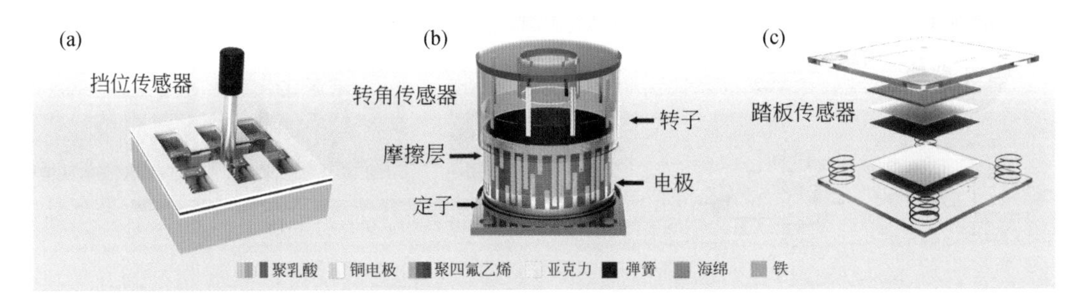

图 6.2　摩擦电挡位传感器的结构设计

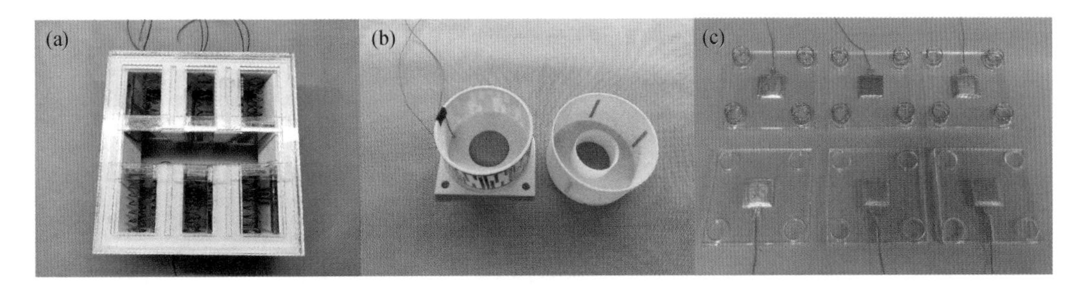

图 6.3　摩擦电挡位传感器的结构设计实物图

摩擦电挡位传感器的工作原理如图 6.4（a）所示。由于摩擦带电和静电效应的耦合，当动子铜电极和 PTFE 膜相对运动时，电荷将通过外部电路在铜-2 和铜-3 之间周期性地来回流动。具体而言，当铜-1 位于铜-2 的正上方时，不存在电荷转移。随着滑块的滑动，铜-1 从铜-2 滑到铜-3，并且存在电荷转移，即外部电路中的电流从铜-3 流向铜-2。滑块继续滑动，电流持续地从铜-3 流到铜-2。当铜-1 位于铜-2 的正上方时，不存在电荷转移。图 6.4（b）所示仿真结果展示了动子电极处于不同位置时的电势分布，这很好地说明这一工作过程。

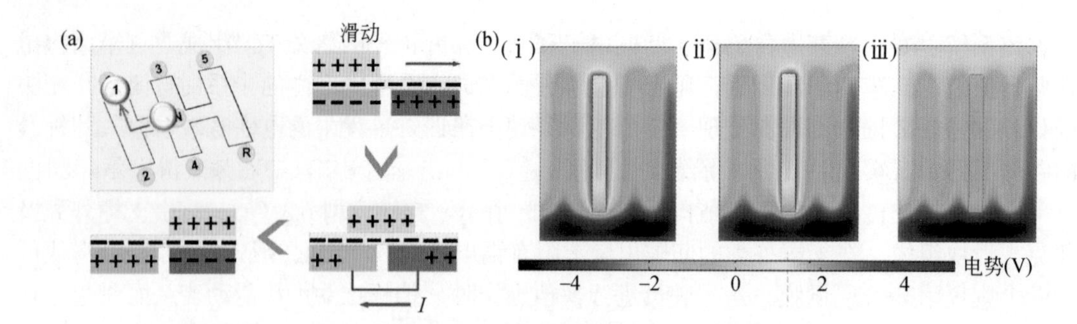

图 6.4　摩擦电挡位传感器的工作原理

对于方向盘转角传感器而言，其工作原理与摩擦电挡位传感器相似，不同之处在于电荷的转移是随着转子的转动而发生的，如图 6.5（a）所示。此外，定子上的电极对具有三种不同的长度且周期性均匀分布。从图 6.5（b）的仿真结果可以看出，当转子电极转到逐渐减小长度的定子电极对正上方时，电势也逐渐减小。

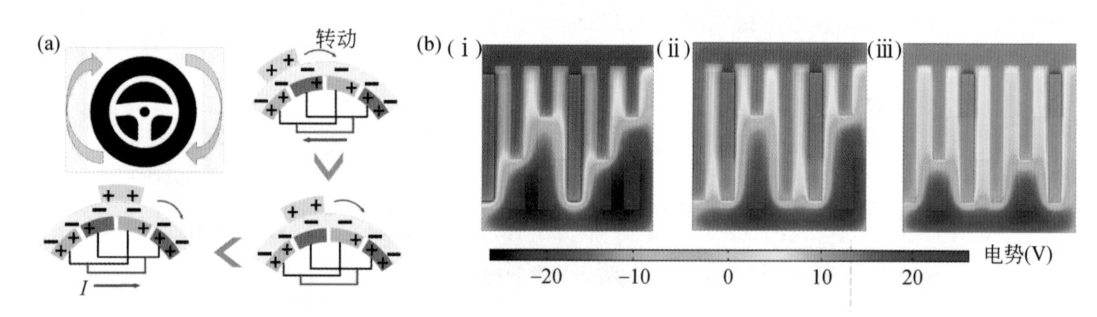

图 6.5　方向盘转角传感器的工作原理

踏板传感器的工作原理如图 6.6（a）所示，当驾驶员踩踏踏板时，铜电极和 PTFE 两种不同的材料逐渐接触，电流通过外电路由铜-2 流向铜-1。当驾驶员释放踏板时，两种材料逐渐分离，此时电流通过外电路由铜-1 流回铜-2。图 6.6（b）的仿真结果对这一过程进行了验证。

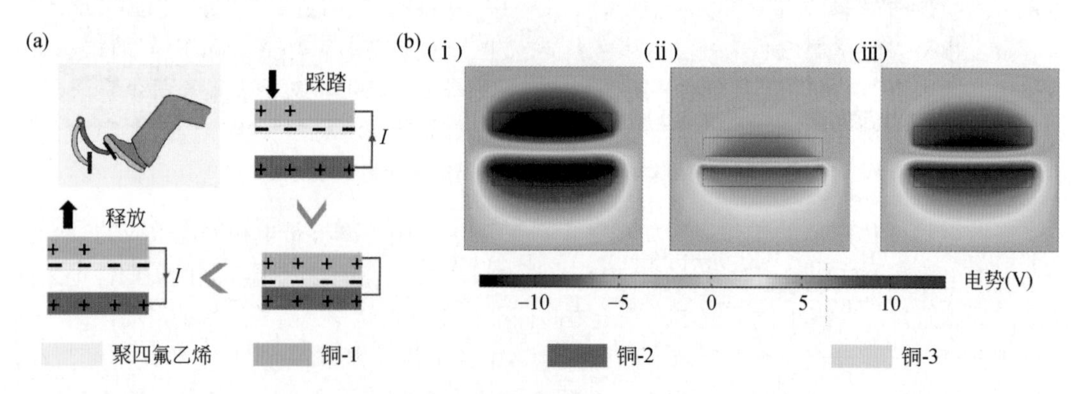

图 6.6　踏板传感器的工作原理

2. 摩擦电传感器的基本输出性能

摩擦电传感器的输出电特性对构建驾驶培训辅助系统至关重要。因此，研究了不同参数下传感器的输出性能。如图 6.7（a）所示，得益于每个挡位上粘贴有不同的电极对数，切换不同挡位时所产生的电信号亦不相同。从图 6.7（b）可以看出，每个挡位对应有不同的脉冲数，可据此来判断驾驶员的换挡行为。

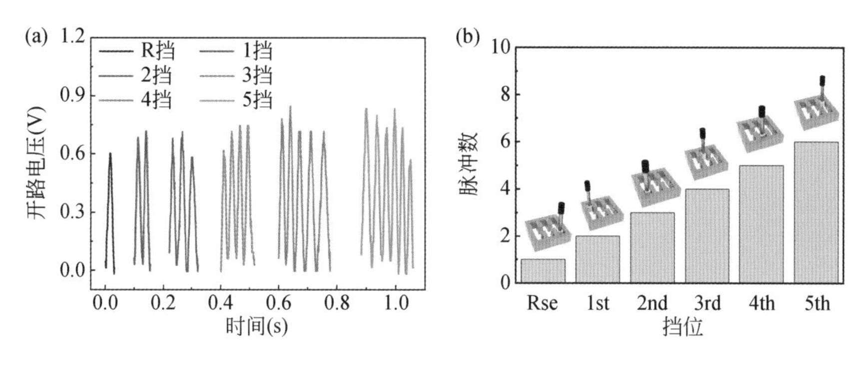

图 6.7　挡位传感器的电信号输出

方向盘转角传感器的电输出性能如图 6.8 所示。当向右转动方向盘时，从图 6.8（a）可以观察到输出电压呈现出周期性上升趋势，这再次证实了前述原理和仿真结果的有效性。为了能够更好地理解脉冲数与方向盘转角之间的关系，搭建了旋转实验台，并记录了不同转角下的输出电信号，如图 6.9 和图 6.10 所示。

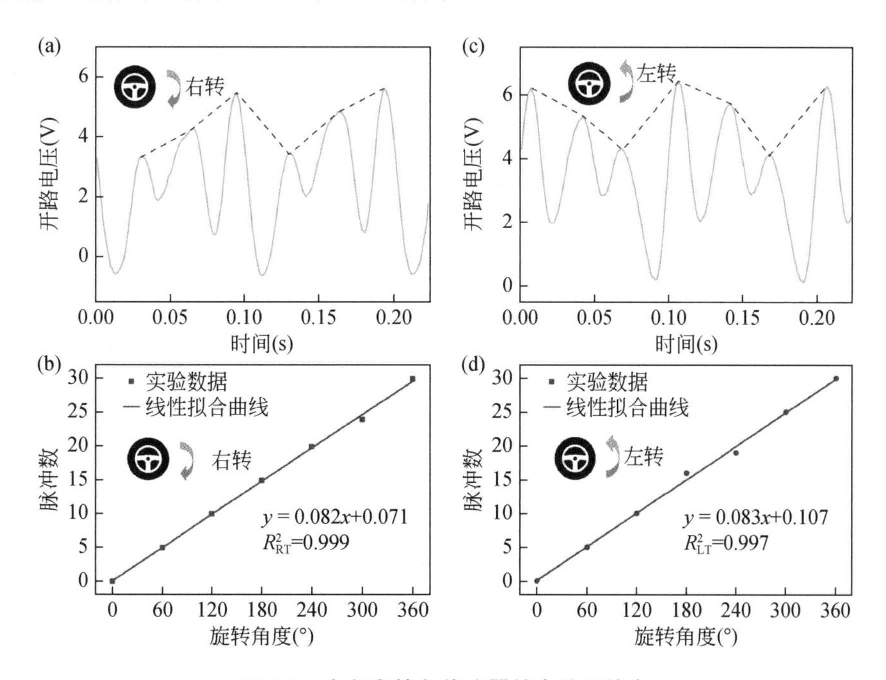

图 6.8　方向盘转角传感器的电信号输出

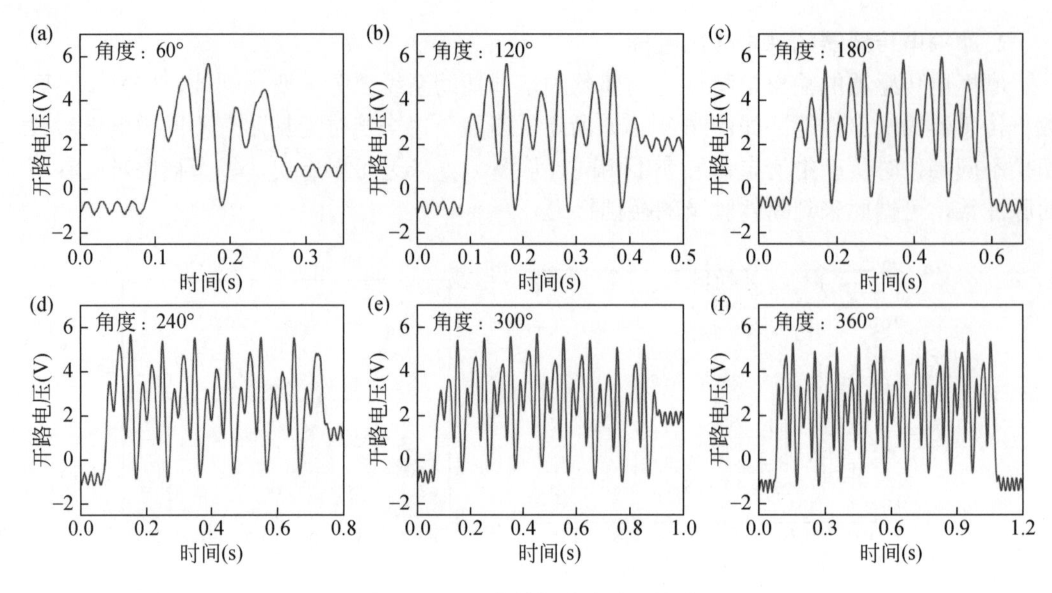

图 6.9　不同右转角度电信号输出

可以观察到一个脉冲对应方向盘转向角度为 12°。即每出现一个上升沿或下降沿时，方向盘转动为 6 度。图 6.8（b）显示了方向盘转角与脉冲数之间良好的线性关系，其拟合系数达到了 0.999。当向左转动方向盘时，在图 6.8（c）中观察到输出电压呈现周期性下降趋势。图 6.10 展示了不同左转角度下的电信号输出。图 6.8（d）展示了转角与脉冲数之间的拟合曲线，相关系数为 0.997。

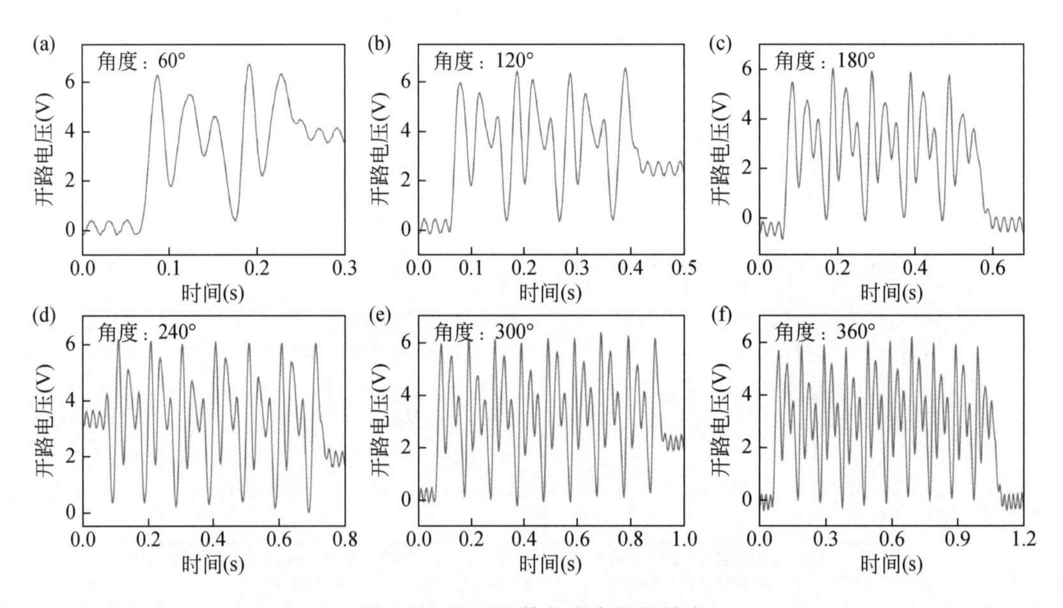

图 6.10　不同左转角度电信号输出

当驾驶员踩踏踏板时，三个踏板传感器通过三个通道输出的电信号，如图 6.11（a）。为了更好地探究踩踏参数对其输出电信号的影响，搭建了模拟踩踏的直线电机实验台。从

图 6.11（b）可以观察到，随着踩踏速度的提高，输出电压略微增大。当驾驶员施加不同的踩踏力时，会导致两个接触层下的海绵基底不同程度的挤压。为此探究了不同挤压程度下踏板传感器的电输出性能。从图 6.11（c）可以看出，随着挤压程度 d 的增加，输出电压明显增加，即踩踏力越大，输出电压幅值越大。相比较于踩踏速度引起的幅值变化，踩踏力对电压幅值影响更为显著。

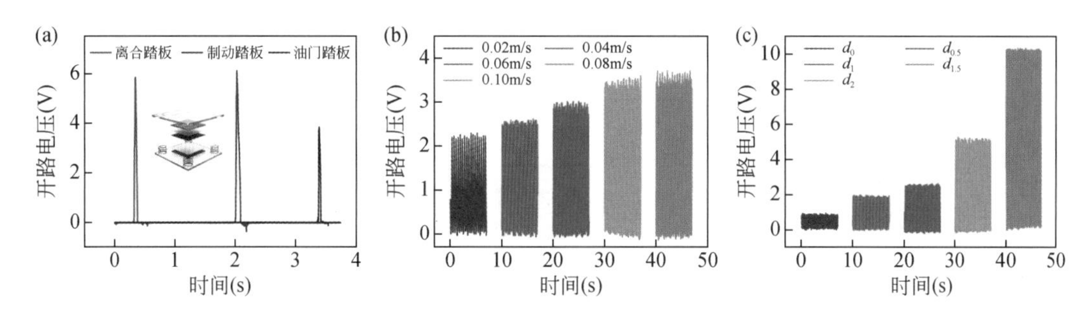

图 6.11　踏板传感器的电信号输出

3. 驾驶模拟数据采集及分析

在正式开始实验之前，需要做出一些必要说明。驾驶实验测试是在固定底座的驾驶模拟器上进行的（图 6.12），安装在驾驶模拟器上的样机不会影响驾驶员的正常操作，并且整个实验过程中不存在安全隐患。选择 10 名志愿者作为驾驶实验人员，年龄分布在 22～28 岁。志愿者均为自愿参加实验，没有额外的金钱补偿。驾驶场景模拟的是中国机动车驾驶员培训课程和驾驶证考试的科目二内容。为了尽可能与真实驾驶训练保持一致，还需设定一些约束条件。每次实验前都应该保持车辆从同一位置区间开始，且车辆的行驶速度设定在 8km/h 以下。

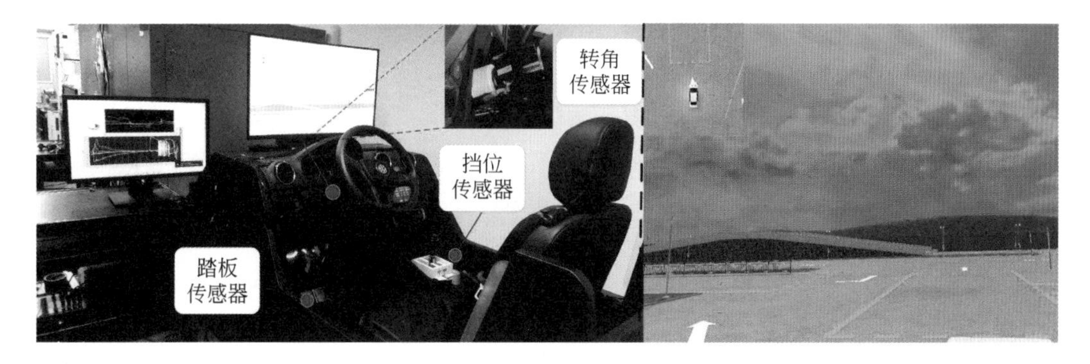

图 6.12　驾驶模拟实验平台

图 6.13 显示了驾驶员完成一次完整倒车入库过程的示意图。整个过程可以分为三种状态。首先，在状态 1 时，汽车处于起始位置，驾驶员踩下离合踏板［图 6.13（a）］，将挡杆推入倒挡［图 6.13（b）］，缓缓启动汽车。在状态 2 时，汽车开始倒车并逐渐调整位置，驾驶员通过转动方向盘来调整汽车的方向［图 6.13（c）］。最后，进入状态 3，汽车成功倒入停车位，驾驶员同时踩下离合和刹车踏板进行制动，完成整个倒车入库过程。

整个过程的数据通过电子读取设备记录保存。对于新手驾驶员来说，成功将汽车倒入库里并非易事。因此，演示了三种新手驾驶员常见的错误情况，并进行了数据的分析记录（图 6.14）。

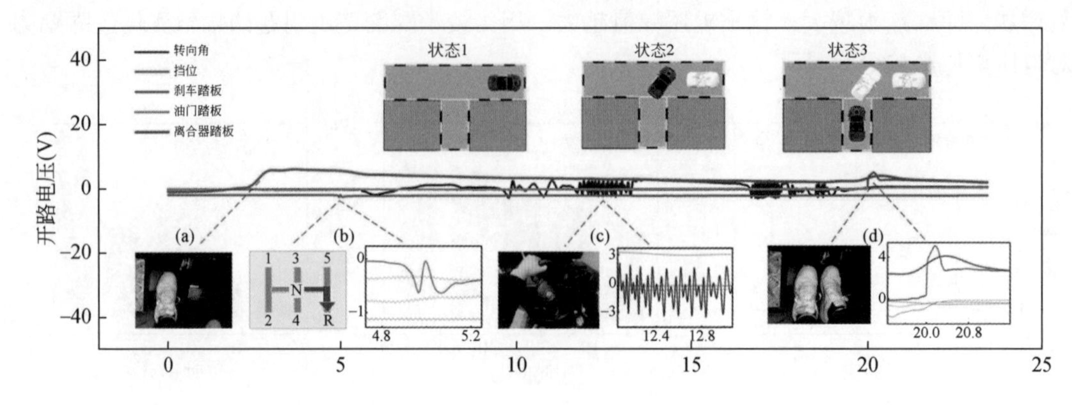

图 6.13　倒车入库全过程数据分析

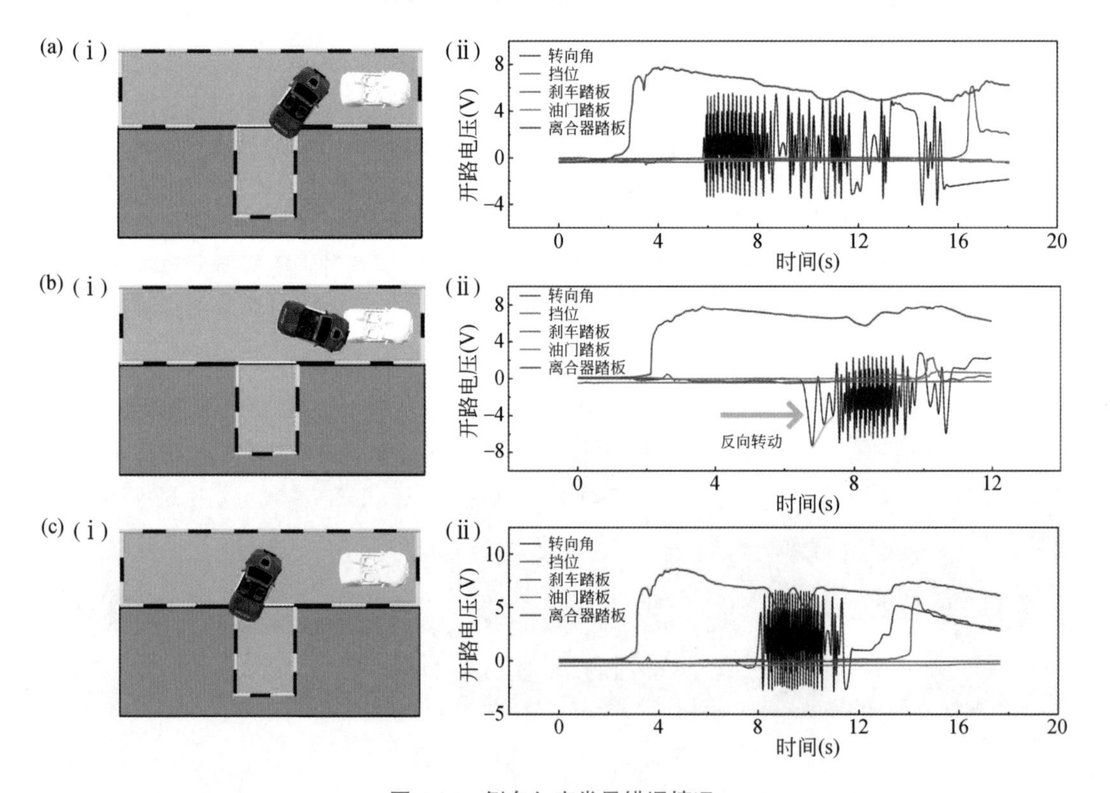

图 6.14　倒车入库常见错误情况

在进行侧方停车时，汽车在整个过程中同样可以分为三种状态。在状态 1 和状态 3 时（图 6.15），驾驶员的操作与倒车入库相同。在状态 2 时，方向盘则需要更多次的调整以使汽车能够停进库里。同样在曲线行驶和直角转弯的场景下进行了驾驶模拟实验，如图 6.16 所示。两种场景中驾驶员的操作主要以调整方向盘为主，实验结果显示摩擦电式传感器在该过程中仍具有很好的输出电信号。

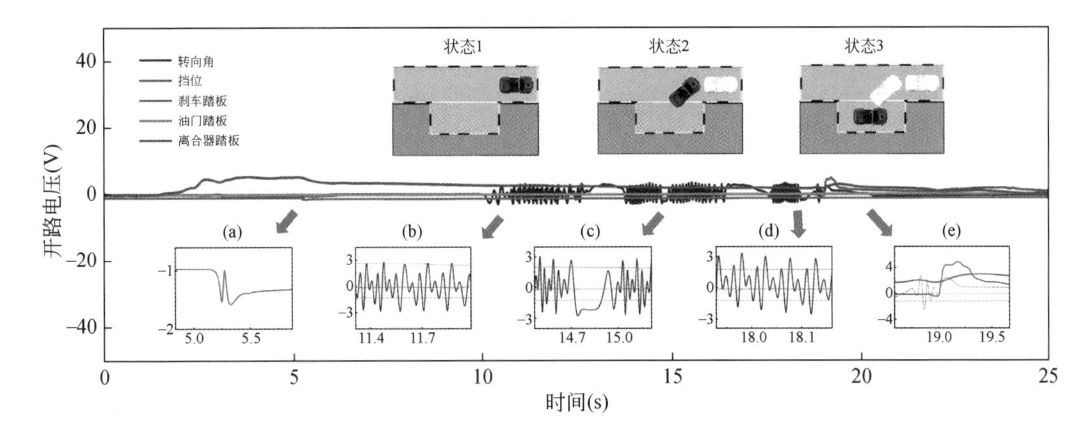

图 6.15　侧方停车全过程数据分析

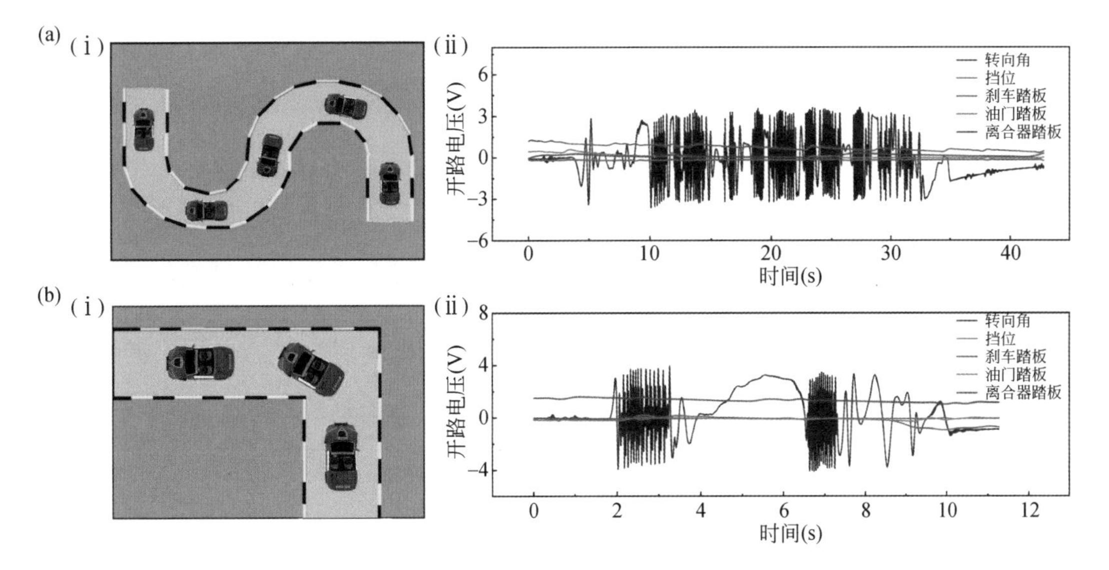

图 6.16　曲线行驶及直角转弯全过程数据分析

4. 驾驶培训辅助系统的应用

为了帮助驾驶员更好地掌握驾驶技能，开发了一个驾驶操作监测系统，并结合深度学习技术进行驾驶训练结果的识别。

新手驾驶员通常缺乏驾驶经验。当他们开始真正驾驶汽车时，往往会感到害怕，这会影响他们对车辆的控制能力。因此，驾驶操作监测系统应运而生。该系统可以对学员在训练过程中的每一个操作动作提供反馈，使学员能够直观、准确地感受到自己的动作对车辆状态和轨迹的影响，快速建立和修改自己的操作技能。同时，该系统也能够帮助学员快速适应和缓解由车辆移动带来的紧张情绪。图 6.17（a）显示了系统的信号处理程序流程。首先，获取 5 个通道的传感信号。其中，第一个通道获取的是方向盘转角传感器数据，首先根据电信号的峰谷值计算相邻值 k_i（i=2～4）的差值，然后比较三个相邻差值，以判断旋转运动的旋转方向。其次，根据电信号的极值点（峰谷）个数（2m）计算旋转角度（该值为旋转 1 圈信号周期数 m 的 2 倍）。第二个通道获取的是挡位传感器的数据，首先根据峰值得到脉冲数，并根据脉冲数与各挡位的对应关系判断驾驶员所切换到的挡位。第三～第五个通道分别获取了每个踏板的传感信号，并根据电信号的幅值来判断驾驶员踩踏的程度。图 6.17（b）显示了整个演示应用平台，图 6.17（c）-（ i ）和（c）-（ ii ）显示了驾驶员在训练过程中的相关操作。显示界面能够对驾驶员的每个操作进行反馈显示，这证实了该系统在驾驶员训练监测应用中的可行性。

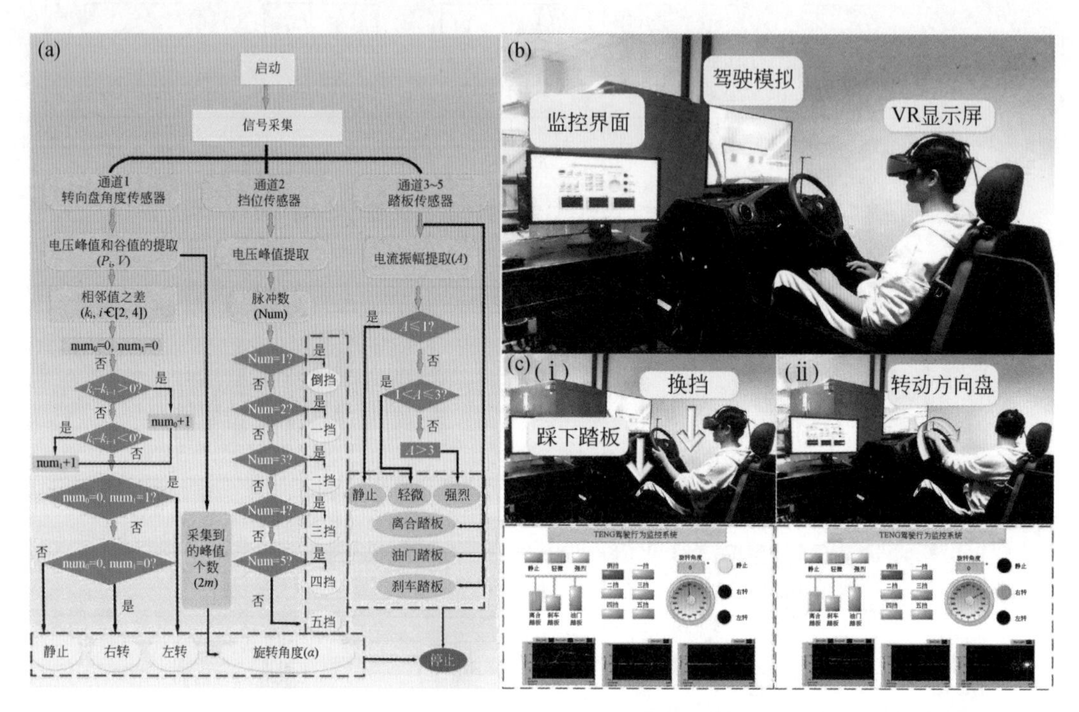

图 6.17　驾驶操作的实时反馈的演示应用

5. 深度学习辅助的驾驶训练结果识别

驾驶培训过程是一个复杂的操作过程，手动从摩擦电传感器波形中提取的浅层特征，如振幅、频率和保持时间等，无法准确驾驶训练结果，且容易受到环境变化的影响。考虑到摩擦电传感器检测到的驾驶训练操作信号的个体差异和复杂性，需要结合机器学习技术来实现对训练结果的识别。机器学习作为一种提取细微差异和处理多通道信号的新兴技术，在精细信号分析和精确识别方面显示出巨大的潜力。深度学习是机器学习的一个重要子领域，由于其广泛的适应性和高精度，已被应用于分析各种感官数据的分析。在深度学习中，一维卷积神经网络（1D CNN）是一种非常有效的模型，可以从时间序列的感官输出中提取细微特征。因此，尝试开发一种可评估驾驶训练结果的识别系统，以区分训练是否合格。

首先，收集了倒车入库训练过程中 10 名驾驶员训练的操作数据，并分为正确和错误的操作数据各 10 组。每组样本共蕴含 20000 个特征数据，采样频率为 1000，时间为 20s。最终，得到一个包含 200 组样本的数据集，其中包括 10 名驾驶员的训练数据。将数据集按照 8∶2 的比例分为训练集和测试集后，并使用 5 种不同的分类模型进行训练和测试。图 6.18（a）展示了一维 CNN 网络结构。该 CNN 模型由 10 层结构组成：一个输入层，两个卷积层，两个最大池化层，一个平坦层，三个隐藏层和一个输出层。输入层对应于驾驶员训练过程中产生的摩擦电信号；经过卷积和池化操作提取样本数据的特征；而后，对提取的特征进行平面化处理，通过三个隐藏层传递到输出层；输出层对应正确和错误两种不同的驾驶训练识别结果。同时，测试了机器学习传统的 4 种分类模型，分别为 1. K-Nearest Neighbor（KNN）；2. Extreme Gradient Boosting（XGB）；3. random forest（RF）；4. Support Vector Machine（SVM）。5 种模型的测试准确率如图 6.18（b）所示。可以看到，CNN 模型最优异，准确率可以达到 97.5%。图 6.18（c）～（d）以及图 6.19 为 4 种机器学习分类模型的混淆矩阵，分类效果并不理想。选择二维特征空间可视化样本在特征空间中的分布情况。图 6.18（e）展了 CNN 模型在特征空间中的分布情况，表现出良好的类间可分性。经过 20 轮的训练后，模型在训练集上的准确率达到 100%，测试集准确率也达到 97.5%。图 6.18（g）的混淆矩阵也表现出良好的效果。综上，CNN 模型优于其他 4 种分类器，可以达到 97.5% 的准确率，能够有效识别驾驶员的训练结果。

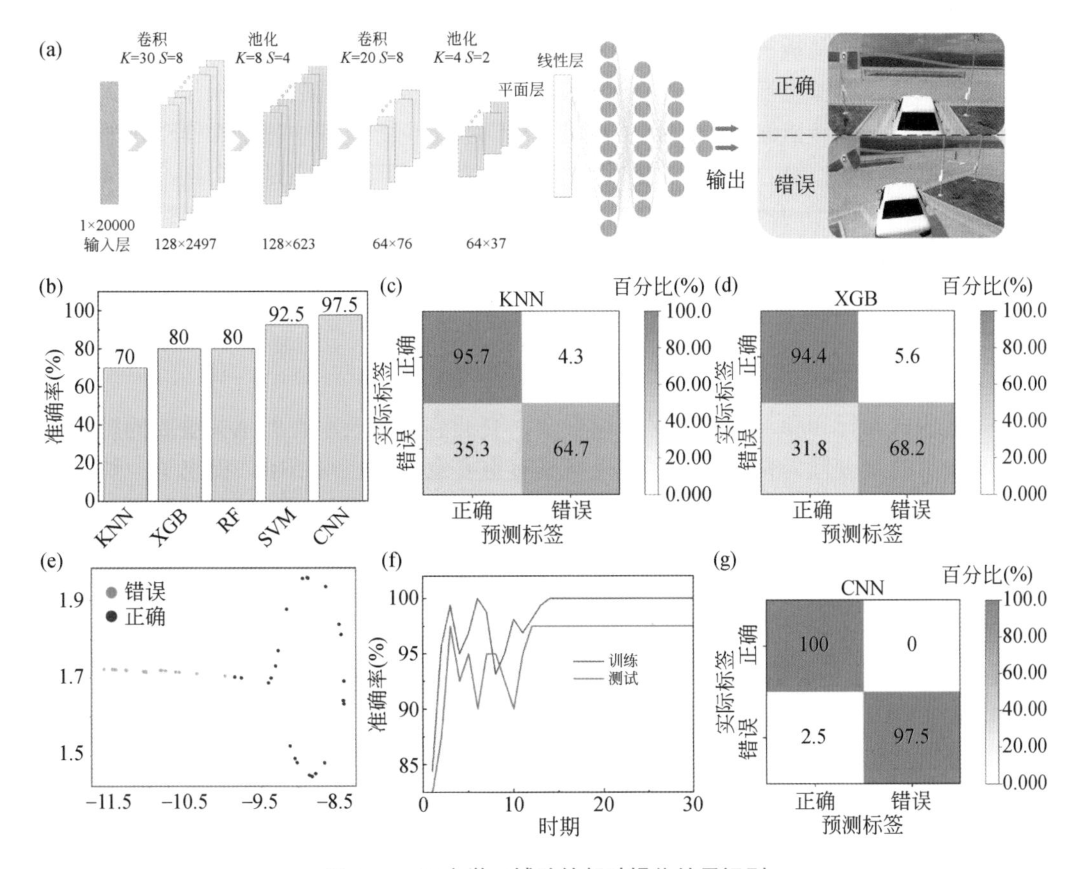

图 6.18　深度学习辅助的驾驶操作结果识别

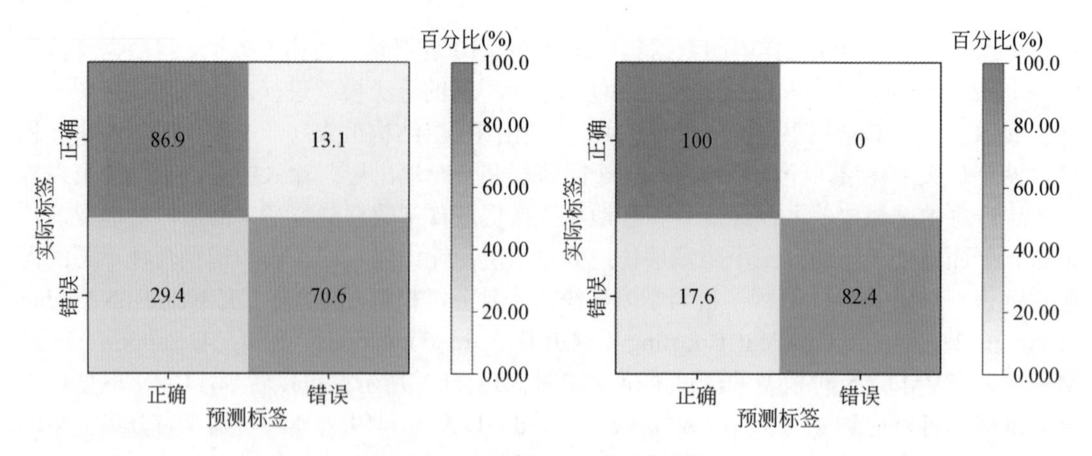

图 6.19　RF 及 SVM 混淆矩阵

综上，介绍了一种驾驶培训辅助系统，用于新手驾驶员的训练监测。该系统包含三个摩擦电式驾驶操作传感器，安装在汽车的驾驶操作装置上获取驾驶员的操作数据。对传感器的结构、工作原理和电输出性能进行了详细的分析及测试。挡位传感器能够识别驾驶员的换挡过程，方向盘转角传感器可以识别方向盘转动的方向及角度，最小识别角度为 6 度，踏板传感器可以识别踏板的踩踏程度。通过驾驶模拟实验对驾驶员训练的操作过程进行了分析，结果表明，摩擦电汽车驾驶操作传感器能够准确检测到驾驶员的操作信号。在此基础上，开发了驾驶操作监测系统，成功实现了对驾驶员训练过程中每个操作动作的反馈，便于其快速掌握驾驶技能。最后，通过深度学习技术评估训练结果是否合格，准确率高达 97.5%。该工作在辅助新手驾驶员训练方面具有一定应用前景，并为无教练员带教的驾驶培训新模式的创新探索提供一定发展思路及技术支持。

6.2.2　驾驶行为监测

驾驶员的驾驶行为和驾驶风格对交通安全、交通容量和效率有着至关重要的影响，因此监测驾驶员的驾驶行为并识别其驾驶风格具有重要意义。在本节中，提出了一种基于摩擦-电磁复合发电机和机器学习技术的智能驾驶监测系统，该系统可监测驾驶员对油门和刹车踏板的踩踏行为，并结合机器学习技术处理驾驶行为数据，实现驾驶风格的识别。这项工作在交通安全和智能驾驶领域具有重要的潜在应用价值。

1. 整体方案设计

在此我们提出了一种智能驾驶监测系统，可实现驾驶行为的监测和驾驶风格的识别[12]，具体如图 6.20 所示。

该系统由自供电踏板运动传感器（SPMS）和智能数据处理单元（IDPU）组成，可监测驾驶行为并识别驾驶风格。SPMS 用于监测驾驶行为，主要由一个六相位摩擦纳米发电机（S-TENG）和一个自由旋转盘式电磁发电机（FD-EMG）组成。S-TENG 可识别踏板运动方向、运动幅度和运动速度等信息，FD-EMG 可收集踏板运动能量，并实现自供电驾驶行为警示功能。IDPU 包括一个驾驶风格特征变量数值计算系统和一个驾驶风格分类器，它可以根据 SPMS 采集的驾驶数据识别驾驶风格。驾驶风格分类器的设计基于模拟驾驶实验和机器学习技术的结合，并通过实验验证了其准确性。

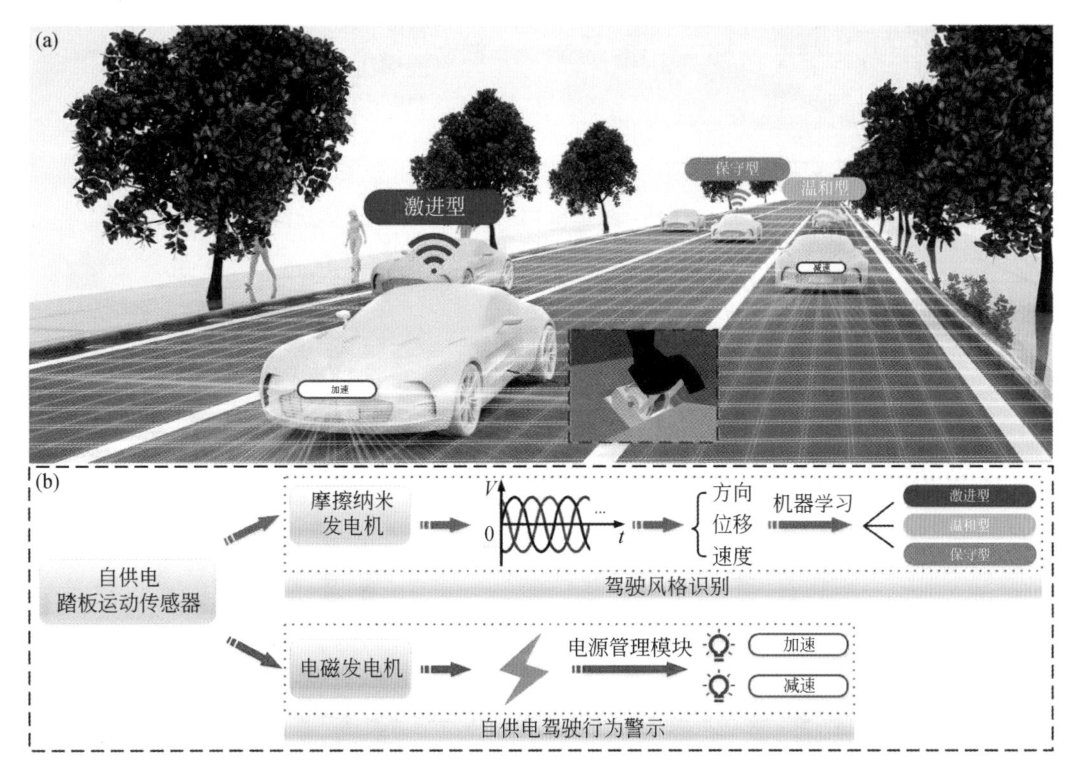

图 6.20　SPMS 的应用和系统结构。（a）SPMS 的应用设想；（b）监控驾驶行为和识别驾驶风格的过程

2. 样机结构设计

自供电踏板运动传感器（SPMS）的应用和工作过程如图 6.20（a）和图 6.20（b）所示。装有 SPMS 的车辆可以监控驾驶员的驾驶行为，并能识别驾驶员的三种驾驶风格（即激进型、温和型和保守型）。图 6.20（a）还显示了 SPMS 的形状及其在车内的安装位置，SPMS 安装在汽车踏板下，能够同时监测油门和制动踏板的运动信息，并收集驾驶员的踩踏能量。如图 6.21 所示，SPMS 主要由底座、套筒外壳、S-TENG、FD-EMG 和传动装置组成。套筒外壳包含一个定子（套筒 2）和两个转子（套筒 1、3），套筒 2 的边缘固定在底座上，以确保套筒 2 处于锁定状态。S-TENG 由铜电极和聚四氟乙烯薄膜组成，电机结构如图 6.22 所示。其中电极 A 和电极 C 用作定子，它们通过黏合剂分别固定在套筒 2 的外壁和内壁上，结构装配实物图如图 6.23（b）所示。电极 B 和 D 是表面覆有聚四氟乙烯薄膜的旋转结构，它们通过黏合剂分别固定在套筒 1 的内壁和套筒 3 的外壁上，并与套筒 1 和套筒 3 同步旋转，结构装配实物图如图 6.23（a）和（c）所示。电极 A、B 和电极 C、D 之间留有小间隙，以减少电极磨损和套筒旋转时的摩擦。电极 A、B、C 和 D 均采用三相位设计，每个相位 50 个单元，从而将分辨率提高到 1.05 毫米。FD-EMG 包含一个定子和一个转子（图 6.21），定子由 6 个直径为 20 毫米的线圈组成，相邻轴环之间的角度差为 60°，铜线圈固定在一个聚乳酸基座上，基座上有通过 3D 打印制作的凹槽［图 6.23（d）］。聚乳酸底座固定

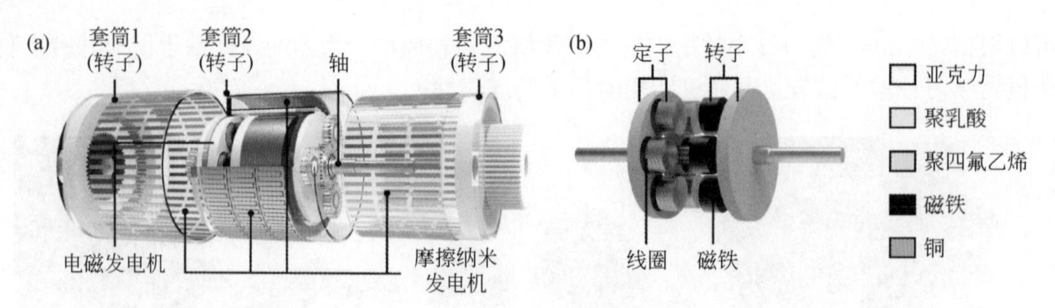

图 6.21　S-TENG（a）和 FD-EMG（b）的具体结构

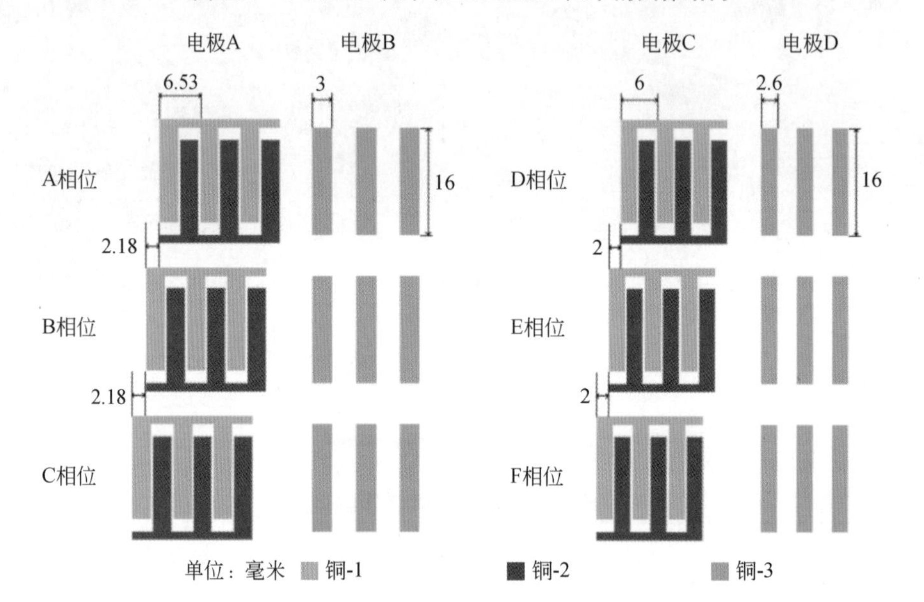

图 6.22　电机结构

图 6.23　实物图

（a）套有电极 B 的套筒 1；（b）电极 A 和 C；（c）套有电极 D 的套筒 3；（d）基座；（e）转子；（f）行星齿轮组和单向离合器

在套筒 2 上。转子部分由六块圆柱形磁铁和一个聚乳酸底座组成图［图 6.23（e）］，其尺寸和排列方式与铜线圈相同，相邻两块磁铁的极性相反，底座固定在轴 S1 上。磁铁和线圈之间的距离设定为 1 毫米，以最大限度地提高能量捕获能力。

如图 6.24（a）所示，SPMS 的传动结构主要由齿条（R1、R2）、齿轮（G1、G2）、传动轴（S1）、行星齿轮组（G31～G35、G41～G45）、单向离合器（C1、C2）和弹簧组成。行星齿轮组和单向离合器的结构如图 6.23（f）所示。单向离合器的内部有一些特殊形状的滚子，可使单向离合器在一个方向上自由转动，并在另一个方向上啮合。在图 6.24（b）中，C1 和 C2 可以顺时针方向传递扭矩，逆时针方向自由转动。齿轮 G35 和 G45 分别通过单向离合器 C1 和 C2 固定在传动轴 S1 上，G35（G45）和 C1（C2）相互固定，以传递运动和扭矩。齿轮 G1 和 G31 分别固定在套筒 1 端盖的两侧，G1 和 G31 具有相同的旋转中心和转速，G2 和 G41 分别固定在套筒 2 端盖的两侧，也具有相同的旋转中心和转速。

SPMS 传动装置的运行机制如图 6.24（b）所示，对于加速踏板和制动踏板而言，可分为两个阶段。对于加速踏板，第一阶段：加速踏板处于静止状态，R1 处于弹簧支撑的最大长度。当驾驶员踩下加速踏板时，R1 向下，弹簧被压缩。R1 带动套筒 1 和电极 B 逆时针旋转，此时 C1 传递扭矩，C2 不受力，R1 通过 G1-G31-(G32、G33、G34)-G35-C1-S1 带动磁铁组顺时针旋转。激励停止后，磁铁组在惯性的作用下仍继续旋转一段时间，从而使 FD-EMG 继续输出电能。第二阶段：驾驶员抬起加速踏板，R1 在弹簧的作用下开始伸长，R1 带动套筒 1 和电极 B 做顺时针旋转，此时 C1 不传递扭矩，磁铁组不受力。制动踏板的传动过程与油门踏板类似。当驾驶员踩下制动踏板时，R2 驱动套筒 3 和电极 D 逆时针旋转，此时 C2 传递扭矩，C1 不受力。R2 通过 G2-G41-(G42、G43、G44-G45)-C2-S2 驱动磁铁组顺时针旋转。当抬起制动踏板时，R2 驱动套筒 3 和电极 D 顺时针旋转，此时 C2 不传递扭矩。

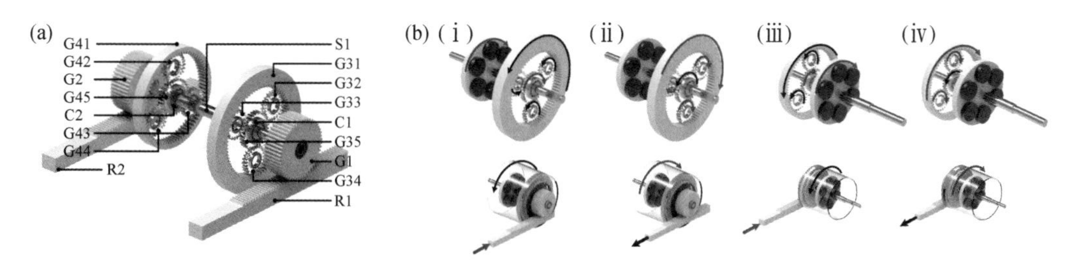

图 6.24 传动单元结构

SPMS 中 G1（G2）与 G31（G41）的分度圆线速度比为 50∶76，G31（G41）与 G35（G45）的齿数比为 30∶76，因此当 S1 或 S2 向下移动 40.82mm 时，磁铁组顺时针转动一圈。

S-TENG 的工作原理如图 6.25（a）所示。由于电极 A、B 与电极 C、D 具有相同的相位和分辨率设计，因此 S-TENG 只描述了电极 A 和 B 的工作原理。如图 6.25（a）所示，电极分为三个阶段：A、B 和 C。电极 A 由铜 1 和铜 2 组成，电极 B 由铜 3 组成。由于电负性不同，铜和聚四氟乙烯的表面携带不同的电荷。以相位 A 为例，在从阶段（i）到阶段（iii）的过程中，当电极 B 相对于电极 A 顺时针旋转时，电子持续地从铜 1 移动到铜 2，从而在电路中产生电流。当电极 B 到达阶段（iii）位置时，电路中没有电流流动。为了证明 SPMS 的电气性能，使用 COMSOL Multiphysics 对电极 A 和电极 B 之间的电势分布进行了三个阶段的模拟［图 6.25（b）］。如图 6.25（c）所示，AD620 电路模块将三个阶段的信号转换为类似方波的信号，以便于信号分析。

图 6.25（d）说明了 FD-EMG 的工作原理，即磁铁旋转时线圈中产生周期性交流电。在阶段（ i ），磁铁的 S 极位于铜线圈的正上方，此时不会产生感应电流。在阶段（ ii ），当磁铁以恒定的速度沿逆时针方向旋转时，线圈的位置处于两块磁铁之间的中心位置，此时产生的感应电流最大。在阶段（iii），磁铁的 N 极移动到铜线圈的正上方，此时线圈中没有电流。在阶段（iv）中，铜线圈再次位于两块磁铁的中间，线圈中产生感应电流，其流动方向与阶段（ ii ）相反，这样就完成了一个循环。磁场的模拟结果如图 6.25（e）所示。很明显，靠近磁铁的区域磁感线分布更密集，因此磁铁应尽可能靠近铜线圈，以提高 FD-EMG 的性能。

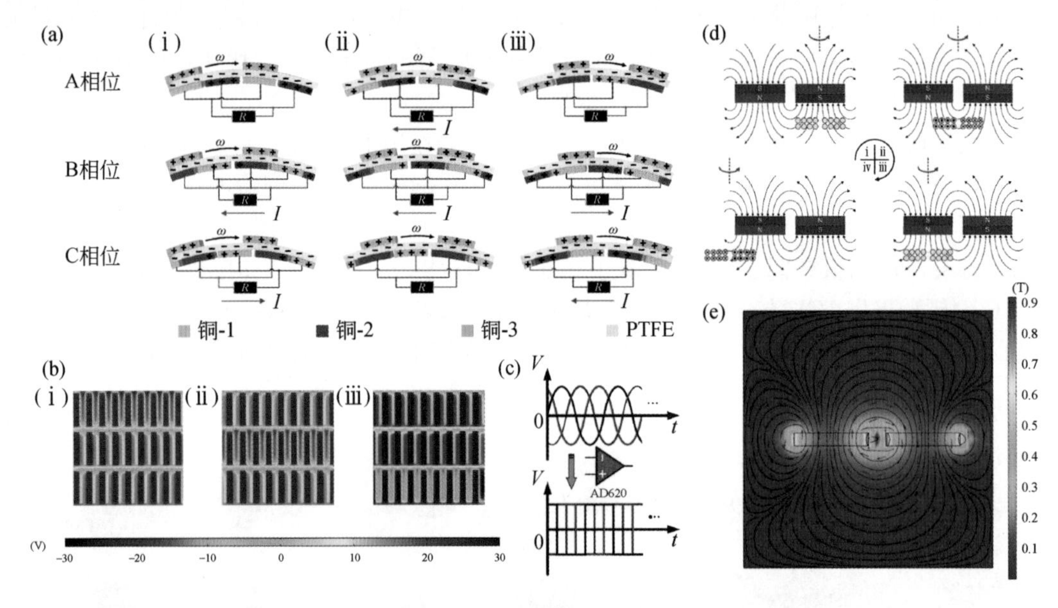

图 6.25　电场和磁场的仿真分析

3. 样机基本输出性能分析

SPMS 用于监测驾驶员的驾驶行为，由 S-TENG 和 FD-EMG 组成，利用它们的不同输出特性实现不同的传感功能。S-TENG 和 FD-EMG 的性能测试如下。

1）S-TENG 的性能

为了探索 S-TENG 的性能，本研究使用旋转电机进行性能测试。如图 6.26 所示，测试了各相在 2 r/s 转速下的开路电压和短路电流，可以看出同一电极的各相位具有相同的电气特性。此外，还研究了 F 相位在不同转速下的电气特性。随着转速的增加，开路电压基本保持不变，而短路电流则呈上升趋势。

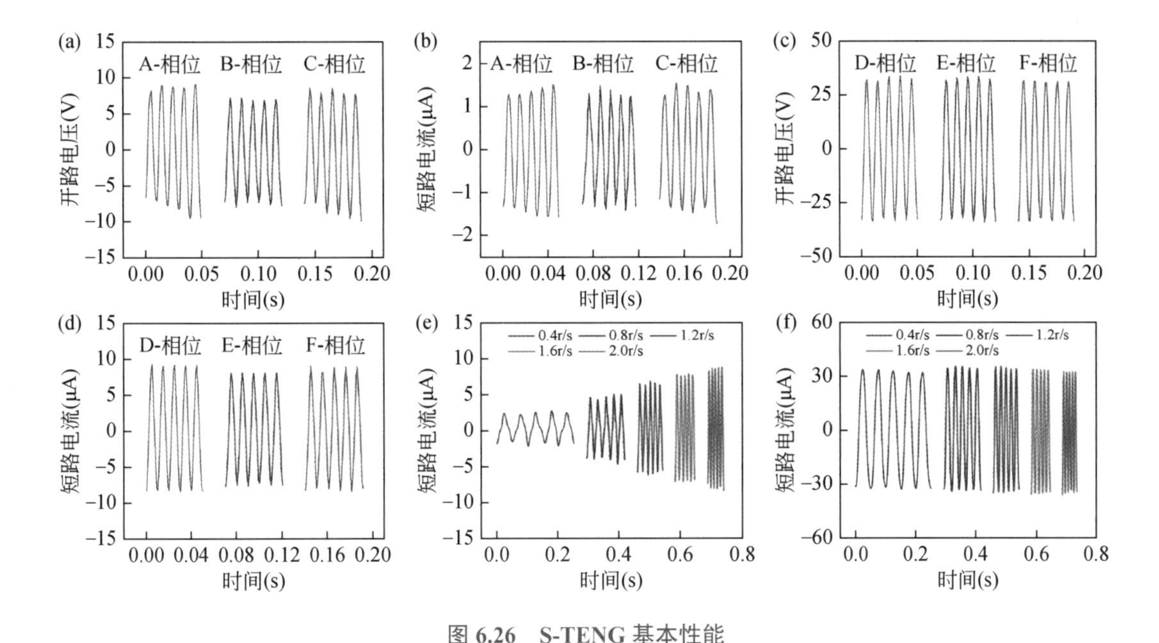

图 6.26　S-TENG 基本性能

S-TENG 可以检测踏板的运动方向、运动幅度和运动速度。为了研究 S-TENG 监测踏板运动信息的可靠性，建立了一个直线电机实验系统来模拟不同的踩踏情况［图 6.27（a）-（ i ）］。图 6.27（a）-（ii）显示了在 10mm 电机激励距离和不同激励方向下的 S-TENG 信号，可以观察到在模拟“踏板踩下”和“踏板回弹”时，信号具有不同的相序。因此，踏板运动的方向可以通过信号的相序来确定。踏板的位移可以通过脉冲数计算出来。

运动幅度与脉冲数之间的相关性可表示为：

$$x=aN \tag{6-1}$$

其中，x 是踏板的位移，a 是 S-TENG 的分辨率，在本系统中，a=1.05，N 代表 S-TENG 信号的脉冲数。

对 S-TENG 信号的波形进行快速傅里叶变换［图 6.27（a）-（iii）］，以获得不同电压值的频率分布，并根据频域值得出踏板运动速度。

速度与信号频率之间的相关性可表示为：

$$v=bf \tag{6-2}$$

其中，v 表示踏板的速度，b=3.14，这是根据 SPMS 的电极尺寸和传输比计算得出的，f 是 S-TENG 信号的频率。

图 6.27（b）显示了在 0.1 米/秒的激励速度下，不同位移距离的压低和回弹两种情况下的 S-TENG 信号。信号脉冲数随着位移距离的增加而增加。信号脉冲数与位移距离的相关性如图 6.27（c）所示。在凹陷和回弹两种情况下，线性拟合相关系数分别为 0.99912 和 0.99959。这表明两者之间存在很强的线性关系。此外，还对偏差量和偏差率进行了分析［图 6.27(d)］。在 10～60mm 的位移范围内，抑制情况和回弹情况下的最大偏差量分别为 1.42mm 和 1.26mm，最大偏差率分别为 4.7%和 5.8%。随着位移量的增加，偏差率逐渐趋于 0.5%，平均偏差率分别为 2.9%和 3.2%。图 6.27（e）显示了 60mm 位移下不同激励速度（励磁速

度）下的信号。随着激励速度的增加，信号的脉冲频率也随之增加。凹陷和回弹情况下的线性拟合相关系数分别为 0.99984 和 0.99950，具有很强的线性关系。两种情况的最大偏差值分别为 0.0030m/s 和 0.0036m/s，最大偏差率分别为 2.4%和 1.5%，平均偏差率分别为 1.1%和 1.0%。实验结果证明 S-TENG 的高精度性能。以上是电极 A 和 B 的测试结果，电极 C 和 D 的测试结果如图 6.28 所示。

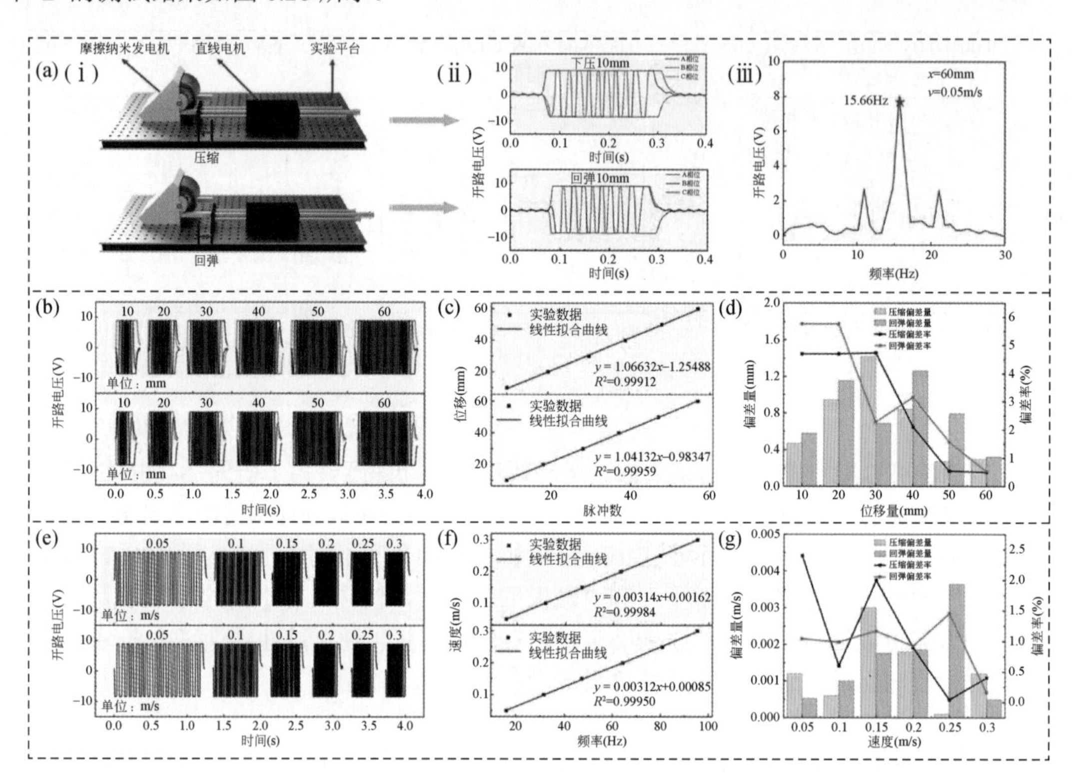

图 6.27 S-TENG 的 A、B 电极的性能测试。（a）实验系统的示意图和 S-TENG 的传感原理：（i）实验系统的原理图，（ⅱ）S-TENG 在 10mm 位移下在不同移动方向上的信号，（ⅲ）0.05 m/s 速度下 S TENG 信号图像的快速傅里叶变换；（b）S-TENG 在不同位移距离处的信号；（c）脉冲数与位移距离之间的相关性；（d）位移传感的偏差量和偏差率；（e）S-TENG 在不同励磁速度下的信号；（f）信号频率与激励速度之间的相关性；（g）速度感应的偏差值和偏差率

2）FD-EMG 的性能

FD-EMG 用于收集踏板踩踏过程的能量，并为踏板指示器提供动力，从而实现自供电驾驶员驾驶行为警示功能。图 6.29（a）展示了 FD-EMG 的应用示意图。当驾驶员踩下不同的踏板时，相应的踏板报警灯就会点亮，以警示周围的车辆和行人。图 6.29（b）显示了电源管理电路的结构。图 6.29（c）和图 6.29（d）显示了 FD-EMG 在不同磁铁组转速下的开路电压和短路电流。可以看出，开路电压和短路电流都随着磁体组转速的增加而增加。当转速从 15rpm 上升到 300rpm 时，开路电压从 7V 上升到 100V，短路电流值从 2.2mA 上升到 32.5mA。FD-EMG 的短路电流过大，超出了电位计的量程。因此，在实验过程中，在电路中串联了一个 3000Ω 电阻进行测试。实际的短路电流通过将测试数据加倍来确定。图

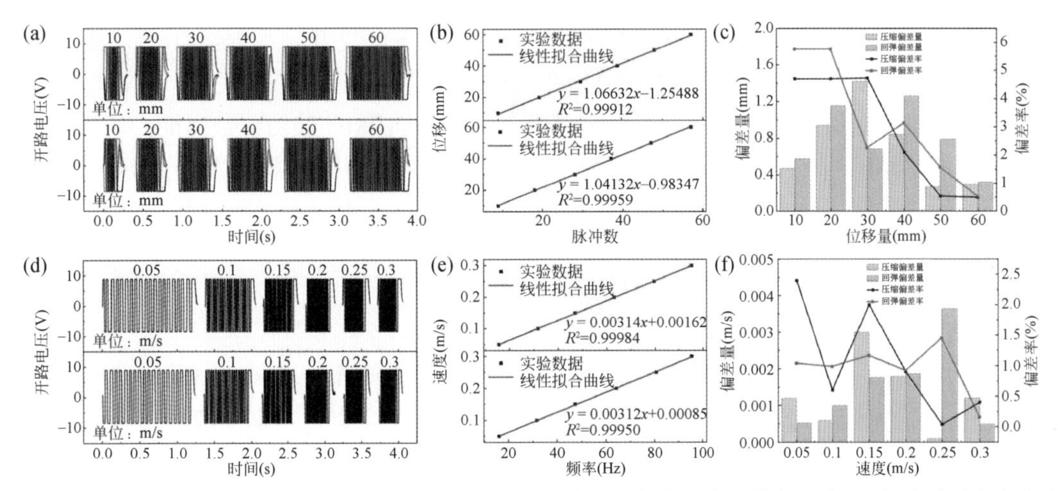

图 6.28 S-TENG 的 C、D 电极的性能测试。(a) 电极 C 在不同激发距离处的电压信号; (b) 脉冲数与激发距离之间的关系; (c) 位移传感理论值与实际值之间的偏差量和偏差率; (d) 电极 C 在不同激发速度下的电压信号; (e) 信号频率与励磁速度之间的关系; (f) 速度传感理论值与实际值之间的偏差量和偏差率

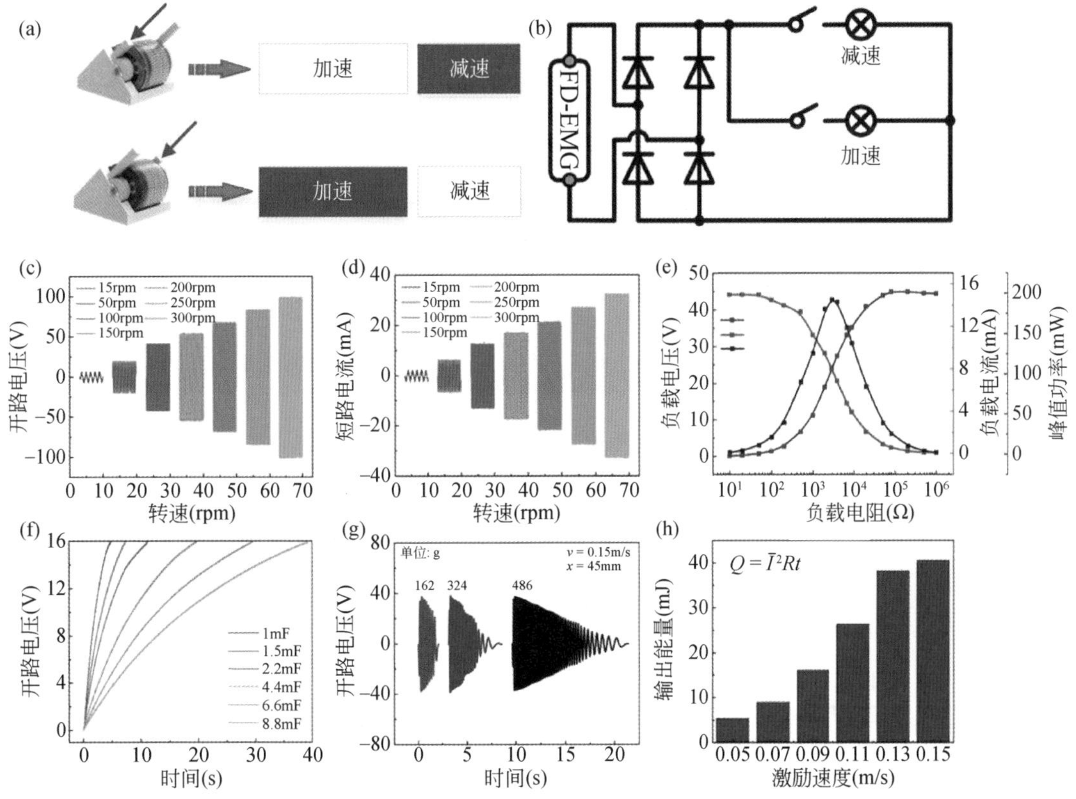

图 6.29 FD-EMG 的性能测试。(a) FD-EMG 应用示意图; (b) 电源管理电路的结构; (c) 不同转速下的开路电压; (d) 不同转速下的短路电流; (e) FD-EMG 的电压、电流和峰值功率在 100 rpm 时随负载电阻而变化; (f) FD-EMG 将不同电容器充电至 16V 所需的时间; (g) FD-EMG 在不同配重下的性能; (h) FD-EMG 在单次激励下不同激励速度下的能量输出

6.29（e）显示了 FD-EMG 在不同负载电阻下的性能。当负载电阻为 3000Ω 时，最大功率为 192mW。图 6.29（f）显示了 FD-EMG 在磁铁组转速为 100rpm、电压为 16V 时为不同尺寸的电容器充电所需的时间。磁铁组的惯性会影响 FD-EMG 的连续输出能力。因此，我们讨论了 FD-EMG 在不同配重下的性能。根据图 6.29（g），在 486g 配重下，FD-EMG 表现出最佳的连续输出能力。图 6.29（h）显示了 FD-EMG 在不同激励速度和 3000Ω 负载下的能量输出。显然，随着激励速度的增加，输出能量也在增加。

4. 驾驶风格识别系统

1）驾驶模拟器实验

驾驶员对油门和制动踏板的控制是驾驶过程中最常见的操作之一，踏板的动作直接反映了驾驶员加速和制动的意图。因此，将 SPMS 放在汽车踏板下，收集踏板运动信息，并通过踏板运动产生的信号分析驾驶员的驾驶风格。

实验装置［图 6.30（a）］由驾驶模拟器、计算机、数据采集卡、直流电源和 SPM 组成。实验收集了 60 组不同的驾驶数据，要求不同的驾驶员按照自己的风格在相同的路线上驾驶。驾驶路线包括随机车辆、人行道、红绿灯、坡道等复杂路况［图 6.30（b）］。驾驶员在驾驶过程中需要进行起步、停车、加速、减速、掉头等驾驶操作。在这些操作中，不同驾驶风格的驾驶员会表现出不同的行为，实验记录仪需要根据驾驶员在同一时间的表现对驾驶员的驾驶风格做出主观评价。当驾驶员操作加速踏板或制动踏板时，就会触发 SPMS，SPMS 的实时信号如图 6.30（c）所示。

图 6.30　模拟驾驶场景

驾驶员完成行驶路线后，SPMS 采集的信号经驾驶风格特征变量计算系统计算，可得出八个驾驶风格特征变量（表 6.1），分别为 BMN（n_b），AMN（n_a），BMAA（x_b），AMAA（x_a），BMASD（σ_b），AMASD（σ_a），BMSA（v_b），AMSA（v_a），通过对这八个变量的具体分析，可以得出驾驶员的驾驶风格。信号处理过程如图 6.31 所示。

表 6.1　驾驶风格特征变量

参数	说明	参数	说明
BMN（n_b）	刹车踩踏次数	BMASD（σ_b）	刹车踩踏幅度标准差
AMN（n_a）	油门踩踏次数	AMASD（σ_a）	油门踩踏幅度标准差
BMAA（x_b）	刹车平均踩踏幅度	BMSA（v_b）	刹车平均踩踏速度
AMAA（x_a）	油门平均踩踏幅度	AMSA（v_a）	油门平均踩踏速度

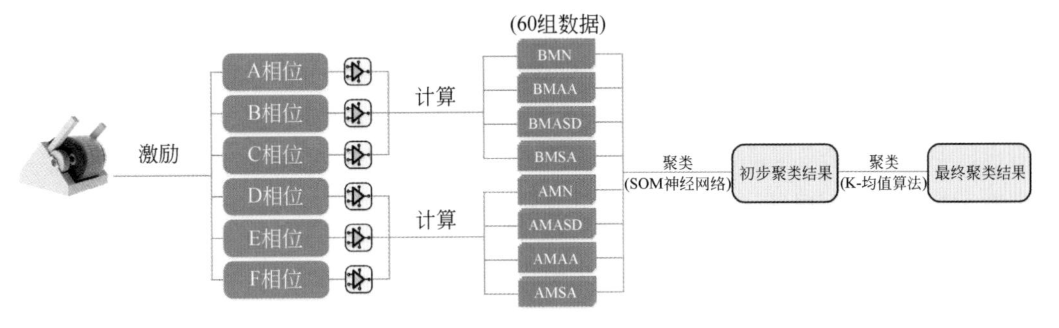

图 6.31 数据处理过程

2）驾驶风格识别

根据模拟驾驶实验中的驾驶数据，从每组数据中计算出八个驾驶风格特征变量。这些驾驶风格特征变量代表单个驾驶数据样本。收集所有数据样本后得到一个数据样本集，其规模为60组，驾驶风格未知。

由于实验中驾驶员的驾驶风格未知，因此第一步是使用聚类方法将所有数据聚类为三种驾驶风格。这三种驾驶风格分别是保守型、温和型和激进型。自组织特征映射（SOM）神经网络是一种简单的单层神经网络，广泛应用于无监督聚类问题。SOM网络能够通过自组织和竞争学习将输入数据映射到拓扑结构上的节点，实现有效的聚类分析。与其他聚类方法相比，SOM 网络具有参数调整工作量小、准确率高等优点。因此，本研究选择使用SOM网络对样本进行聚类分析。图6.32（a）是本研究使用的算法示意图。SOM网络的原理图如图6.32（b）-（i）所示。SOM采用单层前馈结构，每个神经元之间的连接构成拓扑结构，每个神经元代表一个聚类结果，整体结构为四边形或六边形。在训练过程中，SOM网络会计算每个输入样本与每个权重向量之间的距离。与权重向量距离最短的样本称为胜出神经元。然后根据神经元数量调整权重，使算法更好地适应输入数据，这称为竞争学习。然而，这种算法也存在一些不足之处。如果最终聚类结果过于细分，即神经元数量太少，导致准确率下降。考虑到以上所有因素，研究将 SOM 聚类结果分为多个类别，然后使用K-means（K-均值）算法将得到的分类结果进一步聚类为三个类别。将收集到的数据输入SOM网络，得到聚类后的权重结果，然后使用K-means进行二次聚类，最终得到三种驾驶风格。

在使用 SOM 网络进行聚类之前，需要设定网络的规模。因此，这项工作采用了定量误差和拓扑误差来确定 SOM 网络的大小。定量误差代表网络的分辨率，由获胜神经元与输入向量之间的距离得出。拓扑误差代表 SOM 网络的结构保护程度，由输入数据向量与获胜神经单元和第二神经单元之间的距离比例得出。基于上述指标，本研究最终确定了4×4的网络结构。为了保证数据的准确性，对60组数据进行了归一化处理，经过200次训练后得到了16种结果，如图6.32（b）-（ii）所示，其中的横坐标代表数据样本数，纵坐标代表通过SOM训练得到的16个类别。

在SOM网络聚类结果的基础上，本研究使用K-means算法进行了第二次聚类。图6.32（c）-（i）显示了K-means算法的原理图。K-means算法的输入是SOM算法得到的16个获胜神经元的权重向量，而不是数据的平均值。图6.32（c）-（ii）示意性地显示了K-means

算法后得到的三类结果。图 6.32（c）-（ii）显示了从 60 组数据中得到的三类聚类中心数据。

如图 6.32（c）-（ii）所示，在使用 SOM 和 K-means 算法后，本研究最终得到了三种风格类别（1 保守、2 温和、3 激进）。表 6.2 中的数据是三个类别的中心值。从表 6.2 中可以看出，中心 1 的踏板运动次数最多，而中心 3 的踏板运动次数最少。在与踏板运动幅度、标准偏差和踏板运动速度相关的变量中，中心 1 最小，中心 3 最大。由此可见，中心 1 反映了高频率、慢速和小振幅的驾驶操作，表现出谨慎的驾驶风格。相比之下，中心 3 控制踏板的力度较大，反映了一种较为激进的驾驶风格。从以上分析可以看出，两种算法聚类后得到的数据是正确的，也符合数据的主观评价。

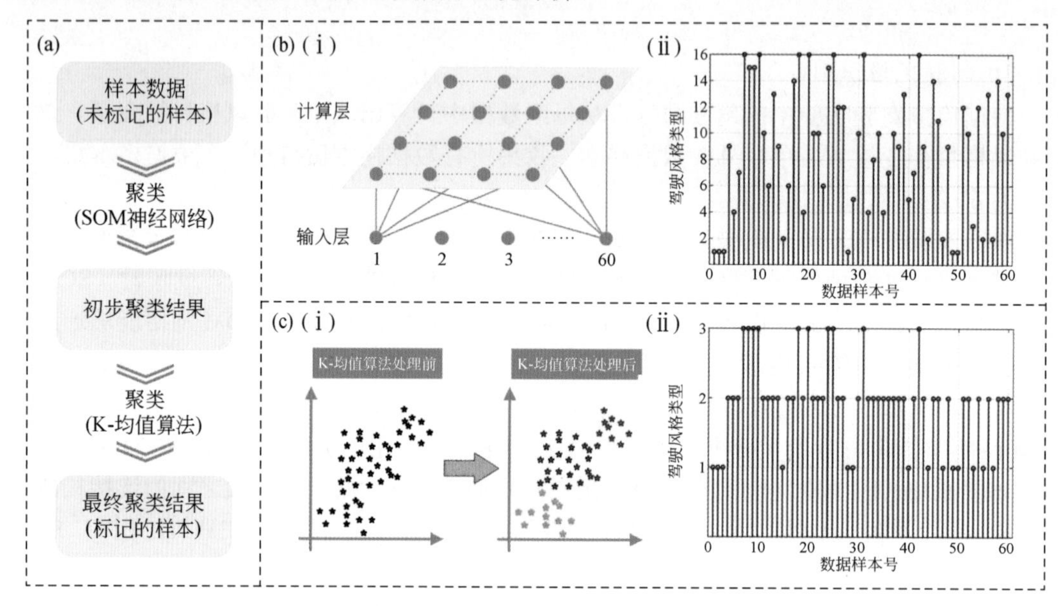

图 6.32　二次聚类示意图及分类结果

表 6.2　聚类中心

特征变量	中心 1	中心 2	中心 3
BMN（n_b）	31.6167	15.7500	9.0952
AMN（n_a）	99.2167	63.2458	33.0238
BMAA（x_b）	21.1767	31.5633	38.9686
AMAA（x_a）	22.1820	32.1582	32.9981
BMASD（σ_b）	20.7567	29.1075	32.9431
AMASD（σ_a）	11.4075	20.0116	27.8232
BMSA（v_b）	30.8777	45.0132	57.4302
AMSA（v_a）	27.5300	27.8195	55.3636

3）驾驶风格分类器

获得驾驶风格识别结果后，需要设计驾驶风格分类器。聚类数据被用作训练数据来训练分类器。与常用分类器如多层感知器（MLP）相比，概率神经网络（PNN）具有一些优势。首先，PNN 的参数调整工作量较小，与 MLP 相比更容易获得最佳参数，避免了陷入局部最优的困境。其次，PNN 的训练时间较短，可以快速完成模型训练。此外，PNN 可以容忍错误样本的影响，不会因为个别错误样本而对整体分类结果产生较大影响。在某些分类问题中，PNN 比 MLP 和支持向量机（SVM）表现出更高的分类精度。因此，本研究利用 PNN 创建了驾驶风格分类器。

5. 样机试验验证

为了验证分类器的性能，本作品使用 60 组驾驶数据作为训练集来训练 PNN 分类器。为了测试分类器的准确性，首先对三位驾驶风格迥异的驾驶员进行了驾驶测试，并通过实验记录仪进行主观评价［图 6.33（a）～（c）］。数据显示，保守型驾驶员［图 6.33（a）］的踩踏行为频繁且轻柔，激进型驾驶员［图 6.33（c）］的踩踏行为较少且剧烈。而温和型驾驶员［图 6.33（b）］的驾驶数据值介于保守型和激进型驾驶员之间。将三位驾驶员的驾

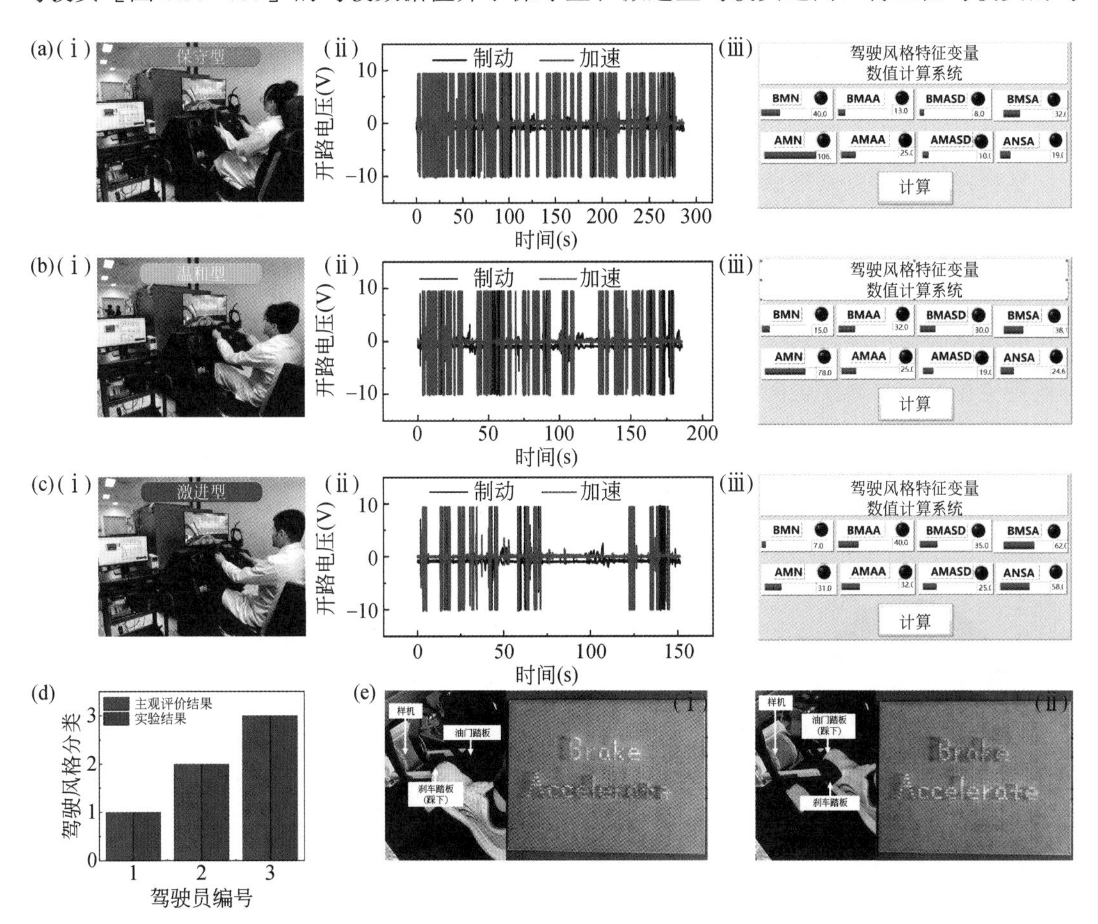

图 6.33　（a）模拟驾驶实验中的保守驾驶员（ⅰ），驾驶信号（ⅱ）和驾驶风格特征变量（ⅲ）；（b）模拟驾驶实验中的温和驾驶员（ⅰ），驾驶信号（ⅱ）和驾驶风格特征变量（ⅲ）；（c）模拟驾驶实验中的激进驾驶员（ⅰ），驾驶信号（ⅱ）和驾驶风格特征变量（ⅲ）；（d）驾驶员实际驾驶风格与分类器结果的比较；（e）警告功能演示

驶风格特征变量输入PNN，结果如图6.33（d）所示。驾驶员的实际驾驶风格与PNN的分类结果一致，表明分类器对所有测试样本的分类都是正确的。结果表明，分类器可以准确地对驾驶风格进行分类。图6.33（e）显示了SPMS对驾驶员驾驶行为的警告功能。当驾驶员踩下制动踏板时，“制动”会亮起［图6.33（e）-（i）］，当驾驶员踩下油门踏板时，“加速”会亮起［图6.33（e）-（ii）］，这可以对周围的车辆和行人起到警告作用。

6.3 交通环境监测

6.3.1 交通运行状态监测

基于摩擦发电原理，针对车轮旋转能量的收集和车轮转速信息的监测，结合车轮的实际工况，通过结构设计以及编程，提出了一种自供电轮速监测无线传感系统。该系统由集成压电、电磁、摩擦电三种发电技术的复合发电机将车轮旋转产生的能量转换为电能，为系统中的信号识别、传输以及处理模块供电。

1. 面向自供电轮速监测系统的复合发电机的方案设计

复合发电机可以从平衡车、自行车、汽车或火车的车轮上收集能量。压电振子悬臂梁结构与飞轮储能单元引入复合发电机的结构中，该发电机的整体结构包括定子壳体、传动轴和飞轮转子[13]，如图6.34所示。复合发电机预安装在与车轮中心同轴的位置，传动轴连接着复合发电机的飞轮转子与车轮，用于传导车轮的旋转运动。压电发电单元采用压电片悬臂梁的支撑方式，可以使压电片产生较大的变形量，并且利用磁斥力作为外部激励，有效避免压电片与转子之间产生碰撞。压电发电元件主要由压电片、惯性磁铁质量块Ⅰ和正方体磁铁Ⅱ组成。其中压电片的末端固定在定子壳体的凸台空腔中，两个磁铁Ⅱ安装到飞轮转子的方形凹槽。电磁发电单元由铜线圈和长方体磁铁Ⅲ组成。七个铜线圈串联安装在壳体内壁的圆形凹槽中，八个磁铁Ⅲ安装在飞轮转子的长方体凹槽中。将聚四氟乙

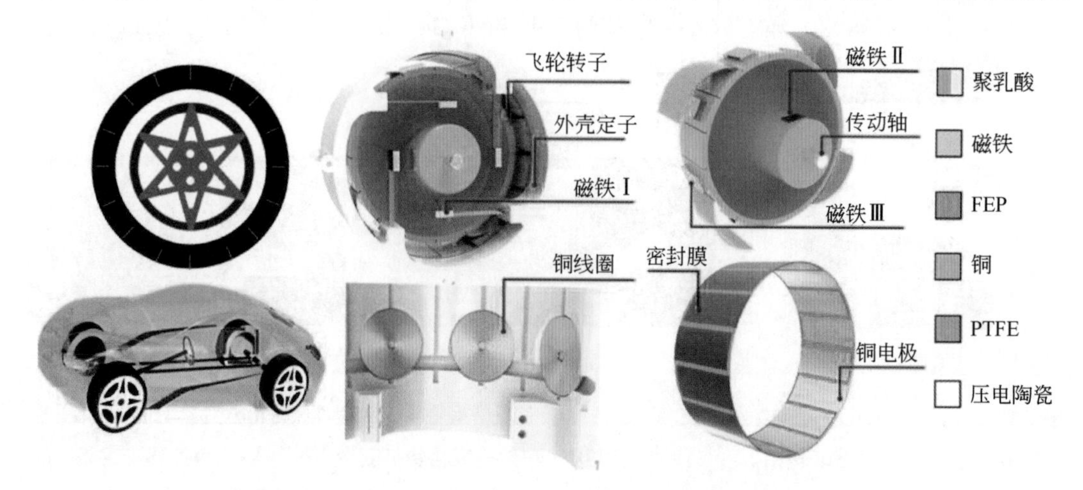

图6.34 自供电轮速监测系统的复合发电机结构示意图

烯（PTFE）薄膜的一面粘贴到壳体的内壁，将铜线圈密封在定子壳体中。摩擦电发电单元采用独立层的工作模式，只需要在定子外壳进行接线，无须在定子上接额外的电极，使定子的运转不受影响，能适应高频工作环境，摩擦电发电单元主要由铜箔叉指电极及柔性摩擦材料氟化乙烯丙烯（FEP）组成，四个FEP薄膜粘在飞轮转子的凹槽中，在PTFE薄膜的另一侧粘贴了十六个铜电极。飞轮转子旋转时，带动磁铁Ⅱ、磁铁Ⅲ、FEP薄膜旋转，基于正压电效应、电磁感应定律、摩擦起电与静电感应耦合的原理实现压电、电磁、摩擦电三种形式发电，将机械能转换成电能输出。

2. 复合发电机工作原理及其仿真

1）压电发电单元的工作原理及其仿真

复合发电机包括三个发电单元，各发电单元的工作原理以及仿真如下：压电发电单元的工作原理如图6.35所示。当转子转动时，压电片的惯性磁铁质量块Ⅰ与正方体磁铁Ⅱ正面相对，压电片由于受到两磁铁之间的磁斥力向上弯曲，铜基板上方和下方的压电陶瓷分别受到压力和拉力。根据正压电效应，铜基板上方和下方的压电陶瓷表面获得等量的正电荷和负电荷，在外部负载电路中产生向上的电流。当转子继续旋转，磁铁质量块Ⅰ与正方体磁铁Ⅱ处于交错位置，此时压电片再受到磁力作用，但由于磁铁质量块Ⅰ的重力作用，压电片向下移动以恢复原始的形状，此时铜基板上下两个表面的压电陶瓷恢复形变，无电荷产生，外部电路中无电流产生。最后，在自身的惯性的作用下，压电悬臂梁继续向下弯曲变形，此时铜基板上方和下方的压电陶瓷分别受到拉力和压力。由于正压电效应，铜基板上方和下方的压电陶瓷表面获得等量的负电荷和正电荷，在外部负载电路中产生向下的电流。最后，由于铜基板自身的阻力，压电悬臂梁再次回到其平衡位置。

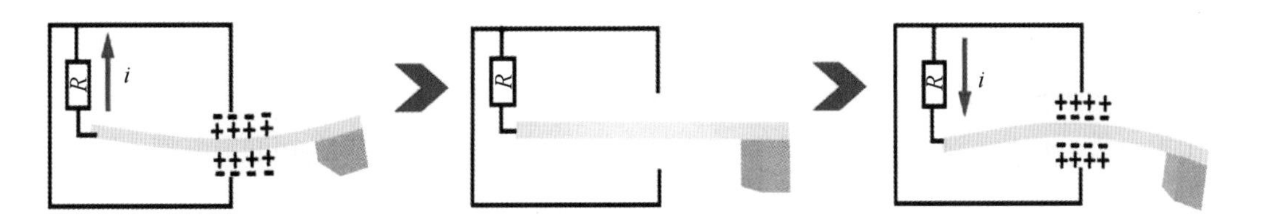

图6.35 压电发电单元工作原理图

进一步采用多物理场仿真分析软件COMSOL Multiphysics 5.5对压电片进行了力学和电学仿真分析。在压电片受力的情况下对其形变量、应力分布以及压电陶瓷表面的电压分布情况进行仿真分析。结果表明，应力最大值出现在压电悬臂梁的末端，固定端应力集中最明显，因此压电陶瓷应尽可能靠近固定端，在外力作用下，质量块所处的位置产生9mm的最大变形量；电势云图显示铜基板上下两个表面产生的电压相反，可以产生50V的电压，如图6.36所示。

2）电磁发电单元的工作原理及其仿真

复合发电机电磁发电单元的工作原理如图6.37所示，随着转子的旋转，磁铁Ⅲ与铜线圈之间的距离逐渐减小，线圈中的磁通量密度持续变大。根据法拉第电磁感应定律，在线圈中产生顺时针方向的电流。当磁铁Ⅲ位于线圈正下方时，此时线圈中的磁通量密度达到最大值，但铜线圈中不产生电流。最终，当磁体Ⅲ逐渐远离铜线圈时，线圈中的磁通量逐

渐减小，从而产生逆时针电流。电磁发电单元通过不断循环这一过程，实现连续的交流电。

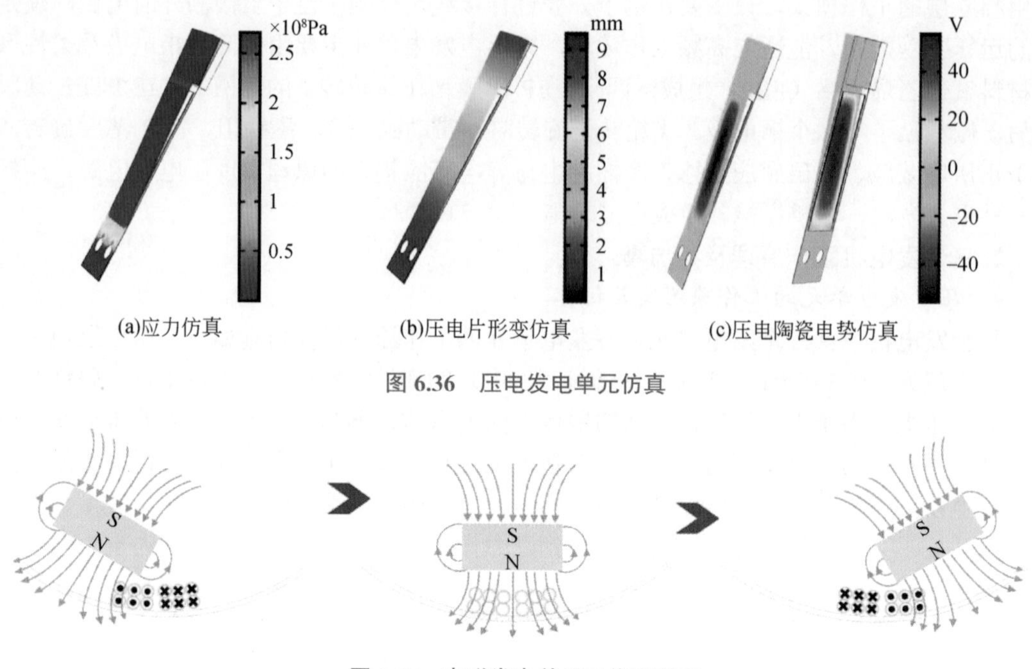

图 6.36　压电发电单元仿真

图 6.37　电磁发电单元工作原理图

为了进一步验证复合发电机中的电磁发电原理的可行性，通过利用仿真分析软件 COMSOL Multiphysics 5.5 对磁铁在运动时的三个位置进行了磁场强度的仿真。仿真结果如图 6.38 所示，可以看出，从转子带动磁铁正常运行的过程中，磁铁与线圈的横向距离先近后远，距离变化导致线圈中磁通量的大小以及方向（复合后）发生改变，最后直接导致线圈中电流的方向也发生变化。仿真结果证明了电磁发电单元的发电原理的可行性。

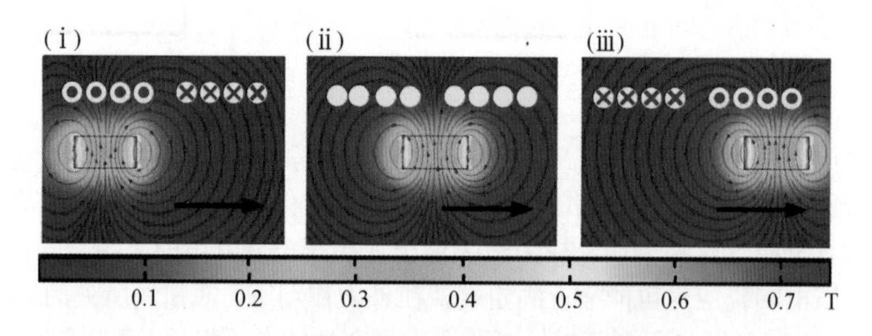

图 6.38　电磁发电单元磁铁运动过程中线圈磁通量变化仿真结果

3）摩擦电发电单元的工作原理及其仿真

复合发电机的摩擦电发电单元工作原理如图 6.39 所示，当 FEP 薄膜与铜电极-Ⅰ刚开始完全接触时，FEP 由于电负性不同，FEP 与铜电极-Ⅰ两个表面产生等量且极性相反的电荷。当 FEP 薄膜开始滑动时，铜电极-Ⅰ表面的电子会转移到 FEP 薄膜表面。当 FEP 薄膜从铜电极-Ⅰ滑动到铜电极-Ⅱ的过程中，基于摩擦起电与静电感应耦合的原理，电荷从铜电极-Ⅱ向铜电极-Ⅰ流动，在外电路中会产生向右方向的电流。随着转子继续转动，FEP 薄膜与铜电极-Ⅱ接触面积达到最大。此时，铜电极-Ⅱ表面的电子全部转移到铜电极-Ⅰ表面。当 FEP 薄膜从铜-Ⅱ滑动到铜-Ⅰ的过程中，电子发生反向流动，在外电路中会产生向左电流。在转子旋转的过程中，可以不断重复上述过程，使摩擦电发电单元能够输出持续的交流电。

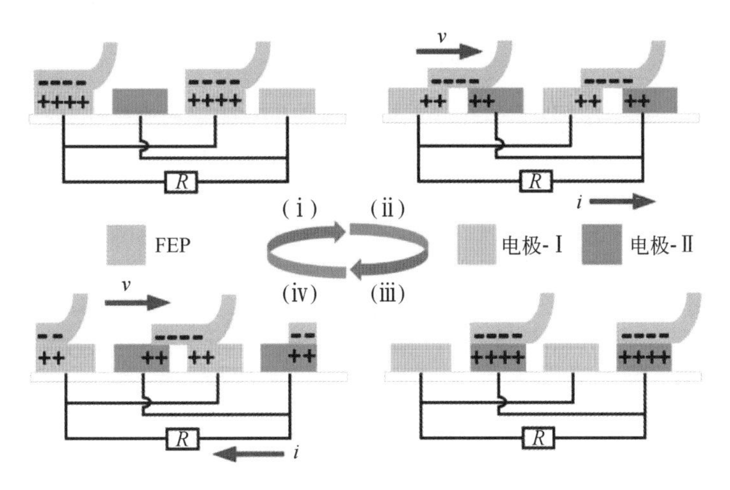

图 6.39　摩擦电发电单元工作原理图

如图 6.40 展示了摩擦材料（FEP）在三种不同位置时的仿真结果，可以看出随着摩擦材料的移动，两个电极之间的电压也相应地发生了变化，进一步解释了摩擦电发电单元发电的正确性。

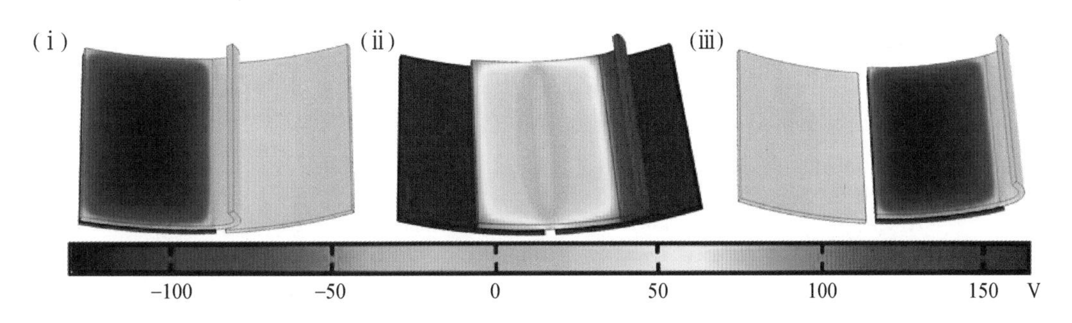

图 6.40　摩擦电发电单元运动过程中电极电势变化仿真结果

3. 面向自供电轮速监测系统的复合发电机的研制

结合复合电机的使用场合，制作了复合发电机的原形样机。复合发电机主要包括传动轴、飞轮转子、磁铁、压电片、定子外壳及前后盖板，如图 6.41 所示。其中传动轴与飞轮转子过盈配合，用于传导车轮的旋转运动，从而驱动飞轮旋转。前后盖板通过螺栓与螺母之间的配合将其固定在定子外壳上，轴承安装在前后盖板上，用于支撑飞轮转子，并确保飞轮转子与定子外壳保持同轴度。飞轮的凹槽中安装有 2 个正方形磁铁（磁铁Ⅱ），8 个长方体磁铁（磁铁Ⅲ）及 4 个 FEP 薄膜。压电片安装在定子外壳的凸台凹槽中，而铜线圈安装在定子外壳内壁的圆形凹槽中。

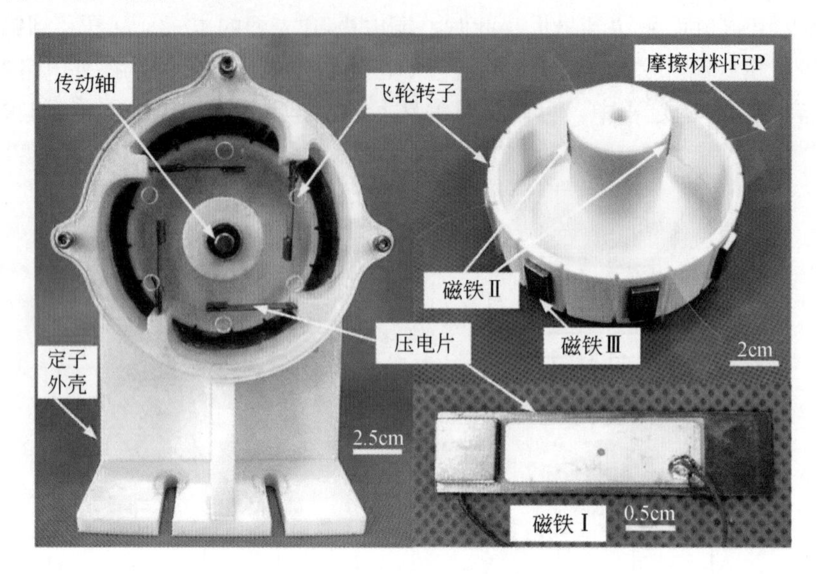

图 6.41　复合发电机原型样机

在复合发电机样机研制完成后，为了系统地测试复合发电机的基本输出性能，搭建了如图 6.42 所示的测试系统。在该实验系统中，步进电机模拟车轮旋转作为外部激励源，直接驱动复合发电机。通过传动轴带动飞轮转子旋转，飞轮进而带动 FEP 薄膜与电极，磁铁Ⅱ与铜线圈、以及磁铁Ⅰ与磁铁Ⅲ产生相对运动。利用正压电效应、法拉第电磁感应、静

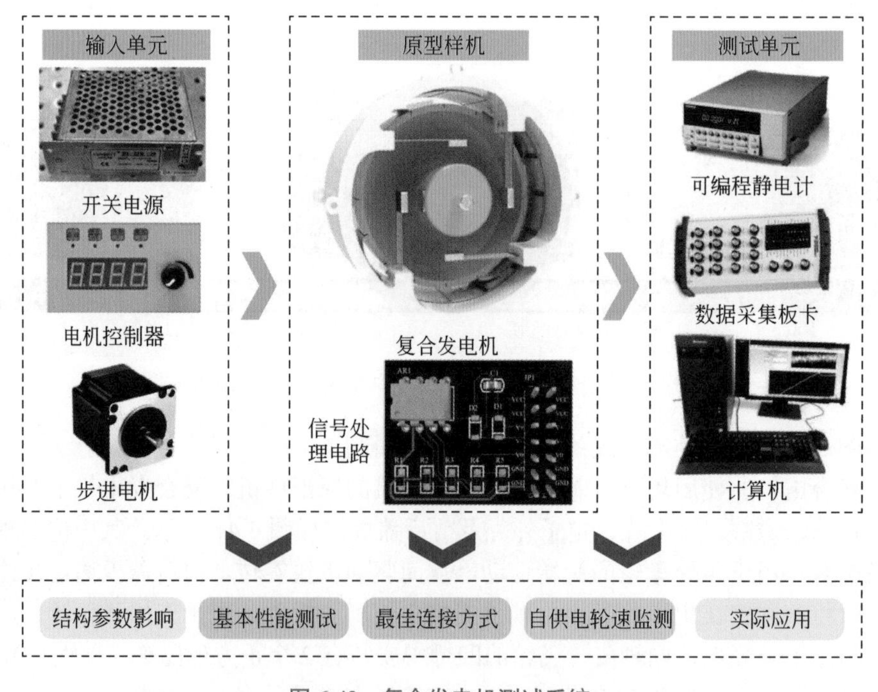

图 6.42　复合发电机测试系统

电感应以及摩擦起电耦合的原理，实现压电、电磁、摩擦电三种形式的发电，将机械能转化为电能输出。三种发电单元所输出的电信号首先经过可编程静电计 6514 进行识别和处理，然后经过数据采集板卡进行采集和记录，最后利用 MATLAB 软件进行编程处理，并在计算机显示屏上实时显示。

4. 输出性能测试

1）压电发电单元输出性能测试

压电片输出的电能与其变形量有关，因此压电片受力越大，其输出的电能也就越多。在复合发电机的压电发电单元中，采用磁铁斥力作为外部激励，并通过调整两磁铁之间的距离（磁铁 I 与磁铁 II 之间的距离 L_g）影响磁斥力大小。为了找到最佳的磁铁距离进行了以下实验：将两磁铁之间的距离设置为 8mm、9mm、10mm、11mm，在不同外部激励下测试压电发电单元输出的开路电压、短路电流。

实验结果如图 6.43 所示，在两磁铁距离一定时，压电发电单元输出的开路电压与短路电流随着转速的增加先增大后减小，并且在外部激励为 700rpm 时达到最大。随着两磁铁距离逐渐变大，压电发电单元的输出逐渐变小，并且都在 700rpm 的外部激励下输出性能达到最大。这是因为 700rpm 的激励频率与压电片的谐振频率相同，系统产生的共振现象，导致压电片的输出达到最大值。经过多次实验，发现在磁铁距离为 8mm、外部激励为 700rpm 时，压电片变形量过大，使得压电片与转子发生轻微碰撞，此时的开路电压与短路电流达到了 32V，250μA。为了避免压电片与转子发生碰撞导致损坏压电片，最终确定最佳的磁铁距离设置为 9mm。

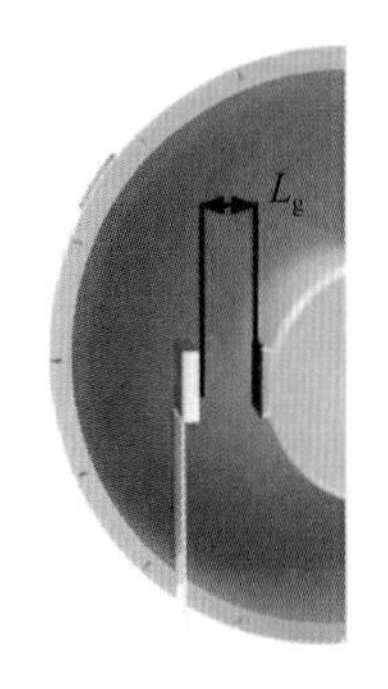

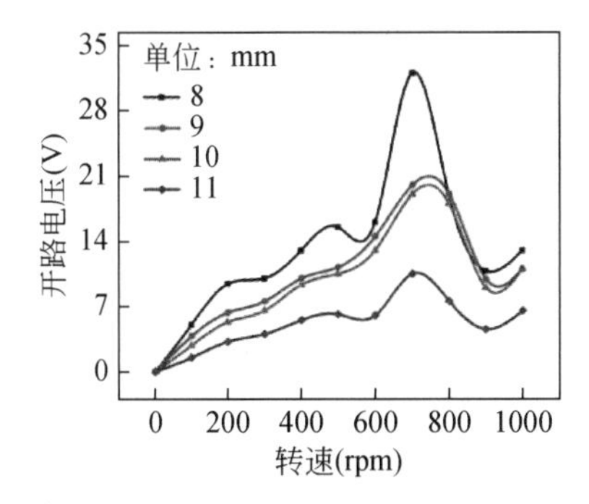

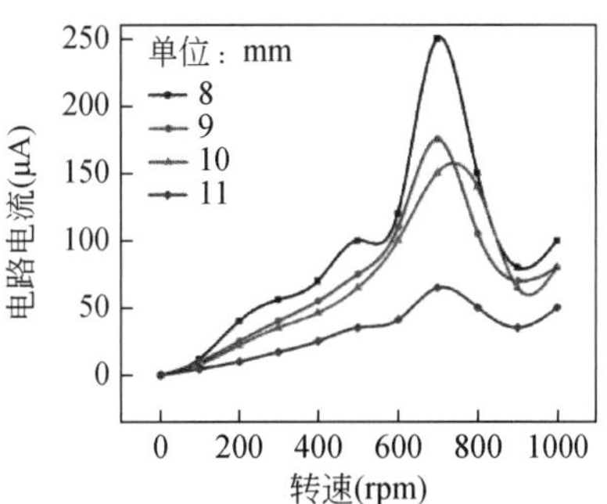

图 6.43　磁铁 I 与磁体 II 不同距离下的压电发电单元输出性能

改变压电片受力变化的频率，压电片的振动频率也会发生改变，进而影响其输出性能。将转子上的正方体磁铁（磁铁 II）的数量设置为 1、2、3、4、5、6，改变压电片受力的频率，测试其输出性能。如图 6.44 所示，随着磁铁 II 数量的改变，其输出最大的开路电压与短路电流（外部激励为 600rpm 时，压电片达到共振状态）对应的外部激励也有所改变。当磁铁数量为 3、4 时，压电片变形量过大，与转子发生碰撞，因此其输出最大。因此磁铁 II 最佳的数量为 2。

在外部激励为 600rpm 的情况下（此时压电片处于共振状态），测试了 4 个压电片分别在串联和并联时，其在不同外部负载下的负载特性曲线。如图 6.45 所示，随着外接负载电阻阻值的增加，压电发电单元输出的负载电压不断增加，短路电流不断降低，峰值功率呈现正态分布的趋势。串联时，当负载阻值为 $2\times10^5\Omega$ 输出的瞬间最大功率为 3.38mW。并联时，当负载阻值为 $2\times10^4\Omega$ 输出的瞬间最大功率时为 3.69mW。因此，各压电片之间采用并联的方式连接时，其输出性能最高。

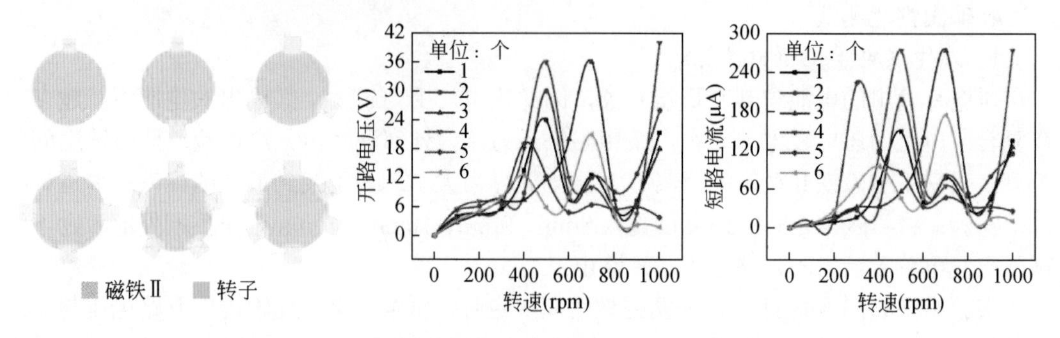

图 6.44 不同磁铁数量（磁铁Ⅱ）下的压电片输出性能

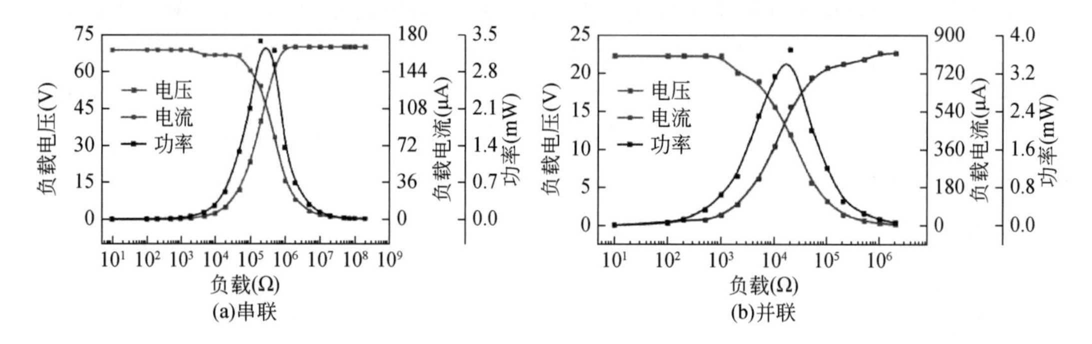

图 6.45 四个压电片串并联下的负载特性

因此，复合发电机的压电发电单元最佳本体参数为磁体Ⅰ与磁铁Ⅱ之间的距离为 9mm，转子上磁铁Ⅱ的数量为 2，4 个压电片以并联的方式进行连接，此种参数配置下的压电发电单元输出性能最高。

2）电磁发电单元输出性能测试

在飞轮旋转的过程中，通过改变磁铁的数量可以调节线圈的磁通量的频率。首先，研究了磁铁Ⅲ数量对电磁发电单元输出性能的影响。将磁铁数量设置为 2、4、6、8，并在不同外部激励下测试电磁发电单元的输出性能。如图 6.46 所示，随着转速的增加，电磁发电单元的开路电压以及短路电流随之增加；在相同转速下，电磁发电单元的开路电压与短路电流随磁铁数量的增加而增加。当磁铁Ⅲ数量为 8，外部激励为 1000rpm 的情况下，电磁发电单元输出性能达到最大，开路电压达到 102V，短路电流达到 44mA。此外，当磁铁Ⅲ数量分别为 2、6 时，其输出性能几乎相同，可能的原因是当磁铁Ⅲ的数量为 6 时，在线圈中产生的交流电在线圈周围形成了新的磁场，抵消了部分磁铁Ⅲ产生的磁场，导致了电磁发电单元的输出性能受到影响。

在确定好磁铁Ⅲ的数量之后，研究了磁铁Ⅱ与线圈之间的距离（δ）对电磁发电单元输出性能的影响。将距离设置为 3mm、4mm、5mm，在不同外部激励下测试电磁发电单元的输出性能。图 6.47 所示，距离越小，电磁发电单元的输出性能越大，当磁铁Ⅱ与线圈之间的距离为 3mm、外部激励达到 1000rpm 时，电磁发电单元的开路电压以及短路电流分别为 120V 和 52mA。

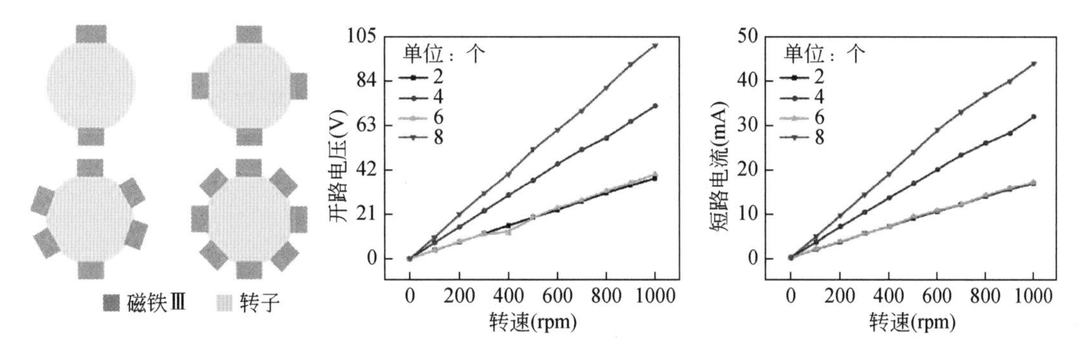

图 6.46　不同磁铁数量（磁铁Ⅲ）下的电磁发电单元输出性能

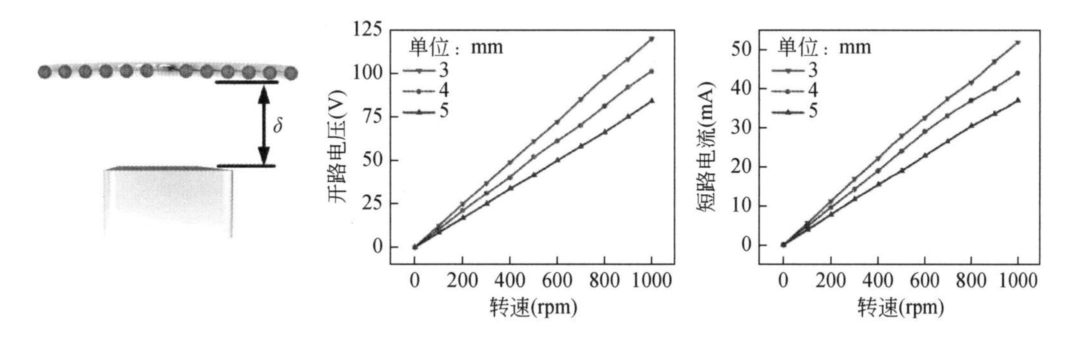

图 6.47　不同的距离下（磁铁Ⅱ与线圈）的电磁发电单元输出性能

最后，在外部激励为 600rpm 时，测试了电磁发电单元的负载特性曲线。如图 6.48 所示，其负载电压、负载电流及输出功率变化趋势与压电发电相似。在外部负载为 2172Ω（与线圈内阻相同）时，瞬时功率最大达到 160.8mW。

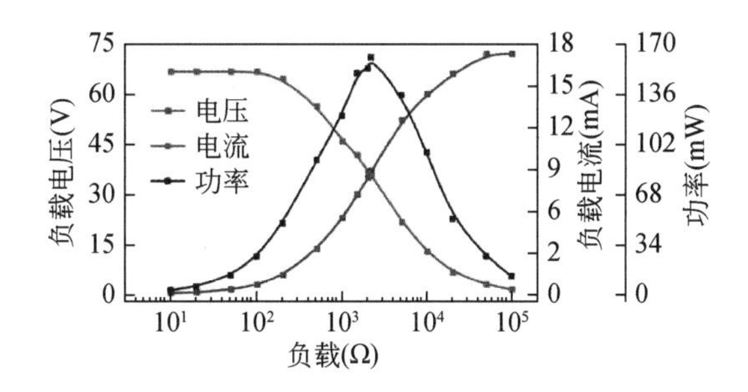

图 6.48　电磁发电单元负载特性

因此，复合发电机电磁发电单元最好的本体参数为：磁铁Ⅲ的数量为 8，磁铁Ⅱ与线圈之间的距离为 3mm，此时电磁发电单元的输出性能最高。

3）摩擦电发电单元输出性能测试

本小节研究了摩擦电发电单元的本体参数对输出性能的影响。首先，将铜电极分为两个部分，如图6.49所示，摩擦发电单元包括八对电极，其中七对电极（电极Ⅰ与电极Ⅱ）与摩擦材料FEP组成摩擦发电单元的能量收集通道（E-TENG）用于收集外部激励运动产生的旋转能量。一对铜电极（电极Ⅲ与电极Ⅳ）与摩擦材料FEP组成摩擦发电单元的信号采集通道（S-TENG），将轮速信息转换为电信号，对轮速信息进行采集与传感。

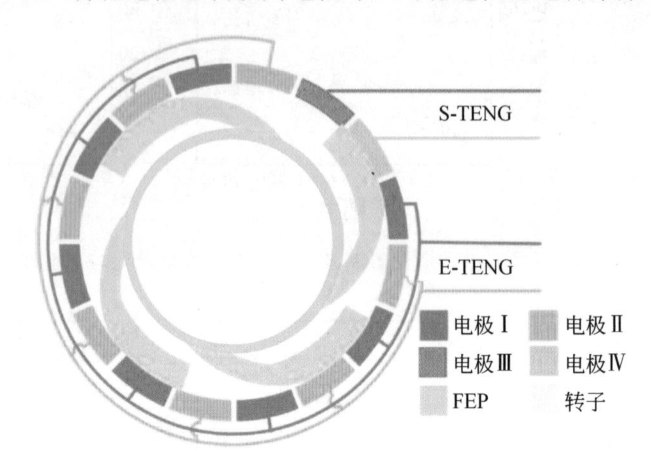

图6.49　摩擦电发电单元电极划分

其次，研究摩擦材料FEP的长度对摩擦发电单元的能量通道（E-TENG）输出性能的影响。摩擦材料的长度影响摩擦材料与铜电极的接触面积，进而影响摩擦发电单元的输出性能。制作了长度为20mm、25mm、30mm、35mm、40mm五种FEP薄膜，在不同外部激励下测量并比较摩擦发电单元能量收集通道的输出性能。如图6.50所示，能量通道（E-TENG）输出的开路电压与短路电流都随着摩擦材料（FEP）长度的增加表现出先增加后减少的趋势，这是因为随着摩擦材料的长度的增加，摩擦材料与电极之间的接触面积变大。当摩擦材料与铜电极完全重合时，其输出性能达到最大。但随着摩擦材料长度超过一定长度，摩擦材料会同时与两个相邻的极性不同的电极接触，导致其有效的接触面积变小，因此输出性能下降。当摩擦材料的长度为30mm时E-TENG输出性能最大，此时开路电压、短路电流、转移电荷分别为126V、10μA、58nC。

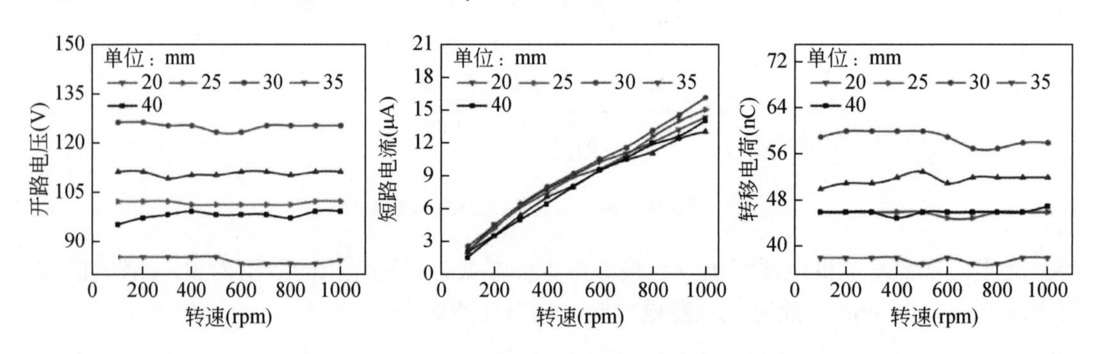

图6.50　不同长度的FEP下的E-TENG输出性能

随后在摩擦材料长度为 30mm、外部激励为 600rpm 时，测试了摩擦电发电单元的能量通道（E-TENG）的负载特性，如图 6.51 所示。在外接负载的阻值为 $10^7\Omega$ 时，其摩擦发电单元的输出功率最大为 562.5μW。

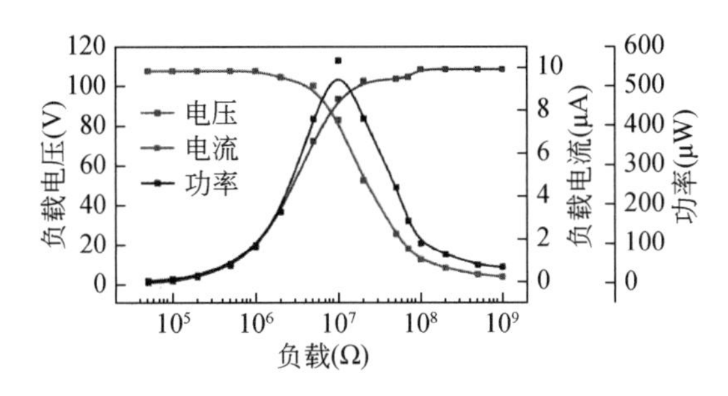

图 6.51　摩擦电发电单元的 E-TENG 负载特性

最后，测试了摩擦发电单元的信号采集通道（S-TENG）在不同转速下所测得的电压信号的波形频率，图 6.52 展示了不同转速下的电压信号的波形频率与车轮转速具有很好的线性相关性，表明 S-TENG 在转速传感方面具有应用潜力。

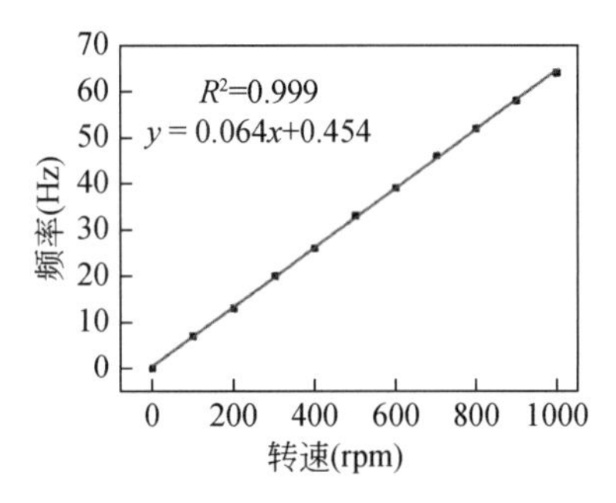

图 6.52　S-TENG 采集的电压频率与转速之间的关系

因此，复合发电机摩擦发电单元最好的本体参数为：摩擦材料的长度为 30mm 时，E-TENG 的输出性能最大。信号采集通道所采集的电信号的频率可以用于标定转速，具有对车轮转速进行传感的功能。

5. 面向自供电轮速监测系统的复合发电机输出性能测试

在确定好各发电单元本体参数后，进行了各发电单元之间的连接方式对复合发电机的输出性能影响的测试。首先，在不经过整流桥的情况下，外部激励为 600rpm 时，三种发电单元以串联和并联两种方式进行连接，测试这两种连接方式下复合发电机的负载特性（图 6.53）。

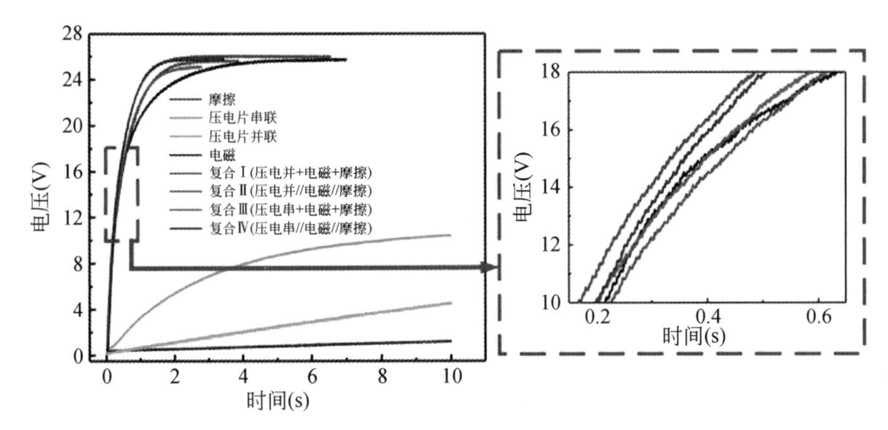

图 6.53　各发电单元不同连接方式下的电容充电曲线

因此，通过实验和实际应用验证，得到三种发电单元在并联的情况下复合发电机输出功率最大，输出功率可以达到168.2mW。

6. 面向自供电轮速监测系统的复合发电机的应用实验

在进行复合发电机基本性能测试以后，得到其最大输出性能所对应的最佳结构本体参数，以及各发电单元最佳的连接方式。为了验证复合发电机实际应用能力，结合电路设计和编程搭建了自供电轮速监测系统，进行轮速监测测试以及为LED灯板与商用温湿度计供能的实验测试。

由于用电设备需要直流电为其供电，首先将三种发电单元输出的交流电先经过电源管理电路进行整流，随后进行并联输出，并将电能储存在电容中（图6.54）。为了避免高压对电子元件造成损坏，对高压信号进行齐纳二极管滤波，使储能电容的电压稳定在5V。

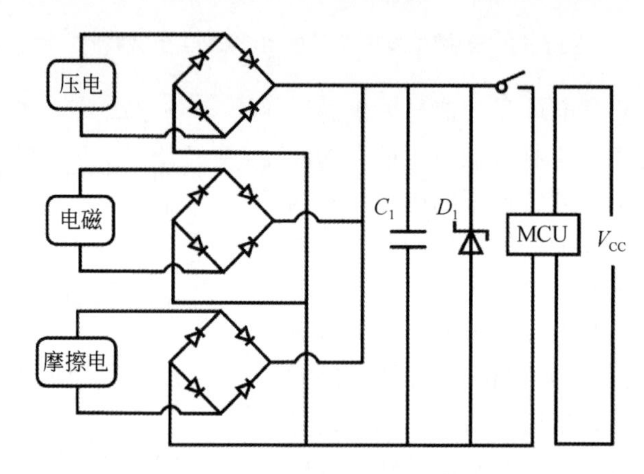

图6.54 自供电轮速监测系统电源管理模块

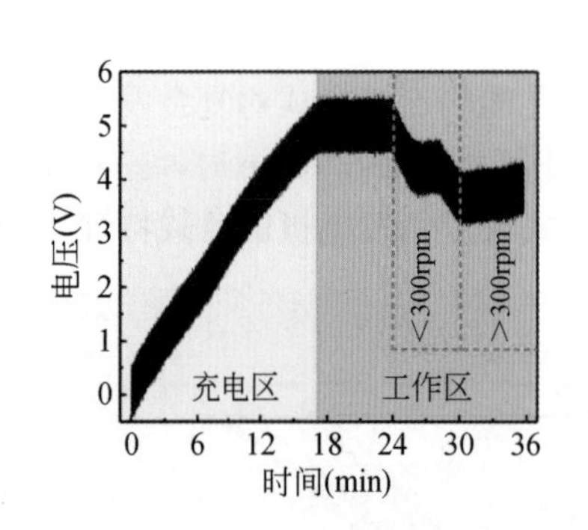

图6.55 电容充放电过程

电容充电和放电两个过程如图6.55所示，首先，在步进电机以300rpm的转速下，电容经过17分钟的充电达到MCU的5V工作电压。随后，电容为MCU提供电源，在MCU运行过程中，当转速小于300rpm时，电容的电压缓慢下降。当转速超过300rpm时，电容恢复到充电状态，即复合发电机在转速超过300rpm的工作条件下，既为电容充电又为MCU供电。

波形转换电路由运放芯片OPA340UA，以及阻值为10kΩ的电阻组成。其中运放芯片由MCU进行供电，电阻将S-TENG输出的电压进行分压，防止输入的电压过大损坏运放芯片，起到保护电路的作用。如图6.56所示，波形转换电路能够实现将S-TENG输出的交流信号转换成3.3V的方波信号。

7. 面向自供电轮速监测系统的复合发电机应用展示

为了测试复合发电机轮速传感的功能，搭建自供电轮速监测系统实验平台，如图6.57所示。该系统包括步进电机、电机控制器、车轮、样机、MCU、波形转换电路以及信号接收和显示装置。其中步进电机作为驱动源驱动车轮旋转，车轮通过传动轴带动样机工作，且电机控制器能够调节车轮的转速大小。

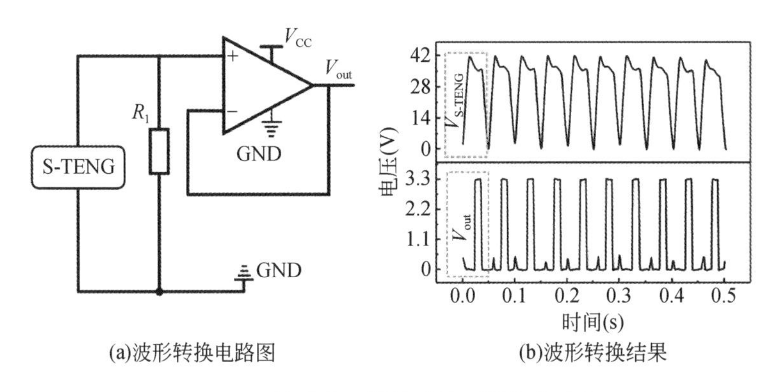

(a)波形转换电路图　(b)波形转换结果

图 6.56　信号处理模块（波形转换电路）

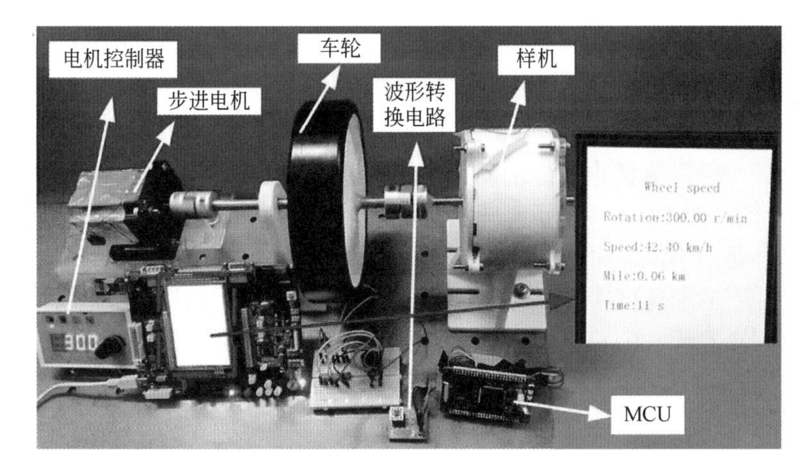

图 6.57　轮速监测系统实验测试

按照公式（6-3）、公式（6-4）计算了两者之间的误差率 φ 以及平均误差率 $\bar{\varphi}$ 。

$$\varphi=\left|\frac{\omega_2-\omega_1}{\omega_1}\right| \tag{6-3}$$

$$\bar{\varphi}=\frac{1}{n}\sum_{i=1}^{n}\varphi_i \tag{6-4}$$

最后计算得到平均误差率可以达 1.9%。实际转速与检测转速之间呈线性关系，如图 6.58 所示。表明自供电轮速监测系统的可行性与准确性。

6.3.2　交通基础设施状态监测

汽车传感器作为汽车电子控制系统的关键组成部分，也是汽车电子技术研究的核心内容之一[14]。目前，一辆轿车上通常安装了近百个传感器。汽车传感器主要用于发动机控制系统、底盘控制系统、车身控制系统和导航系统等汽车电子控制系统中。加速度传感器已

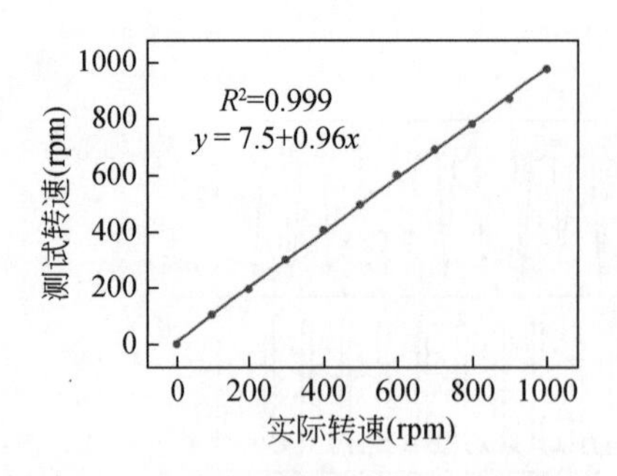

图 6.58 实际转速与测试转速之间的关系

被广泛应用于汽车电子系统，主要集中在车身操控、安全系统和导航，典型的应用如汽车安全气囊、ABS 防抱死刹车系统、电子稳定程序、电控悬挂系统等。除了车身安全系统这类重要应用以外，目前加速度传感器在导航控制中也扮演了重要角色。

尽管已经开发了许多汽车加速度计，但它们在低频范围内的稳定监测仍然存在问题，并且监测范围较窄。例如，压电式加速度计主要用作汽车传感器，但在低频范围其灵敏度下降，并且需要输入功率和用于转换为电压输出的电路，导致布线复杂。输入功率消耗电池及外接电源，并产生电延迟，同时还将导致传感器响应时间变慢。因此，随着当下智能交通与智能汽车的发展，急需一种自驱动且能够全范围覆盖的加速度传感器。

1. 摩擦电式磁辅助型单轴自驱动车辆加速度传感器

1）结构设计与工作原理

本工作设计了一种摩擦电式磁辅助型单轴自驱动车辆加速度传感器（MSAS）[15]，如图 6.59 所示，图 6.59（a）说明了磁辅助自供电加速度传感器在车辆加速度监测中的两种应用场景，一种是用于监测常规车辆行驶的加速度［图 6.59（a）-（ii）］，另一种用于监测车辆碰撞条件下的加速度［图 6.59（a）-（iii）］。MSAS 由铝合金外壳、亚克力上盖、三块磁铁、聚四氟乙烯（PTFE）薄膜和电极组成［图 6.59（b）］。三块磁铁分别是两块置于两端的固定磁铁和一个中心滑动磁铁。三角电极贴附在亚克力上盖的下表面，叉指电极附着在铝合金底板上表面，并覆盖一层聚四氟乙烯薄膜［图 6.59（c）］。

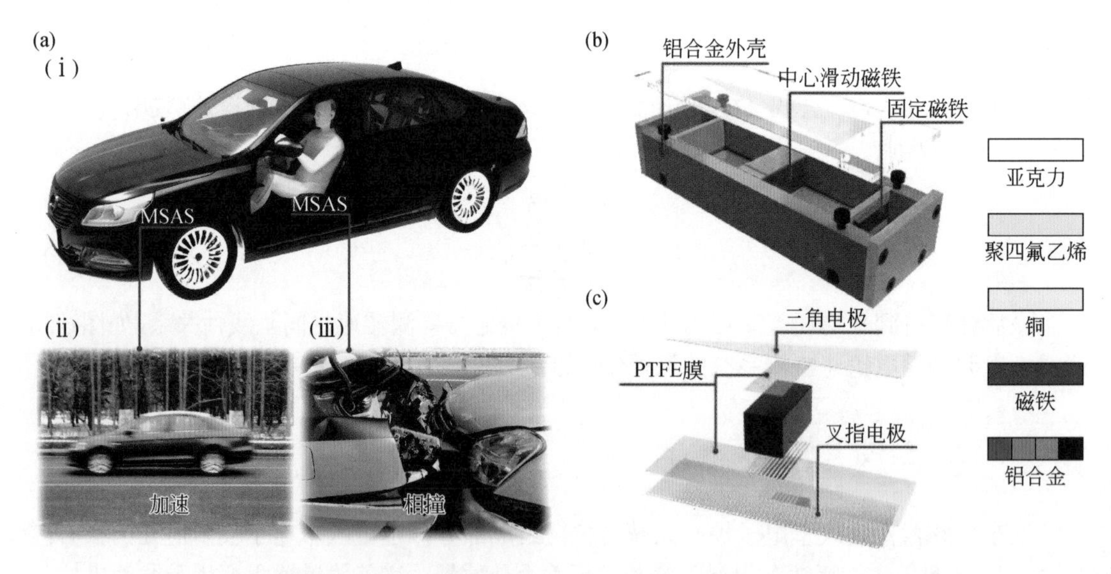

图 6.59 摩擦电式磁辅助型单轴自驱动车辆加速度传感器（MSAS）结构示意图

MSAS 的工作原理如图 6.60 所示。对于三角形电极［图 6.60（a）］，其工作步骤可分为四个阶段。由于聚四氟乙烯与铜的电负性不同，聚四氟乙烯与铜的接触滑动会在两个摩擦表面上产生大小相等且方向相反的交变电流。在初始阶段，滑动磁铁位于中心位置。当 MSAS 受到外部激励时，滑动磁体向下移动，PTFE 与铜膜之间的重叠面积逐渐减小。由此产生的电位差导致从铜到地的电流。然后在磁力的作用下，滑动磁铁回到中心。当 MSAS 受到反向外部激励时，PTFE 与铜的重叠面积逐渐增大，遵循类似的原理产生相反的交流电。这样就完成了三角电极发电的发电循环。

叉指电极的工作原理如图 6.60（b）所示。根据上述理论，铜和聚四氟乙烯薄膜表面会产生相同数量的相反电荷。首先将铜-1 和铜-2 指定为叉指电极的两极，然后将连接在磁铁下方的铜电极指定为铜-3。在初始位置时，滑动磁铁位于中心位置，铜-3 位于铜-1 的正上方。当 MSAS 受到外部加速度的影响时，滑动磁铁向右滑动，使得铜-3 逐渐向铜-2 的顶部滑动，外电路电流从铜-2 到铜-1。然后滑动磁铁不断向右滑动，此时铜-3 在铜-2 的上方，因此外部电路中没有电流流过。当滑动到最大位移时，由于磁斥力的作用，滑动磁体会回到原来的位置。在受到反向外部加速度影响后，叉指电极上的电荷分布相似。因此，滑动磁铁在连续滑动过程中产生的交流信号使 MSAS 作为一维加速度传感器能够表征加速度值。

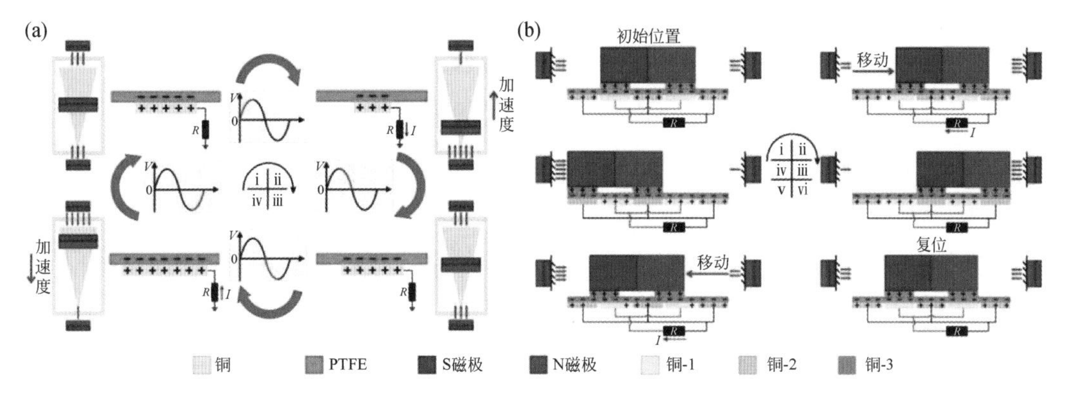

图 6.60　MSAS 的发电工作原理

此外，验证了摩擦电式磁辅助型单轴自驱动车辆加速度传感器（MSAS）的电学特性，对两种铜电极分别进行了静电学仿真。三角电极的仿真结果如图 6.61（a）所示。当滑动磁铁靠近顶部位置时，铜与聚四氟乙烯之间的电位差较小；滑动磁铁逐渐向聚四氟乙烯膜的中心滑动时，聚四氟乙烯与铜之间的电位差增大；随着滑动磁铁向底部移动，其电位差将进一步增大。而叉指电极的仿真结果也描述了不同接触位置的电位差，从而揭示了外部电路中的电子传递过程，如图 6.61（b）所示。

2）加速度传感器的研制与实验系统的搭建

根据摩擦电式磁辅助型单轴自驱动车辆加速度传感器发电单元的理论计算和仿真分析结果，确定了传感器样机和摩擦电极的尺寸参数，制作了原型样机，如图 6.62 所示。样机主要由铝合金外壳、亚克力上盖、三块磁铁、聚四氟乙烯（PTFE）薄膜和摩擦电极组成，三角电极附着在亚克力上盖下表面，叉指电极附着在铝合金底板上，并覆盖一层 PTFE 薄膜。磁铁分为两个固定磁铁和一个滑动磁铁。当传感器被外部驱动激励时，滑动磁铁在其内部往复运动，从而产生相应的电输出。

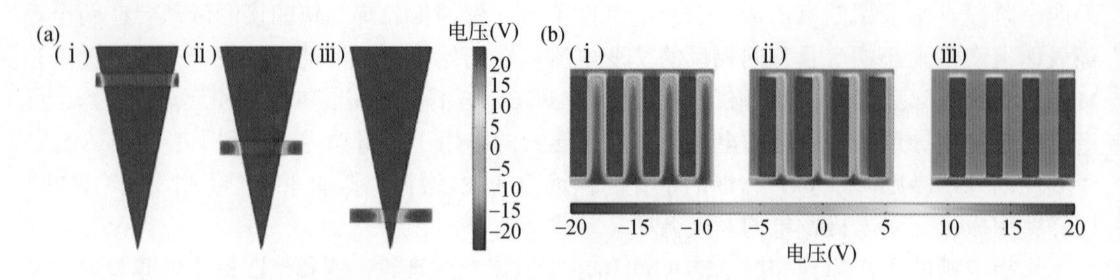

图 6.61 MSAS 的静电学仿真结果

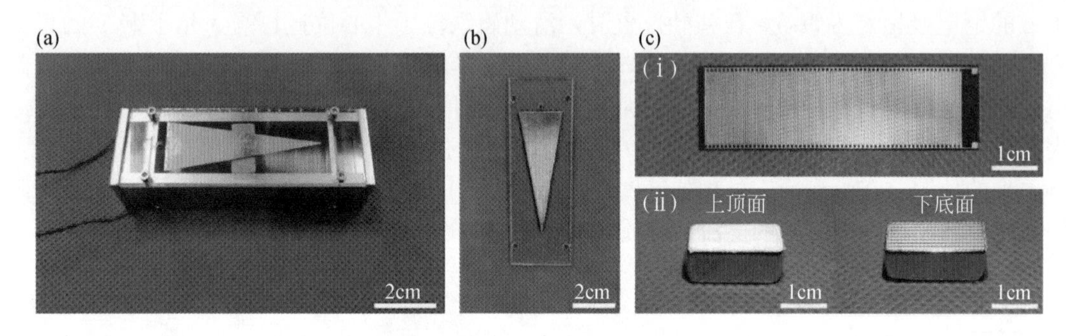

图 6.62 MSAS 的样机原型

为了研究 MSAS 在低加速度范围内的传感性能，选择直线电机提供外部加速度。加速度值由最终速度和加速时间这两个参数决定，可以通过调节直线电机的频率和升速时间来实现。如图 6.63 所示，建立了一个基于可实现不同低速度调节的直线电机的实验系统，用于测试摩擦电式磁辅助型单轴自驱动车辆加速度传感器的低加速度传感性能。在测量过程中，通过设置直线电机的相关参数，可以对传感器施加相同值的正、负加速度，使其进行周期性往复运动。用于测量和获取 MSAS 输出信号的设备是可编程静电计（6514，Keithley，USA）和数据采集系统（PCI-6259，National Instruments，USA）。直线电机（HJ10G-10，HaiJie，China）提供了低加速度传感性能测试所需的外部加速度。至于高加速度传感器的性能实验在摆锤冲击实验台上进行，并根据最常用的高加速度测试摆锤实验建立实验平台。

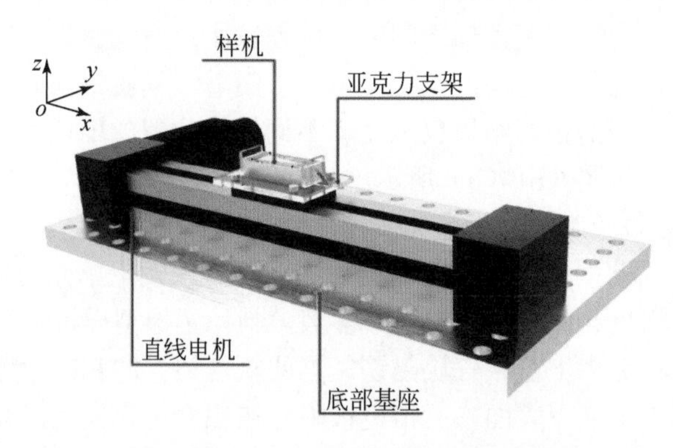

图 6.63 模拟车辆日常行驶时的低加速度实验测试系统

对车辆加速度的监控不仅限于车辆日常行驶时的低加速度范围监测，还包括车辆碰撞时的高加速度监测。摆锤实验是最常用的高加速度实验，根据其原理，建立了具有相同功能的摆锤冲击高加速度实验台。图 6.64 为高加速度实验系统示意图。通过调整摆锤的摆角，摆锤可以自由地向下摆动到最低点，并与传感器碰撞。摆锤的摆角可以通过固定在水平轴上的量角器来调节，以提供不同的高加速度值。

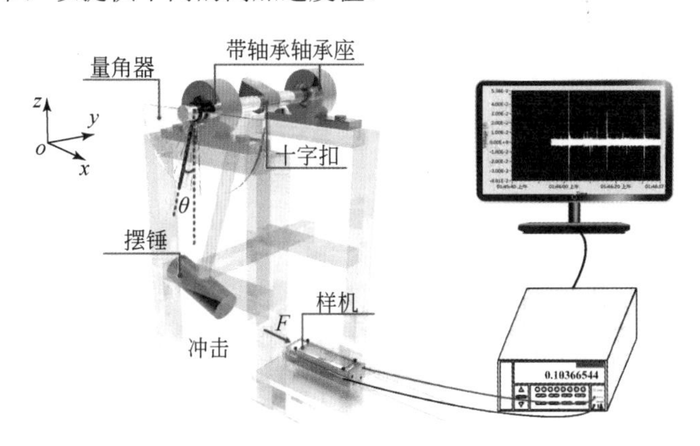

图 6.64 模拟车辆碰撞时的高加速度实验测试系统

为了验证该加速度传感器在车辆传感领域的可行性，搭建了遥控车演示实验。将遥控车的速度分为低速和高速，通过遥控器进行遥控换挡实现转换。商用加速度传感器（IEPE）也安装在遥控车上，以便与该加速度传感器进行对标。如图 6.65 所示，建立了遥控车加速度监测实验系统。遥控车上安装了 MSAS 和 IEPE，共同监测遥控车的加速度。实时加速度监测结果显示在计算机屏幕上。通过程序中的绿色和红色指示灯来区分 MSAS 对正、负方向加速度的监测，该程序直接计算加速度值并实时显示。

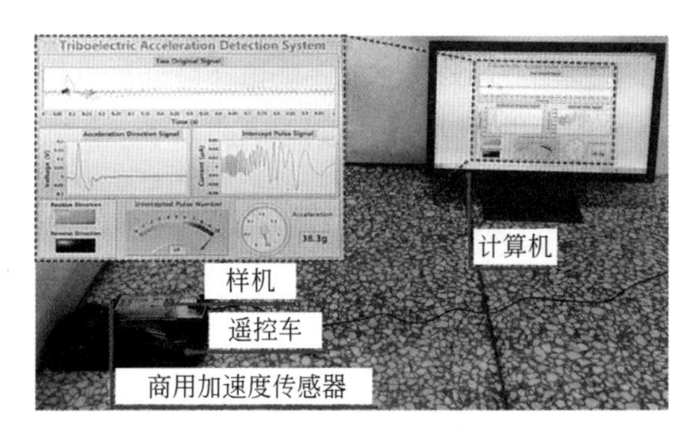

图 6.65 遥控车模拟测试系统

3）加速度传感器的性能实验测试

（1）低加速度传感性能测试

通过实验研究了以直线电机作为外界激励源下，摩擦电式磁辅助型单轴自驱动车辆加速度传感器（MSAS）的低加速度传感性能。通过调节直线电机参数以获得不同的低加速度值，探究了该加速度传感器中的两种不同摩擦发电单元在不同低加速度下的电学输出。

图 6.66 展示了在 0.47g 的正、负加速度作用下，MSAS 中三角电极的输出电压信号。规定中心滑动磁铁的初始位置在三角电极的中心，当中心滑动磁铁沿面积减小的方向滑动时，方向为正；当中心滑动磁铁向面积增大的方向滑动时，方向为负。从信号图中可以看出，当加速度方向为正时，电压高于零基线；当方向为负时，低于零基线。这是由于中心磁铁与固定磁铁间的排斥力，中心滑动磁铁在移动到最大位移后会移动到初始位置，即电压信号会逐渐接近零基线。因此，有效加速时间是达到电压信号的峰值或低谷的时间，这有助于在其时间段内截取由叉指电极所输出的电流脉冲信号，以确定加速度的大小。

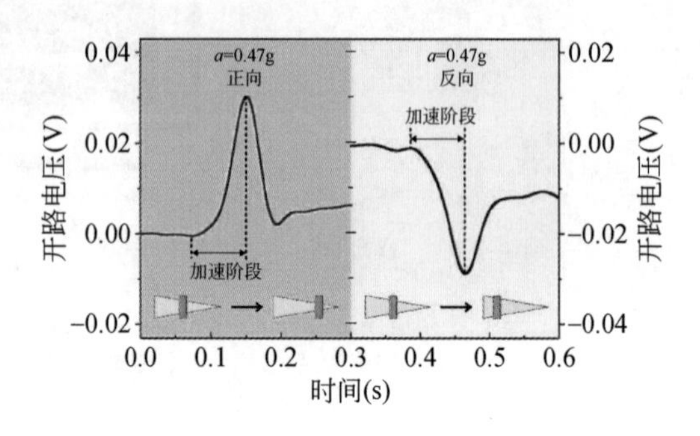

图 6.66　三角电极对于正负方向的判别

接下来，对两种电极在六组不同低加速度下的电学输出进行了实验测试，图 6.67 显示了这六组实验数据，得出以下结论：在低加速度范围区间，通过分析三角电极产生的电压信号，在有效加速时间内截获的叉指电极产生的电流脉冲信号个数可以用来区分六组不同的低加速度，脉冲个数在 3～9 之间变化。为了区分更多不同的低加速度值，则需要进一步减小叉指电极的宽度和电极间隙，这就要求电极的加工精度更高。可以看出，三角电极用于确定有效加速时间，并在该时间段内截取叉指电极输出的电流脉冲信号个数。在不同低加速度下截获的电流脉冲数是不同的。由于零点漂移的影响，使用叉指电极的电压脉冲信号会在后续计数中出现问题。因此，将叉指电极的电流脉冲信号作为判断加速度大小的依据，并且电流脉冲信号在功能上也可以被截取到正确的频率。

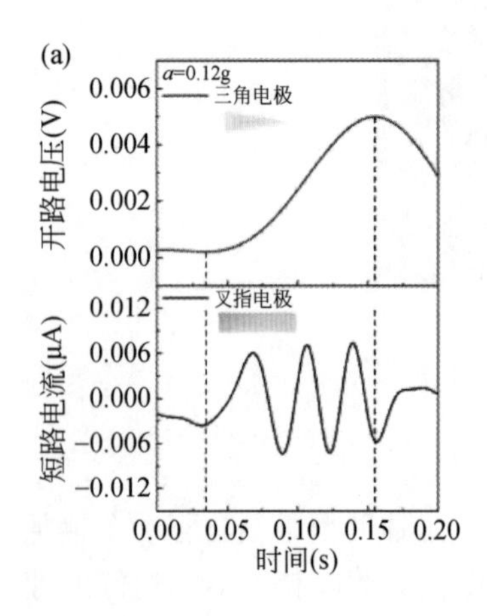

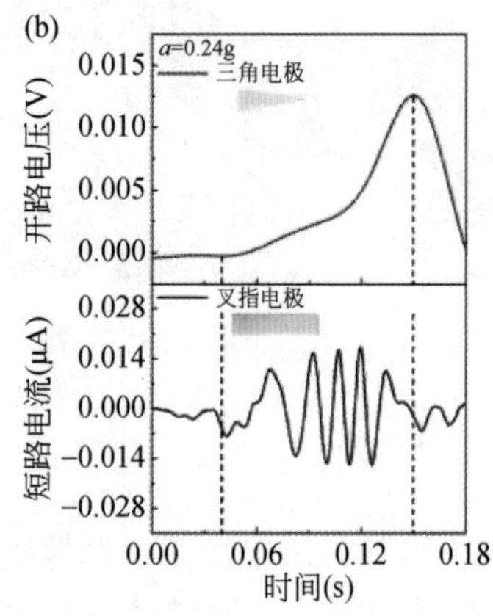

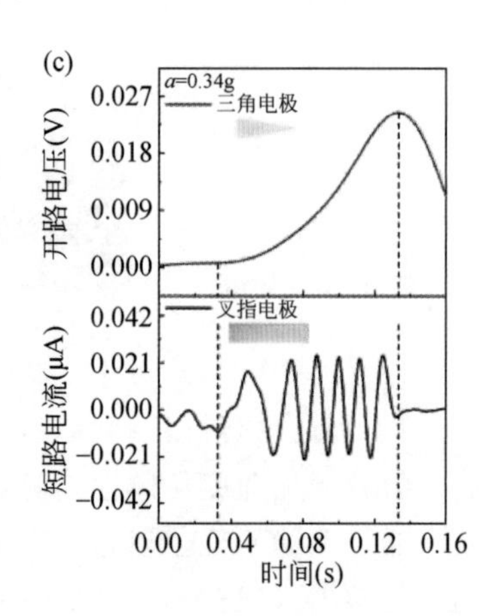

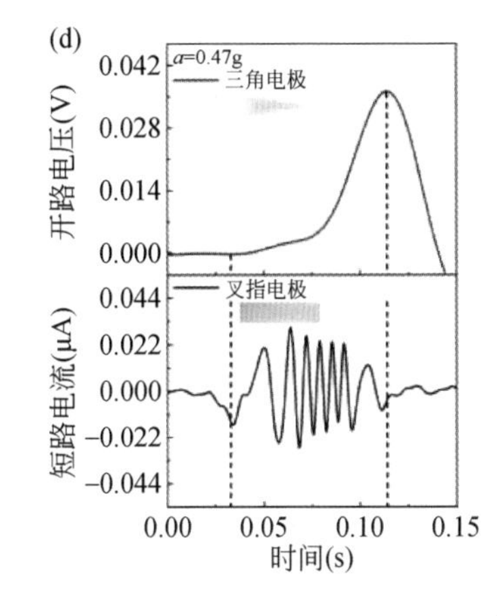

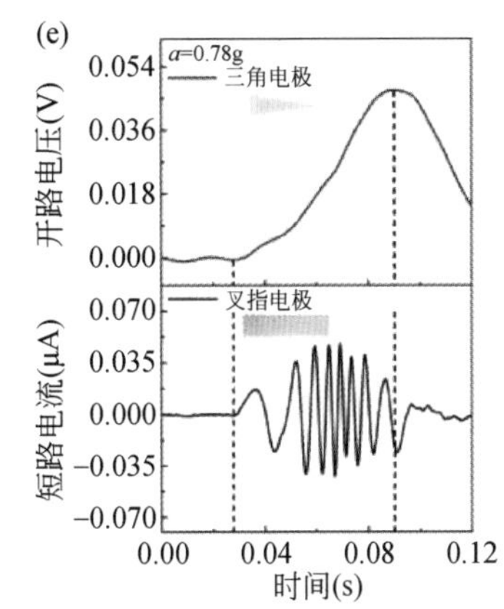

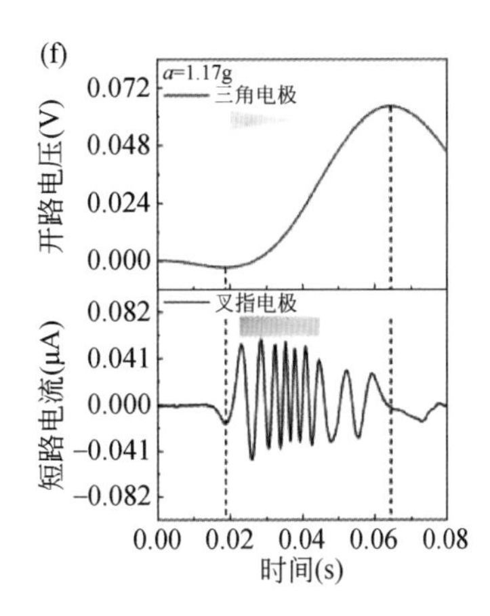

图 6.67　不同低加速度下的实验数据

最终，在有效加速时间内所截取的电流脉冲数与加速度值的对数呈线性关系，如图 6.68 所示，其线性拟合系数为 0.993。这对于 MSAS 在实时监测车辆在日常行驶中的低加速度具有重要意义。此外，MSAS 用于加速度监测的优点是对于这两种摩擦电极产生的电信号的监测均不受幅值变化的影响。在实验测试中，将低加速度范围内区分出 6 个不同的加速度值，脉冲数在 3～9 个之间。这六个不同的加速度值是由最终速度和加速时间两个参数决定的，而这两个参数分别由直线电机的频率和升速时间来调节。在此基础上，以下六个加速度值只能在低加速度范围内进行调整。如果需要更多不同的加速度值，只需要更换更精确的直线电机即可。此外，在 0.47g 和 0.78g 之间的脉冲数相差 1，因此在两者之间无法识别不同的加速度值。目前，这项研究还处于实验室阶段。在保证加工精度的前提下，只将数字间电极的宽度加工到 0.4mm，间隙加工到 0.1mm。为了进一步提高传感器的分辨率，只需要更精确地加工电极。理论上，电极宽度和间隙越小，电极组越多，传感器分辨率越高。如果能将电极的宽度和间隙做得更小，传感器的分辨率将进一步提高。

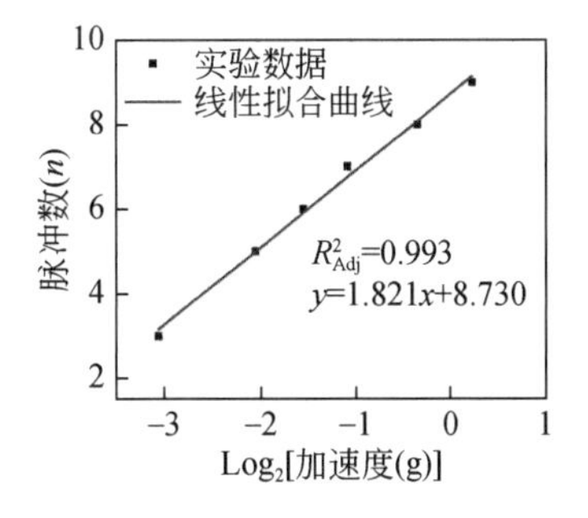

图 6.68　低加速度范围线性拟合曲线

（2）高加速度传感性能测试

对车辆加速度的监测不仅限于低加速度监测，还包括车辆碰撞时的高加速度监测。因此，本节的测试首先针对车辆碰撞时的高加速度测试范围搭建合理的高加速度摆锤冲击实验台。测试时，调节不同的摆锤摆角得到不同的高加速度值，探究了摩擦电式磁辅助型单轴自驱动车辆加速度传感器（MSAS）中的两种发电单元在不同高加速度下的电学输出。

进行实验测试之前，首先需要得到不同摆角下所对应的高加速度值。通过调整摆锤的摆动角度，摆锤可以自由地向下摆动到最低点与 MSAS 碰撞。摆锤的摆动角度可以通过固定在水平轴上的量角器来调节，以提供不同的高加速度值。如图 6.69 所示为摆锤摆角 θ 与摆锤到达最低点时的冲击力 F 的对应关系。高加速度的值可以通过力传感器的测量值和力

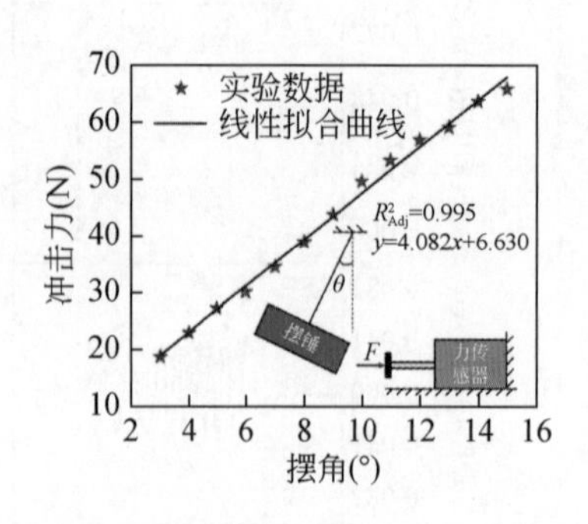

图 6.69 摆锤摆角与冲击力的对应关系

学公式 $F-F_f=Ma$ 来计算，其中 F_f 为 MSAS 对亚克力滑轨的最大静摩擦力，M 为 MSAS 的质量。当摆角为 15°时，计算得到的高加速度值可达 47.5g，即可满足车辆碰撞时高加速度检测的峰值。

如图 6.70 所示，展示了六组不同摆锤摆角下即不同高加速度下的两路输出信号。从两路输出信号可以看出，在有效加速时间内所截获的电流脉冲数随着高加速度的增加而增加，即呈正相关关系。

最后实验结果表明，在有效加速时间阶段所截获的电流脉冲数与高加速度值呈正相关。两者之间的关系如图 6.71 所示，线性拟合相关系数为 0.991。当加速度从 19.2g 增加到 47.5g 时，所截获的电流脉冲数从 5 个增加到 18 个，这为摩擦电式磁辅助型单轴自驱动车辆加速度传感器（MSAS）在测量高加速度时提供了实验依据。

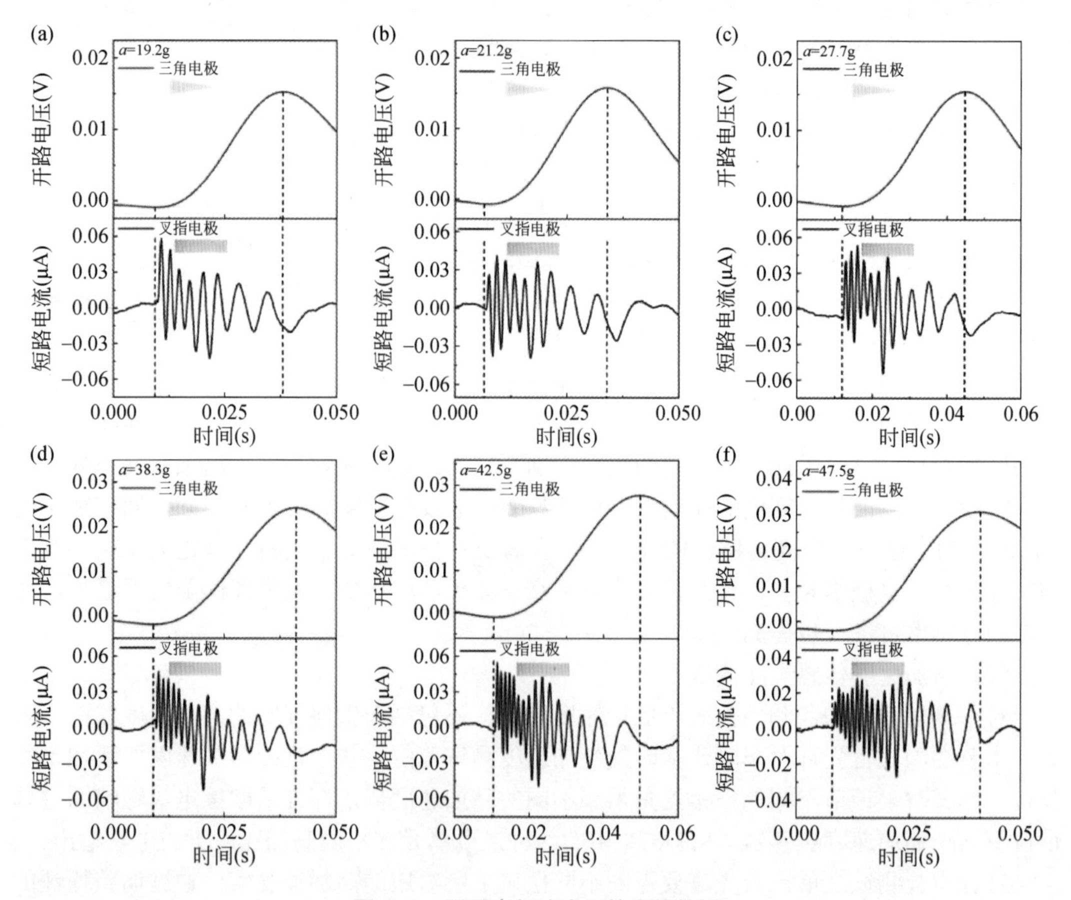

图 6.70 不同高加速度下的实验数据

4）应用演示

为了验证摩擦电式磁辅助型单轴自驱动车辆加速度传感器（MSAS）在车辆传感领域

的可行性，进行了远程操控遥控车运行和碰撞时的实时加速度监测演示实验。将遥控车的速度分为低速挡和高速挡，通过控制器换挡实现转换。并且，将商用加速度传感器（IEPE）也安装在遥控车上，以便与 MSAS 进行对标比较。首先，建立遥控车加速度监测实验系统。在遥控车上安装了 MSAS 和 IEPE 以共同监测遥控车的加速度且遥控车运行加速及碰撞过程的示意图如图 6.72 所示。

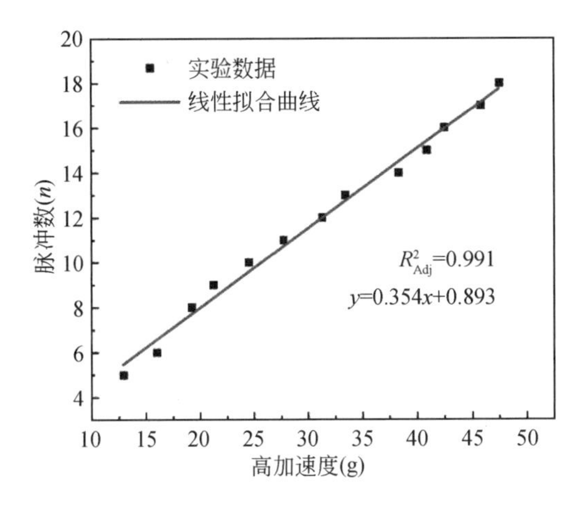

图 6.71　高加速度范围线性拟合曲线

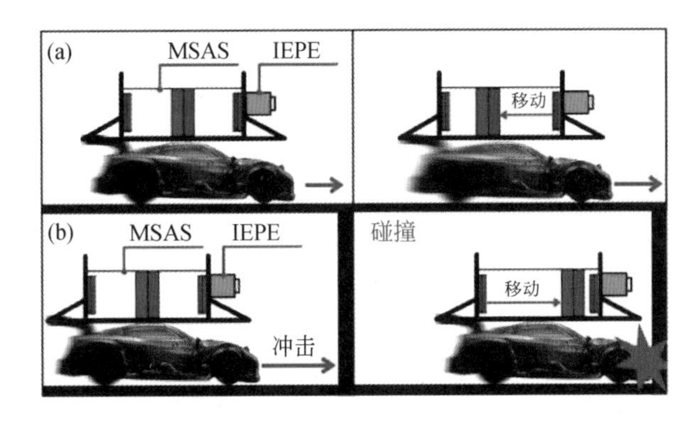

图 6.72　遥控车运行加速及碰撞过程的示意图

接下来进行实际测试，如图 6.73 所示，MSAS［图 6.73（a）］和 IEPE［图 6.73（b）］均在短时间内成功测量了遥控车的变加速度和碰撞时加速度信号。根据之前的实验结果，得到 MSAS 在遥控车变加速度下能够识别出 0.78g 的反向加速度，并且在遥控车碰撞事件中识别出 38.3g 的正向加速度。从 IEPE 对遥控车加速度监测的实验结果可以看出，其对遥控车的变加速时产生低加速度的监测效果不明显，但对碰撞事件中高加速度的监测效果显著，且计算出碰撞事件的大小为 39.1g。因此，MSAS 在低加速度监测中具有明显的优势。

在另外四种不同工作条件下，详细对比了 MSAS 测量的 A_M 和 IEPE 测量的 A_I 两个加速度值，如图 6.74 所示，结果表明，MSAS 计算的加速度值与实际情况能够近似保持一致，其错误率 e 能达到 2.80%以下。

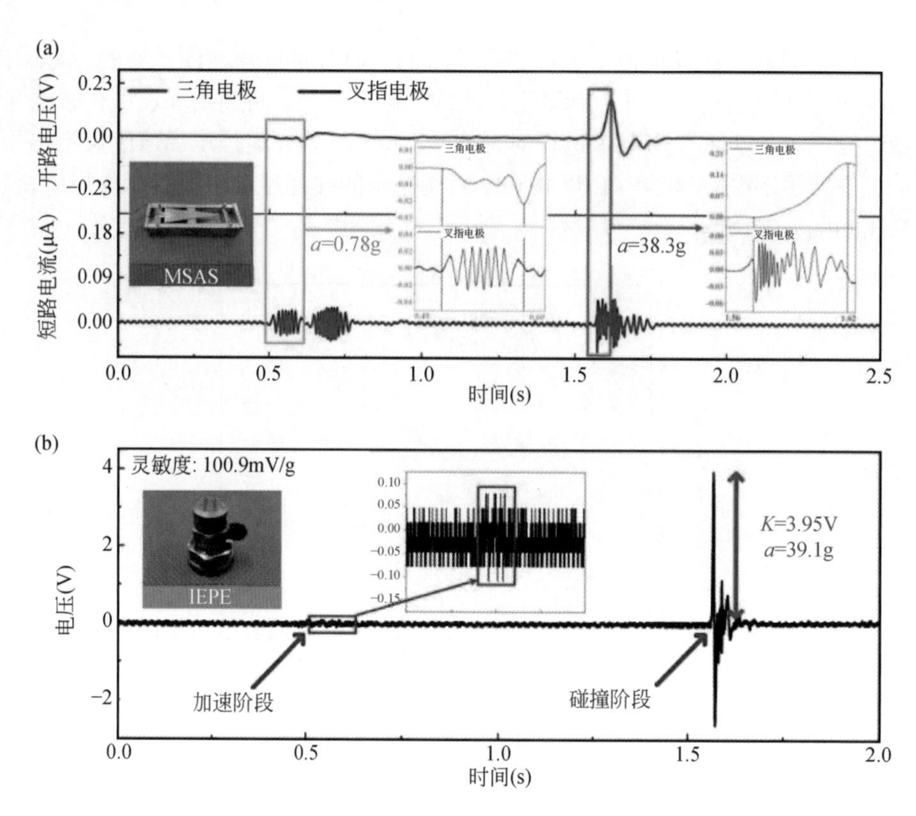

图 6.73　MSAS 和 IEPE 测试加速度信号对比

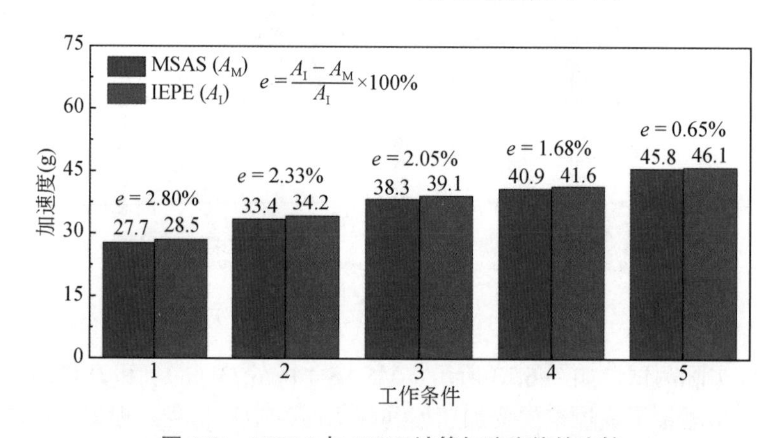

图 6.74　MSAS 与 IEPE 计算加速度值的比较

最后，为了验证该加速度传感器的可行性，更换使用了两个全新的电极对的 MSAS 进行耐久性实验。将 MSAS 固定安装在直线电机上，调整直线电机的参数以连续提供 1.17g 的周期性正负加速度。每隔 1 小时测量记录一次叉指电极和三角电极的输出信号，连续记录 6 小时，如图 6.75 所示。从结果来看，虽然叉指电极和三角电极的输出信号幅度有增大或衰减的趋势，但并不影响对于信号频率的提取。因此，两种电极的输出信号可以成功地表征外部加速度。遥控车演示实验和传感器耐久性实验表明，MSAS 在车辆加速度监测领域具有广阔的应用前景。

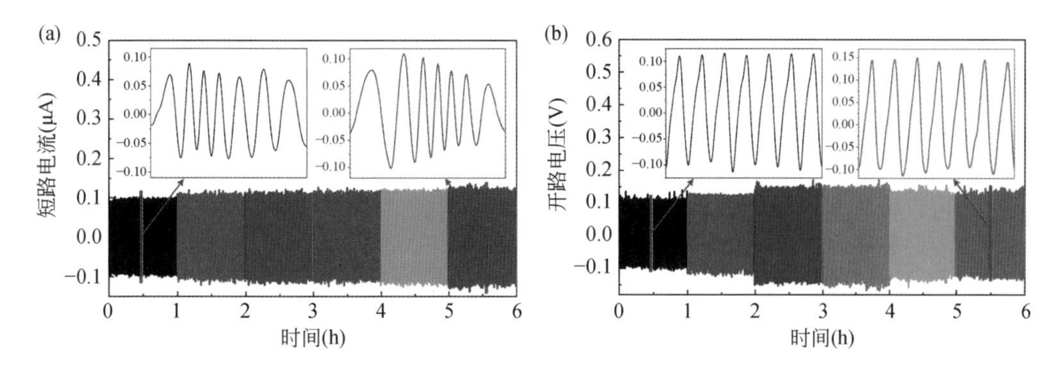

图 6.75　MSAS 连续运行工作 6 小时摩擦电极耐久性实验结果

2. 摩擦电式磁辅助型多轴自驱动车辆加速度传感器

1）结构设计与工作原理

本工作设计的摩擦电式磁辅助型多轴自驱动车辆加速度传感器（MMAS）如图 6.76 所示，它主要应用于智能交通系统，可实时监测行驶车辆的驾驶姿态信息，如图 6.76（a）所示，其中包括加速度、角速度及侧倾角。图 6.76（b）展示了加速度传感器的 3D 分层结构，描述了同时实现能量收集和自驱动传感的组件，即四个固定的圆柱形边缘磁铁，通过磁斥力效应将移动的中心磁铁保持在中心位置。受到外部加速度激励时，中心磁铁在内部腔体运动，其底部与亚克力板上的摩擦材料相互接触摩擦，产生电信号。并且使用 3D 打印技术，在聚乳酸组成的圆柱体的顶部和底部分别安装了两个圆形铜线圈。为了在微小振动运动中俘获最大的能量，电磁发电单元（EMG）的设计使得中心磁铁可以在这种情况下有效地工作。

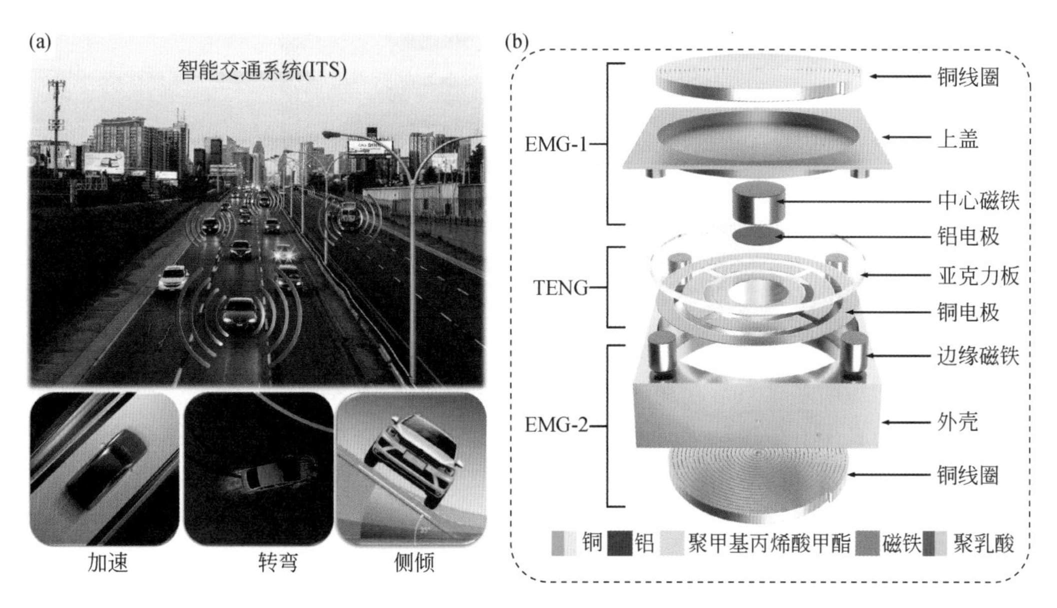

图 6.76　MMAS 应用场景及结构示意图

MMAS 的基本工作原理可以从水平方向的运动来说明，如图 6.77 所示。当没有激励时，中心磁铁保持在亚克力板的中心位置，达到平衡状态。来自除垂直方向以外的任何方向的激励作用于传感器时，将施加水平力，打破平衡，迫使中心磁铁在亚克力板上滑动。在这个过程中，根据摩擦电效应，在铜电极上检测到开路电压。当中心磁铁在亚克力板上滑动时，由于磁体周围铝和亚克力的摩擦极性不同，电子将从铝转移到亚克力板，使它们分别具有饱和状态下的正电荷和负电荷。在测量过程中，它们表面的电荷不能被带走或被中和。因此，铝可以被视为等电位表面。然后，基于静电感应，铜电极的开路电压将随着中心磁铁的移动而发生变化。

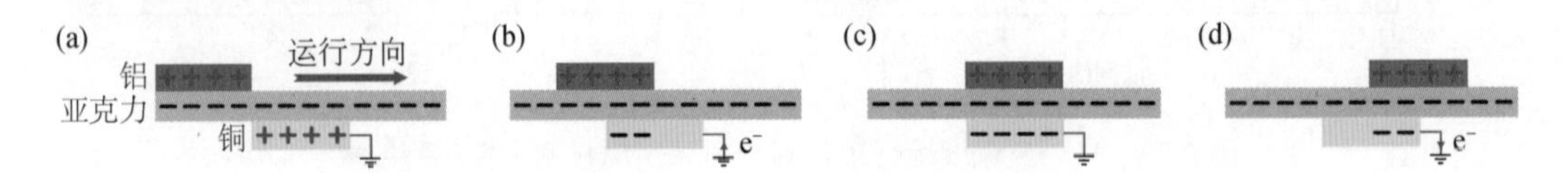

图 6.77 MMAS 的发电工作原理

为了验证多轴自驱动加速度传感器的电学特性，对传感器摩擦电模块进行静电学仿真。仿真结果如图 6.78（a）～（d）所示。通过 COMSOL 模拟了中心磁铁在不同位置时的静电电压分布，证明了当移动的中心磁铁被视为等电位体时，静电电势分布的模式。因此，通过分析铜电极的开路电压，可以检测中心磁铁的运动模式和参数。

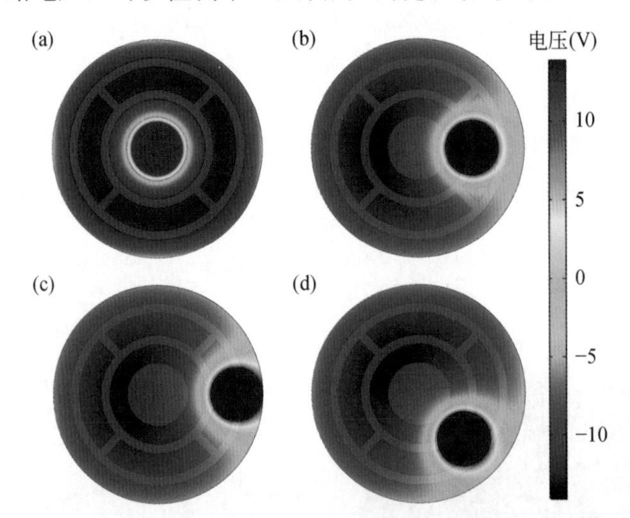

图 6.78 MMAS 的静电学仿真结果

为了进一步说明多轴自驱动加速度传感器中引入的电磁模块电压的产生原理，进行了有限元法电磁仿真（图 6.79）。将中心磁体移动到不同位置，得到了中心磁铁垂直方向上的磁感应强度分布，其能观察中心磁铁对周围其他磁铁的影响以及磁通量密度的变化。

2）加速度传感器的研制与试验系统的搭建

根据摩擦电式磁辅助型多轴自驱动车辆加速度传感器发电单元的理论计算和仿真分析结果，以及车辆行驶时监测的加速度范围，确定了传感器样机的尺寸和摩擦电极的排布，制作了摩擦电式磁辅助型多轴自驱动车辆加速度传感器的样机原型，如图 6.80 所示。该传感器样机主体由一个使用聚乳酸（PLA）的 3D 打印的长方体构成，在长方体四个角附近布置有四个等大的圆柱形空心空间用于放置边缘固定磁铁，且中间有一个空心圆柱形空间。

中心磁铁可以在圆柱形空间中自由滑动，并与串联连接的顶部和底部铜线圈形成 EMG 电磁发电单元。同时，中心磁铁与四周的边缘固定磁铁构成磁斥力调节系统，使得在未受到外界激励时，中心磁铁由于排斥效应保持在圆柱形空心空间圆心的初始位置。TENG 摩擦发电单元是由 5 个铜电极黏附在亚克力板上构成。其中，铜电极包括一个内圈电极和四个弧型电极。需要注意的是，通过增加弧形电极的数量可以提高该多轴加速度传感器的分辨率。然而，考虑到后续数据处理模块的鲁棒性、小型化和复杂性三者之间的权衡，将弧形电极的数量指定为 4 个，且 4 个弧型电极分别表示为前-E、后-E、左-E 和右-E。

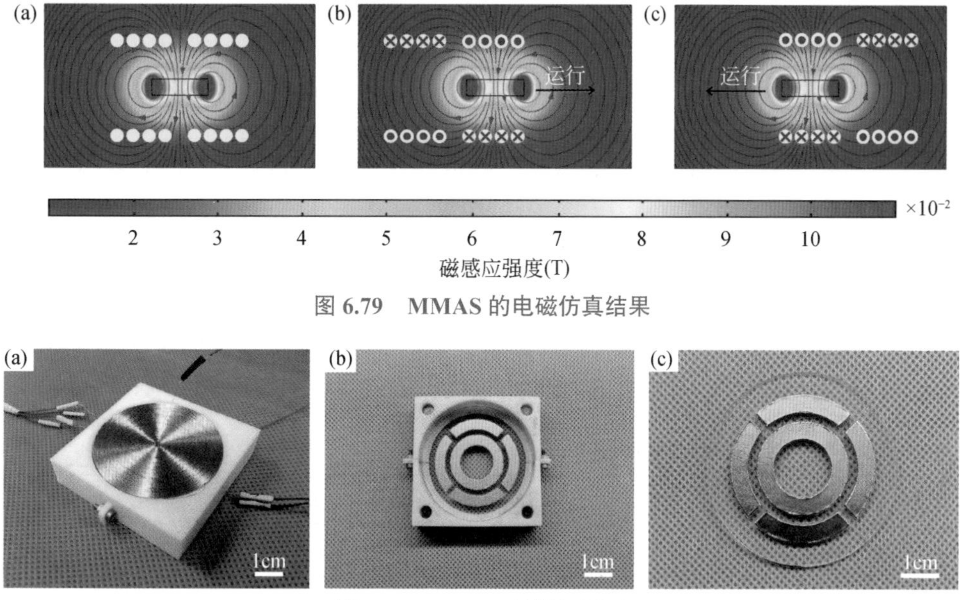

图 6.79　MMAS 的电磁仿真结果

图 6.80　MMAS 的样机原型

该多轴加速度传感器内部的细节及摩擦电极的尺寸如图 6.81 所示，中间圆柱形空间的直径和高度分别为 48mm 和 7mm。整个装置的直径为 50mm，高度为 10mm，厚度为 0.8mm。边缘四个中空圆柱形的直径和高度分别为 5mm 和 10mm。

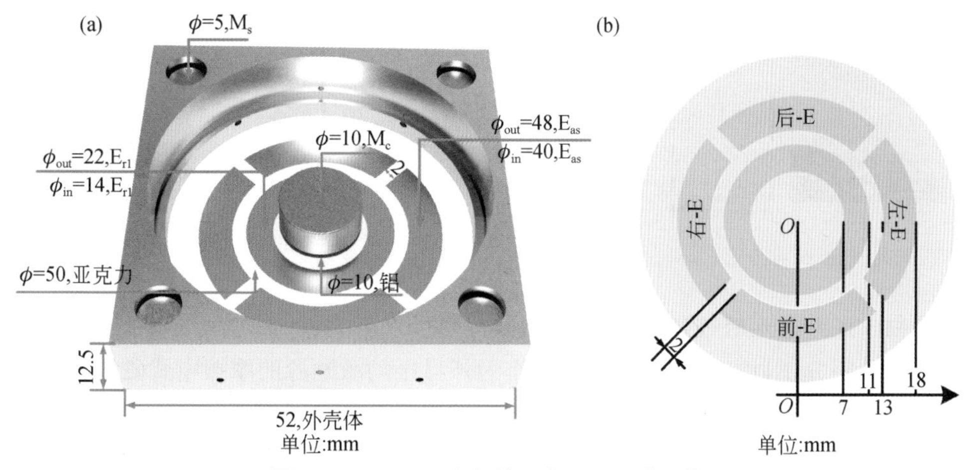

图 6.81　MMAS 各部件示意图及尺寸细节

摩擦电式磁辅助型多轴自驱动车辆加速度传感器的实验测试主要分为三个部分。首先是对 EMG 电磁发电单元的发电性能进行测试，其次是对 TENG 摩擦发电单元的传感性能测试，最后是进行实际车辆演示。如图 6.82 所示，展示了该多轴加速度传感器在实验过程中的测试系统。在 EMG 电磁发电单元的发电性能测试中，以 Linmot 直线电机作为驱动源，测试了不同振动频率下 EMG 发电单元的性能。该多轴加速度传感器被刚性固定在 Linmot 直线电机上，使激励直接作用在传感器上，调节电机的运行参数以获得不同的振动频率。为了测试和验证 TENG 摩擦发电单元的传感性能，同样搭建了 Linmot 直线电机实验台，以模拟车辆行驶时的加速度变化，通过调节直线电机不同的运行参数来获得不同的加速度值。根据传感器样机的结构特性，摩擦电极的布置还可以用于检测角速度和侧倾角信息，因此搭建了旋转电机实验台进行验证。该传感器所发出的电信号通过 6514 可编程静电计和 NI 多通道数据采集板卡捕捉。最后，为了验证该传感器在实际车辆运行环境下对于加速度监测的应用，搭建了实车环境进行相应测试，将摩擦电式磁辅助型多轴自驱动车辆加速度传感器放置在操纵台上，通过驾驶汽车踩踏油门调节速度变化，以验证传感器对加速度监测性能。用于测量和获取传感器输出信号的设备包括可编程静电计（6514，Keithley，USA）和多通道数据采集系统（PCI-6356，National Instruments，USA）。电气特性和传感性能测试所需的外部激励由 Linmot 直线电机提供。实验过程中采集的信号均通过 LabVIEW2018 软件进行记录。最后实车应用中，采用的单片机后端处理模块由两块可编程 Arduino UNO 模块和一块 OLED 屏幕组成。

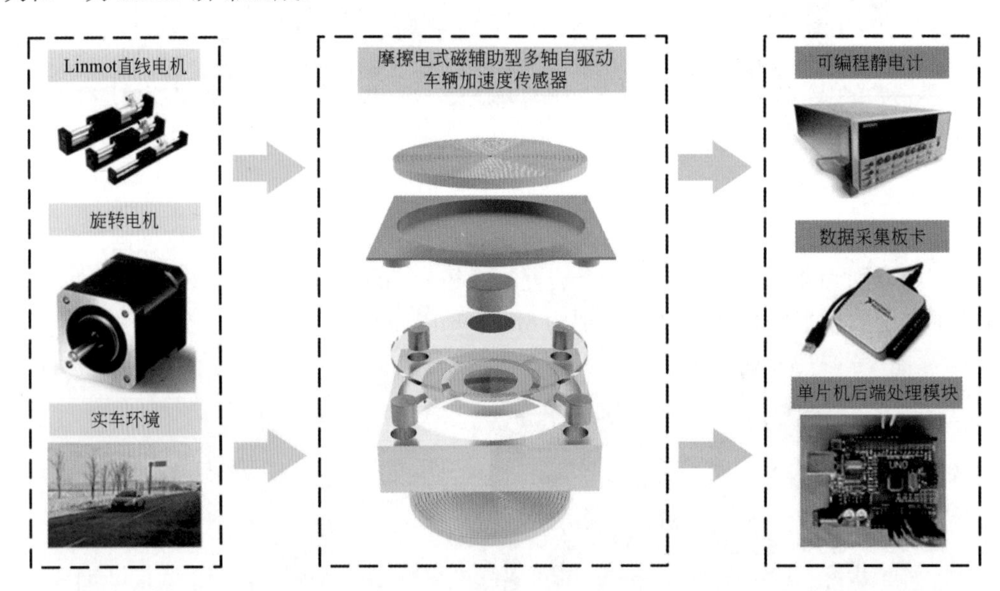

图 6.82 MMAS 的测试系统

3）EMG 发电单元的性能实验测试

通过实验研究了以 Linmot 直线电机作为外界振动激励源的摩擦电式磁辅助型多轴自驱动车辆加速度传感器中 EMG 电磁发电模块的电气特性。通过调节直线电机参数以获得不同的振动频率，探究了 EMG 电磁发电模块在不同振动频率下的电学输出。

图 6.83 展示了摩擦电式磁辅助型多轴自驱动车辆加速度传感器中 EMG 电磁发电模块工作原理及布置。该传感器内部组件的分层示意图结构如图 6.83（a）所示。在圆柱形空间中，中心磁体与顶部和底部的铜线圈串联连接，形成 EMG 电磁发电单元。传感器的俘能装置（EMG 发电单元）和传感装置（TENG 发电单元）的布置如图 6.83（b）所示。在中心磁铁底表面附着一层铝膜，选择铝（Al）作为覆盖层是因为它具有比镀镍磁体更高的正摩擦电特性。而选择亚克力（PMMA）作为负摩擦电层是因为其具有高的电负性。

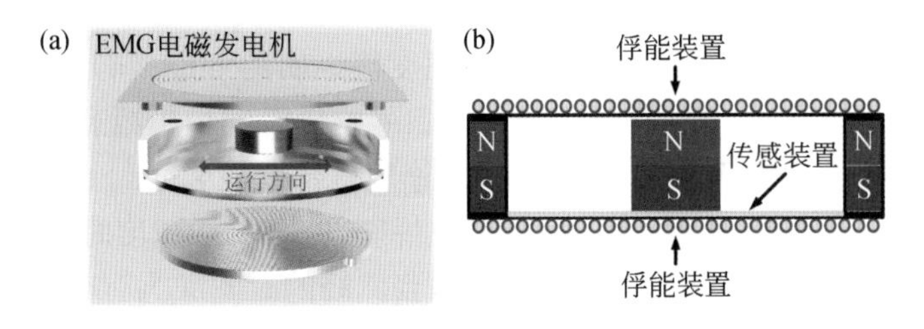

图 6.83　EMG 电磁发电模块工作原理及布置

接下来，搭建 Linmot 直线电机实验台，以研究 EMG 电磁发电模块的电气特性。在 4Hz 线性运动激励下，EMG 发电单元开路电压和短路电流波形如图 6.84（a）和（b）所示。图 6.84（c）展示了开路电压对输入加速度和输入频率的依赖关系。在这个实验测试中，该多轴加速度传感器是沿着线性水平方向以不同的频率和加速度进行激励的。在峰值加速度为 4g、激励频率为 10Hz 时，EMG 发电单元测得的开路电压最大值为 7.61V。通过观察具有不同输入加速度和输入频率的 EMG 发电单元的开路电压之间的关系，可以得到测量的开路电压与输入加速度和频率之间的近似线性增量。如图 6.84（d）所示，将收集的能量用于为 100～820μF 的电容器充电，这进一步说明了 EMG 发电单元的能量收集能力和适用性。

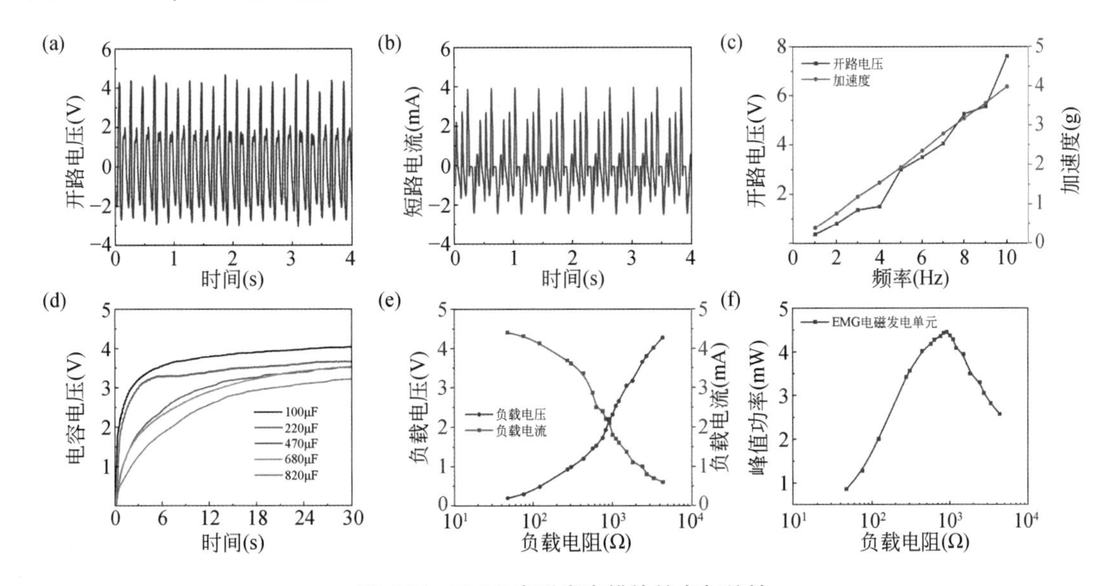

图 6.84　EMG 电磁发电模块的电气特性

EMG 发电单元的性能可以在实际工作环境下进行研究，并在不同的负载电阻下测试了其电压和电流。随着负载电阻的增加，电压增加，电流降低。图 6.84（f）展示了 EMG 发电单元的峰值输出功率与不同负载条件之间的依赖关系。在 1000Ω 的最佳负载电阻下，EMG 发电单元俘获了 4.5mW 最大峰值功率。

4）加速度传感性能实验测试

作为一个多轴加速度传感器，有必要探究其电学输出和加速度值之间的关系。TENG 发电单元中的环形电极用于检测水平方向上的加速度值，为了匹配车辆行驶中的加速度变化范围，在 Linmot 直线电机上调节不同的加速度值。如图 6.85（a）所示，当加速度从 0 增加到 $40m/s^2$ 时，传感器中 TENG 环形电极的信号响应时间呈指数衰减，且实验数据与拟合曲线吻合较好，拟合系数可达 0.99。该多轴加速度传感器在 $8m/s^2$、$14m/s^2$、$20m/s^2$、$30m/s^2$ 变加速度下的开路电压如图 6.85（b）所示。以捕获 1.8g 的加速度时环形电极产生的开路电压曲线为例，其开路电压从 0 到曲线的波谷再到波峰的时间即为有效的响应时间[图 6.85（c）]。此外，当传感器以固定的加速度在多个方向进行检测时，TENG 单元中的环形电极均能检测到相应的加速度，如图 6.85（d）所示，表明该加速度传感器对水平方向加速度值的检测具有较高的精度。

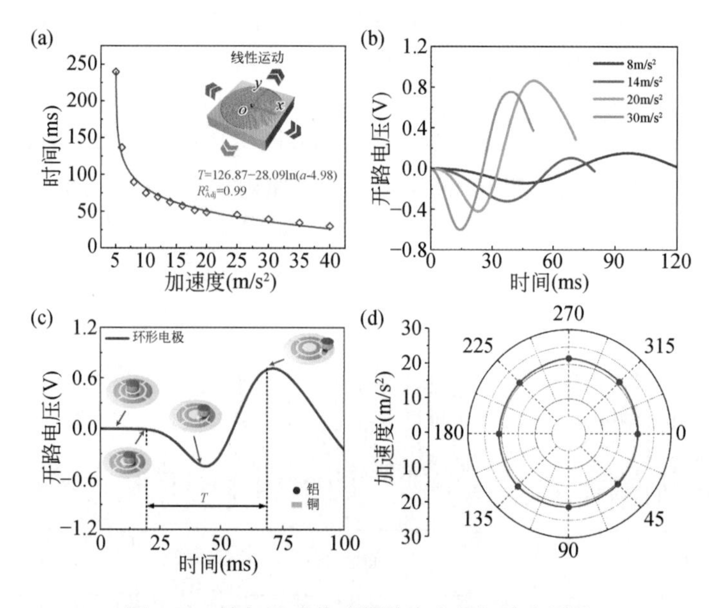

图 6.85　该加速度传感器的全空间加速度测量

该多轴加速度传感器相应地进行线性运动，包括沿 x 轴前后运动、沿 y 轴左右运动及沿±45°运动。图 6.86 展示了沿着不同方向的示意图及四个方向圆弧电极开路电压测试结果。结果说明，当中心磁铁向任何圆弧电极移动时，目标电极应该表现出大的电势峰值，并且剩余两个相邻圆弧电极应具有相同的小幅值的静电电势。在沿 x 轴前后运动这种情况下，后-E 和前-E 这两个圆弧电极时间交错地出现较大的电压峰值，而左-E 和右-E 这两个相邻圆弧电极表现为小幅度变化的电势。沿 y 轴左右运动的情况与其类似，中心磁铁接触左-E 和右-E，即左-E 和右-E 这两个圆弧电极输出为时间交错的较大的电压峰值。此外，当中心磁铁沿两个相邻圆弧电极之间的中心线移动时，如沿 45°方向线性运动，中心磁铁同时接触后-E 和左-E，因此后-E 和左-E 具有相同的静电电势，且前-E 与右-E 也在一定时间间隔后产生相同的静电电势。另一侧 45°方向线性运动的结果与其类似。通过这种电极布置的方式，该加速度传感器可以轻松测量八个线性运动的方向。

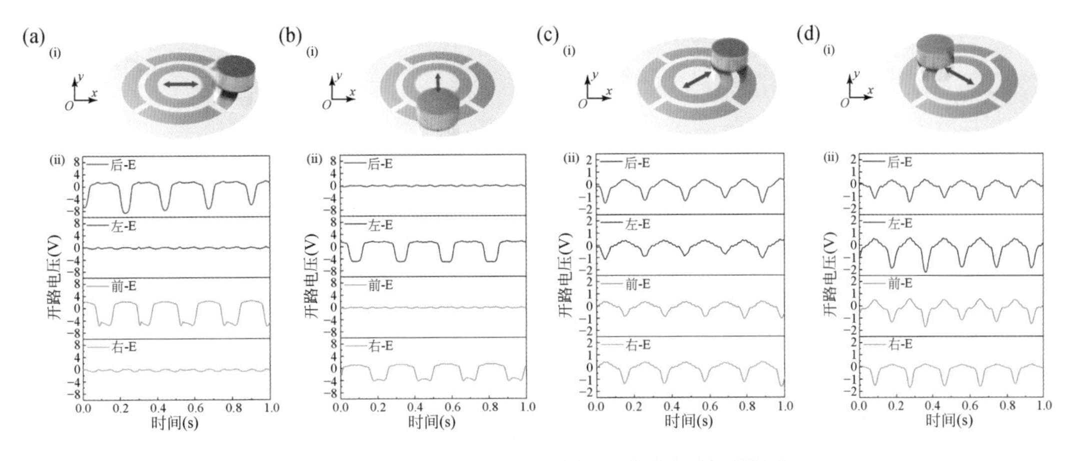

图 6.86　该加速度传感器的加速度方向判别检测

5）角速度和侧倾角传感性能实验测试

由于该多轴加速度传感器的结构特性及电极布置，在实验测试中发现该传感器还具有角速度以及侧倾角监测的能力。当该多轴加速度传感器被放置在旋转中心时，其内部的中心磁铁将始终保持在圆心位置。将该多轴加速度传感器偏心放置时，在离心力的作用下，中心磁铁将停留在中心以外的区域。在实际应用中，除了水平放置外，该多轴加速度传感器可以通过引入重力的作用来实现角速度检测。如图 6.87 所示，将其安装在旋转电机上以验证角速度检测的能力。当中心磁铁在亚克力板上以顺时针方向旋转时，监测到的开路电压波形的结果如图 6.87（a）所示。在一段时间内，后-E、左-E、前-E 和右-E 依次达到其最大输出性能。在中心磁铁旋转 90°的过程中，只有后-E 产生高输出，而所有其他圆弧电极产生低输出电压。由于每个圆弧电极的位置被等分 90°，因此圆弧电极后-E、左-E、前-E 和右-E 的输出电压可以分别通过 90°、180°、270°和 360°的相应旋转角度来关联。当逆时

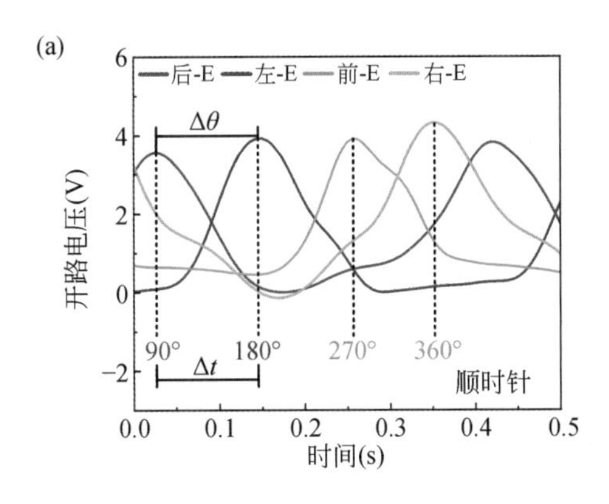

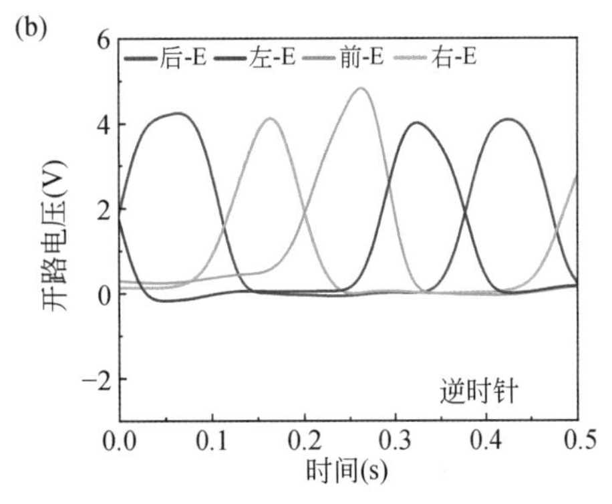

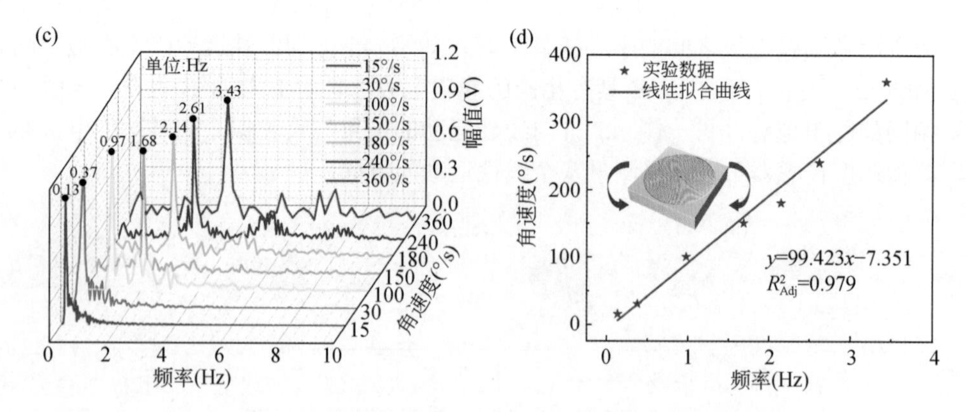

图 6.87　该加速度传感器对于角速度的传感性能检测

针旋转时，四个圆弧电极以相反的顺序达到其最大的输出性能，如图 6.87（b）所示。从这些图中可以得到，圆弧电极的输出具有中心磁铁旋转一个圆的周期波形。因此，可以通过分析圆弧电极的输出波形的频率来测试角速度的大小。对不同角速度下的输出波形进行快速傅里叶变换得到其频率值［图 6.87（c）］，其角速度和频率之间的线性关系如图 6.87（d）所示，其线性拟合系数可达 0.979，进一步证明了该传感器对角速度信息监测的可行性。

随后，进一步研究了该多轴加速度传感器对于侧倾角的大小和方向的监测能力，如图 6.88 所示。在车辆中的大多数运动控制程序中，侧倾角的监测都是基于 X–X'和 Y–Y'这两个轴。为了测试该传感器在这两个轴的旋转运动条件下的性能，搭建了一个 Linmot 直线电机测试平台。如图 6.88（a）所示，为了沿横滚轴（Y–Y'）旋转，圆弧电极左-E 和右-E 产生高输出电压，而后-E 和前-E 产生低输出电压。为了沿着俯仰轴（X–X'）旋转，圆弧电极后-E 和前-E 产生高输出电压。当俯仰轴是静止轴时，圆弧电极左-E 和右-E 的输出电压较低，如

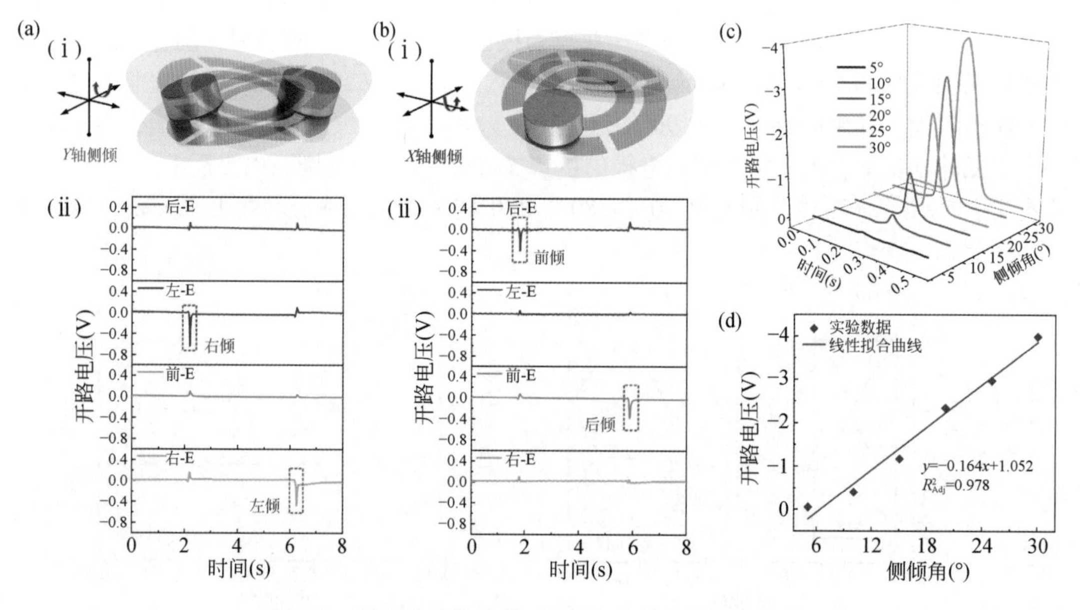

图 6.88　该加速度传感器对于侧倾角的传感性能检测

图 6.88（b）所示。不同侧倾角的输出电压数据如图 6.88（c）所示。从图 6.88（d）中可以看出，侧倾角度与其输出电压呈线性关系，其线性拟合系数达 0.978，倾斜角监测的灵敏度为 0.158V/deg。

6）应用演示

在实验室测试阶段，已验证了摩擦电式磁辅助型多轴自驱动车辆加速度传感器中的 TENG 单元可以作为加速度计的可行性，且 EMG 电磁发电单元也展现出毫瓦级的功率输出。然而，为了将其真正应用到实际车辆运行环境中，还需要进行一些工作以实现一个集成化的车载加速度监控系统。如图 6.89（a）所示为集成车辆加速度监控系统的工作原理简图。搭建的实车测试场景如图 6.89（b）所示，其中包括两个场景的加速度监测：一是车辆踩踏油门时的加速度监测，二是踩踏刹车时的减速度监测。通过这两个场景来验证该多轴加速度传感器在实车运行环境下对加速度大小及方向监测的准确性。

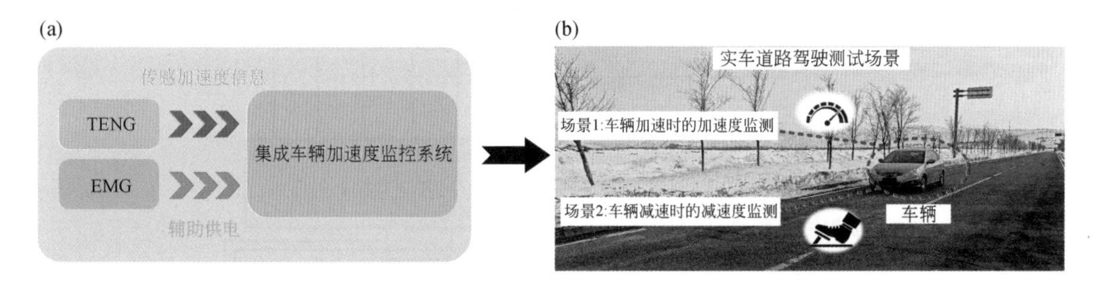

图 6.89　实车演示测试场景

摩擦电式磁辅助型多轴自驱动车辆加速度传感器的后端集成车辆加速度监控系统的电路设计如图 6.90 所示。传感器中的 EMG 电磁发电模块分为位于传感器上下的两个 EMG 单元，分别命名为 EMG1 和 EMG2。通过整流桥为 Arduino UNO-2 提供直流电压，并在 V_{in} 中进行整流和滤波，存储在容量为 0.2F 电容器 C1 中。传感器中的 TENG 发电模块由一个环形电极和周围的四个圆弧电极组成，将其命名为 TENG1～TENG5，将 TENG1 到 TENG5 进行整流并联分别连接到 Arduino UNO-1 的 A0-A4 串口，并联一个容值为 0.1μF 的滤波电容，进而给出稳定的电压信号。A0 连接 TENG1 即环形电极，负责处理加速度大小信息，A1～A4 连接 TENG2～TENG5，负责处理加速度方向信息。通过对串口进行相应的编程，可实现信号处理的功能，并将完整的加速度信息显示在 OLED 屏幕上。

集成车辆加速度监控系统的后端由摩擦电式磁辅助型多轴自驱动车辆加速度传感器主体、两块 Arduino UNO 开发板作为 MCU、一个储能电容器、一块 OLED 屏幕作为终端显示组成（图 6.91）。上位机由 USB 到 TTL 串行端口作为接口转换器，并搭配一台笔记本电脑来显示接收到的传感信号。

搭建好单片机后端处理系统后，接下来进行实车测试，将该多轴加速度传感器固定在车辆操纵台上，并使其保持水平状态。整套单片机后端处理系统放置于传感器旁边以展示最终的加速度监测结果。因此，搭建了如图 6.92（a）所示的实车加速度监测测试系统场景。在正式测试环节中，监测了车辆行驶加速和减速进程，其结果通过笔记本电脑上的计算串口展示，如图 6.92（b）所示。采集了五个串口的 TENG 信号，包括用于幅值检测的 A0 和用于方向检测的 A1～A4。同时，OLED 屏幕上展示了在一次演示实验中测得的加速度大小为 12m/s^2，方向为 3（前-E）。由此实车测试结果可知，该集成车辆加速度监控系统有能力对车辆行驶中的加速度变换进行实时监测。

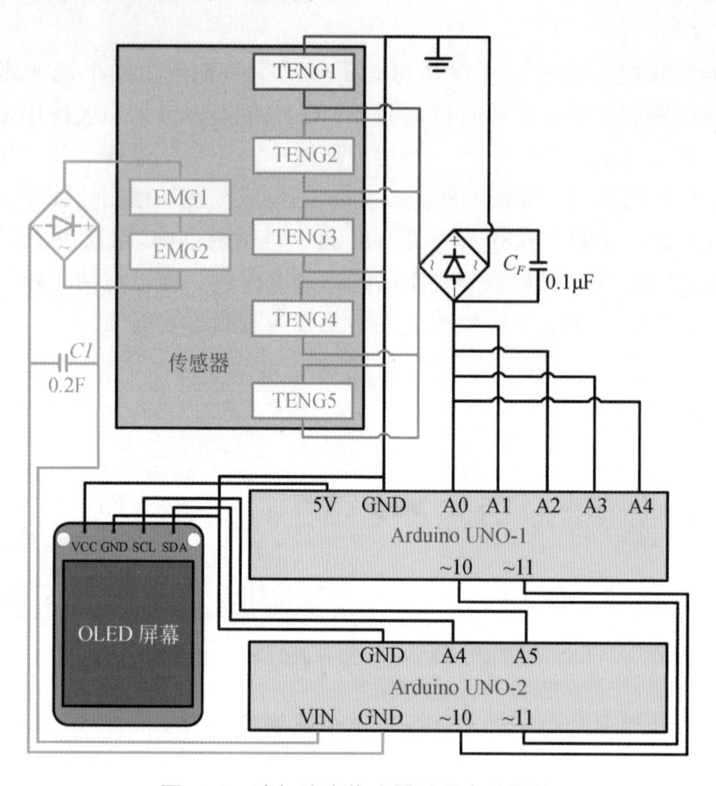

图 6.90 该加速度传感器后端电路设计

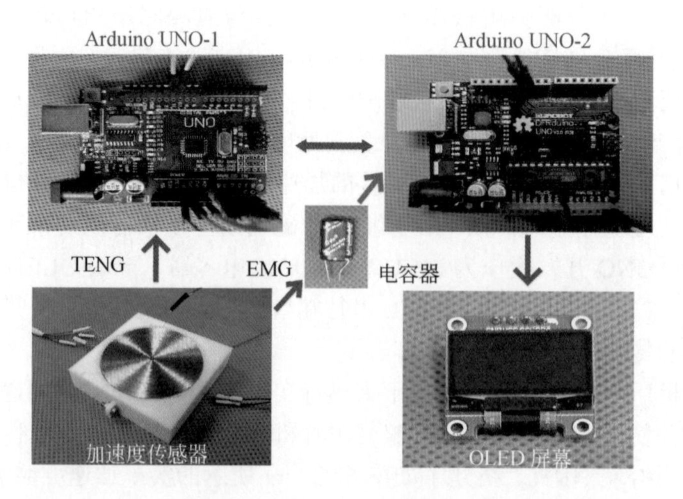

图 6.91 单片机后端电路实物图

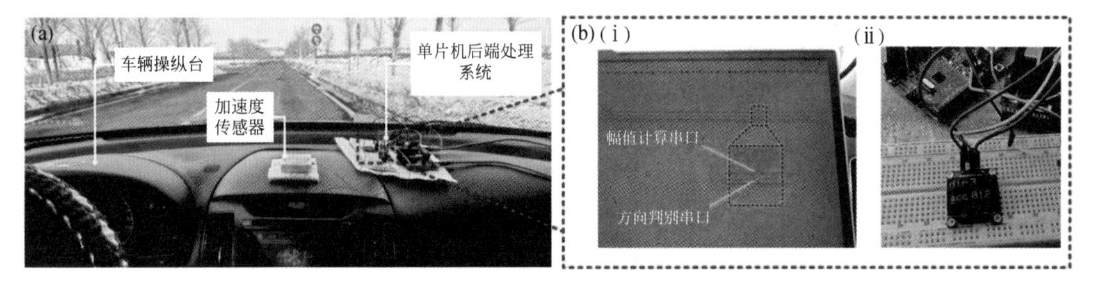

图 6.92　加速度监测测试系统及监测结果

最后，为了突出该加速度传感器在实际车载环境下应用的可行性，进行了传感器的耐久性实验以及在不同湿度下的性能测试，如图 6.93 所示。结果表明，环形电极[图 6.93（a）]在连续运行 6 个小时且持续运行 64800 次后，开路电压幅值衰减至最初的 84.3%；而圆弧电极［图 6.93（b）］开路电压幅值衰减至最初的 90.3%。尽管两种电极的电压幅值有所下降，但由于信号分析采用的均为摩擦电信号的频率量和信号的有无，因此最终的判定结果不会有区别，即电压幅值的降低不会影响对信号频率量的提取和分析。接下来，在不同相对湿度环境下对两种电极进行了性能测试，如图 6.93（c）所示。结果可以看出两种电极的开路电压随着相对湿度的增加而持续降低。同样由于后端进行信号分析采用的均为摩擦电信号的频率量，因此电压幅值的变换并不会影响对信号频率量的提取和分析。验证和耐久性实验表明，多轴加速度传感器在车辆加速度监测领域具有广阔的应用前景。

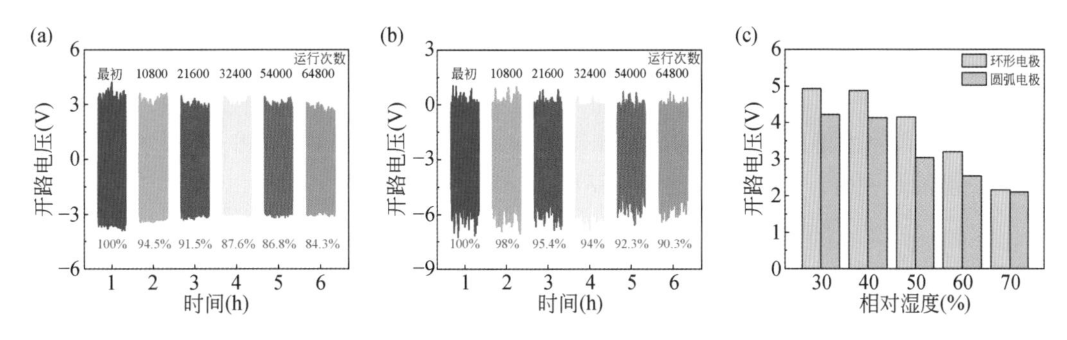

图 6.93　加速度传感器的耐久性及湿度测试

6.4　路面健康状态监测

道路作为重要的交通基础设施之一，承载着重要的角色，对行车安全、运输效率和车辆悬架的使用寿命有着直接影响。因此，监测路面健康和进行必要的维护对于公共交通安全至关重要。在早期阶段，路面病害的监测和识别主要通过工人现场进行。随着交通基础设施的快速发展，路网的覆盖范围越来越大，人工监测和分析路面健康状况变得越来越困难。近年来，许多先进技术已应用于路面健康监测，包括激光传感技术和图像处理技术[16]。这些技术的使用提高了路面健康监测的效率，但相关设备价格昂贵，需要电池或电缆电源，这给大规模路面健康监测带来了一定的困难。因此，探索自供电传感和低成本路面健康监测技术显得尤为迫切。

2012 年，王中林课题组提出了一种基于接触起电和静电感应耦合原理的摩擦纳米发电机（TENG）[17]。TENG 能有效收集环境中的能量，具有材料选择范围广、成本低、易于集成等优点。此外，作为一种新的自供电传感技术，TENG 可以很好地提供机械激励信号的反馈，并已成功应用于各种机械设备的监测。近年来，越来越多的摩擦电传感器被提出并应用于智能交通领域，例如加速度传感器、振动传感器、车速感应、汽车尾气监控等[15, 18]。同时，通过将 TENG 与电磁发电机（EMG）相结合，TENG 负责传感，EMG 用于收集能量，收集的电能可以有效延长电池的使用寿命。

本节提出一种基于弹簧导向辅助摩擦电传感器（S-TES）的车载路面健康监测系统（VPHMS）[19]，该系统利用车辆通过不平坦路面时产生的振动来监测路面上的坑洼和剧变。VPHMS 由弹簧导向辅助摩擦电传感器（S-TES）、集成模块和终端显示模块组成。设计的 S-TES 由张力弹簧和导轨结构辅助，有效提高了传感器的线性频段和稳定性。实验中讨论了不同组合的弹簧振动器对传感器性能的影响。该传感器可以测量 0～90mm 范围内的振动幅度，且拟合线性系数为 0.985。连续工作 7 小时后，电压幅度仅降低 7%。S-TES 还可以收集振动能量，在 5Hz 的振动频率下可以产生 71.56mW 的峰值功率。此外，设计的集成模块用于处理信号和无线数据传输。而终端显示模块用于接收信号并在屏幕上显示测量结果。最后，在车辆上安装 VPHMS，成功实现对路面坑洼和剧变的无线实时监控。这项工作促进了 TENG 在智能车辆基础设施协同系统（IVICS）和路面健康监测中的应用。

6.4.1 结构设计及工作原理

VPHMS 在路面健康监测中的应用如图 6.94 所示。当配备 VPHMS 的车辆以恒定速度通过不平坦的路面时，可以有效地识别路面上的坑洼和剧变。

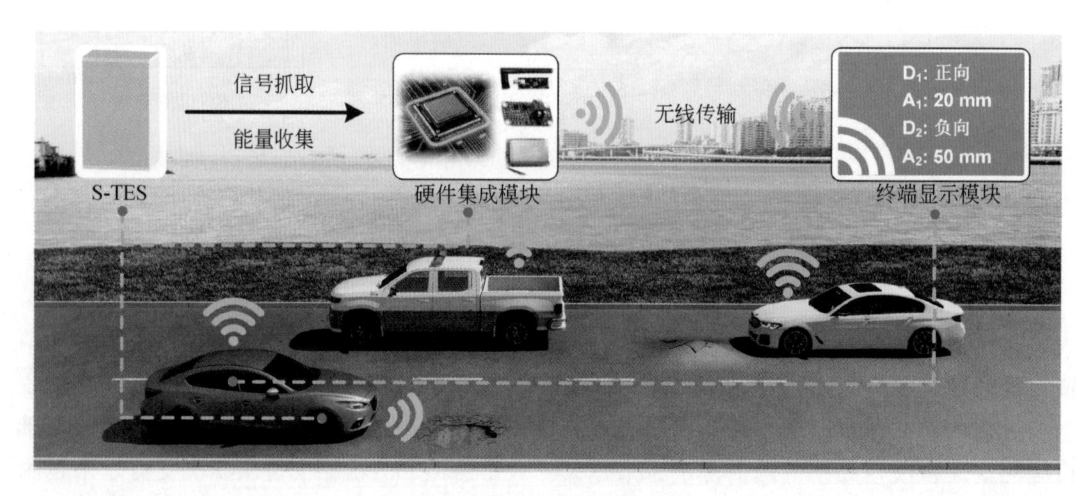

图 6.94　VPHMS 的应用展示

所设计的 S-TES 的整体原型结构如图 6.95（a）所示，由聚乳酸壳、导轨、滑块、拉伸弹簧、振动器、TENG 和 EMG 组成。图 6.95（b）具体展示了 S-TES 的整体模型及部分细节。

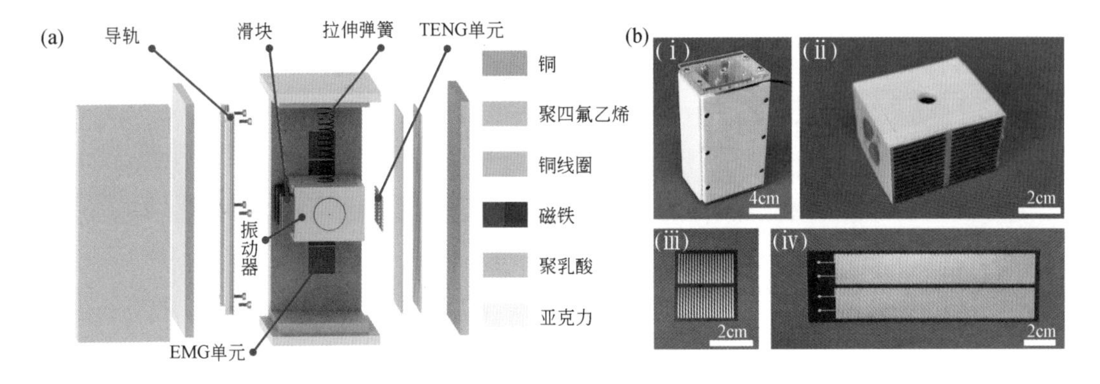

图 6.95 S-TES 的结构示意图

其中 TENG 部分由聚四氟乙烯（PTFE）薄膜、两相差分电极和感应电极组成，其具体尺寸参数如图 6.96 所示。将两相差分电极粘贴在原型外壳的内侧，并附着一层 PTFE 膜，感应电极粘贴在振动器外壳的同一侧。为了合理利用空间，EMG 安装在样机内部，它由两个线圈和两组阵列磁铁组成。两个线圈分别安装在振子两侧的凹槽中，两组阵列的磁铁分别安装在外壳相应两侧的凹槽中。当外部激励作用在样机上时，由于惯性作用样机内部的振子将相对于壳体振荡。在这个过程中，TENG 会产生相应的电信号，EMG 用来收集振动能量。

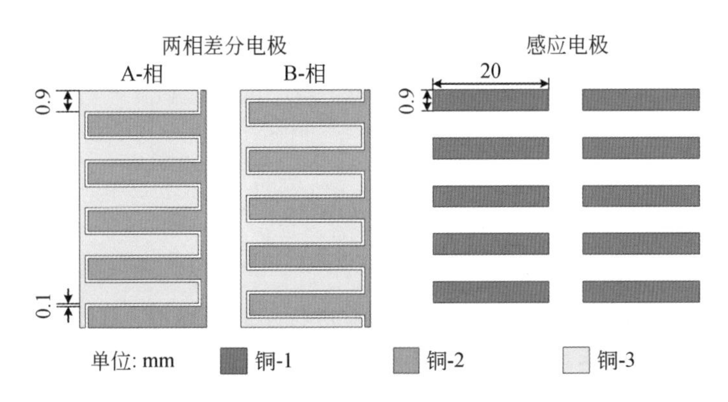

图 6.96 两相差分电极和感应电极具体尺寸示意图

对于 TENG 部分，设计的两相差分电极的工作原理如图 6.97 所示。根据接触起电和静电感应的耦合原理，当感应电极与 PTFE 薄膜接触时，它们的表面将显示相反的电荷。当感应电极处于图 6.97（a）所示状态时，A 相中的铜-1 与铜-2 完全重合，因此在外部电路中没有电流通过；此时，B 相中的铜-1 正在从铜-2 滑向铜-3 的过程中，因此外部电路中有电流流过。当感应电极处于图 6.97（b）所示状态时，铜-1 在 A 相中向下滑动一段距离，导致电流流过外部电路；此时，B 相中的铜-1 与铜-3 完全重合，没有电流通过外部电路。类似地，当感应电极处于图 6.97（c）所示状态时，A 相中的铜-1 与铜-3 完全重合，因此外部电路中没有电流通过；此时，B 相中的铜-1 正在从铜-3 滑向铜-2 的过程中，因此外部电路中有电流流过。

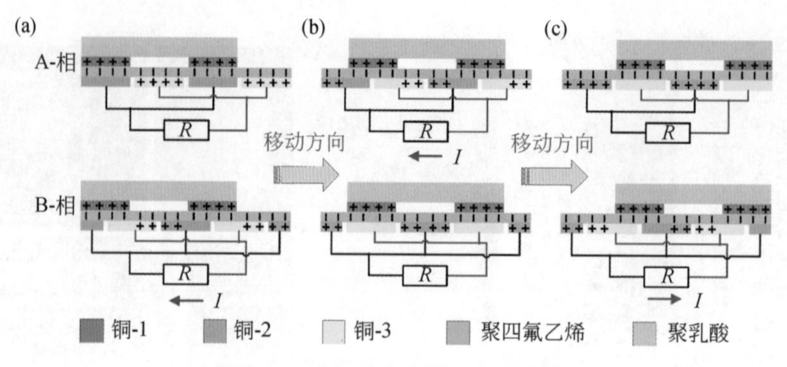

图 6.97　两相差分电极工作原理图

此外，由于设计了两相差分电极，当 A 相中的铜-1 与铜-2 完全重合时，B 相中铜-1 和铜-2 之间的重叠面积是 A 相的一半。因此，两相差分电极产生的脉冲电压信号具有 1/4 周期的相位差。当感应电极在正向和负向上移动时，两相差分电极产生的电压脉冲信号如图 6.98 所示。通过该设计可以有效地识别感应电极运动的方向。

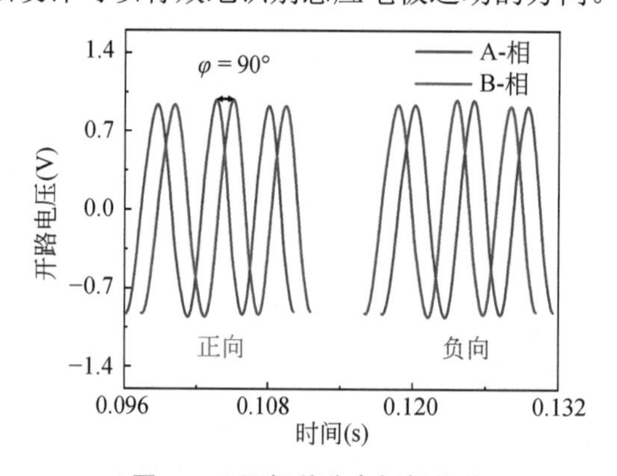

图 6.98　两相差分电极相位差

此外，为了验证两相差分电极的电气特性。进行了静电模拟。具体结果如图 6.99 所示，显示了感应电极运动期间两相差分电极表面的电位分布。

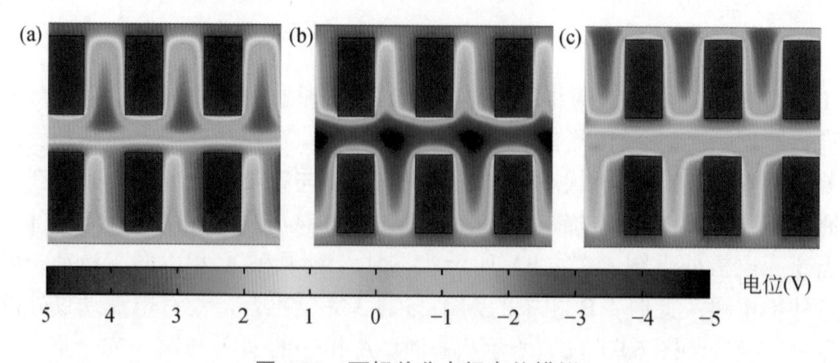

图 6.99　两相差分电极电位模拟

而 EMG 部分，其发电原理基于法拉第电磁感应定律。具体的发电过程如图 6.100 所示。

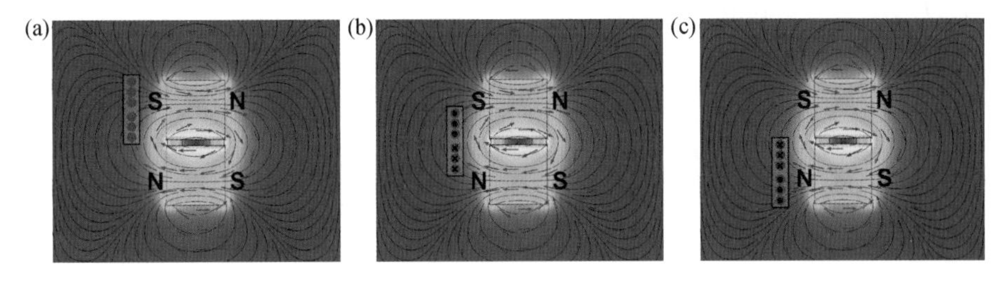

图 6.100　EMG 发电原理图

6.4.2　建模和分析

由于 S-TES 由弹簧导轨辅助，因此可以将其建立为弹簧-质量-阻尼系统，如图 6.101 所示。

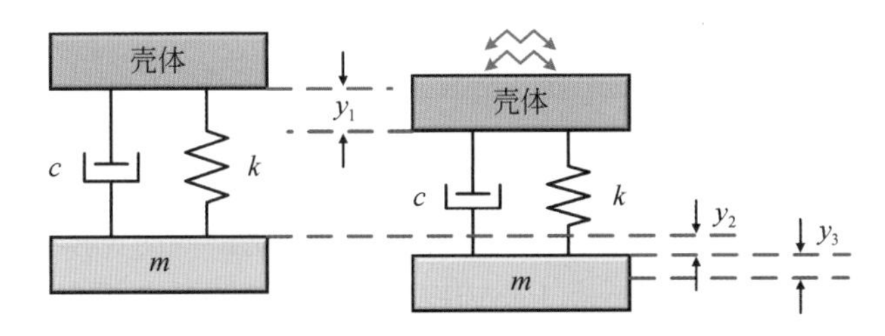

图 6.101　弹簧-质量-阻尼系统

具有等效质量的振子被视为悬挂系统，并通过弹簧和阻尼与壳体相连。当壳体被外部激励时，弹簧恢复力和黏性阻尼力都会影响振动器的运动。

根据达朗贝尔原理，振动器的运动方程可以表示为：

$$m\ddot{y}_3(t) + c\dot{y}_3(t) + ky_3(t) = 0 \tag{6-5}$$

其中，m 代表振子的等效质量，c 代表系统的阻尼，k 代表拉簧的弹性系数，$y_3(t)$代表振子相对于壳体的垂直位移。

位移关系可以表示为：

$$y_1 = y_2 + y_3 \tag{6-6}$$

其中，y_1 表示壳体的垂直位移，y_2 表示振动器的垂直位移。

y_3（t）整理得到：

$$y_3(t) = Ae^{-nt}\sin(\sqrt{\omega_0^2 - n^2}t + \varphi) \tag{6-7}$$

其中，A 表示振动幅度，ω_0 表示无阻尼振动的固有圆频率，n 表示衰减系数，φ 表示初始相位。其中 A 和 φ 是由运动的初始条件决定的。而具有不同弹性系数的弹簧和具有不同质量的振子也会影响 y_3。因此，弹簧-振子的比率 η 定义如下：

$$\eta = \frac{k}{m} \tag{6-8}$$

随后对图 6.102 所示的三种不同 η 值的弹簧振子的输出特性进行了测试和分析。三种弹簧-振子的具体参数如表 6-3 所示。

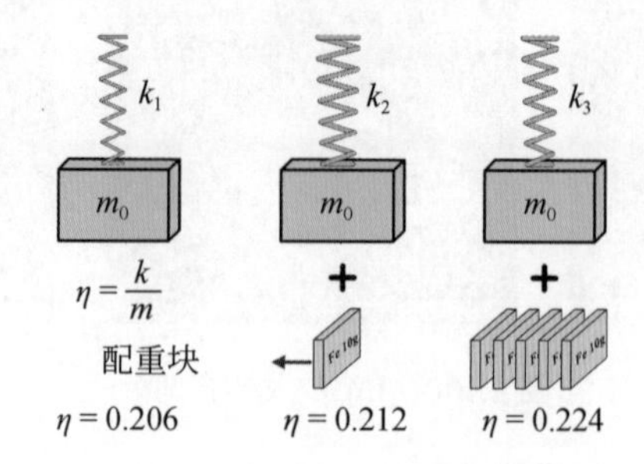

图 6.102　三种不同 η 值的弹簧-振子

表 6-3　三种弹簧-振子的比重

k（N/m）	m（g）	η［N/(m·g)］
12.0	58	0.206
14.4	68	0.212
26.4	118	0.224

根据实验的测试需求建立了如图 6.103 所示的振动实验系统。通过在 Linmot 中设置相关参数，控制直线电机驱动 S-TES 模拟不同工况下的振动。同时，S-TES 产生的脉冲电压信号由数据采集卡（NI USB-6346）和 LabVIEW 软件进行测量和采集。

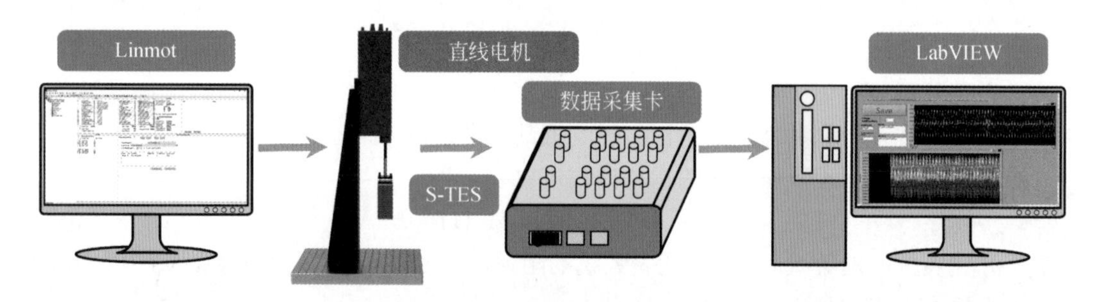

图 6.103　振动实验系统

对三种不同的弹簧-振子在不同方向、振幅条件下的输出特性进行了测试，具体信号比较如图 6.104 所示。

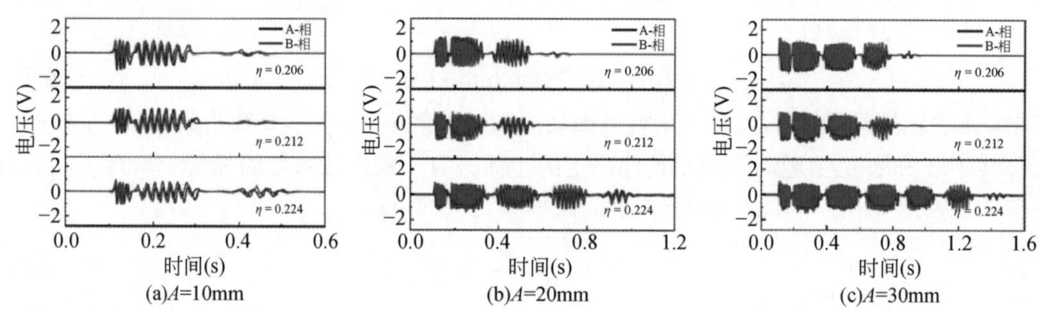

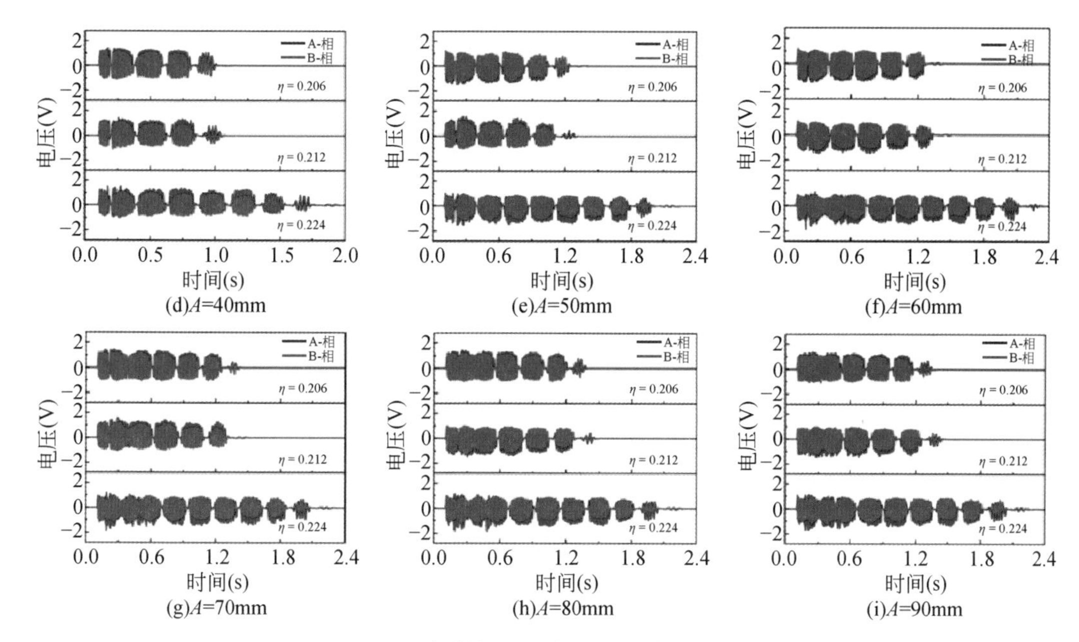

图 6.104　三种弹簧-振子在不同激励下的振荡时间

对它们的振荡时间做了具体比较，结果如图 6.105 所示，在相同的振动幅值下，随着 η 值的增大，弹簧振动器的振动持续时间更长。并且同一弹簧-振子的振动持续时间随着振动幅度的增加而增加。

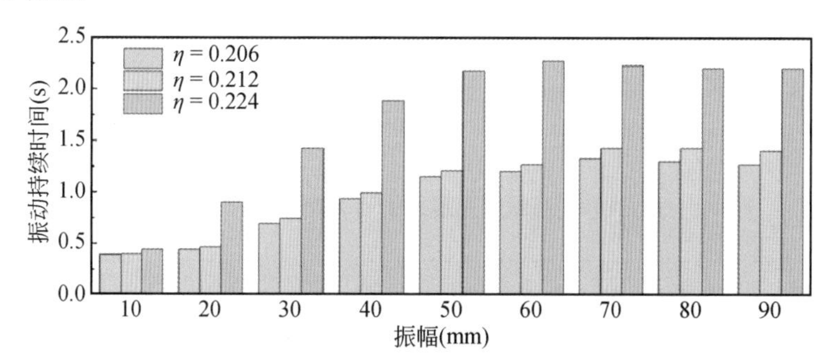

图 6.105　三种弹簧-振子在不同激励下的振荡时间比较图

三种弹簧-振子在不同方向上的监测范围如图 6.106 所示。

具体监测信号如图 6.107 所示。监测范围的差异主要是由于拉伸簧在平衡状态下的拉伸长度不同所导致的。

为了快速准确地监测，所选弹簧-振子在相同激励下的振动持续时间应尽可能短。同时，它还需要较宽的检测范围。基于以上两点，选择 η 值为 0.212 的弹簧-振子进行后续

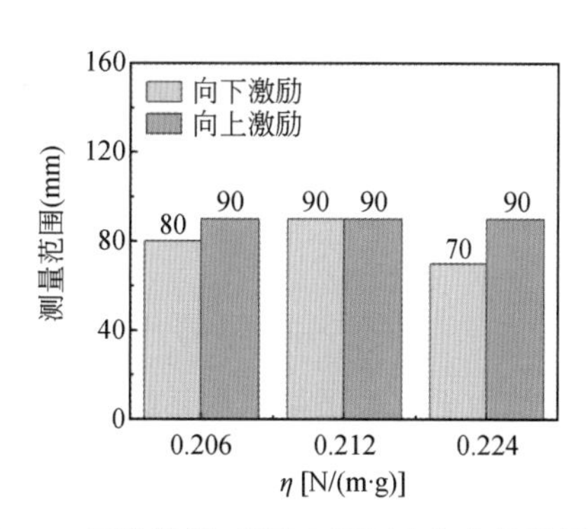

图 6.106　三种弹簧-振子在不同方向上的监测范围

实验。在正负方向和幅度为 50mm 的激励条件下，TENG 产生的电压脉冲信号呈现自由振荡衰减的趋势。具体信号如图 6.108 所示。

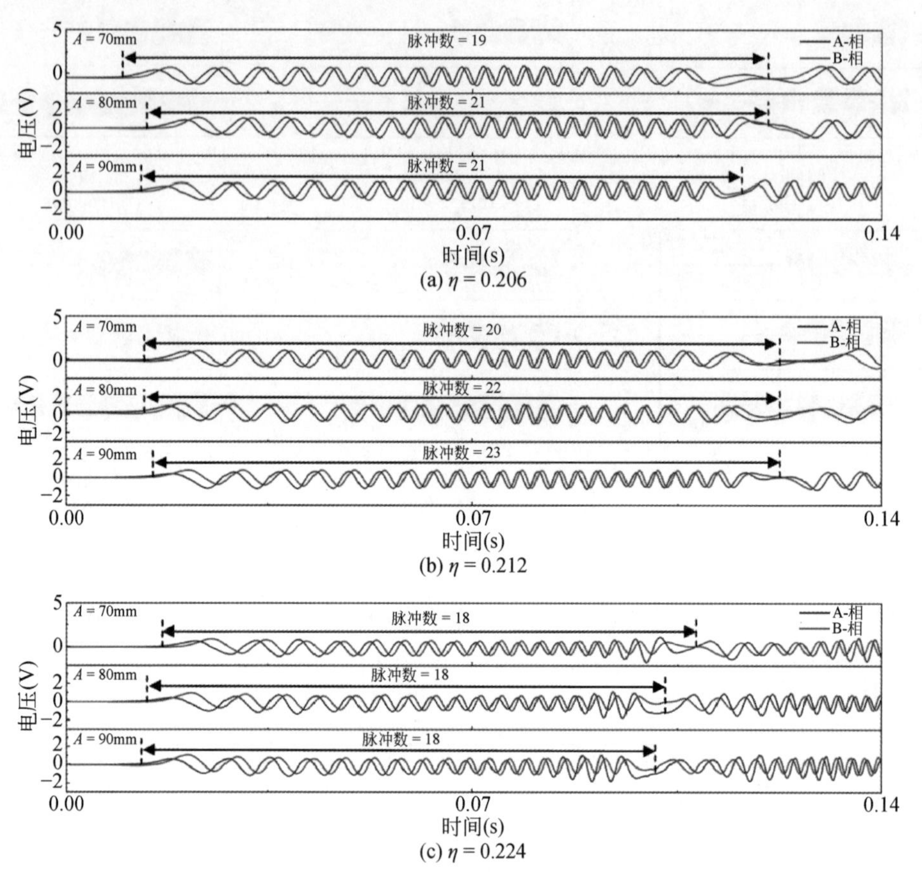

图 6.107 高振幅下截取的有效电压脉冲信号

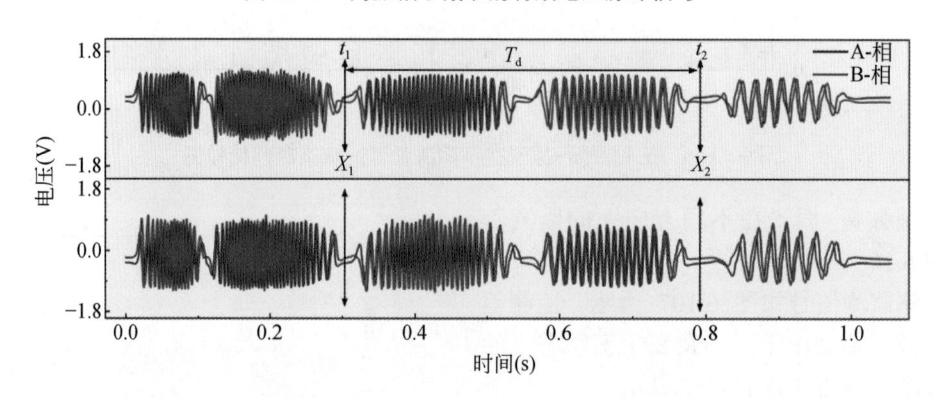

图 6.108 正负 50mm 振幅下的电压脉冲信号

这是由于弹簧质量阻尼系统中的阻尼导致的，振子的振幅可以表示如下：

$$A_i = Ae^{nt_i} \tag{6-9}$$

其中，A_i 相当于振幅，n 为对数衰减系数，i 是时间序列中获取的点的数量。然后衰减

周期 T_d 给出如下：

$$T_d = T_{i+1} - T_i \tag{6-10}$$

当 i 等于 1 时，T_1=0.302 s，T_2=0.794s，因此 T_d=0.492s。对数衰减比 δ 的解可以表示为：

$$\delta = \ln \frac{A_1}{A_2} \tag{6-11}$$

S-TES 在方波上升沿产生的衰减信号的脉冲数如图 6.108 所示，当 i=1 时，对数衰减比为 1.011。

对数衰减系数 n 可以表示为：

$$n = \frac{\delta}{T_d} \tag{6-12}$$

综上所述，n=2.054。固有圆频率 ω_0 与衰减周期 T_d 的关系如下所示：

$$T_d = \frac{2\pi}{\sqrt{\omega_0^2 - n^2}} \tag{6-13}$$

根据公式（6-13），ω_0=12.934。因此阻尼比 ζ 可以通过以下公式获得：

$$\zeta = \frac{n}{\omega_0} \tag{6-14}$$

最后，计算出 S-TES 的阻尼比约为 0.158。因此，S-TES 在振动过程中损失的能量更少，可以更好地监测外部振动幅度。

6.4.3　S-TES 的性能测试

为了研究 S-TES 在不同方向和振动幅度下的传感性能，选择直线电机来模拟随机振动。图 6.109 展示了 S-TES 中两相差分电极在 20mm 正负振动幅度下的输出电压脉冲信号。

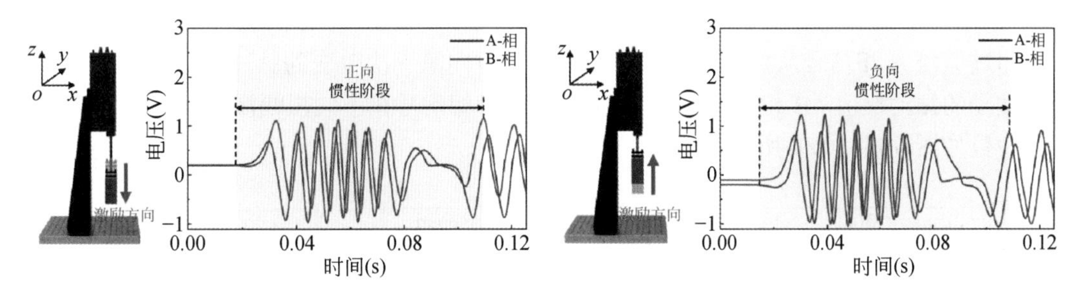

图 6.109　正负 20mm 振幅下截取的有效电压脉冲信号

如图 6.110（a）所示，当 S-TES 被向下振动激发时，振子在惯性的作用下首先相对于壳体向上移动，B 相信号将落后 A 相信号 1/4 周期（方向为正）。当振子向上移动到相对于壳体的最大位移时，振子的运动方向发生变化，振子相对于壳体向下移动。此时，A 相信号将落后于 B 相信号 1/4 周期。如图 6.110（b）所示，当 S-TES 被向上振动激发时，振子在惯性的作用下首先相对于壳体向下移动，A 相信号将落后于 B 相信号 1/4 周期（方向为负）。当振子相对于壳体向下移动到最大位移时，振子的运动方向发生变化，振子相对于壳体向上移动。此时，B 相信号将滞后 A 相信号 1/4 周期。S-TES 在其他振幅下输出的有效电压脉冲信号如图 6.111 所示。

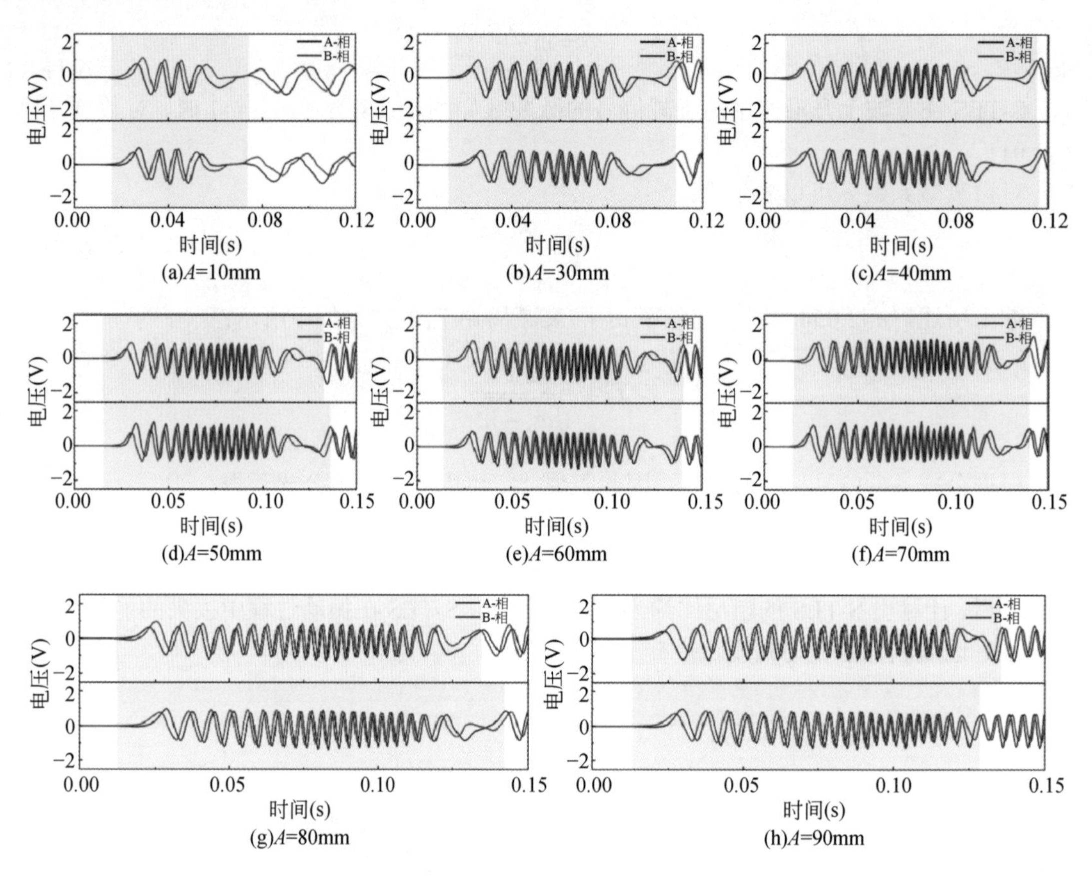

图 6.110　剩余振幅下截取的有效电压脉冲信号

通过监测 A 相信号从振动器运动开始到运动方向第一次改变的脉冲数，可以有效确定外部激励的振动幅值（B 相信号用于辅助判断）。A 相信号在不同振幅激励下截获的有效电压脉冲数如图 6.111（a）所示。

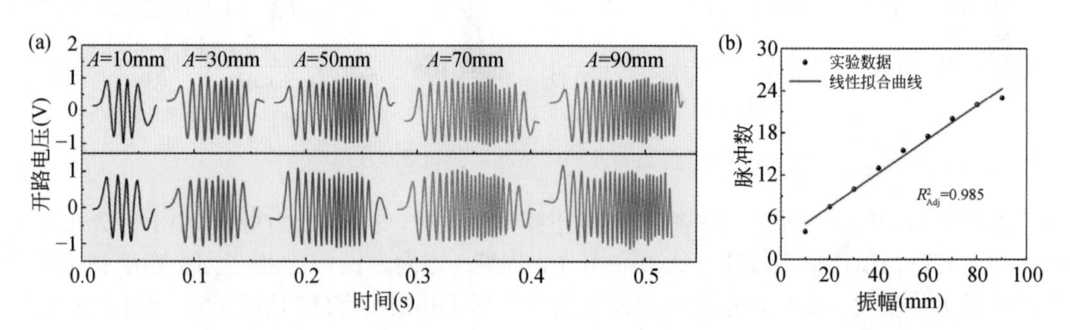

图 6.111　A 相信号在不同振幅激励下截获的有效电压脉冲数及与振幅的线性拟合度

随着振幅的增加，截获的有效电压脉冲数逐渐增多，截获的有效电压脉冲数与振动幅度之间的具体关系如图 6.111（b）所示，线性拟合相关系数为 0.985。为了证明 S-TES 能够准确监测环境中的随机振动幅值，在 0～90mm 范围内任意选择了 7 个不同时间间隔、振动幅值和激励方向的激励。图 6.112 展示了 TENG 输出的整体信号和过程中放大的有效电压脉冲信号。结果表明，S-TES 能够准确监测随机振动的振动幅值和方向。

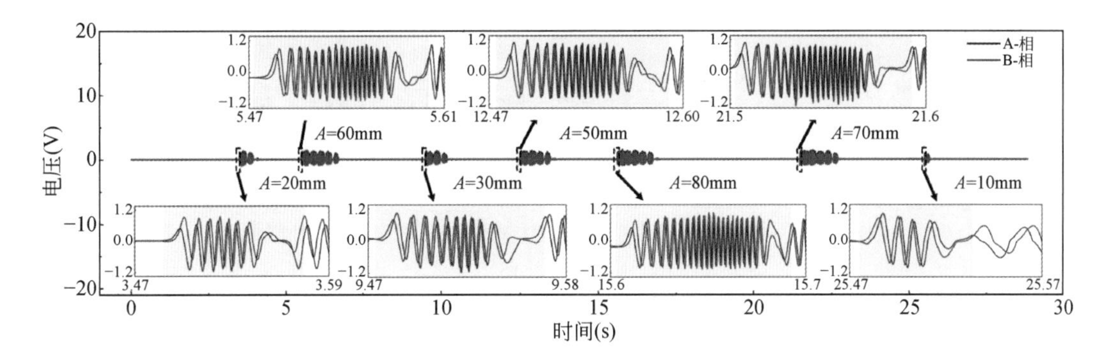

图 6.112 随机监测结果

并且 S-TES 输出电压脉冲信号的最大信噪比（SNR）可以达到 49.81dB，具体信号如图 6.113 所示。

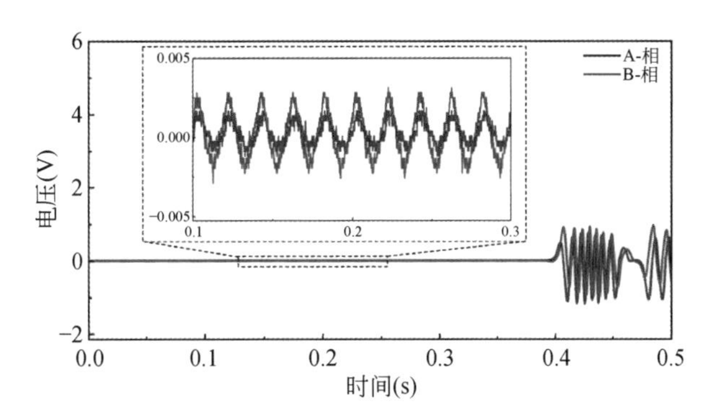

图 6.113 信噪比结果

随后，建立了车载路面健康监测系统（VPHMS），用于监测路面拥包和凹坑。图 6.114 显示了 VPHMS 的具体实施过程。在外部激励下，EMG 可以有效地收集振动能量，并通过电源管理电路为电池充电，可以有效延长电池的使用寿命。电源通过电池提供给信号放大器、低功耗单片机（STM32F103）和无线传输模块。TENG 产生的信号经放大器放大后，由 STM32F103 检测和分析。处理后，由无线模块传输。最后，终端显示模块接收信号并将测量结果显示在屏幕上。

随后，测试了 S-TES 中 EMG 部分的发电性能。结果如图 6.115 所示，随着振动频率的增加，EMG 的发电量也将增加。在 10Hz 的振动频率下，最大开路电压（V_{OC}）和短路电流（I_{SC}）分别可达 32.13V 和 17.5mA。

同时，为了在实际工作中探索 EMG 的发电性能，我们测试了 EMG 在不同负载电阻下

的 V_{OC}、I_{SC} 和峰值功率，具体结果如图 6.116 所示。随着负载电阻的增加，EMG 产生的 V_{OC} 增加，但 I_{SC} 降低。当负载为 1.7kΩ 时，最大峰值功率为 71.56mW。

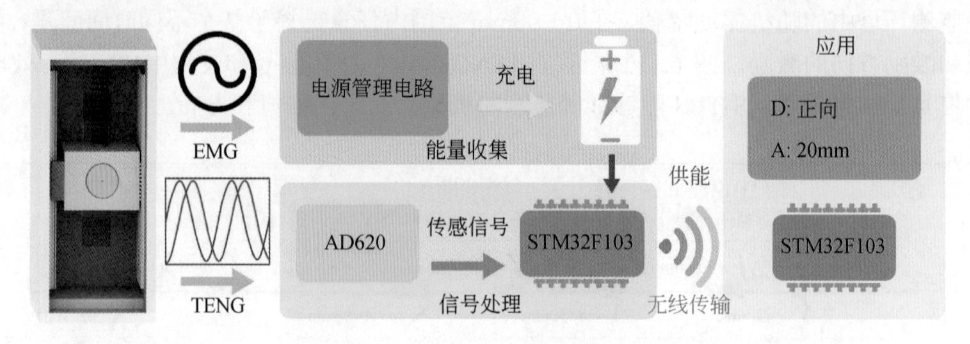

图 6.114　车载路面健康监测系统（VPHMS）工作模拟流程图

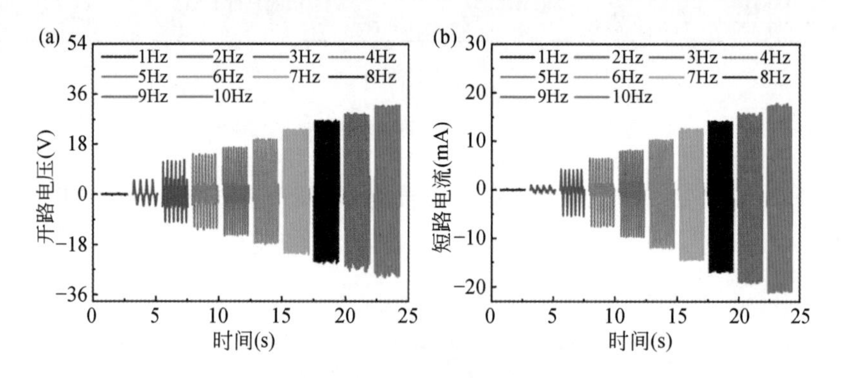

图 6.115　EMG 发电性能测试

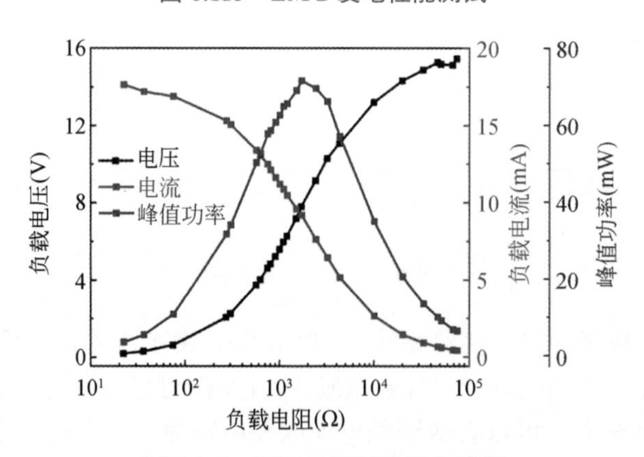

图 6.116　不同负载下的发电性能

6.4.4　应用演示

通过真实车辆路面健康监测的演示实验，有效证明了建立 VPHMS 的可行性。如图 6.117 所示，将 S-TES 和集成模块安装在车辆底盘上，终端显示模块安装在车辆中。

图 6.117　应用实验系统

图 6.118 分别显示了集成模块和终端显示模块的实物图。

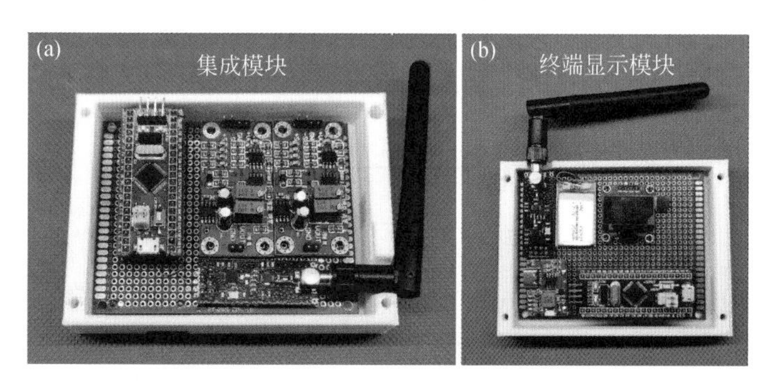

图 6.118　实物图

图 6.119 展示了集成模块和终端显示模块的电路图。

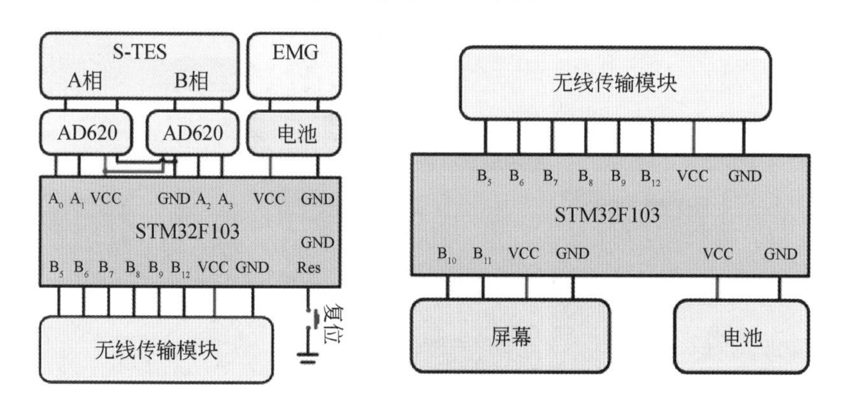

图 6.119　电路图

VPHMS 振动幅值检测程序的流程图如图 6.120 所示。S-TES 的移动方向可以通过检测 A 相信号的上升沿和 B 相信号的上升沿之间的关系来确定。具体操作方法如下：首先，采集 A 相信号作为参考信号。然后将检测到的 B 相信号上升沿与 A 相信号的上升沿进行比较。当它滞后于 A 相信号时，方向为正。同样，当检测到 B 相信号的上升沿领先于 A 相信号的上升沿时，方向为负。同时，记录振子改变运动方向前 A 相信号的电压脉冲数（振动器改变运动方向前 B 相信号的电压脉冲数作为辅助判断），并结合线性拟合曲线得到振动幅值。

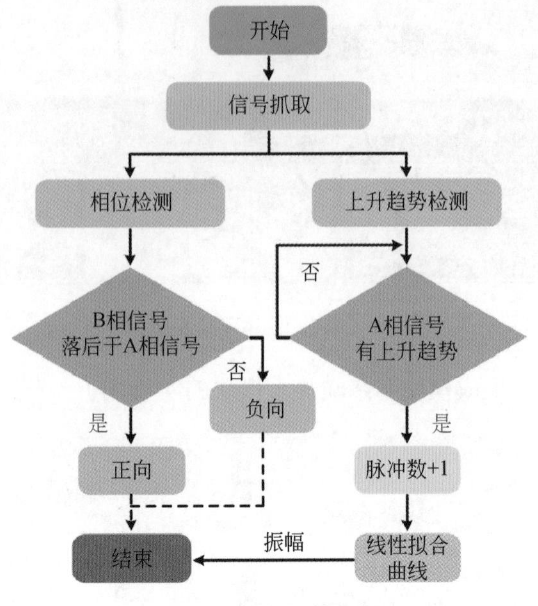

图 6.120　信号处理流程

具体的路面健康监测实验如图 6.121 所示。当配备 VPHMS 的车辆以 10km/h 的速度通过坑洼和剧变的路面时，VPHMS 可以快速有效地识别路面损坏的类型和程度。图 6.121（c）展示了实际实测的坑洼深度和减速带高度。与 VPHMS 检测的结果相比，误差为 1mm，这可能是由于车辆本身在行驶过程中的微弱振动造成的。

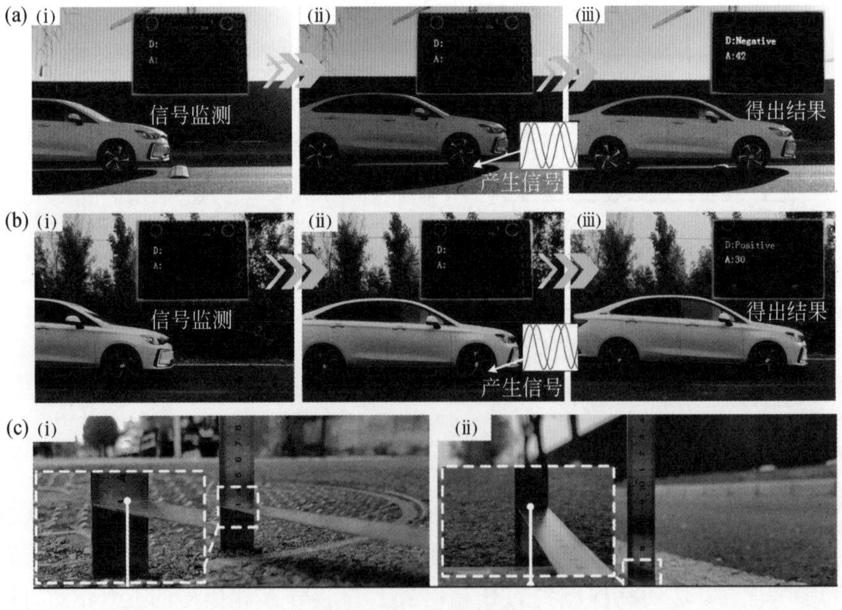

图 6.121　检测结果

此外，还对 S-TES 进行了耐久性实验，连续工作 7 小时后，峰值电压仅下降 7%，但其频率保持不变，具体结果如图 6.122 所示。事实证明，S-TES 足够稳定，可以长时间运行。因此，VPHMS 在自动驾驶和路面健康监测方面具有广阔的应用前景。

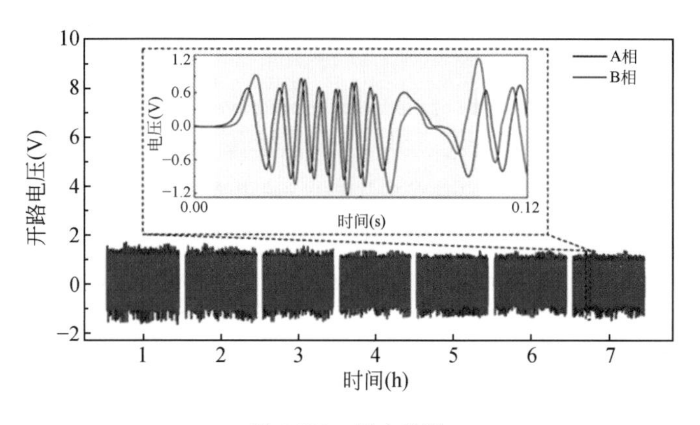

图 6.122　耐久实验

综上所述，提出了一种基于弹簧导向辅助摩擦电传感器（S-TES）的车载路面健康监测系统（VPHMS），该系统可以有效监测路面健康状况。VPHMS 由 S-TES、集成模块和终端显示模块组成。首先详细分析了 S-TES 的工作原理，然后建立了弹簧-质量-阻尼器的数学模型。讨论了不同组合弹簧振动器对传感性能的影响，选择了 η 值为 0.212 的弹簧振动器。随后，测试了 S-TES 的传感性能。实验结果表明，S-TES 能够有效监测 90mm 以内的振动幅值，振动幅值与电压脉冲数之间的线性拟合系数可达 0.985。电压脉冲信号的最大信噪比可达 49.81dB。连续运行 7 小时后，S-TES 的峰值电压仅下降了 7 %，但频率保持不变。测试了 EMG 在 S-TES 中的发电性能，在 5Hz 振动频率下峰值功率可达 71.56 mW。此外，设计的集成模块用于处理信号和无线数据传输，终端显示模块用于接收信号并在屏幕上显示测量结果。最后，VPHMS 安装在车辆上，当车辆在不平坦的路面上行驶时，系统可以快速有效地识别路面损坏的类型和程度，并将监控结果无线传输到终端显示屏。这项工作在智能车辆基础设施协同系统（IVICS）和路面健康监测方面具有重要的应用潜力。

6.5　本 章 小 结

本章主要探讨了摩擦纳米发电机在构建智慧交通系统中的多方面应用。首先，讨论了其在驾驶员监测方面的应用，通过将摩擦纳米发电机安装在驾驶员直接操纵的位置，可以捕捉驾驶员的操作行为信息，并结合深度学习等处理技术，实现对驾驶员驾驶行为的实时监测。其次，介绍了摩擦纳米发电机在车辆运行状态监测中的应用，包括轮胎速度检测等。此外，还介绍了摩擦电式车辆速度传感器和加速度传感器，以实现对车辆速度和加速度的实时监测。最后，讨论了摩擦纳米发电机在道路状态监测和能量收集方面的应用，通过收集道路上产生的能量，为道路监测传感器供电，并实现道路状态的自驱动监测。

总体而言，摩擦纳米发电机在智慧交通系统中具有巨大应用潜力。其自供电传感特性可以有效降低系统的能耗，提高系统的稳定性和可靠性。同时，其分布式特点和从环境中收集能量的能力，使其在复杂的交通环境下具有独特的优势。因此，摩擦纳米发电机有望成为智慧交通系统中不可或缺的一部分，为实现交通系统的智能化提供重要的技术支持。

参 考 文 献

［1］Buchanan C. Traffic in Towns: A Study of the Long Term Problems of Traffic in Urban Areas[M]. London, New York: Routledge Press, 2015.

［2］苑宇坤, 张宇, 魏坦勇, 等.智慧交通关键技术及应用综述[J].电子技术应用, 2015, 41(08): 9-12, 16.DOI: 10.16157/j.issn.0258-7998.2015.08.002.

［3］Wang S, Lin L, Wang Z L. Triboelectric nanogenerators as self-powered active sensors[J]. Nano Energy, 2015, 11: 436-462.

［4］Jiang M, Lu Y, Zhu Z, et al. Advances in smart sensing and medical electronics by self-powered sensors based on triboelectric nanogenerators[J]. Micromachines, 2021, 12(6): 698.

［5］Wu Z, Cheng T, Wang Z L. Self-powered sensors and systems based on nanogenerators[J]. Sensors, 2020, 20(10): 2925.

［6］Dogan E, Rahal M C, Deborne R, et al. Transition of control in a partially automated vehicle: Effects of anticipation and non-driving-related task involvement[J]. Transportation Research Part F: Traffic Psychology and Behaviour, 2017, 46: 205-215.

［7］Qian J, Kim D S, Lee D W. On-vehicle triboelectric nanogenerator enabled self-powered sensor for tire pressure monitoring[J]. Nano Energy, 2018, 49: 126-136.

［8］Zhu D, Guo X, Li H, et al. Self-powered flow sensing for automobile based on triboelectric nanogenerator with magnetic field modulation mechanism[J]. Nano Energy, 2023, 108: 108233.

［9］Pang Y, Zhu X, Lee C, et al. Triboelectric nanogenerator as next-generation self-powered sensor for cooperative vehicle-infrastructure system[J]. Nano Energy, 2022, 97: 107219.

［10］Mayhew D R, Simpson H M. The safety value of driver education an training[J]. Injury Prevention, 2002, 8(suppl 2): ii3-ii8.

［11］Zhang X W, Yang Z, Yang S T, et al. Deep learning assisted three triboelectric driving operation sensors for driver training and behavior monitoring[J]. Materials Today, 2024, 72: 47-56.

［12］Lu X H, Leng B C, Li H Y, et al. An intelligent driving monitoring system utilizing pedal motion sensor integrated with triboelectric - electromagnetic hybrid generator and machine learning[J]. Advanced Materials Technologies, 2301706.

［13］Lu X H, Zhang Z J, Ruan W T, et al. An integrated self-powered wheel-speed monitoring system utilizing piezoelectric-electromagnetic−triboelectric hybrid generator[J]. IEEE Sensors Journal, 2024, 24(10): 16805-16815.

［14］Bonnick A. Automotive Computer Controlled Systems[M]. London: Routledge Press, 2007.

［15］Lu X H, Li H C, Zhang X S, et al. Magnetic-assisted self-powered acceleration sensor for real-time monitoring vehicle operation and collision based on triboelectric nanogenerator[J]. Nano Energy, 2022, 96: 107094.

[16] Li Y K, Chu L, Zhang Y J, et al. Intelligent transportation video tracking technology based on computer and image processing technology[J]. Journal of Intelligent & Fuzzy Systems, 2019, 37(3): 3347-3356.

[17] Wang Z L. Triboelectric nanogenerators as new energy technology for self-powered systems and as active mechanical and chemical sensors[J]. ACS Nano, 2013, 7(11): 9533-9557.

[18] Alavi A H, Hasni H, Lajnef N, et al. Continuous health monitoring of pavement systems using smart sensing technology[J]. Construction and Building Materials, 2016, 114: 719-736.

[19] Yang S T, Hu S Y, Zhang X S, et al. Vehicle-mounted pavement health monitoring system based on a spring-guide-assisted triboelectric sensor[J]. ACS Applied Materials & Interfaces, 2023, 15(40): 46916-46924.

第7章

摩擦纳米发电机在建筑设施健康监测领域的应用

7.1 引　　言

建筑设施健康监测技术融合了多种学科领域，主要是利用智能传感元件以有线或无线的方式进行实时监控，通过采集、处理的数据信息诊断结构健康状况并进行可靠性预测。随着科学技术的进一步发展，结构健康监测广泛应用于土木工程、高层建筑、航空航天、机械制造等领域。结构健康监测系统基于传感器、计算机以及信息技术，可实现对结构的位移、应力、应变、振动、噪声等参数的实时监测，从而及时采取相应的措施，维护建筑结构的安全性和可靠性。

其中，传感器作为结构健康监测系统的核心元件，收集并传输结构运动数据，给后处理系统进一步分析。例如，结构在外力作用下发生微小机械变化时可使用应变片来收集结构中难以察觉的拉伸或收缩，将采集到的信息传输给计算机，数据处理软件可以将这些数据处理分析，通过可视化界面呈现出施加到结构的应力大小，从而确定结构的健康状况，防止危险的发生。应变片、轴承位移传感器、光纤光栅应力传感器、振动传感器等传感器广泛应用于建筑设施健康监测领域。然而，上述传感器大多需要使用电池等外部电源供电，存在使用寿命有限，成本高，回收过程中存在污染等问题。

摩擦纳米发电机（TENG）因其显著的成本效益和高灵敏度而备受瞩目。它不仅能够有效地将广泛的、不规律的、低频的机械能转化为电能，而且作为一种自供电传感器，在多个领域中展现出了巨大的应用潜力。如今，越来越多的学者聚焦于此，致力于探索其更广阔的前景和更深层次的应用价值。本章将介绍摩擦纳米发电机在桥梁、高层建筑、矿井井下等基础设施健康监测领域的应用。

7.2　桥梁结构健康监测

随着全球交通运输的蓬勃发展和桥梁建设水平的显著提升，越来越多的桥梁被建成并投入使用。作为交通网络的命脉，这些斥巨资打造的桥梁对交通运输效率和区域经济发展产生了深远的影响。然而，确保桥梁和铁路在日常运营中的安全稳定运行尤为关键。因此，健康监测系统成了不可或缺的技术工具。在桥梁结构健康监测领域，应变片、轴承位移传感器、光纤光栅应力传感器、振动传感器等多种监测用传感器被广泛应用。然而，这些方法大多依赖于电池供电或须建立专门的基站，这不仅限制了其使用寿命，增加了维护成本，而且在电池回收过程中还可能引发环境问题。为了克服这些挑战，自供电传感器技术逐渐崭露头角，成为传感器领域的发展趋势。特别是基于 TENG 的自供电传感器，以其成本低廉、灵敏度高、寿命长等显著优势，为桥梁振动监测提供了理想的解决方案。接下来，将详细介绍这种基于 TENG 技术的桥梁监测技术。

7.2.1 自供电振动监测

1. 基于摩擦电加速度计的自供电动态位移监测系统

在评估基础设施健康状况的众多指标中，振动位移通常扮演着至关重要的角色。传统的接触式 TENG 在运行时，摩擦层之间不可避免的滑动或接触摩擦成为桥梁振动监测技术发展的主要限制之一。而对于作为加速度计使用的高性能 TENG 而言，亟须开发一种能够精确捕获桥梁振动参数的有效结构。这里为了克服这一难题，精心设计了一种非接触式工作结构[1]。该结构以套管作为相对静态的组件，而内圆柱形惯性质量块作为运动部分，通过可拉伸硅纤维进行悬挂。这种非接触的独立层式 TENG 因其摩擦电层间的零能量损失特性，能够在桥梁低频振动下实现高效能量输出。

图 7.1 展示了器件的结构和理论仿真。如图 7.1（a）所示，该结构由外层透明套管和内层圆柱形惯性质量块组成。外层套管由丙烯酸制成，内径和外径分别为 18mm 和 25mm。内层圆柱形质量块直径为 15mm、重量为 32g，质量块表面黏附氟化乙烯丙烯（FEP）薄膜。外层透明套管与内层圆柱形惯性质量块之间通过可拉伸的硅纤维连接。

该装置通过物理气相沉积在两片尼龙薄膜上涂上铜，并粘贴在亚克力管的内表面作为固定的摩擦电极。电极沿纵向振动方向的长度为 35mm，两电极之间的间隙为 2mm。独立层式摩擦纳米发电机（F-TENG）已被证明能够在非接触滑动模式下工作。从理论上详细研究了静表面与动部件表面间隙对发电性能的影响。虽然摩擦电式加速度计在发电时对空气间隙要求较低，但随着静表面和动部件表面间隙距离的增大，加速度计的灵敏度开始衰减。因此，通过调节套筒直径和圆柱形惯性质量直径进行测试，最终选择了相对最优的间隙（2mm）。为了增加表面电荷密度进一步提高 TENG 的输出性能，通过电感耦合等离子体在氟化乙烯丙烯膜上刻蚀纳米线阵列结构，获得了高粗糙度表面。图 7.1（b）显示了氟化乙烯丙烯薄膜表面纳米线阵列的扫描电子显微镜（SEM）图像。

利用有限元分析软件 COMSOL 可以研究和分析该装置在不同振动位移下的电位分布。不同位移下，上下电极间的开路感应电位差变化如图 7.1（d）所示。当内部圆柱形惯性质量块处于图 7.1（c）-（Ⅰ）所示的初始位置时，上下电极之间的电位差几乎为零。受外部振动影响，内部圆柱形惯性质量块从顶部初始位置开始向下移动，上下电极之间的电位差将增大［图 7.1（d）］。当内部惯性质量继续向下移动 1～5.5cm 时，感应电位差将随着移动位移的增加而进一步增大。最后，当内圆柱形惯性质量块向下移动到底端时，电位差达到最大。相反，在下一个半周期内，内部圆柱形惯性质量块向上运动也会在上下电极之间产生电位差，此时将会在两个电极之间产生与向下运动极性相反的电位差。通过分析圆柱形惯性质量块在不同位置下的开路电压，得到了两电极开路电压与圆柱惯性质量位移的线性关系，如图 7.1（e）所示。由此可见，该器件的开路电压与外部振动引起的内圆柱形惯性质量块的上下运动位移具有很好的线性关系，为振动加速度的定量传感提供了数据支撑。图 7.1（f）显示了制造的自供电摩擦电式加速度计的实物图。该装置安装在外部振动源上，当铜电极与氟化乙烯丙烯膜之间发生相对运动时，将会产生连续的交流电。因此，它可以对振动的加速度和频率进行监测。

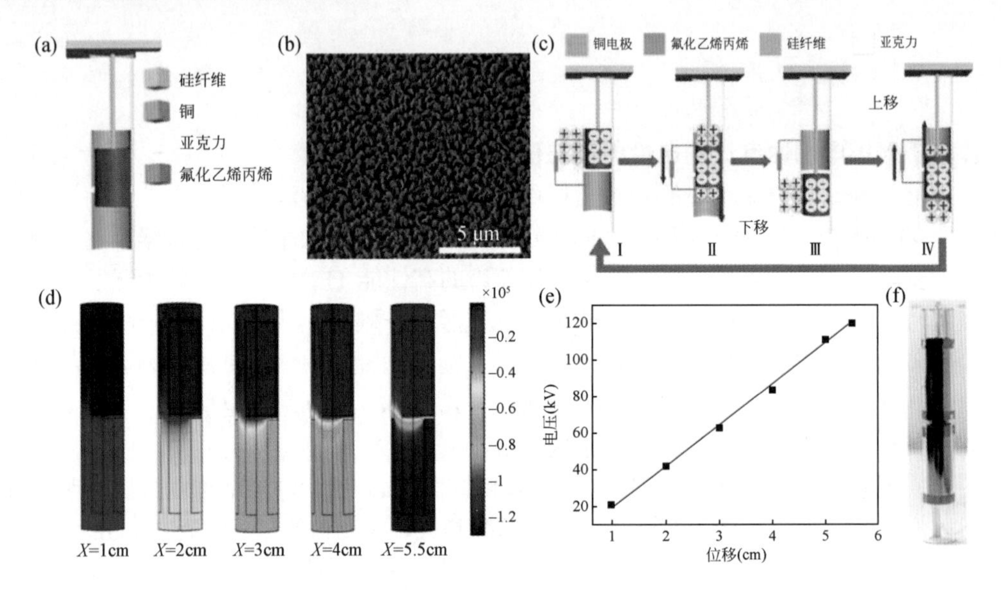

图 7.1　摩擦电加速度计的结构及仿真。(a)器件结构示意图；(b)氟化乙烯丙烯薄膜上纳米线结构的 SEM 图像；(c)基本工作原理示意图；(d)不同位移下的电位分布；(e)开路电压与运动位移的关系曲线；(f)装置实物图

为了研究该摩擦电加速度计的性能，设计并搭建了振动加速度测试平台，包括激振器、商用加速度计、正弦伺服控制器（SC-121）、功率放大器（PA-151）、静电计和数据采集卡。实验结果显示，随着振动频率的增加，短路电流幅值接近线性增加。因此，可以通过标定 TENG 的输出短路电流来测量振动频率。接下来，为了研究该摩擦电加速度计的输出电压与振动加速度的关系，给激振器设置不同的振动加速度，频率恒定，此时输出电压曲线如图 7.2 所示。激振器的振动加速度分别为 $13.7\mathrm{m\cdot s^{-2}}$、$29.4\mathrm{m\cdot s^{-2}}$、$41.2\mathrm{m\cdot s^{-2}}$ 和 $49.0\mathrm{m\cdot s^{-2}}$，振动频率为 3.0Hz。图 7.2（a）～（d）分别显示了摩擦电加速度计在几种不同加速度下的输出电压（$1g=9.8\mathrm{m\cdot s^{-2}}$）。输出电压整体呈上升趋势，如图 7.2（e）所示，所有输出电压信号均匀稳定。如图 7.2（f）所示，输出电压幅值与振动加速度成正比，拟合相关系数为 0.975，斜率为 3.903。此外，摩擦电式加速度计的灵敏度可由输出电压数值与加速度数值之比来计算，得到该传感器的灵敏度为 $0.391\mathrm{V\cdot s^{2}\cdot m^{-1}}$。此外，对其他低频情况也进行了相同的实验。这些实验结果证明该摩擦电装置可以通过测量输出电压来监测振动并作为加速度计使用。

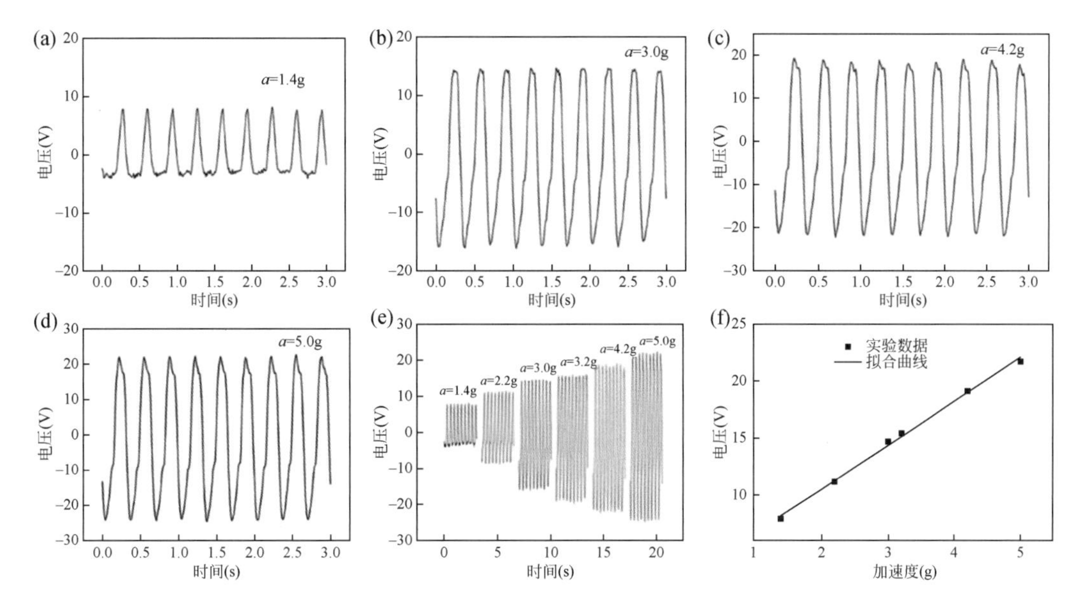

图 7.2 摩擦电加速度计的基本性能。(a)~(d)在若干特定加速度下的输出电压;(e)不同加速度下的输出电压比较;(f)输出电压正峰值与加速度的关系

2. 基于双模式 TENG 的自供电振动监测系统

为了实现完全自供电的振幅阈值监测，同时保持振动监测传感器的准确性，设计了一种双模式摩擦纳米发电机（AC/DC-TENG），它能够在不同的工作区域产生交流或直流信号[2]。这种集成的 AC/DC-TENG 在不同振动幅值下能提供多功能响应：在安全振动幅值区域内，AC-TENG 仅产生交流信号，交流信号可存储在储能装置中，为远程监控系统供电；当超过安全阈值时，DC-TENG 产生直流信号并准确驱动实时报警。除了振动幅值外，AC-TENG 还可以感知其他振动参数（频率、加速度等）。总之，该 AC/DC-TENG 振动幅值监测系统完全自供电，无需外部电源或软件即可实现对振动安全状态的实时监测。

AC/DC-TENG 的结构由定子和滑块组成，如图 7.3 所示。定子由两个摩擦电极、一个电荷收集电极和一个作为支撑基板的丙烯酸层组成。将大小相等的两块摩擦电极并排粘贴在亚克力基材上，间隔 0.5mm，并在亚克力基材的底边放置一块电荷收集电极。滑块附着在氟化乙烯丙烯薄膜上，作为摩擦电层。当滑块在两个摩擦电极之间往复滑动，但不超过亚克力基板边缘，即在安全区域内时，由于摩擦起电和静电感应的作用，产生交流信号，并在两个摩擦电极之间流动，通过计算机计算得到振动参数，该工作模式属于 AC-TENG。当滑块的一部分离开亚克力基板边缘，即处于危险区域时，由于电荷收集电极和摩擦电层之间微小间隙间的强电场，会在电荷收集电极和摩擦电层之间产生空气击穿，导致外部电路产生直流信号，直接驱动报警灯。更重要的是，AC/DC-TENG 可以根据振动位移在交流与直流之间进行信号类型转换，在计算机编程中可作为 0–1 二进制编码信号与物联网结合进行信号传输，该工作模式属于 DC-TENG。总之，AC/DC-TENG 在两个不同的运动区域分别产生两种类型的电信号，因此可以在没有外部设备的情况下（仅通过监测电信号的信号类型变化）判断其振动幅度是否超过振动阈值。

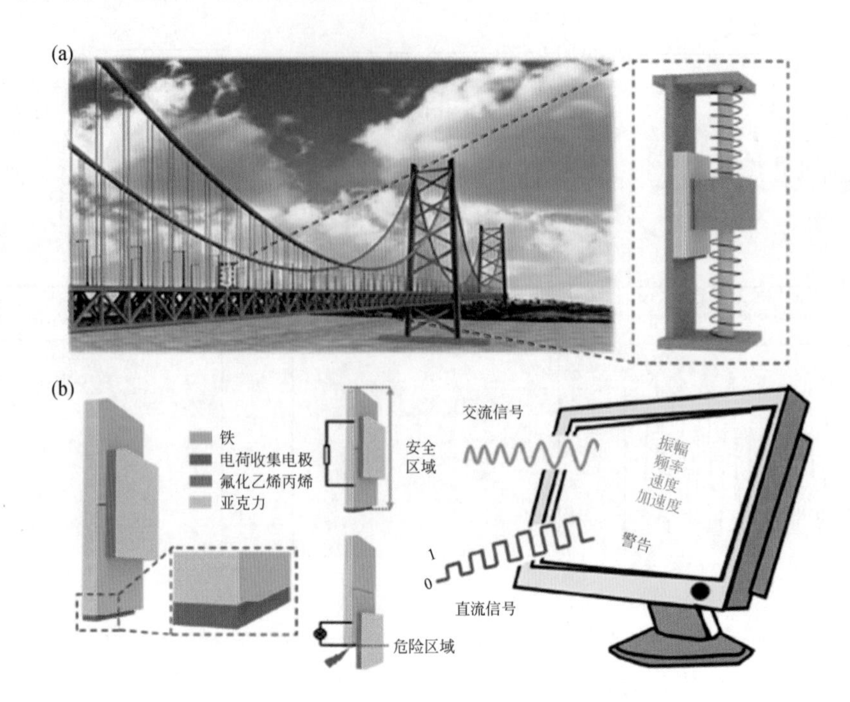

图 7.3 AC/DC-TENG 结构以及工作原理。(a)AC/DC-TENG 的应用图;(b)AC/DC-TENG 的结构图和工作原理

当滑块在安全区内振动时，V_{AC}（AC-TENG 的开路电压）的输出特性与振动幅值成正比，如图 7.4（a）和（b）所示。V_{AC} 与Δx 的关系可以用下式来解释：

$$\Delta V_{AC}=\frac{\Delta Q_{AC}}{C_{AC}}=\frac{\sigma_{AC}\Delta S_{AC}}{C_{AC}}=\frac{\sigma_{AC}W}{C_{AC}}\Delta x \tag{7-1}$$

式中，σ_{AC} 为安全区内每次振动的转移电荷密度，C_{AC} 为两个摩擦电极之间的等效电容，W 为单个摩擦电极的宽度，Δx 为安全区内的振动幅值（$0\text{mm}\leqslant\Delta x\leqslant 20\text{mm}$）。

对于 AC/DC-TENG，σ_{AC}、W、C_{AC} 均为常数，因此，ΔV_{AC} 与Δx 呈良好的线性正比关系，如图 7.4（a）和（b）所示。此外，还测试了超过 10000 个周期，以证明 AC/DC-TENG 具有良好的稳定性。当振动幅值固定、振动速度变化时，可以发现峰值电流与速度呈正相关。同时，还可以通过监测输出电流和计算电流的差值得到振动频率以及加速度信息。图 7.4（c）为 AC-TENG 在不同振动幅值和频率下给电容（1μF）充电的过程曲线。充电速率随振动幅度和频率的增加而增加，在 46.5s 内可将电容器充电至 3V（位移：10mm；频率：2Hz）。图 7.4（d）为 AC-TENG 在振动振幅为 5mm、振动频率为 2Hz 的条件下给不同电容（0.22μF、0.47μF、1.00μF、2.20μF、4.70μF）充电的过程曲线，其中 4.70μF 的电容可在 6min 内充电至 3V。将 AC-TENG 产生的交流电存储在电容中，可为辅助电子设备供电，实现远程信号传输。

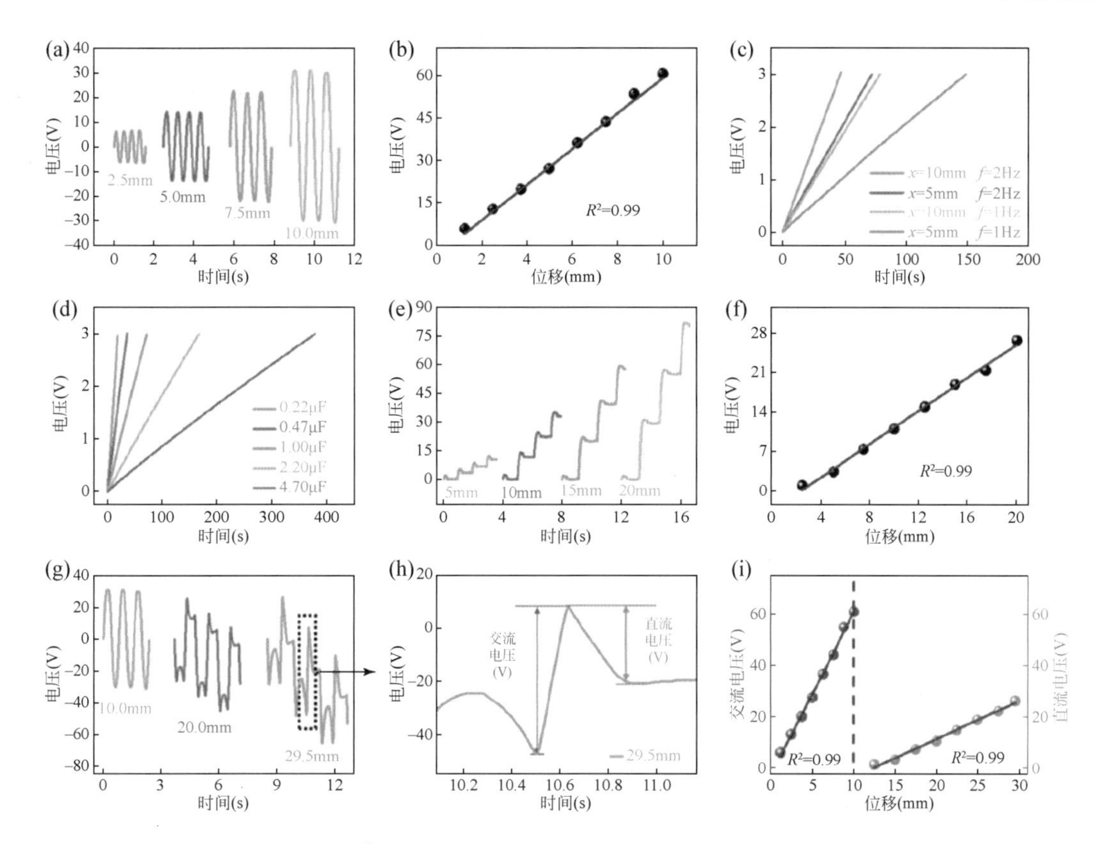

图 7.4 AC/DC-TENG 的输出性能。(a) 安全区内的 V_{AC}；(b) V_{AC} 与Δx之间的关系；(c) 不同振动幅值和频率下给电容器（1μF）充电的过程曲线；(d) 振动幅值为 5mm、振动频率为 2Hz 时，给不同电容充电的过程曲线；(e) 振动幅值超过阈值时的 V_{DC}；(f) V_{DC} 与Δy的关系；(g) 不同工作阶段的输出电压；(h) 输出电压放大图；(i) $V_{AC/DC}$ 与Δx的线性关系

双模式 TENG 可实现一个完全自供电的振动阈值监测系统，该系统由传统的独立层式 AC-TENG 和 DC-TENG 集成在一起。通过检测交流和直流信号的信号类型切换，并使用直流输出直接驱动报警系统，解决了传统自供电传感器的幅度阈值自供电监测精度和实时性差的问题。此外，该系统还可以根据样机产生的电信号对振动幅度和速度进行连续监测。有了这些功能，AC/DC-TENG 可以为建筑结构健康监测提供方便有效的途径。

3. 一种完全自供电的光纤振动传感系统

前面描述了 TENG 作为自驱动振动传感器的几个例子。而在这个小节中，集成基于 TENG 的弹簧振荡器、聚合物网络液晶（PNLC）和光纤，利用环境阳光作为信息载体，开发了一种完全自供电、无信号放大和无电磁干扰的结构振动传感器[3]。在外部振动的驱动下，摩擦电 PNLC 的光学行为在透明和朦胧状态之间交替切换，使得入射光强度发生变化而不受电磁干扰的影响。该传感系统采用非偏振光作为光源，完全自供电，具有很高的成本效益。

图 7.5（a）显示了自供电光纤振动传感系统，其原理如图所示。整个传感系统由三部分组成：收集振动能量的独立层滑动模式 TENG（FS-TENG）、PNLC 和光纤。对于 TENG

的定子，两根相同的 8cm×9cm 的铜带连接在 3D 打印定子的内壁上作为电极。在电极上方放置一层 50μm 厚的尼龙薄膜，作为正摩擦电材料。滑块由铝与氟化乙烯丙烯黏接而成，尺寸为 5.9cm×5.9cm×2.9cm，重量为 250.37g。定子和滑块通过滑轨和线性轴承连接，确保滑动部分以最小的摩擦自由移动。滑块由围绕滑轨的弹簧支撑。由于滑块的重力和弹簧产生的弹性力之间的平衡，滑块自然地位于电极的中间。当研制的 TENG 受外界振动驱动时，滑块在弹簧的辅助下在定子上来回滑动。尼龙与氟化乙烯丙烯之间的滑动导致摩擦起电，尼龙获得正电荷，氟化乙烯丙烯获得负电荷，通过静电感应产生电场，驱动电子在外部电路中流动。对于开发的 TENG 部件，经过 2 万次循环后，电性能衰减在 1%以内。此后，该传感系统在重新校准后仍可正常工作。图 7.5（b）详尽地描绘了在外部振动驱动下，PNLC 在一个完整周期内的光学变化过程。具体而言，当滑块处于第 1 和第 3 阶段，即位于电极中央且 PNLC 未进行充电时，PNLC 呈现透明状态，此时，分光光度计通过光纤检测高强度光。然而，当滑块移动到第 2 和第 4 阶段的侧面位置时，PNLC 因摩擦作用而充电，导

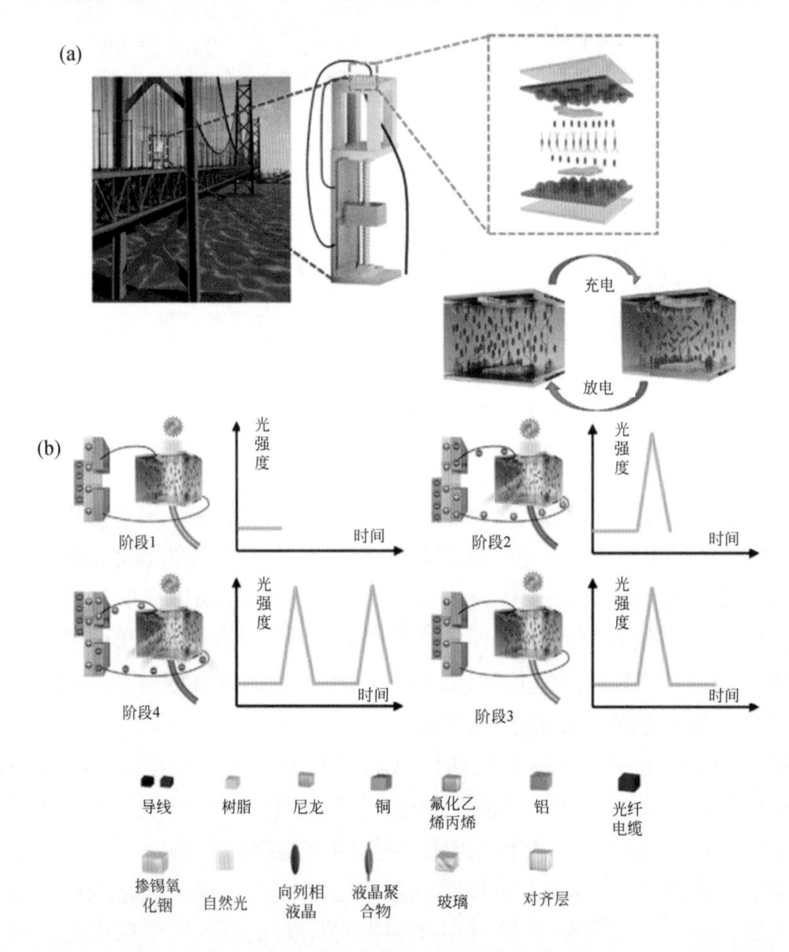

图 7.5 自然光调制下的全自供电光纤振动传感系统的基本构造与工作机制。（a）振动传感系统的整体设计原理图，以及 PNLC 的详细分解图示；（b）当系统受到外部振动刺激时，单个周期内光信号所经历的动态变化

致其变得模糊，从而显著降低了分光光度计检测到的光强度。值得注意的是，随着振幅的增强，PNLC 上所承受的压降也会相应增加，进而进一步降低检测到的光强度。由于 PNLC 的模糊切换机制与电流和压降的方向无关，观察到光振荡的频率实际上是 TENG 电频率的两倍，这一点在图中得到了直观的展示。

如图 7.6 所示，通过 Keithley 6514 静电计测量外部振动驱动下 TENG 的开路电压和电荷转移特性。鉴于大多数桥梁的振动频率介于 1～4Hz 之间，设置了 1.5Hz 的外部振动频率，由直线电机输入外部激励。在 1.5Hz 的固定频率下，调整运动参数以获得不同的振动幅值，位移范围涵盖 40～110mm。当振动位移设置为 40mm 时，TENG 的开路电压和电荷转移特征曲线如图 7.6（a）和（b）所示。经过分析，确认滑块在摩擦起电过程中的振荡频率与外部振动频率相同，均为 1.5Hz。值得注意的是，在半周期循环中，由于弹簧的辅助振荡效应，出现了两个相邻的极值点。在此条件下，最大电荷转移量约为 10.8nC，而开路电压的峰值则达到了 20V。Keithley 6514 静电计作为电压表使用时，其电容量为 300pF，而 TENG 的内电容峰值仅为 50pF 左右。这一较低的电容值足以使 TENG 产生相对较高的电压。在给定的 1.5Hz 振动频率及 40～110mm 的位移范围内，全面表征了电荷转移的特性。如图 7.6（c）所示，电荷转移与位移之间呈现出线性关系，这充分证明了该 TENG 在振动传感方面具有出色的性能。

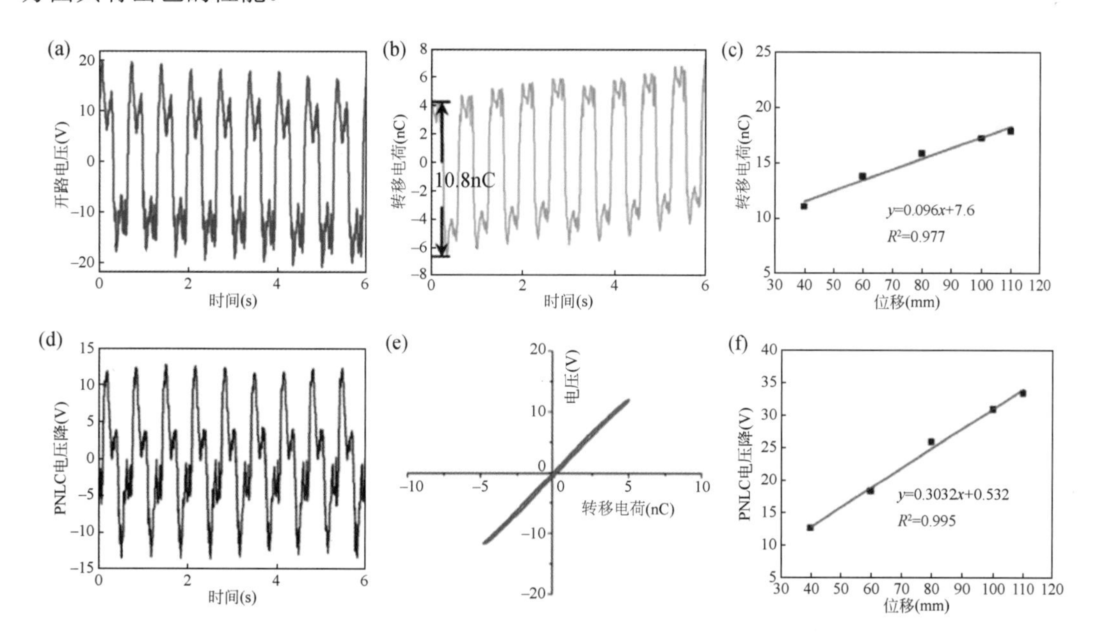

图 7.6 TENG 及其驱动的 PNLC 的电学性能。（a）TENG 的开路电压；（b）TENG 的转移电荷；（c）振频 1.5Hz 下转移电荷与位移的关系；（d）PNLC 的电压降；（e）振幅 40mm 时 PNLC 上转移电荷与电压降的关系；（f）振频 1.5Hz 时 PNLC 电压降与位移的关系

当振动 TENG 与开发的 PNLC 电连接时，使用相同的实验来表征 PNLC 的电压降特性，如图 7.6（d）所示。结果显示，PNLC 的电压降在 12V 处达到峰值，这一数值低于 TENG 的开路电压。为了深入研究所开发的 PNLC 的等效电路模型，构建了一个双通道同步电特

性测量系统，用于精确测量 PNLC 上的电压降和电荷转移。这一系统采用了两台 Keithley 6514 静电计，其中一台作为库仑计，另一台作为伏特计。在频率为 1.5Hz、位移为 40mm 的机械激励下，获得了电压-电荷（U-Q）关系曲线，如图 7.6（e）所示。从图中可以清晰地观察到，由 TENG 供电的 PNLC 的充放电曲线几乎重合，形成了两条平行的直线。这一发现强有力地证明了该 PNLC 在电气特性上可以等效为一个电容器。进一步分析显示，PNLC 的电容估计值约为 116pF，这一数值足够小，使得 PNLC 能够支持相对较高的电压降。此外，还确定了 PNLC 的电容不会受到向列型液晶在充电过程中旋转的影响。最后，图 7.6（f）展示了 PNLC 电压降与振动位移之间的关系，结果表明两者之间存在着良好的线性关系。

为了全面评估传感性能，构建了一个光电同步测量装置，如图 7.7（a）所示。该装置包括激光器、特制的 PNLC、光电探测器（PD）以及直线电机，所有组件均固定在一个光学平台上。由直线电机驱动的 TENG 作为能量源，为整个系统提供动力。激光器的发射光谱在 650nm 处达到峰值，其发射的光束直径精确控制在 3mm 左右。图 7.7（b）展示了 PNLC 在不同位移下 TENG 供电的 PD 最低输出电压采样结果。当振动位移增大时，PNLC 的压降随之增大，导致 PD 输出电压线性减小。在没有激光照射时，PNLC 的光学外观在透明与朦胧状态间交替变换。图 7.7（c）和（d）为 TENG 驱动下的 PNLC 在放电和充电状态下的快照。图 7.7（c）显示，当 PNLC 未加载电荷时，其展现出极高的透明性，活性区域清晰可见。然而，当 PNLC 被 TENG 充电时［图 7.7（d）]，PNLC 呈现出极高的模糊度，呈现白色，这是由于向列型液晶和 LC 聚合物在整个可见光光谱上的折射对比度极小。值得注意的是，PNLC 活性区域的白色雾度比分布均匀，这归因于 LC 聚合物和致密网络结构。进一步研究了 PNLC 在不同电压降下的透光率和雾度比。透光率定义为光通过 PNLC 前后的光强比，而雾度比则是未通过 PNLC 的光与通过 PNLC 的光的功率比。图 7.7（e）揭示了透光率和雾度比与 PNLC 电压降之间的关系，表明电压越高，透光率越低，而雾度比则相应增高。图 7.7（f）展示了 PD 输出电压与 PNLC 上电压降的同步测量结果。无论电压和电流的方向如何，PD 的最小输出电压始终对应于 PNLC 上的峰值电压降。相反，当 PNLC 上的压降为 0V 时，PD 达到正常透明状态对应的最高输出电压。此外，光学振荡频率是 TENG 电频率的两倍，这与理论分析一致。这些结果表明，光信号能够有效地揭示环境机械运动的轮廓，为振动传感系统提供了高效且可靠的监测手段。

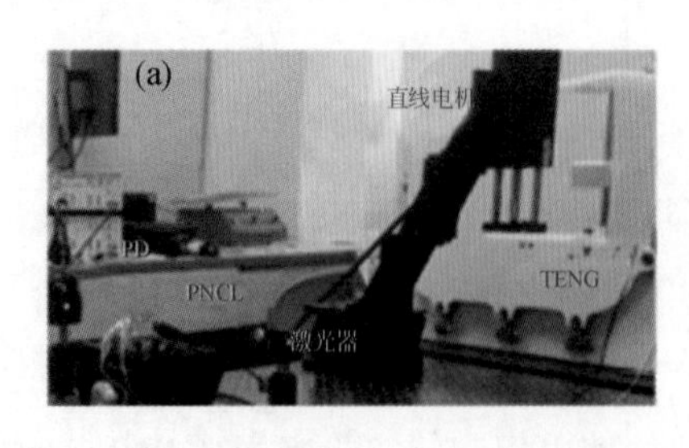

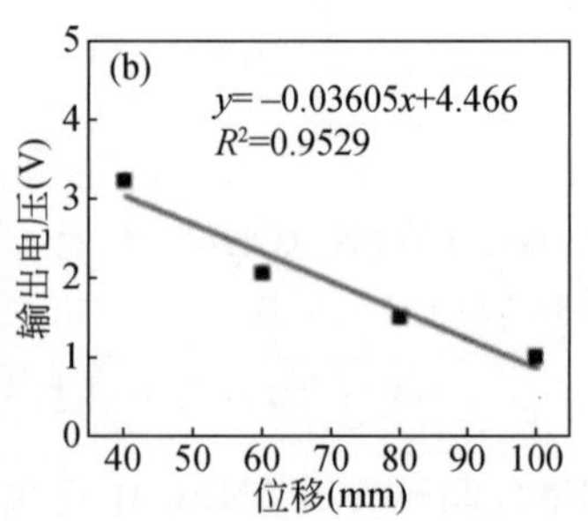

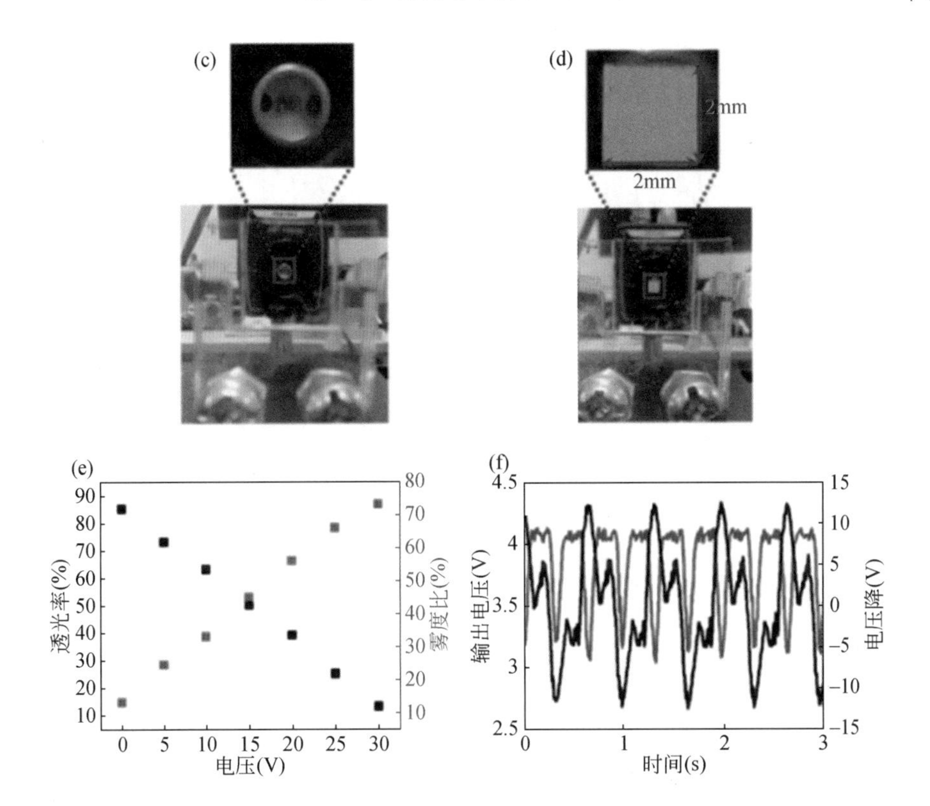

图 7.7　TENG 驱动的 PNLC 的光学行为和传感性能。（a）双通道同步光电表征系统；（b）在 1.5Hz 下 PD 输出电压与位移的关系；（c），（d）振动触发的 TENG 供电时 PNLC 放电和充电的快照；（e）PNLC 在商用电压源供电时透光率和雾度比与电压降的关系；（f）双通道同步系统测量结果

7.2.2　梁墩沉降监测

除了对桥梁振动的监测，桥梁监测的另一个关键方面是对梁墩沉降的监测。这里提出了一种基于接触分离模型的自供电结构变形监测传感器[4]。这款传感器采用简单的塑料封装技术，构建成了具有自恢复特性的胶囊型摩擦纳米发电机（CS-TENG），它不仅具有较长的使用寿命，而且能在低压力环境下精准识别 1mm 的微小距离变化和 0.86V/kPa 的压力变化。图 7.8（a）展示了 CS-TENG 在交通设施中作为结构健康监测工具的一个应用场景，特别是在桥梁结构的支座上，用于检测潜在的变形或沉降。CS-TENG 受外部作用发生电信号变化，这些信号经过数据处理系统的识别和分析，将及时触发警报。图 7.8（a）详细展示了 CS-TENG 的结构组成。其外壳采用聚丙烯吸管制作，吸管内壁顶部粘贴有铜箔（标记为铜 2）和聚四氟乙烯作为电极和摩擦电层，而内壁下方则粘贴有另一铜箔（标记为铜 1）作为另一摩擦电层和电极。通过将两根电线从铜箔背面引出，随后加热熔融封住 PP 段两端，从而形成一个空腔结构。

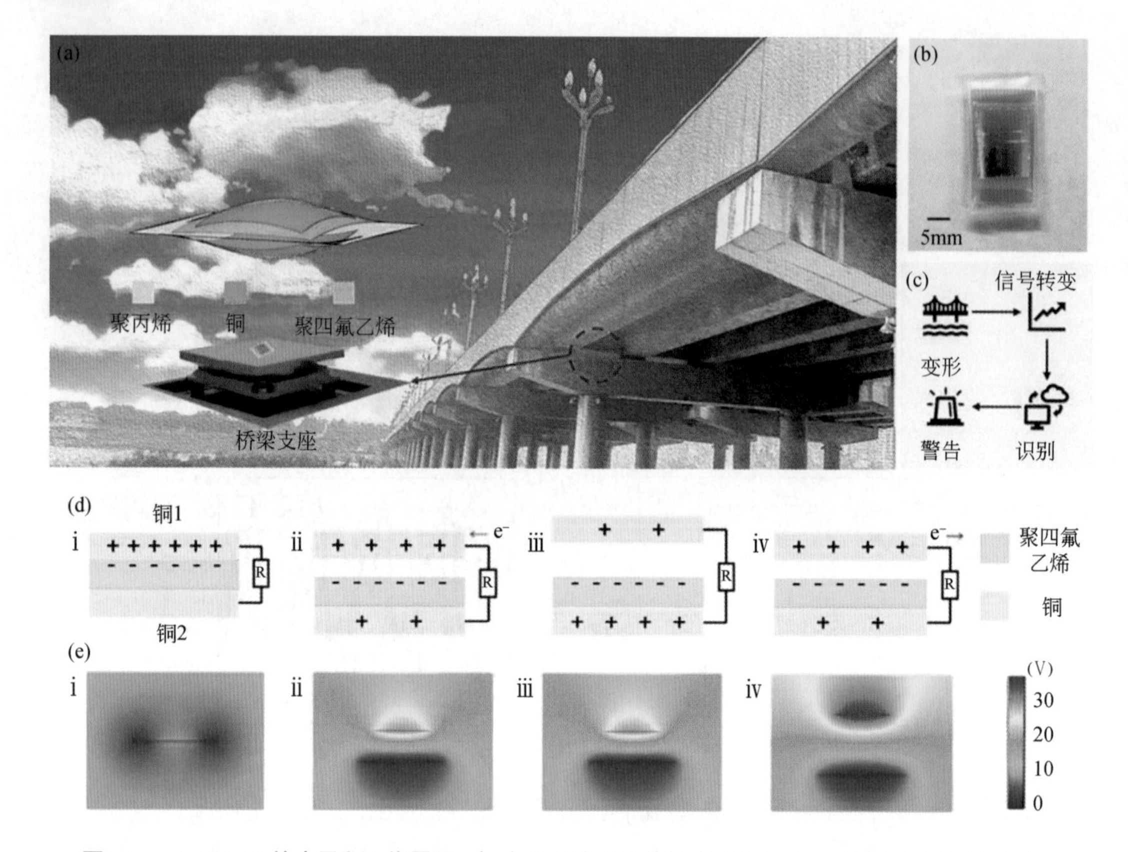

图 7.8　CS-TENG 的应用和工作原理。（a）用于交通设施健康监测的 CS-TENG 的概述和组成；（b）CS-TENG 光学照片；（c）交通设施监测流程图；（d）CS-TENG 的工作原理；（e）接触和分离过程中的电位分布

图 7.8（b）展示了 CS-TENG 的实物照片、图 7.8（c）呈现了完整的监控系统流程图以及整个监测系统的运行方式。如图 7.8（d）所示，在外力作用下，聚四氟乙烯与铜 1 发生接触。根据摩擦电序列，聚四氟乙烯易于吸引电子而带负电，而铜箔则易于失去电子而带正电。由于摩擦电荷在一段时间内不会传导或中和，因此当两种材料之间的距离增加时，电场的平衡状态被打破，两个电极之间形成电位差，从而驱动电子流动并产生电流。当 CS-TENG 受到挤压时，两摩擦层之间的距离逐渐缩小，电位差导致电子从铜 1 流向铜 2，产生反向电流，如图 7.8（d）-（iv）所示。此外，利用 COMSOL Multiphysics 软件对电位变化过程进行了模拟，如图 7.8（e）所示。

CS-TENG 的电输出性能主要依赖于表面电荷量，它与摩擦层之间的接触面积呈正相关。因此，通过精准控制压力大小，能够有效调节两个摩擦层之间的接触面积，从而产生不同的电压信号。CS-TENG 的独特腔体结构设计使其电输出能够随压力变化而动态调整。如图 7.9（a）所示，实验测量了 CS-TENG 在不同压力下的输出电压。在高压区间（31.25～112.5kPa），CS-TENG 的压力灵敏度为 0.15V/kPa；而在低压区间（6.25～31.25kPa），其压力灵敏度高达 0.86V/kPa。这种灵敏度的变化归因于 CS-TENG 的空腔结构。当施加较小的压力时，两摩擦层逐渐接触，接触面积迅速增加，导致表面电荷量迅速累积，因此在低压范围内输出电压增长显著。随着压力的进一步增加，摩擦层间的接触面积已经相对较大，后续的接触面积增加变得较为缓慢，因此在高压范围内输出电压的增长速度放缓。为了验证 CS-TENG 对距离的敏感性，设计了一个实验装置，如图 7.9（b）所示。通过两块固定在直线电机和固定支架上的亚克力板，CS-TENG 受到均匀的压力。调整直线电机的位置，确保在峰值电压下两块亚克力板之间的距离为 0mm。接着，逐渐增加两块亚克力板之间的距离，从 0mm 开始，每次增加 0.2mm，直至 3mm，同时测量 CS-TENG 的开路电压、短路电流和转移电荷。实验结果显示，当距离增加至 0.2mm 时，开路电压、短路电流和转移电荷分别降低至 32.4V、223.3nA 和 10.8nC。随着距离的进一步增加，输出值的下降速度也逐渐加快。当距离达到 3.0mm 时，电压显著降低至 21.1V。这一数据清晰地表明，CS-TENG 对距离的微小变化具有高度的敏感性。

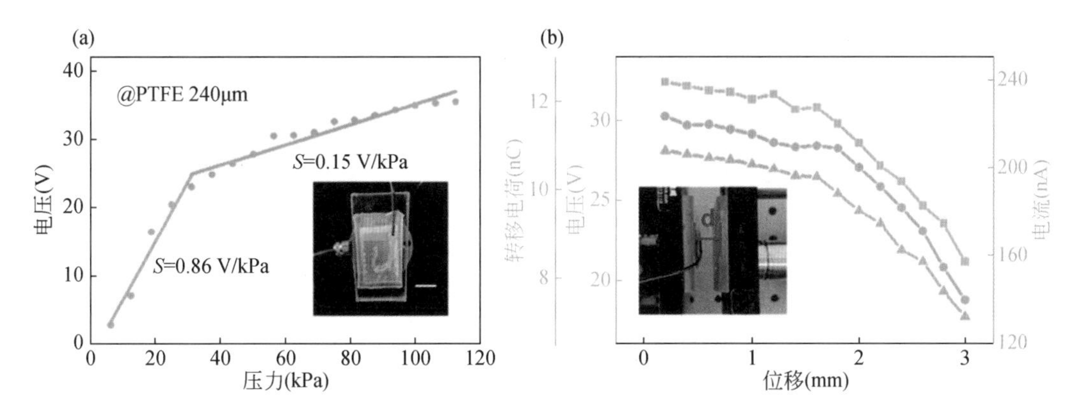

图 7.9　CS-TENG 对距离和压力的敏感性。（a）CS-TENG 对压力的敏感性；（b）CS-TENG 对距离的敏感性

基于 CS-TENG 的卓越性能，成功构建了一套桥梁结构健康监测系统，并验证了其有效监测桥梁支座变化的可行性。CS-TENG 在桥梁健康监测系统中的工作流程如图 7.10（a）所示。当桥梁发生变形或沉降时，放置在桥支架上的 CS-TENG 所受外力相应变化，从而引发电输出的变化。这些微小的变化通过数据采集卡采集，并经由数据分析程序进行处理分析。一旦电压波动超过 1V，即表明桥梁存在异常变化，需进行进一步的维护检查；反之，则意味着桥架处于正常状态。为了探究 CS-TENG 在实际应用中的表现，研究了常见桥梁的桥墩连接方式，并选定了一种典型的桥墩支撑形式进行模拟测试。桥梁及其桥墩支撑的视图如图 7.10（b）和（c）所示，而 CS-TENG 在桥梁监控应用中的装配位置则如图 7.10（d）所示。为模拟桥梁健康监测的真实环境，采用亚克力材料构建了桥梁模型，图 7.10（e）展示了这一桥梁结构的模型，其右侧通过钓鱼线悬吊，悬吊位置由直线电机控制，以模拟桥梁的变形或沉降。在桥梁的 1 号位置和 2 号位置分别放置了两台 CS-TENG，并模拟桥的质量，在桥上放置了配重。此外，在悬索桥的末端垂直放置了尺子以记录桥梁的垂直位移，同时使用圆形靶心水平仪来判断活动桥的水平位置和状态。

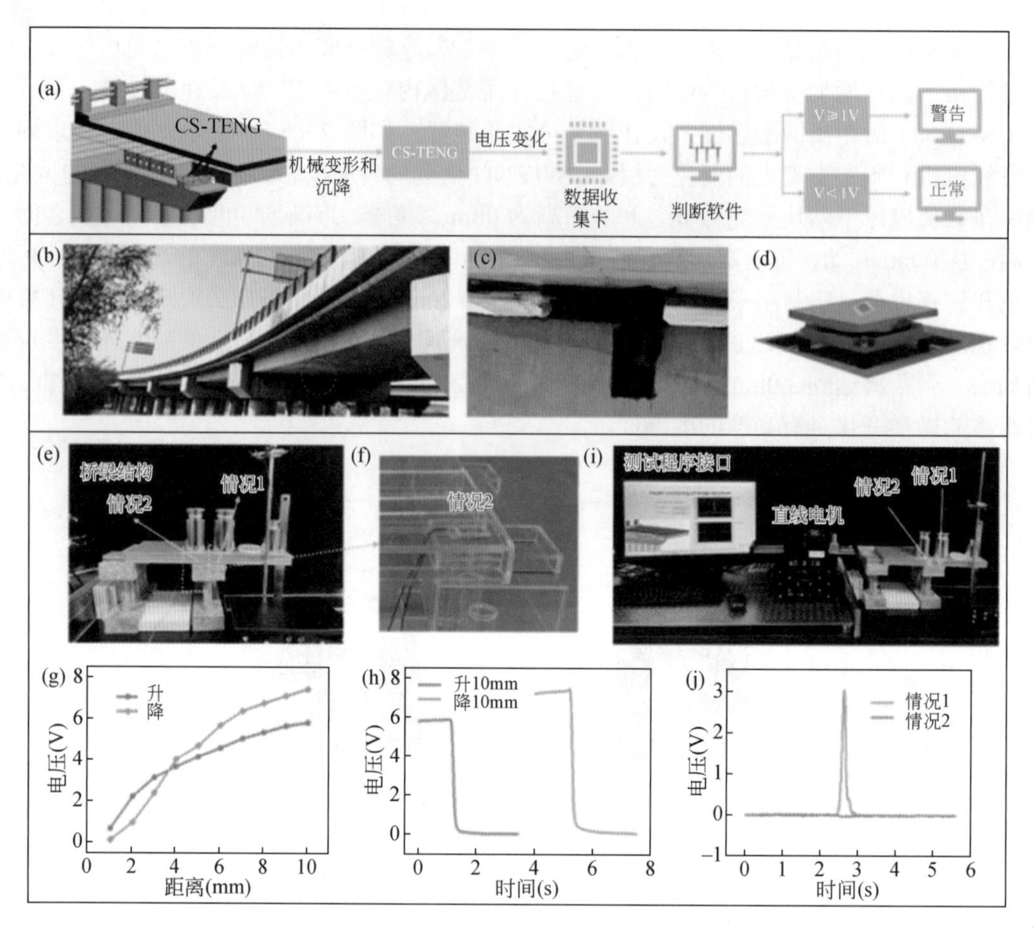

图 7.10 CS-TENG 在桥梁结构健康监测中的应用。(a)系统操作流程图;(b)安装位置;(c)墩支撑;(d)CS-TENG 在桥梁监测应用中的装配示意图;(e)桥梁结构亚克力模型;(f)CS-TENG 放置在桥模型 2 号位置的视角;(g)偏置距离与 CS-TENG 电输出之间的关系;(h)桥梁上下移动 10mm 时电压的特殊波形;(i)整个桥梁结构监测系统与桥梁模型;(j)两个 CS-TENG 在桥的不同偏置处的输出电压

图 7.10(f)为 CS-TENG 在位置 2 的详细透视图。为了验证传感器检测桥梁结构缺陷的能力，测试了桥架在垂直方向变化时 CS-TENG 的开路电压。桥架的偏移距离标记为 d_1，如图 7.10(g)所示。当 d_1=0mm 时，开路电压为 0V，这表示桥梁无变形、无沉降。逐渐增加偏移距离从 1 到 10mm，并测量 CS-TENG 的开路电压，如图 7.10(g)所示。结果显示，当桥梁上下移动时，CS-TENG 的开路电压变化显著。桥梁下方 CS-TENG 在向上或向下位移 10mm 时，其开路电压均达到峰值[图 7.10(h)]。因此，通过监测开路电压的变化，可以判断桥梁结构的健康状况。图 7.10(i)展示了测试环境的示意图。当直线电机驱动悬索桥模拟变形或沉降引起的压力变化时，CS-TENG 产生的相应电压由数据采集卡采集，并经过程序识别后显示在计算机界面上。当位置 1 出现压力变化时，系统显示为“错误”，而位置 2 无压力变化时则显示为“正常”，充分展现了系统的高灵敏度。图 7.10(j)展示了数据采集卡在测试过程中捕获的两个 CS-TENG 在不同位置的输出电压数据。

7.2.3　梁身形变监测

桥梁在交通荷载作用下经历的应变呈现出时变性，其振幅细微且属于累积性响应，因此要求长期且连续的监测以确保结构安全。为了精准监测这种时变响应，提出了一种具备卓越响应能力、高灵敏度、自供电特性以及长期稳定性的动态应变 TENG 传感器[5]。该传感器基于接触起电和静电感应原理，成功建立了桥梁结构应变与电信号之间的解析关系，为长期连续的定量应变监测提供了可靠的技术支持。通过一系列实验深入研究所提出的 TENG 传感器的性能。实验结果表明，在加载频率低于 10Hz 的条件下，传感器能够精准检测到钢桥在 3～150 微应变范围内的时变应变响应，且测量精度高达 0.1 微应变。值得一提的是，与市面上的商用传感器相比，该 TENG 传感器在经过 10000 次循环后，仍能保持稳定的输出性能。

基于 TENG 的应变传感器主要由滑动摩擦副（由两种不同的材料层构成，其背面均附着有电极）、一个限位套以及摩擦副两端的一组固定物组成。摩擦副的尺寸为 30mm×20mm，这两种材料分别作为正、负摩擦材料，被附着在两种铝膜之上。为确保桥架在振动时摩擦副之间维持稳定的接触，并限制其垂直位移而设计了限位套筒结构。此结构的总几何尺寸为 20mm×55mm×3.5mm，而开口尺寸则设定为 20mm×30mm×1mm，这一设计完全基于摩擦副的实际厚度。随后，采用 3D 打印技术，并运用光敏树脂材料，制造了 TENG 应变传感器的限位套。在钢梁加载试验中，选用平面尺寸为 30mm×25mm 的摩擦副，铝膜的平面尺寸为 40mm×25mm，而聚氯乙烯基板的平面尺寸为 40mm×30mm。

基于 TENG 的结构动力响应实时监测系统如图 7.11 所示，在此系统中，应变响应为核心监测参数。为了满足对结构长期实时动力响应的精确追踪需求，设计了一款基于横向滑动模态的 TENG 应变传感器，将其应用于桥面监测［图 7.11（a）］。这款 TENG 应变传感

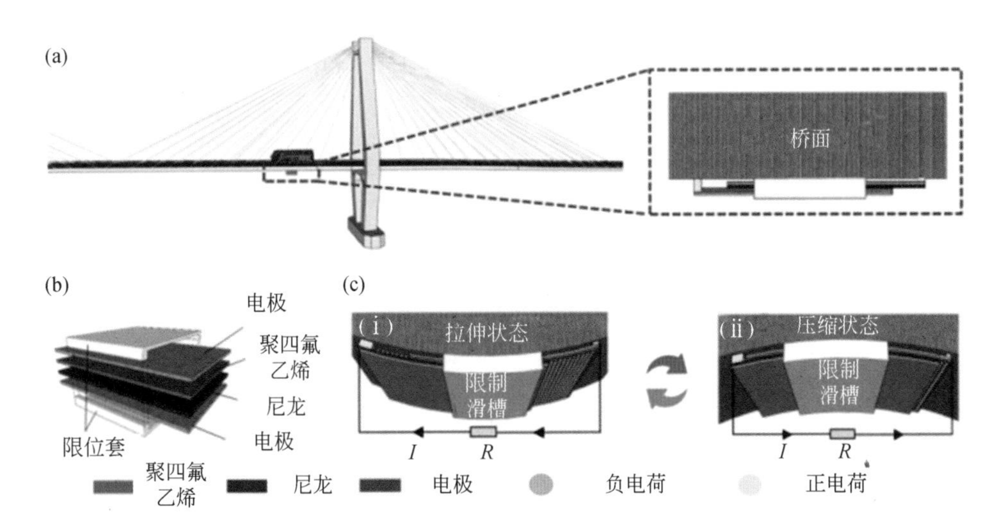

图 7.11　基于 TENG 技术的定量动态响应监测系统的应用背景及工作原理。（a）安装在桥面上的 TENG 应变传感器示意图；（b）TENG 应变传感器的详细材料说明；（c）TENG 应变传感器的基本工作过程

器凭借其独特的限位套筒结构设计，确保了摩擦副在监测过程中始终保持充足的接触，从而输出了高度可靠的信号［图 7.11（b）］。当结构发生变形时，摩擦副的两端因固定于结构上而周期性地向外和向内滑动，这一过程中产生了输出信号。在摩擦副的往复滑动过程中，交流电会通过外部电路流动。为了更直观地展现其工作原理，绘制了 TENG 应变传感器的工作机制图［图 7.11（c）］。

为了实现连续实时定量测量，首先提出了基于横向滑模 TENG 的 V-Q 模型。横向滑模 TENG 可以称为具有可变电容的平行板电容器模型。由于摩擦副的长度 l 总是远远大于厚度 d_1 或 d_2，且滑动距离 x（t）小于 $0.9l$，因此总电容 C 由重叠区域之间的电容决定。电容 C 可估计为：

$$C = \varepsilon_0 w[l - x(t)] / d_0 \tag{7-2}$$

式中，ε_0 和 w 分别为摩擦副的真空介电常数和宽度。

为了简化表达式，将所有介质材料的厚度与其介电常数之比定义为介电层等效厚度常数 $d_0=d_1/\varepsilon_1+d_2/\varepsilon_2$，其中$\varepsilon_1$ 和ε_2 为摩擦副的相对介电常数。根据高斯定理，开路电压 V_{OC} 可简单表示为：

$$V_{OC} = \sigma x(t) d_0 / \varepsilon_0[l - x(t)] \tag{7-3}$$

因此，V-Q 关系可以表示为：

$$V = \frac{Q}{C} + V_{OC} = \frac{Qd_0}{\varepsilon_0 w[l - x(t)]} + \frac{\sigma x(t) d_0}{\varepsilon_0[l - x(t)]} \tag{7-4}$$

其中，转移的电荷 $Q = \int_0^t I(t)\mathrm{d}t$。

根据欧姆定律 $V = RI(t) = R\frac{\mathrm{d}Q}{\mathrm{d}t}$，当 TENG 与负载电阻 R 连接形成完整电路时，可得到 Q 的微分方程为：

$$R\frac{\mathrm{d}Q_{\max}}{\mathrm{d}t} = \frac{Qd_0}{\varepsilon_0 w[l - x(t)]} + \frac{\varepsilon x(t) d_0}{\varepsilon_0[l - x(t)]} \tag{7-5}$$

然后可以得到变化滑动距离 $x(t)$的表达式为：

$$x(t) = \frac{RI(t)\varepsilon_0 l + \frac{d_0}{w}\int_0^t I(t)\mathrm{d}t}{RI(t)\varepsilon_0 + \sigma d_0} \tag{7-6}$$

在上述理论分析的基础上，容易推导出结构应变的表达式为：

$$\varepsilon(t) = \frac{x(t)}{l} = \frac{RI(t)\varepsilon_0 l + \frac{d_0}{w}\int_0^t I(t)\mathrm{d}t}{RI(t)\varepsilon_0 l + \sigma d_0 l} \tag{7-7}$$

该表达式揭示了结构应变响应$\varepsilon(t)$与一系列系统参数的关联。这些参数涵盖了材料特性（如介电层等效厚度 d_0、真空介电常数ε_0 以及表面电荷密度σ）、几何特征［如摩擦副的长度 l 和宽度 w］，以及电路参数（如电负载电阻 R 和输出电流信号 $I(t)$］。在实际应用场景中，一旦传感器被安装于结构上，其材料和尺寸便被固定。因此，通过监测和分析输出电流信号 $I(t)$的变化，能够实时获取结构应变响应$\varepsilon(t)$的时变信息，从而实现对结构状态的精确监测和评估。

为了验证所提出的传感理论的准确性，对所提出的 TENG 应变传感器进行了一组力学性能实验。图 7.12（a）详细展示了实验的设置，包括水平周期性加载平台的实现细节。在力学试验中，采用三角波函数激励模式，控制在 5～7Hz 的频率范围和 2.88～8.32mm 的滑动幅值来模拟驱动摩擦副的滑动过程。在机械测试期间，记录了输出电流波随滑动幅值（2.88mm、4.80mm、6.33mm、7.20mm 和 8.32mm）变化的时间历史变化幅度，这些数据通过高精度的静电计（Keysight B2983A）测量并呈现于图 7.12（b）中。为了确保实验结果的可靠性，在每种加载情况下都进行了三次重复实验，并在图中分别用黑、红、蓝线标识了相应的输出电流曲线。即使在重复加载的条件下，时变电流曲线也显示出高度的一致性。实验结果表明，该摩擦副能够在不同振动幅值下有效地工作，充分验证了其在实际应用中的稳定性和可靠性。此外，还通过等式（7-6）从感应电流中成功推导出了摩擦副滑动位移的时间历程，如图 7.12（c）所示。

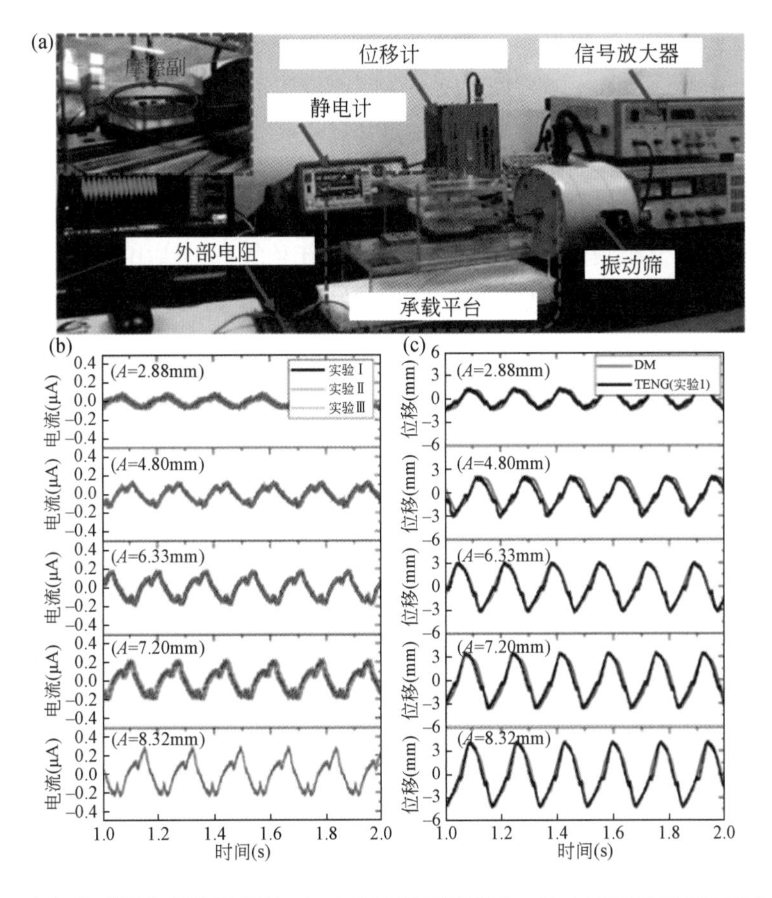

图 7.12　TENG 应变传感器力学性能实验。（a）实验装置及平台；（b）不同位移幅度下 TENG 应变传感器的输出电流；（c）TENG 应变传感器识别结果与位移计实际值的比较

图 7.12（c）所展示的 TENG 应变传感器周期性位移测量结果与位移计的测量数据高度一致，证明了所提出传感理论的精确性。在不同滑动幅值下，TENG 传感器导出的位移变

化显著，这预示着其在监测桥梁等结构不同应变值方面的广阔应用前景。此外，图 7.12（c）中的数据显示，即使在激励幅值低至 2.88mm 的情况下，TENG 传感器依然能够捕捉到有效的位移信号，这表明该传感器对结构振动变化的响应非常灵敏。更进一步地，随着振动幅值的增大，输出电流也相应增加，且此时位移曲线的抗干扰能力（相较于位移计）表现得更强，更不易受环境噪声的影响。鉴于当前表面工程技术的先进性和已有研究报道的 TENG 传感器所展现的卓越性能（490kW·m^{-3}），TENG 传感器有望实现高功率输出，在传感领域发挥更高作用。

7.3 高层建筑安全监测

本节将深入探讨 TENG 作为自供电传感器在高层建筑安全监测领域的应用前景。高层建筑在运营过程中，受到荷载作用、腐蚀效应、材料老化等多种因素的共同影响，不可避免地会出现结构老化、损伤以及由此导致的变形（如倾斜、沉降、滑移、挠度和收缩等）和开裂现象[6]。这些变形和开裂一旦超出安全允许范围，将可能引发严重的结构安全事故，甚至造成灾难性后果，对人民生命财产安全以及社会稳定构成严重威胁。在验证了 TENG 作为自供电传感器的可行性的基础上，国内外学者纷纷结合其四种基本工作模式，提出了监测高层建筑安全状态的方案，力求拓宽 TENG 在自供电传感领域的应用。本节将聚焦于 TENG 在高层建筑安全监测中的应用，全面展示其在该领域的实用性能，并展望自供电传感技术在该领域巨大的发展潜力和广阔的应用空间。

7.3.1 自供电倾角监测

建筑物倾角作为早期建筑结构产生问题时最直接的参数，对其及时、准确的监测是预警和提前治理的基础，在此研究方向中，探究了多种接触-分离模式结构[7, 8]，如 San 等设计的 FME-TENG，利用可移动的铁磁纳米球在装置内部不同移动情况输出的电性能判断倾斜角度[7]，Han 等利用磁场、重力和距离之间的巧妙转化关系，设计出的一种磁辅助式摩擦纳米发电机[8]，Jin 等利用交流输电塔的磁场变化实现摩擦电极的接触分离，收集能量并监测倾角[9]，而 Fang 等基于独立层模式设计出一种集成式摩擦纳米发电机，包括 TS-TENG 和 EH-TENG 两个发电单元来进行自供电和倾角传感[10]，Roh 等基于单电极模式，利用简单的聚四氟乙烯球在装置内自由滚动产生的电压变化来监测多方向的倾斜角度[11]。

1. 接触-分离模式

首先对 San 和 Roh 等的一项混合发生器进行研究[7]：可自由移动的铁磁性纳米颗粒嵌入球，用于自供电倾斜和方向传感器。利用合成的铁磁纳米颗粒，自制了新型磁性纳米颗粒嵌入（FME）球，并将其嵌入 TPU 基空心球中。利用可自由移动的 FME 球，基于 TENG 原理和 EMG 原理产生两种类型的电能。混合发电机的输出功率（2.25μW）高于单独发电机（TENG 为 1.125μW，EMG 为 1.85μW）。

完全封装的圆柱形混合发生器由新型铁磁性纳米颗粒嵌入球（FME 球）、一根丙烯酸管、两个铝电极、丙烯酸管壁上的四个铝带电极、绕制的 3000 圈铜线圈和两个磁铁组成。新型 FME 球由空心半球热塑性聚氨酯（TPU）内合成的磁性纳米颗粒组成，然后将两个半球黏合形成电介质 FME 球。图 7.13（a）-（iii）显示了 FME 球和 TPU 内部的磁性纳米颗粒（Fe_2O_3 纳米颗粒）的截面图。

图 7.13（b）显示了 Fe_2O_3 纳米颗粒的合成过程。通过使用扫描电子显微镜（SEM）分析磁性纳米颗粒的表面形态，显示了图中 80nm 的均匀纳米颗粒尺寸。图 7.13（c）的插图展示了纳米颗粒的完美六边形。通过 X 射线衍射仪（XRD）分析了合成的三氧化二铁纳米颗粒的相和晶体结构。结果如图 7.13（d）所示，出现了（012）、（104）、（110）、（113）、（202）、（024）、（116）、（018）、（214）和（300）平面，对应于具有六方晶体结构的α-三氧化二铁纳米颗粒（JCPDS 卡片编号 85-0987）。这一结果表明在无任何杂质干扰的条件下，纳米颗粒展现出了卓越的结晶度，并且具备显著的铁磁特性，这些特性足以对 EMG 产生显著的影响和操控。

图 7.13　混合发电机的结构示意图和制造过程。(a)：(i)混合发电机的结构示意图，(ii)混合发电机实物图，(iii)FME 球和磁性纳米颗粒的横截面图；(b)Fe_2O_3 磁性纳米颗粒的合成过程；(c)磁性纳米颗粒的 SEM 分析；(d)磁性纳米颗粒的 XRD 分析

FME-TENG 采用接触-分离模式，主要由 FME 球和 Al 电极组成。当 FME 球开始朝着右侧电极向前移动时，两个 Al 电极之间的电势发生变化，导致电子从右侧流向左侧，通过 TENG 发电。同时，由于 FME 球的运动，铜线圈中的磁通量发生了变化，EMG 机构也能发电。当 FME 球到达右侧末端时，TENG 的表面电荷达到平衡状态。因此，在这种状态下，两种机构的恒定磁通量都不会产生电输出。当 FME 球开始朝着左侧电极向后移动时，平衡状态再次被打破，并且在两个电极之间产生电势差。在这一点上，铜线圈中的磁通量也发生了变化。因此，电流会以相反的方向流动。其工作过程如图 7.14 所示。

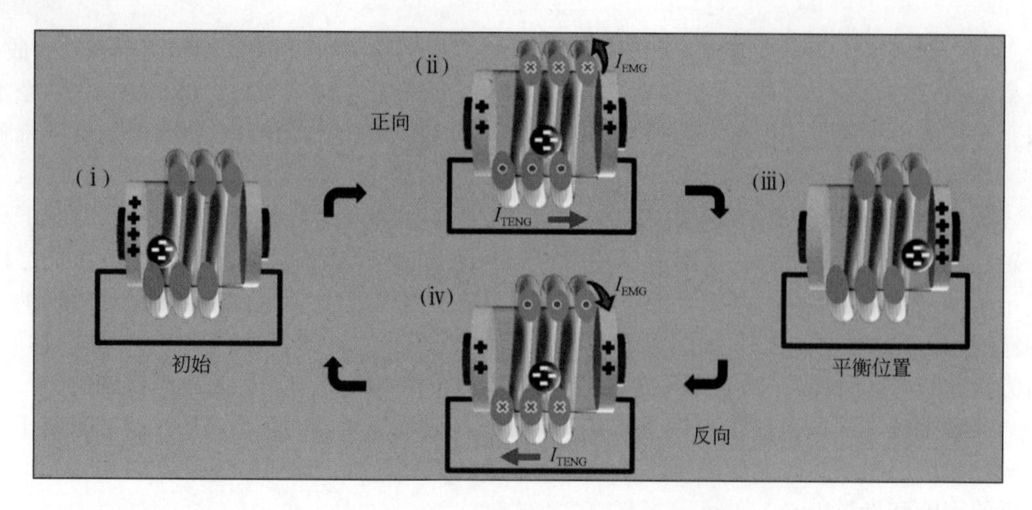

图 7.14　混合发生器的示意图及其工作过程

如图 7.15 所示，为深入探究 TENG 和 EMG 在不同位移、频率和施加力条件下的电输出性能而进行实验。首先，在位移实验中，TENG 和 EMG 均展现出了与位移增加成正比的电输出增长趋势［图 7.15（a）和（d）］。这一现象表明，更长的位移以及更剧烈的机械运动将导致更大的有效接触表面和磁通量。经过测试，确定了 10cm 为最佳位移值。随后，进行了频率测试，发现在低于 2Hz 的频率下，两者均不足以产生足够的电能［图 7.15（b）和（e）］。通过一系列实验，最终确定了 5Hz 为产生最佳电能的频率。接着，在位移固定为 10cm、频率为 5Hz 的条件下，进一步探究了施加力大小对电输出性能的影响。实验结果显示，TENG 的开路电压和 EMG 的短路电流通常随着施加力的增大而增加。这一结果清晰地表明，施加到装置上的机械能越大，转化为电能的效率就越高。

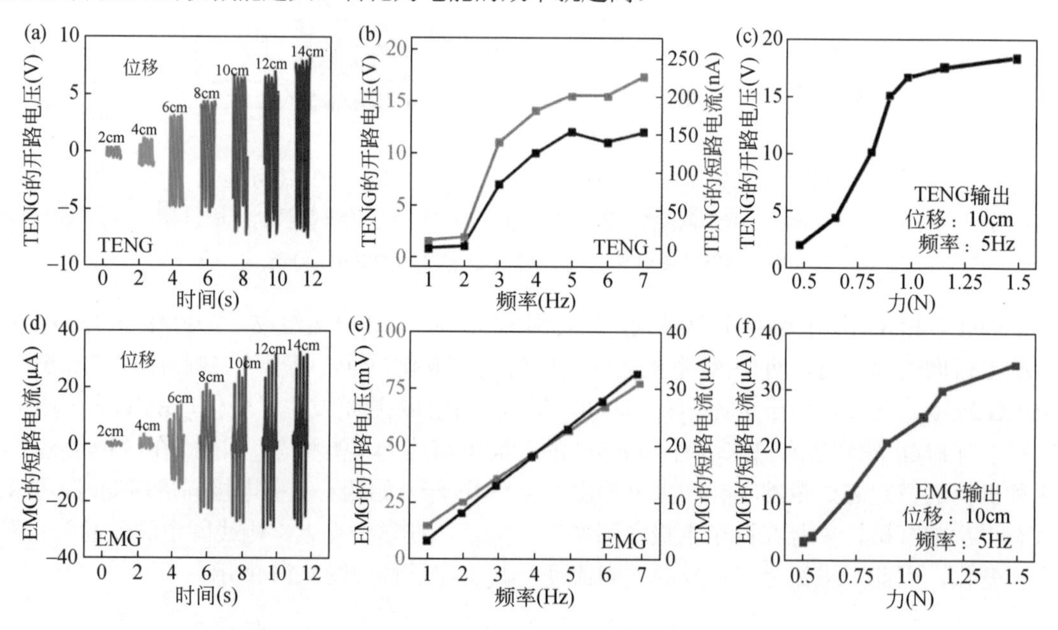

图 7.15　不同的振动条件下 TENG 和 EMG 的输出性能

设计出的新型的混合发电机——铁磁嵌入式 TENG（FME-TENG），可以从不同的角度位置（在 *X-Y* 平面和 *X-Z* 平面）收集振动能量。基于各机构（TENG 和 EMG）的方向依赖性，在不同的振动角度下，成功地将混合发电机作为自供电的倾斜和方向传感器。如图 7.16（a）～（d）所示，混合发电机输出性能比单个发电机的更加卓越，如图 7.16（e）所示，混合发电机的电输出高度依赖于倾斜角。

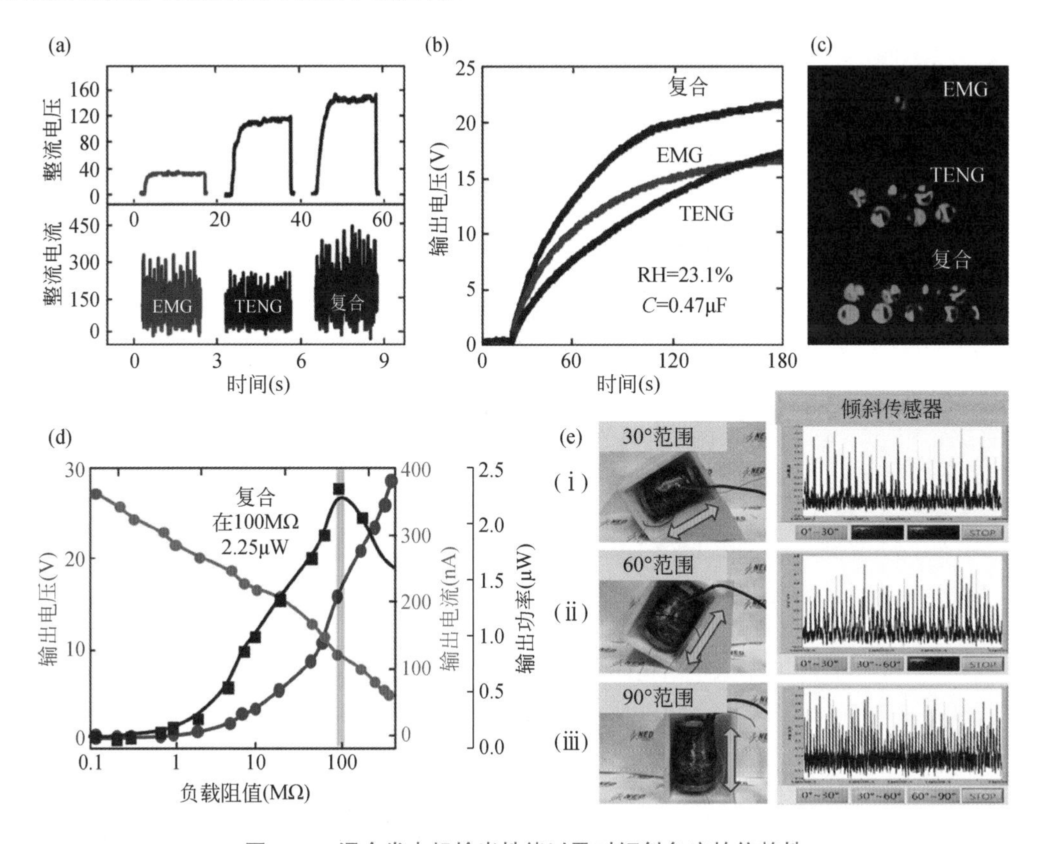

图 7.16　混合发电机输出性能以及对倾斜角度的依赖性

另外北京大学微电子学研究所微米纳米加工技术国家重点实验室的关于磁辅助摩擦纳米发电机作为自供电可视化全向倾斜传感系统的研究结果显示了特别设计的螺旋形电极使该 TENG 能够通过摩擦电和电磁机制发电，峰值功率密度分别为 $541.1mW/m^2$ 和 $649.4mW/m^2$ [8]。

磁辅助 TENG 的结构如图 7.17（a）所示，其中包括质量为 18.0g 的顶部钢块、半径为 9.5mm、高度为 1.5mm 的顶部 NdFeB 永磁体、二氧化硅层、聚酰亚胺包裹的螺旋形电极以及半径为 5.0mm、高度为 0.5mm 的底部 NdFeB 永磁体。每个零件都位于聚四氟乙烯气缸内。钕磁铁是镀镍的，以避免被腐蚀。顶部磁体也用作 TENG 的顶部电极，并且与底部磁体具有相反的极性，从而提供磁排斥力。二氧化硅被涂覆在顶部磁体上作为摩擦材料。为了在摩擦电和电磁机制中将机械能转化为电能，底部铜电极被制成螺旋形状，形成一个线圈以根据法拉第定律发电。然后在螺旋形铜电极周围采用聚酰亚胺作为另一种摩擦材料。

为了提高摩擦电输出，使用电感耦合等离子体（ICP）在聚酰亚胺表面形成纳米结构。制造的 TENG 是直径 2.4cm、高度 2.0cm 的圆柱形。螺旋形铜电极的照片和扫描电子显微镜（SEM）图像如图 7.17（c）和（d）所示。螺旋的宽度、高度和间距分别为 150mm、18mm 和 150mm。聚酰亚胺表面纳米结构的 SEM 图像如图 7.17（e）所示。

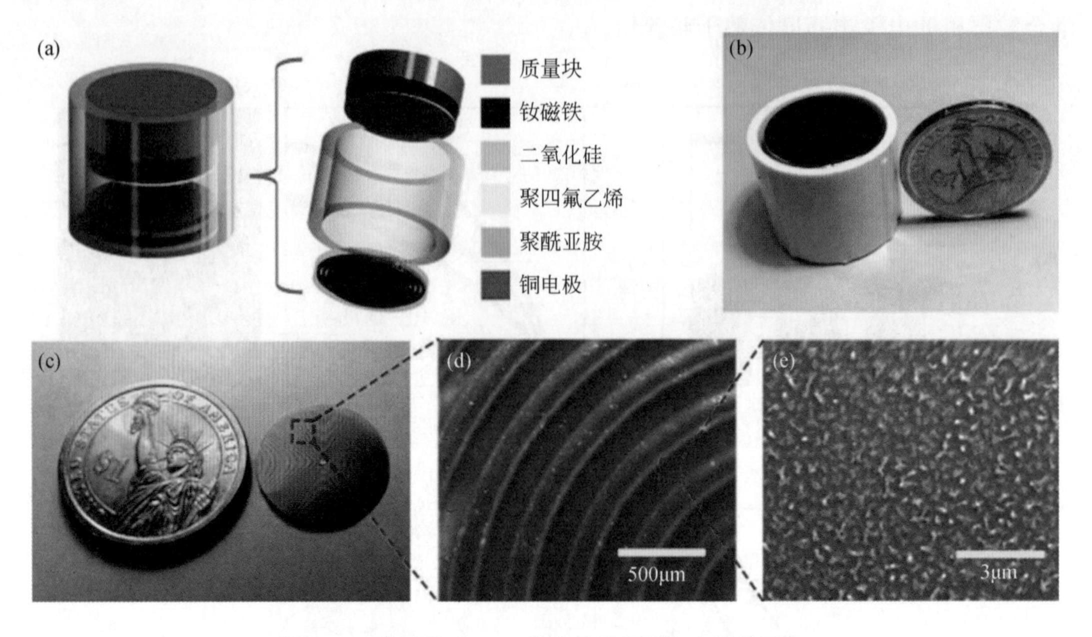

图 7.17　磁辅助 TENG 的结构示意图和电极的图像

磁辅助 TENG 的工作原理可分为摩擦电部分和电磁部分。摩擦电部分采用垂直接触-分离模式，如图 7.18（a）-（i）所示，在外力作用下，间隙距离减小，导致顶板和底板

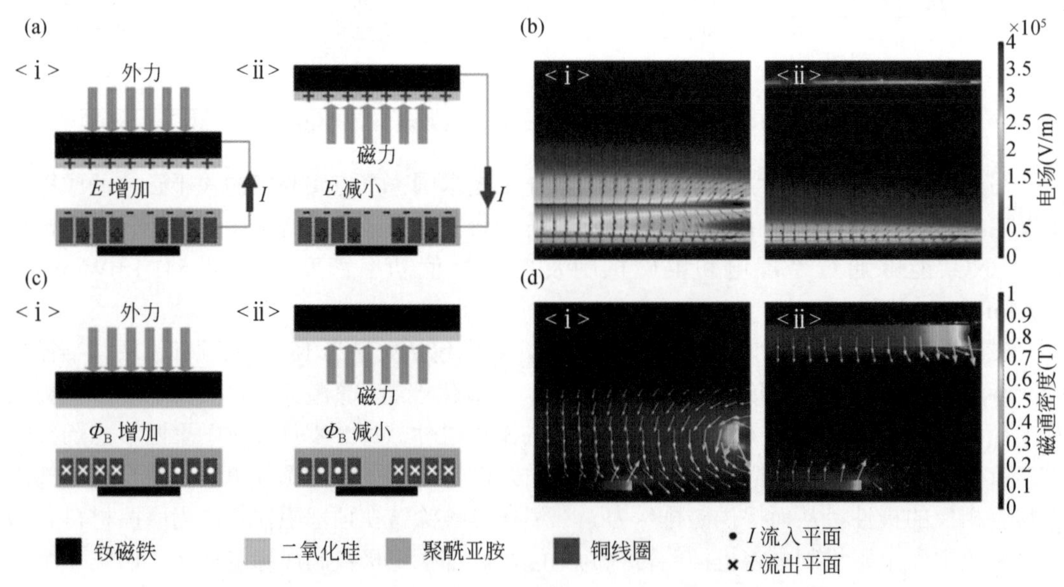

图 7.18　磁辅助 TENG 的工作机制及有限元模拟

之间的电场（E）增加。为了平衡电场，电子将从顶部电极流向底部电极。当外力被去除时，磁排斥力会将顶板推到原始位置，如图 7.18（a）-（ii）所示。这导致电场的减小，在这种情况下产生反向电流。

电磁部分的工作原理如图 7.18（c）所示，当施加外力时，磁通量随着间隙距离的减小而增加，从而在螺旋形电极中感应电流。然后，通过去除外力，磁力使间隙距离增加，如图 7.18（c）-（ii）所示。在这种情况下，磁通量减少，导致螺旋形电极中产生反向电流。

在 5Hz 外力下测量磁辅助 TENG 的输出性能，并探究不同外部负载条件下摩擦电部分和电磁部分的峰值电压及功率。结果如图 7.19 所示。

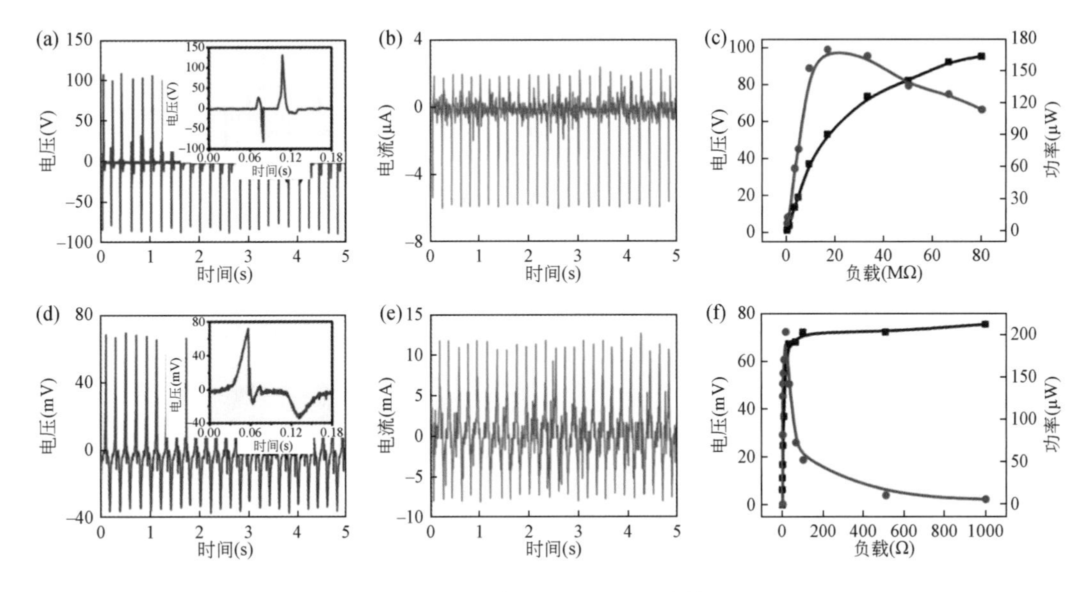

图 7.19　磁辅助 TENG 的输出性能

随着倾角的逐渐增大，重力在倾斜方向上的分量随之减小，从而促使系统达到的最大位移显著增加。如图 7.20（a）所示，当倾角从 0°增加到 90°时，最大位移从 3.48mm 显著增长到 12.71mm。同时，随着倾斜角度的增大，达到这一最大位移所需的时间也相应延长。

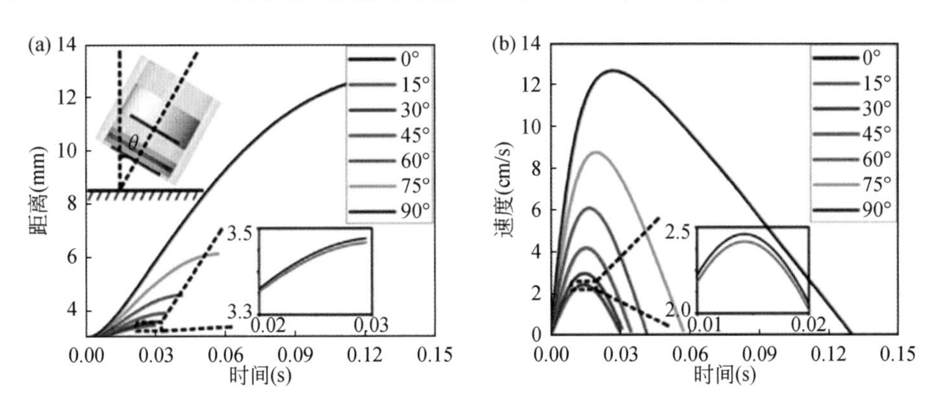

图 7.20　磁辅助 TENG 作为自供电倾斜传感器的演示

由于系统中存在与距离相关的磁力作用，移动质量在某一特定位置时速度达到峰值。图 7.20（b）展示了不同倾角下的速度-时间曲线，清晰地表明，在较大的倾角下，移动质量的速度增长更为迅速，从而实现了更快的运动。

得益于其电磁部分的出色输出性能，这种 TENG 能够在广泛的负载电阻范围内稳定工作。通过调控质量和磁力，TENG 被设计为自供电倾斜传感器，其分辨率可达 400mV/°。为了实现全方位的倾斜感知，采用了两个相互垂直固定的 TENG，从而确保了任何方向的倾斜变化都能被精准捕捉。为了直观展示这一创新技术，如图 7.21 所示，建立了一个基于液晶屏的自供电系统，将倾斜变化直观地转化为屏幕上的动态显示，实现了倾斜传感的可视化。

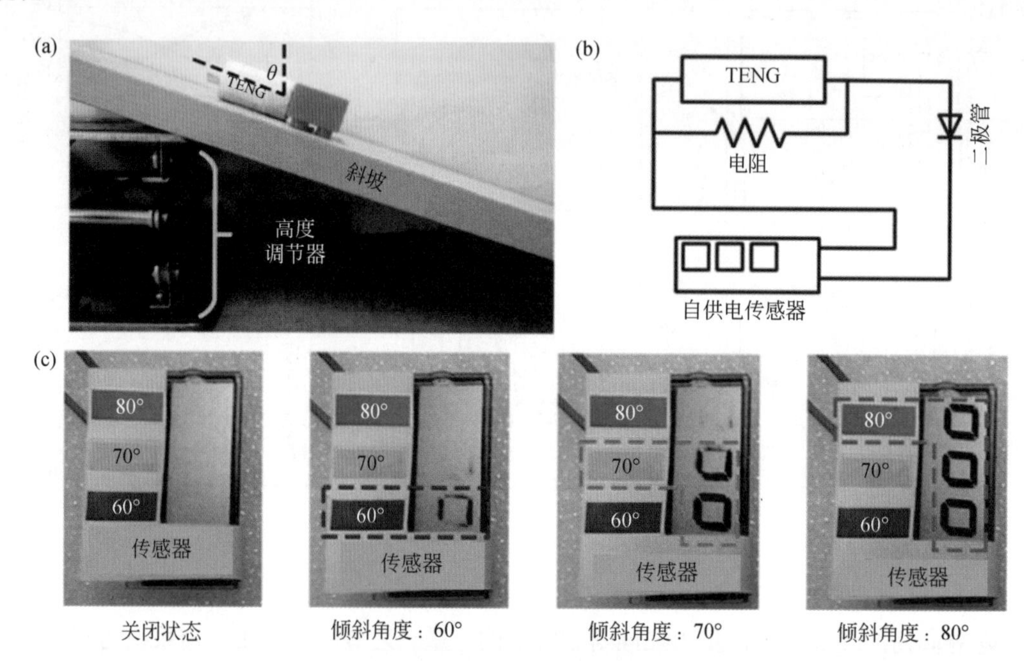

图 7.21 可视化倾斜传感系统的演示

Jin 等基于旋转磁球的摩擦纳米发电机（RB-TENG）用于收集传输线磁能的研究中，虽然没有构成自供电倾角监测传感器，但是文章中提到的磁能 TENG 完全可以为倾角传感器供电，从而对输电塔的倾角进行监测[9]。

该 RB-TENG 装置被精心设置在输电塔上，其功能是捕获并转换交流输电线路所产生的磁能为电能［如图 7.22（a）所示］[9]。RB-TENG 的基本构造由电机单元、TENG 单元和挡板单元组成［如图 7.22（b）所示］。其中，磁球的旋转产生的离心力足以驱动摩擦电层进行接触与分离的运动状态，这一动力源自磁球和外壳质量的十倍差异。为了最大化离心力的利用，研究团队在丙烯酸球壳的底部安装了三个螺旋弹簧。值得注意的是，这三个螺旋弹簧的线径至少需达到 0.4mm，以确保磁球在交变磁场作用下能够自发滚动。这是因为螺旋弹簧不仅决定了球壳的稳定性，还显著影响了磁球与球壳之间在旋转过程中的摩擦力。对于 TENG 单元，研究者采用了创新的设计来增加接触面积并提高输出功率。具体而言，两个螺旋弹簧用于支撑球壳上的摩擦电层，而另外四个螺旋弹簧则将另一个摩擦电层与挡板单元紧密相连。

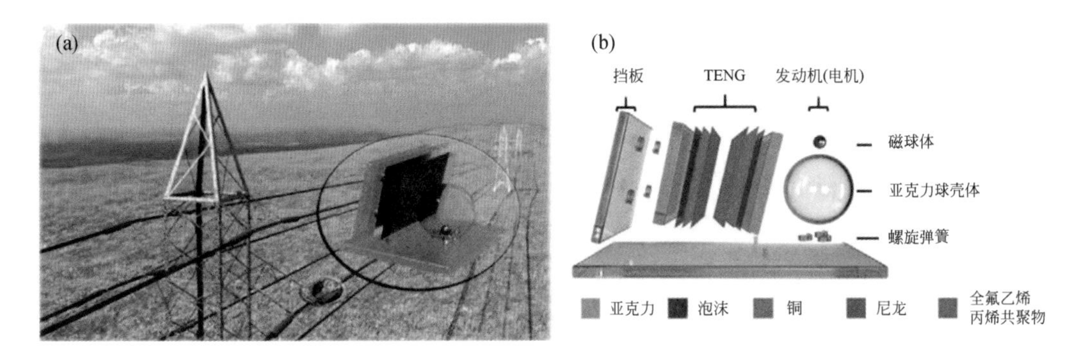

图 7.22　RB-TENG 在输电塔上的设置示意图及 RB-TENG 的结构放大图

RB-TENG 的结构为接触-分离模式。在获取磁能的整个过程中，有四个典型的位置：Ⅰ初始状态；Ⅱ启动阶段；Ⅲ和Ⅳ稳定旋转阶段。如图 7.23 所示，在初始状态特殊位置情况下，重力等于支撑力。靠近传输线的磁极接收 F_{Mj} 的磁力，而另一极接收较小的 F_{Mi} 的磁力。因此，磁球将围绕其自身的中心旋转。在启动阶段，磁性球在外壳底部随机滚动。随着磁性球滚动速度的增加，磁性球在丙烯酸球壳上的压力会不断增加，然后磁性球会在摩擦力的帮助下在球壳内壁上绕一圈滚动。磁球滚动时产生的离心力，与在球壳底部的支撑弹簧的共同作用下，使得球壳发生摆动运动，进而推动摩擦纳米发电机装置发电。

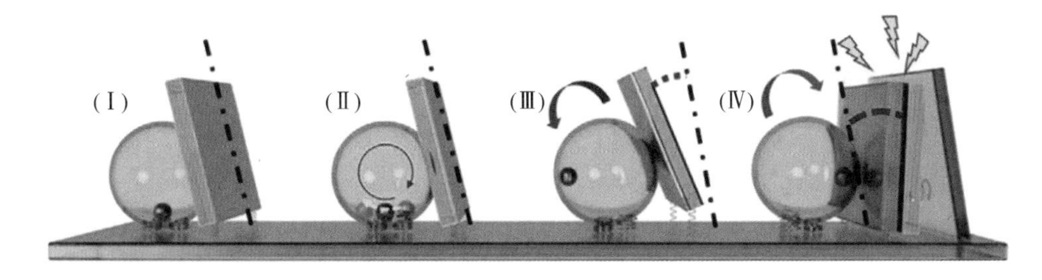

图 7.23　旋转磁球摩擦纳米发电机的示意图及其工作过程

在深入研究磁球直径对 RB-TENG 输出性能的影响时，如图 7.24（d）所示，观察到随着磁球直径的增加，其输出性能显著提升。特别是当磁球直径达到 12mm 时，RB-TENG 的输出电压可达 1.5kV，电流为 20μA，这一性能远优于其他尺寸的磁球（例如 40V 和 0.5μA）。这一现象归因于磁球的磁性和质量与其半径的三次方成正比，进而与 RB-TENG 的输出性能呈正相关关系。在确定了磁球直径为 12mm 的基础上，进一步探讨了球壳直径对工作性能的影响。如图 7.24（f）所示，当球壳直径从 4cm 增加到 6cm 时，RB-TENG 的工作频率从约 20Hz 显著降低至 5.8Hz，但输出功率并未出现显著变化。此外，当球壳直径减至 3cm 时，RB-TENG 的工作频率也未见明显增加。实验结果显示，球壳直径为 4cm 时，RB-TENG 展现出更为优异的工作性能。进一步地，当尝试使用直径为 8cm 的球形结构时，注意到 RB-TENG 的开路电压略有下降，降至 1.2kV。这是由于磁球在远离输电线路时，离心力逐渐衰减所致。综合以上实验结果，对于此构造的 RB-TENG，采用直径为 12mm 的磁球和直径为 4cm 的球壳，能够实现最大的输出性能。此外，该结构还具备良好的适应性，能够应对由超过 400A 的传输线产生的磁场。

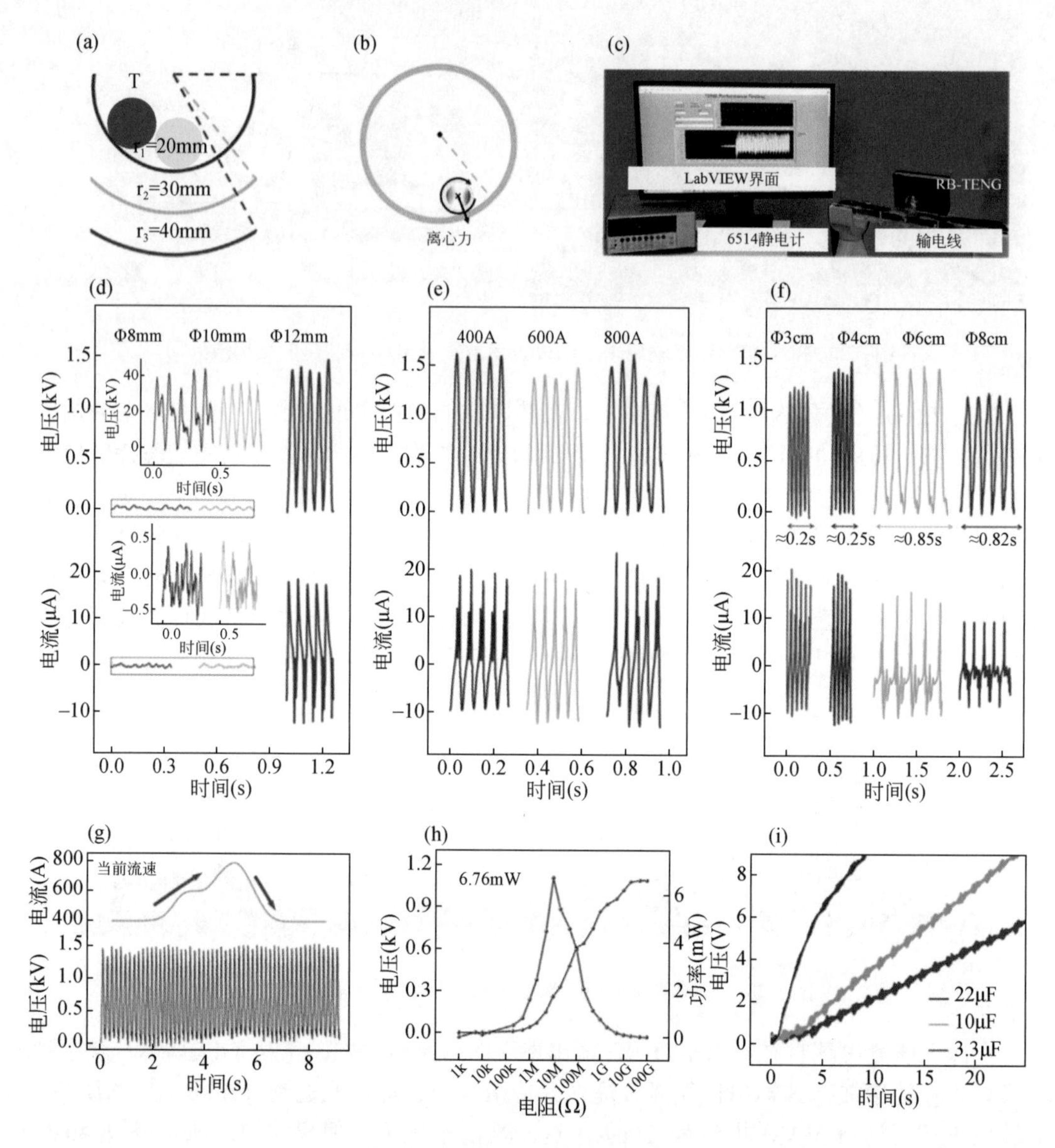

图 7.24　RB-TENG 的输出性能

由于传输线产生的磁场特性，安装位置成为影响获取传输线磁能的关键因素。在采用弹簧支撑球壳的设计中，当磁球的初始位置与传输线中心对齐时，磁球的圆形旋转路径会呈现随机变化。若磁球的初始位置位于传输线上方但偏离中心，其圆形旋转路径则会呈现周期性的变化。而当磁球的初始位置完全不在传输线上方时，它将在单一方向上稳定滚动。如图 7.25 所示，展示了这些不同的滚动情况以及各自的输出性能。

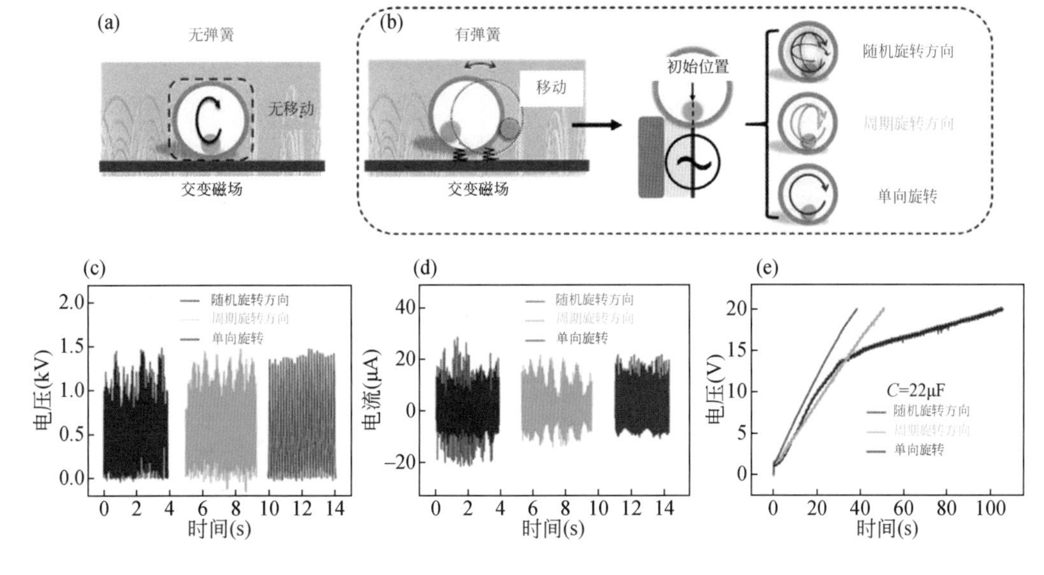

图 7.25　RB-TENG 的安装和输出性能的影响

在磁球随机或周期性滚动时，虽然最大电压和电流可能高达 1.5kV 和 27μA，但电压和电流的值会在较大范围内波动。然而，当磁球在单一方向上滚动时，可以获得更为稳定且较高的电输出。这一特性表明，该装置的安装位置具有较宽的适应性，且无需过高的安装精度即可有效地收集磁能。

磁球作为 RB-TENG 的核心元件，其主要功能是对磁场做出响应并产生离心力。RB-TENG 能够在传输电流磁场超过 400A 的环境下被激活，并且即使在高达 400A 的电流冲击下，其输出性能依然保持稳定。当使用直径为 12mm 的磁球和直径为 4cm 的球壳时，RB-TENG 能够达到 1.5kV、20μA、6.67mW 的最大输出功率，并以 20Hz 的频率运行。此外，RB-TENG 能够应对广泛的传输电流变化，而其 TENG 单元的工作频率则直接受到球壳直径的调控。接着，研究了 RB-TENG 初始安装位置对其性能的影响，结果表明，即使在安装精度不高的情况下，该装置依然能够有效地收集和利用磁能。如图 7.26 所示基于 RB-TENG 的这些特性，实现了输电线路的检测、信息显示［图 7.26（a）］、温度监控和倾角监测［图 7.26（b）］等多种应用。最后，成功构建并测试了一个由功率管理的 RB-TENG 驱动的自供电输电线路信息检测、显示及报警系统。

2. 独立层模式

接着列举一个以高层建筑（输电塔）为背景进行的研究，Lin 等提出一种基于多个摩擦纳米发电机组耦合的高层建筑自供电倾角传感器[10]。传感器分为两部分，EH-TENG 及 TS-TENG。其中 TS-TENG 用于监测倾角，EH-TENG 在自然风的驱动下收集风能。

在 EH-TENG 的制造过程中，采用了 Adventurer 3 型号的 3D 打印机，制作了一个高 5cm、外径 10cm 的转子。实验选用了四种商业化的负摩擦电材料，分别是聚四氟乙烯、聚酰亚胺、PET 和氟化乙烯丙烯，这些材料的厚度为 100μm，旨在同时确保足够的接触性和机械强度，且可根据实验需求灵活调整其形状。负摩擦电材料被附着在转子的电弧结构上，以实现高效的能量转换。为了优化转子与定子之间的接触带电效果，设计了一个圆柱形定子，其高度为 56mm，内径为 11cm。特别地，定子内壁上的叉指状电极数量是转子上弧形结构的两倍，这一设计旨在最大化两种接触带电材料之间的接触面积。

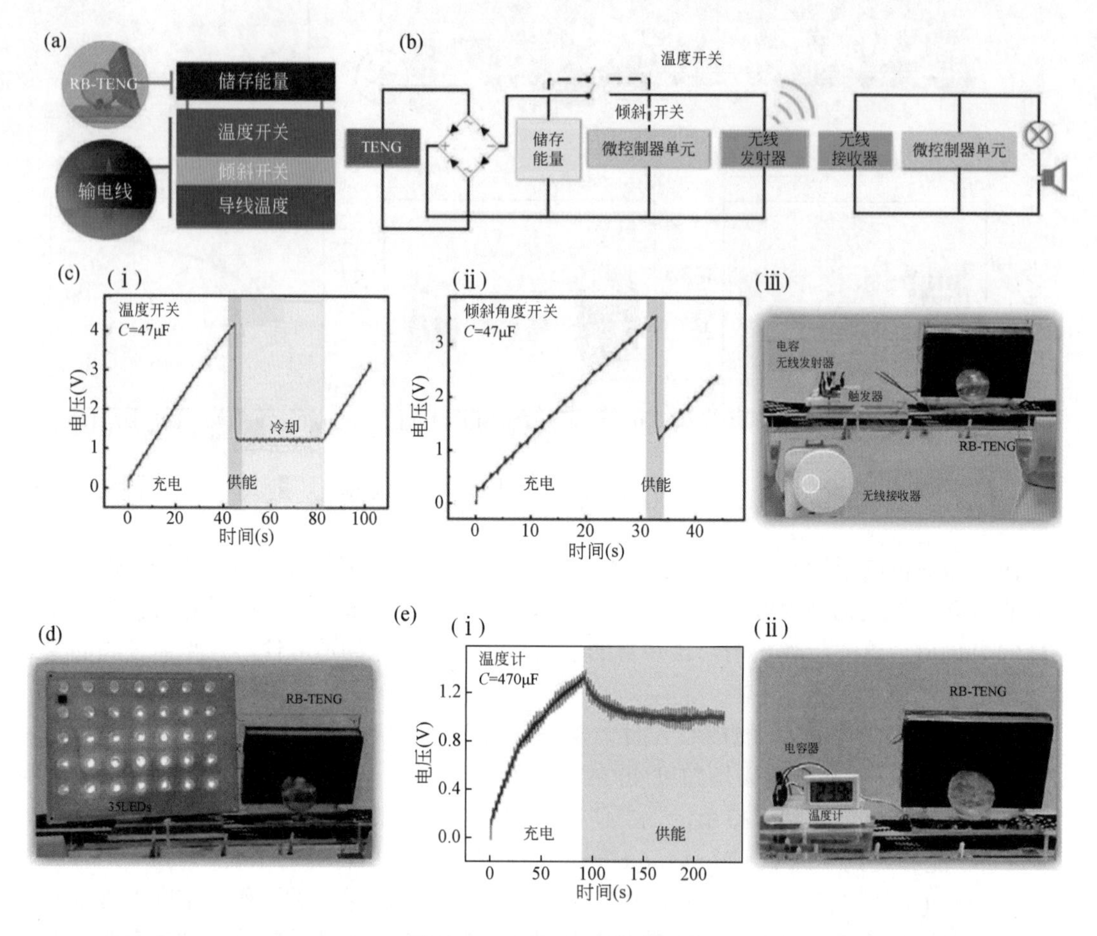

图 7.26 RB-TENG 的应用

TS-TENG 的制作，使用 PLS6MW 激光切割机，切割了一块外径为 114mm、厚度为 3mm 的丙烯酸基片。在这块基片上，通过刻蚀工艺创建了六组呈圆形排列的叉指状铜电极。这些电极的内径为 16mm，外径为 46mm，电极的宽度和间距均精确控制在 2mm。最终，通过检测聚四氟乙烯颗粒在这些叉指状铜电极上滚动时产生的电信号，成功实现了倾斜感测功能。

旋转过程通过 EH-TENG 的无刷电机（BXSD120-C）和 TS-TENG 的倾斜平台（GFWG60-60）进行模拟，其中倾斜平台能够模拟出±20°的倾斜角度。为了精确测量旋转过程中产生的电能参数，采用了 Keithley Instruments 6514 型可编程静电计来测量短路电流、转移电荷和开路电压。此外，还利用 Hitachi SU8020 扫描电镜对不同摩擦电材料的表面形貌进行了详细的表征。

EH-TENG 和 TS-TENG 均采用了独立层模式作为其结构基础。关于自供电倾角传感器的结构设计、部件及其各自的工作原理，可参照图 7.27 和图 7.28 进行详细了解。EH-TENG

图 7.27　自供电倾角传感器的结构设计和部件

（a）倾角传感器在输电铁塔上的应用；（b）自供电倾角传感器整体示意图；（c）EH-TENG 定子的照片；（d）EH-TENG 定子与转子的装配照片；（e）TS-TENG 照片；（f）自供电倾斜角传感器和测试平台的整体结构

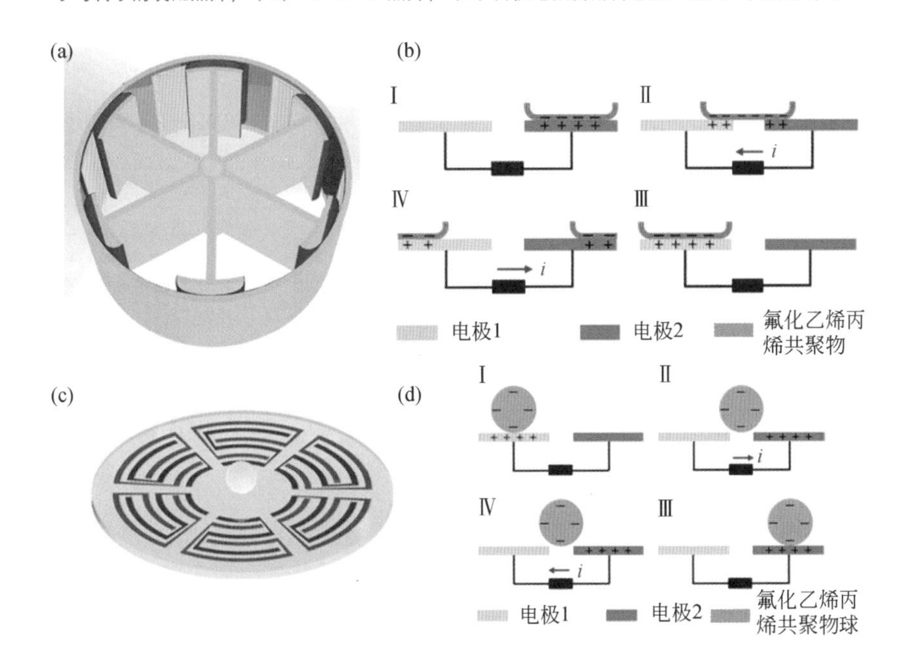

图 7.28　EH-TENG 及 TS-TENG 的工作原理

（a）EH-TENG 示意图；（b）EH-TENG 工作原理图；（c）TS-TENG 示意图；（d）TS-TENG 工作原理图

的发电原理如下：在外部机械触发下，氟化乙烯丙烯与铜电极相互接触时，电荷会在电极2和氟化乙烯丙烯膜的表面上产生（状态Ⅰ）。随后，当氟化乙烯丙烯膜逐渐滑向电极1时（状态Ⅱ），电子会从电极1的表面转移到电极2，从而在外电路中产生电流信号。接着，当氟化乙烯丙烯膜与电极1完全重叠时（状态Ⅲ），其上的电子会完全转移。而当氟化乙烯丙烯膜继续向前滑动并逐渐接触电极2时（状态Ⅳ），电极2上的电子会被转移到电极1的表面，并产生与之前相反的电流信号。这四个状态共同构成了一个完整的发电循环。TS-TENG的工作原理与EH-TENG基本相似。

为了深入探究EH-TENG在不同转速和摩擦电层材料下的最佳输出性能，进行了一系列实验。最终，确定当摩擦电层材料为氟化乙烯丙烯且长度为6.5cm时，EH-TENG的输出性能达到最佳。随后，基于这一最佳配置，进一步研究了不同转速下EH-TENG的短路电流和转移电荷量的表现，并将结果呈现在图7.29中。

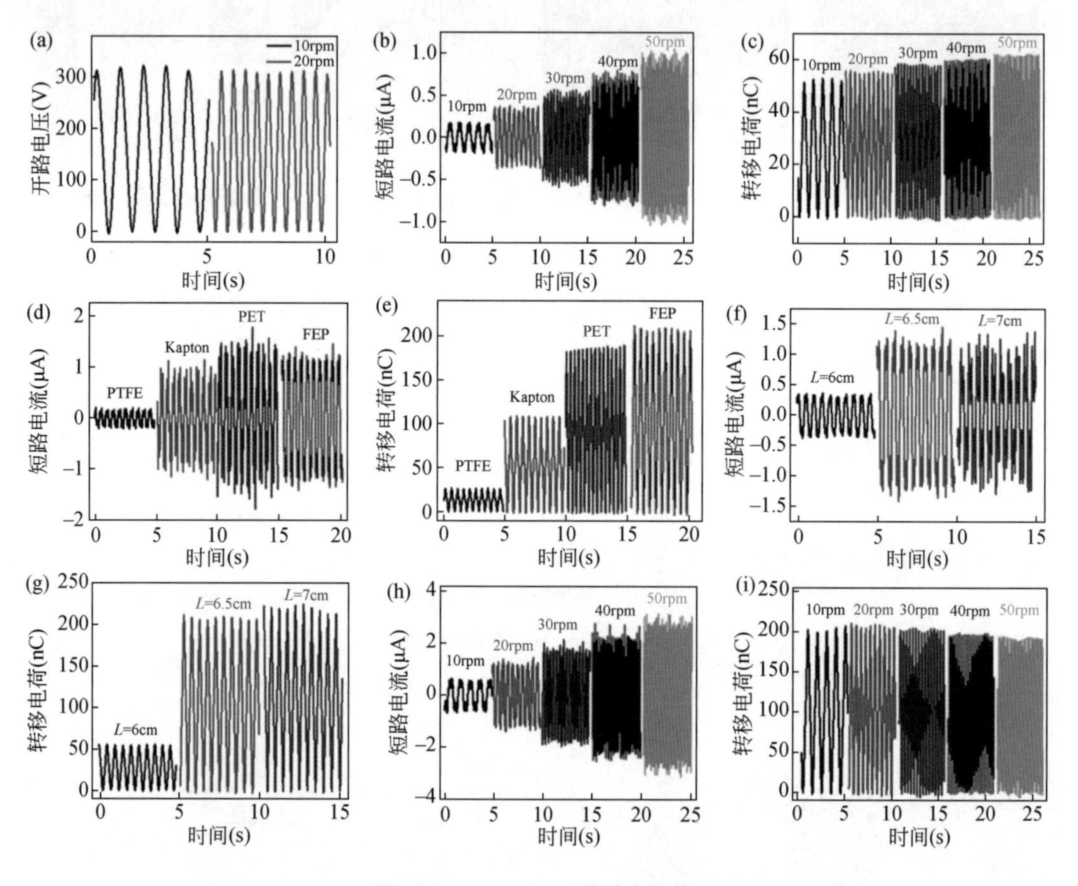

图7.29 EH-TENG的输出性能

针对TS-TENG在不同倾角下输出性能的实验中，得出以下重要发现：TS-TENG对倾角变化表现出高度的敏感性。当受到外部干扰导致倾斜时，TS-TENG能够产生稳定的输出信号，这些信号可作为上升沿来可靠地激活后续的脉冲触发电路。在EH-TENG提供能量供应的支持下，能够发出报警信号，从而实现自供电的倾斜监测功能。图7.30详细展示了

TS-TENG 的输出性能及其相应的耦合电路设计。

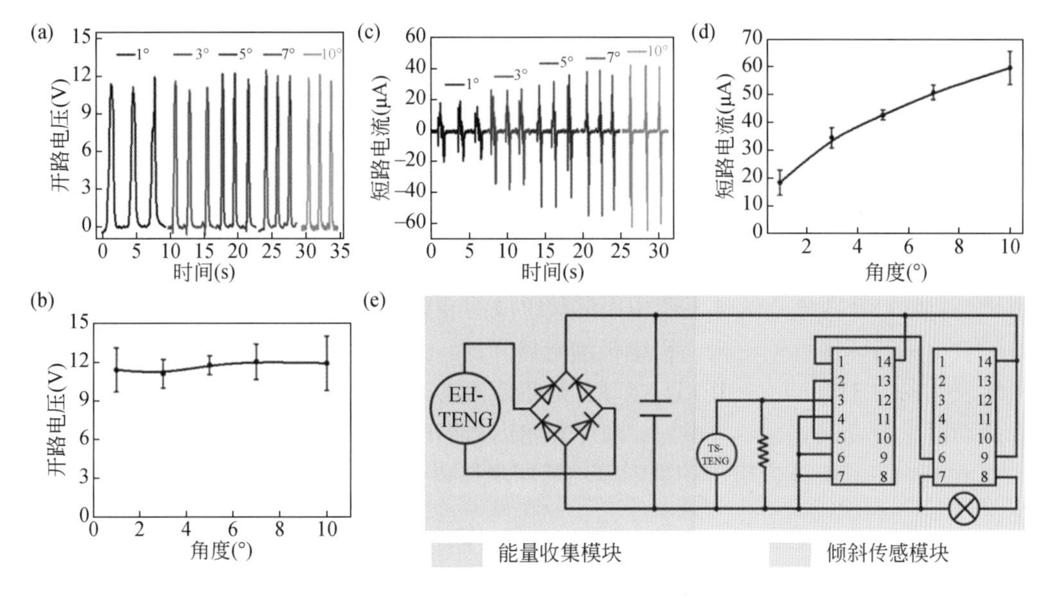

图 7.30　TS-TENG 的输出性能及相应的耦合电路设计

总体而言，本研究成功提出并制造了一种结合 EH-TENG 和 TS-TENG 的自供电倾角传感器。为了确保足够的接触状态和灵敏的机械响应，该设计采用了打磨过的聚四氟乙烯颗粒作为 TS-TENG 中的主动移动部件。实验显示，EH-TENG 即使在超低转速（10rpm）下也能稳定地输出 300V 的开路电压。当作为电源使用时，EH-TENG 的瞬时输出功率在 80MΩ 匹配电阻下可达 356.9μW。此外，将 2.2μF 的电容器从 0 充电至 9.3V 仅需 14 秒。值得注意的是，即使仅施加 1°的倾角，TS-TENG 也能输出约 12V 的开路电压，这一电压足以稳定地激活相关的触发电路。此外，TS-TENG 的短路电流输出与所施加的倾角之间呈现出线性关系。考虑到实际环境的复杂性，通常需要多个功能单元（如多个 TENG 单元或其他功能单元）协同工作，以满足特定的应用需求。

3. 单电极模式

另外，还有些传感器虽然没有明确以高层建筑为背景，但依然很好地体现了 TENG 在自供电倾角监测这个方向中的应用价值。比如 Roh 等提出的基于方向和角度倾斜的摩擦电动态传感器（OT-TES），是一种自供电的主动传感器。OT-TES 输出电压的幅度和波形代表设备的倾斜角度和方向[11]。

以丙烯酸制成 OT-TES 的外壳，厚度为 2mm。底部表面尺寸为 15cm×19.5cm，盒子高度为 3cm。电极的总数为 8 个，且电极尺寸均为 5cm×5cm，厚度为 1mm。四个铝电极分别位于角落的顶部和底部外表面。聚四氟乙烯球的直径为 6mm，占底面的 25%。

为了设置设备的倾斜角度，选用量角器测量（0°～45°），当仅测量一个电极时，通过静电计（Keithley 6514）测量开路电压（V_{OC}）和短路电流（I_{SC}）。OT-TES 的 Al 电极连接到静电计的正端子，并且静电计的负端子连接到地。为了表征 8 个电极的电输出，并保护数据采集板（DAQ）免受 OT-TES 产生的高电压的影响，设计了一个多通道系统。多通道系统由静电计、DAQ、10MΩ电阻器以及 47nF 的电容器组成。DAQ 在通过与电极的一个端子并联的电阻器和电容器之后，从 OT-TES 的每个电极接收的电信号减少到一定百分比。OT-TES 的八个铝电极连接到设备的正端子，多通道系统的最后八个负端子连接到一个正常的 Al 箔。换句话说，多通道系统的所有负极端子都具有相同的接地。由于倾斜的速度会影响电输出，因此每个实验仅在 0.5Hz 或 1Hz 频率这两种条件下进行。在所有实验中，OT-TES 都被反复倾斜以产生连续信号。在本节中，OT-TES 在两个方向上倾斜（振荡），即直线方向和对角线方向。

OT-TES 的结构为单电极模式。其示意图以及工作原理如图 7.31 所示。当装置在外力作用下倾斜时，聚四氟乙烯球沿着由丙烯酸组成的装置内表面滚动［图 7.31（c）-（i）］。随着带负电荷的球接近铝电极，铝电极的电势降低。为了达到电中性状态，电子从铝电极流到地表［图 7.31（c）-（ii）］。当球到达铝电极的末端时，表面电荷达到最大值，电势变为最小值［图 7.31（c）-（iii）］。当球开始远离铝电极时，出现了相反的现象［图 7.31（c）-（iv）］。当具有许多电子的聚四氟乙烯球漂移离开电极时，电子流入铝电极并且电势增加。

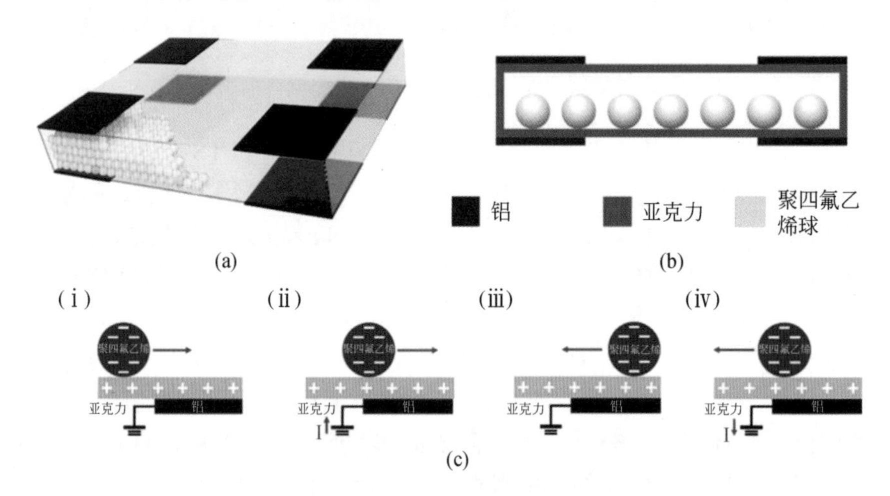

图 7.31 OT-TES 的示意图及工作机制

带一个聚四氟乙烯球的 OT-TES 进行实验时，装置以 20°倾斜，并且在 1Hz 的频率下进行该实验。由于器件的两个边缘都围绕所提出的参考轴上下往复运动，所以电信号交替显示以 0V 为中心的正峰值和负峰值。0V 的状态意味着设备已恢复到其原始状态。当球接近电极时，V_{OC} 上升，当球离开时，检测到相反的结果。V_{OC} 和 I_{SC} 分别约为 2V 和 10nA，如图 7.32 所示。

使用多通道系统同时测量八个电极的电输出，从 OT-TES 的整个电信号中接收准确的信息以进行高级分析。探究装置不同倾斜角度时，聚四氟乙烯球的移动时间以及速度对于其输出性能的影响，如图 7.33 所示。实验结果表明，对比图 7.33（c）、（d）和（e），大的倾斜角度使聚四氟乙烯球移动得更快，并导致输出电压发生更大的变化。

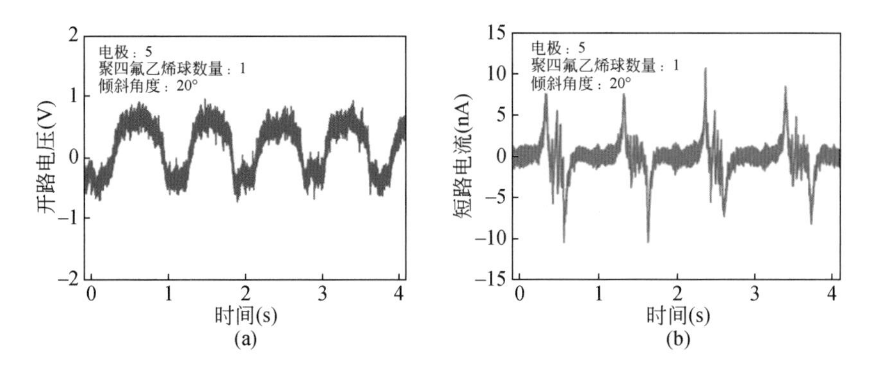

图 7.32　来自一个铝电极的聚四氟乙烯球的电信号：（a）开路电压；（b）短路电流

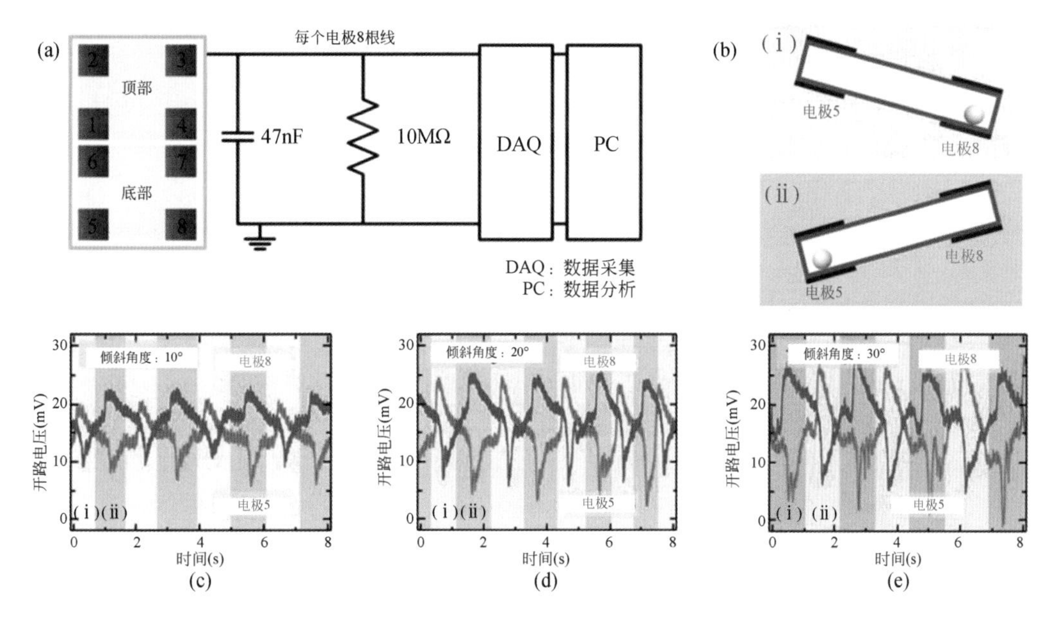

图 7.33　多通道系统的简单电路图以及不同角度的输出电压测量值

接着探究聚四氟乙烯球的底面覆盖率对于装置输出性能的影响，如图 7.34 所示。实验结果表明，底面覆盖率为 25%时输出性能达到饱和［图 7.34（b）］，随着球的数量继续增多，达到 50%时，最大输出电压值没有改变［图 7.34（c）］。

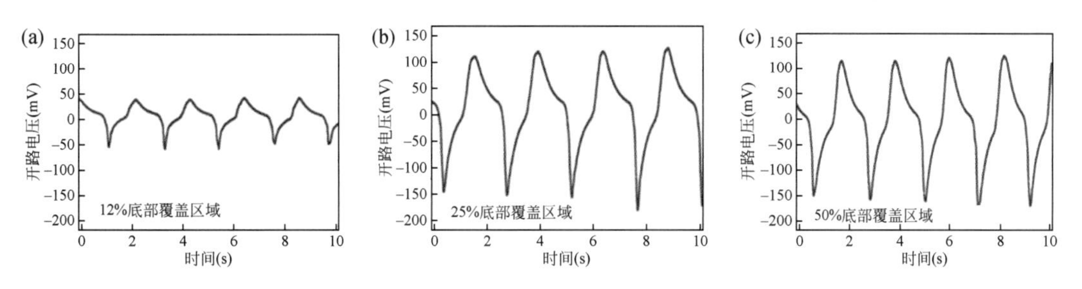

图 7.34　根据占据底面的聚四氟乙烯球的数量的 DAQ 输出性能

本节提出的基于方向和角度倾斜的摩擦电动态传感器（OT-TES）由固体材料组成，因此 OT-TES 具有简单、低成本和坚固耐用的优点，且与一般现有的商用倾斜传感器相比，它对时间、湿度和温度具有更大的独立性。如图 7.35 所示，8 个电极分别位于亚克力盒上下外表面的角落处，用于对装置的倾斜方向和角度进行分类。

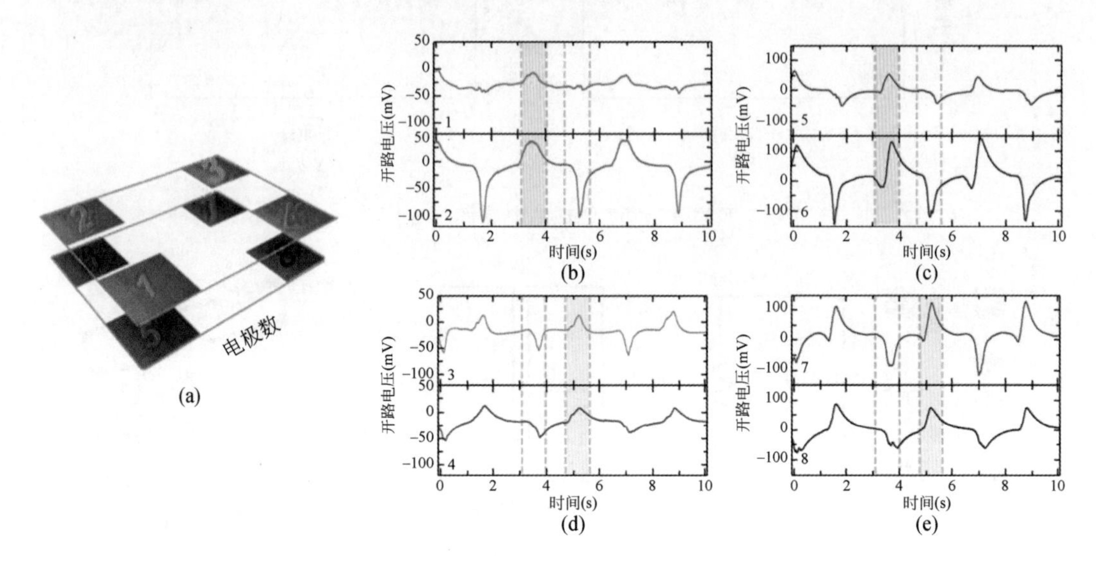

图 7.35 （a）OT-TES 示意图及各电极编号；（b）～（e）8 个 Al 电极在 OT-TES 左右倾斜 45 度并绕到 OT-TES 中心时的电压测量结果：（b）电极 1 和 2 的 DAQ 输出电压，（c）电极 5 和 6 的 DAQ 输出电压，（d）电极 3 和 4 的 DAQ 输出电压，（e）电极 7 和 8 的 DAQ 输出电压

7.3.2 混凝土损伤监测

在长时间使用或遇到灾害后都需要对建筑的整体混凝土结构进行评估，预防潜在的危险。混凝土损伤监测可以监测建筑表面宏观裂缝，如 Jung 等设计的一种线型摩擦电谐振器[12]。也可以通过将检测装置嵌入到建筑结构内部进行监测和预警，如 Zhang 等设计的摩擦纳米发电机结构元件（TENG-Ses）[13]。

Jung 等针对混凝土裂缝研究了用于自供电裂纹监测系统的线基摩擦电谐振器，它是第一个可以监测裂纹萌生和扩展的线型摩擦电谐振器（WTER）[12]。通过振动介电膜上的金属线，可以获得摩擦电输出的谐振频率，从而监测裂纹的形成和扩展。谐振频率随金属线的张力、长度和线密度的变化而变化。

当金属线由于外部机械负载而振动时，由于摩擦电效应（通过单电极模式）的作用，在底部电极和接地之间产生电信号。换句话说，振动的金属线最初接触介电膜，使介电膜的表面带负电［图 7.36（c）-（ii）］。一段时间后，金属线在没有任何接触的情况下在介电膜上自由振动。当金属线向上振动时远离介电膜［见图 7.36（c）-（iii）］，介电膜的表面带了更多的负电荷，电子从底部电极流到地。当导线向下振动时靠近介电膜［图 7.36（c）-（iv）］，介电膜的表面恢复到其原始状态（即带较少的负电荷），电子从地流回电极。因此，电线的振动产生摩擦电交流信号。

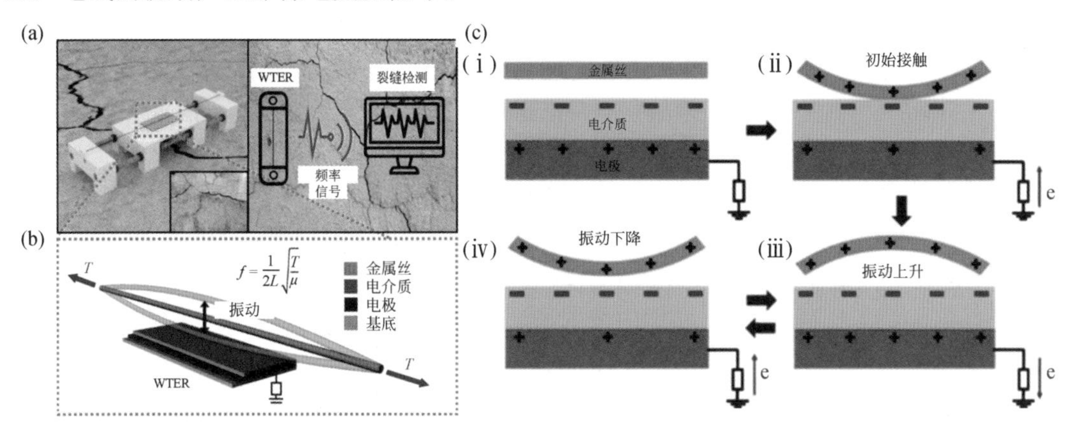

图 7.36　用于裂纹监测的金属丝摩擦电谐振器。(a) 用于监测裂缝的水热仪概念；(b) 水轮机的结构设计；(c) 水处理工作机制

在实验过程中研究了 WTER 对不同初始长度金属丝（10cm、20cm、30cm 和 40cm）的检测灵敏度（线密度μ=0.967g/m），如图 7.37 所示。在弹性区域中，张力应随着伸长度线性增加。然而，对于 10cm 和 20cm 的线材，线性变化超过了弹性区域。较短线材的增加张力率也比较长线材大得多，这意味着在相同的伸长率条件下，较短线材提供更高的频率

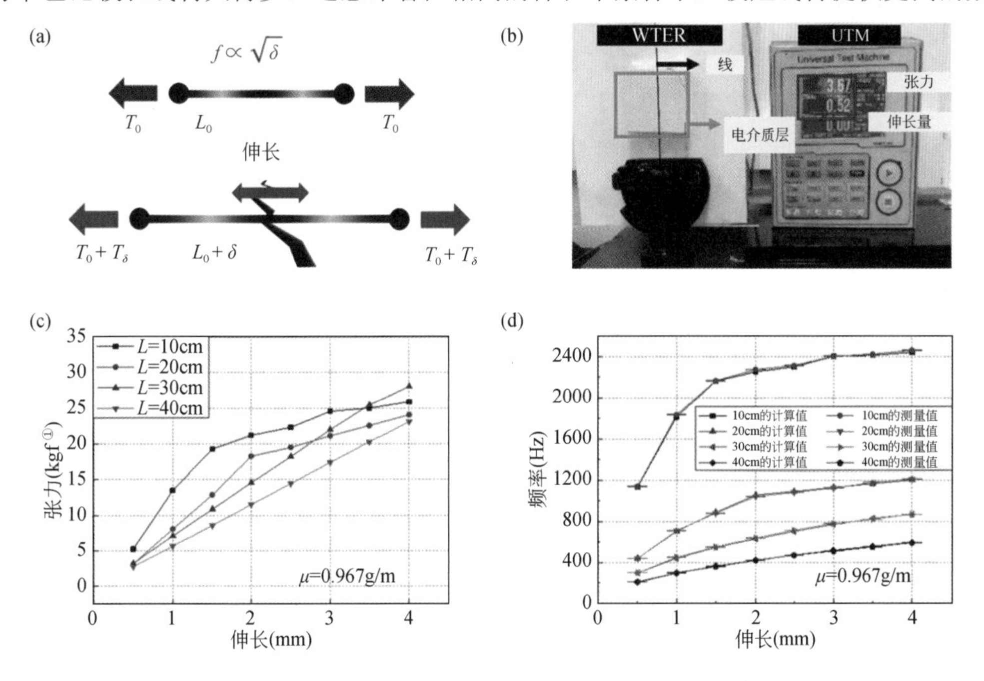

图 7.37　频率与伸长率（δ）的关系。(a) 由裂纹引起的伸长率；(b) 万能试验机（UTM）的实验装置照片；(c) UTM 在不同长度（L）的导线上测量的张力；(d) 不同长度伸长率的频率依赖性

① 1kgf = 9.80665N。

变化（即灵敏度）。将灵敏度（Hz/mm）定义为频率与伸长率的比值。WTER 测得的频率随着伸长率的增加而增加。当输入张力使用由 UTM 测量的值时，较短的电线产生较高的频率变化。对于 10cm 的电线，WTER 灵敏度最初达到 1020Hz/mm，但由于电线的塑性变形，在延长 1.5mm 后，这一灵敏度变为约 115Hz/mm。当导线长度增加到 40cm 时，灵敏度下降到约 105Hz/mm；然而，这是稳定的，因为在 4mm 的伸长量以下没有塑性变形。因此，WTER 的灵敏度和稳定性可以通过调节导线的长度来控制。

接着分析自供电裂缝检测系统（A-WTER）在不同湿度（RH 10%～80%）和温度（5～50℃）下的稳定性条件，如图 7.38 所示。摩擦电信号在很大程度上取决于湿度。摩擦电信号的振幅在高湿度水平下降低。实验中使用了一根 30cm 的钢丝，其线密度为 0.967g/m，初始张力为 4kg。当相对湿度从 10%变为 80%时，示波器的摩擦电输出信号显著减少［图 7.38（b)］，操作时间从 10s 减少到 1s。然而，A-WTER 和示波器测得的频率均约为 230Hz，误差小于 1%［图 7.38（c)］。因此，确认 A-WTER 即使在高湿度环境中也能产生准确的读数。

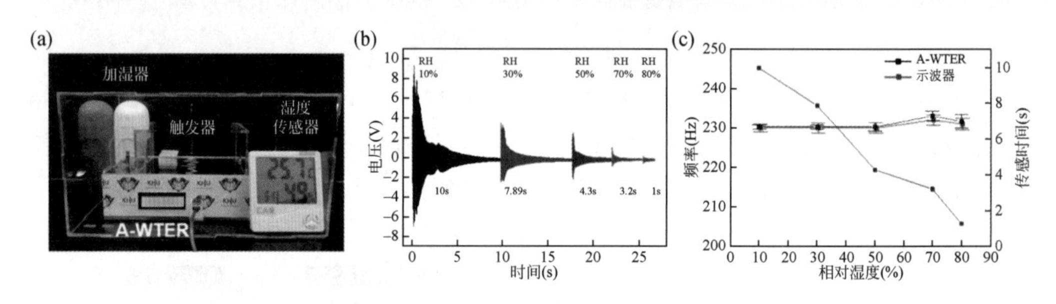

图 7.38　A-WTER 的环境稳定性测试

摩擦电信号通常对温度的敏感度低于对湿度的敏感度。然而，A-WTER 可能对温度敏感，因为金属线的长度在高温下很容易变化。通过实验发现，A-WTER 的热稳定性与材料特性有关，例如热膨胀系数、弹性模量和密度。除了材料对 A-WTER 的热稳定性的影响外，外部条件，如线材的张力（T_0）和长度（L_0），对热稳定性也有显著影响。WTER 的热稳定性可以通过控制金属丝的热膨胀系数（α）、初始长度（L_0）和初始张力（T_0）来优化。结果表明，即使在恶劣条件下（如高湿度和高温），WTER 也可用于监测裂纹的萌生和扩展。

经过对 A-WTER 的试验发现，如果裂纹开始，导线的长度和张力会发生变化，从而使谐振频率变为f_{T1}。当裂纹变宽时，谐振频率变为f_{T2}。因此，可以通过观察共振频率的变化（Δf）来监测裂纹的萌生和扩展。从介电膜上的金属丝发出的自供电摩擦电信号与其谐振频率匹配良好，摩擦电信号谐振频率的变化可以用来监测任何固体结构的力学变形。

WTER 的灵敏度（Hz/mm）很大程度上受导线长度和张力的影响。较短的导线提供更高的灵敏度，但当导线发生塑性变形时，这种情况突然改变。为此开发一个独立的水处理系统，使用了 Arduino 板和 LCD 显示器；这些与 WTER 集成在一起，形成一个自供电的 A-WTER 系统。与示波器数据相比，A-WTER 系统的精度误差小于 1%。当线材长度为 30cm，线密度为 0.967g/m 时，线材延长小于 1mm 的长度，能获得 300Hz/mm 灵敏度，从而证明了 A-WTER 的分辨率小于 100μm。

另外，针对混凝土的监测，Zhang 等设计了智能玻璃钢钢筋[13]，如图 7.39 所示，它由五层组成。芯层是刚性碳纤维增强聚合物（CFRP）棒。外层保护层以保护内层免受恶劣施工条件的影响，该层还保护整个系统的完整性。根据应用环境的不同，可以使用不同类型的材料来设计保护层。此外，该层可涂市售的钢筋环氧树脂和化学黏合剂，以保护 TENG-SEs 免受腐蚀。

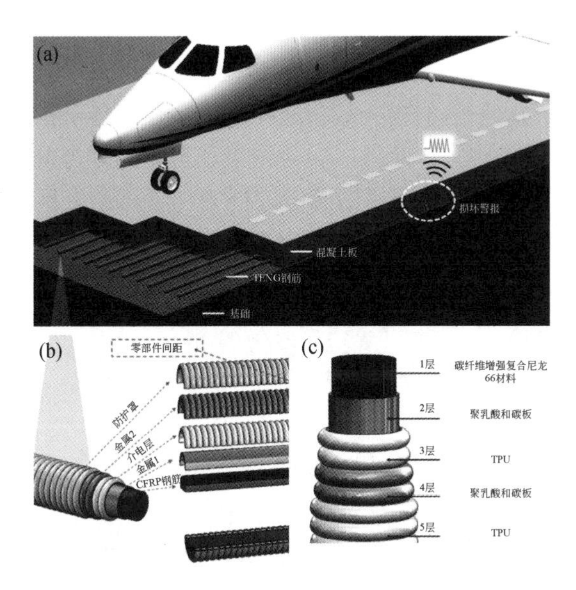

图 7.39　多功能 TENG 结构元件用作混凝土结构中的钢筋

TENG-SEs 的结构为垂直接触-分离模式。如图 7.40 所示，在初始状态下，布料与芯体机械接触。在施加拉伸荷载后，由于刚度差异，布的伸长率大于芯的伸长率。然后，由于泊松比不同，布料开始与芯分离［图 7.40（ⅱ）］。在芯和布之间的分离区域，布的电势比

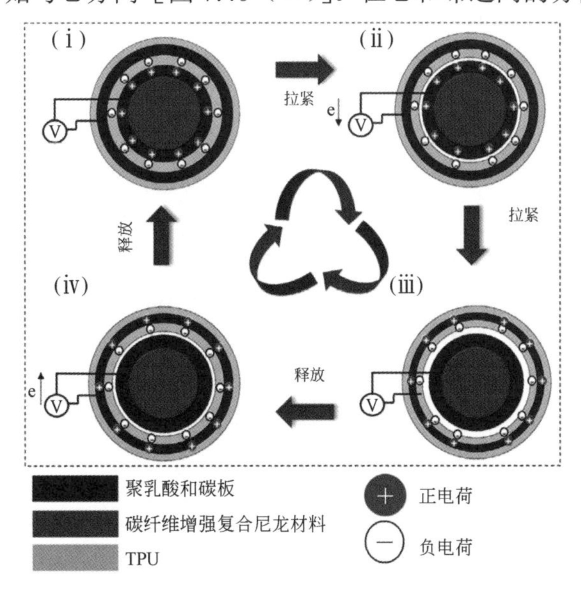

图 7.40　多功能 TENG 钢筋在拉伸荷载作用下的电能产生过程

芯低，驱动电子通过外部拉伸负载而产生电势差［图 7.40（iii）］。拉伸载荷消除后［图 7.40（iv）］，布料会自行恢复到其初始位置。在这个阶段，电势差将缩小。随后，由摩擦电荷产生的电位降消失，感应电子将回流。

对智能钢筋原型进行了一系列单轴拉伸试验。对直径为 25mm，长度为 300mm 钢筋和 3 个相等的传感 TENG 段进行 3D 打印和测试。分别进行了最大应变为 1%和 2%的位移控制循环试验，记录位置和载荷振幅。如图 7.41 中显示了拉伸试验期间的测量电压值和理论电压值以及 1%和 2%应变水平下的相应载荷的比较。电压与施加的位移成比例，相应地与 TENG 钢筋中感应的应变成比例。此外，实验结果和理论结果之间存在可接受的一致性。结果表明，通过将接触通电集成到钢筋的制造过程中，可以产生自功率和自感钢筋。

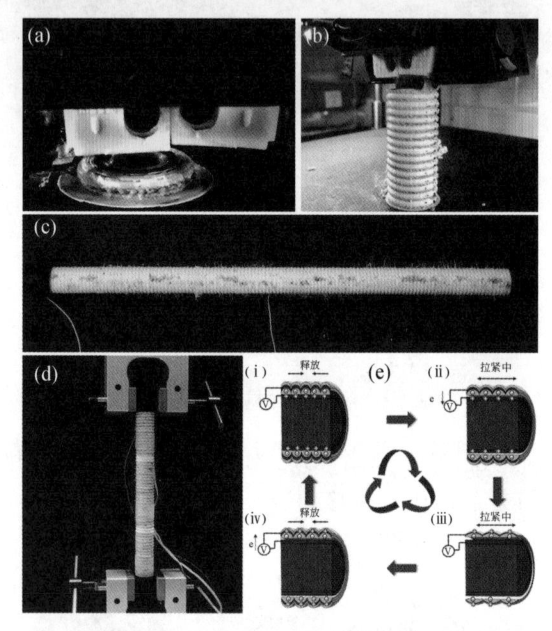

图 7.41　预制原型 TENG 钢筋的制备过程及在循环拉伸试验下组件内发生的摩擦电过程。（a）～（b）智能 TENG 钢筋 3D 打印工艺；（c）制作原型；（d）循环拉伸试验下的 TENG 钢筋；（e）智能钢筋构件内部发生的摩擦起电过程

基于以上实验分析，提出了一个自感知和自供电的新型 TENG-SEs 概念。利用结构工程和基于 TENG 的传感机制的进步，将多功能的新应用引入民用基础设施系统的结构监测中。

实验和理论结果证实了 TENG-SEs 在检测损伤和从机械激励中收集能量的效率。可以引入各种 TENG 模式来设计具有不同传感模式的结构元素。具有成本效益和多功能的传感器纳米发电机结构元件可以广泛用于实时评估和增强老化的民用基础设施系统。这些功能特点消除了在结构上连接或嵌入大量耗电传感器网络的需要。

7.3.3　自供电火灾监控

近年来多地发生多起高层建筑火灾，而高层建筑存在救人救火困难的不利条件，所以如何能及时感知火灾、减缓火灾蔓延一直是众多科学家共同探索的方向。Lai 等设计出一种基于 TENG 的高温报警自供电系统，可以通过网络和智能终端，及时通知可能会发生的火情[14]。同样致力于火灾感知领域的还有 Shie 等，他们基于石墨烯改性，设计出一种柔性自供电热传感器，可以及时准确感知火灾[15]。Luo 等对天然椴木进行处理，制造成一种强阻燃木质摩擦纳米发电机（FW-TENG），这种 FW-TENG 不仅可以减缓火灾蔓延，还可以利用自身发电性能为营救人员提供被困人员位置[16]。

1. 预警型 TENG

Lai 等利用双金属的特性设计了用于自供电高温报警系统的双金属带摩擦纳米发电机，双金属带由两种具有不同热膨胀系数的金属带组合而成，当温度在特定范围内变化时，这两个金属带显示出弯曲的特性[14]。

图 7.42（a）为基于 TENG 的高温报警自供电系统的结构示意图。该装置的照片如图 7.42（b）所示，由钢板、用铜接触元件组装的双金属带（直径 4mm）、铝箔上的电纺聚酰亚胺（PI）纳米纤维膜和远红外线放射腈纶组成。选择铜接触元件作为另一电极是因为它具有相对正极性。然后用垂直螺栓和螺母将上下部件组装在一起。

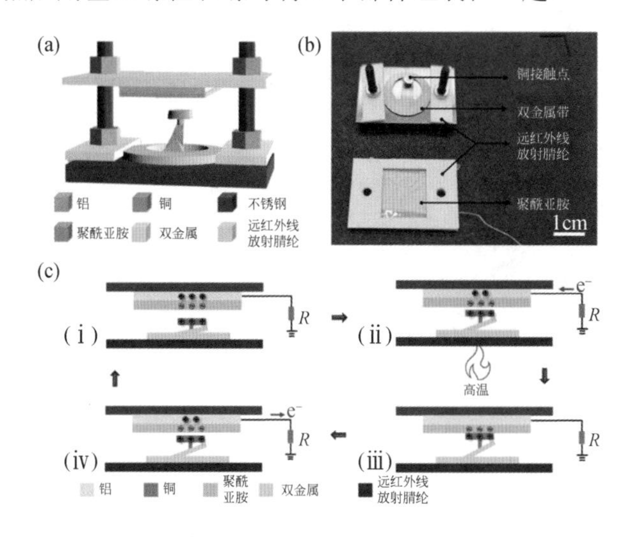

图 7.42　高温报警传感器的结构设计和工作原理

双金属带摩擦纳米发电机的结构为垂直接触-分离模式。如图 7.42（c）所示，随着温度的升高，双金属片达到其断裂温度。此时，碟形双金属带的中心部分向 PI 膜咬合，碟形双金属带的中心部分上的铜接触元件将与 PI 纳米纤维膜接触。由于铜比 PI 更具摩擦电正性，电子从 PI 纳米纤维膜表面的铜电极转移。正电荷和负电荷分别在铜接触元件和 PI 纳米纤维膜表面上聚集，如图 7.42（c）-（i）所示。因为金属片具有一定的弹性，当它与设备上部碰撞时，会反弹并来回振动几次。条带的回弹将导致铜接触元件和 PI 表面分离，在铝箔和地面之间产生电势差，这可以诱导电荷从 Al 电极转移到地，如图 7.42（c）-（ii）和（c）-（iii）所示。最后，铜触点和 PI 纳米纤维膜保持接触，直到双金属条由于温度降低而断裂。

组装基于 TENG 的自供电高温报警系统，摩擦材料不仅要具有良好的摩擦电性能，还要具有优异的热稳定性。PI 是一种很好的负摩擦材料。静电纺丝是公认的可以制备具有超高比表面积的大面积超细聚合物纳米纤维膜的方法之一。因此，选择电纺 PI 纳米纤维膜作为负摩擦材料。如图 7.43（a）所示，通过静电纺丝聚酰胺酸（PAA）溶液进行热处理，制备了收集在铝箔上的 A4 纸尺寸的 PI 纳米纤维膜。垂直燃烧试验直观地显示了 PI/Al 样品在明火下的阻燃性能［图 7.43（b）］。此外，对不同浓度 PAA 溶液制备的 PI 纳米纤维膜的形态进行了比较。如图 7.43（c）和（d）所示，随着 PAA 浓度从 15.5wt%增加到 17wt%，电纺 PI 产物从串珠纳米纤维转变为无珠纳米纤维。当 PAA 浓度为 17%时，其黏弹性可以完全抑制表面张力引起的瑞利-泰勒不稳定性，从而产生无珠纳米纤维。而 15.5%PAA 溶液的黏弹性只能部分抑制瑞利-泰勒不稳定性，导致串珠纳米纤维的形成。同时，由于珠粒比例高和聚合物浓度低，纳米纤维膜变得更加稀疏。

图 7.43　双金属带摩擦纳米发电机的工作原理

在铝箔夹层上用不同的 PI 纳米纤维膜作为负极性摩擦电材料组装了一系列垂直接触-分离模式的 TENG。当串珠状纳米纤维膜被无珠纳米纤维膜取代时，开路电压和电流密度都有所增加。由串珠状纳米纤维膜组装的 TENG，在 30N 的机械冲击力下，开路电压和电流密度分别为 51V 和 16.2μA/cm^2。在相同的测试条件下，由无珠纳米纤维膜组成的 PI 夹层组装的 TENG 的性能分别约为 95V 和 18.8μA/cm^2。此外，它们的性能明显优于商业 PI 膜（30μm 厚）制备的器件。由商业 PI 胶带制备的 TENG 的开路电压和电流密度分别为 15V 和 8.6μA/cm^2。电性能的增强可归因于与串珠状 PI 纳米纤维膜相比，无珠 PI 纳米纤维薄膜的比表面积更大。

为了确定其发电的有效性，在存在外部电阻负载的情况下测试了 TENG。随着电阻负载从 104Ω 增加到 108Ω，在 15N 的力和 10Hz 的触发频率下，瞬时电压峰值增加，而电流密度峰值降低，表现出由于欧姆损耗而产生的权衡现象。因此，在外部负载电阻为 106Ω 的情况下，单位面积的瞬时功率输出达到 2.1W/m^2 的最大值。在相同的测试条件下，具有 2cm×2cm 有源面积的垂直接触-分离模式 TENG 的电荷密度为 26.6μC/m^2。因此，无珠 PI

纳米纤维膜以其优异的性能被用于制备高温报警器。

对器件上下距离对传感器输出性能的影响进行了研究。如图 7.44（a）所示，输出性能随着距离的增加先增加后降低。为解释这一结果，用机械传感器代替装置的上部，以测量卡扣片施加在顶部上的接触力。随着距离的变化，接触力表现出与输出性能类似的变化［图 7.44（b）］。当距离约为 0.5mm 时，最大开路电压可达到 15V 左右［图 7.44（c）］。弹板的变形过程通常包括加速和减速的过程。由于接触元件与 PI 之间的接触是一个快速减速过程，相互作用力的大小取决于接触元件在接触前达到的速度。当距离太小时，接触元件将在达到其最大速度之前与 PI 接触，产生的力相对较小。当距离继续增加时，尽管没有超过咬合片的最大变形，但接触元件的速度已经开始减小，因此与 PI 碰撞时产生的力也相应地减小。当距离大于最大变形时，接触元件和 PI 无法发生碰撞，装置不能工作。因此，当间距为 0.5mm 时，会产生最大推力，这有利于接触元件与 PI 之间的相互作用，增加表面接触面积，从而提高输出性能。在最佳参数下，器件的电荷密度为 14.1μC/m^2。

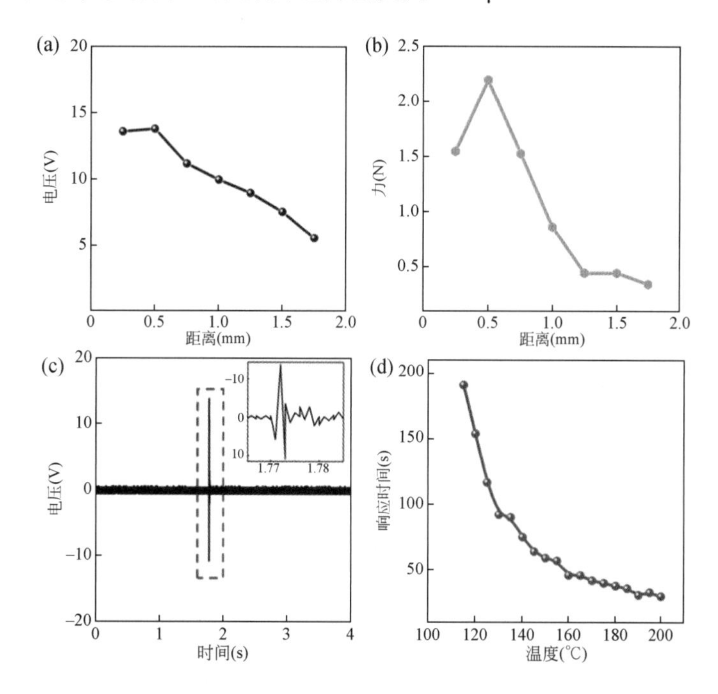

图 7.44　探究装置中 PI 纳米纤维膜和双金属带之间的距离对高温报警传感器的特性的影响

Lai 等基于双金属的特性展示了一个基于 TENG 的自供电高温报警传感器。选用耐高温 PI 纳米纤维膜作为摩擦材料。通过双金属带材在特定温度下的热跳穿及其快速变形，使其与 PI 摩擦材料相互作用，产生电信号报警。

通过将 TENG 与信号处理和传输相结合，形成自供电的高温预警系统，如图 7.45 所示。将报警系统布置在房间的不同位置，可以实现对高温区域的报警。将基于 TENG 的自供电高温报警器与电路板相结合，并通过加热板模拟电路板的过热情况。可以发现，当电路板的温度持续上升至危险温度时，系统可以实现报警。并能通过网络和智能终端，迅速通知家庭成员和消防部门被监控的设备的温度过高，可能发生火灾。

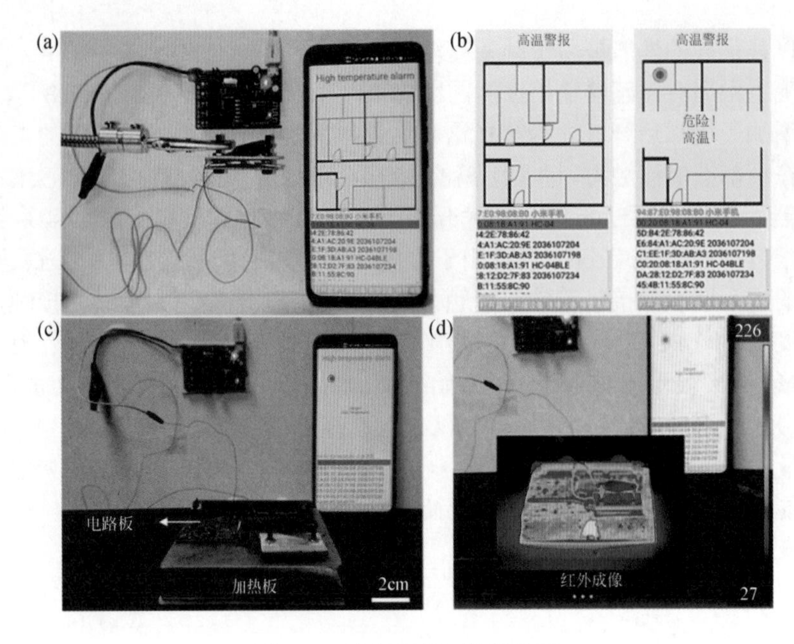

图 7.45　高温报警系统的应用

另外，Shie 等研制了基于石墨烯改性膨胀型复合纳米阻燃涂层的柔性自供电热传感器（FSTS）[15]，该传感器由五层结构组成，如图 7.46（a）所示。纳米压电发电机是由中间层的柔性印刷电路板（FPCB）和聚偏氟乙烯-共三氟乙烯（PVDF-TrFE）纳米纤维与 PDMS 封装形成。最外层覆盖有摩擦电层，摩擦电层的上半部分是通过 PDMS 嵌入 IFR 颗粒和铜带的过程。纳米压电发电机中间层的示意图如图 7.46（c）所示，选择 FPCB 基板的纵横比为 1∶9，因为这种结构可以在相同距离的挤出中产生更大的形状变化，从而产生更好的能量输出。中间层通过封装于 PDMS 中的柔性印刷电路板基板沉积多孔 PVDF-TrFE 纳米纤维。纳米纤维通过近场静电纺丝工艺制成。沉积在 FPCB 上的近场静电纺丝（NFES）纤维

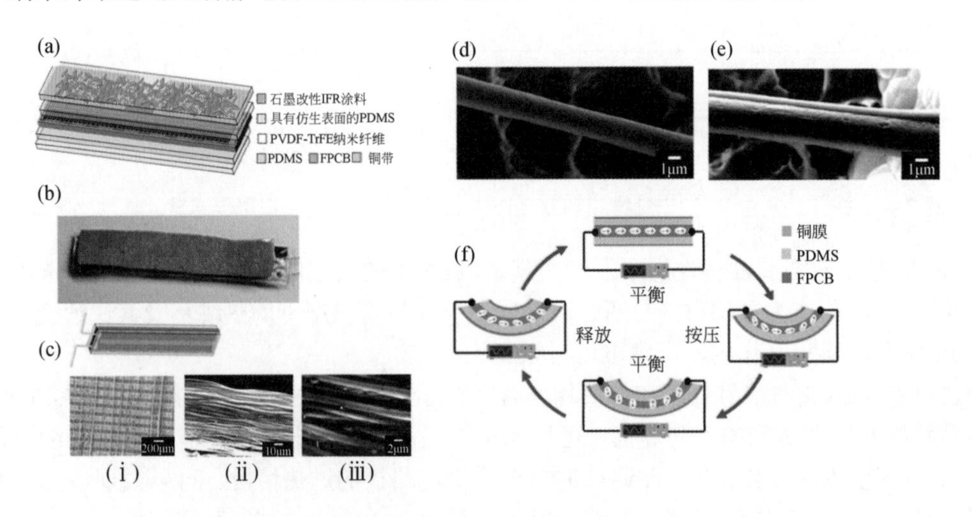

图 7.46　FSTS 层次结构示意图

阵列结构如图 7.46(c)-(ⅰ)所示。最后，纤维沉积到 2.2mm 的薄壁高度。将原始 PVDF-TrFE 溶液与橄榄油物理混合，以诱导多组分 NFES 过程，并构建多孔 PVDF-TrFE 纳米纤维，以提高压电输出。图 7.46（d）显示了原始 PVDF-TrFE 纳米纤维的光滑表面。图 7.46（e）显示了用橄榄油改性的多孔 PVDF-TrFE 纳米纤维的 SEM 图像，纳米纤维的表面产生了多孔微结构。PVDF-TrFE 溶液与油的不混溶性是制备多孔 PVDF-TrFE 纳米纤维的基础。在双组分静电纺丝过程中，溶剂的蒸发导致纤维纳米级多孔结构的形成。图 7.46(f)展示了 FSTS 接触模型中 PENG 层的操作。偶极矩平衡的物理现象导致正负电荷的产生。当不施加外力时，电偶极子保持平衡，不会产生电荷。存在外力时，外部压力导致材料的内部偶极子偏转，产生表面电荷和电势差。然后，电子通过外部电路产生单一电流，直到电场平衡；当应力消失时，内部电偶极子恢复。为了保持电荷平衡，电子通过外部电路再次产生恢复电流。

外层防火结构的工艺流程如图 7.47（a）所示。将 0.5wt%石墨烯添加到水性 IFR 涂料中，首先，用搅拌棒搅拌，然后在室温下用 150rpm 的磁力搅拌器搅拌半小时。使用行刷将混合的油漆均匀地涂抹在海绵基底上。涂料在室温下完全干燥 48 小时。然后将涂料从海绵上剥离并在碗中捣碎。不是完全研磨成细颗粒，而是以碎片的形式包裹在 PDMS 中。这样使得碎片可以部分从 PDMS 中突出，但不会脱落，加速涂层对火焰的感知。其次，为了防止太小的颗粒在熔化过程中溶解到 PDMS 中并失去其原始特性，将其置于带铜带的皮氏培养皿中，并将表面压平。将 PDMS 倒入皮氏培养池中以浸没颗粒，处理后，将其置于 60°C 的真空烘箱中 2 小时。图 7.47（b）描述了转移弹性膜的纳米/微米图案的过程。该工艺能够实现具有纳米级图案表面的弹性体。在具有纳米/微观结构图案的表面上增加了有效接触面积，这有助于进一步提高摩擦电输出。在这项工作中，应用了从睡莲表面结构转移过来的 PDMS 薄膜。转移后切出尺寸为 108mm 长、12mm 宽和 1.5mm 高的仿生纳米/微米图案 PDMS 片。

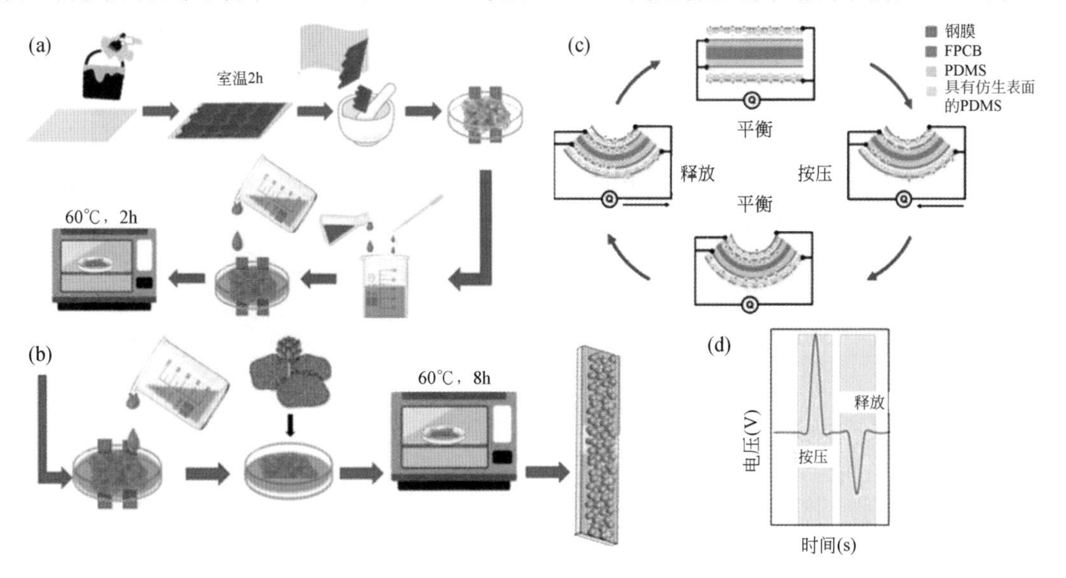

图 7.47　FSTS 阻燃结构及植物仿生摩擦电层工艺［(a)～(b)］，摩擦电层工作原理(c)及输出电压-时间曲线(d)

基于石墨烯改性膨胀型复合纳米阻燃涂层的柔性摩擦纳米发电机侧重于垂直接触-分离的发电方法，图 7.47（c）表明了它的发电过程。偶极矩平衡的物理现象导致正负电荷的产生。当不施加外力时，电偶极子保持平衡，不会产生电荷。存在外力时，外部压力导致材料的内部偶极子偏转，产生表面电荷和电势差。然后，电子通过外部电路产生单一电流，直到电场平衡；当应力消失时，内部电偶极子恢复。为了保持电荷平衡，电子通过外部电路再次产生恢复电流。

探究石墨烯浓度对装置性能影响的研究中，样品的初始电阻随着石墨烯浓度的增加而降低。添加 1.5wt%，石墨烯的涂层样品表现出了导体特性。在所有测试的样品中，添加 0.5wt%石墨烯的样品性能最佳。石墨烯的添加对涂层的 XRD 图谱没有产生波动影响，这归因于石墨烯的固有惰性。所有涂层在 2θ=15°～35°范围内均显示出一个显著的峰，这与无定形碳质的存在相对应。这种无定形碳质主要来源于涂层在燃烧过程中形成的焦渣，它能够减缓燃烧过程，有效防止底层胶合板的点燃。与原始涂层相比，添加了 0.5wt%石墨烯的样品在 XRD 图谱中的峰值较低，证明了层间间距的增加，这是由于纳米填料的堆叠造成的，其中衍射图案向较低的 2θ 值移动并变得模糊。而添加 1wt%石墨烯的样品的峰强度介于原始涂层和添加 0.5wt%石墨烯的样品之间。添加了 1.5wt%石墨烯的样品的峰值明显强于其他样品，并保留了更多燃烧前的特征峰，结果表明，添加 1.5wt%的石墨烯会影响涂料的膨胀，燃烧不完全。如图 7.48 所示，未添加石墨烯的 IFR 涂层的孔隙在加热后分布不均匀。而添加 0.5wt%石墨烯的涂层表面膨胀更均匀。添加更多的石墨烯会逐渐填充孔隙，而添加 1.5wt%石墨烯的试样只有非常小的孔隙。研究表明，在 IFR 涂层中添加过多的石墨烯可能会影响膨胀性能。

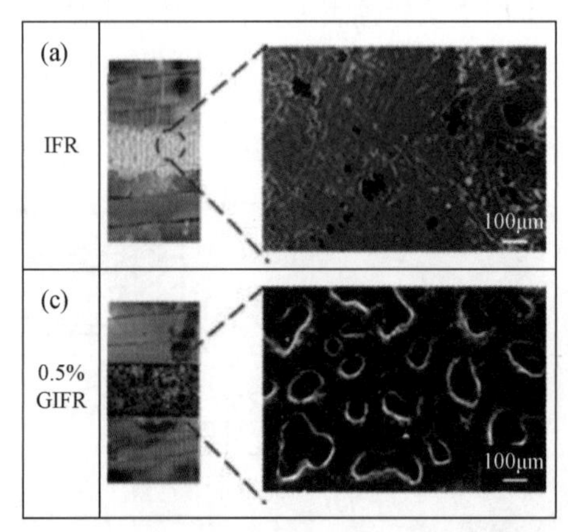

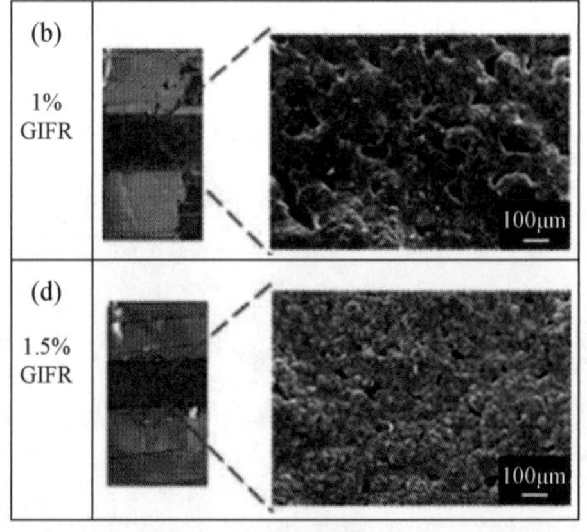

图 7.48　探究不同情况下 FSTS 的性能

本研究选择 PVDF-TrFE 作为压电材料，主要基于其优异的力学性能和稳定的化学特性。由于 FSTS 是一次性的，PVDF-TrFE 纤维仅用于在遇到火焰攻击之前为纳米发电机充电，并在随后的加热后失去其压电性能。在这种情况下，没有考虑压电材料的耐热性。

FSTS 的开路电压为 11.8V，短路电流为 1.11μA。在最佳电阻 13.3MΩ 时，器件的最大输出功率为 3160nW。采用桥式整流电路，可以在短时间内对电容器进行充电。

GIFR 层在高温下会碳化和膨胀，从电绝缘状态（≈1GΩ）转变为导电状态（<1kΩ）。在较低的温度下（<300℃），与原始 IFR 相比，预警速度可加快约 10s；在火焰燃烧下，连接到热传感器的警示灯将在大约 3 秒内响应。

该装置不需要复杂的加工工艺，成品具有柔韧性好、质量轻、生产成本低廉、反应时间快等特点。该装置的触发机理是外层防火层受热时发生的化学变化，在室温下误判的可能性极低。

2. 阻火型 TENG

为了改善木制品在火灾中易燃易损的缺陷，Luo 等利用阻燃木设计了用于自供电建筑防火的强阻燃木质摩擦纳米发电机（FW-TENG）[16]。

首先对天然椴木进行化学处理，以部分去除木质素和半纤维素。随后，将脱木素的木材浸入膨润土纳米片悬浮液中，使其能够渗透到整个木材结构中。通过热压膨润土渗透木材最终获得了坚固阻燃的木材，然后用于制造 TENG 装置。

FW-TENG 的结构为单电极模式。以聚四氟乙烯为自由运动部分，FW-TENG 的工作机理如图 7.49（b）所示。当聚四氟乙烯膜与阻燃木材接触时，聚四氟乙烯膜上产生负摩擦电荷，而木材膜上产生正摩擦电荷（ⅰ）。在聚四氟乙烯和木材膜的分离过程中，两个表面之间的电势差将逐渐增加，从而产生从地面到外部电路中的铜电极的瞬时电子流（ⅱ）。这种电子的瞬态流动一直持续到聚四氟乙烯和木材膜完全分离（ⅲ）。一旦聚四氟乙烯膜再次接近木材膜，电子将通过外部负载从铜电极流回地面（ⅳ）。通过电介质和 FW-TENG 之间的持续接触分离，产生交流电。

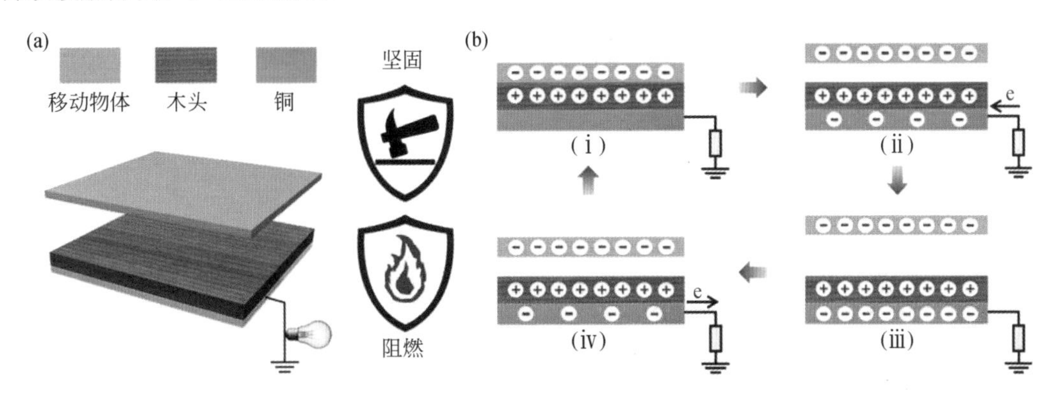

图 7.49　FW-TENG 的结构图（a）及工作原理（b）

对天然椴木进行脱木素和阻燃处理。在化学处理中，首先采用 $NaOH/Na_2SO_4$ 溶液进行部分脱木素处理，这一步骤有效地破坏了木材细胞壁中纤维素纳米纤维之间的紧密连接。随后，使用 H_2O_2 进行进一步处理，以连续去除半纤维素和木质素成分，形成更多孔的结构。这种多孔性对于后续纳米结构材料的渗透至关重要。与天然木材相比，脱木素的木材细胞壁变得更多孔，刚性更低，如图 7.50（d1）和（e1）所示。膨润土纳米片的厚度和横向尺寸分别约为 4.3nm 和 75nm。膨润土纳米片由于增加的孔隙率而容易渗透到脱木质素中。在未经热压的情况下渗透后，细胞壁变得更厚、更粗糙，这表明膨润土纳米粒子片附着良好且渗透到木材结构中，如图 7.50（f1）所示。

经过处理的木材表现出比天然木材更好的机械性能。为了进行比较，测量了天然木材和阻燃木材的拉伸应力-应变曲线。两者在拉伸失效前都表现出线性变形行为。采用锥形量热法测量了阻燃木材的几个关键参数，包括点燃时间（TTI）、有效燃烧热（EHC）、热释放速率（HRR）和总释放热（THR）。阻燃木材的 TTI（89s）远高于天然木材（39s）。阻燃木材的 EHC（21kJ/g）远低于天然木材（24.7kJ/g），表明阻燃木材在燃烧过程中的热排放能力降低。阻燃木材之所以能延迟燃烧并减少热量排放，主要归功于膨润土纳米片的高效隔热和氧气阻隔功能，再加上其致密的结构，形成一层绝缘的表面焦层。由于膨润土纳米片涂层在阻燃木材上的存在，在燃烧过程中会产生具有高热稳定性的绝缘表面炭，可以有效地抑制热量和氧气的传递。

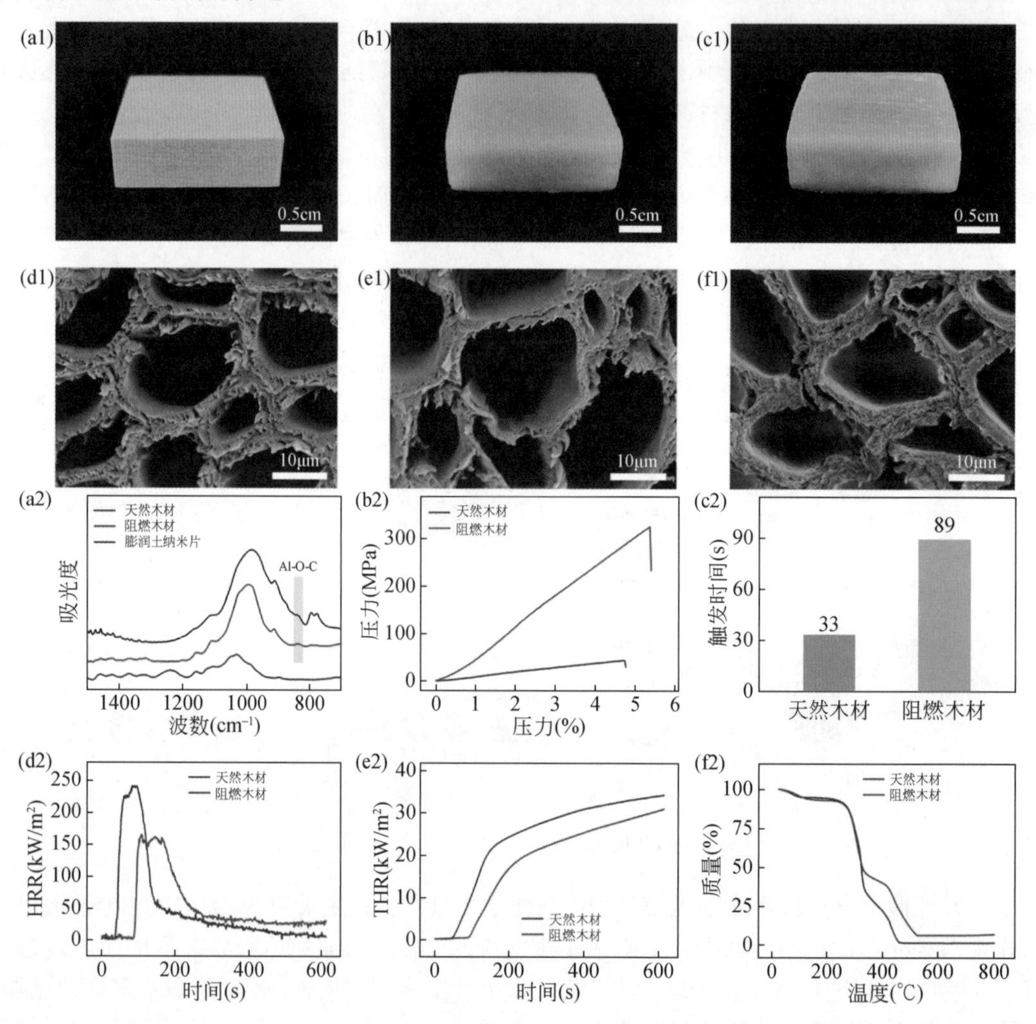

图 7.50 天然椴木在脱木素和阻燃处理后的形态变化［（a1）~（f1）］和参数变化［（a2）~（f2）］

THR 是评估火灾危害影响的另一个重要参数。为了评价天然木材和阻燃木材的防火性能，使用相同厚度的木材样品研究了它们的 THR。值得注意的是，阻燃木材在致密化前的原始厚度约为天然木材的 2.5 倍。阻燃木材含有更多的纤维素，与天然木材相比，其 THR

可能会增加。然而，从图 7.50（e2）中可以看出，阻燃木材的 THR 明显低于天然木材，表明其具有优异的阻燃性。通过热重分析（TGA）测量，阻燃木材比未处理的天然木材表现出更高的分解温度。此外，阻燃木材仍然保持约 23%的残余质量分数，而天然木材在 460℃时几乎完全分解［图 7.50（f2）］。这些结果表明，三步处理方法可以同时赋予木材优异的机械性能和阻燃性能。

探究 FW-TENG 的电气性能时，先对不同的阻燃木材厚度对装置的性能进行实验。结果表明，FW-TENG 的开路电压（V_{OC}）、短路电流（I_{SC}）和转移电荷（ΔQ）随着阻燃木材厚度的增加而降低，这可归因于静电感应电荷的减少。基于天然木材和阻燃木材的 TENG 的电输出具有可比性，表明木材处理方法可以在不牺牲其电输出性能的情况下有效提高木质 TENG 的阻燃性。

接着在不同负载下测量其性能，结果表明，在 50MΩ 的外部负载电阻下，可以实现 24.2mW/m^2 的最大峰值输出功率密度［图 7.51（e）］。为电容器充电时，充电速率随着电容的增加而降低，10μF 电容器的电压可以在 195s 内提高到 2V。如图 7.51（g）所示，FW-TENG 的输出电压在 50000 个循环的连续运行中只有一点衰减，证实了 FW-TENG 优越的稳定性和耐用性。

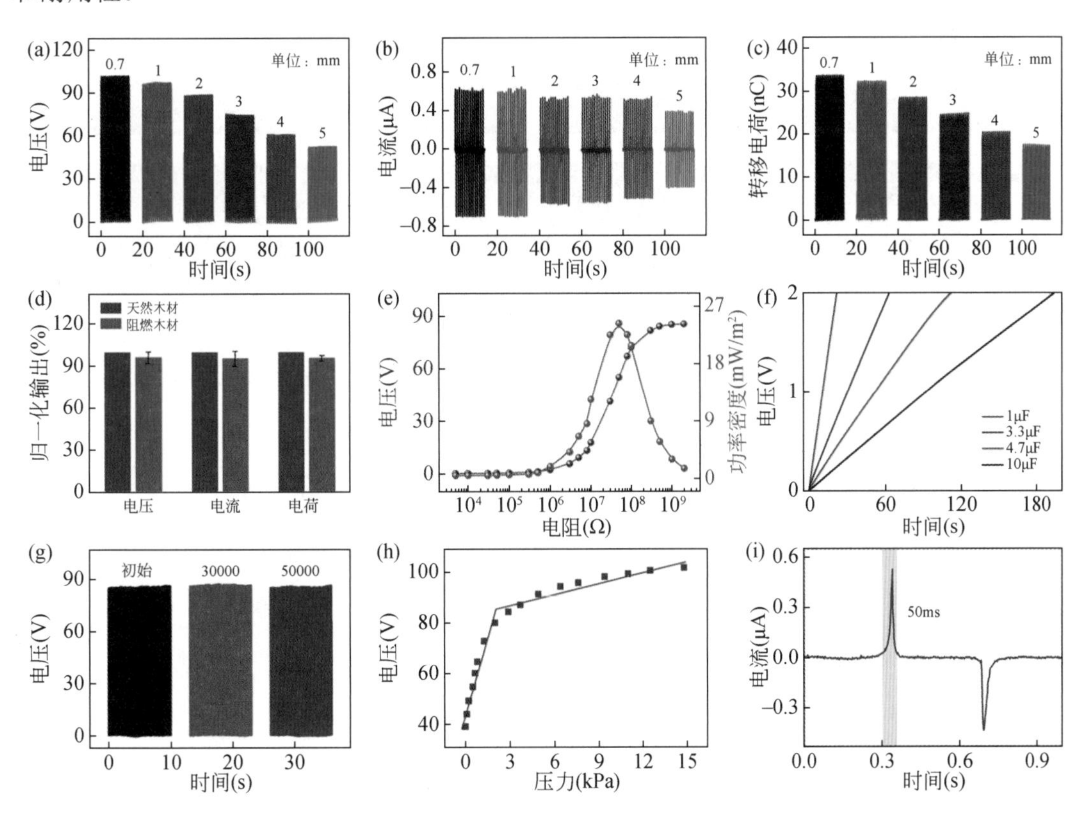

图 7.51 探究不同情况下 FW-TENG 的电气输出性能

由于其出色的输出性能，FW-TENG 也可以用作自供电压力传感器，可显示输出电压信号和施加压力之间的关系，范围为 0～15kPa。曲线可以分为两个不同的区域。如图 7.51

（h）显示，施加的压力小于 2kPa 时，实现了 20.55V/kPa 的高灵敏度和良好的线性。在高压区（＞2kPa），压力灵敏度降至 1.69V/kPa，但仍具有良好的线性。此外，自供电压力传感器表现出约 50ms 的快速响应时间［图 7.51（ i ）］。这些结果表明，FW-TENG 具有优越的电气性能，在自供电传感和自供电系统中具有巨大的潜力。

为了进一步评估 FW-TENG 的阻燃性，在不同的燃烧实验后测量了其电输出性能，如图 7.52 所示。结果表明，天然木质 TENG 的电输出随着燃烧时间的增加而迅速下降。在燃烧了 40 秒后，TENG 完全损坏，无法产生电力输出。相比之下，FW-TENG 即使在燃烧 60 秒后也能保持 68%的电输出。

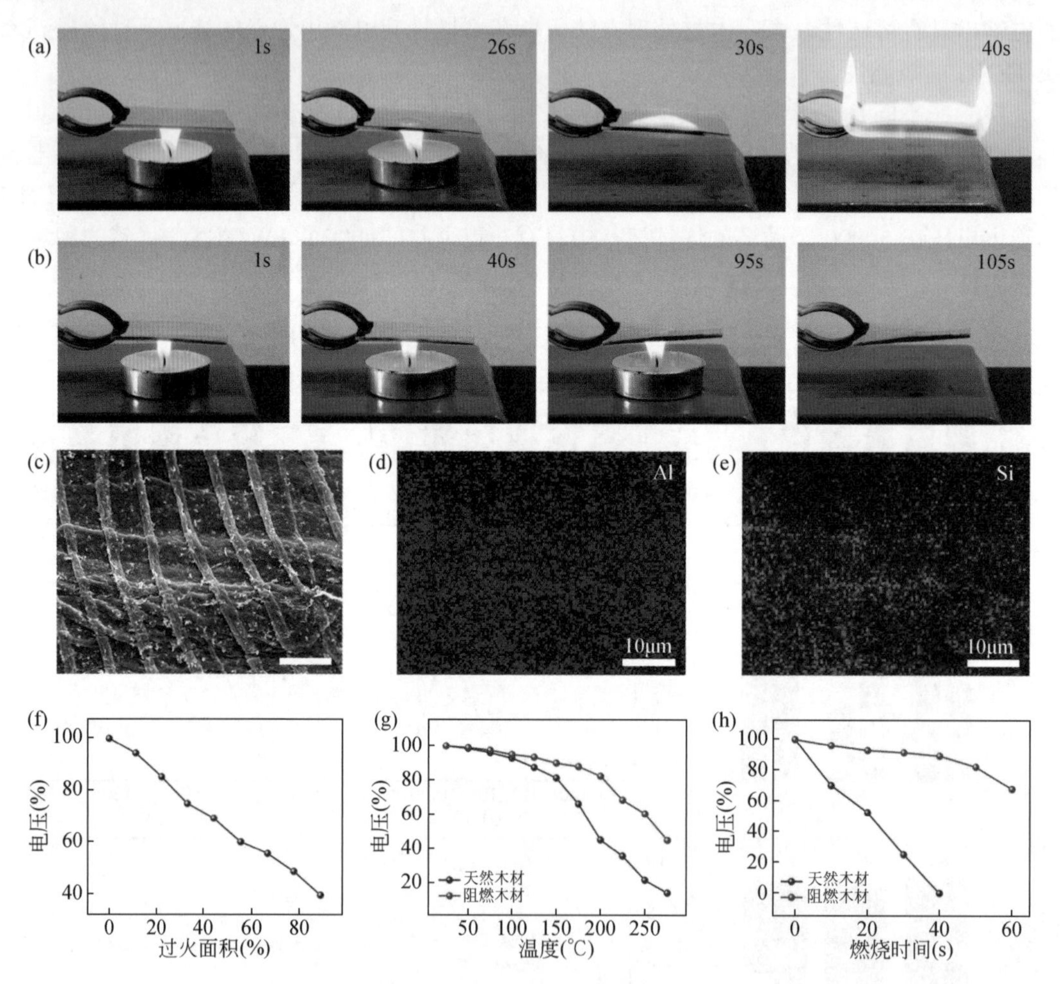

图 7.52　FW-TENG 的阻燃性能

综合以上，本节论述了一种坚固阻燃的木质摩擦纳米发电机的开发和性能特质，用于建筑防火领域。其采用脱木质素、膨润土纳米片渗透、热压三步法制备高性能木材材料。经处理后，阻燃木材的机械抗拉强度比天然木材显著提高了 7.7 倍；阻燃木材还表现出良好的自熄性能，峰值放热率降低 32%。FW-TENG 可以产生 24.2mW/m^2 的峰值功率密度，即使在 250℃下也能保持其原始电输出的 60.5%。

如图 7.53 为采用 FW-TENG 开发自供电的智能无线消防机动系统，可以准确定位火灾位置并发送警报信号。为了辅助火灾疏散，还构建了自供电逃生路线引导系统。当用人手敲击 FW-TENG 时，机械能可以转化为电信号。经过多通道信号采集和处理，程序中可以显示具有准确位置信息的实时火灾警报，并通过无线网络发送到个人电子设备。

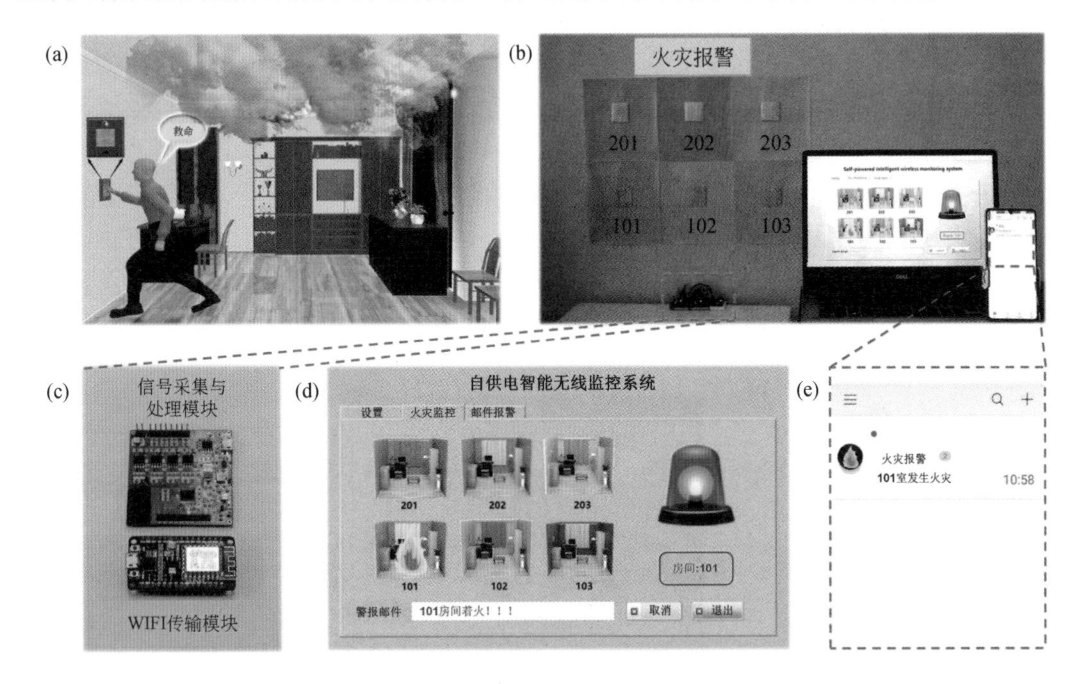

图 7.53　FW-TENG 在自供电火灾报警中的应用

7.4　矿井井下安全监测

7.4.1　自供电振动监测

井下钻探技术是钻探和开发地下资源的主要技术手段。在钻井过程中，井下钻具在交变应力的影响下会发生不同的振动，如轴向振动、横向振动等。这些振动形式的叠加会对钻具造成疲劳损伤，降低钻井的开发效率，增加钻井成本，因此，有必要对振动参数进行科学真实的测量。目前，大部分的研究成果主要集中在钻柱振动的传递规律和模型上，对于井下的测量方法研究较少，即便是应用现有的测量方法，测量出的数据结果也比较简单，因为大多数都是使用专门的传感器来测量振动频率，如使用三轴加速度计、自行研制的传感器、陀螺仪，以及振动声音传感器来测量井下振动。一些学者研究提出了钻柱混合控制技术和井下磁传感器，但都缺乏对振动幅值的测量。同时，也有学者采用机器学习理论建模等方法，通过在地面安装传感器来测量和预测井下振动，但由于测量介质的传输，会存在较大的累积误差。此外，振动传感器由电池或电缆供电，对于钻井深度较深，井下温度较高时，工作条件苛刻且复杂。频繁的钻井和更换电池，以及钻柱处理和电缆放置将导致施工周期延长和成本增加。但由于摩擦纳米发电机的特性，负电性摩擦材料种类繁多，包括多种耐高温、耐压材料，成本低廉；同时，可以对材料进行表面预处理，如刻蚀，以提高产量，这也使得井下高温环境对采用自供电方式的传感器的影响较小，因此，自供电方式将更适合该工作环境，具有自供电功能的井下传感器将更适合钻井工况。

1. 自供电振动频率监测

一般来说，机械振动可以被两个参数所表述，频率与幅值。频率信息可以很容易从大多数的振动传感器中获取，基于垂直接触-分离模式的摩擦纳米发电机就能很好地用来测量振动的频率。

宝塔形摩擦纳米发电机（P-TENG）基于垂直接触-分离模式来进行对井下振动能量的采集和振动频率的测量。P-TENG 由一个基座，一些弹簧和六个浮板组成。基座固定在钻柱上，浮动板带有聚酰亚胺、聚乳酸和铜粘贴在表面上以产生电荷，通过弹簧连接到相邻的浮动板或基座[17]（图 7.54）。

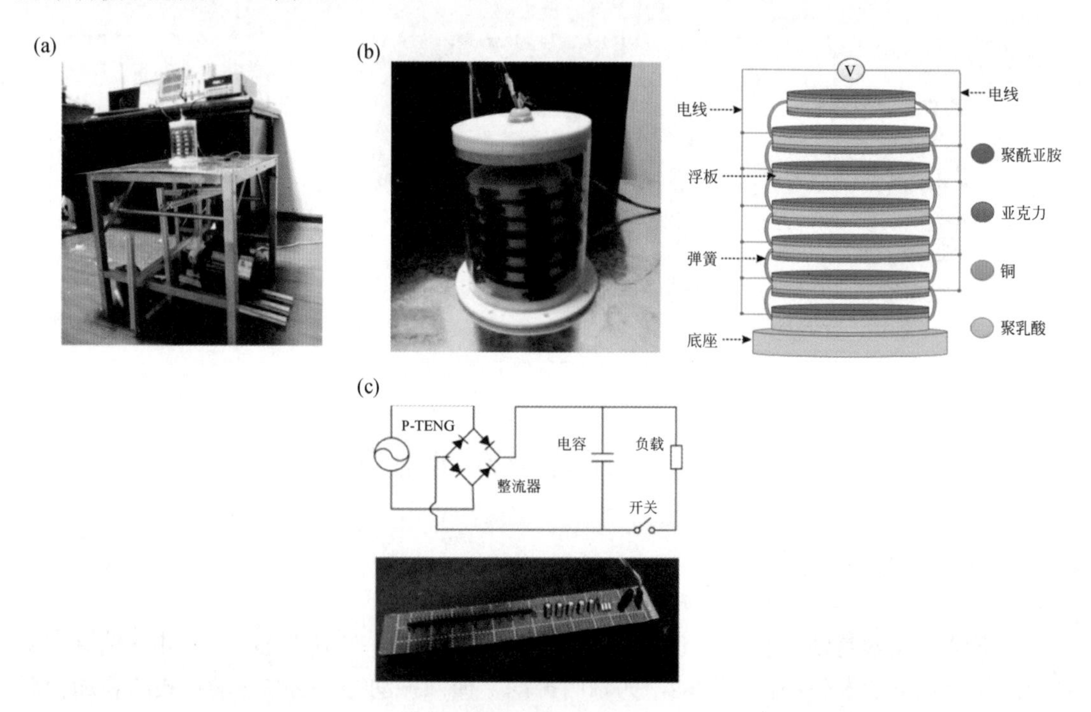

图 7.54 P-TENG 结构组成示意图。(a) 试验装置的图片；(b) P-TENG 的照片和结构示意图；(c) 用于显示输出功率的电路

宝塔形摩擦纳米发电机（P-TENG）工作原理：当发生轴向振动时，P-TENG 的每个浮板会在惯性力的作用下上下移动，使相邻两个浮板接触并产生电荷，从而通过对电荷的进一步处理实现振动频率的测量和振动能量的采集。P-TENG 的任意两个浮板的工作过程如图 7.55 所示。图 7.55（i）示出了初始状态。在这种状态下，两个浮板没有接触，电路中没有电流或电压。如图 7.55（ii）所示，当发生轴向振动时，两个浮板由于合力而彼此接触，并且聚乳酸表面上的电荷将根据摩擦电序列转移到聚酰亚胺，这导致聚酰亚胺表面带

负电，而聚乳酸表面带正电。如图 7.55（iii）所示，两个浮板将被恢复力分开，这将导致开路电压逐渐增加并产生短路电流。如图 7.55（iv）所示，当两个浮板返回初始状态时，开路电压达到最大值，短路电流为零。如图 7.55（v）所示，当下一次轴向振动再次发生时，两个浮板将逐渐靠近，这将导致开路电压逐渐降低，并产生反向短路电流。

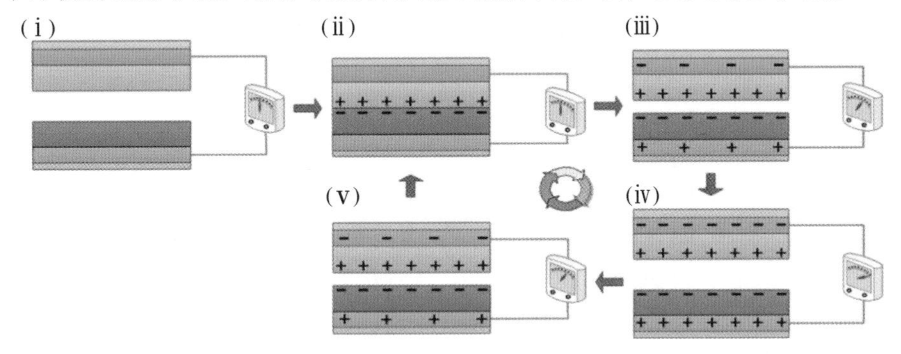

图 7.55　P-TENG 工作原理示意图

宝塔形摩擦纳米发电机（P-TENG）可以测量井下振动频率的自供电模式，并收集井下振动能量。传感测试表明，测量范围为 0～5Hz，测量误差小于 5%，输出信号幅值差最小约为 28V，最大约为 155V，具有较高的信噪比。当未损坏的层数为两层或更多时，具有七层结构的宝塔形摩擦纳米发电机仍能正常工作，显示出更高的可靠性。当宝塔形摩擦纳米发电机各层串联一个 470kΩ 的电阻，振动频率约为 3Hz 时，最大输出功率约为 4090×10^{-10}W。地质钻井的振动多是由于钻柱在旋转过程中与岩石发生碰撞或摩擦而引起的，而在普通钻井过程中转速一般较低，因此 P-TENG 的测量范围在大多数情况下可以满足需要。

除了宝塔形摩擦纳米发电机之外，其他的几个基于垂直接触-分离模式的摩擦纳米发电机也被应用于振动频率的监测，如球形摩擦纳米发电机、自供电井下振动传感器、摩擦电传感器、混合电磁-摩擦纳米发电机的自供电井下钻具振动传感器等，接下来对它们分别做介绍。

球形摩擦纳米发电机（S-TENG）在实际使用时，S-TENG 必须安装在专业设计的具有密封功能的测量仪器中，测量仪器一般安装在钻头和钻柱之间，S-TENG 由固定球、活动球和支撑座组成。固定球是固定的，活动球嵌在固定球内，可以自由活动[18]。图 7.56 显示出 S-TENG 的结构组成。

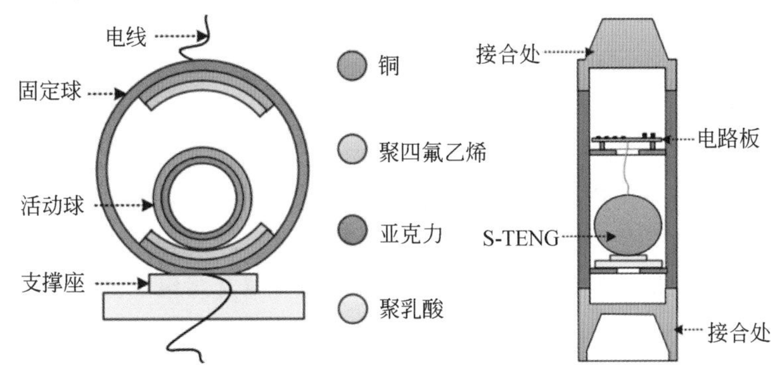

图 7.56　S-TENG 结构组成示意图

球形摩擦纳米发电机（S-TENG）工作原理：图 7.57（ⅰ）显示 S-TENG 的初始状态。活动球带正电荷，而固定球的下摩擦层带负电荷，因为在摩擦电和静电感应作用下，铜比聚四氟乙烯更容易失去电子。图 7.57（ⅱ）显示了当振动发生时，活动球向上移动到中间位置时的状态。在这一阶段，电子流过外部负载并形成电流。图 7.57（ⅲ）示出了当活动球接触固定球的上摩擦层，由于摩擦电和静电感应，上摩擦带负电。图 7.57（ⅲ）示出了当活动球向下移动到中间位置时的状态，并且电子反向流过外部负载并形成反向电流。

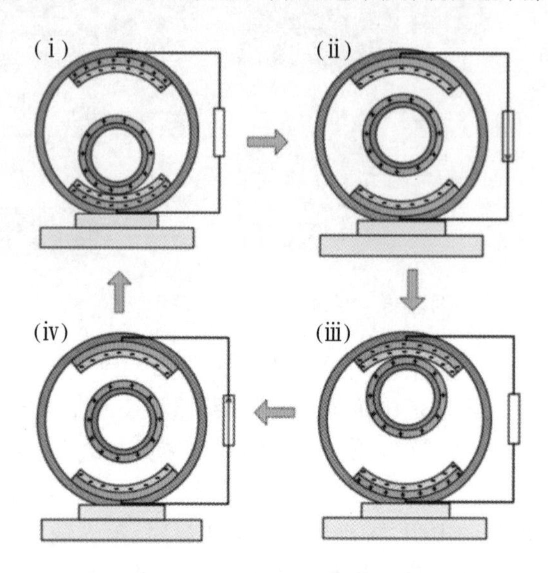

图 7.57　S-TENG 工作原理示意图

球形摩擦纳米发电机具有收集井下振动能量和测量振动频率的潜力。测量在 0～8Hz 范围内，测量误差小于 2%。当振动频率为 8Hz 时，输出电压、输出电流和输出功率均达到最大值，分别为 70V、3.3×10^{-5}A 和 10.9×10^{-5}W。球形摩擦纳米发电机展示出了在测量井下钻柱振动频率的潜力，适用工作环境温度 100℃以下，信噪比高，抗干扰能力强。

基于摩擦纳米发电机的自供电井下振动传感器，该传感器主要由外摩擦环、内摩擦环、缓冲层、弹簧和底座组成，核心部件是外摩擦环和内摩擦环[19]（图 7.58）。

传感器的工作原理：图 7.59（ⅰ）示出了内部摩擦环与外部摩擦环接触的初始状态。在这种状态下，根据材料的摩擦电顺序，内摩擦环带负电，而外摩擦环带正电，开路电压为零。图 7.59（ⅱ）示出了内部摩擦环在轴向振动发生后向上移动到中间位置的状态，并且在这种情况下，将在电势差的驱动下产生电流，并且由于外部摩擦环的两个电极之间的电荷转移，开路电压将逐渐增加。图 7.59（ⅲ）示出了内部摩擦环向上移动到顶部位置的状态，并且在这种情况下，电荷转移完成并且开路电压达到最大值。图 7.59（ⅳ）示出了内摩擦环在弹簧恢复力作用下向下移动到中间位置的状态，并且在这种情况下，由于外摩擦环的两个电极中电荷的反向转移，将产生反向电流并且开路电压将逐渐减小。最后返回到图 7.59（ⅰ）中所示的初始状态，并且在这种情况下，电荷转移完成并且开路电压减小到零。

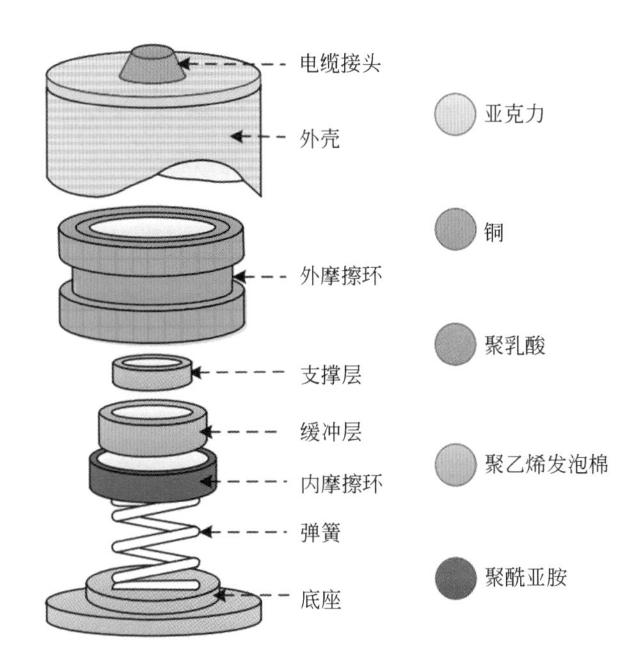

图 7.58　自供电井下振动传感器结构组成示意图

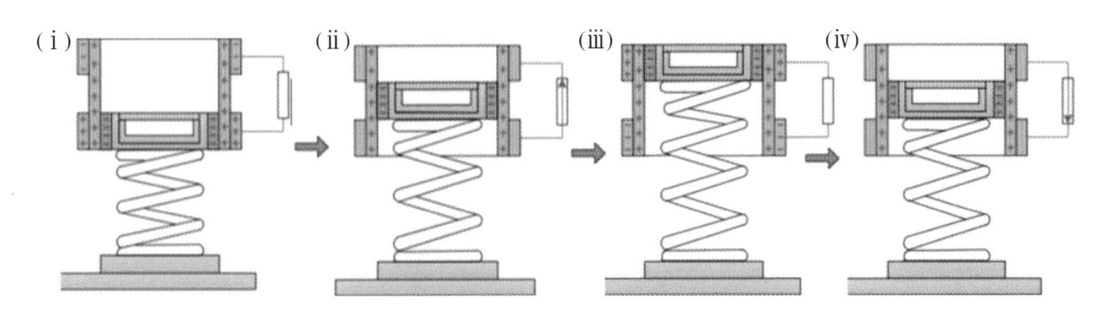

图 7.59　自供电井下振动传感器工作原理示意图

这种井下振动传感器依靠钻柱振动感应纳米材料的摩擦电荷和静电感应，从而实现自供电振动测量。测试结果表明，测量范围在 0～5Hz，测量误差小于 3.5%，工作环境温度应小于 250℃，工作环境湿度应小于 95%。当振动频率小于 2Hz 时，输出电压幅值约为 5.5V，然后随着振动频率增加到 5Hz 而逐渐减小到 2V 左右。对于发电功能，振动频率为 0.8Hz 时，测试结果表明，传感器将输出最大电流约 35×10^{-8}A，在电路中串联一个 50Ω 的电阻时，输出最大功率约 924.5×10^{-12}W，当电路中串联一个 20kΩ 电阻，振动频率为 0.8Hz。

摩擦电传感器也是一种地能钻探振动测量仪。该传感器主要由底座、配重块和三个弹簧组成，其中摩擦层附着在配重块和底座上，配重块的电极层在轴向方向和横向方向上均由厚度为 0.05mm 的铜制成，并且厚度为 0.03mm 的聚四氟乙烯层被粘贴到其表面上作为摩擦层（图 7.60）[20]。

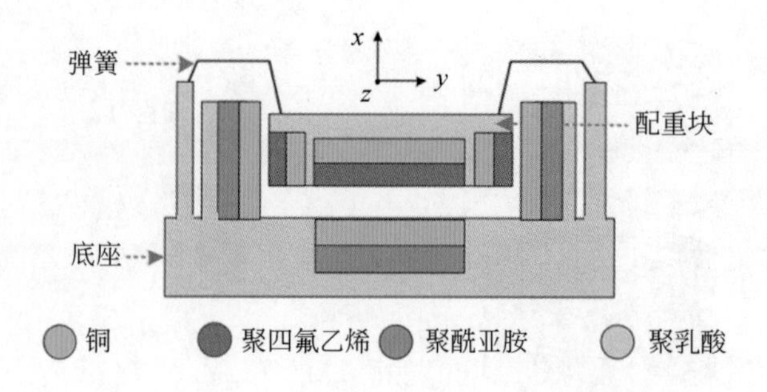

图 7.60　自供电井下振动传感器结构组成示意图

该传感器的工作原理：图 7.61（a）-（ⅰ）为初始状态。因为上下摩擦层之间没有接触，所以没有电荷产生，开路电压为 0V。因为铜比聚四氟乙烯更容易失去电子，所以下摩擦层带正电荷，而上摩擦层带负电荷，并且开路电压保持在 0。如图 7.61（a）-（ⅱ）所示，当发生轴向振动时，由于惯性力，上摩擦层和下摩擦层彼此接触。如图 7.61（a）-（ⅲ）所示，由于弹簧的恢复力，两个摩擦层将逐渐彼此分离，这导致开路电压逐渐增加。如图 7.61（a）-（ⅳ）所示，两个摩擦层之间的间隔距离达到最大值，开路电压也增加到最大值。如图 7.61（a）-（ⅴ）所示，当新的轴向振动开始时，由于惯性力，两个摩擦层再次变得接近，这导致开路电压逐渐降低到 0。上述步骤的理论输出电压信号如图 7.61（b）所示。

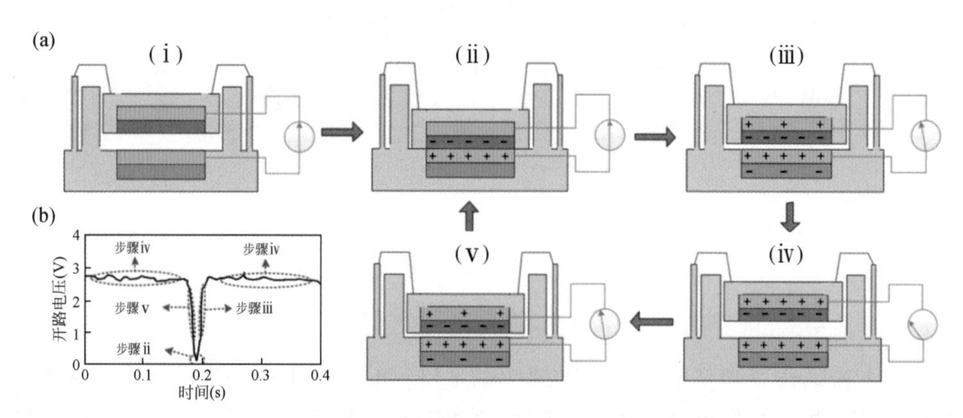

图 7.61　自供电井下振动传感器工作原理示意图

提出的这种新的振动测量方法，利用纳米摩擦发电机在自供电模型中测量钻杆的轴向和横向振动。轴向振动测试表明，输出电压信号幅值约为 3V，测量范围为 0～9Hz，测量误差小于 4%；当负载为 0.1MΩ，振动频率为 9Hz 时，最大输出功率为 5.63μW。同时，横向振动测试表明，输出电压信号幅值约为 2.5V，测量范围为 0～6.8Hz，测量误差小于 6%；当负载为 0.1MΩ，振动频率为 5.5Hz 时，最大输出功率为 4.01μW。此外，传感器在温度低于 145℃，相对湿度低于 90%的环境中也能正常工作，可靠性高。

最后介绍混合电磁-摩擦纳米发电机的自供电井下钻具振动传感器。这种传感器被完全密封在单独设计的井下测量分段中，然后安装在钻井工具和钻头之间，传感器主要由密封盖、振动体和支撑体组成（图 7.62）[21]。

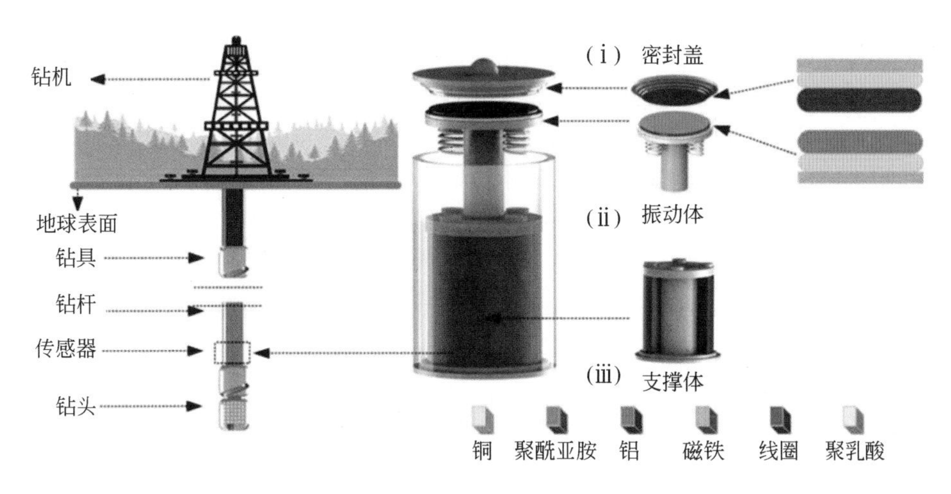

图 7.62　混合电磁-摩擦纳米发电机的自供电井下钻具振动传感器结构组成示意图

混合电磁-摩擦纳米发电机的自供电井下钻具振动传感器工作原理：对于传感器的TENG部分，振动体在初始状态下保持稳定［图7.63（i）］。聚酰亚胺和Al在两个摩擦层上的相互接触在振动时会产生电荷［图7.63（ii）］，并且Al带正电，而聚酰亚胺带负电，因为Al比聚酰亚胺更可能失去电子。然后，两个摩擦层将由于弹簧回复力而彼此分离［图7.63（iii）］，并且开路电压逐渐增加，且由于静电感应将在两个电极之间产生短路电流。此外，当两个摩擦层之间的间隔距离达到最大值时，开路电压达到最大值［图7.63（iv）］。最后，两个摩擦层之间的间隔距离逐渐减小到初始状态［图7.63（v）］，并且开路电压将随着间隔距离的减小而减小，并且由于电荷的反向转移将发生反向短路电流。

对于传感器的EMG部分，振动体在初始状态下保持稳定［图7.63（i）］。然后，当振动发生时，磁体由于振动体的移动而远离铜线圈［图7.63（ii）］。在该状态下，线圈中的磁通量减小。根据法拉第电磁感应定律，线圈中磁通量的变化产生感应电动势，使电流从线圈的左侧流向右侧。相比之下，当磁体向下移动时线圈中的磁通量增加，这导致电流从线圈的右侧流到左侧,如图7.63（iii）和（iv）所示。最后，当振动体返回初始位置时，线圈中的磁通量将继续减小［图7.63（v）］，因此电流从线圈的左侧流向右侧。

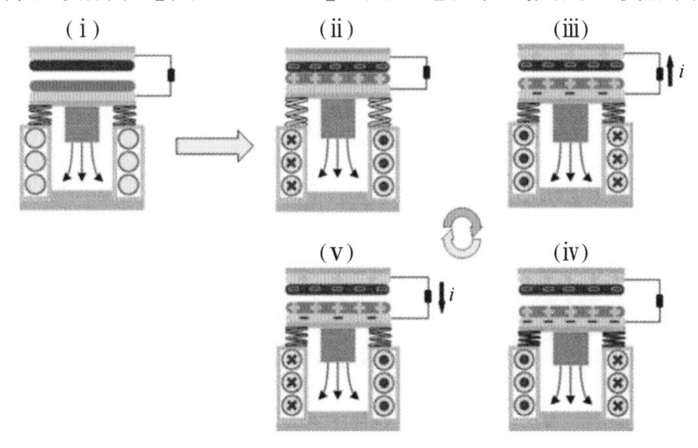

图 7.63　混合电磁-摩擦纳米发电机的自供电井下钻具振动传感器工作原理示意图

测试结果表明，TENG 部分的最大输出电压和电流分别为 14V 和 5.2μA，而 EMG 部分的最大输出电压和电流分别为 1.22V 和 33μA，灵敏度满足井下传感器的要求。TENG 和 EMG 的输出功率与幅值和频率成正比，在负载为 1MΩ 和 10Ω 时，最大输出功率分别为 3.2μW 和 21.8mW。进一步测试表明，TENG 和 EMG 的测量范围均为 0～11Hz，测量误差均小于±5%，均能在小于 250℃的温度范围内正常工作。

上述的宝塔形摩擦纳米发电机、球形摩擦纳米发电机、自供电井下振动传感器、摩擦电传感器、混合电磁-摩擦纳米发电机的自供电井下钻具振动传感器，它们都既可以收集外界的振动能量，也可以对振动的频率进行监测。

2. 自供电振动振幅监测

基于垂直接触-分离模式的摩擦纳米发电机，虽然能够有效测量振动的频率，却难以精确测量振幅。这主要因为该模式下产生的电信号大小与两个摩擦层之间的物理距离并非线性关系。在摩擦纳米发电机的四种工作模式中，基于垂直接触-分离式的独立层工作模式有物理固定的电极，因此有固定的电极电容。基于这种模式的摩擦纳米发电机可以有效地对外界振动的振幅进行自供电测量。

基于摩擦纳米发电机的自供电井下钻具振动传感器（V-TENG）是通过采用垂直接触-分离式的独立层模式来实现对外界振动的振幅的自供电测量。V-TENG 主要由振动频率测量模块和振动振幅测量模块组成。振动频率测量模块主要包括铜电极片和覆盖聚四氟乙烯的滑块，振动振幅测量模块主要包括三组电极片[22]，如图 7.64 所示。

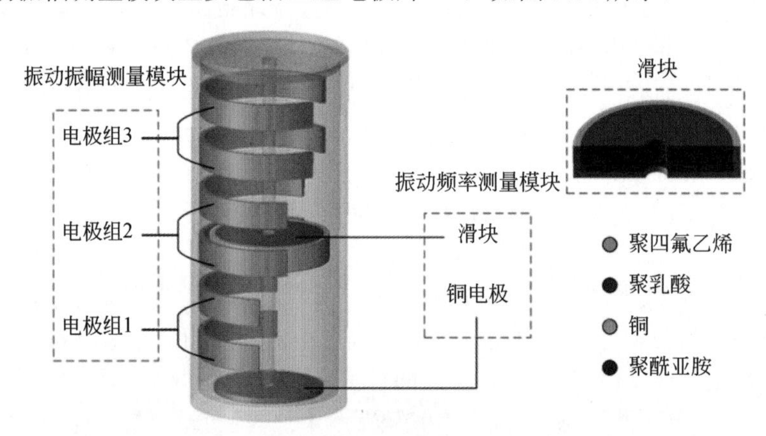

图 7.64 V-TENG 结构组成示意图

该传感器的工作原理如图 7.65（b）-（ⅰ）中，聚四氟乙烯膜与铜电极片接触，因材料得失电子能力的差异使得电极片带正电，聚四氟乙烯膜带负电。在这种状态下，铜电极和地面之间的电势差最大，并且在外部电路中没有电流流动。如图 7.65（b）-（ⅱ）所示，滑块在惯性作用下沿着内柱向上移动，聚四氟乙烯膜与下电极片之间的距离增大，此时铜电极中的正电荷转移到地面，电位差减小。在图 7.65（b）-（ⅲ）中，滑块上升到最高点（5L），电位差达到最小值。随即滑块开始下降，电位差逐渐增加，直到回到初始状态。从上述过程可以看出，一次振动周期将产生一个电压脉冲，因此可以通过记录单位时间内电压脉冲频率次数来反映振动频率。

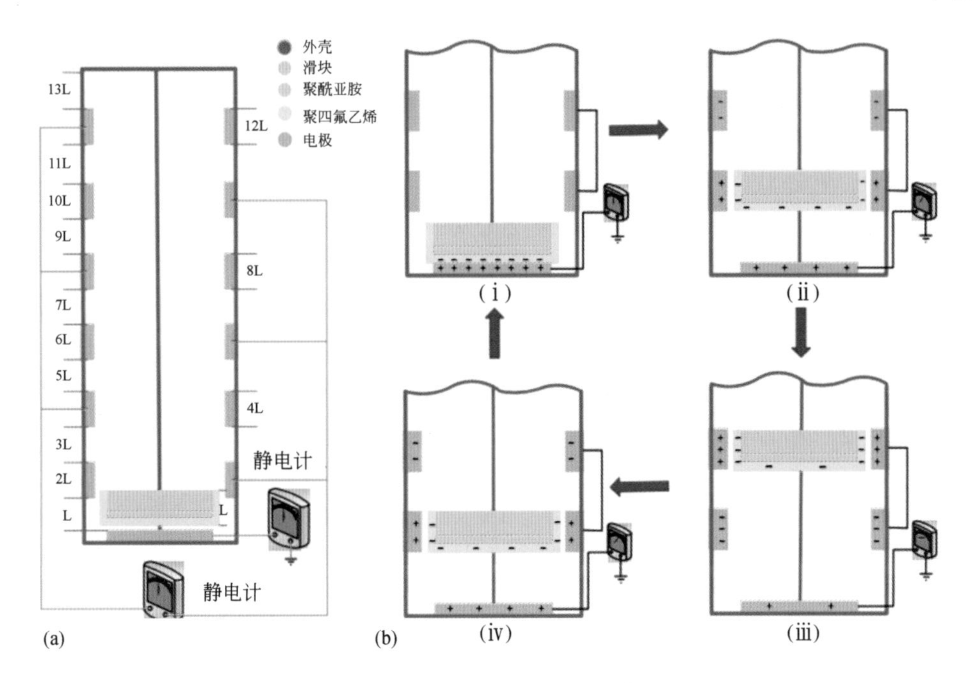

图 7.65　V-TENG 工作原理示意图

基于单电极独立层 TENG 设计的 V-TENG 可实现对钻具振动频率和振幅的有效测量，频率测量范围为 0～13Hz，频率测试误差小于 5%，振幅测量范围为 0～130mm，分辨率为 10mm，最大偏差为 5mm。与传统的井下振动传感器相比，V-TENG 可以在自供电模式下同步测量钻柱振动频率和振幅，如果频率测量模块损坏，振幅测量模块也可以用于测量振动频率，显示出较高的可靠性。同时，V-TENG 具有转换振动能量的潜力，可为其他井下仪器提供动力。传感器垂直安装位于钻柱内的测量短节内，工作时滑块在惯性作用下沿着内柱上下运动，与底部电极产生摩擦电，上升时与垂直分布的电极感应带电。因此，振动频率可以通过记录底部电极的摩擦电信号的频率来测量，振幅可以通过感应带电信号在垂直方向上的位置来测量。

除了上述的传感器，还有一种应用于钻井条件下的环形弯曲变形传感器（RSV-TENG）。环形弯曲变形传感器主要由内部球形振动传感器组成。如图 7.66（a）所示，内部振动传感器由外壳、铜电极、聚四氟乙烯球和配重组成[23]。整个传感器的结构是球形的，图 7.66（b）是振动传感器的剖视图。

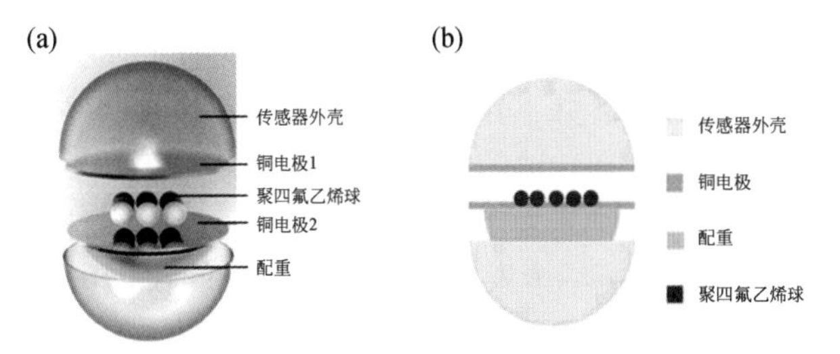

图 7.66　RSV-TENG 结构组成示意图

RSV-TENG 工作原理：在图 7.67（i）所示的初始状态下，聚四氟乙烯球由于重力作用而与铜电极 2 接触，并且聚四氟乙烯吸引下部铜电极表面上的负电荷，由于聚四氟乙烯和铜得失电子能力的差异，整个材料将带负电。为了使整个系统达到电位平衡，铜电极 2 的表面带正电，在该状态下电位差为 0。如图 7.67（ii）所示，当钻柱振动时，聚四氟乙烯球产生向上的力在惯性作用下与铜电极 2 分离。由于聚四氟乙烯是高分子材料，其负电荷不易丢失，因此并不会破坏系统。电位的平衡将产生电位差，导致铜电极 2 上的电子向铜电极 1 转移，这将在外部电路中产生电流。如图 7.67（iii）所示，当聚四氟乙烯球移动到铜电极 1 时，铜电极 2 的正电荷已经全部转移到铜电极 1，并且再次达到平衡。当聚四氟乙烯球再次向下移动到图 7.67（iv）所示的状态时，平衡再次被打破，铜电极 1 的电子返回到铜电极 2，外部电路中将产生反向电流，直到再次达到平衡。

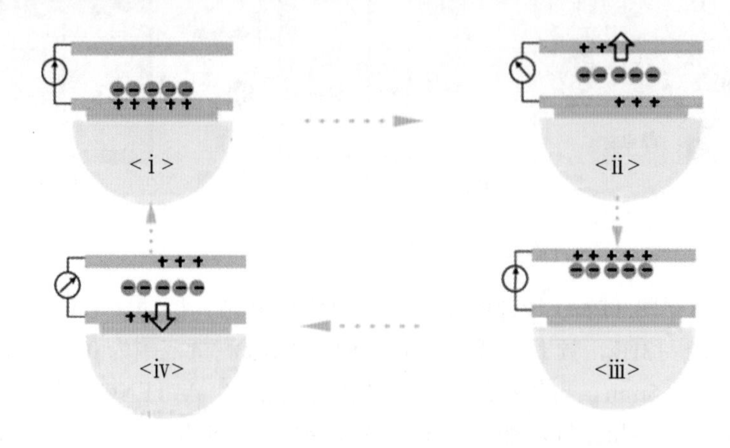

图 7.67　RSV-TENG 工作原理示意图

该传感器可用于钻杆弯曲角度变化较大的工作环境，RSV-TENG 受曲率变化和温湿度环境的影响较小，具有较高的工作寿命和可靠性。振动频率测量范围为 4～16Hz，测量误差在 4%以内；振幅测量范围为 0～20mm，测量误差为 5%以内。并且，该传感器可以通过改变结构和材料来提高其测量范围。

7.4.2　自供电转速监测

在井下钻探作业中，由于环境的苛刻，钻机在与岩石接触过程中经常导致钻具疲劳失效、降低钻具使用寿命，从而造成安全事故。因此，钻机的实时监测对减少钻井成本、降低钻井风险具有非常重要的意义。井下钻机的核心机构是电机，对电机转速的实时监测能有效地反映钻探情况。同时对钻具转速的实时监测也能很好地反映钻探情况。

1. 用于监测井下马达的摩擦纳米发电机

Wang 等提出了一种基于摩擦纳米发电机的井下电机的自供电转速监测传感器，双摩擦带和压缩摩擦接触结构也大大提高了可靠性和输出功率，特别适合井下工况和环境要求[24]。

如图 7.68（a）和图 7.68（b）所示，传感器主要由定子、转子、两条摩擦带和一些弹性带组成。转子与井下电机的输出轴连接，与输出轴一起旋转；定子与井下电机的外壳连接，保持静止。在钢转子外侧固定一层厚度为 5mm 的聚乳酸作为保温层，然后在转子保温层上分布粘贴两块尺寸为 20mm×20mm×0.5mm 的铜箔作为摩擦层。摩擦带是由两层尺寸为 70mm×35mm×0.5mm 的聚酰亚胺组成的软环结构，外层对称粘贴两个尺寸为 20mm×20mm×0.5mm 的铜箔作为电极层。如图 7.68（c）所示，摩擦带两端处于拉伸状态下与橡皮圈连接，在不安装转子时，由于橡皮圈的张力，摩擦带的两层聚酰亚胺片会紧密贴合，而在安装转子时，由于橡皮圈张力的增加，摩擦带的两层聚酰亚胺片会紧密贴合在转子表面，从而保证了充分的摩擦接触。

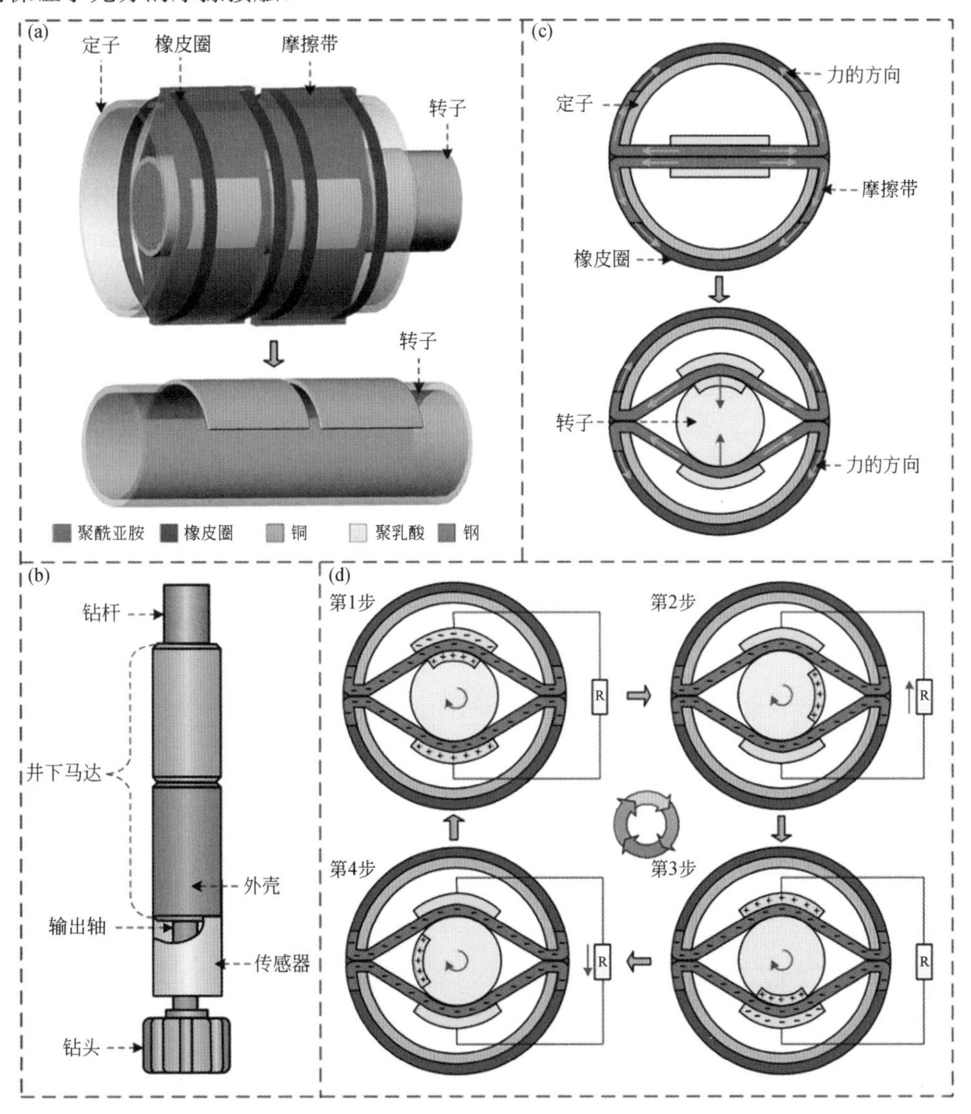

图 7.68　传感器结构及工作原理示意图。（a）传感器基本组成示意图；（b）传感器安装方法示意图；（c）定子和转子安装及受力示意图；（d）传感器工作步骤示意图

该传感器的基本工作原理是当转子随井下电机旋转时，转子上的两个铜摩擦层与其对应的摩擦带相互摩擦，从而在电极层中产生与转速相对应的摩擦电信号，实现转速测量。下面结合图 7.68（d）进一步详细说明传感器的工作原理。假设井下电机顺时针方向旋转，步骤 1 为至少旋转一次后的初始状态，铜的摩擦层带正电，而聚酰亚胺的摩擦层由于摩擦和材料的电子得失能力的差异而带负电，电极层由于静电感应将呈现上端带负电，下端带正电。当旋转 90 度后到达步骤 2 时，转子位置的变化引起摩擦带上两个电极之间的电荷转移，从而产生短路电流。当进一步旋转 90 度到达步骤 3 时，电荷转移过程结束，电极呈现上端带正电荷，下端带负电荷的新平衡。当再次旋转 90 度后到达步骤 4 时，由于转子位置的改变，两电极之间再次发生电荷转移，产生反向短路电流，最后回到初始状态步骤 1，完成电荷转移，形成新的电荷平衡状态。由以上步骤可以看出，传感器每次旋转时都会输出一个电压脉冲或交流脉冲，因此可以通过计算单位时间内电压或电流脉冲信号的个数来测量转速。

如图 7.69（a）～图 7.69（c）所示，首先通过测试得到传感器的测量范围为 0～910r/min。在该测量范围内，转移电荷和输出电流与转速大致成正比，转速为 910r/min 时的最大值分别为 37.73nC 和 42.28nA，但输出电压在 0～500r/min 范围内呈上升趋势，当转速超过 500r/min 左右时，输出电压在最大电压 15.8V 附近保持小幅波动。即使在较低转速下，输

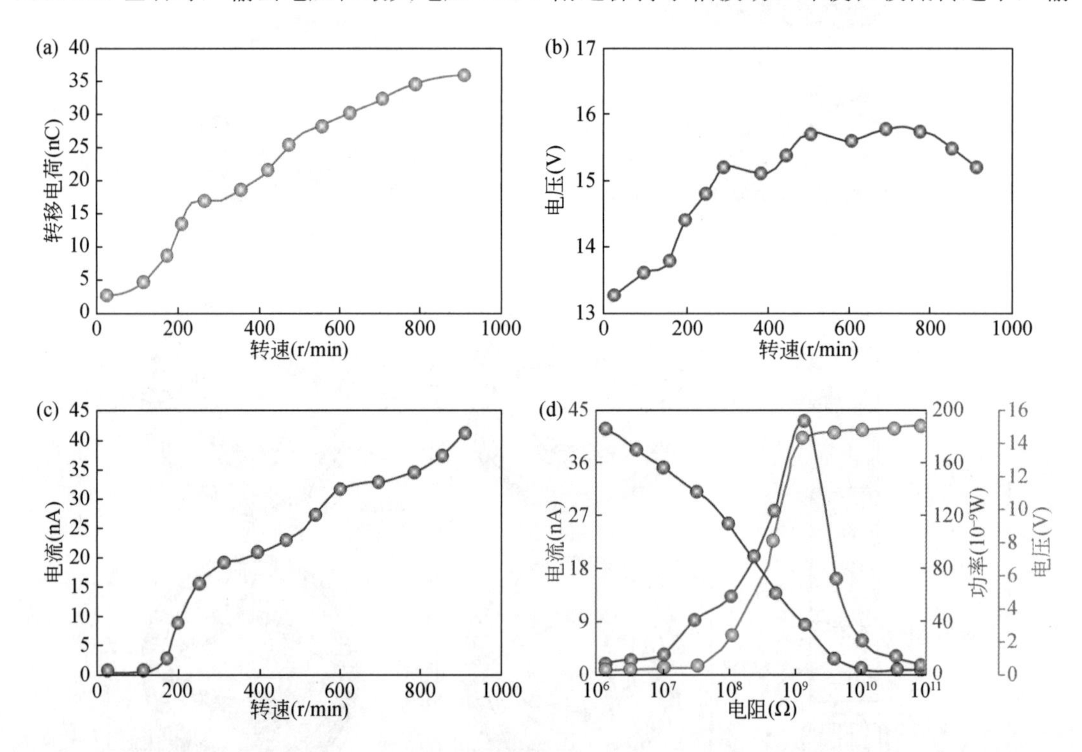

图 7.69 传感器输出信号特性。(a)不同转速下的转移电荷；(b)不同转速下的输出电压；(c)串联 100Ω 电阻时，不同转速下的输出电流；(d) 转速为 910r/min 时，不同负载电阻下的输出电流、输出电压及输出功率

出电压或电流脉冲的幅值仍远大于噪声信号，并且随着转速的增加，检测信号与噪声信号的差值将进一步增大，这更有利于信号的检测。同时，输出电流随着转速的增加意味着输出功率的增加，因此进一步测试了传感器的发电性能，如图 7.69（d）所示。由图 7.69（d）可以看出，输出电流随着负载电阻的增大而逐渐减小，输出电压随着负载电阻的增大而逐渐增大并趋于稳定，在负载电阻约为 $10^9\Omega$时，输出功率可达到最大值 1.9483×10^{-7}W，因此当传感器作为电源时，可将 $10^9\Omega$的电阻串联在传感器上，以获得最大输出功率。

该传感器由两条独立分布的摩擦带结构（或简称两条摩擦带）组成，即两条摩擦带可以分别作为传感器，因此理论上当其中一条摩擦带损坏时，传感器仍能正常工作。为此，对单摩擦带的传感器输出进行测试，测试结果如图 7.70 所示。如图 7.70（a）～图 7.70（d）所示，单摩擦带的输出规律与双摩擦带相同，转移电荷、输出电流和输出功率的值大致为双摩擦带的 1/2、1/2 和 1/4，即 21.81nC、24.17nA 和 5.222×10^{-8}W。但由于并联后的输出电压相同，所以单摩擦带的输出电压与双摩擦带的输出电压大致相同。因此，单个摩擦带输出参数的幅值仍然远大于噪声信号，这也有利于检测信号的识别。特别是当选择电压信号作为传感器的检测信号时，如果有摩擦带损坏，输出电压幅值不会发生变化，因此本研究选择电压脉冲作为检测信号。

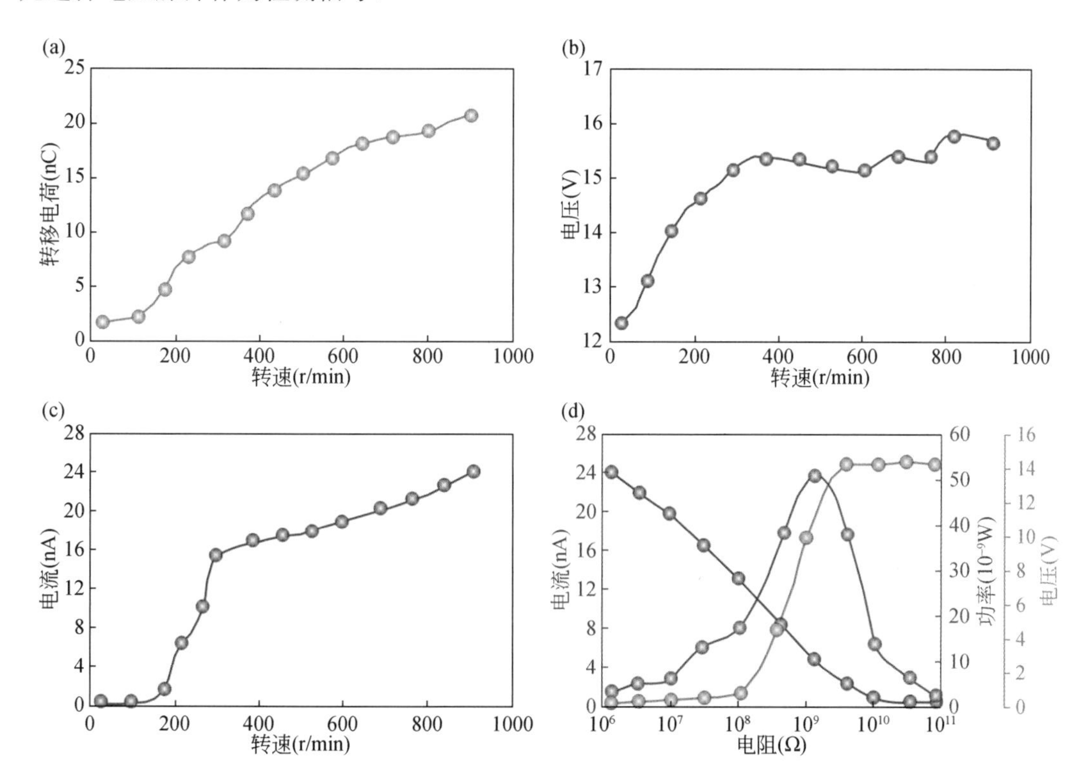

图 7.70　单摩擦带传感器输出信号特性。（a）不同转速下单摩擦带的转移电荷；（b）不同转速下单摩擦带输出电压；（c）串联 100Ω电阻时，不同转速下单个摩擦带的输出电流；（d）转速为 910r/min 时，不同负载电阻下单个摩擦带的输出电流、输出电压及输出功率

以上展示了一种双摩擦带和压缩摩擦接触结构的摩擦纳米发电机，该装置的以下优势使得它能很好地用于井下马达的转速监测。首先，传感器的轴式摩擦法可以测量任何方向的转速，即既可以测量正转也可以测量反转。其次，压缩摩擦接触结构可以充分保证摩擦接触面积和摩擦层压力。由于压力和接触面积都与输出信号成正比，因此这种结构增加了传感器的输出信号幅度，有利于提高输出功率。最后，双摩擦带结构可以增加整体输出功率，在其中一条摩擦带损坏的情况下，传感器仍然可以正常工作，增加了传感器的可靠性。

Xu 等提出了一种新型三角电极摩擦纳米发电机（T-TENG)，它能够通过单通道信号同时测量转速和方向。T-TENG 通过将铜箔电极设计成连接头部和尾部的三角形，在不同的旋转方向上产生不同的瞬态输出信号[25]。

图 7.71（a）描绘了三角电极摩擦纳米发电机（T-TENG）的结构和安装示意图。T-TENG 由一个转子单元和一个定子单元组成。转子单元由 3D 打印的转子基座组成，该基座由树脂和聚氯乙烯薄膜黏合而成。定子单元由 3D 打印的定子底座组成，同样由树脂、三角形铜箔和尼龙薄膜制成，尼龙薄膜依次附着在定子底座上。所述转子单元位于所述定子单元的中心，并使用轴承与所述定子单元同轴配对。为了更好地适应井下仪器的实际操作条件，T-TENG 的转子单元位于容积式马达（PDM）的输出轴和钻头之间，而定子单元连接到 PDM 的外壳上。组装后的 T-TENG［图 7.71（b）-（i）］、定子单元［图 7.71（b）-（ii）］和转子单元［图 7.71（b）-（iii）］如图 7.71（b）所示。

T-TENG 单周期的发电过程如图 7.71（c）所示。由于聚氯乙烯和尼龙的得失电子能力不同，摩擦电效应导致聚氯乙烯和尼龙表面分别积累等量的负电荷和正电荷。此外，由于聚氯乙烯的摩擦面积小于尼龙，根据电荷守恒原理，聚氯乙烯的负电荷密度大于尼龙的正电荷密度。当三角铜箔与地面连接时，根据静电感应原理，尼龙表面的正电荷诱导三角铜箔上的负电荷积累，而聚氯乙烯表面的负电荷诱导三角铜箔上的正电荷积累。

为方便理解，将聚氯乙烯与三角铜箔重叠面积最大的状态指定为第一状态［图 7.71（c）-（i）］。在这种初始状态下，聚氯乙烯和三角铜箔之间有最大的重叠，聚氯乙烯表现出比尼龙的正电荷密度更高的负电荷密度。因此，三角铜箔主要受聚氯乙烯上的负电荷的影响，导致相对于地面的正电位。当聚氯乙烯经历顺时针旋转过渡到第二状态时，聚氯乙烯与三角铜箔之间的重叠面积减少。在这一点上，聚氯乙烯和尼龙对三角铜箔的影响相互抵消，产生与地面相关的 0 电位［图（7.71（c）-（ii）］。在从第一状态到第二状态的过渡过程中，电流从三角铜箔流向地面。在达到第三种状态时，聚氯乙烯和三角铜箔之间的重叠面积最小，三角铜箔主要受到尼龙上的正电荷的影响，导致相对于地面的负电位［图（7.71（c）-（iii）］。当聚氯乙烯从第二态过渡到第三态时，电流继续从三角铜箔流向地面。在达到第四种状态时，聚氯乙烯和三角铜箔之间的重叠面积增加，聚氯乙烯和尼龙对三角铜箔的影响相互抵消，导致相对于地面的电位为 0［图（7.71（c）-（iv）］。在从第三态到第四态的过渡过程中，电流从地面流向三角铜箔。在聚氯乙烯从第四态转回第一态的整个过程中，三角铜箔上的正电位稳步增加，电流从地面流向三角铜箔。

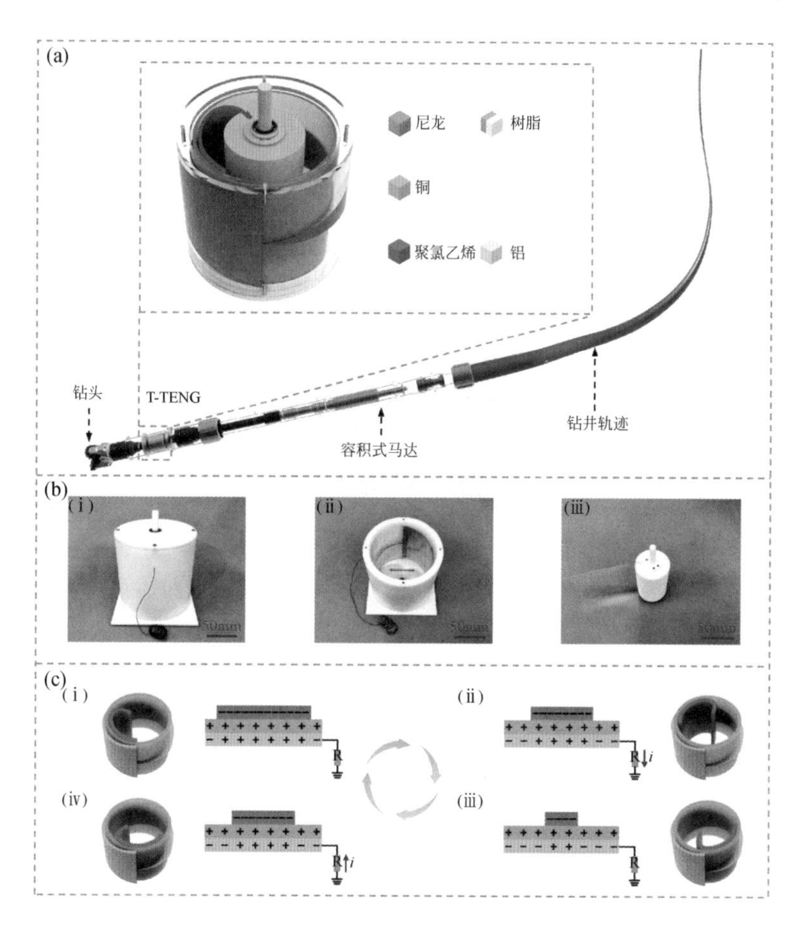

图 7.71　T-TENG 的结构设计和工作原理。(a) T-TENG 的安装位置方案及结构设计；(b) T-TENG 组件（ⅰ）、定子单元（ⅱ）和转子单元（ⅲ）照片；(c) T-TENG 的工作原理

进行了实验调查，以量化 T-TENG 在一定转速范围内的开路电压和短路电流。如图 7.72（a）和（b）所示，观察到随着转速在 100～1000rpm 范围内的变化，T-TENG 的输出开路电压持续增加。这种观察到的现象可以归因于不断升级的离心力施加在聚氯乙烯膜上，导致聚氯乙烯膜和尼龙之间的摩擦加剧。值得注意的是，当转速达到 1000rpm 时，开路电压在 935V 左右达到顶峰。同样，随着转速的增加，短路电流逐渐增加，在 1000rpm 时达到峰值，约为 2.2μA。

为了展示 T-TENG 的发电潜力，进行了实验，测量其在不同负载电阻下的输出电压和电流。随后，使用公式 $P=I^2R$ 计算输出功率，结果显示 T-TENG 在加载到 600MΩ 时可以产生约 0.25mW 的输出功率。为了进一步证明 T-TENG 的能力，研究了它在 3.3μF 电容器上不同转速下的充电效率。随着转速的提高，结果表明 T-TENG 的充电效率有所提高。在 900rpm 的转速下，电容器可在 42 秒内充电至 10V。此外，T-TENG 能够同时为 436 个串联的 LED 灯供电，如图 7.72（e）所示。如图 7.72（f）所示，使用整流桥和 47μF 电容对低功耗温湿度传感器充电。这些实验证明了 T-TENG 卓越的发电性能及其将地下的机械能转化为电能为其他地下传感器供电的潜力。

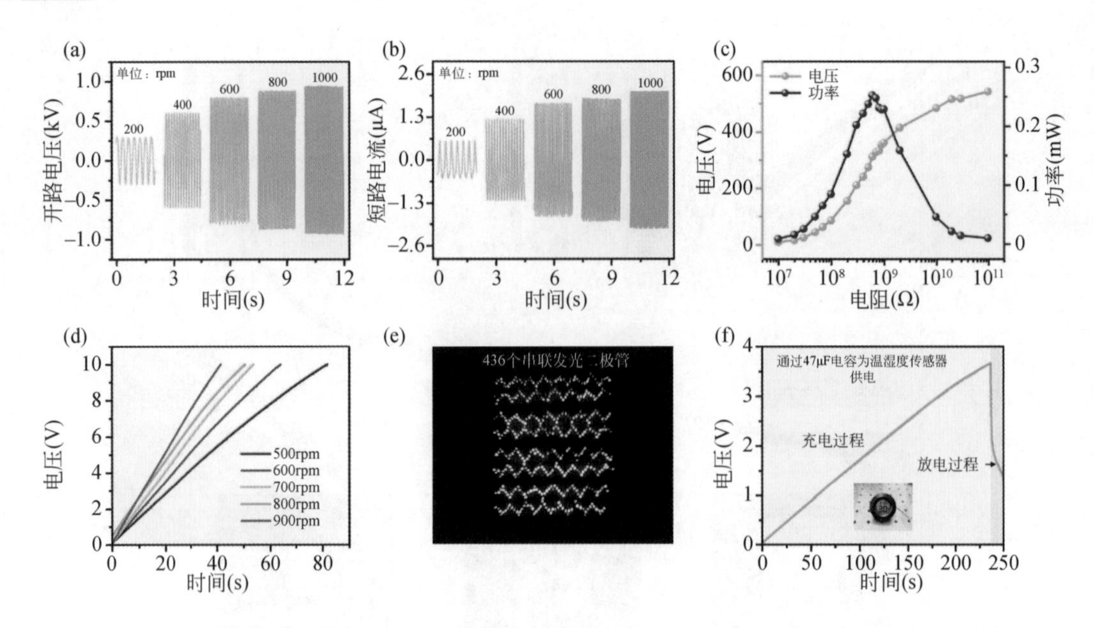

图 7.72　T-TENG 电输出特性。（a）T-TENG 在不同转速下的开路电压；（b）T-TENG 在不同转速下的短路电流；（c）400rpm 时不同外部电阻对电压和功率的影响；（d）将 3.3μF，50V 的电容在不同转速下充电至 10V；（e）以 600rpm 的转速同时点亮 436 个串联的 LED 灯；（f）通过整流桥和 47μF，50V 的电容在 800rpm 的转速下为温湿度传感器供电

如图 7.73（a）和图 7.73（b）所示，实验结果表明，由于其卓越的密封性能，当相对湿度从 20%增加到 100%时，T-TENG 的开路电压衰减仅为 2.39%，短路电流下降 4.02%。在实际应用中，地下传感器的耐用性对持久有效的探测至关重要。如图 7.73（c）所示，T-TENG 的耐久性测试结果表明，在 400rpm 连续运行 1200min 后，由于聚氯乙烯叶片与尼龙之间的软接触摩擦，其开路电压仅下降了约 3.92%。值得注意的是，在运行 1200min 后，尼龙表面出现了明显的划痕，这表明 T-TENG 开路电压的下降可能是由于磨损和磨损造成的摩擦材料的撕裂。

在实际操作中，井下电机不仅会进行旋转运动，还会进行进给和振动。为了考察 T-TENG 在实际井下电机工况的适用性，构建了模拟钻井测试环境，并对 T-TENG 进行了钻井测试。实验结果表明，在转速为 100rpm、进给速度为 2mm/min、振动速度为 17mm/s 的条件下，T-TENG 的开路电压［图 7.73（h）］和短路电流［图 7.73（i）］与之前得到的结果没有显著差异。

以上，展示了一种三角电极摩擦纳米发电机（T-TENG）具有优异的发电性能。它可以同时照亮 436 个串联的 LED 灯，并为低功耗温湿度传感器供电。此外，T-TENG 可以实时检测井下电机的速度和方向，为确定井下电机状况提供更全面的测量参数。另一方面，T-TENG 在操作稳定性和可靠性方面也非常出色。在 400rpm 连续工作 20 小时后，其电压衰减仅为约 3.92%，当相对湿度从 20%增加到 100%时，其开路电压衰减仅为约 2.39%。综上所述，所提出的 T-TENG 具有结构简单可靠、测量参数丰富、发电性能优异等优点。它非常适合井下电机的实际工况，为新型井下自供电传感器的研制提供了一条新途径。

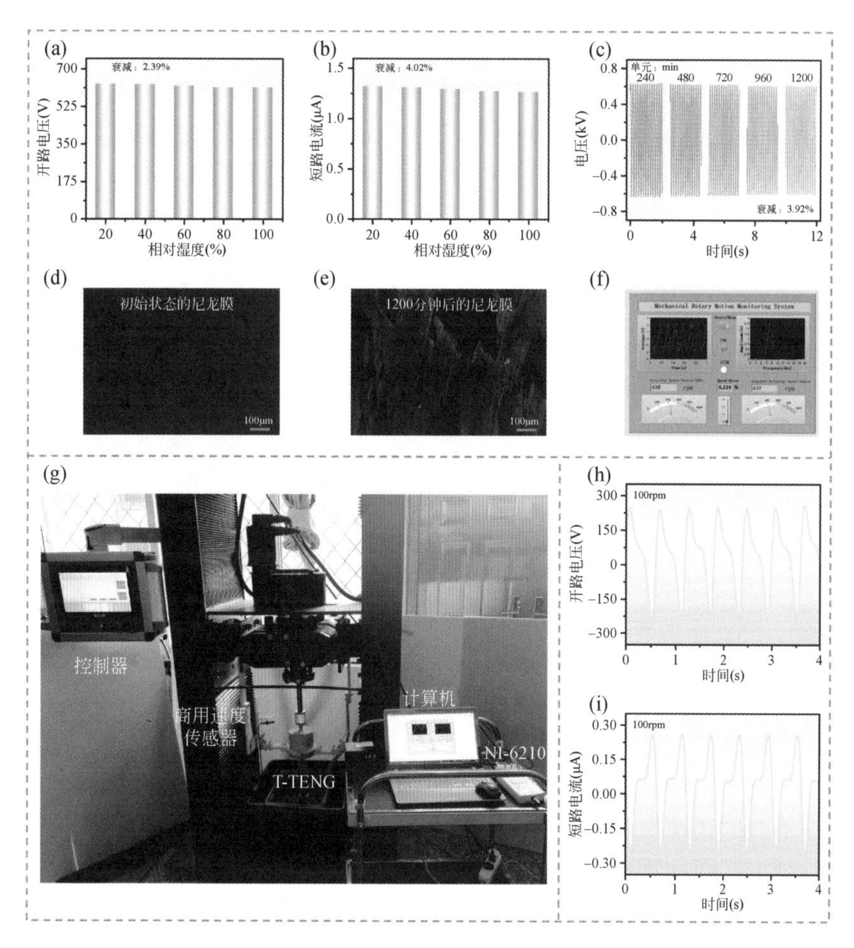

图 7.73　T-TENG 的可靠性试验与应用演示。在 400rpm 时，在不同的相对湿度水平下测量 T-TENG 的开路电压（a）和短路电流（b）;（c）T-TENG 在转速 400 转的不同时间内进行了耐久性测试;（d）~（e）连续测试 1200min 前后尼龙膜表面的 SEM 照片;（f）使用软件的用户界面测量转速和方向;（g）模拟钻井试验情景。在模拟钻井测试环境下，以 100rpm 的转速测量 T-TENG 的开路电压（h）和短路电流（i）

2. 用于监测井下钻具的摩擦纳米发电机

Wu 等提出了一种基于摩擦纳米发电机的涡轮钻机自供电速度传感器。根据对测试数据的统计分析，其测量范围为 0～900r/min，测量误差小于 5%，可满足实际钻井需求[26]。

图 7.74 为传感器结构示意图。图 7.74（a）显示了传感器的整体结构和组成。传感器由旋转轴和定子组成。转轴与涡轮钻机的支撑部分相连并保持旋转，定子与涡轮部分相连并保持静止。在旋转轴和定子上都涂上一层摩擦材料。涡轮钻具工作时，转轴与定子上的摩擦材料具有周期性的“接触-分离”过程，实现了基于“接触-分离”过程中电荷传递规律的转速测量。图 7.74（b）和（c）分别为传感器的转轴和定子。传感器主体结构采用聚乳酸材料 3D 打印，需要 210℃的打印温度，0.2mm 的毛坯厚度，60%的结构占空比。在定子内壁上涂上一层厚度为 0.05mm 的铜材料作为摩擦材料，同时作为电极，对产生的电荷进行推导。将厚度为 0.03mm 的聚四氟乙烯材料（CTF30，Bench Co.，LTD，中国苏州）涂于

转轴外壁，并在聚四氟乙烯材料背面（靠近转轴方向）附着一层铜材料作为另一电极，用于导出所产生的电荷。由于聚四氟乙烯材料和铜材料相对较软，在高转速下可能出现缠结等问题，影响摩擦起电过程。因此，将弹性较好的 0.1mm 厚的聚酰亚胺材料黏附在铜材料的背面，以支撑聚四氟乙烯材料和铜材料，保证转轴与定子的接触面积。同时，在泡沫收缩的基础上，聚酰亚胺材料作为缓冲层，将硬摩擦转化为软摩擦，减少摩擦面磨损，提高使用寿命。

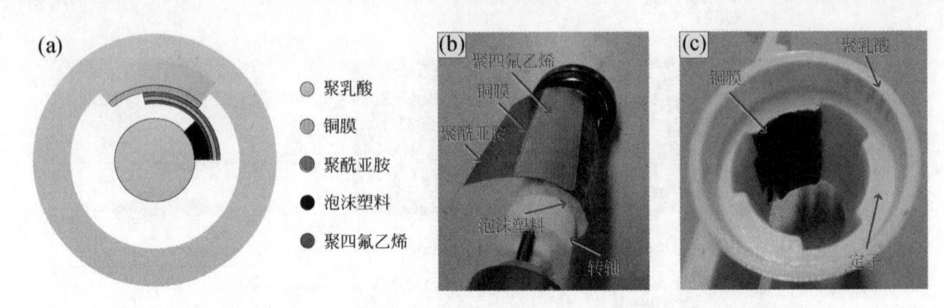

图 7.74　传感器结构示意图。(a) 总结构示意图；(b) 传感器转轴图片；(c) 感应定子图片

图 7.75 为不同转速下实测数据的统计分析结果。不同转速下传感器的信号电压幅值如图 7.75（a）所示，横坐标为实际转速，纵坐标为输出信号电压幅值的包络线。当转速在 400r/min 左右时，传感器产生的平均电压幅值约为 27V，转速在 900r/min 左右时，传感器产生的平均电压幅值约为 17V。换句话说，在特定区域内，转速与信号幅度成反比关系。其原因是在低转速下（转速在 400r/min 左右），传感器内部两次内摩擦的时间间隔比较长，而材料有足够的时间在摩擦变形后恢复到初始状态，保证了摩擦面积。由于摩擦面积越大，产生的电荷量越大，因此输出电压也相对较大。相反，当转速较高时（转速在 900r/min 左右），两次摩擦之间的时间间隔较短，因此变形后的材料没有足够的时间恢复到初始状态，导致摩擦接触面积减小，产生的电荷量减少，故输出电压相对较小。图 7.75（b）为对 100 次试验数据进行统计分析后所测转速相对误差散点图。横坐标表示实际速度，纵坐标表示测量速度的相对误差。由图 7.75（b）可知，测量误差在 2%～5%之间（即传感器的最大测量误差小于 5%），误差分布与转速之间不存在显著的线性相关关系。在实际钻井过程中，这种误差是可以接受的。

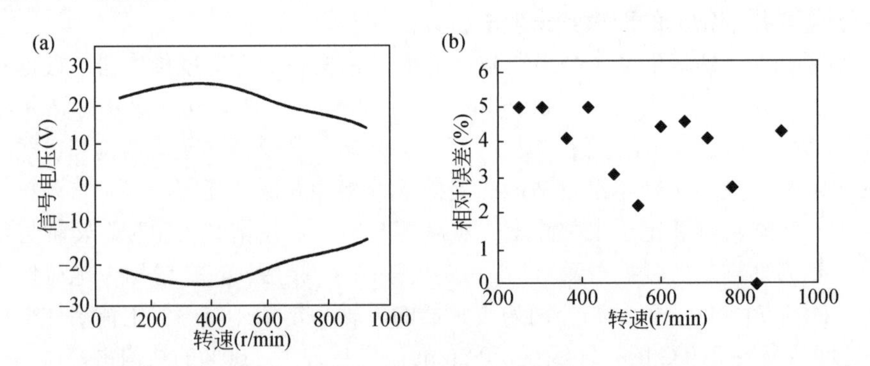

图 7.75　不同转速下实测数据的统计分析结果。(a) 不同转速下传感器的信号电压幅值；(b) 实测转速相对误差散点图

传感器的摩擦起电参数包括电压、电流和功率。因此，在对 100 次试验数据进行统计分析的基础上，分别得出了摩擦起电参数与转速的关系（如图 7.76 所示）。图 7.76（a）显示了输出电压和转速之间的关系。横坐标表示实际转速，纵坐标表示传感器产生的电压幅值。图 7.76（b）显示了输出电流与转速之间的关系。横坐标表示实际速度，纵坐标表示传感器产生的电流幅度。图 7.76（c）显示了输出功率与转速之间的关系。横坐标表示实际速度，纵坐标表示传感器产生的功率。

如图 7.76 所示，随着转速的增加，输出电压、电流、功率均先增大后缓慢减小。输出电压最大值在转速为 400r/min 左右时为 27V 左右，在转速为 900r/min 左右时最小值为 17V 左右。输出电流在转速低于 600r/min 左右时，最大值约为 7μA，转速在 900r/min 左右时，最小值约为 4μA。对功率来说，转速在 200～600r/min 范围内，功率最大值约为 2×10^{-4}W；转速在 900r/min 范围内，功率最小值约为 6×10^{-5}W。

此外，为了进一步直观地显示传感器的自供电性能，将交流电通过整流桥转换为直流电，并将传感器输出的功率直接提供给多个 LED 灯。LED 灯点亮的数量暗示了实时供电效果。根据测试，在传感器的直接驱动下，产生的最大功率可以连续点亮 10 个 LED 灯［图 7.76（d）］。如果将多个传感器串联起来，并将产生的电力存储在电池中一段时间，则可以为井下低功率仪器［如随钻测量（MWD）仪器］实时供电。

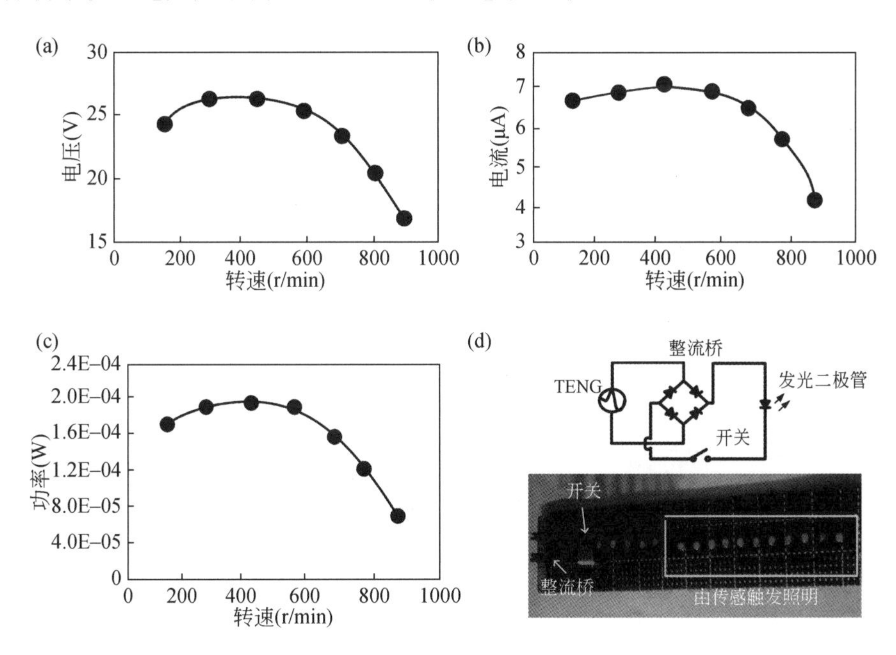

图 7.76　自供电传感器的实验结果。（a）输出电压与转速关系曲线；（b）输出电流与转速关系曲线；（c）输出功率与转速关系曲线；（d）被传感器输出功率点亮的 LED 灯图片

以上，展示了一种基于摩擦纳米发电机的涡轮钻机自供电速度传感器。根据对测试数据的统计分析，其测量范围为 0～900r/min，测量误差小于 5%，可满足实际钻井需求。该装置在低速时输出信号电压值峰值约为 27V。输出信号的电压值越大，对信号的检测效果越好。因此，该传感器在低速时具有较好的信号特性。除了满足自身的供电要求外，传感

器的输出功率也可以储存起来，为其他井下仪器供电。在井下钻具转速监测与自供电方面有着不错的发展前景。

Zhou 等提出了一种基于摩擦纳米发电机的自供电钻杆旋转速度和方向传感器。其基本工作原理是单电极摩擦纳米发电机在钻杆旋转过程中输出锯齿信号，通过计数信号脉冲频率来测量旋转速度，然后通过判断锯齿信号的齿尖方向来实现旋转方向[27]。

如图 7.77 所示，由于钻杆位于地下数千米深处，整个钻杆由许多较短的钻杆连接而成。钻杆的外部有一个外壳，外壳也是由若干较短的外壳连接而成。传感器的定子连接在钻杆或钻具的外壳上保持静止，传感器的转子连接在钻杆上随钻具旋转。这样，传感器和钻杆就集成在一起了。转子由转轴和附在转轴上的拱环组成。作为摩擦层，拱圈采用聚酰亚胺（PY11YG，中国东莞领美有限公司）材料制成，尺寸为 35mm×30mm×15mm，厚度为 1mm，挤压后具有优异的弹性变形能力。定子由一个外壳和三个连接在外壳内壁上的电极组成。壳体为管状结构，外半径 35mm，高 80mm，内壁厚度不均匀。电极 1、电极 2、电极 3 依次粘贴在壳体内壁上，尺寸为 40mm×40mm，厚度为 0.1mm，材料分别为铝箔（999，中国深圳明盛有限公司）、钢箔（304，中国上海金鼎有限公司）、铜箔（C1100，中国东莞 ZYTLCL 有限公司）。铝箔、钢箔、铜箔到圆心的距离分别记为 R_3、R_2、R_1，分别为 28mm、30mm、32mm。这样，与拱环的挤压程度不同，输出的波形差异更加明显。铝箔、钢箔、铜箔共同构成电极层和摩擦层。

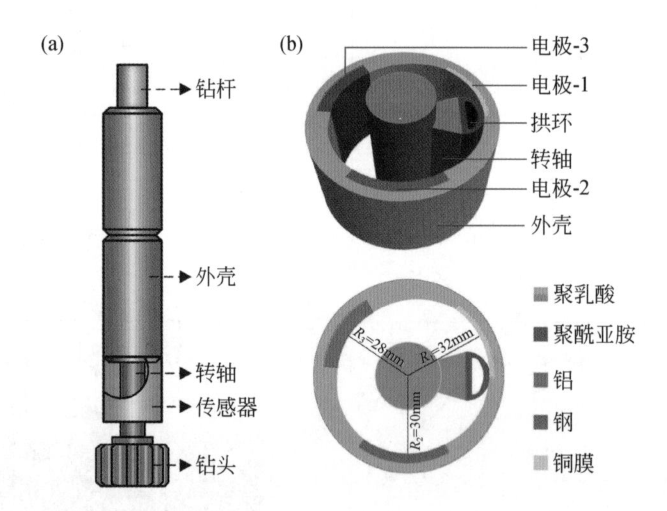

图 7.77　传感器的组成和安装。（a）与钻杆结合的传感器示意图；（b）内部结构图

如图 7.78（a）所示，将传感器的转子连接到电机的输出轴上，传感器的定子连接到支撑台上，然后通过调速控制器调节电机的输出转速来模拟钻杆的旋转。传感器的输出信号由数据采集卡（USB5632，ART Technology Co.，Ltd，Beijing，China）处理，再由静电计（6514，Keithley Co，Ltd，Solon，USA）处理，然后连接到计算机，再由 LabVIEW 编程软件显示。通过该软件程序，可以对噪声进行滤波，得到实验数据，实验部分如图所示。

首先使用传感器的输出电压波形来检测钻杆的旋转方向。当转子旋转方向不同时，外电路将输出不同波形的电压信号，图 7.78（c）和图 7.78（d）分别为转子在 200rpm 时顺时针和逆时针旋转的锯齿波形。当转子顺时针旋转时，锯齿信号的齿尖方向为右；当转子逆时针旋转时，锯齿信号的齿尖方向向左。因此，可以通过分析电压信号的“齿尖”方向来检测转子的旋转方向。目前传感器检测的旋转方向为顺时针和逆时针，暂时无法确定钻头在空间中的旋转方向，但传感器的三个电极连接到单片机的三个输入端，可以检测钻杆的三个旋转角度。这为将来利用旋转角度和基准面之间的关系来检测钻头在空间上的具体方向提供了可能性。

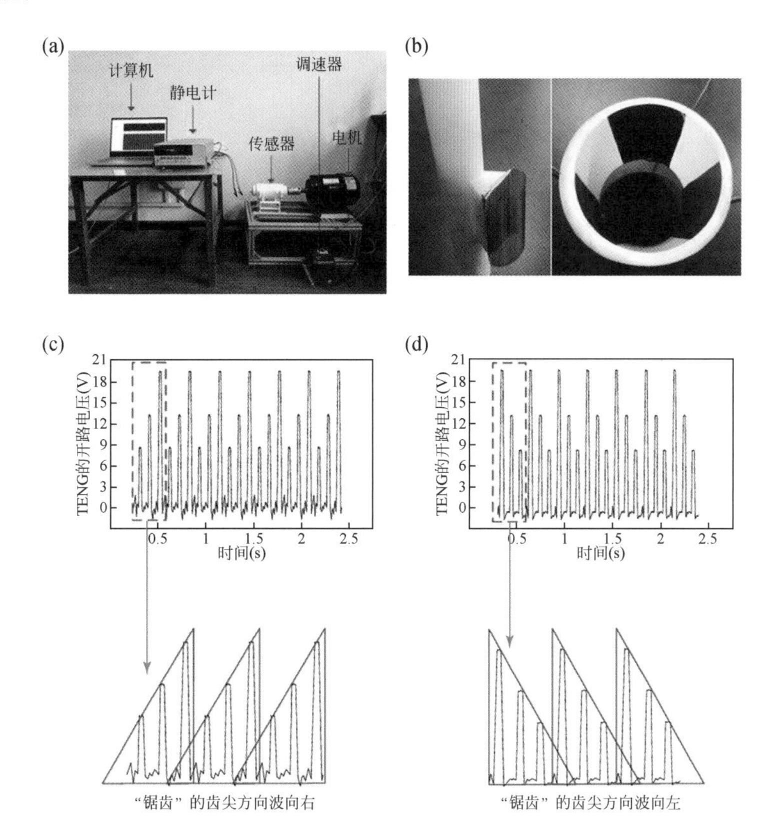

图 7.78　测试设备和转子在不同方向旋转时的电压波形。(a) 测试设备的照片；(b) 转子和定子的照片；(c) 转子以 200r/min 顺时针旋转时的电压波形；(d) 转子以 200r/min 逆时针旋转时的电压波形

该传感器可以测量转速，测试结果如图 7.79 所示。图 7.79（a）和（b）分别为钻杆顺时针和逆时针旋转时不同转速下的输出电压波形。可以看出，随着转速的增加，输出电压减小。利用电压脉冲频率与转速之间的线性关系，将电压脉冲信号作为 TENG 的检测信号，并根据试验对其进行标定。校准曲线如图 7.79（c）所示。结果表明，TENG 的标定曲线呈良好的线性关系，测量范围为 0～1000rpm。由于传感器为线性传感器，其灵敏度不随转速的变化而变化，测得的灵敏度为 0.0167Hz/rpm，利用最小二乘法测得传感器的线性度为 3.5%。根据绝对误差与实测值之比，相对误差小于 4%，结果如图 7.79（d）所示，在实际钻井中是可以接受的。

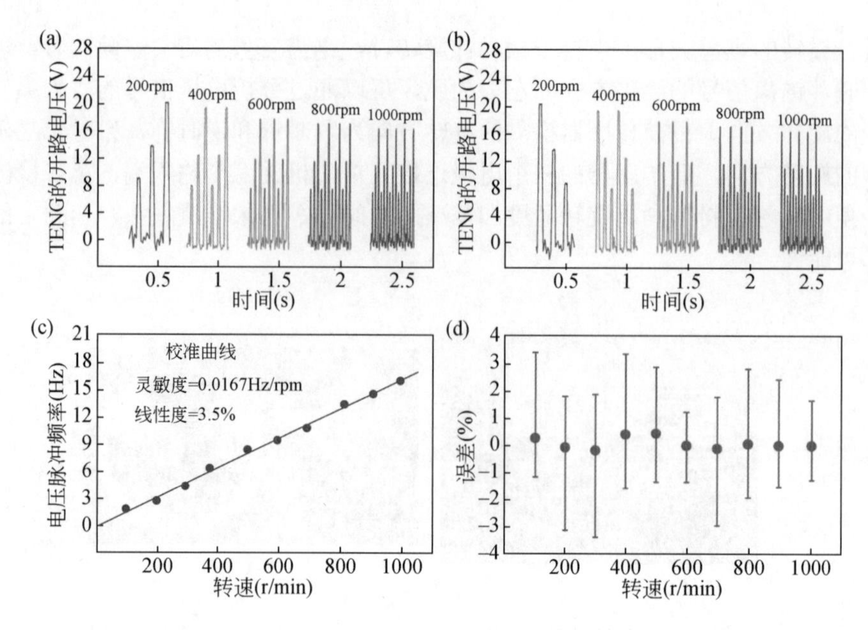

图 7.79 测量转速的传感器测试结果。(a)转子顺时针旋转时传感器在不同转速下的开路电压波形；(b)转子逆时针旋转时传感器在不同转速下的开路电压波形；(c)曲线为不同转速下传感器电压脉冲频率；(d)测量转速的传感器误差

以上，展示了一种基于摩擦纳米发电机的钻杆自供电传感器，能够监测钻杆的旋转速度和方向。试验结果表明，钻头顺时针旋转时，锯齿波齿尖方向为右，逆时针旋转时，锯齿波齿尖方向为左。同时，该传感器可以通过计数电压脉冲频率来测量转速，测量范围为0～1000rpm，测量误差小于4%，灵敏度为0.0167Hz/rpm，线性度为3.5%。在转速与方向监测方面的良好表现，展现了该装置的良好应用前景。

Wu 等提出了一种基于摩擦电-电磁混合纳米发电机（NG）的转速传感器。该传感器在工作过程中不需要额外的电源，因为传感器本身的工作过程就是发电过程[28]。

如图 7.80（a）所示，传感器主要由定子和转子组成，定子连接在钻杆或钻具外壳上保持静止，转子连接在钻杆上随钻具旋转。作为转子的核心部件之一，尺寸为40mm×15mm×30mm 的铁芯由直径为 0.15mm、匝数为 100 匝的线圈包裹，两个线圈串联连接。拱圈拱高 16mm，由厚度 1mm 的聚酰亚胺（PY11YG，凌美有限公司，中国东莞）制成，对称安装在铁芯两侧，形成摩擦电层，受挤压后具有良好的弹性变形能力。定子为管状结构，外径 65mm，高度 49mm。两块扇形角为 170 度的磁瓦对称粘贴在定子内部，磁瓦极性相反，产生恒定磁场。然后在磁瓦内部均匀粘贴四个扇形角为 80 度的电极，并在电极表面粘贴厚度为 0.1mm 的铜箔（C1100，ZYTLCL Co.，LTD，中国东莞），形成电极层和摩擦电层。

如图 7.80（b）所示，拱环具有良好的弹性变形能力，电极为变径圆弧结构。因此，当旋转拱环通过时，由于电极斜率的变化，电极将被充分挤压，造成拱环的弹性变形，增大了两摩擦电层的摩擦压力和摩擦接触面积。由于摩擦电信号的输出幅值与摩擦接触压力和摩擦面积成正比，这种传感器结构有利于增大输出信号幅值，从而提高信噪比和输出功率。

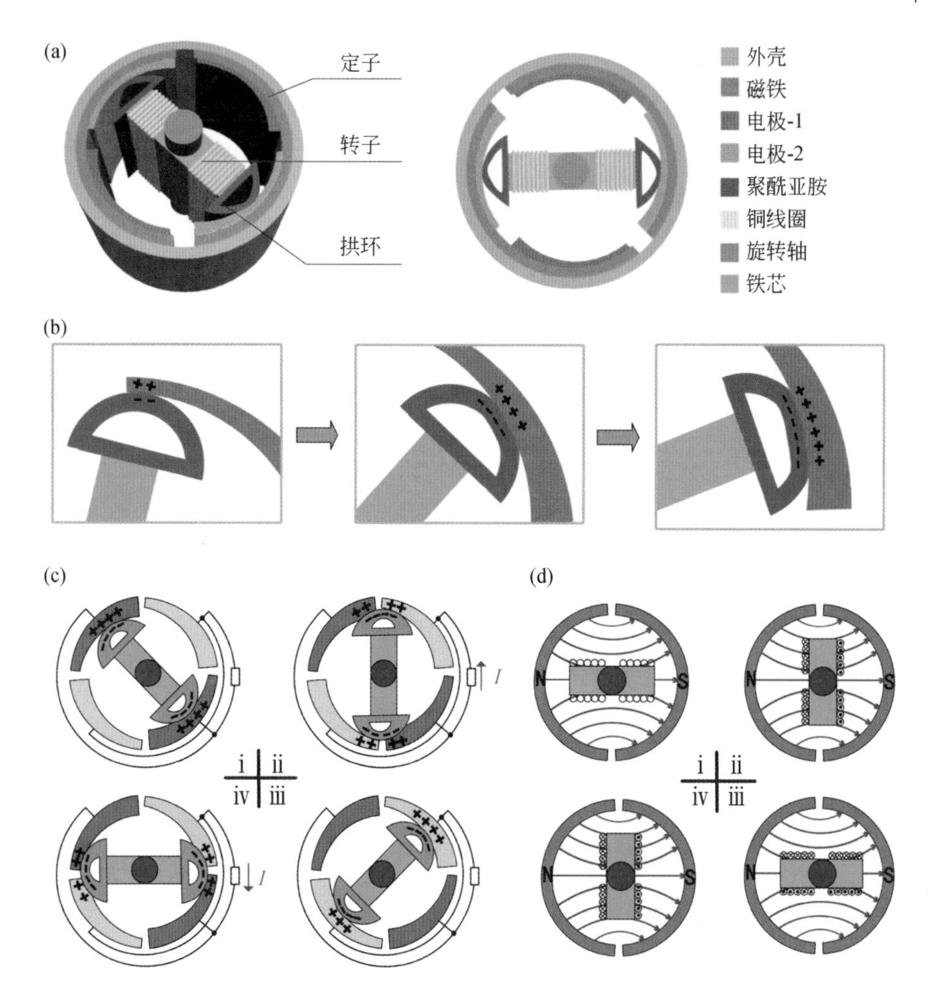

图 7.80　传感器的组成和工作原理。(a)组成示意图；(b)电弧环工作时弹性变形示意图；(c)TENG 工作步骤示意图；(d)EMG 部分工作步骤示意图

图 7.80（c）显示了传感器 TENG 部分的工作步骤。如图 7.80（c）-（i）所示，电极 1 与电弧环相互接触产生电荷，极性相反的电荷处于相互平衡状态。由于铜比聚酰亚胺更容易失去电子，所以铜电极带正电，弧环带负电[6]。当转子旋转到如图 7.80（c）-（ii）所示的状态时，电极 2 的电荷转移到电极 1，从而在两个电极之间产生电流。当转子继续旋转到如图 7.80（c）-（iii）所示的状态时，电弧环与电极 2 完全接触，电荷处于新的平衡状态，因此电路中没有电荷流动。进一步旋转到图 7.80（c）-（iv）所示的状态，电极 1 的电荷转移到电极 2，从而在两个电极之间产生反向电流。最后又回到图 7.80（c）-（i）所示的状态，开始一个新的工作循环。由以上步骤可以看出，每一个周期都会产生一个交流信号，所以转速可以通过计数单位时间内的交流或电压脉冲频率来测量。进一步介绍传感器电磁发电部分的工作步骤，如图 7.80（d）所示。当转子旋转到图 7.80（d）-（i）所示的状态时，通过线圈的磁通量最大，开路电压 V、短路电流 I 和电荷转移 Q 可表示为[7,8]：

$$V = -N\frac{\mathrm{d}\varphi}{\mathrm{d}t} \tag{7-8}$$

$$I = \frac{V}{R_{\mathrm{Coil}}} \tag{7-9}$$

$$Q = \frac{\Delta\varphi}{R_{\mathrm{Coil}}} \tag{7-10}$$

式中，N 为线圈匝数；φ为磁通量；R_{Coil} 是线圈的电阻。

随着转子继续旋转到图 7.80（d）-（ii）所示的状态，磁通量逐渐减小到零，因此开路电压和短路电流也为零。然后旋转到图 7.80（d）-（iii）所示的状态，磁通量方向与图 7.80（d）-（i）相反，因此在该状态下输出反方向的最大电流。进一步旋转到如图 7.80（d）-（iv）所示的状态，磁通量再次为零，因此输出电压和电流也为零。最后又回到图 7.80（d）-（i）所示的状态，开始一个新的工作循环。由以上步骤可知，线圈磁通量的变化与转速成正比，每一个周期都会产生一个交流电信号，所以转速可以通过计数单位时间内的交流电或电压脉冲频率来测量。

传感器的 TENG 和 EMG 都可以测量钻杆的转速，因此分别测试了测量性能，结果如图 7.81 所示。如图 7.81（a）～（d）所示，TENG 与 EMG 的校准曲线呈良好的线性关系，TENG 与 EMG 的测量误差分别小于 3%和 5%，在实际钻井中是可以接受的。由于不同的转子与定子之间的预载荷会影响 TENG 的输出特性，因此对不同预载荷下的转子与定子的开路电压和短路电流进行了测试，结果如图 7.81（e）和（f）所示。可以看出，随着转子与定子之间预载荷的增加，TENG 的开路电压和短路电流都有所增加。而预紧力越大，则

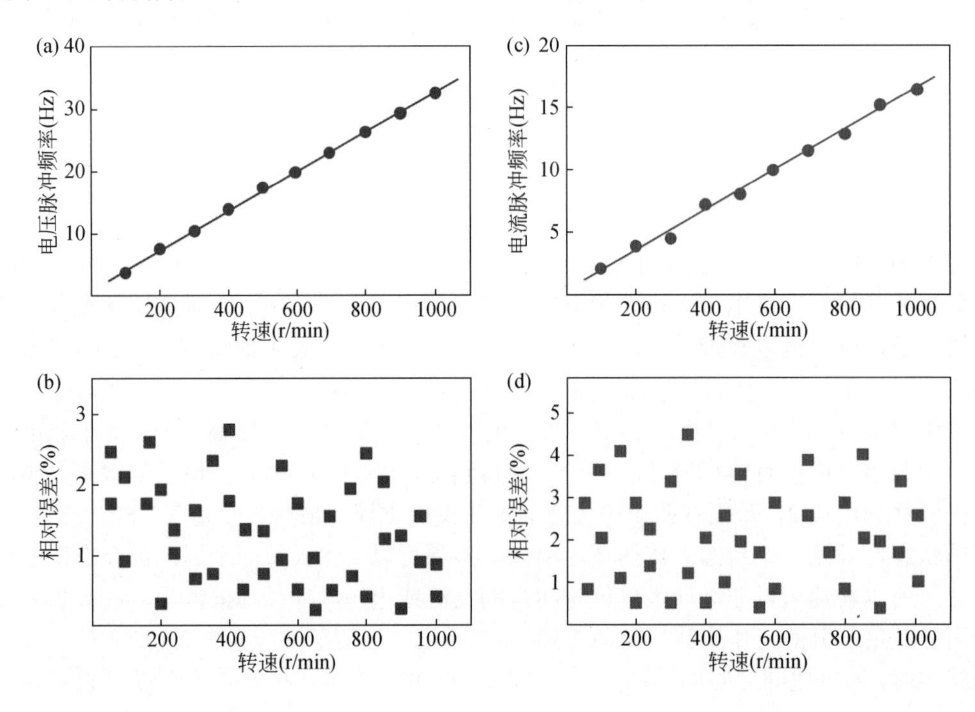

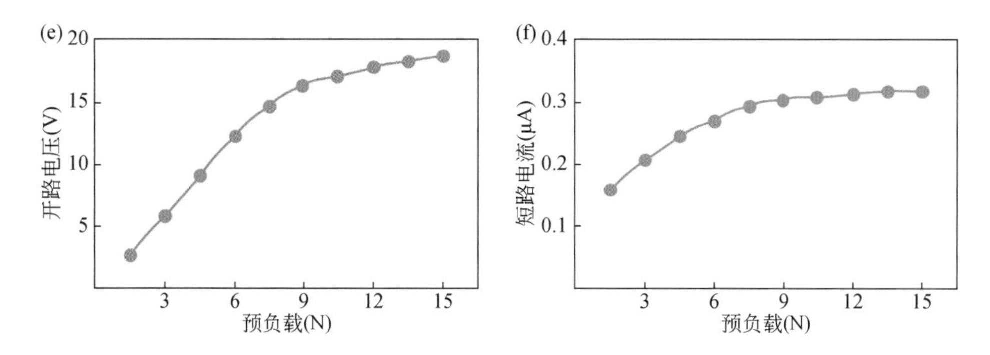

图 7.81　传感器传感特性测试结果。（a）不同速度下 TENG 电压脉冲频率曲线；（b）TENG 测量速度误差散点图；（c）不同速度下的 EMG 电流脉冲频率曲线；（d）EMG 测量速度误差散点图；（e）转子与定子不同预载时 TENG 输出开路电压曲线；（f）转子与定子在不同预载荷下的 TENG 输出短路电流

会增加 TENG 各摩擦电层之间的摩擦，从而增加摩擦电层的损耗。因此，设置转子与定子之间的预紧力为 9N，这样不仅可以获得较大的输出特性，还可以有效地减少材料损耗。

传感器的 TENG 和 EMG 的工作过程都是发电过程，因此对发电特性进行了测试，结果如图 7.82 所示。如图 7.82（a）和（b）所示，TENG 的输出电压和转移电荷与转速负相关，输出电流与转速正相关，当负载电阻约为 $10^7\Omega$ 时，可获得 3.4μW 的最大输出功率。图 7.82（c）和（d）所示的 EMG 测试结果显示，输出电压和电流与转速成正比，转移电荷保持不变。当负载电阻约为 70Ω时，可获得 36.5mW 的最大功率。由此可见，在相同条件下，EMG 的输出功率远大于 TENG 的输出功率。

此外，测试了传感器充电电容器的特性，结果如图 7.82（e）所示。在转速为 1000rpm 时，将 TENG 与 EMG 并联的输出功率通过整流桥电路充电到一个 100μF 的电容上，实现蓄电，充电 100s 后电容两端电压可达到 4.7V，但充电速度随时间略有下降。

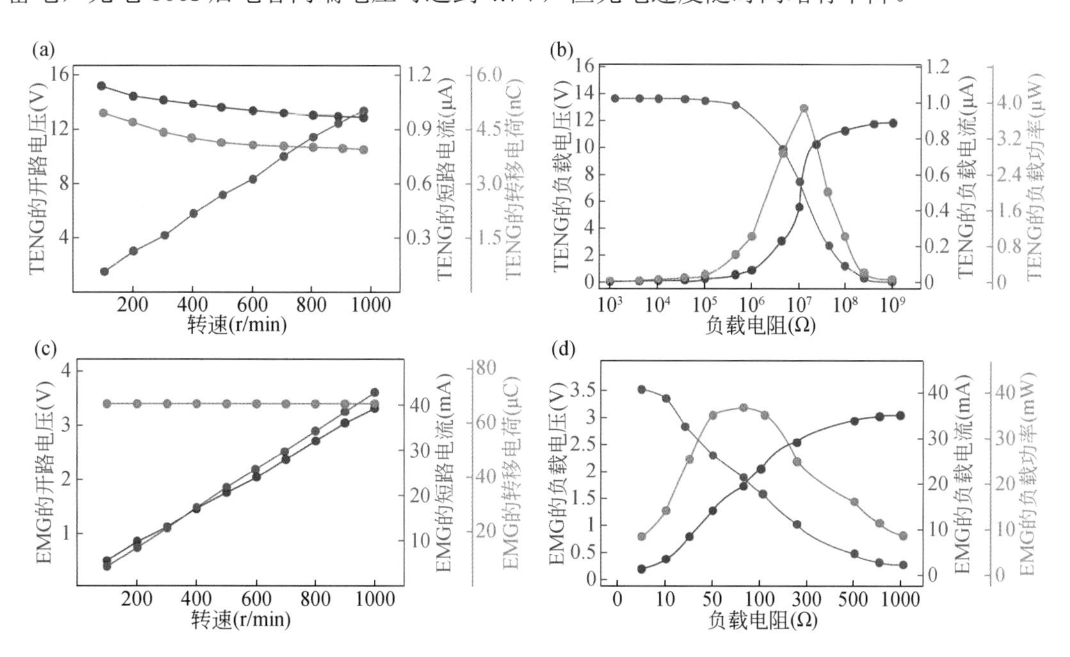

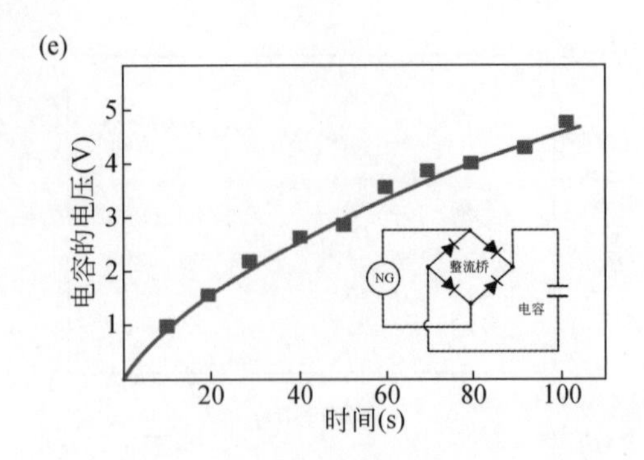

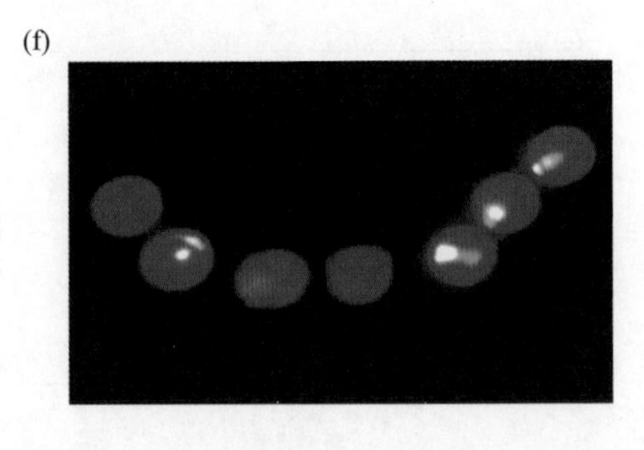

图 7.82 传感器发电特性测试结果。(a) 负载电阻为 100Ω时，不同速度下 TENG 输出电压、电流和转移电荷；(b) 转速为 1000 转时，不同负载下的 TENG 输出电压、电流和功率；(c) 负载电阻为 5Ω时，不同转速下的 EMG 输出电压、电流和传递电荷；(d) 转速为 1000rpm 时，不同负载下的 EMG 输出电压、电流和功率；(e) 传感器对 100μF 电容充电曲线；(f) 传感器点亮 LED 灯的图片

此外，如图 7.82（f）所示，传感器的输出功率通过整流桥电路点亮 LED（发光二极管），实时显示发电性能，结果显示在 1000rpm 的转速下可以点亮 7 个 LED 灯泡。上述发电试验表明，虽然单个传感器的发电量较小，但多个传感器并联发电可以为井下微功率仪表提供实时供电。

以上，展示了一种基于摩擦电-电磁混合纳米发电机的钻杆自供电转速传感器，该传感器能够满足钻杆转速测量的需求，并且 TENG 和 EMG 的混合使用不仅增加了可靠性，而且增加了输出功率，非常适合钻井环境。TENG 与 EMG 的混合使用，使得该装置在井下钻具转速监测方面有着不错的优势。

7.5 本 章 小 结

本章详细阐述了建筑设施健康监测技术的重要性及其广泛应用，并深入探讨了其中的核心要素——传感器的作用。在结构健康监测系统中，通过运用多种类型的传感器，如应变片和轴承位移传感器等，能够实时收集建筑结构的数据，以评估其健康状况并进行可靠性预测。智能传感器的应用不仅为监测提供了实时信息，还能与其他智能设备实现互联，从而进行更为精确的监测和诊断。此外，TENG 作为一种新型自供电传感器，因其在成本效益和灵敏度方面的优势，已在多个领域得到应用，包括桥梁结构健康监测、高层建筑安全监测和矿井井下安全监测等。这些技术的融合为保障建筑结构的安全性和可靠性提供了坚实的支撑。

参 考 文 献

[1] Yu H, He X, Ding W, et al. A self-powered dynamic displacement monitoring system based on triboelectric accelerometer[J]. Advanced Energy Materials, 2017, 7(19): 1700565.

[2] Li S, Liu D, Zhao Z, et al. A fully self-powered vibration monitoring system driven by dual-mode

triboelectric nanogenerators[J]. ACS Nano, 2020, 14(2): 2475-2482.

[3] Wang J, Man H Y, Meng C, et al. A fully self-powered, natural-light-enabled fiber-optic vibration sensing solution[J]. SusMat, 2021, 1(4): 593-602.

[4] Xu J, Wei X, Li R, et al. A capsule-shaped triboelectric nanogenerator for self-powered health monitoring of traffic facilities[J]. ACS Materials Letters, 2022, 4(9): 1630-1637.

[5] Zhang H, Huang K X, Zhou Y H, et al. A real-time sensing system based on triboelectric nanogenerator for dynamic response of bridges[J]. Science China Technological Sciences, 2022, 65(11): 2723-2733.

[6] 龚仕伟. 房屋结构安全监测研究[J]. 建筑电气, 2020, 39(12): 37-41.

[7] San S T, Jo S, Roh H, et al. Hybridized generator: Freely movable ferromagnetic nanoparticle-embedded balls for a self-powered tilt and direction sensor[J]. Extreme Mechanics Letters, 2020, 41: 101063.

[8] Han M, Zhang X S, Sun X, et al. Magnetic-assisted triboelectric nanogenerators as self-powered visualized omnidirectional tilt sensing system[J]. Scientific Reports, 2014, 4(1): 4811.

[9] Jin X, Yuan Z, Shi Y, et al. Triboelectric nanogenerator based on a rotational magnetic ball for harvesting transmission line magnetic energy[J]. Advanced Functional Materials, 2022, 32(10): 2108827.

[10] Fang L, Zheng Q, Hou W, et al. A self-powered tilt angle sensor for tall buildings based on the coupling of multiple triboelectric nanogenerator units[J]. Sensors and Actuators A: Physical, 2023, 349: 114015.

[11] Roh H, Kim I, Yu J, et al. Self-power dynamic sensor based on triboelectrification for tilt of direction and angle[J]. Sensors, 2018, 18(7): 2384.

[12] Jung Y, Yu J, Hwang H J, et al. Wire-based triboelectric resonator for a self-powered crack monitoring system[J]. Nano Energy, 2020, 71: 104615.

[13] Zhang Q, Barri K, Kari S R, et al. Multifunctional triboelectric nanogenerator-enabled structural elements for next generation civil infrastructure monitoring systems[J]. Advanced functional materials, 2021, 31(47): 2105825.

[14] Lai J, Ke Y, Cao Z, et al. Bimetallic strip based triboelectric nanogenerator for self-powered high temperature alarm system[J]. Nano Today, 2022, 43: 101437.

[15] Shie C Y, Chen C C, Chen H F, et al. Flexible and self-powered thermal sensor based on graphene-modified intumescent flame-retardant coating with hybridized nanogenerators[J]. ACS Applied Nano Materials, 2023, 6(4): 2429-2437.

[16] Luo J, Shi X, Chen P, et al. Strong and flame-retardant wood-based triboelectric nanogenerators toward self-powered building fire protection[J]. Materials Today Physics, 2022, 27: 100798.

[17] Wu C, Huang H, Yang S, et al. Pagoda-shaped triboelectric nanogenerator with high reliability for harvesting vibration energy and measuring vibration frequency in downhole[J]. IEEE Sensors Journal, 2020, 20(23): 13999-14006.

[18] Wu C, Huang H, Li R, et al. Research on the potential of spherical triboelectric nanogenerator for collecting vibration energy and measuring vibration[J]. Sensors, 2020, 20(4): 1063.

[19] Chuan W, He H, Shuo Y, et al. Research on the self-powered downhole vibration sensor based on triboelectric nanogenerator[J]. Proceedings of the Institution of Mechanical Engineers, Part C: Journal of Mechanical Engineering Science, 2021, 235(22): 6427-6434.

[20] Li R, Huang H, Wu C. A method of vibration measurement with the triboelectric sensor during geo-energy drilling[J]. Energies, 2023, 16(2): 770.

[21] Wu C, Yang S, Wen G , et al. A self-powered vibration sensor for downhole drilling tools based on hybrid electromagnetic-Triboelectric nanogenerator[J]. Review of Scientific Instruments, 2021, 92(5).

[22] Liu J, Huang H, Zhou Q, et al. Self-powered downhole drilling tools vibration sensor based on triboelectric nanogenerator[J]. IEEE Sensors Journal, 2021, 22(3): 2250-2258.

[23] Wang H, Huang H, Wu C, et al. A ring-shaped curved deformable self-powered vibration sensor applied in drilling conditions[J]. Energies, 2022, 15(21): 8268.

[24] Wang Y, Wu C, Yang S. A self-powered rotating speed sensor for downhole motor based on triboelectric nanogenerator[J]. IEEE Sensors Journal, 2020, 21(4): 4310-4316.

[25] Xu J, Wang Y, Li H, et al. A triangular electrode triboelectric nanogenerator for monitoring the speed and direction of downhole motors[J]. Nano Energy, 2023, 113: 108579.

[26] Wu C, Fan C, Wen G. Self-powered speed sensor for turbodrills based on triboelectric nanogenerator[J]. Sensors, 2019, 19(22): 4889.

[27] Zhou Q, Huang H, Wu C, et al. A self-powered sensor for drill pipe capable of monitoring rotation speed and direction based on triboelectric nanogenerator[J]. Review of Scientific Instruments, 2021, 92(5).

[28] Wu C, Zhou Q, Wen G. Research on self-powered rotation speed sensor for drill pipe based on triboelectric-electromagnetic hybrid nanogenerator[J]. Sensors and Actuators A: Physical, 2021, 326: 112723.

第8章

摩擦纳米发电机在智慧电力系统领域的应用

8.1 引　　言

在电力系统中，高压输电线路起着举足轻重的作用。输电线路的建设和运行质量直接关系到整个电力系统的运行稳定性和供电质量。为确保输电网安全、可靠、经济和高效的运行，在线监测输电线路状态至关重要。然而，目前架空输电线路在线监测技术主要采用“太阳能+电池”或互感取能的方式提供电源，前者存在体积大、输出功率不稳定等问题，而后者对输电线传输电能具有很强的依赖性。随着智能电网的发展，电力传感器供电技术已成为制约输电线路在线监测技术发展的瓶颈之一。除了太阳能以外，输电线系统中还存在其他大量可回收利用的随机自然能量。而摩擦纳米发电机在环境能量收集和利用方面具有优势，特别是对于风能和振动能收集，已有大量研究证实了其可行性。因此，摩擦纳米发电机在电网数字化应用中具有巨大发展潜力。针对上述问题，本章开展摩擦纳米发电机在智慧电力系统领域的应用研究，分别对摩擦纳米发电机在输电线路智慧输电系统监测、振动能俘获自驱动系统和风能俘获自驱动系统的三种典型应用进行介绍，主要简述三个方向的研究背景及著者在不同方向上所提出的技术方案，并给出所研制的具体方案构型、实验性能及应用结果。

8.2 智慧输电系统监测

前面章节详细阐述了摩擦纳米发电机在自驱动传感方面的发展潜力，因此，利用摩擦纳米发电机实现输电线路在线监测同样是一种可行的监测新方法。在实际运行中，输电线路容易因气象及风致振动的变化影响自身的电气性能及系统的结构和机械性能。因此，气象监测和输电线振动监测对输电线路在线监测十分重要，利用摩擦纳米发电机对输电线路气象及导线振动状态进行实时监测，可以及时发现线路的异常情况，为电力系统的安全稳定运行提供保障。

8.2.1 杆塔气象监测

著者提出了一种利用摩擦纳米发电机和电磁发电机同时实现物联网节点和传感器自供电的方法，设计了一种基于电磁-摩擦复合发电机的能量采集传感装置（ES-ETHG）[1]，通过电源管理电路为输电线路分布式传感节点长时间供电。此外，ES-ETHG 可以在 3～15m/s 范围内精准地测量风速，并在 2 秒内准确探测风向。在此基础上，构建了自供电分布式智能气象传感系统，可实现输电线系统温度、湿度、风速及风向等气象信息采集和无线传输。如图 8.1（a）所示，ES-ETHG 由 EMG 和 TENG 两部分组装而成。图 8.1（b）为我们展示了其具体结构，EMG 部分由定子和转子两部分组成，其中定子由四个直径为 35mm 的线圈组成。相邻线圈之间的差值是 90°。线圈固定在一个带有凹槽的亚克力板上。将四个相同极性的磁铁固定在亚克力板上作为转子，转子被固定在轴上。EMG 部分的轴可以随风杯旋转。TENG 部分同样由定子和转子两部分组成，定子主要分为三层：由亚克力底盘组成的底部支撑层，由三个铜箔扇区组成的通电层及于铜箔上覆盖的一层 0.13mm 厚的聚四氟乙烯（PTFE）薄膜。转子是一个亚克力底盘，覆盖着一个分散的铜箔扇区。

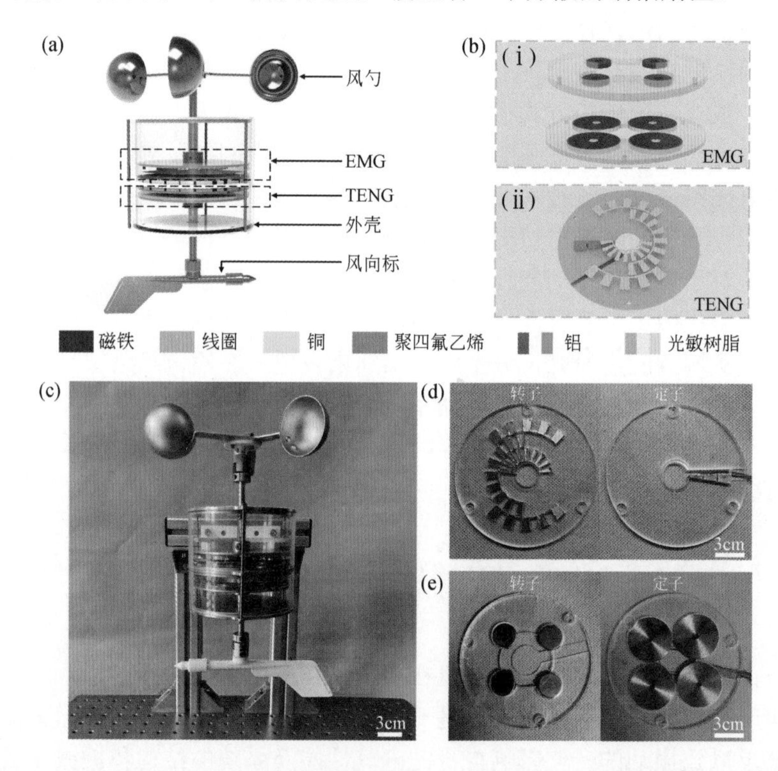

图 8.1 基于电磁-摩擦复合发电机的能量采集传感装置（ES-ETHG）的结构设计。（a）整体样机结构；（b）EMG 和 TENG 结构细节；（c）样机结构实物展示图；（d）定子及转子电极细节展示图；（e）定子及转子结构展示图

具体实验中，测量了三个电极在相同转速下的电压输出以表征 TENG 的风向传感性能。

如图 8.2（b）所示，在 1rpm 的激励转速下，得到三个通道的输出电压信号，三个通道的开路电压峰值分别达到 5V、9V 和 13V。这三个电极显示出相似的电压波形。当电极从空白位置移动到铜箔位置时，开路电压增加；当电极和铜箔直接接触时，开路电压达到最大值；当电极与铜箔完全分离时，开路电压值最小。因此，当电极处于铜箔安装在栅格上的位置时，会产生周期性电压波形。当电极与栅格状铜箔完全分离时，开路电压的下降幅度较大。由于三个通道的角速度相同，半径依次增大，电极面积依次增大，导致三个通道的开路电压呈上升趋势。如图 8.2（c）所示，三个通道的峰值电流分别为 34nA、100nA 和 164nA。只有当电极通过网格状的铜箔时，才能产生这三个通道的短路电流。如图 8.2（d）所示，在不同的转速下，TENG 所输出的开路电压保持在 7.5V 左右，基本没有变化；而另一方面，随着转速的增加，峰值电流幅度从 100nA 增加到 270nA［图 8.2（e）]。短路电流的值取决于单位时间内转移的电荷量，它由电极的面积决定，因此短路电流的大小取决于每个周期转移的电荷量。当每个周期内的转移电荷量不变时，速度越快，电流越大。当使用单片机时，由于单片机的内阻小于静电计的内阻，TENG 信号不能被准确识别，因此使用三个信号放大器（AD620）将源信号转换为方波波形，用于单片机的信号处理和分析［图 8.2（f）]。

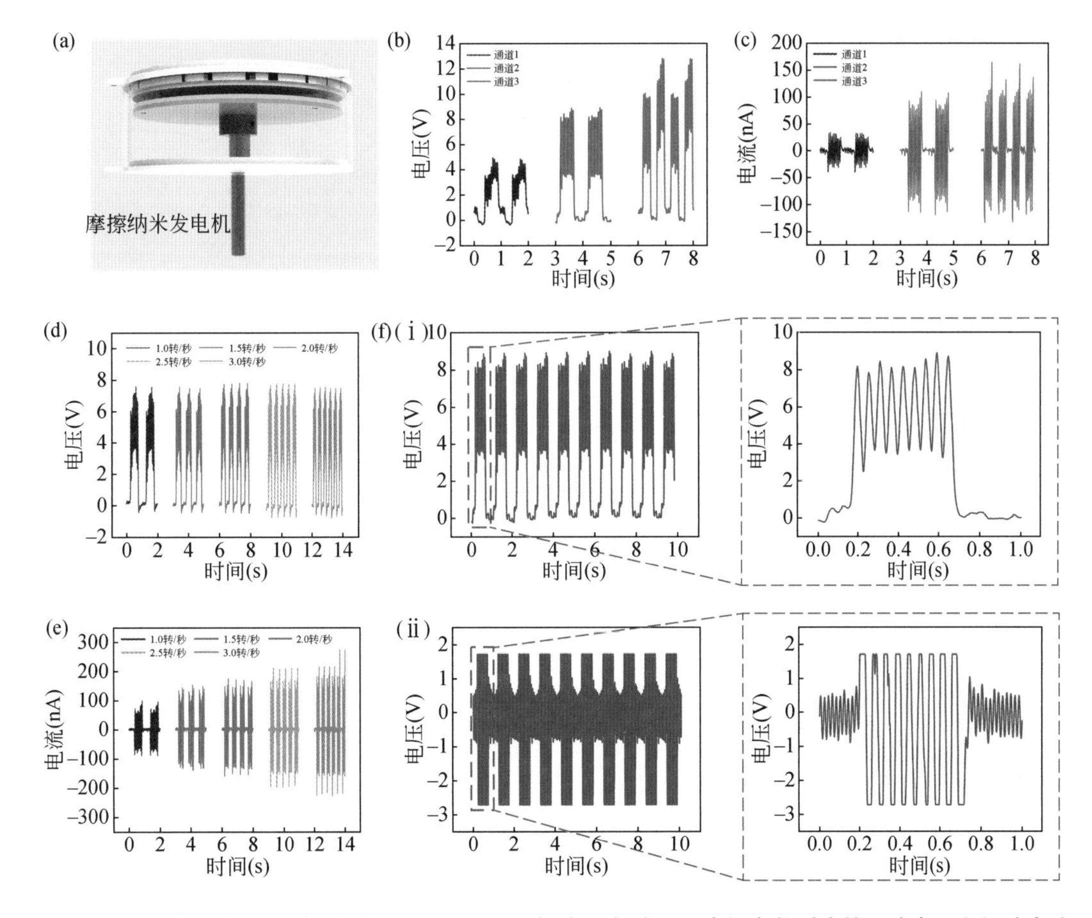

图 8.2　TENG 部件性能测试。（a）TENG 原理图；（b）~（c）不同电极参数对应的开路电压和短路电流；（d）~（e）不同转速下的开路电压和短路电流；（f）信号处理前的波形和信号处理后的波形

如图 8.3（a）所示，自供电分布式智能气象传感系统可用于收集输电线系统中的实时天气信息，如风速、风向、温度、湿度等。图 8.3（b）显示了与远程信息传输模块集成的整体系统，该系统主要由计算机、单片机和信号放大器组成。使用了一个蓝牙发射器用以接收 ES-ETHG 信号，并基于 LabVIEW 软件开发了一个桌面智能气象采集程序[图 8.3(c)]。该程序可以实时显示风速和方向，并根据风速值计算风速额定值。实时风速监测可以提醒电力巡检人员采取预防措施，防止多风环境中的输电线损坏，这对输电线智能巡检系统建设具有积极意义。该系统还可以从 ES-ETHG 接收实时的温度和湿度信息，并将温度和湿度信息绘制到一个电子表格中，用于对温度和湿度的历史跟踪。

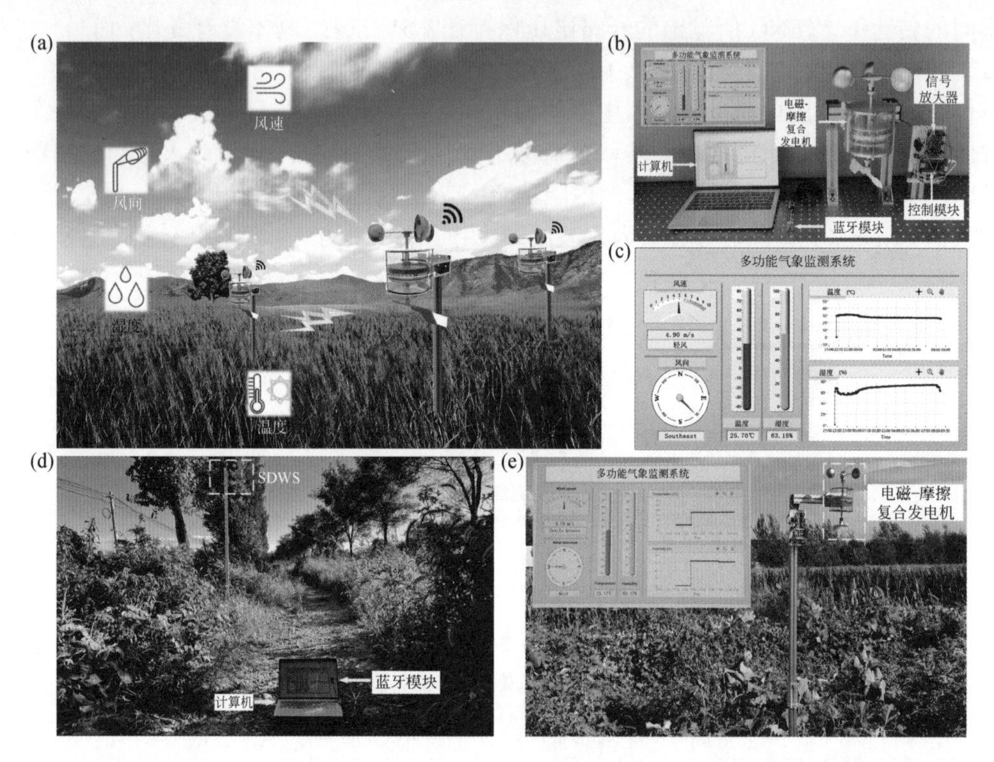

图 8.3　自供电分布式智能气象传感系统的演示。(a) 系统概念图；(b) 信号通过蓝牙模块传输至计算机；(c) 远程天气监测系统的程序运行面板；(d) 在户外环境进行实际应用演示；(e) 演示气象监测

8.2.2　输电线振动监测

架空输电线路容易受到风致振动的影响，从而威胁电网的运行。著者提出了一种基于摩擦纳米发电机自供电传感器网络的宽带风振在线输电线路监测方法[2]。在这项工作中，提出了一种由主动振动传感器（AVS）单元构成的自供电传感器网络，用于对输电线路振动能量的有效收集和宽带传感。图 8.4（a）展示了一种架空输电线路风致振动监测的自供电传感器网络。该网络由一组 AVS 单元组成，共同监测整个线路的振动状态。AVS 的基本单元由两部分组成：基于弹簧质量的 TENG（S-TENG）和外部电路，其中 S-TENG 可以进

一步看作是 TENG 和弹簧质量组合系统的集成，如图 8.4（b）所示。TENG 被设计成带有丙烯酸骨架的 6 层螺旋结构，并以接触分离模式运行。铜箔附着在螺旋层的前后两侧作为电极，聚四氟乙烯（PTFE）薄膜完全覆盖在 Cu 电极的正面，作为摩擦电层。使用海绵作为安装在电极和丙烯酸层之间的缓冲层，在实现软接触的同时，提高系统的稳定性。在这种结构下，每层中的聚四氟乙烯薄膜都可以很容易地产生微振动，从而与上铜电极充分交替接触。此外，通过等离子体刻蚀法对聚四氟乙烯薄膜的表面进行了修饰，以提高表面粗糙度，扫描电镜（SEM）图像如图 8.4（b）右下角所示。此外，TENG 还集成了一个弹簧和一个质量块，作为放大器响应外部振动激励，并以调制方式驱动 TENG。以上所有组件都采用亚克力外壳封装。图 8.4（c）和（d）描述了原始 TENG 和基于弹簧质量的 TENG（S-TENG）集成的照片，S-TENG 的尺寸为 80mm×80mm×70mm（长度×宽度×高度）。

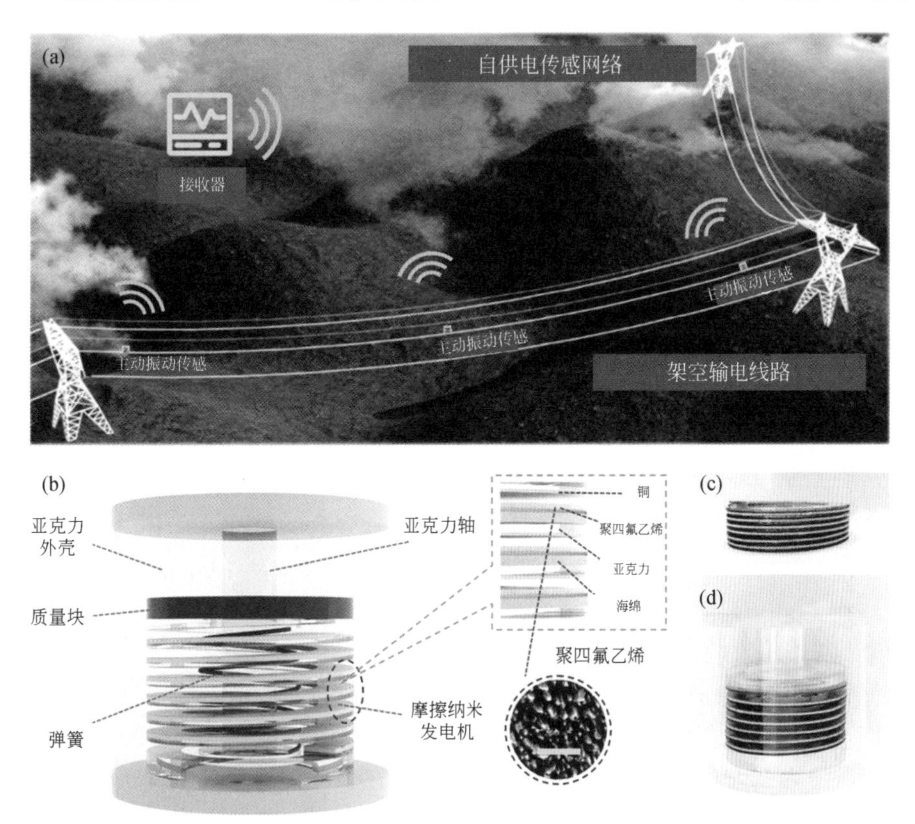

图 8.4　基于主动振动传感器（AVS）的自供电传感器网络的结构设计。（a）架空输电线路风致振动在线监测网络示意图；（b）基于弹簧质量的 TENG（S-TENG）的结构组成，SEM 图像中的比例尺为 1μm；（c）制作的原始 TENG 和（d）S-TENG 的照片

TENG 在能量俘获和感知传感器方面的性能主要受结构参数的影响，如整体振动空间、螺旋层数和表面电荷密度，需要分别进行研究。如图 8.5（a）所示，首先将 TENG 设计成 25mm、30mm、35mm 的不同整体振动空间，为更好地比较响应性能，采用了线性拟合方法，结果如图 8.5（b）所示。对于 25mm，在低振幅区域（0.2～3mm），开路电压随振幅线

性增加，但随着振幅进一步增大，开路电压趋于饱和。这是因为压缩的振动空间会对振动产生不利影响，特别是在高振幅范围内。在 35mm 的情况下，在高振幅范围内没有观察到这种饱和，但线性拟合曲线的初始点出现在 1.5mm 的高振幅处，这可以认为是由于较大的振动空间在低振幅下很难触发接触-分离模式。而对于 30mm 的拟合曲线，在 0.7～5mm 的整个振幅范围内，曲线都呈现出良好的线性度，该值应作为设计的振动空间值。同时，我们还研究了三组 TENG 在不同振动空间中的一系列负载电阻下的输出功率［图 8.5（c）］。其中 30mm 的振动空间输出 2.5mW 的最大输出功率，与原始振动空间相比，输出功率提高了 13.6%。

在 30mm 振动空间内，将 TENG 制作成不同层数的多个螺旋结构，并通过一系列不同的振动振幅系统地测量其输出特性，如图 8.5（d）所示。图 8.5（e）显示了电压信号开路电压与 1～5mm 范围内振动振幅之间的关系。一般来说，三组 TENG 的开路电压值随着振幅的增大呈上升趋势，这是因为在振幅增大时，层间的间距增大。具体而言，对于 5 层 TENG，开路电压与振幅的关系可分为两部分，其中随着振幅从 1mm 增长到 3mm，开路电压线性增长，当振动振幅超过 3mm 时，开路电压达到饱和状态。同样，当振幅超过 3mm 时，7 层 TENG 的开路电压也有饱和趋势。然而，6 层 TENG 与其他 TENG 不同，其开路电压呈上升趋势，当振动振幅从 1mm 增加到 5mm 时，开路电压呈线性增长，最高可达 237V。出现不同趋势的原因可能与接触-分离模式摩擦纳米发电机（CS-TENG）的工作机制有关。对于任何一种 CS-TENG 来说，都有一个最佳分离距离，在这个距离内，摩擦层的负电荷完全被来自唯一电极的相反电荷所吸收。因此，小于最佳分离距离的实际距离会导致开路电压值降低，而超过最佳分离距离的任何进一步分离都不会提高开路电压值。可以得出结论，6 层 TENG 的平均分离距离接近最佳分离值，因此 5 层 TENG 的平均分离距离超过了最佳分离值，而 7 层 TENG 的平均分离距离低于最佳分离值，因此 6 层 TENG 的线性度更好。同时，通过外部负载电阻测量了三种 TENG 的典型电压和电流输出，并将获得的输出功率绘制在图 8.5（f）中。随着层数的增加，输出功率的峰值从 1.9mW 增加到 2.5mW，然后逐渐增加到 2.6mW，而匹配电阻值则逐渐变小。由此可以计算出，最佳 6 层 TENG 的峰值输出功率比未优化的 TENG 提高了 31.5%。

不同材料的开路电压输出和耐久性的比较如图 8.5（g）所示。这些材料的开路电压值反映了它们产生摩擦电荷的能力，这与电负性序列相一致。特别是，聚四氟乙烯电子亲和力最大，电压值为 225V。另一方面，开路电压的值在长测试周期可以反映耐久性，在超过 500000 次循环操作后，PE、PI、PET 和聚四氟乙烯分别退化 35.8%，20.5%，21.7%和 1.9%。以上结果表明，聚四氟乙烯是一种有效的、稳定的 TENG 摩擦电材料，接触-分离模式的 TENG 在两个摩擦电层表面摩擦磨损最小，也在很大程度上提高了系统的稳定性。图 8.5（h）显示了 TENG 和商用传感器检测到的信号之间的比较结果。在振动器的周期性振动激励下（振幅为 2mm，频率为 12Hz），TENG 采集到的信号为高输出正弦波，与激光传感器的信号非常匹配。同时，TENG 信号通过快速傅里叶变换得到振动频率，其与图 8.5（i）中传感器得到的频率相对应。

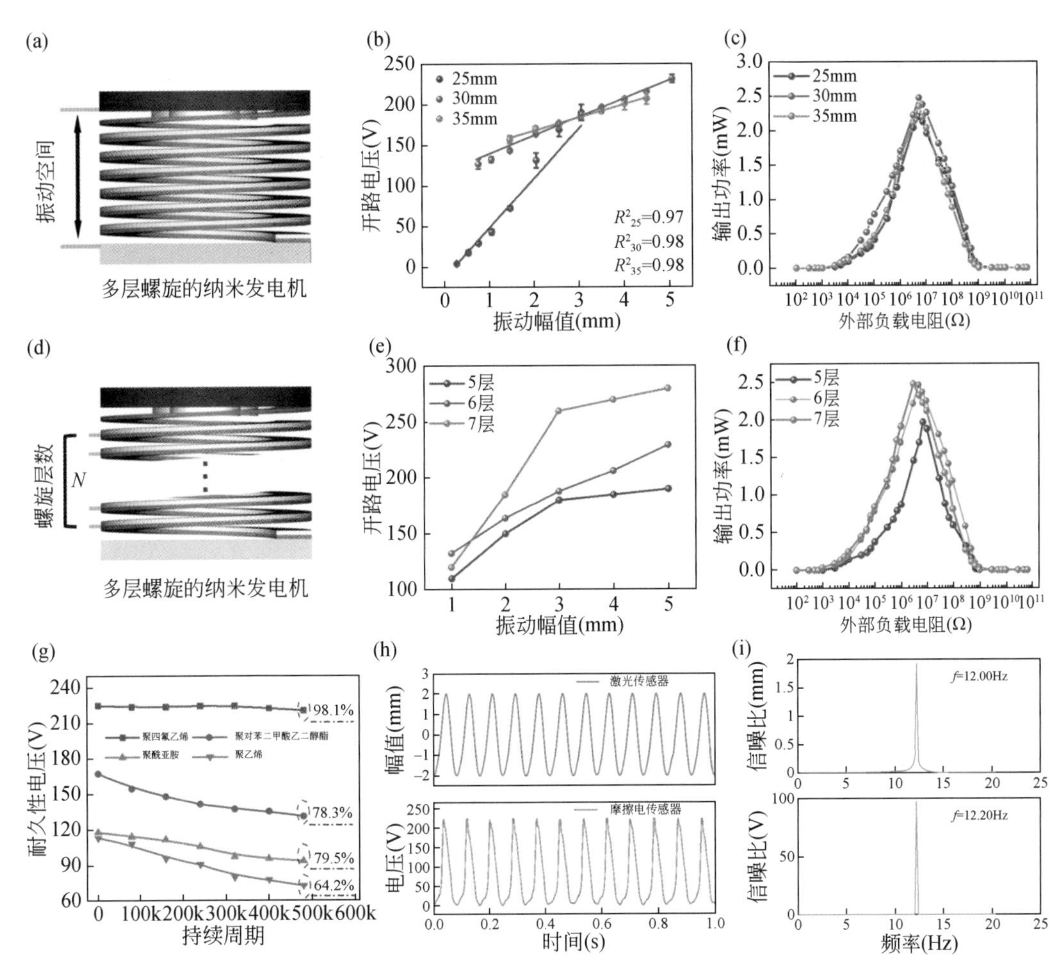

图 8.5　TENG 的结构参数优化。（a）不同振动空间下 TENG 的示意图；（b）相应的开路电压和振动幅值的关系；（c）不同外部负载电阻下的输出峰值功率曲线；（d）多层螺旋结构的纳米发电机；（e）对于不同层数结构，开路电压与振动幅值的关系；（f）对于不同层数结构，负载电阻与输出功率的关系；（g）使用不同摩擦材料制造的 TENG 的开路电压和耐久性；（h）商业传感器捕获的振动幅值信号和 TENG 捕获的电压信号；（i）快速傅里叶变换计算的相应频谱

考虑到架空输电线路所处的复杂环境，即使采用优化的结构参数，TENG 仍难以在不同的振动下保持良好的响应特性。基于上述问题，提出了一种灵活的宽带振动响应策略，其中将 TENG 进一步与独立的弹簧-质量组合相结合。如图 8.6（a）所示，TENG 的底部固定在一个基座上，顶部连接在可移动的质量块上，以组成一个基于弹簧质量的 TENG（S-TENG）集成。弹簧和质量块可视为一个单自由度的二级弹簧-质量系统。图 8.6（b）显示了 S-TENG 的频率响应（弹性系数为 187N/m，质量块质量为 30.5g），激励的固定振幅为 2mm，频率的调节范围为 1～50Hz，步长为 1Hz。当谐振频率为 12Hz 时 S-TENG 的开路电压最大，在谐振频率出现后缓慢减小。可以发现，S-TENG 的相对位移较大，因此输出较高。图 8.6（c）和（d）进一步揭示了 S-TENG 的频率响应受不同弹性系数和质量的影响。可以看出，施加的质量块从 16.5g 增加到 58.5g 会导致输出响应曲线发生偏移，从而产生较

低的共振频率信号和较高的输出。值得注意的是，虽然引入了质量块来调节频率响应，但传感器的整体质量不会超过200g，比传统的电磁线圈式传感器轻得多。相反，弹性系数越大，共振频率越高，输出信号越低，响应曲线呈现蓝色线所示的移动。根据上述实验变量还模拟了频率响应特性，结果如图8.6（e）和（f）所示，曲线平移与实验结果一致。因此可以得出结论，通过改变质量块质量和弹性系数，可以调节S-TENG的频率响应。

此外，三个典型S-TENG（S1、S2和S3）的可调参数分别为*k*1-*m*3、*k*2-*m*2和*k*3-*m*1，它们被配置成不同的频率响应区域，如图8.6（g）所示。一旦S-TENG组装在一起，它们的频率响应区域就会相互重叠，从而实现5～50Hz的宽频率响应区域。值得注意的是，由于响应度的不同，这些S-TENG在相同激励下表现出不同的信号输出。通过已建立的拟合曲线，可以计算出输出信号的测试振幅，图8.6（h）显示了这些TENG的测试振幅与实际振幅之间的关系。可以看出，在各自的有效测量范围内，三个S-TENG的测量值与实际值

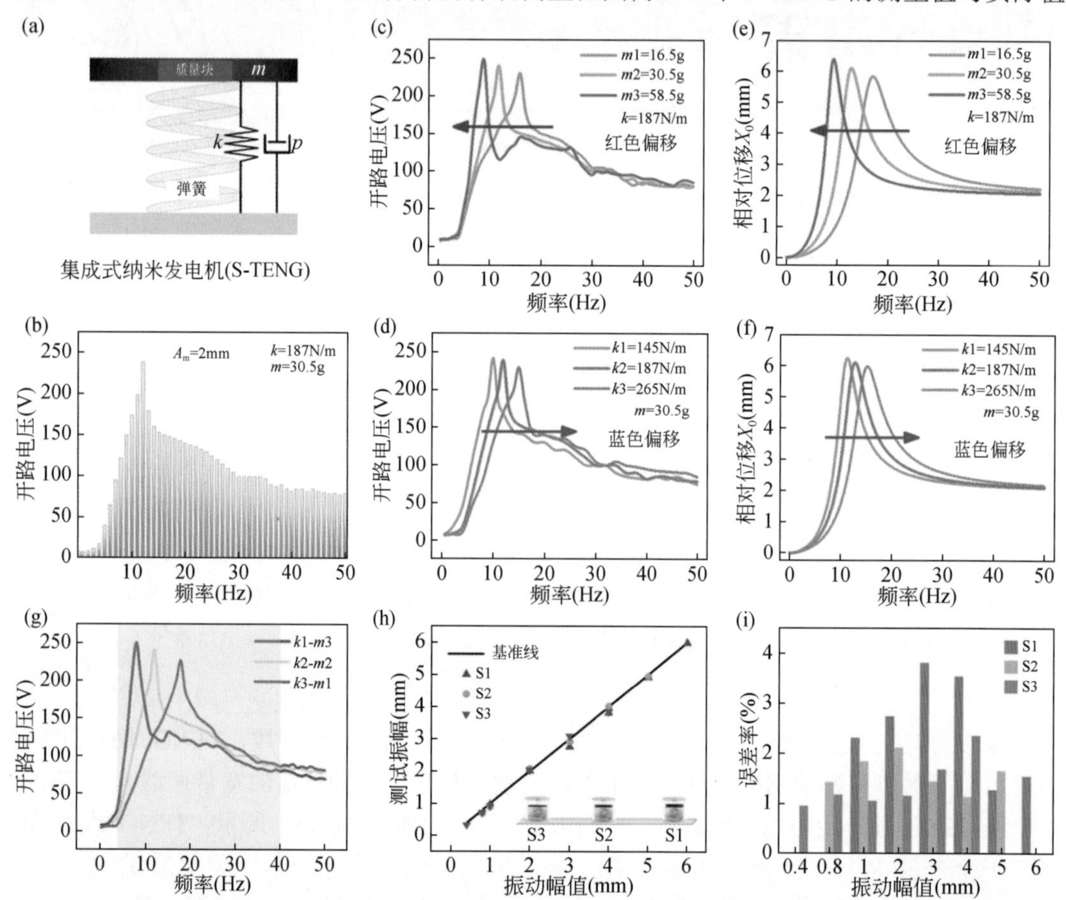

图8.6　针对S-TENG的弹簧–质量系统的参数调整。（a）S-TENG集成示意图；（b）频率响应测量值；改变质量块质量（c）和弹性系数（d）时的频率响应曲线；（e）质量块质量和（f）弹性系数变化时的模拟频率响应曲线；（g）三种典型S-TENG的频率响应重叠区域；（h）实际振幅与所选S-TENG计算出的测试振幅之间的线性关系和（i）误差率

吻合。S1 可用于较大振幅的测量，最大值为 6mm，而 S3 可检测到最小 0.4mm 振幅。振幅响应不同的原因是，共振频率为 8Hz 的 S1 与测试频率相差较远，因此响应行为较轻，从而延迟了饱和振动距离的出现，导致振幅较大。三种 S-TENG 在不同振幅下的误差率结果如图 8.6（i）所示。S1、S2 和 S3 的最大误差率分别限制在 3.7%、2.1%和 2.3%。具体来说，S1 的精度更高，振幅区域更广，其最小误差率小于 1.5%。而 S2 更适合在高振幅区域进行调整，其最小误差率低于 1.5%。而 S3 更适合在低振幅区域进行调整，最小误差率小于 1.1%。

架空输电线路的典型风致振动分布区域如图 8.7（a）所示，其中导线中心的振动强度较大，而靠近输电线杆塔两端的振动强度较小。因此，根据图 8.7（a）中所示输电线路不同振动强度，定义了三个振动区域。在实际应用中，S-TENG 进一步与外部电路集成，构建了一个自供电的 AVS 单元。自供电无线警报系统中的外部电路由电源及信号传感器两部分组成，如图 8.7（b）所示。对于电源部分，TENG 作为一种能量转换装置，将收集振动能量并转换为电能，输出的能量流经整流器后储存在电容器中。存储的能量可根据需要通过稳压器提供给信号传感器部分。信号传感器功能可通过一系列信号处理模块来实现，如信号调节器、微控制器（MCU）模块和蓝牙模块。不同振动产生的感知电信号经过滤波后，通过模数转换器（ADC）转换成数字信号，然后将这些数据与 MCU 模块中预设的阈值进行比较，以评估发出警告的必要性，并根据需要针对不同的振动区域发出警告，从而形成一个自供电的传感器网络。因此，在我们的演示中，通过 AVS 单元阵列建立了一个完整的输电线路振动监测平台，其中 S1、S2、S3 分别安装在导线的强振幅、中振幅和轻振幅区域。电磁振动器作为激励源运行，以模拟导线上的风致振动。振动幅度和频率可通过信号编程器（包括信号控制器和功率放大器）进行调节。激光传感器用于获取实际振动幅度，以便更好地进行比较。

由 AVS 网络产生的电压信号所反映的振动行为将在信号处理模块中进行进一步处理。该模块可将电压信号实时识别为振动振幅。当振动振幅超过预设值时，通过蓝牙模块将警告信号发送到手机［图 8.7（c）］。在实际应用中，传感器信号通过无线传输到距离在 100 米以内的安装在杆塔上的终端，这些终端通过附近的通信基站将数据发送到移动设备或其他接收器。

本研究介绍了一种作为架空输电线路风致振动状态在线监测的自供电无线预警系统，有助于提高输电线路的在线监测和状态意识。在此基础上，提出了一种基于 LabVIEW 软件平台的输电线路风致振动测绘系统。在该平台上，每个 AVS 单元的信号由多通道运算器采集，并传送到定制的程序中。该程序可以根据收集到的数据，通过样条插值方法计算任意位置的分布振幅，在此基础上绘制整个传输线路的振动映射图。此外，还可以获得当前最大的振动频率和振幅。对于任何被触发的线路，首先可以对全局检测数据进行快速分析，以评估整个线路的警告状态［图 8.7（d）］。图 8.7（e）展示了振动器在固定频率下触发的输电线风致振动映射系统运行情况。可以看出，随着振幅的增加，导线的整体弯曲程度会增大，这会危及导线在夹具端附近的稳定性。图 8.7（f）中还显示了不同频率下固定振幅的振动分布映射。最大振幅存在于 20Hz 的频率条件下，这是由于谐振现象导致振幅增大。基于映射信息，输电线路的全局振动分布可以很容易地可视化，从而有可能实现深入的导线疲劳损伤分析和健康状况评估。

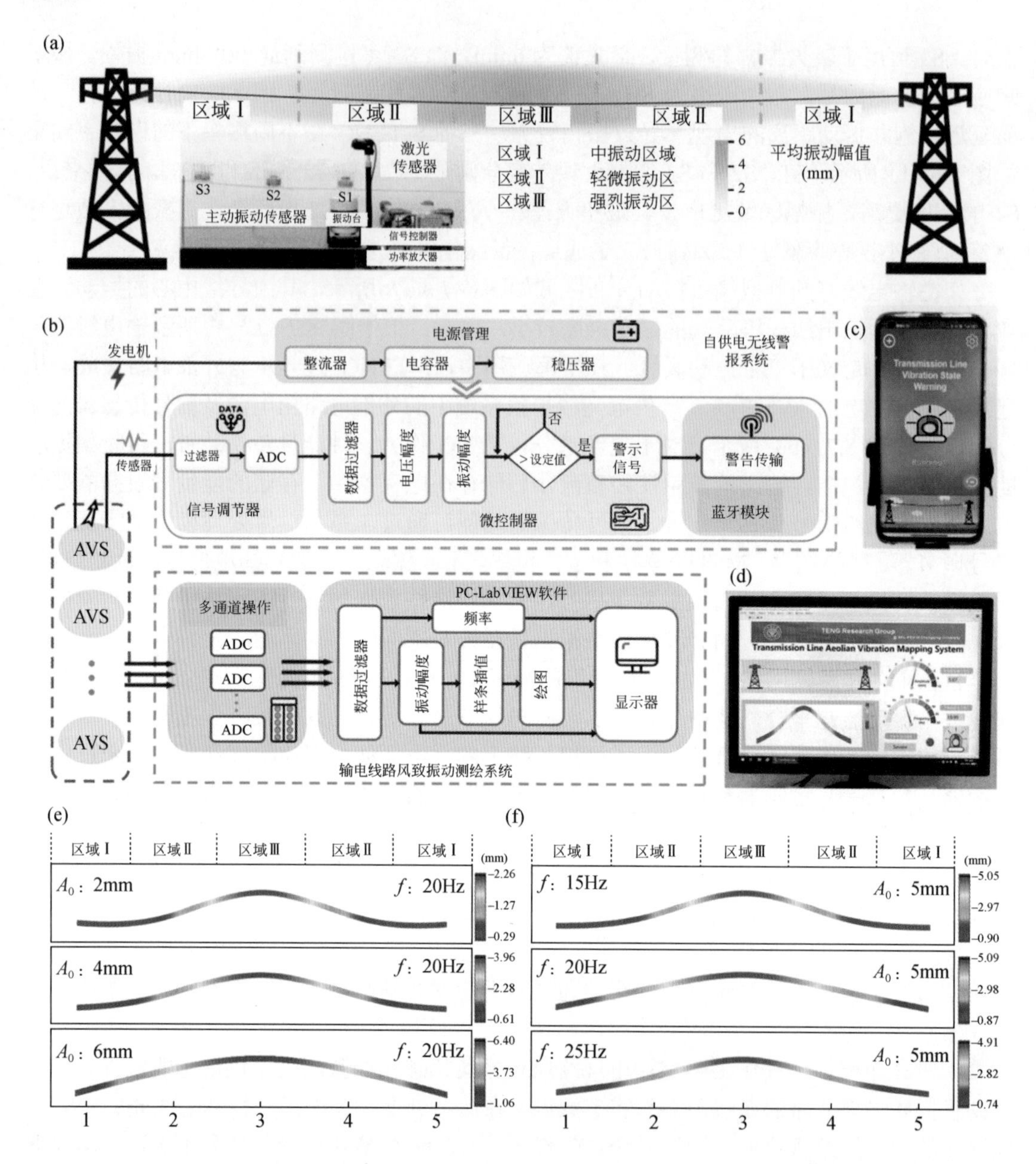

图 8.7　架空输电线路风致振动监测的 AVS 网络演示。（a）架空输电线路风致振动分布区域示意图；（b）基于单个 AVS 单元的自供电无线报警系统和基于 AVS 网络的传输线路风致振动测绘系统的工作流程图；（c）向手机发送振动预警软件的照片；（d）振动测绘系统可视化平台软件；（e）不同振幅和（f）不同频率下的输电线路振动绘图

8.3　振动能俘获自驱动系统

位于高空的大跨度输电线路经常由于风力作用导致振动发生，微风振动最大振幅不超

过导线直径的 2 倍，振动频率范围为 3～120Hz，振动的半波长为 9.5～20m，振动持续时间较长，一般为数小时，有时可达数天。因此，这种振动具有宽频、振幅小、持续时间长、随机性大等特点。输电线路风致振动主要分为微风振动、次档距振荡和水平舞动。著者利用摩擦纳米发电机收集输电线路的振动能量，为实现输电线路状态监测电力传感器自供能提供了一种新的解决方案。

8.3.1 微风振动能量收集

著者提出了一种全向宽带摩擦纳米发电机（ODB-TENG），以俘获输电线路的振动能量[3]。ODB-TENG 被设计成一个圆柱体结构以减小风阻，如图 8.8 所示，其主要包括一个三棱柱转轴、一个壳体（外部为圆柱形，内部为三棱柱形）、四个导向滑块和三个摩擦电发电单元。将转轴固定连接到输电线上，由于导向滑块的存在，转轴会将输电线路的全向随机振动转化为摩擦电层的接触分离运动，从而实现机电转换。俘获的能量经由 LTC3588 电路管理，并存储在电容器中，为温湿度计和风速计等无线设备供电，为输电线路的维护做预警。

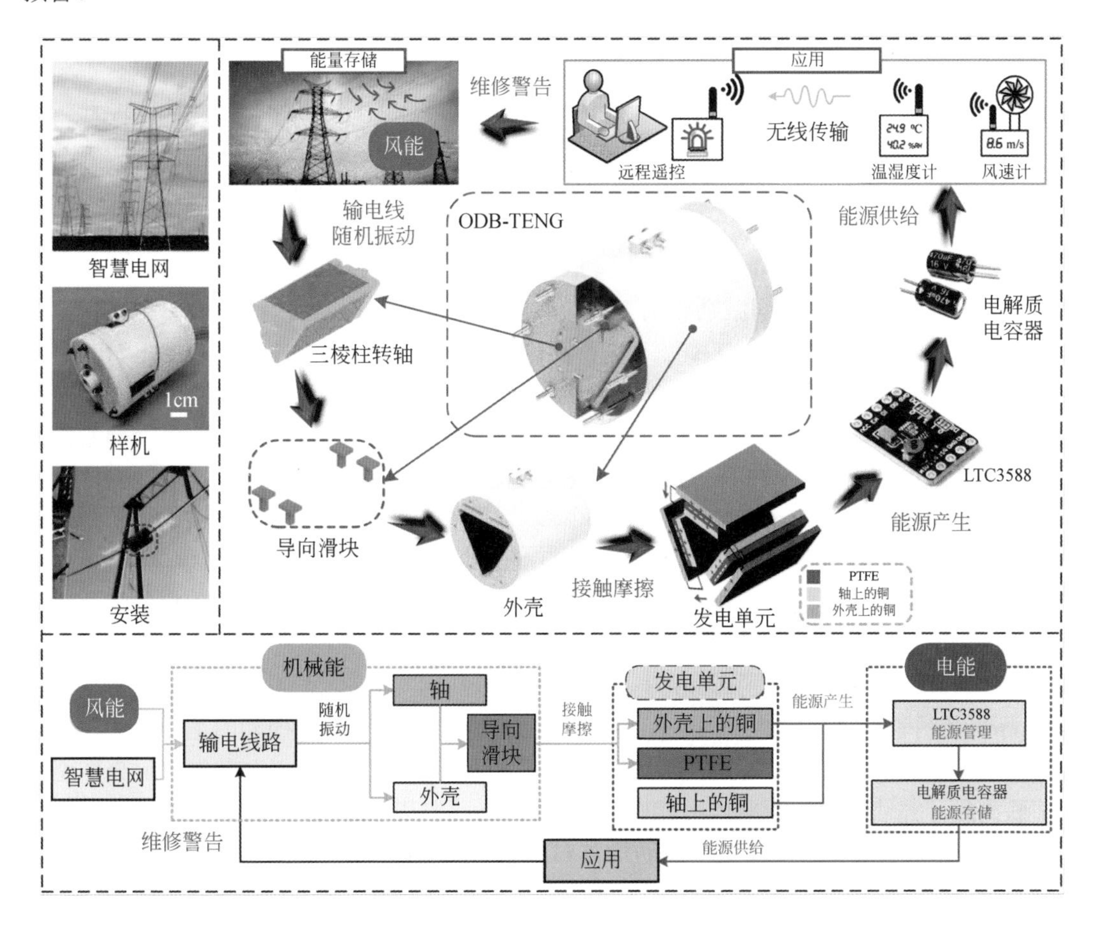

图 8.8 全向宽带摩擦纳米发电机（ODB-TENG）的结构原理示意图

ODB-TENG 的工作原理如图 8.9 所示，为了方便表示，将发电单元 1，2，4 中转轴与壳体之间的距离记为δ_1，δ_2，δ_3。以发电单元 2 为例，在图 8.9（ i ）中，转轴位于最低点，与壳体直接接触。摩擦层之间相互接触，δ_2=0；在图 8.9（ ii ）中，转轴向上做加速运动，此时壳体由于惯性作用与转轴分离，δ_2 的大小从 0 开始逐渐增加，摩擦层之间产生电流，点亮灯泡；在图 8.9（iii）中，转轴位于最高点，转轴与壳体之间的分离程度最大，此时输出的电流大小为 0，$\delta_2= \delta_{max}$；图 8.9（iv）中，转轴向下做加速运动，此时壳体由于惯性作用与转轴分离，δ_2 的大小从δ_{max} 开始逐渐减小，摩擦层之间产生电流，点亮灯泡；在图 8.9（ v ）中，转轴回到最低位置，再次与壳体接触，到此一个循环结束。在整个振动周期内，当惯性力足够时，转轴将带动壳体以相同的频率上下振动，保证了壳体的宽带特性。

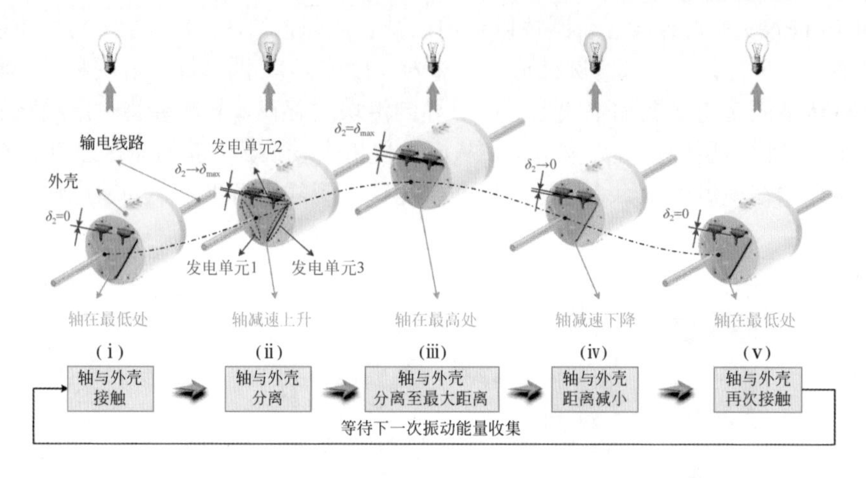

图 8.9 ODB-TENG 的工作原理

图 8.10（a）显示了不同激励频率下的短路电流，其中激励振幅为 10mm，测试得到的均方根电流和均方根电压如图 8.10（b）所示。当激励频率小于 5.7Hz 时，ODB-TENG 处于半工作状态，输出值低于其他组。当激励频率达到 5.7Hz 时，系统进入正常工作状态，表明该状态下的启动频率为 5.7Hz，证明了理论分析的正确性。值得一提的是，随着激励频率的增加，俘能器每秒所响应的脉冲个数成比例增加，继而增大了俘能器的输出电流，从而使输出由 6Hz 至 10Hz 依次增大。当激励频率为 10Hz 时，系统输出开路电压有效值为 185.5V，短路电流有效值为 10.63μA。ODB-TENG 的带宽范围为 5.7～10Hz。图 8.10（c）显示了不同激励振幅下的短路电流，其中激励频率为 10Hz，测量得到的均方根电流和均方根电压如图 8.10（d）所示。当激励振幅为 3mm 时，ODB-TENG 处于半工作状态，输出值低于其他组。当激励振幅达到 4mm 时，系统进入正常工作状态，表明该状态下的启动振幅为 4mm，证明了理论分析的正确性。为了验证 ODB-TENG 对全向振动的适应性，需要装置由不同的方向进行激励。考虑到各发电单元之间存在相位差，将三个发电单元分别整流后并联测量。并联系统的短路电流如图 8.10（e）所示，其中激励频率为 7.5Hz，激励振幅为 10mm。并联系统和三个发电单元的均方根电流如图 8.10（f）所示，在每个振动方向上，并联系统的输出电流都高于单个发电单元的输出电流。在四个方向上，并联系统的均方根电流分别为 8.3mA、7.3mA、6.3mA 和 7.3mA，平均值为 7.3mA。随着振动方向的变化，

三个发电单元的波动范围依次为 3.0mA、4.3mA、2.4mA，而并联系统的波动范围最小，为 2.0mA。上述结果表明，ODB-TENG 可以俘获全向宽带的振动能量。

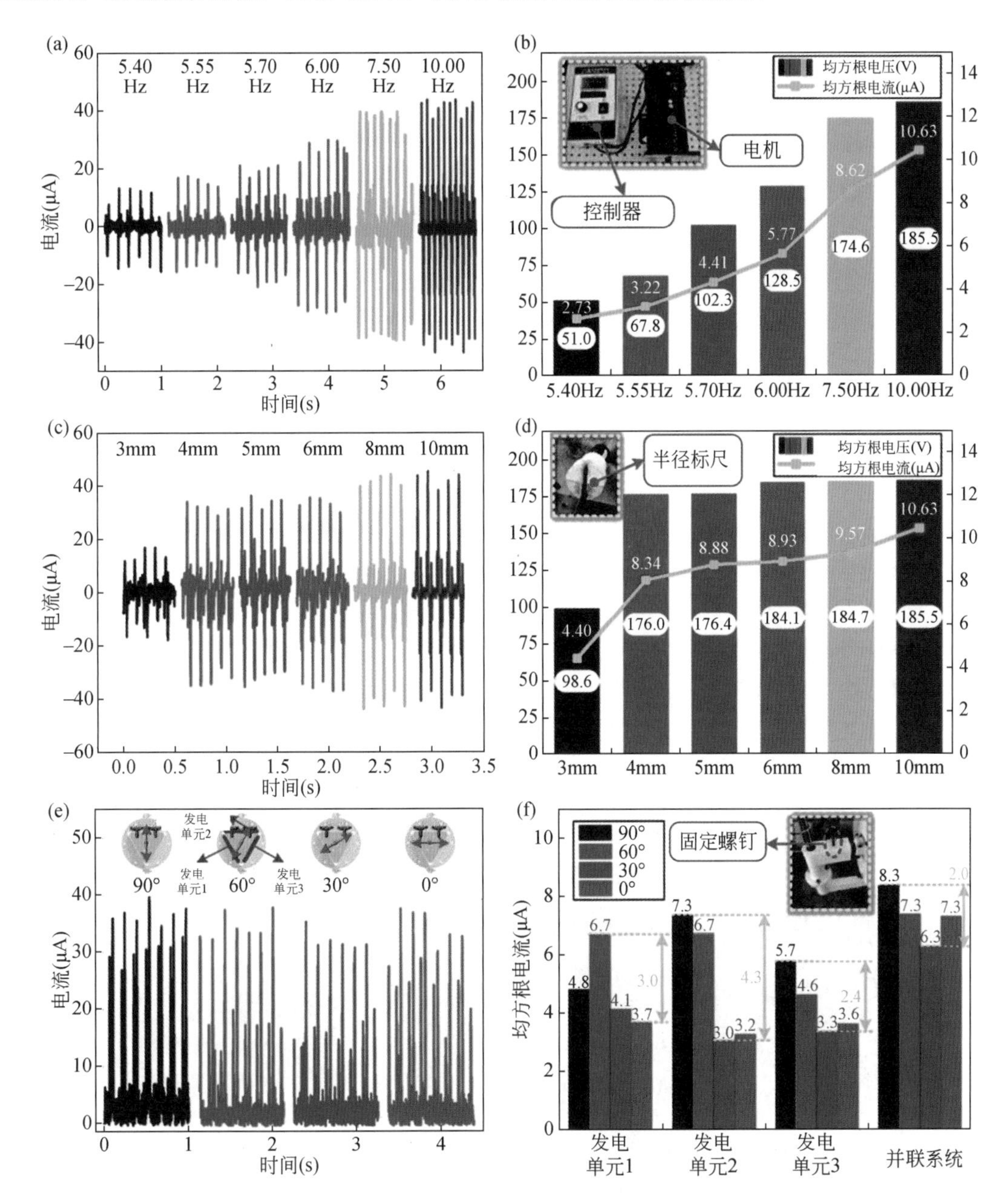

图 8.10　激励频率和激励振幅对 ODB-TENG 短路电流和开路电压的影响。(a)不同激励频率的电流波形；(b)不同激励频率的均方根电流和均方根电压；(c)不同激励振幅的电流波形；(d)不同激励振幅的均方根电流和均方根电压；(e)不同振动方向的整流电流波形；(f)不同振动方向下的均方根电流

为了分析 ODB-TENG 的负载驱动特性，测量了不同串联电阻下的输出电流。图 8.11 显示了均方根电流和均方根功率在不同串联电阻下的变化规律。经测量，ODB-TENG 的匹

配阻抗为 3MΩ，所对应的峰值电流为 36.6μA，峰值输出功率为 4.02mW。

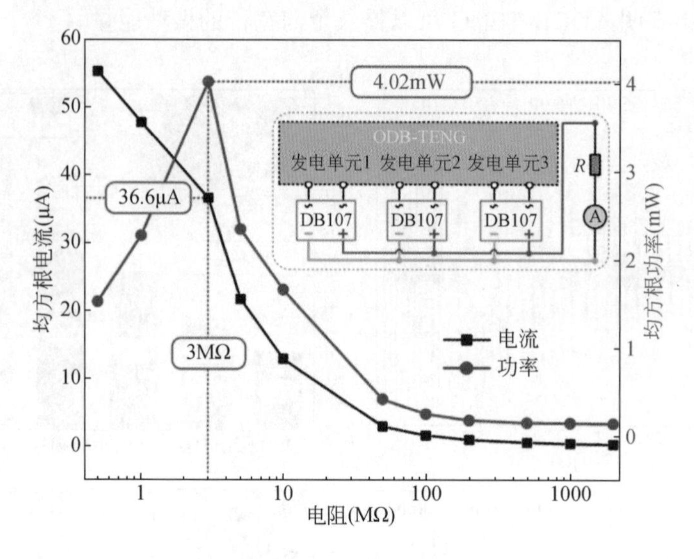

图 8.11 ODB-TENG 的负载特性

如图 8.12 所示，搭建了基于 ODB-TENG 的振动预警系统。图 8.12（a）为部分测试场景，当工作电压达到 2.0V 时，无线发射机模块开启。输出电容在充放电过程中的电压变化如图 8.12（b）所示。将输出电容从 0V 充电到 2.07V 需要 148.1 秒，符合可持续数小时自然风振条件。图 8.12（c）为接收到振动信号时的报警界面。根据振动信号的累积时间，进度条会显示输电线路的疲劳损伤程度。当损伤程度达到 80%时，警示灯将亮起。这些结果表明，ODB-TENG 可以为无线发射机供电，达到检测输电线路振动情况的目的。

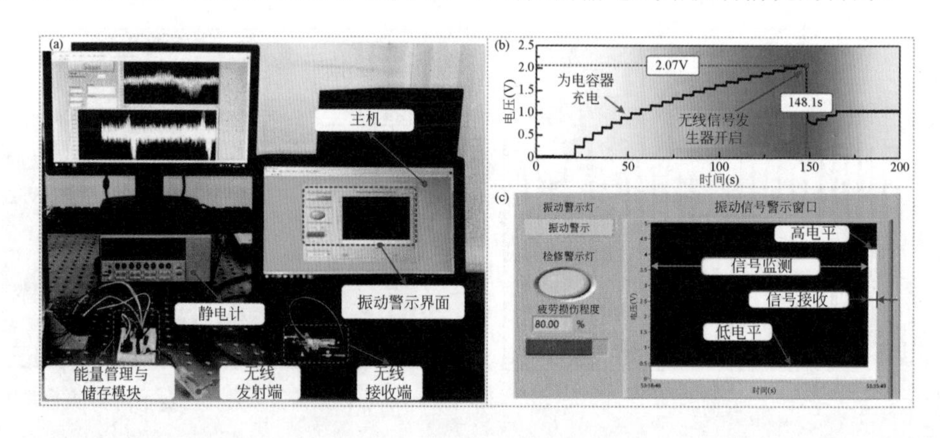

图 8.12 自供电振动预警系统。（a）部分测试场景；（b）输出电容的电压变化情况；（c）振动报警界面

在东北大学的输配电站对基于 ODB-TENG 的自供电航空预警系统进行了现场测试，如图 8.13 所示。装置可点亮 62 个 LED 灯，图 8.13（b）展示了电容充放电过程。图 8.13（c）为航空预警系统电路。现场试验结果表明，ODB-TENG 可用于实现自供电航空预警系统的工作。

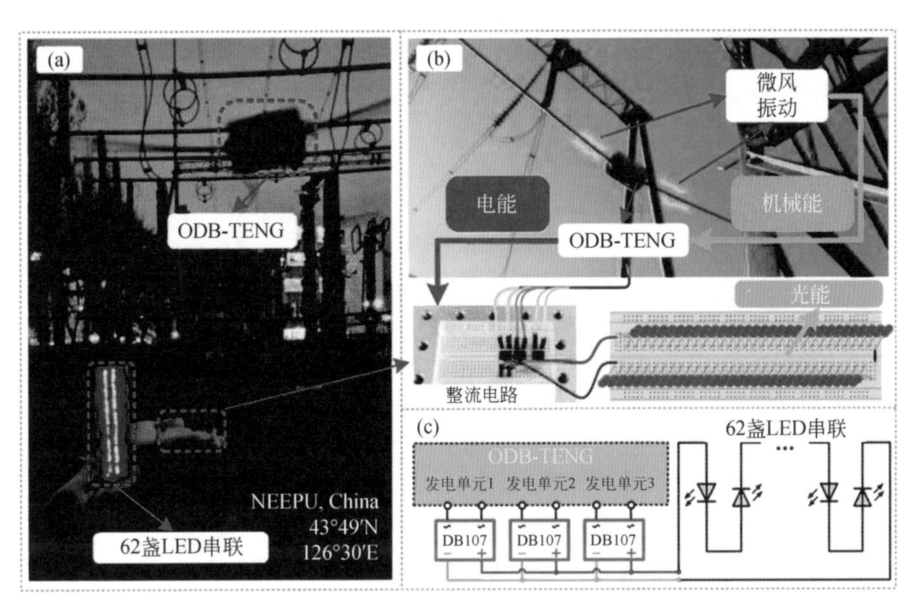

图 8.13　自供电航空预警系统现场试验。(a) 测试现场照片；(b) 能量转换过程；(c) 航空预警系统电路

8.3.2　次档距振荡能量收集

次档距振荡是一种介于微风振动和水平舞动之间的输电线振动形式，主要表现为分裂导线在各间隔棒之间的振动。为此，著者提出了一种可用于次档距振荡和微风振动能量收集的多模态振动摩擦纳米发电机（MV-TENG）[4]。输电线上 MV-TENG 的布局和详细结构如图 8.14（a）所示。MV-TENG 可以通过 S 形梁和快板电极在两个正交方向上收集振动能量。其中，S 型梁采用弧形悬臂梁串联方式，实现 MV-TENG 的宽频振动。考虑到 S 型梁的端角是弧形摆动，设计了快板电极。电极的设计灵感来自中国传统艺术乐器-快板，并在快板结构中加入了垂直接触-分离模式 TENG。这项创新使 MV-TENG 能够有效地响应水平和垂直振动。其中，快板电极由底板电极和上板电极组成。底板电极位于 S 型梁的角侧板上，并随着 S 型梁的振动变形而运动。底板电极依次覆盖海绵、铜箔和氟化乙烯丙烯共聚物（FEP）薄膜。上板电极的聚乳酸（PLA）板通过铰链结构安装在 S 型梁的转角侧。将海绵、铜箔和尼龙薄膜依次附着在上电极的 PLA 板上。在这里，铜箔用作电极，FEP 和尼龙充当两个具有相反摩擦电极性的摩擦电层。海绵作为缓冲材料，增强快板电极的平面接触效果，减少碰撞对 MV-TENG 的影响。MV-TENG 在三个转角上都设置有一对快板电极。MV-TENG 可以任意分布在输电线路上，收集输电线路的振动能量，为电网中的低功率传感和报警装置供电，实现输电线路的自供电状态监测。图 8.14（b）显示了 MV-TENG 的能量转换和相应运动机制的示意图。输电线微风振动的频率范围主要为 3～50Hz，振幅不超过输电线直径的 2 倍（约 50mm）。在微风振动的激发下，MV-TENG 受到垂直振动，S 型梁发生弯曲，导致三个快板电极开合［图 8.14（b）-（ⅰ）］。相反，输电线次档距振荡的频率范围一般为 1～3Hz，幅值一般为 0.1～0.5m。在次档距振荡的激励下，MV-TENG 受到水平振动，使快板电极的上板电极因惯性而移动，从而使三个快板电极开合［图 8.14（b）-（ⅱ）］。

基于摩擦起电和静电感应效应，MV-TENG 在快板电极的开合运动中将微风振动和次档距振荡产生的外部机械能转换为电能。

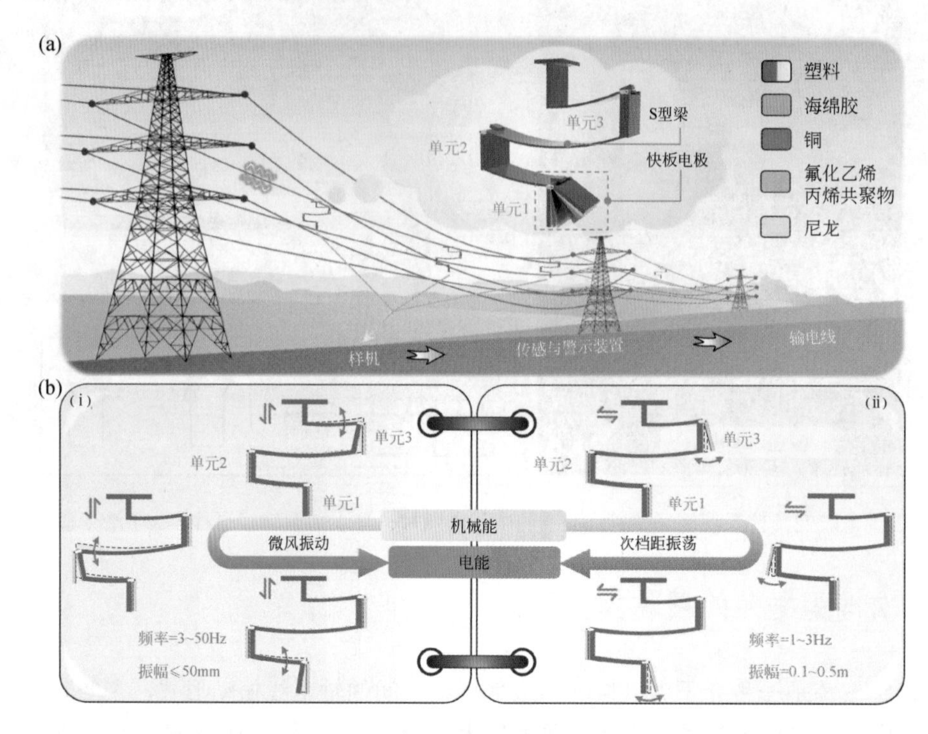

图 8.14　多模态振动摩擦纳米发电机（MV-TENG）的结构设计。（a）输电线路的布局和 MV-TENG 的详细结构；（b）MV-TENG 的能量转换和相应运动机制示意图

为了验证 MV-TENG 的运动机理，说明 MV-TENG 的宽频响应特性，对不同层梁进行了一系列模态仿真，模态云图如图 8.15（a）所示。一层梁、两层梁、三层梁的端角在垂直振动作用下产生弧形摆动。此外，还仿真了三种结构下的前 20 种模式，结果如图 8.15（b）所示。很明显，随着梁层数的增加，低频范围内的模态数量也会增加。0～60Hz 范围内的模态频率如表 8.1 所示。为了增强 MV-TENG 在输电线微风振动（3～50Hz）下的频率响应范围，选择三层梁作为 MV-TENG 的梁结构。

表 8.1　0 ~ 60Hz 的模态频率（单位：Hz）

模态	1	2	3	4	5	6
一层梁	26.264	38.219	N/A	N/A	N/A	N/A
两层梁	7.757	30.79	39.599	42.353	N/A	N/A
三层梁	5.881	13.012	18.511	30.639	34.249	56.556

MV-TENG 采用垂直接触-分离模式，工作机制如图 8.15（c）所示。快板电极的底板和上板电极在振动激励下不断开合。在整个能量收集过程中有三个典型位置。在初始阶段，快板电极完全接触。基于接触起电和静电感应效应，FEP 和尼龙薄膜表面产生等量的相反

电荷。在打开阶段，快板电极开始分离，原来的静电平衡被打破。铜电极之间由于静电感应而产生电位差，电位差导致电子在两个铜电极之间定向移动，从而产生新的静电平衡。在此过程中，在外部负载中形成与电子运动方向相反的电流。在最大打开位置阶段，两个电极之间的距离最大化，此时，转移的电荷量和电压值同时达到最大值，电流为零，因为不再有任何电子转移。当快板电极闭合时，外部负载产生的电流与快板电极的打开过程相反。当快板电极返回到原始位置时，将重新建立初始静电平衡。当外部振动被连续激励时，MV-TENG 产生连续的发电循环，从而实现连续的振动能量收集。此外，图 8.15（d）所示快板电极的实际输出曲线进一步验证了上述工作机理。

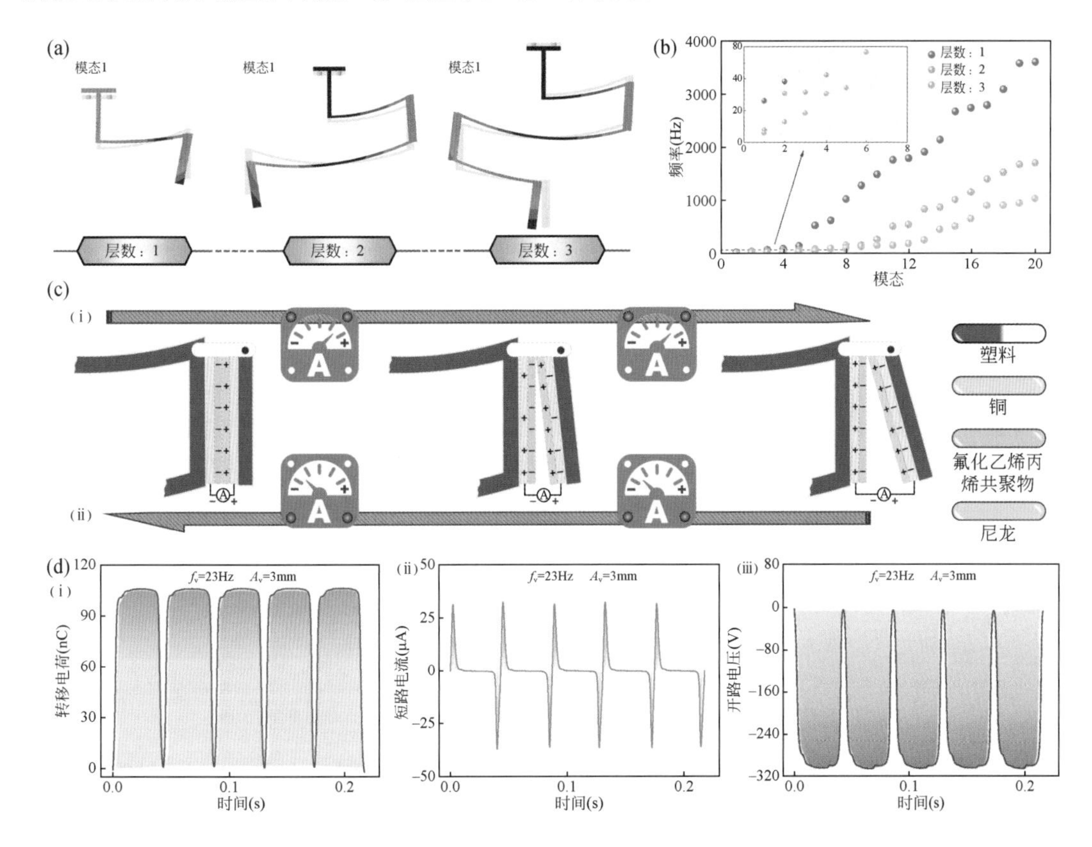

图 8.15　MV-TENG 的工作机理分析。(a) 一阶模态云图；(b) 不同层梁的模态仿真频率结果；(c) 快板电极在打开和关闭过程中的电荷转移过程；(d) 原型样机的输出曲线

为了增强频率响应范围并进一步提高输出性能，开发了具有三层梁的 MV-TENG。样机具有结构简单、质量轻（255.5g）的优点。分别测量 MV-TENG 的三个单元，结果如图 8.16（a）～（c）所示。在水平振动实验中，MV-TENG 的输出性能首先随着振动频率的增加而增加，然后趋于稳定。所有单元在次档距振荡振动频率范围（1～3Hz）内均具有良好的输出性能。在垂直振动实验中，MV-TENG 的三个单元具有多个峰值点。虽然三个单元的峰值点略有不同，但基本上集中在 4Hz，14Hz，19Hz，30Hz，40Hz 和 48Hz。它们与表 8.1 所示三层梁的前四阶模态频率基本一致，但与表 8.1 所示的第 5 阶和第 6 阶模态频率有很大不同。造成这种现象的主要原因是高阶模态分析对相关分布参数和局部结构细节的微小差异更为敏感，导致高阶模态的实验结果与仿真结果相去甚远。根据实验结果，建立了 MV-TENG 在水平和垂直方向上的振动频率响应范围，如图 8.16（d）所示。通过三个单元的频率响应范围的叠加，MV-TENG 在水平振动方向的总频率响应范围为 1～3.5Hz，垂直振动方向的总频率响应范围为 4Hz 以及 9～60Hz，据此验证了 MV-TENG 在水平和垂直方向上都能实现宽频振动能量收集。

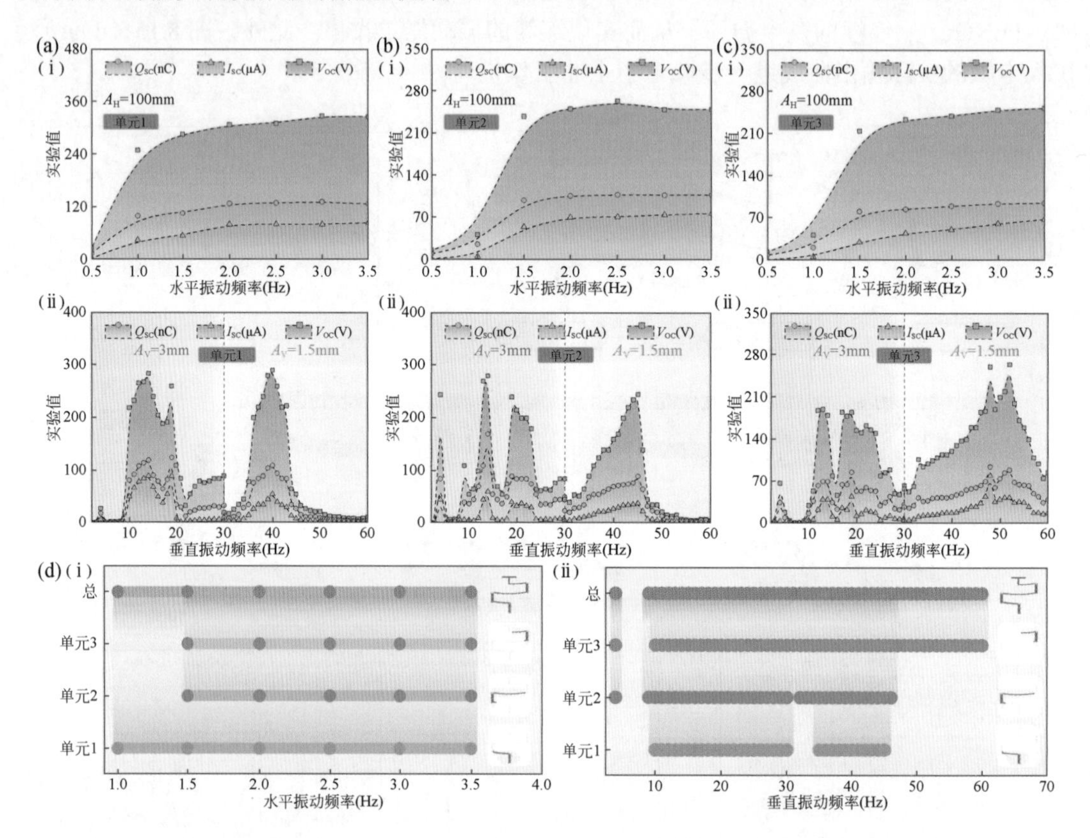

图 8.16 MV-TENG 在水平和垂直方向上的输出性能。（a）单元 1 在不同振动频率下的输出性能；（b）单元 2 在不同振动频率下的输出性能；（c）单元 3 在不同振动频率下的输出性能；（d）MV-TENG 的频率响应范围

为了便于后续应用中能量的存储和利用，设计了耦合整流电路，测量了 MV-TENG 整流后的耦合电压和电流。电路原理图和信号整流转换过程如图 8.17（a）和（b）所示。桥式整流器将三个单元输出的交流信号分别转换为直流信号。短路电流小于零的所有波形都转换为正脉冲信号波形，而开路电压波形在波形边缘转换为正脉冲信号波形。然后，所有信号并联耦合输出。MV-TENG 在水平和垂直振动方向下的耦合输出性能如图 8.17（c）所示。MV-TENG 在 1～3.5Hz 的水平振动频率范围和 4Hz 与 9～60Hz 的垂直振动频率范围内实现了稳定和良好的输出，这与图 8.16（d）的频率响应范围一致。随后，测量了 MV-TENG 在不同外部负载下的平均电流，并计算了相应的平均功率。从图 8.17（d）可以看出，平均

电流随着外部负载的增加而逐渐减小。当负载电阻为 20MΩ 时，MV-TENG 的平均功率达到最大值。其中，水平和垂直振动方向对应的最大平均功率分别为 435.093μW 和 459.734μW。不同电容的电解电容器的充电电压曲线如图 8.17（e）所示。当水平振动频率为 3Hz 且振幅为 100mm 时，2.2μF 电容可在 5 秒内充电至 5V，而 100μF 电容需要 94 秒。当垂直振动频率为 14Hz 且振幅为 3mm 时，将 100μF 电容充电至 5V 需要 104 秒。这些结果表明，MV-TENG 为智能输电线路中的各种低功耗传感和报警设备的供电提供了可行性。

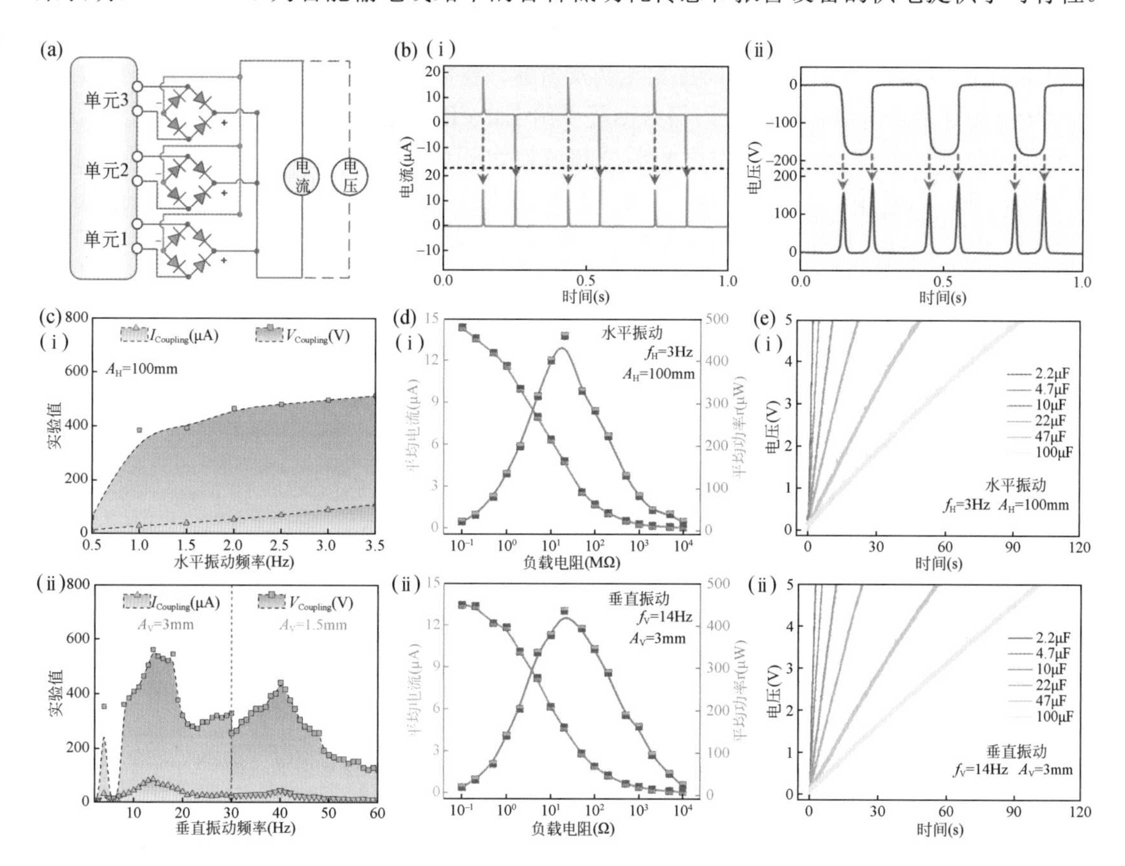

图 8.17　MV-TENG 的耦合输出性能。(a) 耦合输出和测量电路原理图；(b) 电压和电流信号整流转换过程；(c) 在水平和垂直振动下，MV-TENG 不同频率下的耦合（Coupling）输出性能；(d) 在水平和垂直振动下，MV-TENG 在不同外部负载上的平均电流和平均功率；(e) MV-TENG 在水平和垂直振动下不同电容器的充电电压

结合智能输电线路数字化应用的发展趋势，提出了基于 MV-TENG 的自供电杆塔障碍预警、温湿度在线监测和输电线路高温无线预警 3 种应用策略，如图 8.18（a）所示，并根据输电系统实际振动状态构建输电线路模拟系统。首先，根据《国际民用航空公约》和国家有关规定，500kV 及以上输电线路、跨江输电线路、机场、沙漠地区附近的架空输电塔都需要安装航空障碍灯。MV-TENG 首先安装在输电线路模拟系统中，从输电线路的振动中提取能量并点亮 130 个 LED 灯（直径 10mm）。随后，在输电塔模型的轮廓周围安装了六个带 LED 的障碍灯，并由 MV-TENG 点亮，如图 8.18（b）所示。塔台的形状和高度用

障碍灯标记，以便飞机操作员可以判断塔架的位置、高度和轮廓，以避免飞行事故。该应用证明了使用 TENG 实现自供电塔障碍物警报的可行性。

此外，根据智能电网的发展需求，需要在线监测输电线路的温湿度、风速、风向、冰盖情况等数字信息，确保输电线路的运行状态和电网运行的安全。根据这些需求，这项工作构建了一个无线监测系统，用于输电线在线温湿度监测和预警。该系统结合了低功率无线温湿度传感器和 LabVIEW 设计的软件。系统的电路图和软件流程如图 8.18（c）所示。MV-TENG 的输出能量通过整流桥存储在电解电容器中，并为配备温湿度传感器的无线微控制器单元（MCU）供电。MCU 控制无线发射器，将温度和湿度数据传输到无线接收器。无线接收器连接计算机，通过串口将数据提供给 LabVIEW 设计的温湿度监测和预警软件。温度和湿度通过软件显示，当温度和湿度超过设定阈值时发出警报，并且所有历史监控数据也存储在软件中。温湿度监测和预警系统的照片以及运行中的电解电容器的电压如图 8.18（d）和（e）所示。在 30 分钟内，电解电容器的电压可以达到 3.3V 以上。电源启动后，MCU 的无线发射器与计算机上的无线接收器间的第一次连接会消耗大量能量。随后，在第一次数据传输完成后，MCU 进入睡眠状态。此时，MCU 的休眠电流低至 2μA，电解

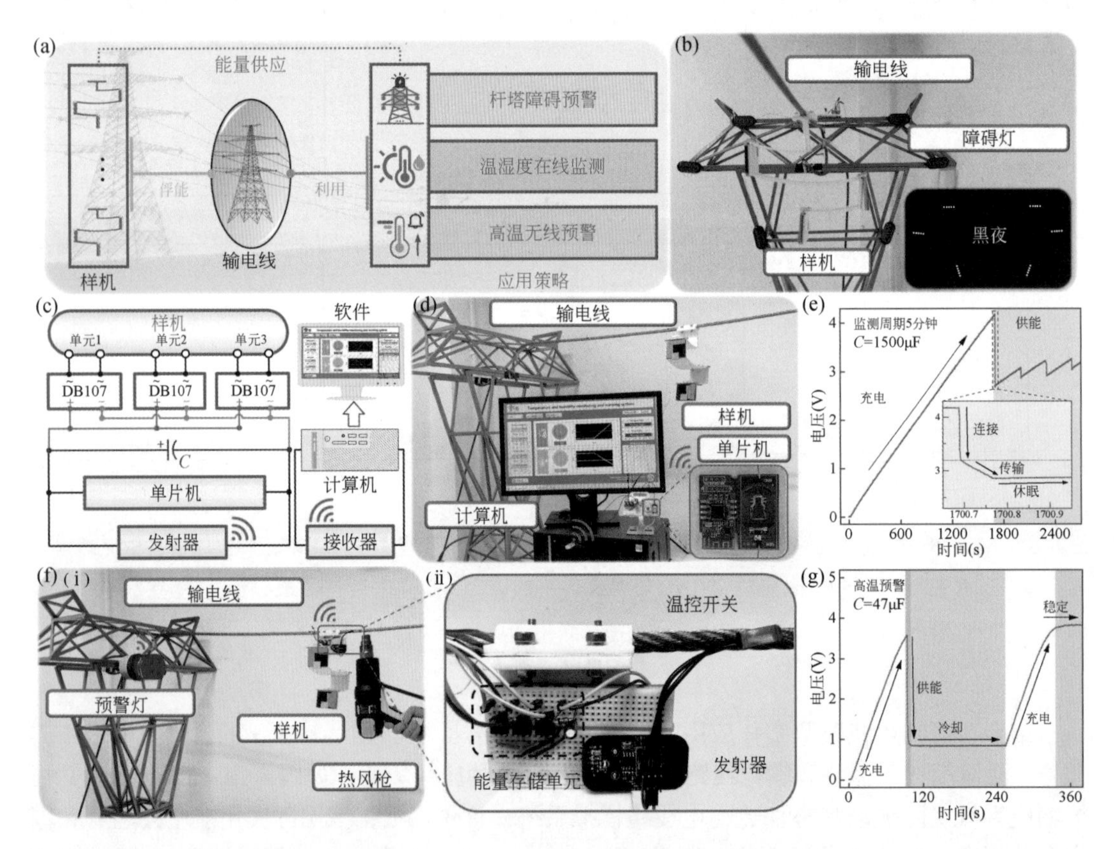

图 8.18 MV-TENG 在智能输电线路中的数字化应用。(a) 输电线路能量收集和利用；(b) 杆塔障碍警报；(c) 温湿度监测预警系统的电路图；(d) 应用照片；(e) 监测运行中电容器充电曲线；(f) 输电线高温预警系统；(g) 预警周期中电容器充电曲线

电容的能量不断补充，以满足后续的正常工作。系统监测周期设置为 5 分钟，证明了采用 TENG 实现输电线路全天候自供电温湿度在线监测的可行性。

导线温度过高是影响输电线路正常运行的一个特别突出的问题，这将导致输电效率降低和接头松动。为了监测输电线路的最高温度，降低传感器的功耗和器件成本，著者设计了一种输电线路高温无线预警系统。架空输电线网络的大多数电线由钢芯铝绞线制成。钢芯铝绞线的工作温度一般为 40～50℃，最高允许温度约为 70℃。因此，该系统配备了 60℃常开温度控制开关，警示灯由无线传感装置控制，可以安装在输电线路杆塔周围或值班办公室。在实验室环境中，使用热风枪加热电线，然后触发系统警告。输电线路高温无线预警系统和运行中的储能单元电压如图 8.18（f）和（g）所示。MV-TENG 在 90 秒内将储能单元的电压充电至 3.3V 以上。温度控制开关闭合，然后触发无线警告系统。随后，储能单元的电压降至约 0.9V。由于温度控制开关在温度恢复到 60℃之前保持导通状态，因此储能单元的电压在此期间保持恒定。当导线温度降至 60℃以下时，温度控制开关恢复到打开状态。储能单元的电压得到补充，达到稳压二极管的稳定值后保持不变，等待下一次操作。该应用证明了利用 TENG 实现智能输电线路全天候自供电无线高温预警的可行性。

以上三种应用策略的成功应用，满足了输电线路的实际工作要求。考虑到上述应用策略的可扩展性，它们可以应用于大多数用于收集风能或振动能量的 TENG 以及输电线路中具有不同功能的传感和预警设备。

8.3.3　水平舞动能量收集

冬季与早春，当水平方向的风吹到因覆冰而变为非圆断面的输配电线路导线上时，将产生一定的空气动力，在一定的条件下，会诱发导线产生一种低频、大振幅的自激振动。由于其形态上下翻飞，形如舞龙，因此被称为舞动。著者提出了一种用于输电线路覆冰振动抑制和舞动能量收集的差动摩擦纳米发电机（Di-TENG），旨在输电线路自供电监测的同时抑制输电线路舞动[5]。图 8.19 为 Di-TENG 的结构原理图，其中图 8.19(a)给出了 Di-TENG 应用场景。Di-TENG 的整体结构如图 8.19（b）和（c）所示，其主要由两个定滑轮、两根柔性钢缆、两个拉簧、一个 TENG 发电单元和两根导轨组成，TENG 为独立层工作模式。将两块大小为 10cm×10cm 的亚克力板通过尼龙绳连接到传输线上，两根尼龙绳共同支撑着 Di-TENG。差分结构作为 Di-TENG 的核心，其工作原理如图 8.19（c）所示。其中 TENG 发电单元的两块亚克力板通过两个定滑轮，用两根柔性钢缆连接在一起。两个亚克力板通过两个滑块沿着导轨移动，当其中一块亚克力板在输电线路的激励下运动时，另一块亚克力板将向相反方向运动，达到差动效果。在这个过程中，亚克力板之间的相对运动速度增加一倍，提高了 Di-TENG 的输出性能。两侧的弹簧为亚克力板的复位提供了回复力，Di-TENG 及其差动结构的照片如图 8.19（d）和（e）所示。

Di-TENG 的工作原理如图 8.20 所示，初始状态下，上下两个发电单元相互重叠，此时 Di-TENG 不产生电力，弹簧处于松弛状态，如图 8.20（ⅰ）所示；当输电线路向远离 Di-TENG 的方向振动时，发电单元间将产生相对位移，将振动能转化为电能及弹性势能，此时弹簧处于拉伸状态，如图 8.20（ⅱ）所示；当亚克力板达到一定位移后，限位块开始作用，弹簧的伸长量达到最大值，如图 8.20（iii）所示；当传输线向靠近 Di-TENG 的方向运动时，在拉簧的作用下，亚克力板开始向相反的方向移动［图 8.20（iv）］，拉簧缩回到图 8.20（ⅰ）所示的状态，完成一个周期的循环。

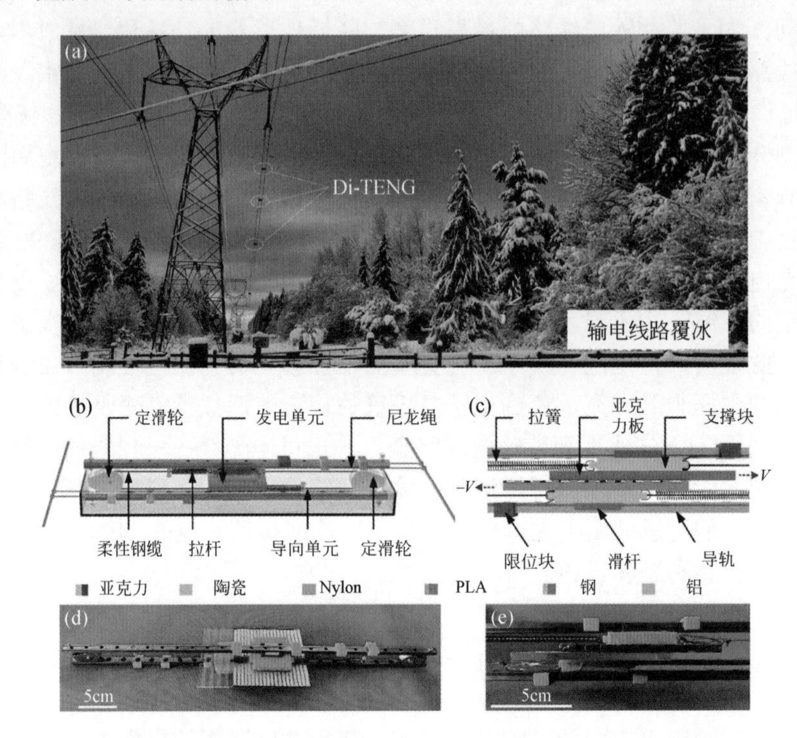

图 8.19　差动摩擦纳米发电机（Di-TENG）的结构原理。（a）Di-TENG 的应用场景；（b）整体结构示意图；（c）差动结构示意图；（d）样机照片；（e）差动结构照片

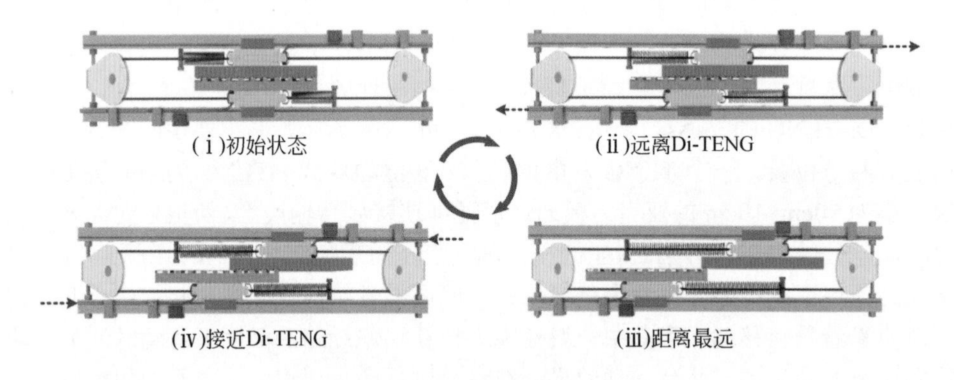

图 8.20　Di-TENG 的工作原理

接下来，测试了外部参数（振幅、频率）和内部参数（弹簧刚度、质量）对 Di-TENG 的影响规律，图 8.21 为我们展示了不同振动频率和振动幅值对 Di-TENG 输出性能的影响，研究了当输电线路的激励频率为 1Hz［图 8.21（a）～（c）］及 2Hz［图 8.21（d）～（f）］时，不同的激励幅度对输出性能的影响。试验证明，俘能器可实现 180V 的最大开路电压及 6.6μA 的最大短路电流，最大转移电荷为 73nC。随着激励时间的增加，开路电压、短路

电流和转移电荷先减小后增大。随着激励振幅的增加，最大开路电压和最大转移电荷保持不变，最小开路电压和转移电荷下降，如图 8.21（g）和（i）所示。这是由于在初始状态下，发电机组的亚克力片材处于重叠状态，随着激励振幅的增大，接触面积减小。从图 8.21（h）的柱状图可以看出，频率为 2Hz 时的最大短路电流高于频率为 1Hz 时的最大短路电流。由此分析可知，振动幅值只决定俘能器的最小开路电压，而振动频率决定了俘能器的最大短路电流。

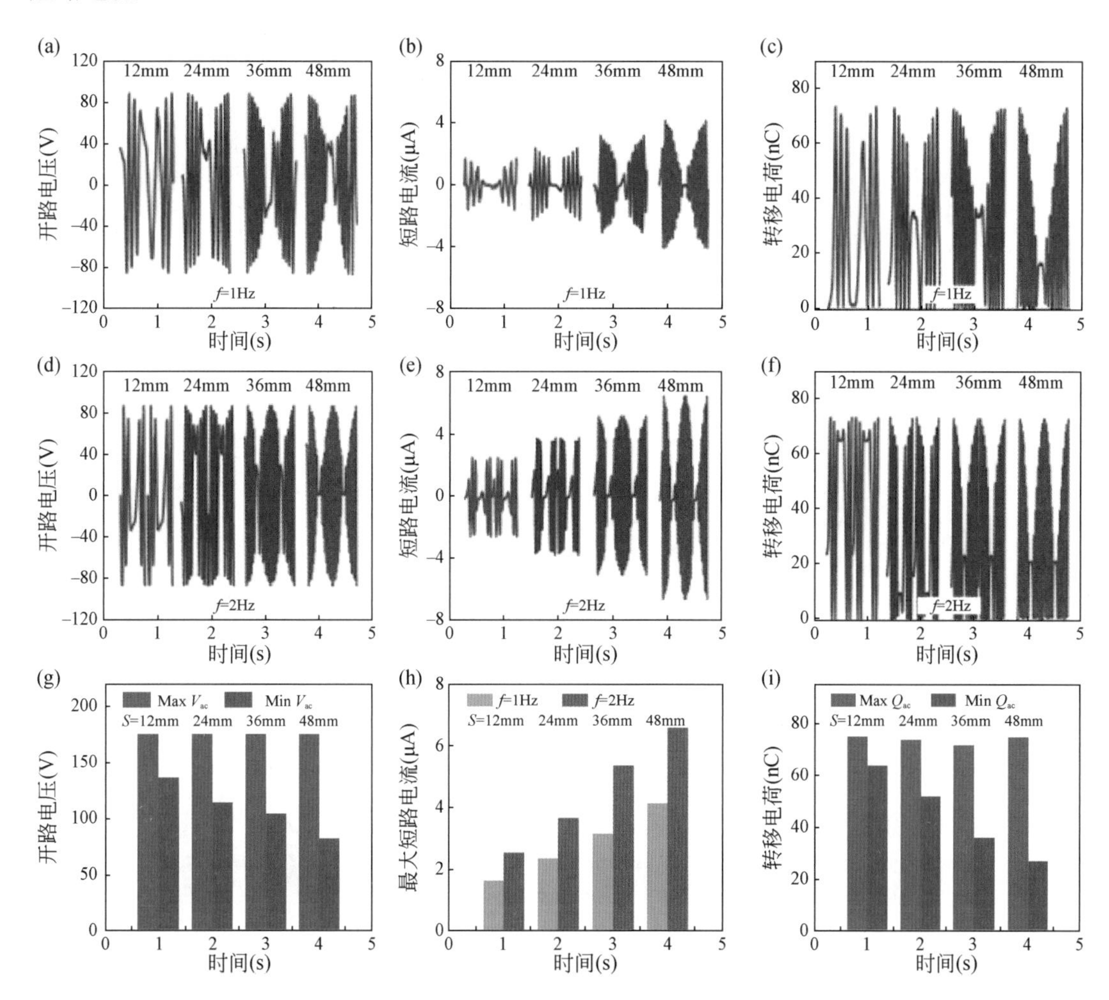

图 8.21 不同的激励频率及幅值对 Di-TENG 输出性能的影响。（a）~（c）激励频率为 1Hz 时开路电压、短路电流和转移电荷的波形图；（d）~（f）激励频率为 2Hz 时开路电压、短路电流和转移电荷的波形图；（g）频率为 1Hz 时开路电压比较；（h）频率为 1Hz 和 2Hz 时最大短路电流比较；（i）频率为 1Hz 时转移电荷比较

作为 Di-TENG 的关键部件，拉簧（弹簧）决定了俘能器连续工作的能力。图 8.22 为我们展示了不同质量条件下刚度分别为 26.7N/m［图 8.22（a），（d）］、52.5N/m［图 8.22（b），（e）］和 71.4N/m［图 8.22（c），（f）］的三种弹簧的输出性能。不同弹簧刚度条件下外力与

最小开路电压之间的关系如图 8.22（g）所示。由图可知，当外力为 18N 时，最小开路电压基本保持不变，这是因为在所有三种弹簧刚度下，亚克力板都能达到其最大位移。在相同外力作用下，随着弹簧刚度的增加，最小开路电压增加，最大短路电流减小[图 8.22（h）]。这是因为最小开路电压随着 PTFE 的相对位移减少而增大，而最大短路电流的减小意味着亚克力板相对速度的降低。综上所述，弹簧刚度的变化可以有效地降低传输线振动的幅度和速度。

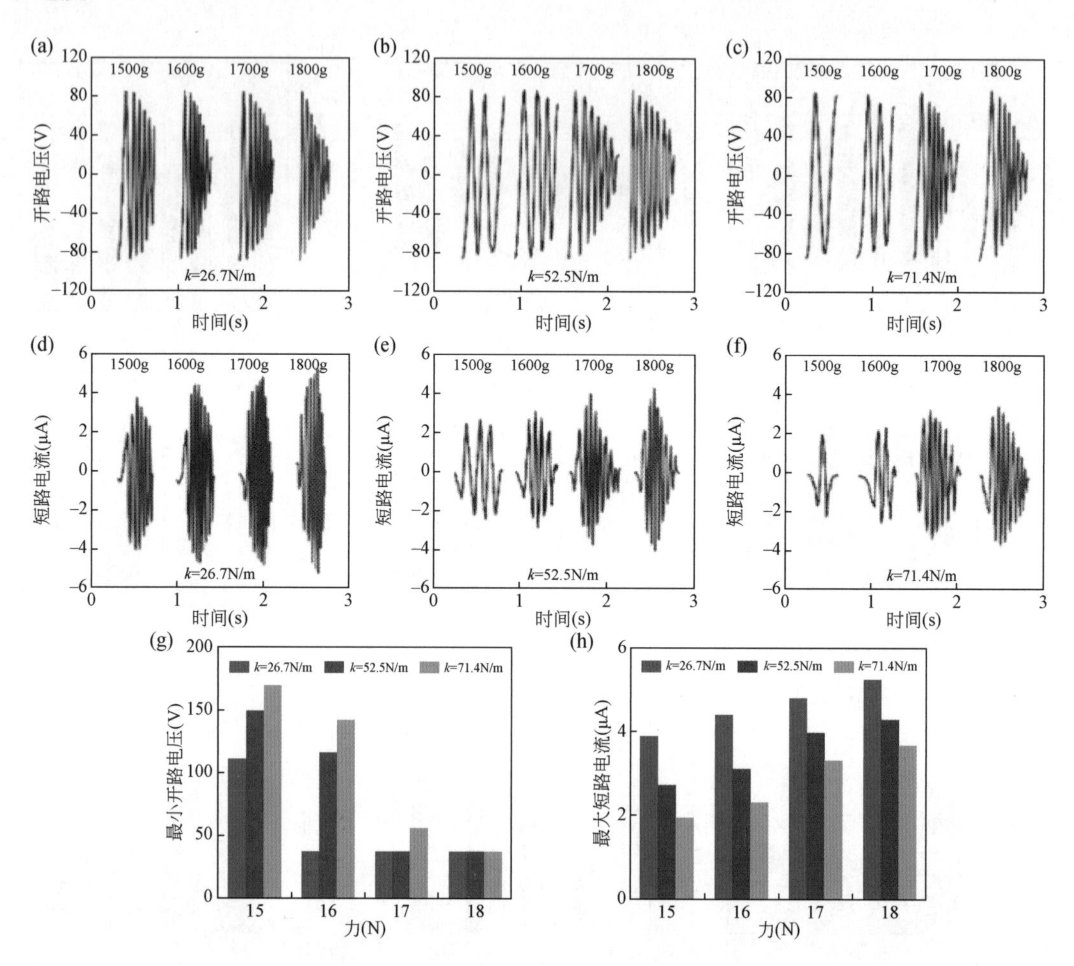

图 8.22　弹簧刚度对 Di-TENG 输出性能的影响。（a），（d）当弹簧刚度 k=26.7N/m 时，不同质量条件下开路电压、短路电流的波形图；（b），（e）当弹簧刚度 k=52.5N/m 时，不同质量条件下开路电压、短路电流的波形图；（c），（f）当弹簧刚度 k=71.4N/m 时，不同质量条件下开路电压、短路电流的波形图；（g）刚度不同时最小开路电压随外力的变化；（h）刚度不同时最大短路电流的变化

通过充电电容验证了 Di-TENG 的供电能力，并为电子传感器供电，如图 8.23 所示。试验采用了三种商用电容器，电容分别为 10μF、22μF 和 47μF，在不同的持续时间后充电至 5V［图 8.23（a）］。在激励频率为 3Hz 的情况下，装置可以通过 47μF 的电容器为温度和湿度传感器连续供电，证明了 Di-TENG 的可行性，试验结果如图 8.23（b）所示。此外，

测量了不同负载下 Di-TENG 的输出性能，如图 8.23（c）所示。随着电阻的增大，电压增大，电流减小，输出功率先增大后减小，最大输出功率为 0.73mW。因此，为了充分利用 Di-TENG 的输出性能，必须选择相应的匹配电阻。

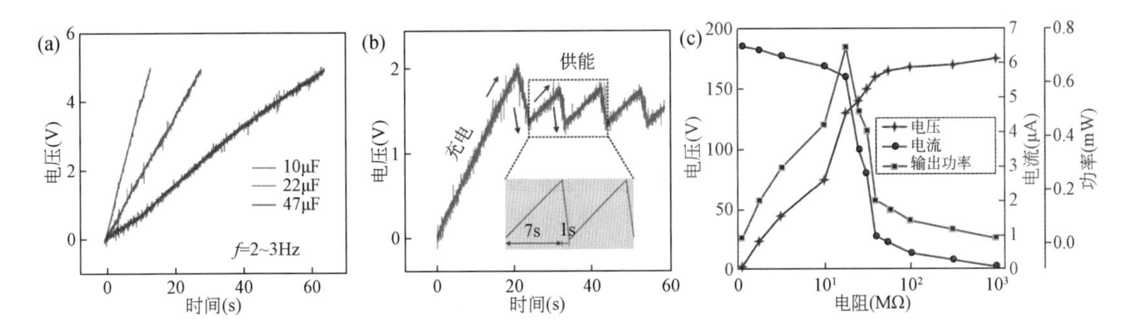

图 8.23　Di-TENG 供电能力测试。(a) 为商用电容器充电；(b) 为 47μF 电容器充电，为温湿度传感器供电；(c) 不同外部电阻负载下的电压、电流和输出功率

图 8.24 为 Di-TENG 的实际抑振效果。在图 8.24（a）中，当线路处于正常振动状态时，输电线路的振动位移为 15mm。当线周围覆盖了模拟冰，输电线路的振动位移上升到 25mm，增加了近 67%［如图 8.24（b）所示］。当安装 Di-TENG 时，输电线路的振动位移减小到 18mm（相较于覆冰场景的振幅减小 28%），如图 8.24（c）所示。结果表明，Di-TENG 可以有效抑制传输线的振动。

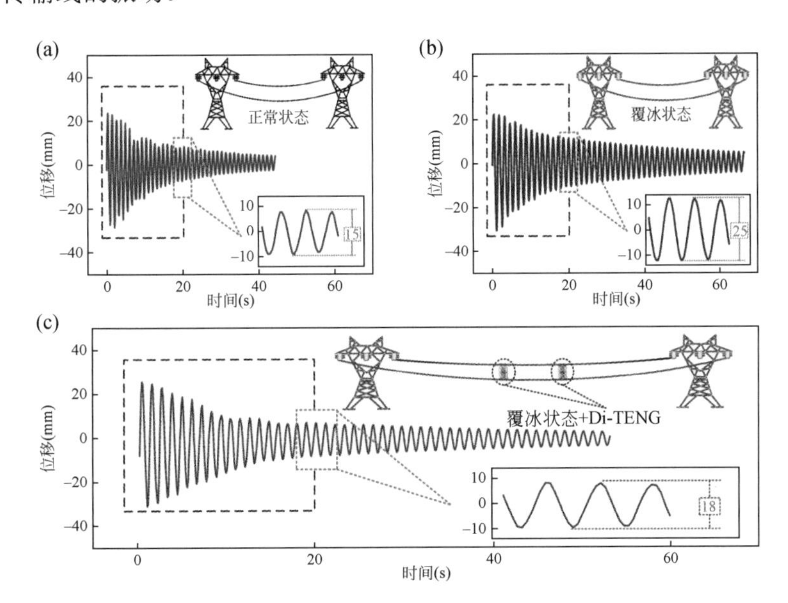

图 8.24　Di-TENG 的实际抑振效果。(a) 输电线路正常状态；(b) 覆冰线路振动状态；(c) 覆冰线路安装 Di-TENG 的振动状态

为了证明 Di-TENG 的实用性，将其安装在输电塔杆上进行了实验，如图 8.25 所示。图 8.25（a）为实验中心的位置及坐标。图 8.25（b）为测试中心的现场实际照片。两名工

人将 Di-TENG 安装在传输线上，并使用鼓风机模拟自然风［图 8.25（c）和（d）］。在实验中，风速设置为 11m/s，如图 8.25（e）所示。Di-TENG 将振动能量转化为电能，然后直接为 26 个 LED 灯供电，如图 8.25（f）所示。试验验证了 Di-TENG 的可行性和有效性。

图 8.25 Di-TENG 的安装、应用、演示。（a）输变电运行实验中心的位置和坐标；（b）实际现场照片；（c）两名工人安装 Di-TENG；（d）用鼓风机模拟自然风；（e）安装后的 Di-TENG 在线路上；（f）收集的能量可为 26 个 LED 灯供电

8.4 风能俘获自驱动系统

高压输电线路通常架设于空旷的野外，具有点多、面广、距离长的特点，会经过不少海拔较高的山区、峡谷、水库、化工厂等区域，由于地理特征较为特殊，易形成差异较大的风场环境。输电线所在环境中的风能不仅分布广泛，而且在风速达到 5m/s 的情况下，风能的功率密度可以达到 100W/m^2，这使得风力发电成为传感器供电的一种极具潜力的方式。地表常见风速范围在 0～24m/s，其具有随机性和复杂性强、频带宽的特点。目前风力发电的设备主要是电磁发电机（EMG），其特点是风速越大 EMG 的发电效率越高。然而，地表年均风速约为 3m/s，这使得单独的 EMG 通常不适合用于年均风速低于 3m/s 的地区。因此，利用 TENG 在低频能量俘获方面的优势，实现扩宽发电机俘能带宽、降低发电机启动风速或使发电机能够自适应外界随机风场从而提高发电质量是具有重要意义的。

8.4.1 宽风速范围

著者将摩擦纳米发电机（TENG）和电磁发电机（EMG）在不同风速环境下的互补优势灵活结合起来提出了一种风能收集优化策略[6]。具体来说，在弱风环境中，TENG 可以独立运行以收集能量。而一旦风速增大到临界风速，EMG 启动并与 TENG 协同工作，将有效提高风能采集器的能量收集能力。如图 8.26（a）所示，基于著者提出的摩擦电-电磁柔性协同风能收集优化策略，设计了一个柔性摩擦电-电磁复合发电机（FC-TEH）。FC-TEH 整体结构主要由风杯、转子、定子和壳体组成。转子结构主要由磁体、管道和飞轮组成［图

8.26（b）]。FC-TEH 的实物图如图 8.26（c）所示，图 8.26（d）和（e）分别是样机的转子和定子，定子内壁分别固定有铜线圈和铜电极。

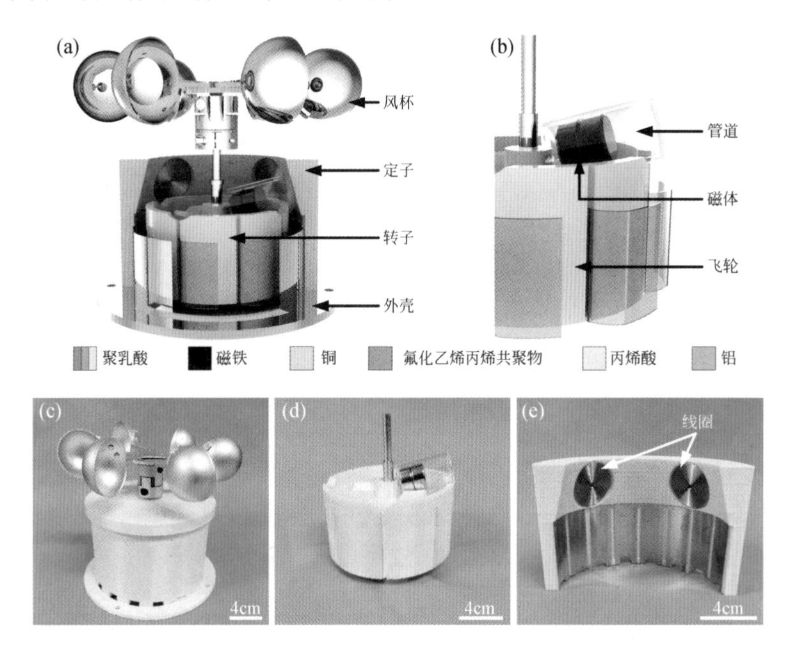

图 8.26　基于柔性摩擦电-电磁复合发电机结构设计。(a) 整体样机的结构模型；(b) 转子的结构模型；(c) 整体样机的实物照片；(d) 转子的实物照片；(e) 定子的实物照片

在不同输入速度下，TENG 模块和 EMG 模块的峰值功率分别显示在图 8.27（a）-（ⅰ）和图 8.27（a）-（ⅱ）中，并在图 8.27（a）-（ⅲ）中进行比较。在临界转速为 108rpm 时，TENG 模块的峰值功率为 1.95mW，EMG 模块的峰值功率为 2.56mW。在输入转速为 100rpm、108rpm 和 150rpm 时，分别使用 TENG 模块、EMG 模块和 FC-TEH 对 100μF 电容器充电的性能如图 8.27（b）所示。其中，在 108rpm 的临界转速下，FC-TEH 可以在 25 秒内将 100μF 的电容器充电至 5V。

为了证明 FC-TEH 可以灵活调节能量收集能力，进行了 FC-TEH 在不同风速环境下为 LED 灯供电的实验，如图 8.28（a）所示。在低风速下，FC-TEH 的转速达不到临界速度。此时，TENG 模块正常工作时可以连续点亮 320 个 LED 灯，EMG 模块未激活，无法为 LED 灯供电。在高风速下，FC-TEH 的转速达到临界速度。此时，TENG 模块正常工作，EMG

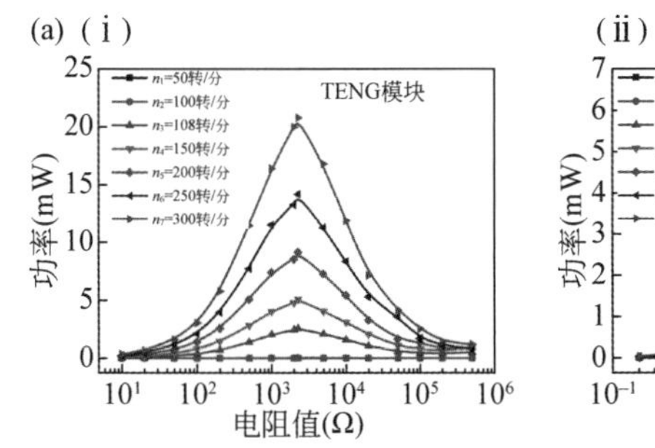

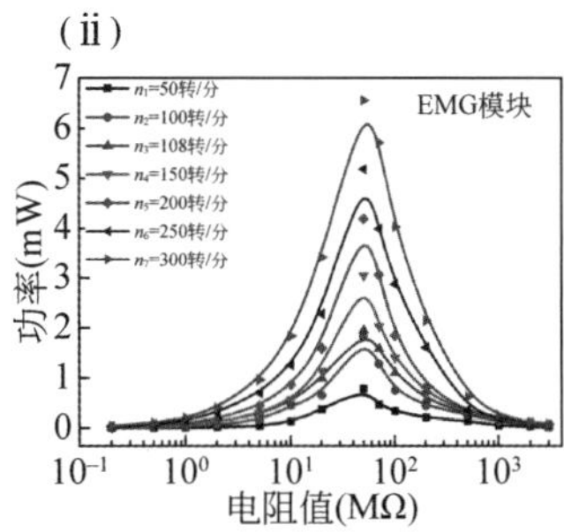

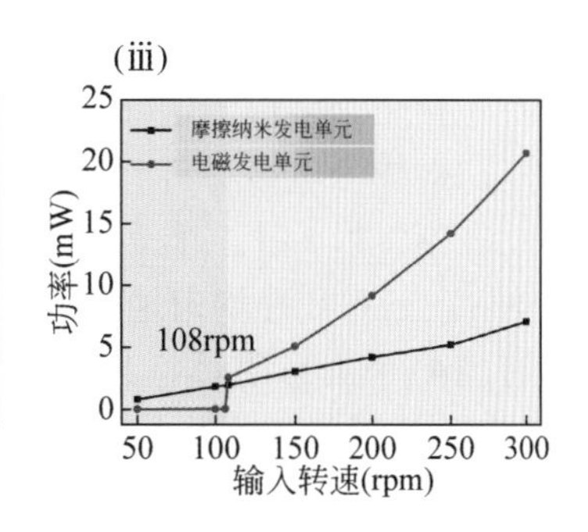

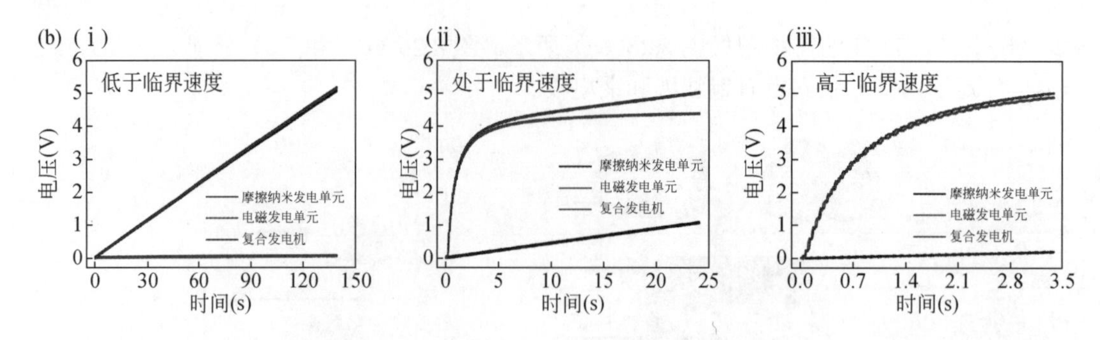

图 8.27 FC-TEH 的输出性能。(a)EMG 模块和 TENG 模块在不同输入转速下的峰值功率比较；(b)FC-TEH 为 100μF 电容器充电时各模块性能对比

模块被激活，可以另外并行驱动 320 个 LED 灯。实验证明，FC-TEH 的输出容量可以随着风速的变化而灵活调整。此外，在约 8m/s 的自然风速下，FC-TEH 可以通过收集自然风为额定功率为 20mW 的蓝牙温湿度计供电，如图 8.28（b）所示。

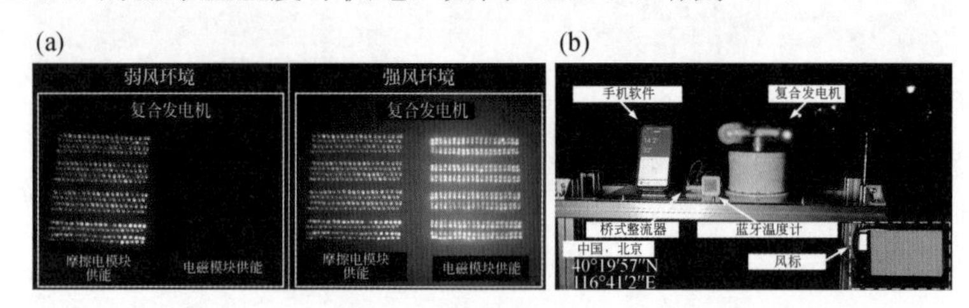

图 8.28 FC-TEH 的演示实验。(a)不同风速下 EMG 模块和 TENG 模块的输出性能比较；(b)自然环境中 FC-TEH 通过俘获风能为蓝牙温湿度计供电

8.4.2 低风速启动

著者提出一种新型双叶片结构摩擦-电磁复合发电机（DB-TEHG）[7]，该发电机由三个独立的 TENG 和一个 EMG 组成。在传统垂直轴风机的基础上，安装了双叶片结构风能捕获装置，通过增加顺风区和上风区之间的阻力差来提高装置的气动性能，使 DB-TEHG 能够在 2m/s 的低风速下运行。此外，双叶片结构可以直接用作 TENG 单元，DB-TEHG 不需要任何传动系统，因此不会消耗额外的能量。在低速风条件下，TENG 和 EMG 一起运行，以改善微风能量的收集。这种创造性的设计为收集和利用微风能量提供了新的解决方案。

DB-TEHG 由转子和定子组成，结构如图 8.29（a）所示。转子由三对叶片组成，每对叶片包括一个拱形固定叶片和一个半圆形活动叶片。选择聚四氟乙烯（PTFE）作为摩擦电材料，铜作为电极材料。一个铜电极和一个 PTFE 薄膜粘贴在固定叶片上，另一个铜电极粘贴在活动叶片上。此外，活动叶片可以绕固定叶片的边缘旋转，这形成了接触-分离式 TENG。三对叶片均匀地排列在两块亚克力板中间，一起绕中心主轴旋转。下板的背面安装有 14 个圆形磁体，14 个相同尺寸的铜线圈安装在定子基座上，组成电磁发电机。DB-TEHG 的样机实物如图 8.29（b）所示。

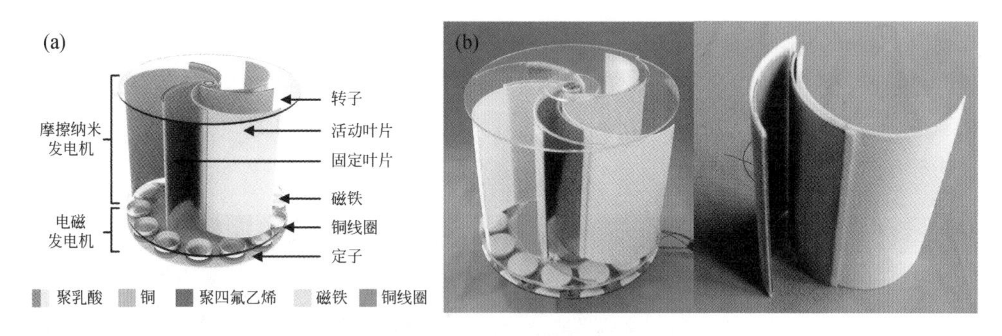

图 8.29　双叶片结构摩擦-电磁复合发电机（DB-TEHG）的结构设计。（a）样机整体结构示意；（b）样机实物和双叶片结构细节

测试了 DB-TEHG 在不同风速下的输出性能。如图 8.30（a）～（b）所示，随着风速从 2m/s 增加到 5m/s，单个 TENG 的开路电压从 650V 增加到 910V，短路电流从 31μA 增加到 45μA，转移电荷从 0.19μC 增加到 0.28μC，电磁式发电机的开路电压从 80V 增加到 236V，短路电流从 10mA 增加到 24.2mA。图 8.30（c）给出了 TENG 在 5m/s 风速驱动下的匹配阻抗，阻抗为 10MΩ 时峰值功率为 4mW。

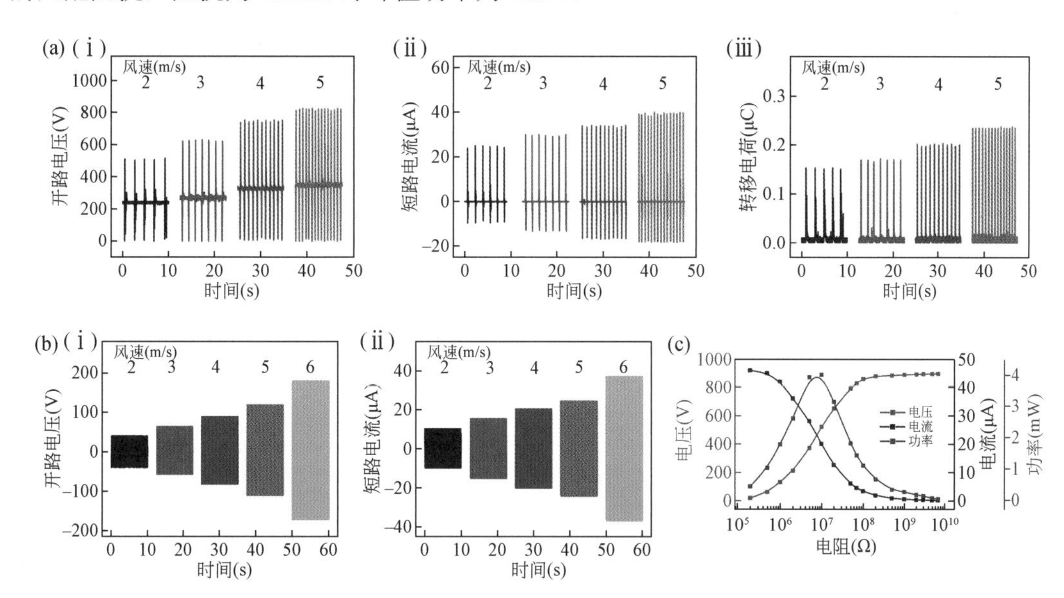

图 8.30　DB-TEHG 在不同风速下的输出性能。（a）单个 TENG 单元的开路电压、短路电流和转移电荷；（b）EMG 的开路电压和短路电流；（c）TENG 在不同负载下的功率曲线

最后对 DB-TEHG 进行了应用演示实验。图 8.31（a）给出了 DB-TEHG 在不同风速下将 11mF 电容器充至 15V 所需的时间。图 8.31（b）演示了每个 TENG 单元能够为 120 个蓝色 LED 灯供电，能够为 60 个红色 LED 灯供电。图 8.31（c）演示了 DB-TEHG 收集风能给小型电子设备供电的能力。图 8.31（c）-（i）展示了 DB-TEHG 由风扇驱动，仅由三个 TENG 单元并联给 220μF 电容充电约 4 分钟后电压达到 4.5V，然后使用该电容器为商用计算器成功供电。如图 8.31（c）-（ii）所示，无线温度计由 DB-TEHG 在室外供电。

在室外自然风的驱动下，DB-TEHG 可以正常运行并为电容器充电（TENG 和 EMG 并联工作）。电容器充电一段时间后，无线温度计可以使用电容器电源成功运行，接收器可以从无线传感器收集温度和湿度数据。因此，该应用测试证明了 DB-TEHG 在户外环境监测和物联网应用中的卓越应用潜力。

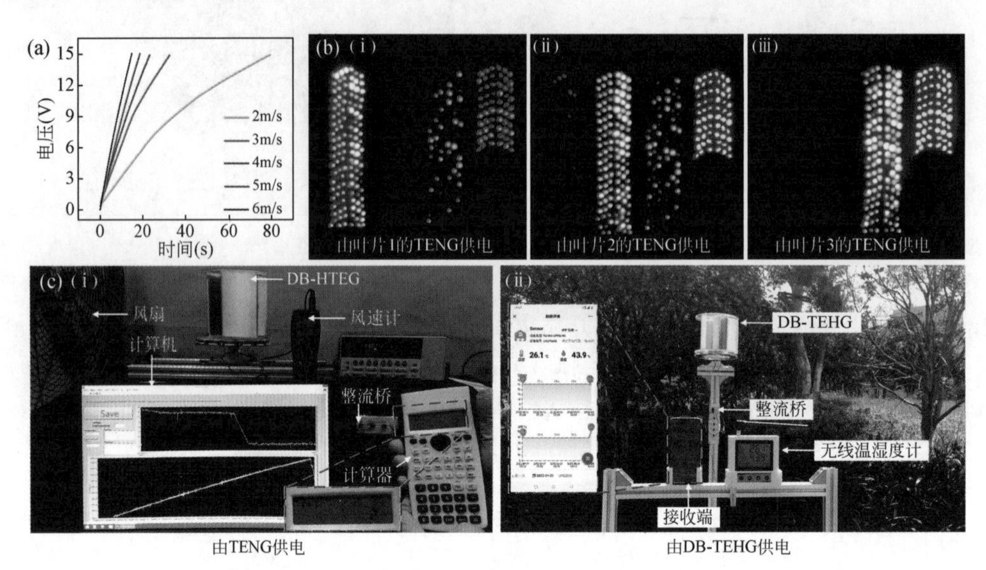

图 8.31　DB-TEHG 的应用演示实验。（a）不同风速下给 11mF 电容器充电；（b）点亮 LED 灯；（c）在自然风驱动下（ⅰ）为商用计算器及（ⅱ）为无线温湿度计供电

此外，著者基于交变磁场从低速流中获取能量的策略，提出了一种交变磁场增强摩擦纳米发电机（AMF-TENG）[8]，旨在进一步降低启动风速，可用于收集低流速下的流体能量。基于电磁感应原理，线圈在交变磁场中产生感应电流。根据电流的磁效应，通电线圈产生的磁场与交变磁场相互作用，产生周期性的吸引力和排斥力，从而驱动摩擦纳米发电机。由于低速流体不直接作用于发电单元，因此能量收集结构可以在低流速下启动。因此，AMF-TENG 的启动速度被有效降低。

AMF-TENG 的基本结构如图 8.32（a）所示，主要由转子、振动器和基座组成。最上部是装有磁铁的转子，可以通过顶轴连接到各种能量捕获装置，例如风杯或水车。上盖和振动器构成一个发电机单元，如图 8.32（b）所示。上铜电极和 PTFE 膜固定在上盖的下方，下铜电极固定在振动器上方，四个线圈固定在下板的下方。下电极、下板和线圈共同形成振动器，振动器由四个弹簧支撑，弹簧的作用是限制振动器的水平运动，使其只能沿垂直方向移动。随着转子的转动，磁铁的磁场产生周期性变化，在线圈中产生感应电动势，同时产生磁场。此时，线圈和磁铁的磁场产生有吸引或排斥的安培力，线圈在安培力振动的作用下驱动振动器振动，使摩擦纳米发电机以接触-分离模式工作。在低速时，线圈接收到的力很小，振动器不会振动。随着风速的增加，当安培力大于静电吸附力时，振动器将开始振动。

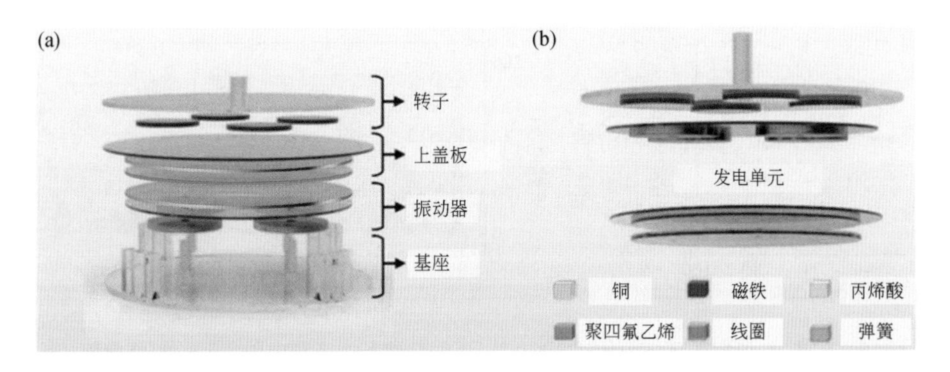

图 8.32 交变磁场增强摩擦纳米发电机（AMF-TENG）的结构和安培力驱动发电单元的工作原理。（a）AMF-TENG 结构组成；（b）发电单元结构展示

首先测试了 AMF-TENG 在电机驱动下的输出性能。如图 8.33（a）～（c）所示，当转速从 50rpm 增加到 300rpm 时，俘能器的开路电压从 16.5V 增加到 158.6V，短路电流从 0.71μA 增加到 9.8μA，转移电荷从 17.9nC 增加到 97.6nC。在微风环境下对 AMF-TENG 进行了测试。如图 8.33（d）～（f）所示，在 1～5m/s 的风速下，俘能器所输出的开路电压从 20.9V 增加到 179.3V，短路电流从 0.9μA 增加到 19.3μA，转移电荷从 8.8nC 增加到 104.1nC。由于两个电极之间的接触力随着转速的变化而变化，当压力增加时，电极之间的接触面积增加，因此开路电压和短路电流也趋于增加。为验证摩擦纳米发电机在恶劣工作条件下的输出性能，验证了在 300rpm 的速度下，相对湿度对输出性能的影响，如图 8.33（g）所示，当相对湿度从 30%增加到 90%时。开路电压、短路电流和转移电荷分别保持在 92.6%、92.5%和 88.6%。由此证明，AMF-TENG 能够适应户外恶劣的工作环境，这可能归功于其自身良好的密封性。在 300rpm 下，在 100000 次循环后，开路电压从 188.2V 降低到 173.7V，并且性能保持在 92.5%，如图 8.33（h）所示，AMF-TENG 表现出良好的稳定性。

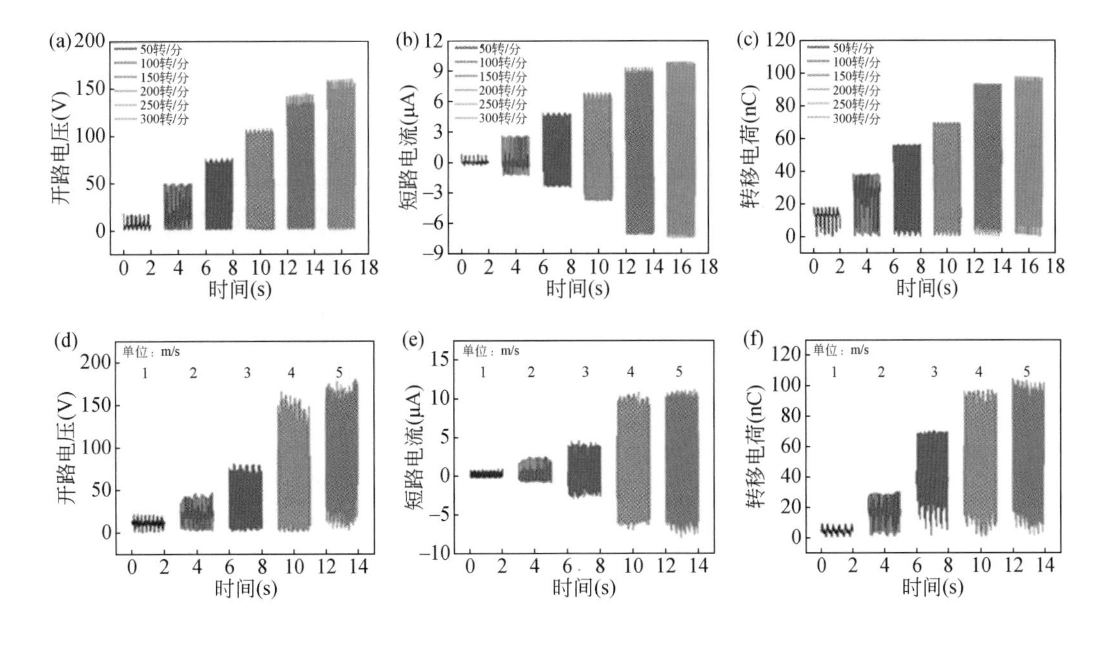

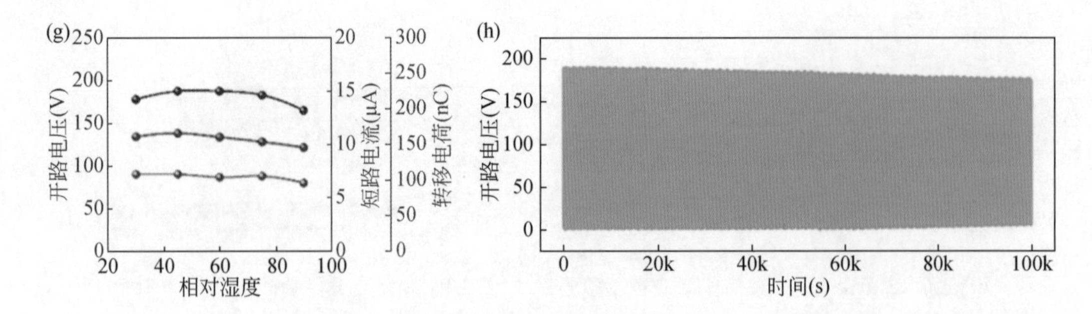

图 8.33　AMF-TENG 在模拟风环境中的输出性能。不同转速下的开路电压（a）、短路电流（b）和转移电荷（c）；不同风速下 AMF-TENG 的开路电压（d）、短路电流（e）和转移电荷（f）；（g）相对湿度对 AMF-TENG 电压的影响；（h）AMF-TENG 的耐久性实验

最后对 AMF-TENG 进行了应用演示。图 8.34（a）给出了 AMF-TENG 的匹配阻抗结果，由图可知，在 5m/s 风速驱动下，当匹配阻抗为 10MΩ 时，俘能器的输出功率最大，为 0.68mW。图 8.34（b）给出了 AMF-TENG 在 1m/s 风速驱动下为不同电容器充电的速度。如图 8.34（c）所示，将 330μF 电容器充至 1.5V 需要 316 秒。图 8.34（d）为 AMF-TENG 搭建的无线光强监测测试平台。其中，AMF-TENG 用于收集风能，无线光强传感器用于测试环境光强度并发送信息，计算机和无线接收器用于接收来自传感器的信号。实验证明，在 5m/s 的风速下，AMF-TENG 可在 125 分钟内将 3300μF 商用电容器充电至 3.7V，并驱动光强传感器工作，再经由计算机接收并显示当前环境的光强信息。该系统展示了 AMF-TENG 为物联网节点供电的可能性。

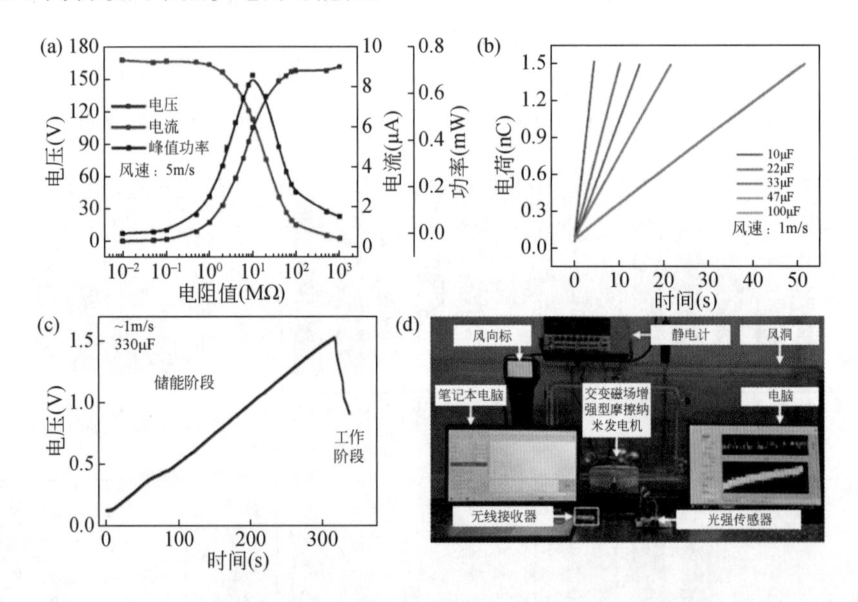

图 8.34　AMF-TENG 在智能自供电传感中的应用。（a）外接不同负载的输出情况；（b）为不同容量的商用电容器充电的数据；（c）为 330μF 商用电容器充电及工作电压曲线；（d）基于 AMF-TENG 的无线光强监测测试平台

8.4.3 风速自适应

传统 TENG 结构的驱动扭矩不随外部输入功率的变化而变化。为了使 TENG 驱动扭矩能够随外部输入功率的变化而自适应变化，基于自然风强随机及不稳定的特点，著者首次提出一种驱动扭矩自调节型摩擦纳米发电机（SA-TENG）[9]，以实现对随机风能的高效俘获。SA-TENG 可根据风速（能量强度）的不同，通过主动调节发电面积驱动扭矩的动态匹配，提升了俘能器的输出性能，为分布式随机风能的高效俘获提供了一种全新的设计思路和解决方案。

SA-TENG 由风杯、驱动扭矩自调节单元、发电单元和外壳组成［图 8.35（a)］。其中，驱动转矩自调节单元［图 8.35（b）-（ⅰ）］由四个离心机构组成［图 8.35（b）-（ⅱ)］，通过这些离心机构的协同工作，SA-TENG 能够实现驱动扭矩的自调节。SA-TENG 装置照片如图 8.35（c）所示，驱动扭矩自调节单元和发电单元照片分别如图 8.35（d）-（ⅰ）和（d）-（ⅱ）所示。

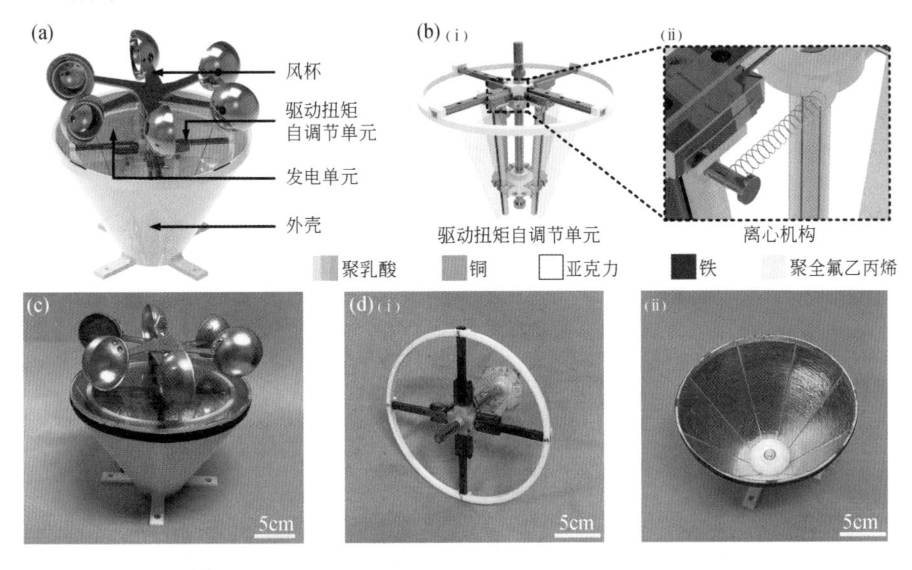

图 8.35 （a）驱动扭矩自调节型摩擦纳米发电机（SA-TENG）的结构；（b）离心机构示意图；（c）SA-TENG 实物图；（d）驱动扭矩自调节单元和发电单元实物图

为了研究不同发电机对随机风能的俘获情况，著者设计了两个额外的发电机：无驱动扭矩自调节单元的传统摩擦纳米发电机（N-TENG）和无驱动扭矩自调节单元的 EMG。SA-TENG 的自调节转速范围为 165～330rpm。为了更清晰地比较三种发电机收集随机风能的能力，著者将三种发电机在 165rpm 时的输入功率和输出峰值功率设置为几乎相同，如图 8.36（a）所示。随后将转速从 165rpm 增加到 330rpm 后，测量三台发电机的驱动扭矩，如图 8.36（b)。输入功率与转速的关系如图 8.36（c）所示。

为了准确比较外部输入转速变化时三种发电机的调节能力，测量了三种发电机的输出功率，如图 8.36（d）所示。P_{o1}、P_{o2} 和 P_{o3} 分别是 EMG、N-TENG 和 SA-TENG 的输出功率。

当转速从165rpm增加到330rpm时，EMG、N-TENG和SA-TENG的功率增长率分别为265%、77%和3500%，如图8.36（e）所示。三种发电机的效率与转速的关系如图8.36（f）所示。

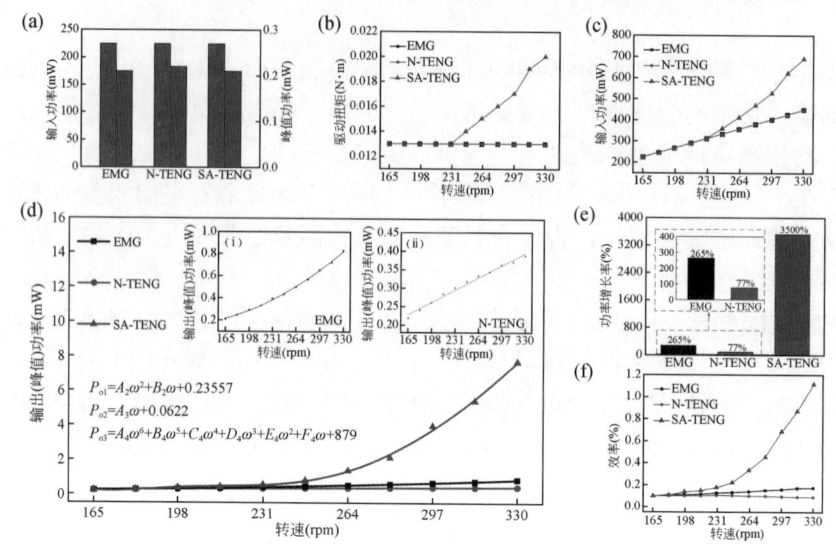

图8.36 SA-TENG与EMG和传统TENG（N-TENG）的性能对比。（a）输入功率及输出功率对比；（b）驱动扭矩对比；（c）不同转速下的输入功率对比；（d）输出功率对比；（e）功率增长率对比；（f）效率对比

为了证明SA-TENG的应用能力，对EMG、N-TENG和SA-TENG的充电容性能进行了比较。如图8.37(a)-(ⅰ)所示，在36秒内，EMG、N-TENG和SA-TENG分别将0.47μF

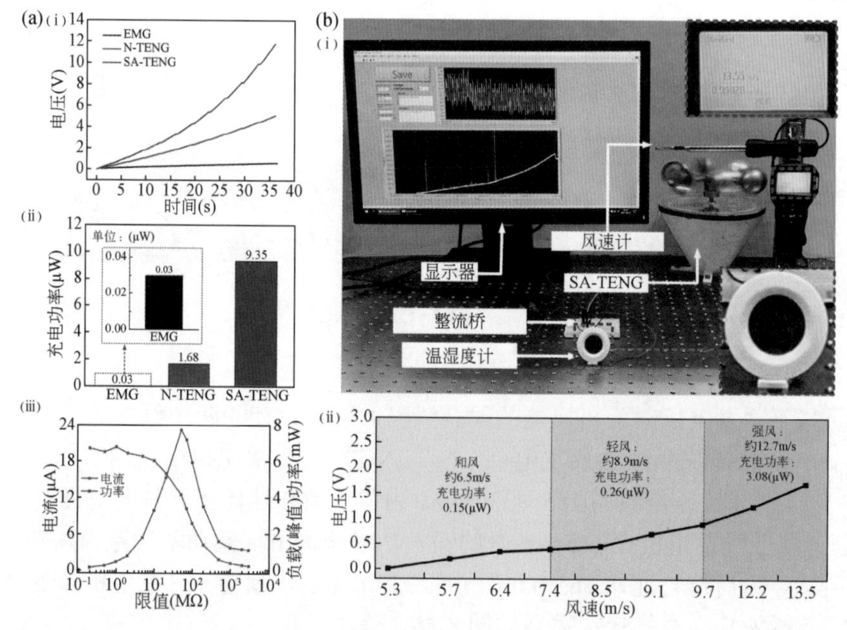

图8.37 （a）SA-TENG与EMG和N-TENG的充电容曲线（ⅰ）、充电功率曲线（ⅱ）的对比，及SA-TENG的负载功率曲线（ⅲ）；（b）SA-TENG为温湿度传感器供电的演示实验（ⅰ）及实验过程中电容器的电压变化曲线（ⅱ）

的电容器充电至 0.64V、5.07V 和 11.97V。EMG、N-TENG 和 SA-TENG 的充电功率分别为 0.03μW、1.68μW 和 9.35μW，如图 8.37（a）-（ii）。SA-TENG 的负载功率如图 8.37（a）-（iii）所示，最大峰值功率为 7.69mW。此外，为商用温度计供电的试验测试平台及不同风速下 SA-TENG 对电容器的充电电压分别如图 8.37（b）-（i）和（ii）所示。

综上所述，实验结果表明：SA-TENG 能够在 5.0～13.2m/s 的风速范围内，实现发电机驱动扭矩与外界风速的动态匹配。当外界风速从 5.0m/s 增加至 13.2m/s 时，与传统 TENG 和电磁发电机相比，SA-TENG 的输出功率分别提高 4.3 倍和 3.2 倍，能量转换效率最高可实现 12.2 倍和 6.5 倍的提升。

8.5　本 章 小 结

本章分析了当前制约输电线路在线监测技术发展的供电瓶颈问题，并简述了著者所提出的系列解决方案。首先，利用摩擦纳米发电机实现了输电线路智慧输电系统监测，构建了一个自供电分布式智能气象传感系统，可在 3～15m/s 范围内同时实现输电线系统温度、湿度、风速及风向等气象信息采集和无线传输。另外，研制了一种基于摩擦纳米发电机的自供电振动在线监测系统，可实现 5～50Hz 频率响应和 0.4～6mm 振幅响应的输电线路异常振动预警和振动分布监测。随后，对摩擦纳米发电机振动能俘获自驱动系统进行研究，分别研制了用于微风振动、次档距振荡和水平舞动能量收集的摩擦纳米发电机，收集频率带宽达 50Hz，基本覆盖所有输电线振动工况，最大可实现 36.6mA 有效电流和 4.02mW 有效输出功率。同时，可有效抑制输电线振动，最大覆冰输电线振动抑制率可达 28%。最后，针对风能收集存在的俘能带宽窄、启动风速高及随机性强等问题，提出了用于构建风能俘获自驱动系统的系列摩擦纳米发电机。著者利用 TENG 和 EMG 频响互补特性协同收集风能，使摩擦纳米发电机的输出容量随风速的变化而灵活调整，从而拓宽了俘能带宽；通过优化双叶片风能捕获装置和基于交变磁场进一步降低发电机的启动风速，最小启动风速可达 1m/s；提出了一种驱动扭矩自调节型摩擦纳米发电机，通过实现发电机的驱动扭矩与外界风速的动态匹配从而提高输出性能，在 5.0～13.2m/s 的风速范围内，与传统发电机相比，该方案可实现最大 4.3 倍的输出功率增长，能量转换效率最高可提升 12.2 倍。

参 考 文 献

[1] Zhang B S, Zhang S, Li W B, et al. Self-powered sensing for smart agriculture by electromagnetic-triboelectric hybrid generator[J]. ACS Nano, 2021, 15(12): 20278–20286.

[2] Wu H, Wang J Y, Wu Z Y, et al. Multi-parameter optimized triboelectric nanogenerator based self-powered sensor network for broadband aeolian vibration online-monitoring of transmission lines[J]. Advanced Energy Materials, 2022, 12(13): 2103654.

[3] Tong X W, Tan Y S, Zhang P, et al. Harvesting the aeolian vibration energy of transmission lines using an omnidirectional broadband triboelectric nanogenerator in smart grids[J]. Sustain Energy & Fuels, 2022, 6(18): 4197-4208.

[4] Zhang X S, Yu Y, Xia X, et al. Multi-mode vibrational triboelectric nanogenerator for broadband energy harvesting and utilization in smart transmission lines[J]. Advanced Energy Materials, 2023, 13(43): 2302353.

[5] Tan Y S, Cao Y B, Tong X W, et al. Differential triboelectric nanogenerator for transmission line vibration suppression and energy harvesting in the grid[J]. Smart Materials and Structures, 2022, 31(12): 125014.

[6] Li X, Gao Q, Cao Y Y, et al. Optimization strategy of wind energy harvesting via triboelectric-electromagnetic flexible cooperation[J]. Applied Energy, 2022, 307: 118311.

[7] Zhu M K, Zhang J C, Wang Z H, et al. Double-blade structured triboelectric-electromagnetic hybrid generator with aerodynamic enhancement for breeze energy harvesting[J]. Applied Energy, 2022, 326: 119970.

[8] Zhang B S, Gao Q, Li W B, et al. Alternating magnetic field-enhanced triboelectric nanogenerator for low-speed flow energy harvesting[J]. Advanced Functional Materials, 2023, 33(42): 2304839.

[9] Wang Y Q, Li X, Yu X, et al. Driving-torque self-adjusted triboelectric nanogenerator for effective harvesting of random wind energy[J]. Nano Energy, 2022, 99: 107389.

第9章

摩擦纳米发电机在海洋科学与工程领域的应用

9.1 引　　言

海洋是人类生存和发展不可或缺的空间环境，是解决人口、资源与环境等问题的希望所在。海洋不仅能够为人类提供生产生活中的食物、能源、矿物等财富，更在全球政治、经济、军事等领域具有重要地位，是占据经济发展和应对潜在战争的战略制高点，美国、加拿大、日本、欧盟等世界主要发达国家和地区高度重视海洋的开发与建设，在海洋立体观测与通信系统、海洋空间数据基础设施、数字海洋应用、海工装备等领域积极争夺国际竞争主导地位。我国拥有18000千米的大陆海岸线、6500个面积在500平方米以上的沿海岛屿和37万平方千米的领海面积①，开发海洋已成为我国发展的重要支柱，对于优化我国能源结构、支撑社会经济可持续发展具有重要意义。为了探索海洋、开发海洋、保护海洋，众多海洋勘探、传感、开发装备应运而生。但是由于海洋环境的特殊性，严重限制了人类对于海洋的开发与利用。针对上述问题，无需外部电源即可工作的摩擦纳米发电机能够很好地应对上述难题。一方面，摩擦纳米发电机已被证明是pH、温度、生物、有毒污染物、振动监测及运动感知等传感器的新方法；另一方面，其具备直接从环境中获取能量、在复杂环境中具备自发电的能力，既可以实现对传感器的能源供给也可以进行组网进行能量收集。因此，摩擦纳米发电机是一种十分适用于海洋高熵环境的创新性技术。

9.2 自供电海洋物联网

前述章节详细阐述了摩擦纳米发电机在自驱动系统方面的优势，因此发展摩擦纳米发电机在自供电海洋物联网领域的应用具有巨大发展潜力。在庞大的海洋环境中，构建海洋物联网需要海量的传感系统，现有的电池技术无法实现众多物联网传感器的实时数据监测，当电池耗尽电量时再进行更换无疑将极大地增加运营和维护成本，利用摩擦纳米发电机构建庞大的自供电海洋物联网，可以解决传感及供电的需求，为整个海洋物联网的建设提供

① 王自堃，方正飞，董姝楠.《中国海洋经济发展报告2016》解读. 中国海洋报，003，聚焦. 2016-09-28.

新的解决方案。

9.2.1 海洋导航与预警

海洋导航系统作为海洋物联网的重要组成部分，能够保证航行船舶能够在海上安全地航行。船舶在恶劣天气条件下在广阔海域航行，避开海洋岛礁是保证航行安全的关键。图9.1所示的是一种基于摩擦纳米发电机和电磁发电机开发的海洋导航的自动RAW（线路回避警告）系统[1]。该系统采用如图9.2（a）所示的锤摆结构，集成TENG与EMG两种发电模式，设计了弹簧辅助的多层结构的接触-分离模式TENG，选用氟化乙烯丙烯薄膜作为负摩擦层的介电材料，并利用等离子体刻蚀技术在FEP表面制作纳米结构以提高在接触过程中摩擦层的电荷密度，使用摆动磁铁块和四个铜线圈构成EMG发电单元，分别如图9.2（b）和（c）所示。根据以上原理制作出一台系统化的集成样机，如图9.2（d）所示。当水波带动波浪能收集复合发电机（HW-NG）滚动，摆杆的摇摆运动产生电力输出。

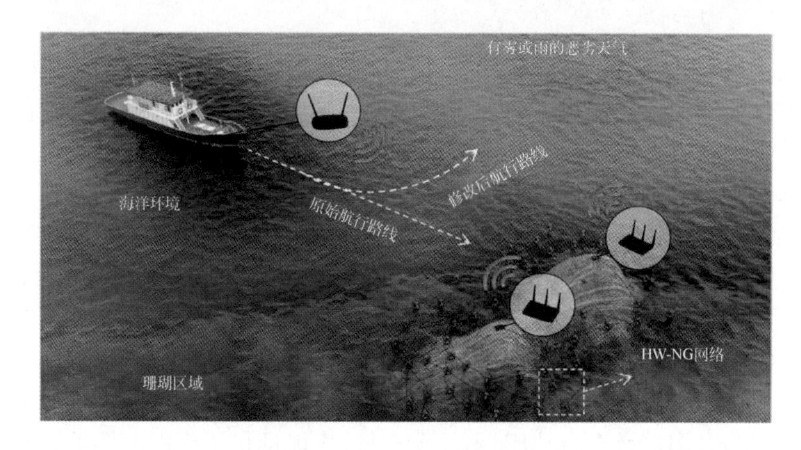

图9.1 海洋导航的自动RAW系统

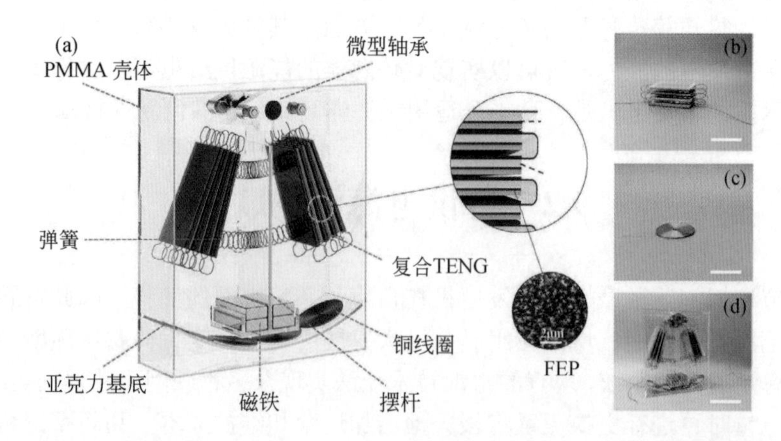

图9.2 波浪能收集复合发电机（HW-NG）的设计和运行。(a) HW-NG装置的结构和材料设计；(b)～(c) 多层TENG、EMG使用的铜线圈；(d) HW-NG装置的照片

为了证明 HW-NG 能够用于海上导航自供电 RAW 系统，对导航预警系统进行了实验测试，如图 9.3（a）所示。为实现远距离无线传输，设计了超低功耗无线网络节点控制器（无线模块），如图 9.3（b）所示，并全部由 HW-NG 网络提供电能，其核心模块包括 Sub-1G 模块和 CC1310 主处理器，并安装了杆状天线以提高信号的传输质量。图 9.3（c）为自供电 RAW 系统电路原理图，其中基于电源管理电路设计了自适应开关模式（ASM），可以智能控制电源的开关。ASM 的开路电压为 3～4V，关断电压为 2.2V 左右。其工作流程为：HW-NG 网络产生的电能存储在电容器中，当电容器电压达到设定值 3.4V 时，ASM 打开，随后电容器中的电释放，直到电容器电压降至 2.2V 时，开关关闭。在这个过程中，电容器释放的电供给发射机并发出警告信号。通过开发的安装在手机上的 RAW 应用程序，采用蓝牙与无线终端连接，当海上船只航行到珊瑚礁周围的极限安全距离时，便可以接收到 RAW 发出的报警信号。

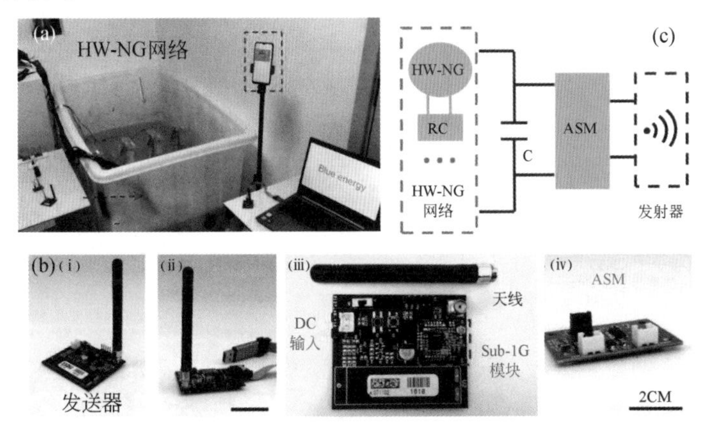

图 9.3　HW-NG 实验测试。（a）海上航行预警系统演示系统；（b）远距离无线模块的照片；（c）自供电 RAW 系统电路原理图

预警系统电容器在两个传输过程中的电压变化如图 9.4（a）所示。图 9.4（b）展示了无线发射机工作时的电流变化，信号发射时电流急剧变化到 20mA。同时，通信节点之间的传输距离也在室外进行了实际测试，如图 9.4（c）。由于系统中电容器的充电速度取决于 HW-NG 网络，因此可以通过调节网络中 HW-NG 的数量来改变预警信号的自动发射间隔。基于实验的 4 个 HW-NG 网络，估计在 600 个 HW-NG 组成的网络中，信号的传输周期小于 1 秒。在海洋岛礁周围水域分布更大的网络阵列可以设置缩短间隔，实现对航行船舶的实时交通预警。仅依靠从水波中提取的能量，HW-NG 就可以在海上建立远距离通信节点。在实际应用中，可在岛屿或珊瑚礁的邻近水域发展一个大型的 HW-NG 网络，由数十万台 HW-NG 组成的网络，可实现海上每秒级预警信号传输。更重要的是，通过所设计的自动开关模块，无线发射是自发的，是一种切实可行的基于波浪能收集的海上运输安全保障策略。

摩擦纳米发电机还可以应用于水害报警系统中，如图 9.5（a）为一种应用于水害预警的自驱动摩擦纳米发电机浮标[2]。自供电智能水位报警浮标的总体结构如图 9.5（b）所示，主要包括三个部分：TENG、CEM（电荷激励模块）和传感信号传输单元。首先利用 TENG 在工作环境中收集水波能，将机械能转化为电能。接下来，CEM 与 TENG 集成以改善其电力输出并驱动后端功能电路有效工作。最后设计功能电路，实现水位信息检测和信号传输，与 TENG、CEM 组成自供电智能浮标。该浮标以其工作环境中的水波能为动力，实现对工作环境的信息检测和风险报警，构成一个完整的自供电闭环系统。

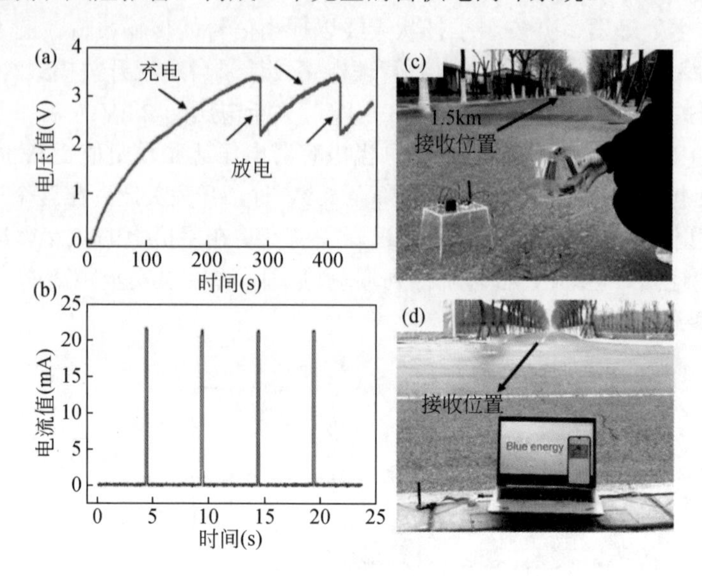

图 9.4 HW-NG 室外实际测试。（a）电容器在无线传输过程中的电压变化；（b）无线发射机工作时的电流变化；（c）~（d）室外通信节点距离测试实验

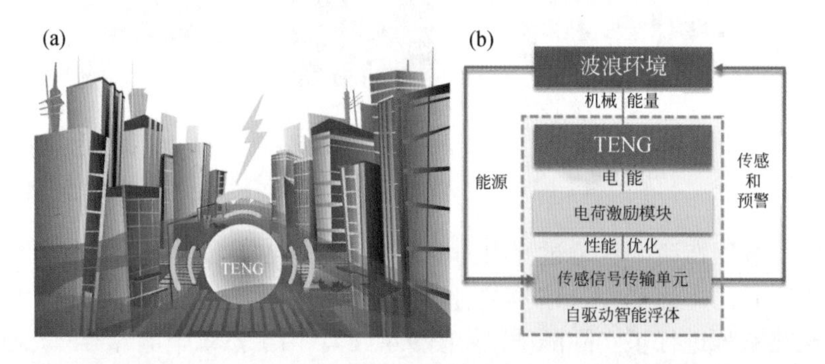

图 9.5 水害预警自驱动摩擦纳米发电机原理示意图。（a）利用智能 TENG 浮标通过水波能量收集实现自供电水险报警系统示意图；（b）水位自供电智能浮标报警框架

具有弹簧形状的螺旋形 TENG 单元结构如图 9.6 所示，利用硅胶材料的柔韧性和易加工的优点，将其作为 TENG 单元的基材，通过 3D 打印技术形成扁平的弹簧形状。整个 TENG 单元是通过在衬底两侧黏接铜箔作为电极，在一侧电极上黏接 20μm 的聚对苯二甲酸乙二醇酯薄膜作为介电层，该薄膜可以在接触分离模式下工作。在外力作用下，螺旋形 TENG 单元被压缩和拉长，因此电极与介电层相应接触分离，造成各自表面上相反电荷的积累。在运动过程中，两个电极之间电位的变化驱动自由电子流过外部电路，实现了机械能到电能的转换。将 4 个螺旋形 TENG 单元以正四面体的形式排列在直径为 10cm 的亚克力球壳内，在四面体的中心设置了一个铜球，保证了整个球形 TENG 的灵敏度。在任何方向水波

的触发下，质量球与球壳发生相对运动，带动螺旋 TENG 单元振动并输出电信号。

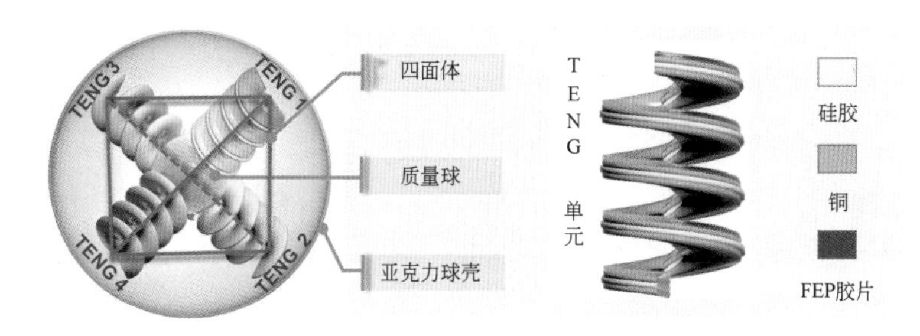

图 9.6　水害预警自驱动摩擦纳米发电机结构示意图

为了提高螺旋 TENG 机组的输出性能，本工作设计了一个 CEM，其工作原理如图 9.7 所示，它将 TENG 产生的电荷积累起来，通过串并联开关输出电能。左边部分的 TENG 单元作为整个 CEM 的充电源，并驱动其中的所有电子元件。内部电容器由电介质 1、2 和电极 E1、E2 组成。电介质 1 是一个直径为 20mm，厚度为 0.1mm 的圆形聚酰亚胺薄膜，电极由铝制成。内部电容器的电容为 0.05nF，远小于电容器组的电容。内部电容器上的电压变化总是跟随电容器组，使电荷在电容器组和内部电容器之间来回流动。为了将电荷限制在电容器组和内电容器之间，没有在它们之间设置输出端子，以避免这些电荷在外部电路中流动。在该 CEM 中，两个铝电极 E3 和 E4 作为输出端子，通过电介质 2 与内部电容器集成。电介质 2 的材料采用锆钛酸铅压电陶瓷，相对介电常数高达 3200。电介质 2 的形状是一个圆盘，直径为 20mm，厚度为 0.2mm，当内部电容的电压变化时，E3 和 E4 上的感应电荷也会随之变化，从而在外部电路中产生交变电荷流。

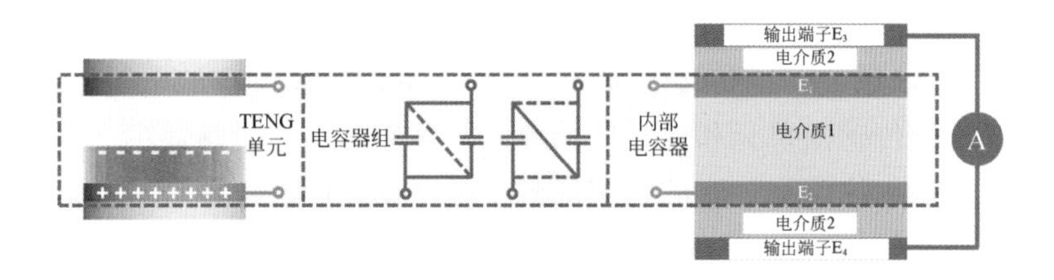

图 9.7　水害预警自驱动摩擦纳米发电机电路原理图

图 9.8（a）显示了 TENG 单元和 CEM 的连接。与 CEM 连接前后，TENG 单元的输出电流和转移电荷曲线如图 9.8（b）和（c）所示。TENG 单元的输出电流从 4.0μA 显著提高到 4.3mA，同时转移电荷从 38.5nC 提高到 2.9μC，提高了 74.3 倍，TENG 的转移电荷密度达到 1.36mC/m^3。由于输出电信号的交变特性，在集成四个螺旋 TENG 单元时必须考虑整流，TENG 单元、CEM 和整流桥的连接图如图 9.8（d）所示。只有 TENG 单元的交流输出才能控制 CEM 的正常运行。如果 TENG 单元首先通过整流桥相互连接，转换后的直流输出将损坏 CEM 内部的电子元件。因此，四个 TENG 单元先连接到 CEM，然后连接到整流桥。当单元数从 1 增加到 4 时，并联的 TENG 单元的总输出电流如图 9.8（e）所示。四个 TENG 单元的输出电流是单个 TENG 单元的 3.5 倍，证明了多个 TENG 单元并联可以叠加输出电流。如图 9.8（f）输出电压随着 TENG 单元数量的增加而增加，最终显示出 1.9 倍

的提高。

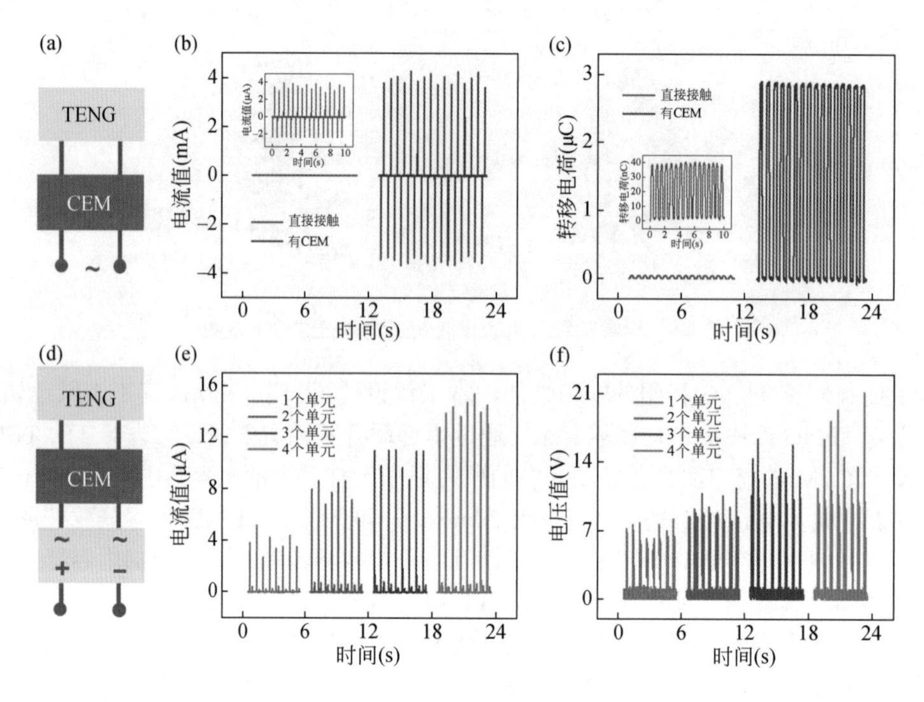

图 9.8　TENG 单元和 CEM 连接性能对比图。(a) 与 CEM 集成的 TENG 单元示意图；(b) 输出电流的比较；(c) 转移电荷的比较；(d) 集成 CEM 和整流桥的 TENG 装置原理图；(e) 通过 CEM 和整流桥连接的 TENG 单元的并联总输出电流；(f) 随着单元数量从 1 增加到 4，串联总输出电压

图 9.9（a）为由集成 CEM 的球形 TENG 供电的发射终端示意图，将球面结构内部的 TENG 单元通过 CEM 和整流桥并联连接，应用 470μF 电容器的存储电能为功能电路供电，该功能电路包括水位传感器单元和信号传输单元。这里的水位传感器单元是一个可以感知水位变化的开关，当水位达到一定的设定值时，可以自动切换，该信号发射单元可发射频率为 433MHz 的射频信号。

将球形 TENG、CEM、整流桥、电容器和信号传输单元集成在一起，构成了一个自供电的智能浮标。为了保证水位报警系统的准确性，一方面，水位传感器单元被放置在水箱内壁，而不是浮标的内部空间。图 9.9（c）显示完整的发射终端及其工作的水波环境的照片。另一方面，如接收端电路图以及 LED 指示灯和报警手机的照片如图 9.9（b）所示，考虑到实验空间的限制，将接收端设置在距离发射端 25m 的位置，但理论发射距离可以达到 50m。利用 LED 指示灯搭建一个简单的水位报警系统，工作过程中发射端电压曲线如图 9.9（d）所示。初始水位为 25cm，水位传感器开关设置为 35cm。随着水位的不断上升，水波触发球形 TENG 将机械能转化为电能储存在电容器中，预充时间为 20 秒，预充电 20 秒后可将发射端电压充电至 3V，这是发射机开始工作所需的电压。当水位达到 35cm 时，水位传感器开关打开，信号发送单元工作。实验结果表明，自驱动浮标能够向 25m 外发射 433MHz 射频信号，并实现了水位报警系统和手机间的信息交换系统，为水害预警提供了一种新的策略，有利于在碳中和、物联网和防灾等领域的应用。

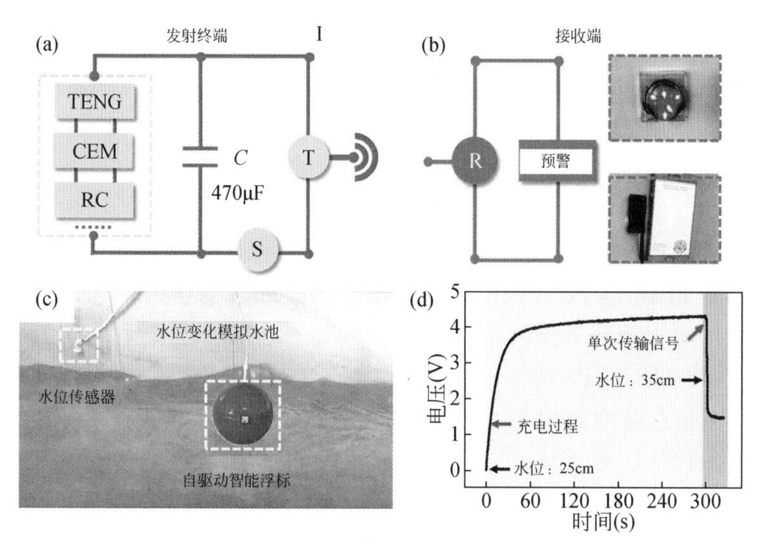

图 9.9　自供电水位报警系统的演示。(a) 由集成 CEM 的球形 TENG 供电的发射终端示意图; (b) 接收端电路图及 LED 指示灯和手机照片; (c) 水波环境的照片和放置在其中的自供电智能浮标; (d) 水位报警系统发射端电压曲线

9.2.2　海洋水下传感系统

水下目标探测/传感在环境研究、土木工程和国家安全中有着重要的应用。因此，提出一个基于有机薄膜的摩擦纳米发电机来作为一种自供电高灵敏度声传感器，并将其用于探测 100Hz 左右的低频水下目标[3]。该声传感器的结构为使用亚克力板制造的密封立方谐振腔，其立方腔的尺寸为 90mm×90mm×90mm。在前板和后板的两个直径为 85mm 的圆孔上分别覆盖有机 PI 薄膜，采用 PI 膜作为透声防水层。TENG 的核心由两个直径为 75mm 的圆形接触面构成，嵌入在腔体前板附近，如图 9.10（a）所示。一个接触面是聚四氟乙烯薄

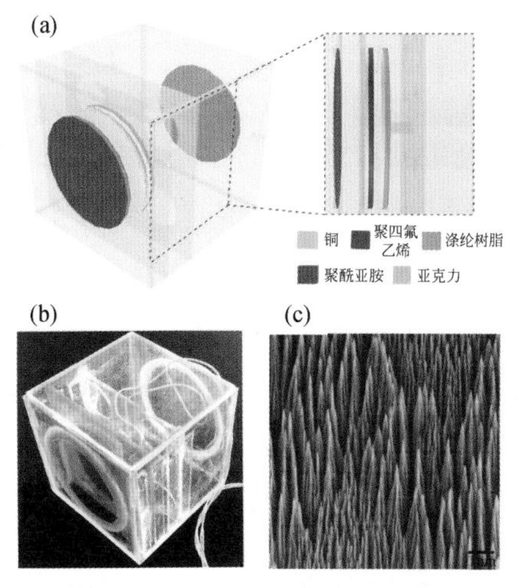

图 9.10　基于有机薄膜的摩擦纳米发电机高灵敏度声传感器结构设计。(a) 原理图; (b) 制作的传感器照片; (c) 具有刻蚀纳米线结构的 PTFE 表面的 SEM 图像

膜，背面电极是沉积的铜薄膜，粘在有圆孔的丙烯酸玻璃上。一块沉积有铜薄膜的涤纶树脂薄膜作为另一个接触面黏附在圆形玻璃上。图 9.10（b）显示了传感器的相应照片，采用电感耦合等离子体（ICP）反应离子刻蚀法对聚四氟乙烯（PTFE）表面进行改性，制备垂直排列的聚合物纳米线。图 9.10（c）所示均匀分布的纳米线特征可以进一步提高 TENG 的表面粗糙度和摩擦起电的有效表面积。

图 9.11 说明了 TENG 的发电机制，这可以用摩擦起电效应和静电感应的结合来解释。当外界声波入射到 PI 膜上时，腔内的空气响应于声波的大小和频率，发生交替的压缩和膨胀，从而使 PTFE 薄膜随空气振荡，而 PET（聚对苯二甲酸乙二醇酯，也称涤纶树脂）薄膜则保持静止，如图 9.11（a）所示。由于吸引电子的能力差异较大，当 Cu 接触面与 PTFE 膜接触时，表面电荷在其原始状态下发生转移，如图 9.11（b）。由于 PTFE 具有比 Cu 接触面更多的摩擦电负极性，电子从 Cu 接触面注入 PTFE，在 Cu 接触面侧产生正摩擦电荷，在 PTFE 接触面侧产生负电荷。由于声音传播的波动特性，由此产生的声压将 PTFE 薄膜从 Cu 接触面分离。因此，正摩擦电荷和负摩擦电荷不再重合在同一平面上，从而在两个接触面之间产生内偶极矩，驱动自由电子从 Cu 电极流向 Cu 接触面以屏蔽局部电场，在 Cu 电极上产生正感应电荷，如图 9.11（c）。电子的流动一直持续到聚四氟乙烯薄膜达到最高点，此时相应的分离达到最大，如图 9.11（d）。随后，由于声压差的变化，聚四氟乙烯薄膜被推回 Cu 接触面。由于分离减少，电位下降减弱，Cu 接触面中的自由电子流回 Cu 电极，如图 9.11（e）。最后，当两个极板再次接触时，外部电路中没有电流流动，摩擦电荷分布恢复到图 9.11（b）的原始状态。

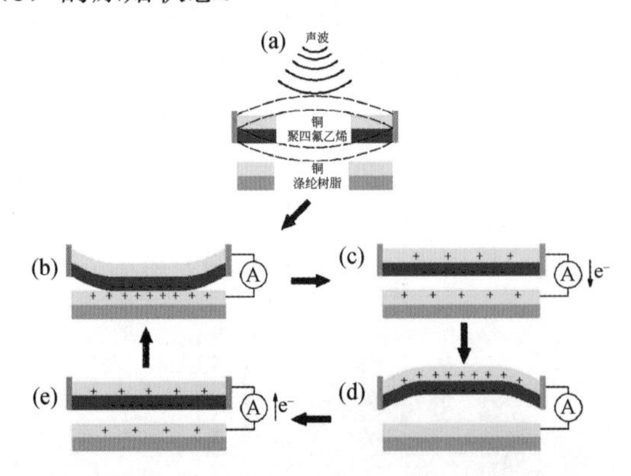

图 9.11 高灵敏度声传感器摩擦纳米发电机的发电机制。（a）工作状态下的 TENG 示意图；（b）～（e）发电过程的全周期

图 9.12 展示了 TENG 作为一种自供电声传感器用于探测水下声源位置的应用。这些传感器不需要外部电源来驱动，采用矩形排列的 4 个传感器构成无源多通道有源传感器系统，该系统具有在三维坐标上定位水声声源的能力。图 9.12（a）展示了池中的七个不同位置，传感器一旦被声波触发，就会自动产生输出电压信号。图 9.12（b）说明了声源位于位置 2 时，TENG 获得的代表性信号模式。我们可以看到，当声波传播到 TENG 时，会产生电信号，然后逐渐衰减。插入图放大后的信号显示，声波同时到达 AS1 和 AS4、AS2 和 AS3，这与实际实验情况吻合较好。

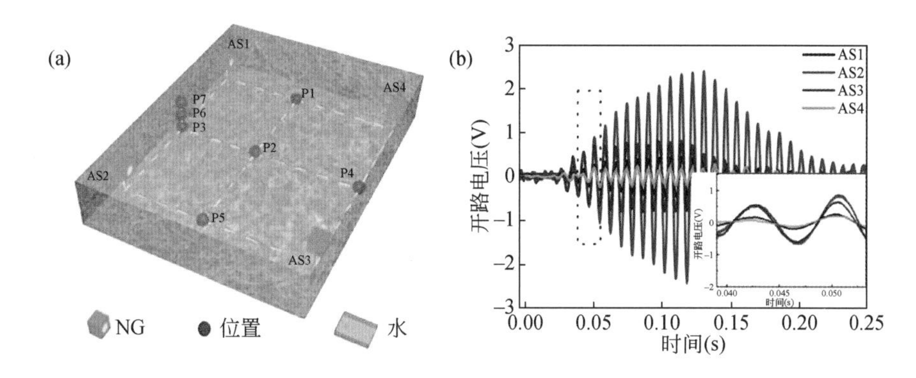

图 9.12　自供电声传感器摩擦纳米发电机探测水下声源位置。（a）原理图；（b）位于 P2 的声源工作时从四个 TENG 采集的声信号

通过对不同样本点数据的提取可以推导出图 9.12（b）中采样点的相关性函数，可以分别得到图 9.13 所示的 AS2 和 AS1，AS3 和 AS2，AS4 和 AS1 之间的相关性函数，其相关性分别为 25μs、34μs 和 0μs。

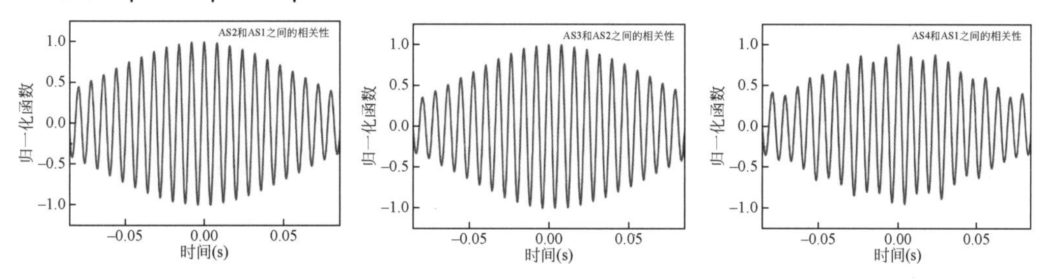

图 9.13　自供电声传感器摩擦纳米发电机采集到的声信号函数

根据四个声传感器之间的距离和对内时延信息，声源可以定位为三个双曲面的交点，这是由水中声速控制的时间-距离关系定义的，如图 9.14（a）所示。实验结果如图 9.14（b）所示，多次测量后统计误差约为 0.2m，这主要与水域的大小、混响、AS 之间的距离和采集信号的信噪比有关。对于较大的水域，如湖泊，由于到达时的时差会更加明显，因此空间定位分辨率有望比这好得多。

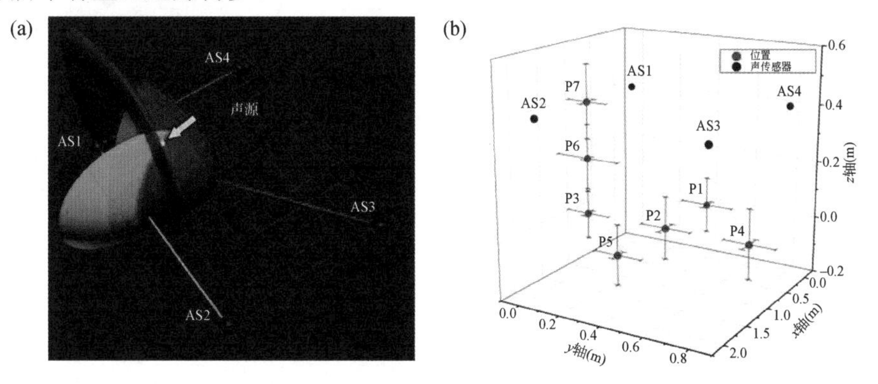

图 9.14　自供电声传感器摩擦纳米发电机采集到的声信号函数。（a）TENG 定位声源的工作机制；（b）振动源的实测位置与实际位置的比较及相应的定位误差

最终，实验验证了所提出利用摩擦起电和静电感应耦合效应的传感器能够对入射声波产生电输出信号。工作频率为110Hz，声压为144.2dB，水下最大开路电压为65V，最大短路电流为32μA。方向依赖模式为双向型，总响应角为60°。在30～200Hz的频率范围内，灵敏度高于-185dB；共振频率下灵敏度最高为-146dB。利用4个自供电有源传感器对声源进行三维坐标识别，确定了声源位置，其误差约为0.2m。该研究不仅将TENG的应用领域从大气扩展到水体，而且展示了TENG在水下环境中作为声源定位器的应用前景。

深海地区具有复杂的地理环境和生态系统，在海洋勘探和水下监测的重要性日益凸显的今天，使用传统传感技术在使用成本和维护成本上都有十分明显的缺点，然而摩擦纳米发电机的自供电属性使其十分适用于深海海洋的复杂环境。因此，提出了一种基于柔性结构的摩擦纳米发电机（CS-TENG）设计的自供电水下电缆，用以水下监测机械运动/触发以及在海上搜索和救援[4]。其结构如图9.15（a）所示，选择尼龙纤维作为基础材料，碳纳米管（CNT）作为核心电极，同时采用有机压电材料聚偏氟乙烯-三氟乙烯（PVDF-TrFE）和银纤维作为其摩擦材料。如图9.15（b）所示，使用双层绕线的方法使用一层厚纤维紧紧缠绕在芯结构上，后面是一层薄的银纤维层。由图9.15（c）可以看出，虽然外层的银纤维匝数很高，但将粗纤维拧出时不会破坏原有结构，也不会在芯壳结构之间形成接触分离空间。外壳结构上涂有防水硅橡胶，增强疏水性和耐腐蚀性。实验部分给出了详细的制备方法。用千分尺测量按上述工艺制备的完整S-TENG直径仅为2.75cm，如图9.15（d）所示。

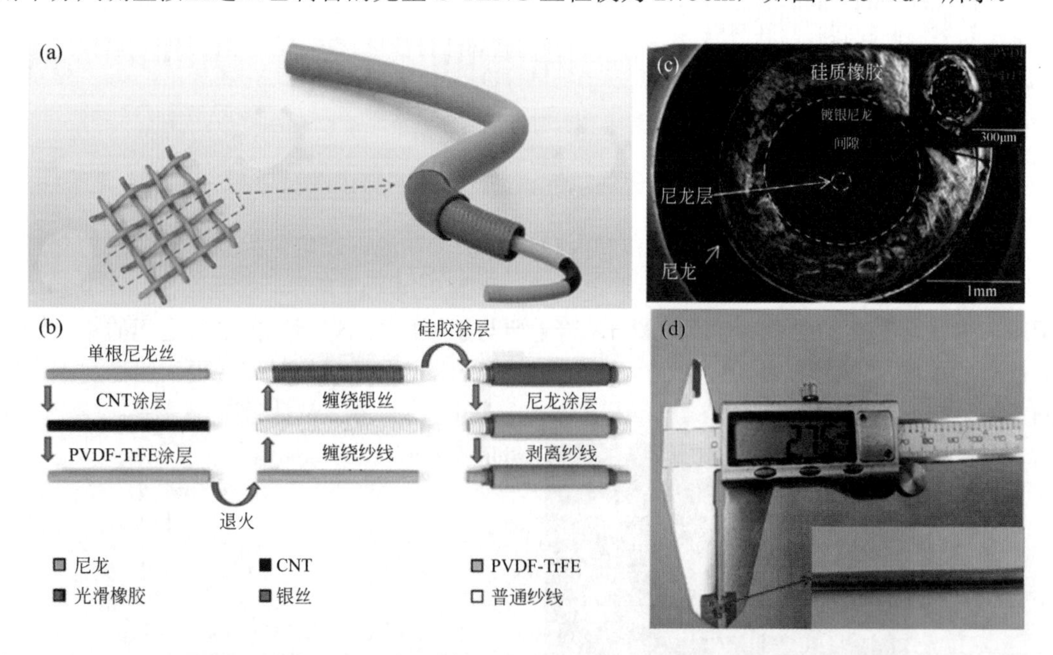

图9.15　基于柔性结构的自供电水下电缆摩擦纳米发电机。(a)具有水下工作能力的柔性TENG结构图；(b)CS-TENG的制备过程演示；(c)水下电缆径向截面的SEM图像；(d)用千分尺测量电缆的直径

通过多根水下电缆按经纬方式交织，形成水下传感器网络。基于LabVIEW软件平台，专门设计了如图9.16（a）所示的信号分导和处理模块以配合多通道信号采集模块。用一个小亚克力块模拟具有一定动量和体积的潜水器，实验信息如图9.16（b）和（c）所示。改

变潜水深度或改变水平运动所引起的作用点或冲击力可由水平传感器网络捕获，这种变化将以色块变化的形式直观地呈现出来，其位置变化构成了运动轨迹图，可以实时监控潜水器在某一平面上的运动状态。基于这种定位方法，还可以监测潜水器的平均运动速度。

这种定位方法集成了对潜水器运动方向、潜水深度、速度等信息的监测，比采用并联布置的电缆阵列进行定位更具体、更准确。同时，为了加快此基于 CS-TENG 的水下传感器网络应用到实际过程中，实验中使用的模型与实际物体的比例如图 9.16（d）所示，这种工作方式不局限于位置的检测。对信号识别和处理模块进行了新的算法优化，使自供电传感系统还具有检测物体形状、大小和动量的功能，如图 9.16（e）所示。结合被监测的形状和尺寸，可以获得水下物体的大致轮廓，这是单根电缆或并联电缆阵列无法实现的，它很有可能对神秘的深海区域的逐渐可视化和透明化做出贡献。动量大的物体会产生较大的电压信号，如果由于冲击力损坏电缆，自供电传感器网络将不再进行波形判别，从而触发紧急红色预警信号。该系统提供了高水平的安全性，及时止损并将潜在风险降至最低。

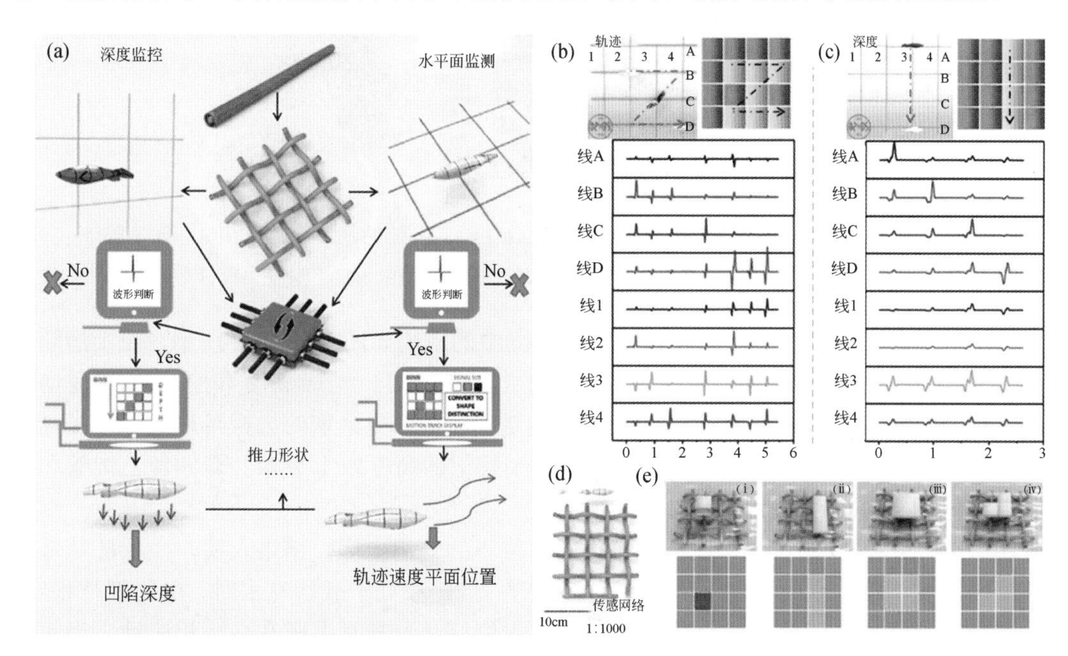

图 9.16　CS-TENG 的水下传感器网络应用。（a）实现水下目标的实时监测概念图；（b）垂直和水平网络用于获取水下物体的运动轨迹；（c）潜水深度，并结合时间输出速度信息；（d）实验装置的尺寸以及实验装置与真实场景中实物的比例；（e）实时监测重要信息，如水下物体的（ⅰ）动量、（ⅲ）大小和（ⅱ，ⅳ）形状

不同于传统的水下监测装置，基于 TENG 的传感器的一个主要特点是自供电操作。特别是在深海环境中，传感器的电池更换非常困难，会造成大量的资源浪费。基于 TENG 的传感器所获得的信号所反映的信息完全是被监测对象的运动信息，也避免了信号在水中的衰减，这种新的水下监测方法不仅更加环保、节约资源、有利于实现碳中和，而且传递的信息也更加准确。

9.2.3 海洋装备供能与监测

对海洋结构物自身状态的监测同样是海洋物联网的重要组成部分，船舶吃水测量对保证航行安全、方便船舶控制具有重要意义。图 9.17（a）显示了基于液-固管自供电摩擦纳米发电机（LST-TENG）的一种船舶吃水传感器[5]。其具体结构如图 9.17（b）所示，将一个顶部铜电极和多个底部电极均匀包裹在聚四氟乙烯管表面外，形成分布电极管状结构，并将 LST-TENG 放置在一个直径更大的丙烯酸管中，以隔离电极上的水并防止电极被海水腐蚀，当水在管内流动时，感应电荷在主电极和分布电极之间传递。

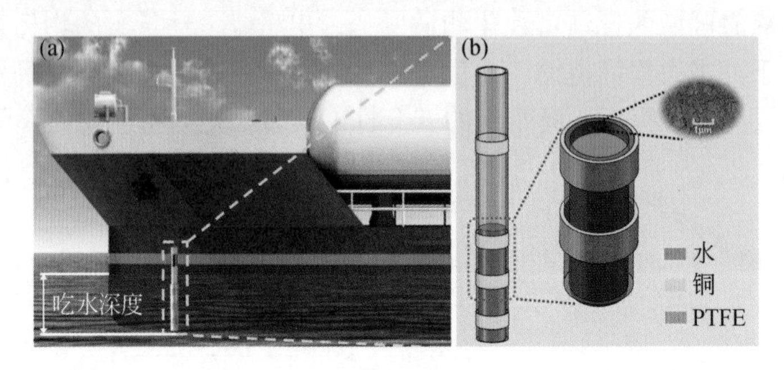

图 9.17　基于液-固管自供电摩擦纳米发电机（LST-TENG）船舶吃水传感器。（a）场景展示；（b）结构展示，插图为聚四氟乙烯内表面的 SEM 图像

LST-TENG 作为水位传感器在船舶吃水检测中的应用如图 9.18（a）所示，在半潜船模型的表面安装了一个带有四个分布式电极的 LST-TENG。电极高度和空白区高度均为 10mm，因此水位传感器的精度为 10mm，采用更窄、分布更紧密的电极可以进一步提高精度。每个吃水标记的底部是以分米为单位，每个标记的高度为 1 分米。聚四氟乙烯管和丙烯酸管之间的气隙可以减少对水的屏蔽作用。

图 9.18（b）显示了 LST-TENG 在不同水位下的输出电压，结果表明，当船舶从轻吃水逐渐装载到满载吃水时，电压从 0 增加到 16V。当船舶处于载货吃水时，电压保持稳定，水位在空白区或电极区停止时电压保持稳定，水位持续上升时电压升高。相应地，当水位停在某一特定位置时，$\mathrm{d}V_{\mathrm{oc}}/\mathrm{d}t$ 的值几乎为常数零。图 9.18（b）还观察到船舶装卸货物过程中的阶梯状变化。在 $\mathrm{d}V_{\mathrm{oc}}/\mathrm{d}t$ 信号中可以明显观察到波峰和波谷，从而检测到水位如图 9.18（c）所示。图 9.18（d）显示了船舶在不同吃水 1cm、3cm、5cm 和 7cm 时的图像，$\mathrm{d}V_{\mathrm{oc}}/\mathrm{d}t$ 与船舶吃水对应的峰值在图中标注。由此可见，开路电压对时间导数的峰值与电极分布一致。由于开路电压导数中明显峰的个数与水位高度直接相关，可以作为一种鲁棒、灵敏的水位检测指标。此外，LST-TENG 的输出功率密度在 0.6μW 时达到最大值，负载电阻为 500MΩ。在水箱中，使用 LST-TENG 成功检测船舶动态吃水，其精度为 10mm，是船上传统吃水标记的 10 倍，展示了 LST-TENG 作为水位传感器的可靠性和准确性。

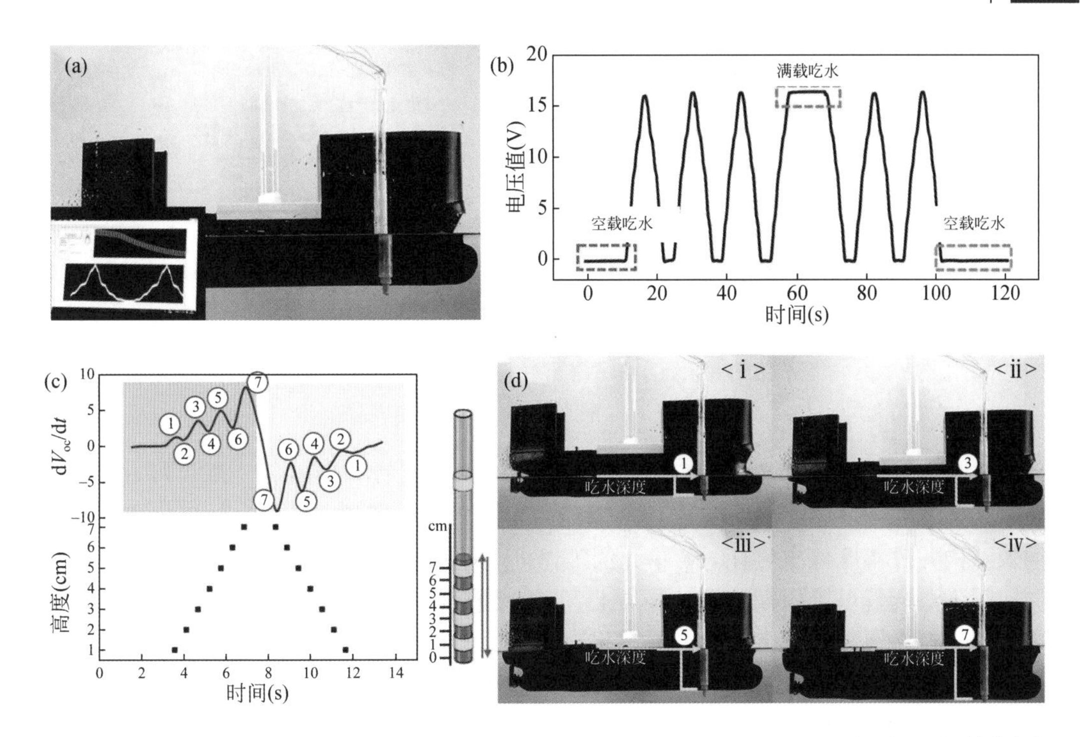

图 9.18　LST-TENG 在船舶吃水检测中的应用。(a) 安装在船上的 LST-TENG 图像；(b) 船舶装卸货物时 LST-TENG 的输出电压；(c) 船舶装卸货物过程中 LST-TENG 的 dV_{oc}/dt 信号和检测水位；(d) 不同水位下的船舶图像

摩擦纳米发电机也是一种为海洋浮标传感器供电的新颖技术，因此使用摩擦纳米发电机技术提出一种自供电智能浮标系统（SIBS）[6]，如图 9.19（a）所示。该结构主要由高输出多层 TENG、电源管理模块（PMM）和智能监测模块组成，TENG 收集水波能量并将其转换为随机交流电，然后将交流电通过 PMM 进行电压转换和调节。最后，PMM 为智能监控模块提供 2.5V 的稳定直流电压。PMM 模块包括一个 MCU、几个微传感器和一个变送器。采集的能量可以通过单片机对传感器和发射器进行监测和部署，并将海洋环境的测量数据远程发送到无线接收终端。

如图 9.19（b）所示，TENG 被设计成具有六个基本单元的多层接触模式。在每个单元中，两个圆形的氟化乙烯丙烯薄膜附着在装置的两侧，海绵作为缓冲。选择 Cu 薄膜作为

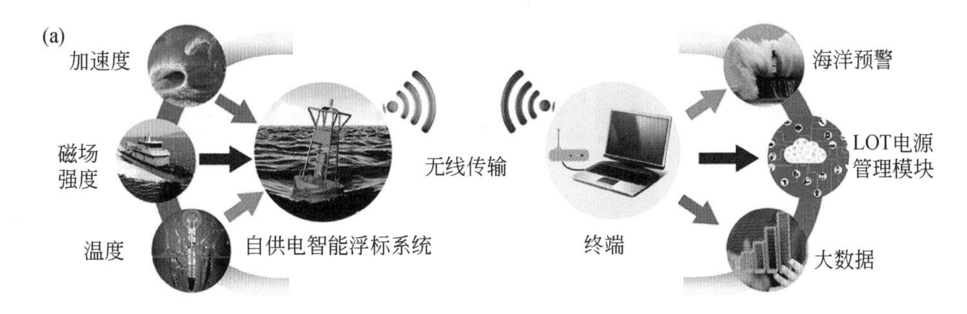

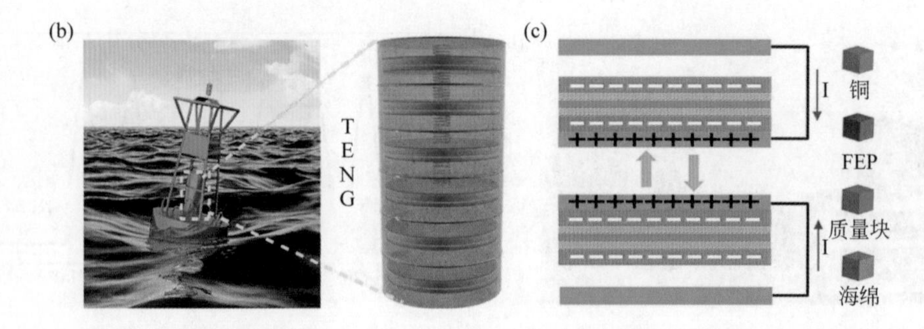

图 9.19　自供电智能浮标系统结构示意图。（a）用于海洋环境监测的 SIBS 草图；（b）设计的多层 TENG 浮标结构；（c）接触式 TENG 的工作机制

导电层，分别沉积在装置的上、下、内表面。两个弹性系数为 50N/m，长度为 40mm 的弹簧固定在装置的两侧。此外，两种 FEP 薄膜的表面通过电感耦合等离子体反应离子刻蚀形成纳米结构并改善摩擦电气化。各单元的工作机理如图 9.19（c）所示。在波能的驱动和弹簧的辅助下，装置可以周期性振动并与上下 Cu 膜接触。在此过程中，由于摩擦起电和静电感应的耦合作用，在两个 Cu 电极之间产生交流电。

如图 9.20（a）所示，TENG 单元封装在一个小尺寸为 Φ15cm×7cm 的防水圆柱壳中。通过并联连接和在浮标上集成，2Hz 的波可以驱动多层 TENG 产生约 250V 的开路电压和 3μC 的短路转移电荷，其实验结果如图 9.20（b）和（c）所示。为了验证多层 TENG 具有优异的长时间工作性能，对 TENG 单元进行了耐久性测试，实验结果表明，在 2Hz 频率下循环 24000 次后，其开路电压和短路转移电荷保持良好，如图 9.20（e）和（f）。

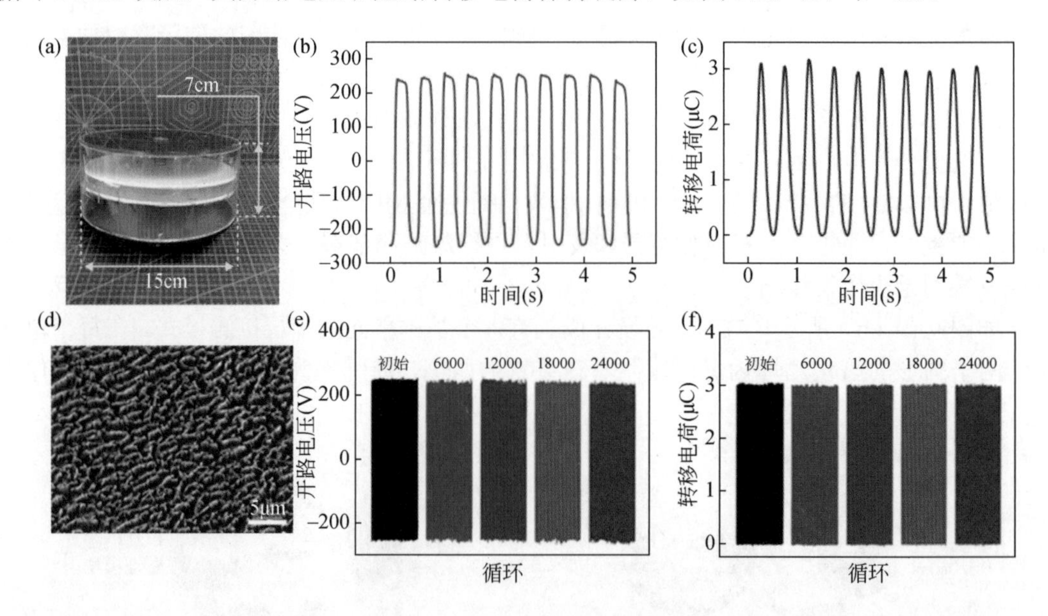

图 9.20　自供电智能浮标系统结构示意图。（a）Φ15cm×7cm 的预制 TENG 单元；（b）多层 TENG 的开路电压；（c）多层 TENG 的转移电荷；（d）电极表面的 SEM 图像；（e）循环 24000 次后的开路电压；（f）循环 24000 次后的转移电荷

图 9.21 展示了 SIBS 的模拟波环境和实验。图 9.21（a）中所示的多层 TENG 采用防水包装并集成了 PMM 和智能监控模块。采用移频键控调制技术，在 433MHz 超高频段实现无线数据传输。PMM、MCU、传感器、发射器和接收器的照片分别显示在图 9.21（b）～（d）中。作为演示，图 9.21（f）和（g）总结了 20 分钟内每 30 秒接收到的磁场强度、温度和电压数据。SIBS 利用连续波能并通过无线通信提供测量数据，保持测量数据的稳定流动，在海洋预警、物联网、大数据等领域具有重要的应用价值。

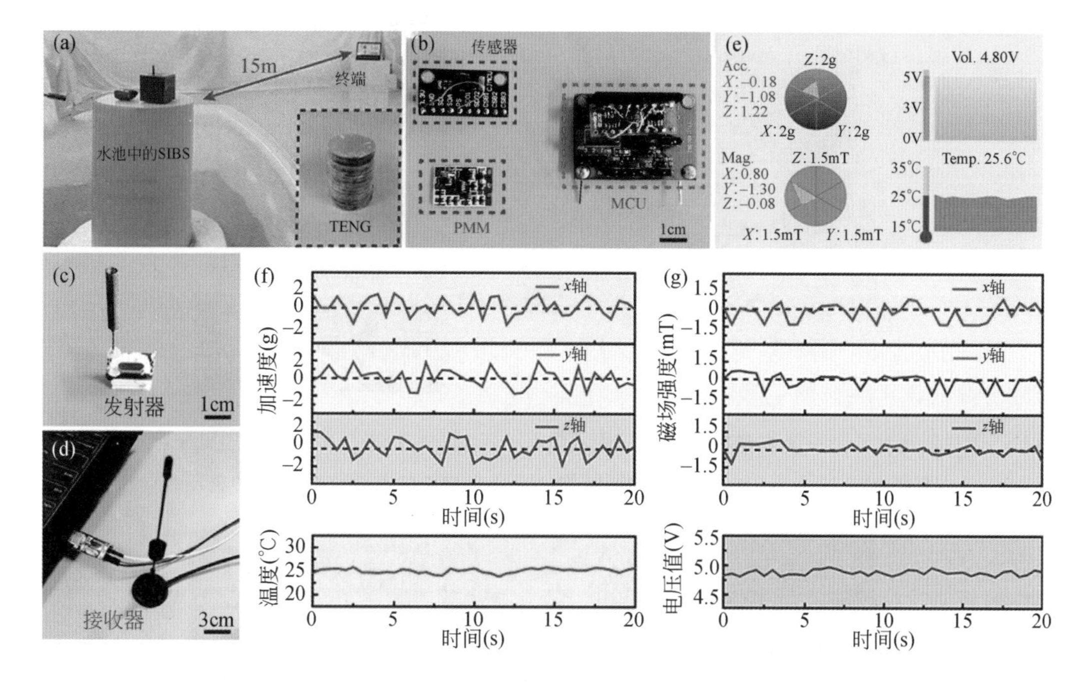

图 9.21　自供电智能浮标系统应用实验。(a) 发射器；(b) PMM、MCU 和传感器；(c) 无线发射终端显示接口；(d) 无线接收终端接收信号；(e) 磁场强度；(f) 温度；(g) 存储电压数据

除此之外，如图 9.22 提出了一种能够收集波浪能的柔性海藻状摩擦纳米发电机（S-TENG）[7]，利用灵巧的柔性结构，能够处理广泛的海洋应用场景。基于如图 9.22（a）所示的海藻结构，S-TENG 由导电油墨涂覆的氟化乙烯丙烯（FEP）、导电油墨涂覆的聚对苯二甲酸乙二醇酯（PET）和两个聚四氟乙烯（PTFE）膜制成。密封在聚四氟乙烯层内的摩擦电摩擦层可以防止与水接触，以免导致电材料失去表面电荷。

图 9.23（a）和（b）为第一模态振动和第二模态振动的顺序图像。在 S-TENG 的第一种模态下，整个振动过程中只出现一个振动峰。S-TENG 在平衡状态下是水平的［图 9.23（a）-（ⅰ）］。在振动周期的前半段，S-TENG 首先达到最大向上位移［图 9.23（a）-（ⅱ）］，然后 S-TENG 返回到水平平衡位置［图 9.23（a）-（ⅲ）］。在剩余的半周期中，S-TENG 向下位移达到最大［图 9.23（a）-（ⅳ）］，然后返回到水平平衡位置［图 9.23（a）-（ⅴ）］。周期性振动导致内部介电材料与电极之间的周期性接触分离。第二模态振动过程与第一模态振动过程相似，只是第二模态存在两个振动峰。当仔细观察电信号的轮廓和振动图像时，可以观察到 S-TENG 的振动产生了以下几个阶段：开始振动［图 9.23（c）-（Ⅰ）］，达到

最大行程［图 9.23（c）-（Ⅱ）］以及返回到原始状态［图 9.23（c）-（Ⅲ）］。这些阶段也清楚地反映在相应的输出电压信号中。在图 9.23（d）中可以观察到类似的电压信号，第二模式的最大输出电压低于第一模式。这是可能的摩擦电子产生的两个相反的波峰相互抵消，减少了 S-TENG 的电力输出。因此，第一种模式 S-TENG 的能量转换效果更好。

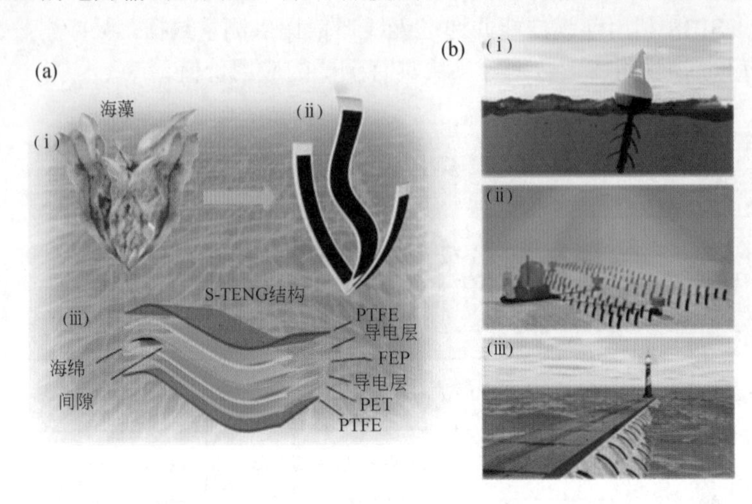

图 9.22 柔性海藻状摩擦纳米发电机结构及应用场景。(a)-(ⅰ)S-TENG 的仿生原型；(a)-(ⅱ)S-TENG 剖面；(a)-(ⅲ)S-TENG 内部结构；(b)S-TENG 在海洋物联网中的应用

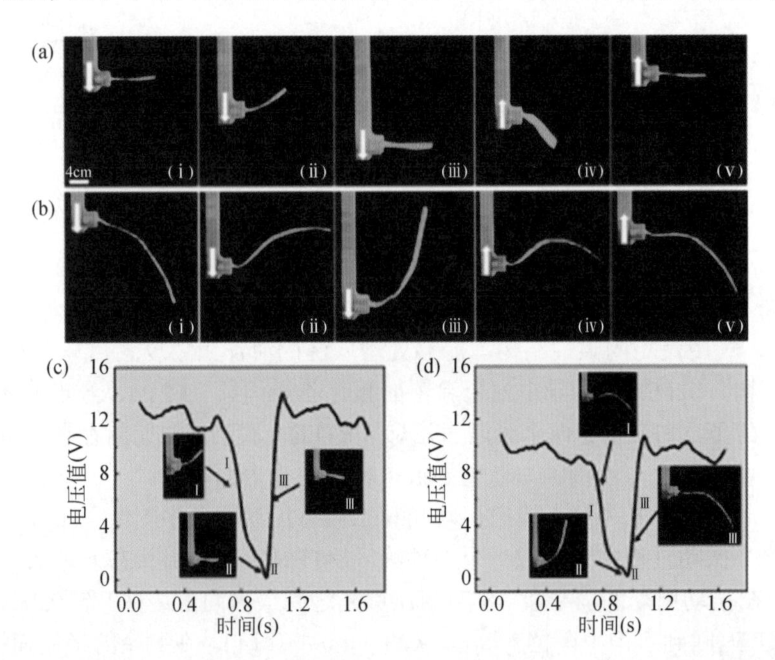

图 9.23 柔性海藻状摩擦纳米发电机模态振动试验图。(a)第一模态：尺寸为 40mm×80mm 的 S-TENG 的振动特性；(b)第二种模态：尺寸为 40mm×200mm 的 S-TENG 的振动特性；(c)第一模式对应的 S-TENG 电压信号；(d)第二模式对应的 S-TENG 电压信号

通过直线电机正弦往复产生的强迫运动对 S-TENG 的电性能进行了实验，实验装置如图 9.24（a）所示。为了提高总输出，开发了一个集成多个 S-TENG 的系统。从图 9.24（b）～（d）中可以看出，用不同单元并联，测量开路电压、短路电流和输出功率，三种信号均随单位的增加而增加。当 S-TENG 单元数从 1 个增加到 9 个时，并联 S-TENG 的输出电压从 24.8V 增加到 120.6V，输出电流从 2.6μA 增加到 8.7μA。9 个 S-TENG 的峰值输出功率达到 79.023μW，当满足足够数量的 S-TENG 时，可以驱动各种工业物联网传感器。在 2.0m×0.3m×0.5m 水槽中，用 9 个 S-TENG 在 100s 内将一个 100μF 的电容器充电至 3V，成功点亮温度计，还能够点亮 30 个 LED 灯，如图 9.24（e）和（f）。考虑到大多数物联网（MIoT）传感器都使用微电源，本质上坚固耐用且经济高效的 S-TENG 可能成为实现 MIoT 电池独立性的有效方法。

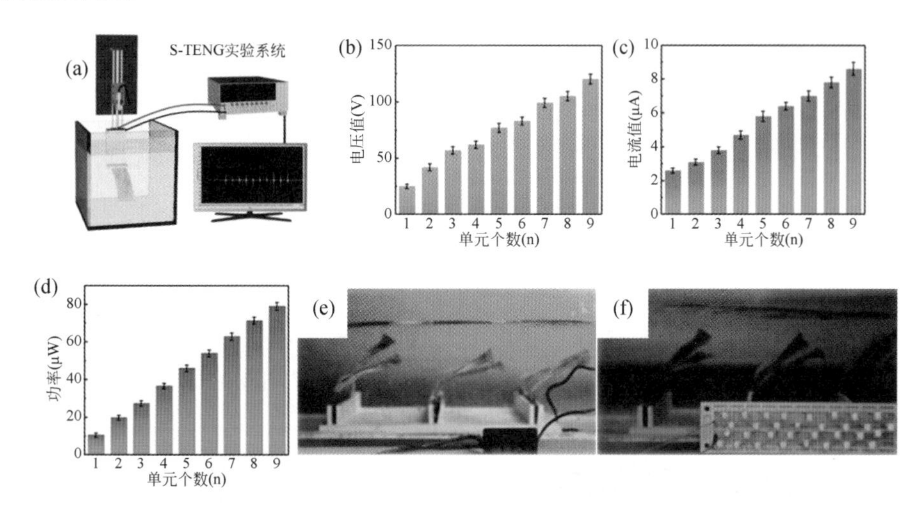

图 9.24　柔性海藻状摩擦纳米发电机模态振动实验图。（a）S-TENG 实验装置；（b）不同台数 S-TENG 的输出电压；（c）不同台数 S-TENG 的输出电流；（d）S-TENG 不同单位数量的输出功率；（e）由 9 个 S-TENG 供电的温度计；（f）由 9 个 S-TENG 供电的 30 个 LED 灯

9.3　海洋波谱传感

9.3.1　波浪单一参数传感

海浪包含着各种海洋信息，但一般难以获得满足海洋开发利用所需要的高精度量化。摩擦纳米发电机的自然工作机制，具有高度的灵敏度、便携性和连续检测水位和波动的适用性，由此提出了一种实用的仿生水母摩擦纳米发电机（BJ-TENG），如图 9.25（a）所示[8]。该发电机以聚合物薄膜为摩擦电材料，包含了密封封装和独特的弹性回弹结构，类似于水母形状自适应的行为。这种仿生弹性结构的电荷分离是基于液体压力所引起的摩擦纳米发电机的接触分离，进而可对液体表面的波动进行精确的无线监测。其具体结构如图 9.25（b），利用聚四氟乙烯薄膜构建了一个 BJ-TENG，其中一部分由聚四氟乙烯薄膜、铝电极、铜电

极和 PDMS 封装组成。该结构中，将聚四氟乙烯薄膜作为摩擦材料，并将铜电极作为与外负载连接的电极。BJ-TENG 的对应部件是铝电极，也用于与 PTFE 薄膜接触。当 BJ-TENG 工作在空气-水界面时，它通过空气-水界面上的压力变化来感知液面波动，其工作过程如图 9.25（c）所示。

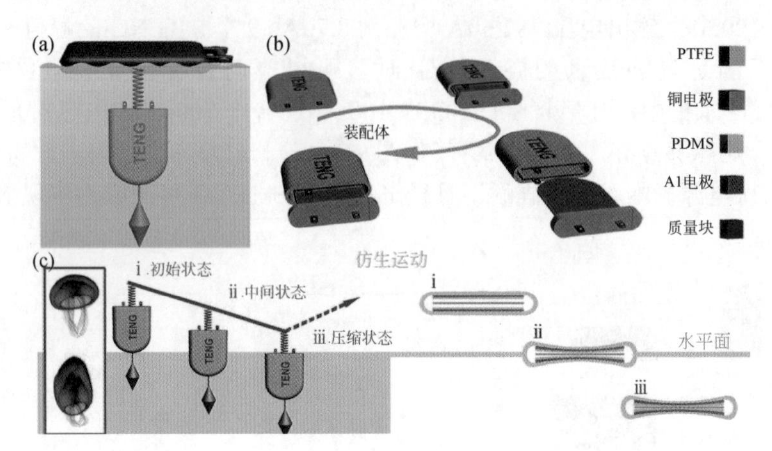

图 9.25 仿生水母摩擦纳米发电机结构示意图。(a) 仿生水母摩擦纳米发电机应用示意图；(b) BJ-TENG 的组装过程；(c) 接口自供电波动传感器工作过程

如图 9.26 所示构建了 BJ-TENG 自供电波动传感器系统，并与计算机连接，监测空气-水界面的压力变化。实验证明，BJ-TENG 界面对空气-水界面变化敏感，响应迅速。它可以应用于洪水灾害或液面波动的监测。

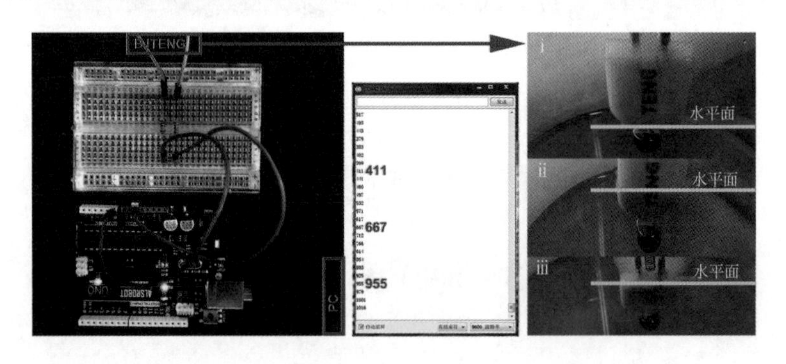

图 9.26 仿生水母摩擦纳米发电机实验图

为了展示水下 BJ-TENG 作为实用能量采集器和自供电传感器的能力，将 BJ-TENG 与信号处理电路集成，开发了自供电温度传感器和无线自供电波动预警系统，如图 9.27 所示。图 9.27（a）显示了水下 BJ-TENG 在 100 个工作周期下的充电电压与负载电容的关系。图 9.27（b）显示了不同电容器的充电曲线。研究发现，BJ-TENG 可以作为一种有前途的水上电子设备电源或自供电波动传感器。如图 9.27（c）所示，将 BJ-TENG 与波能收集电路集成，开发了自供电温度传感器系统。

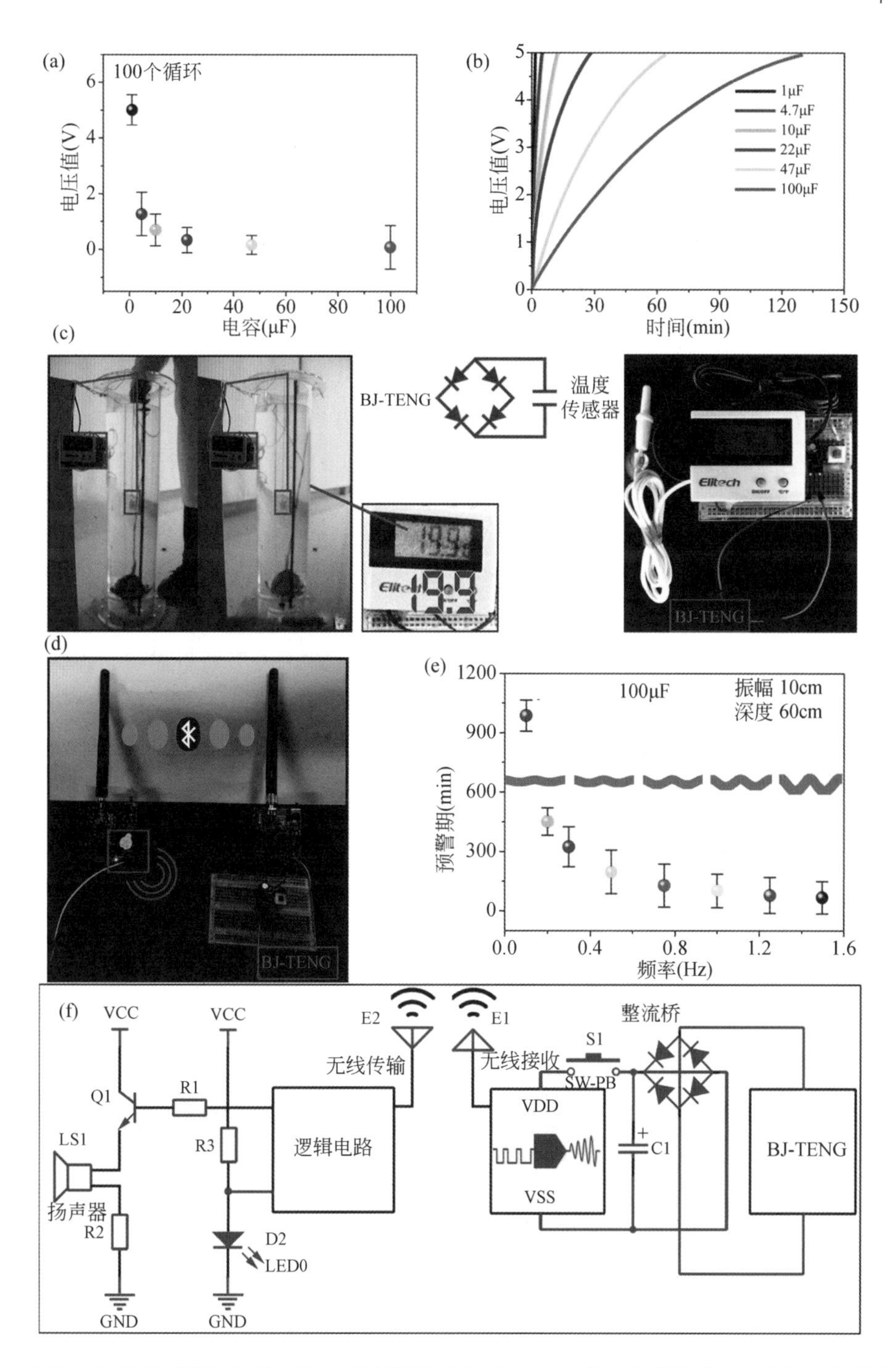

图 9.27　自供电温度传感器和无线自供电波动预警系统。(a) 100 个工作循环时充电电压与负载电容的关系；(b) 不同负载电容器下的电压–时间关系；(c) 自供电温度传感器系统的数码照片和波能收集电路；(d) 无线自供电波动传感器系统的数码照片；(e) 预警周期与波动频率的关系，(f) 详细的电路原理与设计

自供电温度传感器系统在 170s 后的水温输出信号为 19.9℃。无线自供电波动预警系统

可以很容易地利用水下 BJ-TENG 进行波浪能量收集，并通过 3V 的栅极电压触发遥控控制器控制无线发射机，远程切换警报器的紧急状态和正常状态，如图 9.27（d）所示。水下 BJ-TENG 在水波驱动下，当电容器的充电电压达到一定水平时，触发发射电路中的遥控器并无线发送命令，接收电路将及时响应，导致触发蜂鸣器发出尖锐的蜂鸣声报警。图 9.27（e）为水位波动频率与预警周期的关系。结果表明，随着波动频率的增加，预警时间缩短，说明 BJ-TENG 可以用于潮汐变化和海面波动的预报。这里提出的概念使水下的水波能量收集器和自供电的液体表面波动传感器的研制成为可能。密封封装制造是可行的，适合大规模应用。接口 BJ-TENG 可作为一种灵敏的自供电传感器，用于监测洪水灾害和测量液面波动。

对海洋波浪的监测，液固模式摩擦纳米发电机更具有优势，因此提出了一种基于液固界面摩擦纳米发电机的高灵敏度波传感器（WS-TENG）[9]。该波传感器由铜电极制成，表面覆盖有微结构的聚四氟乙烯薄膜，其示意图如图 9.28(a)所示。安装在平台上的 WS-TENG 可以精确地感知海浪与 WS-TENG 表面接触时的瞬时水高度。其原理如图 9.28（b）-（ⅰ），当海浪与聚四氟乙烯表面相互作用时，由于液固接触通电，铜电极与地面之间存在电位差，随后产生静电感应。采用电感耦合等离子体刻蚀法对 PTFE 薄膜进行了改性，得到了表面粗糙度更高的 PTFE 薄膜。处理后 PTFE 表面的扫描电镜图像如图 9.28（b）-（ⅱ）所示。水与原始 PTFE 和处理过的 PTFE 的接触角测量表明，PTFE 表面的粗糙度可以增强膜的疏水性，如图 9.28（b）-（ⅲ）所示。当水与聚四氟乙烯接触时，它不会停留在聚四氟乙烯表面，从而减少了聚四氟乙烯表面的水残留物。疏水性的提高意味着 WS-TENG 可以更精确地监测瞬时波高。

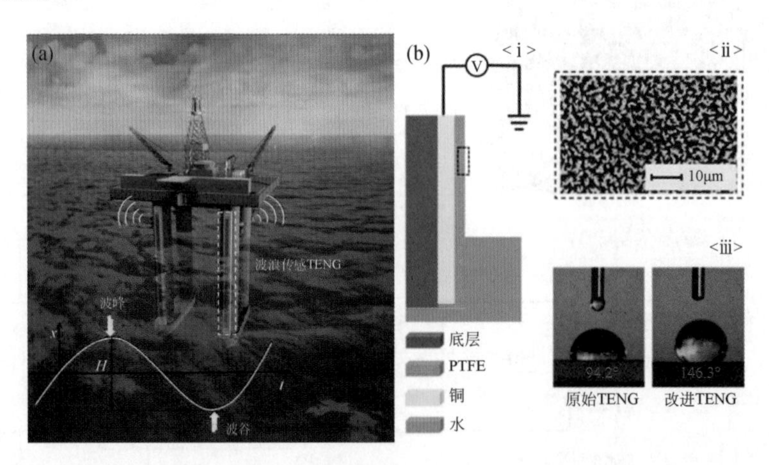

图 9.28 基于液固界面摩擦纳米发电机（WS-TENG）结构。（a）用于监测海洋设备周围波浪的 WS-TENG 示意图；（b）设计的 WS-TENG 示意图

WS-TENG 输出电压与波高 H 和波频 f 的关系如图 9.29 所示。WS-TENG 附着在与直线电机相连的基板上，如图 9.29（a）所示。为了研究基底厚度对 WS-TENG 性能的影响，在 H=80mm，f=0.6Hz 的相同波条件下，测试了附着在不同厚度的亚克力片和亚克力管上的器件的电输出。在亚克力片材厚度从 1～12mm 的范围内，WS-TENG 的输出电压峰值随亚克力片材厚度的变化而增大，由图 9.29（b）中可以看出，在片状厚度大于 12mm 时，输出

电压峰值趋于恒定。由于丙烯酸基板上没有电荷，由 PTFE 诱导的铜上的正电荷将被水屏蔽。因此，水将被极化，负离子面对丙烯酸一侧的铜材料。对于海洋平台和舰船等海洋设备，WS-TENG 将附着在这些结构表面上，以反映海浪和结构的相互作用。因此，将 WS-TENG 连接在底部密封的丙烯酸管上作为模拟平台，然后系统地进行如下研究。

图 9.29（c）为 WS-TENG 在波高为 10～80mm，频率为 0.6Hz 时电极宽度为 10mm 的输出电压。发现 WS-TENG 的输出电压在 0.6Hz 的频率范围内变化，随着波高从 10mm 增加到 80mm，其峰值从 0.39V 增加到 1.98V。对于较宽的电极，由于电极上感应的电荷较多，相应的输出电压增加。输出电压峰值及其拟合曲线如图 9.29（d）和（e）所示，每个 WS-TENG 的峰值随波高线性变化，对于电极宽度为 5mm、10mm 和 20mm 的 WS-TENG，在灵敏度 k 分别为 14.1mV/mm、23.5mV/mm 和 42.5mV/mm 时，得到 $V_{oc}=kH$ 的拟合关系，相关系数（R^2）分别为 0.9797、0.9816 和 0.9981。这意味着 WS-TENG 可以在毫米范围内感知波高，灵敏度可以随着电极宽度的增加而增加，而商用波高传感器监测波高的尺度更大，如卫星遥感技术对波高的测量精度在米范围内。

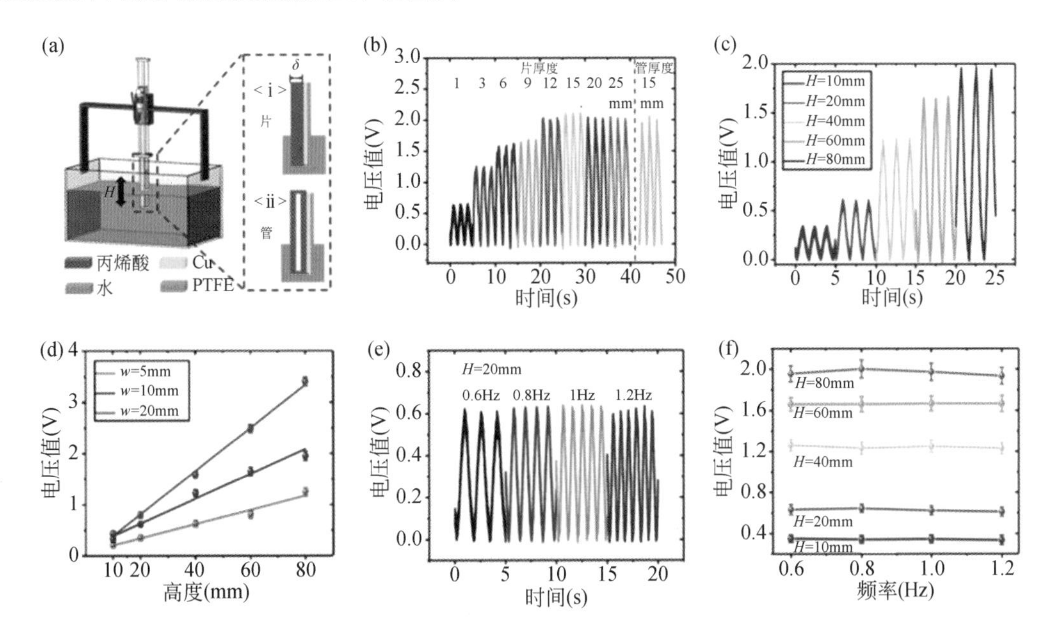

图 9.29　基于液固界面摩擦纳米发电机性能实验。（a）WS-TENG 实验系统；（b）不同厚度亚克力材料上的 WS-TENG 输出电压；（c）不同波高下的输出电压；（d）电压峰值与波高的关系；（e）不同频率的输出电压；（f）电压峰值与波频率的关系

图 9.30 展示了 WS-TENG 在一个长 2m、宽 0.19m、高 0.22m 的自制小水箱中监测 3D 打印海上平台周围波浪的演示。水波由直线电机驱动的平板产生，其参数如图 9.30（a）所示，板块周期性移动，线性距离为 120mm，频率为 0.8Hz。值得注意的是，3D 打印张力腿的外径为 20mm，这将使 WS-TENG 的后部不直接与水相互作用，并且具有与厚亚克力板或亚克力管相似的作用以减少对水的屏蔽效果，因此将 WS-TENG 直接附着在模拟平台的腿上。

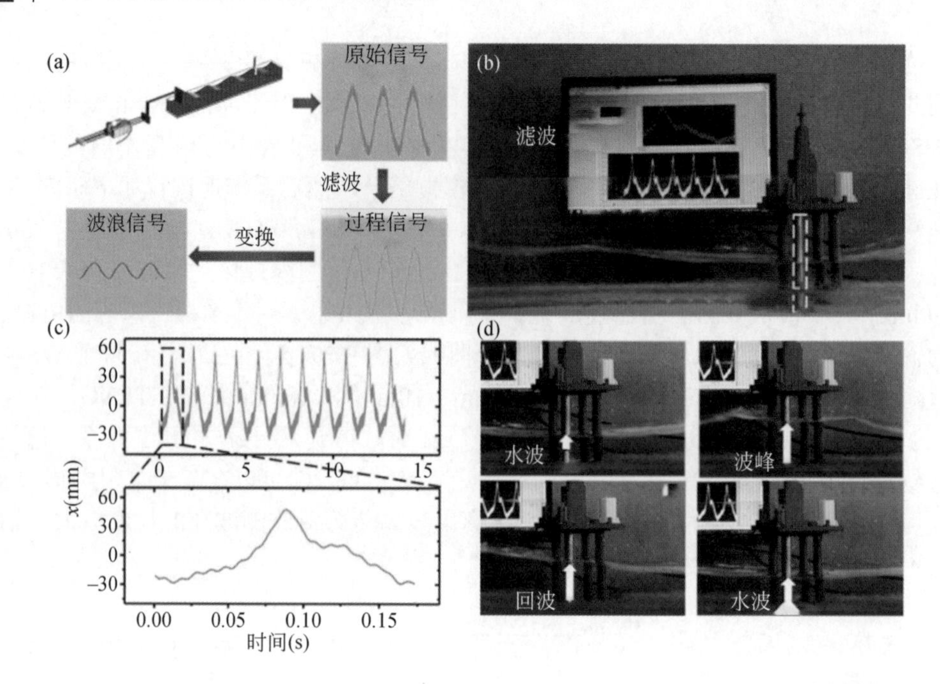

图 9.30　WS-TENG 演示实验。（a）WS-TENG 获得波浪监测信号过程；（b）WS-TENG 用于监测海洋平台支腿周围的波浪；（c）从 WS-TENG 获得的瞬时波高；（d）水波在一个周期内的四种瞬时状态图像

WS-TENG 的原始输出电压由低通滤波器滤波以消除噪声，然后用 $x(t)=V(t)/k$ 的关系式将滤波后的电压信号 $V(t)$转换成瞬时波高 $x(t)$。其中，WS-TENG 的灵敏度 k 可由电压峰值与波高的拟合关系得到。当水波经过平台时，WS-TENG 可以实时监测并记录腿上瞬时波高的变化，如图 9.30（b）所示。图 9.30（c）显示了 11 个周期内的瞬时波高，根据记录的瞬时波高信号，得到 H=75mm，f=0.6Hz 的水波条件。在一个周期波信号中，除了主峰之外还存在第二个峰。第二个峰值是由于自制的水波箱长度不够，不能使水波消散而从水箱末端反射的波引起的。图 9.30（d）显示了通过海洋平台的波型，即水波、波峰和回波。以上数据表明，WS-TENG 对智能海洋设备的水波监测具有高灵敏度的巨大优势。此外，由多个波浪传感器组成的 WS-TENG 阵列可以监测海浪信息，可供海洋科学家、环境保护机构、港口当局和渔业使用。

9.3.2　波浪多参数传感

单一的海洋参数传感并不能满足人们对海洋进行研究分析的需要，由此提出了一种基于管状摩擦纳米发电机和空心球浮标的自供电高性能摩擦电海浪谱传感器（TOSS），如图 9.31 所示，并利用其电信号推导 6 个基本海浪参数（波高、波周期、波频、波速、波长、波陡）、波速谱和机械能谱[10]。TOSS 作为一种海浪频谱传感器，可以与海上钻井平台等现有的各种海洋设备相结合进行海浪信息监测。如图 9.31（a）所示，将其作为海浪频谱传感器组装到海上钻井平台中，将海浪能量转换为电能，并从输出信号中提取海浪频谱信息。图 9.31（b）显示了 TOSS 的详细结构，它由两根直径不同的铜管作为内外电极，一层厚度为 200μm 的聚四氟乙烯薄膜作为黏附在内电极上的介电层组成。同时，整个传感器装置包含一个直径为 15cm 的空心球泡沫浮筒（HFB），用于驱动 TOSS 在波浪上摇摆，以减少 TOSS 与海水的接触概率，并消除海水对输出性能的影响。此外，连杆和密封装置的设计可以保证 TOSS 的性能不受外界环境影响，导轨可以提高 TOSS 的输出性能、稳定性和使用寿命。基于 HFB 和管状 TENG 的结构设计，可以保证对任意方向的海浪进行测量。聚四氟乙烯薄膜表面的扫描电子显微镜图像揭示了微纳米结构，以获得更大的信号输出，见图 9.31（b）中的放大图。

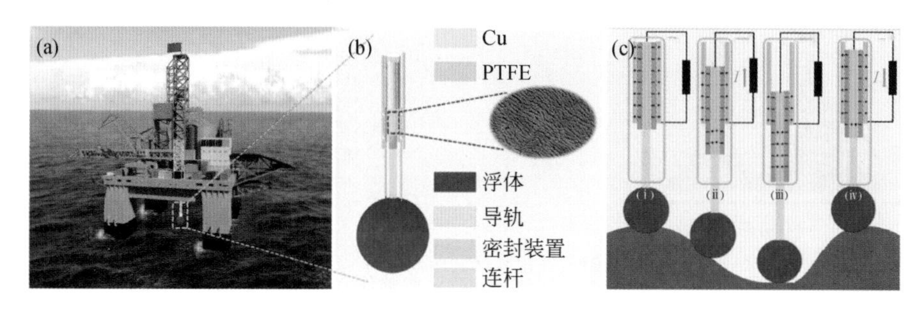

图 9.31 自供电高性能摩擦电海浪谱传感器结构及原理示意图。（a）海上钻井平台制造的 TOSS 示意图；（b）TOSS 的详细结构，插图为聚四氟乙烯表面的 SEM 图像示意图；（c）传感器装置的工作原理

TOSS 的工作原理如图 9.31（c）所示。在原始状态下，当 HFB 浮在波峰中时，外部铜和介电层会相互接触，由于摩擦起电作用导致 PTFE 表面带负电荷，外部电极带正电荷[图 9.31（c）-（ i ）]。一旦它们被波分开，就会产生两个电极之间的电位差，电位差会驱动电子从内电极流向外电极，在外部电路中产生脉冲电流[图 9.31（c）-（ ii ）]。当两个电极完全分离时，将获得最大输出[图 9.31（c）-（iii）]。当另一波传播到 HFB 正下方时，HFB 会随着波上升，从而使介电层回到原来的位置，产生反向电流来平衡电位差[图 9.31（c）-（iv）]。因此，将海浪运动的机械能转化为电能，而通过 TOSS 的输出信号可以提取海浪频谱。

为了分析 TOSS 在真实海浪频谱上的性能，在水箱中进行了如图 9.32（a）所示的模拟海浪运动的测试。如图 9.32（b）所示 TOSS 可以直接检测高精度水波频谱，实时监测水波的 H、T、f、v、L、δ 等多个参数。虽然真实的海面包含许多微小的波纹，并且少数海浪与产生的均匀波纹有所不同，但在这项工作中，TOSS 对波纹的完美检测性能得到了体现。

此外，众所周知，海浪的波高高于涟漪的波高。图 9.32（c）描绘了 TOSS 的转移电荷和开路电压信号扫描的真实水波高度谱。可以清楚地发现，它们与水波谱基本一致，多波叠加信号清晰可见。此外，圆柱形 TOSS 和球形浮标的设计在监测任何方向的波浪谱方面都具有出色的稳定性。实时监测水波的波周期、波速、波长和波陡变化如图 9.32（d）和（e）所示，通过观察结果可以发现，在 0.9～2.8cm/s 和 6～18cm/s 范围内，波周期和波速呈现相反的变化趋势。此外，我们还可以观察到波长和波陡分别在 10～20cm 和 0.2～1.0cm/cm 范围内的波动。

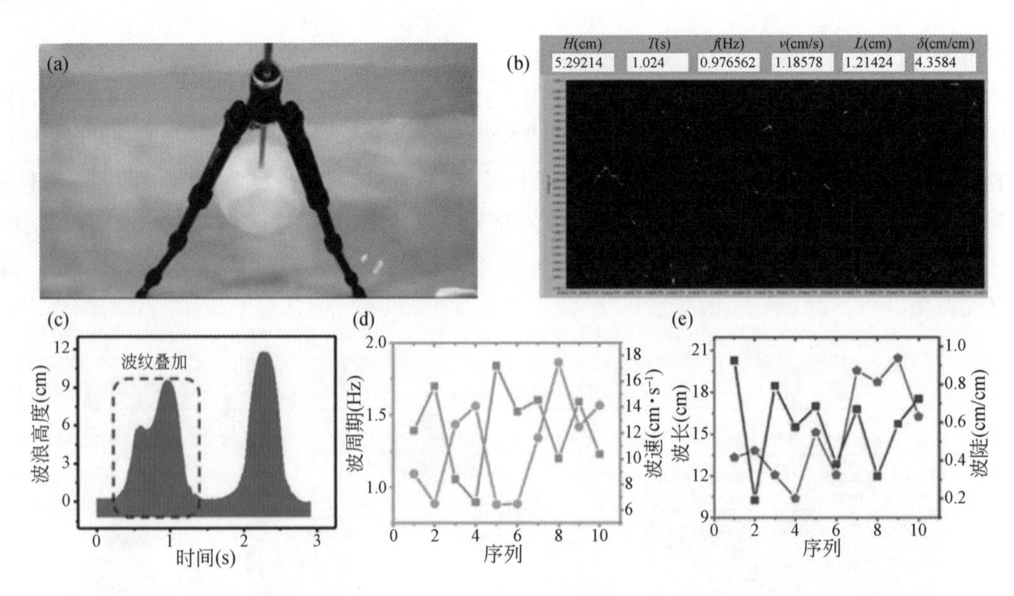

图 9.32 电海浪谱传感器的数字化应用。(a)TOSS 应用实验图;(b)模拟水波下 TOSS 的 6 个参数实时显示;(c)从 TOSS 的转移电荷中提取的波浪高度谱;(d)实时监测水波的波周期和波速变化;(e)实时监测水波波长和波陡变化

该传感器不仅能适应任意方向的海洋表面水波测量，而且能消除海水对传感器性能的影响。利用 TENG 的高灵敏度优势，在监测波高和波周期方面实现了 2530mV/mm 的超高灵敏度和 0.1%的最小监测误差。

与之相似的，提出了一种应用范围更加广泛的双浮子结构的波浪水文监测摩擦纳米发电机（DF-TENG），以实现对波浪水文进行实时监测[11]，如图 9.33（a）所示。

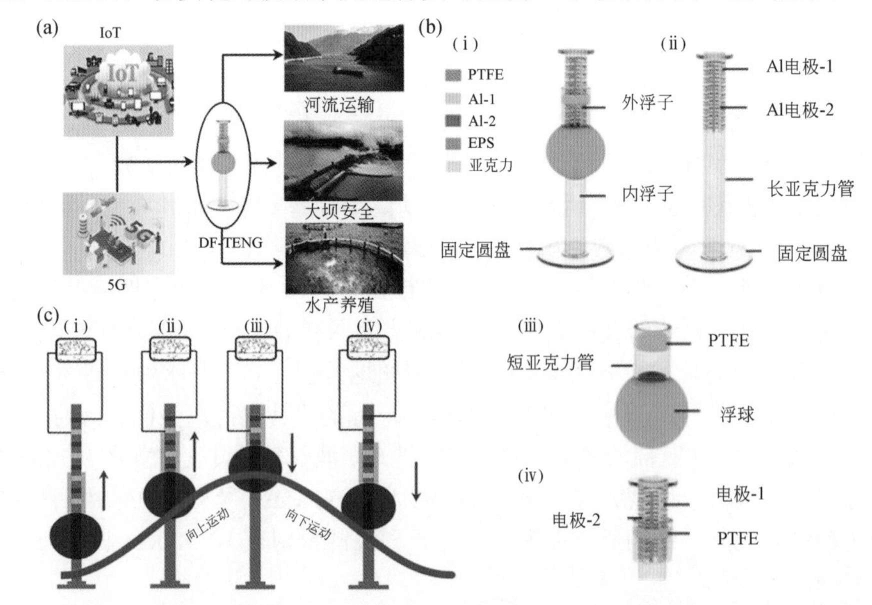

图 9.33 双浮子结构的波浪水文监测 TENG 结构简图。(a)DF-TENG 的未来应用展示;(b)详细结构;(c)工作原理

设计的用于波浪水文监测的DF-TENG采用简单耐用的双浮子结构，如图9.33（b）所示，它由内浮子、外浮子和阻尼板组成。内浮子由一根长亚克力管和两个铝电极A1-1和Al-2组成，并紧密固定在阻尼板上；电极粘贴在长亚克力管的外表面，呈指间形状。外浮子由短亚克力管、泡沫球和聚四氟乙烯膜组成，将聚四氟乙烯膜贴在短亚克力管上，PTFE与电极在整个工作过程中保持接触。在工作过程中，内部浮子和阻尼板固定在一个稳定的基座上。外浮子包含一个泡沫球，使短丙烯酸管（即亚克力管）漂浮在水面上。在波浪来袭的情况下，外浮子将被波浪推动移动，如图9.33（c）所示。可以看出，利用双浮子结构，可将波浪的不规则运动转化为规则的线性运动。

为了验证所提出的DF-TENG的应用可行性，进行了一系列实验，实验系统如图9.34（a）所示。利用有水的水箱模拟有波的工作状态，制作出样机并放置在水箱内，并将DF-TENG产生的信号通过两条导线传送到一个数据采集系统。图9.34（b）为样机在水箱中工作时，实测波高H_m与实际波高H_r的对比图。结果表明，当H_r=145mm时，H_m与H_r之间的误差为3.33%。图9.34（c）显示了开路电压和频域参数N_s在不同波高下的性能。未来，结合物联网和5G技术，TENG可以应用于分布式传感器系统中，用于波浪水文信息的监测，这对波浪运输、大坝防洪甚至渔业的安全都有重大意义。

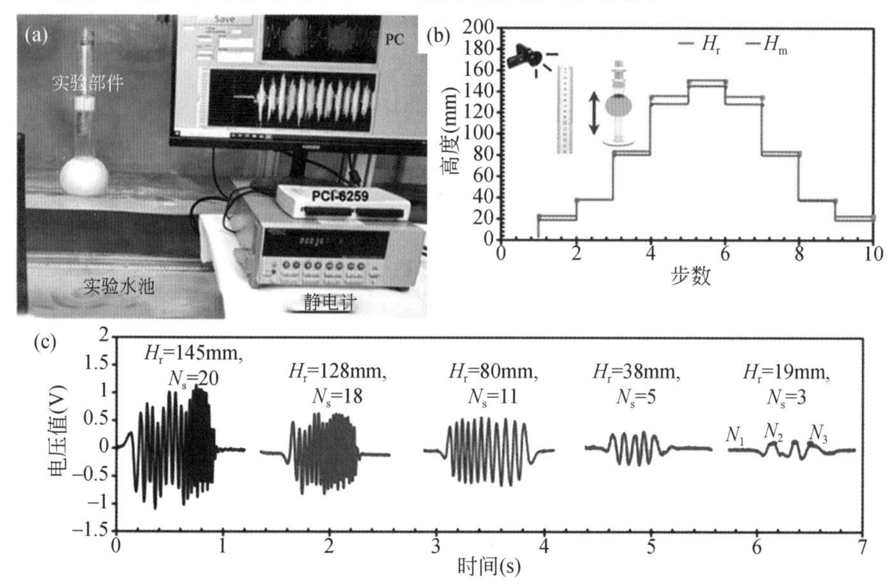

图9.34　双浮子结构的波浪水文监测TENG应用实验研究。(a)实验系统；(b)H_m和H_r的比较；(c)在水箱内不同浪高下V_{oc}和N_s的表现

9.4　海洋生态环境传感与供能

9.4.1　水质监测系统供能

图9.35展示了所设计的波浪驱动连杆机构圆柱形摩擦纳米发电机（WLM-TENG）[12]，

其应用场景如图 9.35（a）所示。它的正常运行是基于一个动力传动链和一个摆动到旋转的附件，将发电机组固定在水面以上，使转子在水波和动力传动链的相互作用下旋转，其结构如图 9.35（b）所示。其动力传动链是一种简单的连杆机构，可将水波的机械能转化为转子的动能。在图 9.35（c）中可以看出 TENG 的转子与浮动板通过 T 型接头连接，浮板由一块泡沫和一块碳纤维板组成，浮板放置在水面上来收集水面的冲击能量。然而在真实的海洋环境中，泡沫的腐蚀和分解后产生的有害物质会影响海洋生态环境，而不适合实际应用。因此，泡沫板可以用中空碳纤维箱等其他耐腐蚀材料代替，在 T 型接头和陶瓷轴承的共同作用下，水波的冲击可引起 TENG 转子的圆周运动。对于制造的 TENG，一个由 UV 固化树脂或聚乳酸塑料印刷的齿轮状圆柱体作为转子，并将兔毛附着在深度为 10mm 的凹槽上；对于定子部分，在定制的柔性印刷电路板上粘贴氟化乙烯丙烯薄膜，在滚成圆卷后让它们附着在壳的内壁上，此配置如图 9.35（d）所示。

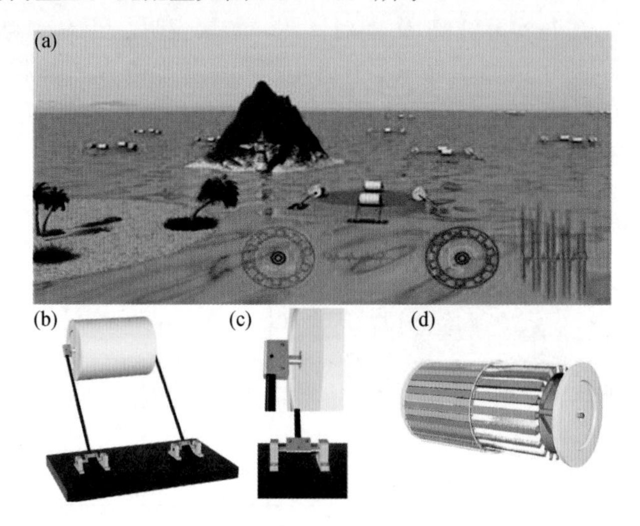

图 9.35　波浪驱动连杆机构圆柱形摩擦纳米发电机（WLM-TENG）水质监测系统结构。（a）TENG 水质监测系统应用示意图；（b）～（d）WLM-TENG 的结构设计，包括连杆机构的整机结构、T 形接头、圆柱形转子和定子的结构

在标准波浪槽中定量验证了该装置的输出性能。如图 9.36（a）所示，在水箱中，TENG 的主体被放置在一个定制的 3D 打印支架上，以便与水分离。在实际应用中，封装的 TENG 可以锚定在海岸或船上。根据机械结构的特点，浮板在波浪的波动作用下上升到一定高度后又回落到原来的位置。对于 WLM-TENG 中转子的运动方式，通过在中心轴上安装不同的轴承，实现了转子两种不同的旋转和摆振模式，如图 9.36（b）和（c）所示，在转轴上安装普通轴承可引起转子的摆动运动，而安装单向轴承可导致圆周运动。

图 9.36（d）～（f）给出了在相同水波刺激条件下，不同轴承的 WLM-TENG 的短路电流 I_{sc}、转移电荷 Q_{sc} 和开路电压 V_{oc} 的比较。可以看出，旋转模式下的输出远大于摆动模式下的输出，这是因为浮板在有限的高度上升，并随着波浪迅速下降。当转子受到来自浮板的力时，在使用普通轴承的情况下，转子的旋转方向迅速切换。但是，转子上的兔毛没有足够的时间改变运动方向，在运动过程中会产生较大的摩擦阻力。因此，摩擦电材料之

间没有发生有效的相对位置变化，导致器件的输出性能降低。当转子中心的普通轴承被单向轴承取代时，转子在中心轴的作用下向一个方向旋转。兔毛与 FEP 膜之间缓慢产生有效的相对位移，因此可以获得相对较高的能量。在旋转模式下，最大电压为 3.0kV，最大电流为 20μA，最大转移电荷为 1100nC。随后在转子外径为 150mm，兔皮条数为 19 时，研究水波频率对 TENG 输出的影响，如图 9.36（g）～（i）所示。该频率可通过改变波浪发生器在水波槽中的停留时间来调节。当水波频率为 1.0Hz 时，WLM-TENG 的输出性能最佳。如果频率高于 1.0Hz，输出将略有下降，这可能是由于浮板在下一波的作用下再次被抬升，在一次波的触发下落回原来的位置，导致转子的移动距离和相应的旋转角度减小。随着水波频率的降低，设备的运动频率也会降低，从而降低输出性能。

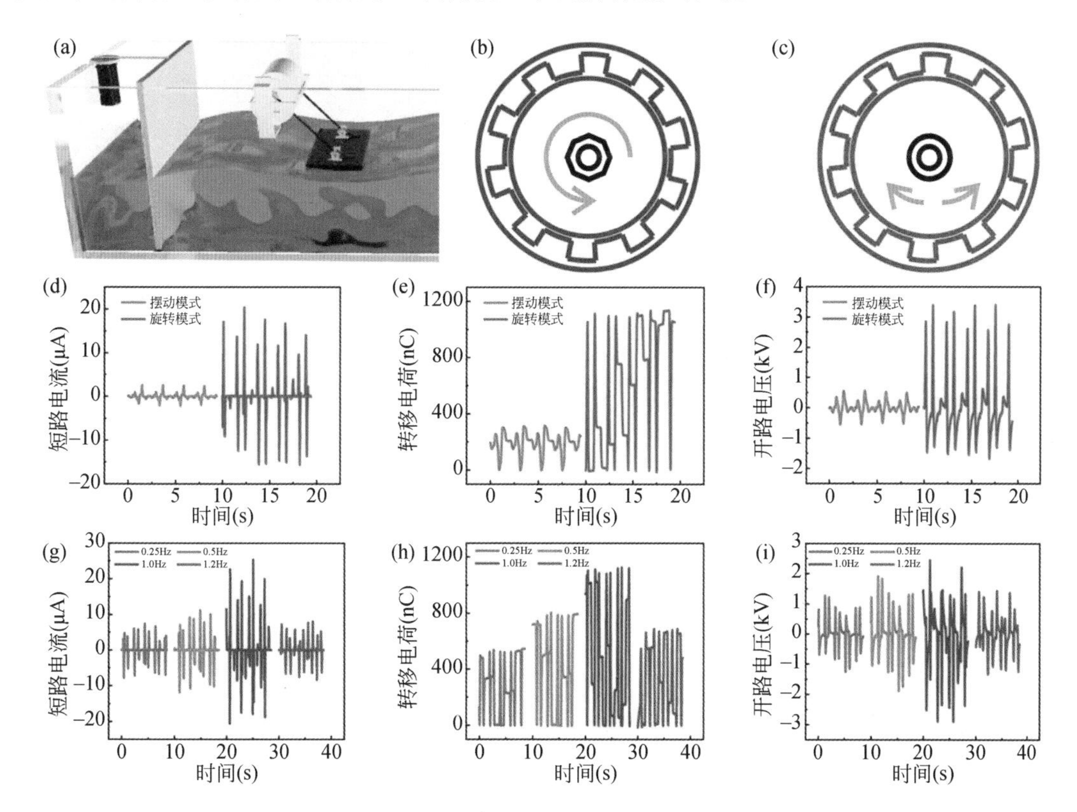

图 9.36　WLM-TENG 水质监测系统基本性能分析。（a）WLM-TENG 标准波槽示意图及测量方法；（b）和（c）摆动、旋转两种工作模式的示意与比较；（d）～（f）在 I_{sc}、Q_{sc}、V_{oc} 两种工作模式下的输出性能；（g）～（i）在不同波频下的电输出波形

除此之外，在这项工作中我们围绕海洋环境的需求，演示了以下四种应用：LED 方向指示、多功能气压计、便携式风速计和具有蓝牙传输功能的多功能水质检测笔。如图 9.37（a）所示，240 个 LED 被集成了电源管理电路的 WLM-TENG 成功点亮，可以作为岸上灯塔的方向指示器，其背景展示了 3.3mF 电容器的电压分布图。为了探测大气压力，一个多功能气压计由电源管理的 WLM-TENG 驱动，当 3.3mF 电容器充电至 3.5V 时，打开开关，驱动气压计正常工作，以获取当地的环境情况，如压力、天气、温度等。电容上的典型电

压曲线及工作过程如图 9.37（b）所示。

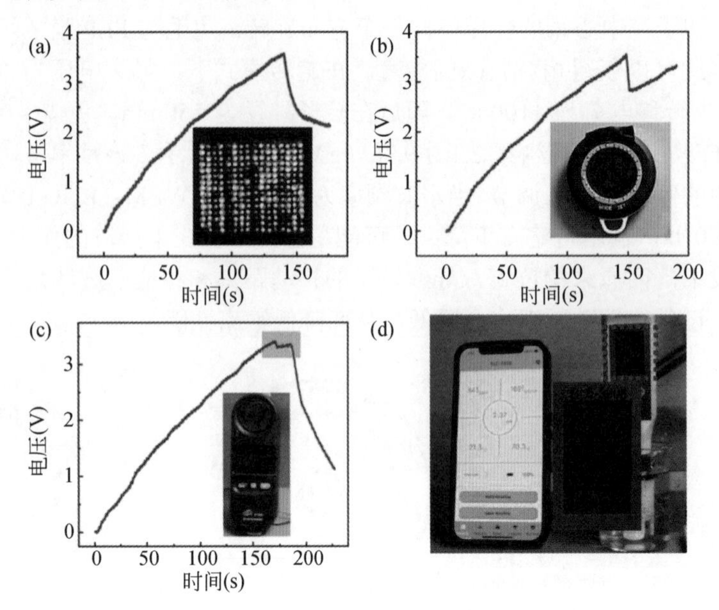

图 9.37 WLM-TENG 水质监测系统应用展示。（a）电源管理型 WLM-TENG 点亮 240 个直径为 10mm 的 LED 灯；（b）为多功能气压计供电（电容器上的充电电压为 3.3mF）；（c）给便携式风速计供电时的充放电过程；（d）用手机传输的有源探测笔的照片

图 9.37（c）展示的便携式风速计也由电源管理的 WLM-TENG 供电，使用 3.3mF 电容器作为临时储能单元供电，当电容电压达到 3.4V 左右时，打开风速计开关，电压会略有下降。最后，使用具有蓝牙传输功能的多功能水质检测笔检测水相关信息，包括水温、pH、总溶解固形物、电导率。在这里，将一个 10mF 的电容器充电到 5.3V，为检测笔供电，如图 9.37（d）所示，这些与水有关的参数的各种数据通过蓝牙无线传输到手机应用程序，并显示在屏幕上。这项工作提供了一种基于简单机械结构的收集水波能的有效策略，将在分布式环境监测中起到重要的应用。

波浪的低频率和不规则性以及恶劣的海洋环境已经成为限制波浪能收集发展的瓶颈，因此提出一种通过机械结构或机构而不是电气元件对能量收集的系统进行自适应外部激励和机械智能能量收集的调节，利用波浪能为无线传感器供电，实现海洋环境监测[13]。图 9.38（a）为用于自供电海洋环境监测的海洋机械智能波能采集器（MIWEH）网络蓝图，MIWEH 可以与海洋上的绳索和阵列相连，大规模高效地收集波浪能，致力于海洋资源勘探、蓝色牧场、海上通信等海洋照度、温度、pH 等海洋信息的自供电无线传输。

图 9.38（b）中的爆炸图清晰地显示了 MIWEH 的详细结构，通过所设计的重力驱动滚轮的跷跷板结构，将低频不规则激励转化为滚轮在跷跷板轨道上的往复滚动。同时，跷跷板摆动通过齿轮组带动两侧棘轮，两侧棘轮可根据摆动方向自主选择工作模式或休眠模式。这样，可以交替驱动两侧棘轮，将跷跷板的低频双向摆动转化为同一方向的单向高速旋转，避免了换向造成的能量损失，并提高了机电转换效率。此外，两侧的棘轮可以通过磁耦合同步工作。其中一侧棘轮由棘爪驱动，另一侧棘轮可由磁力吸引驱动，从而使两个棘轮在

同一方向上连续驱动。棘轮中相应位置的磁体磁极相反，引导磁力线从一端到另一端，这样可以增加线圈中的磁通量，从而获得更高的输出功率。两个 EMG 输出电压的相位一致，有利于后续用电。

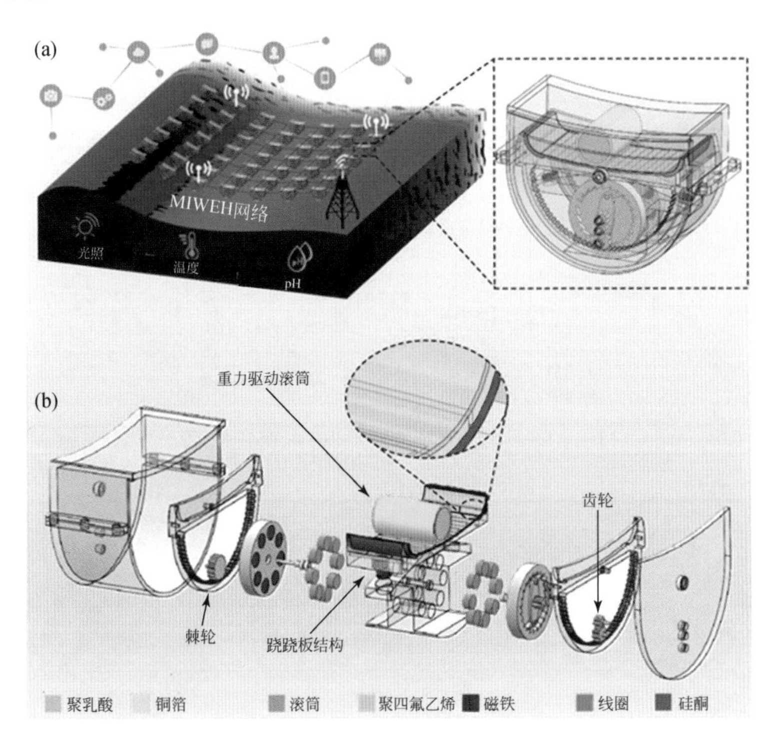

图 9.38　机械智能摩擦纳米发电机海洋监测传感器结构示意图。(a) 用于自供电海洋环境监测的 MIWEH 网络蓝图；(b) MIWEH 结构设计

图 9.39 显示了在跷跷板两侧没有缓冲区的情况下，带有 900g 滚筒 MIWEH 的电输出性能。图 9.39（a）～（c）分别显示了在激励频率为 1Hz、激励角度为 40°时，TENG、EMG1 和 EMG2 的 RMS 电压和平均功率与不同负载电阻的关系。TENG、EMG1 和 EMG2 的平均功率最大时，其电阻分别为 $1.2\times10^8\Omega$、30Ω 和 30Ω。由于设备在不同工况下的最优电阻可能不同，为了保证工况的统一性，后续实验对 TENG、EMG1、EMG2 分别采用 $1.2\times10^8\Omega$、30Ω、30Ω 的电阻。图 9.39（d）和（g）分别为不同激励频率下 TENG 的电压波形、峰值电压和平均功率，随着激励频率的升高，TENG 的峰电压和平均功率均有所增加，且在更大的激励角度下，TENG 的输出电量略大。在激励频率为 1Hz、激励角为 40°时，TENG 的峰值电压为 972.1V，平均功率为 161.0μW。图 9.39（e）、（h）和图 9.39（f）、（i）分别给出了不同激励频率下 EMG1 和 EMG2 的电压波形、峰值电压和平均功率。由于 EMG1 和 EMG2 对称布置在器件两侧，且一侧的 EMG 几乎同时驱动另一侧的 EMG 工作，因此两个 EMG 的电输出总体趋势一致，有利于减少电路加工带来的能耗。在图 9.39（e）、（h）和图 9.39（f）、（i）中，两种 EMG 的峰值电压和平均功率随着激励频率的增加而增加。当激励频率为 1Hz，激励角为 40°时，EMG1 和 EMG2 的峰值电压分别为 5.1V 和 4.9V，平均功率

分别为 24.7mW 和 22.5mW。

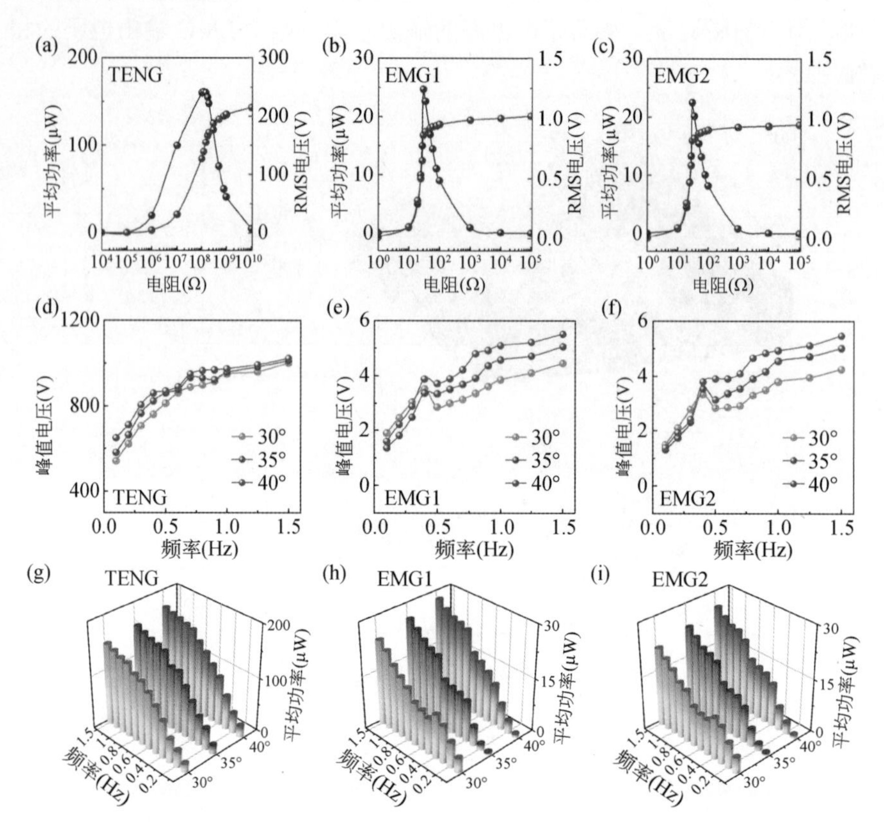

图 9.39 机械智能摩擦纳米发电机海洋监测传感器基本性能。(a)TENG;(b)EMG1;(c)EMG2 的平均功率对外部负载电阻的依赖关系;(d)~(f)TENG、EMG1、EMG2 在 0.1~1.5Hz 激励频率和不同激励角度下的峰值电压;(g)~(i)TENG、EMG1、EMG2 在 0.1~1.5Hz 激励频率和不同激励角度下的平均功率

图 9.40 展示了 MIWEH 的波浪能收集和自供电无线海洋环境监测应用。MIWEH 半沉在水中，在波浪往复激励下左右摆动，MIWEH 中的 TENG 可以直接为 240 个 LED 供电，如图 9.40（a）所示，这一功能显示了它在自供电的海上夜间照明、捕鱼探险、航标灯等方面的应用前景。自供电海洋环境监测系统电路原理图如图 9.40（b）所示，为了满足实际应用的要求，需要将 TENG 和两个 EMG 捕获的交流（AC）信号转换为直流（DC）信号，然后将电能存储在电容器中供后续使用。由于 TENG 的电压很高，我们增加了降压电路来提高 TENG 的能量转换效率。

然后，在电容器后连接电源管理模块（LTC-3588-1），进一步稳定电能和降低能耗。当电容器内电压达到传感器工作电压（5V）时，闭合开关为传感器供电。印刷电路板集成了照明传感器（GY-30 BH1750），pH 传感器（pH-4502C）和蓝牙低功耗微芯片（nRF52832）。蓝牙发射器每秒发送信号，智能手机中的蓝牙接收器能够接收信号并实时显示温度、照度和 pH 信息，如图 9.40（b）所示，MIWEH 在～1Hz 激励频率下对不同的商用电容器进行充电，0.1F、0.22F、0.33F 和 0.47F 电容器分别在 15s、33s、50s 和 71s 内充电至 5V。图 9.40（d）展示了自供电无线海洋环境监测应用，在模拟波激励下，MIWEH 可以在 6 分钟内将 0.47F 电容器充电至 5V，并为传感器供电。然后，智能手机可以每秒从系统中无线接收水的照度、温度和 pH 信号，实时监测海洋环境。这项工作有望为不规则能量收集和自供电物联网提供新的设计概念。

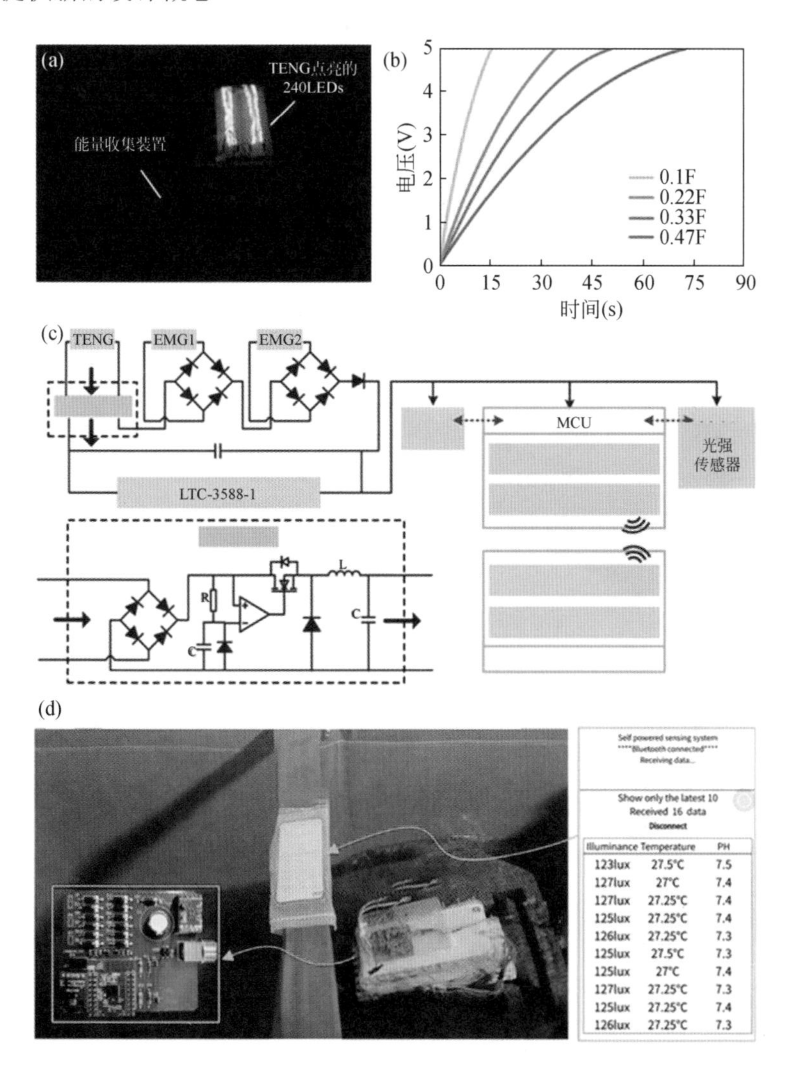

图 9.40　机械智能摩擦纳米发电机海洋监测传感器系统应用试验。(a)由 TENG 直接点亮 240 个 LED 灯；(b)激励频率为 ~ 1Hz 时 MIWEH 在不同电容下的充电电压；(c)自供电海洋环境监测系统原理电路图；(d)海洋环境监测和无线信号传输系统的自供电温度/pH 监测与显示

9.4.2　海洋牧场应用

海洋牧场对粮食安全、国民经济和贸易平衡做出了重要贡献，特别对于一个人口众多

的国家作用更大。海洋牧场面积很大，因此迫切需要一种为海洋牧场监测的近海传感器供电装置。摩擦纳米发电机是一种很有前途的海洋牧场监测波浪能的收集方法，因此提出了一种绳辊结构的弓形钻结构振荡摩擦纳米发电机（BS-TENG）[14]，如图 9.41（a）所示。从图 9.41（c）-（i）可以看出，BS-TENG 主要由波动传输模块（WTM）和能量产生模块（EGM）组成。WTM 采用了双浮子结构：外部浮子由一根短丙烯酸管和三个泡沫球组成；内部浮子由长亚克力管和阻尼板组成。另一个重要模块 EGM 如图 9.41（c）-（ii）所示，它由固定壳、电极、轴、绳索、滚轮和柔性桨组成。固定壳体与内部浮子紧密组装，铜电极附着在固定壳的内表面，轴安装在带有两个轴承的固定壳体的中间。为了增加绳索与轴之间的摩擦力，轴的中间呈方形。滚轮附着在轴上，这意味着它们可以与轴一起平稳地旋转。在滚轮上固定若干半圆形柔性桨片，可利用独立摩擦电层模式产生电荷。绳的一端固定在外浮子短亚克力管的顶部，另一端固定在短亚克力管的底部。设计并制造了一个原型来研究其工作性能，如图 9.41（b）所示。

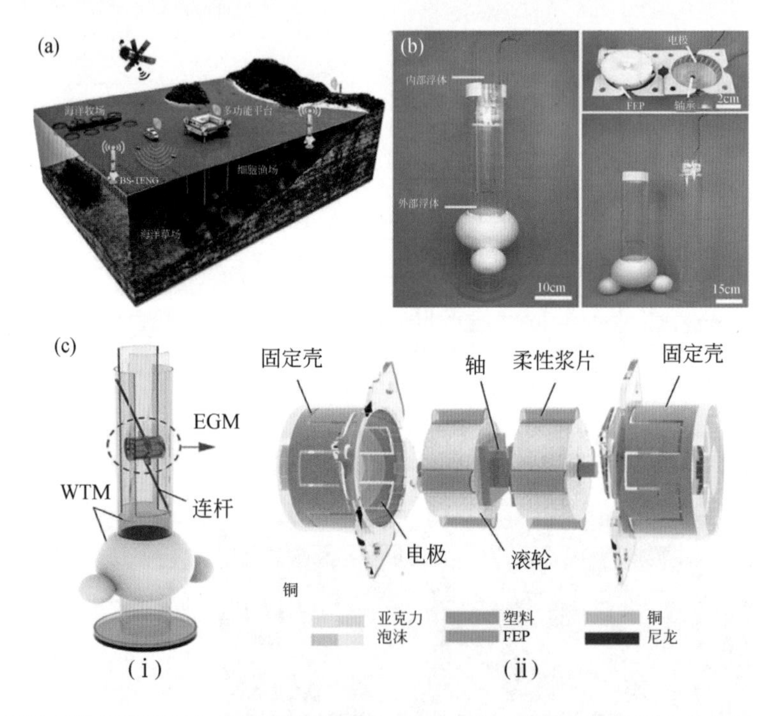

图 9.41　海洋牧场监测的近海传感器结构示意图。(a) 未来在海洋牧场监测中的应用；(b) 原型样机；(c) 结构爆炸图

通过一系列实验研究了所提出的 BS-TENG 在不同波动频率和波高下的工作性能，结果如图 9.42 所示。从图 9.42（a）可以看出，当波动频率 f_w 从 0.2Hz 增加到 1Hz 时，开路电压和转移电荷的值变化不大。开路电压和转移电荷分别保持在 42V 和 30nC 左右，而短路电流值随波动频率变化较大。结果表明，在 f_w=0.2Hz、0.4Hz、0.6Hz、0.8Hz 和 1Hz 时，短路电流值与频率呈递增关系。不同波高 H_w 下 BS-TENG 的性能是本研究的另一个重要内容，如 9.42（b）所示，可以看出，开路电压和转移电荷的值始终在 43V 和 30nC 左右，说

明它们受波高 H_w 的影响不大。而当 H_w 由 35mm 增大到 110mm 时，短路电流值明显增大。这种现象被认为是由于浪高越大，滚轮的旋转运动越快。在这里，我们进行了一系列实验来研究 BS-TENG 的信号频率，如图 9.42（c）所示。轴边长度 D 对 BS-TENG 的信号频率 f_s 有较大的影响。当 D 为 6mm 时，波动频率 f_w 为 0.8Hz 时，信号频率 f_s 最大，为 40Hz。当 D 从 6mm 上升到 12mm 时，f_s 的值逐渐下降。此外，f_s 和 R_m（放大倍率）的值与波高 H_w 呈正相关，如图 9.42（d）所示。当 H_w 从 35mm 增加到 130mm 时，f_s 的值从 16Hz 增加到 59Hz，R_m 的值从 20 增加到 74，这被认为是由于浪高越大，滚子转动的次数越多。

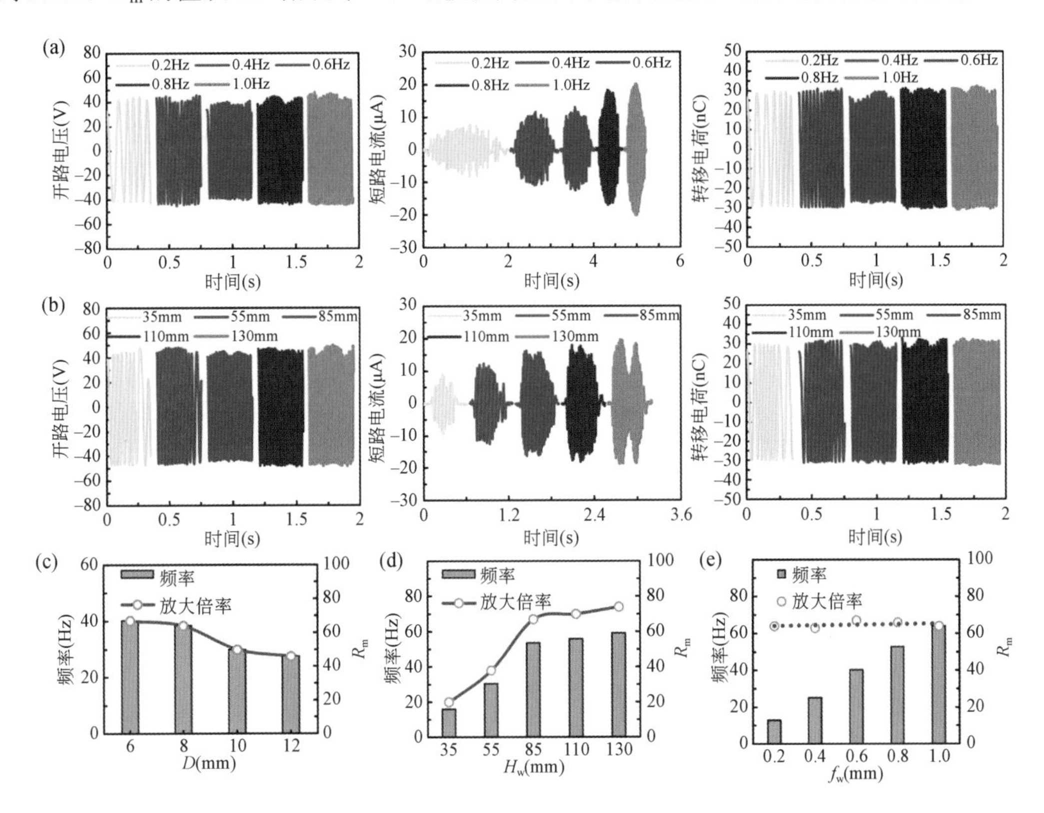

图 9.42　海洋牧场监测的近海传感器工作性能。（a）波动频率 f_w 下的性能；（b）不同波高 H_w 下的性能；（c）D、f_s 与 R_m 的关系；（d）H_w、f_s 与 R_m 的关系；（e）f_w、f_s 与 R_m 的关系

为了研究提出的 BS-TENG 的工作性能，我们搭建了实验系统，并进行了一系列演示实验，如图 9.43（a）所示。所提议的 BS-TENG 的一个原型被制造并放置在一个水箱内。为了给传感器和 LED 灯充电，采用桥式整流器来调节电信号。建立了基于 BS-TENG 的平台，验证了 BS-TENG 能够有效地收集波浪能。利用发光二极管（LED）来验证能量收集性能，发现 BS-TENG 可以轻松点亮 25 个 LED 灯。在此基础上，建立了一个电容和一个温湿度计的等效电路。从图 9.43（b）可以看出，温湿度计逐渐通电，充电足以使温湿度计在正常状态下工作。此外，还对计算器和计时器进行了演示实验。环境温度和湿度对 BS-TENG 性能的影响也如图 9.43（c）和（d）所示。可以看出，温度的影响不是那么大，而湿度的影响要大得多。这意味着在实际应用中最好采用密封结构。

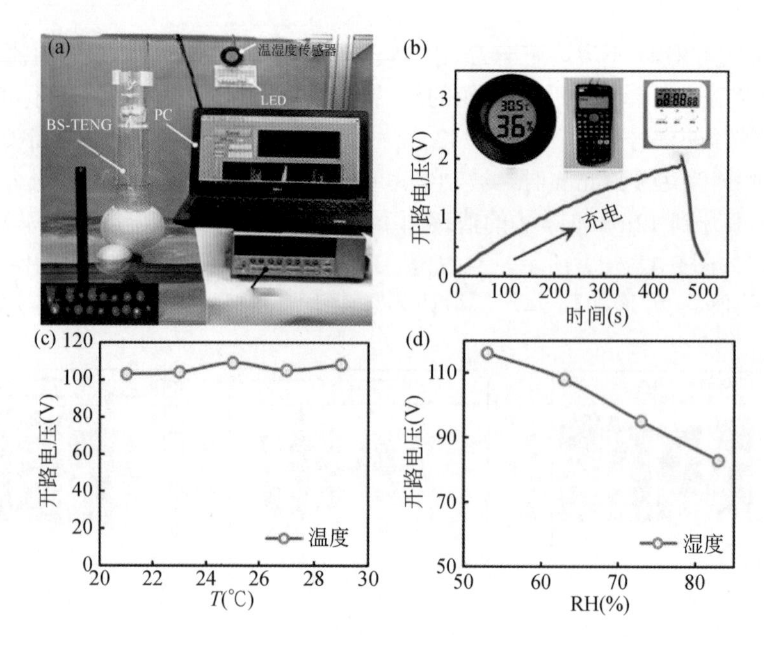

图 9.43 海洋牧场监测的近海传感器应用实验研究。（a）实验系统；（b）温湿度计、计算器和计时器的充电；（c）温度数据；（d）湿度数据

实验结果表明，在 H_w 为 130mm，f_w 为 0.8Hz 的条件下，最大放大倍率 R_m 为 74，最大输出功率 P 为 450μW，电阻为 3MΩ。演示实验表明，所提出的 BS-TENG 能够为海洋牧场监测的温湿度计和 LED 灯充电，证明了利用一种结构简单而有效的 BS-TENG 收集波浪能的可行性。未来，BS-TENG 可以结合物联网和 5G 技术并应用于海上传感器系统，用于监测海洋牧场信息。

9.4.3 海洋电化学降解

赤铁矿是光电化学（PEC）太阳能水电解最有前途的光阳极之一。然而，由于其用于水还原的导带位置较低，因此需要外部偏置，并消耗额外的能量。因此开发了如图 9.44 所

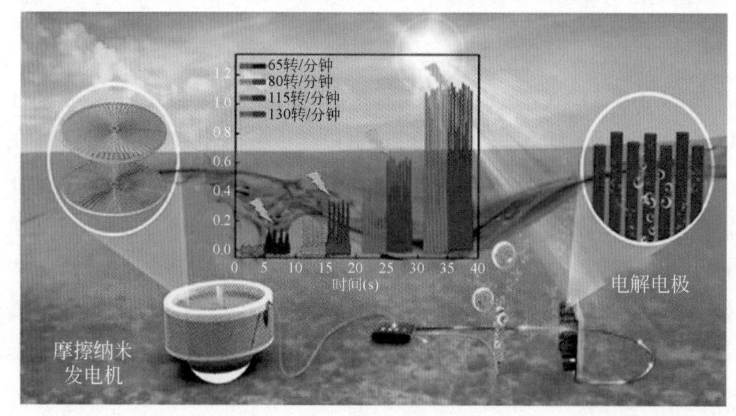

图 9.44 基于赤铁矿光阳极的自供电光电化学（PEC）水电解系统的系统配置图

示的钛改性赤铁矿（Ti-Fe_2O_3）光阳极自供电的 PEC 水电解系统[15]，通过与旋转圆盘状摩擦纳米发电机（RD-TENG）串联，能够实现海洋环境中借助环境能量进行水电解，TENG 利用环境机械能有效驱动赤铁矿基 PEC 水电解是一种极好的策略。

提出的自供电式 PEC 分水系统中，RD-TENG 由多层结构组成，包括盘状转子和对应的定子，如图 9.45（a）所示。对于旋转器，考虑到输出和技术要求，最好将中心角为 1.5°、厚度为 70μm 的径向铜段沉积在由硬质玻璃环氧树脂制成的印刷电路板上，作为摩擦电气化层。将亚克力板黏附在 PCB 上，作为支撑基板。对于定子，排列的铜有不同的图案，两个互补的结构通过细沟槽断开。在铜电极上涂上一层聚四氟乙烯薄膜，作为另一层摩擦电气化层。采用一步等离子体反应离子刻蚀工艺对聚四氟乙烯薄膜进行处理，提高表面电荷密度。SEM 图像显示 PTFE 表面分别有直径为 100nm 和长度为 1μm 的纳米线。转子和定子在工作时同轴安装，图 9.45（b）中的照片分别显示了转子和定子的核心部分。图 9.45（c）说明了 RD-TENG 的工作机制，它取决于通过摩擦带电和静电感应的耦合效应在电极之间交替流动的电子；图中还显示了短路条件下的三维示意图和电荷分布。在初始状态下，转子与定子上的电极 1 对准，导致感应电荷积聚在电极 1 和电极 2 上。当旋转开始时发生摩擦带电，在铜表面和 PTFE 表面上产生等量的正电荷和负电荷，并在 E1 和 E2 之间产生电势差，从而产生在相反方向上流动的电流。最终状态被定义为转子与定子上的 E2 对齐的时刻，其中与初始状态相比，两个电极上的电荷密度的极性相反。为了测量 RD-TENG 的输出性能，采用了可编程旋转机械装置并将其连接到转子上以控制转速。

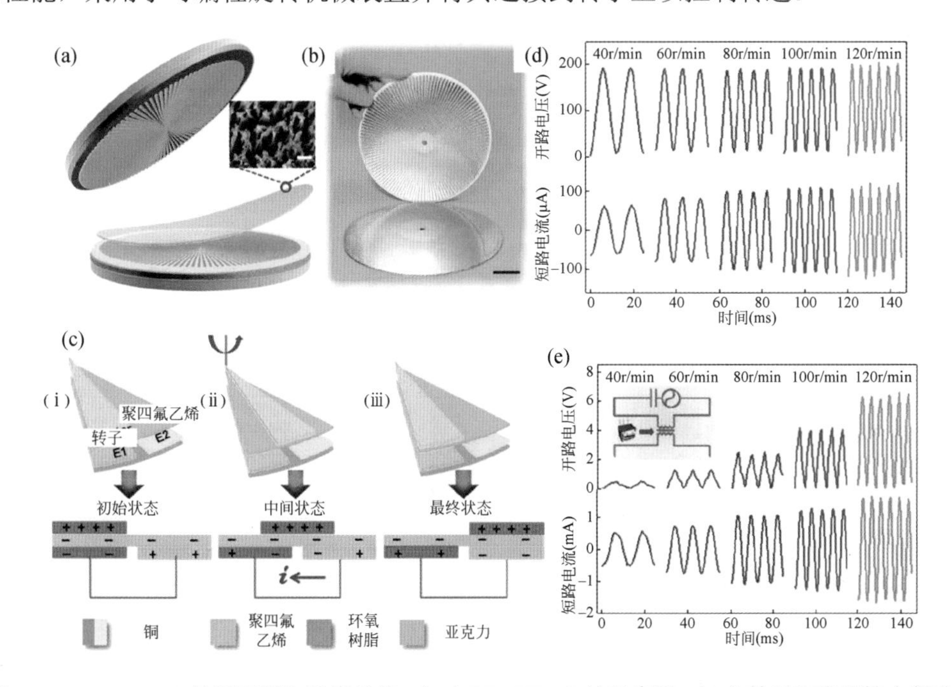

图 9.45　RD-TENG 的原理图和输出性能。（a）RD-TENG 的示意图；（b）转子和定子核心部分；（c）RD-TENG 的操作机制示意图。从上到下的两部分为旋转器从电极 1（E1）边缘旋转到电极 2（E2）边缘旋转时的三维示意图和电荷分布；（d）和（e）RD-TENG 的电力输出性能，包括在 40～120r/min 内不同转速下的开路电压和短路电流

图 9.45（d）显示了 RD-TENG 在 40～120r/min 的不同转速下的电输出。在 120r/min 的转速下，开路电压的峰值为 180V，短路电流呈现为平均振幅为 0.12mA 的连续交流。如图 9.45（e）所示，还测量了变换后的电输出性能。有趣的是，随着转速的增加，开路电压和短路电流同时增加。在 120rpm 的转速下，峰值电压达到 6V，峰值电流增加到 1.6mA。图 9.45（e）的插图显示了带有连接变压器的系统的电路图。

图 9.46 构建了一个 RD-TENG 驱动的自供电 PEC 水分解系统。图 9.46（a）为基于 Ti−Fe_2O_3 光阳极的 RD-TENG 驱动自供电 PEC 水分解系统示意图。图 9.46（b）和（c）分别为系统的照片和等效电路。首先，将 RD-TENG 产生的电力用降压变压器转换，并进行全波整流以输出直流电。然后，将整流器的正极连接到 Ti-Fe_2O_3 光阳极，负极连接到 Pt 电极，在含有 1M（1mol/L）NaOH 溶液的电解池中进行了 PEC 水分解过程，在 Pt 电极周围出现了氢气泡。为评价自供电式 PEC 水分解系统的析氢能力，将阴极 Pt 电极产生的气体用容积为 20μL 的管收集，并用进样器提取进行气相色谱（GC）测试。一个典型的测试是在黑暗或照明条件下进行的，RD-TENG 以 120r/min 的速度连续旋转。灯亮几秒后可观察到氢气泡，无灯一段时间内很少出现氢气泡，如图 9.46（d）和（e）所示。为了粗略地估计氢气的释放速率，图 9.46（f）显示了 120rpm 时的典型数据，其中记录了气体体积达到 20μL 时的时间。图 9.46（g）和（h）显示了在黑暗或光照下三种不同旋转速度下的最终

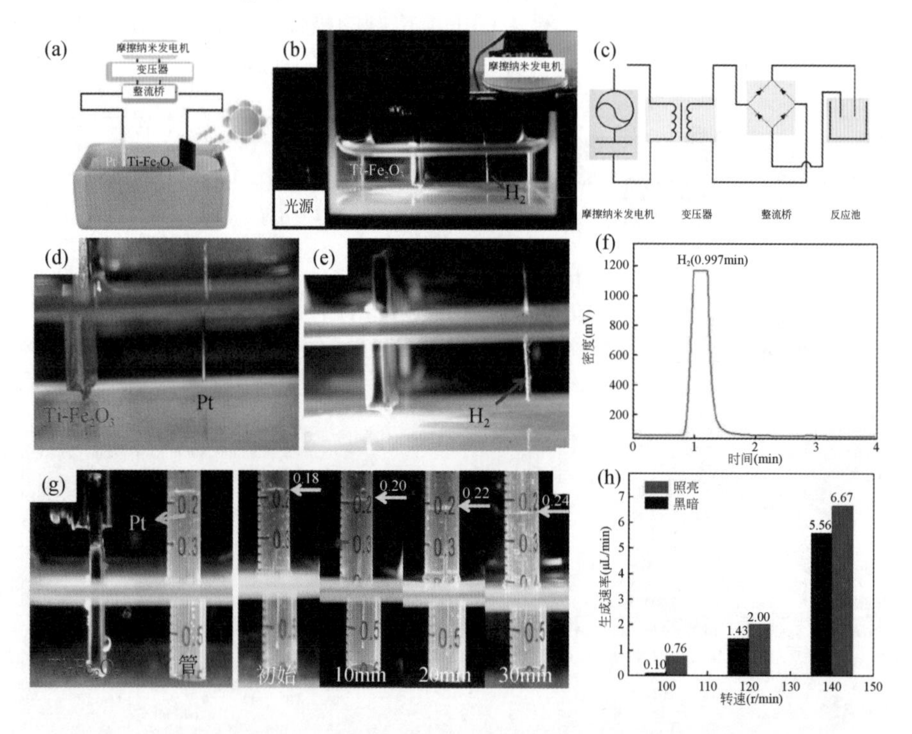

图 9.46　RD-TENG 驱动的自供电 PEC 水分解系统的演示。（a）原理图；（b）照片；（c）自供电式 PEC 分水系统等效电路；（d）和（e）混合动力系统电解池在 120rpm 时分别在黑暗和在照明下的照片；（f）阴极产物气相色谱试验；（g）气体收集管在 NaOH 溶液中不同时间的照片；（h）不同转速下阴极生成速率对比

结果。在较低的转速下，由于峰值电流和电压相对较低，照明前后的速率都很低。然而，与黑暗中相比，光确实加速了氢的演化速度，这表明太阳能可以通过串联 RD-TENG 存储以提供额外电量。当转速达到 140r/min 时，光照前后的析氢速率分别为 5.56μL/min 和 6.67μL/min。因此，这种自供电的 PEC 水分解系统能够将太阳能和机械能转换为化学能，该系统在实际环境中应用是可行的。

9.5　分布式海洋能源网络

9.5.1　海洋波浪能俘获网络构建

凭借质量轻、成本低、低频效率高的优势，TENG 在海洋能量收集过程中具有以下独特优势。首先，其质量轻的特点使其适合建造浮动海浪能量收集装置，可以降低制造和维护成本。其次，使用普通聚合物薄膜材料和少量金属材料的方法具有显著的经济效益，有利于大规模的海浪能量收集。最后，低频高效率的优势可以很好地将海洋波动的特性与低频相匹配。因此，通过 TENG 开发先进的海洋能源收集技术被认为是实现低成本商业海洋能源收集的最有效选择之一。为了有效推动 TENG 在海洋能源收集领域的发展，研究人员开展了大量的结构设计研究工作，可分为五种类型：球形结构、阻尼结构、液固结构、混合结构和其他结构，如图 9.47 所示。同时，电荷激励与电源管理、多向能量收集、水下能量收集、基础研究等也极大地推动和丰富了 TENG 在海洋能量收集领域的研究进展。

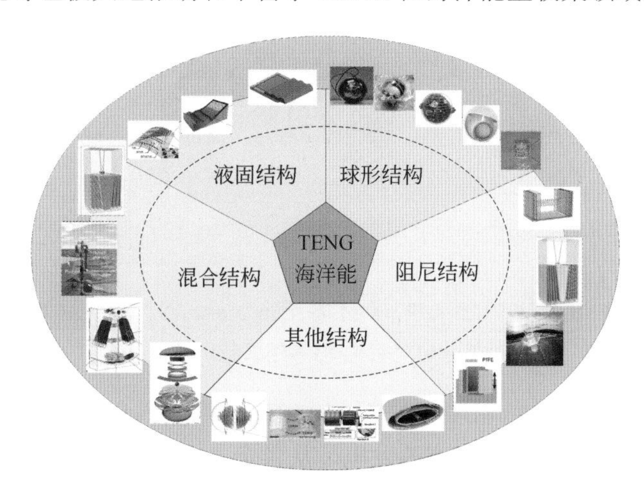

图 9.47　TENG 在海洋能源收集领域的发展

基于上述不同模式的摩擦纳米发电机的设计，众多学者也提出了很多海洋波浪能开发的网络设计。如图 9.48（a）展示了一种基于一个金属球和四个 TENG 单元壁面的海洋能摩擦纳米发电机（TENG-NW）[16]，同时提出了一种阵列模式将其应用于海洋能开发中。为了验证这种模式的可行性，将 4 个单元的小型 TENG-NW 漂浮在一个家庭游泳池的水面上，当微风作用时，激起的平缓波浪开始驱动 TENG-NW，如图 9.48（b）所示。由此提出了将数千个 TENG 连接并编织成一个网络，如图 9.48（c）所示。为了推导和论证 TENG-NW 对蓝色能量收集的规律，进一步研究了机组数量对输出性能的影响。单元号 n=1、2、3、4 的 TENG-NW 的输出电流和电压分别如图 9.48（d）和（e）所示。根据输出信号随机组数量增加的变化，可以推导出 TENG-NW 的一定趋势。首先，电流振幅随着单元数的增加而急剧增加。在 n=1 时的平均电流幅值约为 50.44μA，在 n=4 时大幅增加至 301.95μA。平均电压峰值幅度几乎保持不变，升高的电流值是由于电学并联的结果。根据上述观察可以推断，如果数千个单元作为一个 TENG-NW 一起工作，则可以获得准直接/直接输出信号。此外，通过结构设计可以控制和调整输出功率频率，利用二极管电桥可以测量峰值功率，如图 9.48（f）所示。单元数与充电积累速率成正比关系，这是因为在 TENG-NW 中更多的单元意味着在单位时间内发生更多的碰撞，随着更快的摩擦电荷产生，期望更高的充电积累率。根据单个 TENG 的测量输出，TENG-NW 预计将从 1km^2 的表面面积提供 1.15MW 的平均输出功率。

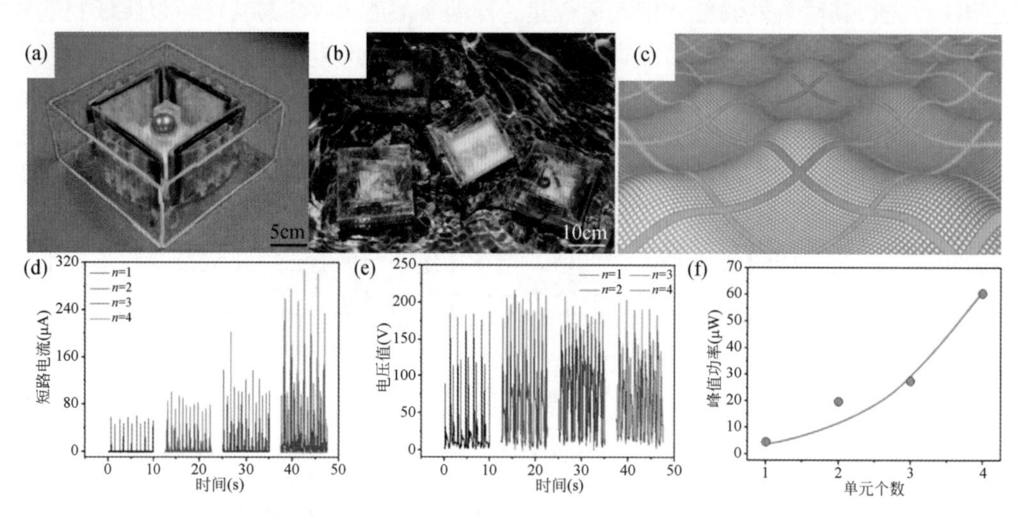

图 9.48　用于水波能收集的 TENG-NW 及其电输出特性。（a）制造的 TENG-NW 单组的照片；（b）小型 TENG-NW 在游泳池内的 4 个单元的照片；（c）由数千个单元组成的 TENG-NW 的示意图；（d）机组号 n=1，2，3，4 的 TENG-NW 整流短路电流；（e）单元号为 n=1，2，3，4 的 TENG-NW 开路电压；（f）峰值输出功率与 TENG 单元个数的关系

图 9.49 提出了一种由内球和环面壳组成的环面结构摩擦纳米发电机（TS-TENG）[17]。由水波触发，球在环壳内旋转进行摩擦发电，从各个方向随机收集波浪能。如图 9.49（a）所示，TS-TENG 的结构由两个半环壳和一个滚动尼龙球组成，六片带有相同形状铜电极的梯形氟化乙烯丙烯薄膜在背面沉积，沿圆周均匀附着在半环壳的内表面，尼龙球被包裹在由两个半环壳组成的环壳内。基于该种结构提出了如图 9.49（b）所示的阵列方案用于收集水波能量。为了演示 TS-TENG 阵列的能量收集性能，制作了 16 个单元并将其组织成不同尺寸的阵列，建立了如图 9.49（c）所示的水池试验，各样机间采用橡皮筋进行了弹性连接。在不整流的情况下，各 TS-TENG 的转移电荷如图 9.49（d）所示，表明阵列中器件的输出均匀性较好，短转移电荷的平均值为 26.66nC。考虑到相位可能不同，每个单元都单独整

流，然后并联。在频率为 1Hz、振荡角为 5°、内球直径为 3.5cm 的条件下对阵列进行测试。

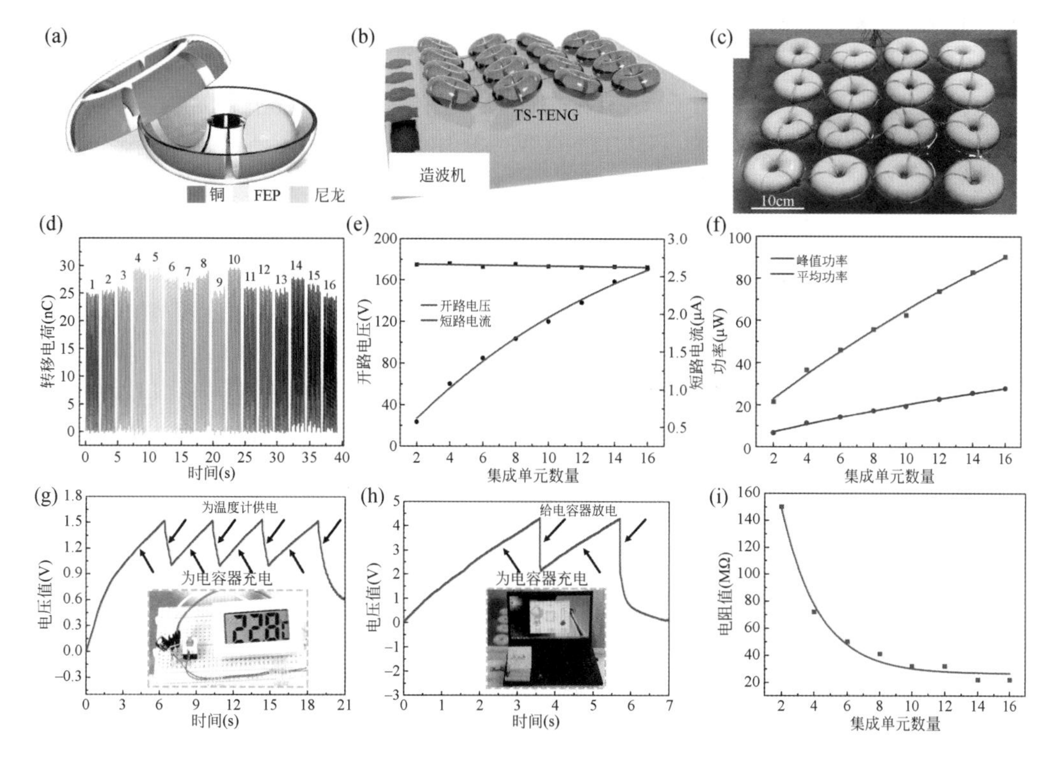

图 9.49　环面结构摩擦纳米发电机结构、网络及性能。(a) TS-TENG 的结构图; (b) 基于 TS-TENG 阵列的示意图; (c) 用于收集水波能的 TS-TENG 阵列实物图; (d) 阵列中每个 TENG 单元的转移电荷; (e) 不同集成单元数量下的开路电压和短路电流; (f) 不同集成单元数量下的最大峰值功率和平均功率; (g) TS-TENG 阵列为温度计供电的照片和充放电曲线; (h) TS-TENG 阵列驱动无线发射机的照片和充放电曲线; (i) 用不同数量的集成单元匹配电阻

TS-TENG 阵列的短路电流和开路电压如图 9.49（e）所示。根据输出特性随单位数量增加的变化，可以观察到一些趋势。首先，电流振幅几乎与单位数量成正比。2 个单元的平均电流幅值约为 0.57μA，16 个单位的平均电流幅值增加到 2.60μA。其次，随着单位数量的增加，开路电压的峰值几乎保持不变，这是并联电气连接的原因。此外，进一步研究了单元数量对 TS-TENG 阵列最佳负载电阻和输出功率的影响。如图 9.49（f）所示，最大峰值功率和平均功率几乎呈线性增长。TS-TENG 阵列的匹配电阻随着单位量的增加而迅速降低，如图 9.49（i）所示，这是因为 TS-TENG 中的单元是并联连接的，单元的内阻是恒定的，所以阵列的匹配电阻随着集成单元数量的增加呈指数递减。为了给功能电子设备和无线传感器网络供电，利用该阵列为 47μF 的电容器充电并为温度计供电。当电容器的电压增加到 1.5V 左右时，通过开关连接温度计测量水温，如图 9.49（g）所示。图 9.49（h）进一步展示了 TS-TENG 阵列作为无线传输电源的应用，将 47μF 的电容在几分钟内从 0V 充电到 4.2V 左右后，打开发射器向接收器发射信号。制造 TS-TENG 阵列并将其作为持续为电子设备供电和为电池或电容器充电的电源。当搅拌频率为 2Hz，振荡角为 5°时，TS-TENG

的最大峰值功率密度有望达到 0.21W/m^2，这对大规模海浪能的采集和其他蓝色能源的潜在应用具有重要意义。

紧密耦合的机械单元集群可能会出现集体行为，并像超材料一样处理来自环境的扰动。在此基础上，设计了一种新型的三维（3D）手性摩擦纳米发电机网络有效地收集水波能[18]。与传统的笨重刚性机器不同，3D 手性 TENG 网络采用分布式架构，不平衡单元之间具有手性连接，这赋予了网络灵活性、水中超弹性和吸波行为，类似于机械手性超材料。该网络可以配置成不同的规模和深度，以从各个方向收集波浪能。

为了证明该网络的能量收集性能，采用了典型的带有多层电极和嵌入颗粒的 TENG 结构，三维组网设计并不局限于这种 TENG 结构。如图 9.50（a）所示，所述手性单元的特征是聚四氟乙烯颗粒和一对多层电极位于球壳内，半球形质量壳附着在球壳的一侧，对应于其中一个电极。电极是通过在聚对苯二甲酸乙二醇酯（PET）衬底上黏接 Al 层制备的。图 9.50（b）为制备的 TENG 手性单元的照片。为了增强水平方向上的稳定性，在实际网络中，相邻层通过修改韧带连接进行位移，如图 9.50（c）所示，由于能量更小，折叠时可以保证更稳定的堆叠状态。图 9.50（d）描述了 3D 手性 TENG 网络的概念，它呈现了从单片机器进化而来的分布式架构。与机器人群类似，传统的大型机器的功能可以通过小型设备的分布式集群来实现，这些设备进一步相互连接成一个强耦合的网络，并且参考机械超材料的结构来实现波浪搅拌中所需的动态行为。因此，构建了一个三维手性 TENG 网络，该网络从水面延伸到水下，由浮子、手性单元和单元之间的连接韧带组成。该网络由多层手性单元组成，在垂直方向上，相邻单元通过两根柔性韧带不对称连接，形成长手性链；在水平

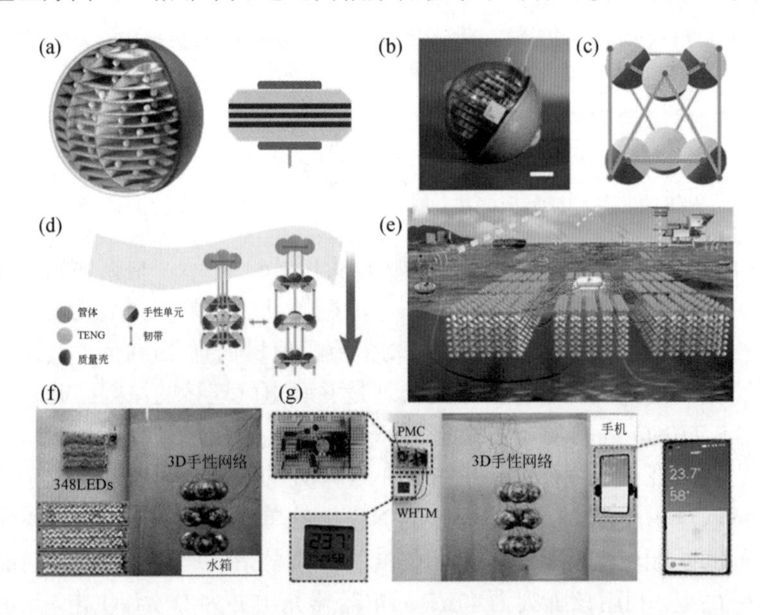

图 9.50　三维手性组网设计 TENG 结构及应用。（a）手性单元结构示意图；（b）制备的手性单元的照片；（c）移位网络结构示意图；（d）三维手性 TENG 网络示意图；（e）基于大规模三维手性 TENG 网络作为海洋发电站的应用系统示意图展望；（f）348 个由 3D 手性网络供电的 LED 灯的照片；（g）为无线湿度温度计供电的 3D 手性网络照片

方向上，不同链上同一层的单元通过另外两根柔性韧带连接，使每一层的运动同步。韧带与关节单元的结合点都在关节单元的水平中央平面上。通常，三个链条组成一个管状结构的模块，可以看作是从平面上滚下来的。图 9.50（e）展示了基于大规模 3D 手性 TENG 网络作为海洋发电站的未来应用系统的令人兴奋的前景。在实际应用中，制作了一个自供电的温湿度监测系统作为演示。一个 4.7mF 电容器首先在 1183s 内从 0V 充电到 5.1V，然后自动打开电压调节器为商用无线湿度温度计（WHTM）供电。设备正常运行 32s 并成功向手机发送数据，如图 9.50（f）和（g）所示。

著者构建的集成电源管理电路的综合能量收集系统，存储的能量与未使用电路的 TENG 相比，提高了约 319 倍。该新型三维手性网络显示了基于 TENG 的蓝色能量收集和自供电系统的巨大潜力。该系统具有灵活和分布式的特点，可以更好地适应恶劣的海洋环境。

为了进一步推动 TENG 在海洋开发中的大规模应用，图 9.51 提出了未来应用的一体化浮动平台。由于旋转式 TENG 风能收集系统结构轻巧，不会影响平台的稳定性，因此波浪能收集网络可以最大限度地提高其能量收集效率。此外，深水重型电化学装置可作为船舶锚，提高平台的稳定性。该设计不仅解决了海上新能源无法通过原位储能传输的问题，而且为电解获取廉价氢能提供了很好的解决方案。此外，通过电渗析和 TENG 技术建立更高效的海水淡化和分类提取海盐资源，将是未来海水资源开发的最佳选择之一。

图 9.51　一体化 TENG 浮动平台示意图

综上所述，TENG 在海洋能量收集、海洋传感与监测以及海洋自供电电化学系统等研究领域占有重要地位，有望在这些领域掀起新一轮的技术革命。因此，TENG 在海洋电站建设、海底勘探、海洋物联网、海洋资源开发等领域具有非常广阔的应用前景。为了更好地服务于重复的海洋发展战略，未来 TENG 将继续朝着一体化、规模化、多元化的方向发展。

9.5.2　海洋多源能量收集网络构建

基于 TENG 的混合海洋能量收集装置具有更高的输出性能，通过混合电源可以实现更具可持续性和高功率的自供电海洋传感器监测系统。图 9.52（a）展示了一种混沌摆摩擦电-电磁复合纳米发电机，通过收集海洋波浪能建立无线传感节点[19]。采集器的物理设计利用了混沌摆工作频率低、机电转换效率高的特点。混沌摆由主摆和内摆组成，如图 9.52（b）所示，主摆是数学摆的模型，由三个在转轴上等间距的磁体组成。混沌摆的运动状态受初始位置和起始速度等因素的影响。主摆遵循一个简单的规则，即当水波振荡时，钟摆前后摆动。当主摆摆动时，内摆开始运动，其运动轨迹是混沌的、不可预测的。所设计的发电机由摩擦纳米发电机（TENG）和电磁纳米发电机（EMG）两部分组成，结构图如图 9.52（c）所示。带有聚四氟乙烯薄膜的独立层模式电极的 TENG 固定在中央摆的扇形上。内摆的三个磁体和安装在中央摆扇形的亚克力上的三个线圈构成 EMG。其中主摆的称重球为磁体，可增加内摆的振荡频率和增强电输出。当水振荡驱动摩擦电-电磁复合纳米发电机时，将聚四氟乙烯薄膜固定在交错电极上的内摆滑块上，将振荡的机械能转化为电能。同时，混沌摆内部的三个磁体在自身重力和外部磁激励条件下开始运动，这就引起了连接在混沌摆内侧的铜线圈的磁通量的变化。因此，摩擦电-电磁复合纳米发电机可以收集波浪能，并将低频机械振动能转化为电能。

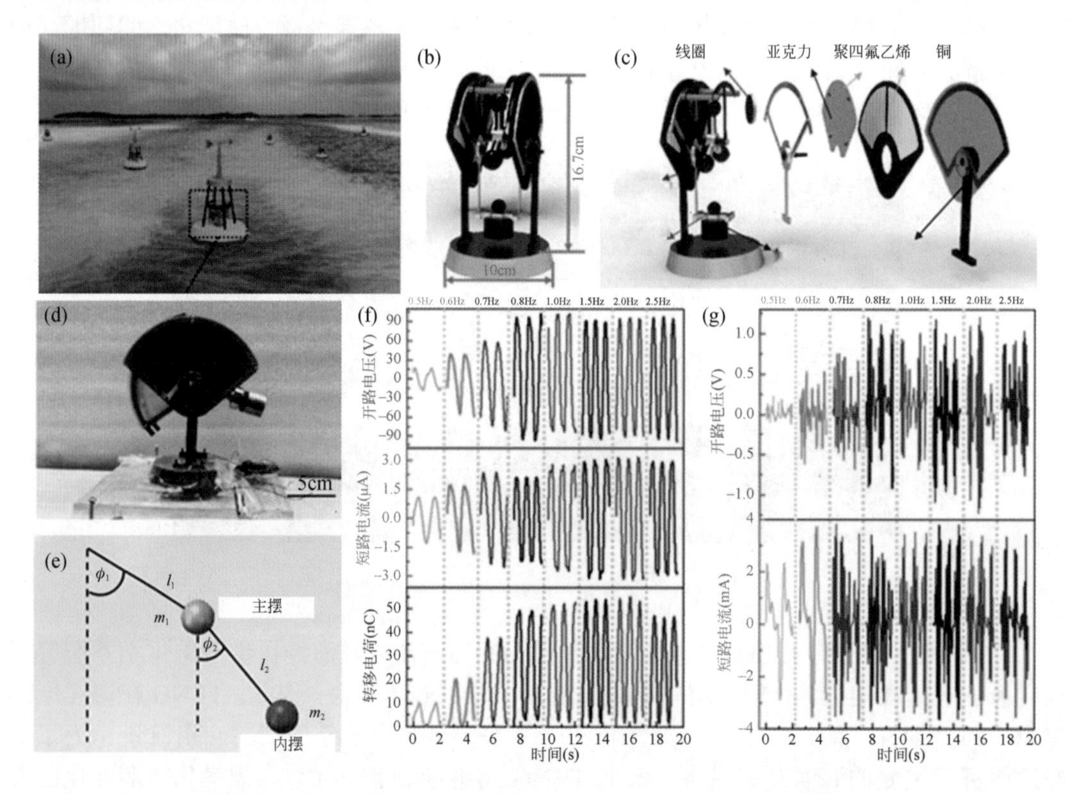

图 9.52　摩擦电-电磁复合纳米发电机结构及基本性能。（a）用于监测海洋浮标周围波浪的复合纳米发电机示意图；（b）~（d）纳米发电机结构示意图；（e）简化的双摆模型；（f）不同频率下 TENG 的开路电压、短路电流和转移电荷；（g）不同频率下 EMG 的开路电压和短路电流

该结构的模型可以简化为经典的双摆模型，如图 9.52（e）所示。在图 9.52（d）中，我们在垂直方向上利用产生均匀可变直线运动的直线电机来验证上述理论。为了研究常见情况下的波浪能收集，将电机频率设置为 0.5～2.5Hz 来进行模拟。该装置被固定在电机上的丙烯酸平台上，并使用可编程静电计测量纳米发电机的开路电压和短路电流。由于摆是中心对称装置，且对称的 TENG 和 EMG 的输出电相似，我们以 TENG 和 EMG 的单侧为样品，展示了复合纳米发电机的输出特性曲线。随着激振频率从 0.5Hz 到 2.5Hz 的变化，输出开路电压、短路电流和转移电荷的峰值均先上升后趋于平稳。TENG 的最大瞬时峰值电压为 197.03V，短路电流约为 3μA，电荷为 54nC，如图 9.52（f）所示。EMG 输出特性变化趋势与 TENG 不同，在激励达到固有频率时输出最大，EMG 开路电压为 1.08V，短路电流接近 4mA，如图 9.52（g）所示。

随后，利用水泵研究振幅因子对纳米发电机采集 2Hz 频率波能的影响。以静止水平面为零参考电平，研究水波振幅在 3～7cm 范围内的输出性能。在不同振幅下测量了混合纳米发电机的输出特性，如图 9.53（a）所示。

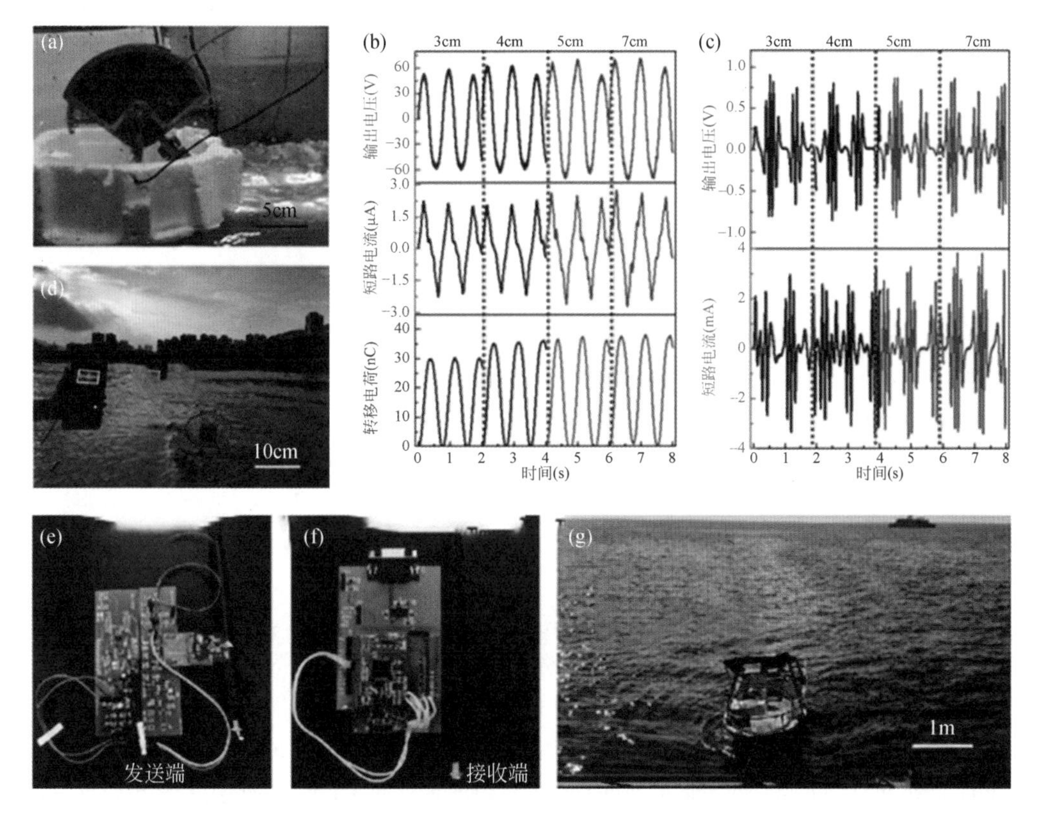

图 9.53　电测结果为 TENG 和 EMG，并采用水泵控制装置的运动，也可在实际环境中运行。（a）测试波浪能；（b）不同振幅下 TENG 的输出电压、短路电流和转移电荷；（c）不同幅值下 EMG 的输出电压和短路电流；（d）样机测试场景；（e）～（g）复合纳米发电机在实际场景实现的自供电无线传感节点传输系统的模块照片和现场照片

输出电压、短路电流和转移电荷均随着振幅的不断增大而增大，如图 9.53（b）所示。这说明随着主摆摆动振幅的增大，同样增大了金电极与 PTFE 的摩擦面积。当幅值为 7cm

时，电压、电流和电荷分别增强到 120V、2.8μA 和 42nC。EMG 信号的输出趋势是混沌的，最大输出电性能可达到 1V 和 4mA，如图 9.53（c）所示。结果表明，随着波幅值的增大，摆振频率随主摆幅值的增大而增大。此外，选择嘉陵江作为实际应用场景，对样机进行了测试，如图 9.53（d）。模块示意图如图 9.53（e）～（g）所示，数据发送器包括温度传感器和射频模块发送器，温度传感器用于检测周围条件的温度，RF 模块发射器用于传输数据。数据采集和传输处理所消耗的能量较低，约为 0.75mJ。数据通过射频接收器接收到监控系统的笔记本电脑上，其中接收端由电脑进行供电。

9.6 本章小结

基于摩擦纳米发电机技术在海洋科学与工程领域应用中的独特优势，将其作为一个全新的技术引入到海洋科学与工程领域，将会极大地促进整个领域的发展。本章基于当前摩擦纳米发电机在海洋科学与工程领域的应用，系统性地介绍了著者与其他学者基于摩擦纳米发电机在自供电海洋物联网、海洋波谱传感、海洋生态环境传感与功能以及分布式海洋能源网络建设中的研究与应用。基于上述研究可清晰地看出摩擦纳米发电机在海洋科学与工程领域的广阔前景，同时其研究成果能够为该领域的瓶颈技术提供新的解决方案。

参考文献

[1] Ren Z W, Liang X, Liu D, et al. Water-wave driven route avoidance warning system for wireless ocean navigation[J]. Advanced Energy Materials, 2021, 11(31): 2101116.

[2] Liang X, Liu S J, Ren Z W, et al. Self-powered intelligent buoy based on triboelectric nanogenerator for water level alarming[J]. Advanced Functional Materials, 2022, 32(35): 2205313.

[3] Yu A F, Song M, Zhang Y, et al. Self-powered acoustic source locator in underwater environment based on organic film triboelectric nanogenerator[J]. Nano Research, 2015, 8: 765-773.

[4] Zhang Y, Li Y, Cheng R, et al. Underwater monitoring networks based on cable-structured triboelectric nanogenerators[J]. Research, 2022.

[5] Zhang X Q, Yu M, Ma Z, et al. Self-powered distributed water level sensors based on liquid-solid triboelectric nanogenerators for ship draft detecting[J]. Advanced Functional Materials, 2019, 29(41): 1900327.

[6] Xi F B, Pang Y K, Liu G X, et al. Self-powered intelligent buoy system by water wave energy for sustainable and autonomous wireless sensing and data transmission[J]. Nano Energy, 2019, 61: 1-9.

[7] Wang Y, Liu X Y, Wang Y W, et al. Flexible seaweed-like triboelectric nanogenerator as a wave energy harvester powering marine internet of things[J]. ACS Nano, 2021, 15(10): 15700-15709.

[8] Chen B D, Tang W, He C, et al. Water wave energy harvesting and self-powered liquid-surface fluctuation sensing based on bionic-jellyfish triboelectric nanogenerator[J]. Materials Today, 2018, 21(1): 88-97.

[9] Xu M Y, Wang S, Zhang S L, et al. A highly-sensitive wave sensor based on liquid-solid interfacing triboelectric nanogenerator for smart marine equipment[J]. Nano Energy, 2019, 57: 574-580.

[10] Zhang C G, Liu L, Zhou L L, et al. Self-powered sensor for quantifying ocean surface water waves based on triboelectric nanogenerator[J]. ACS Nano, 2020, 14(6): 7092-7100.
[11] Wang X N, Hu Y L, Li J P, et al. A double-float structured triboelectric nanogenerator for wave hydrological monitoring[J]. Sustainable Energy Technologies and Assessments, 2022, 54: 102824.
[12] Han J J, Liu Y, Feng Y W, et al. Achieving a large driving force on triboelectric nanogenerator by wave-driven linkage mechanism for harvesting blue energy toward marine environment monitoring[J]. Advanced Energy Materials, 2023, 13(5): 2203219.
[13] Zhao L C, Zou H X, Xie X, et al. Mechanical intelligent wave energy harvesting and self-powered marine environment monitoring[J]. Nano Energy, 2023, 108: 108222.
[14] Li J P, Hu Y L, Wang X N, et al. A Bow-drill structured triboelectric nanogenerator for marine ranching monitoring[J]. Advanced Materials Technologies, 2023, 8(5): 2201471.
[15] Wei A M, Xie X K, Wen Z, et al. Triboelectric nanogenerator driven self-powered photoelectrochemical water splitting based on hematite photoanodes[J]. ACS Nano, 2018, 12(8): 8625-8632.
[16] Chen J, Yang J, Li Z L, et al. Networks of triboelectric nanogenerators for harvesting water wave energy: A potential approach toward blue energy[J]. ACS Nano, 2015, 9(3): 3324-3331.
[17] Liu W B, Xu L, Bu T Z, et al. Torus structured triboelectric nanogenerator array for water wave energy harvesting[J]. Nano Energy, 2019, 58: 499-507.
[18] Li X Y, Xu L, Lin P, et al. Three-dimensional chiral networks of triboelectric nanogenerators inspired by metamaterial's structure[J]. Energy & Environmental Science, 2023, 16(7): 3040-3052.
[19] Chen X, Gao L X, Chen J F, et al. A chaotic pendulum triboelectric-electromagnetic hybridized nanogenerator for wave energy scavenging and self-powered wireless sensing system[J]. Nano Energy, 2020, 69: 104440.

第10章

摩擦纳米发电机在防灾减灾领域的应用

10.1 引　言

防灾减灾是人类社会面临的重要挑战之一。自然灾害，例如滑坡泥石流，给人们的生命和财产安全带来了巨大的威胁。滑坡泥石流通常由降雨诱发，是一种具有剧烈破坏性的自然灾害，常常在山区或陡坡地带发生。传统的泥石流监测方法主要依靠人工巡视和传感器布设，但这些方法存在着时间延迟、空间限制和设备成本高昂等问题，给长期监测带来了很大挑战。寻找有效的技术手段监测和预测滑坡泥石流的发生，以及及时采取措施进行防范和减灾，具有重要的意义。

近年来，摩擦纳米发电机（TENG）作为一种新兴的技术，引起了广泛的关注。TENG利用摩擦产生的能量，通过纳米材料的运动转化为电能。其高效、可靠、环保的特点使其在能量收集和环境传感方面有巨大的潜力。除了常规的能量收集应用之外，基于液滴的摩擦纳米发电机（D-TENG）在防灾减灾领域的应用也值得探索和研究，可极大程度上提高防灾减灾能力，并减少灾害造成的人员伤亡和财产损失。本节主要包含四个部分，分别介绍 TENG 在滑坡、地震、雨量和气象监测的前沿应用研究。

10.2　滑坡自驱动监测

山体滑坡是由于自然因素或人类活动导致土壤或岩石从斜坡向下滑动时发生的地质灾害，这些灾害每年在世界范围内造成大量人员伤亡和财产损失。监测山体滑坡对于减少这些灾害的影响至关重要，为此研究人员利用多种参数监测滑坡活动，包括位移、加速度、降雨和孔隙水压力等。传统的监测方法包括地质形态场测绘、立体航拍照片、三角测量和电子距离测量，这些方法既耗时又耗费资源。基于卫星、机载和地面遥感技术的新方法已得到广泛研究，但它们存在植被过度生长和夜间捕捉限制等局限性，而且航空摄影或卫星成像很难识别滑坡的地下变化。新兴的技术也不断涌现，例如电阻率断层扫描（ERT）、探地雷达（GPR）和分布式光纤传感器（DOFS）等，但这些技术存在成本、复杂性和外部电源要求等局限。近几年，滑坡普适性监测传感器逐渐发展，这些普适性传感器具备体积小、易布设等优点，但是这些传感器中的大多数都需要电源，这在电力供应普遍短缺的山地环境中是一个挑战。开发自供电滑坡位移传感器，捕获环境能量以满足传感器工作和信息传输的需要，更适合滑坡位移传感器在野外山地环境中的应用。因此，TENG 可为滑坡传感器电源问题提供一种解决方案。TENG 可以根据外部机械激励产生高电压，这使得它们可用于从振动、声波、风、水等机械能中收集能量，这为其用作野外场景自供电传感器提供了基础。此外，它的高敏感性也为其作为位移、外力等传感器提供了想象空间。尽管 TENG 已在工业领域展示出了广阔的应用前景，但其在滑坡监测方面的应用尚处于起步阶段。

滑坡在发育和发生过程中，其内部会产生相对滑移而形成相互作用力。监测滑坡体内部相互作用力的变化是滑坡监测的一种思路。Lin 等提出了一种自供电实时山体滑坡监测系统，该系统使用类似 timbo（指一种鼓状）的摩擦电力和弯曲传感器（TTEFBS）监测作用在传感器上的外力和弯曲变形，以显示滑坡体内部发生的力学变化。TTEFBS 基于接触电气化和静电感应的耦合效应，在单电极模式下工作。TTEFBS 具备高灵敏度（按压时为 5.20V/N，弯曲时为 1.61V/rad）、快速响应/松弛时间（＜6ms）和长期稳定性/可靠性（超过 40000 个循环）的优势。著者开发了使用一系列 TTEFBS 的无线分布式监测系统，可用于系统地探测落石、深层山体滑坡和浅表滑坡，展示了 TENG 作为自供电传感器的应用潜力，并为 TENG 在环境/基础设施监测中的实际应用做出了贡献。

位移和速度是直接反映滑坡变化的两个关键参数，因此它们被广泛用于滑坡监测。测量滑坡的位移和速度可以帮助预测其未来演化趋势，分析位移和速度的变化可以为滑坡预警和防治提供直接判据，以采取必要的预防措施来防止或最大限度地减少损失。目前有多种类型的传感器可用于监测滑坡位移，包括光纤、遥感、电磁、应变、倾角计等方法。此外，用于监测滑坡位移的传感器需要具有一定的抗拉性，才能承受工作期间产生的变形。TENG 在可拉伸和可变形的传感器中有许多应用，这些传感器依赖于新的材料和结构来实现相应的功能。山体滑坡主要由降雨引起，滑坡的水平和垂直位移都可能导致位移传感器的输出信号发生变化。因此，传感器的润湿性以及相关的数据解耦至关重要。目前已有相关研究，对 TENG 的润湿设计和信号去耦进行了研究，证明了 TENG 对于滑坡位移监测的可行性。综上所述，TENG 在开发自供电滑坡位移传感器领域具有明显的优势，并且此类传感器应用环境相关的理论和技术条件也相对成熟。Yang 等设计了一种基于铜管和乳胶管的套筒式一维拉伸 TENG，在拉伸速度为 0.5m/s 和拉伸距离 150mm 的条件下产生 7V 的开路电压。该项设计展示了一项创新型的防盗系统，利用 TENG 对机械碰撞表现出的高灵敏度，制作了基于 TENG 的可用作自供电电子围栏，可实现安全警报。TENG 的自供电功能为安全监督和地质监测提供了一种新的方法，进一步促进了自供电技术的发展。2023 年，Zhan、Wu 等基于摩擦纳米发电机（TENG）的自供电滑坡位移传感器可以分别在 0～42mm 和 0～1cm/s 的范围内测量滑坡的位移和速度。该传感器可以在测量范围内以离散间隔测量位移，最小分辨率为 3mm，并且位移和速度的测量误差均小于 3%。与传统的滑坡监测传感器相比，该传感器的自供电功能使其更适合在现场监测环境中使用。发电测试表明，当外部负载电阻为 10MΩ时，该传感器可以输出 281×10^{-10}W 的最大功率，使其成为用于山体滑坡监测的可靠且高效的工具。

10.3 自驱动雨量计

10.3.1 雨量计概述

造成洪涝灾害的主要原因是降水时空分布不均。因此对天气状况的精确监测是预防灾害发生的有效措施之一。传感器通过精确监测天气状况，在预警潜在气象灾害、防治荒漠化、保障交通安全、促进农业生产效率提高等方面发挥着重要作用。其中，降水有降雨、冰雹和降雪，而用于监测和预防最频繁和最广泛的暴雨气象灾害的雨量传感器已在许多领域得到发展，如天气监测、农业和景观灌溉、汽车交通和海洋环境等。同时雨量传感器也是构建降雨信息无线传感网的一个枢纽。

降雨信息无线传感网是我国智慧农业与高效生态农业领域的重要技术装备，可为农业生产提供准确实时的降雨气象信息[1]（见图 10.1），助力农作物规避洪涝、干旱、溃堤等自然风险，指导生产者合理配置区域农业资源，科学选择农产经营方式以及系统谋划作物种植规划。在农业生产中，了解和监测降雨量是非常重要的，因为它直接影响到作物的生长和发展。通过准确地测量降雨量，农民可以根据实际情况来调整灌溉计划，确保作物得到适当的水分供应，避免浪费水资源。同时通过监测降雨量，智慧农业系统可以提前预警和预测洪涝灾害的发生，以便及时采取相应的防治措施。这有助于减少洪涝灾害对作物的损害，提高农业生产的稳定性和可靠性。

图 10.1　降雨信息无线传感网示意图

雨量计，作为降雨信息无线传感网的节点传感器之一，是一种基于雨量传感技术用于检测降雨起止时间、降雨强度和降雨量的传感器件[2,3]。近年来，在农业、城市交通、植物灌溉等方面，对气象监测的要求正朝着分布广域化、环境极端化、功能多样化以及系统智能化等多维方向不断发展，这对雨量计在精度、准确度、量程、耐久性及抗环境干扰能力等雨量传感技术方面提出了更高的要求。另外，雨量计的传感模块、电控模块及数据处理与传输模块通常采用化学电池进行供能，然而电池寿命有限、生产与回收环节对环境污染、海量节点电池需定期更换与维护等现有难题，极大地限制了雨量传感技术的进一步发展及降雨信息智能无线传感网的构建。因此，对雨量计在能源持久续航、绿色低碳、取用便捷等供能技术方面提出新的需求。

10.3.2　雨量计分类及其工作原理

雨量传感技术，属于农业信息智能感知领域的关键技术，可用于测量降雨状态、降雨始末时间、降雨强度、降雨量等降雨气象信息。根据技术原理的不同，现有的雨量传感技术通常可分为光学式[4]、电磁式[5]、雷达式[6]、压电式[7]和机械式[8]五大类（图 10.2）。光学式雨量计，利用光电效应原理，通过检测光线在被雨水遮挡时的变化所产生的电信号来判断是否下雨以及雨水的强度。电磁式雨量计，利用法拉第电磁感应原理工作，体积流量与感应电动势和测量管内径呈线性关系，与磁场的磁感应强度成反比，与其他物理参数无关。雷达式雨量计，利用电磁波散射现象，紧凑型电磁波雨量计是一种小型雷达，使用 K 波段双极化技术进行超短距离观测。估计平均降雨量的方法基于从具有极短距离和双极化信息的多次高程扫描得出的平均观测值的概念。压电式雨量计，利用压电振子的压电效应，将机械位移（振动）变成电信号，继而根据雨滴冲击的能量转变成电压波形，根据电压波形的变化得到雨量的大小，从而实现对单个雨滴质量测算，进而计算降雨量。机械式雨量计，由于可直接测量降雨的目标检测物理量（即雨水的质量或体积）且无须通过其他原理转换，相较于其他基于间接测量降雨量原理的雨量计，在雨量检测精度方面具有显著优势。现阶段，主流的机械式雨量计主要有翻斗式[9]和虹吸式[10]两类（图 10.3）。

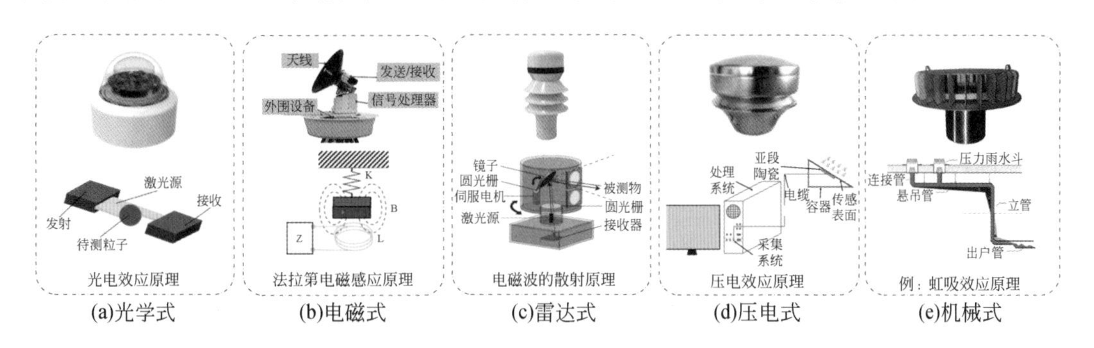

(a)光学式　(b)电磁式　(c)雷达式　(d)压电式　(e)机械式

图 10.2　雨量传感技术

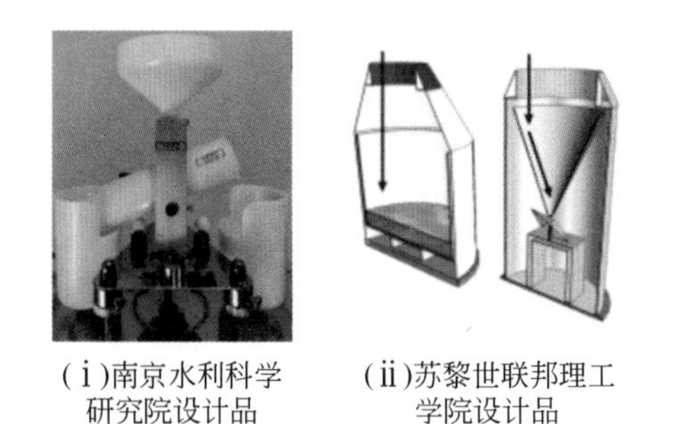
(ⅰ)南京水利科学研究院设计品　(ⅱ)苏黎世联邦理工学院设计品

(a)翻斗式雨量计

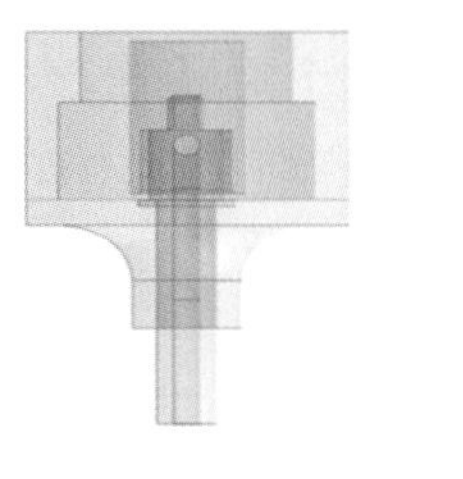

(ⅰ)南京水利科学研究院设计品　(ⅱ)华中科技大学设计品

(b)虹吸式雨量计

图 10.3　传统机械式雨量计

翻斗式雨量计，以翻斗每次翻转倾倒的降雨量为分辨率，并通过将该降雨量转换为电学开关信号的数字信息量形式而实现降雨信息的测量[11]。作为传统机械式雨量计的典型代表，翻斗式雨量计具有结构简单、成本低、可兼容不同降水形式以及实现自动化数据采集与记录的显著优势。该类雨量计常通过减小翻斗的容积从而实现高分辨率。然而，在强降雨条件下，高分辨率的翻斗式雨量计翻转频率很快，这就不可避免地引起机械偏差过大、量程上限受限以及构件易疲劳、磨损失效等问题。因此，在分辨率、大量程、准确度与耐久性上的兼容性难题极大地限制了该类雨量计的进一步发展与应用。根据国家标准要求[12]，翻斗式雨量计承雨口内径为 200mm，上偏差 +0.60mm，下偏差为 0。降雨强度范围为 0～4mm/min。分辨力分为 0.1mm、0.2mm、0.5mm、1.0mm。

虹吸式雨量计，基于虹吸原理及阿基米德原理周而复始地使浮子循环上升下降，进而带动记录笔或机电转换模块工作，得到含有降雨量及降雨强度信息的记录曲线或记录电信号，从而实现降雨信息的测量[13]。此外，该类雨量计由于在其主体结构虹吸管中无运动部件，相较于翻斗式雨量计具备更佳的耐久性和长寿命，特别有望作为广域化分布的降雨无线传感网节点传感器，长期部署于城市及偏远地区。然而，现阶段传统的虹吸式雨量计存在自动化程度较低、机械结构复杂以及因虹吸管的清空过程而低估实际降雨量的问题。此外，传统虹吸式雨量计的机电转换、电路控制以及信息的存储、分析与传输等功能依然依赖传统化学电池供能，这对其长久续航、长期维护及应用推广带来了极大的挑战。综上，虹吸式雨量计在精度、量程、耐久性方面展现出了优越性能，若能有效提升其在准确度、抗环境干扰方面的能力，并彻底解决其供能问题，则特别有望满足构建降雨信息无线传感网的实际应用需求。根据国家标准要求[14]，虹吸式雨量计承雨口内径为 200mm，上偏差 +0.60mm，下偏差为 0。降雨强度范围为 0.01～4mm/min。分辨力分为 0.1mm、0.2mm、0.5mm、1.0mm。

10.3.3 基于摩擦纳米发电机的自驱动雨量计

近年来，基于固-液界面接触起电的摩擦纳米发电机已被证明是一种在降雨环境中可成功实现雨水能发电、雨量自驱动传感的新能源技术。在雨水能收集方面，当前基于 TENG 的雨水发电机所采用的发电策略有两种。一种发电策略是传统雨滴瞬时冲击策略，主要是通过雨滴在摩擦材料表面的微小瞬时冲击，从而将雨滴的机械能转换为电能。但是上述这种发电策略，一方面，因每个雨滴在空气阻力的作用下具有一个恒定的终端下落速度，所以每个雨滴冲击在摩擦材料表面所能释放的机械能是有限的；另一方面，雨滴中所蕴含的可回收能量本身具有随机、无序及高熵的属性。尽管学者们已尝试了摩擦层表面微结构改性、电极层优化等改进方法，但因受到上述原理层面的两方面制约，现有采用传统雨滴瞬时冲击策略的基于固-液界面接触起电的 TENG 雨水发电机，仍存在功率密度与能量转换效率低、输出电压与功率十分有限的瓶颈难题。另一种发电策略是重力势能收集策略，主要是通过将随机、无序、高熵的雨滴能量转化为规则、有序、低熵的机械能，并通过 TENG 进一步转化为电能。因此，这种方法有效解决了传统的基于瞬时冲击的固-液接触模式 TENG 收集雨水能量的问题，由于单个雨滴的体积和终端下落速度有限，因此获得的能量非常小。

在雨量自驱动传感技术方面，当前基于 TENG 的自驱动雨量传感器是通过检测 TENG 电信号的电压幅值来反映降雨强度及降雨量的大小[15,16]。在上述基于 TENG 的自驱动雨量传感器中，传感器功能的实现依赖于所建立的降雨强度与 TENG 输出电压的线性关系。然而，雨量计通常工作在湿度较大的环境中，而 TENG 输出电压易受湿度变化的影响，这不可避免地严重降低了 TENG 自驱动雨量传感器的准确度与稳定性。因此，现有采用降雨强度-电压标定关系的 TENG 雨量自驱动传感器，仍存在大湿度环境下准确度低、稳定性差、抗环境干扰能力弱的瓶颈难题。

基于上述降雨强度-电压标定关系的 TENG 雨量自驱动传感器遇到的瓶颈难题，一些国内的学者研究出了降雨强度-频率标定关系的 TENG 雨量自驱动传感器。通过特定的机械结构，检测 TENG 的输出信号频率并实现了卓越的降雨传感性能，同时该频率与降雨强度呈线性关系。这种降雨强度-频率标定关系的 TENG 雨量自驱动传感器提高了自身的抗环境干扰能力，极大限度地减小了湿度变化对 TENG 自驱动雨量传感器准确度与稳定性的影响。

10.3.4　基于摩擦纳米发电机的翻斗式雨量计

著者提出了一种基于摩擦纳米发电机的翻斗式雨量计[17]，可用于雨水监测和雨水能量收集。基于摩擦纳米发电机（TENG）的翻斗式雨量计整体结构示意图见图 10.4（a）所示，它由锥形漏斗、外支架、壳体和雨量计主体结构组成。基于两种类型的摩擦纳米发电机的

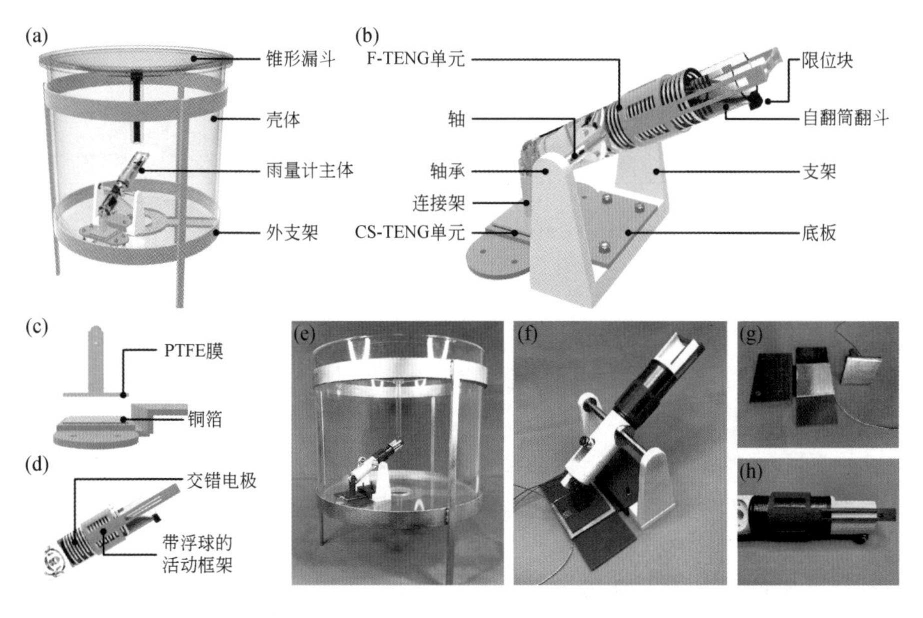

图 10.4　基于 TENG 的翻斗式雨量计的结构设计。(a)整体结构示意图；(b)雨量计主体结构示意图；(c)CS-TENG 装置的放大图；(d)F-TENG 装置的放大图；(e)整体结构照片；(f)主体结构照片；(g)CS-TENG 单元的照片；(h)F-TENG 单元的照片

雨量计主体结构的配置见图 10.4（b）所示。它主要包括底板、支架、两个轴承、轴、自翻筒翻斗（倾斜桶）、连接架、限位块、垂直接触式摩擦纳米发电机（CS-TENG）单元和独立层式摩擦纳米发电机（F-TENG）单元。在倾斜桶内放置一个质量块以调整其在没有雨水时的初始重心。CS-TENG 单元不仅与 F-TENG 单元合作传感降雨，还将雨滴能转化为电能。对于 CS-TENG 单元［图 10.4（c）］，底板上的铜箔既作为摩擦层又作为电极层；聚四氟乙烯（PTFE）薄膜作为另一摩擦层，放置在连接框架底部贴着的铜电极层的另一侧。图 10.4（d）显示了 F-TENG 单元，它包括一个带浮球和交错电极的可移动框架，附着在圆柱倾斜桶的外表面。同样，由铜箔制成的交错电极既作为摩擦层又作为电极层，PTFE 薄膜作为另一摩擦层，放置在可移动框架的内表面。

所提出的雨量计的详细工作原理见图 10.5（a）所示。在第一阶段［图 10.5（a）-（ i ）］，由锥形漏斗收集到的雨水开始聚集到具有与水平面初始有倾斜角度的圆柱倾斜桶中。当雨水逐渐进入圆柱倾斜桶时，可移动框架沿轴向上移动，并在浮球的浮力作用下驱动 F-TENG 单元工作，如第二阶段所示［图 10.5（a）-（ ii ）］。

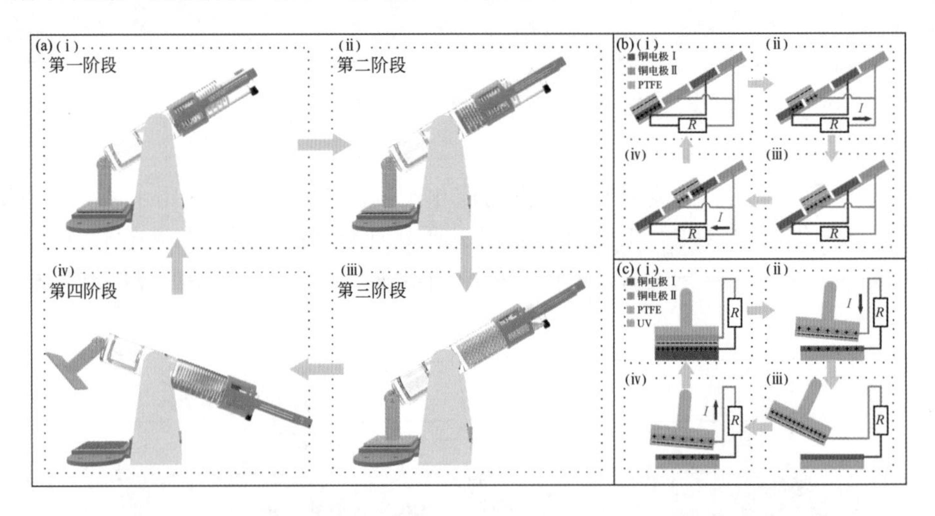

图 10.5 基于 TENG 翻斗式雨量计的工作原理。（ a ）翻斗式雨量计主要结构的工作原理；（ b ）F-TENG 装置的工作原理；（ c ）CS-TENG 单元的工作原理

随着圆柱倾斜桶中的雨水增加，桶中的水体积达到最大值，如第三阶段所示［图 10.5（a）-（iii）］。此时，当雨水积累到圆柱倾斜桶中时，圆柱倾斜桶处于不稳定平衡状态，因为其整体重心位于轴上方，并且垂直位于结构中心线的右侧。随后，在第四阶段［图 10.5（a）-（iv）］，安装在轴上的圆柱倾斜桶通过轴承旋转，翻转并将所有雨水倒出。这一过程驱动了 CS-TENG 单元的工作。最后，圆柱倾斜桶回到第一阶段的原始位置，形成了雨量计的完整工作周期。

在这项研究中，进行了一系列基于 TENG 的翻斗式雨量计结构的优化试验，以适应 250mm/d 的持续强降雨条件。试验中采用的雨量计主体结构的尺寸为 290mm×160mm×220mm。图 10.6（a）～（b）展示了 F-TENG 装置在不同电极间距离下的开路电压和短路电流。观察图中数据，可以明显看出开路电压和短路电流的峰值分别为 0.26V 和 110.5nA，且波动非常小。这表明翻斗式雨量计结构在 250mm/d 的降雨条件下具有稳定的电性能。

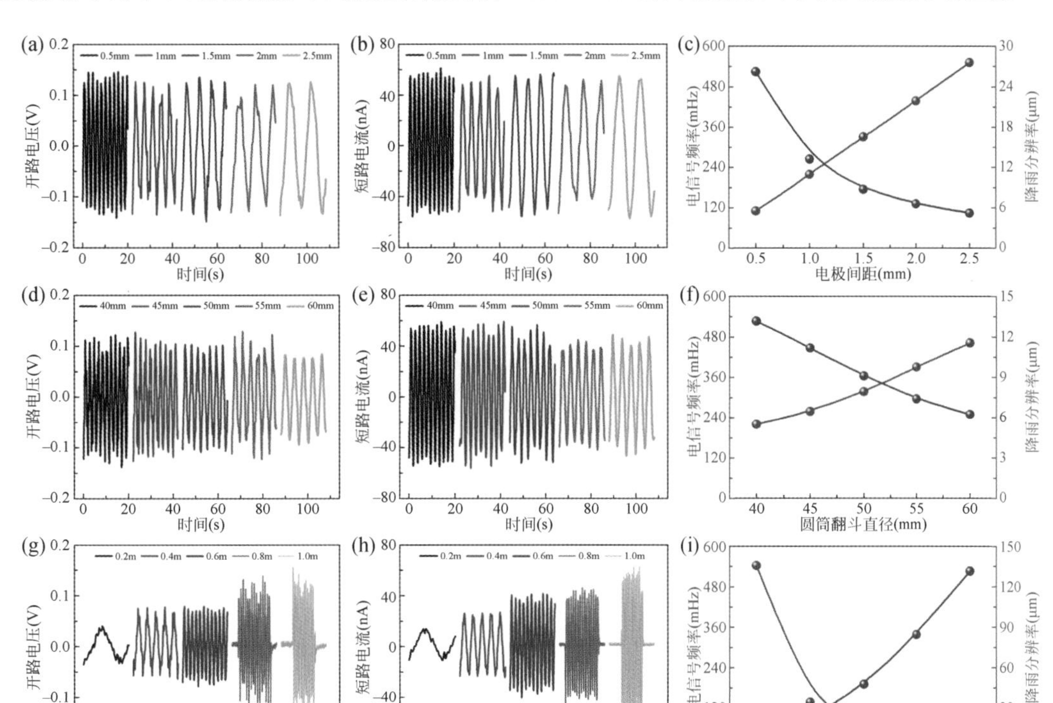

图 10.6　F-TENG 装置的电输出性能。在一对电极之间的不同距离下（a）开路电压、（b）短路电流和（c）电信号频率和降雨分辨率；不同直径下的圆筒翻斗的（d）开路电压；（e）短路电流；（f）电信号频率和降雨分辨率；在不同直径的锥形漏斗下的（g）开路电压；（h）短路电流；（i）电信号频率和降雨分辨率

在每个距离条件下，我们测量了 F-TENG 工作循环的测试时间。如图 10.6（c）所示，随着电极间距的增加，电信号频率从 524.8mHz 降低到 105.0mHz，而降雨分辨率则从 5.5μm 增加到 27.6μm。这一观察结果表明，降低一对电极之间的距离是提高 F-TENG 单元降雨分辨率的一种有效方法。F-TENG 机组在不同圆筒翻斗直径下的开路电压和短路电流如图 10.6（d）～（f）所示。随着圆筒翻斗直径的增大，开路电压和短路电流均略有降低。然而，圆筒翻斗横截面积的增加导致电信号频率从 526.8mHz 降低到 250.3mHz，使降雨分辨率从 5.5μm 增加到 11.6μm，如图 10.6（f）所示。研究结果表明，设计较小面积的圆筒翻斗有助于提高 F-TENG 单元的降雨量分辨率。最后一个影响 F-TENG 电输出性能的因素是锥形漏斗的面积。在图 10.6（g）～（i）中，随着锥形漏斗直径的增大，电压和电流均显著增大。另一方面，增加的圆筒翻斗直径不仅使电信号频率从 21.3mHz 增加到 526.6mHz，而且使降雨分辨率从 135.6μm 减少到 5.5μm，如图 10.8（i）所示。因此，增大锥形漏斗的面积有助于提高 F-TENG 单元的降雨量分辨率。

在恒定降雨强度为 250mm/d 的模拟降雨试验台上，我们进行了 CS-TENG 装置的结构优化试验。图 10.7（a）～（b）展示了在不同质量块体下 CS-TENG 单元的开路电压和短路电流。随着质量块质量的增加，开路电压的幅值从 170.9V 略微增加到 206.5V，而短路电流的幅值从 32.9μA 增加到 41.1μA。对于每个质量块质量条件，分别在测试时间为 10 分钟和样本数为 105 分钟时测量了降雨分辨率。从图 10.7（c）可以看出，当质量块的质量在 0g 到 40g 范围内变化时，电信号频率从 58.8mHz 降低到 32.6mHz，而降雨分辨率从 49.2μm 增加到 88.9μm。图 10.7（d）～（e）展示了在不同锥形漏斗直径下 CS-TENG 装置的开路电压和短路电流。随着锥形漏斗直径的变化，电压和电流基本保持在 215.0V 和 35.5μA 不变。然而，锥形漏斗直径的增加使电信号频率从 1.3mHz 增加到 32.6mHz，使降雨分辨率从 2172.6μm 减少到 88.9μm，如图 10.7（f）所示。图 10.7（h）展示了在接触面不同边长下 CS-TENG 单元的开路电压和短路电流。显然，随着接触面边长的增加，有效摩擦电层的接触面积随之增加，最后电压和电流都显著增加。有趣的是，随着接触面边长的减小，电信号频率略有下降，降雨分辨率增加［图 10.7（i）］。这一结果可能与摩擦电层的接触面积降低了其接触和分离速度有关。

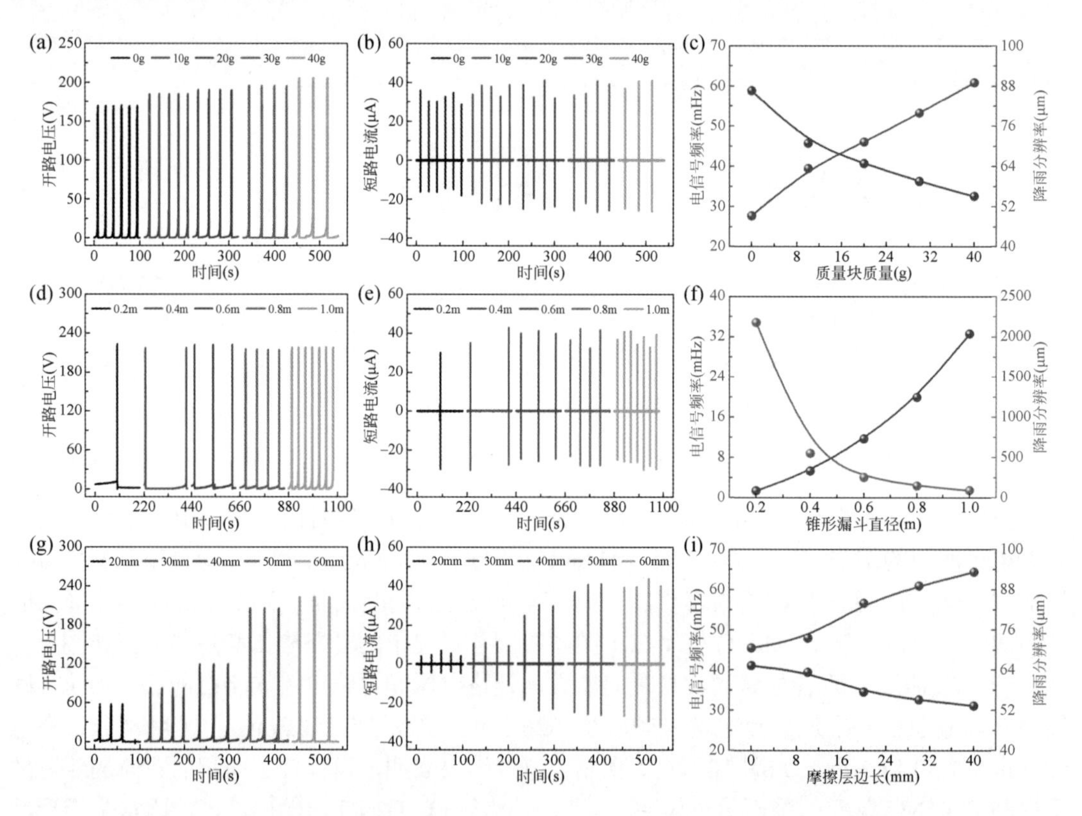

图 10.7　CS-TENG 单元的电输出性能。在不同质量块体下（a）开路电压；（b）短路电流；（c）的电信号频率和降雨分辨率；在锥形漏斗的不同直径下（d）开路电压；（e）短路电流；（f）电信号和降雨分辨率；在不同接触面边长下（g）开路电压；（h）短路电流；（i）电信号频率和降雨分辨率

基于 TENG 的翻斗式雨量计的传感特性见图 10.8（a）所示，当模拟降雨强度为 0～250mm/d 时，F-TENG 的开路电压基本保持不变，而短路电流逐渐增大。然而，F-TENG 的电信号随着降雨强度的增加呈线性增加，见图 10.8（b）所示。在该图中，F-TENG 的电信号与降雨强度成正比，线性拟合得到的方差为 0.99992，可以看出明显的线性关系。图 10.8（c）给出了在 250mm/d 条件下，周围环境湿度对 F-TENG 装置开路电压和电信号频率的影响，当湿度从 50%增加到 90%时，F-TENG 机组开路电压显著降低。虽然开路电压对湿度有很大的敏感性，但在各降雨量条件下电信号频率随湿度的增加而几乎保持不变［图 10.8（c）］，说明 F-TENG 单元在不同湿度环境下实时检测降雨强度具有优异的抗湿度干扰能力。同样，图 10.8（d）显示了翻斗式雨量计的 CS-TENG 单元在 0～288mm/d 不同降雨强度范围内的输出性能。CS-TENG 的开路电压和短路电流分别维持在 221.2V 和 40.0μA 左右，波动较小。降雨强度的增大会导致圆筒翻斗自翻频率的增大。由于电信号频率与圆筒翻斗的自翻转频率一致，电信号频率与降雨强度之间呈线性关系，如图 10.8（e）所示，线性拟合得到的方差为 0.99993。最重要的是，当降雨强度为一定值且湿度从 50%增加到 90%时，尽管开路电压降低了 90.48%，但电信号频率基本保持不变，见图 10.8（f）所示。这意味着基于 TENG 的翻斗式雨量计可以在不同的环境中使用，而不受湿度等环境因素的影响，证明 CS-TEGN 装置采用的平均降雨传感检测原理具有良好的抗湿度干扰能力、稳定性和重复性。

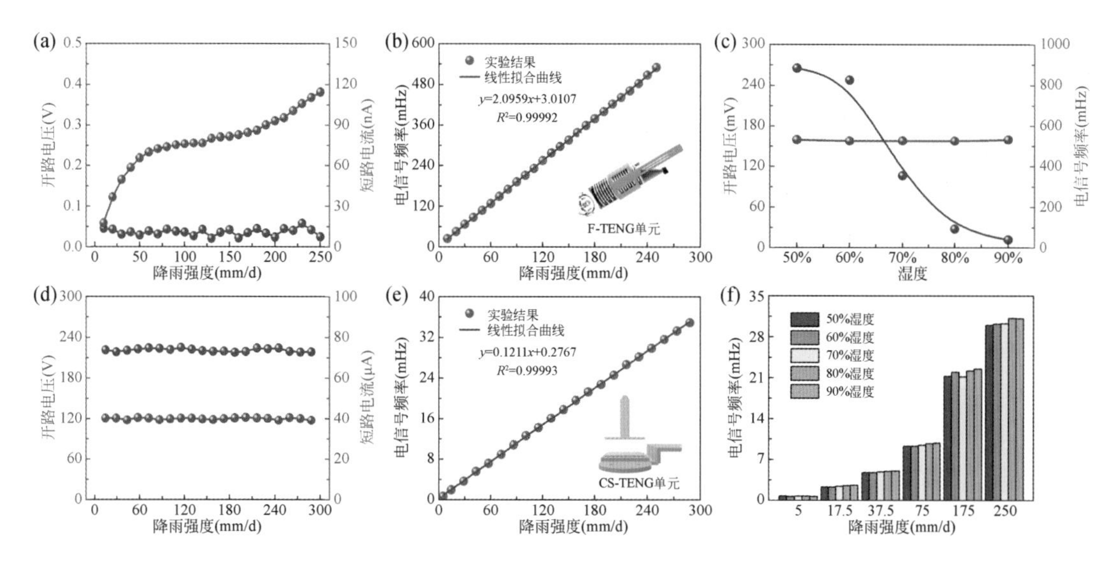

图 10.8　翻斗式雨量计的 F-TENG 和 CS-TENG 的传感特性。F-TENG 在不同实时降雨强度下的（a）开路电压；短路电流；（b）电信号频率；（c）F-TENG 在周围环境的不同湿度下产生的开路电压和电信号频率；CS-TENG 在不同的平均降雨强度下的（d）开路电压、短路电流；（e）电信号频率；（f）CS-TENG 在周围环境的不同湿度下的电信号频率

在图 10.9（a）中，搭建了一个用于研究基于 TENG 的翻斗式雨量计性能的模拟降雨试验平台。详细对比实际测得的实时降雨强度与模拟输入的随机降雨强度，证实了基于 TENG 的翻斗式雨量计能够有效检测降雨量的动态变化，具体见图 10.9（b）-（ⅰ）。在小雨条件下，F-TENG 单元输出的实时降雨强度与输入的随机降雨强度之间的最大相对误差绝对值为 4.54%［图 10.9（d）-（ⅰ）］。图 10.9（b）-（ⅱ）展示了翻斗式雨量计的 F-TENG 单元和 CS-TENG 单元在降雨强度从中雨到极大雨，再从极大雨到中雨的情况。CS-TENG 单元

的详细测量过程在图 10.9（b）-（ⅱ）中展示。在中至极大雨条件下，CS-TENG 单元测量的平均输出降雨强度与输入降雨强度之间的相对误差约小于 5%。从图 10.9（c）中可以看出，在降雨强度为 250mm/d 时，“TENG”形状的 LED 被翻斗式雨量计直接点亮。图 10.9（e）展示了翻斗式雨量计的 F-TENG 单元的耐久性，以 250mm/d 的降雨强度连续运行约 32000 秒。F-TENG 装置的开路电压在 226.4～269.5mV 范围内连续波动，而电信号频率几乎没有变化。翻斗式雨量计的 CS-TENG 单元以 250mm/d 的速度连续运行约 12000 秒，其耐久性在图 10.9（e）-（ⅱ）中展示。在此过程中，CS-TENG 装置的开路电压从 259.4V 逐渐降低到 190.1V，但电信号频率的变化率小于 1.82%。试验结果验证了该方法具有良好的稳定性和鲁棒性。

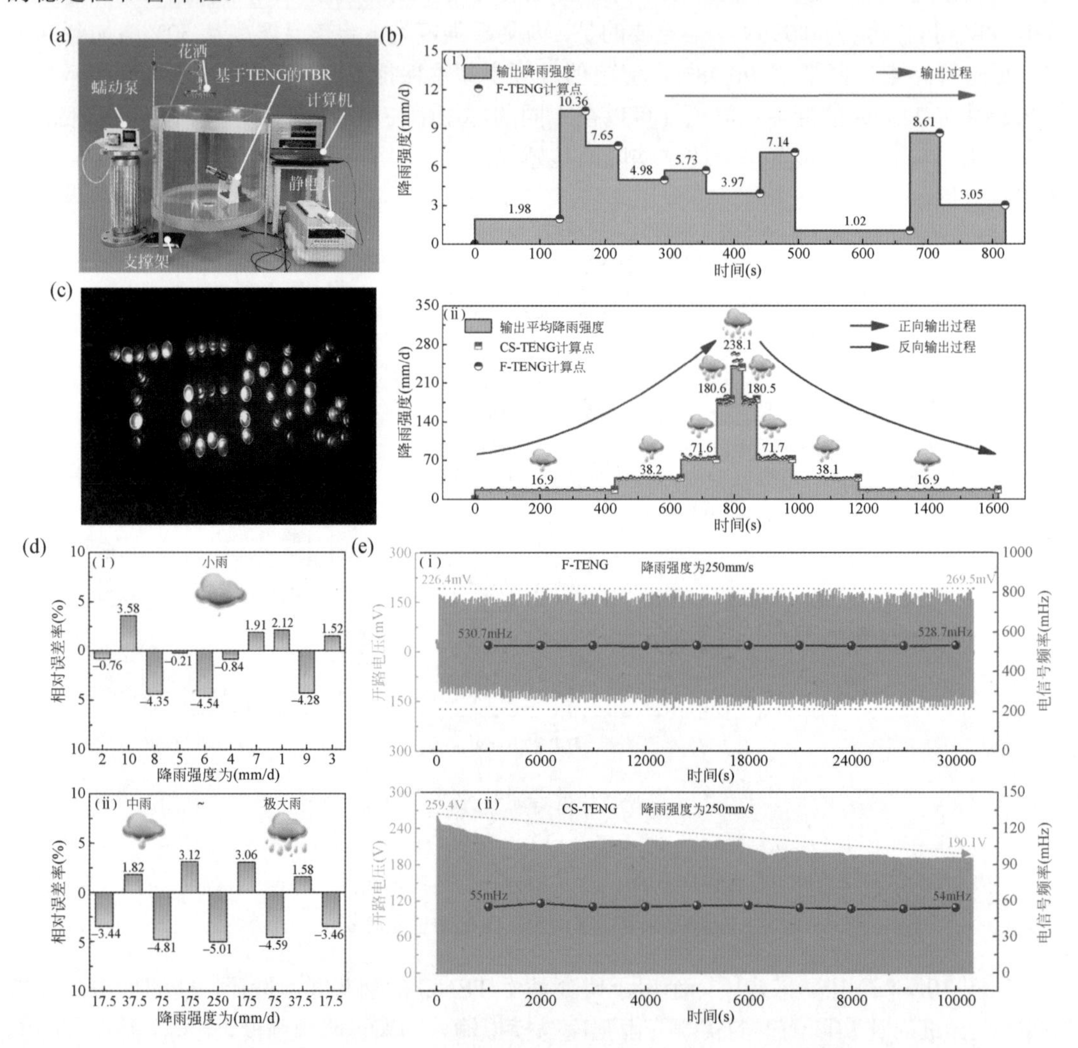

图 10.9 基于 TENG 的翻斗式雨量计作的演示。（a）模拟降雨试验平台；（b）在随机和规则降雨强度条件下的 F-TENG 和 CS-TENG 的降雨强度测量；（c）由基于 TENG 的翻斗式雨量计供电的“TENG”形状 LED 灯的照片；（d）F-TENG 在随机降雨强度下和 CS-TENG 在有规律变化的降雨强度下的相对误差率；（e）翻斗式雨量计的 F-TENG 单元和 CS-TENG 单元的稳定性和耐久性测试

试验结果表明，该方法能够实时检测 0～288mm/d 的降雨强度，最小降雨量分辨率为 5.5μm。此外，输出电信号的频率与降雨强度呈线性关系，但不随湿度的变化而变化。更重要的是，雨量计的多层结构 CS-TENG 单元在 250mm/d 的条件下，可以获得 7.63mW 的峰值输出功率。作为降雨量传感器，基于 TENG 的翻斗式雨量计具有实时测量能力、高分辨率、良好的抗湿度干扰能力以及雨水能量收集功能。

10.3.5　基于摩擦纳米发电机的虹吸式雨量计

尽管上述基于 TENG 的翻斗式雨量计已经达到了 5.5μm 的最小降雨分辨率，但是采用自由支撑的固-固界面接触电荷化 TENG 会加速电极和摩擦材料表面的磨损，从而影响这种雨量计的传感性能和使用工作寿命。针对此情况，著者设计了一种基于 TENG 的虹吸式雨量计去解决上述问题[18]。基于 TENG 的虹吸式雨量计由于其特殊的工作结构，材料表面的机械磨损较少，从而能够延长其使用工作寿命。经过优化设计，多管 TENG 的水位分辨率可以达到 2mm，是以往报道的传统单管 TENG（ST-TENG）的水位分辨率的 2.5 倍。降水分辨率达到 20.45μm，测量精度可达 98.4%。此外，原型的功率密度最大为 97.2mW/m^2，负载电阻为 31.6MΩ，与以往文献中使用的传统瞬时冲击发电策略的结果相比，在常见降雨强度下，样机功率密度更高。

图 10.10（a）为所设计的虹吸式雨量计的整体结构示意图，包括锥形漏斗、壳体、外支架和雨量计的主体结构。雨量计的主体结构［图 10.10（b）］主要由四个部分组成，即虹吸单元［图 10.10（c）］、传感单元［图 10.10（d）］、能量收集单元［图 10.10（e）］和支架。虹吸单元采用巧妙的通气管结构，将虹吸原理用于自动触发和停止虹吸，以连续测量降雨

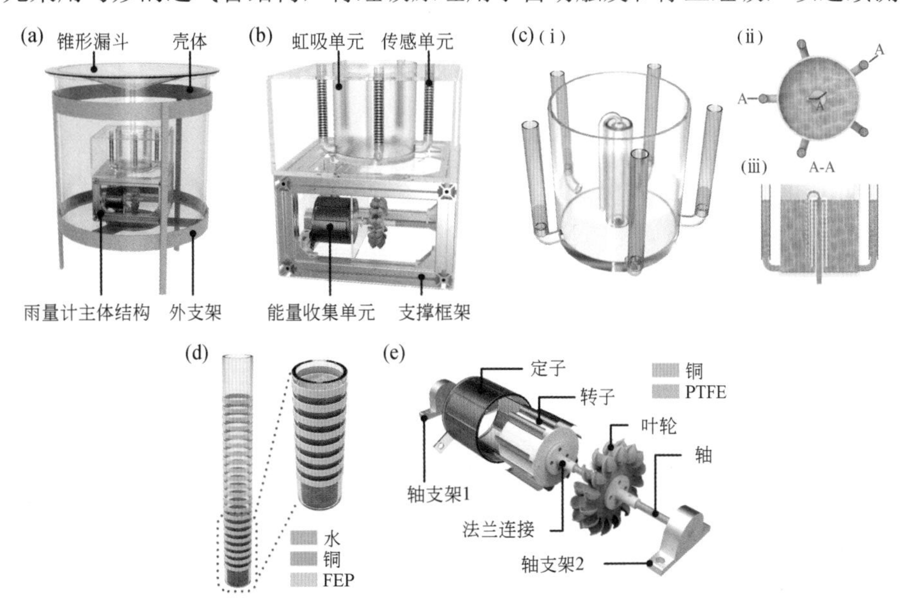

图 10.10　虹吸式雨量计的结构设计。(a) 总体结构图；(b) 主体结构配置；(c) 虹吸单元放大示意图；(d) 传感单元放大示意图；(e) 能量收集单元放大示意图

信息和收集雨水能量。传感单元通过多管摩擦纳米发电机（MT-TENG）实现传感功能，其中五根氟化乙烯丙烯（FEP）管作为与虹吸单元连接的摩擦层，而铜箔电极则贴附在 FEP 管周围。能量收集单元由轴、叶轮、转子、定子、两个法兰耦合和两个轴支架组成。能量收集单元同时收集定子作为摩擦层和电极层的能量，并在转子的外表面放置聚四氟乙烯（PTFE）膜作为另一个摩擦层。

虹吸单元的虹吸现象将由虹吸单元的实时雨水水位升高触发，虹吸单元的整体工作原理见图 10.11（a）所示。当水位上升到虹吸停止水位时，工作过程从初始阶段［图 10.11（a）-（ i ）］进入工作周期的第一阶段［图 10.11（a）-（ ii ）］。水位继续上升，在第二阶段［图 10.11（a）-（iii）］后达到虹吸启动水位，然后工作过程进入第三阶段［图 10.11（a）-（iv）］，其中触发了虹吸排空事件。由于空气压力和液压压力的共同作用对雨水产生持续推力，水位很快从虹吸启动水位下降到虹吸停止水位，即在第四阶段［图 10.11（a）-（ v ）］之后，工作过程将返回到第一阶段，其中虹吸结束，雨水重新开始储存。因此，一个完整的虹吸工作周期完成。多管协同传感策略在一定程度上缓解了提高雨量计分辨率和确保电信号质量之间的矛盾。见图 10.11（c）所示，电极以等距且错开排列的方式粘贴在三根管子上。由于这三根管子是连接在一起的，它们的水位保持一致上升。当水位处于图 10.11（c）-（ ii ）时，管子 1 的底部电极会产生一个电信号。类似地，当水位处于图 10.11（c）-（iii）和图 10.11（c）-（iv）的阶段时，管子 2 和管子 3 的底部电极也会相应地产生电信号。理论上，串联的管子越多，虹吸式雨量计可以实现的分辨率就越高。

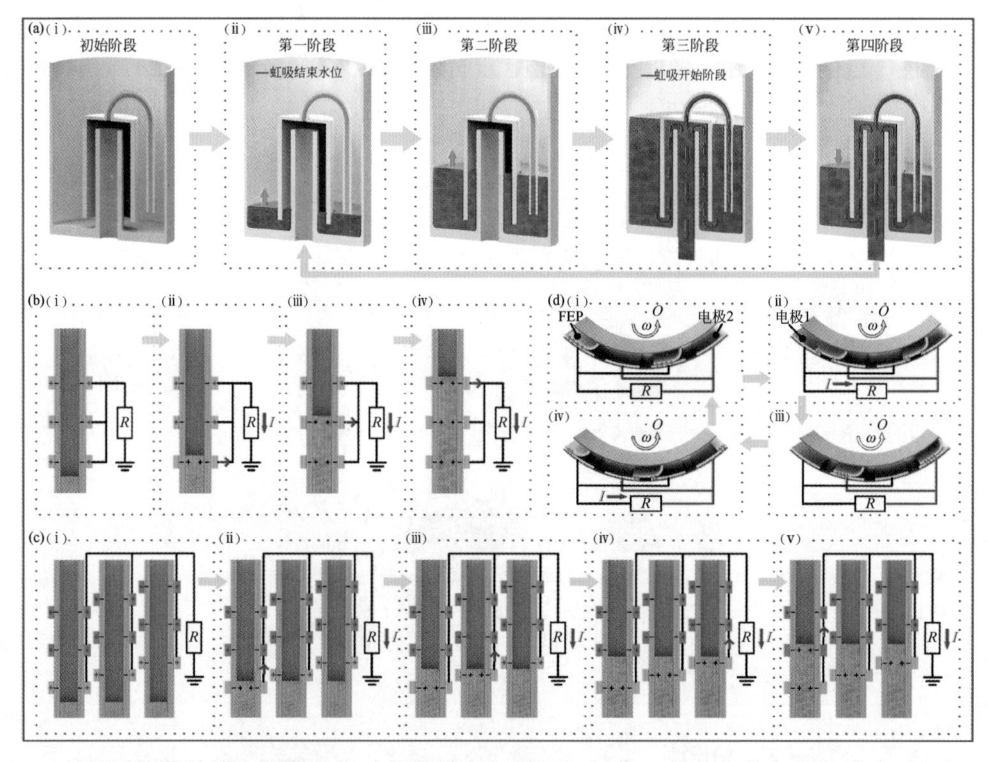

图 10.11　虹吸式雨量计的工作原理。（a）虹吸单元工作原理；（b）ST-TENG 的工作原理；（c）MT-TENG 的工作原理；（d）RP-TENG（旋转 TENG）的工作原理

虹吸触发后，虹吸单元出口的水流带动能量收集单元工作，其工作原理如图 10.11（d）所示。最初，当柔性聚四氟乙烯膜与电极 1 重叠时，前者带负电，后者带正电［图 10.11（d）-（ i ）］。当 PTFE 向电极 2 滑动时，静电平衡被打破，两个电极之间产生的电位差使电流从电极 1 流向电极 2［图 10.11（d）-（ ii ）］。当聚四氟乙烯膜逆时针旋转直至与电极 2 重叠时，返回到静电平衡状态［图 10.11（d）-（iii）］。由于 PTFE 膜处于图 10.11（d）-（iv）所示位置，将产生相应的感应电流。以上就是 RP-TENG 的完整工作周期。

在降雨强度为 250mm/d 的条件下，对基于 TENG 的虹吸式雨量计进行了传感性能优化实验。图 10.12（a）～（c）展示了直径为 1m 的锥形漏斗 ST-TENG 在不同电极宽度下三个周期的开路电压、短路电流和开路电压的导数。其中，图 10.12（a）呈现了 ST-TENG 三个工作周期的电压信号。为了更清晰地观察电极产生的信号，我们将储水过程产生的电流和开路电压的导数从整个信号中分离出来，如图 10.12（b）～（c）所示。显然，电压和电流的信号随着电极宽度的增加而增强。为了获得更好的分辨率，我们选择了电极宽度为 2mm，在电流和电压分别为 0.1nA 和 15V 时具有稳定峰峰值。图 10.12（d）～（e）展示了不同电极间距下，ST-TENG 的开路电压导数和电流。两个信号峰值之间的时间随着电极间距的增加而延长，而开路电压导数和电流的峰值几乎相同。正如图 10.12（f）所示，随

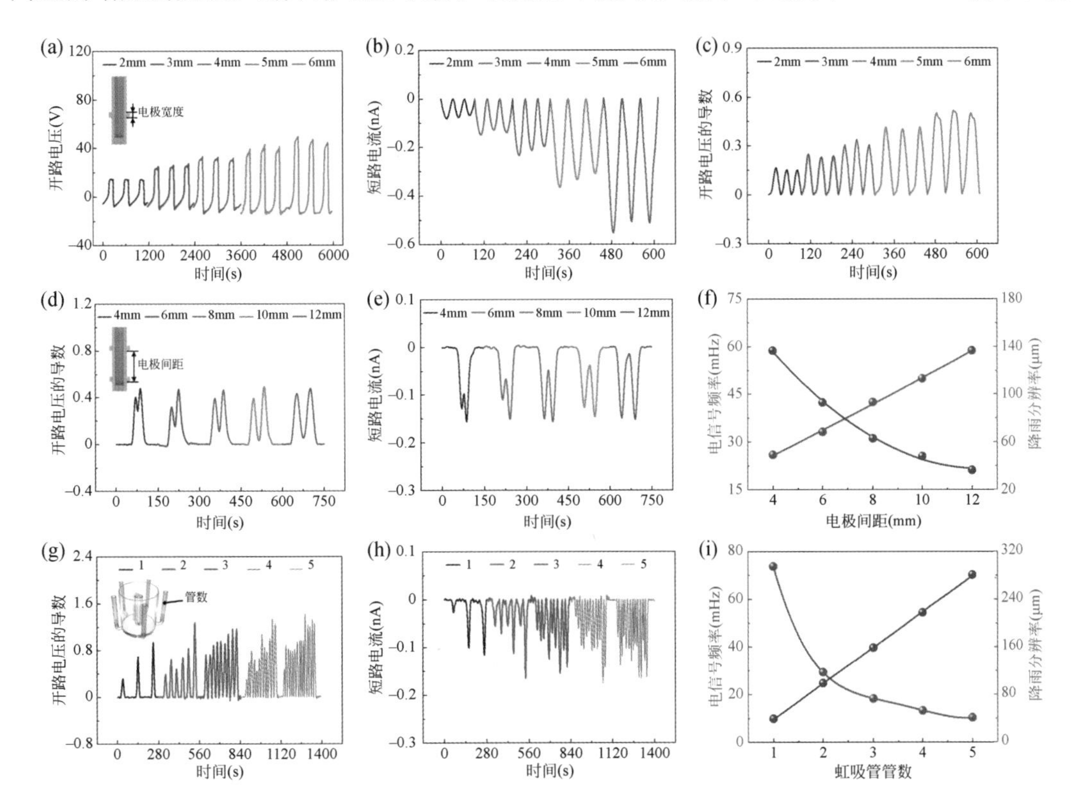

图 10.12　传感单元的电性能测试。在不同电极宽度下（a）开路电压；（b）短路电流；（c）开路电压的导数；不同电极间距下的（d）开路电压导数；（e）短路电流；（f）电信号频率和降雨分辨率；在不同管数下的（g）开路电压导数；（h）短路电流；（i）电信号频率和降雨分辨率

着电极间距的增加，电信号频率从 58.8mHz 降低到 21.2mHz，降雨分辨率从 49.2μm 增加到 136.6μm。图 10.12（g）～（i）展示了 MT-TENG 在不同管数下的电输出性能。随着管数的增加，电信号频率从 9.8mHz 增加到 70.2mHz，而降雨分辨率从 294.9μm 减少到 41.5μm，有效提高了降雨分辨率，特别是当单管达到极限分辨率时。理论上，只要能持续增加管数，分辨率就能进一步提高。

图 10.13 展示了虹吸式雨量计的 MT-TENG 在 250mm/d 条件下的传感特性。当电信号的频率可以清晰识别时，电极间距为 10mm 时是 MT-TENG 的最佳值。因此，图 10.13（a）-（i）和（ii）显示了单管和多管在每根管道上的 2mm 电极宽度和 10mm 电极间距条件下的开路电压的导数。从图 10.13（a）-（i）可以看出，五根管道所产生的电信号特征相同。以单管为例，根据正峰的数量，在每个管道上有间距为 10mm 的六个电极。为了更有效地获得 MT-TENG 的结果，进一步将五组经过差分处理的数据进行组合和拼接，然后得到图 10.13（a）-（ii）中的曲线。不同管道的五组数据通过不同的颜色进行区分。显然，相比于单管，协同作用的五根管道可以将电信号频率提高五倍。毫无疑问，具有多管协同感知策略的 MT-TENG 可以极大地提高虹吸式雨量计的分辨率。

图 10.13（b）为虹吸雨量计在降雨强度 250mm/d 时的 MT-TENG 传感特性，显示了不同降雨强度下的开路电压和短路电流。随着降雨强度的增加，开路电压和短路电流的绝对值也在增加。重要的是，见图 10.13（c）所示，电信号频率随着降雨强度的增加呈线性增加。线性拟合得到的方差为 0.99834，表明电信号频率相对于降雨强度的线性关系非常好。在相同降雨强度和 30%～70%湿度条件下，测得的电信号频率几乎相同，见图 10.13（d）。从图 10.13（e）中也可以很容易地看出，电信号频率几乎不受湿度的影响，而开路电压随着湿度的增加而迅速减小。

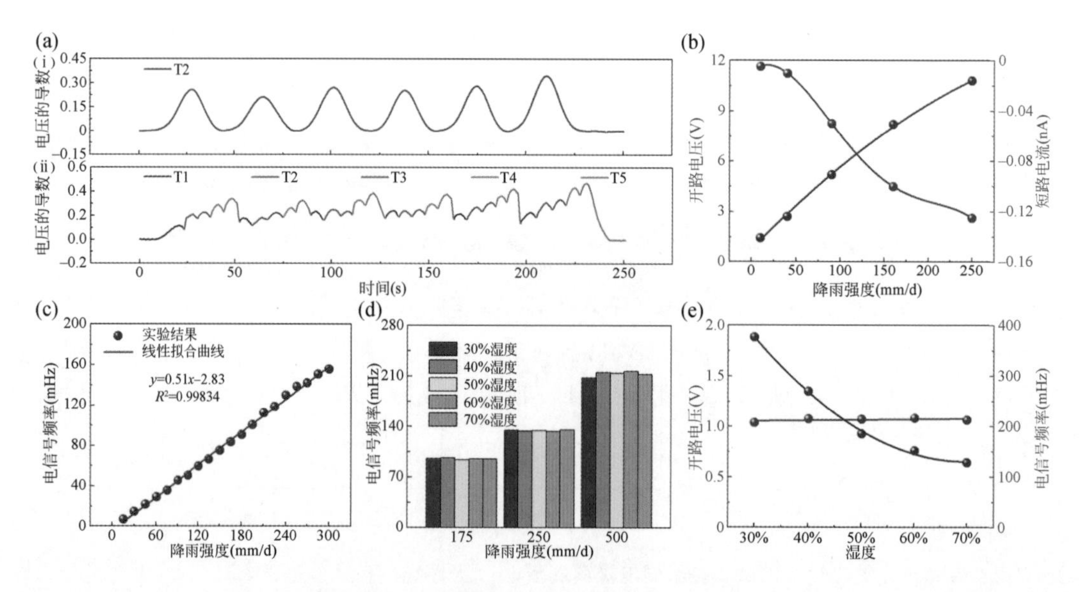

图 10.13　虹吸式雨量计的传感特性。（a）单管（i）和多管（ii）开路电压的导数；（b）不同降雨强度下的开路电压和短路电流；（c）不同降雨强度下的电信号频率；（d）不同降雨强度下湿度对电信号的影响；（e）不同湿度下 MT-TENG 产生的开路电压和电信号频率

在虹吸过程中，能量收集单元采用了 RP-TENG，将雨水中的势能和动能转化为电能。图 10.14 展示了在恒定降雨强度为 250mm/d 时 RP-TENG 的电输出性能。首先，通过一系列试验对两个关键参数——涡轮半径和电极对数进行了优化。随着涡轮半径的增大，开路电压和转移电荷均呈下降趋势，如图 10.14（a）-（ⅰ）～（a）-（iii）所示。当涡轮半径为 35mm 时，开路电压、短路电流和转移电荷的最大峰峰值分别约为 45V、2μA 和 19nC。如图 10.14（b）所示，随着电极对数的增加，开路电压略有增加，短路电流迅速增加，而转移电荷几乎不变。此外，涡轮半径的增大会导致涡轮转速的减小，这是由于阻力矩的增大使得电信号的频率相应减小，如图 10.14（c）所示。从图 10.14（d）可以看出，电极对数对涡轮转速的影响几乎可以忽略不计，而电极对数与电信号频率呈正相关。图 10.14（e）表示在 250mm/d 下，RP-TENG 在 1MΩ 至 1000MΩ 电阻范围内的电压与电流峰值的关系。很明显，随着电阻值的增加，电压逐渐增大，而电流逐渐减小。可以看出，电压会不断接近开路状态。RP-TENG 的最大峰值功率达到 225μW。

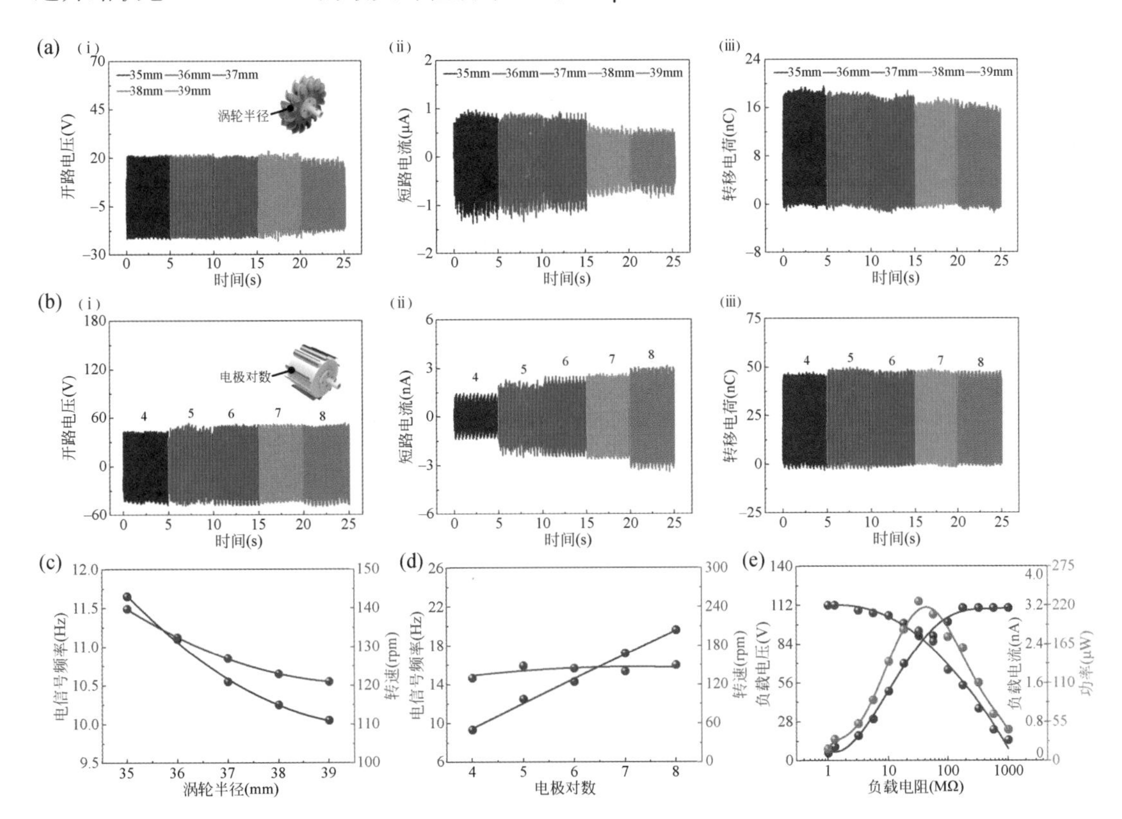

图 10.14　能量收集单元的电性能测试。(a) 不同涡轮半径对应的开路电压 (ⅰ)，短路电流 (ⅱ)，转移电荷 (ⅲ)；(b) 不同电极对数对应的开路电压 (ⅰ)，短路电流 (ⅱ)，转移电荷 (ⅲ)；(c) 不同涡轮半径对应的电信号频率和涡轮转速；(d) 不同电极对数下的电信号频率和涡轮转速；(e) 不同负载电阻下电压，电流和功率

图 10.15 展示了基于 TENG 的虹吸雨量计在传感和能量收集方面的应用。在 175mm/d 的恒定降雨强度下，图 10.15（a）-（ⅰ）和图 10.15（a）-（ⅱ）展示了单管和五管的开路

电压导数变化。单管首次检测到的电极高度为12mm，电极间距为10mm，其中6个电极用黑点表示，对应于开路电压导数的峰值。为了更好地区分，同色的开路电压导数信号表明属于同一管。图10.15（a）-（ii）展示了五个FEP管和30个电极，首次检测到的电极高度为12mm，电极间距为2mm。试验结果显示，在175mm/d降雨强度下，随着管数的增加，MT-TENG的可分辨降雨小时明显减少，从而显著提高了传感分辨率［图10.15（b)]。图10.15（c）展示了MT-TENG实时测量的降雨强度，涵盖从中雨至极大雨的范围，与输入降雨强度吻合良好。在各降雨强度下，补偿降水与输入降水的误差均保持在8%以下。在75mm/d时，最大优化精度达到98.4%，而在17.5mm/d时最小优化精度为92.4%。这些降雨模拟试验是在试验平台上进行的，详见图10.15（f）。

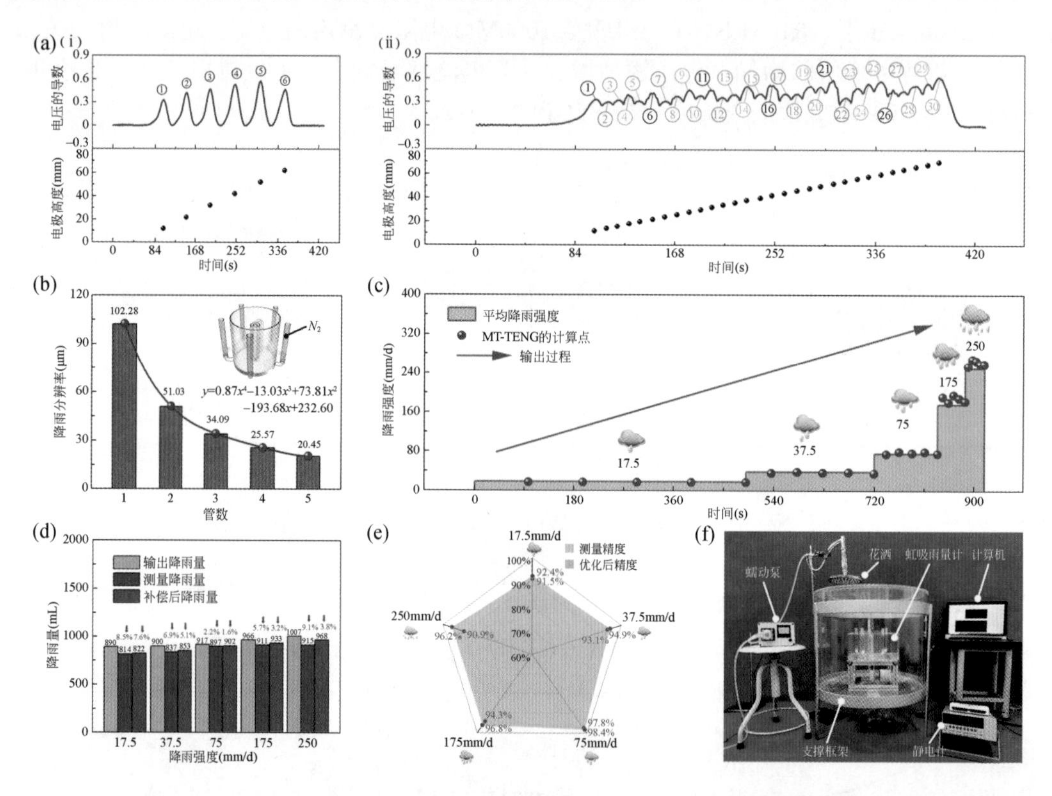

图10.15　基于TENG的虹吸式雨量计的演示。(a)单管(ⅰ)和五管(ⅱ)的开路电压导数与检测电极高度；(b)MT-TENG在不同管数下可区分的降雨分辨率；(c)MT-TENG在正常雨量情况下测量的降雨量；(d)不同降雨强度下测量和补偿降雨量的比较；(e)不同降雨强度下的测量精度及优化精度；(f)模拟降雨试验平台

10.3.6　基于磁翻板式摩擦纳米发电机的自驱动雨量计

著者提出了一种基于势能收集发电技术的雨水发电装置，用于收集雨滴能量。得益于发电机组中多级虹吸管和独立式结构旋转TENG的巧妙设计，可以将单个不规则雨滴的大量雨水能量转化为反复释放的势能，最终转化为高水平稳定的电能。在传感单元中，设计

了安装在第一个虹吸管杯上的单电极模式基于磁翻板的 TENG（MF-TENG），通过建立电信号的斜率/频率与降雨强度之间的关系，实现降雨信息的自供电传感。结果表明，各单级发电机组的最大输出电压为 195V，最大输出功率为 815μW。本节提出的基于 TENG 的雨滴发电装置具有优异的发电能力，可以将时间和空间上不规则的雨滴能量转化为稳定的高功率电能，并具有降雨自供电传感功能。该装置有潜力在未来的智能农业领域中作为自供电无线传感应用的高效电源。

所提出的雨量计的整体设计结构见图 10.16 所示。雨水发生器包含：一个漏斗、一个壳体、传感单元、多个虹吸单位和发电单元。传感单元包括虹吸杯、磁翻板结构和一个磁翻转摩擦发电机（MF-TENG）[图 10.16（ⅱ）和（ⅲ）]。虹吸装置主要由一个虹吸杯和一些支持结构。每个发电单元包括一个涡轮、一个驱动轴，以及两台独立模式的旋转摩擦纳米发电机 [图 10.16（ⅳ）]。以具有二次发电单元的系统为例，按照传感单元、一次发电单元、虹吸单元、二次发电单元从上到下依次排列。

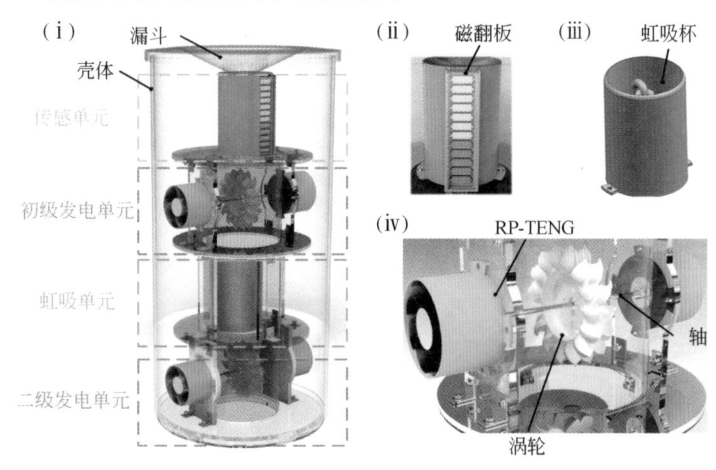

图 10.16　基于多级势能收集的雨水发电装置的结构设计。（ⅰ）总体结构；（ⅱ）磁翻板；（ⅲ）虹吸杯；（ⅳ）发电单元

虹吸装置的工作原理如图 10.17（a）所示。首先，雨滴通过漏斗逐渐聚集到虹吸管杯中 [图 10.17（a）-（ⅰ）～（ⅱ）]。然后，杯子中的液位开始上升，直到达到虹吸管触发高度，导致虹吸管排空事件。它使雨水从虹吸管杯底部通过管道迅速流出 [图 10.17（a）-（ⅲ）～（ⅳ）]。同时，杯内水位继续下降，直至达到虹吸停止高度，即虹吸过程结束，不再有水流出 [图 10.17（a）-（ⅴ）]。在连续降雨条件下，水将再次被储存，系统将重复上述循环。虹吸杯是该装置的关键部件，它可以很容易地将分散、不规则的雨滴能量转化为集中、稳定的流体能量。此外，值得注意的是，虹吸单元每次循环的储水量和出水流速基本一致，说明在不同降雨强度条件下其输出性能都极为稳定。

传感单元工作原理如图 10.17（b）所示。如图 10.17（b）-（ⅰ）所示，磁翻板上安装有等间隔排列的可旋转磁柱。将内置磁球制成的泡沫浮子放置在光滑圆形结构的相应内侧，作为移动导向。降雨条件下，当杯内水位上升时，浮子向上移动，与外部高度相对应的可旋转磁翻转柱向内旋转 180°，并在磁力作用下保持静止。图 10.17（b）-（ⅱ）清楚地显示了 MF-TENG 的工作原理。下雨时，浮子逐渐向上移动，带动磁柱旋转。同时，磁柱上的铜膜接近并接触聚四氟乙烯膜。在此过程中，内壁上的铜电极有电荷转移，以平衡电位差的变化。在外部电路中可以持续观察到感应电流信号［图 10.17（b）-（ⅱ）］，直到浮子到达最高点，这时虹吸排空事件被触发，水位迅速下降，浮子向下移动。因此，MF-TENG 输出电压的最优值与磁翻板高度有关，通过上述过程可以得到输出电压信号。在真实降雨环境中，降雨强度越高，相同高度的浮子上升速度越快，因此，电压信号的斜率会更大，电压信号的频率也会更高。也就是说，通过建立相应的电压特性与降雨强度之间的关系可以实现感应功能。

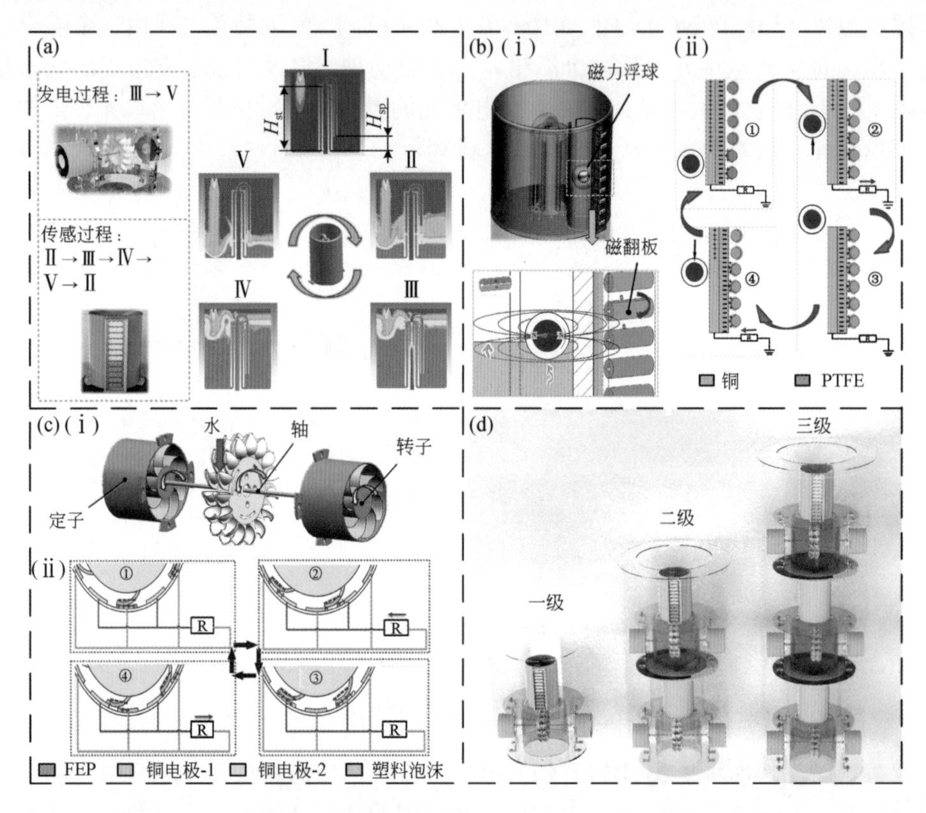

图 10.17　基于多级势能收集的雨水发电装置的工作原理。(a) 虹吸单元；(b) 传感单元；(c) 发电单元；(d) 一级、二级、三级发电单元组的示意图

图 10.17（c）展示了发电单元的工作原理，其中 RP-TENG 主要由转子和定子组成。带有氟化乙烯丙烯（FEP）膜片的转子与涡轮机固定在同一轴上，铜电极附着在定子的内壁上。当虹吸过程发生时，水流撞击水轮机的料斗使其快速旋转，带动两侧对称分布的转子同时旋转［图 10.17（c）-（ⅰ）］。由于柔性 FEP 薄膜和铜电极的电负性不同，在 FEP 薄膜上产生的负电荷与在铜电极上产生的正电荷相等［图 10.17（c）-（ⅱ）］。然后 FEP 膜片在相邻的铜电极之间滑动，正电荷转移到其他铜电极上。因此，可以在外部电路中产生电流。当 FEP 膜片完全滑向下一个铜电极时，达到了新的平衡。同样地，当膜在下一个不同的铜电极之间交叉时，形成反向电流。一级、二级和三级发电机组系统示意图如图 10.17

(d)所示。每个单元的详细制作过程可以在实验部分找到。理论上，在不受系统空间高度限制的情况下，发电机组级数越多，发电性能越好。

MF-TENG 的传感特性不仅仅包括上述的精度和分辨率，还涉及线性和稳定性。为了评估线性和稳定性，对不同降雨强度下 MF-TENG 的降雨传感性能进行了测量（图 10.18）。在图 10.18（a）中，展示了单个虹吸循环中不同均匀降雨强度下的开路电压。随着降雨强度的减小，触发虹吸管排空事件所需的时间增加，因为在触发虹吸管排空事件时，虹吸管杯中的雨水量是恒定的。因此，虹吸杯中水位的上升速度减缓，导致磁柱翻转速度减小，进而使电压信号曲线的上升速度减小。换句话说，电压信号曲线的斜率与降雨强度成正比。从图 10.18（c）可以看出，电压信号曲线的斜率与降雨强度呈现出显著的线性关系，其中电压信号曲线的斜率的拟合值为 0.00349，相关系数为 0.99780。图 10.18（b）展示了在 400mm/d 降雨强度下多个周期内电压信号曲线的周期变化趋势。如图 10.18（d）所示，电压信号曲线的频率随着降雨强度从 5mm/d 增加到 280mm/d 呈线性增加，线性度良好，频率为 0.00186，方差为 0.99798。总体而言，图 10.18 的结果表明，电压信号曲线的斜率和频率都能反映降雨强度，但是 MF-TENG 的开路电压容易受到湿度等环境因素的干扰。此外，从图 10.18（a）中可以观察到，开路电压的振幅随着降雨强度的减小而略有下降。这可能是由于在低降雨强度条件下，在较长的电压上升期内，MF-TENG 的介电层中电荷的耗散和逸出所致。这表明，电压信号曲线的斜率与降雨强度之间的强正相关关系更适用于对抗环境干扰要求高的 MF-TENG 应用场景。显然，将这两种方法结合起来将提高 MF-TENG 的传感性能，使其更加准确和稳定。

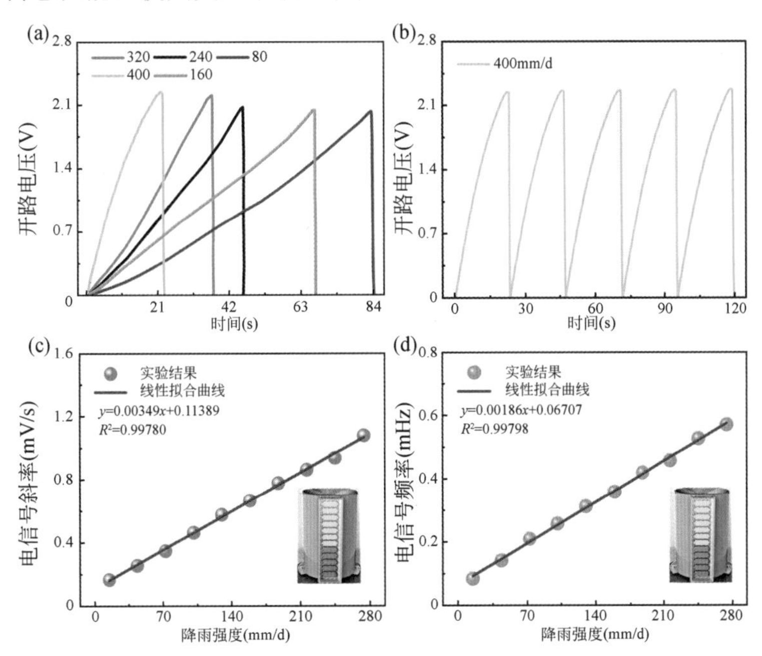

图 10.18 MF-TENG 的传感特性。(a)不同降雨强度（单位 mm/d）下单次虹吸的开路电压；(b)在恒定降雨强度 400mm/d 下多次虹吸的开路电压；(c)不同降雨强度下电信号的斜率；(d)不同降雨强度下电信号频率的斜率

10.3.7 基于液滴摩擦纳米发电机的毛细通道结构雨量计

现有的降雨传感器面临着许多挑战，特别是在大雨期间，传感器监测存在准确性、稳定性和有限的测量范围等问题。为了克服上述挑战，著者提出了一种创新的基于液滴的摩擦纳米发电机（D-TENG）雨量计[19]。采用马鞍形承雨板的创新结构设计，旨在引导雨水以稳定的质量滴落到 D-TENG 上，从而产生用于液滴计数的电信号。通过分析电信号（短路电流）和液滴质量的稳定性，证实了 D-TENG 雨量计的可行性。实验结果表明，D-TENG 雨量计的有效测量范围为 0～243.1mm/h，计算降雨强度的相对误差在 ±4%以内，满足中国降水观测仪器国家标准。此外，D-TENG 雨量计的分辨力为 3.96×10^{-6}mm，比现有商业化广泛使用的翻斗式雨量计（TBR）的分辨力小五个数量级。这一新提出的 D-TENG 雨量计为更大的有效测量范围内进行高精度、高分辨力的降雨监测提供了一种可行的解决方案。

所提出的 D-TENG 雨量计仅由三个模块组成：外壳模块、马鞍形承雨板模块和 D-TENG 模块，如图 10.19 所示，使得该 D-TENG 雨量计易于安装使用。D-TENG 雨量计结构非密封，外壳模块由亚克力圆柱体和开口盖板组成，在外壳和内部结构之间设计了间隙，以防止出现在 TBR 上常见的堵塞问题。盖板开口直径需经过计算后确定。马鞍形承雨板悬挂在盖板下方，用于收集、引导和排出雨水，在承雨板上设计有凹槽出口［图 10.19（d）和（e）］，以确保落在 D-TENG 上的水滴质量稳定。

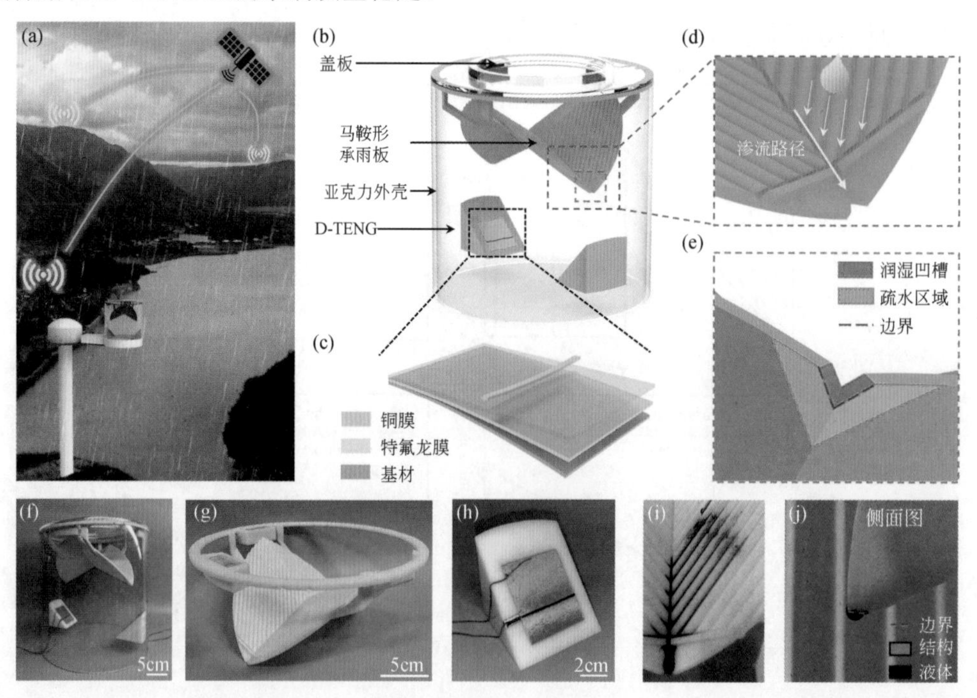

图 10.19 D-TENG 雨量计结构图。（a）应用概念图，（b）原理图，（c）D-TENG 模块，（d）马鞍形承雨板模块，（e）凹槽式出口；（f）～（j）雨量计整体图、马鞍形承雨板模块、D-TENG 模块、毛细现象、出水口示意图

马鞍形承雨板和凹槽出口的细节如下。马鞍形承雨板［见图 10.19（d）］：承雨板表面设计有多条毛细通道以承接雨水，在重力作用下将雨水从出水口排出。毛细通道由许多拱形凸起组成，其方向与斜面上梯度下降最快的方向平行以增加流动速率。凹槽式出水口［见图 10.19（e）］的设计参考了毛细滴水现象，通过用固定液体和固体之间的接触线的边缘来稳定表面张力，从而确保液滴以稳定质量落在 D-TENG 上。接触线的边缘由凹槽（引导雨水渗入板底面的一定区域）和疏水聚四氟乙烯（PTFE）薄膜划定，防止雨水渗入更多区域。由铜膜和特氟龙膜制成两个的 D-TENG 模块固定在亚克力外壳内承雨板出口下方的楔形块上［见图 10.19（b）和（c）］。组装后的 D-TENG 雨量计、马鞍形承雨板、D-TENG 模块、毛细现象和出水口的照片分别如图 10.19（f）～（j）所示。

图 10.20 阐述了马鞍形承雨板和 D-TENG 的工作原理。为深入分析液滴与毛细管通道接触时的状态，著者使用 COMSOL 软件进行了二维模拟，如图 10.20（a）所示。结果表明，液滴可以迅速渗入毛细管通道，随后在表面张力和重力的共同作用下，液滴在 3 秒内被迅速引导到出口［图 10.20（b）］。该设计缩短了雨水在传感器系统中的停滞时间，以实现灵敏的降雨监测。当雨水流向出水口时，设计的凹槽结构使液滴迅速润湿指定区域［见图 10.19（e）中的绿色实线多边形］，其中疏水的 PTFE 膜［图 10.19（e）中的蓝色实线多边形］清晰划分出固液接触边界［图 10.19（e）中的红色虚线区域］。因此，一旦液滴的质量超过润湿区域所形成的最大表面张力，液滴就会滴向 D-TENG 模块，见图 10.20（c）。

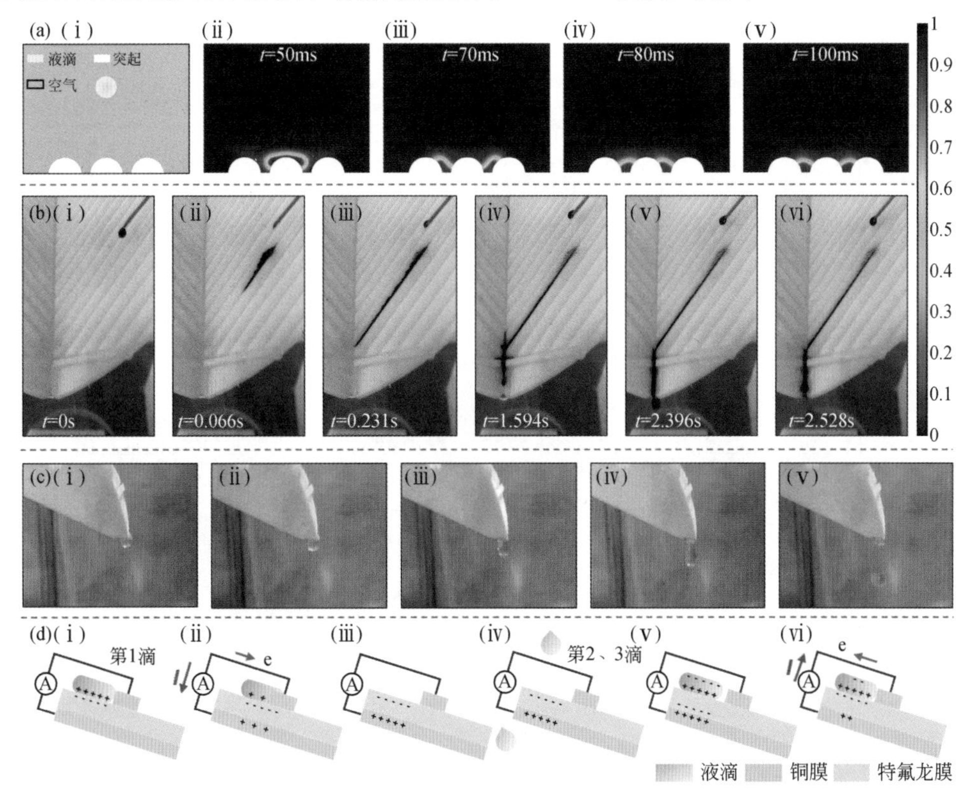

图 10.20　马鞍形承雨板和 D-TENG 模块的工作机理。雨水在马鞍形承雨板毛细通道上分流过程的（a）COMSOL 仿真图及（b）照片；（c）凹槽出口处水滴的滴落过程；（d）D-TENG 模块的工作原理

图 10.20（d）演示了 D-TENG 的电信号产生过程，该过程依赖于摩擦电效应和静电感应的耦合。当初始雨滴撞击 D-TENG 时，PTFE 层和液滴之间会形成基于摩擦电效应的双电层［图 10.20（d）-（ⅰ）］，并且随着 PTFE 层与雨滴接触面积的增加，摩擦电荷会上升。当雨滴接触上部铜电极时，负电荷开始从铜电极转移到雨滴，同步产生短路电流，如图 10.20（d）-（ⅱ）所示。当初始液滴离开 D-TENG 表面时，根据电荷守恒定律会产生稳定的电位差，如图 10.20（d）-（ⅲ）所示。当下一滴液滴落在 D-TENG 上时［图 10.20（d）-（ⅳ）］，静电感应将液滴的正电荷吸引到 PTFE 中的负电荷上，从而产生了另一个双电层，如图 10.20（d）-（ⅴ）所示。由于 PTFE 可以保持负电荷，当液滴扩散接触较高的铜电极时，该双电层是稳定的。液滴的负电荷被传输到铜电极以抵消正电荷［图 10.20（d）-（ⅵ）］，这导致形成反向短路电流，然后完成一个工作循环，最后达到新的平衡［图 10.20（d）-（ⅰ）］。然后雨滴循环下降、铺展、收缩和离开，在电路中产生交流电。

为了验证 D-TENG 雨量计的可行性和性能，著者开展了模型试验。经测量对比 18 个降雨强度下 D-TENG 的点信号，即开路电压（V_{oc}）、转移电荷（Q_{sc}）和短路电流（I_{sc}）［图 10.21（a）～（c）］，短路电流（I_{sc}）因更稳定而被选为信号频率分析的基本数据。图 10.21（c）显示了 D-TENG 在不同降雨强度（19.7～297.4mm/h）下产生的平均 I_{sc} 幅度，当降雨强度不大于 184mm/h 时，I_{sc} 的幅度是稳定的；当降雨强度超过 184mm/h 时，I_{sc} 会产生明显变化；当降雨强度大于 228.2mm/h 时，I_{sc} 出现异常峰值并且均值开始降低。这是由于 I_{sc}

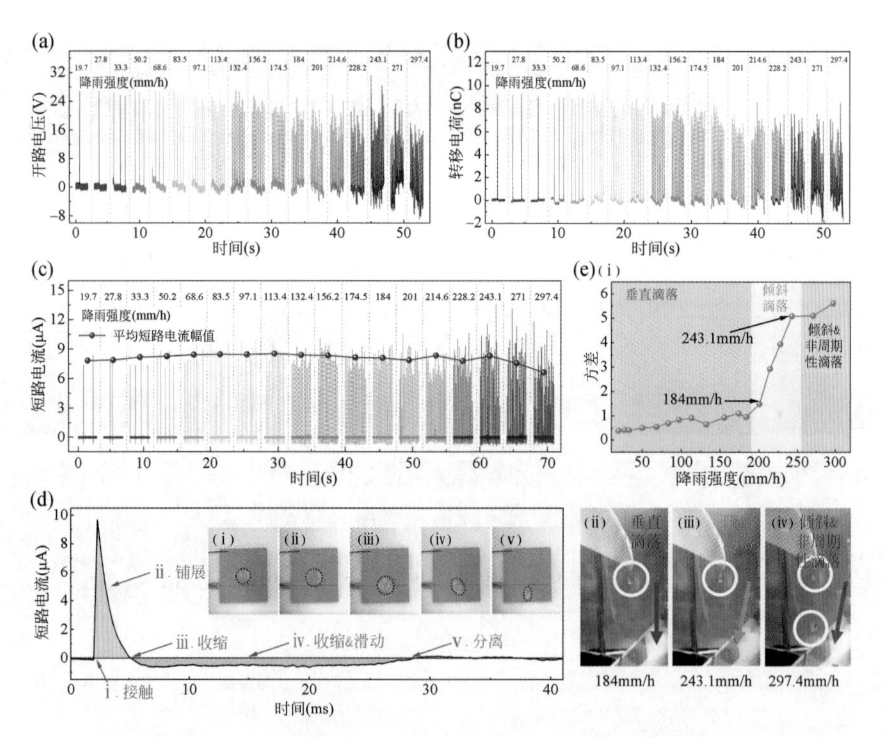

图 10.21　D-TENG 的电输出性能和传感特性。（a）～（c）不同降雨强度下的开路电压、转移电荷、短路电流及其平均值；（d）与电流信号变化对应的水滴滑动过程；（e）不同降雨强度下（ⅰ）短路电流的方差及（ⅱ）-（ⅳ）液滴滴落图

的幅值由液滴接触面积时间变化率的初始大小决定，而面积变化率的初始大小又受液滴滴在 D-TENG 表面的位置影响，如图 10.21（d）所示。如果液滴落点较高，在接触铜电极之前就会开始收缩；如果落点较低，液滴在接触铜电极时尚未完全铺展，这些都不是理想的传感状态。

液滴位置易受其初始状态（下落方向和数量）的影响。如图 10.21（e）-（i）所示，当降雨强度小于 184mm/h 时［图 10.21（e）-（ii）］，液滴垂直均匀下落，从而产生稳定的电流信号［即图 10.21（e）-（i）中的蓝色区域］。当降雨强度在 184～243.1mm/h 时，倾斜滴落现象［图 10.21（e）-（iii）］造成接触位置随机变化，最终形成不稳定电流信号［图 10.21（e）黄色区域］。当降雨强度超过 243.1mm/h 时，液滴滴落变得倾斜且不具有周期性［图 10.21（e）-（iv）］。电信号幅度不稳定是由于不同降雨强度下液滴的初始状态不同，客观上影响了 D-TENG 雨量计的量程上限。

液滴质量是否稳定决定了 D-TENG 雨量计的可行性和量程。图 10.22（a）显示了不同降雨强度下的液滴平均质量。当降雨强度小于 243.1mm/h 时，液滴平均质量约为 70mg。当降雨强度大于 243.1mm/h 时，液滴质量迅速下降，达到最低值 56mg，结合图 10.21（e）可知，该阶段形成了连续但不稳定的分离液滴，这是典型的滴水龙头形成方式。因此，在极高降雨强度下［≥243.1mm/h，即图 10.22（a）中的蓝色区域］，分离液滴的接触面积相对有限是造成电信号衰减的原因之一。图 10.22（b）显示了当分别选择 271mm/h 和 298.1mm/h 作为测量范围的上限时，液滴平均质量的最大相对误差分别为−12.14%和−22.31%。另一方面，当降雨强度小于 243.1mm/h 时，最大相对误差保持在 ±3%以内［图 10.22（b）的绿色

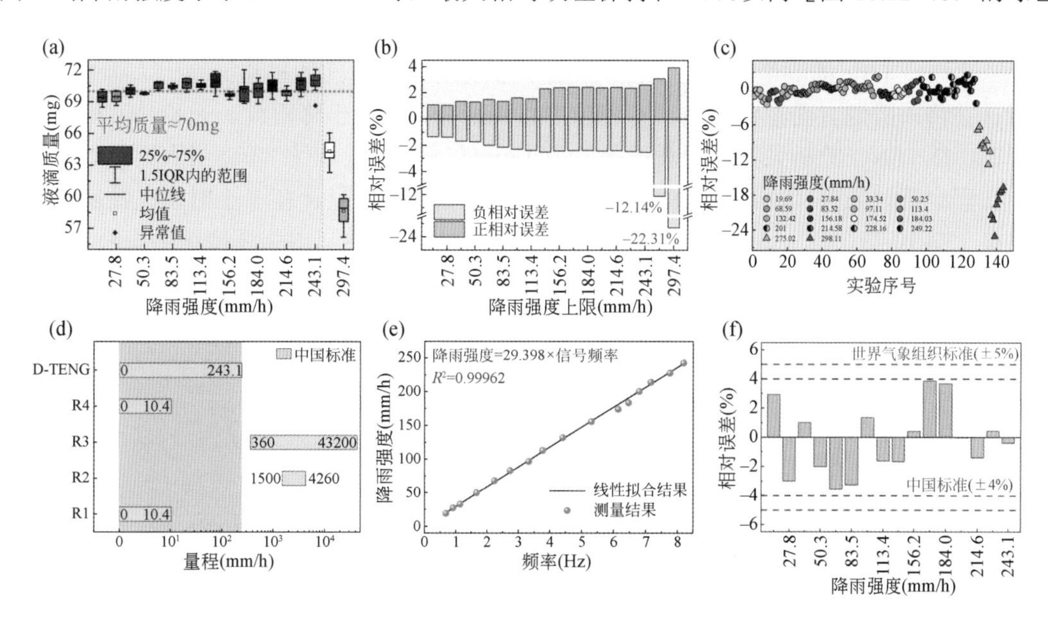

图 10.22　液滴质量的稳定性分析。（a）不同降雨强度下测量到的液滴质量；（b）选择不同降雨强度作为量程上限时，液滴平均质量与真实质量之间的相对误差；（c）当量程上限为 243.1mm/h 时，各降雨强度下液滴质量的相对误差；（d）不同 TENG 雨量计有效量程比较；（e）降雨强度与电信号频率之间的线性关系；（f）利用（e）中公式得到的计算降雨量与实际降雨量间的相对误差

背景区域内，所有实验的详细相对数据显示在图 10.22（c）中]，这是可以接受的。因此，著者提出的 D-TENG 的有效测量范围为 0～243.1mm/h，符合中国降水观测仪器的国家标准（240mm/h）。此外，这验证了将盖板开口直径设置为 15cm 的适用性。

所提 D-TENG 雨量计在有效测量范围内（≤243.1mm/h），降雨强度的相对误差均在±4%以内，如图 10.22（f）所示，这不仅符合世界气象组织相对误差小于 ±5%的标准，也符合更为严格的中国标准 ±4%。这证明了所提出的 D-TENG 雨量计的高精度特性。该结果还表明，D-TENG 雨量计的有效测量范围（0～243.1mm/h）比传统的 TBR 雨量计更大，后者在没有校准过程的情况下，有效测量范围为 6～240mm/h [20]。此外，所提出的 D-TENG 雨量计的分辨率远高于传统的 TBR，后者在中国标准中要求的最高分辨率通常为 0.1mm。根据实验中获得的液滴平均质量，D-TENG 雨量计的分辨率为 3.96×10^{-6}mm，比传统 TBR 的分辨率低 5 个数量级。因此，D-TENG 雨量计对降雨强度突变的响应比传统 TBR 更佳，高于气象水文监测领域对高分辨率监测的要求。

为了进一步验证 D-TENG 雨量计的可行性和准确性，著者在相同条件下将其与传统 TBR 的降雨监测能力进行了比较，如图 10.23 所示。实验测试分别完成了随机和有序的降雨的模拟。对比图 10.23（b）～（c）的降雨强度监测结果，虽然两个传感器的总体测量趋势与真实值一致，但 TBR 在记录降雨强度方面存在很大的误差，尤其是在降雨强度较高时（即 132.4～201mm/h），偏差会变得相对较大［图 10.23（c）］。另一方面，D-TENG 雨量计测量的强度曲线始终符合实际降水的变化，这表明其具有广泛的有效测量范围和高精度特性。由于其高分辨率，D-TENG 雨量计可以在不到 1 分钟的时间内捕捉到降雨快速变化的可比峰值强度，凸显了其在降雨监测中反应迅速的优势。从累计降雨结果来看［图 10.23（d）～（e）］，TBR 的测量结果与实际降雨之间的差异随着时间的推移而增大，而 D-TENG 雨量计在降雨监测方面特别准确，它记录的总降雨量几乎等于降雨量。无论是随机还是有序降雨，D-TENG 的最大累计降雨误差仅为 1mm 左右，几乎仅为 TBR 最大误差的八分之一。在固定降雨强度（114mm/h）下，所提出的 D-TENG 雨量计在 3 小时耐久性实验中表现良好［图 10.23（f）］。通过选择六种不同的降雨强度，每种降雨强度持续半小时（总共 3 小时），进一步测试 D-TENG 雨量计测量范围内的耐久性［图 10.23（g）］。平均质量的最

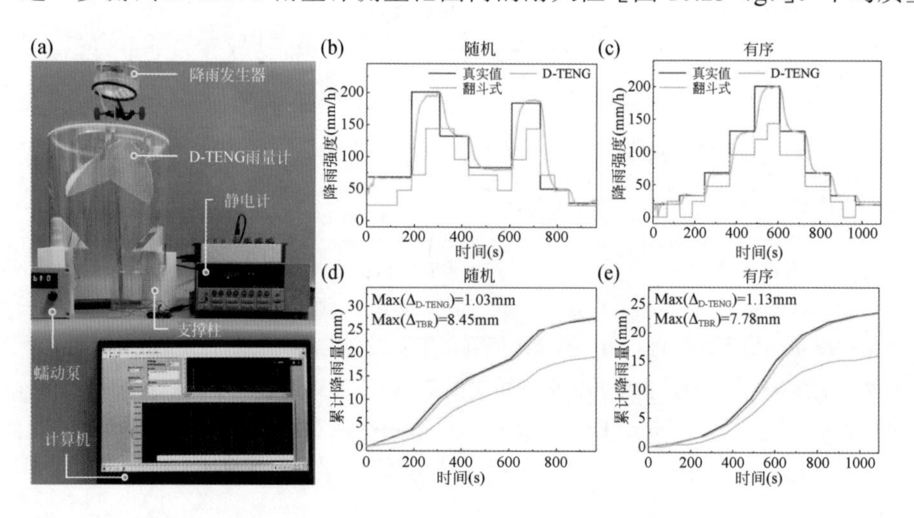

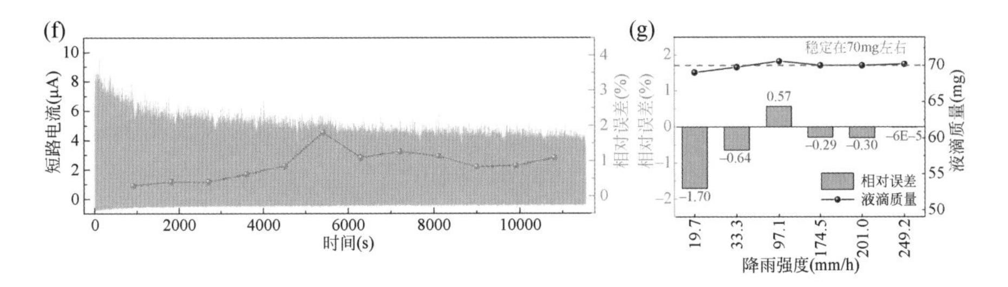

图 10.23　室内降雨监测实验。(a) 实验平台；在随机和有序降雨下分别测量的降雨强度 [(b) 和 (c)] 及累计降雨量 [(d) 和 (e)]，其中 MAX ($\Delta_{\text{D-TENG}}$) 和 MAX (Δ_{TBR}) 分别代表 D-TENG 和 TBR 测量雨量与实际雨量之间的最大偏差；(f) 3 小时耐久性测试结果；(g) D-TENG 雨量计的稳定性分析

大相对误差仅为-1.7%，符合世界气象组织和中国标准，这表明水滴的质量与时间无关，反映了使用 D-TENG 雨量计进行长期降雨监测的可行性。总之，所提出的 D-TENG 雨量计具有出色的能力，能够以高分辨率准确监测降雨强度。

10.4　本 章 小 结

针对传统监测方法在防灾减灾领域中存在的问题，本章介绍了摩擦纳米发电机这项新兴技术，其利用摩擦产生的能量并通过纳米材料转化为电能的特点，为解决灾害监测和预防提供了新思路。通过对 TENG 在滑坡、地震、雨量和气象监测等领域的前沿应用进行研究，突显了其在防灾减灾领域的潜在价值和重要性。TENG 技术的应用有望大幅提高灾害监测和预警的效率，降低灾害造成的人员伤亡和财产损失，为防灾减灾工作提供新的解决方案。

参 考 文 献

[1] Guzzetti F, Gariano S L, Peruccacci S, et al. Geographical landslide early warning systems[J]. Earth-Science Reviews, 2020, 200: 102973.

[2] Strangeways I. A history of rain gauges[J]. Weather, 2010, 65(5): 133-138.

[3] Segoni S, Piciullo L, Gariano S L. A review of the recent literature on rainfall thresholds for landslide occurrence[J]. Landslides, 2018, 15(8): 1483-1501.

[4] Mansheim T J, Kruger A, Niemeier J, et al. A robust microwave rain gauge[J]. IEEE Transactions on Instrumentation and Measurement, 2009, 59(8): 2204-2210.

[5] Miller D R. Electronic rain gauge: U.S. D407658[P]. 1999-04-06.

[6] Gires A, Tchiguirinskaia I, Schertzer D, et al. Influence of small scale rainfall variability on standard comparison tools between radar and rain gauge data[J]. Atmospheric Research, 2014, 138: 125-138.

[7] 李客南, 马俊娜, 董思男, 等. 一种压电式雨量计: CN201922170520.8[P]. 2020-06-19.

[8] Nystuen J A, Proni J R, Black P G, et al. A comparison of automatic rain gauges[J]. Journal of Atmospheric and Oceanic Technology, 1996, 13(1): 62-73.

[9] La Barbera P, Lanza L G, Stagi L. Influence of systematic mechanical errors of tipping-bucket rain gauges on the statistics of rainfall extremes[J]. Water Sci. Techn, 2002, 45(2): 1-9.

[10] Ju X, Huang S, Li C, et al. Development of a self-recording per-minute precipitation dataset for China[J]. Journal of Meteorological Research, 2019, 33(6): 1157-1167.

[11] Habib E, Krajewski W F, Kruger A. Sampling errors of tipping-bucket rain gauge measurements[J]. Journal of Hydrologic Engineering, 2001, 6(2): 159-166.

[12] GB/T 11832-2002.翻斗式雨量计[S]. 北京: 中国标准出版社, 2002.

[13] Al-Wagdany A S. Intensity-duration-frequency curve derivation from different rain gauge records[J]. Journal of King Saud University-Science, 2020, 32(8): 3421-3431.

[14] GB/T 21978.3-2008. 虹吸式雨量计[S]. 北京: 中国标准出版社, 2008.

[15] Xu C, Fu X, Li C, et al. Raindrop energy-powered autonomous wireless hyetometer based on liquid-solid contact electrification[J]. Microsystems & Nanoengineering, 2022, 8(1): 30.

[16] Mu J, Song J, Han X, et al. Dual-mode self-powered rainfall sensor based on interfacial-polarization-enhanced and nanocapacitor-embedded FCB@PDMS composite film[J]. Advanced Materials Technologies, 2022, 7(6): 2101481.

[17] Hu Y, Zhou J, Li J, et al. Tipping-bucket self-powered rain gauge based on triboelectric nanogenerators for rainfall measurement[J]. Nano Energy, 2022, 98: 107234.

[18] Hu Y, Hu Y, Li J, et al. Self-powered siphon rain gauge based on triboelectric nanogenerators[J]. Mechanical Systems and Signal Processing, 2023, 201: 110649.

[19] Qin J, Huang T, Wang T, et al. A capillary structured droplet-based triboelectric nanogenerator for high-accuracy rainfall monitoring[J]. IEEE Sensors Journal, 2024, 24(7): 11342-11353.

[20] Humphrey M D, Istok J D, Lee J Y, et al. A new method for automated dynamic calibration of tipping-bucket rain gauges[J]. Journal of Atmospheric and Oceanic Technology, 1997, 14(6): 1513-1519.

第 11 章

摩擦纳米发电机在勘察测绘领域的应用

11.1 引　　言

地质工程领域对于实时数据的获取和精确监测非常重要，而能源供应是这些监测设备的基础。近年来，摩擦纳米发电技术的发展为解决能源供应问题提供了一种新的途径。本章将探讨摩擦纳米发电机在地质工程领域的应用，具体包括钻杆转速检测、无人机风速检测、无人机加速度检测以及未来对于地质领域的一些展望。

首先，钻杆转速检测在地质勘探和钻井过程中起着至关重要的作用。传统的转速检测方法存在能耗高、传感器复杂的问题，而摩擦纳米发电机可以通过杆柱的摩擦运动产生微小的电能，并将其转化为可供转速检测的信号，从而提供了一种更有效、便捷的转速监测方案。

其次，无人机在地质工程中的应用越来越广泛，如地质勘探、地质灾害监测等。无人机飞行过程中的风速、加速度等数据对飞行控制和数据采集至关重要。通过在无人机上嵌入摩擦纳米发电机，可以实时检测其风速、加速度等参数，可为地质工程师提供更准确、实时的数据支持和更好的决策依据。

综上所述，摩擦纳米发电机作为一种新兴的能源采集技术，在地质工程领域具有广阔的应用前景。钻杆转速检测、无人机风速检测以及无人机加速度检测是其中具有潜力的应用方向。这些应用不仅为地质工程提供了更高效、可靠的数据支持，也为提升工作效率和减少能源消耗提供了新的技术手段。

11.2 智能钻杆转速监测

在石油和天然气开采等地质工程领域，频繁的地质钻井工作是必不可少的[1,2]，井下电机为钻头提供必要的旋转动力，控制井眼轨迹，是保障钻井作业顺利进行的核心设备[3,4]。因此，对井下电机的速度和方向进行实时、精准的监测，成为提升钻井效率、确保作业安全的重要环节[5,6]。以摩擦纳米发电机这一技术为基础，提出了一种三角形电极摩擦纳米发电机（T-TENG）用于监测井下电机的转速和方向，展现出良好性能，为井下传感器发展提供新思路[7]。详细构造原理、性能分析等内容见第七章图 7.71～图 7.73。

T-TENG 具有结构简单可靠、测量参数丰富、有显著的运行稳定性和可靠性及发电性能优异等优点。可实时检测井下马达的速度和方向，从而提供用于确定井下马达状况的更全面的测量参数集。在 400rpm 下连续运行 20 小时后，其显示出仅约 3.92%的电压衰减，并且当相对湿度从 20%增加到 100%时，其显示出仅约 2.39%的开路电压衰减。可以同时点亮 436 个串联的 LED 灯泡，并为低功耗温度和湿度传感器供电。该传感器能很好地适应井下马达的实际工况，为新型井下自供能传感器的研制提供了一条新的途径。

11.3 地质探测过程中无人机的结构健康监测

无人机（UAV）由于其可操作性高、稳定性强而被应用于地质工程中的各种领域[8-12]，如遥感地质勘探、地质灾害监测、矿山勘探与管理、地质环境监测等方面。而现阶段，无人机的主要问题就是续航时间不足。摩擦纳米发电机可以通过将微弱的机械能转换为电信号进行输出，在一定程度上可以减缓无人机的能源消耗。我们针对无人机在地质工程领域方面的应用主要开发了两类传感器，一种为无人机内部传感（加速度）[13]，一种为无人机外部传感（风速）[14]。

11.3.1 无人机加速度传感器

无人机加速度计是通过检测重力沿着三个轴的分量来测量 UAV 的加速度的传感器。其作为无人机的重要传感器，通常用于检测沿着水平和垂直方向提供的线加速度[15-17]。它可以用来检测加速度的大小和方向，并计算无人机高度的变化率。无人机巡航时，需要检测水平方向的加速度。因此，为巡航无人机设计专用加速度计来检测偏航加速度是十分必要的。同时无人机在航行探测的过程中基本处于巡航状态，*Z* 轴方向基本不发生大幅度运动[18]，因此，我们提出了一种基于摩擦纳米发电机的加速度传感器 ASA-TENG，可用于检测无人机巡航状态下平面加速度。

如图 11.1（a）所示，两个 ASA-TENG 交错安装在 UAV 的底部或顶部以检测无人机在巡航时的平面加速度。设计了具有往复滚动结构的 TENG［见图 11.1（b）］，其机械结构为弧形凹槽和球体。球体在初始状态下处于弧形凹槽的中心。当球体受到外部激励时，它会在弧形凹槽中衰减并摆动，直到它停在平衡位置。将电极不对称地分布，弧形槽底部一侧粘贴有铜电极，另一侧不粘贴。在铜电极的表面上粘贴一层聚四氟乙烯（PTFE）膜，结构如图 11.1（c）所示。当结构受到外部激励时，球体离开了均衡位置。具有不同电负性的材料产生相等的正电荷和负电荷，这可以归因于摩擦起电和静电效应。当电极通过负载连接到外部电路时，发生电荷转移。最终制造的物体在图 11.1（d）中示出。

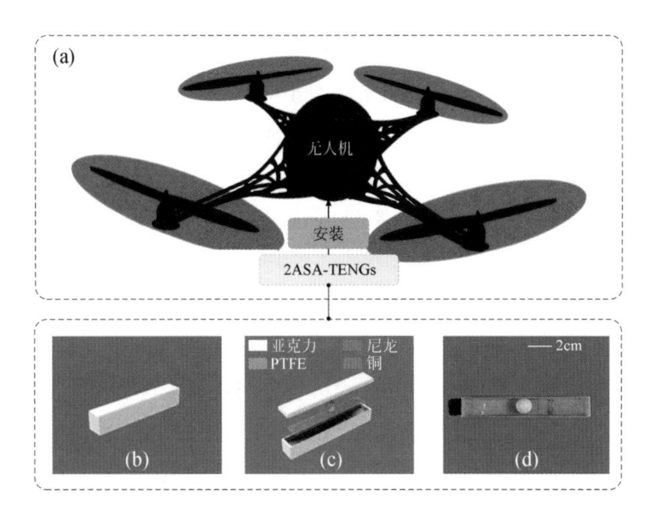

图 11.1　ASA-TENG 的结构设计。(a) 巡航状态下无人机加速度计及安装；(b) ASA-TENG 的外观；(c) ASA-TENG 的示意图；(d) ASA-TENG 的全尺寸原型

同时对 ASA-TENG 进行了方向检测能力的测试，实际测试结果如图 11.2 所示。由于特殊的单侧布置电极的方式，当无人机进行相反方向的运动时，会产生不同的电压信号，如图 11.2（c）以及图 11.2（d）所示。之后我们对 ASA-TENG 施加了不同方向的激励，产生的电信号如图 11.2（e）～（l）所示，可以看出来 ASA-TENG 具有检测不同方向的能力。

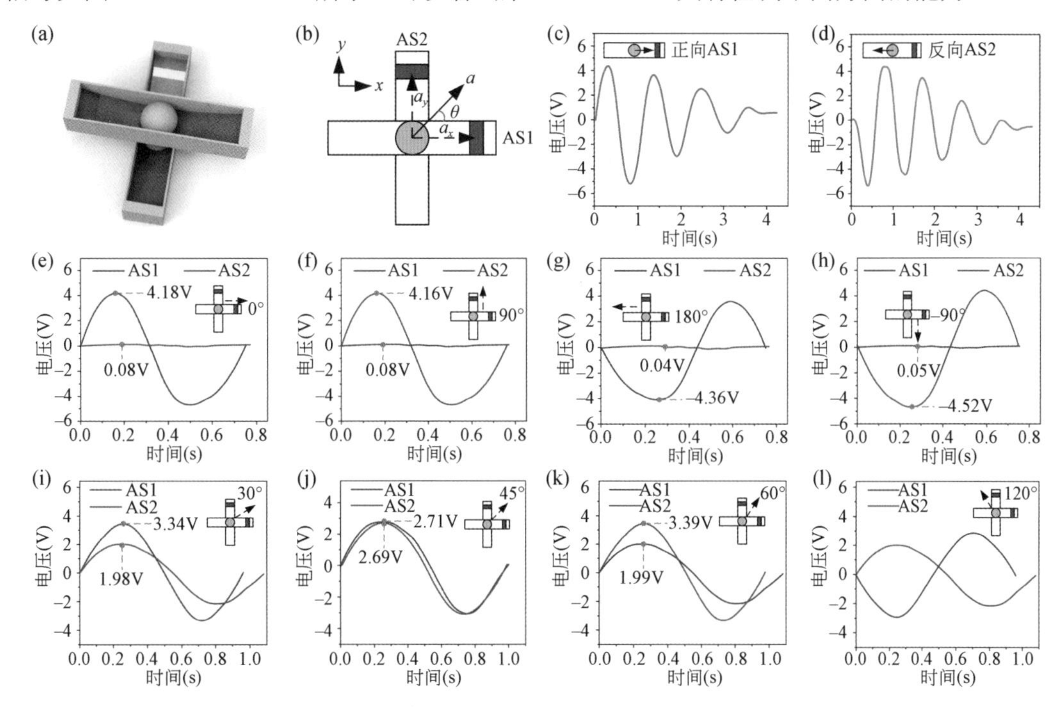

图 11.2　ASA-TENG 加速度传感器在水平面内的方向检测。(a) ASA-TENG 交错排列；(b) 用于检测 x 轴和 y 轴分量的两个 ASA-TENG 加速度传感器示意图，分别命名为 AS1 和 AS2；(c) ~ (l) AS1 和 AS2 不同方向的开路电压，图中标注的电压值为峰值电压，插图显示 ASA-TENG 加速度传感器的移动方向

最后对 ASA-TENG 进行了加速度能力检测，结果如图 11.3 所示。当对 ASA-TENG 施加不同加速度的外部激励时，产生的电压曲线如图 11.3（a）所示，而我们最终选择了两个相邻波谷与波峰之间的时间作为 ASA-TENG 的加速度特征，因为当施加的加速度到达一定程度时，电压会出现阈值的情况。最终的拟合曲线如图 11.3（b）所示，拟合度较好。同时进行了相应的稳定性分析，在 6 个小时的时间内信号输出稳定，最后与商用加速度传感器进行了对比，对比结果良好。

综上所述，基于单电极 TENG 的工作模式和通过非对称电极分布检测方向的过程，设计了一种结构简单的 ASA-TENG 加速度传感器。该系统质量低、精度高，并具有检测规模大、成本效益高和环境友好的优点，可用于无人机巡航工作状态的监测。通过选材过程进一步优化了结构质量，选用实心尼龙球作为 ASA-TENG 的运动部件，这不仅保证了球体的运动特性，而且有助于满足轻量化的要求。另外，对于该结构的弧形槽部分，通过减小弧形的曲率可以提高检测范围。将两个结构堆叠以形成十字形，并且每个结构用于检测沿着 x 轴和 y 轴的实际加速度。最后，通过加速度合成原理得到实际加速度。ASA-TENG 加速度传感器能够以良好的灵敏度检测 0.1～40m/s^2 范围内的加速度，且其响应时间与加速度有很好的拟合关系。从理论和实验上研究了电输出特性与外加加速度之间的关系。此外，由该结构产生的电压信号幅值在连续操作 6 小时后显示出可忽略的波动。与商用加速度传感器的对比实验证明，ASA-TENG 具有良好的加速度检测能力，其最大相对误差仅为 2.9%。ASA-TENG 可以检测无人机巡航时的突然外部干扰和偏航加速度。因此，ASA-TENG 加速度传感器可以潜在地用于未来的无人机巡航领域。

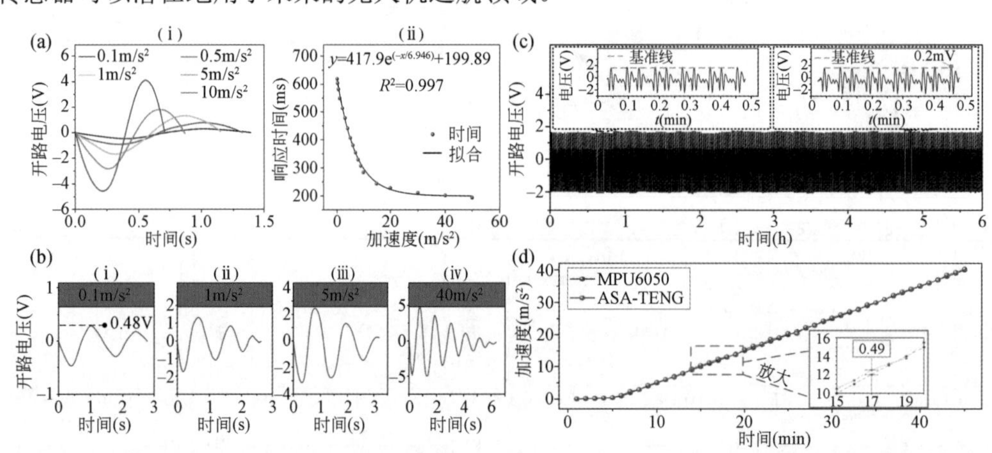

图 11.3 ASA-TENG 在水平方向上的加速度测量。(a)(ⅰ)ASA-TENG 加速度传感器在不同加速度下的开路电压；(a)(ⅱ)响应时间（来自输出的第一波形的谷和峰之间的时间差）和加速度的幅度的关系；(b)ASA-TENG 加速度传感器开路电压在不同加速度下的放大显示；(c)ASA-TENG 加速度传感器在 2m/s^2 下连续运行 6 小时后的开路电压；(d)ASA-TENG 与商用加速度传感器的比较

11.3.2 无人机风速传感器

无人机在地质工程领域进行探测的过程中不可避免地会受到来自外部环境的干扰，如

风、沙尘以及液体等干扰物质，其中来自风的干扰最为强烈[17, 19]。而无人机在运行过程中通过飞行控制系统获得方位角以及倾角来计算出风速大小，但是此种方式具有一定局限性，如风速计算精度低、误差大，且不具备对各种无人机机型的可调性[20-22]。摩擦纳米发电机作为一种简单、易制造且轻薄的新型传感器，可以实现对无人机的外部风速进行实时检测。我们设计了一种弧形的基于摩擦纳米发电机的风速传感器（AW-TENG）用于检测无人机外部风速。

AW-TENG 的应用环境如图 11.4（a）所示。AW-TENG 可以装配在无人机的各个部分，从而实现多个部分的风速联合采集，无人机可以通过 AW-TENG 接收环境中的风速信号，并将风速信息发送到地面站。根据无人机的应用环境，设计了 AW-TENG 的结构。其组成如图 11.4（b）和（c）所示，主要由三部分组成：弧形框壳、铜电极和聚四氟乙烯介质膜。AW-TENG 的外壳由 3D 打印的 PLA 材料制成。外壳两端的螺纹孔可用于将 TENG 固定到测试台上。如图 11.4（c）所示，根据材料的通用性和方便性，选择 PTFE 作为电介质膜材料来测试 TENG 的性能，并且采用铜作为 TENG 的电极材料。

之后对 AW-TENG 基础输出性能进行测试，分别加载 6m/s、10m/s、14m/s 的风速，电压与电流的输出结果如图 11.5（a）所示。同时，分别对电压信号以及电流信号进行傅里叶变换，得到相应的频谱图，如图 11.5（b）和（c）所示，通过观察得到电压信号对比电流信号更加稳定，且仅有一个波峰，更加适合作为传感信号。

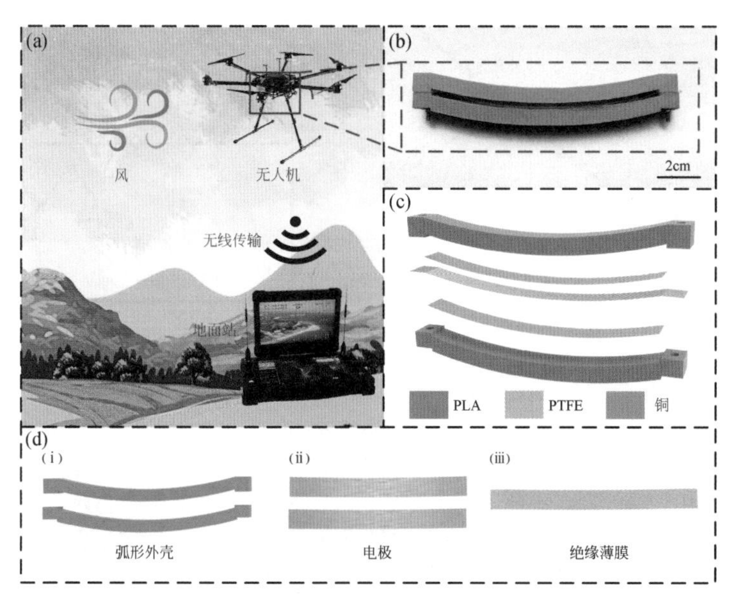

图 11.4　AW-TENG 的结构与应用。(a) 无人机的应用环境；(b) 物理结构；(c) 材料组成；(d) 内部细节

最后对 AW-TENG 在无人机上的实际应用进行了研究。要实现的功能包括频率信号读取、风速转换、无线通信和地面站数据回传。无人机风速传感系统的工作流程如图 11.6（a）和（b）所示。首先，无人机受到风的干扰后，安装在无人机下部的 AW-TENG 感应风速并开始振动，然后 AW-TENG 产生相应的电压频率信号并将其发送到频率计。经过仪表的分

析处理，计算出相应的频率值，送至 STM32 计算后转换成相应的风速。最终通过无线传输模块将具体的风速发送到地面站的计算机，计算机的风速阅读程序显示真实的环境风速。无人机将根据风速进行控制，应对风的干扰。采用 AW-TENG 和商用风速传感器测量风速，AW-TENG 与商用风速传感器的对比如图 11.6（c）所示，可以得出，AW-TENG 和商用风速传感器的数据是一致的，满足传感器的精度要求。实验证明，AW-TENG 具有风速传感功能，与其他风速传感器相比，AW-TENG 具有灵活性好、结构轻巧等优点。

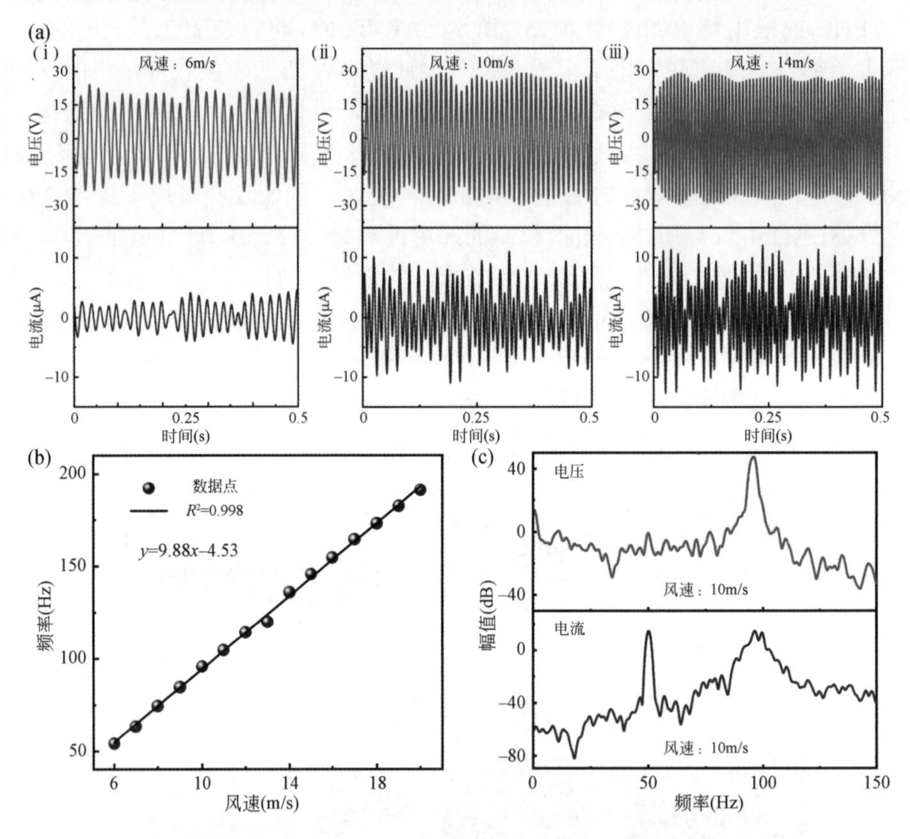

图 11.5 AW-TENG 优化结构性能实验图。(a) 不同风速下的电压、电流曲线：(ⅰ) 6m/s，(ⅱ) 10m/s 和 (ⅲ) 14m/s；(b) 电压频率与风速的关系；(c) AW-TENG 的电压和电流谱

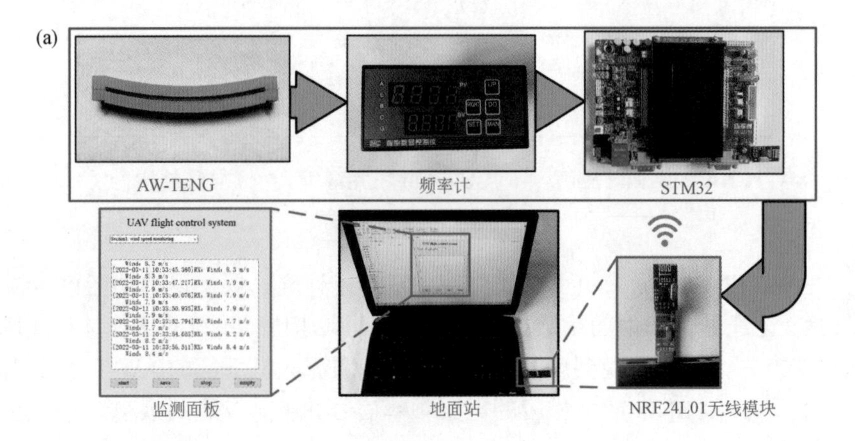

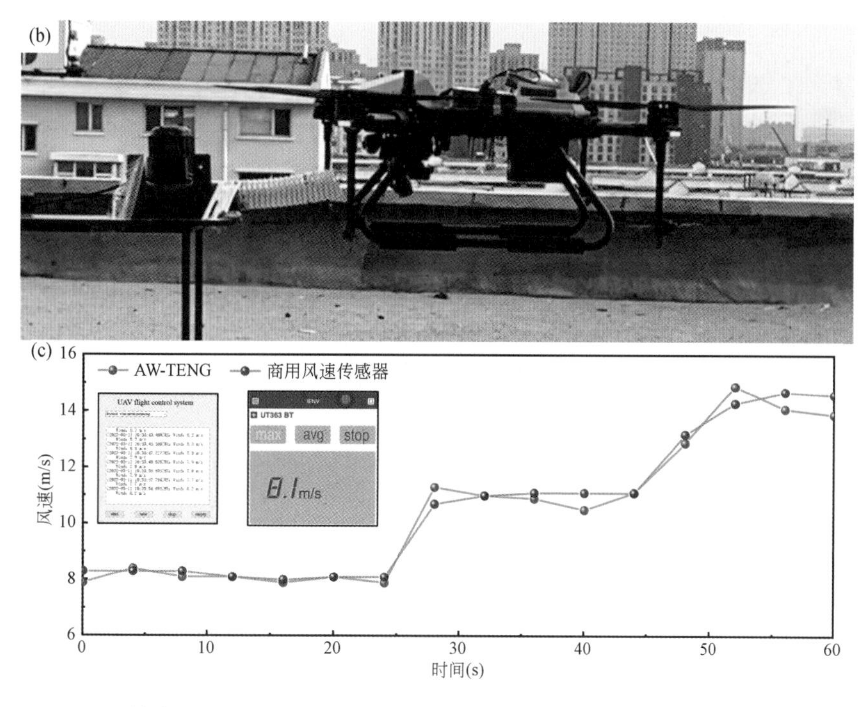

图 11.6　AW-TENG 的应用实验。（a）风速信号的传输过程；（b）无人机机载 AW-TENG 实验环境；（c）AW-TENG 与商用风速传感器的比较

综上所述，提出了一种基于摩擦纳米发电机的圆弧形颤振驱动风速传感器。与以前提出的结构不同，AW-TENG 设计为弧形结构，以适应无人机的应用。首先，对 AW-TENG 的结构进行了设计和仿真。在此基础上，对板间距、弧度和弧度方向三个影响因素进行了分析，确定了 AW-TENG 的最佳结构。AW-TENG 在 6～20m/s 风速范围内可达到的电压频率为 50～200Hz，灵敏度为 9.88Hz/（$m \cdot s^{-1}$），拟合优度 R^2=0.998。最后进行了无人机 AW-TENG 的实际应用实验。当无人机在飞行过程中受到高风速干扰时，AW-TENG 可以接收风速信号并将其传输到地面站，然后触发无人机的响应。实验证明，TENG 具备无人机风速传感器应用能力，为今后进一步开展无人机风速监测提供了实验支撑。

11.4　本 章 小 结

综上所述，摩擦纳米发电机作为一种新兴的能源采集技术，在地质工程领域具有广阔的应用前景。钻杆转速检测、无人机自供能传感器是其中具有潜力的应用方向。这些应用不仅为地质工程提供了更高效、可靠的数据支持，也为提升工作效率和减少能源消耗提供了新的技术手段。未来，我们将对摩擦纳米发电机在地质领域的更多创新和应用进行展望，并期待其对地质工程的发展做出更大的贡献。

参 考 文 献

[1] Chen A, Ummannei Ravindra B, Nilssen R, et al. Review of electrical machine in downhole applications and the advantages[C]. 2008 13th International Power Electronics and Motion Control Conference, 2008, 799-803.

[2] Yang H, Hu J, Yang H, et al. A multifunctional triboelectric nanogenerator based on con veyor belt structure for high-precision vortex detection[J]. Advanced Materials Technologies, 2020, 5(10): 2000377.

[3] Ahmad T J, Arsalan M, Black M J, et al. Piezoelectric based flow power har vesting for downhole en vironment[C]. Middle East Intelligent Oil and Gas Conference and Exhibition. 2015, Abu Dhabi, UAE, SPE-176777-MS.

[4] Arsalan M, Ahmad T J, Saeed A S. Energy har vesting for downhole applications in open-hole multilaterals[C]. Abu Dhabi International Petroleum Exhibition & Conference. 2018, Abu Dhabi, UAE, SPE-192970-MS.

[5] Macpherson J D, Jogi P N, Vos B E. Measurement of mud motor rotation rates using drilling dynamics[C]. IADC Drilling Conference. 2001, Amsterdam, Netherlands, SPE-67719-MS.

[6] Zhang Z, Shen Y, Chen W, et al. Analyzing energy and efficiency of drilling system with mud motor through big data[C]. Annual Technical Conference and Exhibition. 2020, SPE-201502-MS.

[7] Xu J, Wang Y, Li H, et al. A triangular electrode triboelectric nanogenerator for monitoring the speed and direction of downhole motors[J]. Nano Energy, 2023, 113: 108579.

[8] 陈泽文. 基于无人机探测技术的国土空间规划用地测绘优化研究[J]. 华北自然资源, 2023(4): 121-123.

[9] 刘霈霞. 无人机探测与反制装备技术应用及趋势展望[J]. 中国安防, 2023(Z1): 41-46.

[10] 郭福成, 晏行伟. 利用电磁频谱手段探测和干扰无人机的难点问题[J]. 国防科技, 2023, 44(3): 52-58.

[11] 解廷堃. 基于无人机技术的安家岭露天矿内排土场火区遥感探测[J]. 露天采矿技术, 2022, 37(5): 47-49.

[12] 吴志勇, 钱荣毅, 马振宁, 等. 地震探测无人机遥控震源实验研究[J]. 科学技术与工程, 2022, 22(29): 12739-12745.

[13] Yao Y, Wang K, Gao X, et al. Planar acceleration sensor for UAV in cruise state based on single-electrode triboelectric nanogenerator[J]. IEEE Sensors Journal, 2023, 23(3): 3041-3049.

[14] Yao Y, Zhou Z, Wang K, et al. Arc-shaped flutter-driven wind speed sensor based on triboelectric nanogenerator for unmanned aerial vehicle[J]. Nano Energy, 2022, 104: 107871.

[15] Shao R, Du C, Chen H, et al. Fast anchor point matching for emergency UAV image stitching using position and pose information[J]. Sensors, 2020, 20(7): 2007.

[16] Zahran S, Moussa A M, Sesay A B, et al. A new velocity meter based on hall effect sensors for UAV indoor Navigation[J]. IEEE Sensors Journal, 2019, 19(8): 3067-3076.

[17] Mohamed N, Al-jaroodi J, Jawhar I, et al. Unmanned aerial vehicles applications in future smart cities[J]. Technological Forecasting and Social Change, 2020, 153: 119293.

[18] 焦海林, 郭玉英, 朱正为. 基于加速度补偿的无人机吊挂飞行抗摆控制[J]. 计算机应用, 2021, 41(2): 604-610.

［19］Zhan C, Zeng Y, Zhang R. Energy-efficient data collection in UAV enabled wireless sensor network[J]. IEEE Wireless Communications Letters, 2018, 7(3): 328-331.

［20］Pan Y, Zhao Z, Zhao R, et al. High accuracy and miniature 2-D wind sensor for boundary layer meteorological obser vation[J]. Sensors, 2019, 19(5): 1194.

［21］Yi Z, Zhao T, Qin M, et al. Differential piezoresistive wind speed sensor on flexible substrate[J]. Electronics Letters, 2020, 56(4): 201-203.

［22］Li W, Guo H, Xi Y, et al. WGUs sensor based on integrated wind-induced generating units for 360° wind energy harvesting and self-powered wind velocity sensing[J]. RSC Advances, 2017, 7(37): 23208-23214.

第 12 章 摩擦纳米发电机在生物工程中的应用

12.1 引　　言

在科技迅猛发展的今天，应用于医疗和日常生活的穿戴式传感器层出不穷。尽管这一飞速发展的领域已经有了许多卓有成效的研究，但要想实际应用依然存在严峻的挑战，例如，器件的耐久性和温度稳定性、对低频生理信号的匹配性，以及充当电源的商用电池的不便性等问题都是可穿戴医疗领域亟待解决的难题。摩擦纳米发电机（TENG）由于其价格低廉、材料范围广、生物相容性好等特性，在自供电和可穿戴生物医学领域表现出了非凡的潜力。针对上述问题，本章提出多种纺织基摩擦纳米发电机与人机交互的感官传感器如视觉、触觉传感器等，并分别从其制作方式、材料处理及生物应用三个方面进行阐述并介绍，进而给出相应的具体研制方案、实验性能及应用方向。

12.2 智 慧 纺 织

摩擦纳米发电机通过静电感应和接触起电耦合作用将机械能转化为电能，为可穿戴设备和移动电子设备提供了新的能源解决方案。而智慧纺织则将传感器和电子元件融入纺织品中，使衣物成为具有智能交互功能的载体，为穿戴式科技和医疗保健领域带来了革命性的变革。摩擦纳米发电机的能量捕捉与智慧纺织的传感器技术相结合，使得智能服装不仅能够感知环境和用户的行为，还能够自主地获取能量，延长使用时间并减少对外部能源的依赖。这种结合将推动智能穿戴领域向着更加自主、便捷和环保的方向发展，为人们的生活带来更多的便利和舒适。

12.2.1　分层式纺织摩擦纳米发电机

一般来说，在制造分层式织物摩擦纳米发电机时，需要在叠层之前采用喷涂、浸涂、化学反应、结晶生长、抗染等方法，将功能材料涂在原料纺织品上。Cong 等通过抗染的方法，在可拉伸织物的选定区域内涂覆导电镍层，并将其用于制备摩擦纳米发电机（TENG）和微超级电容器（MSC）[1]。Cong 等发明了一种由抗蚀剂染色制造的可拉伸共面自供电织物，可用于为小型电子设备供电，这在电子纺织品和可穿戴电子产品领域展现了巨大的应用潜力。

可拉伸导电纺织品和固态平面纺织品微超级电容器（MSC）的制造过程如图 12.1（a）所示。首先将具有各种图案的聚酰亚胺薄膜附着在针织织物（90%聚酯，10%氨纶）的两侧，用作抗蚀剂。然后在裸露的纺织品上，进行 Ni 涂层的化学沉积，以获得图案化的导电纺织品电极。随后，通过石墨烯（GO）与 Ni 的水热还原，将还原氧化石墨烯（rGO）薄膜沉积到导电纺织品上，接着使用抗坏血酸进行水热还原，进一步提高 rGO 膜的导电性。在去除聚酰亚胺膜后，采用凝胶型电解质（PVA-LiCl）来实现固态织物 MSC。

镍涂层纺织品被发现是一种优良的可拉伸导体，编织物以其拉伸性和弹性而闻名。经编织物的横向（经向）或纵向（纬向）的针织环是通过悬挂排列的，如［图 12.1（b）］中的插图所示。这些蜿蜒和悬挂的环可以很容易地向不同方向拉伸，因此它们比其他类型的纺织品具有更大的弹性。而且镍导电织物具有优异的导电性（薄层电阻为 1.5Ω/m^2）。镀镍织物的相对电阻 R/R_0 在经向或纬向的 100%拉伸应变下仅约为 1.12；在沿着经向的 600%应变和沿着纬向的 200%应变时，它分别增加到 5.96 和 1.76［图 12.1（b）］。

图 12.1（c）和（d）通过测量导电织物在承受往复施加的 100%应变时的相对阻值的变化，来评估其稳定性和耐久性。［图 12.1（c）］显示了沿经向方向的前五个拉伸释放周期（0～100%应变）中的相对阻值的变化：对于低于 30%的初始拉伸，由于接头纤维之间接触电阻的减小，整体电阻下降。当应变大于约 70%时，电阻增大，表明 Ni 涂层逐渐引发裂纹。释放应变后，相对阻力不断增加至 1.39，但在接下来的四个周期中，阻值变化受到限制。经过 50 次和 500 次拉伸-释放循环后，相对阻值分别增加到 1.91 和 3.05，如图 12.1（d）。此外，当应变进一步降低时，纤维之间的相对摩擦运动会在纤维中引发裂纹，导致电阻增加。当应变足够高时（在横向方向上高于 500%，在纵向方向上高于 150%），如图 12.1（b）所示，纤维会发生形变，金属涂层被损坏，从而导致电阻急剧增加。因此，Ni 纺织品在拉伸状态下的优异的导电性主要依赖于弹性针织结构。如果应变小于 50%，Ni 涂层未被损坏，纺织品的电阻可以保持稳定。

抗蚀剂染色方法的一个优点是可在织物上制作任意导电图案，例如图 12.1（e）的灯塔和图 12.1（f）的灯泡。这种方法能够实现的最小特征尺寸为 200μm，从图 12.1（g）中具有 200μm、300μm 和 500μm 不同绝缘间隙的导电线可以证实。当导电纺织图案用作纺织电路时，发光二极管（LED）的亮度在拉伸后不会明显变化［图 12.1（h）］。图 12.1（i）显示了 Ni 涂层针织织物在不同拉伸应变（0，50%，100%）下的扫描电子显微镜（SEM）图像。在 50%应变下，Ni 涂层几乎没有裂纹，但在应变为 100%时可见明显裂纹，这也与图 12.1（c）中的电阻值变化趋势一致。

图 12.1（j）是显示初始状态（上图）和 50%拉伸状态下（下图）的最终固态可拉伸纺织品 MSC。图 12.1（k）是镍涂层针织织物的 SEM 图像，可以观察到叉指电极之间的明显间隙，并且原始织物的编织特征得以保持。

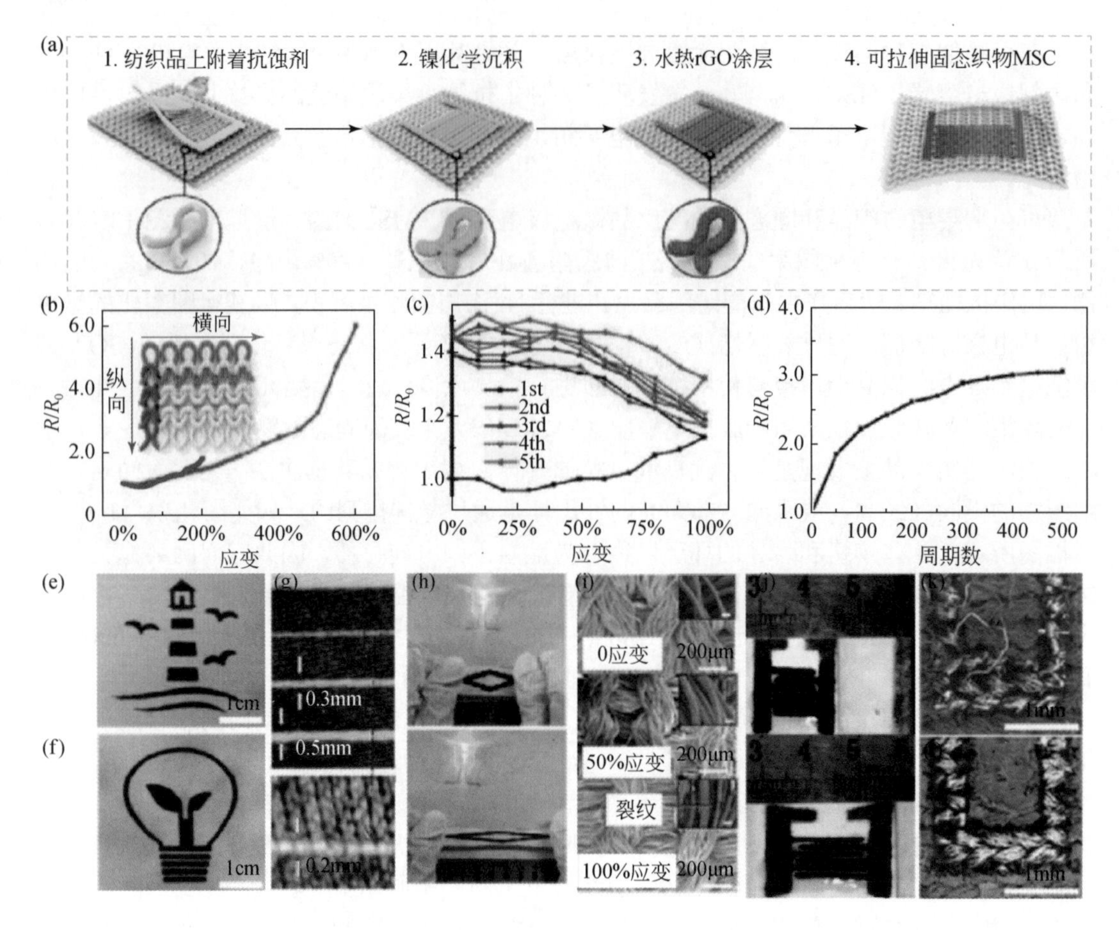

图 12.1　可拉伸纺织导体和 MSC 的抗染制造工艺。（a）制造过程的示意图；（b）镍涂层纺织导体沿横向和纵向方向的电阻变化（插图描绘了针织环的顶部）；（c）前五个周期和（d）500 个周期期间的电阻变化，纺织导体在 0 ~ 100%应变（横向方向）之间拉伸；（e）~（f）在织物基材上制作的不同导电图纸的照片；（g）具有 200μm、300μm 和 500μm 不同绝缘间隙的导电线；（h）镍涂层纺织品用作导线，以 0 应变（上图）和 100%应变（下图）点亮 LED；（i）针织纤维在不同拉伸应变下的 SEM 图像（插图比例尺 10μm）；（j）原始状态（上图）和 50%拉伸状态（下图）的纺织品 MSC 的照片；在 rGO 涂层之前（k），之后（l）织物上的镍涂层叉指电极的 SEM 图像

此外，Chen 等将聚四氟乙烯（PTFE）纱线和碳纤维平纹编织在一起作为摩擦电层，将棉纤维和碳纤维平纹编织在一起作为电极，将两者堆叠在一起，制造出了一种由织物摩擦纳米发电机（FTENG）和编织超级电容器（W-SC）组成的新型机械自供电织物（SCPT），用于同时收集和存储人体运动能量[2]。

如图 12.2（a）显示了独立层模式 FTENG（FS-FTENG）的 2D 和 3D 图。图 12.2（b）是 FS-FTENG 的电极织物扫描电子显微镜（SEM）图像，微观结构的直径约为 200μm，其制备好的 FTENG 表现出很高的柔韧性，在编织过程中可以集成到一块布料中作为功能性可穿戴组件。图 12.2（c）展示了该器件两个部分的照片，该图显示了基于碳纤维的电极纺织品的良好导电性。

在以往的工作中，通常采用纤维超级电容器（SC）与两根纤维电极交织在一起的方式，用于制作储能纺织品。然而，在长期使用过程中，两个电极之间的分隔层并不耐用。所以在这里，Chen 等采用一种在编织过程中形成超级电容器的方法，这种方法具有柔韧性、轻量化和强度大等优点。如图 12.2（d）所示，碳纤维作为电极，碳纤维表面涂覆活性材料，棉线作为分隔层，凝胶作为电解质，它们作为构建单元，以此组成对称结构的编织超级电容器（W-SC）。W-SC 电极的扫描电镜（SEM）图像表明，裸碳纤维的光滑表面在涂层的作用下变成了粗糙的表面［图 12.2（e）］，这是通过将裸碳纤维浸渍乙醇溶液并进行直接退火反应得到的。图 12.2（f）则显示了具有良好柔韧性和可折叠性的 W-SC 的照片。

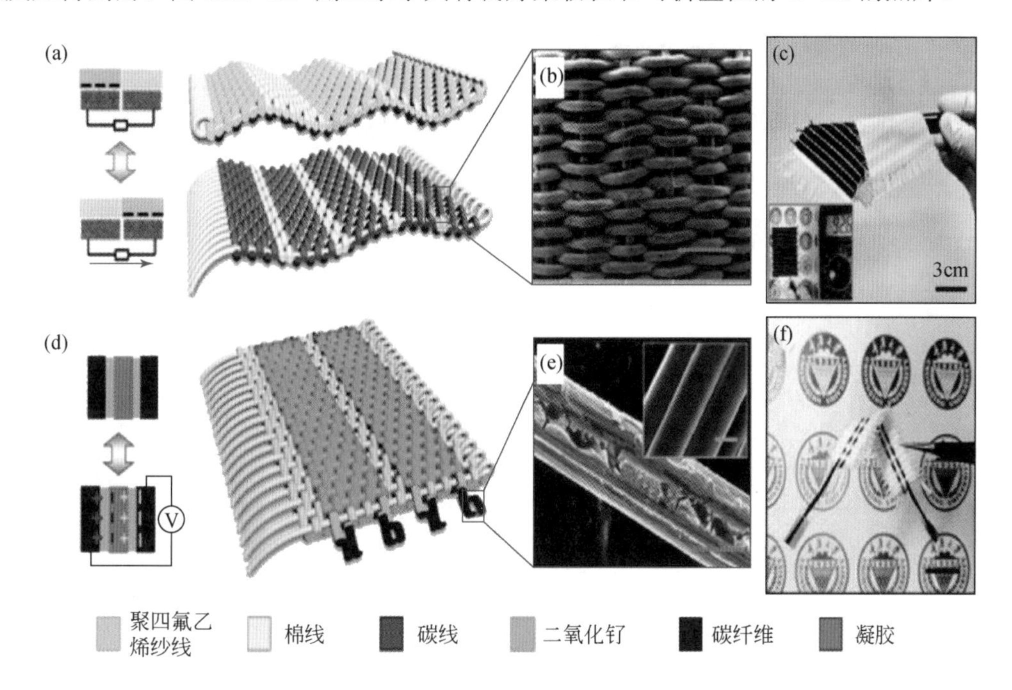

图 12.2　机械自供电织物（SCPT）的结构设计。（a）独立层模式织物摩擦纳米发电机（FS-FTENG）的示意图；（b）SEM 图像显示了 FS-FTENG 电极纺织品的微观结构（比例尺：1mm）；（c）FS-FTENG 的电极和介电织物照片，插图显示了碳丝编织电极的电导率；（d）编织超级电容器（W-SC）的示意图；（e）涂层碳纤维作为 W-SC 电极的扫描电镜（比例尺：2μm），插图是纯碳纤维的 SEM 图（比例尺：2μm）；（f）单个 W-SC 的照片（比例尺：3cm）

另外，Chen 设计了一种独立层模式的 FTENG（FS-FTENG），通过制造聚四氟乙烯光栅织物和交错排列的碳纤维织物电极来实现水平运动能量的收集。对于 FS-FTENG，由于 PTFE 和棉线制成的介电纺织品在接近或远离电极会产生电荷分布，从而导致电子在两个电极之间流动，以平衡局部电位分布。配对电极之间的电子振荡产生能量。图 12.3（a）显示了 FS-FTENG 用 COMSOL 模拟的电势分布，图 12.3（b）显示了 FS-FTENG 分别在短路和开路条件下实测的电荷分布。在线性电机的驱动下，FS-FTENG 的输出信号（开路电压，短路电流和转移电荷）在一定速度下先增大后减小，这是由于单向滑动循环中接触面积的增大−减小变化所致，而且在滑动速度为 5cm/s、10cm/s、15cm/s、20cm/s 时，FS-FTENG

的短路电流最大值分别为 0.5μA、1.0μA、1.2μA 和 1.5μA，与速度近似呈线性增加，而滑动速度对开路电压（～118V）和转移电荷（48nC）的最大振幅几乎没有影响。此外图 12.3（c）显示了 FS-FTENG 的光栅结构图和数码照片。为了证实 FS-FTENG 在实际工作中的可行性，Chen 等在一双普通手套上编织了一双 FS-FTENG 织物［图 12.3（d)］，通过摩擦/拍打双手即可点亮 18 个蓝色 LED 灯。

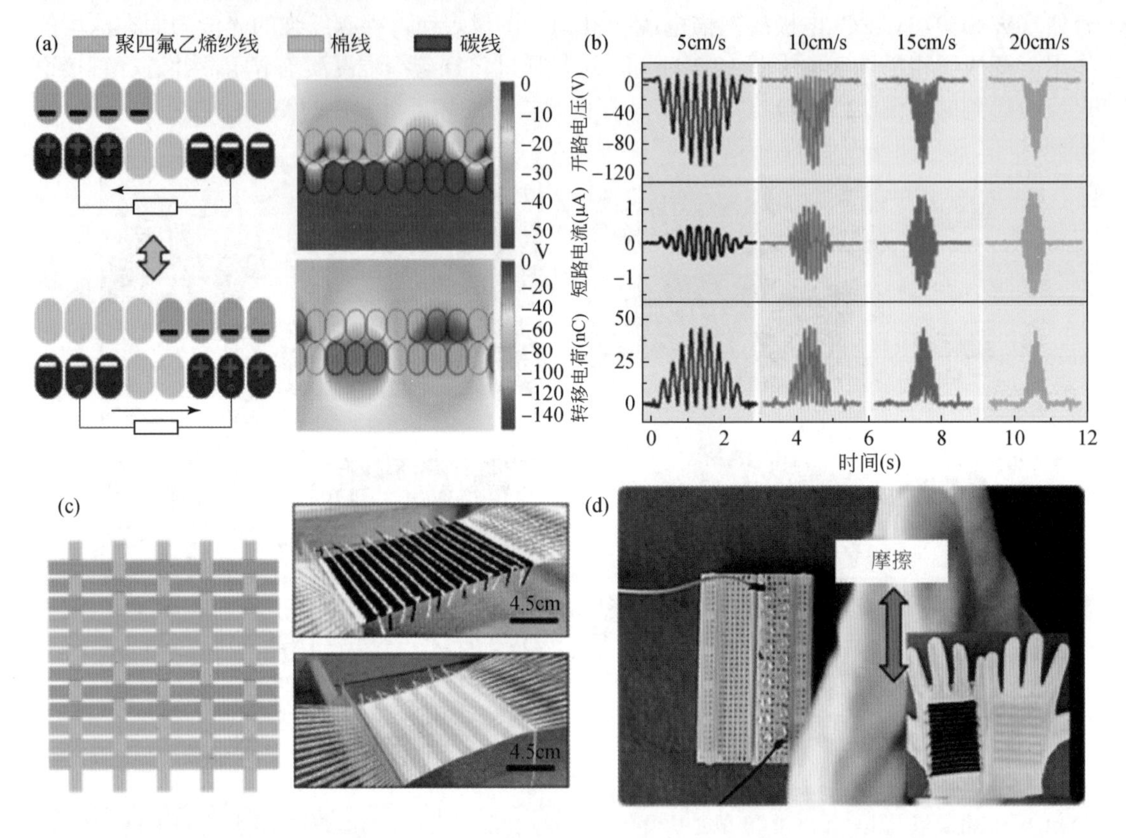

图 12.3　独立层模式织物（FS-FTENG）的输出性能。（a）FS-FTENG 的工作原理（左侧）和 COMSOL（右侧）模拟的相应电势分布示意图；（b）实时测量和对不同应用速度（5～20cm/s）的响应；（c）左：编织光栅结构 FS-FTENG 示意图，右：电极和滑动纺织品的照片；（d）使用 FS-FTENG（8cm×6cm）在连续摩擦运动下点亮 18 个商用蓝色 LED 灯

Gang 等提出了不同于上述两种模式的摩擦纳米发电机，它是一种柔性防水双模式纺织摩擦纳米发电机（TENG）,此双模式 TENG 是由接触分离模式 TENG（CS-TENG）和独立层模式 TENG（F-TENG）组成，它可以同时收集多个“高熵”动能，包括人体运动，雨滴和风，该 TENG 在动能收集和自供电电子产品方面非常有前途[3]。

图 12.4（a）显示了 Gang 等所提出的双模式纺织 TENG，它可以同时收集多种“高熵”机械能，包括人体运动、雨滴和风，它可以集成到智能布、帐篷或其他户外设施中。图 12.4（b）是织物 TENG 的结构示意图，它由顶部的 F-TENG 和底部的 CS-TENG 组成。F-TENG 具有共面结构，带有两个交错电极。两个交错电极在涤纶（聚酯纤维）织物上电镀镍，其

上覆盖了一层聚对二甲苯薄膜，用作摩擦电荷层。接着使用激光划线机制造的聚酰亚胺膜用于辅助在织物上制造图案化的镍涂层。聚对二甲苯薄膜是使用化学气相沉积（CVD）方法涂覆的。同时相邻指状电极之间的间隙为 2μm，以确保电气断开连接。指状电极单元的宽度可变，以便进行优化。这种 F-TENG 可用于收集顶部水滴的动能。位于 F-TENG 下方的 CS-TENG 由两块织物组成，之间由棉织物条带作为间隔物分隔。其中一块织物是导电的镀镍涤纶织物；另一块是涂有镍和聚对二甲苯薄膜的涤纶织物。这两种织物之间的垂直接触运动将在薄膜上产生静电荷，并在两个镀镍电极之间诱导电荷流动。因此这种 CS-TENG 可以从水滴、风或人体运动中收集动能。如图 12.4（c）中的照片所示，这两个纺织 TENG 被缝合在一起，从而构成双模式的 TENG。

镍涂层织物在涂覆绝缘聚对二甲苯薄膜之前［图 12.4（d）］和之后［图 12.4（e）］SEM 图像证实，无论是电无镍镀层还是 CVD 涂覆的聚对二甲苯薄膜都保持了原始纺织品的编织结构，这有助于保持 TENG 织物的柔韧性和透气性。顶层的聚对二甲苯具有疏水性，如图 12.4（e）所示，其接触角为 111.58°，这对于收集水滴能量至关重要。水滴必须在织物上滚动或滑动，而不是在织物上扩散或浸泡，以确保水滴与织物表面之间能够产生接触从而产生电荷。

另外，在将水滴从 0.6 米的高度击打在织物上持续 5 分钟后，织物下方的吸水纸显示质量几乎没有增加，织物的形态也没有发生变化。此外，如图 12.4（f）所示，在进行了三次泼水试验后，水接触角略微下降。

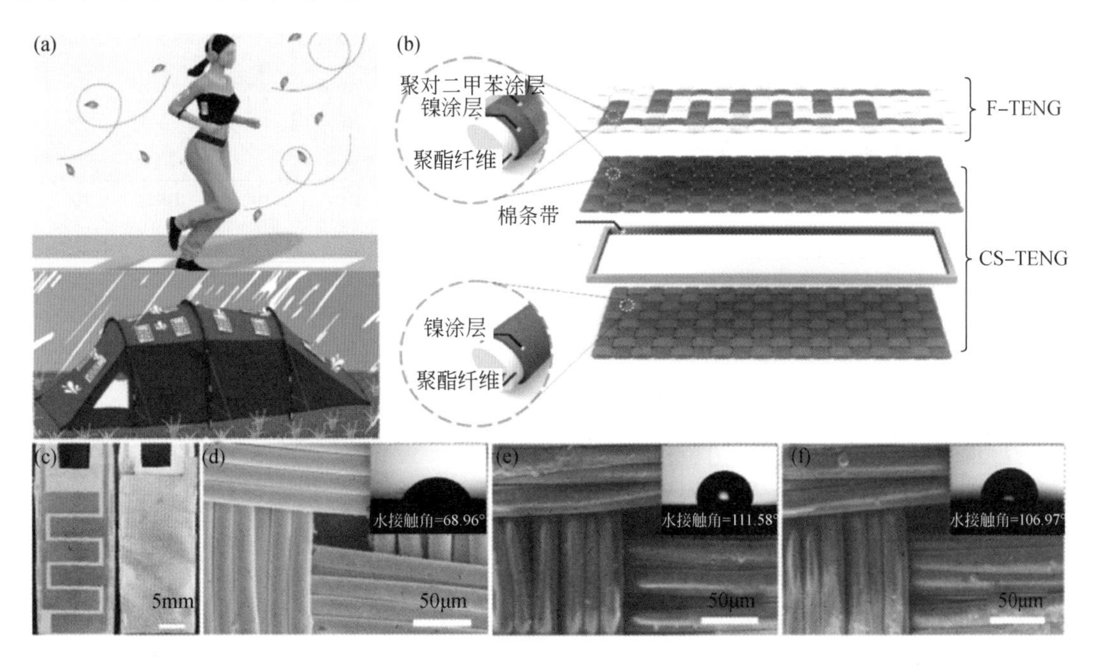

图 12.4　双模式纺织 TENG 的设计与制造。(a) 双模式 TENG 在智能衣服或帐篷中可能应用的示意图，用于俘获多种“高熵”动能（雨滴、风或人体运动）；(b) 制备的双模式 TENG 结构图；(c) 双模式纺织 TENG 的两面照片；镍涂层织物涂覆绝缘聚对二甲苯薄膜之前 (d) 和之后 (e) 的扫描电镜和接触角图像；(f) 聚对二甲苯/镍涂层织物进行三次泼水试验后的 SEM 和接触角图像

F-TENG 下方的 CS-TENG 也能够收集雨滴动能。雨滴落到织物表面时产生的冲击力会导致 CS-TENG 发生垂直接触分离运动。当雨滴落到 F-TENG 的上表面时，上面的聚对二甲苯/镍涂层织物与下面的镍涂层织物发生接触，导致聚对二甲苯涂层产生静电负荷。当两个织物分离时，感应电流会在外部电路中流动，以达到局部电荷平衡。当雨滴再次撞击时，会产生反向的电流脉冲［图 12.5（a)]。这样，CS-TENG 可以通过重复的雨滴撞击和分离过程来收集雨滴的能量。在实际情况中，雨滴引起的 CS-TENG 振动将产生交流电输出。根据图 12.5（b）显示，当雨滴落下的高度增加时，CS-TENG 的短路电流和开路电压也会随之增大,具体来说，当高度从 0.2m 增加到 1.25m 时，短路电流从 0.25μA 增加到 1.3μA，开路电压从 0.75V 增加到 2.9V。这意味着随着雨滴落下高度的增加，CS-TENG 产生的电流和电压也会增大，从而提高能量转换的效率和输出功率。

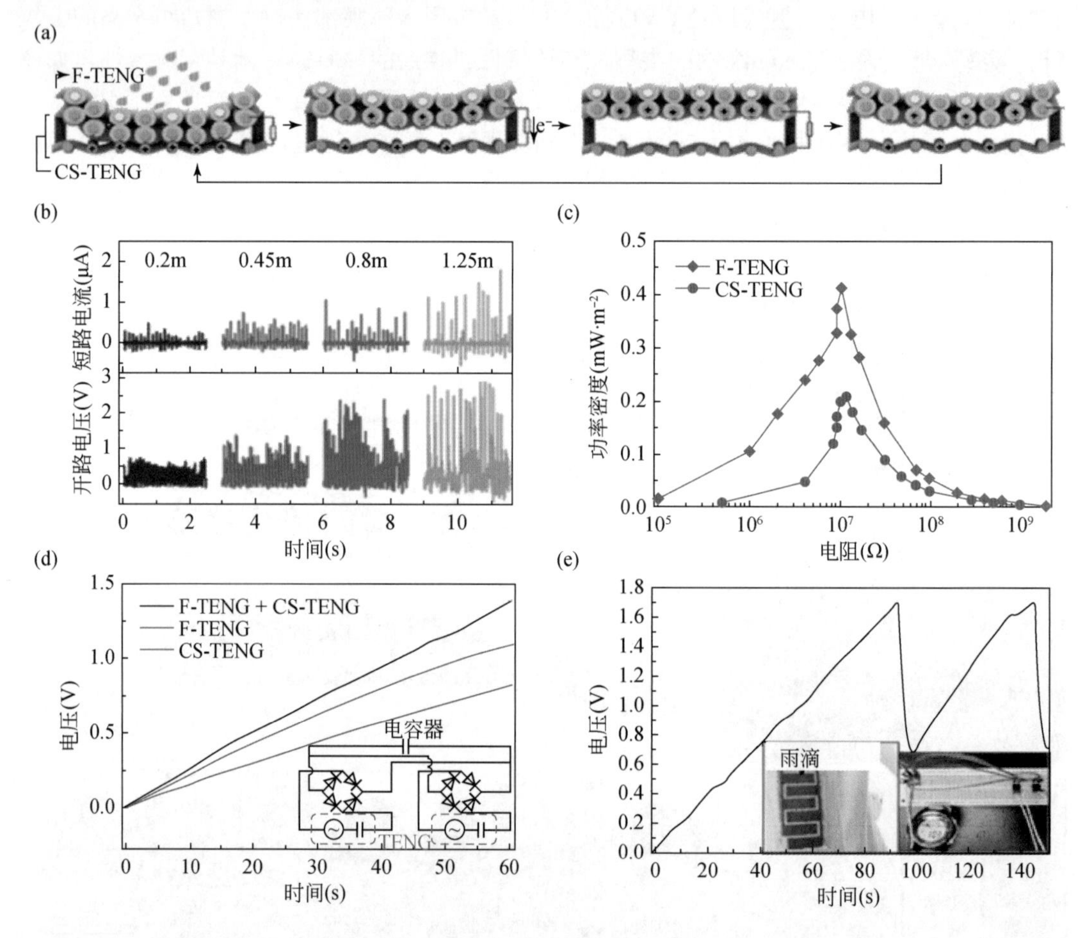

图 12.5 独立层模式 TENG(F-TENG)和接触分离模式 TENG(CS-TENG)收集雨滴能量。(a)CS-TENG 收集雨滴能量的工作机理示意图；(b) 短路电流和开路电压对雨滴落差高度的依赖性；(c) F-TENG 和 CS-TENG 收集雨滴能量的平均输出功率密度比较（高度 1.25m)；(d) 由双模式 TENG、F-TENG 或 CS-TENG 充电的 1μF 电容器的充电曲线；(e) 由双模式 TENG 供电的电子手表

此外 F-TENG 和 CS-TENG 可并联集成。当雨滴落下高度为 1.25m 时，F-TENG 和

CS-TENG 在匹配电阻为 10MΩ 时的最大输出功率分别为 0.43mW/m^2 和 0.22mW/m^2（$P=U^2/RS$，其中 R 为电阻，S 为接触表面积）[图 12.5（c）]。F-TENG 和 CS-TENG 从雨滴中产生的电能可通过整流电路用于充电电容器；如图 12.5（d）所示，CS-TENG 和 F-TENG 可分别在 60 秒内将 1μF 的电容器充电至 0.8V 和 1.08V。但是，并联的两个发电机可在 60 秒内将电容器充电至 1.35V，这间接表明雨滴撞击和滑动运动的能量可以被转化为电能并储存起来。而且在 1μF 的电容器充电 90 秒后，电压达到 1.8V，电子手表可开启 8 秒[12.5（e）]，这表明电容器中储存的电能可以用于为小型电子设备供电。

12.2.2 编织/针织式纺织摩擦纳米发电机

Xu 等报道了一种可扩展的机器编织方法，用于制造可伸缩、可洗涤和透气的纺织摩擦纳米发电机（tTENG），以收集人体运动能量[4]，即采用电镀缝合技术，使用各种常见的纱线材料和不同的工作模式（共面滑动模式和接触分离模式）来制造 tTENG。tTENG 可输出高达 232V 的电压和高达 66.13mW/m^2 的功率密度。本工作证明了 tTENG 的可拉伸性、可洗涤性和透气性。这些发现提供了一种实际可行的基于纺织品的电源，为未来自供电的可穿戴电子设备和智能纺织品带来了巨大希望。

在这项工作中，提出了一种可伸展、可水洗、可透气和可扩展的机织 tTENG、通过与小型电源管理模块（PMM）的集成，进一步证明了它能够为电子设备提供恒定电源。这种 tTENG 采用排针编织法，导电纱线和绝缘纱线在织物的上表面和下表面分别形成一个编织线圈。tTENG 的制作如图 12.6 所示。tTENG 采用电镀缝合技术制备，从而实现了双面结构。其中一个表面由绝缘纱线构成，作为电化层产生静电荷；另一个表面由导电纱线构成，可将感应电荷输出到外部电路中。这种结构类似于叠层薄膜，但保留了织物的特点，如透气性和伸缩性。

电镀缝合技术的原理如图 12.6（a）所示。导电纱和绝缘纱同时送入织针。导电纱导纱器位于绝缘纱导纱器的后面，导电纱喂纱器与绝缘纱喂纱器的水平距离为 11.8mm，垂直距离为 1.1mm。在编织过程中，绝缘纱的纵向角度 α 始终小于导电纱的纵向角度β。当织针下降并钩住两根纱线形成线圈时，绝缘纱总是在导电纱的正下方。所有线圈紧密编织在一起后，绝缘纱只露出一个表面，而导电纱则露出另一个表面。在编织后形成结构稳定的电镀缝合线，且具有双面结构。具有双面结构的 tTENG 如图 12.6（b）所示，TENG 的上表面由绝缘纱线构成，下表面由银纱线构成电极层。上表面是绝缘的［图 12.6（b）-（i）］，而下表面则是高度导电的［图 12.6（b）-（ii）］，这是因为纱线是密集编织在一起的，没有导电纱线暴露在上表面。

图 12.6（c）展示了 tTENG 在拉伸、扭曲和折叠状态下的照片，以证明其柔韧性。根据 GB/T 5453-1997 国家标准，测试了使用不同电介质纱线制备的双面 tTENG 纤维的透气性。如图 12.6（d）所示，使用聚四氟乙烯纱线制备的 tTENG 透气性最高，达到 1826.4mm/s，而使用高弹性 PA66 制备的 tTENG 透气性最低（364.8mm/s），仍与大多数普通织物相当。图 12.6（e）中的位移-力曲线显示了这些织物的拉伸性。当对 tTENG 施加 100N 的力时，所有测试织物都可以拉伸，其中含有 PA66 多丝的 tTENG 的位移最大，达到 52mm（相当

于 81%的拉伸应变）。此外，拉伸状态下织物电极的电阻在拉伸应变达到 80%时变化很小［图 12.6（f）］。用家用洗衣机清洗 tTENG 10 次（800 转/分，每次 7 分钟），也没有观察到电极降解［图 12.6（g）］。

这一节通过对机器编织方法的研究，证明了 tTENG 具有出色的伸展性、透气性、耐洗性和舒适性。考虑到所有的纱线材料都很容易获得，而且织物是机器针织的，因此其制造也是可扩展的。

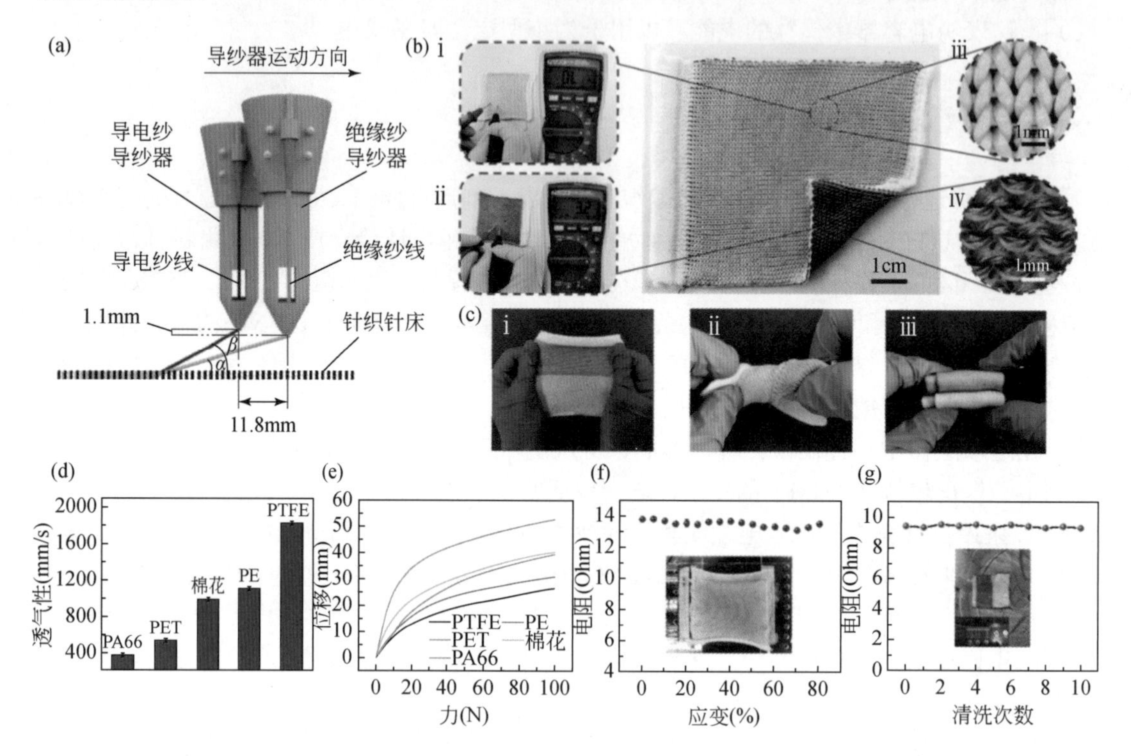

图 12.6 纺织摩擦纳米发电机（tTENG）的制造。（a）使用电镀缝合技术制造 tTENG 的过程示意图；（b）具有双面结构的 tTENG 的照片：上表面由绝缘纱线组成（ⅰ，ⅲ），下表面由导电纱线组成（ⅱ，ⅳ）；（c）证明 tTENG 可变形的照片；（d）不同电介质纱线制备的双面 tTENG 纤维的透气性测试结果；（e）织物拉伸性能测试；（f）电阻随拉伸应变的变化情况；（g）样机清洗后的稳定性测试

Dong 等设计了一种基于 TENG 的电子纺织品，通过三维五向编织（3DB）结构，设计了一种基于 TENG 的电子纺织品三维编织摩擦纳米发电机（3DB-TENG），具有高柔性、形状适应性、结构完整性、循环水洗性和卓越的机械稳定性等特点，可用于供电和传感[5]。由于外层编织纱线和内层轴向纱线之间形成的空间框架柱，3DB-TENG 还具有高压缩回弹性、增强的功率输出、更高的预紧灵敏度和振动能量收集能力，可为微型耐磨电子元件供电，并对微小的质量变化做出响应。这项研究希望为基于纺织品的高性能 TENG 提供一种新的设计理念，并扩大其在人机界面中的应用范围。

以 PDMS 涂层能量纱为编织纱，以八轴卷绕纱为轴向，在自主研发的三维编织机上，通过四步矩形编织技术制造出了 3DB-TENG 纱线。图 12.7(a)和(b)分别展示了 3DB-TENG

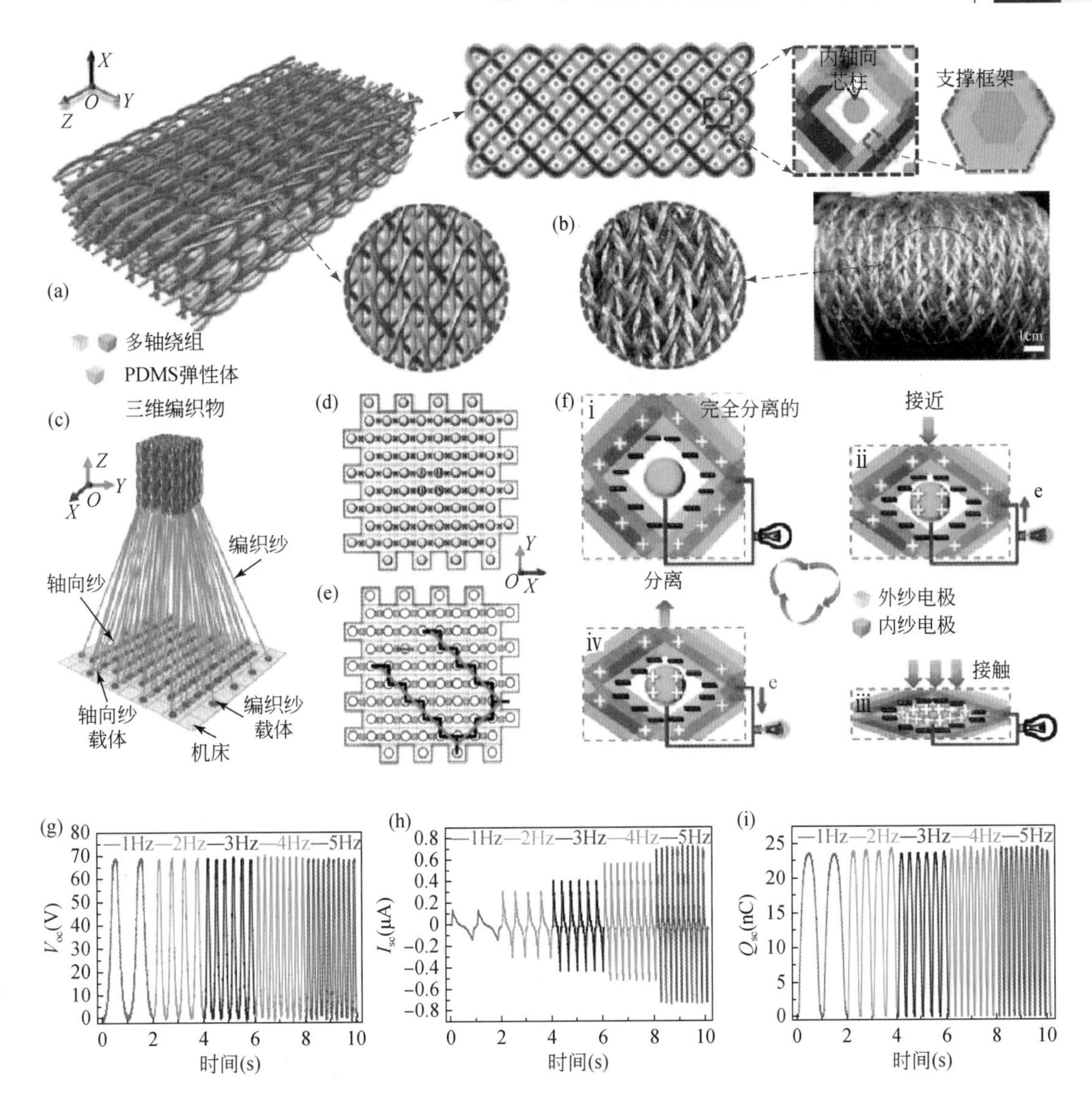

图 12.7　3DB-TENG 的结构特征、工作原理和输出性能。（a）结构特征，其中包括外支撑框架和内轴向芯柱；（b）照片图像；（c）三维四步矩形编织技术示意图；（d）纱架在机床上的分布；（e）一个纱架及其悬挂纱线的移动轨迹。一根编织纱及其纱架的移动路线分别用橙色线和黑色线标出。此外，一根轴向纱线及其纱架的行走轨迹用蓝线表示；（f）垂直接触和分离模式下 3DB-TENG 的工作原理示意图。3DB-TENG 在不同负载频率（1～5Hz）下的输出性能，包括（g）开路电压、（h）短路电流和（i）转移电荷

的拓扑结构和实际照片，从中可以观察到三维空间配置、交织框架结构和纱线运行轨迹。编织纱线穿过横截面，沿轴向前进，通过位置转换与轴向纱线相互交织。此外，编织纱的方向并不是无序的，而是遵循四个基本方向，构建了许多空间菱形支撑框架。作为内芯柱的轴向纱线位于支撑框架的中心，可视为第五个方向。在这五个方向的基础上，外编织支撑框架和内芯柱之间形成了框架柱结构，为它们提供了足够的接触和分离空间。三维四步编织工艺是通过纱架在机床上，分别沿 X 和 Y 方向的周期性行和列轨迹运动来实现的［图

12.7（c)]。纱架在机床上的排列反映了织物的横截面。纱线的一端钩在相应的载体上，另一端与成品织物相连。纱架的移动促进了纱线的交织，而纱线的交织将进一步提高织物的质量。

图 12.7（d）是机床在 *XOY* 平面上的示意图，其中“*O*”和“*X*”分别指编织纱架和轴向纱架。在一个机器周期内有四个运动步骤，纱架在每个步骤中最多移动到一个位置。值得注意的是，虽然纱架在机床上的整体布局与原始状态一致，但它们的实际位置却发生了变化。如图 12.7（e）所示，纱架所走过的轨迹与原始状态一致。

3DB-TENG 的工作原理如图 12.7（f）所示，它以垂直接触和分离模式运行。一个周期的压缩和释放运动相当于外编织支撑框架和内轴向芯柱之间的接触-分离过程。开始时，基于 3DB-TENG 的高回弹性，内部芯柱和外部支撑框架将处于最大分离状态。由于缺乏电位差，这种状态下没有电荷或电流。当对 3DB-TENG 施加压缩负载时，在静电感应作用下，正电荷将逐渐从外纱电极感应到内纱电极。累积的电位差促进电子反向流动，进而产生瞬间正向电流。一旦 3DB-TENG 被完全压缩，PDMS 表面的负摩擦电荷就会被内纱电极上的正静电荷完全平衡。在这种情况下，由于电荷相互抵消，因此不会产生电信号。基于 COMSOL Multiphysics 的有限元仿真建立了一个理论模型，用于定量分析 3DB-TENG 在接触分离过程中的电势分布。在 20N 的压缩负载下，测量了 3DB-TENG 随频率变化的电气输出性能，包括开路电压、短路电流和短路电荷转移［图 12.7（g）和（i)]。

在这一节，以三维(3D)五向编织结构为基础，开发了一种三维编织 TENG(3DB-TENG）作为基于 TENG 的新型电子纺织品，用于生物力学能量的开发。

Seung 等设计了一种完全可拉伸的摩擦纳米发电机（S-TENG），它是用针织面料制造的，并与纺织业直接可用的材料和技术相结合，该设备适应布料运动，可在压缩和拉伸情况下发电[6]。本研究表明，根据织物结构的不同，在高达 30%的拉伸运动下，S-TENG 产生的最大电压和电流分别为 23.50V 和 1.05μA。在 3.3Hz 的压缩频率下，S-TENG 可产生高达 60μW 的恒定平均均方根功率。这项工作的结果表明了布料集成 TENG 从布料和服装中的人体生物力学运动中收集能量的可行性。

为了研究和制造出与当前纺织业兼容的 S-TENG，Ag 和聚四氟乙烯分别被选为电极材料和摩擦负极材料。S-TENG 由一个 10cm×10cm 的双弧形装置构成。如图 12.8（a）所示，它由上下层的聚四氟乙烯和银编织物以及中间的银电极组成。聚四氟乙烯纱线（198 旦）和银纱线（280 旦）均使用原材料编织成针距为 12（针/英寸，1 英寸=2.54cm）的织物。图 12.8（b）为用来描述 S-TENG 装置特征的针织技术术语。如图 12.8（c）所示，为了研究针织物的确切线圈尺寸，Sung 等进行了场发射扫描电子显微镜（FE-SEM）测量。为了显示针织结构对织物机械性能的影响，并确定合适的针织设计，最大限度地提高拉伸性和接触面积，其制备了三种不同类型的针织结构：平纹针织、双层针织和罗纹针织。然后，制作出形态、粗糙度、密度和拉伸性等表面特性不同的织物。倾斜和俯视图平纹、双层和罗纹针织物的图像如图 12.8（d）～（f）所示。

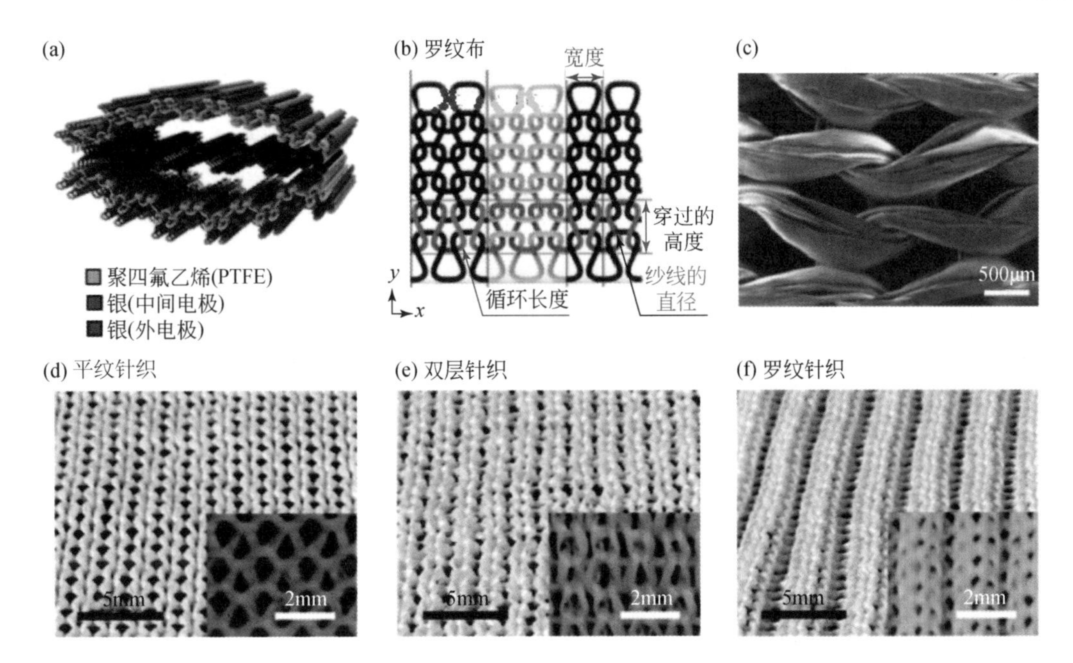

图 12.8　不同针织结构的基于针织物的完全可拉伸 TENG。（a）S-TENG 结构的三维图像；（b）针织物的命名；（c）织物线圈的 FE-SEM 图像；（d）平纹、（e）双层和（f）罗纹针织物的照片，并附有放大图像的插图

图 12.9 显示了织物在横向 10%、20%和 30%不同拉伸应变水平下的情况。织物开始拉伸时，顶部的应变水平分别为 10%、20%和 30%。如图 12.9（a）～（c）所示，中层和底层针织物逐渐靠近，直至接触，产生第一个电脉冲如图 12.9（d）和（e）所示，如果上层和底层没有完全同步，则产生两个小脉冲。在这里，罗纹织物结构 S-TENG 的接触面较高，这是因为其特殊的双之字形针织结构能产生较高的电荷总量，因此与其他织物相比，能达到较高的电压峰值。然后，随着进一步的拉伸，织物与织物之间的接触面积会越来越大。每个部分的电荷量都有较大的增加，从而产生更多的摩擦电荷和第二个更宽的电压峰值。同样，这里的罗纹织物可以比其他织物延伸得更长，从而增强了电荷的产生，从而可以产生更高的电压峰值。当释放力时，反向过程同样发生。由于针织结构不同，织物的接触区域也不同，在接触点上显示出不同的电峰值。此外，由于它们的拉伸能力不同，在拉伸过程中会出现差异，从而导致整体性能不同。由于这种机制，所提出的 S-TENG 可在以下三种模式下工作：接触、拉伸及接触拉伸。因此，这种设计可以很好地整合和适应所有纺织品运动的采集。

本节通过利用工业针织技术展示了一种基于针织物的高伸缩性可穿戴 S-TENG。在不久的将来，预计将拟定的装置与整块布料整合在一起将增加产生的功率，从而通过利用人体的连续运动为配备布料的可穿戴电子设备供电。

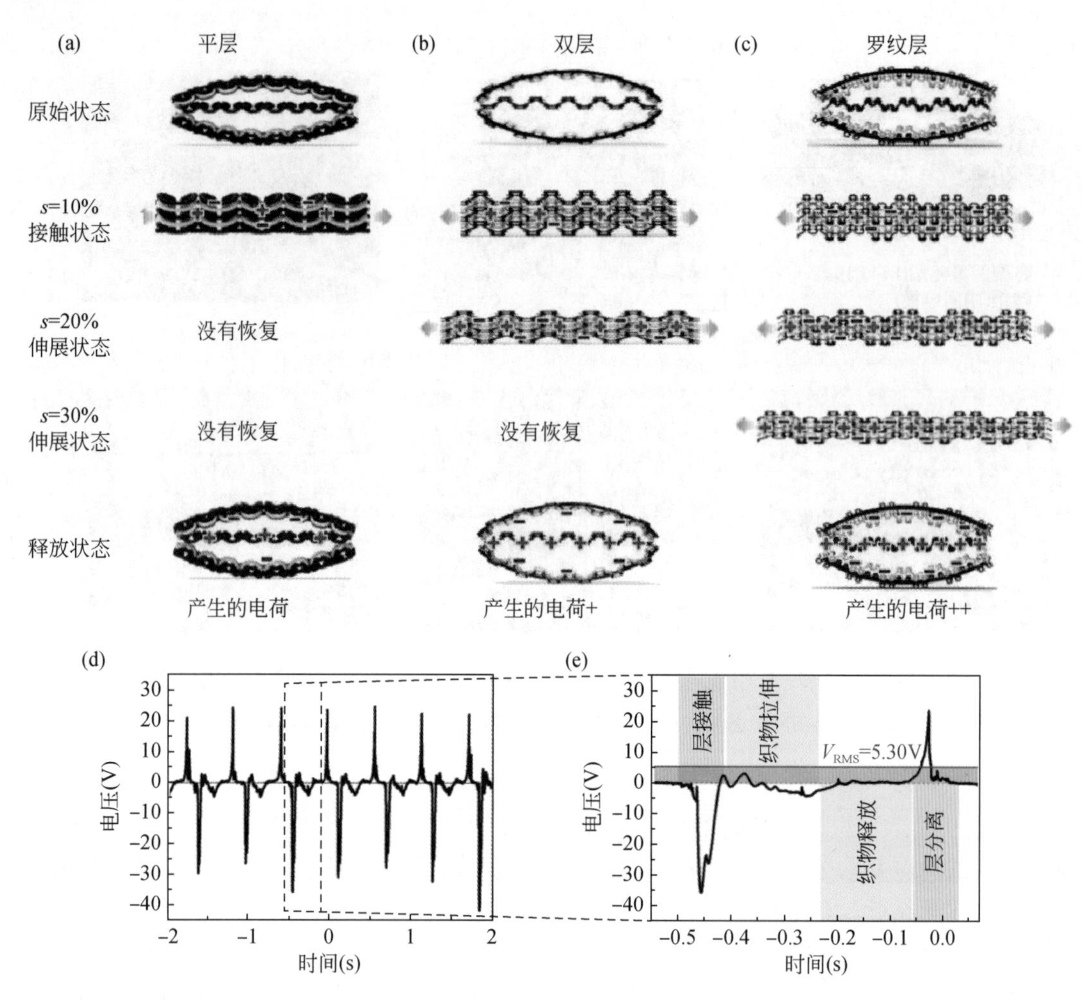

图 12.9 不同罗纹织物结构（S-TENG）的工作原理示意图。拉伸过程中的摩擦电荷生成过程（a）普通 S-TENG,（b）双层 S-TENG 和（c）罗纹 S-TENG;（d）在横向应变为 30%且负载电阻为 40MΩ 的情况下，罗纹 S-TENG 的输出电压;（e）在不同拉伸和释放步骤中产生的输出电压的单周期图形，以及相应的输出电压有效值

12.2.3 芯纺/涂层纺织摩擦纳米发电机

Cao 等研究开发了一种全纺织摩擦纳米发电机，可分别从声音、人体运动和风等多种来源收集能量[7]。该发电机由三种织物材料制备：导电织物、商用蚕丝织物与导电有机硅织物。该装置是首个能够收集声音能量、风能和人体运动能量的织物装置，且装置透气性好，柔软性好。

制备可拉伸的摩擦电纱线如图 12.10 所示，应将 Ecoflex 硅胶的两种组分以 1∶2 的体积比进行混合。首先，将混合物充分混合后放入真空干燥器中进行脱气，并利用连续加工装置，将有机硅前驱体涂于弹性导电纱线［图 12.10（a）］，并使用长 8.5cm 锥型喷嘴且内径 1mm 的管子，将其作为刮刀，使有机硅前驱体负载到导纱上。随后将涂覆的纱线从刮刀中拔出，穿过 100℃加热室进行硅胶固化。有机硅包覆纱（由刮刀的内径控制）的直径为 1mm，将涂覆有机硅的纱线通过纬编工艺手工编织为纬平针结构织物。

如图 12.10（b）所示的有机硅涂层灯丝，灯丝直径为 1.0mm，展示了所制备的有机硅涂层长丝的结构。这种包芯纱由中心区域的弹性涤纶氨纶纤维组成，表面包裹一层镀银纤维，并填充有机硅。采用标准编织工艺（纬平针与纬编针法）将硅酮涂层纱线编织到织物中。如图 12.10（d）所示的针织物，外观均匀。织物具有优异的柔韧性和弹性，容易折叠，且折叠后的织物能迅速恢复到如图 12.10(e)所示的原状态。8cm 厚的织物可拉伸至 21.5cm。

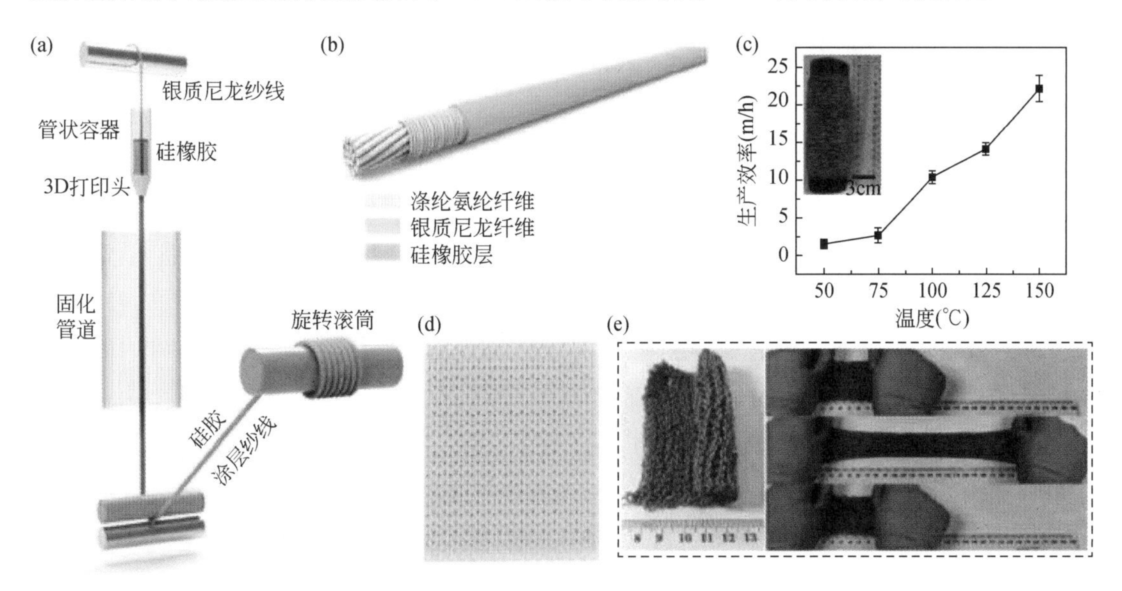

图 12.10　（a）导电硅丝制备及结构示意图；（b）有机硅涂层灯丝结构示意图；（c）固化温度对长丝生产效率的影响；（d）针织物结构；（e）展示针织物弹性的照片

导电有机硅织物准备完毕后，由于其具有负摩擦电特性，该研究选择商用蚕丝织物作为正电部分来制备 TENG 器件。如图 12.11（a）所示，展示了所测织物组合的能量转换性能的装置。将针织有机硅织物固定在可移动的机械臂上，丝织物固定在静止台上，使尺寸与真丝织物相同的镀银尼龙织物作为电极置于真丝织物下方。来回移动机械臂使有机硅织物与真丝织物接触并分离，则产生如图 12.11（b）中所展示的交变电信号。以商用蚕丝织物为正极介电材料，导电织物为正极电极，导电有机硅织物（负极介电材料）为负极电极，即可进行织物 TENG 的制备。如图 12.11（c）对摩擦电转换机制进行了说明。由于两种材料的电子亲和势相差较大，有机硅与蚕丝织物的接触会导致界面处的电荷改变方向。分离时所产生的电势差，导致电子在外电路中流动从而平衡静电场。因此，两个电极又回到电中性。当它们接触时，电子会回流以抵消电势差的变化。在此过程中，产生交变电流信号，从而使织物 TENG 进行工作。

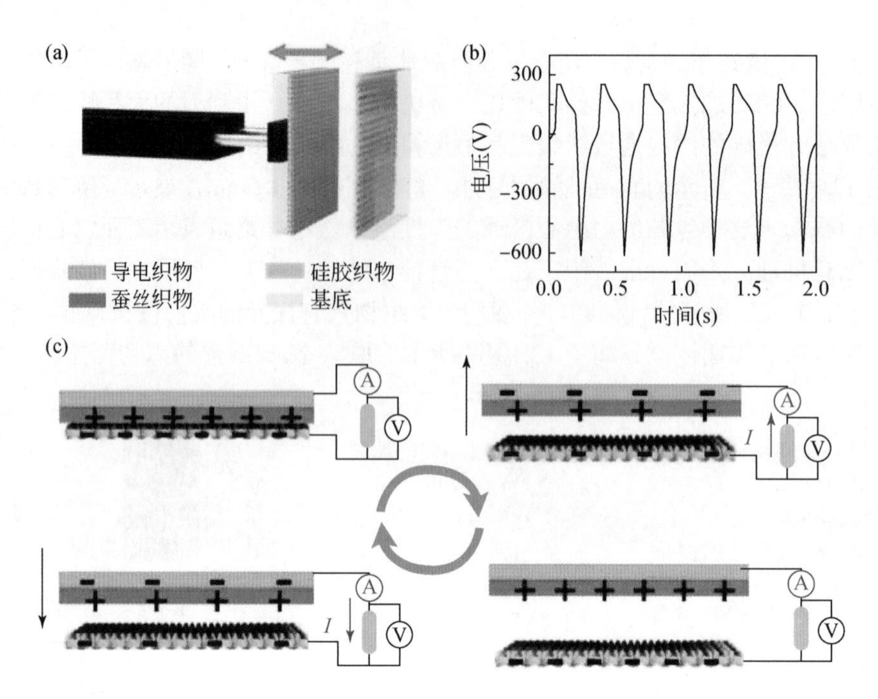

图 12.11 （a）织物 TENG 测试装置示意图；（b）TENG 器件（有机硅织物与真丝织物接触，织物间初始距离为 7mm，冲击频率为 3Hz）产生的开路电压；（c）织物 TENG 可能的工作机理

而 Ning 等提出一种基于摩擦纳米发电机的螺旋纤维应变传感器（HFSS），该传感器能够响应微小的拉伸应变，可以通过测量一些关键的呼吸参数用于疾病预防和医疗诊断[8]。

该研究选择聚四氟乙烯（PTFE）纤维和尼龙纤维作为摩擦电材料。PTFE 具有较高的机械耐久性、固有的生物相容性以及较强的电子获得能力；尼龙是一种常见的可穿戴纤维，极易失去电子。如图 12.12（a）和（d）所示，将 PTFE 缠绕的镀银尼龙纤维（PTFE/Ag 编织纤维）和尼龙缠绕的镀银尼龙纤维（尼龙/Ag 编织纤维）交替缠绕在可拉伸基材纤维上，从而形成 HFSS。两个摩擦电层（PTFE 和尼龙）的接触-分离可以通过 HFSS 的拉伸-释放运动实现。在拉伸的过程中，螺旋结构沿纵向伸长，在相邻的尼龙和 PTFE 中发生脱离，直到最大拉伸应变状态，由图 12.12（b）可知 HFSS 在 0 与 80%应变下的物理状态。

HFSS 的制作过程如图 12.12（c）所示，使用了纺织工程中的常见方法，即覆盖核壳型纤维。如图 12.12（c）-（ i ）与（ ii ）所示，选取 PTFE 纤维或尼龙纤维作为壳层纤维，镀银纤维作为芯层纤维。通过多轴向纤维缠绕机，将壳层纤维缠绕在芯层纤维周围，并在收紧套筒中相互交织，制备出壳核层纤维。从核壳纤维［图 12.12（c）-（iii）与（iv）］的结构示意图和核壳纤维的断面 SEM 照片［图 12.12（e）］可以看出其结构。

此外，由于 HFSS 的制备过程是连续和机械化的，核壳纤维可以大规模制备。由图 12.12（f）和（g）中可得到未经处理和处理后的 PTFE/Ag 编织纤维的 SEM 图像，并展示了其中的异同：在相同的触发条件下，基于已处理 PTFE 的 PTFE/Ag 编织纤维的开路电压较未处理的编织纤维增加了约 50%。HFSS 可以承受各种复杂的机械变形，包括扭曲、打结和弯曲，可以说，HFSS 具有良好的灵活性。

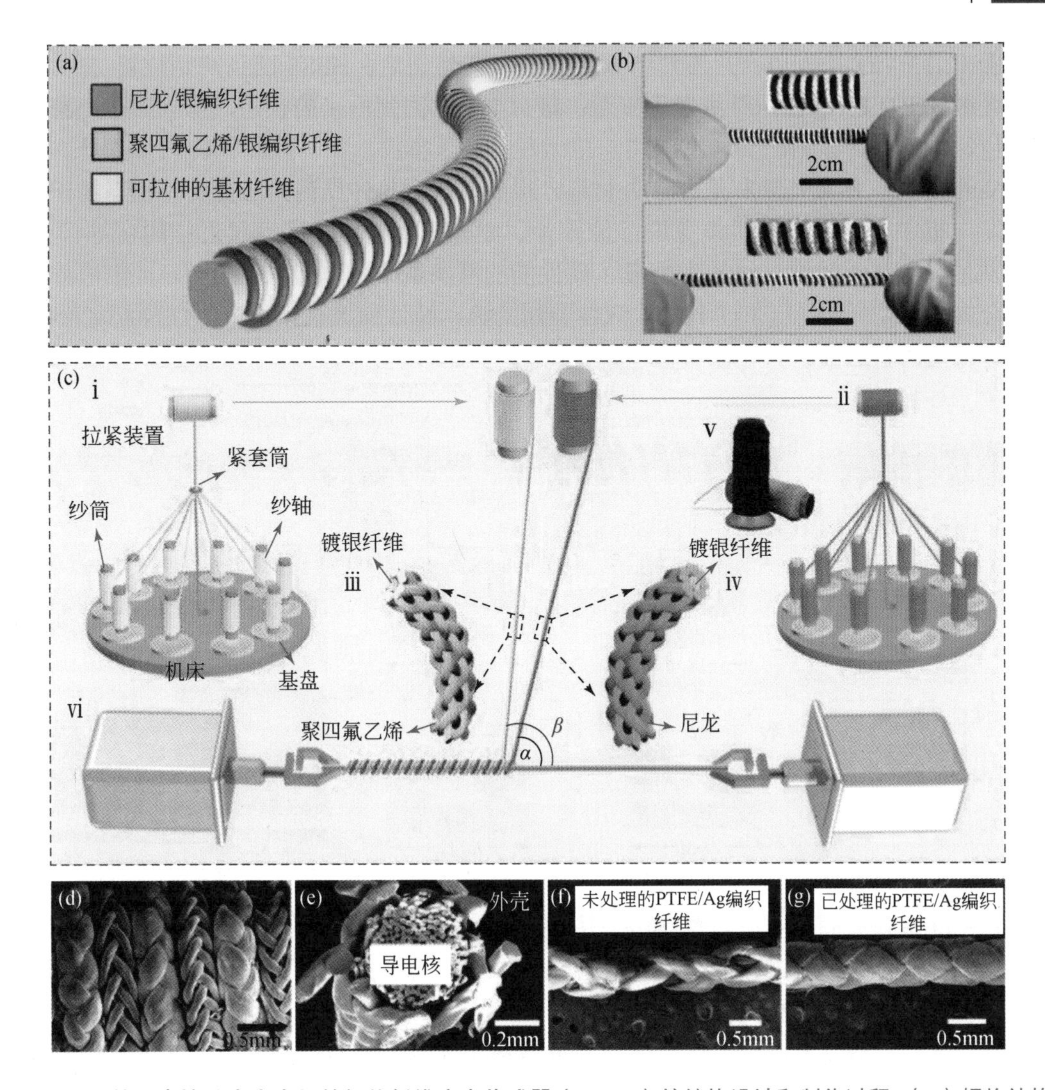

图 12.12　基于摩擦纳米发电机的螺旋纤维应变传感器（HFSS）的结构设计和制作过程。（a）螺旋结构 HFSS 原理图；（b）HFSS 分别在 0 和 80%应变下的照片；（c）（ⅰ）PTFE/Ag 编织纤维和（ⅱ）尼龙/Ag 编织纤维的制备工艺；（ⅲ）PTFE/Ag 编织纤维和（ⅳ）尼龙/Ag 编织纤维示意图；（ⅴ）多轴纤维缠绕机制备的核壳纤维照片；（ⅵ）两种核壳纤维缠绕过程示意图；（d）HFSS 表面的 SEM 照片；（e）核壳纤维断面的 SEM 照片；（f）基于未处理的 PTFE/Ag 编织纤维；（g）已处理的 PTFE/Ag 编织纤维

HFSS 的工作原理如图 12.13（a）和（b）所示，本章将通过耦合接触起电和静电感应来进行解释。在初始状态下，两种摩擦电材料（PTFE 和尼龙）处于接触状态。由于 PTFE 和尼龙相反的摩擦电极性，使得电子从尼龙注入至 PTFE 中，如图 12.13（a）-（ⅰ）和（b）-（ⅰ）所示在表面产生等效的正负摩擦电荷分布。当 HFSS 受到外力拉伸后，尼龙/银编织纤维和聚四氟乙烯/银编织纤维的接触面开始分离，这两个表面会形成一个电势差，如图 12.13（a）-（ⅱ）与（b）-（ⅱ）所示，驱动自由电子从两个表面流出 PTFE/Ag 编织纤维到尼龙/Ag 编织纤维。当 HFSS 继续拉伸时，两表面之间的间隙增大，电势最终达到平

衡［图 12.13（a）-（iii）与（b）-（iii）］。当外力撤去后，HFSS 回到初始位置，尼龙/Ag 编织纤维和 PTFE/Ag 编织纤维发生接触。最后 HFSS 回到原来的状态，形成一个完整的发电循环。

Ning 等将聚四氟乙烯和尼龙作为材料，得到有轻微拉伸结构的应变传感器。纺织摩擦纳米发电机中，除通过材料本身进行传导外，亦有使用液体金属涂层进行的传导。Wang 等开发了一种基于纺织材料的大规模、高性能的摩擦纳米发电机（t-TENG），由液体金属与聚合物壳核型纤维（LCFs）构成。液体金属的流动特性使大规模生产 t-TENG 成为可能，且具有一定的普适性。

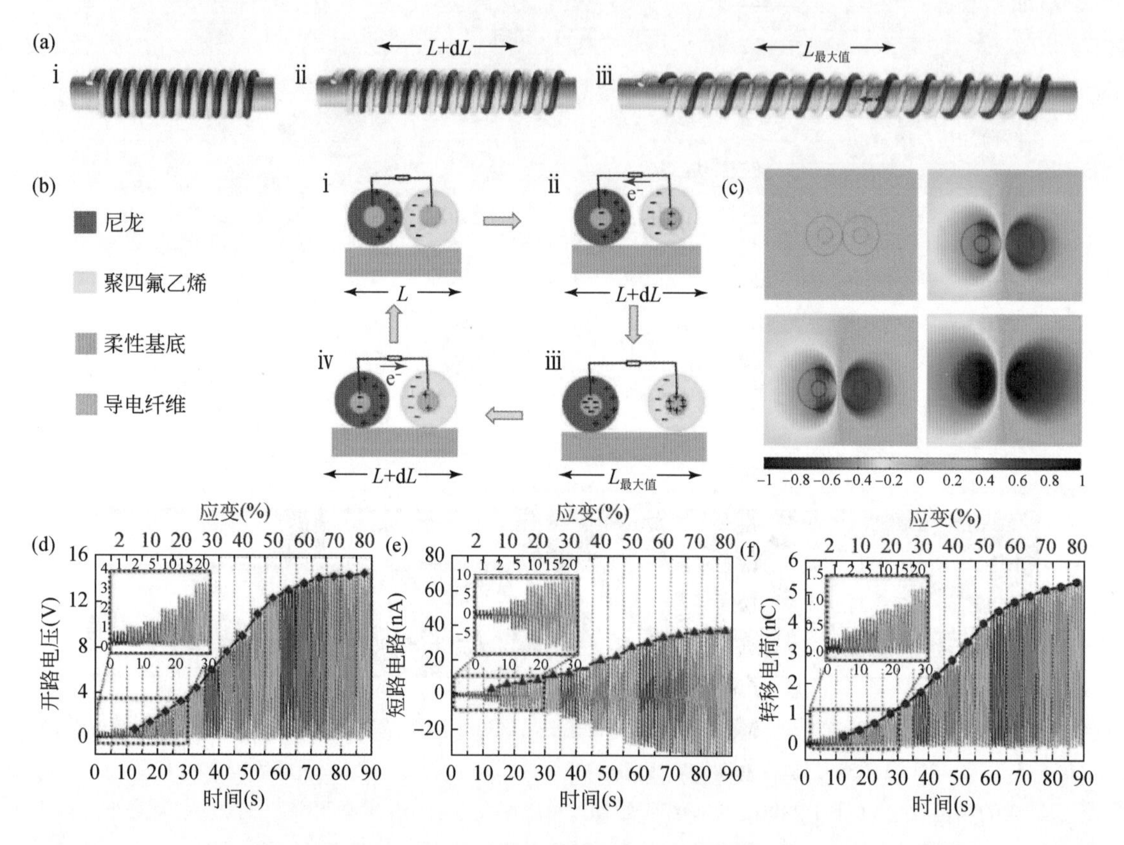

图 12.13 HFSS 的工作原理及不同拉伸应变下的电输出。（a）不同状态下 HFSS 的结构示意图：（ⅰ）无变形侧视图；（ⅱ）张力作用下的分离绕组；（ⅲ）拉伸到最大；（b）HFSS 的工作原理，其中状态ⅰ，ⅱ和ⅲ分别对应于（a）的状态ⅰ，ⅱ和ⅲ；（c）利用 COMSOL 软件对电势模型的仿真结果；（d）1% ~ 80% 拉伸应变下 HFSS 的开路电压变化；（e）1% ~ 80%拉伸应变下 HFSS 的短路电流变化；（f）1% ~ 80%拉伸应变下 HFSS 的转移电荷变化

对于基于 TENG 的能量采集器，最重要的两个部分是摩擦材料和集电极，它们是影响 TENG 器件性能的核心要素。特别是对于 t-TENG，如何将接触层与合适的电极完美结合并构建合适的编织块是整个能量收集纺织品的关键技术。如图 12.14（a）所示，柔性可拉伸镓基液态金属电极（对环境友好,对人体无害）通过简单的泵浦工艺与超细聚四氟乙烯

（PTFE）中空纤维成功集成。原始 PTFE 中空纤维和全液态金属填充纤维抽气后的照片如图 12.14（b）和（c）所示，研究中所采用的 PTFE 中空纤维都是超细的，约为通用铅笔芯直径的一半。LCFs 的外壳可以用不同的聚合物中空纤维代替，使得 LCFs 具有多种功能，例如改性 PTFE 纤维可以提供各种颜色的（黑色、红色、蓝色）外壳，如图 12.14（d）和（e）展示了不同颜色和尺寸的 TENG 织物的照片。在以往的研究中，大多能量采集纺织品通常在商品织物上开发并构建，但 Wang 等所开发的 TENG 纺织品并不需要任何织物基底，提高了装置的整体透气性与舒适性。

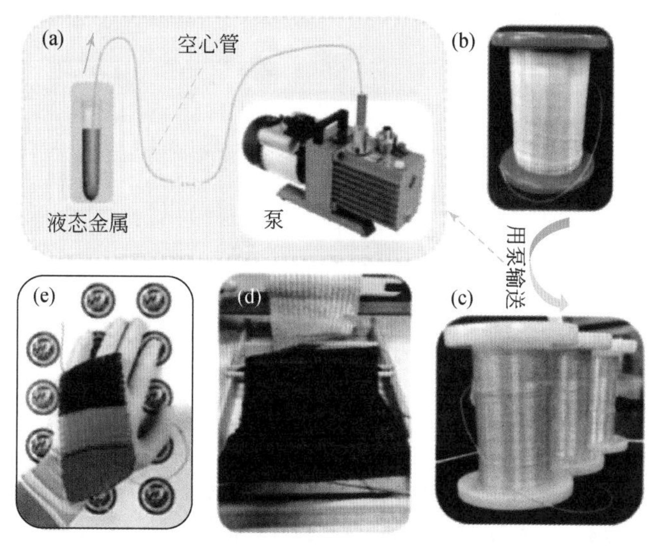

图 12.14　纺织基 TENG（t-TENG）的制备过程。（a）液态金属/聚合物壳核型纤维（LCFs）的制备过程；（b）原始超细聚合物中空纤维的照片；（c）泵入液态金属后的聚合物中空纤维的照片；（d）大块 TENG 织物的照片；（e）基于黑蓝红三色 PTFE 纤维的 t-TENG 的照片

在对材料进行制备的同时，Wang 等也对所研究 TENG 的耐酸碱特性进行报道。该研究采用封闭式结构，选用 PTFE 作为外壳摩擦纤维，因此在理论上耐酸碱性较好[9]。如图 12.15（a）为浸水试验示意图，从而对器件的耐酸碱性进行验证。

TENG 织物经过各种处理后的电阻和输出开路电压如图 12.15（b）和（c）所示，其中输出开路电压通过线性马达在与参考丝织物摩擦层相同的条件下进行模拟。从这些数据可以看出，经过酸或碱处理后，t-TENG 的电阻和输出性能均未受到影响，进一步说明 t-TENG 具有突出的化学稳定性，有望在恶劣环境中进行应用。

为了进一步验证 t-TENG 的机械稳定性，在 0～10000 次的接触分离循环下连续测量了装置的输出开路电压，如图 12.15（d）所示，装置能够保持稳定，表明装置能够持续稳定地收集生物力学能量。此外，通过将 TENG 纺织品置于一只鞋下，并在环状砂纸路径上行走，进行了耐磨损实验。在图 12.15（e）中，t-TENG 在行走 10 分钟后的输出开路电压值与磨损前的输出几乎相同。因此，t-TENG 具有足够的机械稳定性和鲁棒性，在不久的将来可能成为可穿戴电子设备的理想能源。

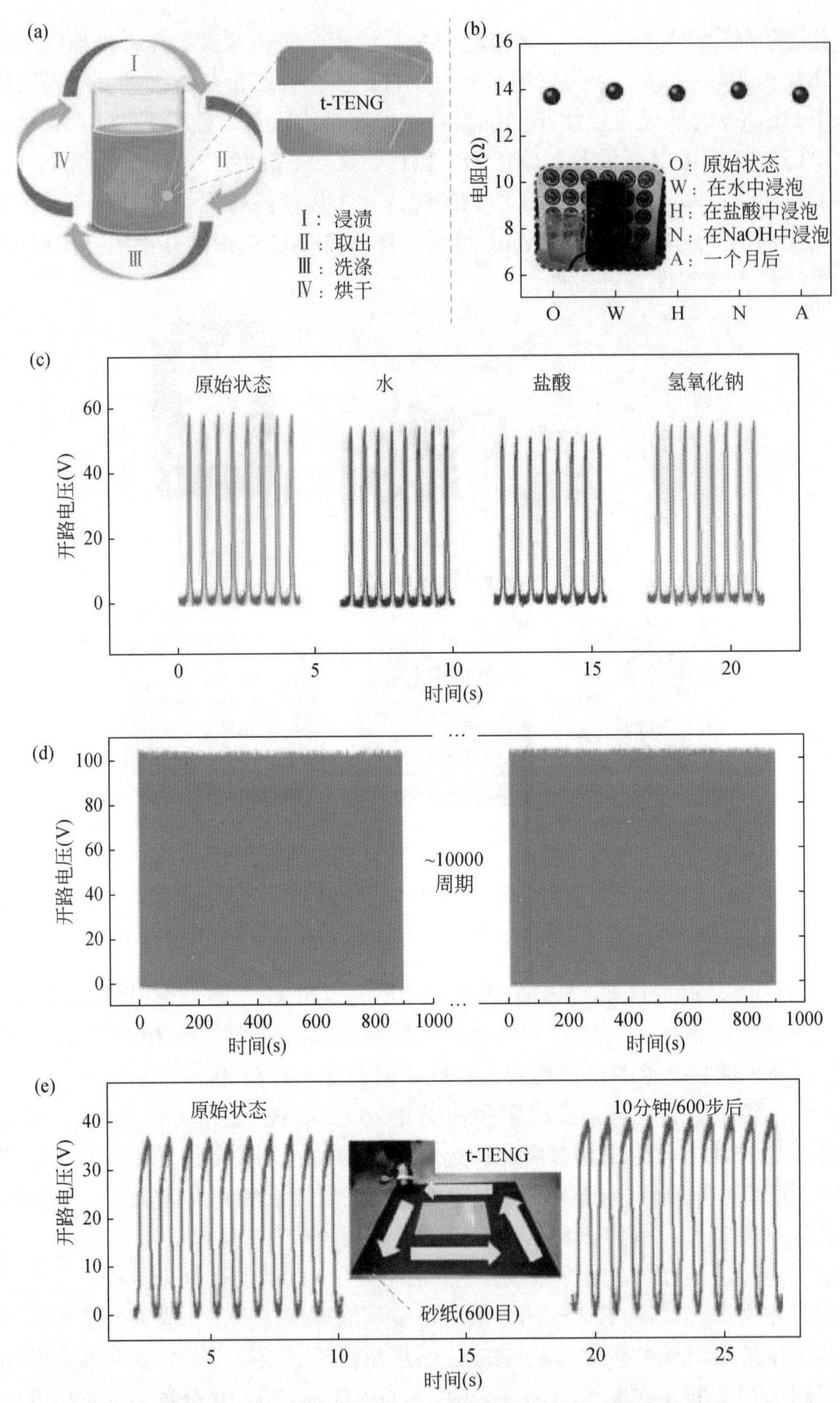

图 12.15 材料的稳定性和耐酸碱性测试。(a)~(c)耐酸/碱化学稳定性测试：(a)t-TENG 的处理工艺；(b)TENG 织物经不同浸渍处理后的耐酸碱性测试；t-TENG 织物在水中的照片如插图所示；(c)浸泡在不同液体介质中的 t-TENG 的开路电压；(d)在 10000 次循环下的输出耐久性；(e)t-TENG 在环形砂纸(600 目)路面上行走的磨损测试；磨损试验的光学照片如插图所示

综上所述，通过不同的材料处理工艺使摩擦纳米发电机在纺织产品中得到了进一步的应用。通过芯纺或涂层的方式使摩擦纳米发电机在收集各类能量方面效率更高，运用范围更广。材料的制备与更迭提高了 TENG 对环境的适应能力，使 TENG 可以成为一种可靠的、有前途的、具有多样性与灵活性的设备。

12.3 可穿戴传感器和电子设备

人体蕴含着丰富的生物机械能，通过摩擦纳米发电机收集人体生物机械能并将其转换为电能，不但可为各种便携式、可穿戴、医学植入器件提供可再生的绿色电能，而且可实现无源、无线、自驱动的人体健康监测和人机交互。

12.3.1 人体生物机械能收集与转换

在各种人体生物机械能中，足部所蕴含的能量最丰富，最高可达 67W。摩擦纳米发电机在收集利用人体足底运动能方面具有制备工艺简单、成本低、效率高、环境友好等优势。Zhou 等报道了一种基于摩擦纳米发电机的智能鞋垫，如图 12.16 所示[10]。考虑到智能鞋垫在使用过程中可能会受到周围环境或足底湿度的影响，如图 12.16（a）所示，所研制的智能鞋垫具有防水功能。一般情况下，前脚掌、足跟、足中部分别承担 61%、34%、5%的体重，如图 12.16（b）所示。根据此压力分布特征，Zhou 等设计了易嵌入鞋体、由前脚掌摩擦纳米发电机和足跟摩擦纳米发电机构成的智能鞋垫，如图 12.16（c）和（d）所示。前脚掌摩擦纳米发电机由铜箔、硅胶膜和海绵组成；足跟摩擦纳米发电机由扁平的硅胶管、铜箔-聚对苯二甲酸乙二醇酯（PET）-铜箔组成；前脚掌和足跟摩擦纳米发电机都以聚甲基丙烯酸甲酯（PMMA）作为其基底。所制作的智能鞋垫如图 12.16（e）所示。

人体的行走步态可划分为 3 个阶段：接触相（足跟落地）、站立相（前脚掌和足跟着地）、推进相（足跟提起、前脚掌接触地面），如图 12.17（a）～（c）所示。在人体行走过程中，足跟与前脚掌依次与地面接触和分离，并对地面施加周期性的作用力。智能鞋垫通过摩擦纳米发电机将足部施加于鞋垫的上述周期性作用力转换为电能，如图 12.17（d）所示。前脚掌和足跟摩擦纳米发电机的原理分别如图 12.17（e）和（f）所示。根据材料的摩擦电极性，铜与硅胶接触后，铜失去电子，硅胶获得电子并维持较长时间。由于铜表面和硅胶表面分别携带数量相等的正电荷和负电荷，两个接触层的电势差为零。当铜和硅胶在足部压力和海绵弹性力的作用下产生周期性的接触与分离时，铜与硅胶产生周期性的电势差；在静电感应效应的作用下，电子在铜与地之间往返流动，从而产生交流电。在单步压力测试下，智能鞋垫所产生的开路电压和短路电流分别如图 12.17（g）和（h）所示。

为了考察智能鞋垫收集生物机械能的性能，采用激振器（Labworks ET-015）对智能鞋垫施加频率为 1Hz、大小为 30N 的作用力。在此激励条件下，前脚掌摩擦纳米发电机和足跟摩擦纳米发电机在不同负载下的输出电流和输出功率分别如图 12.18（a）和（b）所示。输出功率根据公式 $P=UI$ 计算获得，其中，U 和 I 分别为输出电压和输出电流。可以看出，当负载电阻从 10kΩ 增加到 1.7GΩ，前脚掌摩擦纳米发电机和足跟摩擦纳米机的输出电流都不断减小。对于前脚掌摩擦纳米发电机，其输出功率在负载 100MΩ 时达到最大值（138μW）；对于足跟摩擦纳米发电机，其输出功率在负载 500MΩ 时达到最大值（580μW）。

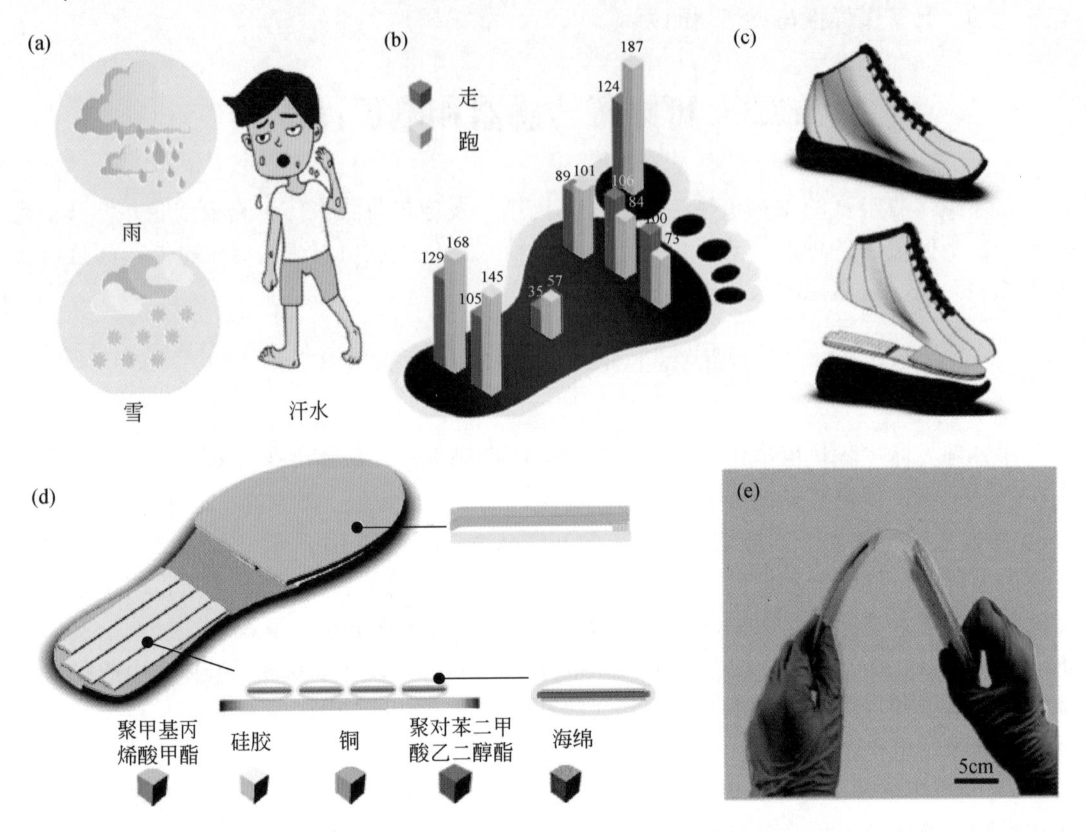

图 12.16　用于生物机械能收集转换的智能鞋垫。（a）源于周围环境和人体的湿气和水分；（b）12 岁儿童足底的应力分布；（c）可嵌入鞋体的智能鞋垫原理图；（d）复合结构智能鞋垫的原理示意图；（e）柔性智能鞋垫照片

智能鞋垫需嵌入鞋体内工作，其工作性能可能会受到汗水或雨水影响，因而其防水功能是必不可少的。为了使智能鞋垫具备防水功能，采用轻质、柔性、防水的热塑性聚氨酯对智能鞋垫进行封装，并将封装后的智能鞋垫浸入水中，如图 12.18（c）所示。通过测试智能鞋垫在水中浸没前后的开路电压可以看出，智能鞋垫的输出电压在水中浸入后并没有出现明显的衰减，表明智能鞋垫的工作性能不受潮湿环境的影响，具有良好的实用性，如图 12.18（d）所示。当智能鞋垫嵌入鞋体并被人体踩踏时，前脚掌摩擦纳米发电机所产生的电能可直接驱动 120 个串联的 LED 灯发光，足跟摩擦纳米发电机可驱动 140 个串联的 LED 灯发光，如图 12.18（e）所示。当智能鞋垫通过整流电路对 88μF 的电容器充电时，电容器的电压在 900 秒内可从 0V 上升到 2.5V，如图 12.18（f）所示。

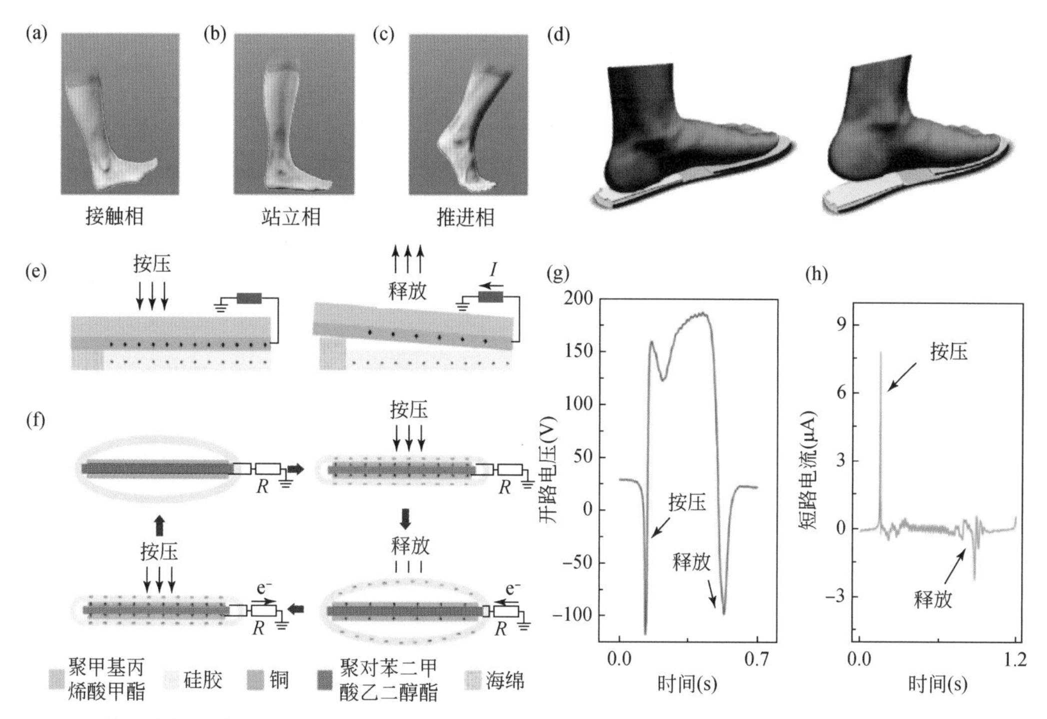

图 12.17 基于人体行走过程中足底压力分布特征的智能鞋垫设计。(a)接触相;(b)站立相;(c)推进相;(d)足底与智能鞋垫接触示意图;(e)前脚掌摩擦纳米发电机工作原理示意图;(f)足跟摩擦纳米发电机工作原理示意图;(g)单步测试下的开路电压输出;(h)单步测试下的短路电流输出

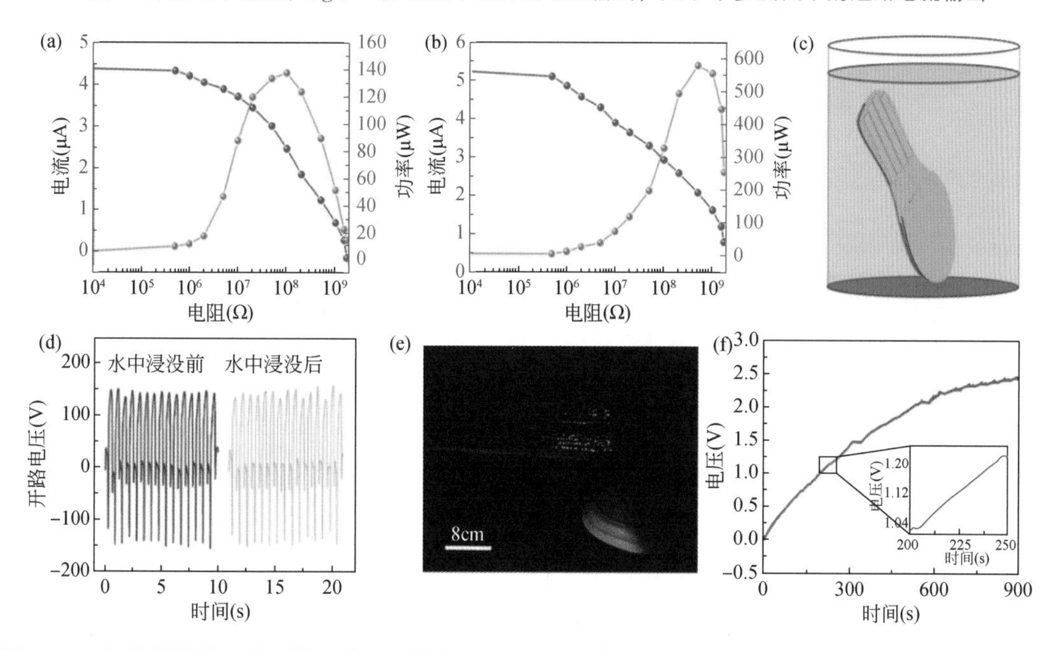

图 12.18 智能鞋垫在恶劣环境下的工作性能。(a)前脚掌摩擦纳米发电机的输出电流和功率随负载电阻的变化规律;(b)足跟摩擦纳米发电机的输出电流和功率随负载电阻的变化规律;(c)智能鞋垫浸在水中的浸没示意图;(d)足跟摩擦纳米发电在水中浸没前后开路电压;(e)在含水地面上通过汗脚踩踏智能鞋垫可直接驱动 140 个 LED 灯发光;(f)电容器的充电曲线

综上所述，本节介绍了一种基于足底压力分布特征而研制的复合结构智能鞋垫，具有性能高、柔性好、防水等优势。前脚掌摩擦纳米发电机的开路电压、短路电流、输出功率分别可达到 202V、15μA、138μW；足跟摩擦纳米发电机的开路电压、短路电流、输出功率分别可达到 290V、26.5μA、580μW；单个智能鞋垫在人体踩踏作用下可驱动 260 个 LED 灯发光。这种智能鞋垫可为生物电子器件提供长期可持续电能。

12.3.2 人机交互健康监测

摩擦纳米发电机因其取材广泛、柔韧性好、成本低、生物兼容性好等优势在柔性可穿戴传感领域具有广泛的应用，可用于心率、脉搏、呼吸、血压等信号的检测，为健康监测和医疗诊断提供技术手段。Wang 等报道了一种低成本的基于摩擦纳米发电机的柔性压力传感器，由聚四氟乙烯（PTFE）、铜粉和导电双面胶构成，实现了人体表皮脉搏波的检测，如图 12.19（a）所示，铜粉和 PTFE 获得电子的能力不同，因此形成摩擦电层；其中，铜粉形成的粗糙表面可提升柔性传感器的性能，其光学和扫描电镜照片如图 12.19(b)所示[11]。导电双面胶由可导电的编织基底和导电丙烯酸组成，具有良好的柔韧性，不但可作为铜粉的基底，也可为传感器提供稳定和可靠的电极［图 12.19（c)］。所研制的柔性压力传感器的照片如图 12.19（d）所示，其尺寸为 1.4cm×1.12cm。

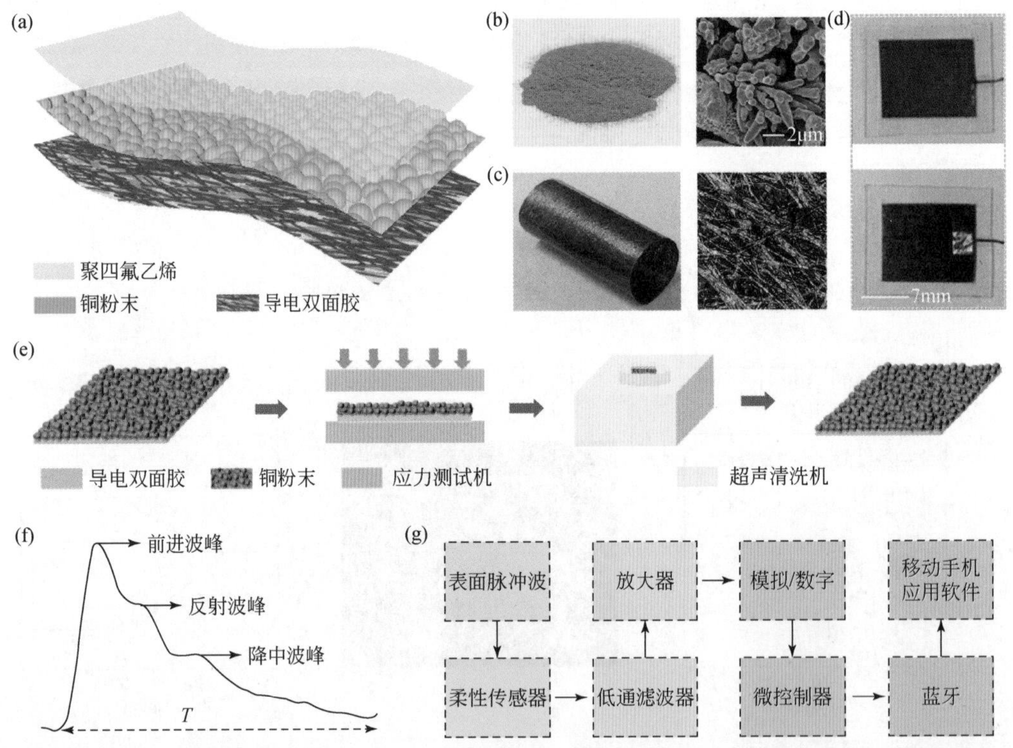

图 12.19 柔性压力传感器的构建。（a）柔性压力传感器结构原理图；（b）铜粉照片；（c）导电双面胶照片；（d）柔性压力传感器照片；（e）铜粉层的主要制备工艺；（f）包括了三个特征峰值的典型脉冲波形；（g）自制电路的信号处理流程

柔性压力传感器在接触-分离模式下工作。为了提高传感器的性能，采用了一种新型涂层工艺，在双面胶表面形成一种自然分级微结构，如图 12.19（e）所示。首先，将铜粉覆盖在双面胶表面；其次，采用应力测试机对铜粉施加应力以使铜粉与双面胶紧密接触；然后，采用砂纸刮掉未与双面胶黏附在一起的铜粉；接着，将所形成的铜层放入超声清洗机以移除与双面胶黏附不紧密的铜粉。通过以上工艺可获得具有自然分级微结构的铜层。由于压力传感器具有良好的柔韧性，其可贴附在人体动脉处以捕获人体表皮脉搏波，如图 12.19（f）所示。柔性压力传感器捕获的脉冲波模拟信号通过自制的电路模块转换为可视的数字信息，如图 12.19（g）所示。电流模块由四部分构成，包括低通滤波器、信号放大器、模数转换模块和蓝牙模块。整个电路模块的尺寸为 2.7cm×2.6cm×0.5cm。

当柔性压力传感器贴附于一位 26 岁志愿者的手腕时，可实时监测其动脉波动，包括动脉微小的血压变化，如图 12.20（a）所示。局部放大图清晰地显示了波形特征和三个特征点：上升波峰值（P_1）、反射波峰值（P_2）和降中波峰值（P_3）。为了验证测量结果的重复性，将一组波形分割为单周期波形叠加显示，如图 12.20（b）所示。每个周期的皮尔逊相关系数高达 0.996，且从每个周期波形提取的心率基本相同（62 次/分）。为了检验柔性压力传感器在人体动脉实时检测方面的准确性，在实验中采用激光测振仪直接测量脉搏引起的

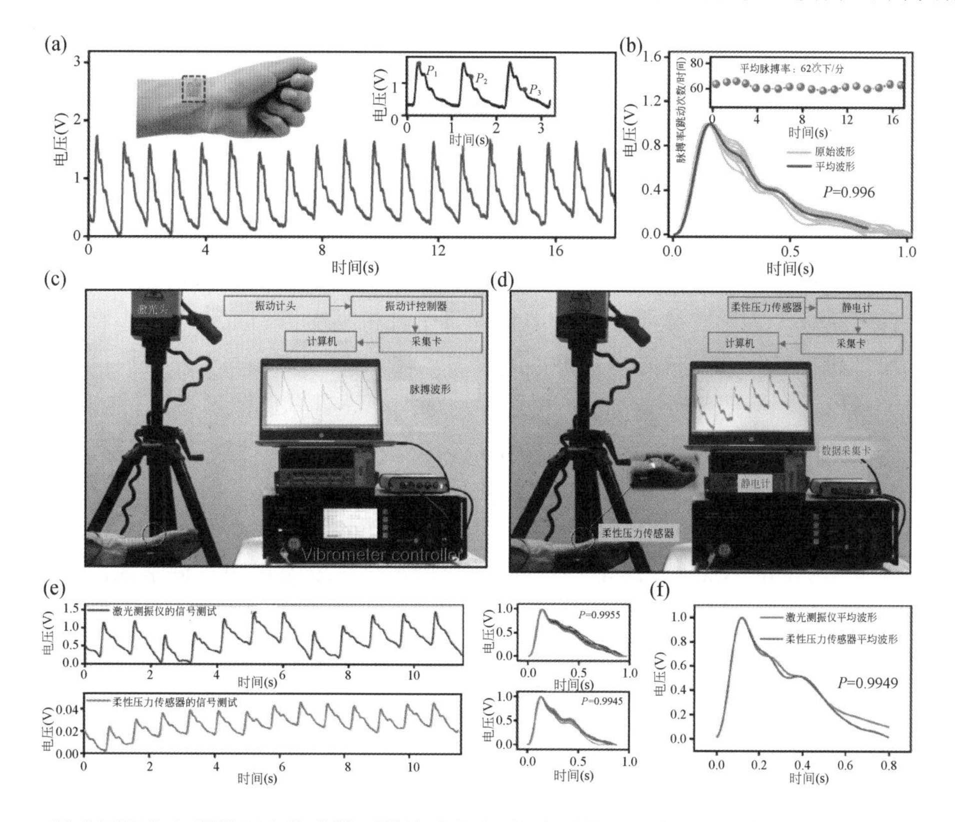

图 12.20　激光测振仪和柔性压力传感器测量的动脉波。(a) 柔性压力传感器测得的 26 岁志愿者手腕桡动脉波形；(b) 测量结果的一致性展示；(c) 激光测振仪测得的动脉波；(d) 柔性压力传感器测得的动脉波；(e) 两种方法测量结果的皮尔逊相关系数；(f) 两种测量方法得到的平均脉冲波形的关联系数

皮肤组织位移以获得实时脉搏数据，如图 12.20（c）所示。在激光测振仪获得脉搏信号后，将柔性压力传感器贴附于手腕的相同位置，并保持被测者不变，如图 12.20（d）所示。这两种方法测得的脉搏波形、组内的相关系数、组间的相关系数如图 12.20（e）所示，其中，激光测振仪获得组内相关系数为 0.9955，柔性压力传感器获得的组内相关系数为 0.9945。两种方法获得的两组数据间的相关系数为 0.9949，如图 12.20（f）所示，表明基于摩擦纳米发电机的柔性压力传感器可准确收集人体脉搏信号。

综上所述，本节介绍了一种基于摩擦纳米发电机的用于人体表皮脉搏检测的柔性压力传感器，其敏感度可达 1.65V/kPa、响应时间为 17ms、循环稳定性达到 4500 个周期，且具有成本低、效率高、制备工艺简单等优势。柔性压力传感器与激光测振仪的测量一致性达到 0.9949。柔性压力传感器可用于监测人体不同位置的动脉脉搏、捕获桡动脉的实时变化，在医疗保健领域具有非常好的应用前景。

12.3.3 人机交互感官通信

人机交互作为一种新型的人与外部器件进行通信的技术手段，可以将虚拟的想法转换为现实的动作。摩擦纳米发电机可以将各种机械运动（如触摸、滑动、转动、振动等）转换为电信号输出，可实现一系列自驱动传感器（如触摸/压力传感器、振动传感器、生物机械传感器、电子皮肤、声学传感器、脉搏传感器等），有望在人机交互领域获得新的突破。Pu 等报道了一种非侵入、灵敏度高、易制备、稳定、轻巧、透明、柔软的基于摩擦纳米发电机的传感器（称为感官摩擦纳米发电机），用于将眨眼的实时微动转换为控制型号，实现人机交互功能，如图 12.21 所示[12]。所研制的圆形感官摩擦纳米发电机通过可调整的固定器安装于普通眼镜镜脚的内侧，如图 12.21（a）所示。固定器由两层亚克力薄片、两个螺栓和两个弹簧组成，为感官摩擦纳米发电机提供柔性机械支撑。工作于单电极模式的感官摩擦纳米发电机由氟化乙烯丙烯（FEP）薄膜、氧化铟锡（ITO）、天然乳胶、聚对苯二甲酸乙二醇酯（PET）和亚克力做成的环形垫片组成。在感官摩擦纳米发电机中，PET 为整个器件的支撑基层，FEP 膜和天然乳胶为两个摩擦电层，涂覆在 FEP 的 ITO 为电极层。天然乳胶、亚克力环形垫片、FEP 形成一个微小的圆柱形腔体，以实现天然乳胶与 FEP 的接触与分离，并在 PET、ITO 和 FEP 设有 5 个直径为 0.5mm 的通孔作为空气通道。安装有感官摩擦纳米发电机的眼镜照片、固定器照片、感官摩擦纳米发电机照片分别如图 12.21（b）～（d）所示。

感官摩擦纳米发电机的工作原理，包括眨眼过程中的电荷分布和 COMSOL 模拟得到的电势分布，如图 12.21（e）所示。在初始的睁眼状态，由于天然乳胶与 FEP 之间前期的接触摩擦，天然乳胶带正电荷、FEP 带负电荷。在眨眼的中间状态，眼睛周围的肌肉推动天然乳胶变形，使天然乳胶与 FEP 间距更小，改变了电势分布，电子从外电路流向 ITO 电极。在眨眼的最终状态（眼睛紧闭），天然乳胶与 FEP 接触，分别被天然乳胶和 FEP 束缚的正负电荷数量相等，ITO 与外电路之间无电势差，电子停止流动。当再次眼睛睁开，电流沿着外电路反向流动，电荷和电势恢复到初始状态。

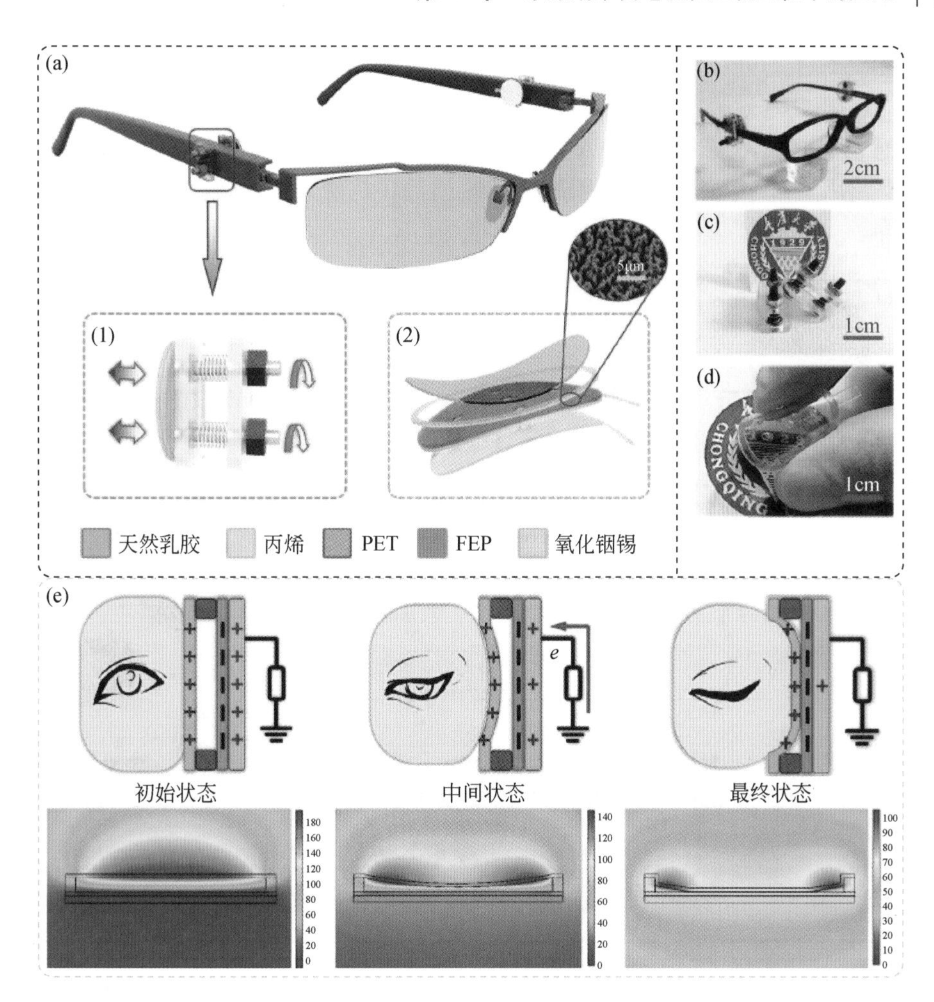

图 12.21　感官摩擦纳米发电机的结构和工作机制。（a）安装有感官摩擦纳米发电机的眼镜原理图，其中（1）为固定装置的结构图，（2）为感官摩擦纳米发电机的分层结构图，插图为 FEP 纳米线的扫描电镜图；（b）安装有感官摩擦纳米发电机的眼镜照片；（c）固定装置的照片；（d）柔性和透明的感官摩擦纳米发电机照片；（e）感官摩擦纳米发电机的工作原理，上半部为眨眼过程中的电荷流动示意图，下半部为 COMSOL 软件模拟得到的对应眼睛状态的电势分布

在感官摩擦纳米发电机的基础上，可实现由人、安装有感官摩擦纳米发电机的眼镜、一个简单的信号处理电路、家用电器（如台灯、电风扇、门铃）组成的智能家居控制系统，如图 12.22（a）所示。信号处理电路包括三部分：用于消除电源线干扰的 50Hz 陷波滤波器、基于 AD623 的仪表放大器、基于单片机的保持继电器。滤波器、放大器、继电器的照片如图 12.22（b）所示，其尺寸小于 5cm×5cm。经过上述电路处理后的信号如图 12.22（c）所示，从上到下依次为感官摩擦纳米发电机获得的原始眨眼信号、滤波后的信号、放大后的信号、继电器转换后的信号。保持继电器的输出端与家用电器和电源插座连接，如图 12.22（d）所示。当使用者眨眼时，安装在眼镜上的感官摩擦纳米发电机可将捕获的信号通过信号处理电路转换为开关信号，并控制家用电器。

综上所述，本节介绍了一种感官摩擦纳米发电机，获得了高灵敏度和持久稳定的眨眼信号采集，并在此基础上构建了眨眼控制家用电器的人机交互系统。基于摩擦纳米发电机的感官传感器具有灵敏度高、非侵入、轻便等一系列优势，给人机交互技术提供了新思路，在驾车时的免提电话接听、双手占用时的呼叫门铃、特殊人群的自我护理等领域具有潜在的应用前景。

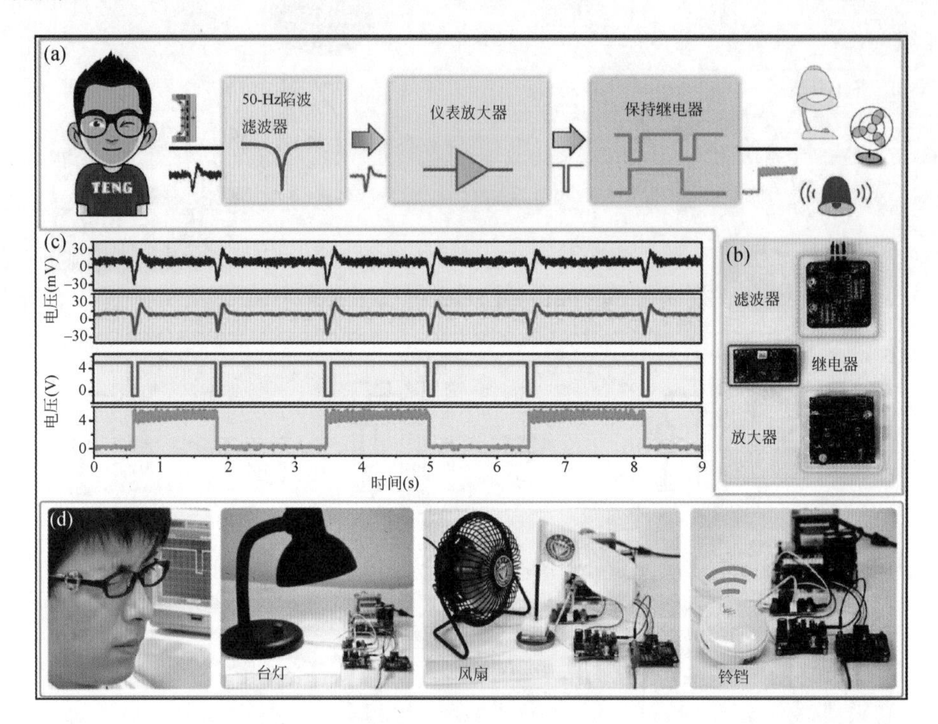

图 12.22 感官摩擦纳米发电机在智能家居的应用展示。(a) 基于感官摩擦纳米发电机的智能家居控制系统示意图，眨眼信号经过简单的滤波和放大可作为家用电器的触发控制信号；(b) 信号处理电路各部分照片；(c) 从上到下依次为感官摩擦纳米发电机获得的原始眨眼信号、滤波后的信号、放大后的信号、转换后的信号；(d) 感官摩擦纳米发电机在台灯、电风扇、门铃控制方面的应用展示

12.4 微流控液相介质及流体动力学监测

微流控液相介质技术通过微小通道控制液体流动，具有高度灵活性和精准性，可应用于医疗诊断、生物分析等领域。而流体动力学监测则能够实时监测流体的运动状态和性质，有助于环境监测、工业流程控制等方面的应用。将这两项技术与摩擦纳米发电机相结合，可以实现在流体运动中产生电能的同时，实时监测流体参数，为可穿戴设备、智能感知系统等提供可持续能源和高精度监测能力。这种结合将推动能源收集技术和流体监测技术的融合，为智能化系统的发展提供更广阔的应用前景，为人们的生活和工作带来更多便利和创新。

12.4.1　生物化学传感

Shlomy 等研究开发了能够植入皮肤下的集成触觉 TENG（TENG-IT），从而使失去触觉的患者得以恢复[13]。TENG-IT 将触觉压力转化为电势，通过袖带电极传递给健康的感觉神经，从而刺激它们，以模拟触觉。以恢复触觉为目的的植入装置设计有着很大的发展空间。

该研究提出一类实用的触觉恢复装置，可以满足触觉传感器的标准，同时克服现有神经修复解决方案的缺点。这种摩擦纳米发电机如图 12.23（a）所示，通过摩擦起电和静电感应将机械能转化为电能。TENG-IT 是一种自供能装置，植入皮肤（如指尖处）下，将触觉转化为电压，通过袖带电极传导至健康的感觉神经使外周神经元兴奋，由图 12.23（b）可见，该电压与施加在装置上的压力成正比。该装置包括少量的组件，并由经济实惠的材料构建。

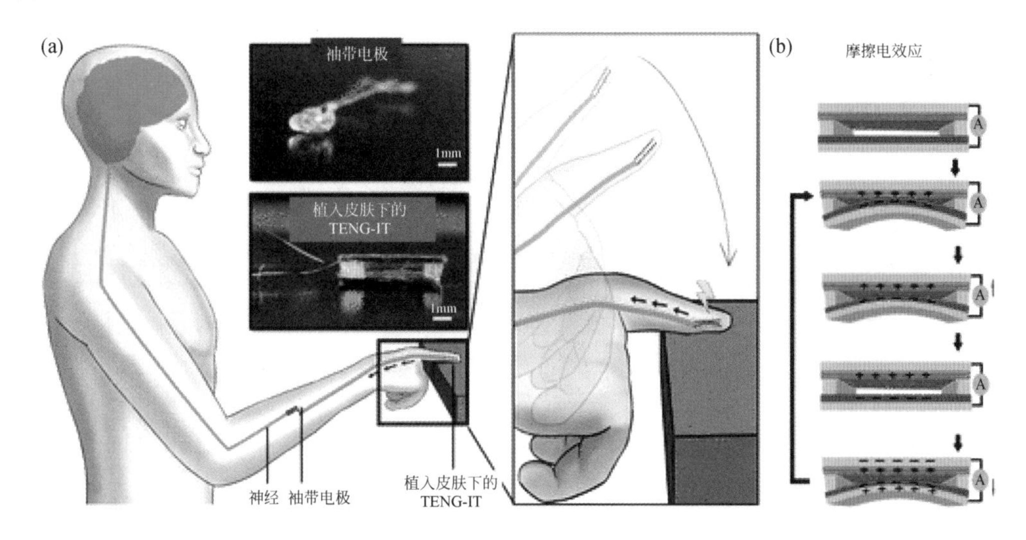

图 12.23　植入皮肤下的集成触觉 TENG（TENG-IT）的插图。（a）使用 TENG-IT 恢复触觉。TENG-IT 植入皮肤下（例如：脱敏手指）；上插图：顶部为袖带电极照片；底部为 TENG-IT 设备（为了呈现清晰，使用了比实验中所用设备更大的版本）；（b）TENG 的原理图，即利用摩擦电效应将机械能转化为电能

为了进行该研究，Shlomy 等确定并测试了几种材料，这些材料能够创建一个稳定的、对生理范围内的压力敏感的、耐用的、生物相容性的、能够产生大的摩擦电效应的设备，如图 12.24（a）和（b）所示。可以注意到，TENG 所选择的材料以及制备工艺与生物医学领域以外的既定实践相一致，该论文的装置证明了实现 TENG 恢复触觉感知能力的可能性，具体来说，使用袖带电极将 TENG 产生的电位传递给健康神经。

一般而言，TENG 由正负电介质材料组成，如图 12.24（a），正负电介质材料位于金属顶部充当电极。该研究选择聚二甲基硅氧烷（PDMS）作为负电介质材料，尼龙（Ny）和醋酸纤维素丁酸酯（CAB）作为正电层，因为它们具有生物相容性和柔性，并且具有产生

大电势的潜力。对于金属（电极），文章中还使用了一层薄薄的金，并在聚酰亚胺上进行蒸发处理使金层稳定。

为了选择合适的材料来构建器件，在 Ny∶PDMS 与 CAB∶PDMS 之间进行选择，除了由单一正电介质材料，即 CAB∶CAB 构建的对照器件外，文章评估了每个器件对触摸产生电势的能力。正如预期的那样，控制器件在响应触摸时产生的电压变化可以忽略不计，而由正负电介质材料组合构建的器件产生了显著的如图 12.24（b）所示的电压变化。CAB∶PDMS 产生了比 Ny∶PDMS 更高的输出电压，且使用更加方便，运行更加稳定，故采用 CAB∶PDMS 组合。

在确定器件的材料构成后，需要测试器件对生理压力的反应。文章对 TENG-IT 进行表征和评估的下一步工作是验证设备在生理范围内对压力的响应是否符合预期。具体来说，输出电压与施加的压力之间的关系符合以下方程：

$$V_{\mathrm{rel}}=\frac{V_{\mathrm{oc},0}-V_{\mathrm{oc}}(t)}{V_{\mathrm{oc},0}}=\frac{S}{k\cdot d_0}\cdot p(t) \tag{12-1}$$

其中，V_{rel} 是电压的相对变化，开路电压是 TENG-IT 在特定时间点的输出电压，$V_{\mathrm{oc},0}$ 为器件最初的开路电压，$V_{\mathrm{oc}}(t)$为器件在任意时刻 t 输出的开路电压，d_0 是两个介质层之间的最大距离，S 是 TENG-IT 的表面积，k 代表 TENG-IT 的弹性，p 是施加的压力。如图 12.24（c）和（d）所示，TENG-IT 工作在压力低至 1kPa，高至 20kPa 的生理范围内，并且电压-压力关系与上述方程（12-1）（R^2=0.97）具有高度的线性相关性。

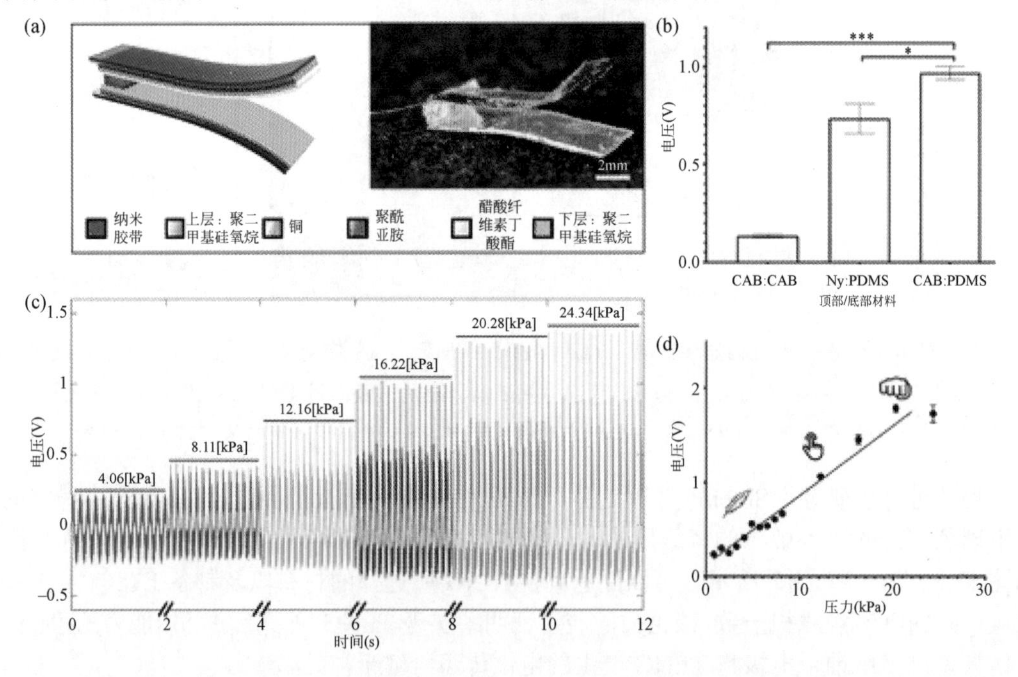

图 12.24　TENG-IT 表征。（a）TENG-IT 图层示意图（左）和 TENG-IT 照片（右）；（b）摩擦层材料对 TENG-IT（5mm×5mm）的平均峰峰值电输出调制；（c）TENG-IT（5mm×5mm）在不同压力水平下的输出性能；（d）TENG-IT（5mm×5mm）对生理压力的响应。可观察到平均峰峰值输出电压与施加在器件上的压力之间存在线性相关性（R^2=0.97）

该研究展示了 TENG 技术作为一种简单、可扩展、廉价和自供电的触觉感觉恢复装置的体外和体内能力验证的概念，其组件相对较少，并且制作过程简单。如果充分发挥 TENG-IT 的潜力，除了克服现有神经修复解决方案的一些其他缺点外，TENG-IT 最终可能提供一种无需外部电源即可恢复触觉的手段。

而 Zhang 等提出了一种呼吸驱动的单电极摩擦纳米发电机作为自供电传感器，通过呼吸传递控制指令用于人机界面（HMI）交互[14]。本工作将一种基于呼吸的自供能交互方式引入 HMI 技术领域，它可以大大降低残疾人使用现代电器设备和个人电子产品的门槛，使 HMI 交互变得更加方便。

这种 TENG 的基本结构示意图如图 12.25（a）所示，主要包括一个铜（Cu）箔和一个亚克力管内的 PET 薄膜。亚克力管底部的 Cu 箔充当电极和摩擦面。PET 薄膜的一端固定在管子的中间，这使得另一端可以自由振动。当气流穿过管子时，PET 薄膜的振动使其与 Cu 箔周期性接触分离，并驱动 TENG 工作。图 12.25（b）展示了一个制造的 TENG 器件的照片，其尺寸相对较小。PET 薄膜的质量为 0.06g，TENG 器件的总质量为 2.47g。PET 薄膜的 SEM 如图 12.25（c）所示。PET 薄膜表面存在大量垂直排列良好的纳米线。纳米线结构的 PET 薄膜在摩擦过程中大大增加了表面积和接触面积，这将有助于提高 TENG 的电性能。图 12.25（d）为气流速率为 115L/min 时，高速摄像机拍摄到的底部 Cu 电极与 PET 薄膜接触分离一个周期的时序图像，清晰地展示了 PET 薄膜在亚克力通道中的四种典型状态。

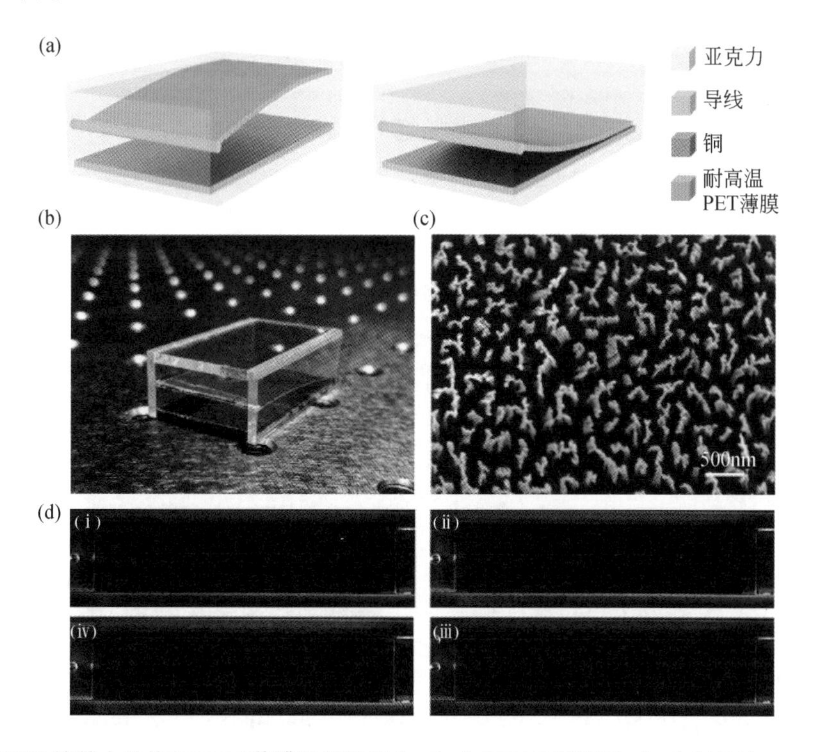

图 12.25 TENG 的基本结构和 PET 薄膜的振动行为。（a）TENG 原理图；（b）制备的 TENG 器件照片；（c）PET 薄膜的 SEM 图像；（d）通过高速摄像机拍摄 PET 薄膜不同振动阶段的序列图像

图 12.26（a）显示了 TENG 的工作机制。发电过程中有四种典型状态。当 PET 薄膜与底部 Cu 电极接触时，如图 12.26（a）-（ i ）所示由气流驱动。根据摩擦学原理，电子将从铜箔转移到 PET 薄膜上，因为它们有不同的电子吸引能力。然后，Cu 表面携带正电荷，PET 表面携带负电荷，它们处于电平衡状态。由于 PET 薄膜的高电负性，其表面的负电荷可以长时间保持。当 PET 薄膜如图 12.26（a）-（ ii ）所示开始从底部 Cu 分离并向上移动时，PET 薄膜上的摩擦电荷在静电感应下通过外部电路从地面流向 Cu 电极。铜箔的电荷密度不断降低，并在外部电路中产生正电流。当 PET 薄膜振动到最大的分离位置时，如图 12.26（a）-（iii）所示 Cu 箔上的表面正电荷密度达到最小以实现新的电平衡。当 PET 薄膜如图 12.26（a）-（vi）所示向底部 Cu 移动时，电子从 Cu 电极流向地面，Cu 电极上的电荷密度增加，外部电路中存在相反的电流。

TENG 的功能类似于电子泵，通过静电感应在接地和 Cu 电极之间向前或向后驱动电子，以产生交流电。为了进一步研究 TENG 的发电机理，使用 COMSOL 软件对 TENG 的四种典型状态进行了有限元仿真。在没有外部电子流动的理想条件下计算了 Cu 电极和 PET 薄膜之间的电位分布。图 12.26（b）说明了 TENG 不同状态的计算结果。如图 12.26（b）-（ i ）所示，当 PET 薄膜与 Cu 电极接触时，PET 和 Cu 之间的电位差很小。而图 12.26（b）-（ ii ）显示，当 PET 薄膜向上振动时，电位差随着距离的增加而增加。当 PET 薄膜到达管的最高位置时，电位差如图 12.26（b）-（iii）所示变为最大值。随后，如图 12.26（b）-（vi）所示，当 PET 薄膜接近 Cu 电极时，电位差急剧下降。接地和铜电极之间的电子流由周期性电位差驱动，以中和电位差，产生交流输出电流。

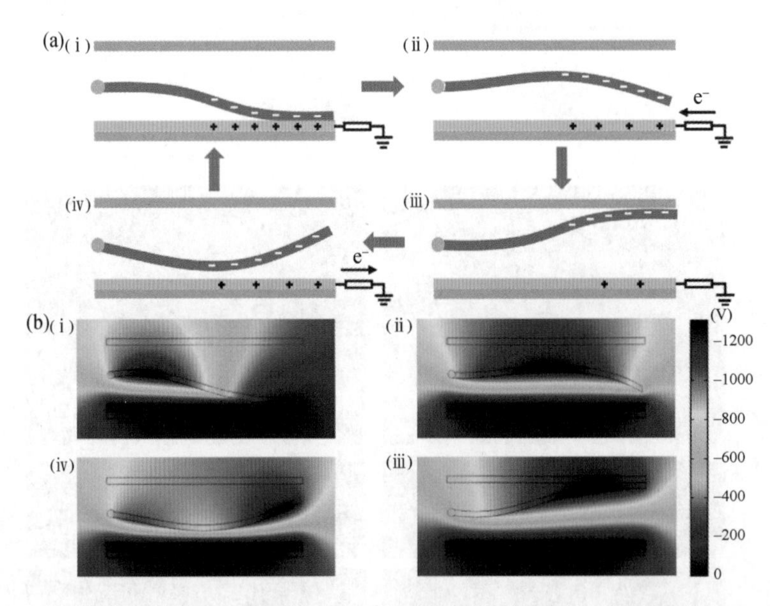

图 12.26　工作机理及电位分布模拟。（a）单周期发电过程示意图，包括四种典型状态；（b）利用 COMSOL 软件对 TENG 中的电势分布进行有限元仿真

Hu 等提出了一种 TENG 驱动的电刺激系统，用于成纤维细胞行为的生物安全性评估和探索[15]。制造了旋转圆盘形的 TENG（RD-TENG），以获得可调范围的交流输出。该研究设计了一个系统来探索成纤维细胞在 TENG 电刺激下的行为，如图 12.27 所示。在该系统中，如图 12.27（a）主要包含一个 RD-TENG，一个变阻器和一个自制的细胞培养皿。自制了一个基于薄膜的叉指电极的细胞培养皿，并将其与 RD-TENG 连接以刺激细胞。一旦培养皿盖被盖住，电极就会如图 12.27（b）浸入培养皿中的培养基中。RD-TENG 以放射状 Cu 沉积的圆盘印刷电路板（PCB）为旋转体，以涂覆 PTFE 薄膜的叉指 Cu 电极为定子，如图 12.27（c）所示，在不同的电压和电流范围内提供可变的交变信号。在 TENG 的电刺激下，图 12.27（d）和（e）为一组对照组，被处理细胞与对照细胞在优化条件下进行比较，对细胞的增殖和迁移进行讨论。

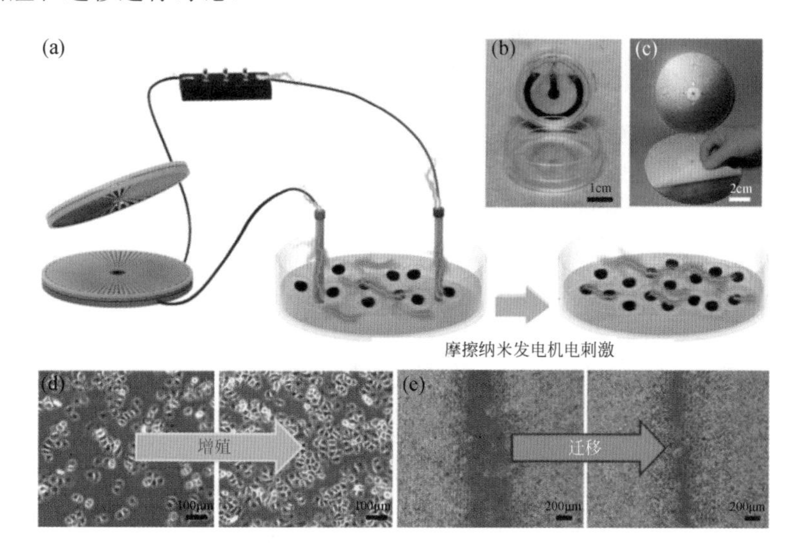

图 12.27　电刺激系统促进成纤维细胞增殖和迁移的示意图。（a）电刺激系统示意图，主要包括旋转圆盘状摩擦纳米发电机（RD-TENG）、变阻器和自制细胞培养皿；（b）制备了叉指电极的培养皿的照片；（c）RD-TENG 的圆盘状转子和相应定子的照片；（d）电刺激成纤维细胞增殖；（e）电刺激成纤维细胞迁移

该研究制作了一个传统的 RD-TENG 来产生峰值电信号，其原理图、工作机理和输出性能如图 12.28 所示。图 12.28（a）展示了 RD-TENG 的原理图，RD-TENG 主要由两部分组成，即圆盘状的旋转器和相应的定子，其中旋转器和定子在工作时同轴安装。PCB 上的径向图案化铜片作为摩擦起电层，PTFE 薄膜作为另一个摩擦起电层。由图 12.28（a）的内嵌可看到，PTFE 表面的 SEM 图可以观察到直径小于 100nm、长度小于 1μm 的均匀纳米线。而该 RD-TENG 的工作机理，是由于摩擦起电和静电感应的耦合作用，如图 12.28（b）所示。在初始状态下，转子与定子上的电极 1（E1）对齐，并在 E1 和电极 2（E2）上产生感应电荷的积累（状态 i）。当旋转开始时，由于摩擦起电的作用，铜电极和 PTFE 表面会产生等量的正负电荷。随着旋转的继续，E1 和 E2 之间会产生电势差，从而产生流动的电流，定义为中间状态（状态 ii）。

最终的状态是转子与定子上的 E2 对齐的时刻，此时两个电极上的电荷密度的极性与初始状态相反（状态 iii）。在 60～140rpm 的转速范围内，图 12.28（c）展示了 RD-TENG 在不同转速下的输出性能。在转速为 60rpm 时，短路电流在 70μA 以下。当转速增加到 140rpm

时，短路电流达到 100μA。然而，在任何转速下，开路电压几乎保持不变，峰值约为 160V。图 12.28（d）显示了转速为 120rpm 时不同加载电阻下的电流输出。可以观察到电流的起始峰值为 100μA 以下。当连接电阻达到兆欧级时，整个电路中的电流显著减小到几微安。通过调节电阻，可以很容易地获得不同数量级的电流，并应用于刺激成纤维细胞进行进一步的研究。

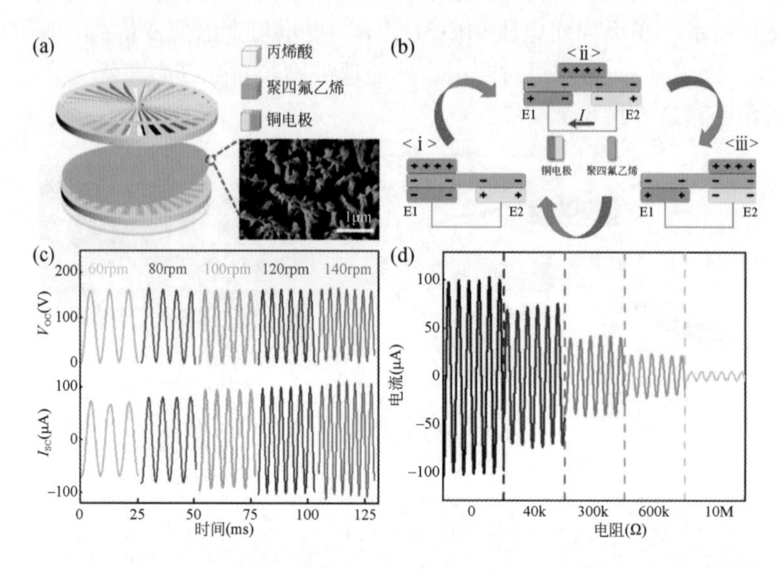

图 12.28 RD-TENG 原理图及输出性能。（a）RD-TENG 原理图，插图：PTFE 纳米结构表面的 SEM 照片；（b）RD-TENG 的工作机理；（c）不同转速下 RD-TENG 的开路电压和短路电流；（d）转速为 120rpm 时不同负载电阻下的输出电流

综上所述，TENG 在生物化学传感中的应用较为广泛，通过多种渠道收集能量，以实现多功能的生物医学应用，如电能产生、医疗保健监测、空气过滤、气体传感、电刺激等，在医疗保健监测中起着重要作用。尽管在生物化学传感领域中的 TENG 的早期展示令人兴奋，但要实现其在实际应用中的良好作用，还有一些关键的挑战需要解决。

12.4.2 流体状态和人体运动监测

对于液体检测，Zhang 等开发了一种基于自供电的液滴摩擦纳米发电机，其空间排列的电极作为探针，用于测量液体和固体界面之间的电荷转移过程，成功地验证了液滴 TENG 可以作为电荷探针测量液固电荷转移的假设[16]。

如图 12.29(a)所示，液滴 TENG 的制作由三层组成：底层是聚甲基丙烯酸甲酯(PMMA)板，用作背板；顶层是介电聚合物膜，用于与液滴接触并产生电荷，如氟化乙烯丙烯（FEP）、聚四氟乙烯（PTFE）、聚酰亚胺薄膜和聚乙烯（PE）；在聚合物膜和 PMMA 板之间，有空间排列的铜电极，用于静电感应。在图 12.29（b）的实验设计中，一个液滴（每滴 30μL）由一个接地的不锈钢针（直径 3mm）通过注射泵以倾斜角度的方式在聚合物表面上方的固定高度（0.8cm）释放出来。两个电极是用于电荷转移的探针，因此可以进行化学传感，例如在混合有机物质中调整溶剂比例等。这种设计使液滴能够与聚合物膜接触并激发电荷转移，从而产生电能。如图 12.29（c）所示，快速摄像机以每秒 1000 帧的速率记录了水滴的运动。它显示了一个水滴以 60°的倾斜角度θ滑过 FEP 表面的选定快照；水滴从针上脱离后，立即与聚合物表面接触。如图 12.29（c）所示，水滴在滴下的过程中，一直与聚合物表面保持接触，水滴以拉伸（t=19ms）、收缩（t=66ms）和拉伸（t=126ms）的交替形状滴下。

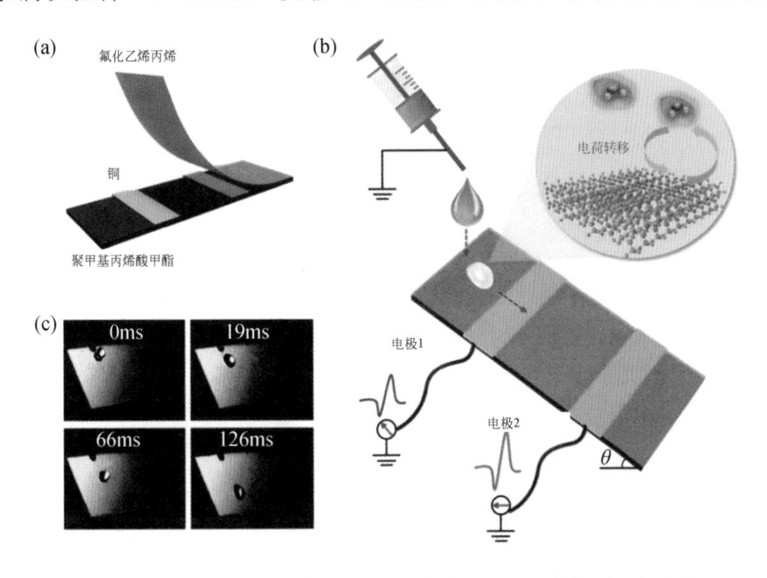

图 12.29　电极空间排列的液滴 TENG 实验装置。（a）液滴 TENG 结构；（b）液滴 TENG 的工作机理，当一滴液体流过聚合物表面时，液体和固体之间发生电荷转移，两个铜电极分别测量电流信号；（c）显示水滴在 FEP 膜上滑动运动的快照

在图 12.29（b）中，两个空间排列的铜电极连接到接地静电计上，用于测量液滴与聚合物表面相互作用产生的感应电流。当第一滴水开始接触 FEP 膜及其下方的铜电极时，可以测量到感应电流 j_c（电极 1 为−37nA，电极 2 为−192nA）[图 12.30（a）和（b）]。通过对电流峰值进行积分计算，可以得到相应的转移电荷 Q_c（电极 1 为−0.1nC，电极 2 为−1.8nC）；同样地，当液滴与聚合物表面分离时，可以得到相应的转移电荷 Q_s（电极 1 为 0.3nC，电极 2 为 0.5nC）。此外，Q_c 和 Q_s 之间的差值（$|Q_c|-|Q_s|$）[此处电极 1 上的该差值记为 $q1$（0.2nC），电极 2 上的该差值记为 $q2$（1.3nC）] 分别表示电级 1 和电级 2 上的转移电荷量。因此，电极 1 和电极 2 之间的转移电荷量Δq 可以通过计算 $q2-q1$ 得到。Δq 表示了水滴从 FEP 上滑下的过程中两点之间电荷转移量的差值。接下来，根据液滴滑动轨迹的长度（A=2cm×0.5cm），可以计算出电极 1 和电极 2 上第一滴水的平均电荷密度，即$\Delta\sigma=q/A$（以 nC/cm^2 表示）。其中，电极 1 的平均电荷密度$\Delta\sigma1$ 为 2μC/m^2，而电极 2 的平均电荷密度$\Delta\sigma2$ 为 13μC/m^2。

带有两个电极的液滴 TENG 的工作机理如图 12.30（c）。当水滴在 FEP 薄膜上滑动时，由于 FEP 对电子具有很强的亲和力，电子将从水滴流向 FEP 薄膜。结果是水滴带有正电荷，而 FEP 薄膜带有负电荷。带有正电的水滴会在非常短的时间内转化为带阳离子空穴的 H_2O^+ 形式。然后根据液态水电离的化学反应，H_2O^+与邻近的水分子结合生成 OH 自由基和 H_3O^+：$H_2O^+ + H_2O \rightarrow OH\cdot + H_3O^+$。在水滴在 FEP 表面滑动时，水滴上的电荷会持续累积。当水滴滑过电极 1 的位置时，水滴上的额外电荷会感应出铜电极 1 上的电荷。当水滴从电极 1 位置分离后，FEP 表面上的额外电荷会导致另一种感应电荷。当水滴滑过电极 2 的位置时，情况类似，但是随着水滴的下降，水滴上的电荷会继续累积。当水滴滑过电极 2 时，水滴上的电荷可能会达到饱和，然后电子将从 FEP 转移到水滴上，导致电荷在电极 2 上感应出负电荷留下。

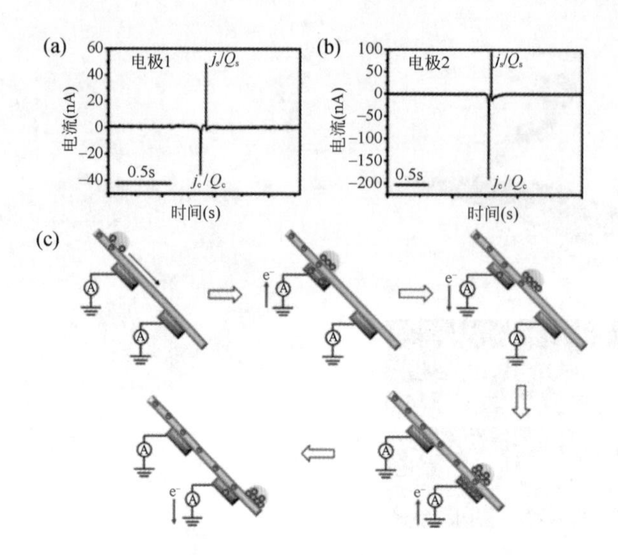

图 12.30 液滴-TENG 的工作机理与空间排列的电极 1 和电极 2。(a) 和 (b) 当水滴与 FEP 膜接触并分离时，电极 1 和电极 2 上的液滴 TENG 的典型电流输出曲线，其下方有 Cu 电极，j_c 和 j_s 指感应电流，而 Q_c 和 Q_s 分别是指一个液滴接触或分离过程中的转移电荷；(c) 用于感测两个电极液滴的液滴 TENG 的工作原理示意图

而对于空气检测，Bai 等提出了一种可清洗的多层摩擦电空气过滤器（TAF），该过滤器可以有效去除 PM（颗粒物）[17]。与普通商用口罩相比，TAF 在去除 $PM_{0.5}$ 和 $PM_{2.5}$ 方面表现更出色。这种过滤器具有高效率和可洗涤性，非常适合实际应用。在未来，可以将这种过滤器应用于口罩制造中，从而更好地保护人体免受颗粒物的侵害。如图 12.31 所示，比较了未充电过滤器和经充电的过滤器对不同尺寸 PM 的 PM 去除效率，流量为 6L/min（除非另有说明，流量在本实验中始终为 6L/min）。结果表明，不带电的 TAF 对各尺寸 PM 的去除率随着粒径的增大而增大，这与之前的分析一致。然而，织物间充分摩擦充电后，TAF 对所有尺寸 PM 的去除率均显著提高。经充电的 TAF 对 $PM_{0.5}$、$PM_{1.0}$、$PM_{2.5}$、$PM_{5.0}$ 和 $PM_{10.0}$ 的去除率分别从未充电的 26.3%、57.7%、69.1%、73.2%和 73.5%提高到了 84.7%、93.5%、96.0%、96.5%和 96.5%。可见，粒径越小，去除率提高越大。比如，带电 TAF 对于 $PM_{0.5}$ 的去除率是未带电 TAF 的 3.22 倍。此外，图 12.31（a）还将充电后的 TAF 与商用口罩进行了比较。可以看出，TAF 的去除效率与商用口罩相当。

为了更好地了解 TAF 去除不同粒径颗粒的能力，如图 12.31（b）和图 12.31（c）所示，给出了在 15.6L/min 流速条件下，对污染空气、未带电 TAF 过滤空气和带电 TAF 过滤空气中的颗粒分布的比较。在图 12.31（b）中，使用气动粒度仪（3321，TSI，USA）测量了

0.542～19.81μm 范围内的颗粒，并观察到每立方厘米的颗粒数量约为 1 个。结果显示，无论是未带电 TAF 还是带电 TAF，它们的去除率均在 80%以上，这表明机械过滤在过滤过程中起主导作用。图 12.31（c）为 25.9～637.8nm 范围内的颗粒分布，由扫描迁移率粒度仪（SMPS 3938L75，TSI，USA）测量。显然，nm 范围内的粒子数量明显高于μm 范围内的粒子数量，约为 $10^4/cm^3$ 级。此外，我们可以看到，在被污染的空气中，颗粒的数量在 117.6nm 附近达到峰值，其值为 138 000cm^3。在过滤之后，测量范围内的颗粒数明显减少，特别是带电的 TAF。未充电 TAF 和充电 TAF 的相应去除效率如图 12.31（d）所示。对于 216.7～572.5nm 范围内的颗粒，带电 TAF 的去除率比不带电 TAF 提高 50%以上。这表明，除机械过滤外，静电吸引对纳米级颗粒的去除也起着重要作用，它可以进一步的提高去除效率。此外，在不同流量（6～25.2L/min）下，得到了不同片数（1～5 片）的 TAF 对直径为 131nm 的颗粒的去除效率，如图 12.31（e）所示，PTFE 织物和尼龙织物混合较多的 TAF 去除效率较高，且带电 TAF 的去除效率高于未带电 TAF。不带电 TAF 的去除率随流量的增加呈

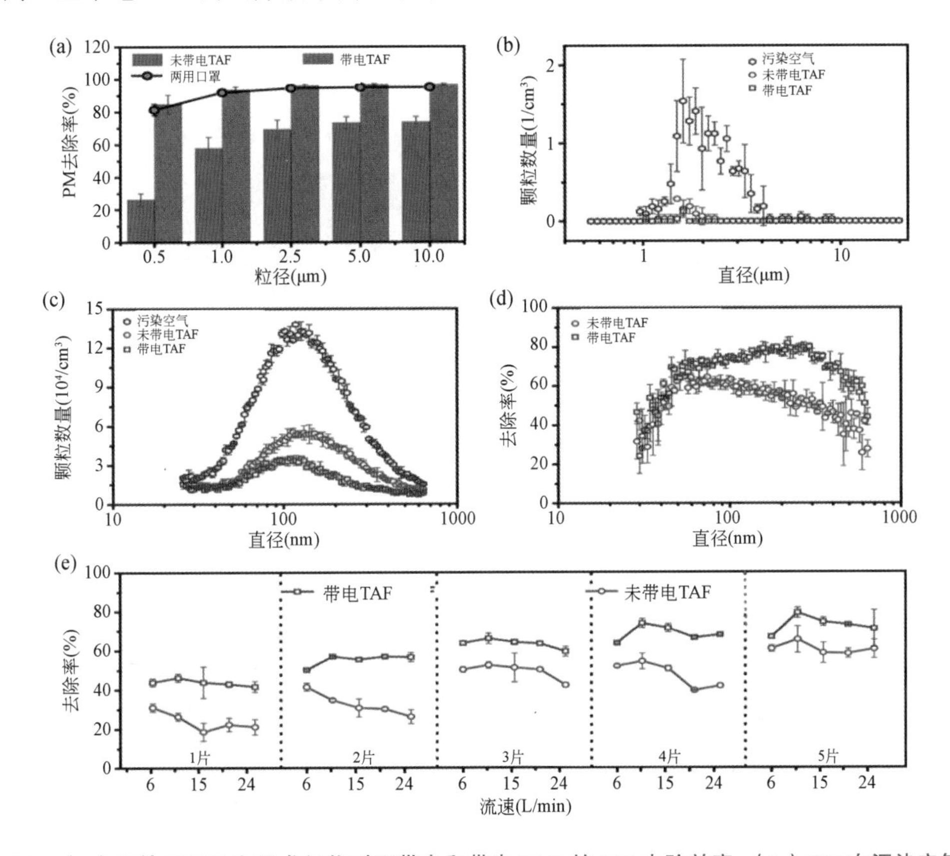

图 12.31　（a）五块 PTFE 和尼龙织物对不带电和带电 TAF 的 PM 去除效率；（b）PM 在污染空气中的粒度分布，由不带电 TAF 过滤的空气和由带电 TAF 过滤的空气在 0.542～19.81μm；（c）PM 在污染空气中的粒度分布，由不带电 TAF 过滤的空气和由带电 TAF 过滤的空气在 25.9～637.8nm；（d）不带电和带电 TAF 在直径区域 25.9～637.8nm 的去除效率比较；（e）直径为 131nm 的 PM 在 6～25.2L/min 的不同流速下不带电和带电 TAF（1～5 片）的去除效率

缓慢衰减的趋势，而带电 TAF 的去除率基本保持稳定。这可能是由于过滤机制不同，对于不带电的 TAF，颗粒主要通过拦截、惯性冲击、布朗扩散和重力沉降过滤，高速颗粒难以沉积在过滤器上。对于带电的 TAF，电场力比布朗扩散力或重力更强。增大的流量还会使尼龙织物与聚四氟乙烯织物之间产生轻微的振动，形成较高的摩擦电场，从而使接触起电和静电吸引增强，使去除效率保持稳定。

同时在连续过滤 PM 5h 后，尼龙织物和 PTFE 织物的 SEM 图像如图 12.32（a）和（b）所示。显然，过滤后，其表面被 PM 覆盖，纳米结构几乎看不见。图 12.32（c）为过滤前后 TAF 的 EDS 光谱。其中，一些元素（如 O、Al、Au 等）含量明显增加，而其他元素（如 Si、K、Ca 等）则被发现，这表明 TAF 有效地去除了 PM。并且经过长期测试，过滤器的颜色由黄色变为白色［图 12.32（d）插图］。此外，聚四氟乙烯织物和尼龙织物可以简单地用水和洗涤剂清洗。图 12.32（d）显示了充电后的 TAF 和商用口罩经过多次洗涤后的去除效率。洗涤 5 次后，TAF 的去除效率仍保持在 92%以上的较高水平，而商用口罩的去除效率下降到 67%左右。这证明了 TAF 是可洗涤的，并且仍然保持了很高的去除效率。这证实了由聚四氟乙烯织物和尼龙织物组成的 TAF 结构简单，可水洗，去除 PM 效率高。

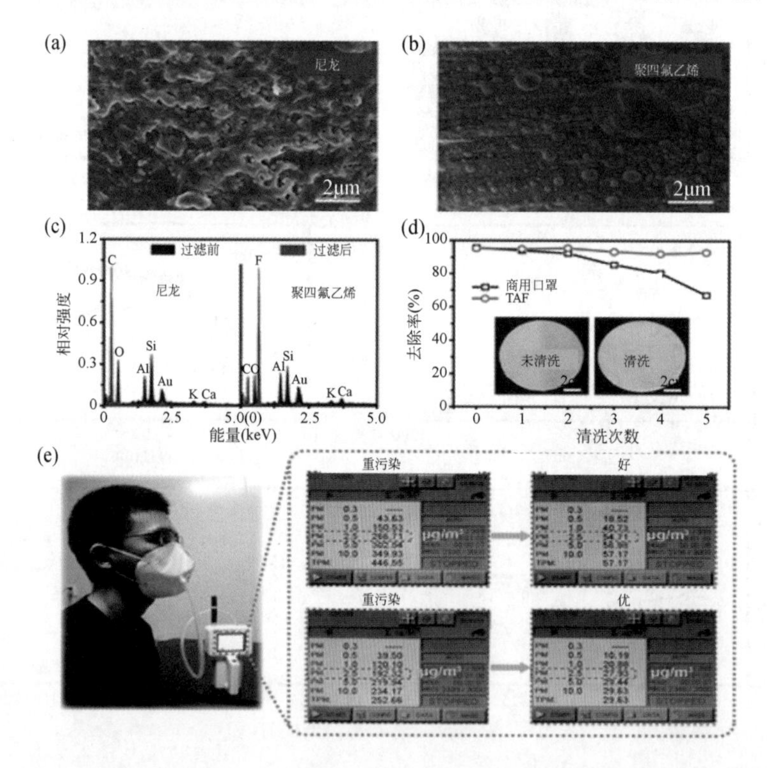

图 12.32 （a）过滤后的尼龙织物的 SEM 图像；（b）过滤后的聚四氟乙烯织物的 SEM 图像；（c）过滤前后尼龙和聚四氟乙烯织物的 EDS 光谱；（d）预制的 TAF 和商用口罩清洗 0～5 次的去除效率。插图是未洗涤和洗涤的 TAF 的照片图像；（e）由 TAF 制成的口罩去除效率的测量示意图，一名男子戴了口罩 4 小时，$PM_{2.5}$ 浓度由重污染逐渐变好，变优

图 12.32（e）展示了用 TAF 制成的口罩，用以验证该滤波器在实际使用条件下的性能。

口罩与颗粒计数器连接橡胶管，实时获取 30m^3 实验室中口罩过滤的颗粒物浓度数据。根据空气质量指数与 $PM_{2.5}$ 的换算关系，$PM_{2.5}$ 24h 平均浓度大于 250μg/m^3 和 150～250μg/m^3 则分别为“严重污染”和“重度污染”。男子在日常生活中佩戴该口罩 4 小时后，在 $PM_{2.5}$ 浓度为 266.71μg/m^3 的严重污染条件下，口罩中的 $PM_{2.5}$ 浓度降至 54.71μg/m^3。在重度污染条件下，$PM_{2.5}$ 浓度为 192.32μg/m^3 时，口罩内 $PM_{2.5}$ 可降至 27.93μg/m^3。测量结果证明，TAF 在实际应用中是有效的，可以成为制造口罩的有力候选材料。

对于人体监测，Shi 等通过高可靠的摩擦电编码垫和深度学习辅助数据分析的协同集成，开发了一个强大而智能的地板监测系统[18]。

Shi 提出由于人的步态模式具有独特性，有 6 个规律性阶段（触跟、足平、中立、脱跟、脱趾、中摆）[图 12.33（a）]，因此可以采用感应输出信号进行 ML/DL 辅助的身份识别。这是通过提取和分类传感信号中的细微特征来实现的，这是传统的浅信号分析（如幅度、持续时间、延迟、频率、相位等）所无法实现的。如图 12.33（b）所示，两个薄片电极检测到一个人在地板垫阵列上随机行走时的典型步态模式，从中可以清晰地观察到 6 个阶段。由于片状电极的相同和通用设计，所有地垫的输出都是相似的，因此用户不需要遵循特定的路线来收集步态数据。与单传感器-单电极阵列设计或非对称电极设计相比，这种通用片状电极设计可以实现任何随机路线的身份识别。因此，无论是在训练阶段还是在实时检测阶段，步态数据的采集都非常方便。为了从步态诱导的输出中实现高精度的身份识别，如图 12.33（c）所示构建了一个 1DCNN 模型，该模型由五个卷积层、五个最大池化层和一个预测用户身份的完全连接层组成。

接下来，为了收集训练数据，将 20 个用户（记为 *U*1，*U*2，*U*3，…）要求 *U*20 在无特定路线的地板垫阵列上正常行走约 20 分钟。行走步态数据由商用微控制器单元（MCU，Arduino MEGA 2560）中的信号采集模块采集。然后通过无重叠的滑动窗口将每个用户获得的输出数据（40 000 个数据点）分割为不同的数据样本（3～4 步）。在训练 1DCNN 模型时，直接将具有行走速度、接触面积、保持时间、触发顺序等多种特征信息的数据样本输入到 1DCNN 模型中，无须进一步的数据处理。对于每个用户，将整个数据集分为训练集、测试集和验证集，分割率为 60%-20%-20%。

为了研究 1DCNN 模型在潜在智能家居应用中的通用性和可扩展性，将不同用户形成的数据集输入到 1DCNN 模型中进行性能研究。首先，从 20 个用户中随机抽取 6 个 5 人组（即 Group 1～Group 6）作为训练 1DCNN 模型的数据集。各组的分类准确率如图 12.33（d）所示，平均准确率分别为 91.33%、97.33%、88.00%、96.67%、86.00%、93.33%。接下来，探索具有不同用户数量的数据集（即 5、10、15 和 20）作为 1DCNN 模型的训练输入，每种数据集大小的分类准确率如图 12.33（e）所示，随着用户数量的增加，平均准确率分别为 91.33%、89.00%、84.67%和 85.67%。另外，20 个用户数据集的分类结果如图 12.33（f）所示。可以看出，随着数据集中用户数量的逐渐增加，由于引入了更多的混淆相似度，分类精度呈现出轻微的下降。即便如此，所开发的 1DCNN 模型仍然可以在 20 个用户的群体规模下保持约 85%的分类精度，这足以满足智能家居监控和交互中的大多数识别应用。通过增加训练集中的数据样本，例如针对大量用户收集更多的步态输出，可以进一步提高分类精度。基于以上特点，所开发的 1DCNN 模型在用户身份识别方面具有良好的通用性、可扩展性和性能，可用于广泛的智能家居应用。

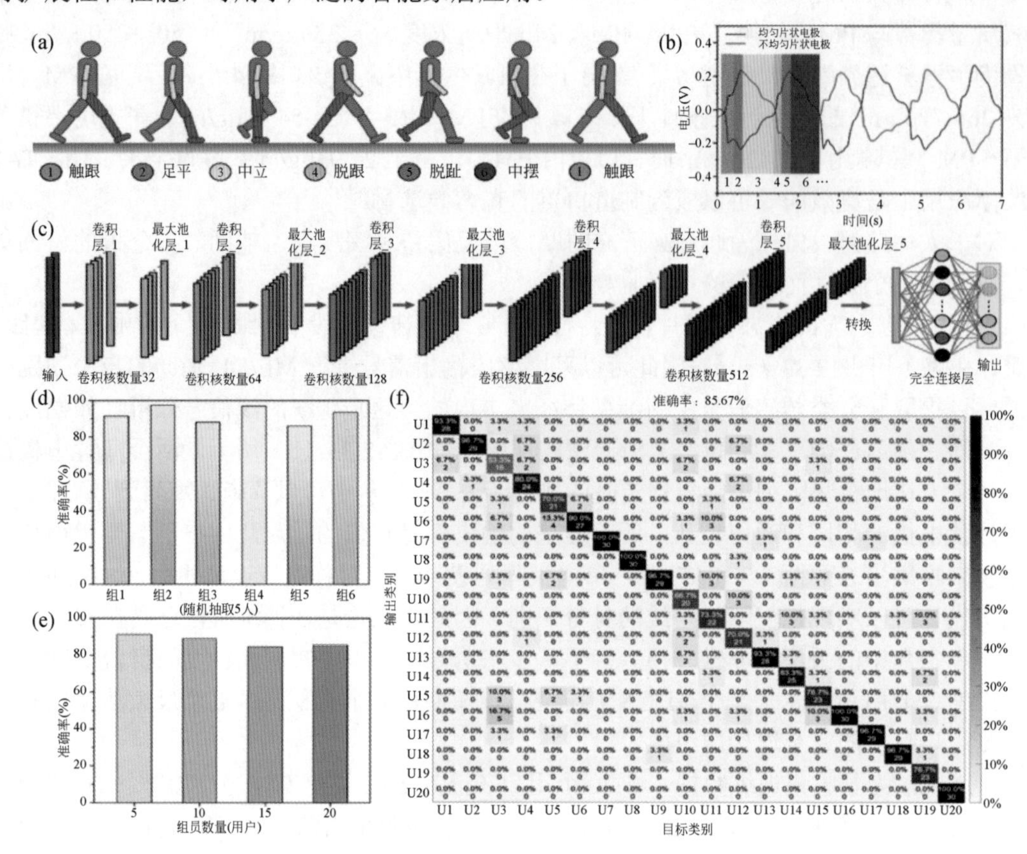

图 12.33　用于基于步态的身份识别的深度学习辅助数据分析。(a) 正常步行过程中典型的 6 个阶段；(b) 由地垫阵列的两个片状电极检测到的、获得的步态诱导输出；(c) 开发用于用户身份识别的 1DCNN 模型；(d) 随机挑选的 6 个 5 人组用户的分类准确性；(e) 4 个数据集的分类准确性，组规模从 5 个增加到 10 个、15 个和 20 个用户；(f) 20 个用户数据集的详细分类结果，用户身份识别的平均准确率为 85.67%

另外，Shi 等将极简且稳健的 4×4 地板垫阵列与 dl 辅助数据分析相结合，开发了智能地板监控系统。智能地板监控系统总体框架如［图 12.34（a)］所示。当人在地垫阵列上行走时，单片机获取行走运动产生的自生摩擦电输出。然后对参考电极和编码电极的输出进行时域数据分析，从输出比中恢复编码配置，用于实时位置监测。另一方面，将薄片电极的输出输入到训练好的深度学习模型中，提取嵌入的步态特征进行身份分类。

为了演示所开发的智能地板监控系统在实时使用场景中的适用性，构建了虚拟现实（VR）场景来模拟现实生活中的智能家居还有智能办公环境。在真实空间中检测到的人的行走位置和身份信息可以立即反映到虚拟空间中，进一步用于监控和交互，实现智能家居/办公/楼宇应用。

如图 12.34（b）-（i）所示，两个用户的地垫阵列照片和行走轨迹用颜色箭头表示，时间顺序为①～④。相应的采集信号绘制在［图 12.34（b）-（i）］中。当用户 1 在轨迹①上行走时，利用参考电极和编码电极产生的输出来确定用户的位置。然后利用检测到的位置控制虚拟智能家居场景中的化身 1 实时移动到相应的位置。特别是，轨迹①上的第四个垫子位置被设置为自动控制电视（TV）的打开和关闭，因为它正好在沙发的前面，与电视相对。另一个席子位置也可以设置为照明、空调等家庭自动化，实现智能家居中的智能交互。同时，从薄片电极生成的输出信号也被获取，并输入到训练好的深度学习模型中，用于用户身份识别。识别出的用户身份随后会在电视上显示几秒钟。当用户 1 沿着轨迹②行走并离开沙发区域时，检测到的信号被用来关闭电视并控制化身 1 相应移动。接下来，当用户 2 在轨迹③上行走时，检测到的位置和识别的身份也会在虚拟智能家居场景中与化身 2 一起显示。之后，用户 2 在轨迹④上的运行产生周期较短的输出信号，从而控制化身 2 相应的跑出。此外，值得注意的是，由于输出信号采集、时域信号处理、DL 数据分析、接口控制等方面的延迟，用户在真实空间中的运动与虚拟空间中的运动之间存在一定的延迟。

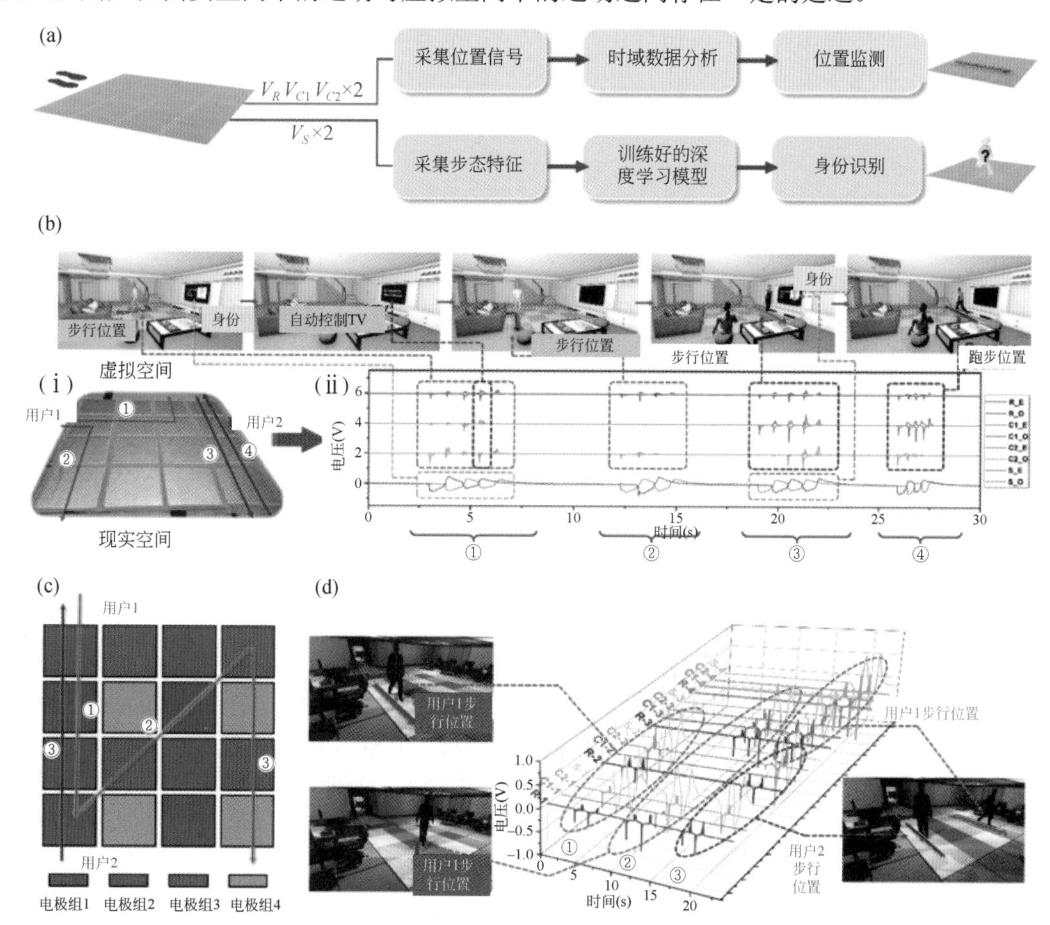

图 12.34 智能家居和智能办公演示通过智能地板监控系统。(a) 用于同时进行位置感应和身份识别的智能地板监控系统的数据流图；(b) 演示一个虚拟智能家居，对在轨迹 1～4 上行走的两个用户进行位置跟踪和身份识别（虚拟场景中的人体模型，经过许可方能复制）；(c) 修改电极连接的布局，以便能够进行更随机的轨迹跟踪以及多用户检测；(d) 演示虚拟智能办公室，显示系统在正常/对角线行走和多用户行走中的检测能力

智能地板监控系统除了可以对单个用户进行常规的行走轨迹检测外，还可以对不规则轨迹和多用户进行检测，只需对电极连接进行微小修改即可。为了实现这一目标，将原来用于地垫阵列的两组电极分成四组（每组仍有参比电极、编码电极 1、编码电极 2 和薄片电极 4 个电极），如图 12.34（c）所示。在改进的电极连接方式中，相邻的立柱连接到不同的电极组，从而实现了对地垫阵列的电位对角行走和多用户行走检测，因为目前周围的 8 个地垫都是以不同于中央地垫的电极组连接的。虽然现在有 16 个电极输出，但每组电极的连接方式相同，地垫的数量也可以从 4 个扩展到 16 个。

因此，可以将阵列中的地垫数量扩展到 64 个，并且仍然可以保持 4 的输出电极比例因子。通过这样的电极连接，用户 1 和用户 2 的行走轨迹如图 12.34（c）所示。

用户 1 首先在轨迹①和轨迹②上行走，其中电极组 2 和电极组 1 以及电极组 1 和电极组 3 分别产生备选输出。随后，用户 1 和用户 2 沿着各自的轨迹③同时在地垫上行走，分别在电极组 3 和电极组 4、电极组 1 和电极组 2 上感应相应的输出。16 个电极在时域内产生的这些输出信号如图 12.34（d）所示，这些信号随后用于控制虚拟智能办公室场景中相应的虚拟角色的运动。

12.4.3 微量液体能量俘获

Xu 等提出了一种基于气动膜结构的集成摩擦纳米发电机阵列装置。采用新颖的弹簧悬浮振荡器结构和利用气压传递和分配收集的水波能量的机制，可以同时有效地驱动集成在设备中的高密度 TENG 单元阵列[19]。在这项工作中还演示了一个封装 38 个单 TENG 单元的设备。在谐振频率约 2.9Hz 附近的低频工作时，器件每周期的转移电荷输出高达 15μC、短路电流为 187μA、峰值功率密度为 13.23W/m^3，并且输出将随着阵列尺寸的增加而增加，为各种实际应用提供了有效收集水波能的途径。

该装置的基本结构如图 12.35（a）所示。它主要由内振子和外壳两部分组成。所述振荡器与壳体用弹性带连接，形成弹簧悬浮振荡器结构。图 12.35（d）给出了该装置的爆炸视图。外壳由上壳和下壳组成，其均由亚克力制成。外壳的作用是作为振荡器的安装底座和封闭保护器，以及振荡器收集机械能，然后转化为电能。由于弹性带可以在水平方向和垂直方向上向振子的质心提供弹性力，使振子牢固地固定在壳体的位置上，因此结构非常稳定。图 12.35（e）以剖面图示出了 TENG 阵列和隔板的详细结构。将软膜粘在分离器中心的孔上形成气穴状结构，将气室分为上气室和下气室，压力分别记为 P_U 和 P_L，随着压力的变化，软膜会发生重塑。TENG 装置的基本工作原理是基于接触通电和静电感应的结合。当压力驱动 TENG 单元进入接触状态时［图 12.35（e）］，由于接触通电效应，Al 表面产生正电荷，PTFE 表面产生负电荷。

图 12.36 显示了该装置工作过程中四个阶段的详细循环，但没有说明上述初始接触通电过程。当水波推动外壳向上运动时［图 12.36（a）和（b）］，内部振荡器相对于外壳向下运动，从而压缩下部气室，导致 $P_U < P_L$。

压力差重塑了软膜，使上部进入接触状态，下部进入完全分离状态。电子会从上部 TENG 单元的铝箔移动到铜箔，从铜箔移动到下部 TENG 单元的铝箔，从而在外电路中产生电流。当外壳随水波向下运动时［图 12.36（c）和（d)]，内振子相对于外壳上升，从而压缩上气室，使 $P_U>P_L$。压力差重塑了软膜，使上单元进入完全分离状态，下部进入接触状态，同时电子通过外电路从上单元的铜箔移动到铝箔，从铝箔移动到下单元的铜箔。这样，该装置就能产生与水波相应的电能。该装置的结构和参数经过精心调整，以确保在微小刺激下也能正常工作。

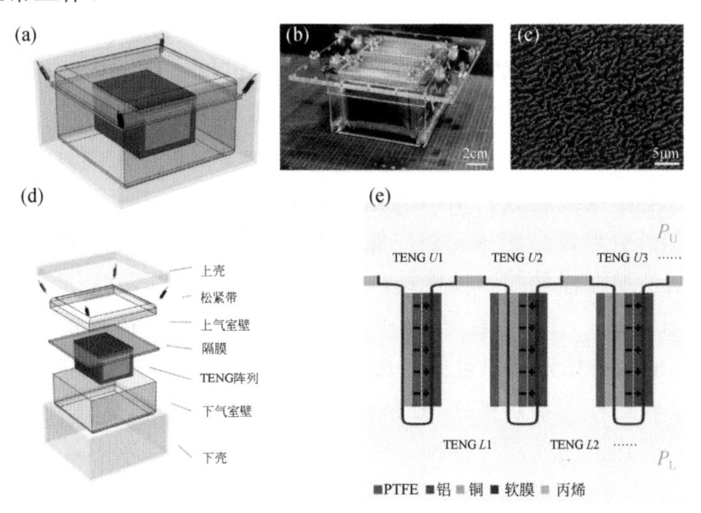

图 12.35　气动膜结构集成 TENG 阵列装置的结构。(a) 设备结构设计示意图；(b) 制作的 TENG 阵列和分离器的照片；(c) 聚四氟乙烯表面纳米结构的 SEM 图像；(d) 设备结构的爆炸图；(e) TENG 阵列的剖面图和详细结构。P_U 和 P_L 分别表示上、下气室压力

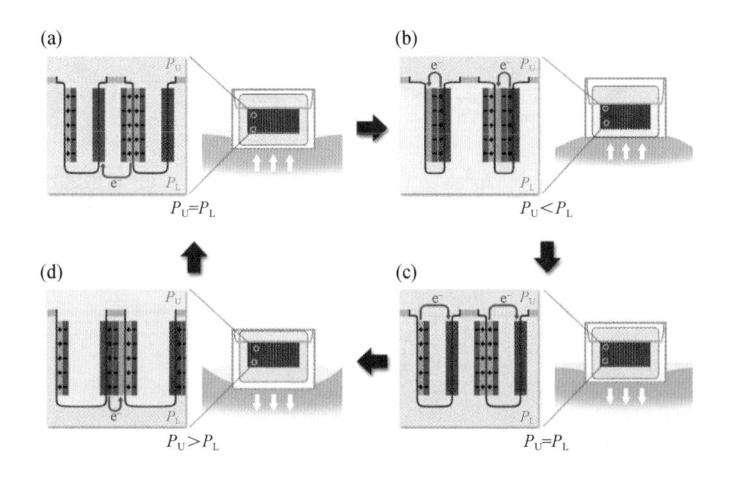

图 12.36　TENG 阵列装置的工作原理。(a) 外壳随水波向上移动（如右图所示），$P_U=P_L$，上下 TENG 单元均处于分离状态（如左图所示）；(b) 外壳进一步向上移动，下腔底部受到外壳的挤压，导致 $P_U<P_L$，压力差促使软膜重塑，使上层单元进入接触状态，下层单元进入完全分离状态；(c) 外壳向下移动，有 $P_U=P_L$，上部和下部进入分离状态；(d) 外壳进一步向下移动，上气室顶部受到外壳的挤压，导致 $P_U>P_L$，上部单元进入完全分离状态，下部单元进入接触状态（为简化起见，上述描述中忽略了与水波相对应的内部振荡器的运动，图中没有显示电荷转移的外部电路）

本节演示了一种基于气动膜结构的集成摩擦纳米发电机阵列装置。它利用空气压力来传递和分配收集的水波能量，可以有效地同时驱动一系列集成的 TENG 单元。另外，基于弹簧悬浮振荡器结构，该装置的动力学可以与低频水波达到共振，实现了较高的能量收集能力。

Lei 等研究制作了一种蝴蝶型摩擦纳米发电机（B-TENG），该发电机具有弹簧辅助的四杆连杆结构，可以从该装置产生的不同类型的运动中获取多向水波能量[20]。弧形的外壳可以有效吸收水波的冲击力，内部弹簧辅助的四杆连杆可以诱导 TENG 模块的多次接触分离运动，这使得 B-TENG 可以从不同类型的低频波中获取能量。Lei 等提出的 B-TENG 装置是专门为多向水能收集而设计的，在海洋信息监测和海洋海岛供电方面具有良好的应用前景。

B-TENG 水波能量收集装置的结构示意图如图 12.37（a）所示。B-TENG 装置主要由内部 TENG 模块和外壳两部分组成。在内部的 TENG 模块中，设计了两个部分来诱导接触和分离运动，分别是弹簧辅助的四杆挂翼机构（SFLW）和嵌有软底座模块的 y 型支架（y 型支架模块）。在图 12.37（b）中，SFLW 的四杆机构是一个对称的菱形四杆机构，有四个连杆，每两个相邻的连杆由铰接轴连接，这使得整个机构容易变形。如图 12.37（b）所示，可以定义连接两个长连杆的轴为轴-1，连接两个短连杆的轴为轴-2。四杆机构的轴-1 和轴-2 通过弹簧连接，形成弹簧辅助四杆机构（SFL）。当受到外力触发时，由于弹簧的恢复力，

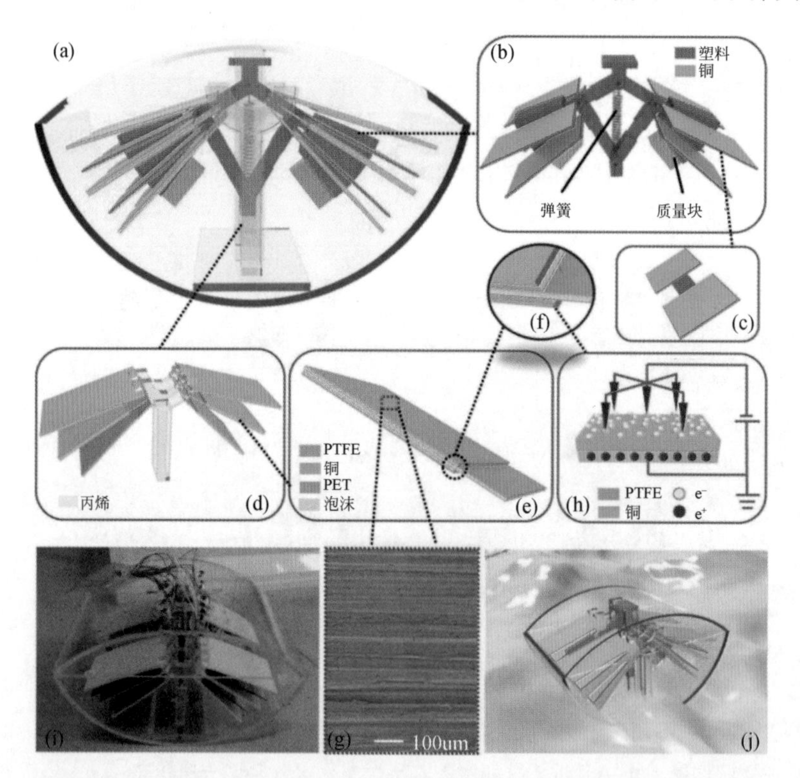

图 12.37　蝴蝶型摩擦纳米发电机（B-TENG）。（a）和（j）B-TENG 装置原理图；（b）和（c）带翼块和质量块的四杆机构原理图；（d）～（f）y 型支架模块和 SBM 的详细结构；（g）拉伸处理后 PTFE 薄膜表面的 SEM 图像；（h）在 PTFE 表面产生负电荷的电子注入过程示意图；（i）制作好的 B-TENG 装置照片

SFL 结构可以很容易地恢复到原来的状态。为了增强装置的变形，在两个长连杆的末端增加两个质量块，可以放大 SFL 在外力作用下的变形。图 12.37（c）显示了单个机翼的结构，它被切割成 H 形。通过在 SFL 的两个长连杆两端各设置两个槽，可以将 4 个 H 型翼嵌入到 SFL 中，形成 SFLW，这种嵌入式结构减小了 SFLW 的整体尺寸。H 型单翼被分成两个小片，每个小薄片都被双面覆铜，因此 SFLW 包含 16 个铜箔。在丙烯酸机架上连接固定块，将轴-1 安装在固定块上，使 SFLW 可以悬挂在龙门架上。SFLW 在外界激励下可产生两种工作状态：绕轴-1 往复摆动和以轴-1 为定轴的扑动运动。在图 12.37（d）中，y 型支架模块是一个 y 形对称的样品支架，嵌有 6 个软基模块（SBM）。图 12.37（e）为 SBM 的详细结构，其底座附着有双面 PTFE-Cu 薄膜。从图 12.37（f）中放大的底座来看，泡沫层夹在两片 PET 片之间，以提高摩擦材料之间的接触密度。

B-TENG 装置在水波中的多种运动状态也会诱发 TENG 模块的不同运动状态。为了进一步阐述装置内部 TENG 模块的运动状态，Lei 等分析了 SFLW 在外力激励下的动态行为。SFLW 可以产生上下往复襟翼（扑翼）和前后往复振荡两种运动状态。SFLW 的这两种运动状态促进了机翼的运动，使得机翼表面的铜箔与 PTFE-Cu 薄膜处于接触分离状态。图 12.38（a）显示了前视图中的八套 TENG 单元。襟翼状态下，TENG 模块的机翼上下运动，四个单独的接触对单元的能量产生机理如图 12.38（b）所示。

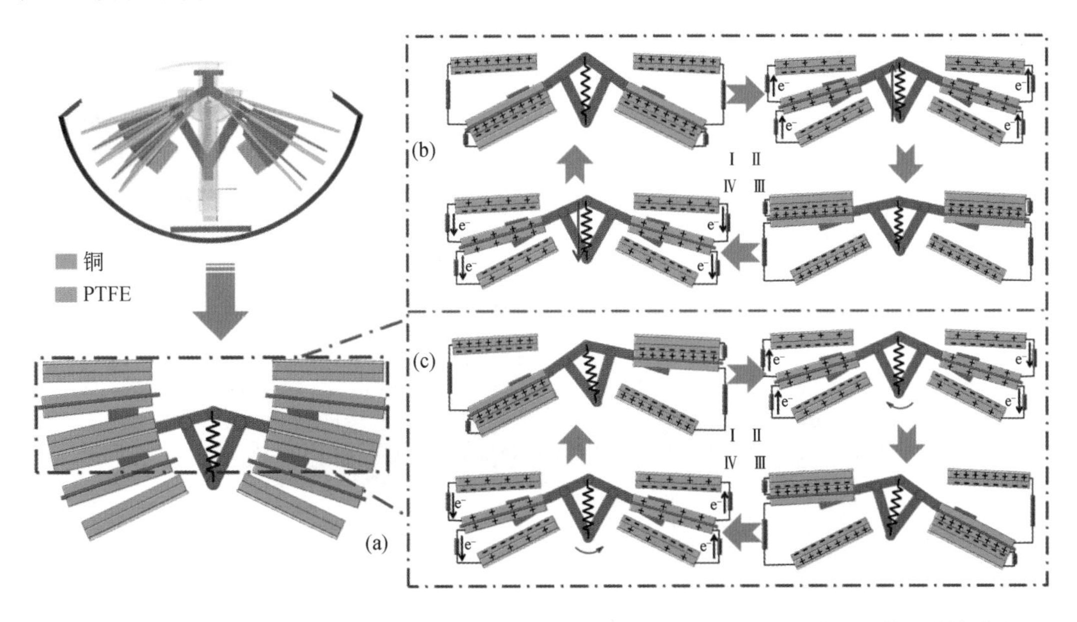

图 12.38　B-TENG 装置原理图。（a）带翼的弹簧辅助四杆机构原理图；简化的带翼弹簧辅助四杆机构在襟翼模式（b）和振荡模式（c）下的工作原理

在 I 态下，机翼表面的铜电极与聚四氟乙烯薄膜完全接触。由于摩擦起电效应，正电荷积聚在 Cu 表面，而负电荷转移到 PTFE 表面。当弹簧恢复力使质量块向上移动时，铜箔和机翼与聚四氟乙烯薄膜分离，形成两表面的电位差，将电子从聚四氟乙烯薄膜背面的电极驱动到铜箔上，产生瞬时电流［图 12.38（b）-II］。随着质量块继续向上移动，铜箔和聚四氟乙烯表面之间的分离距离继续增加。当铜箔与 PTFE 表面之间的距离达到最大值时，

电荷转移达到饱和状态（Ⅲ态）。当质量块体达到最高点时，在重力和弹簧张力作用下，质量块体开始下落。相应地，铜箔和聚四氟乙烯表面之间的距离开始减小，建立的电势开始减小。当铜箔再次与聚四氟乙烯薄膜接触时，电荷被中和。同样，TENG 模块在前后往复振荡中的发电原理如图 12.38（c）所示，其中唯一不同的是机翼的运动方式。

综上所述，本节讲述了一种采用弹簧辅助四杆连杆的 B-TENG 装置，用于从装置产生的不同类型的运动中多向收集水波能量。弹簧辅助四杆机构可以利用外壳的运动，诱导 TENG 模块的两种运动：上下往复扑翼运动和前后往复振荡运动。这两种运动都可以基于 TENG 模块中 Cu 电极和 PTFE 薄膜之间的接触和分离运动产生电能。B-TENG 产生的电能足以为一些电容器充电，充电后的电容器可以用来为电子温度计供电，这表明该 TENG 在海洋传感器设备上的潜在应用。本研究为水波能的多向收集提供了有用的信息，提高了水波能的收集效率。

Wang 等提出并研究了一种基于流激振动的水下旗状摩擦纳米发电机（UF-TENG）[21]。UF-TENG 由两个导电油墨涂层的聚对苯二甲酸乙二醇酯膜和一条聚四氟乙烯膜组成，其边缘由防水聚四氟乙烯胶带密封。这样，摩擦电层就不会接触到水。其验证了圆柱模型诱导的涡旋增强了 UF-TENG 的振动，低速启动使 UF-TENG 能够收集极低速洋流能量。实验证明，水下电器可以由并联的 UF-TENG 单元供电。目前的 UF-TENG 是一种更具成本效益和更容易获得的水力发电技术，利用可再生洋流为物联网中的传感器或微型电器供电。

显然，旗子可以在风中飘动。同样，类似的结构在水流激励下也会发生振动。这种现象启发 Wang 等开发了这种可以由洋流驱动的 UF-TENG，见图 12.39（a）。将流激振动与 TENG 相结合是一种将机械能转化为电能的可行方法。如图 12.39（b）所示，设计的 UF-TENG 安装在流动水中，收集水流能。如图 12.39（c）所示，UF-TENG 是由两层导电油墨涂覆的 PET 薄膜和一层 PTFE 薄膜通过 PTFE 防水胶带粘贴在一起制成的。

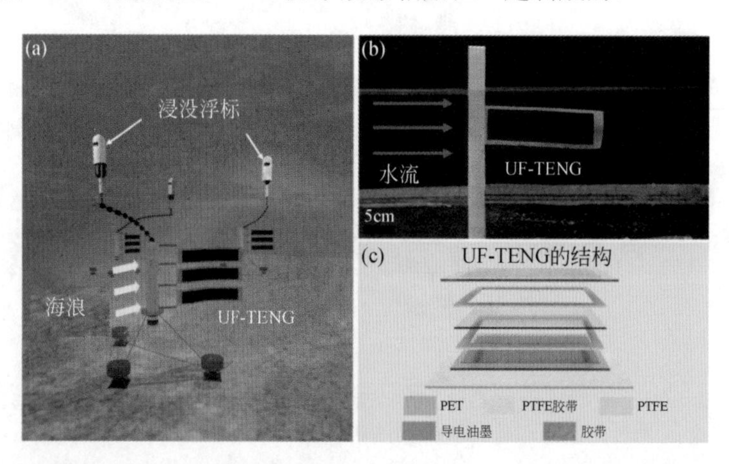

图 12.39　基于洋流激发振动的水下旗状摩擦纳米发电机（UF-TENG）的结构。（a）UF-TENG 原型和自供电水下浮标；（b）UF-TENG 在流水中；（c）UF-TENG 的详细结构

UF-TENG 的接触面示意图如图 12.40（a）所示。由于胶带的分离，导电涂墨 PET 膜与 PTFE 膜之间存在气隙。气隙和微观结构确保 UF-TENG 即使在水下也能保持稳定的输出性能。导电涂墨 PET 膜表面和 PTFE 膜表面均采用砂纸抛光。图 12.40（b）和（c）显示了涂墨 PET 膜和 PTFE 膜的微观结构。其工作原理如图 12.40（d）所示。在 UF-TENG 中使用的材料具有不同的弯曲模量，因此，材料在振动过程中相应的变形就不同了。其工作机理基于接触分离模式，主要分为三个步骤。首先，在胶带存在的情况下，将聚四氟乙烯膜和柔性电极分离。由于静电感应，在聚四氟乙烯和柔性电极上分别产生相同数量的电荷。当被洋流激发时，UF-TENG 开始振动，而聚四氟乙烯与柔性电极接触。当聚四氟乙烯膜与下电极接触时，所有正电荷都流向下电极，从而在外电路中产生瞬态电流，如图 12.40（d）-（ii）所示。随后，PTFE 膜的反向扑动导致电子通过外部电路的反向转移［图 12.40（d）-（iii）］。利用软件 COMSOL Multiphysics 计算了静电场的分布。结果如图 12.40（e）所示。显然，仿真结果与上述分析相吻合。

这一节研究了一种柔性的水下旗帜状 TENG，用于收集海流能量，目前的 UF-TENG 可以通过洋流引起的振动来工作。与 PEG/EMG 相比，UF-TENG 的临界速度更低，这在收集低速洋流方面具有显著优势。本研究包含了系统的流体动力学实验研究，这对利用 TENG 获取海洋动能的努力是一个很有意义的补充。然而，深水条件下高压对产出性能的影响仍有待探讨。未来将开发一种能在深水中工作的 UF-TENG。

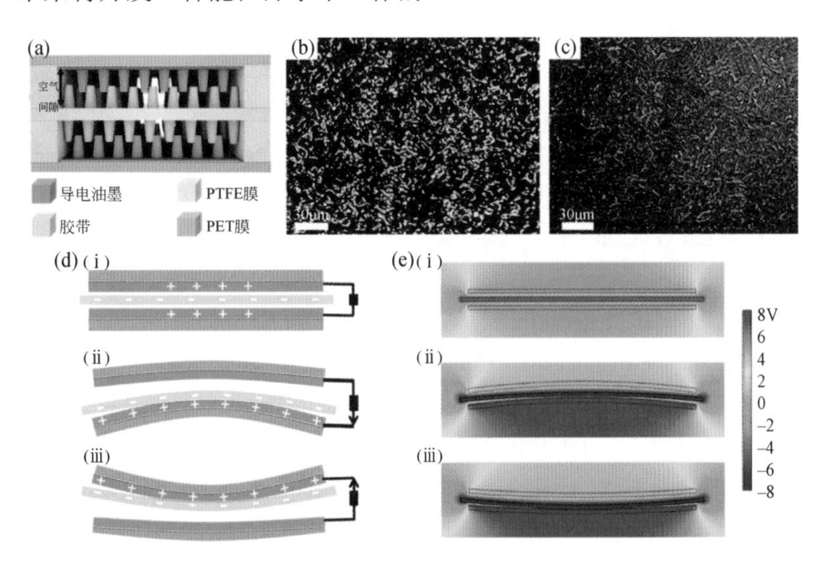

图 12.40　UF-TENG 示意图及其原理仿真。（a）接触面示意图；（b）聚四氟乙烯薄膜表面的 SEM 显微照片；（c）导电涂墨 PET 薄膜表面；（d）UF-TENG 的工作原理；（e）UF-TENG 的有限元模拟

12.5　本 章 小 结

本章针对摩擦纳米发电机在生物工程的应用进行了综合阐释，包含智慧纺织、可穿戴式传感器件、微流控三大方面。首先，对于智慧纺织，与 TENG 相结合后的纺织品具有良好的导电性，并且同时具备柔性、轻质、弹性等多种优势，在受到外力作用下织物发生变形扭曲产生电荷，收集外界能量，而声音、雨水、风能、人体运动等都可作为外界发电的

驱动源。此外，织物 TENG 还可通过产生的电信号进行人体监测，例如，可利用其可洗涤、可伸缩、透气性的品质制成运动系列衣物等其他产品，对人体进行肢体运动、呼吸、身体信号等的监测，用于疾病预防和医疗诊断。如今，通过对织物材料的不断探索与完善，大大提高了织物 TENG 对各种环境的适应性以及能量收集能力，使其运用范围更加广泛。第二，TENG 因其取材广泛、柔韧性好、高灵敏度、成本低、生物兼容性好且轻便等优势，用其制成的可穿戴传感器件在人体的健康监测和医疗诊断等领域有着广泛应用。一方面，将 TENG 与现有的穿戴器件进行融合，在收集能量的同时也可实现监测功能；另一方面，也可将 TENG 柔性传感器直接贴附于人体表面，对人体生理信号进行监测。还有已将 TENG 柔性传感器与人机交互相结合，通过 TENG 柔性传感器检测人体的感官信号，从而实现相应的控制。最后，对于微流控领域，一方面不同的微量液体或气体介质作为信号源，通过 TENG 进行信号捕捉，可应用于液滴检测、空气颗粒检测与过滤等方面；另一方面又可通过 TENG 对微流体进行能量收集，其收集的能量满足相应的生物化学等工作之需。

参 考 文 献

［1］Cong Z F, Guo W B, Guo Z H, et al. Stretchable coplanar self-charging power textile with resist-dyeing triboelectric nanogenerators and microsupercapacitors [J]. ACS Nano, 2020, 14(5): 5590-5599.

［2］Chen J, Guo H, Pu X J, et al. Traditional weaving craft for one-piece self-charging power textile for wearable electronics[J]. Nano Energy, 2018, 50: 536-543.

［3］Gang X C, Guo Z H, Cong Z F, et al. Textile triboelectric nanogenerators simultaneously harvesting multiple “high-entropy” kinetic energies[J]. ACS Applied Materials & Interfaces, 2021, 13(17): 20145-20152.

［4］Xu F, Dong S S, Liu G X, et al. Scalable fabrication of stretchable and washable textile triboelectric nanogenerators as constant power sources for wearable electronics[J]. Nano Energy, 2021, 88: 106247.

［5］Dong K, Peng X, An J, et al. Shape adaptable and highly resilient 3D braided triboelectric nanogenerators as e-textiles for power and sensing[J]. Nature Communications, 2020, 11(1): 2868.

［6］Kwak S S, Kim H, Seung W C, et al. Fully stretchable textile triboelectric nanogenerator with knitted fabric structures[J]. ACS Nano, 2017, 11(11): 10733-10741.

［7］Cao Y Y, Shao H, Wang H X, et al. A full-textile triboelectric nanogenerator with multisource energy harvesting capability[J]. Energy Conversion and Management, 2022, 267: 115910.

［8］Ning C, Cheng R Y, Jiang Y, et al. Helical fiber strain sensors based on triboelectric nanogenerators for self-powered human respiratory monitoring[J]. ACS Nano, 2022, 16(2): 2811-2821.

［9］Wang W, Yu A F, Liu X, et al. Large-scale fabrication of robust textile triboelectric nanogenerators[J]. Nano Energy, 2020, 71: 104605.

［10］Zhou Z H, Weng L, Tat T, et al. Smart insole for robust wearable biomechanical energy harvesting in harsh environments[J]. ACS Nano, 2020, 14(10): 14126-14133.

［11］Wang X, Feng Z P, Xia Y S, et al. Flexible pressure sensor for high-precision measurement of epidermal arterial pulse[J]. Nano Energy, 2022, 102: 107710.

［12］Pu X J, Guo H Y, Chen J, et al. Eye motion triggered self-powered mechnosensational communication system using triboelectric nanogenerator[J]. Science Advances, 2017, 3(7): e1700694.

[13] Shlomy I, Divald S, Tadmor K, et al. Restoring tactile sensation using a triboelectric nanogenerator[J]. ACS Nano, 2021, 15(7): 11087-11098.

[14] Zhang B S, Tang Y J, Dai R R, et al. Breath-based human–machine interaction system using triboelectric nanogenerator[J]. Nano Energy, 2019, 64: 103953.

[15] Hu W, Wei X, Zhu L, et al. Enhancing proliferation and migration of fibroblast cells by electric stimulation based on triboelectric nanogenerator[J]. Nano Energy, 2019, 57: 600-607.

[16] Zhang J, Lin S, Zheng M, et al. Triboelectric nanogenerator as a probe for measuring the charge transfer between liquid and solid surfaces[J]. ACS Nano, 2021, 15(9): 14830-14837.

[17] Bai Y, Han C B, He C, et al. Washable multilayer triboelectric air filter for efficient particulate matter $PM_{2.5}$ removal[J]. Advanced Functional Materials, 2018, 28(15): 1706680.

[18] Shi Q, Zhang Z, Yang Y, et al. Artificial intelligence of things (AIoT) enabled floor monitoring system for smart home applications[J]. ACS Nano, 2021, 15(11): 18312-18326.

[19] Xu L, Pang Y, Zhang C, et al. Integrated triboelectric nanogenerator array based on air-driven membrane structures for water wave energy harvesting[J]. Nano Energy, 2017, 31: 351-358.

[20] Lei R, Zhai H, Nie J, et al. Butterfly-inspired triboelectric nanogenerators with spring-assisted linkage structure for water wave energy harvesting[J]. Advanced Materials Technologies, 2019, 4(3): 1800514.

[21] Wang Y, Liu X, Chen T, et al. An underwater flag-like triboelectric nanogenerator for harvesting ocean current energy under extremely low velocity condition[J]. Nano Energy, 2021, 90:106503.